现代物理学丛书

量子力学

卷 I

(第五版)

曾谨言　著

科学出版社
北　京

内 容 简 介

本书是作者根据多年在北京大学物理系和清华大学物理系（基础科学班）教学与科研工作的经验而写成，20 世纪 80 年代初出版以来，深受读者欢迎．物理有关专业本科生、研究生和出国留学生几乎人手一册．本书还在台湾以繁体字出版发行，广泛流传于华裔读者中．作为《现代物理学丛书》之一，本书是其中仍在出版发行的唯一的一部学术著作，每年都重印发行．本书先后做了几次修订，现在出版的是第五版．本书第二版（1990）做了大幅度修订与增补，分两卷出版．卷Ⅰ可作为本科生教材或主要参考书，卷Ⅱ则作为研究生的教学参考书．本书也是物理学工作者的一本有用的参考书．

卷Ⅰ内容包括：量子力学的诞生、波函数与 Schrödinger 方程、一维定态问题、力学量用算符表达、力学量随时间的演化与对称性、中心力场、粒子在电磁场中的运动、表象变换与量子力学的矩阵形式、自旋、力学量本征值的代数解法、束缚定态微扰论、量子跃迁、散射理论、其他近似方法．为帮助读者更深入掌握有关内容，书中安排了适当的例题、练习题和思考题．每一章还选入了适量的习题，供读者选用．

图书在版编目(CIP) 数据

量子力学．卷Ⅰ/曾谨言著．—5 版．—北京：科学出版社，2013．10
（现代物理学丛书）
ISBN 978-7-03-038722-6

Ⅰ.①量…　Ⅱ.①曾…　Ⅲ.①量子力学　Ⅳ.①O413.1

中国版本图书馆 CIP 数据核字（2013）第 229960 号

责任编辑：窦京涛 / 责任校对：胡小洁
责任印制：霍　兵 / 封面设计：迷底书装

科学出版社出版
北京东黄城根北街 16 号
邮政编码：100717
http://www.sciencep.com
北京画中画印刷有限公司印刷
科学出版社发行　各地新华书店经销
*
1981 年 9 月第　一　版　　开本：720×1000 1/16
2013 年 10 月第　五　版　　印张：36 1/2
2025 年 3 月第四十次印刷　　字数：669 000

定价：109.00元

第五版序言

——纪念 Bohr“伟大的三部曲”发表一百周年，
暨北京大学物理学科建立一百周年

(一) 它山之石，可以攻玉

2013 年，迎来了北京大学物理专业建系一百周年纪念．一个偶然，但很愉快的巧合，同时迎来了 N. Bohr“伟大的三部曲”(The Great Trilogy)[①] 发表一百周年．此文敲开了原子结构量子理论的大门．之后的十几年中，在 Bohr 思想的影响下，经一批杰出物理学家的共同努力，使当时还比较后进的欧洲小国丹麦首都 Copenhagen 的 Bohr 研究所，成为世界公认的量子物理学研究中心．在北京大学建设世界第一流的物理学科院所之际，《玻尔研究所的早年岁月，1921—1930》[②] 一书所讲述的经验很值得借鉴．“它山之石，可以攻玉”[③]．按照我的理解，这些宝贵经验是：

(1) **科学进步本身有赖于鼓励不同思想的自由交流，也有赖于鼓励不同国家的科学家提出的各具特色的研究方法的相互切磋与密切合作**[②] (p. 127)．Bohr 的原子结构的量子理论就汇合了当时物理学两支主要潮流．一是以英国人 E. Rutherford 和 J. J. Thomson 为先驱的有关物质结构的实验发现，另一是德国物理学家 M. Planck 和 A. Einstein 引导的关于自然规律的理论研究[②] (p. 61)．表征 Bohr 研究所初期特色的不是一张给人深刻印象的庞大的物理学家名单，而是存在于这个集体中的不寻常的合作精神．不断地讨论和自由交换思想，给每个物理学家带来了最美好的东西，常常提供了一个能引起决定性突破的灵感或源泉．Bohr 不是一个人孤独地工作，把世界上最活跃的，最有天赋和最有远见的物理学家集聚在他的周围是他最大力量所在．矩阵力学的奠基人 Heisenberg 说过：“Science is rooted in conversation”[②] (p. 134)．对量子力学和相对论量子力学做出

---

① N. Bohr, Philosophical Magazine, **26** (1913), *On the Constitution of Atoms and Molecules*, 1-25, 471-502, 857-875.

② 《玻尔研究所的早年岁月，1921-1930》，杨福家，卓益忠，曾谨言译，［北京，科学出版社，1985］．译自 P. Robertson, *The Early Years*, *The Niels Bohr Institute*, 1921—1930 . AkademiskForlag, 1979 .

③ 《诗经-小雅，鹤鸣》．

了杰出贡献的 Dirac 在获得 Nobel 物理学奖后给 Bohr 的信中提到："我感到我所有最深刻的思想，都受了我和你谈话的巨大而有益的影响，它超过了与其他任何人的谈话，即使这种影响并不表现在我的著作中，它却支配着我进行研究的一切打算和计划"②(p. 153). Bohr 相信，国际合作能在物理学发展中发挥积极的作用. 在20世纪20年代，Bohr 研究所已成了培育世界各国物理实验室和研究所的未来指挥员的一个苗圃②(p. 155).

(2) 相对论与量子力学是20世纪物理学的两个划时代的贡献. A. Einstein 的名字被神话般地在人群中流传，可能是因为相对论主要是由他一人完成. 与此不同，量子力学的建立是如此困难和复杂，不可能由一个人独立完成. 在此艰辛的征途上，闪烁着当时最优秀的一群科学家的名字：M. Planck, A. Einstein, N. Bohr, W. Heisenberg, W. Pauli, L. de Broglie, E. Schrödinger, MBorn, P. A. M. Dirac 等. 值得注意的是，**他们都是在青年时代（≤45岁）对量子力学理论做出了杰出贡献**，之后获得 Nobel 物理学奖. Bohr 研究所的一条重要经验是：**不仅仅要依靠少数科学家的能力和才华，而是要不断吸收相当数量的年轻人，让他们熟悉科学研究的结果与方法. 只有这样，才能在最大程度上不断提出新问题. 新思想就会不断涌进科研工作中**②(p. 32).

(3) **进行理论性研究工作，必须每一时刻把理论的这个或那个结果与实验相比较，然后才能在各种可能性之间做出选择**. 这种工作方式表现在量子力学理论体系提出之前，Bohr 的原子的电子壳层结构理论对于化学元素周期律的唯象探索工作中. 尔后，Pauli 的第4个量子数和不相容原理的提出，也深受其影响. "Bohr 的巨大力量之一在于他总是凭借神奇的直观就能了解物理现象，而不是形式地从数学上去推导出同样的结果"②(p. 116). 同样，**实验研究工作者必须与理论研究密切结合，这样可以减少实验工作的盲目性**②(p. 15). **实验结果永远是检验一个自然科学理论正确与否的决定性的判据.**

(二) 量子论是科学史中经过最准确检验的和最成功的理论

量子论诞生100周年之际，物理学界的主流认为：**"量子论是科学史中经过最准确检验的和最成功的理论"**④. 量子力学理论在微观领域（原子与分子结构，原子核结构，粒子物理等），物质的基本属性（导电性，导热性，磁性等），以及天体物理，宇宙论等众多宏观领域都取得了令人惊叹的成果. 但由于量子力学的基本原理和概念与人们日常生活经验是如此格格不入，人们对它的疑虑和困惑长

---

④ D. Kleppner & R. Jackiw, Science **289** (2000) 893; A. Zeilinger, Nature **408** (2000) 639; M. Tegmark & J. A. Wheeler, Scientific American **284** (2001) 68.

期存在. J. A. Wheeler 把量子力学原理比作 "Merlin principle"[5]. (Merlin 是传说中的一个魔术师,他可以随追逐者而不断变化,让追逐者感到困惑). 回忆量子理论的一百多年的进展历史, 真是光怪陆离. 忽而柳花明, 忽而又迷雾重重. N. Bohr 曾经说过: "Anyone who was not shocked by quantum theory has not understood it". R. P. Feynman[6] 也说过: "I think I cansafely say that nobody today understands quantum mechanics."

20 世纪伊始, Planck 和 Einstein 以及 Bohr 的辐射(光)和实物粒子的能量的量子化所展示的**离散性**(discreteness)与经典物理量的连续性(continuity)的概念格格不入. 1927 年 Heisenberg[7] 的**不确定性原理**(uncertainty principle)动摇了经典力学中用相空间(正则坐标和正则动量空间)描述粒子运动状态的概念. 1935 年, EPR 佯谬[8]文章对量子力学正统理论的完备性提出质疑 [主要涉及波函数的几率诠释和量子态的叠加原理所展示的**"非局域性"**(non-locality)]. 同年稍早, Schrödinger 猫态佯谬[9]提出的 **"纠缠"**(entanglement), 对量子力学正统理论是否适用于宏观世界提出质疑. 在尔后长达几十年时期中, EPR 佯谬与 Schrodinger 猫态佯谬一直成为人们争论的课题. 但迄今**所有实验观测都与基于局域实在论**(local realism)**而建立起来** Bell **不等式**(CHSH 不等式)**矛盾, 而与量子力学的预期一致**[10]. **量子非局域性**在 R. P. Feynman 提出的 "路径积分"(path-integral)理论中, 特别是在 AB(Aharonov-Bohm)效应中, 表现得特别明显[5]. 例如, 电子经过一个无磁通的空间中的轨迹, 依赖于此空间以外的磁场. 此外, 迄今人们所知的所有基本相互作用, 与 AB 效应一样, 都具有规范不变性.

尽管量子力学理论的所有预期(predictions)已为迄今所有实验观测所证实, **人们对其实用性已经没有什么怀疑**. 但仍然有人对量子力学理论的正统理论(Copenhagen 诠释)提出非议, 认为它是 "来自北方的迷雾" (the fog from the north)[11]. 特别是对于**电子的双缝干涉实验**的诠释, Feynman[12] 认为是 "量子力学中核心的问题". 在此干涉实验中, 人们不知道电子是经过哪一条缝而到达干涉屏上的. 而一旦人们能确定电子是经过哪一条缝 (例如紧靠一条缝放置一个适

---

⑤ S. Popescu& D. Rohrlich, Foundations of Physics, **24** (1994) 379.

⑥ T. Hey & P. Walters, *The New Quantum Universe*. Cambridge University Press, 2003, page xi. 中文译本, 雷奕安译, 新量子世界, 湖南科技出版社, 2005.

⑦ W. Heisenberg, Zeit. Physik **43** (1927) 172; 英译本见 *Quantum Theory and Measurement*, J. A. Wheeler&W. H. Zurek 主编, Princeton University Press, NJ, 1984, p. 62.

⑧ A. Einstein, B. Podolsky, & N. Rosen , Phys. Rev. **47** (1935) 777.

⑨ E. Schrödinger , Naturwissenschaften, **23** (1935) 807.

⑩ A . Aspect, Nature **398** (1999) 189; S. Gröblacher, et al. , Nature **446** (2007) 871.

⑪ M. Schlosshauer, Nature **453**(2008) 39.

⑫ *The Feynman Lectures of Physics*, vol. 3, *Quantum Mechanics*. Addison-Wesley, Reading.

当的测量电子位置的仪器)，干涉条纹就立刻消失. Copenhagen 诠释认为：这是由于**测量仪器的不可避免的干扰**("unavoidable measurement disturbance")所致. 近期 Dürr 等[13]在原子干涉仪上做了一个"**测定路径的实验**"(which-way experiment)，即用一束冷原子对光驻波(standing waves of light)的衍射，可观测到对比度很高的衍射花样. 在此实验中未用到双缝，也不必测定原子的位置，而是用原子的内部态来标记原子束的不同的路径. 此时，衍射花样立即消失. 在此实验中，"the 'back action' of path detection is too small (about four orders of magnitude than the fringe separation) to explain the disappearance of the interference pattern". 他们认为不必借助于测量仪器的不可控制的干扰来说明此现象. 他们提出另一种看法：即用"correlations between the which-way detector and the atomic motion"，即用"纠缠"(entanglement)来说明. P. Knight[14] 指出：

> "Entanglement is a peculiar but basic feature of quantum mechanics. Individual quantum-mechanical entities need have no well-defined state; they may instead be involved in collective, correlated ('entangled') state with other entities, where only the entire superposition carries information. Entanglement may apply to a set of particles , or to two or more properties of a single particle".

(三) 如何理解不确定度关系的表述

近期，在文献中有不少涉及不确定度关系的评论. 在量子力学教材中，**不确定度关系**(uncertainty relation)通常表述如下：对于任意两个可观测量 A 和 B，

$$\Delta A \Delta B \geqslant \frac{1}{2} \left| \langle [A, B] \rangle \right| \tag{1}$$

上式中，$[A,B] \equiv (AB - BA)$，$\Delta A = \sqrt{\langle A^2 \rangle - \langle A \rangle^2}$ 与 $\Delta B = \sqrt{\langle B^2 \rangle - \langle B \rangle^2}$ 是标准偏差，$\langle A \rangle = \langle \psi | A | \psi \rangle$ 与 $\langle B \rangle = \langle \psi | B | \psi \rangle$ 是可观测量 A 和 B 在量子态 $|\psi\rangle$ 下的平均值. 不确定度关系(1)首先由 Robertson[15]，Kennard[16] 和 Weyl[17] 给出. 在量子力学教材中，不确定度关系(1)是基于波函数的统计诠释和 Schwartz 不等式得出的. 它的确切含义是：**对于完全相同制备的大量量子态(即系综)，可观测量** A

---

⑬ S. Dürr, T. Nonn& G. Rempe, Nature **395** (1998) 33.

⑭ P. Knight, Nature **395** (1998) 12.

⑮ H. P. Robertson, Phys. Rev. **34** (1929) 163.

⑯ E. H. Kennard, Zeit. Phys. **44** (1927) 326.

⑰ H. Weyl, *Gruppentheorie und quantenmechanik*, Hirzel, Leipzig, 1928.

和 B 的独立测值的标准误差的乘积受到的限制[18]. **不确定度关系并不涉及一个测量的精度与干扰，而是给定的量子态 $|\psi\rangle$ 本身的不确定度所固有的，不依赖于任何特定的测量**[19]**，并已经在许多实验中得到证实**[20]**，是没有争议的.** 但不确定度关系(1)常常被误解为：对于给定的量子态 $|\psi\rangle$，如果 $\langle\psi|[B,A]|\psi\rangle\neq 0$，则人们不能对 A 和 B 联合地(jointly) [或相继地(successively)]进行测量[18]. 关于不确定度关系含义的更全面的讨论，可参见 p. 39 中的注.

不确定度关系的物理内涵就理解为**不确定性原理**(uncertainty principle). 例如，对于一个粒子的坐标和动量，$A=x$，$B=p_x$，$C=\hbar$，是一个非 0 的常量，因此，**一个粒子同一时刻的坐标和动量不可能具有完全确定的值；或者说，一个粒子的坐标和动量不可能具有共同本征态.**

Schrödinger 很早还指出[21]，与不确定度关系(1)的平方相应的表示式的右侧，还应加上一项正定的协变项

$$(\Delta A)^2(\Delta B)^2 \geqslant \left|\frac{1}{2}\langle\psi|AB-BA|\psi\rangle\right|^2+\frac{1}{4}[\langle\psi|AB+BA|\psi\rangle-4\langle\psi|A|\psi\rangle\langle\psi|B|\psi\rangle]^2 \tag{2}$$

在一般情况下，不确定度关系式(1)给出的 $(\Delta A)^2(\Delta B)^2$ 小于 Schrödinger 给出的式(2).

应该指出，Heisenberg 原来讨论的是**测量误差-干扰关系**(measurement error-disturbance relation)[19]

$$\varepsilon(A)\eta(B) \geqslant \frac{1}{2}|\langle[A,B]\rangle| \tag{3}$$

其中 $\varepsilon(A)$ 是可观测量 A 的测量误差，$\eta(B)$ 反映可观测量 B 受到的测量仪器的干扰(包括反冲等). 我国老一辈物理学家王竹溪先生把 Heisenberg 原来讨论的关系译为**测不准关系**，是有根据的. 文献[22]已指出，测量误差-干扰关系(3)形式上不完全正确的. 后来，Ozawa[23] 证明，测量误差-干扰关系(3)应该修订为

$$\varepsilon(A)\eta(B)+\varepsilon(A)\Delta B+\eta(B)\Delta A \geqslant \frac{1}{2}|\langle[A,B]\rangle| \tag{4}$$

---

⑱ C. Branciard, PNAS **110** (2013) 6742-6727.

⑲ L. A. Rozema, A. Darabi, D. H. Mahler, A. Hayat, Y. Soudagar, and A. M. Steinberg, Phys. Rev. Lett. **109** (2012) 100404.

⑳ O. Nairz, M. Arndt, &A. Zeilinger, Phys. Rev. **A65** (2002) 032109，以及所引文献.

㉑ E. Schrödinger, Sitz. Preuss. Akad. Wiss. **14**(1930) 296-303；英译本见 arXiv：quant-ph 9903100 v2 15 Jun 2000.

㉒ L. EBallentine, Rev. Mod. Phys. **42** (1970) 358.

㉓ M. Ozawa, Phys. Rev. **A67** (2003) 042105; Phys. Lett. **A320** (2004) 367.

近期，文献[19][24]给出了 Ozawa 测量误差-干扰关系(4)的借助于所谓弱测量(weak measurement)的实验验证. 由此，引发了涉及不确定性原理的很多议论. 有人认为，应该把有关内容写进量子力学教材中去，而有人对于 Ozawa 的测量误差-干扰关系持不同的观点[25]. 最近，C. Branciard[18]提出了另外一个关系式，他称之为对于近似联合测量（approximate joint-measurement）的 error-tradeoff relation

$$\Delta B^2 \varepsilon_A^2 + \Delta A^2 \varepsilon_B^2 + 2\sqrt{\Delta A^2 \Delta B^2 - \frac{1}{4}C_{AB}^2}\,\varepsilon_A \varepsilon_B \geqslant \frac{1}{4}C_{AB}^2 \tag{5}$$

(5) 式中 ΔA 与 ΔB 是标准偏差，ε_A 与 ε_B 是测量误差的方均根偏差，$C=\mathrm{i}\langle[B,A]\rangle$.

在经典力学中，一个粒子在同一时刻的坐标和动量可以精确确定，粒子的运动状态用相空间(正则坐标与正则动量空间)中的一个点来描述. 对于给定 Hamilton 量的体系，其运动状态随时间的演化，由它在相空间的初始点位置和正则方程完全确定，这就是经典力学中的决定论.

在量子力学中，基于 Heisenberg 不确定性原理，一个粒子的同一时刻的坐标和动量不具有确定值. 表现在量子态只能用 Hilbert 空间中的一个矢量 $|\psi(t)\rangle$ 来描述. 而对于给定 Hamilton 量的体系，量子态随时间的演化由它的初始量子态 $|\psi(0)\rangle$ 和 Schrödinger 方程完全确定. Heisenberg 不确定性原理的提出，是科学史中的一个重大发现. 不确定性原理展现出量子力学中的非决定性(indeterminacy)与经典力学中的决定论(determinism)形成截然反差，它标志量子力学理论与经典力学理论的本质的差异.

我们认为，**测量误差-干扰关系(测不准关系)与不确定度关系的含义不同，不可混为一谈. 更不可把测量误差-干扰关系与不确定度原理混为一谈. 测量误差-干扰关系的修订，不会动摇 Heisenberg 不确定性原理的普适性和量子力学理论的基础.**

(四) 纠缠的确切含义与纠缠态的 CSCO 判据

现今人们已经普遍认同，1935 年 Schrödinger 提出的**纠缠**，是一个非常基本但又很奇特的概念[14]. 不确定度关系与纠缠之间的密切关系，值得人们注意[26]. 关键点是要搞清量子纠缠的确切含义.

对于一个量子纯态的纠缠，一种看法是：**“与波动-粒子二象性属于单粒子性**

㉔ J. Erhart, S. Sponar, G. Sulyok, G. Badurek, M. Ozawa and Y. Hasegawa, Nature Physics **8** (2012) 185.

㉕ R. Cowen, Nature **498** (2013) 419，以及所引文献.

㉖ M. Q. Ruan&J. Y. Zeng, Chin. Phys. Lett. **20** (2003) 1420.

质相反，量子纠缠至少涉及两个粒子[27]". 另一种看法是：纠缠并不一定涉及两个粒子，而只涉及不同自由度的(至少)两个彼此对易的可观测量. 这一点在 P. Knight 的文献[14]中已提及. 在 V. Vedral[28] 文中更明确提到：

"What exactly is entanglement? After all is said and done, it takes (at least) two to tangle, although *these two need not be particles*. To study entanglement, two or more subsystems need to be identified, together with the appropriate degrees of freedom that might be entangled. These subsystems are technically known as modes. Most formally, *entanglement is the degree of correlation between observables* (*pertaining to different modes*) that exceeds any correlation allowed by the laws of classical physics."

只涉及单个粒子的不同自由度的两个对易的可观测量的纠缠纯态的实验制备，已经在很多实验室中完成. 例如，在 Dürr 等[13]的实验中，制备了一个原子的质心动量与它的内部电子态的纠缠纯态. 在 C. Monroe 等[29]实验中，实现了在 Paul 阱中的一个 $^9Be^+$ 离子的内部态（电子激发态）与其质心运动（即离子的空间运动）的纠缠纯态. 在文献[30]中，分析了一个自旋 $\hbar/2$ 为的粒子的自旋与其路径的纠缠态.

对于一个给定的量子纯态的纠缠问题，已经有很多的理论工作，但问题似未得到很好解决. 下面给出一个纯态的纠缠判据.

一般而言，量子纠缠涉及不同自由度的至少两个可对易可观测量. 为确切起见，谈及一个纠缠纯态，必须指明，它是什么样的两个(多个)对易的可观测量的共同测量之间的关联[26]. 例如，可对易的两个可观测量 A 和 B 的纠缠纯态，有如下两个特点[31]：

(a) 测量之前，A 和 B 都不具有确定的值（即不是 A 和 B 的共同本征态).

(b) A 和 B 的共同测量值之间有确切的关联(概率性的).

我们注意到，按照不确定度关系，一般说来，在同一时刻，不对易的可观测量不能同时具有确定值，或者说，它们不能具有共同本征态[32]. 不确定度关系本身，不明显涉及自由度的问题. 如果两个可观测量属于不同自由度，则彼此一定对易，因而不涉及不确定度关系. 而纠缠则是涉及不同自由度的两个或多个可观

---

[27] A. Aspect, Nature **446** (2007) 866.

[28] V. Vedrel, Nature **453** (2008) 1004.

[29] C. Monroe, D. M. Meekhof, B. E. King, D. J. Wineland, Science **272** (1996) 1131.

[30] T. Pranmanik, et al., Phys. Lett. **A374** (2010) 1121.

[31] A. Mair, A. Vaziri, G. Weith & A. Zeilinger, Nature **412** (2001) 313.

[32] J. Y. Zeng, Y. A. Lei, S. Y. Pei & X. C. Zeng, arXiv: 1306.3325(2013).

测量(彼此一定对易)的共同测量值之间的关联．所以，量子纠缠与不确定度关系应该有一定的关系．但在此，一定会涉及多自由度体系．

一个多自由度或多粒子体系的量子态，需要用一组对易可观测量完全集(CSCO)的共同本征态来完全确定[33]，而一组对易可观测量原则上是可以共同测定的．在实验上，相当于进行一组完备可观测量的测量，用以完全确定体系的一个量子态．一组对易的可观测量完全集的共同本征态，张开体系的 Hilbert 空间的一组完备基，体系的任何一个量子态都可以用这一组完备基来展开．

设$(A_1, A_2, \cdots)$构成体系的一组 CSCO，其共同本征态记为$\{|A'_1, A'_2, \cdots\rangle\}$，同样，设$(B_1, B_2, \cdots)$构成体系的另一组 CSCO，其共同本征态记为$\{|B'_1, B'_2, \cdots\rangle\}$，定义厄米对易式矩阵$C=C^+$，其矩阵元素为$C_{\alpha\beta}\equiv \mathrm{i}[B_\beta, A_\alpha]$用以描述$(A_1, A_2, \cdots)$中的任何一个可观测量与$(B_1, B_2, \cdots)$中任何一个可观测量的对易关系．与不确定度关系相似，A_α与B_β也满足与不确定度关系相似的关系，

$$\Delta A_\alpha \Delta B_\beta \geqslant \frac{1}{2}[\langle[A_\alpha, B_\beta]\rangle| = \frac{1}{2}|C_{\alpha\beta}| \tag{6}$$

下面考虑，在 CSCO$(A_1, A_2, \cdots)$的某一个给定的共同本征态下，彼此对易的各可观测量$(B_1, B_2, \cdots)$的共同测量值之间的关联．以下给出一个纯态的纠缠判据：[证明见本书卷Ⅱ，3.4.3 节]

(a) 设矩阵C的每一行i(i$=1,2,\cdots$)，至少有一个矩阵元素C_{ij}不为 0，[即每一行i的所有元素C_{ij}($j=1,2,\cdots$)，不完全为 0]．

(b) 对于所有$\{|\psi\rangle = |A'_1, A'_2, \cdots\rangle\}$，$\langle\psi|C|\psi\rangle$不完全为 0．

如以上两个条件都满足，则在量子态$\{|\psi\rangle = |A'_1, A'_2, \cdots\rangle\}$态下，对$(B_1, B_2, \cdots)$进行完备测量时，它们的测量值是彼此关联的(几率性)，即$\{|\psi\rangle = |A'_1, A'_2, \cdots\rangle\}$是$(B_1, B_2, \cdots)$的纠缠态．

如果只有条件(a)满足，而条件(b)不满足，则不能判定所有量子态$\{|A'_1, A'_2, \cdots\rangle\}$都是，或都不是，$(B_1, B_2, \cdots)$的纠缠态．

可以看出，上述量子纯态的纠缠判据与不确定度关系，在结构上有相似之处．读者不难从一些常见的纠缠纯态来进行验证（参见卷Ⅱ，3.4 节)．

(五) 量子力学理论与广义相对论的协调

在纪念量子论诞生一百周年之际，Amelino-Camelia[34]提及：量子理论与相对论是 20 世纪物理学的最成功的两个理论．广义相对论是一个纯经典的理论，它描述的空间－时间的几何是连续和光滑的，而量子力学描述的物理量一般是分立

---

[33] P. A. M. Dirac, *The Principles of Quantum Mechanics*, 4th. ed, 1958, Oxford University Press，或见本书 4.3.4 节．

[34] G. Amelino-Camelia, Nature **408** (2000) 661；**448** (2007) 257.

的. 这两个理论是不相容的，但都在各自的不同的领域取得巨大成功（“大爆炸”现象除外）. 量子力学成功地说明了微观世界以及一定条件下的一些宏观现象的规律，而广义相对论成功说明了宇观领域的一些现象. 把相对论与量子理论结合起来，是人们必须克服的一个巨大障碍，而在解决两者冲突的过程中可能诞生新的物理学规律.

关于纠缠和非局域关联，N. Gisin[35] 谈道：“在现代量子物理学中，纠缠是根本的，而空间是无关紧要的，至少在量子信息论中是如此，空间并不占据一个中心位置，而时间只不过是标记分立的时钟参量. 而在相对论中，空间-时间是基本的，谈不上非局域关联.”

涉及纠缠和非局域关联的近期工作，应提及 Schrödinger 的操控（steering）[36] 以及信息因果性（information causality）[37]. 操控是一种新的量子非局域性形式，它介于纠缠与非局域性之间. 信息因果性作为一个原理，它对于能够进行传递的信息总量给出了一个限制. 特别应该提到 J. Oppenheim & S. Wehner[38] 的不确定性原理与非局域性的密切关系的工作. 该文提到：

“量子力学的两个核心概念是的 Heisenberg 不确定性原理与 Einstein 称之为‘离奇的超距作用’的一种奇妙的非局域性. 迄今，这两个基本特性被视为不同的概念. 我们指出，两者无法分割，并定量地联系在一起. **量子力学的非局域性不能超越不确定性原理的限制**. 事实上，对于所有物理理论，不确定性与非局域性的联系都存在. 更特别提及，任何理论中的非局域度（degree of non-locality）由两个因素决定：不确定性原理的力度和操控的力度，后者决定在某一个地点制备出来的量子态中，哪些量子态可以在另一个地点被制备出来”.

与任何一个自然科学理论一样，量子力学是在不断发展中的一门学科，而且充满争议. 从更积极的角度来看待过去长时期有关量子力学理论的争论，C. Teche[38] 说：

“The paradoxes of the past are about to the technology of the future.”

的确，在过去的 20 多年中，量子信息理论和技术，量子态工程，纳米材料学科等领域都有了长足的进展.

在 20 世纪即将结束之际，P. Davis 写道[6]：

> “The 19th century was known the *machine age*, the twentieth century will go do down in history as the *information age*. I believe that the twenty-first century will be the *quantum age*.”

㉟ N. Gisin, Science **326** (2009) 1357.

㊱ N. Brunner, Science **326** (2010) 842，以及所引文献.

㊲ M. Pantowski, *et al.*, Nature **466** (2003) 1101; S. Popescu& D. Rohrlich, Foundations of Physics24 (1994) 379.

㊳ J. Oppenheim & S. Wehner, Science **330** (2010) 1072.

对此，有人持不同看法，认为21世纪将是生物学和医学的时代. 作者认为，这两种说法都有一定道理. 不同学科领域的进展是互相影响和互相渗透的. 显然，如果没有物理学的进展，例如，光谱学、显微镜、X射线与核磁共振等技术，现代生物学和医学的进展就难以理解. 物理学研究的是自然界最基本的，但相对说来又是比较简单的规律. 生物学与医学的规律要复杂得多，它的发展与化学和物理学等学科的进展密切相关. 可以期望，在21世纪，这些领域都可能有出乎我们意料之外的进展.

* * *

作为《现代物理学丛书》之一，本书从1981年出版以来，受到广大读者的欢迎和同行专家的肯定. 考虑到量子力学近期的进展，本书曾经几次再版，并且每年都大量重印. 多年以来，本书的繁体字版本还在台湾大量发行. 三十多年过去了，本书是《现代物理学丛书》中至今仍在发行的唯一著作. 本书的历届责任编辑：陈菊华、张邦固、昌盛、贾杨、窦京涛的长年细致工作，保证了本书出版的高质量. 裴寿镛教授对本书第五版的修订提了很多宝贵建议. 作者在此表示感谢. 欢迎广大读者和同行教师对本书提出宝贵的修改意见，以便再版时进行修改.

作者于北京大学

2013年8月

第四版（2007 年）序言（摘录）

量子论的提出，已经历一百多年．量子力学的建立已有 80 年的历史．简单介绍一下国际学术刊物的一些文献对量子力学的评价及有关实验结果，对读者是有裨益的．

在纪念量子论诞生 100 周年之际，D. Kleppner & R. Jackiw 写道①：

"Quantum theory is the most precisely tested and most successful theory in the history of science."

尽管量子力学已经取得如此重大的成功，由于量子力学的基本概念和原理（波动-粒子二象性与波函数的统计诠释，量子态叠加原理和测量问题，不确定度关系等）与人们日常生活经验严重抵触，人们接受起来有很大难度．正如 N. Bohr 所说：

"Anyone who is not shocked by quantum theory has not understood it."

对待量子力学基本概念和原理的诠释，一直存在持续的争论．而大多数争论集中在著名的 EPR（Einstein-Podolsky-Rosen）佯谬②和 Schrödinger 猫态佯谬③两个问题④．

对于 EPR 佯谬的争论，M. A. Rowe 等（2001）⑤ 做了如下表述：

"Local realism is the idea that objects have definite properties whether or not they are measured, and that measurements of these properties are not affected by events taking place sufficiently far away. Einstein, Podolsky and Rosen used those reasonable assumptions to conclude that quantum mechanics is incomplete."

很长一段时间，争论一直停留为纯理论性或思辨性的．但⑤

"Starting in 1965, Bell and others constructed mathematical inequalities whereby experiments tests could distinguish between quantum mecha-

---

① D. Kleppner and R. Jackiw, Science**289**(2000)893.

② A. Einstein, B. Podolsky, and N. Rosen, Phys. Rev. **47**(1935)777.

③ E. Schrödinger, Naturwissenschaften**23**(1935)807-812, 823-828, 844-849；英译文见，Quantum Theory and Measurement, ed. J. A. Wheeler and W. H. Zurek (Princeton University Press, NJ, 1983), p. 152～167.

④ A. J. Leggett, Science**307**(2005)871.

⑤ M. A. Rowe, et al., Nature**409**(2001)791.

nics and local realistic theories. Many experiments have since been done that are consistent with quantum mechanics and inconsistent with local realism."

Bell 不等式[①②]所揭示的局域实在论（local realism）与量子力学的矛盾是统计性的. Bell 不等式是对 2 量子比特的自旋纠缠态（自旋单态）的分析得出的. Greenberger，Horne & Zeilinger 对 Bell 的工作做了推广[③]，他们分析了 N（$\geqslant$ 3）量子比特的纠缠态（GHZ 态），发现量子力学对某些可观测量的确切预期（perfect prediction）结果与定域实在论是矛盾的[③④]. 后来的实验观测结果与量子力学预期完全一致，而与定域实在论尖锐矛盾[⑤]. A. Zeilinger 在纪念量子论诞生 100 周年的文章[⑥]中写道：

"All modern experiments confirm the quantum predictions with unprecedented precision. Evidence overwhelmingly suggests that a local realistic explanation of nature is not possible."

Schrödinger 猫态佯谬一文提出了一个疑问，即"量子力学对宏观世界是否适用?"这也涉及量子力学和经典力学的关系［注意，不可把"经典"（classical）与"宏观"（macroscopic）等同起来］. 近年来，在特定的实验条件下，已相继制备出介观尺度和宏观尺度的 Schrödinger "猫态"[⑦⑧]. H. D. Zeh 和 W. H. Zurek[⑨⑩⑪] 提出用退相干（decoherence）观点来描述微观世界到宏观世界的过渡. 他们认为[⑩]：

"States of quantum systems evolve according to the deterministic, linear Schrödinger equation

$$\mathrm{i}\hbar \frac{\mathrm{d}}{\mathrm{d}t} |\psi\rangle = H |\psi\rangle$$

---

① S. J. Bell, Physics **1**(1964)195.

② J. F. Clauser, M. A. Horne, A. Shimony and R. A. Holt, Phys. Rev. Lett. **23**(1969)880.

③ D. M. Greenberger, M. A. Horne, A. Shimony, and A. Zeilinger, Am. J. Phys. **58**(1990)1131.

④ N. D. Mermin, Phys. Today, June, 1990, p. 9～11.

⑤ J. W. Pan, D. Bouwmeester, M. Daniell, H. Weinfurter and A. Zeilinger, Nature **403**(2000)515.

⑥ A. Zeilinger, Nature **408**(2000)639.

⑦ C. Monroe, *et al.*, Science **272**(1996)1131.

⑧ C. H. Van der Wal, *et al.*, Science **290**(2001)773.

⑨ H. D. Zeh, Found. Phys. 1(1970)69. W. H. Zurek, Phys. Rev. **D24**(1981)1516; **D26**(1982)1862.

⑩ W. H. Zurek, Phys. Today, Oct. 1991, p. 36～44; Rev. Mod. Phys. **75** (2003)715.

⑪ D. Giulini, E. Joos, G. Kiefer, J. Kipsch, I. Stamatescu and H. D. Zeh, *Decoherence and Appearance of A Classical World in Quantum Theory*, Springer, Berlin, 1996.

That is, just as in classical mechanics, given the initial state of the system and its Hamiltonian H, one can compute the state at an arbitrary time. This deterministic evolution of $|\psi\rangle$ has been verified in carefully controlled experiments."

同时他们又指出，由于实在的宏观物体不可避免与周围环境相互作用，从而导致相干性迅即消失. 在一般情况下，不可能观测到宏观量子叠加态. 对此，G. J. Myatt 等写道①：

"The theory of mechanics applies to closed system. In such ideal situations, a single atom can, for example, exist simultaneously in a superposition of two different spatial locations. In contrast, real systems always interact with their environment, with the consequence that macroscopic quantum superpositions (as illustrated by the Schrödinger's cat' thought-experiment) are not observed."

对于量子力学基本概念的持续多年的争论，R. Blatt (2000) 评论道②：

"The apparently strange predictions of quantum theory have led to the notion of 'paradox', which arises only when quantum systems are viewed with a classical eye."

而 C. Tesche 认为③：

"The paradoxes of the past are about to the technology of the future."

人们看到，伴随这个长期的争论，一些新兴的学科领域，例如量子信息论（量子计算，量子远程传态，量子搜索，量子博弈等），量子态工程等，正方兴未艾.

当然，尽管量子力学已在如此广泛和众多领域取得极为辉煌的成功，19 世纪末物理学家的历史经验值得注意. 量子力学是经过大量实验工作验证了的一门科学，它的正确性在人们实践所及领域内毋庸质疑. 但量子力学并非绝对真理. 量子力学并没有，也不可能关闭人们进一步认识自然界的道路. 人们应记住 Feynman 的如下告诫：

"We should always keep in mind the possibility that quantum mechanics may fail, since it has certain difficulties with philosophical prejudices that we have about measurement and observation."

此外，量子力学与广义相对论的矛盾，还未解决④. 关于量子力学的争论，或许

---

① G. J. Myatt, *et al*. Nature **403**(2000)269.

② R. Blatt, Nature **404**(2000)231.

③ C. Tesche, Science **290**(2001)720.

④ G. Amelino-Camelia, Nature **408**(2000)661.

是一个更深层次的有待探索的问题的一部分[①]. 正如中国古代伟大诗人屈原的《离骚》中所说：

"路漫漫其修远兮，吾将上下而求索."

在进一步探索中，人们对于自然界中物质存在的形式和运动规律的认识，或许还有更根本性的变革.

作者于北京大学

2007年1月

① M. Tegmark and J. A. Wheeler, Scientific American **284**(2001)68.

第三版（2000 年）序言（摘录）

今年，我们迎来了量子论诞生一百周年．量子力学的建立，也已历七十余载．量子力学与相对论的提出，是 20 世纪物理学两个划时代的成就．可以毫不夸张地说，没有量子力学与相对论的建立，就没有人类的现代物质文明．

“原子水平上的物质结构及其属性”这个古老而基本的课题，只有在量子力学理论基础上才原则上得以解决．可以说没有哪一门现代物理学的分支及相关的边缘学科能离开量子力学这个基础．例如，固态物理学、原子与分子结构和激光物理、原子核结构与核能利用（核电技术和原子弹）、粒子物理学、量子化学和量子生物学、材料科学、表面物理、低温物理、介观物理、天体物理、量子信息科学等，实在难以胜数．

然而在量子力学建立的早期年代，很少人意识到这个基本理论的广阔应用前景．当时，很少人能认识到，有朝一日量子力学会提供发展原子弹和核电技术所必需的理论基础．同样，也很少人想到基于量子力学而发展起来的固态物理学，不仅基本搞清了“为什么有绝缘体、导体、半导体之分？”“在什么情况下会出现超导现象？”“为什么有顺磁体、反磁体和铁磁体之分？”等最基本的问题，还引发了通讯技术和计算机技术的重大变革，而这些进展对现代物质文明有决定性的影响．

但事情到此并没有完结．尽管量子力学基本理论体系已在 20 世纪 20 年代建立起来，尽管正统的量子力学理论在说明各种实验现象和在极广泛领域中的应用已取得令人惊叹的成就，但围绕量子力学基本概念和原理的理解及物理图像，一直存在激烈的争论．我们兴奋地注意到，近年来量子力学在实验和理论方面已取得令人瞩目的新进展．在国际上一些权威性学术刊物（如 Nature，Science，Phys. Rev. Lett. 等）上不断出现一系列报道．一方面，关于量子力学基本概念和原理的争论，**已从思辨性讨论转向实证性研究**［包括 EPR 佯谬，Bell 不等式，量子力学中的非定域性的实验检验，Schrödinger 猫态在介观尺度上的实现，纠缠态概念与路径判断（which-way）实验，作为描述系综的波函数的实验测量，等］，这些成果有助于人们重新理解量子力学的基本概念和原理，以及量子力学和经典力学的关系．另一方面，**一系列新的宏观量子效应不断被发现**，例如，继激光、超导和超流现象、Josephson 效应等之后，近年来发现的量子 Hall 效应，高温超导现象，Bose-Einstein 凝聚等．**相关的应用技术也正在迅速开展．**估计在 21 世纪初，量子力学的实用性会更加明显，一批新的交叉学科将应运而生，例如，量子态工程，量子信息科学等．

所有这些新的进展给人们两个印象：一是量子力学基本概念和原理的深刻内涵及其广阔的应用前景，还**远未被人们发掘出来，在我们面前还有一个很大的必然王国**. 量子力学的进一步发展，也许会对21世纪人类的物质文明有更深远的影响. 另一方面，人们看到，量子力学理论所给出的预言，已被无数实验证明是正确的. 当然，人们对量子力学基本概念和原理的理解还会不断深化，但可以相信，至少**在人们现今对物质存在形式的概念**下，量子力学的理论体系无疑是正确的.

*　*　*

本书是根据作者在北京大学从事量子力学教学和研究40年经验写成的. 作为一个教师，我愿对同行教师和同学们讲讲自己的对教学的一些看法.

教师的职责是从事教学. 教师教学生，教什么？如何教？学生要学，学什么？如何更有效地学？我认为一个好的高校教师，**不应只满足于传授知识，而应着重培养学生如何思考问题、提出问题和解决问题**.

这里涉及到科学上的继承和创新的关系. 中国有句古话："继往开来"，说得极好，很符合辩证法. 我的理解，**"继往"只是一种手段，而目的只能是"开来"**. 诚然，为了有效地进行探索性工作，必须扎扎实实继承前人留下的有用的知识遗产. 但如就此止步，科学和人类的进步自何而来？有了这点认识，我们的教学思想境界就会高得多，就别有一番天地，就把一个人的认识活动汇进不断发展的人类认识活动的长河中去了.

基于这点认识，教师就会自觉地去**贯彻启发式的教学方式**. 学生学一门课，学的是前人从实践中总结出来的间接知识. 一个好的教师，应当引导学生设身处地去思考，**是否自己也能根据一定的实验现象，通过分析和推理去得出前人已认识到的规律**？自然科学中任何一个新的概念和原理，总是在旧概念和原理与新的实验现象的矛盾中诞生的. 讲课虽不必要完全按照历史的发展线索讲，但有必要充分展开这种矛盾，让学生自己去思考，自己去设想一个解决矛盾的方案. 在此过程中，即使错了，也不要紧，学生可以由此得到极为宝贵的独立工作能力的锻炼. 如果设想出来的方案与历史上解决此矛盾的途径不一样，那就更好. 科学史上**殊途同归**的事例是屡见不鲜的. 对这样的学生，就应格外鼓励. 他们比能够原封不动重述书本的学生要强百倍.

学生有了这点认识，就不会在书本和现有理论面前顶礼膜拜（"尽信书不如无书"），而是把它们看成在**发展中的**东西. 一切理论都必须放在实践的审判台前来辩明其真理性. 我们提倡，**对待前人的知识遗产，既不可轻率否定，也不可盲目相信**. 这样，学生就敢于在通过思考之后对现有理论或老师所讲的东西提出怀疑. 这对于培养有创造性的人才是至关紧要的，也是应提倡的学风和师生关系（所谓"道之所存，师之所存也"，亦即"吾爱吾师，吾尤爱真理".）还应该在教学中提倡讨论的风气. Heisenberg说过：**"科学植根于讨论之中."**

要真正贯彻启发式教学，教师有必要进行教学与科学研究. 而教学研究既有教学法的研究，但更实质性的是教学内容的研究.

从教学法来讲，教师讲述一个新概念和新原理时，**应力求符合初学者的认识过程**. 真理总是朴素的. 我相信，一切理论，不管它多困难和多抽象，总有办法深入浅出地讲清楚. 做不到这一点，常常是由于教师自己对问题的理解太肤浅. 此外，讲述新概念，如能与学生学过的知识或熟悉的东西联系起来讲，进行类比，则学习的难度往往会大为减轻，而且学生对新东西的理解也会更深刻.

在教学内容上，至少对于像量子力学这样的现代物理课程来讲，我认为还有很多问题并未搞得很清楚，很值得深入研究，决不可人云亦云. 吴大猷先生在他的《量子力学》(甲部) 的序言中批评不少教材"辗转抄袭"，这并非夸张之词. (例如国内广泛流传的布洛欣采夫的《量子力学原理》书中提到：基于波函数的统计诠释，从流密度的连续性即可导出波函数微商的连续性，但这种论证是错误的.) 教师如能**以研究的态度来进行教学**，通过"潜移默化"，学生也就会把这种精神和学风带到他们尔后的工作中去，这就播下了宝贵的有希望的种子，到时候就会开出更美丽的花朵，并结出更丰硕的果实 ("青出于蓝而胜于蓝，冰生于水而寒于水"①).

高校教师，除教学之外，还很有必要在某些前沿领域进行科学研究. 一个完全没有科研实践经验的人，对于什么是认识论，往往只会流于纸上谈兵. 对于人们怎样从不知到知，怎样从杂乱纷纭的现象中找出它们的内在联系，则一片茫然. 有科学实践经验的教师，在讲述一个规律或原理时，一般会注意**剖析人们怎样从不了解到了解它的过程，而不是把它看成一堆死板的知识去灌输给学生**. 我自己有过多次这样的体会，即当讲述一个问题时，如果自己在该问题有关领域做过一定深度的工作，讲起来就"很有精神"，"左右逢源"，并能做到"深入浅出"，"言简意赅". 反之，就只能拘谨地重述别人的话，不敢逾越雷池一步.

高校教师从事科学研究还有两个有利条件：一是有可能触及学科发展中某些根本性的问题，这对于只搞科研而不从事教学的人，往往难以注意到它们. 另一有利条件是能广泛接触很多年轻学生 (本科生和研究生)，他们是一支重要的新生力量，受传统思想的束缚较少. 教师在教他们的过程中，往往会得到很多启发. 历史上有不少科学家，在大学生或研究生阶段，就已对一些科学问题作出了重要贡献. 例如，R. P. Feynman 的量子力学路径积分理论，就是他在研究生阶段完成的. 有鉴于此，我在教学中，对改革考试制度做过如下的尝试：即在适当的时机，向同学们提出一些目前人们还不很清楚，而学生已有基础可以进行探讨的问题，如哪一位同学能给出一个解决的方案，就予以免试，给予最优秀的成绩. 出乎意料，有一些问题竟被少数聪明而勤奋的学生相当满意地解决了. 有人

---

① 见《荀子·劝学篇》，"青，取之于蓝，而青于蓝；冰，水为之，而寒于水".

也许会说，这样的问题不太好找．但我的经验表明，只要这门学科还在发展，这样的问题就比比皆是，但它们只对勤于思考的人敞开大门．当然，这样的问题并不一定都非常重要，但对于培养创新人才却是非常有效的．

最后谈谈教材建设．也许有人认为，像量子力学这样一门学科，世界上已有不少名著，没有必要再写一本教材．但我认为**只要科学发展不停顿，教材就应不断更新**．量子力学虽然比较成熟，但并不古老．学科的发展和教材的建设还远没有达到尽头．**我们充分尊重世界名著，但也不必被它们完全捆住了手脚**，何况这些名著也不尽适合我国的教学实际情况．回想20世纪50年代，国内各高校开设量子力学课的经验还很不足．当时北大有一些学生批评“量子力学不讲理”，“量子力学是从天上掉下来的”．这些批评虽嫌偏激，但也反映教学中存在不少问题．我从研究生毕业后走上讲台开始，就下了决心要改变这种状况．在长期教学实践和科学研究的基础上，写成了《量子力学》(上、下册，1981，科学出版社)．90年代初，又改写成两卷本．在撰写时，我结合教学实际，对基本概念和原理的讲述，做了一些新的尝试．实践证明，收到了较好的效果．出版之后，我先后收到一千多封读者热情的来信，给予了肯定，认为对提高我国的量子力学教学水平以及培养我国（包括台、港、澳地区及世界各地华裔）一代年轻物理学工作者做出了积极的贡献．该书先后十几次重版，仍不能满足读者要求．

岁月如流，40年转瞬即逝．我们的祖国正欣欣向荣．但应该看到，我国的教育事业，与先进国家相比，还有较大差距．我们中华民族曾经有过光辉的历史，对人类的科学和文化做出过很多重大贡献．但近几百年来，我们落后了．一个国家，如果教育长期落后，就不可能强大繁荣，一个民族如不重视教育，就无法自立于世界民族之林．在此新世纪来临之际，我们必须不失时机奋起直追．这可能需要几代人的努力，作为一个教师，我寄希望于年轻一代．“十年树木，百年树人”．深信我们祖国群星灿烂、人才辈出的光辉前景，定会加速到来．

作者于北京大学

2000年1月

第二版（1990年）序言（摘录）

10年前，作者所著《量子力学》（上、下册，科学出版社，1981）的内容是针对当时国内量子力学教学实际情况而选定的．该书出版以来，受到广大读者欢迎，多次重印，仍不能满足要求．作者先后收到读者近千封热情洋溢的来信，给予了肯定和较高的评价，认为对提高我国量子力学教学水平起了积极的作用．1988年初国家教委颁发了建国以来首届国家级高校优秀教材奖，该书是获奖的六本物理书之一．1989年又获得第一届国家级高等院校优秀教学成果奖．

10年以来，我国量子力学教学水平有了明显提高．各高校普遍招收了研究生．作为物理及有关专业研究生的基础理论课，普遍设置了高等量子力学课．为适应这种情况，本书将分两卷出版．卷Ⅰ作为本科生教材或参考书，而卷Ⅱ则作为研究生的教学参考书．

在撰写本书时，作者参照了国外近年来出版的一些新教材的优点，更多地反映了量子力学在有关科研前沿领域中的应用，同时还选用了同行和作者近年来所做的某些教学研究成果．

关于量子力学发展史的介绍，过去国内教材很少直接引证原始文献，有些史实的讲述与历史有出入．本书根据国外一些可靠的量子力学史籍和原始文献，做了一些重要订正．例如，关于Planck黑体辐射公式提出的历史背景，Bohr的对应原理等．

基本概念和原理的讲述，历来是一个大难点．过去学生批评“量子力学课不讲理”，“量子力学是从天上掉下来的”．根据作者多年从事教学和科研工作的经验，在《量子力学》（1981）中，曾经对基本概念和原理的讲述做了一些新的尝试，例如，**从波动-粒子二象性的分析来引进波函数的统计诠释**，以及说明**为什么必须引进算符来刻画可观测量**，关于**量子态概念与态叠加原理**，**表象理论**等．作者着重引导读者去分析问题和解决问题，以增进读者的学习兴趣．这方面得到了很多同行和读者的肯定．在撰写本书时，作者又做了进一步改进，并纠正了一些流行的不恰当的讲法．

过去国内量子力学课的讲法往往给读者造成一个印象，认为力学量本征值问题似乎总是在一定边条件下去求解微分方程，这有历史的原因．但据作者所知，实际科研工作中更多地是用代数方法求解力学量的本征值．有一些本征值问题可以用代数方法给出极漂亮的解法．例如，角动量的Dirac理论和Schwinger表象．为弥补这方面的不足，本书增设力学量本征值问题的代数解法一章．

还有一些问题，在有关科研领域中经常碰到，但在过去教材中讨论得很少，例如，低维体系，定态微扰论与量子跃迁的关系，共振态与束缚态的关系，散射振幅的极点与束缚定态能级的关系，Hellmann-Feynman 定理，自然单位等，本书用了适当篇幅予以介绍．散射理论一章做了大幅度修改．对于散射的经典描述和量子力学描述的比较，守恒量分析在散射理论中的重要性，Born 近似的适用条件等，都做了较详细的讨论．

为了有助于读者更深入理解有关概念和原理，书中安排了适量的思考题和练习题．为增进读者运用量子力学处理具体问题的能力，在每章之末选进了大量习题供读者选用，并附有答案和提示．这些习题中有相当部分选自近年来国外研究生资格考试题．采用本书的读者，可同时选用《量子力学习题精选与剖析》（钱伯初，曾谨言，科学出版社）作为主要参考书．

应该强调，教材是给学生学习用的．教师讲课时应根据不同情况（学生水平，专业需要等）选讲本书的一部分（＜2/3），其余部分最好留给学生自由阅读，这有利于不同程度和兴趣的学生发展其聪明才智．教师应该明确，教学的目的主要是培养学生分析问题和解决问题的能力，而不应局限于传授具体的知识．

作者于北京大学

1989 年春

第一版（1981年）序言（摘录）

量子力学是在人类的生产实践和科学实验深入到微观物质世界领域的情况下，在20世纪初到20年代中期建立起来的．人们从实践中发现，在原子领域中，粒子的运动行为与日常生活经验中粒子的运动行为有质的差异，在这里我们碰到一种新的自然现象——**量子现象**，它们的特征要用一个普适常量——Planck常量 h 来表征．经典物理学在这里碰到了无法克服的矛盾，量子力学的概念与规律就是在解决这些矛盾的过程中逐步揭示出来的．

但是，不能认为量子力学规律与宏观物质世界无关．事实上，**量子力学的规律不仅支配着微观世界，而且也支配着宏观世界**，可以说全部物理学都是量子力物理学的．已被长期实践证明的描述宏观自然现象的经典力学规律，实质上不过是量子力学规律的一个近似．一般说来，在经典物理学中不直接涉及物质的微观组成问题，因而量子效应并不显著，所以经典力学是一个很好的近似．例如，行星绕太阳的运动，与氢原子中电子绕原子核的运动相似，都受量子力学规律支配，但对于前者，量子效应是微不足道的（角动量 $mvR \gg h$，m 是行星质量，v 是速度，R 是轨道半径），因此，经典力学规律被证实是相当正确的．

但有一些宏观现象，量子效应也直接而明显地表现出来，例如，极低温下（v 很小）的超导现象与超流现象；又例如，白矮星及中子星等高密度（R 很小）的星体以及常温、常压、常密度情况下质量 m 很小的粒子系（例如，金属中的电子气），量子效应都很显著，不能忽视．因此，**经典力学与量子力学适用范围的分界线，应当根据量子效应重要与否来划分．**

量子力学规律的发现，是人们对于自然界认识的深化．量子力学，特别是非相对论量子力学的基本规律与某些基本概念，从它们建立到现在的50多年中，经历了无数实践的考验，是我们认识和改造自然界所不可或缺的工具．由于量子力学所涉及的规律极为普遍，它已深入到物理学的各个领域，以及化学和生物学的某些领域．现在，可以说，要在物理学的任何领域进行认真的工作，没有量子力学是不可思议的．事实上，量子力学已成为现代物理学的不可或缺的理论基础．

当然，与任何一门自然科学一样，量子力学也只是在不断发展中的相对真理．从量子力学建立以来，对它的某些基本概念以及对其基本规律的一些看法，始终存在着不同见解的争论．这需要通过进一步的科学实践以及新的矛盾的揭示来逐步加以解决．

作者于北京大学

1981年春

目　　录

卷 I 总目录

卷Ⅱ总目录

卷Ⅰ章节目录

第 1 章　量子力学的诞生

1.1　经典物理学碰到了哪些严重困难？

相对论和量子力学的提出，是 20 世纪物理学的两个划时代的里程碑．A. Einstein 提出的狭义相对论，改变了 Newton 力学中的绝对时空观，指明了 Newton 力学的适用范围，即只适用于速度 v 远小于光速的物质的运动（$v/c \ll 1$，$c=2.998\times 10^8\,\text{m/s}$，是真空中的光速），还给出实物粒子的能量和质量的关系式，$E = mc^2$．量子力学则涉及物质运动形式和规律的根本变革．20 世纪前的经典物理学（经典力学、电动力学、热力学与统计物理学等），只适用于描述一般宏观条件下物质的运动，而对于微观世界（原子和亚原子世界）和一定条件下的某些宏观现象（例如，极低温下的超导、超流、Bose-Einstein 凝聚等），则只有在量子力学的基础上才能说明．量子物理学一百年的历史证明，它是历史上最成功、并为实验精确检验了的一个理论①②③．量子物理学对说明极为广泛的众多自然现象，取得了前所未有的成功②．物质属性及其微观结构这个古老而根本的问题，只有在量子力学的基础上，才能在原则上得以阐明．例如，物体为什么有导体、半导体和绝缘体之分？又如，元素周期律的本质是什么？原子与原子是怎样结合成分子的（化学键的本质）？所有涉及物质属性和微观结构的诸多近代学科，无不以量子力学作为其理论基础．量子物理学还引发了极为广泛的新技术上的拓展．据估计，基于量子力学发展起来的高科技产业（例如，激光、半导体芯片、计算机、电视、电子通讯、电子显微镜、核磁共振成像、核能发电等），其产值在发达国家国民生产总值中目前已超过 30%①．可以说，没有量子力学和相对论的建立，就没有人类的现代物质文明．

历史的经验值得注意．在量子物理学提出一百年后，对它走过的历程做一个简要回顾，不仅可以加深我们对量子物理学的理解，而且对物理学的进一步发展，也可得到有益的启示．

在 19 世纪末，物理学家中普遍存在一种乐观情绪，认为对复杂纷纭的物理现象的本质的认识已经完成．他们陶醉于 17 世纪建立起来的力学体系，19 世纪建立起来的电动力学以及热力学和统计物理学．J. C. Maxwell 于 1871 年在剑桥大学

---

① M. Tegmark, J. A. Wheeler, Scientific American **284**(2001)68～75. 100 Years of Quantum Mysteries.

② A. Zeilinger, Nature **408**(2000)639～641, The Quantum Centennial.

③ D. Kleppner, R. Jackiw, Science **289**(2000)893～898, One Hundred Years of Quantum Physics.

就职演说中提到[①]:在几年中,所有重要的物理常数将被近似估算出来,……,给科学界人士留下来的只是提高这些常数的观测值的精度.据统计[③],在1890～1900年期间,充斥物理学期刊的是:原子光谱(各种元素的光谱线波长数据)以及物质各种属性的测量结果,如黏滞性(viscosity)、弹性(elasticity)、电导率(electric conductivity)、热导率(thermal conductivity)、膨胀系数(coefficient of expansion)、折射系数(refraction coefficient)和热弹系数(thermoelastic coefficient)等.值得注意,这些描述本质上是经验性的.

然而,自然科学总是在不断地发展.在充满喜悦的气氛中,一些敏锐的物理学家已逐渐认识到经典物理学中潜伏着的危机.20世纪伊始,W. Thomson(Kelvin 勋爵)就指出[②]:经典物理学的上空悬浮着两团乌云.第一团乌云涉及电动力学中的"以太"(aether).当时人们认为电磁场依托于一种固态介质,即"以太",电磁场描述的是"以太"的应力.但是,为什么天体能无摩擦地穿行于"以太"之中?为什么人们无法通过实验测出"以太"本身的运动速度[③]?第二团乌云则涉及物体的比热,即观测到的物体比热总是低于经典统计物理学中能量均分定理给出的值.[④]

任何重大科学理论的提出,都有其历史必然性.在时机成熟时(实验技术水平、实验资料的积累、理论的准备等),就会应运而生.但科学发展的进程往往是错综复杂的.通向真理的道路往往是曲折的.究竟通过怎样的道路,以及在什么问题上首先被突破和被谁突破,则往往具有一定的偶然性和机遇.

1.1.1 黑体辐射问题

冶金高温测量技术及天文学等方面的需要,推动了对热辐射的研究.例如,G. Kirchhoff 定律(辐射吸收与发射率之比,1859),J. Stefan 四次方律(1884)等相继提出.到19世纪末,已认识到热辐射与光辐射都是电磁波,已开始研究辐射能量在不同频率范围中的分布问题,特别是对黑体(空窖)辐射进行了较深入的理论上和实验上的研究.

当完全黑体(空窖)与热辐射达到平衡时,辐射能量密度 $E(\nu)$ 随频率 ν 的变化曲线如图1.1所示.$E(\nu)\mathrm{d}\nu$ 表示空窖单位体积中频率在 $(\nu, \nu+\mathrm{d}\nu)$ 之间的辐射能量.

---

① M. Tegmark, J. A. Wheeler, Scientific American **284**(2001)68～75. 100 Years of Quantum Mysteries.

② W. Thomson, Phil. Mag. **2** (1901)1, 19th Century Clouds over the Dynamical Theory of Heat and Light.

③ 对于第一个问题的回答是:电磁场本身就是物质存在的一种形式.作为实物的(material)"以太"是不存在的.对后一问题的阐明,则由 A. Einstein 的狭义相对论(1905)给出.

④ 第二个问题涉及体系的部分自由度被冻结,在本质上涉及物质体系的能量量子化.这个谜团只有在尔后建立起来的量子物理学中才得以阐明.

W. Wien(1896)从热力学普遍理论考虑以及分析实验数据得出的半经验公式为①

$$E(\nu)\mathrm{d}\nu = c_1\nu^3\mathrm{e}^{-c_2\nu/T}\mathrm{d}\nu \tag{1.1.1}$$

c_1 与 c_2 是两个经验参数，T 为平衡时的温度. 公式与实验曲线符合得不错.

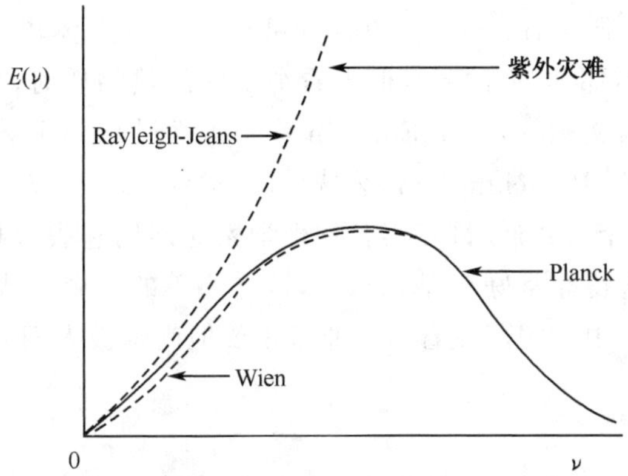

图 1.1　黑体辐射能量密度 $E(\nu)$随频率 ν 的变化示意图

但后来更精细和更全面的实验表明，Wien 公式并非与所有实验数据都符合得那样好，几位实验物理学家指出，在长波波段，Wien 公式与实验有明显偏离. 这促使 Planck 去改进 Wien 公式，结果得出了一个两参数的公式②，即(有名的 Planck 公式)

$$E(\nu)\mathrm{d}\nu = \frac{c_1\nu^3\mathrm{d}\nu}{\mathrm{e}^{c_2\nu/T}-1} \tag{1.1.2}$$

与当时已有的几个公式相比，Planck 公式不仅与实验符合得最好，而且形式也最简单(Wien 公式除外).

与此同时，J. W. Rayleigh (1900)与 J. H. Jeans(1905)③根据经典电动力学和统计物理理论，得出了一个黑体辐射公式，即(Rayleigh-Jeans 公式)

---

① W. Wien, *Wied. Ann.* **58**(1896)662. 根据热力学普遍理论，$E(\nu,T)$形式应取 $E(\nu,T)=\nu^3 f(\nu/T)$. 但函数 $f(\nu/T)$的形式不能从普遍理论给出. M. Planck, Ann. der Phys. **1**(1900)719，文中对 Wien 公式的理论基础作了深入论证.

② M. Planck, Verh. D. Phys. Ges. **2**(1900)202，文中提到了当时已知的黑体辐射公式，包括 Wien 公式，Thiesen 公式，Lummer-Jahnke 公式，Lummer-Pringsheim 公式. 但文中未提 Rayleigh-Jeans 公式，详细情况可参阅 F. Hund, *History of Quantum Theory*, chap 2, p. 25. 书中提到实验物理学家 H. Rubens 和 F. Kurlbaum 的工作，发现低频部分 Wien 公式与实验明显偏离. Planck 听到此结果后，立即动手找另外的表达式. D. ter Haar, *The Old Quantum Theory*, Part 1，书中 p. 9 提到 Planck 当时并不知道 Rayleigh-Jeans 公式. 还可参阅 E. U. Condon, Physics Today 1962, No. 10.

③ Lord Rayleigh, Phil. Mag. **49**(1900)539; Nature **71**(1905)559; **72**(1905)54,243. J. H. Jeans, Nature **71**(1905)607; **72**(1905)101,293; Proc. Roy. Soc. **A76**(1905)545. Rayleigh-Jeans 公式中前面的因子的正确结果是 1905 年得出的，Jeans 的工作就是纠正了前面的因子. Rayleigh-Jeans 公式的推导，例如，参阅王竹溪，《统计物理学导论》(1957)，§ 41.

$$E(\nu)\mathrm{d}\nu = \frac{8\pi kT}{c^3}\nu^2\mathrm{d}\nu \tag{1.1.3}$$

其中 c 为真空中的光速，$k(=1.38\times10^{-23}\,\mathrm{J/K})$是 Boltzmann 常量. 此公式在低频部分与实验曲线还比较符合. 但当 $\nu\to\infty$ 时，$E_\nu\to\infty$，是发散的，与实验明显不符，历史上称为紫外灾难(ultra-violet catastrophe). [如果黑体辐射能量密度真的像 Rayleigh-Jeans 分布那样，人的眼睛盯着看炉子内的热物质时，紫外线就会使眼睛变瞎(参见 p. 1 所引文献①).]A. Einstein 首先注意到 Planck 公式(1.1.2)在低频极限($\nu\to0$)下将回到 Rayleigh-Jeans 公式(1.1.3)($c_1/c_2=8\pi k/c^3$)①.

Planck 提出这个公式后，许多实验物理学家立即用它去分析了当时最精确的实验数据，发现符合得非常好②. 他们认为，这样简单的一个公式与实验如此符合，绝非偶然，在这公式中一定蕴藏着一个非常重要但尚未被人们揭示出的科学原理.

1.1.2 光电效应

19 世纪末，由于电气工业的发展，稀薄气体放电现象开始引起人们注意. J. J. Thomson(1856～1940)通过气体放电现象和阴极射线的研究，以及测量电子的荷质比(charge-to-mass ratio)，肯定了它是一种新的基本粒子(1896). 在此之前，H. Hertz(1888)已发现光电效应，但对其机制还不清楚. 直到电子发现后，人们才认识到这是由于紫外线照射，大量电子从金属表面逸出的现象③. 经过实验研究，发现光电效应呈现下列几个特征：

(1) 对于一定的金属材料做成的(表面光洁的)电极，有一个确定的临界频率 ν_c. 当照射光频率 $\nu<\nu_c$ 时，无论光的强度多大，都不会观测到光电子从电极上逸出.

(2) 每个光电子的能量只与照射光的频率 ν 有关，而与光强度无关. 光强度只影响到光电流的强度，即单位时间从金属电极单位面积上逸出的电子的数目.

(3) 当入射光频率 $\nu>\nu_c$ 时，不管光强度多微弱，只要光一照上，几乎立刻($\approx10^{-9}\,\mathrm{s}$)观测到光电子. 这与经典电磁理论计算结果很不一致④.

以上三个特征中，(3)是定量上的问题，而(1)与(2)在原则上无法用经典物理学来诠释.

---

① A. Einstein, Ann. der Physik **17**(1905)132. 是 Einstein 在 1905 年指出，对于黑体辐射，按经典理论应得到 Rayleigh 公式，而按 Planck 从理论上推导出的公式(Planck 公式)

$$E(\nu)=\frac{8\pi h\nu^3}{c^3}\cdot\frac{1}{\mathrm{e}^{h\nu/kT}-1} \tag{1.1.4}$$

在长波和高温极限下，Planck 公式趋于 Rayleigh 公式，即经典理论成立. 与 Planck 的经验公式(1.1.2)相比，参数 $c_1=8\pi h/c^3$，$c_2=h/k$，k 为 Boltzmann 常量.

② E. U. Condon, Physics Today(1962), No. 10, p. 37.

③ A. Einstein, Ann. der Physik **17**(1905)132，文中关于光电效应的实验及分析的资料提到了 Lenard 的工作. 见 P. Lenard, Ann. der Physik **8**(1902)149.

④ 见 p. 1 所引文献①.

1.1.3 原子的线状光谱及其规律

最原始的光谱分析始于 Newton(17 世纪)，但直到 19 世纪中叶，人们把它应用于冶金和化工等产业后才得到迅速发展. 例如，R. W. Bunsen, G. Kirchhoff 等人开始利用不同元素所特有的标志谱线来做微量元素的成分分析. 元素铷(Rb)与铯(Cs)就是根据光谱分析才发现的.

由于光谱分析积累了相当丰富的资料，不少人对它们进行了整理与分析[①]. 1885 年，Balmer 发现，氢原子的可见光谱线的波数 $\tilde{\nu}\left(=\frac{1}{\lambda}=\frac{\nu}{c},\lambda \text{ 为波长}\right)$具有下列规律(见图 1.2)：

$$\tilde{\nu}=R\left(\frac{1}{2^2}-\frac{1}{n^2}\right),\qquad n=3,4,5,\cdots \tag{1.1.5}$$

$$R=109677.581\text{cm}^{-1}\qquad (\text{Rydberg 常量})$$

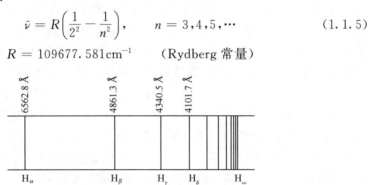

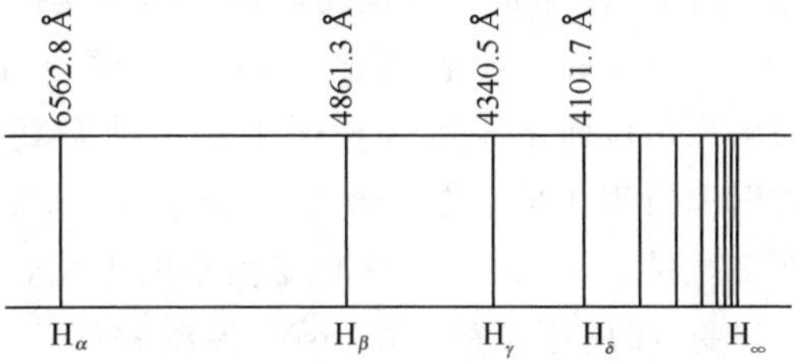

图 1.2 氢原子光谱的 Balmer 线系

Balmer 公式与观测结果的惊人符合，引起了光谱学家的注意. 紧跟着就有不少人对光谱线波长(波数)的规律进行了大量分析. 例如，Rydberg 对碱金属元素的光谱进行过仔细分析，发现它们可以分为主(principal)线系、锐(sharp)线系及漫(diffuse)线系等几个线系. 每一线系的各条谱线的波数，都具有与式(1.1.5)类似的规律. W. Ritz(1908)的组合规则(combination rule)对此作了更普遍的概括. 按此原则，每一种原子都有它特有的一系列光谱项 $T(n)$，而原子发出的光谱线的波数 $\tilde{\nu}$，总可以表示成两个光谱项之差，即

$$\tilde{\nu}_{nm}=T(n)-T(m) \tag{1.1.6}$$

其中 m 与 n 是某些正整数. 显然，光谱项的数目比光谱线的数目要少得多.

---

① 关于 19 世纪光谱分析的情况，可参阅 H. Kayser, *Handbuch der Spektroskopie*, Bd. 1(1900). 对于原子的线状光谱的规律性的探索，除 Balmer 之外，Rydberg 和 Ritz 也有重要贡献. 他们提出了组合规则(combination rule). 见 J. R. Rydberg, K. Svenska Vetensk, Ak. Handl. **23**, Nr. 11(1890); Phil. Mag. **29**(1890)331; Ann. Physik **50**(1893)629. W. Ritz, Z. Phys. **9**(1908)521; Astrophys. J. **28**(1908)237. Paschen 根据组合原则研究氢原子光谱(红外区)，得出了 Paschen 线系，$\tilde{\nu}=R\left(\frac{1}{9}-\frac{1}{n^2}\right)$，$n=4,5,6,\cdots$，参阅 F. Paschen, Ann. Physik **27**(1908)565.

这样，人们自然会提出以下一系列问题：原子光谱为什么不是连续分布而是呈离散的线状光谱？原子的线状光谱产生的机制是什么？这些谱线的波长（波数）为什么有这样简单的规律？光谱项的本质又是什么？[①] ……

1.1.4 原子的稳定性

1895 年 Röntgen 发现了 X 射线. 1896 年 A. H. Bequerrel 在铀盐中发现了天然放射性，后来才弄清楚，这些天然放射线由 α、β 及 γ 三种射线组成，其中 α 射线是由带正电的粒子（即氦原子核）组成，β 射线为带负电的电子组成，γ 射线则为高频电磁辐射.）. 1898 年，Curie 夫妇发现了放射性元素钋与镭.

19 世纪末，电子与放射性的发现揭示出：原子不再是物质组成的永恒不变的最小单位，它们具有复杂的结构，并可互相转化. 原子既然可以放出带负电的 β 粒子来，而原子又是中性的，那么原子是怎样由带负电的部分（电子）与带正电的部分结合起来的？这样，原子的内部结构及其运动规律的问题就提到日程上来了.

J. J. Thomson(1904)曾经提出如下模型（Thomson 模型）：正电荷均匀分布在原子中（原子大小$\approx 10^{-8}$ cm），而电子则在原子中作某种有规律的排列. 1911 年，Rutherford 用天然放射源发射出的 α-粒子射向一个金箔片，以观测散射出去粒子的角分布. 他发现，在多数情况下，α-粒子只改变很小的方向，而只在偶然情况下，α-粒子的方向有很大改变. 如用原子的 Thomson 模型去计算，无法解释大角度散射现象. 经过几个星期的分析，Rutherford 发现，α-粒子只有在碰到一个体积很小的带正电荷的粒子，才会出现 α-粒子大角度散射现象. 他提出：原子中正电部分集

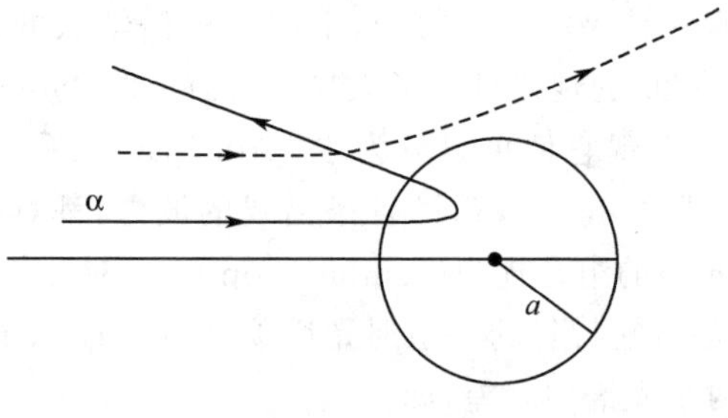

图 1.3　Rutherford 的 α 粒子对原子的散射

① 值得提到，N. Bohr 在发表他的划时代的三篇论文（1913 年 4 月 5 日）之前，直到 1913 年 2 月都没有考虑原子线状光谱的规律问题. 到 1913 年 3 月初，他把论文送给 Rutherford 时，文章中才有关于氢原子光谱的研究，并告诉 Rutherford 他已能解释氢原子光谱的规律. 1913 年初，H. M. Hansen 自 Göttingen 回到 Copenhagen，曾经问 Bohr 能否用他的理论解释光谱规律，Bohr 说这可能是极为困难的. Hansen 把 Rydberg 的简单规律告诉了 Bohr. 可见 Bohr 是在很晚的阶段才把光谱规律吸收到他的理论中去. 后来 Bohr 说，他看到 Balmer 公式后，一切问题都趋于明朗. 令人惊奇的是，发现光谱规律的 Rydberg 就在瑞典的 Lund 大学工作（Lund 与 Copenhagen 近在咫尺），想必与 Bohr 有经常接触. 但 Bohr 在如此长时间对这方面工作并不了解，尚未触及此问题，而这问题正是他的理论解决得最出色的部分（Hund, *History of Quantum Theory*, p. 70）.

中在很小区域中($<10^{-12}$cm),原子质量主要集中在正电部分,形成“原子核”,而电子则围绕着它运动(与行星绕太阳运动很相似),这就是今天众所周知的“原子有核模型”.

Rutherfold 模型可以很好地解释 α 粒子的大角度偏转,但遇到了如下两大难题:

(1) 原子的稳定性问题. 电子围绕原子核旋转的运动是加速运动. 按照经典电动力学,电子将不断辐射能量而减速,轨道半径随之不断缩小,最后将掉到原子核上去,原子随之塌缩(其寿命估算为 $\tau\sim10^{-12}$s,见 p.1 所引文献①),并相应发射出一个很宽的连续辐射谱,这与观测到的原子的线状光谱矛盾. 此外,Rutherford 模型原子对于外界粒子的碰撞也是很不稳定的. 但现实世界表明,众多原子稳定地存在于自然界. 矛盾尖锐地摆在人们面前,如何解决呢?

(2) 原子的大小问题. 按 19 世纪经典统计物理学的估算,原子的大小约为 10^{-10} m. 在 Thomson 模型中,根据电子的空间排列构形的稳定性,可以找到一个合理的特征长度. 而在经典物理的框架中来考虑 Rutherford 模型,却找不到一个合理的特征长度. 根据电子质量 m_e 和电荷 e,在经典电动力学中可以找到一个特征长度,即 $r_c=e^2/m_ec^2$(经典电子半径)$\approx2.8\times10^{-15}\,\text{m}\ll10^{-10}\,\text{m}$,它完全不适合用以表征原子的大小. 何况原子中电子的速度 $v\ll c$,看来光速 c 不应出现在原子的特征长度中.

1.1.5 固体与分子的比热问题

固体中每个原子在其平衡位置附近作小振动,可以看成是具有三个自由度的粒子. 按照经典统计力学,其平均动能与势能均为 $\frac{3}{2}kT$,总能量为 $3kT$. 因此,一摩尔原子固体物质的平均热能为 $3NkT=3RT$($N=6.023\times10^{23}$ 是 Avogadro 常量,$R=Nk$ 称为气体常量). 因此,固体的定容比热为

$$C_V=3R=5.958\text{cal/K}=24.9\text{J/K}$$

此即 Dulong-Petit 经验定律(1819)①. 但后来实验发现,在极低温下,固体比热都趋于 0,如图 1.4 所示. 这原因是什么? 此外,若考虑到原子由原子核与若干电子组成,为什么原子核与电子的这样多自由度对于固体比热都没有贡献?(Boltzmann 佯谬,1890.)

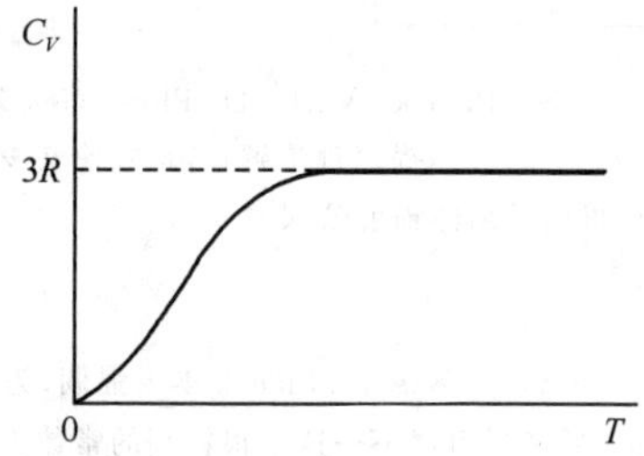

图 1.4 固体比热随温度变化示意图

多原子分子的比热也存在类似的问题. 例如,双原子分子(N_2,O_2,H_2,CO 等),可以认为有 5 个自由度(三个平动自由度及两个转动自由度),比热应该为 $\frac{5}{2}R\approx5$cal/K. 在常温下,观测结果的确与此相近. 但在温度低于 60K 后,它们的比热都下降到了 3cal/K 左右. 这原因又是什么?

---

① P. L. Dulong, A. T. Petit, Ann. Chim. **10**(1819)395.

量子理论就是在解决这些生产实践和科学实验同经典物理学的矛盾中逐步建立起来的.

1.2 Planck-Einstein 的光量子论

历史上,量子理论首先在黑体辐射问题上突破. 1.1 节已经提到,由于 Wien 的黑体辐射公式在低频部分与实验结果有明显偏离,Planck 在解决此问题的探索中,提出了(1900 年 10 月 19 日)一个新的黑体辐射公式(Planck 公式). 一方面由于 Planck 公式与实验的惊人符合,另一方面由于公式十分简单,在实验物理学家的鼓励下,Planck 进一步去探索这公式所蕴含的更深刻的本质. 经过近两个月紧张努力,他发现(1900 年 12 月 4 日)①,如果作下列假设,就可以从理论上推出他找到的黑体辐射的公式②. 这个假设是:对于一定频率 ν 的电磁辐射,物体只能以 $h\nu$ 为单位吸收或发射它,h 为一个普适常量(后来人们称之为 Planck 常量). 换言之,**吸收或发射电磁辐射只能以"量子"方式进行,每个"量子"的能量为**

$$\varepsilon = h\nu \tag{1.2.1}$$

这种吸收或发射电磁辐射能量的不连续性概念,在经典力学中是无法理解的. 所以尽管 Planck 的假设可以解释他的与实验符合得非常好的黑体辐射公式,却并未引起很多人的注意③.

首先注意到量子假设有可能解决经典物理学所碰到的其他困难的是 A. Einstein④. 他在 1905 年用 Planck 的量子假设去解决光电效应问题,进一步提出了光

---

① M. Planck, Verh. D. Phys. Ges. **2**(1900)202,提出黑体辐射公式. M. Planck, Verh. D. Phys. Ges. **2**(1900)237,提出理论解释,正式论文发表于:M. Planck, Ann. der Physik **4**(1901)553. 他在假设 $\varepsilon=h\nu$ 之下,得出了黑体辐射公式

$$E_\nu = \frac{8\pi h\nu^3}{c^3}\frac{1}{\exp(h\nu/kT)-1}$$

即 $c_2=h/k$, $c_1=8\pi h/c^3$. Planck 本人强调,为要与实验符合,h 必须取**有限值**,而经典物理理论则要求 $h\to 0$. Planck 后来写道:"……这个很特别的常数 h 的物理意义的阐明,是极困难的理论问题,它的引进导致经典物理理论失效,这比我最初的认识要基本得多……". 但直到 Einstein 引进光量子概念之后,h 的物理意义及 Planck 理论的基础才搞清楚(D. ter Haar, *The Old Quantum Theory*, p. 13~14).

② Planck 公式的推导可参阅王竹溪,统计物理学导论,§42,1957,或 E. T. Whittaker, *A History of the Theories of Aether and Electricity*, chap. 3, 1951; D. ter Haar, *The Old Quantum Theory*, chap. 1, 1967.

③ 例如,J. W. Gibbs, *Elementary Principles of Statistical Mechanics*(1902)及 J. H. Jeans, *Kinetic Theory of Gases*(1904)两书均未提及 Planck 的工作.

④ A. Einstein, Ann. der Physik **17**(1905)132. 在此期刊的同一卷中,Einstein 连着发表了三篇划时代的论文. 此文是其中第一篇. 另外一篇是关于 Brown 运动,一篇是关于狭义相对论. 由于第一篇论文引进光量子概念他得到 Nobel 物理学奖(不是因为提出狭义相对论). 应当提到,不少人常说 Einstein 1905 年的文章主要是去解释光电效应,但实际情况并非如此. 事实上,当时光电效应的测量还没有达到那样高的精度足以指明它与经典行为确切背离(D. ter Haar, *The Old Quantum Theory*, p. 15). 关于光电效应的讨论只占文章很小一部分(第 8 节). 文中用了很大篇幅讨论黑体辐射规律不能纳入经典 Maxwell 理论. 第 7 节讨论荧光现象(Stokes 规则,发射光频率低于入射光频率),第 9 节讨论气体分子在紫外光照射下的游离现象.

量子概念[1]，即认为辐射场就是由光量子组成，每一个光量子的能量与辐射场的频率的关系是

$$E = h\nu \tag{1.2.2}$$

并根据狭义相对论以及光量子以光速 c 运动的事实得出，光量子的动量 p 与能量 E 有如下关系：

$$p = E/c \tag{1.2.3}$$

因此，光量子的动量 p 与辐射场的波长 λ 有下列关系：

$$p = h/\lambda \tag{1.2.4}$$

当采用了光量子概念之后，光电效应现象即可迎刃而解. 当光量子射到金属表面时，一个光量子的能量可能立即被一个电子吸收. 但只当入射光频率足够大，即每一个光量子的能量足够大时，电子才可能克服脱出功 A 而逸出金属表面[2]. 逸出表面后，电子的动能为

$$\frac{1}{2}mv^2 = h\nu - A \tag{1.2.5}$$

当 $\nu < \nu_c = A/h$（临界频率）时，电子无法克服金属表面的引力而从金属中逸出，因而没有光电子发出.

A. Einstein(1907)还进一步把能量不连续的概念用到固体中原子的振动上去，成功地解决了在温度 $T\to 0\mathrm{K}$ 时固体比热趋于 0 的现象[3]. 这时，Planck 的光的能量不连续性概念才引起人们的注意.

在这里可以看到，人们对于光的本性的认识是螺旋式上升的. 在 17 世纪，Newton 认为光是由微粒组成的(微粒说). 由于 Newton 在学术界的崇高权威，光的微粒说长期占主导地位. Huygens 倡议的光的波动说，只是在 19 世纪 20 年代经过 Young，Fresnel 等的光的干涉与衍射实验证实之后，才为人们普遍承认. 到 19 世纪下半叶，经过 Maxwell，Hertz 等人的工作，肯定了光是电磁波. 而后来发现的光电效应及黑体辐射所揭示出的困难又促使人们重新认识到光的粒子性一面. 但 Planck-Einstein 的光量子论绝非 Newton 微粒说的简单复归，而是认识上的一个大飞跃. 光是粒子性与波动性矛盾的统一体. 从 Planck-Einstein 关系式(1.2.2)和(1.2.4)中就可以看到，作为一个“粒子”的光量子的能量 E 和动量 p，是与电磁波的频率 ν 和波长 λ 不可分割地联系在一起的. 在不同的条件下，主要矛盾方面会发生转化. 例如，在干涉和衍射实验的条件下，光的波动性就成为主要的矛盾方面，光就表现出像“波”，而在原子吸收或发射光的情况下，光的粒子性就成为主要的矛盾方面，光就表现出像“粒子”.

---

① 现今人们所用的“光子”(photon)一词是 1926 年由 G. N. Lewis，Nature **18**，Dec. 1926)提出的. 但此概念的实质在 Einstein 一文中已给出.

② 两个或多个光子同时被一个电子吸收的可能性是微不足道的，实际上不会出现.

③ A. Einstein，Ann. Physik **22**(1907)180，800；**34**(1911)170，590. P. Debye，Ann. Physik **39**(1912)789. 还可以参阅王竹溪，《统计物理学导论》(1957)，§ 60，固体比热的量子理论.

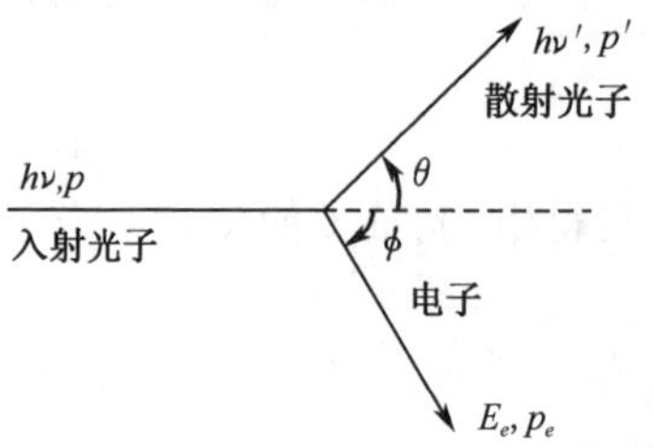

图 1.5 Compton 散射

光量子概念以及 Planck-Einstein 关系式，在后来 Compton 散射实验(1923)中得到了直接的证实①. 早在 1912 年 C. A. Sadler 和 A. Meshan 就发现 X 射线被轻原子量的物质散射后，波长有变长的现象. Compton 建议把这种现象看成 X 射线的光子与电子碰撞而产生的. 假设在碰撞过程中能量与动量是守恒的，由于反冲，电子带走一部分能量与动量，因而散射出去的光子的能量与动量都相应减小，即 X 射线的频率相应变小而波长增大，如图 1.5 所示.

在碰撞前电子速度很小，可视为静止. 而且电子在原子中的束缚能，相对于 X 射线束中的光子能量，也很小②，因此，可以视为自由电子. 考虑到动量守恒律的要求，光子与电子的碰撞只能发生在一个平面中. 假设碰撞过程中能量与动量守恒，即

$$h\nu + mc^2 - h\nu' = E_e \tag{1.2.6}$$

$$\boldsymbol{p} - \boldsymbol{p}' = \boldsymbol{p}_e \tag{1.2.7}$$

$(1.2.6)^2/c^2-(1.2.7)^2$，并利用相对论中能量动量关系式

$$E_e^2/c^2 - p_e^2 = m^2c^2$$

可得

$$\frac{1}{c^2}(h\nu + mc^2 - h\nu')^2 - (\boldsymbol{p} - \boldsymbol{p}')^2 = m^2c^2 \tag{1.2.8}$$

对于光子，$p=h\nu/c, p'=h\nu'/c$，则

$$\boldsymbol{p}\cdot\boldsymbol{p}' = pp'\cos\theta = \frac{h^2\nu\nu'}{c^2}\cos\theta$$

代入式(1.2.8)，可解出

$$\nu' = \frac{\nu}{1+\dfrac{h\nu}{mc^2}(1-\cos\theta)}$$

或

$$\frac{1}{\nu'} = \frac{1}{\nu}\left[1+\frac{h\nu}{mc^2}(1-\cos\theta)\right] \tag{1.2.9}$$

利用 $\lambda=c/\nu, \lambda'=c/\nu'$，上式改写成

$$\lambda' = \lambda + \frac{h}{mc}(1-\cos\theta) \tag{1.2.10}$$

---

① A. H. Compton, Phys. Rev. **21**(1923)483; **22**(1923)409. 为此，Compton 获 1927 年 Nobel 物理学奖.

② 实验上，常选用电子束缚能很小的物质，如石蜡.

令 $\lambda_c=\dfrac{h}{mc}=2.43\times10^{-2}$Å(电子的 Compton 波长),则

$$\lambda' = \lambda + \lambda_c(1-\cos\theta)$$

$$\Delta\lambda = \lambda' - \lambda = \lambda_c(1-\cos\theta) \tag{1.2.11}$$

由式(1.2.10)可清楚地看出,散射光的波长随角度增大而增加.理论计算所得公式与实验结果完全符合.

从式(1.2.10)可以看出,散射的 X 射线波长与角度的依赖关系中包含了 Planck 常量 h.因此,它是经典物理学无法解释的. Compton 散射实验是对光量子概念的一个直接的强有力支持,因为在上述推导中,假定了整个光子(而不是它的一部分)被散射.此外,Compton 散射实验还证实了:(a) Planck-Einstein 关系式(1.2.2)和(1.2.4)在定量上是正确的.(b) 在微观的单个碰撞事件中,动量及能量守恒律仍然是成立的(不仅是平均值守恒).①

"微观的单个碰撞事件中,动量及能量守恒律仍然成立"的结论,在后来发现的"电子对湮没"现象中也得到证实.1932 年,C. D. Anderson 在宇宙射线中观测到正电子,其质量与电子同,电荷则同值异号.现在已有很多办法产生正电子 e^+ 和正负电子对.例如,缺中子核的衰变产生 e^+,高能 γ 光子通过物质时在核电场附近产生 e^+e^- 对等.

一个正电子在经过物质时将与原子碰撞而失去大部分能量,逐渐减速,然后可能被某原子捕获,最后与一个 e^- 一道湮没.在适当条件下,也可能与一个 e^- 形成与氢原子类似的电子偶素,然后才湮没.在电子对湮没时,考虑到动量守恒,至少要产生两个 γ 光子②,即

$$e^+ + e^- \rightarrow n\gamma, \qquad n = 2,3,\cdots$$

在产生两个光子的情况下,两个光子的动量数值相同,但方向相反.设产生的光子角频率为 ω,则按能量守恒律,有

$$2\hbar\omega = 2mc^2 \qquad (m\ 为电子静质量) \tag{1.2.12}$$

即波长为

$$\lambda = \frac{2\pi c}{\omega} = \frac{h}{mc} = 0.0243\text{Å}$$

与电子的 Compton 波长相同.上述分析结果与实验观测一致.从而再一次证实了在微观的单个事件中,能量与动量守恒律仍然成立.

---

① N. Bohr, H. A. Kramers 和 J. C. Slater 等人曾经认为,在微观过程中动量及能量是统计地守恒,在单个事件中并不一定守恒.后来,W. Bothe 和 H. Geiger(1924)用符合计数器进行仔细观测,否定了 Bohr 等人的看法. A. W. Simon(1925)用云室仔细记录光子及反冲电子径迹,分析结果也否定了 Bohr 等人的看法.

② 例如,在 e^+e^- 的质心系中来讨论.湮没前体系的动量为 0.若湮没后只产生一个光子,而光子在任何惯性系中速度均为 c,动量都不为 0,因此违反动量守恒.所以,至少要产生两个光子,这已为实验证实.

1.3 Bohr 的量子论

Planck-Einstein 的光量子能量不连续的概念,必然会促进物理学其他重大疑难问题的解决. 当时正逢 Rutherford 的原子有核模型提出,而用经典物理学来处理 Rutherford 模型,既不能给出原子的一个特征长度,也无法说明原子的稳定性. 在此发生尖锐矛盾的时刻,Bohr 把 Planck-Einstein 的概念创造性地运用来解决原子结构和原子光谱的问题,提出了他的原子的量子论①. 首先,从原子的稳定性的分析中,Bohr 深刻认识到在原子世界中必须背离经典电动力学,必须用新观念和新原理来处理. 正如 Bohr 后来讲到②,他从一开始就深信作用量子(quantum of action)是解决原子问题的关键. Bohr 的原子的量子论的主要贡献是,提出了两个极为重要的概念(或者说假定),这可以认为是对大量实验事实深刻分析后所做出的概括,即③

(1) 原子能够,而且只能够,稳定地存在于与离散的能量($E_1, E_2, E_3, \cdots$)相对应的一系列状态中. 这些状态称为定态(stationary state). 因此,原子能量的任何改变,包括吸收和发射电磁辐射,都只能在两个定态之间以跃迁(transition)的方式进行.

(2) 原子在两个定态(分别属于能级 E_n 和 E_m,设 $E_n > E_m$)之间跃迁时,吸收或发射的辐射的频率 ν 是唯一的,由

$$h\nu = E_n - E_m \qquad (频率条件) \qquad (1.3.1)$$

给出.

简单说来,Bohr 量子论中核心的思想有两条:一是原子具有能量不连续的定态的概念,二是两个定态之间的量子跃迁的概念以及频率条件. 它们在后来建立起来的量子力学中,仍然被保留了下来.

对于 Bohr 提出的两条基本假定,我们再作一点补充说明:第一条假定涉及原子能量的量子化及稳定性问题. Planck-Einstein 的辐射的量子论中提出,辐射与物

---

① Bohr 于 1911 年 9 月赴英国剑桥,在 J. J. Thomson 领导的 Cavendish 实验室作过短期逗留. 翌年,即赴 Manchester,在 Rutherford 领导的实验室工作. 不久即集中力量研究 Rutherford 模型遇到的困难. Thomson 模型(1904 提出)曾流行一时,几乎达十年之久,很少有人提到 Rutherford 模型. Bohr 以他深刻的洞察力抓住这个问题,最后他成功地说明了氢原子光谱的规律性,写成了三篇划时代的论文[后人称之为"伟大三部曲"(Great Trilogy)],题名为 On the Constitution of atoms and Molecules,发表在:N. Bohr, Phil. Mag.,**26**(1913), 1～25,471～502,857～875.

② 见 The Rutherford Memorial Lecture (1958), Proc. Phys. Soc. (London)**78**(1961). 后转载于 N. Bohr, *Atomic Physics and Human Knowledge*, Vol. II(1963, New York, John Wiley & Sons)一书中.

③ N. Bohr, Proc. Dan. Aca. Sc. (1918), (8)**4**, No I, Part I, II. Proc. Dan. Aca. Sc. (1922), (8) **4**, No. I, Part III. 转引自 D. ter Haar, *The Old Quantum Theory*, p. 43. 这里几乎是逐字逐句从原文译出.

体(由原子组成!)之间交换能量(吸收或发射光)是以光量子方式进行.在Bohr理论中提出了原子能量量子化的概念.这样,两个理论就显得十分和谐.关于稳定性问题,除了表现在加速电子要放出辐射而丧失能量之外,还表现在Rutherford模型中原子对于外界(其他粒子)碰撞是极不稳定的,这些现象都迫使人们必须引进原子能量量子化及定态之间量子跃迁的概念.有了这些概念之后,前面提到的关于分子和原子比热的Boltzmann佯谬也就迎刃而解.

如果说原子能量量子化概念还可以从Planck-Einstein的光量子论中找到某种启示,量子跃迁概念和频率条件则是Bohr很了不起的创见,Einstein对这一点给予了极高的评价①.按照经典电动力学,一个带电体系,如以某特征频率ν_c振动,则体系可发出频率为$n\nu_c(n=1,2,3,\cdots)$的辐射,换言之,辐射的频率总是与体系的某一种振动特征频率的整倍数相联系.Bohr的重大贡献在于他把原子辐射的频率与原子的两个定态的能量差联系起来.这样,光谱频率的Rydberg-Ritz组合原则就能得到极好的说明.光谱项的物理意义也就搞清了,即$\tilde{\nu}_{nm}=T(n)-T(m)$正是频率条件$h\nu_{nm}=E_n-E_m$的反映.$T(n)=E_n/hc$,光谱项$T(n)$是与原子不连续的定态能量$E_n$直接联系在一起的.量子跃迁概念深刻地反映了微观粒子运动的特征,而频率条件则揭示了Rydberg-Ritz组合原则的实质.

当然,仅仅根据Bohr的两条基本假定,还不能把原子的离散的能级定量地确定下来.Bohr解决此问题的指导思想是对应原理(correspondence principle)——在大量子数极限情况下,量子体系的行为应该趋向与经典力学体系相同.Bohr在他的第一篇文章中,就根据对应原理的思想得出了一个角动量量子化条件②,即电子运动的角动量J只能是$\hbar(=h/2\pi)$的整数倍

$$J=n\hbar,\qquad n=1,2,3,\cdots \tag{1.3.2}$$

关于如何根据对应原理来确定氢原子和一些简单体系的量子化能级和推导出角动量量子化条件,将在本书卷Ⅱ第2章中讨论③.直接根据对应原理思想来确定一个体系的量子化能级,需要知道体系轨道运动的频率对能量E的依赖关系$\nu(E)$.一般说来,这是比较麻烦的.如果反过来,把角动量量子化条件作为出发点,

---

① A. Einstein, Science **113**(1951)82. 或见 ter Haar, *The Old Quantum Theory*, chap 4. Einstein在分析了辐射现象与经典理论之间严重矛盾之后提到,他曾经企图修改理论物理基础去说明辐射现象,但一切努力均告失败.对Bohr提出的量子跃迁和频率条件对光谱规律作出的漂亮解释,Einstein写道:"…appeared to me like a miracle—and appears to me as a miracle even today. This is highest form of musicality in the sphere of thought".

② 在Bohr第一篇论文中,角动量量子化条件是作为一个推论出现的.它并非Bohr理论中最基本的东西.从历史事实来看,角动量量子化条件并不是Bohr一人的贡献.几乎与他同时,Ehrenfest在分析转子运动的文章中,已提出了角动量量子化条件[见 P. Ehrenfest, Verh. D. Phys. Ges. **15**(1913),451]. Nicholson在1912年发表的一系列文章中已提到让电子的轨道角动量等于$\hbar$[见 J. P. Nicholson, Monthly Not. Astr. **72**(1912)49,139,677,692]. Bohr的文章中就提到了Nicholson的工作.

③ 可参阅 F. Hund, *The History of Quantum Theory*, Appendix.

往往可以比较容易求出体系的量子化的能级. 这可能是当时一些人把注意力转向研究量子化条件的原因之一. 例如,Sommerfeld 等[①]为处理多自由度体系的周期运动的能量量子化,给出了推广的量子化条件

$$\oint p_k \mathrm{d}q_k = n_k h, \qquad n_k = 1,2,3,\cdots \tag{1.3.3}$$

其中 q_k、p_k 代表一对共轭的正则坐标与动量,$\oint$ 代表对周期运动积分一个周期. 他们还用量子化条件来处理中心力场中粒子运动的量子化问题,得到一些有价值的结果. 但后来 Ehrenfest 等人发现,表示成相空间积分形式的量子化条件式(1.3.3),有时会导出很荒谬的结果[②].

Bohr 根据对应原理思想,定量地求出了氢原子能级公式为

$$E_n = -\frac{2\pi^2 me^4}{h^2 n^2} = -\frac{me^4}{2\hbar^2 n^2}, \qquad n = 1,2,3,\cdots \tag{1.3.4}$$

根据此能级公式和频率条件 $\hbar\nu_{nm} = E_n - E_m$,以及光谱项 $T(n) = E_n/\hbar c$,可求出 Rydberg 常量

$$R = \frac{2\pi^2 me^4}{h^3 c} \tag{1.3.5}$$

用当时已测得的 m,e,h 的数值,计算出 Rydberg 常量与光谱学中定出的精度很高的 Rydberg 常量值相当符合. 此外,根据 Bohr 理论,不但可以解释氢原子光谱中已观测到的 Balmer 线系(在可见光区域)和 Paschen 线系(红外区),并且还预言在紫外区存在另一个线系. 第二年(1914),此线系果然被 Lyman 观测到了[③]. 原子能量不连续的概念还在 1914 年为 Franck 和 Hertz 的实验直接证实[④]. Bohr 还建议把天文学上观测到的与氢原子光谱规律很相似的 Pickering 线系解释为 He^+ 的光谱. 在此之前,A. Fowler 在实验室中也曾经观测到此线系. Bohr 理论提出后,Evans 重新仔细做了此实验,证明 Bohr 的看法完全正确. Einstein 称赞 Bohr 的这个预言是"最伟大的发现之一"[⑤]. 这对于 Bohr 理论被人们承认起了很大作用.

---

① W. Wilson, Phil. Mag. **29**(1915)795,但未做具体计算. Sommerfeld 和 Planck 不知道 Wilson 工作,也提出此推广的量子化条件,并做了很多计算,特别对中心力场(不仅限于 Coulomb 场). 见 A. Sommerfeld, Stiz. Ber. München(1915),425,457; Ann. der Physik **50**(1916)5. M. Planck, Verh. D. Phys. Ges. **17**(1915)407,438; Ann. der Physik **50**(1916)385.

② P. Ehrenfest & G. Breit, Proc. Ams. **23**(1922)989; Zeit. Physik **9**(1922)207. P. Ehrenfest & R. C. Tolman, Phys. Rev. **24**(1924)287. Bohr 也逐渐感到相空间积分形式所存在的问题(如用对应原理直接去处理则不会出现那种荒谬结果). 所以当他在 Göttingen 讲学时(1922),曾经诙谐地表达这个思想:"Up with the Correspondence Principle! Down with the Phase Integral!"(见 F. Hund, *The History of Quantum Theory*, p. 84).

③ T. Lyman, Phys. Rev. **3**(1914)504. 后来,1922 年 Brackett 发现 Brackett 线系,1924 年 Pfund 发现 Pfund 线系. 见 F. S. Brackett, Nature **109**(1922)209; H. A. Pfund, J. Opt. Soc. Am. **9**(1924)193.

④ J. Franck, G. Hertz, Verh. D. Phys. Ges. **16**(1914)457,512.

⑤ 转引自 D. ter Haar, *The Old Quantum Theory*, p. 42.

当然应该看到，尽管 Bohr 理论取得很大成功，首次打开了人们认识原子结构的大门，它存在的问题和局限性也逐渐为人们发现. 首先，Bohr 理论虽然能成功地说明氢原子光谱的规律性，但对于复杂原子光谱，甚至对氦原子光谱，Bohr 理论就遇到了极大的困难，不但定量上无法处理，甚至在原则上就有问题（这里有些困难是与人们尚未认识到的电子的一个新的自由度——自旋的问题交织在一起）. 在光谱学中，除了谱线的波长（频率或波数）之外，还有一个重要的观测量，即谱线的（相对）强度. 这个问题，在 Bohr 理论中虽然借助于对应原理也取得了一些有价值的结果，但却未能提供系统解决它的方法. 此外，Bohr 理论只能处理简单的周期运动，而不能处理非束缚态问题，例如，散射. 再其次，从理论体系上来看，Bohr 提出的原子能量不连续概念和角动量量子化条件等，与经典力学是不相容的，多少带有人为的性质，并未从根本上解决不连续性的本质. 所有这一切都推动着理论进一步发展，而量子力学就是在克服这些困难和局限性中发展起来的.

在今天看来，Bohr 的量子论已经为量子力学所代替. 但是 Bohr 提出的一些最基本的概念（原子定态能量的量子化，量子跃迁概念，频率条件等）至今仍然是正确的，并在量子力学中被保留了下来. 而且 Bohr 的深刻的思想，在很长一段时间内，对量子力学的建立和对近代物理的发展都有重要的影响. 特别是对应原理的思想，作为经典力学和量子力学的桥梁，在量子力学建立的过程中（例如，对 Heisenberg 和 Kramers 关于色散问题的工作）起过积极的作用. 所以有人称 Bohr 的量子论为"对应原理的量子力学"（The Quantum Mechanics of the Correspondence Principle）①，它与 Planck 和 Einstein 关于辐射的量子理论一道，实际上扮演了"简单体系的暂时的量子力学"（A Provisional Quantum Mechanics of Simple Systems）的角色. Heisenberg 的矩阵力学的提出，可以认为是 Bohr 对应原理的逻辑上发展的结果③.

［注］ 对应原理

"对应原理"（correspondence principle, CP）一词首先出现在 N. Bohr 的旧量子论中. 按此原理，当量子数很大（或者说，可以忽略 Planck 常数，$h\to 0$）的情况下，原子及其辐射的量子理论将渐近地趋于经典理论. 实际上，CP 的基本思想已蕴含在 Bohr 的 1913 年的文献［N. Bohr, Philosophic Magazine **26**, 1；或 Niels Bohr, *Collected Works*, L. Rosenfeld 主编，North-Holland, Amsterdam, 1976.］及以后的几篇文章中. 但"correspondence"一词并未出现，他只用了"analogy"一词，以描述经典与量子理论的关系. 后来在 1920 年［N. Bohr, Z. Physik **2**(1920) 423］，特别是 1922 年他获 Nobel 物理学奖的演讲辞中，才使用"correspondence"一词，以讲述原子及其光辐射谱线频率和强度的经典和量子理论的关系. 但在他所有的文献中，他从未明确地表述此原理.

文献 G. Q. Hassoun& D. H. Kobe, Am. J. Phys. **57**(1989)658 提到，CP 有两种表述：(1) Planck 表

---

① 见上页所引 Hund 的书，p. 76～78.

述，[见 M. Planck，*Verlesungen iiber die Theorie der Warmestrahlung*，1906，1st ed.]，即 $h\to 0$ 情况下，量子理论趋于经典理论. 他想表述，当 $h\to 0$ 情况下，黑体辐射的能量密度将回到 Rayleigh-Jeans 公式.（2）Bohr 的表述. Bohr 在 1913 年的文章提到，他的氢原子模型中的一个电子在相邻的能级之间跃迁频率，在大量子数极限的情况下，将趋于经典圆轨道上电子的频率. 但通常人们还是把对应原理的提出归功于 Bohr. 对应原理在量子力学的建立中，起了桥梁的作用. 关于对应原理的更详细的讨论，见本书卷Ⅱ，第 2 章.

有人把下列两种提法进行类比：(1)$h\to 0$ 情况下量子力学（QM）趋于经典力学（CM）的对应关系.（2）$c\to\infty$ 情况下，Einstein 的特殊相对论（STR）趋于经典力学理论. D. Bohm [*Quantum Theory*，1951，625 页.] 认为，STR 的表述可以不必提及经典力学，但对于 QM，这是不可能的.

还有人认为，h 和 c 都是普适常数（universal constant），$h\to 0$ 与 $c\to\infty$ 的提法都不够确切. 更确切的提法应该是：

(1) $S/\hbar\to\infty$，S 是体系的特征作用量（action）. 例如，圆轨道上运动的电子的角动量 J，按照旧量子论，$J=n\hbar$，$J/\hbar=n\to\infty$（大量子数极），QM→CM. 两种表述是等价.

(2) $v/c\to 0$（低速极限下实物粒子的运动），STR→CM.

对应原理的一些简单应用实例，可参阅 F. S. Crawford，Am. J. Phys. **57** (1989) 621.

1.4 de Broglie 的物质波

在 Planck 与 Einstein 的光量子论及 Bohr 的原子量子论的启发之下，考虑到光具有波动-粒子二象性（两者通过 $E=h\nu$，$p=h/\lambda$ 联系起来），de Broglie 根据类比的原则，设想实物粒子（指静质量 $m\neq 0$ 的粒子）也可能有粒子-波动二象性①，只不过其波动性尚未被人们认识到. 这两方面必有类似的关系式相联系，而 Planck 常量必然出现其中. 有关历史情况，可参见 de Broglie 的文章②.

de Broglie 仔细分析了光的微粒说及波动说发展的历史，并注意到了 19 世纪 Hamilton 曾经阐述过的几何光学与经典粒子力学的相似性②，提出了物质波假

---

① L. de Broglie，Nature **112**(1923)540，是只有一页的短文，为此工作，他获 1929 年 Nobel 物理学奖. 中译文见北京大学学报（自然科学版），2002 年增刊，百年物理，p. 24

② L. de Broglie，*The Beginnings of Wave Mechanics*[载于 *Wave Mechanics*，*the first fifty years* (1973)，W. C. Price 等编，University of London King's College，Butterworth & Co.]提到："……(1919 年以前)我的注意力特别为 Planck，Einstein 和 Bohr 关于量子理论的工作吸引住了. 从 Einstein 提出的光量子论中，我认识到光辐射中波与粒子共存乃是自然界本身最核心的一个事实. ……在 1923 年，下列想法突然浮现在我心头，即波与粒子共存绝不应仅局限于 Einstein 研究过的情况，而应推广到所有粒子. 将这思想应用于电子，看来就必须解释 Bohr 关于原子的定态理论中提到的电子在原子中运动的离奇性质. ……在我的 1923 年的文章和 1924 年学位论文中，我已经能对 Bohr 原子理论中提出的量子化条件给出第一个解释，说明波在原子中的传播与几何光学近似是协调的. 这是不严格的，但提供了一个初步的和令人十分注目的对量子化条件的诠释. 在我的学位论文中还探讨了许多其他有趣的想法，特别是关于 Fermat 原理与 Maupertuis 最小作用原理的最终统一. ……".

说[①]. 人们知道,几何光学的三条基本定律(在均匀、各向同性介质中光线沿直线传播,反射定律及折射定律)可以概括为 Fermat 原理(亦称最短光程原理),即

$$\delta\int_A^B \frac{\mathrm{d}l}{v} = 0 \tag{1.4.1}$$

式中 $v=c/n$ 为介质中光速,c 为光在真空中的速度,$n=c/v$ 为介质的折射系数. 式(1.4.1)还可表示为

$$\delta\int_A^B n\,\mathrm{d}l = 0 \tag{1.4.2}$$

上式表示,光线从 A 点到 B 点实际上所走路径,比起相邻的其他可能的路径来说,光程 $\int_A^B n\,\mathrm{d}l$ 应取极值(图 1.6).

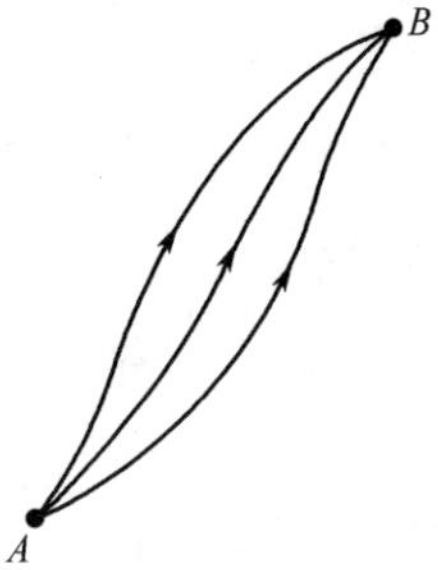

图 1.6

另一方面,按照经典粒子力学,在势场 V 中运动的一个粒子从 A 点到 B 点实际上所走轨道,由 Maupertuis 的最小作用原理确定,即

$$\delta\int_A^B p\,\mathrm{d}l = \delta\int_A^B \sqrt{2m(E-V)}\,\mathrm{d}l = 0 \tag{1.4.3}$$

其中 m 是粒子质量,p 是粒子动量,E 是粒子能量. 式(1.4.3)表明,粒子从 A 到 B 所走的实际轨道的"作用积分"(action integral) $\int_A^B p\,\mathrm{d}l$,比起相邻的其他可能的轨道,应取极值.

根据上述分析与类比,de Broglie 提出,与具有一定能量 E 及动量 p 的粒子相联系的波(他称为"物质波"(matter wave))的频率及波长分别为

$$\nu = E/h, \quad \lambda = h/p \tag{1.4.4}$$

他提出的这个假设,一方面是企图把实物粒子与光的理论统一起来,另一方面是为了更自然地去理解微观粒子能量的不连续性[②],以克服 Bohr 量子化条件带有人为性质的缺点. de Broglie 把原子中的定态(stationary state)与驻波(stationary wave)联系起来,即把粒子能量的量子化与有限空间中驻波的频率及波长的不连续性联系起来. 虽然从尔后建立起来的量子力学的观点来看,这种联系还有不确切之处,能处理的问题也很有局限性,但它的物理图像是很有启发性的.

例如,在氢原子中做稳定的圆轨道运动的电子所相应的 de Broglie 驻波的一

---

① L. de Broglie, Le Journal de Physique et la Radium **7**(1926)1.

② D. Bohm, *Quantum Theory*, (1954), p. 70,对此有仔细讨论. F. Bloch ,Physics Today 1976, No. 12, p. 24 的文章中提到,1924 年他在瑞士苏黎世大学亲自听过 Schrödinger 的报告. Schrödinger 谈及按照 de Broglie 的物质波的思想,从驻波(standing wave)条件,可得出 Bohr 和 Sommerfeld 的量子化法则. 当时资深物理学家 Debye 也在座,他指出:Schrödinger 的想法是幼稚的,真正地研究波动,必须有波动方程. 看来,Schrödinger 考虑了 Debye 的建议. 在后来的一次报告中,就给出了他的波动方程. M. Born 在获 Nobel 物理学奖时的报告中提到,de Broglie 和 Schrödinger 都有这种想法.

种波形,如图 1.7 所示. 驻波条件要求:波绕原子核传播一周后应光滑地衔接起来,否则叠加起来的波将会由于干涉而相消. 这就对轨道有所限制,即圆轨道的周长应该是波长的整数倍: $2\pi r = n\lambda, n = 1,2,3,\cdots$

即

$$\lambda = 2\pi r/n, \qquad n = 1,2,3,\cdots \tag{1.4.5}$$

再利用 de Broglie 关系 $\lambda = h/p$,即可得到 $p = nh/2\pi r$,因而粒子的角动量为

$$J = rp = \frac{nh}{2\pi} = n\hbar, \qquad n = 1,2,3,\cdots \tag{1.4.6}$$

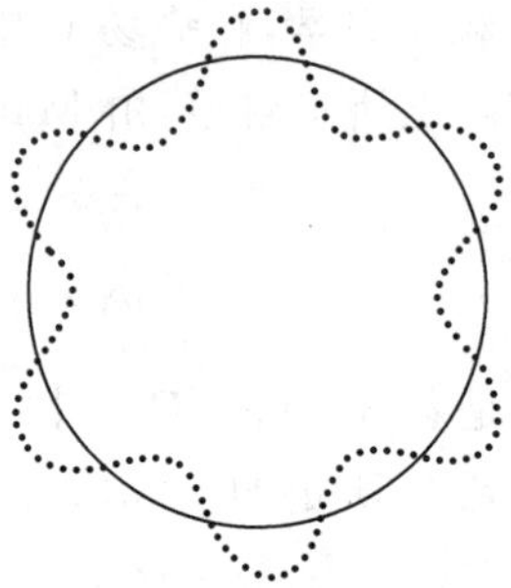

图 1.7　圆轨道上的驻波

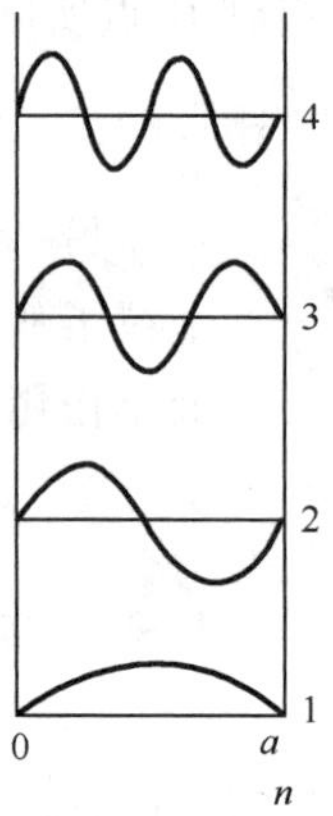

图 1.8　无限深方势阱内的驻波

这正是 Bohr 的角动量量子化条件. 这样,就从物质波的驻波条件比较自然地得出了角动量的量子化条件.

又例如,在无限深方势阱中运动的粒子(图 1.8),相应的物质波限制在$[0,a]$区域中传播. 在此区域之外,以及 $x=0$ 和 a 两个端点上,波幅应为 0,即 $x=0$ 和 a 是波的节点,这与两端固定的弦振动相似. 按驻波条件, $n\frac{\lambda}{2} = a, n = 1,2,3,\cdots$

即

$$\lambda = \lambda_n = \frac{2a}{n}, \qquad n = 1,2,3,\cdots \tag{1.4.7}$$

可见驻波的波长是不连续变化的(图 1.8). 再利用 de Broglie 关系式,即可得出粒子的动量及能量的可能取值

$$p = p_n = h/\lambda_n = \frac{nh}{2a}$$

$$E = E_n = p_n^2/2m = \frac{n^2h^2}{8ma^2} = \frac{\pi^2\hbar^2}{2ma^2}n^2 \tag{1.4.8}$$

它们都是不连续的. 由此人们可以较自然地理解,为什么束缚粒子的能量是量子化的.

物质波假设提出以后,曾经使很多物理学家(包括 Langevin 等)感到震惊. 人们自然会问,物质粒子既然是波,为什么人们在过去长期实践中把它们看成粒子,

却并没有犯什么错误呢？为此，追溯一下人类对光的认识的发展历史是有意义的. 在 17 世纪，牛顿(I. Newton，1642～1727)认为光由微粒组成，并且在均匀介质中作直线传播. 直到 19 世纪 T. Young(1773～1829)等通过双缝实验肯定了光的干涉与衍射现象之后，光的波动性才为人们确认. 但光的干涉和衍射现象只有当仪器的特征长度(例如双缝宽度)与光波长可相比拟的情况下才明显. 例如，对比一下光的针孔成像与圆孔衍射实验是有趣的. 针孔成像可以用光的直线传播来说明，即用几何光学来处理是恰当的. 但平常所谓“针孔”，其大小(例如$\approx 10^{-2}$cm)比可见光的波长[$\lambda \approx (4000\sim 7000)$Å$<10^{-4}$cm]仍然大很多. 但如把针孔半径 a 不断缩小，当 $a\approx\lambda$ 时，针孔成像将不复存在，而出现圆孔衍射花样. 这时用几何光学来处理就不恰当，而波动光学就成为必需的了.

de Broglie 认为，物质粒子的波动性与光有相似之处. 但由于 h 是一个很小的量，实物粒子的波长实际上是很短的. 在一般宏观条件下，波动性不会表现出来(粒子性是主要矛盾方面)，所以用经典力学来处理是恰当的. 但是到了原子世界中(原子大小$\approx$1Å)，物质粒子的波动性便会明显表现出来. 此时，经典力学就无能为力了，正如几何光学不能用来处理光的干涉与衍射现象一样. 因此，处理原子世界中粒子的运动，就需要一种新的力学规律——波动力学. 这个问题是 Schrödinger 在 1926 年解决的.

练习 1　对于非相对论粒子，动能 $E=\frac{1}{2}mv^2$，动量 $p=mv=\sqrt{2mE}$，de Broglie 波长 $\lambda=h/p=h/mv=h/\sqrt{2mE}$. 对于 $m=1$g 的宏观粒子，设 $v=1$cm/s，可以计算出 $\lambda\approx 10^{-26}$cm，波长非常小($\ll$原子大小$\sim 10^{-8}$cm)，所以在宏观世界中很难观测到粒子的波动性.

练习 2　一个具有能量 10eV 的自由电子，求其波长. 在非相对论情况下，质量为 m，能量为 E 的自由粒子，de Broglie 波长 $\lambda=h/p=h/\sqrt{2mE}$. 若 E 用 eV 为单位，对于电子($m=9.11\times 10^{-28}$g)，有

$$\lambda=\sqrt{\frac{150}{E}}\text{Å} \tag{1.4.9}$$

练习 3　一个具有 5MeV 能量的 α 粒子穿过原子时，可否用经典力学来处理？设枪弹质量为 20g，飞行速度为 1000m/s，求其 de Broglie 波长，并讨论有无必要用波动力学来处理.

练习 4　对于高速运动粒子($E\gg mc^2$)，$E=\sqrt{p^2c^2+m^2c^4}\approx pc$，de Broglie 波长为

$$\bar{\lambda}=\frac{\lambda}{2\pi}=\frac{\hbar c}{E}\approx\frac{200}{E} \tag{1.4.10}$$

式中 E 用 MeV 为单位，$\bar{\lambda}$用 fm 为单位. 设想用高能电子散射去探测原子核或核子的电荷分布的细节，对电子能量 E 有何要求？(核子大小$\approx$fm，中等原子核的半径$\approx$5fm).

实物粒子的波动性的直接证明，是在 1927 年才实现的①. Davisson 和 Germer

---

① G. J. Davisson，L. H. Germer，Phys. Rev. **30**(1927)705. G. P. Thomson，Proc Roy Soc. **A**(London) **117**(1928)600；Nature **120**(1927)802. 为此，Davisson 和 Thomson 获 1937 年 Nobel 物理学奖.

用具有一定能量(波长)的电子垂直地射向金属镍单晶(立方晶)的磨光平面[例如,(1,1,1)晶面]上,观测不同角度上的反射波强度,他们观测到与 X 光相似的衍射现象.在磨光的平面上成列地排列着整齐的原子,这晶面可以看成许多线型光栅的集合.对于不同的磨光晶面,光栅常数也不相同.在垂直入射的情况下(图 1.9),单晶表面等效于一个反射光栅,其光栅间距 a 依赖于晶格常数及磨光平面的取向.当下列条件满足时,将出现反射波加强:

$$a\sin\theta = n\lambda, \qquad n = 1,2,3,\cdots \tag{1.4.11}$$

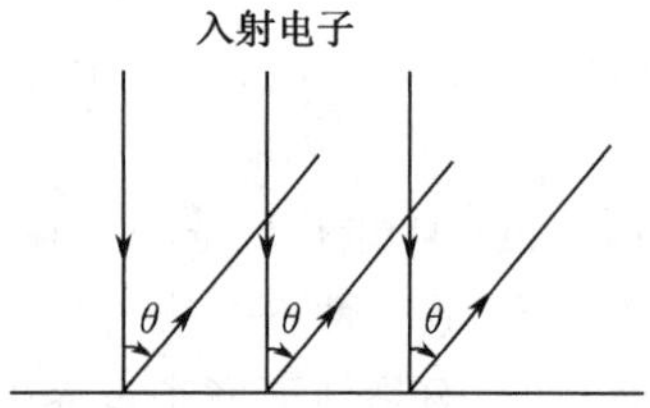

图 1.9 电子对晶体光栅的衍射示意图

根据入射电子的能量,可计算出其波长[见式(1.4.9)],然后代入式(1.4.11),可以求出反射波强度的峰值将出现于下列方向:

$$\theta_n = \arcsin(n\lambda/a), \qquad n = 1,2,3,\cdots$$

此预期值与实验观测相符.

后来很多实验都证实,不仅是电子,而且质子、中子、原子、分子等都具有波动性①.波动性是物质粒子普遍具有的.物质粒子的波动性在现代科学实验与生产技术中有广泛应用.例如,电子显微镜,慢中子衍射技术,可用来研究晶体结构与生物大分子结构等.

最近 Arndt 等人又观测到 C_{60} 分子束的衍射现象②.这是迄今已在实验上观测到其波动性的质量最重、而且结构最复杂的粒子.在他们的实验中,从约 1000K 的高温炉中升华出来的 C_{60} 分子束,C_{60} 分子最可几速度 $v=200\text{m/s}$,$\Delta v/v\approx 60\%$,经过两条准直狭缝(collimation slits),然后射向一个 SiN_x 光栅(光栅每条缝宽 50nm,缝距 100nm),测得的衍射图像如图 1.10(a)所示.

[注 1] 有人提出,如让宏观粒子的速度不断变慢($v\to 0$),则 de Broglie 波长将不断变长,因而可以观测到粒子的波动性.你对此有何看法?

注意,宏观粒子平常处于热平衡状态.按经典统计力学,粒子热运动能 $E\sim kT$,k 是 Boltzmann 常量,T 为温度(绝对温标).因此粒子热运动动量 $p\sim\sqrt{2mkT}$,de Broglie 波长 $\lambda\sim h/\sqrt{2mkT}\propto 1/\sqrt{mT}$,只当 m 很小,$T\to 0\text{K}$ 时,才能观测到波动现象.例如金属的超导现象,载流子是 Cooper 电子对,$m=2m_e$(m_e 是电子质量),质量很小,在 $T\approx 4.2\text{K}$(对于金属汞)就出现超导现象.而对于稀薄碱金属原子气体的 BEC(Bose-Einstein condensation)现象,只当 $T\sim$ nK(10^{-9}K)情况下才可能观测到.

[注 2] 对于辐射场量子,即光子,$E=pc$.对于电磁波 $\nu\lambda=c$,按 de Broglie 关系式,$\lambda=h/p$ 和 $\nu=E/h$,是自洽的.对于非相对论情况下的实物粒子,处于势场 V 中,势能有一个常数不

---

① I. Estermann, O. Stern, Zeit. Phys. **61**(1930)95,观测到分子束的波动性. H. Halban, P. Preiswerk, C. R. Acad. Sci. **203**(1936)73,观测到中子的波动性. W. Schollkopf, J. Toennies, Science **266**(1994)1345,观测到 van der Walls 结团(cluster)的波动性.

② M. Arndt *et al*., Nature **401**(1999),680.

定性，因而粒子能量 E 以及 $\nu=E/h$，都有一个常数不定性. 所以关于 de Broglie 关系式的实验验证，只涉及波长 $\lambda=h/p$，而不涉及 $\nu=E/h$. 参见 p. 16 所引文献①.

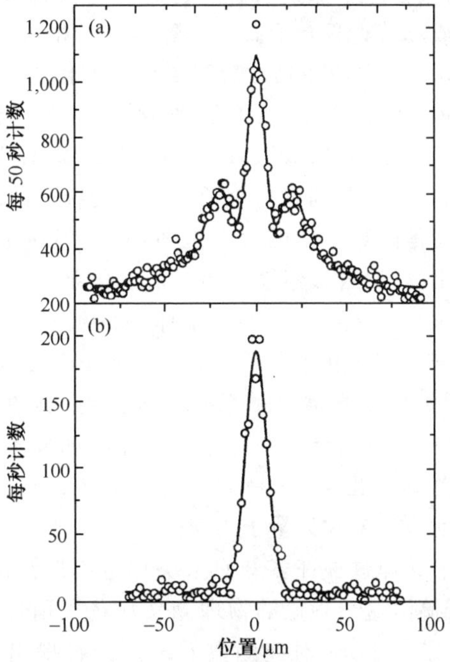

图 1.10　C_{60}分子(fullerens)的干涉图像①

(a) 实验记录(圆圈)是每 50 秒的 C_{60}分子计数. 实线所示是用 Kirchhoff 衍射理论拟合的结果. 波长 $\lambda=h/Mv$，M 是 C_{60}分子质量，v 是其速度. 光栅的相邻缝距为 100nm，每条缝宽 50nm. 由图可以清楚看出中央的干涉图像高峰和两侧一级衍射峰和谷.

后来在实验上又做了改进，C_{60}分子最可几速度 $v=117\text{m/s}$，$\Delta v/v=17\%$，这样就清晰地观测到更多的干涉波峰和波谷，详见 O. Nairz，M. Arndt，A. Zeilinger，Am. J. Phys. **71**(4)，(2004)319.

(b)上述干涉装置中，不设置光栅情况下的 C_{60}分子的记录(每秒 C_{60}分子计数).

1.5　量子力学的建立

量子力学理论体系是在 1923～1927 年这一段时间中建立起来的. 两个等价的理论——矩阵力学与波动力学几乎同时提出.

矩阵力学的提出与 Bohr 的早期量子论有很密切的关系. W. Heisenberg 一方面继承了早期量子论中合理的内核，例如，原子能量量子化和定态，量子跃迁和频率条件等概念，但同时又摒弃了早期量子论中一些没有实验根据的概念，例如，电子轨道的概念. Heisenberg 认为任何物理理论只应涉及可以观测的物理量，对于

① M. Arndt *et al.*，Nature **401**(1999)680.

建立微观现象的正确理论，尤其要注意这点. Heisenberg，Born 与 Jordan 的矩阵力学①，赋予每一个物理量以一个矩阵，它们的代数运算规则与经典物理量不相同，遵守乘法不可对易的代数. 量子体系的有经典对应的各力学量(矩阵，或算符②)之间的关系(矩阵方程，或算符方程)，形式上与经典力学相似，但运算规则不同. 在矩阵力学建立过程中，Bohr 的对应原理思想起了重要的作用③.

波动力学与早期量子论的关系，表面看来，不像矩阵力学那样密切，但实则殊途同归. 波动力学来源于 L. de Broglie 的物质波的思想④. de Broglie 在研究了力学与光学的相似性之后，企图找到实物粒子与辐射的统一的理论基础，提出了下列假定：波动-粒子两象性是微观客体的普遍性质(包括静质量 $m\neq0$ 的实物粒子以及辐射). 他从这概念出发，比较自然地导出了量子化条件. Schrödinger 在 de Broglie 物质波假设的启发下，找到了一个量子体系的波动方程——Schrödinger 方程⑤，它是波动力学的核心. 与矩阵力学一样，Schrödinger 用他的波动方程(本征值问题)成功地解决了氢原子光谱等一系列重大问题. 接着 Schrödinger 还证明，矩阵力学与波动力学是等价的，是同一种力学规律的两种不同形式的表述⑥. 量子理论还可以更为普遍地表述出来. 这是 Dirac 和 Jordan 等人的贡献⑦. 后来，人们习惯把矩阵力学和波动力学统称为量子力学.

虽然量子力学对于处理过去许多悬而未决和范围广泛的问题的威力，很快就使人心悦诚服，但完全搞清这个理论的物理涵义却花了稍长的时间⑧. 量子理论的诠释及内部的自洽性，是在 Born 对波函数的统计诠释提出之后才得以解决⑨. 到此，量子力学仍属非相对论性的. Dirac 的相对论波动方程(Dirac 方程)以及电磁场

---

① W. Heisenberg, Zeit. Physik **33**(1925)879. M. Born, P. Jordan, Zeit. Physik **34**(1925)858. M. Born, W. Heisenberg, P. Jordan, Zeit. Physik **35**(1926)557. W. Heisenberg, P. Jordan, Zeit. Physik **37**(1926)263.

② M. Born, N. Wiener Zeit. Physik **36**(1926)174. P. A. M. Dirac, Proc. Roy. Soc. (London) **111**(1926)281.

③ A. Messiah, *Quantum Mechanics*, vol. 1, p. 45～48，对矩阵力学和波动力学提出的历史背景和主导思想给出了很精练的介绍. 还可参见彭桓武，徐锡申，《理论物理基础》，(北京大学出版社，1998)，§9.1.4，§9.1.5.

④ L. de Broglie, Comptes Rendus **177**(1923)507, Nature **112**(1923)540.

⑤ E. Schrödinger, Ann. der Physik **79**(1926)361, 489; **80**(1026)437; **81**(1926)109.

⑥ E. Schrödinger, Ann. der Physik **79**(1926)734.

⑦ P. A. M. Dirac, Proc. Roy. Soc. (London) **A112**(1926)661. P. Jordan, Zeit. Physik **37**(1926)383; **38**(1926)513. P. A. M. Dirac, *The Principles of Quantum Mechanics*, 4th ed., 1958.

⑧ P. Robertson, *The Early Years*, *The Niels Bohr Institute*, 1921～1930(Akademisk Forlag, Copenhagen, 1979).

⑨ M. Born, Zeit Physik **38**(1926)803; W. Heisenberg, Z. Physik **43**(1927)172; N. Bohr, Naturwissenschaften **16**(1928)245, **17**(1929)483, **18**(1930)73. 更详细论述可参阅：W. Heisenberg, *The Physical Principles of the Quantum Theory*(University of Chicago Press, Chicago, 1930); N. Bohr, *Atomic Theory and the Description of Nature*(Cambridge University Press, Cambridge, 1934).

的量子理论对它作了补充①. 这样,涉及非相对论性的实物粒子与电磁场作用的问题,原则上都可以解决.

还应提到量子统计物理的建立. 1924 年 S. N. Bose② 用完全不同于经典的 Maxwell-Boltzmann 统计法的一种涉及粒子全同性的新的统计法,推导出了 Planck 的黑体辐射公式. A. Einstein 立即认识到此项工作的重要性,并推广去研究单原子理想气体. 他预言③:原子气体在适当条件下(温度,密度等)将发生相变,形成一种新的物质状态,后人称之为 Bose-Einstein 凝聚(BEC). 在这种状态下,所有粒子都处于最低的单粒子能态. 这种统计被称为 Bose-Einstein 统计法(或简称 Bose 统计法). 经过实验工作者的长期努力,在 20 世纪 90 年代,在超冷($T\sim$nK)碱金属原子稀薄气体中观测到了 BEC 现象. 为此,E. A. Cornell, C. E. Wieman 和 W. Ketterle 获 2001 年 Nobel 物理学奖.

在矩阵力学与波动力学提出之前,Bohr 曾经力图在他的原子的量子论的框架内用电子壳层结构去阐明化学元素的周期律④,但未取得令人信服的结果. 经过仔细分析后,Pauli 提出,在原子中要完全确定一个电子的能态需要四个量子数(参阅 5.5.2 节),并提出不相容原理(exclusion principle)⑤——在原子中每一个电子能态上,最多只能容纳一个电子. 按此原理,他成功阐明了元素周期律等重要问题,并获 1945 年 Nobel 物理学奖. 量子力学建立后,Heisenberg, Fermi, Dirac 等人从量子态的置换反对称性来说明 Pauli 不相容原理⑥. 另一种量子统计法,即 Fermi-Dirac 统计法(或称 Fermi 统计法),随之建立.

*　　*　　*

相对论与量子力学是 20 世纪物理学的两个主要进展. 从对现代物理学和人类物质文明的影响来说,后者甚至超过前者. 物质结构这个重要的课题,只有在量子力学的基础上才原则上得以解决. 没有哪一门现代物理学的分支以及有关的边缘学科(例如,固态物理学、原子和分子结构、原子核结构、粒子物理学、量子化学、量子生物学、激光物理、表面物理、低温物理、天体物理学和宇宙论等)能够离开量子力学这个基础.

相对论的创建人 A. Einstein 的名字已经家喻户晓,他的事迹被当做神话在人民中广泛流传,但发展量子理论的物理学家的名字,基本上只有科学界人士才知晓,他们的成就对于广大群众来说还是陌生的. 这种缺乏广泛了解的重要原因之

---

① P. A. M. Dirac, Proc. Roy. Soc. (London) **A114**(1927)243, 710.

② S. N. Bose, Zeit. Physik **26**(1924)178.

③ A. Einstein, Sitzungsber. Kgl. Preuss. Akad. Wiss. **261**(1924), **3**(1925).

④ N. Bohr, *The Theory of Spectra and Atomic Constitution* (Cambridge University Press, 1922).

⑤ W. Pauli, Zeit. Physik **31**(1925)765.

⑥ W. Heisinberg, Zeit. Physik **38**(1926)411, **39**(1926)499; E. Fermi, Zeit. Physik **36**(1926)902; P. A. M. Dirac, Proc. Roy. Soc. (London) **A112**(1926)661.

一,也许是由于量子理论不是主要由一个物理学家所创立,而是许多物理学家共同努力的结晶. 20 世纪量子物理学所碰到的问题是如此复杂和困难,以致没有可能期望一个物理学家能一手把它发展成一个完整的理论体系. 在这征途中闪烁着 Planck、Einstein、Bohr、Heisenberg、de Broglie、Schrödinger、Born、Pauli、Dirac 等光辉的名字. "量子物理学的建立可以认为是开展物理学研究工作方式上的转折点". "如果说它的建立标志着物理学研究工作第一次集体的胜利,那么这一批量子物理学家公认的领袖就是 Niels Bohr"①.

[注 1] 对量子力学理论的建立有过卓越贡献的物理学家名单.

获奖人	获奖工作发表时间(年龄)	获奖时间	获奖工作
M. Planck(1858～1947)	1900(42)	1918	基本作用量子(光量子论)
A. Einstein(1879～1955)	1905(26)	1921	光电效应(光量子)及数学物理方面的成就
N. Bohr(1885～1962)	1913(28)	1922	原子结构与原子辐射
L. de Broglie(1892～1987)	1923(32)	1929	电子的波动性
W. Heisenberg(1901～1976)	1925(24)	1932	创立量子力学(矩阵力学),原子核由质子和中子组成
E. Schrödinger(1887～1961)	1926(39)	1933	创立量子力学(波动力学)
P. A. M. Dirac(1902～1984)	1927(25)	1933	电子的相对论性波动方程,预言正电子
W. Pauli(1900～1958)	1925(25)	1945	不相容原理
M. Born(1882～1970)	1926(44)	1954	波函数的统计诠释

[注 2] 继矩阵力学和波动力学在 20 世纪 20 年代中期提出之后约 20 年,R. P. Feynman 又提出了量子力学的第三种理论形式,即路径积分(path integral)理论. 如果说矩阵力学是正则形式下经典力学的量子对应,波动力学则与经典力学中的 Hamilton-Jacobi 方程密切相关. 概括起来,它们都与经典力学的 Hamilton 形式有渊源关系. 而路径积分理论则与经典力学的 Lagrange 形式(通过作用量)有密切关系. 参阅 R. P. Feynman, Rev. Mod. Phys. **20** (1948), 367. 或见本书卷Ⅱ,第 5 章.

习　　题

1.1 试用量子化条件,求谐振子的能量. 谐振子势能 $V(x)$ 取为 $\frac{1}{2}m\omega^2x^2$

提示:

$$\oint p\mathrm{d}x = 2\int_{-a}^{a}\mathrm{d}x\sqrt{2m\left(E-\frac{1}{2}m\omega^2x^2\right)}$$

$$a = \sqrt{2E/m\omega^2}$$

或设

① P. Robertson, *The Early Years*, *The Niels Bohr Institute*, 1921～1930 (Akademisk Forlag, Copenhagen, 1979).

$$x = a\sin\omega t, \qquad p = m\dot{x} = ma\omega\cos\omega t$$

利用$\oint p\mathrm{d}x = nh$，求出$a=\sqrt{nh/\pi m\omega}$,代入谐振子能量.

答:$E=E_n=n\hbar\omega$，　　$n=1,2,\cdots$

1.2　用量子化条件求限制在箱内运动的粒子的能量.箱的长宽高分别为a、b和c.

答:$E=\dfrac{h^2}{8m}\left(\dfrac{n_1^2}{a^2}+\dfrac{n_2^2}{b^2}+\dfrac{n_3^2}{c^2}\right)$，　　$n_1,n_2,n_3=1,2,\cdots$

1.3　平面转子的转动惯量为I,求它的能量允许值.

答:$E=n^2\hbar^2/2I$，　　$n=1,2,\cdots$

1.4　有一个带电q质量为m的粒子在平面内运动,垂直于平面方向有磁场B.求粒子能量允许值.

答:带电粒子将做圆周运动,能量允许值为

$$E = n\hbar\,|q|B/mc, \qquad n = 1,2,\cdots$$

1.5　用量子力学可以证明(利用WKB近似,见本书卷Ⅱ第2章),对于下列不同形式的势阱(图1.11),量子化条件略有不同.

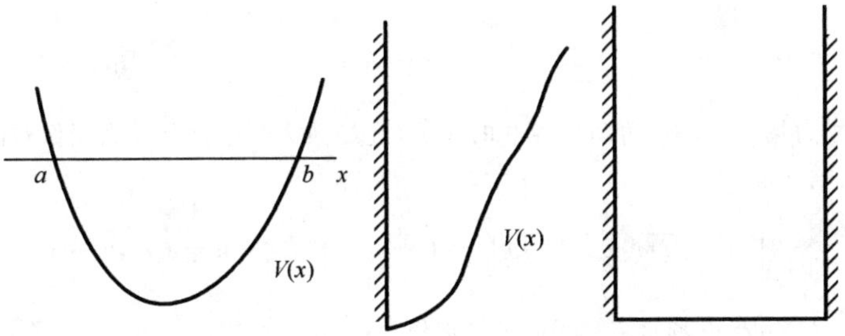

(a)　(b)　(c)

图1.11

(a) $\oint p\mathrm{d}x = \left(n+\dfrac{1}{2}\right)h$，　　$n = 0,1,2,\cdots$

$p=\sqrt{2m[E-V(x)]}$

(b) $\oint p\mathrm{d}x = \left(n+\dfrac{3}{4}\right)h$，　　$n = 0,1,2,\cdots$

(c) $\oint p\mathrm{d}x = (n+1)h$，　　$n = 0,1,2,\cdots$，即$\oint p\mathrm{d}x = nh$，　　$n = 1,2,3,\cdots$

利用上述公式,计算在下列势阱中粒子的能量允许值.

(1) 势阱$V(x) = g|x|$ (见图1.12)

先进行量纲分析.

答:

$$E_n = \left(\frac{g^2\hbar^2}{2m}\right)^{1/3}\cdot\left[\frac{3\pi}{4}\left(n+\frac{1}{2}\right)\right]^{2/3}, \qquad n = 0,1,2,\cdots$$

(2)

$$V(x) = \begin{cases} \infty, & x < 0 \\ e\mathscr{E}x, & x > 0 \end{cases}$$

$\mathscr{E}$ 为均匀电场强度，$-e$ 为粒子电荷(见图 1.13).

答：

$$E_n = \frac{1}{2}(9\pi^2 e^2 \mathscr{E}^2 \hbar^2/m)^{1/3}\left(n+\frac{3}{4}\right)^{2/3}, \qquad n = 0,1,2,\cdots$$

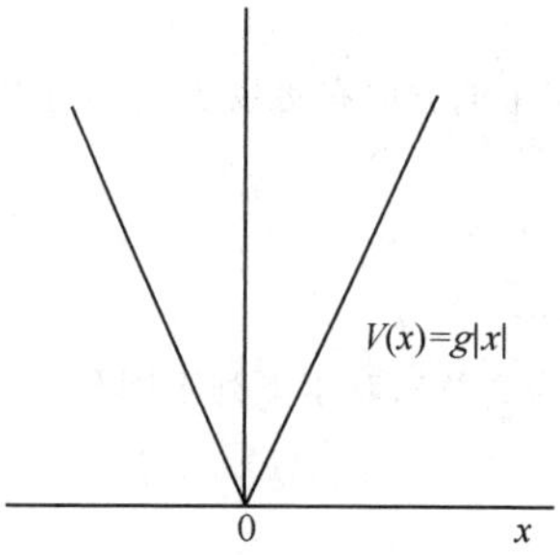

图 1.12

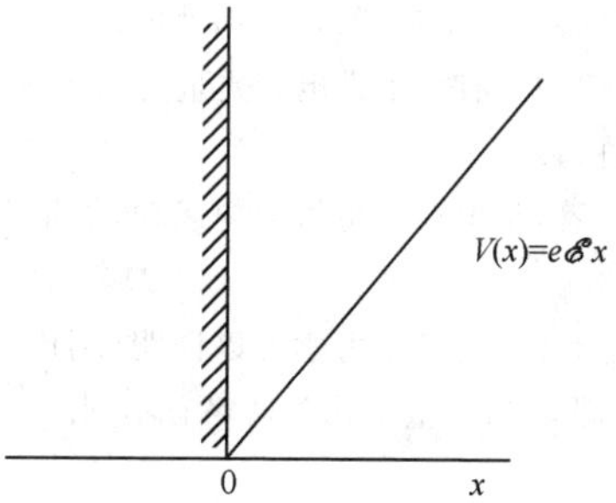

图 1.13

1.6 中心力场 $V(r)$ 中，角动量为 0 的粒子(在经典力学中这是什么图像?)的能量量子化条件(见卷Ⅱ，第 2 章)为

$$2\int_0^\infty \mathrm{d}r\,\sqrt{2m[E-V(r)]} = \left(n+\frac{3}{4}\right)h, \qquad n = 0,1,2,\cdots$$

设 $V(r) = -\dfrac{e^2}{r}$(Coulomb 场)，求粒子能量允许值.

答：对于 $l=0$ 的能级

$$E_n = -\frac{me^4}{2\hbar^2}\left(n+\frac{3}{4}\right)^{-2}, \qquad n = 0,1,2,\cdots$$

1.7 对于高速运动粒子(静质量 m)，能量及动量由下式给出：

$$E = mc^2/\sqrt{1-v^2/c^2} \quad (v\text{ 是粒子速度})$$

$$p = mv/\sqrt{1-v^2/c^2} = Ev/c^2$$

试根据 Hamilton 量

$$H = E = \sqrt{m^2c^4 + p^2c^2}$$

及正则方程来验证这两式. 由此求出粒子速度与 de Broglie 波的群速之间关系. 计算其相速，并证明相速大于光速 c.

提示：利用 $v_i = \dfrac{\partial H}{\partial p_i}$.

1.8 按照特殊相对论，粒子能量、动量和质量的关系式，$E^2 = p^2c^2 + m^2c^4$，求：

(1) 非相对论近似下的能量展开式

$$E = mc^2\left(1+\frac{pc}{mc^2}\right)^{1/2} = mc^2 + \frac{p^2}{2m} - \frac{p^4}{8m^3c^2} + \cdots$$

上式右边 mc^2 为静止能(rest energy)，$\frac{p^2}{2m}$为非相对论极限下的动能，$-\frac{p^4}{8m^3c^2}$为最低级相对论修正.

(2) 在极高速情况下(高能物理实验中经常碰到)，求能量的近似展开

$$E = pc\left[1+\left(\frac{mc^2}{pc}\right)^2\right]^{1/2} = pc + \frac{1}{2}\frac{m^2c^4}{pc} + \cdots$$

对于无静质量($m=0$)粒子(例如光子)，$E=pc$.

1.9 (1) 试用 Fermat 最短光程原理导出光的折射定律：$n_1\sin\alpha_1 = n_2\sin\alpha_2$(见图 1.14).(2) 光的波动说的拥护者曾经向光的微粒论者提出下列非难：如认为光是"粒子"，则其运动遵守最小作用原理，$\delta\int p\mathrm{d}l = 0$. 若认为 $p = mv$，则 $\delta\int v\mathrm{d}l = 0$，$p$ 指粒子"动量"，v 指粒子"速度". 这样将导出下列折射定律：$n_1\sin\alpha_2 = n_2\sin\alpha_1$，这明显违反实验事实. 即使考虑相对论效应，对于自由粒子，$p = Ev/c^2$ 仍然成立，E 是粒子能量，从一种介质到另一种介质，E 不改变. 因此，仍然得到 $\delta\int v\mathrm{d}l = 0$. 矛盾依然存在. 你怎样解决这矛盾？

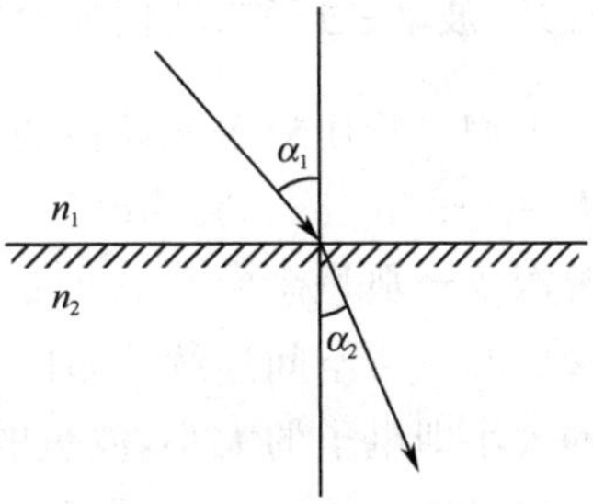

图 1.14

参阅 L. de Broglie, Le Journal de Physique et la Radium **7**(1926)1.

第 2 章　波函数与 Schrödinger 方程

2.1　波函数的统计诠释

2.1.1　波动-粒子二象性的分析

人们对物质粒子波动性的理解，曾经经历过一场激烈的争论. 包括波动力学创始人 Schrödinger, de Broglie 等在内的许多人，对于物质粒子波动性的早期理解，都曾深受经典概念的影响①. 最初，电子波被理解为电子的某种实际结构②，即电子被看成在三维空间连续分布的某种物质波包③，因而呈现出干涉与衍射等现象. 波包的大小即电子的大小，波包的群速度即电子的运动速度.

但仔细分析后，就会发现这种看法碰到了难以克服的困难. 例如，在非相对论情况下，自由粒子或孤立(isolated)粒子的能量为 $E=p^2/2m$，用 de Broglie 关系式 $E=\hbar\omega, p=\hbar k(\omega=2\pi\nu, k=2\pi/\lambda)$ 代入，可得

$$\omega = \hbar k^2/2m \tag{2.1.1}$$

因此，相应的波包的群速度(见附录一)为

$$v_g = \frac{d\omega}{dk} = \hbar k/m = p/m = v \tag{2.1.2}$$

它相当于经典粒子的运动速度. 但由于

$$\frac{dv_g}{dk} = \frac{d^2\omega}{dk^2} = \hbar/m \neq 0 \tag{2.1.3}$$

物质波包必然要扩散④，即使原来的波包很窄，在经历一段时间后，必然会扩散到很大的空间中去. 或者更形象地说，随时间的推移，电子将愈变愈"胖"，这与实验是矛盾的. 实验上观测到的每一个电子，总处于空间一个小区域中，例如，在一个原子里面，其广延不会超过原子的大小(≈1Å).

此外，在电子衍射实验中，当电子波打到晶体表面后会发生衍射，衍射波将沿不同方向传播开去. 如果把一个电子看成三维空间的物质波包，则在空间不同方向

---

① 参阅 L. de Broglie, *Nonlinear Wave Mechanics*, Part 1, chap. 1(1955).

② D. Bohm, *Quantum Theory*(1954), chap. 3, §13. F. Bloch, Physics Today(1976), No. 12, p. 24.

③ Schrödinger 认为：波函数本身代表一个实在的和物理的可观测量，它描述物质的分布. 例如，一个粒子可以想像成一个物质波束或波包. 参阅 P. Robertson, *The Early Year*, *The Niels Bohr Institute* 1921～1930. 中译本，《玻尔研究所的早年岁月(1921～1930)》，杨福家、卓益忠、曾谨言译，p. 113，科学出版社，北京(1985).

④ 这里我们不去讨论非线性光学和粒子物理中探讨的孤子(soliton)解问题，它是一种既不扩散，又局限于空间小区域中的波. 这里涉及非线性场方程问题.

观测到的将是“一个电子的一部分”,这与实验完全矛盾.实验上所测得的(例如,计数器或照相底板上)总是一个一个的电子,各具有一定的质量、电荷等.

物质波包的观点显然夸大了波动性的一面,而实质上抹杀了粒子性的一面,是带有片面性的.

与物质波包相反的另一种看法是:波动性是由于有大量的电子分布于空间而形成的疏密波,它类似于空气振动出现的纵波,即分子的疏密相间而形成的一种分布.这种看法也与实验矛盾.实际上已做过这样的电子衍射实验(图 2.1):使入射电子流极其微弱,电子几乎是一个一个地通过仪器.但只要时间够长,则底板上将出现衍射花样.这说明粒子的波动性并不依存于大量电子聚集在空间一起,单个电子就具有波动性.也正是由于单个电子具有波动性,才能理解氢原子(只有一个电子!)中电子运动的稳定性以及能量量子化等量子现象.

因此,把波动性看成大量电子分布于空间一定区域所形成的疏密波的看法也是不正确的,它夸大了粒子性的一面,而实质上抹杀了粒子的波动性一面,也带有片面性.

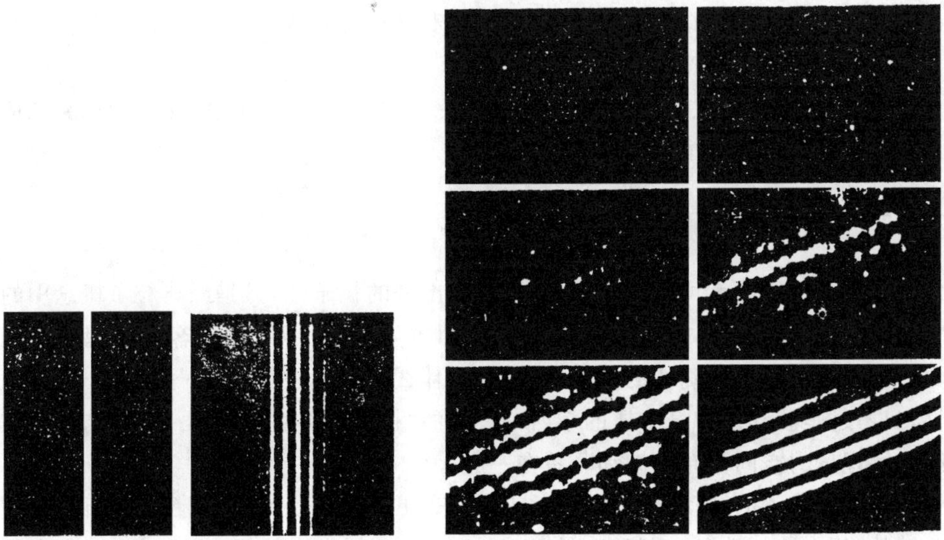

(a) (b)

图 2.1 电子干涉

(a) 单缝衍射与双缝干涉花样(经过放大).加速电压为 50kV,电子波长 $\lambda \approx 0.055\text{Å}$,缝宽 0.3μm,相邻缝的间隔为 1μm.[C. Jönsson, Zeit. Physik **161**(1961)454;Am, J. Phys. **42**(1974)4.]

(b) 电流密度不同情况下的电子干涉花样.在电子显微镜中装配一个电子光学双棱镜系统,并在电子显微镜的成像系统上安装一个电视加强器,使干涉条纹的间距放大.图中各照片是不同电流密度下拍摄下来的.[P. G. Merli, G. F. Missiroli, G. Pozzi, Am. J. Phys. **44**(1976)306.]

然而电子究竟是什么东西？是粒子？还是波？“电子既不是粒子，也不是波”[①]. 更确切地说，它既不是经典粒子，也不是经典的波. 但我们也可以说：电子既是粒子，也是波，它是粒子和波动两象性矛盾的统一. 但这个波不再是经典概念下的波，粒子也不是经典概念下的粒子. 为了更清楚地了解这一点，我们简要地回顾一下经典粒子和波的概念.

在经典力学中谈到一个“粒子”时，总意味着这样一个客体，它具有一定的质量、电荷等属性，此即物质的“颗粒性”(corpuscularity)或“原子性”(atomicity). 但与此同时，人们还按照日常生活的经验，认为它具有一定的位置，并且在空中运动时有一条确切的轨道，即在每一时刻有一定的位置与速度. 物质粒子的“原子性”是为实验所证实了的(例如，电子具有一定的质量 $m=9.11\times10^{-28}$ g 与电荷 $-e=-1.602\times10^{-19}$ C). 但粒子有完全确切轨道的看法是 Newton 力学理论体系中的概念. 在宏观世界中，这概念是一个很好的近似(例如，炮弹的轨道、卫星绕地球运动的轨道等). 但在微观世界中，这概念从来也没有为实验证实过.

在经典力学中谈到某种“波动”时，总是意味着某种实际的物理量的空间分布作周期性的变化(例如，水波、声波、弹性波、地震波)，而更重要的是呈现出干涉(interference)与衍射(diffraction)现象，干涉与衍射的本质在于波的相干叠加性(coherent superposition).

在经典概念下，粒子与波的确是难以统一到同一个客体上去，然而我们究竟应该怎样正确地理解粒子-波动两象性呢？

2.1.2 概率波，多粒子系的波函数

仔细分析实验就可以看出，电子所呈现出来的粒子性，只是经典粒子概念中的“原子性”或“颗粒性”，即总是以具有一定的质量、电荷等属性的客体出现在自然界，但并不与“粒子有确切的轨道”的概念有什么必然的联系. 而电子呈现出的波动性，只不过是波动性中最本质的东西——波的“相干叠加性”，并不一定要与某种实际的物理量的空间分布的波动联系在一起.

把微观粒子的波动性与粒子性统一起来，更确切地说，把微观粒子的“原子性”与波的“相干叠加性”统一起来，是 M. Born(1926)提出来的概率波[②]. Born 是在用 Schrödinger 方程来处理散射问题时为解释散射粒子的角分布而提出来的. 他认为 de Broglie 提出的“物质波”，或 Schrödinger 方程中的波函数所描述的，并不像经

---

① 例如，见 *The Feynman Lectures on Physics*，Ⅲ，*Quantum Mechanics* (Addison-Wesley, 1965), chap. 1, 1-1.

② M. Born, Zeit. Physik **38**(1926)803; Nature **119**(1927)354.

P. Jordan, Zeit. Physik **41**(1927)797.

W. Heisenberg, Zeit. Physik **43**(1927)172.

典波那样代表什么实在的物理量在空间分布的波动，只不过是刻画粒子在空间的概率分布的概率波而已.

为了从实际的晶体衍射实验技术的复杂性中摆脱出来，以便于较简单和清楚地阐明概率波概念，我们来分析一个比较简单的电子的双缝干涉实验.但为了更好地理解电子在双缝干涉中呈现出的量子特征，先对比一下用经典粒子(例如，子弹)与经典波(例如，声波、水波、地震波)来做类似的双缝实验.

图 2.2 中，一挺机枪从远处向靶子不断进行点射，机枪与靶之间有一堵子弹不能穿透的墙，墙上有二条缝.当只开缝 1 时，靶上子弹的密度分布为 $\rho_1(x)$；当只开缝 2 时，靶上子弹的密度分布为 $\rho_2(x)$；当双缝齐开时，经过缝 1 的子弹与经过缝 2 的子弹，互不相干地一粒一粒地打到靶上，所以靶上密度的分布 $\rho_{12}(x)$ 简单地等于两个密度分布相加：

$$\rho_{12}(x) = \rho_1(x) + \rho_2(x) \tag{2.1.4}$$

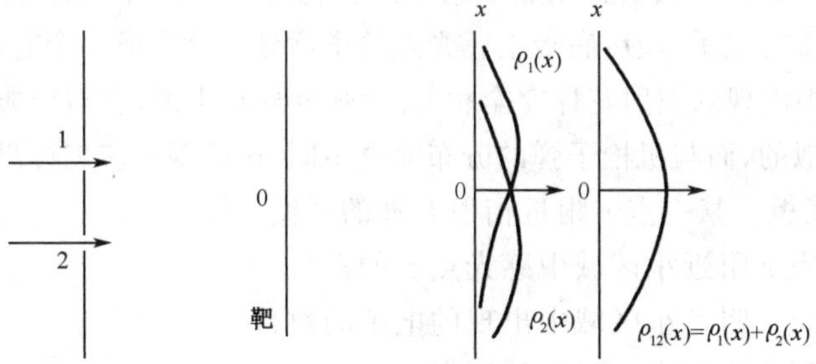

图 2.2

其次，我们来分析声波经过双缝的干涉现象.图 2.3 中，在远处 S 放置一个稳定频率 ν 的声源，声波经过具有双缝的隔音板，在它后面有一个“吸音板”，到达板上的声波将被吸收，并把声音强度分布显示出来.

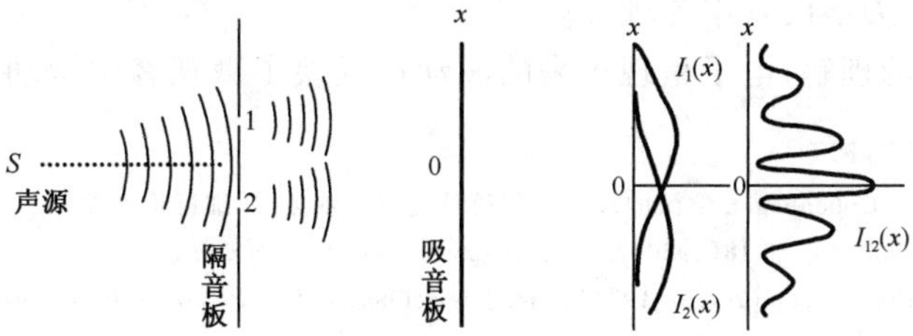

图 2.3

当只开缝 1 时，测出的声波强度(intensity)分布用 $I_1(x)$ 描述；当只开缝 2 时，声波强度分布用 $I_2(x)$ 描述；当双缝齐开时，声波强度分布为 $I_{12}(x)$.实验发现 $I_{12} \neq I_1 + I_2$.例如，当只开一条缝时，声音很强的地方，在双缝齐开的情况下，声音可能变得很弱，这里，出现了**干涉现象**.

设经过单缝 1 的声波用 $h_1(x)e^{i\omega t}$ 描述($\omega=2\pi\nu$)，经过单缝 2 的声波用 $h_2(x)e^{i\omega t}$ 描述，双缝齐开时的波幅则为 $[h_1(x)+h_2(x)]e^{i\omega t}$ (波的相干叠加性!). 此时声波强度分布为

$$\begin{aligned} I_{12} &= |h_1+h_2|^2 = |h_1|^2+|h_2|^2+(h_1h_2^*+h_2h_1^*) \\ &= I_1+I_2+\text{干涉项} \\ &\neq I_1+I_2 \end{aligned} \tag{2.1.5}$$

由于存在干涉项($h_1h_2^*+h_2h_1^*$)，经典波强度分布与经典粒子密度分布(2.1.4)大不相同.

现在我们回头来分析电子的双缝干涉实验(图 2.1). 设入射电子流很微弱，电子几乎一个一个地经过双缝，然后打到感光底板上. 起初，当感光时间较短时，底板上出现的一些感光点子的分布，看起来没有什么规律，这些点子记录下一个一个电子的痕迹. 但当时间够长时，底板上感光点子愈来愈多，实验发现，有些地方点子很密集，有些地方则几乎没有点子. 最后底板上感光点的密度分布就形成一个有规律的花样，与 X 光衍射实验中出现的衍射花样完全相似. 就强度分布来说，它与经典波(如声波)的双缝干涉是相似的，而与机枪子弹的分布完全不同. 这种现象应怎样理解呢?

原来，在底板上某一点 $\boldsymbol{r}$ 附近衍射花样的强度

$\propto$在点 $\boldsymbol{r}$ 附近小区域中感光点子的数目

$\propto$在点 $\boldsymbol{r}$ 附近小区域中出现的电子的数目

$\propto$电子出现在点 $\boldsymbol{r}$ 附近的概率.

设衍射波用 $\psi(\boldsymbol{r})$ 描述，与波动光学中一样，衍射花样的强度分布用 $|\psi(\boldsymbol{r})|^2$ 描述. 但是在这里的波的强度 $|\psi(\boldsymbol{r})|^2$ 的含义与经典波根本不同，它是用来刻画电子出现在点 $\boldsymbol{r}$ 附近的概率大小的一个量. 更确切地说，$|\psi(\boldsymbol{r})|^2\Delta x\Delta y\Delta z$ **正比于在点 $\boldsymbol{r}$ 附近的小体积元 $\Delta x\Delta y\Delta z$ 中找到粒子的概率**. 这就是 Born 提出的波函数的概率诠释，它是量子力学的基本原理之一. ①

按照这样的理解，电子呈现出来的波动性反映了微观客体运动的一种统计规

---

① 这是正统的 Copenhagen 学派的波函数的统计诠释的观点. 详细讨论可参见 N. Bohr, Naturwiss. **16**(1928)245; **17**(1929)483 和 **18**(1930)73; N. Bohr, *Atomic Theory and the Description of Nature*(Cambridge University Press, Cambridge, 1934); W. Heisenberg, *The Physical Principles of the Quantum Theory*(Chicago University Press, Chicago, 1930).

此观点得到绝大多数物理学家的支持. M. Born 的波函数的统计诠释的工作，获 1954 年 Nobel 物理学奖. 在历史上以 Einstein, Schrödinger, de Broglie 为代表的少数物理学家，对波函数的统计诠释持不同的观点，有过长期的争论. 但长期以来，争论局限于纯理论领域，并无实验上的判据. 例如见，*Albert Einstein, Philosopher-Scientist*，主编，P. A. Schilpp,(Tudor Publishing Company, New York, 1949 and 1951); L. de Broglie, *La Théorie de Mesure en Mécanique Ondulatoire*(Gauthier-Villars, Paris, 1957).

直到 20 世纪 60 年代 Bell 等人的理论分析(Bell 不等式)以及以后很多的实验工作，都证实正统的量子力学理论预期与实验一致. 例如，参阅:J. A. Wheeler and W. H. Zurek, *Quantum Theory and Measurement*(Princeton University Press, Princeton, NJ, 1983). 关于这方面的最新进展，以后将陆续提及.

律性，所以称为概率波(probability wave). 所以波函数 $\psi(\boldsymbol{r})$ 有时也称为概率波幅(probability amplitude). 应该说，在非相对论的情况下(没有粒子产生与湮没现象)，概率波正确地把物质粒子的波动性与原子性统一了起来，并经历了无数实验的检验.

［注］ 通常的光辐射都来自大量原子的集合. 讨论粒子束的散射，以及固态物体的导电性等性质时也都涉及大量电子的集合. 有一种看法，认为在量子世界中所有东西只不过是某种模糊的几率波. H. Dehmelt 对此有不同看法. 他强调被束缚在他的原子阱中的基本粒子的真实性(reality)和个体性(individuality). 他把被束缚的原子和正电子分别取名为"Astrid"和"Priscilla". 他曾经观测到把一个"单电子振子"(mono-electron oscillator)束缚在他的原子阱中几乎达一年之久，而不让它逃离. 由于他和 W. Paul 所制备的原子阱(Penning trap 和 Paul trap)的贡献，他们获得 1989 年的 Nobel 物理学奖. 参阅 T. Hey & P. Walters, *The New Quantum Universe*, Cambridge University Press, 2003 . 中文译本见，雷奕安，《新粒子世界》，湖南科技出版社.

讨论

(1) 波函数的归一化与相因子的不定性

根据波函数的统计诠释，很自然要求该粒子(不产生，不湮没)在空间各点的概率之总和为 1，即要求 $\psi(\boldsymbol{r})$ 满足下列条件：

$$\int_{(全)} |\psi(\boldsymbol{r})|^2 \mathrm{d}^3 x = 1 \qquad (\mathrm{d}^3 x = \mathrm{d}x\mathrm{d}y\mathrm{d}z) \tag{2.1.6}$$

这称为波函数的归一化(normalization)条件.

但应该强调，对于概率分布来说，重要的是相对概率分布. 不难看出，$\psi(\boldsymbol{r})$ 与 $C\psi(\boldsymbol{r})$ (C 为常数)所描述的相对概率分布是完全相同的. 例如，粒子在空间点 $\boldsymbol{r}_1$ 与点 $\boldsymbol{r}_2$ 的相对概率，在波函数为 $C\psi(\boldsymbol{r})$ 情况下，是

$$\frac{|C\psi(\boldsymbol{r}_1)|^2}{|C\psi(\boldsymbol{r}_2)|^2} = \frac{|\psi(\boldsymbol{r}_1)|^2}{|\psi(\boldsymbol{r}_2)|^2} \tag{2.1.7}$$

这与波函数为 $\psi(\boldsymbol{r})$ 情况下的相对概率完全相同. 换言之，$C\psi(\boldsymbol{r})$ 与 $\psi(\boldsymbol{r})$ 所描述的概率波是完全一样的. 所以，波函数总是有一个常数因子的不定性，在这一点上，概率波与经典波(声波、水波、弹性波等)有本质的差别. 一个经典波的波幅若增加一倍，则相应的波动的能量将为原来的 4 倍，因此代表了完全不同的波动状态. 这一点是概率波与经典波的原则性区别. 概率波有归一化概念，而经典波则根本谈不上什么"归一化".

按上述分析，波函数的归一化条件(2.1.6)就相当于波函数的平方可积条件，即

$$\int_{(全)} |\psi(\boldsymbol{r})|^2 \mathrm{d}^3 x = A > 0 \qquad (A\ 为正实数) \tag{2.1.8}$$

因为，假设 $\psi(\boldsymbol{r})$ 满足式(2.1.8)，则显然

$$\int_{(\text{全})}\left|\frac{\psi(\boldsymbol{r})}{\sqrt{A}}\right|^2 \mathrm{d}^3 x = 1 \tag{2.1.9}$$

即 $\psi(\boldsymbol{r})/\sqrt{A}$ 将是归一化的，$1/\sqrt{A}$ 称为归一化因子. 但无论是 $\psi(\boldsymbol{r})$，或 $\psi(\boldsymbol{r})/\sqrt{A}$，它们所描述的概率波是完全一样的. 波函数的归一化与否，并不涉及概率分布有何变化. 以后，为处理问题方便，我们还将引进某些理想的、不能归一化的波函数(参见练习 3 与练习 4).

还应提到，即使加上了归一化条件，波函数仍然有一个模为 1 的因子的不定性，或者说，相位不定性. 因为，假设 $\psi(\boldsymbol{r})$ 是归一化波函数，则 $\mathrm{e}^{\mathrm{i}\alpha}\psi(\boldsymbol{r})$($\alpha$ 为实常数，即相位)也是归一化的，而 $\mathrm{e}^{\mathrm{i}\alpha}\psi(\boldsymbol{r})$ 与 $\psi(\boldsymbol{r})$ 所描述的是同一个概率波.

练习 1　粒子在一维无限深势阱(见图 1.8)中运动($|x|\leqslant a$)，设

$$\psi(x) = A\sin\frac{\pi x}{a}$$

求归一化常数 A. 设 $\psi(x)=Ax(a-x)$，$A=$? 粒子在何处概率最大?

练习 2　设 $\psi(x)=A\exp\left(-\dfrac{1}{2}\alpha^2x^2\right)$，$\alpha$ 为实常数，求归一化常数 A.

练习 3　设 $\psi(x)=\exp(\mathrm{i}kx)$，粒子的位置概率分布如何? 这个波函数能否归一化?

练习 4　设 $\psi(x)=\delta(x)$，粒子的位置分布概率如何? 这个波函数能否归一化?

练习 5　设粒子波函数为 $\psi(x,y,z)$，求在 $(x,x+\mathrm{d}x)$ 范围中找到粒子的概率.

练习 6　设在球坐标系中，粒子波函数表示为 $\psi(r,\theta,\varphi)$. 试求：(a)在球壳 $(r,r+\mathrm{d}r)$ 中找到粒子的概率.(b)在 (θ,φ) 方向的立体角 $\mathrm{d}\Omega=\sin\theta\mathrm{d}\theta\mathrm{d}\varphi$ 中找到粒子的概率.

(2) 多粒子体系的波函数

对于含有多个粒子的体系，例如，N 粒子体系(设每个粒子有 3 个空间自由度)，它的波函数表示成

$$\psi(\boldsymbol{r}_1,\boldsymbol{r}_2,\cdots,\boldsymbol{r}_N)$$

其中 $\boldsymbol{r}_1(x_1,y_1,z_1)$、$\boldsymbol{r}_2(x_2,y_2,z_2)$、…、$\boldsymbol{r}_N(x_N,y_N,z_N)$ 分别表示各粒子的空间坐标. 此时

$$|\psi(\boldsymbol{r}_1,\boldsymbol{r}_2,\cdots,\boldsymbol{r}_N)|^2\mathrm{d}^3x_1\mathrm{d}^3x_2\cdots\mathrm{d}^3x_N$$

表示

粒子 1 出现在 $(\boldsymbol{r}_1,\boldsymbol{r}_1+\mathrm{d}\boldsymbol{r}_1)$ 中，

而且粒子 2 出现在 $(\boldsymbol{r}_2,\boldsymbol{r}_2+\mathrm{d}\boldsymbol{r}_2)$ 中，

……

而且粒子 N 出现在 $(\boldsymbol{r}_N,\boldsymbol{r}_N+\mathrm{d}\boldsymbol{r}_N)$ 中

的概率. 归一化条件表示为

$$\int_{(\text{全})}|\psi(\boldsymbol{r}_1,\cdots,\boldsymbol{r}_N)|^2\mathrm{d}^3x_1\cdots\mathrm{d}^3x_N = 1 \tag{2.1.10}$$

以后，为表述简洁，引进符号

$$(\psi,\psi) \equiv \int_{(全)} \mathrm{d}\tau |\psi|^2 \tag{2.1.11}$$

其中 $\int_{(全)} \mathrm{d}\tau$ 表示对体系的全部坐标空间进行积分. 例如，

对于一维情况，

$$\int_{(全)} \mathrm{d}\tau \equiv \int_{-\infty}^{+\infty} \mathrm{d}x$$

对于三维情况，

$$\int_{(全)} \mathrm{d}\tau \equiv \int_{-\infty}^{+\infty} \mathrm{d}x\mathrm{d}y\mathrm{d}z$$

对于 N 个粒子体系，

$$\int_{(全)} \mathrm{d}\tau \equiv \int_{-\infty}^{+\infty} \cdots \int_{-\infty}^{+\infty} \mathrm{d}^3 x_1 \mathrm{d}^3 x_2 \cdots \mathrm{d}^3 x_N$$

这样，归一化条件就可以简洁地表示为

$$(\psi,\psi) = 1 \tag{2.1.12}$$

多粒子体系波函数的物理意义进一步表明：物质粒子的波动性不可以仅仅看成三维空间中某种实在的物理量的波动现象，而一般说来是多维位形空间(configuration space)中的概率波[①]. 例如，两个粒子的体系，波函数 $\psi(\boldsymbol{r}_1,\boldsymbol{r}_2)$ 刻画的是六维位形空间中的概率波. 这个六维空间，只不过是标志一个具有 6 个自由度体系的坐标的抽象空间而已.

练习 7　N 粒子系的波函数为 $\psi(\boldsymbol{r}_1,\boldsymbol{r}_2,\cdots,\boldsymbol{r}_N)$，求在 $(\boldsymbol{r}_1,\boldsymbol{r}_1+\mathrm{d}\boldsymbol{r}_1)$ 范围中找到粒子 1 的概率(其他粒子位置不限制).

2.1.3　动量分布概率

按照上述波函数 $\psi(\boldsymbol{r})$ 的统计诠释，在空间点 $\boldsymbol{r}$ 找到该粒子的概率密度 $\propto |\psi(\boldsymbol{r})|^2$. 我们进一步要问，测量粒子其他力学量的概率分布如何？这些力学量中最常碰到的是动量、能量及角动量. 下面以动量的概率分布为例来讨论.

按照已为衍射实验证实了的 de Broglie 关系式，若 ψ 是一个平面单色波(波长 λ，频率 ν)，则相应粒子的动量为 $p=h/\lambda$，能量为 $E=h\nu$.

在一般情况下，ψ 是一个波包，它由许多平面单色波叠加而成，即含有各种波长(频率)的分波，因而相应粒子的动量(能量)也是不确定的，而有一个分布. 与测量粒子的位置相似，也可以设计某种实验装置来测量粒子的动量，晶体衍射实验就是其中一种.

---

① N. Bohr, *Essays 1958～1962 on Atomic Physics and Human Knowledge*, p. 56, 1963；或见 A. Messiah, *Quantum Mechanics*, Vol. **1**, p. 150.

在分析测量动量的实验装置以前，不难想像到（详细论证见后），与 $|\psi(\boldsymbol{r})|^2$ 代表粒子在坐标空间的概率密度相似，$|\varphi(\boldsymbol{p})|^2$ 代表粒子的动量分布的概率密度①，这里 $\varphi(\boldsymbol{p})$ 是 $\psi(\boldsymbol{r})$ 按平面波展开（Fourier 分析）的波幅，即

$$\psi(\boldsymbol{r})=\frac{1}{(2\pi\hbar)^{3/2}}\int\varphi(\boldsymbol{p})\exp(\mathrm{i}\boldsymbol{p}\cdot\boldsymbol{r}/\hbar)\mathrm{d}^3p \tag{2.1.13}$$

其逆变换为

$$\varphi(\boldsymbol{p})=\frac{1}{(2\pi\hbar)^{3/2}}\int\psi(\boldsymbol{r})\exp(-\mathrm{i}\boldsymbol{p}\cdot\boldsymbol{r}/\hbar)\mathrm{d}^3x \tag{2.1.14}$$

$|\varphi(\boldsymbol{p})|^2$ 代表 $\psi(\boldsymbol{r})$ 中所含有平面波 $\exp(\mathrm{i}\boldsymbol{p}\cdot\boldsymbol{r}/\hbar)$ 的成分，所以 $|\varphi(\boldsymbol{p})|^2$ 与粒子动量为 $\boldsymbol{p}$ 的概率密切相关是可以理解的.

下面来分析前面已讨论过的电子对于单晶体的衍射实验②. 设电子（动量为 p）沿垂直方向入射到晶体表面（图 1.9），即入射波为具有一定波长（$\lambda=h/p$）的平面波，而衍射波实际上将沿一定的角度 θ_n 出射，θ_n 由下式给出：

$$\sin\theta_n=\frac{n\lambda}{a}=\frac{nh}{pa},\qquad n=1,2,3,\cdots \tag{2.1.15}$$

如果入射波是一个**波包**，它的每一个 Fourier 分波（平面波）将各自独立地沿一定的角度［分别由式（2.1.15）确定］出射，因而衍射波将分解成为一个波谱（称为**谱的分解**），这将被探测仪器在屏上测到. 式（2.1.15）表明了衍射角 θ 与入射粒子动量 p 之间的确定联系. 而沿 θ 方向出射的波的波幅 $f(\theta)$ 正比于入射波中相应的 Fourier 分波的波幅 $\varphi(\boldsymbol{p})$，因而沿 θ 方向衍射波强度 $\propto|f(\theta)|^2\propto|\varphi(\boldsymbol{p})|^2$. 在衍射过程中，波长未改变，即粒子动量值未改变（虽然方向改变了）. 因此，衍射波谱的分布反映了衍射前粒子动量的分布概率. 测出衍射粒子的角度，就等于测出了粒子的动量，即晶体衍射实验可以作为测量粒子动量的装置.

因此，对于一个粒子，它在 θ 方向被测到的概率 $\propto|f(\theta)|^2\propto|\varphi(\boldsymbol{p})|^2$，即测得粒子动量为 $\boldsymbol{p}$ 的概率 $\propto|\varphi(\boldsymbol{p})|^2$，或者说，测得粒子动量在 $(\boldsymbol{p},\boldsymbol{p}+\mathrm{d}\boldsymbol{p})$ 范围中的概率正比于 $|\varphi(\boldsymbol{p})|^2\mathrm{d}^3p$. 不难证明，如 $\psi(\boldsymbol{r})$ 已归一化，则 $\psi(\boldsymbol{p})$ 也是归一化的.
因为根据式（2.1.14）及 Fourier 积分公式（或 δ 函数性质，见附录二），可得

$$\begin{aligned}\int_{-\infty}^{+\infty}|\varphi(\boldsymbol{p})|^2\mathrm{d}^3p&=\int_{-\infty}^{+\infty}\varphi^*(\boldsymbol{p})\varphi(\boldsymbol{p})\mathrm{d}^3p\\&=\iiint_{-\infty}^{+\infty}\mathrm{d}^3p\mathrm{d}^3x\mathrm{d}^3x'\psi^*(\boldsymbol{r})\psi(\boldsymbol{r}')\frac{\exp[\mathrm{i}\boldsymbol{p}\cdot(\boldsymbol{r}-\boldsymbol{r}')/\hbar]}{(2\pi\hbar)^3}\\&=\iint_{-\infty}^{+\infty}\mathrm{d}^3x\mathrm{d}^3x'\psi^*(\boldsymbol{r})\psi(\boldsymbol{r}')\delta(\boldsymbol{r}-\boldsymbol{r}')\\&=\int_{-\infty}^{+\infty}\psi^*(\boldsymbol{r})\psi(\boldsymbol{r})\mathrm{d}^3x=1\end{aligned} \tag{2.1.16}$$

---

① 参阅 A. Messiah, *Quantum Mechanics*, Vol. **1**, pp. 116～119.

② 参阅 D. Bohm, *Quantum Theory*, §4.8, 1954.

2.1.4 不确定性原理与不确定度关系

上面已提到 M. Born 的波函数的统计诠释把物质的粒子-波动两象性统一到概率波的概念上. 在此概念中,经典波的概念只是部分地被保留了下来(主要是波的相干叠加性),而一部分概念则被摒弃. 例如,概率波并不是什么实在的物理量在三维空间中的波动,而一般说来是多维位形空间中的概率波. 同样,经典粒子的概念也只是部分地被保留了下来(主要指原子性或颗粒性以及力学量之间某些关系),而一部分概念则被摒弃,即经典粒子运动的概念对于微观世界不可能全盘适用. 例如,轨道的概念,即粒子的运动状态用每一时刻粒子的位置 $\boldsymbol{r}(t)$ 和动量 $\boldsymbol{p}(t)$ 来描述的概念. 试问,由于粒子-波动二象性的存在,经典粒子的概念对于微观粒子究竟在多大程度上适用? 不确定度关系(uncertainty relation)对此做了最集中和最形象的概括. [不确定性原理及不确定度关系提出的历史,见 p. 39 的注].

下面我们先从分析几个特殊的量子态入手,根据波函数的统计诠释来引出不确定度关系. 对于一般的量子态的不确定度关系的严格表述和证明,将于 4.3 节中给出.

例 1 设一维运动粒子具有确定的动量 p_0,即动量不确定度 $\Delta p=0$,相应的波函数为平面波

$$\psi_{p_0}(x) = \exp(\mathrm{i}p_0 x/\hbar) \tag{2.1.17}$$

$\psi_{p_0}(x)$称为动量本征态,p_0 为动量本征值. 可以看出,$|\psi_{p_0}(x)|^2=1$,即粒子在空间各点的相对概率完全相同(即不依赖于 x). 换言之,粒子的位置是完全不确定的,因此,$\Delta x=\infty$.

例 2 设一维粒子具有确切的位置 x_0,即位置不确定度 $\Delta x=0$,相应的波函数为

$$\psi_{x_0}(x) = \delta(x - x_0) \tag{2.1.18}$$

$\varphi_{x_0}(x)$称为粒子位置(坐标)的本征态,x_0 为坐标的本征值. $\psi_{x_0}(x)$的 Fourier 展开为

$$\varphi_{x_0}(p) = \frac{1}{\sqrt{2\pi\hbar}}\int_{-\infty}^{+\infty}\psi_{x_0}(x)\mathrm{e}^{-\mathrm{i}px/\hbar}\mathrm{d}x = \frac{1}{\sqrt{2\pi\hbar}}\mathrm{e}^{-\mathrm{i}x_0 p/\hbar} \tag{2.1.19}$$

所以

$$|\varphi_{x_0}(p)|^2 = \frac{1}{2\pi\hbar}$$

这说明粒子动量取各种值的相对概率完全相同(即不依赖于 p),即动量完全不确定. 因此,$\Delta p=\infty$.

例 3 考虑 Gauss 波包 $\psi(x)=\exp\left(-\frac{1}{2}\alpha^2 x^2\right)$所描述的粒子,

$$|\psi(x)|^2 = \exp(-\alpha^2 x^2) \tag{2.1.20}$$

可以看出,粒子在空间主要局限在 $|x|\lesssim\frac{1}{\alpha}$ 区域中(图 2.4),$\Delta x\approx\frac{1}{\alpha}$. $\psi(x)$的 Fourier变换为(见附录一)

$$\varphi(k)=\frac{1}{\sqrt{2\pi}}\int_{-\infty}^{+\infty}\psi(x)\mathrm{e}^{-\mathrm{i}kx}\,\mathrm{d}x=\frac{1}{\alpha}\exp(-k^2/2\alpha^2) \tag{2.1.21}$$

$$|\varphi(k)|^2=\frac{1}{\alpha^2}\exp(-k^2/\alpha^2)$$

可见 $\Delta k\approx\alpha$. 因此，对于 Gauss 波包

$$\Delta x\cdot\Delta k\approx 1 \tag{2.1.22}$$

利用 de Broglie 关系式 $p=\hbar k$，可得出

$$\Delta x\cdot\Delta p\approx\hbar \tag{2.1.23}$$

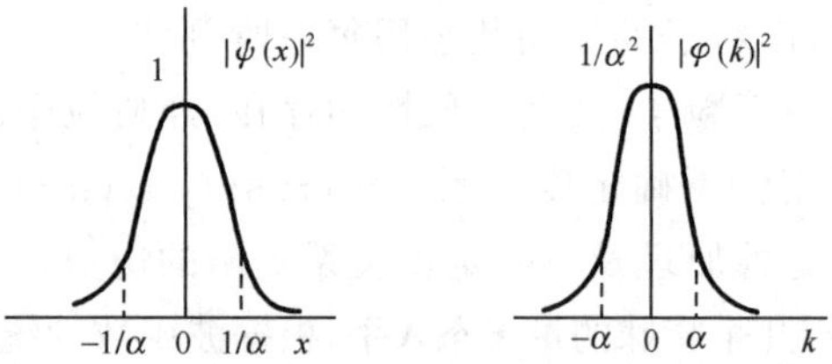

图 2.4

这就是不确定度关系. 在导出此关系时，de Broglie 关系是必要的. 因为式(2.1.22)对于经典 Gauss 波包也是成立的. 但要得出式(2.1.23)，则需要用到 $p=\hbar k$关系. 更严格的证明可得出(见 4.3.1 节)

$$\Delta x\cdot\Delta p\gtrsim\hbar/2 \tag{2.1.24}$$

在经典力学中，粒子的坐标和动量同时取确定值. 与此截然不同，量子力学中的粒子的坐标和动量不能同时取确定值，称为不确定性原理(uncertainty principle). 其数学表达式(2.1.24)称为不确定度关系(uncertainty relation). 它的更普遍的证明和含义见 4.3 节.

不确定性原理表明，微观粒子的位置和动量不能同时具有完全确定的值，或者说，粒子的坐标和动量不具有共同本征态，它是物质的波动-粒子两象性矛盾的反映. 我们可以如下理解，按照 de Broglie 关系式 $p=h/\lambda$，其中波长是描述波在空间变化快慢的一个量，是与整个波动相联系的量. 因此，正如"在空间某一点 x 的波长"的提法是没有意义一样，"微观粒子在空间某点 x 的动量"的提法也同样没有意义，因而微观粒子运动轨道的概念也没有意义. 这对于长期习惯于使用经典力学以及日常生活中关于粒子运动的概念的人是很难接受的. 但它却是物质的波动-粒子二象性的必然结果.

当然，由于 h 是一个非常小的量，$h=6.626\times10^{-34}\,\mathrm{J\cdot s}$，不确定度关系与我们日常生活经验并无什么矛盾. 在一般的宏观现象中，不确定度关系给不出什么有价值的东西. 迄今，人们所做过的任何精确测量所得的 Δx 与 Δp 的乘积，都远比 h 的数量级要大得多，所以在一般的宏观现象中，仍然不妨使用轨道运动等经典力学概念. 例如，对于一粒微尘，假设其直径$\approx 1\mu\mathrm{m}(10^{-6}\,\mathrm{m})$，质量 $m\approx10^{-12}\,\mathrm{g}$，速度 $v\approx 0.1\mathrm{cm/s}$，则动量 $p=mv\approx10^{-13}\,\mathrm{g\cdot cm\cdot s^{-1}}$. 设位置测量精度达到 $\Delta x\approx 1\text{Å}$

($=10^{-4}\mu$m),按不确定度关系,$\Delta p \approx \hbar/\Delta x \approx 10^{-19}$g·cm·s^{-1},因此 $\Delta p/p \approx 10^{-6}$,而对这种粒子的实际测量的相对精度都没有达到 10^{-6}. 所以,对即使像微尘那样的粒子,经典力学中粒子的概念仍然是适用的.

概括起来说,Heisenberg 的不确定性原理及其数学表达式不确定度关系给我们指出了使用经典粒子概念的一个限度①. 这个限度用 Planck 常量 h 来表征. 当 $h \to 0$ 时,量子力学将回到经典力学,或者说量子效应可以忽略.

[注] 不确定性原理与互补性原理提出的历史

1927 年初,Heisenberg 曾多次试图用量子理论去描述某一特定的实验(例如电子在云室中的路径),但困难总会发生. 后来他悟出,应该把问题简单倒过来:是理论本身决定什么东西能被实验观测到[1,p. 117]. 这一点,他曾经受到 Einstein 的一个提示的启发,"It is the theory which decides what can be observed."他经过进一步的计算后,得出了如下一个惊人的结论:**按照量子的数学理论,人们无法知道一个粒子同时的位置 Q 和动量 P.** 设计来测量位置或动量的任何实验(例如,用 γ 显微镜去观测一个粒子的位置),必然导致另一个变量的知识的不确定性. 例如,粒子位置 Q 的测量误差 $\varepsilon(Q)$ 与同时测量粒子动量 P 所受到的干扰 $\eta(P)$ 的乘积,不能无限小(不能小于由 Planck 常量 h 给出的一个量)[2]

$$\varepsilon(Q)\eta(P) \geqslant h/2\pi \tag{1}$$

我国老一辈物理学家王竹溪先生把 Heisenberg 原来讨论的关系式翻译为**测不准关系**,是有根据的. 上世纪 70 年代,Ballentine 指出[3],Heisenberg 原来给出的是**测量误差-干扰关系**(measurement error-disturbance relation),在形式上不完全正确. 2003 年,Ozawa 对其做了修改[4]. 由此引发了很多议论,这将在 p. 142 的[注]中讨论.

前面给出的式(2.1.24),或 4.3.1 节给出的式(4.3.8)及其更普遍的表述式(4.3.7)

$$\Delta A \Delta B \geqslant \frac{1}{2}|\langle C \rangle| \tag{2}$$

在量子力学的教材中,被称为**不确定度关系**(uncertainty relation),它的证明是稍后 Robertson[5],Kennard [6],和 Weyl[7]给出的,参见 4.3.1 节 p. 142 的注. 在式(2)中,$\Delta X = \sqrt{\langle\psi|X^2|\psi\rangle - \langle\psi|X|\langle\psi|\times|\psi\rangle^2}$ $(X=A,B)$是在量子态$|\psi\rangle$下可观测量 A 和 B 的标准误差,$\langle C\rangle = \langle\psi|C\psi\rangle$,$C=\mathrm{i}[B,A]$. 在量子力学的标准教材中,不确定度关系(2)的证明,基于波函数的统计诠释和 Schwartz 不等式. 不确定度关系(2)给出,**对于完全相同制备的大量量子态(即系综),可观测量 A 和 B 的独立测值的标准误差的乘积受到的限制**[8]. 但不确定度关系(2)常常被误解为:对于给定的量子态如果$\langle\psi|[B,A]|\psi\rangle \neq 0$,则不能联合地(jointly) [或相继地(successively)]进行测量[见文献 8,及所引文献].

Schrödinger 还指出[9],与不确定度关系(2)的平方相应的表示式的右边,应加上一个正定

---

① R. G. Knobel and A. N. Cleland, Nature **424**(2003)291~293,对宏观振动晶体杆(vibrating crystal beam)进行了极精密的位置测量. 振动晶体杆长度约为 1μm,重量大约相当于包含 10^{10} 个原子,测量在极低温 $T=30$mK 下进行. 位置测量精度达到 $\Delta x \sim 10^{-3}$nm(约相当于原子大小的百分之一),振子频率测量和位置测量精度,离开不确定度关系允许的极限大约还差 2~3 个量级. 见 M. Blencowe, Nature **424**(2003)262~263 的评述:为说明 Heisenberg 不确定度关系在宏观领域仍然成立,位置测量精度还需提高约 100 倍,振子频率还需增大约 10 倍.

的协变项，即

$$(\Delta A)^2(\Delta B)^2 \geqslant \left|\frac{1}{2}\langle\psi \mid AB-BA \mid \psi\rangle^2\right|^2+\frac{1}{4}[\langle\psi \mid AB+BA \mid \psi\rangle-4\langle\psi \mid A \mid \psi\rangle\langle\psi \mid B \mid \psi\rangle]^2 \tag{3}$$

如果没有最后这一项，式(3)就回到式(2). 式(3)的证明，可参见文献[10]. Schrödinger 认为，不确定度关系(2)给出的极限，并非真正的最小极限，而对于某些特殊的波函数，这个极限可能还要高一些.

应当指出，**不确定度关系(2)并不涉及一个测量的精度与干扰，而是给定的量子态** $|\psi\rangle$ **本身的不确定度所固有的，不依赖于任何特定的测量**[11]，**并已经在许多实验中得到证实**[12]，**是没有争议的. 不确定度关系**(2)**的物理内涵就理解为不确定性原理**(uncertainty principle). 例如，对于一个粒子的坐标和动量，$A=x$，$B=p_x$，$C=\hbar$，是一个非 0 的常量，因此，对于任何一个量子态，一个粒子同一时刻的坐标和动量不可能具有完全确定的值；或者说，一个粒子的坐标和动量不可能具有共同本征态.

在经典力学中，一个粒子同一时刻的坐标和动量是完全确定的，粒子的运动状态用**相空间**(phase space，即正则坐标和正则动量空间)中的一个点来描述. 对于给定 Hamilton 量的体系，其运动状态随时间的演化，由初始点和正则方程完全确定，这就是经典力学中的决定论(determinism). **基于不确定性原理，一个量子态不能像经典力学中那样用相空间中的一个点来描述，而是用** Hilbert **空间中的一个矢量来描述**. Heisenberg 的不确定性原理的提出，是科学史中的一个重大成就. Heisenberg 的不确定性原理展现出量子力学中的非决定性(indeterminacy)与经典力学中的决定论(determinism)的截然反差. Heisenberg 不确定性原理标志量子理论与经典理论的本质的差异，是对经典力学的原则上的冲击. 对于 Heisenberg 的工作，Pauli 当即给予了极高的评价.

对于 Heisenberg 的工作，Bohr 有更深层次的看法[1，pp. 119－121]. Bohr 认为：量子理论的诠释的关键在于把彼此矛盾的波动和粒子这两种描述协调起来. 他认为："波动与粒子的描述是两个理想的经典概念，每一个概念都有一个有限的适用范围…. 在这两种理想的描绘中，任何单独一个都不能对所涉及的现象给出完整的说明. …不确定度关系是这样一个简单的数学表述，它给出了同时应用这两种描述而不至于陷入矛盾的程度". 后来，Bohr 把此观点提升为**互补性原理**(complementarity principle). "为了表达彼此不相容，但为了完整描述又都是必要的逻辑关系"，Bohr 称之为互补性(complementarity). 对于不确定性原理提出的历史和评价，还可以参阅文献[13-15]。

[1] P. Robertson，*The Early Years*，*The Niels Bohr Institute*，1921－1930 a，chap. 5 .

中文译本《玻尔研究所的早年岁月(1921-1930)》，杨福家，卓益忠，曾谨言译，科学出版社，北京，1985.

[2] W. Heisenberg，Zeit. Physik **43**(1927)172. 英译文见 *Quantum Theory and Measurement*，J. A. Wheeler and W. H. Zurek 主编，p. 62。[Princeton University Press，NJ，1984)].

[3] L. E. Ballentine，Rev. Mod. Phys. **42**(1970) 358.

[4] M. Ozawa，Phys. Rev. **A67**(2003) 042105.

[5] H. P. Robertson，Phys. Rev. **34**(1929)163.

[6] E. H. Kennard，Zeit. Phys. **44**(1927) 326.

[7] H. Weyl，*Gruppentheorie und Quantenmechanik*，Hirzel，Leipzig，1928.

[8] C. Branciard，PNAS **110**(2013) 6742－6747.

[9] E. Schrödinger, Sitz. Preuss. Akad. Wiss. 14(1930) 296.. 英译本(2000 年),参见 arXiv: quant-ph/9903100 v2, pp. 1—16.

[10] R. Shankar, *Principles of Quantum Mechanics*,第二版,9.2 节.

[11] L. A. Rozema, A. Darabi, D. H. Mahler, A. Hayat, Y. Soudagar & A. M. Steinberg, Phys. Rev. Lett. **109**(2012) 100404.

[12] O. Nairz, M. Arndt & A. Zeilinger, Phys. Rev. **A65**(2002),以及所引文献.

[13] D. C. Cassidy, Scientific American, 1992, 5 月号, 64—70 页.

[14] J. Maddox, Nature **362**(1993) 693.

[15] J. L. Heilbron, Nature **498**(2013) 27.

* * *

不确定度关系除了有上述的基本概念和理论上的意义之外,还有广泛的实际用途,特别是常常用来定性地估计体系的基本特征.以后将不断讲述这种例子.下面举两个例子.

例 1 原子核的组成问题.

在 1932 年 Chadwick 发现中子以前,有人曾经认为原子核是由质子和电子组成.但这种看法遇到了很多矛盾,例如,统计性上的矛盾.此外,如用不确定度关系来估算一下 β 衰变粒子的能量,就会发现与实验有明显矛盾.因为原子核半径$<10^{-12}$cm,若电子是原子核的一个组成粒子,则其位置不确定度 $\Delta x \lesssim 10^{-12}$ cm,按不确定度关系,$\Delta p \approx \hbar/\Delta x \approx 10^{-15}\,\mathrm{g\cdot cm\cdot s^{-1}}$.从数量级来考虑,$p\approx\Delta p$,因此电子能量(因为它远大于电子静止能量 $mc^2\approx 0.51$MeV,所以需用相对论力学来计算)

$$E=\sqrt{p^2c^2+m^2c^4}\approx pc\approx c\Delta p\approx\frac{\hbar c}{\Delta x}\approx 20\mathrm{MeV}$$

但所有原子核在 β 衰变中放出的电子的能量都差不多是 $E_\beta\approx 1$MeV.这与理论估计差几十倍.在中子发现后,由于中子质量 $m_n\approx 1842m_e$,矛盾就完全解决了(后来实验发现,β 衰变中释放出的电子,并非原子核的一个组成粒子,是在衰变过程中产生的).

例 2 不确定度关系可以用来估计物质结构的不同层次的特征能量.按不确定度关系,

$$\Delta p\approx\hbar/\Delta x$$

在非相对论情况(对原子,分子,原子核适用),

$$E\approx p^2/2m\approx(\Delta p)^2/2m$$

对于原子,$\Delta x\approx 10^{-8}$cm,用电子质量 m_e 代入,

$$E\approx\frac{\hbar^2}{2m_e(\Delta x)^2}\approx 4\mathrm{eV}$$

对于中等原子核,$\Delta x\approx 6\times 10^{-13}$cm,用中子或质子质量代入,

$$E \approx \frac{\hbar^2}{2m_n(\Delta x)^2} \approx 1\text{MeV}$$

所以，在分子或原子物理中常选用 eV 为能量单位，而在核物理中则用 MeV 和 keV 比较方便. 对于相对论情况，

$$E \approx pc \approx c\Delta p \approx \frac{\hbar c}{\Delta x}$$

在粒子物理中，粒子大小 $\Delta x \lesssim 10^{-13}$ cm，所以 $E \approx 0.2$GeV，所以，粒子物理中常用 GeV 和 MeV 为能量单位.

2.1.5 力学量的平均值与算符的引进

粒子处于波函数 $\psi(\boldsymbol{r})$ 所描述的状态下，虽然不是所有力学量都具有确定的观测值，但它们都有确定的概率分布，因而有确定的平均值(average value)，在文献也常称之为期待值(expectation value). 以下假定波函数已归一化. 例如，位置 x 的平均值为①

$$\bar{x} = \int_{-\infty}^{+\infty} |\psi(\boldsymbol{r})|^2 x \mathrm{d}^3 x \tag{2.1.25}$$

又例如，势能 $V(\boldsymbol{r})$ 的平均值为

$$\bar{V} = \int_{-\infty}^{+\infty} |\psi(\boldsymbol{r})|^2 V(\boldsymbol{r}) \mathrm{d}^3 x \tag{2.1.26}$$

但是动量的平均值怎样计算呢？

上面已提到，由于粒子的动量与波长相联系，而波长是用以刻画波动在空间变化快慢的，是属于整个波动的量. 因此严格说来，“空间某一点的波长”的提法是没有意义的. 再根据 de Broglie 关系式($p=h/\lambda$)，“微观粒子在空间某点的动量”的提法也是没有意义的. 因此，不能像求位置或势能的平均值那样来求动量的平均值，即

$$\bar{\boldsymbol{p}} \neq \int |\psi(\boldsymbol{r})|^2 \boldsymbol{p}(\boldsymbol{r}) \mathrm{d}^3 x \tag{2.1.27}$$

所以我们得换一种思路来解决这问题.

按 2.1.3 节所述，给定波函数 $\psi(\boldsymbol{r})$ 后，测得粒子的动量在($\boldsymbol{p}, \boldsymbol{p}+\mathrm{d}\boldsymbol{p}$)中的概率正比于 $|\varphi(\boldsymbol{p})|^2$，

---

① 有时也把平均值记为 $\langle x \rangle = \int_{-\infty}^{+\infty} \psi^*(x) x \psi(x) \mathrm{d}x = (\psi, x\psi)$

$$\langle V(\boldsymbol{r}) \rangle = \int_{-\infty}^{+\infty} \psi^*(\boldsymbol{r}) V(\boldsymbol{r}) \psi(\boldsymbol{r}) \mathrm{d}^3 x = (\psi, V\psi)$$

这里已假定波函数是归一化的，即 $(\psi, \psi) = 1$. 如波函数尚未归一化，则

$$\langle x \rangle = (\psi, x\psi)/(\psi, \psi)$$

$$\langle V(\boldsymbol{r}) \rangle = (\psi, V\psi)/(\psi, \psi)$$

$$\varphi(\boldsymbol{p}) = \frac{1}{(2\pi\hbar)^{3/2}}\int_{-\infty}^{+\infty}\psi(\boldsymbol{r})\exp(-\mathrm{i}\boldsymbol{p}\cdot\boldsymbol{r}/\hbar)\mathrm{d}^3x \tag{2.1.28}$$

因此，可以借助于 $\varphi(\boldsymbol{p})$ 来间接表述动量的平均值

$$\overline{\boldsymbol{p}} = \int_{-\infty}^{+\infty}|\varphi(\boldsymbol{p})|^2\boldsymbol{p}\mathrm{d}^3p = \int\mathrm{d}^3p\varphi^*(\boldsymbol{p})\boldsymbol{p}\varphi(\boldsymbol{p}) \tag{2.1.29}$$

用式(2.1.28)代入，得

$$\begin{aligned}\overline{\boldsymbol{p}} &= \iint\mathrm{d}^3x\mathrm{d}^3p\psi^*(\boldsymbol{r})\frac{\exp(\mathrm{i}\boldsymbol{p}\cdot\boldsymbol{r}/\hbar)}{(2\pi\hbar)^{3/2}}\boldsymbol{p}\varphi(\boldsymbol{p})\\ &= \iint\mathrm{d}^3x\mathrm{d}^3p\psi^*(\boldsymbol{r})\frac{1}{(2\pi\hbar)^{3/2}}(-\mathrm{i}\hbar\nabla)\mathrm{e}^{\mathrm{i}\boldsymbol{p}\cdot\boldsymbol{r}/\hbar}\varphi(\boldsymbol{p})\end{aligned} \tag{2.1.30}$$

对 $\boldsymbol{p}$ 积分，利用式(2.1.14)，即 $\psi(\boldsymbol{r})$ 的 Fourier 展开，可得

$$\overline{\boldsymbol{p}} = \int\mathrm{d}^3x\psi^*(\boldsymbol{r})(-\mathrm{i}\hbar\boldsymbol{\nabla})\psi(\boldsymbol{r}) \tag{2.1.31}$$

这样，我们就找到一个直接用 $\psi(\boldsymbol{r})$ 来计算动量平均值的公式，而不必像式(2.1.29)那样，间接地通过 $\psi(\boldsymbol{r})$ 的 Fourier 变换 $\varphi(\boldsymbol{p})$ 来计算. 可是，这时就出现了一种新的数学工具——算符(operator). 令

$$\hat{\boldsymbol{p}} = -\mathrm{i}\hbar\boldsymbol{\nabla} \tag{2.1.32}$$

∇ 即梯度算符，则式(2.1.31)可表示成

$$\overline{\boldsymbol{p}} = \int\psi^*(\boldsymbol{r})\hat{\boldsymbol{p}}\psi(\boldsymbol{r})\mathrm{d}^3x \tag{2.1.33}$$

$\hat{\boldsymbol{p}}$ 称为动量算符. 上式说明，动量平均值与波函数的梯度密切联系在一起，这是完全可以理解的. 因为，按照 de Broglie 关系，动量与波长的倒数(即波数)成比例. 波函数的梯度愈大，即波长愈短，或波数愈大，因而动量平均值也就愈大.

与上面类似，可求出动能 $T=\boldsymbol{p}^2/2m$ 及角动量 $\boldsymbol{l}=\boldsymbol{r}\times\boldsymbol{p}$(三个分量)的平均值，分别表示为

$$\overline{T} = \int\psi^*(\boldsymbol{r})\left(-\frac{\hbar^2}{2m}\nabla^2\right)\psi(\boldsymbol{r})\mathrm{d}^3x = \int\psi^*(\boldsymbol{r})\hat{T}\psi(\boldsymbol{r})\mathrm{d}^3x \tag{2.1.34}$$

$$\hat{T} = -\frac{\hbar^2}{2m}\nabla^2 \quad \text{(动能算符)} \tag{2.1.35}$$

$$\overline{\boldsymbol{l}} = \int\psi^*(\boldsymbol{r})\boldsymbol{r}\times\hat{\boldsymbol{p}}\psi(\boldsymbol{r})\mathrm{d}^3x = \int\psi^*(\boldsymbol{r})\hat{\boldsymbol{l}}\psi(\boldsymbol{r})\mathrm{d}^3x \tag{2.1.36}$$

$$\hat{\boldsymbol{l}} = \boldsymbol{r}\times\hat{\boldsymbol{p}} \qquad \text{(角动量算符)} \tag{2.1.37}$$

$\hat{\boldsymbol{l}}$ 是一个矢量算符，它的三个分量算符可以表示成

$$\hat{l}_x = y\hat{p}_z - z\hat{p}_y = -\mathrm{i}\hbar\left(y\frac{\partial}{\partial z} - z\frac{\partial}{\partial y}\right)$$

$$\hat{l}_y = z\hat{p}_x - x\hat{p}_z = -\mathrm{i}\hbar\left(z\frac{\partial}{\partial x} - x\frac{\partial}{\partial z}\right) \tag{2.1.38}$$

$$\hat{l}_z = x\hat{p}_y - y\hat{p}_x = -\mathrm{i}\hbar\left(x\frac{\partial}{\partial y} - y\frac{\partial}{\partial x}\right)$$

又例如,设粒子在势场 $V(\boldsymbol{r})$中运动,Hamilton 量 $H=T+V$ 相应的算符为

$$\hat{H} = -\frac{\hbar^2}{2m}\nabla^2 + V(\boldsymbol{r}) \tag{2.1.39}$$

一般说来,粒子的任何一个力学量 A 的平均值可以表示为

$$\overline{A} = \int \psi^* \hat{A}\psi \mathrm{d}^3 x = (\psi, \hat{A}\psi) \tag{2.1.40}$$

$\hat{A}$ 是与力学量 A 相应的算符. 如 ψ 未归一化,则

$$\overline{A} = (\psi, \hat{A}\psi)/(\psi, \psi) \tag{2.1.41}$$

关于有经典对应的力学量,如何写出它的算符,算符的一般性质,以及算符与力学量之间的更深刻的联系,将于第 4 章详细讨论.

练习 1　对于 2.1.2 节的练习 1～4 中的粒子,求它的位置和动量的平均值.

2.1.6　统计诠释对波函数提出的要求

波函数的统计诠释赋予了波函数以确切的物理含义,那么根据统计诠释究竟对波函数 $\psi(\boldsymbol{r})$应提出哪些要求?

(a) 首先,根据统计诠释,要求 $|\psi(\boldsymbol{r})|^2$ 取有限值似乎是必要的,即要求 $|\psi(\boldsymbol{r})|$取有限值. 但应该注意,$|\psi(\boldsymbol{r})|^2$ 只是表示概率密度,而在物理上只要求在空间任何有限体积元中找到粒子的概率为有限值即可. 因此,并不排除在空间某些孤立奇点处,$|\psi(\boldsymbol{r})|\to\infty$. 例如,设 $\boldsymbol{r}=\boldsymbol{r}_0$ 是 $\psi(\boldsymbol{r})$的一个孤立奇点,按统计诠释,只要

$$\int_{\tau_0} |\psi(\boldsymbol{r})|^2 \mathrm{d}^3 x = \text{有限值} \tag{2.1.42}$$

就是物理上可以接受的,式中 τ_0 是包围点 $\boldsymbol{r}_0$ 的任意小体积($\tau_0\to 0$ 时,显然要求积分值$\to 0$). 如取 $\boldsymbol{r}_0=0$,采用球坐标,则式(2.1.42)条件相当于要求

$$\text{当 } r\to 0 \text{ 时,} \qquad r^3|\psi(\boldsymbol{r})|^2 \to 0 \tag{2.1.43}$$

当 $r\to 0$ 时,$\psi\sim\dfrac{1}{r^s}$,就要求

$$s < 3/2 \tag{2.1.44}$$

对于二维情况,要求 $s<1$. 对于一维情况,要求 $s<1/2$.

(b) 按照统计诠释,一个实在的波函数要求满足归一化条件

$$\int_{\text{全空间}} |\psi(\boldsymbol{r})|^2 \mathrm{d}^3 x = 1 \tag{2.1.45}$$

即平方可积. 但概率描述中实质的问题是相对概率. 因此,在量子力学中并不排除使用某些不能归一化的理想的波函数. 例如,平面波 $\psi(\boldsymbol{r}) \sim \exp(\mathrm{i}\boldsymbol{p}\cdot\boldsymbol{r}/\hbar)$(动量本征态),δ 波包 $\psi(\boldsymbol{r}) \sim \delta(\boldsymbol{r})$(位置本征态). 实际的波函数当然不会是一个理想的平面波. 但如果粒子态可以用一个很大的波包来描述,而波包的广延比所涉及问题的特征长度大得多,它所描述的粒子在问题所涉及的空间范围中动量值基本确定,且各处的概率密度相同,则不妨用平面波来作为一个良好的近似来描述这种状态. 例如,在散射理论中,入射粒子态常用平面波来描述(见第 13 章).

(c) 按照统计诠释,要求 $|\psi(\boldsymbol{r})|$ 单值,但由此是否可得出要求 $\psi(\boldsymbol{r})$ 单值? 这并不一定,例如,涉及粒子的其他自由度的问题. 在后面适当地方还要详细讨论这一点.

2.2 Schrödinger 方程

2.2.1 方程的引进

前已提及,一个微观粒子的量子态用波函数 $\psi(\boldsymbol{r},t)$ 来描述,当 $\psi(\boldsymbol{r},t)$ 确定后,粒子的任何一个力学量的平均值以及它取各种可能测值的概率就完全确定. 下一步最核心的问题是要解决量子态[即 $\psi(\boldsymbol{r},t)$]怎样随时间演化以及在各种具体情况下如何求出波函数的问题. Schrödinger 在 1926 年提出的波动方程成功地解决了这个问题. ①

下面我们从一个简单的途径来引进这方程②. 应该强调,Schrödinger 方程是

---

① E. Schrödinger(1926)在 Annalen der Physik 上发表了 4 篇论文,题目是"Quantisierung als Eigenwertproblem"(英译:Quantization as Eigenvalue Problem). Ⅰ-Ⅱ, **79** (1926) 361～376, 489～527, Ⅲ, **80** (1926)437～490, Ⅳ, **81**(1926)109～139. Schrödinger 在 de Broglie 物质波假说的启发下,对微观粒子能量量子化问题给出了一个系统的理论方案,即把它作为一个波动方程的本征值问题来处理. 他深入分析了正则形式下经典粒子力学与几何光学的相似性,并参照几何光学与波动光学的关系,建立起粒子的波动力学. 关于这段历史,可以参阅:F. Bloch, Physics Today, Dec. 23, 1986; T. Hey and P. Walters, *The New Quantum Universe* (Cambridge University Press, 2003), p. 35～37. 还可参阅:E. Schrödinger, *Four Lectures on Wave Mechanics*, (1928); E. Schrödinger, *Collected Papers on Wave Mechanics* (Chelsea, New York, 1978); 或 E. Schrödinger, *Gesammelte Abhandlungen* (Wier, Verlag der österreichischen Akademie der Wissenshaften, 1984).

② D. Bohm, *Quantum Theory*, chap. 3, p. 77, 1954; R. W. Robinett, *Quantum Mechanics*, chap. 3(Oxford University Press, N. Y. 1997), 提到:"Just as it is impossible to derive Newton's equations of motion in classical mechanics or Maxwell's equations for electricity and magnetism from first principles, neither can we demonstrate the validity of the Schrödinger equation approach (or any other equivalent one) to quantum mechanics a priori."

量子力学最基本的方程，其地位与 Newton 方程在经典力学中的地位相当，应该认为是量子力学的一个基本假定，并不能从什么比它更根本的假定来证明它. 它的正确性，归根到底，只能靠实验来检验.

先讨论自由粒子情况. 粒子能量 E 及动量 $\boldsymbol{p}$ 之间的关系是

$$E = \boldsymbol{p}^2/2m \tag{2.2.1}$$

m 是粒子质量. 按 de Broglie 关系，与粒子运动相联系的波的角频率 ω 及波矢 $\boldsymbol{k}(|\boldsymbol{k}|=2\pi/\lambda)$ 分别由下式给出：

$$\omega = E/\hbar, \quad \boldsymbol{k} = \boldsymbol{p}/\hbar \tag{2.2.2}$$

或者说，与具有一定能量 E 及动量 $\boldsymbol{p}$ 的粒子相联系的是平面单色波

$$\begin{aligned}\psi(\boldsymbol{r},t) &\propto \exp[\mathrm{i}(\boldsymbol{k}\cdot\boldsymbol{r}-\omega t)] \\ &= \exp[\mathrm{i}(\boldsymbol{p}\cdot\boldsymbol{r}-Et)/\hbar]\end{aligned} \tag{2.2.3}$$

由上式可以看出

$$\mathrm{i}\hbar\frac{\partial}{\partial t}\psi = E\psi$$

$$-\mathrm{i}\hbar\nabla\psi = \boldsymbol{p}\psi, \quad -\hbar^2\nabla^2\psi = \boldsymbol{p}^2\psi$$

再利用式(2.2.1)，可以得出

$$\left(\mathrm{i}\hbar\frac{\partial}{\partial t}+\frac{\hbar^2}{2m}\nabla^2\right)\psi = \left(E-\frac{\boldsymbol{p}^2}{2m}\right)\psi = 0$$

即

$$\mathrm{i}\hbar\frac{\partial}{\partial t}\psi(\boldsymbol{r},t) = -\frac{\hbar^2\nabla^2}{2m}\psi(\boldsymbol{r},t) \tag{2.2.4}$$

自由粒子的一般状态具有波包的形式，即许多平面单色波的叠加，

$$\psi(\boldsymbol{r},t) = \frac{1}{(2\pi\hbar)^{3/2}}\int_{-\infty}^{+\infty}\varphi(\boldsymbol{p})\exp[\mathrm{i}(\boldsymbol{p}\cdot\boldsymbol{r}-Et)/\hbar]\mathrm{d}^3p \tag{2.2.5}$$

上式中

$$E = \boldsymbol{p}^2/2m$$

不难证明

$$\mathrm{i}\hbar\frac{\partial}{\partial t}\psi = \frac{1}{(2\pi\hbar)^{3/2}}\int_{-\infty}^{+\infty}\varphi(\boldsymbol{p})E\exp[\mathrm{i}(\boldsymbol{p}\cdot\boldsymbol{r}-Et)/\hbar]\mathrm{d}^3p$$

$$-\hbar^2\nabla^2\psi = \frac{1}{(2\pi\hbar)^{3/2}}\int_{-\infty}^{+\infty}\varphi(\boldsymbol{p})\boldsymbol{p}^2\exp[\mathrm{i}(\boldsymbol{p}\cdot\boldsymbol{r}-Et)/\hbar]\mathrm{d}^3p$$

所以

$$\left(\mathrm{i}\hbar\frac{\partial}{\partial t}+\frac{\hbar^2\nabla^2}{2m}\right)\psi = \frac{1}{(2\pi\hbar)^{3/2}}\int_{-\infty}^{+\infty}\varphi(\boldsymbol{p})\left(E-\frac{\boldsymbol{p}^2}{2m}\right)\exp[\mathrm{i}(\boldsymbol{p}\cdot\boldsymbol{r}-Et)/\hbar]\mathrm{d}^3p = 0$$

可见 ψ 仍然满足方程(2.2.4). 所以式(2.2.4)是**自由粒子波函数满足的方程**.

值得提到，如在经典的能量动量关系式(2.2.1)中，作如下替换：

$$E \rightarrow \mathrm{i}\hbar\frac{\partial}{\partial t} \tag{2.2.6}$$

$$\boldsymbol{p} \to \hat{\boldsymbol{p}} = -\mathrm{i}\hbar\boldsymbol{\nabla}$$

然后作用于波函数上，即可得到方程(2.2.4).

进一步考虑在势场 $V(\boldsymbol{r})$ 中运动的粒子. 按照经典粒子的能量关系式

$$E = \boldsymbol{p}^2/2m + V \tag{2.2.7}$$

对于上式作替换(2.2.6)，然后作用于波函数上，即得

$$\mathrm{i}\hbar \frac{\partial}{\partial t}\psi(\boldsymbol{r},t) = \left(-\frac{\hbar^2}{2m}\nabla^2 + V\right)\psi(\boldsymbol{r},t) \tag{2.2.8}$$

这就是 Schrödinger 在 1926 年提出的方程，它揭示了原子世界中物质运动的基本规律. 在随后的几年中，原子结构和在原子水平上的物质结构，以及究竟是什么东西决定物质的物理和化学性质这些古老而基本的问题，一个接着一个地迅速得到解决. 例如，物体为什么有绝缘体、半导体和导体之分. 原子结构这个谜在原则上完全搞清楚了. 原子辐射和 α 衰变现象(势垒穿透)也搞清了. 在量子力学出现之前，化学和物理学是截然分开的两门学科，而量子力学出现之后，两者的关系就十分明显了. 化学家唯象地引进了“键”的概念来说明分子的形成. 但只有在量子力学的基础上才能阐明化学键的本质. 19 世纪 Mendeleev 提出的元素周期律是经验的概括，它使化学成为一门系统的科学. 但元素的化学和物理性质的周期性的本质，只在用量子力学原理搞清了原子中的电子壳结构之后才得以阐明. 近几十年来科学的进展表明，各种化学和生物的现象，原则上可以在量子力学原理和电磁作用的基础上得到满意的理解.

讨论

1) 定域的概率守恒

Schrödinger 方程是非相对论量子力学的基本方程. 在非相对论(低能)情况下，实物粒子($m\neq 0$)没有产生或湮没的现象，所以在随时间演化的过程中，粒子数目将保持不变①. 对于一个粒子来说，在全空间找到它的概率之总和应不随时间改变，即

$$\frac{\mathrm{d}}{\mathrm{d}t}\int_{-\infty}^{+\infty} |\psi(\boldsymbol{r},t)|^2 \mathrm{d}^3 x = 0 \tag{2.2.9}$$

这一点不难从 Schrödinger 方程得以论证. 对式(2.2.8)取复共轭，注意 $V^* = V$，得

$$-\mathrm{i}\hbar \frac{\partial}{\partial t}\psi^* = \left(-\frac{\hbar^2}{2m}\nabla^2 + V\right)\psi^* \tag{2.2.10}$$

$\psi^* \times(2.2.8) - \psi \times (2.2.10)$，得

① A. Messiah, *Quantum Mechanics*, Vol. 1, p. 65 提到:“Actually, the fact that a wave can represent the dynamical state of one and only one particle is justified only in the non-relativistic limit, i. e. when the law of conservation of the number of particles is satisfied.”在这一点上，实物粒子与光子($m=0$)不同. 光子静质量为 0，速度为 c，不存在非相对论的情况. 光子可以不时被吸收或产生，光子数是不一定守恒的. 对于实物粒子，在高能领域中，粒子产生和湮没是经常发生的. 例如，正负电子对湮没而产生两个或多个光子的现象. 此时应该用量子场论来处理.

$$\mathrm{i}\hbar \frac{\partial}{\partial t}(\psi^* \psi) = -\frac{\hbar^2}{2m}(\psi^* \nabla^2 \psi - \psi \nabla^2 \psi^*)$$

$$= -\frac{\hbar^2}{2m} \boldsymbol{\nabla} \cdot (\psi^* \boldsymbol{\nabla} \psi - \psi \boldsymbol{\nabla} \psi^*) \tag{2.2.11}$$

在空间闭区域 V 中积分上式(见图 2.5),根据 Gauss 定理,得

$$\mathrm{i}\hbar \frac{\mathrm{d}}{\mathrm{d}t}\int_V \psi^* \psi \mathrm{d}^3 x = -\frac{\hbar^2}{2m} \oint_S (\psi^* \boldsymbol{\nabla} \psi - \psi \boldsymbol{\nabla} \psi^*) \cdot \mathrm{d}\boldsymbol{S} \tag{2.2.12}$$

令

$$\rho = \psi^*(\boldsymbol{r}, t)\psi(\boldsymbol{r}, t) \qquad (\text{概率密度}) \tag{2.2.13}$$

$$\boldsymbol{j} = -\frac{\mathrm{i}\hbar}{2m}(\psi^* \boldsymbol{\nabla} \psi - \psi \boldsymbol{\nabla} \psi^*)$$

$$= \frac{1}{2m}(\psi^* \hat{\boldsymbol{p}} \psi - \psi \hat{\boldsymbol{p}} \psi^*) \tag{2.2.14}$$

($\boldsymbol{j}$ 的物理意义的讨论见下),则式(2.2.12)化为

$$\frac{\mathrm{d}}{\mathrm{d}t}\int_V \rho \mathrm{d}^3 x = -\oint_S \boldsymbol{j} \cdot \mathrm{d}\boldsymbol{S} \tag{2.2.15}$$

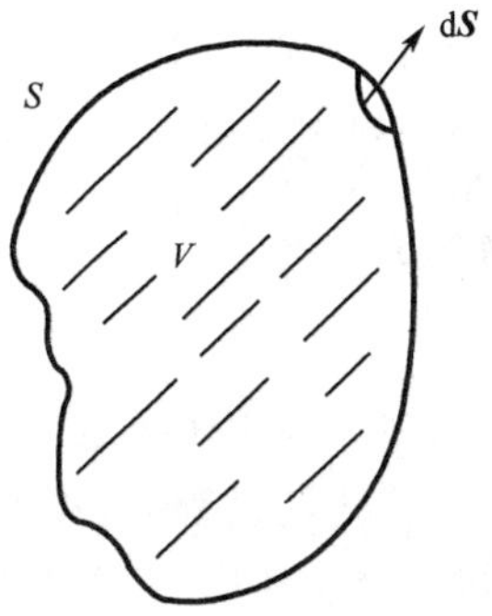

图 2.5

上式左边代表在闭区域 V 中找到粒子的总概率(或粒子数)在单位时间内的增加,而右边(注意负号!)代表单位时间内通过封闭曲面 S 而流入 V 的概率(或粒子数). 所以 $\boldsymbol{j}$ 具有概率流密度的意义. 概率流密度是矢量. 式(2.2.12)或式(2.2.15)乃是概率(粒子数)守恒的积分表达式. 而式(2.2.11)可改写为

$$\frac{\partial}{\partial t}\rho + \boldsymbol{\nabla} \cdot \boldsymbol{j} = 0 \tag{2.2.16}$$

则是概率守恒的微分表达式,形式上与流体力学中的连续性方程相似.

在式(2.2.12)中,让 $V \to \infty$(全空间). 对于任何实际的波函数,要求满足平方可积条件. 在此情况下,可以证明,式(2.2.12)右边的面积分→0①. 所以

$$\frac{\mathrm{d}}{\mathrm{d}t}\int_{-\infty}^{+\infty} |\psi(\boldsymbol{r}, t)|^2 \mathrm{d}^3 x = 0$$

这就是要证明的式(2.2.9). 从此式还可看出,

$$\int_{-\infty}^{+\infty} |\psi(\boldsymbol{r}, t)|^2 \mathrm{d}^3 x = \text{常数} \qquad (\text{与时间无关}) \tag{2.2.17}$$

即波函数的归一化不随时间而变. 如果在初始时刻波函数已归一化,则在以后任何时刻都是归一化的.

---

① 对于平方可积波函数,当 $r \to \infty$, $\psi \propto r^{-(3/2+\varepsilon)}$, $\varepsilon > 0$ 正数. 代入式(2.2.12),右边面积分的确→0.

应该强调，这里的概率守恒具有局域的性质①. 当粒子在空间某处的概率减小了，必然在另外某个地方的概率增加了(总概率不变)，而且伴随着有什么东西在两地之间传递. 连续性意味两点之间有某种流，设想在中间加上一堵墙，则概率分布就会不同. 所以仅概率守恒本身还不是该守恒定律的全部内容②，正如能量守恒不如局域的能量守恒那样深刻一样. 局域的能量守恒表明：空间某地的能量减少了，必然通过能流的方式传播到另外一个地方去了. 概率流概念与能流的概念类似.

练习 1　设 ψ_1 与 ψ_2 是 Schrödinger 方程的两个解，证明

$$\int \psi_1^*(\boldsymbol{r},t)\psi_2(\boldsymbol{r},t)\mathrm{d}^3x$$

与时间无关.

2) 波函数的物理意义

Schrödinger 在提出他的方程时，就已发现守恒定律[式(2.2.15)及(2.2.16)]是他的方程的必然结论. 他当时曾经认为②，ρ 是一个电子的电荷分布密度，$\boldsymbol{j}$ 代表该电子的电流密度. 因此，他认为电子通过这样的电荷与电流跟电磁场发生相互作用. 但当他用他的方程去解释氢原子时，就遇到了矛盾. 一方面原子是稳定的，但又有电流绕原子核流动，因而会辐射出光来. 这种矛盾情况是难以解释的. 在其他许多问题上也都遇到类似的困难，包括 2.1.1 节已提到过的电子的"原子性"问题.

后来是 Born 提出波函数的统计诠释才克服了这困难. Born 认为，Schrödinger 方程中波函数 ψ 的模方，即 $|\psi(\boldsymbol{r})|^2$，并不代表一个电子的电荷密度，而是代表单位体积中找到该电子的概率. 当你在空间某处找到一个电子时，出现的是整个电子(原子性!)，因此，原子中一个电子的波函数 $\psi(\boldsymbol{r})$，并非描述在空中连续分布的电荷. 电子既可以在这里，也可以在那里. 但一旦在某处出现，就是一个整体，具有一定的电荷和质量等确切的属性.

另一方面可以设想，有大量的同类的粒子处于同一个状态[用同样的波函数 $\psi(\boldsymbol{r})$ 来描述，这就是系综(ensemble)的概念③]. 由于发现任何一个粒子处于 $\boldsymbol{r}$ 处的概率正比于 $|\psi(\boldsymbol{r})|^2$，如果粒子的数目非常大，在体积元 $\Delta x\Delta y\Delta z$ 中就可以有大量的粒子(粒子数 $\propto|\psi(\boldsymbol{r})|^2\Delta x\Delta y\Delta z$). 这样，就可以把 $|\psi(\boldsymbol{r})|^2$ 解释成粒子密度. 设想每个粒子带电荷 q，则 $q|\psi(\boldsymbol{r})|^2$ 代表电荷密度，而 $q\boldsymbol{j}$ 代表电流密度. 因此，如果有可能使大量同样的粒子处于完全相同的状态(系综)，则波函数将具有实在的物理意义而拓展到宏观的领域.

与光子对比一下是有益的①. 光子的波动方程即 Maxwell 方程，光子的波函数就是矢势 $\boldsymbol{A}$. 由于光子是无相互作用的 Bose 子(参阅 5.5 节)，可以有许多光子处

---

① *The Feynman Lectures on Physics*, Vol. Ⅲ, § 27-1.

② *The Feynman Lectures on Physics*, Vol, Ⅲ, § 21-4.

③ A. Messiah, *Quantum Mechanics*, Vol. 1, p. 121.

于同一状态，而且还倾向于处于同一状态①. 当有大量的光子处于同一状态时，如去测波函数，它直接就是矢势 **A**. 历史上最早观测到的正是大量光子处于同一状态的情况，因此，可以通过宏观尺度上的测量直接认识到光子波函数的性质，因而远在量子力学提出之前，就找到了光子的波动方程.

然而对于电子，由于它是 Fermi 子，不允许有两个电子处于完全相同的一个状态(Pauli 不相容原理，见 5.5 节). 所以长期以来人们一直认为：电子的波函数不会有一个宏观的体现. 然而在极低温情况下的超导现象，提供了这样一个实例. 超导是金属中大量的“电子对”(Cooper 对)的相干关联产生的现象，“电子对”可以近似地看成 Bose 子. 这将在第 7 章中仔细讨论.

在绝大多数情况下，Schrödinger 方程中出现的波函数所描述的是一个或为数不多的粒子体系，波函数本身就没有经典的意义.

2.2.2 量子力学中的初值问题，传播子

由于 Schrödinger 方程只含波函数对时间的一次微商，当给定体系的初态波函数 $\psi(\boldsymbol{r},0)$后，求解 Schrödinger 方程，原则上即可确定以后任何时刻 $t>0$ 的波函数 $\psi(\boldsymbol{r},t)$. 换言之，Schrödinger 方程给出了波函数(量子态)随时间演化的决定论性的(deterministic)规律②.

在一般情况下，这个初值问题的求解是比较困难的，往往需用近似方法求解. 但对于自由粒子，则可严格求解. 对于具有一定动量 $\boldsymbol{p}$ 的自由粒子，其量子态称为动量本征态(相应的动量本征值为 $\boldsymbol{p}$，见 4.2 节)，用下列平面单色波描述[见式(2.2.3)]

$$\psi(\boldsymbol{r},t)=\frac{1}{(2\pi\hbar)^{3/2}}\mathrm{e}^{\mathrm{i}(\boldsymbol{p}\cdot\boldsymbol{r}-Et)/\hbar},\qquad E=\frac{p^2}{2m}\tag{2.2.18}$$

---

① *The Feynman Lectures on Physics*, Vol. Ⅲ, chap. 4.

② W. H. Zurek, Phys. Today, Oct. 1991, p. 36～44，文中提到：“States of quantum systems evolve according to the *deterministic linear* Schrödinger equation, $\mathrm{i}\hbar\frac{\partial}{\partial t}|\psi\rangle=H|\psi\rangle$. That is, just as in classical mechanics, given the initial state of the system and its Hamiltonian H, one can compute the state at arbitrary time. This deterministic evolution of $|\psi\rangle$ has been verified in carefully controlled experiments.” 文中又提到：“Macroscopic quantum systems are never isolated from their environments, … they should not be expected to follow Schrödinger's equation, which is applicable only to a closed system”. 文中讨论了体系与环境相互作用导致体系量子态的退相干(decoherence)，并逐渐演化为经典态. J. Maddox, Nature **362**(1993), 693，提到“…the Schrödinger equation is a *perfectly deterministic* equation exactly comparable to the equation of motion of a classical mechanical system, …”

在经典力学中，自由度为 N 的体系的运动状态用相空间(phase space)中一个点$\{q_i(t),p_i(t)\}$，$i=1,2,\cdots,N$ 来描述，q_i 和 p_i 分别为一组正则坐标和正则动量. 当给定初始时刻状态$\{q_i(0),p_i(0)\}$，$i=1,2,\cdots,N$ 后，从求解正则方程

$$\dot{q}x_i=\frac{\partial H}{\partial p_i},\qquad \dot{p}x_i=-\frac{\partial H}{\partial q_i},\quad i=1,2,\cdots,N$$

(H 为 Hamilton 量)可以确定以后任何时刻 $t>0$ 的运动状态$\{q_i(t),p_i(t)\}$，$i=1,2,\cdots,N$. 这种规律称为 Laplace决定论，是粒子机械运动的因果律的表现.

不难验证它满足 Schrödinger 方程(2.2.4). 自由粒子的一般量子态 $\psi(\boldsymbol{r},t)$ 可以表示成平面单色波的叠加

$$\psi(\boldsymbol{r},t)=\frac{1}{(2\pi\hbar)^{3/2}}\int_{-\infty}^{+\infty}\mathrm{d}^3p\,\varphi(\boldsymbol{p})\mathrm{e}^{\mathrm{i}(\boldsymbol{p}\cdot\boldsymbol{r}-Et)/\hbar}\qquad\left(E=\frac{p^2}{2m}\right)\tag{2.2.19}$$

其初态为

$$\psi(\boldsymbol{r},0)=\frac{1}{(2\pi\hbar)^{3/2}}\int_{-\infty}^{+\infty}\mathrm{d}^3p\,\varphi(\boldsymbol{p})\mathrm{e}^{\mathrm{i}\boldsymbol{p}\cdot\boldsymbol{r}/\hbar}\tag{2.2.20}$$

它的 Fourier 逆变换为

$$\varphi(\boldsymbol{p})=\frac{1}{(2\pi\hbar)^{3/2}}\int_{-\infty}^{+\infty}\mathrm{d}^3r\,\psi(\boldsymbol{r},0)\mathrm{e}^{-\mathrm{i}\boldsymbol{p}\cdot\boldsymbol{r}/\hbar}\tag{2.2.21}$$

$\varphi(\boldsymbol{p})$ 由初态 $\psi(\boldsymbol{r},0)$ 决定. 可以直接验证式(2.2.19)给出的量子态也满足自由粒子的 Schrödinger 方程(2.2.4).

把式(2.2.21)代入式(2.2.19),可得

$$\begin{aligned}\psi(\boldsymbol{r},t)&=\frac{1}{(2\pi\hbar)^3}\int_{-\infty}^{+\infty}\mathrm{d}^3r'\int_{-\infty}^{+\infty}\mathrm{d}^3p\,\mathrm{e}^{\mathrm{i}\boldsymbol{p}\cdot(\boldsymbol{r}-\boldsymbol{r}')/\hbar-\mathrm{i}Et/\hbar}\psi(\boldsymbol{r}',0)\\&=\int_{-\infty}^{+\infty}\mathrm{d}^3r'\,G(\boldsymbol{r},t;\boldsymbol{r}',0)\psi(\boldsymbol{r}',0)\qquad(t>0)\end{aligned}\tag{2.2.22}$$

式中

$$G(\boldsymbol{r},t;\boldsymbol{r}',0)=\frac{1}{(2\pi\hbar)^3}\int_{-\infty}^{+\infty}\mathrm{d}^3p\exp\left[\mathrm{i}\frac{\boldsymbol{p}\cdot(\boldsymbol{r}-\boldsymbol{r}')}{\hbar}-\mathrm{i}\frac{p^2t}{2m\hbar}\right]\tag{2.2.23}$$

称为自由粒子的传播子(propagator). 经过计算,可得出

$$G(\boldsymbol{r},t;\boldsymbol{r}',0)=\left(\frac{m}{2\pi\mathrm{i}\hbar t}\right)^{3/2}\exp\left[\mathrm{i}\frac{m}{2\hbar t}(\boldsymbol{r}-\boldsymbol{r}')^2\right]\qquad(t\geqslant 0)\tag{2.2.24}$$

不难证明

$$\lim_{t\to 0}G(\boldsymbol{r},t;\boldsymbol{r}',0)=\delta(\boldsymbol{r}-\boldsymbol{r}')\tag{2.2.25}$$

由式(2.2.22)可以看出,如已给定粒子初始状态 $\psi(\boldsymbol{r}',0)$,则借助于传播子 $G(\boldsymbol{r},t;\boldsymbol{r}',0)$ 式(2.2.24),即可确定 $t\geqslant 0$ 时刻的量子态(图 2.6). 换言之,直接利用传播子,可知道量子态如何随时间演化. 对于非自由粒子,传播子的计算就比较复杂. 传播子的物理意义如下:

设初始时刻粒子处于 $\boldsymbol{r}_0'$ 点,$\psi(\boldsymbol{r}',0)=\delta(\boldsymbol{r}'-\boldsymbol{r}_0')$,即粒子位置的本征态,本征值为 $\boldsymbol{r}_0'$. 由式(2.2.22)可知

$$\psi(\boldsymbol{r},t)=G(\boldsymbol{r},t;\boldsymbol{r}_0',0)\tag{2.2.26}$$

即 $G(\boldsymbol{r},t;\boldsymbol{r}_0',0)=\psi(\boldsymbol{r},t)$ 表示 $t(\geqslant 0)$ 时刻粒子在 $\boldsymbol{r}$ 点的概率波幅. 在一般情形下,粒子初态并不是位置本征态,而是由概率波幅 $\psi(\boldsymbol{r}',0)$ 描述. $t\geqslant 0$ 时刻粒子在 $\boldsymbol{r}$ 点的概率波幅 $\psi(\boldsymbol{r},t)$,则

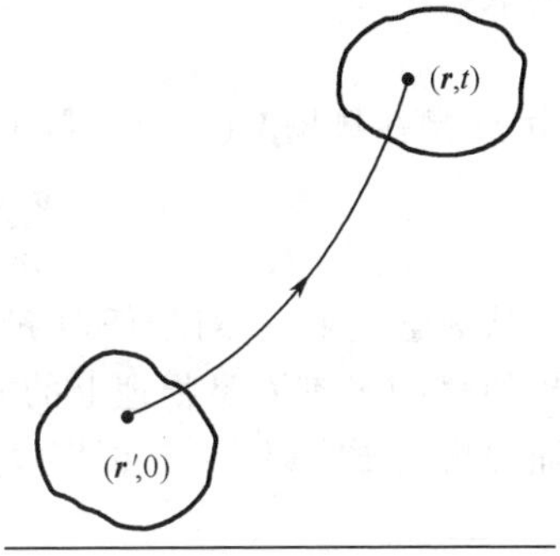

图 2.6

是从不同点 $\boldsymbol{r}'$ 传播而来的概率波的相干叠加，如式(2.2.22)所示。当然，来自不同点 $\boldsymbol{r}'$ 的贡献，并不一定相同，这由传播子 $G(\boldsymbol{r},t;\boldsymbol{r}',0)$ 决定。而传播子本身则由具体的物理条件[势场 $V(\boldsymbol{r})$，边界条件等]决定。由上面讨论可以看出，在数学形式上，式(2.2.22)描述的相当于波动光学中的 Huygens 原理，但量子力学中描述的是概率波。

在量子力学中有系统计算传播子的方法。值得提到，R. P. Feynman 在 20 世纪 40 年代提出了不同于 Schrödinger 波动力学的另一种计算传播子的方案，称为路径积分理论。这将在卷Ⅱ中讲述。

2.2.3 不含时 Schrödinger 方程，能量本征值与定态

下面讨论一种常见的而且极重要的情况，即势场不显含时间 t（在经典力学中，这种势场中的粒子的机械能是守恒的）。此时，Schrödinger 方程存在下列形式的特解，即 $\psi(\boldsymbol{r},t)$ 可以分离变量，

$$\psi(\boldsymbol{r},t) = \psi(\boldsymbol{r})f(t) \tag{2.2.27}$$

代入式(2.2.8)，分离变数后，得

$$\frac{\mathrm{i}\hbar}{f(t)}\frac{\mathrm{d}f}{\mathrm{d}t} = \frac{1}{\psi(\boldsymbol{r})}\left[-\frac{\hbar^2}{2m}\nabla^2 + V(\boldsymbol{r})\right]\psi(\boldsymbol{r}) = E \tag{2.2.28}$$

E 是既不依赖于 t，也不依赖于 $\boldsymbol{r}$ 的常数。这样，

$$\frac{\mathrm{d}}{\mathrm{d}t}\ln f(t) = -\frac{\mathrm{i}E}{\hbar}$$

所以

$$f(t) \sim \exp(-\mathrm{i}Et/\hbar) \tag{2.2.29}$$

因此，特解式(2.2.27)可以表示为

$$\psi(\boldsymbol{r},t) = \psi_E(\boldsymbol{r})\exp(-\mathrm{i}Et/\hbar) \tag{2.2.30}$$

其中 $\psi_E(\boldsymbol{r})$ 是满足下列方程

$$\left[-\frac{\hbar^2}{2m}\nabla^2 + V(\boldsymbol{r})\right]\psi(\boldsymbol{r}) = E\psi(\boldsymbol{r}) \tag{2.2.31}$$

的解。式(2.2.31)称为不含时间的(time-independent) Schrödinger 方程。上式也常表示成

$$H\psi = E\psi \tag{2.2.32}$$

其中 H 是在势场 $V(\boldsymbol{r})$ 中的粒子的 Hamilton 算符

$$H = \frac{\boldsymbol{p}^2}{2m} + V(\boldsymbol{r}) = -\frac{\hbar^2}{2m}\nabla^2 + V(\boldsymbol{r}) \tag{2.2.33}$$

从数学上来说，对于任何 E 值，方程(2.2.31)都有解。但并非对于一切 E 值所得出的解 $\psi(\boldsymbol{r})$ 都满足物理上的要求①。这些要求中，有一些是根据波函数的统计诠释而提出的要求（见 2.1.6 节），也有根据体系的具体物理情况提出的要求。例如，

① 参见 Cohen-Tannoudji, et al., *Quantum Mechanics*, vol. 1, p. 352; A. Messiah, *Quantum Mechanics*, vol. 1, p. 72～73.

对于束缚态,就要求 $\psi(\boldsymbol{r})$在无限远处的值趋于零.在此情况下,往往只有某些 E 值所对应的解,才满足这些物理上的要求.这些 E 值称为体系的能量本征值(energy eigenvalue),而相应的波函数记为 $\psi_E(\boldsymbol{r})$,称为能量本征函数(energy eigenfunction).不含时间的 Schrödinger 方程(2.2.31),实际上就是粒子的能量本征方程(energy eigenequation).在第 3 章,我们将对一维运动粒子的能量本征值及本征函数作更仔细的分析.在第 4 章中将对本征值及本征函数问题进行普遍的讨论.

练习 2　当势能 $V(\boldsymbol{r})$改变一个常量 C 时,即 $V(\boldsymbol{r})\to V(\boldsymbol{r})+C$,粒子的能量本征波函数改变否?能量本征值改变否?

练习 3　设粒子势能 $V(\boldsymbol{r})$的极小值表示为 $V_{\min}$,证明粒子的能量本征值 $E>V_{\min}$.

提示:在能量本征态下,$E=\bar{T}+\bar{V}$,$\bar{T}\geqslant 0$,$\bar{V}\geqslant V_{\min}$.

下面来讨论一个很重要的情况,即粒子初始时刻($t=0$)处于某一个能量本征态(能量本征值为 E)

$$\psi(\boldsymbol{r},0)=\psi_E(\boldsymbol{r})$$

其中 $\psi_E(\boldsymbol{r})$满足方程(2.2.31)或(2.2.32),$V(\boldsymbol{r})$(或 H)不显含 t.不难验证

$$\psi(\boldsymbol{r},t)=\psi_E(\boldsymbol{r})\exp(-\mathrm{i}Et/\hbar) \tag{2.2.34}$$

满足含时 Schrödinger 方程(2.2.8).显然,与初始时刻一样,$\psi(\boldsymbol{r},t)$也满足不含时 Schrödinger 方程(2.2.31),即仍然保持为体系的能量本征态(对应于能量本征值 E).

形式如式(2.2.30)的波函数所描述的态,称为定态(stationary state)①.处于定态下的粒子具有如下特征:

(1) 粒子在空间中的概率密度 $\rho(\boldsymbol{r})=|\psi_E(\boldsymbol{r})|^2$ 及概率流密度 $\boldsymbol{j}$,显然都不随时间改变.

(2) 任何力学量(不显含 t)的平均值,不随时间变化.(读者自己证明)

(3) 任何力学量(不显含 t)取各种可能测值的概率分布也不随时间改变.(其普遍证明将于 5.1 节给出.)

此外,还不难看出,如初始时刻体系并不处于某一个能量本征态,而是若干能量本征态的叠加(设能量本征值是离散的),

$$\psi(\boldsymbol{r},0)=\sum_E c_E\psi_E(\boldsymbol{r}) \tag{2.2.35}$$

其中展开系数 c_E 由初态 $\psi(\boldsymbol{r},0)$确定②.不难验证(留作读者练习)

$$\psi(\boldsymbol{r},t)=\sum_E c_E\psi_E(\boldsymbol{r})\mathrm{e}^{-\mathrm{i}Et/\hbar} \tag{2.2.36}$$

满足含时 Schrödinger 方程(2.2.8),它是若干定态波函数的叠加.这种状态称为

---

① A. Messiah, *Quantum Mechanics*, vol. 1, p. 72, 指出:形式如式(2.2.30)的态称为体系的能量为 E 的定态,并指出:"the time-independent wave function ψ is usually called the wave function of the stationary state, although the true wave function differs from the latter by the phase factor $\exp(-\mathrm{i}\,Et/\hbar)$."

② 利用能量本征函数的正交归一性,可知 $c_E=\int\psi_E^*(\boldsymbol{r})\psi(\boldsymbol{r},0)\mathrm{d}^3r$,详细讨论,见第 4 章和第 5 章.

非定态(nonstationary state). 在这种状态下,粒子的概率分布密度 $\rho(\boldsymbol{r},t)$ 和流密度 $\boldsymbol{j}(\boldsymbol{r},t)$ 都要随时间改变. 而且一般说来,力学量 $\hat{A}$ (不显含 t)的平均值及概率分布也要随时间改变(守恒量除外,详见第 5 章).

练习 4　设 $\psi(\boldsymbol{r},0)=c_1\psi_{E_1}(\boldsymbol{r})+c_2\psi_{E_2}(\boldsymbol{r})$,求 $\psi(\boldsymbol{r},t)$. 讨论 $\rho(\boldsymbol{r},t)$, $\boldsymbol{j}(\boldsymbol{r},t)$ 以及它们随时间变化的周期 τ.

2.2.4　Schrödinger 方程的普遍表示式

粒子在势场 $V(\boldsymbol{r})$ 中的 Schrödinger 方程(2.2.8),推广到一般的量子力学体系,可以表示成

$$\mathrm{i}\hbar\frac{\partial}{\partial t}\psi=H\psi \tag{2.2.37}$$

式中 H 为体系的 Hamilton 量算符,它可以不显含 t,也可以显含 t. 在 H 不显含 t 的情况下,可以写出不含时的 Schrödinger 方程,即能量本征方程

$$H\psi=E\psi \tag{2.2.38}$$

如何写出各种体系的 Hamilton 量,以及在各种表象中写出 Schrödinger 方程,以后将陆续讨论. 对于有经典对应的体系,可以把经典 Hamilton 量量子化而得出 Schrödinger 方程. 在无经典对应的情况(例如,对有自旋的粒子),则只能根据实验表现出来的特征,建立其 Hamilton 量,而其正确性则只能靠实验来检验.

[注]　设在曲线坐标(q^1,q^2,q^3)中,线段元记为 $\mathrm{d}s$,

$$\mathrm{d}s^2=\sum_{i,k}g_{ik}\,\mathrm{d}q^i\,\mathrm{d}q^k$$

在这曲线坐标系中的 Schrödinger 方程表示为

$$\mathrm{i}\hbar\frac{\partial}{\partial t}\psi=H\psi=\left[-\frac{\hbar^2}{2m}\frac{1}{\sqrt{g}}\sum_{i,k}\frac{\partial}{\partial q^i}\left(\sqrt{g}\,g^{ik}\frac{\partial}{\partial q^k}\right)+V\right]\psi \tag{2.2.39}$$

其中

$$g=|\det(g_{ik})|$$

$$\sum_j g^{ij}g_{jk}=\delta^i_k$$

在球坐标系中

$$H=-\frac{\hbar^2}{2m}\left(\frac{1}{r^2}\frac{\partial}{\partial r}r^2\frac{\partial}{\partial r}+\frac{1}{r^2\sin\theta}\frac{\partial}{\partial\theta}\sin\theta\frac{\partial}{\partial\theta}+\frac{1}{r^2\sin^2\theta}\frac{\partial^2}{\partial\varphi^2}\right)+V \tag{2.2.40}$$

参阅 W. Pauli, *Die Allgemeinen Prinzipen der Wellen Mechanik*, *Handbuch der Physik*, Bd. **24**(1946).

对于 N 个粒子组成的体系,设粒子质量分别为 $m_i\,(i=1,2,\cdots,N)$,第 i 个粒子受到的外场作用能为 $U(\boldsymbol{r}_i)$,而各粒子之间的相互作用能为 $V(\boldsymbol{r}_1,\boldsymbol{r}_2,\cdots,\boldsymbol{r}_N)$,则在坐标表象(关于表象的概念,见下节)中

$$H=\left[-\sum_{i=1}^{N}\frac{\hbar^2}{2m_i}\nabla_i^2+\sum_{i=1}^{N}U(\boldsymbol{r}_i)+V(\boldsymbol{r}_1,\cdots,\boldsymbol{r}_N)\right] \tag{2.2.41}$$

$$\nabla_i^2 = \frac{\partial^2}{\partial x_i^2} + \frac{\partial^2}{\partial y_i^2} + \frac{\partial^2}{\partial z_i^2}$$

而含时 Schrödinger 方程表示成

$$\mathrm{i}\hbar \frac{\partial}{\partial t}\psi(\boldsymbol{r}_1, \boldsymbol{r}_2, \cdots, \boldsymbol{r}_N, t) = H\psi(\boldsymbol{r}_1, \boldsymbol{r}_2, \cdots, \boldsymbol{r}_N, t) \tag{2.2.42}$$

不含时 Schrödinger 方程表示成

$$H\psi_E(\boldsymbol{r}_1, \boldsymbol{r}_2, \cdots, \boldsymbol{r}_N) = E\psi(\boldsymbol{r}_1, \boldsymbol{r}_2, \cdots, \boldsymbol{r}_N) \tag{2.2.43}$$

E 为能量本征值,而相应的定态波函数为

$$\psi_E(\boldsymbol{r}_1, \boldsymbol{r}_2, \cdots, \boldsymbol{r}_N, t) = \psi_E(\boldsymbol{r}_1, \boldsymbol{r}_2, \cdots, \boldsymbol{r}_N)\mathrm{e}^{-\mathrm{i}Et/\hbar} \tag{2.2.44}$$

特别是,对于含有 Z 个电子的原子

$$V(\boldsymbol{r}_1, \cdots, \boldsymbol{r}_Z) = \sum_{i<j}^{Z} \frac{e^2}{|\boldsymbol{r}_i - \boldsymbol{r}_j|} \tag{2.2.45}$$

表示电子之间的 Coulomb 排斥能,而(原子核位置取为坐标原点)

$$U(r_i) = -\frac{Ze^2}{r_i} \tag{2.2.46}$$

表示原子核(带$+Ze$ 电荷)对第 i 个电子的 Coulomb 吸引能.

2.3 态叠加原理

2.3.1 量子态及其表象

按 2.1 节的分析,在量子力学中,对于一个粒子,当描述它的波函数 $\psi(\boldsymbol{r})$给定后,如去测量粒子的位置,则粒子出现在点 $\boldsymbol{r}$ 的概率密度为$|\psi(\boldsymbol{r})|^2$. 如去测量粒子的动量,则动量为 $\boldsymbol{p}$ 的概率密度为$|\varphi(\boldsymbol{p})|^2$,其中 $\varphi(\boldsymbol{p})$是 $\psi(\boldsymbol{r})$的 Fourier 变换,它由 $\psi(\boldsymbol{r})$完全确定,

$$\varphi(\boldsymbol{p}) = \frac{1}{(2\pi\hbar)^{3/2}}\int \psi(\boldsymbol{r})\exp(-\mathrm{i}\boldsymbol{p}\cdot\boldsymbol{r}/\hbar)\mathrm{d}^3 x \tag{2.3.1}$$

其逆变换为

$$\psi(\boldsymbol{r}) = \frac{1}{(2\pi\hbar)^{3/2}}\int \varphi(\boldsymbol{p})\exp(\mathrm{i}\boldsymbol{p}\cdot\boldsymbol{r}/\hbar)\mathrm{d}^3 p \tag{2.3.2}$$

与此相似,还可以给出测量粒子的其他力学量的概率分布(详见第 4 章). 概括起来说,当 $\psi(\boldsymbol{r})$给定后,粒子所有力学量的观测值的分布概率都确定了. 从这个意义上来说,$\psi(\boldsymbol{r})$完全描述了一个具有三个自由度的粒子的状态[①]. 所以,波函数也称为

---

① 例如,A. Messiah, *Quantum Mechanics*, Vol. 1, p. 162,"…the wave function *completely* defines the dynamical state of the system under consideration. In contrast to what occurs in classical theory, the dynamical variables of the system cannot in general be defined at each instant with infinite precision. However, if one performs the measurement of a given dynamical variable, the results of measurement follow a certain probability law, and the law must be completely determined upon specifying the wave function."

态函数,Feynman 称之为概率幅(probability amplitude). 显然,这种描述态的方式与经典粒子运动状态的描述方式(用每一时刻粒子的坐标及动量,即相空间中一个点,来描述)根本不同. 它反映了微观粒子的波动-粒子的二象性矛盾的统一.

同样,我们也可以说,$\varphi(\boldsymbol{p})$也完全描述了粒子的状态. 因为 $\varphi(\boldsymbol{p})$给定后,不仅测量动量的概率分布完全确定$[\propto|\varphi(\boldsymbol{p})|^2]$,而且测量粒子位置的概率分布也完全确定$[\propto|\psi(\boldsymbol{r})|^2$,而 $\psi(\boldsymbol{r})$可通过式(2.3.2)由 $\varphi(\boldsymbol{p})$完全确定]. 类似,测量其他力学量的分布概率也都是完全确定的(详见第 4 章).

因此,一个三维粒子的状态,既可以用 $\psi(\boldsymbol{r})$来描述,也可以用它的 Fourier 变换 $\varphi(\boldsymbol{p})$来描述,还可以有其他描述方式. 它们彼此间有确定的变换关系,彼此是完全等价的. 它们描述的都是同一个状态,只不过表象(representation)不同而已①,这犹如一个矢量可以选用不同的坐标系来描述一样. 我们称 $\psi(\boldsymbol{r})$是粒子状态在坐标表象($\boldsymbol{r}$ 表象)中的表示,而 $\varphi(\boldsymbol{p})$则是同一个状态在动量表象($\boldsymbol{p}$ 表象)中的表示,还可以选用其他的表象. 关于表象及表象变换的详细讨论,见第 8 章.

练习 1　平面单色波 $\psi_{p_0}(x)=\dfrac{1}{\sqrt{2\pi\hbar}}\exp(\mathrm{i}p_0x/\hbar)$所描述的态下,粒子具有确定的动量 $p=p_0$,量子力学中称之为动量本征态,动量本征值为 p_0. 试在动量表象中写出此量子态.

答:$\varphi_{p_0}(p)=\delta(p-p_0)$.

练习 2　δ 函数 $\psi_{x_0}(x)=\delta(x-x_0)$描述的是粒子具有确定位置 $x=x_0$ 的量子态,称为粒子位置(坐标)本征态,位置本征值为 x_0. 试在动量表象中写出此量子态.

答:$\varphi_{x_0}(p)=\dfrac{1}{\sqrt{2\pi\hbar}}\exp(-\mathrm{i}x_0p/\hbar)$.

练习 3　量子态在坐标表象中用 $\psi(\boldsymbol{r})$描述,粒子位置的平均值表示成 $\bar{\boldsymbol{r}}=\int\psi^*(\boldsymbol{r})\boldsymbol{r}\psi(\boldsymbol{r})\mathrm{d}^3x$. 试在动量表象中计算 $\bar{\boldsymbol{r}}$.

答:$\bar{\boldsymbol{r}}=\int\varphi^*(\boldsymbol{p})\mathrm{i}\hbar\dfrac{\partial}{\partial\boldsymbol{p}}\varphi(\boldsymbol{p})\mathrm{d}^3p$,即在动量表象中 $\boldsymbol{r}$ 应表示为算符 $\hat{\boldsymbol{r}}=\mathrm{i}\hbar\dfrac{\partial}{\partial\boldsymbol{p}}$.

2.3.2 态叠加原理

在初步弄清了量子力学中态的概念之后,我们来讨论量子力学的另一个基本原理——态叠加原理. 它是量子态的不同表象的理论基础.

在经典力学中,当谈到一个波由若干子波相干叠加而成时,只不过表明这个合成的波含有各种成分(具有不同波长,频率,确定的相对相位等)的子波而已.

在量子力学中,当我们弄清了波函数是用来描述一个微观体系的量子态时,则前面分析过的波的叠加就有了更深刻的含义,即态的叠加(superposition of

① 更一般说来,态及态叠加概念可以脱离波函数的具体表示形式,详见 Dirac, *The Principles of Quantum Mechanics*, 4th ed., Oxford University Press, 1958.

states). 态叠加原理可以认为是"波的相干叠加性"与"波函数完全描述一个微观体系的状态"两个概念的概括.

例如,考虑一个用波包 $\psi(\boldsymbol{r})$ 描述的量子态,它由许多平面波叠加而成[如式(2.3.2)所示],其中每一个平面波[$\sim\exp(\mathrm{i}\boldsymbol{p}\cdot\boldsymbol{r}/\hbar)$]描述具有确定动量 $\boldsymbol{p}$ 的量子态(称为动量本征态). 对于用波包来描述的粒子,测量其动量时,实验表明,可能出现各种可能的结果,也许出现 $\boldsymbol{p}_1$,也许出现 $\boldsymbol{p}_2$,……(凡是波包中包含有的那些平面波所相应的 $\boldsymbol{p}$ 值,均可出现,出现的相对概率是确定的). 我们应怎样来理解这样的测量结果呢? 这只能认为原来那个波包所描述的量子态就是粒子的许多动量本征态的某种相干叠加(coherent superposition),即粒子部分地处于 $\boldsymbol{p}_1$ 态,部分地处于 $\boldsymbol{p}_2$ 态,……这从经典物理概念来看,是很难理解的,但只有这样看法,才能理解为什么测量动量时有时出现 $\boldsymbol{p}_1$,有时又出现 $\boldsymbol{p}_2$,……

更简单和更一般地说,设体系处于 ψ_1 描述的状态下,测量某力学量 A 所得结果是一个确切的值 a_1(ψ_1 称为 A 的本征态,a_1 为相应的本征值). 又假设在 ψ_2 描述的状态下,测量 A 的结果为另外一个确切的值 a_2,则在

$$\psi = c_1\psi_1 + c_2\psi_2 \qquad (c_1, c_2 \text{ 常数}) \tag{2.3.3}$$

所描述的状态下,测量 A 所得结果,既可能为 a_1,也可能为 a_2(但不会是另外的值),而测得为 a_1 或 a_2 的相对概率是完全确定的. 我们称 ψ 态是 ψ_1 态与 ψ_2 态的线性叠加态. 在叠加态中 ψ_1 与 ψ_2 有确切的相对权重和相对相位. 量子力学中这种态的叠加,导致在叠加态下观测结果的不确定性. 与经典波的叠加的物理含义有本质不同,在量子力学中,态叠加原理是与测量密切联系在一起的一个基本原理,它是微观粒子的波动-粒子二象性的反映.

以上我们讨论的都是对某一时刻 t 的状态而言. 若涉及态随时间的演化,则波函数还是时间变量 t 的函数,简称"运动状态"(state of motion). 此时态叠加原理还包含下述内容:设 $\psi_1(\boldsymbol{r},t)$ 及 $\psi_2(\boldsymbol{r},t)$ 分别代表粒子的两个可能的运动状态,则其线性叠加 $c_1\psi_1(\boldsymbol{r},t)+c_2\psi_2(\boldsymbol{r},t)$ 也代表粒子的一个可能的运动状态. 按此要求,波函数随时间演化的方程,即波动方程,必须是线性方程. 表现在 Schrödinger 方程中[见 2.2.4 节,式(2.2.37)],要求 Hamilton 算符为线性算符.

*2.3.3 光子的偏振态的叠加

下面我们以光子的偏振态①的叠加作为具体例子来更形象地阐明态叠加原理.

---

① 设平面单色光(波长 λ)沿 z 轴方向传播,电场强度 $\boldsymbol{\mathscr{E}}=\mathscr{E}_x\boldsymbol{e}_x+\mathscr{E}_y\boldsymbol{e}_y$,磁场强度 $\boldsymbol{B}=\boldsymbol{e}_z\times\boldsymbol{\mathscr{E}}$.

$$\mathscr{E}_x(\boldsymbol{r},t)=\mathscr{E}_x^0\cos(kz-\omega t+\alpha_x)$$

$$\mathscr{E}_y(\boldsymbol{r},t)=\mathscr{E}_y^0\cos(kz-\omega t-\alpha_y)$$

其中 $k=\dfrac{2\pi}{\lambda}$,$\omega=2\pi\nu=kc$,α_x 和 α_y 表示相位. 表示成复数形式则更方便. 令

$$\mathscr{E}_x=\mathscr{E}_x^0\exp(\mathrm{i}\alpha_x), \qquad \mathscr{E}_y=\mathscr{E}_y^0\exp(\mathrm{i}\alpha_y)$$

我们来考虑一个经典的检偏实验. 设有一束线偏振光通过理想的电气石(tourmaline)晶片(晶轴沿 x 方向). 如入射光为 x 方向线偏振光,则偏振光束将全部通过而不会被吸收[图 2.8(a)]. 如入射光为 y 方向线偏振光,则将被全部吸收,在晶片后面将观测不到入射光束[图 2.8(b)]. 如入射光是沿与 x 轴成 α 角方向的线偏振光,则入射光的能量只有一部分($\propto \cos^2\alpha$)能通过晶片,而另一部分($\propto \sin^2\alpha$)则被晶片吸收[图 2.8(c)]. 例如,$\alpha=45°$,令电场强度分量 $\mathscr{E}_x=\mathscr{E}_y=\mathscr{E}$,则透过晶片后,$\mathscr{E}_x=\mathscr{E}$,$\mathscr{E}_y=0$,能量有一半被吸收,即晶片只允许 x 方向偏振光通过. 从测量来说,检偏器把入射光束中的 x 方向线偏振光挑选出来,而把其他方向线偏振光全部吸收掉.

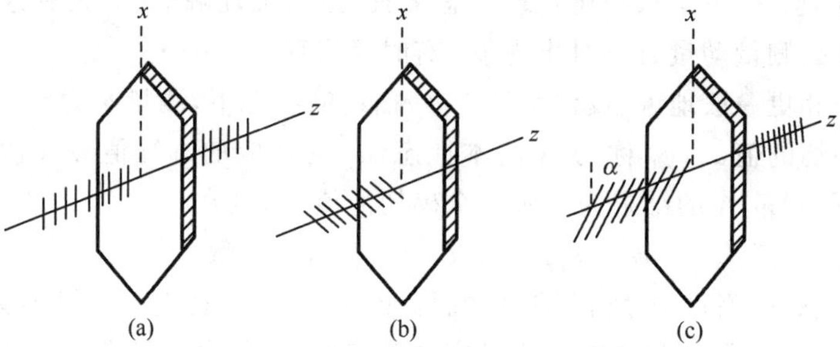

图 2.8

在第 1 章已提及光的量子性,在目前人类实践所及的领域,具有一定频率 ν 的电磁辐射是不能无限分割的,是由光量子(能量 $E=h\nu$)组成的. 任何测量光强度的

续上页

则

$$\mathscr{E}_x(\boldsymbol{r},t)=\mathscr{E}_x\exp[\mathrm{i}(kz-\omega t)],\qquad \mathscr{E}_y(\boldsymbol{r},t)=\mathscr{E}_y\exp[\mathrm{i}(kz-\omega t)]$$

如 $\mathscr{E}_y=0$,则称之为 x 方向线偏振光(或平面偏振光). 如 $\mathscr{E}_x=0$,则称之为 y 方向线偏振光. 如 $\mathscr{E}_x=\mathscr{E}_y$,则称光沿 45° 方向线偏振[图 2.7(a)]. 如 $\mathscr{E}_y=\mathscr{E}_x e^{\mathrm{i}\pi/2}=\mathrm{i}\mathscr{E}_x$,($y$ 方向振动的相位比 x 方向落后 $\pi/2$),则称为右旋圆偏振光[图 2.7(b)]. 如 $\mathscr{E}_y=\mathscr{E}_x e^{-\mathrm{i}\pi/2}=-\mathrm{i}\mathscr{E}_x$,($y$ 方向振动的相位比 x 方向超前 $\pi/2$),则称为左旋圆偏振光[图 2.7(c)].

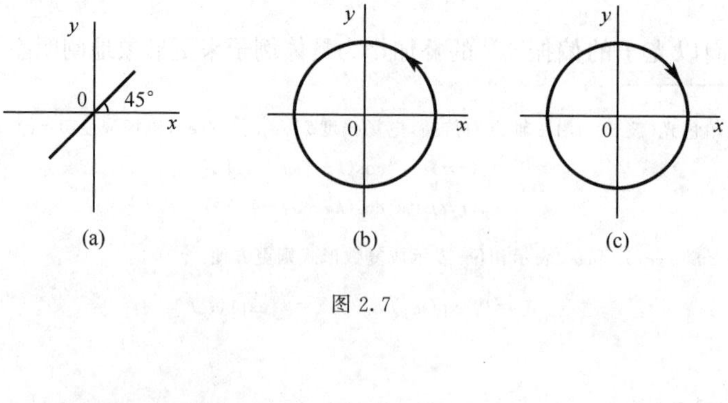

图 2.7

装置,测出的只能是一个一个的整光子(而绝不会出现“半个光子”等).实验还表明,若用一束线偏振光去激发光电子,光电子的分布有一个优越的方向(与光偏振方向有关).而光电效应只能用光的量子性去说明.因此只能认为:一个偏振光束中,每一个光子处于一定的偏振态.线偏振光束中的光子处于线偏振态,圆偏振光的光子处于圆偏振态,等①.试问:从光的量子性观点来看,应怎样理解经典检偏实验的观测结果?对于平常宏观观测来讲,这是容易回答的.因为实际上是入射的大量的光子(光子数 $N\gg1$)处于同一个偏振态,总能量为 $N\hbar\omega$. $\alpha=45°$线偏振光经过晶片时,半数光子被吸收,而半数光子通过晶片,并且通过的光子都处于 x 方向线偏振态.但如果只有一个光子入射,情况将如何?对于图 2.8(a)的情况,光子将通过晶片,能量及偏振态均不改变.对于图 2.8(b)的情况,光子将被吸收,因而在晶片后就观测不到光子.对于图 2.8(c)的情况,则在晶片后面,有时会观测到一个整光子(能量与入射光子同,但偏振方向改变,成为 x 方向线偏振光),而有时则什么也没有(从来没有观测到“半个光子”通过晶片).

怎样才能对有大量光子出现的经典检偏实验和只有一个光子通过晶片的实验现象给予统一的理解?可以设想,$\alpha=45°$线偏振态下的光子,有一半概率通过晶片,有一半概率被晶片吸收.这样,我们就可以得出一个统一的理解.但从经典力学来看,这是很难理解的.因为所有入射光子所处偏振态都相同,所感受到的宏观(实验)条件也全相同,为什么有的光子就得以通过,而有的就被吸收?除了给予概率诠释,别无它途.所以,光量子(即电磁场量子化)图像就迫使人们必须去正视概率诠释的观点,正如实物粒子的波动性迫使人们必须去正视波函数的统计诠释一样.

---

① 光子偏振态的表示:角频率为 ω 的光子能量为 $\hbar\omega$.设相应的辐射场局限在空间体积 V 中,总能量为 $\frac{|\mathscr{E}|^2}{8\pi}V=\hbar\omega$.考虑到光的横波性,光子的偏振态可以记为

$$\psi=\begin{pmatrix}C_x\\C_y\end{pmatrix}$$

其中

$$C_x=\sqrt{\frac{V}{8\pi\hbar\omega}}\mathscr{E}_x,\qquad C_y=\sqrt{\frac{V}{8\pi\hbar\omega}}\mathscr{E}_y$$

$|C_x|^2$ 表示测得光子处于 x 方向线偏振态的概率,$|C_y|^2$ 则表示处于 y 方向线偏振态的概率,$|C_x|^2+|C_y|^2=1$ (归一化条件).

特例 $\psi=\begin{pmatrix}1\\0\end{pmatrix}$表示 x 方向线偏振态,记为 ψ_x.

$\psi=\begin{pmatrix}0\\1\end{pmatrix}$表示 y 方向线偏振态,记为 ψ_y.

$\psi=\frac{1}{\sqrt{2}}\begin{pmatrix}1\\1\end{pmatrix}=\frac{1}{\sqrt{2}}(\psi_x+\psi_y)$表示 45°方向线偏振态.

$\psi=\frac{1}{\sqrt{2}}\begin{pmatrix}1\\\mathrm{i}\end{pmatrix}$,即 $C_y=\mathrm{i}C_x$,表示右旋圆偏振光,记为 ψ_R.

$\psi=\frac{1}{\sqrt{2}}\begin{pmatrix}1\\-\mathrm{i}\end{pmatrix}$,即 $C_y=-\mathrm{i}C_x$,表示左旋圆偏振光,记为 ψ_L.

在量子力学中，对于一个光子，究竟是通过还是被吸收，只给予概率性的回答. 至于在通过晶片的过程中，一个光子怎样改变了偏振态，现今的量子力学理论还不能回答. 而且按照量子力学正统的观点来看，根本不必要回答这个问题，而应该按照态叠加原理来理解这个实验：一个偏振方向与晶轴成 α 角的光子，部分地处于沿晶轴方向偏振的态 ψ_x，部分地处于与晶轴垂直方向偏振的态 ψ_y，即可以看成 ψ_x 与 ψ_y 的相干叠加

$$\psi_\alpha = \cos\alpha\psi_x + \sin\alpha\psi_y$$

两个叠加态之间有确定的联系（相对权重及相对相位）. 正是由于两个叠加态之间有确切的相对相位关系，才能解释观测到的光的干涉现象.

习　题

2.1　对于一维自由粒子，设 $\psi(x,0)=\frac{1}{(2\pi\hbar)^{1/2}}\exp(\mathrm{i}p_0x/\hbar)$，求 $\psi(x,t)$.

2.2　对于一维自由粒子，设 $\psi(x,0)=\delta(x)$，求 $|\psi(x,t)|^2$.

提示：利用 Fresnel 积分公式

$$\int_{-\infty}^{+\infty}\cos(\xi^2)\mathrm{d}\xi = \int_{-\infty}^{+\infty}\sin(\xi^2)\mathrm{d}\xi = \sqrt{\frac{\pi}{2}}$$

或

$$\int_{-\infty}^{+\infty}\exp(\mathrm{i}\xi^2)\mathrm{d}\xi = \sqrt{\pi}\exp(\mathrm{i}\pi/4)$$

答：$|\psi(x,t)|^2=m/2\pi\hbar t$

2.3　设一维自由粒子的初态为

$$\psi(x,0) = \frac{1}{(2\pi a^2)^{1/4}}\exp\left[-\frac{(x-x_0)^2}{4a^2}\right]$$

利用

$$\begin{aligned}\psi(x,t) &= \mathrm{e}^{-\mathrm{i}Ht/\hbar}\psi(x,0) \qquad \left(H=-\frac{\hbar^2}{2\mu}\frac{\partial^2}{\partial x^2}\right)\\ &= \sum_{n=0}^{\infty}\frac{1}{n!}\left(\frac{\mathrm{i}t}{2\mu}\right)^n\frac{\partial^{2n}}{\partial x^{2n}}\exp\left[-\frac{(x-x_0)^2}{4a^2}\right]\cdot\frac{1}{(2\pi a^2)^{1/4}}\end{aligned}$$

以及恒等式

$$\frac{\partial^2}{\partial x^2}\frac{1}{\sqrt{p}}\left[\mathrm{e}^{-\frac{(x-x_0)^2}{4\rho}}\right] = \frac{\partial}{\partial\rho}\left[\frac{1}{\sqrt{\rho}}\mathrm{e}^{-\frac{(x-x_0)^2}{4\rho}}\right]$$

和

$$\mathrm{e}^{\alpha\frac{\partial}{\partial z}}f(z) = \sum_{n=0}^{\infty}\frac{\alpha^n}{n!}\frac{\partial^n}{\partial z^n}f(z) = f(z+\alpha)$$

求出

$$\psi(x,t) = \left(\frac{a^2}{2\pi}\right)^{1/4}\frac{1}{(a^2+\mathrm{i}\hbar t/2\mu)}\exp\left[-\frac{(x-x_0)^2}{4(a^2+\mathrm{i}\hbar t/2\mu)}\right]$$

$$|\psi(x,t)|^2 = \frac{1}{\sqrt{2\pi}}a(t)\exp\left[-\frac{(x-x_0)^2}{2a^2(t)}\right]$$

$$a(t) = \left(a^2 + \frac{\hbar^2 t^2}{4\mu^2 a^2}\right)^{1/2}$$

参阅，S. M. Blinder，Am. J. Phys. **36**(1968)525.

2.4　设一维自由粒子的初态为

$$\psi(x,0) = (2\pi a^2)^{-1/4}\exp\left[ik_0(x-x_0) - \left(\frac{x-x_0}{2a}\right)^2\right] \quad (a>0)$$

求 $t>0$ 时 $\psi(x,t)$ 及波包运动特征.

参阅钱伯初、曾谨言,《量子力学习题精选与剖析》(第二版,1998,科学出版社),第一章.

2.5　设一维自由粒子的初态为 $\psi(x,0)$,证明在足够长时间之后,

$$\psi(x,t) = \sqrt{\frac{m}{\hbar t}}\exp(-i\pi/4)\exp(imx^2/2\hbar t)\varphi\left(\frac{mx}{\hbar t}\right)$$

其中

$$\varphi(k) = \frac{1}{\sqrt{2\pi}}\int_{-\infty}^{+\infty}\psi(x,0)\exp(-ikx)\mathrm{d}x$$

提示:利用 $\lim\limits_{\alpha\to\infty}\sqrt{\frac{\alpha}{\pi}}\exp(i\pi/4)\exp(-i\alpha x^2)=\delta(x)$

2.6　设粒子在势场 $V(\boldsymbol{r})$ 中运动.

(1)证明其能量平均值为

$$E = \int \mathrm{d}^3 x W = \int \mathrm{d}^3 x \left(\frac{\hbar^2}{2m}\nabla\psi^* \cdot \nabla\psi + \psi^* V\psi\right)$$

W 称为能量密度.

提示:利用归一化条件 $\int\psi^*\psi\mathrm{d}^3x = 1$ 对 ψ 在 $r\to\infty$ 处的行为的限制,即 $\psi\to r^{-3/2-\varepsilon}(\varepsilon>0)$.

(2) 证明能量守恒公式

$$\frac{\partial W}{\partial t} + \nabla\cdot\boldsymbol{S} = 0$$

其中

$$\boldsymbol{S} = -\frac{\hbar^2}{2m}\left(\frac{\partial\psi^*}{\partial t}\nabla\psi + \frac{\partial\psi}{\partial t}\nabla\psi^*\right) \qquad \text{(能流密度)}$$

2.7　考虑单粒子的 Schrödinger 方程

$$i\hbar\frac{\partial}{\partial t}\psi(\boldsymbol{r},t) = -\frac{\hbar^2}{2m}\nabla^2\psi(\boldsymbol{r},t) + [V_1(\boldsymbol{r}) + iV_2(\boldsymbol{r})]\psi(\boldsymbol{r},t)$$

V_1 与 $V_2(V_2\neq 0)$ 为实函数,证明粒子的概率不守恒.求出在空间体积 Ω 中粒子概率"丧失"或"增加"的速率.

提示:

$$\frac{\mathrm{d}}{\mathrm{d}t}\iiint_\Omega\psi^*\psi\mathrm{d}^3x = -\frac{\hbar}{2im}\iint_S(\psi^*\nabla\psi - \psi\nabla\psi^*)\cdot\mathrm{d}\boldsymbol{S} + \frac{2V_2}{\hbar}\iiint_\Omega\psi^*\psi\mathrm{d}^3x$$

2.8　证明从单粒子 Schrödinger 方程得出的粒子速度场是非旋的,即求证

$$\nabla\times\boldsymbol{v} = 0$$

其中

$$\boldsymbol{v} = \boldsymbol{j}/\rho$$

2.9　在非定域势 $V(\boldsymbol{r},\boldsymbol{r}')$ 中粒子的 Schrödinger 方程表示为

$$i\hbar\frac{\partial}{\partial t}\psi(\boldsymbol{r},t) = -\frac{\hbar^2}{2m}\nabla^2\psi(\boldsymbol{r},t) + \int V(\boldsymbol{r},\boldsymbol{r}')\psi(\boldsymbol{r}',t)\mathrm{d}^3\boldsymbol{r}'$$

求概率守恒对非定域势的要求.此时,只依赖于波函数 ψ 在空间一点的值的概率流是否存在?

答:$V(\boldsymbol{r},\boldsymbol{r}')=V^*(\boldsymbol{r}',\boldsymbol{r})$.

2.10 设 N 粒子系的 Hamilton 量为

$$H=-\sum_{i=1}^{N}\frac{\hbar^2\nabla_i^2}{2m}+\sum_{i<j}^{N}V_{ij}(|\boldsymbol{r}_i-\boldsymbol{r}_j|)$$

$\psi(\boldsymbol{r}_1,\boldsymbol{r}_2,\cdots,\boldsymbol{r}_N,t)$是它的任一态函数.定义

$$\rho(\boldsymbol{r},t)=\sum_i\rho_i(\boldsymbol{r},t)$$

$$\boldsymbol{j}(\boldsymbol{r},t)=\sum_i\boldsymbol{j}_i(\boldsymbol{r},t)$$

其中

$$\rho_1(\boldsymbol{r}_1,t)=\int \mathrm{d}^3\boldsymbol{r}_2\cdots\mathrm{d}^3\boldsymbol{r}_N\psi^*\psi$$

$$\rho_2(\boldsymbol{r}_2,t)=\int \mathrm{d}^3\boldsymbol{r}_1\mathrm{d}^3\boldsymbol{r}_3\cdots\mathrm{d}^3\boldsymbol{r}_N\psi^*\psi$$

……

$$\boldsymbol{j}_1(\boldsymbol{r}_1,t)=\frac{\hbar}{2\mathrm{i}m}\int \mathrm{d}^3\boldsymbol{r}_2\cdots\mathrm{d}^3\boldsymbol{r}_N(\psi^*\nabla_1\psi-\psi\nabla_1\psi^*)$$

$$\boldsymbol{j}_2(\boldsymbol{r}_2,t)=\frac{\hbar}{2\mathrm{i}m}\int \mathrm{d}^3\boldsymbol{r}_1\mathrm{d}^3\boldsymbol{r}_3\cdots\mathrm{d}^3\boldsymbol{r}_N(\psi^*\nabla_2\psi-\psi\nabla_2\psi^*)$$

……

求证

$$\frac{\partial\rho}{\partial t}+\nabla\cdot\boldsymbol{j}=0$$

2.11 写出动量表象中的不含时间的 Schrödinger 方程.

答:对于一维定域势 $V(x)$,

$$\frac{p^2}{2m}\varphi(p)+\int \mathrm{d}p'V_{pp'}\varphi(p')=E\varphi(p)$$

其中

$$V_{pp'}=\frac{1}{2\pi\hbar}\int_{-\infty}^{+\infty}V(x)\exp[-\mathrm{i}(p-p')x/\hbar]\mathrm{d}x$$

或表示成

$$\frac{p^2}{2m}\varphi(p)+V\left(\mathrm{i}\hbar\frac{\partial}{\partial p}\right)\varphi(p)=E\varphi(p)$$

上述结果可推广到三维情况

$$\frac{p^2}{2m}\varphi(\boldsymbol{p})+\int \mathrm{d}^3pV_{\boldsymbol{pp}'}\varphi(\boldsymbol{p}')=E\varphi(\boldsymbol{p})$$

$$V_{\boldsymbol{pp}'}=\frac{1}{(2\pi\hbar)^3}\int V(\boldsymbol{r})\exp[-\mathrm{i}(\boldsymbol{p}-\boldsymbol{p}')\cdot\boldsymbol{r}/\hbar]\mathrm{d}^3x$$

或

$$\frac{\boldsymbol{p}^2}{2m}\varphi(\boldsymbol{p})+V\left(\mathrm{i}\hbar\frac{\partial}{\partial\boldsymbol{p}}\right)\varphi(\boldsymbol{p})=E\varphi(\boldsymbol{p})$$

2.12 设粒子在对数中心势 $V(r)=V_0\ln(r/r_0)$中运动($V_0,r_0\neq0$,常数),证明粒子的能谱与其质量无关.

提示:做尺度变换,令 $r'=\sqrt{m}r$,m 是粒子质量.

第 3 章　一维定态问题

3.1　一维定态的一般性质

在继续阐述量子力学基本原理之前，我们用 Schrödinger 方程来处理一类简单的问题——一维定态问题.这有助于更具体地理解已学过的基本原理，也有利于进一步阐明其他基本原理.一维问题在数学上处理起来比较简单，较容易得出严格的结果，从而能够对结果进行细致的讨论.量子力学体系的许多特征，都可以在这些一维问题中展示出来.此外，一维问题还是处理各种复杂问题的基础.例如，一维谐振子问题，对于任何体系的小振动，如分子的振动、晶格的振动、原子核表面的振动以及辐射场的振动等，都是很重要的.下面我们先讨论一维运动的一些共同特点.

设粒子质量为 m，沿 x 方向运动，势能为 $V(x)$. Schrödinger 方程为

$$\mathrm{i}\hbar\frac{\partial}{\partial t}\psi(x,t)=\left[-\frac{\hbar^2}{2m}\frac{\partial^2}{\partial x^2}+V(x)\right]\psi(x,t) \tag{3.1.1}$$

以下讨论定态，即具有一定能量 E 的状态.定态波函数形式为

$$\psi(x,t)=\psi(x)\mathrm{e}^{-\mathrm{i}Et/\hbar} \tag{3.1.2}$$

式(3.1.2)代入式(3.1.1)，$\psi(x)$满足下列能量本征方程

$$\left[-\frac{\hbar^2}{2m}\frac{\mathrm{d}^2}{\mathrm{d}x^2}+V(x)\right]\psi(x)=E\psi(x) \tag{3.1.3}$$

即

$$\frac{\mathrm{d}^2}{\mathrm{d}x^2}\psi+\frac{2m}{\hbar^2}[E-V(x)]\psi=0 \tag{3.1.3$'$}$$

在求解上述微分方程时，要根据具体问题中的边条件来定解，例如，束缚态的边条件，散射态的边条件等.下面我们先对定态 Schrödinger 方程(3.1.3)的解的一般性质进行分析.以下定理 1～4 不仅对于一维问题成立，对于三维问题也同样适用.

在量子力学中，如不作特别的声明，都假定势能 V 取实数①，即

$$V^*(x)=V(x) \tag{3.1.4}$$

定理 1　设 $\psi(x)$是方程(3.1.3)的一个解，对应的能量本征值为 E，则 $\psi^*(x)$也是方程(3.1.3)的一个解，对应的能量也是 E.

证明

我们注意到，在物理上允许的能量取值 E(即能量本征值)都应为实数，$E^*=E$.

---

① 这样可以保证 Hamilton 量为厄米算子，从而保证概率守恒. Hamilton 量的本征值(能量)也保证为实数.详细讨论见第 4 章.

式(3.1.3)取复共轭,利用$V^*(x)=V(x)$,得

$$\left(-\frac{\hbar^2}{2m}\frac{\mathrm{d}^2}{\mathrm{d}x^2}+V(x)\right)\psi^*(x)=E\psi^*(x) \tag{3.1.5}$$

即$\psi^*(x)$与$\psi(x)$满足相同的方程,对应的能量本征值E也相同,定理得证.

假设对应于能量E,只有一个能量本征函数$\psi(x)$,则称能级E无简并(nondegenerate).由此可得出如下推论:

设能级E不简并,则相应的能量本征函数总可以取为实函数.

理由如下:因为该能级不简并,ψ和ψ^*描述的是同一个量子态,因而它们最多可以差一个常数因子C,即$\psi^*=C\psi$.取复共轭,$\psi=C^*\psi^*=C^*C\psi=|C|^2\psi$,所以$|C|^2=1$,$C=\mathrm{e}^{\mathrm{i}\alpha}$($\alpha$实常数).不妨取$\alpha=0$,则$C=1$,$\psi^*=\psi$,即实函数.

例如,一维势阱中的束缚态(见定理6),中心力场中的基态(s态,见6.1节).

定理2 对应于某个能量本征值E,总可以找到方程(3.1.3)的一组完备的实解,即凡是属于E的任何解,均可表示为这一组实解的线性叠加.

证明

假设$\psi(x)$是方程(3.1.3)的一个解.如它是实解,则把它归入实解的集合中去.如它是复解,则按定理1,$\psi^*(x)$也是方程(3.1.3)的一个解,并且与$\psi(x)$一样,同属于能量本征值E.再根据线性方程解的叠加性定理,

$$\varphi(x)=\psi(x)+\psi^*(x)$$

$$\chi(x)=\frac{1}{\mathrm{i}}[\psi(x)-\psi^*(x)]$$

也是方程(3.1.3)的解,它们同属于能量E,且彼此独立.不难看出,$\varphi(x)$与$\chi(x)$均为实解,而$\psi(x)$与$\psi^*(x)$(同属于E)均可表示成$\varphi(x)$与$\chi(x)$的线性叠加,即

$$\psi=\frac{1}{2}(\varphi+\mathrm{i}\chi)$$

$$\psi^*=\frac{1}{2}(\varphi-\mathrm{i}\chi)$$

定理得证.

定理3 设$V(x)$具有空间反射不变性,$V(-x)=V(x)$.如$\psi(x)$为方程(3.1.3)的一个解(属于E),则$\psi(-x)$也是方程(3.1.3)的一个解,也属于E.

证明

当$x\to -x$时,$\dfrac{\mathrm{d}^2}{[\mathrm{d}(-x)]^2}=\dfrac{\mathrm{d}^2}{\mathrm{d}x^2}$,按假设$V(-x)=V(x)$,所以方程(3.1.3)化为

$$-\frac{\hbar^2}{2m}\frac{\mathrm{d}^2}{\mathrm{d}x^2}\psi(-x)+V(x)\psi(-x)=E\psi(-x) \tag{3.1.6}$$

可见$\psi(-x)$也满足方程(3.1.3),并且与$\psi(x)$一样,同属于能量E.定理得证.

定理4 设$V(-x)=V(x)$,则对应于任何一个能量本征值E,总可以找到方

程(3.1.3)的一组完备的解,它们中每一个都具有确定的宇称(奇偶性).(注意:每一个解的宇称并不一定相同.)

证明

假设 $\psi(x)$为方程(3.1.3)的一个解,属于能量 E. 按定理 3,$\psi(-x)$也是方程(3.1.3)的一个解,也属于 E. 我们可以构造下列具有确定宇称的波函数

$$
\begin{aligned}
f(x) &= \psi(x) + \psi(-x) = f(-x) \\
g(x) &= \psi(x) - \psi(-x) = -g(-x)
\end{aligned}
\tag{3.1.7}
$$

$f(x)=f(-x)$具有偶宇称(even parity), $g(x)=-g(-x)$具有奇宇称(odd parity). $f(x)$与 $g(x)$也是方程(3.1.3)的解(属于 E). 而 $\psi(x)$与 $\psi(-x)$(同属于 E)均可用$f(x)$和 $g(x)$线性叠加来表示,即

$$
\psi(x) = \frac{1}{2}[f(x) + g(x)]
$$

$$
\psi(-x) = \frac{1}{2}[f(x) - g(x)]
$$

定理得证.

推论

设 $V(-x)=V(x)$,而且对应于能量本征值 E,方程(3.1.3)的解无简并,则该能量本征态必有确定的宇称. 例如,一维谐振子,一维对称方势阱即属这种情况(见3.2节,3.4节).

练习 对于三维情况,试证明定理 1~4.

关于根据波函数的统计诠释,应该对波函数的性质提出哪些要求,已在第 2 章(2.1.6 节)中做了初步的讨论. 在坐标表象中,涉及波函数 $\psi(x)$及其各阶导数的连续性等问题,应该从 Schrödinger 方程出发,根据 $V(x)$的性质来进行讨论.

显然,如 $V(x)$是 x 的连续函数,按方程(3.1.3),$\psi''(x)$是存在的,因此 $\psi(x)$和 $\psi'(x)$必为 x 的连续函数. 但如 $V(x)$不连续变化,或有某种奇异性,则关于 $\psi(x)$及其各阶导数的连续性需要做具体分析. 对于一维方势场,M. Baranger 曾经仔细证明过下列定理①:

对于阶梯形方势(图 3.1),粒子的定态波函数 $\psi(x)$及 $\psi'(x)$必定是连续的.

$$
V(x) = \begin{cases} V_1, & x < a \\ V_2, & x > a \quad (V_2 - V_1)\text{ 有限} \end{cases}
\tag{3.1.8}
$$

但当$|V_2-V_1|\to\infty$时,此定理不成立.

下面给出一个较简单的证明(更严格的证明见 Baranger①).

---

① M. Baranger, *Quantum Mechanics*, Part I, *Elementary Wave Mechanics*(MIT,1980).

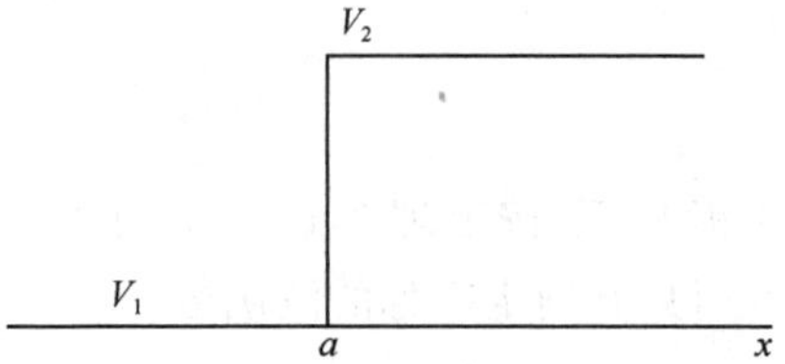

图 3.1

按方程(3.1.3′)

$$\frac{d^2\psi}{dx^2} = -\frac{2m}{\hbar^2}[E - V(x)]\psi(x) \tag{3.1.9}$$

在 $V(x)$有限而且连续的区域，$\psi(x)$显然是有限和连续的. 当 $V(x)$发生阶梯形跳跃时，$V\psi$ 发生跃变，但变化是有限的. 方程(3.1.9)在 $x\approx a$ 邻域进行积分，$\int_{a-\varepsilon}^{a+\varepsilon} dx$，$\varepsilon \to 0^+$，得

$$\psi'(a+0^+) - \psi'(a-0^+) = \lim_{\varepsilon\to 0^+} \frac{-2m}{\hbar^2}\int_{a-\varepsilon}^{a+\varepsilon} dx[E - V(x)]\psi(x)$$

由于$[E-V(x)]$是有限的，当 $\varepsilon\to 0^+$时，上式右边积分$\to 0$，因此

$$\psi'(a+0^+) = \psi'(a-0^+) \tag{3.1.10}$$

即 $\psi'(x)$在 $x=a$ 点连续. 当然，这也意味着 $\psi(x)$在点 a 也连续.

对于一维运动的定态解，下列定理是很有用的.

定理 5 对于一维运动粒子，设 $\psi_1(x)$与 $\psi_2(x)$是方程(3.1.3)的属于能量本征值 E 的两个解，则

$$\psi_1\psi_2' - \psi_2\psi_1' = \text{常数(不依赖于 } x) \tag{3.1.11}$$

证明

按假设，

$$\psi_1'' + \frac{2m}{\hbar^2}[E - V(x)]\psi_1 = 0 \tag{3.1.12}$$

$$\psi_2'' + \frac{2m}{\hbar^2}[E - V(x)]\psi_2 = 0 \tag{3.1.13}$$

$\psi_1\times$(3.1.13)$-\psi_2\times$(3.1.12)，得

$$\psi_1\psi_2'' - \psi_2\psi_1'' = 0$$

即

$$(\psi_1\psi_2' - \psi_2\psi_1')' = 0$$

积分，得

$$\psi_1\psi_2' - \psi_2\psi_1' = \text{常数(不依赖于 } x)$$

定理得证.

定理 6 设 $V(x)$是规则的(regular)势场，如存在束缚态，则必定是不简并的①.

---

① L. D. Landau and E. M. Lifshitz, *Quantum Mechanics*, *Non-Relativistic Theory*, 21 节给出定理：一维势阱 $V(x)$中的束缚态是不简并的. R. Loudon, Am. J. Phys. **27**(1959)649, 指出，对于有奇点的势阱，此定理不一定成立. 该文以一维 Columb 势 $V(x)=-1/|x|$为例，进行了计算和讨论(见 6.7 节).

证明

设 $\psi_1(x)$ 和 $\psi_2(x)$ 都是方程(3.1.3)的属于能量 E 的解. 按定理 5,

$$\psi_1\psi_2' - \psi_2\psi_1' = \text{常数}(\text{不依赖于 } x)$$

若 ψ_1 和 ψ_2 均为束缚态(bound state),即 $|x|\to\infty$ 时,ψ_1、ψ_2 都趋于 0. 因此,上式中的常数必为 0,即

$$\psi_1\psi_2' = \psi_2\psi_1' \tag{3.1.14}$$

在不含 ψ_1 和 ψ_2 的节点的区域中,可用 $\psi_1\psi_2$ 除上式,得

$$\frac{\psi_1'}{\psi_1} = \frac{\psi_2'}{\psi_2} \tag{3.1.15}$$

积分,得

$$\psi_1(x) = C\psi_2(x) \tag{3.1.16}$$

C 为积分常数(与 x 无关),所以 $\psi_1(x)$ 与 $\psi_2(x)$ 代表同一个量子态(彼此不独立).

在以上证明中,得出式(3.1.15),并积分,只能在不出现 ψ_1 和 ψ_2 的节点(node,指波函数值为 0 的点)的区域中进行. 设 $x=a$ 是 $\psi_1(x)$ 或 $\psi_2(x)$ 的节点,则在 x 的两侧(无节点区域中)进行积分所得出的积分常数 C 可能取不同的值,此时,定理可能不成立. 但若 $V(x)$ 在全空间规则,取有限值,则 ψ_1、ψ_1'、ψ_2、ψ_2' 在 $x=a$ 点都连续. 这时,在 $x<a$ 区域和在 $x>a$ 区域中得出的积分常数 C[见式(3.1.16)]必然取相同值,因此本定理成立.

* 但如果 $x=a$ 点是 $V(x)$ 的奇点(当 $x\to a$,$V(x)\to\infty$),则在 $x=a$ 点有可能出现 $\psi=0$($x=a$ 点是 $\psi(x)$ 的节点)而 ψ' 不连续的情况. 在 $x<a$ 区域和在 $x>a$ 区域中积分得出的 C 可能取不同值,本定理可能失效. 但对于基态(波函数无节点),这种情况不会出现. 具体例子可参阅一维氢原子的能量本征值问题的讨论(见 6.7 节).

通常我们常碰到两种奇异势场,即无限深方势阱(垒)和 δ 势阱(垒).

对于无限深方势阱(见 3.2.1 节)

$$V(x) = \begin{cases} 0, & 0 < x < a \\ \infty, & x < 0, x > a \end{cases} \tag{3.1.17}$$

这里出现的不是孤立奇点,而在一个区域中($x<0,x>a$),$V(x)=\infty$,粒子不可能出现在这样的区域中. 在此区域中 $\psi(x)=\psi'(x)=\cdots=0$. 按 Baranger 证明了的定理,在此边界上 $\psi(x)$ 连续,但 $\psi'(x)$ 不连续(详见 3.2 节). 在处理此问题时,可以撇开 $V(x)=\infty$ 这个禁区,而只在 $V(x)$ 取有限值的区域中来讨论问题. 禁区的存在可以用 $\psi(0)=\psi(a)=0$ 来反映. 由于 $x=0$ 点与 $x=a$ 点都处于边界的一侧,对应用本定理无妨,所以无限深势阱中能级是不简并的(详细计算见 3.2.1 节).

对于 δ 势阱(见 3.5 节),

$$V(x) = -\gamma\delta(x) \tag{3.1.18}$$

$x=0$ 是一个孤立奇点. 在 $x=0$ 点,虽然 $\psi'(x)$ 不连续,由于其基态波函数(无节点)$\psi(0)\neq 0$,所以也不是简并的. 还可以证明,对于 δ 势阱,不存在激发的定态.

3.2 方 势 阱

3.2.1 无限深方势阱，离散谱

先考虑一个理想的情况——无限深方势阱中粒子的运动. 势阱表示成(图 3.2)

$$V(x)=\begin{cases}0, & 0<x<a\\ \infty, & x<0,\quad x>a\end{cases}$$

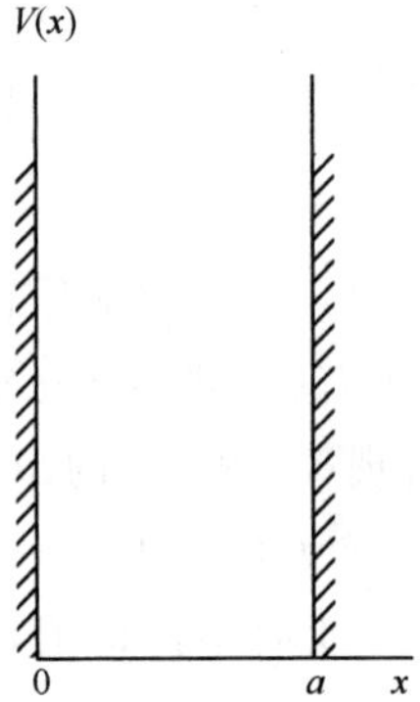

图 3.2

在势阱内部($0<x<a$)，Schrödinger 方程为

$$\frac{\mathrm{d}^2}{\mathrm{d}x^2}\psi+\frac{2m}{\hbar^2}E\psi=0 \tag{3.2.1}$$

m 为粒子质量. 令

$$k=\sqrt{\frac{2mE}{\hbar^2}} \tag{3.2.2}$$

则常系数二阶微分方程(3.2.1)的解可以表示为

$$\psi(x)=A\sin(kx+\delta) \tag{3.2.3}$$

A 与 δ 是待定积分常数. 因为势壁无限高，从物理上考虑，粒子不能透过阱壁. 按照波函数的统计诠释，要求在阱壁上及阱壁外波函数为 0，特别是

$$\psi(0)=0 \tag{3.2.4}$$

$$\psi(a)=0 \tag{3.2.5}$$

把式(3.2.3)代入式(3.2.4)，得 $\delta=0$. 再利用式(3.2.5)，得

$$\sin ka=0$$

所以

$$ka=n\pi,\qquad n=1,2,3,\cdots \tag{3.2.6}$$

($n=0$ 给出的波函数为 $\psi\equiv0$，无物理意义. 而 n 取负整数给不出新的波函数.)把式(3.2.6)代入式(3.2.2)，得

$$E=E_n=\frac{\hbar^2\pi^2n^2}{2ma^2},\qquad n=1,2,3,\cdots \tag{3.2.7}$$

可以看出，并非任何 E 值对应的波函数都满足问题所要求的边条件，而只当能量取式(3.2.7)所给出的那些 E_n 值时，对应的波函数才满足边条件. 这样，我们就得出，体系的能量是量子化的，即所构成的能谱是离散的(discrete). 见图 3.3.

对应于能级 E_n 的波函数记为 $\psi_n(x)$，

$$\psi_n(x)=A_n\sin\left(\frac{n\pi}{a}x\right) \tag{3.2.8}$$

利用归一化条件

$$\int_0^a |\psi_n(x)|^2 \mathrm{d}x = 1 \tag{3.2.9}$$

可以求出$|A_n|^2=2/a$.不妨取A_n为实数，

$$A_n = \sqrt{2/a}$$

则得到归一化的实波函数为

$$\psi_n(x) = \sqrt{\frac{2}{a}} \sin\left(\frac{n\pi}{a}x\right) \tag{3.2.10}$$

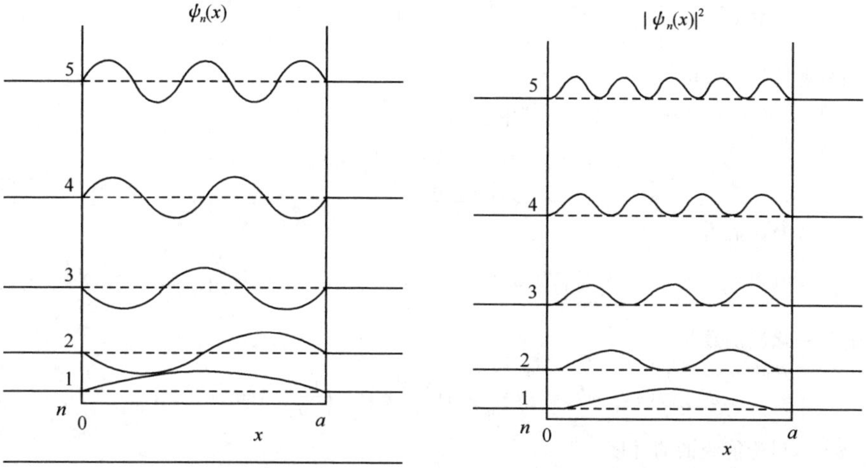

图 3.3　无限深方势阱中较低几条能级的波函数

一维无限深方势阱中粒子能级具有下列特点：

(1) 粒子的最低能级并不为零，$E_1=\hbar^2\pi^2/2ma^2\neq 0$，这与经典粒子不同，是微观粒子波动性的表现，“静止的波”是没有意义的.从不确定度关系也可以给予粗略的说明.因为粒子局限于无限深势阱中，位置不确定度$\Delta x\approx a$，按不确定度关系，$\Delta p\approx \hbar/a$.因此，能量E不可能为0，$E\approx p^2/2m\approx(\Delta p)^2/2m\approx\hbar^2/2ma^2\neq 0$.与严格计算结果[式(3.2.7)]在数量级上相同.此最低能量称为零点能(zero point energy).

(2) $E_n\propto n^2$，能级分布是不均匀的.能级愈高，密度愈小.但$\Delta E_n\approx\frac{\hbar^2\pi^2}{ma^2}n$(相邻能级的间距).当$n\to\infty$，$\Delta E_n/E_n\approx 2/n\to 0$，即当$n$很大时，$\Delta E_n\ll E_n$.

(3) 从图 3.3 可看出，除端点($x=0,a$)之外，基态波函数无节点，而第一激发态($n=2$)有一个节点，第k个激发态($n=k+1$)有k个节点.

练习 1　设粒子限制在二维无限深势阱中运动，

$$V(x,y) = \begin{cases} 0, & 0<x<a,\ 0<y<b \\ \infty, & \text{其他地方} \end{cases} \tag{3.2.11}$$

则粒子能量允许值为

$$E_{n_1n_2} = \frac{\pi^2\hbar^2}{2m}\left(\frac{n_1^2}{a^2}+\frac{n_2^2}{b^2}\right), \qquad n_1, n_2 = 1,2,3,\cdots \tag{3.2.12}$$

相应的波函数为

$$\psi_{n_1n_2}(x,y) = \sqrt{\frac{4}{ab}}\sin\left(\frac{n_1\pi}{a}x\right)\sin\left(\frac{n_2\pi}{b}y\right) \tag{3.2.13}$$

设 $a=b$,讨论能级的简并度.

提示:式(3.2.11)可改写为

$$V(x,y) = V_a(x) + V_b(x),$$

$$V_a(x) = \begin{cases}0, & 0\leqslant x\leqslant a\\ \infty, & x<0, x>a\end{cases}, \qquad V_b(y) = \begin{cases}0, & 0\leqslant y\leqslant b\\ \infty, & y<0, y>b\end{cases}$$

然后用分离变量法求解.

练习 2 设粒子限制在矩形"匣子"中运动,即

$$V(x,y,z) = \begin{cases}0, & 0<x<a,\ \ 0<y<b,\ \ 0<z<c\\ \infty, & \text{其他地方}\end{cases} \tag{3.2.14}$$

则粒子能量允许值为

$$E_{n_1n_2n_3} = \frac{\pi^2\hbar^2}{2m}\left(\frac{n_1^2}{a^2}+\frac{n_2^2}{b^2}+\frac{n_3^2}{c^2}\right), \quad n_1, n_2, n_3 = 1,2,3,\cdots \tag{3.2.15}$$

相应的归一化波函数为

$$\psi_{n_1n_2n_3}(x,y,z) = \sqrt{\frac{8}{abc}}\sin\left(\frac{n_1\pi}{a}x\right)\sin\left(\frac{n_2\pi}{b}y\right)\sin\left(\frac{n_3\pi}{c}z\right) \tag{3.2.16}$$

设 $a=b=c$,讨论能级的简并度.

练习 3 对于一维(宽度 L),二维($a=b=L$),三维($a=b=c=L$)无限深方势阱中的粒子,在大量子数情况下,分别讨论它们的态密度 $\rho(E)=\frac{\mathrm{d}N}{\mathrm{d}E}$,即单位能量范围中的量子态数,并讨论 $\rho(E)$ 对能量 E,参数 L,质量 m 的依赖关系.

答:一维 $\rho(E)=\frac{L}{2\pi\hbar}\sqrt{\frac{2m}{E}}$

二维 $\rho(E)=\frac{L^2}{2\pi\hbar^2}m$ (不依赖于 E)

三维 $\rho(E)=\frac{L^3}{4\pi^2\hbar^3}(2m)^{3/2}\sqrt{E}$ (3.2.17)

练习 4 试取一维无限深势阱的中心为坐标原点,即

$$V(x) = \begin{cases}0, & |x|<a/2\\ \infty, & |x|>a/2\end{cases} \tag{3.2.18}$$

显然,粒子的能级不会改变,仍如式(3.2.7)所示,但能量本征函数表示式相应有所改变. 试求之.

答:

$$\psi_n(x) = \begin{cases}\sqrt{\frac{2}{a}}\cos\left(\frac{n\pi}{a}x\right), & n=1,3,5,\cdots\text{(偶宇称)}\\ \sqrt{\frac{2}{a}}\sin\left(\frac{n\pi}{a}x\right), & n=2,4,6,\cdots\text{(奇宇称)}\end{cases} \qquad |x|<a/2 \tag{3.2.19}$$

$$\psi_n(x) = 0, \qquad |x| > a/2$$

练习 5　同上题，一维无限深势阱中[见式(3.2.18)]的粒子，处于基态($n=1$)，

$$\psi_1(x) = \begin{cases} \sqrt{\dfrac{2}{a}}\cos\dfrac{\pi x}{a}, & |x| < a/2 \\ 0, & |x| > a/2 \end{cases} \tag{3.2.20}$$

其宇称为偶. 试讨论其动量和能量的概率分布.

答：设 $f(k) = \dfrac{1}{\sqrt{2\pi}}\displaystyle\int_{-\infty}^{+\infty}\psi_1(x)\mathrm{e}^{-\mathrm{i}kx}\mathrm{d}x$

$$\varphi(p) = \frac{1}{\sqrt{2\pi\hbar}}\int_{-\infty}^{+\infty}\psi_1(x)\mathrm{e}^{-\mathrm{i}px/\hbar}\mathrm{d}x = \frac{1}{\sqrt{\hbar}}f(k)$$

$$p = \hbar k$$

测得粒子动量在$(p, p+\mathrm{d}p)$中的概率为

$$|\varphi(p)|^2\mathrm{d}p = |f(k)|^2\mathrm{d}k$$

$$|f(k)|^2 = \frac{4\pi a}{(\pi^2 - k^2a^2)^2}\cos^2\left(\frac{ak}{2}\right) \tag{3.2.21}$$

3.2.2 有限深对称方势阱

设

$$V(x) = \begin{cases} -V_0, & |x| < a/2 \\ 0, & |x| > a/2 \end{cases} \tag{3.2.22}$$

a 为势阱宽度，V_0 为势阱高度(图 3.4). 本节只讨论粒子能量$-V_0 < E < 0$(束缚态)情况.

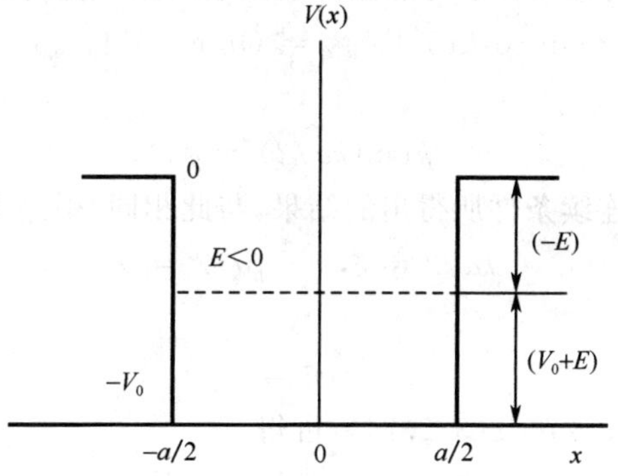

图 3.4

在势阱外($|x| > a/2$，经典禁区)，Schrödinger 方程为

$$\frac{\mathrm{d}^2\psi}{\mathrm{d}x^2} = \beta^2\psi \tag{3.2.23}$$

式中

$$\beta = \sqrt{-2mE}/\hbar\text{(实数)} \tag{3.2.24}$$

方程(3.2.23)的解可表示为

$$\psi \propto e^{\pm\beta x}$$

考虑到束缚态波函数在$|x|\to\infty$的边条件,ψ应取如下形式:

$$\psi(x) = \begin{cases} Ae^{-\beta x}, & x > a/2 \\ Be^{\beta x}, & x < -a/2 \end{cases} \tag{3.2.25}$$

其中积分常数A,B待定.

在$|x|<a/2$(势阱内,经典允许区)区域,Schrödinger 方程为

$$\frac{d^2}{dx^2}\psi = -k^2\psi \tag{3.2.26}$$

式中k为实数

$$k = \sqrt{2m(V_0+E)}/\hbar \tag{3.2.27}$$

方程(3.2.26)的两组线性无关解可取为

$$e^{\pm ikx} \quad \text{或} \quad \sin kx, \cos kx \tag{3.2.28}$$

对于束缚态,能级是不简并的,再考虑到对称势阱$V(x)$的空间反射对称性,能量本征态必有确定的宇称,因此取$\sin kx$,$\cos kx$形式的解,以下分别讨论之.

1) 偶宇称态

$$\psi(x) \propto \cos kx \qquad (|x|<a/2)$$

以下我们根据ψ及ψ'在$x=\pm a/2$处的连续性来确定能量的可能取值.若只对能量本征值有兴趣,更方便的办法是利用ψ'/ψ或$(\ln\psi)'$的连续性来确定能量的可能取值,这种办法的优点在于可以撇开波函数的归一化问题.这样,根据

$$(\ln \cos kx)'|_{x=a/2} = (\ln e^{-\beta x})'|_{x=a/2}$$

可得出

$$k\tan(ka/2) = \beta \tag{3.2.29}$$

根据$x=-a/2$处的连续条件所得出的结果,与此相同.引进无量纲参数

$$ka/2 = \xi, \qquad \beta a/2 = \eta \tag{3.2.30}$$

则式(3.2.29)变成

$$\xi\tan\xi = \eta \tag{3.2.31}$$

联合式(3.2.30)、(3.2.27)及(3.2.24),可得

$$\xi^2 + \eta^2 = mV_0a^2/2\hbar^2 \tag{3.2.32}$$

这是ξ与η满足的超越代数方程组,可以用数值计算法精确计算,或者用图解法近似计算.见图 3.5(a).

2) 奇宇称态

$$\psi(x) \propto \sin kx \qquad (|x|<a/2)$$

与偶宇称态相似,利用$(\ln\psi)'$的连续条件可以求出

$$-k\cot(ka/2) = \beta \tag{3.2.33}$$

用式(3.2.30)代入，得

$$-\xi\cot\xi = \eta \tag{3.2.34}$$

而

$$\xi^2 + \eta^2 = mV_0a^2/2\hbar^2 \tag{3.2.35}$$

见图 3.5(b).

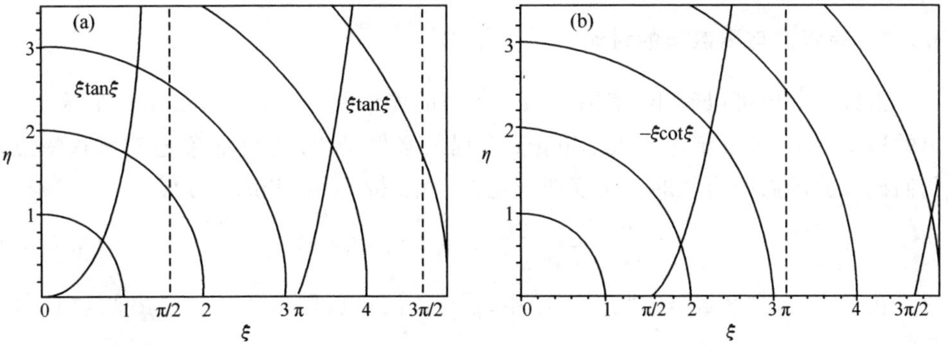

图 3.5

讨论

由图 3.5(a)可以看出，在对称方势阱情况下，无论 V_0a^2 的值多小，方程组(3.2.31)与(3.2.32)至少有一个根. 换言之，至少存在一个束缚态(基态)，其宇称为偶. 当$\xi^2+\eta^2=mV_0a^2/2\hbar^2\geqslant\pi^2$ 时，开始出现第一个偶宇称激发态. 随 V_0a^2 继续增大，更高的激发态还会相继出现.

奇宇称态与此不同，图 3.5(b)表明，只当

$$\xi^2 + \eta^2 = mV_0a^2/2\hbar^2 \geqslant \pi^2/4$$

即

$$V_0a^2 \geqslant \pi^2\hbar^2/2m \tag{3.2.36}$$

才可能出现最低的第一个奇宇称态.

让 a 保持有限值，并让 $V_0\to\infty$，则上述结果将与无限深势阱的结果完全一致. 注意：图 3.2 中，阱底能量取为 0. 而在图 3.4 中，阱底能量取为$-V_0$. 当 $V_0\to\infty$时，即能量零点无限下移，相当于$(-E)\to\infty$，即式(3.2.24)中的 β 或式(3.2.30)中的 $\eta\to\infty$. 此时，式(3.2.31)与(3.2.34)变成

$$\begin{aligned} &\xi\tan\xi = \infty, \quad \xi = (n+1/2)\pi, \quad n = 0,1,2,\cdots \\ &-\xi\cot\xi = \infty, \quad \xi = n\pi, \quad\quad\quad\; n = 1,2,\cdots \end{aligned} \tag{3.2.37}$$

概括起来，即

$$\xi = \frac{n\pi}{2}, \quad n = 1,2,3,\cdots$$

即

$$k = n\pi/a$$

再从式(3.2.27)即可得出

$$E = E_n = -V_0 + \frac{\hbar^2\pi^2}{2ma^2}n^2, \quad n = 1,2,3,\cdots \tag{3.2.38}$$

这与式(3.2.7)一致,不同的只是势能零点选择.在图 3.1 中,阱底取为势能零点,而在图 3.4,阱外($|x|>a/2$),取为势能零点,而阱内底部势能为$-V_0$.

3.2.3 束缚态与离散谱的讨论

由以上分析可以看出,束缚态($E<V_0$)的能谱是离散的(discrete),它是在一定的边条件下,求解定态 Schrödinger 方程的必然结果.为更形象地理解这一点,我们试从波函数的形状的变化规律来定性讨论.按 Schrödinger 方程

$$\frac{\mathrm{d}^2}{\mathrm{d}x^2}\psi = -\frac{2m}{\hbar^2}[E - V(x)]\psi(x) \tag{3.2.39}$$

在 $V(x)<E$ 区域(经典允许区)中,ψ''与 ψ 的正负号相反.因此,ψ 总是向 x 轴弯曲,即

当 $\psi>0$ 时,$\psi''<0$,曲线向下弯,当 $\psi<0$ 时,$\psi''>0$,曲线向上弯

所以,一段一段地看,曲线有些像 $\sin x$ 或 $\cos x$ 曲线,呈现振荡的性质.($E-V$)愈大,则振荡愈厉害,如图 3.6(a)所示.

在 $V(x)>E$ 区域(经典禁区),ψ''与 ψ 的正负号相同.因此,ψ 总是背离 x 轴弯曲,即

当 $\psi>0$ 时,曲线向上弯,当 $\psi<0$ 时,曲线向下弯

所以,一段一段地看,曲线近似像指数曲线那样上升或下降,无振荡现象,如图 3.6(b)所示.

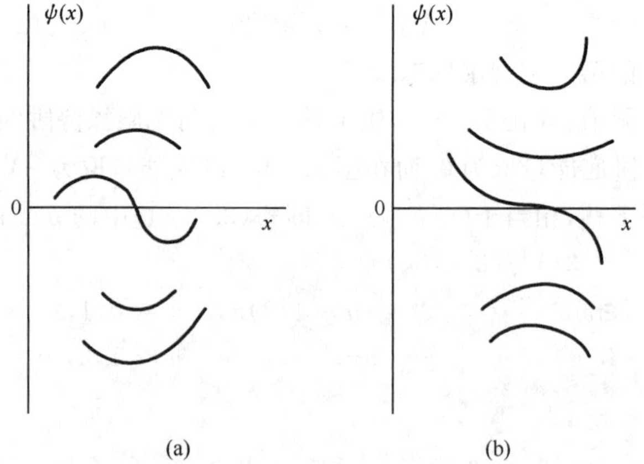

图 3.6

根据上述讨论，可以定性地分析粒子能量的可能取值以及波函数的节点数目.

先分析基态. 对于图 3.4 所示方势阱，在 $x<-a/2$ 区域，由于 $E<V_0$，在 $x\to-\infty$ 时，$\psi\to0$. 当 x 增加时，ψ 成指数上升(曲线向上弯)，见图 3.7(a). 而当到达 $x=-a/2$点之后，由于 $E>0$，曲线开始向下弯，一直延续到 $x=+a/2$ 点. 而在 $x>a/2$ 区域，由于 $E<V_0$，曲线又开始向上弯. 在一般情况下，在保证 $x=\pm a/2$ 处波函数光滑地连接条件下，当 $x\to+\infty$时，波函数将趋于∞，不满足有界条件. 在 $V(x)$给定情况下，曲线的弯曲变化情况取决于粒子能量 E 的取值. 只有当 E 取某个适当值时，在 $x\to+\infty$处 ψ 才可能满足有界的边条件，即 $\psi\to0$. 这个适当的 E 值，即粒子的最低的能量本征值，只要能量稍微偏离此值，ψ 都不会满足有界条件. 我们注意到，基态波函数 $\psi_0(x)$，除 $x=\pm\infty$外，在 x 有限的地方无节点.

当粒子能量继续增加，一方面在$|x|>a/2$ 区域，ψ 曲线的曲率将减小，另一方面在$|x|<a/2$ 区域，ψ 曲线的振荡将加快. 有可能在 E 取某适当值时，ψ 在$|x|<a/2$ 区域中经历了一次振荡(出现一个节点，图 3.7(b))之后，在 $x=a/2$ 处，能够与 $x>a/2$区域中的波函数($\propto e^{-\beta x}$)光滑地衔接起来. 此时就出现了第二个稳定态，即第一激发态 $\psi_1(x)$. 它在有限远处，只有一个节点. 在对称势阱情况下，这个波函数的宇称为奇.

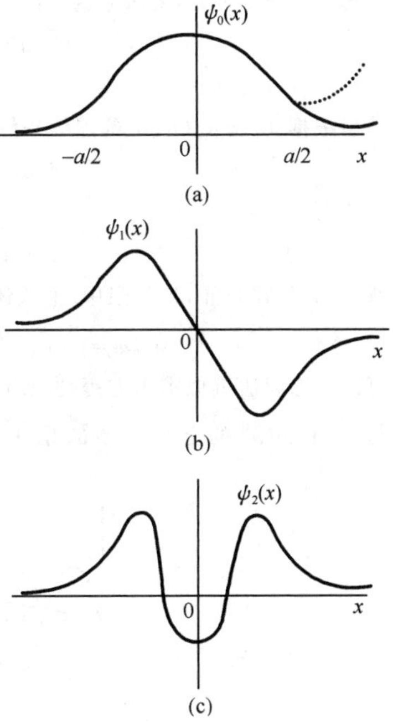

图 3.7

如此继续下去，可以得出：只有当粒子能量 E 取某些离散的值 E_0、E_1、E_2、…时，相应的波函数为 $\psi_0(x)$、$\psi_1(x)$、$\psi_2(x)$、…才满足$|x|\to\infty$处波函数(概率)为 0 的边条件. 这些能量的离散值称为能量本征值(energy eigenvalue)，相应的波函数称为能量本征函数(energy eigenfunction). 基态波函数 $\psi_0(x)$的节点数目为 0(无穷远点除外)，第 n 激发态 $\psi_n(x)$的节点数目就是 n. 在微分方程的本征值理论中称为振荡定理(或称为 Sturm 定理).

例 半壁无限高势垒(图 3.8)

$$V(x)=\begin{cases}\infty, & x<0\\ -V_0, & 0<x<a\\ 0, & x>a\end{cases} \tag{3.2.40}$$

考虑$-V_0<E<0$情况.分三个区域讨论：

$x<0$区域，　　　　$\psi\equiv 0$.

$0<x<a$区域，令

$$\psi = A\sin(kx+\delta)$$

$$k = \sqrt{2mE}/\hbar, \qquad E>0 \tag{3.2.41}$$

利用$\psi(0)=0$的边条件，可知$\delta=0$，所以

$$\psi = A\sin kx \tag{3.2.42}$$

$x>a$区域，有

$$\psi \propto e^{\pm\beta x}$$

其中

$$\beta = \sqrt{2m(V_0-E)}/\hbar \tag{3.2.43}$$

考虑在$x\to+\infty$处，要求ψ为0的边界条件，只能取

$$\psi(x) = Be^{-\beta x} \qquad (x>a) \tag{3.2.44}$$

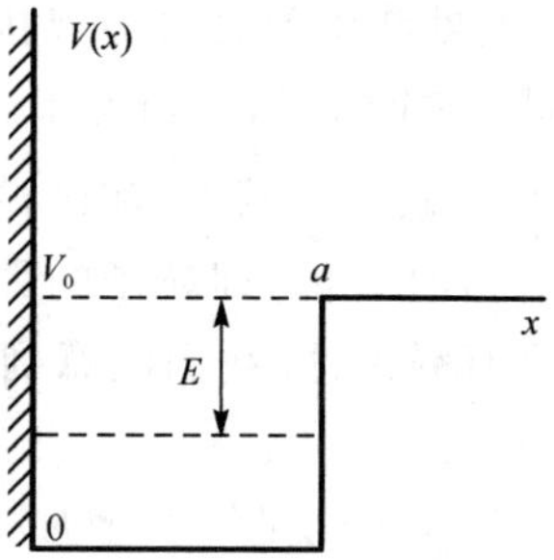

图 3.8

然后根据$x=a$处$(\ln\psi)'$的连续条件，可求出

$$k\cot ka = -\beta \tag{3.2.45}$$

上式可改写成

$$\cot ka = -\beta/k < 0 \tag{3.2.46}$$

所以ka处在第Ⅱ，Ⅳ象限中.上式还可改为

$$\sin ka = \pm 1/\sqrt{1+\cot^2 ka} = \pm k/\sqrt{k^2+\beta^2} = \sqrt{E/V_0} \tag{3.2.47}$$

可以用图解法近似求出方程(3.2.47)的根.图3.9是具有5个根的情况，这5个根是$y=ka/k_0a$与$y=|\sin ka|$的交点(交点的Ⅱ，Ⅳ象限中)$k_0=\sqrt{2mV_0}/h$.

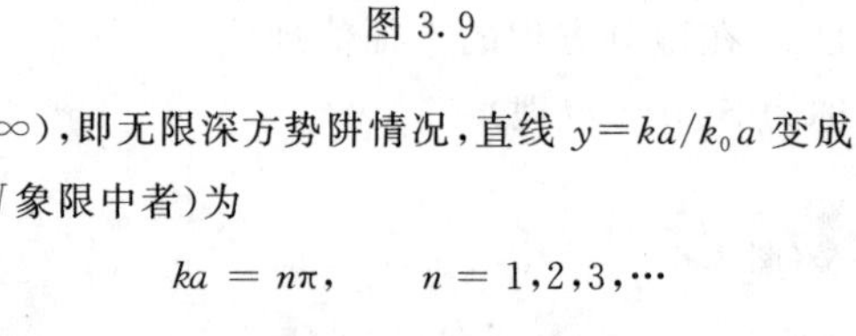

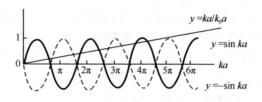

图 3.9

当$V_0\to\infty$(即$k_0\to\infty$)，即无限深方势阱情况，直线$y=ka/k_0a$变成$y=0$(横轴)，它与$y=|\sin ka|$的交点(在Ⅱ，Ⅳ象限中者)为

$$ka = n\pi, \qquad n=1,2,3,\cdots$$

与式(3.2.6)完全一致.

与对称势阱不同，半壁无限深势阱中的粒子，并不一定存在束缚定态.而至少有一个束缚定态存在的充要条件为，在$ka=\pi/2$处，$y=ka/k_0a\leqslant 1$，即$\frac{\pi}{2}/k_0a\leqslant 1$，即$k_0a\geqslant\pi/2$.即

$$k_0a \geqslant \pi/2$$

上式平方，利用式 $k_0=\sqrt{2mV_0}/\hbar$，得

$$V_0a^2 \geqslant \hbar^2\pi^2/8m \tag{3.2.48}$$

这是对势阱的深度 V_0 及宽度 a 的限制.

本题可用以粗略估算氘核中的质子与中子的作用力的强度参数. 实验表明：氘核基态的结合能 $B\approx 2.237\text{MeV}$(图 3.10)，半径 $a\approx 2.8\times10^{-13}\text{cm}$，而质子质量 $M_p\approx$ 中子质量 $M_n\approx 1.67\times10^{-24}\text{g}$，两粒子系的约化质量 $m\approx M_p/2$(见 6.1 节). 因此，对于氘核基态，利用式(3.2.45)以及 $\beta=\sqrt{2mB}/\hbar$，得

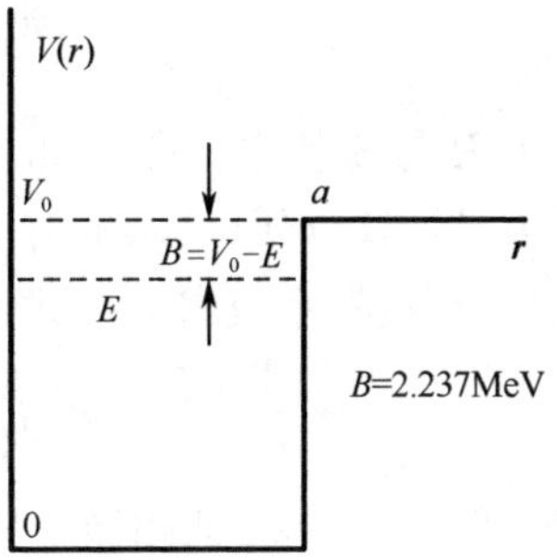

图 3.10

$$ka\cot ka=-\beta a=-\sqrt{2mB}\,a/\hbar\approx -0.650$$

数值求解可得 $ka=1.90$. 再利用 $ka=\sqrt{2mBa}/\hbar=\sqrt{2m(V_0-B)}\,a/\hbar$，可求出 $V_0\approx 21.3\text{MeV}$.

3.3 一维散射

3.3.1 势垒穿透

先考虑最简单的方势垒的穿透. 设具有一定能量 $E(>0)$ 的粒子，沿 x 轴正方向射向方势垒(图 3.11)，

$$V(x)=\begin{cases}V_0, & 0<x<a\\ 0, & x>a,\quad x<0\end{cases} \tag{3.3.1}$$

按照经典力学观点，若 $E<V_0$，则粒子不能进入势垒，将被弹回去. 若 $E>V_0$，则粒子将穿过势垒. 但从量子力学观点来看，考虑到粒子的波动性，此问题与波透过一层介质(厚度为 a)相似，会有一部分波穿过，一部分波被反射回去. 因此，按波函数的统计诠释，粒子有一部分概率穿过势垒，并有一定的概率被反射回去.

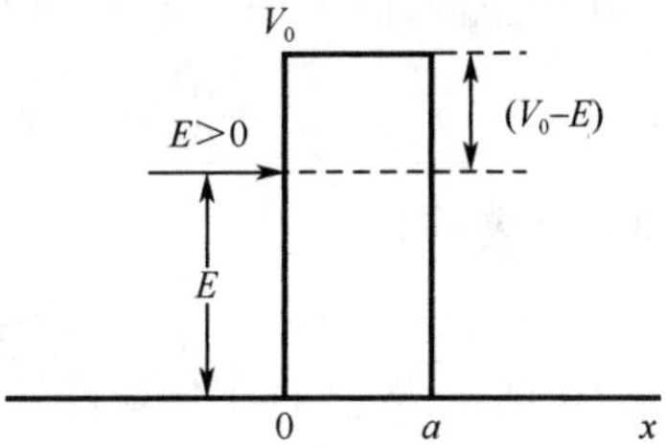

图 3.11　方势垒的穿透

先考虑 $E<V_0$ 情况(图 3.11).

在势垒之外($x<0, x>a$，经典允许区)，Schrödinger 方程为

$$\frac{\mathrm{d}^2}{\mathrm{d}x^2}\psi=-k^2\psi,\qquad k=\sqrt{2mE}/\hbar \tag{3.3.2}$$

它的两个线性无关解可取为

$$\psi\propto \mathrm{e}^{\pm\mathrm{i}kx} \tag{3.3.3}$$

按假设，粒子是从左入射. 由于势垒的存在，在 $x<0$ 区域中，既有入射波，也有反射波. 但在 $x>a$ 区域中，只有透射波，所以

$$\psi(x)=\begin{cases}e^{ikx}+Re^{-ikx} & (x<0) \quad (3.3.4a)\\ Se^{ikx} & (x>a) \quad (3.3.4b)\end{cases}$$

式中 R 与 S 待定. 式(3.3.4a)右边第一项为入射波,其波幅(任意地)取为 1,这只是为了计算方便(波函数有一个常数不定性),对于粒子进入势垒和反射的几率并无影响. 按概率流密度公式

$$j_x=\frac{\hbar}{2mi}\left(\psi^*\frac{\partial}{\partial x}\psi-\psi\frac{\partial}{\partial x}\psi^*\right)$$

取入射波 $\psi_i=e^{ikx}$ 就相当于粒子入射流密度取为

$$j_i=\frac{\hbar}{2mi}\left(e^{-ikx}\frac{\partial}{\partial x}e^{ikx}-\text{复共轭项}\right)=\frac{\hbar k}{m}=v \tag{3.3.5}$$

式(3.3.4a)右边第二项 Re^{-ikx} 为反射波,相应的反射流密度为

$$|j_r|=|R|^2v \tag{3.3.6}$$

式(3.3.4b)代表透射波,透射流密度为

$$j_t=|S|^2v \tag{3.3.7}$$

所以

$$\text{反射系数}=|j_r/j_i|=|R|^2 \tag{3.3.8}$$

$$\text{透射系数}=|j_t/j_i|=|S|^2 \tag{3.3.9}$$

以下根据方势垒边界上波函数及其导数的连续条件来确定 R 与 S,从而求出反射系数与透射系数.

在势垒内部($0<x<a$,经典禁区),Schrödinger 方程为

$$\frac{d^2}{dx^2}\psi=\kappa^2\psi,\quad \kappa=\sqrt{2m(V_0-E)}/\hbar$$

其通解可表示为

$$\psi=Ae^{\kappa x}+Be^{-\kappa x} \tag{3.3.10}$$

在 $x=0$ 点,ψ 及 ψ' 的连续条件导致

$$1+R=A+B$$

$$\frac{ik}{\kappa}(1-R)=A-B$$

两式相加、减,得

$$A=\frac{1}{2}\left[\left(1+\frac{ik}{\kappa}\right)+R\left(1-\frac{ik}{\kappa}\right)\right] \tag{3.3.11a}$$

$$B=\frac{1}{2}\left[\left(1-\frac{ik}{\kappa}\right)+R\left(1+\frac{ik}{\kappa}\right)\right] \tag{3.3.11b}$$

在点 $x=a$,ψ 及 ψ' 的连续条件导致

$$Ae^{\kappa a}+Be^{-\kappa a}=Se^{ika}$$

$$Ae^{\kappa a}-Be^{-\kappa a}=\frac{ik}{\kappa}Se^{ika}$$

两式分别相加、减，得

$$A=\frac{S}{2}\left(1+\frac{\mathrm{i}k}{\kappa}\right)\mathrm{e}^{\mathrm{i}ka-\kappa a} \tag{3.3.12a}$$

$$B=\frac{S}{2}\left(1-\frac{\mathrm{i}k}{\kappa}\right)\mathrm{e}^{\mathrm{i}ka+\kappa a} \tag{3.3.12b}$$

比较式(3.3.11)和(3.3.12)，消去 A、B，可得

$$\begin{aligned}\left(1+\frac{\mathrm{i}k}{\kappa}\right)+R\left(1-\frac{\mathrm{i}k}{\kappa}\right)&=S\left(1+\frac{\mathrm{i}k}{\kappa}\right)\mathrm{e}^{\mathrm{i}ka-\kappa a}\\ \left(1-\frac{\mathrm{i}k}{\kappa}\right)+R\left(1+\frac{\mathrm{i}k}{\kappa}\right)&=S\left(1-\frac{\mathrm{i}k}{\kappa}\right)\mathrm{e}^{\mathrm{i}ka+\kappa a}\end{aligned} \tag{3.3.13}$$

再从上式消去 R，得

$$\frac{S\mathrm{e}^{\mathrm{i}ka-\kappa a}-1}{S\mathrm{e}^{\mathrm{i}ka+\kappa a}-1}=\left(\frac{1-\mathrm{i}k/\kappa}{1+\mathrm{i}k/\kappa}\right)^2 \tag{3.3.14}$$

不难解出

$$S\mathrm{e}^{\mathrm{i}ka}=\frac{-2\mathrm{i}k/\kappa}{[1-(k/\kappa)^2]\mathrm{sh}\kappa a-2\mathrm{i}\dfrac{k}{\kappa}\mathrm{ch}\kappa a} \tag{3.3.15}$$

因此，透射系数为

$$\begin{aligned}T=|S|^2&=\frac{4k^2\kappa^2}{(k^2-\kappa^2)^2\mathrm{sh}^2\kappa a+4k^2\kappa^2\mathrm{ch}^2\kappa a}=\frac{4k^2\kappa^2}{(k^2+\kappa^2)^2\mathrm{sh}^2\kappa a+4k^2\kappa^2}\\&=\left[1+\frac{(k^2+\kappa^2)^2}{4k^2\kappa^2}\mathrm{sh}^2\kappa a\right]^{-1}=\left[1+\frac{1}{\dfrac{E}{V_0}\left(1-\dfrac{E}{V_0}\right)}\mathrm{sh}^2\kappa a\right]^{-1}\end{aligned} \tag{3.3.16}$$

类似地从式(3.3.13)消去 S，得出反射系数

$$|R|^2=\frac{(k^2+\kappa^2)^2\mathrm{sh}^2\kappa a}{(k^2+\kappa^2)^2\mathrm{sh}^2\kappa a+4k^2\kappa^2} \tag{3.3.17}$$

可以看出

$$|R|^2+|S|^2=1 \tag{3.3.18}$$

$|R|^2$ 代表粒子被势垒反射回去的概率，$|S|^2$ 代表粒子穿透势垒的概率. 式(3.3.18)正是概率守恒(即粒子数守恒)的表现.

按照经典力学来看，在 $E<V_0$ 情况下，粒子根本不能穿过势垒，将完全被弹回. 而按照量子力学计算，在一般情况下，透射系数 $T\neq0$. 这种现象——粒子能穿过比它动能更高的势垒，称为隧道效应(tunnel effect)，它是粒子-波动二象性的反映. 但只在一定条件下，这种效应才显著. 在图 3.12 中，给出了势垒穿透的波动图像.

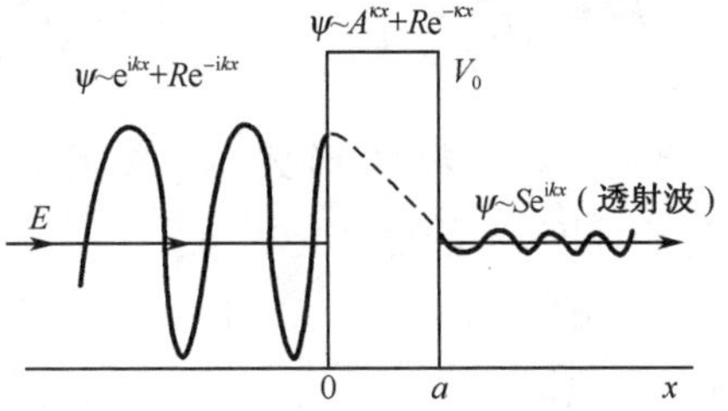

图 3.12

下面对透射系数作一个简单估算.

设 $\kappa a \gg 1$，此时 $\mathrm{sh}\kappa a \approx \frac{1}{2}\mathrm{e}^{\kappa a} \gg 1$，透射系数式(3.3.16)可近似表示为

$$\begin{aligned} T &\approx \frac{16k^2\kappa^2}{(k^2+\kappa^2)^2}\mathrm{e}^{-2\kappa a} \\ &= \frac{16E(V_0-E)}{V_0}\exp\left[-\frac{2a}{\hbar}\sqrt{2m(V_0-E)}\right] \end{aligned} \tag{3.3.19}$$

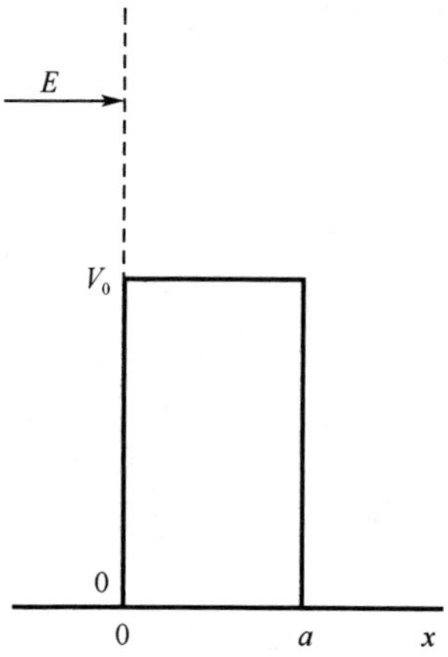

图 3.13

可以看出 T 与势垒宽度 a，(V_0-E)，以及粒子质量 m 的依赖关系都很敏感. 随势垒宽度 a 和粒子质量 m 增大，T 将指数衰减，$T \propto \mathrm{e}^{-a\sqrt{m}}$. 所以，在宏观世界中，一般观测不到粒子穿透势垒的现象.

例如，对于电子，设 $E=1\mathrm{eV}$，$V_0=2\mathrm{eV}$，$a=2\times 10^{-8}\mathrm{cm}$，可以估算出 $T\approx 0.51$. 若 $a=5\times 10^{-8}\mathrm{cm}$，则 $T\sim 0.024$，迅速变小. 若电子换成质子，因为 $m_p/m_e \approx 1840$，$a=2\times 10^{-8}\mathrm{cm}$，可估算出 $T\approx 2.6\times 10^{-38}$.

对于 $E>V_0$ 情况(图 3.13)，只需在式(3.3.16)中，把 $\kappa \to \mathrm{i}k'$，k'为实数

$$k' = \sqrt{2m(E-V_0)/\hbar^2} \tag{3.3.20}$$

再利用 $\mathrm{sh}(\mathrm{i}k'a)=\mathrm{i}\ \sin k'a$，可得

$$\begin{aligned} T &= \frac{4k^2k'^2}{(k^2-k'^2)^2\sin^2 k'a + 4k^2k'^2} \\ &= \frac{1}{1+\frac{1}{4}\left(\frac{k}{k'}-\frac{k'}{k}\right)^2\sin^2 k'a} \quad (k' \leqslant k) \end{aligned} \tag{3.3.21}$$

注意:透射系数 T 值可以<1，这与经典粒子不同，是微观粒子有波动性的表现.

3.3.2 方势阱的穿透与共振

设入射粒子碰到的不是方势垒(排斥力)，而是方势阱(吸引力)，见图 3.14，上述讨论仍然适用. 透射系数 T 仍然由式(3.3.21)给出，但 $V_0 \to -V_0$，即 k'(见式(3.3.20))应换为

$$k' = \sqrt{\frac{2m(E+V_0)}{\hbar^2}} \geqslant k = \sqrt{\frac{2mE}{\hbar^2}} \tag{3.3.22}$$

此时，波函数的形式为[参见式(3.3.4a)、(3.3.4b)和(3.3.10)]

$$\psi(x) = \begin{cases} \mathrm{e}^{\mathrm{i}kx} + R\mathrm{e}^{-\mathrm{i}kx}, & x<0 \\ A\mathrm{e}^{\mathrm{i}k'x} + B\mathrm{e}^{-\mathrm{i}k'x}, & 0<x<a \\ S\mathrm{e}^{\mathrm{i}kx}, & x>a \end{cases} \tag{3.3.23}$$

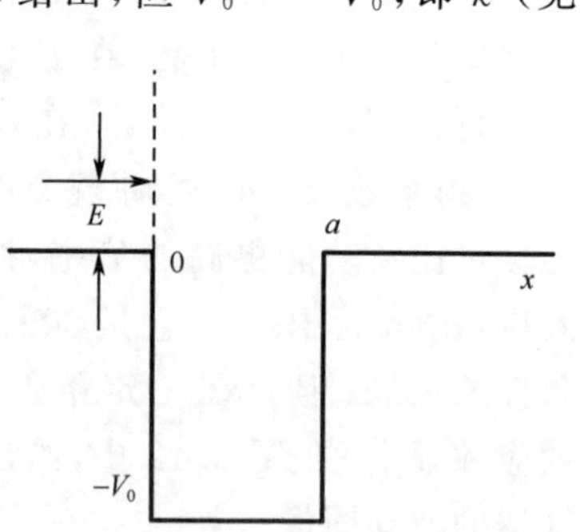

图 3.14

根据在 $x=0$ 和 a 处 ψ 和 ψ' 连续条件，可给出[参见式(3.3.15)]

$$Se^{ika}=\left[\cos k'a-\frac{\mathrm{i}}{2}\left(\frac{k'}{k}+\frac{k}{k'}\right)\sin k'a\right]^{-1} \tag{3.3.24}$$

由此可求出透射系数[与式(3.3.21)比较]

$$\begin{aligned}T=|S|^2&=\left[1+\frac{1}{4}\left(\frac{k}{k'}+\frac{k'}{k}\right)^2\sin^2 k'a\right]^{-1}\\&=\left[1+\frac{\sin^2 k'a}{4\dfrac{E}{V_0}\left(1+\dfrac{E}{V_0}\right)}\right]^{-1}\end{aligned} \tag{3.3.25}$$

当 $V_0=0$($k'=k$，即无势阱)时，$T=1$(完全透射)，这是很自然的事.一般情况下，$V_0\neq0$($k'\neq k$)，因而 $T<1$，$|R|^2\neq0$，即粒子有一定概率被势阱反射而回头，这完全是一种量子力学(波动)效应，是经典粒子力学完全不能诠释的.

作为入射粒子能量 E 的函数，透射系数 $T(E)$ 随 E 变化的曲线如图 3.15 所示.

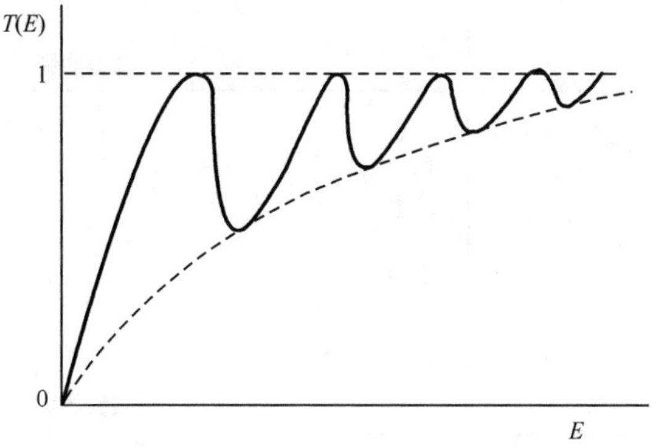

图 3.15　透射系数 T 随能量 E 的变化示意图

从式(3.3.25)可以看出，如 $E\ll V_0$，一般说来 T 很小.除非入射粒子能量 E 合适，满足下列条件

$$\sin k'a=0 \tag{3.3.26}$$

即

$$k'a=n\pi,\quad n=1,2,3,\cdots \tag{3.3.27}$$

此时 $T=1$，称为**共振透射**.式(3.3.27)即确定出现共振透射的粒子能量的公式.它可以改写为(利用 $\lambda'=2\pi/k'$)

$$2a=n\lambda',\qquad n=1,2,3,\cdots \tag{3.3.28}$$

这个结果在物理上可如下理解：当粒子射入势阱后，碰到阱壁时将发生反射和透射.如粒子能量合适，使它在阱内的波长 λ' 满足 $n\lambda'=2a$，则经过各次反射然后透

射出去的波的相位都相同，由于相干叠加而使透射波波幅大增，因而出现共振透射现象.

由式(3.3.22)和(3.3.27)可以求出共振能量如下：

$$E = E_n = -V_0 + \frac{n^2\pi^2\hbar^2}{2ma^2} \tag{3.3.29}$$

可以看出，除了一个常数加项($-V_0$)之外，此式与无限深方势阱(宽度为 a)中的束缚能级公式相同[参阅 3.2 节，式(3.2.7)]. 对于图 3.14 所示势阱，如粒子能量较小($-V_0<E<0$)，是可能形成束缚态的，这相当于式(3.3.29)中 n 较小的情况. 如 n 较大，使 $E>0$，则不可能再出现束缚态. 但当能量合适时，满足式(3.3.29)，则将出现共振透射现象. 式(3.3.29)所确定的 E_n，称为共振能级(resonance energy). 有限深方势阱中的束缚能级和共振能级与同样宽度的无限深方势阱中的束缚能级的比较，如图 3.16 所示. 可以看出，在图 3.16 右侧所示的有限深方势阱中的共振能级($n=3,4$)的位置与无限深方势阱中束缚能级($n=3,4$)相同，而有限深势阱的

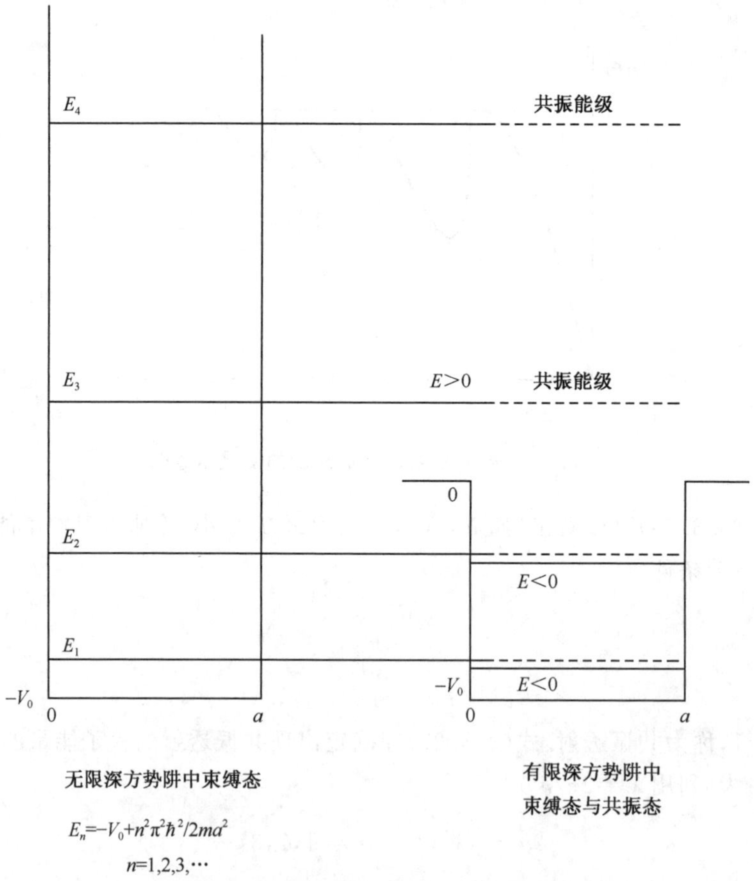

图 3.16　有限深与无限深方势阱能级的比较

束缚能级($n=1,2$,实线)比相应的共振能级(虚线)略低. 这可从不确定度关系来理解.

* 下面我们来分析 $T(E)$ 曲线的共振宽度(假设各共振峰明显分开). 在某一个共振能级 E_n 附近, $E\sim E_n$, $k'\sim k'_n=n\pi/a$. 令 $k'a=n\pi\pm\varepsilon(\varepsilon\sim 0^+)$, 则 $\sin^2 k'a\approx\varepsilon^2\approx(k'-k'_n)^2a^2$. 利用式(3.3.22),得

$$k'^2=\frac{2m(E+V_0)}{\hbar^2}$$

所以

$$k'\mathrm{d}k'=\frac{m\mathrm{d}E}{\hbar^2}$$

即

$$k'_n(k'-k'_n)\approx m(E-E_n)/\hbar^2$$

$$(k'-k'_n)\approx m(E-E_n)/\hbar^2k'_n=m(E-E_n)/\hbar\sqrt{2m(E_n+V_0)}$$

$$\approx\sqrt{\frac{m}{2V_0}}\left(\frac{E-E_n}{\hbar}\right)$$

因此,式(3.3.25)化为

$$T(E)\approx\frac{1}{1+\frac{V_0}{4E}\frac{ma^2}{2V_0}\left(\frac{E-E_n}{\hbar}\right)^2}=\frac{1}{1+\frac{ma^2}{8\hbar^2E_n}(E-E_n)^2}$$

令

$$\Gamma_n=\frac{2\hbar}{a}\sqrt{\frac{2E_n}{m}}\qquad(3.3.30)$$

则

$$T(E)\approx\frac{\Gamma_n^2}{(E-E_n)^2+\Gamma_n^2}\qquad(3.3.31)$$

当 $|E-E_n|\approx\Gamma_n$ 时, $T(E)\approx\frac{1}{2}$,强度减半. Γ_n 称为共振能级 E_n 的宽度. 上式称为 Breit-Wigner 公式. 它描述在共振能级附近($E\approx E_n$)的透射强度随能量 E 的变化规律. 这个结果可以作如下半经典的理解.

考虑图 3.17 所示势阱中粒子,可以证明粒子碰到侧壁的透射系数为

$$T_0=\frac{4k/k'}{(1+k/k')^2}\qquad(3.3.32)$$

其中

$$k=\sqrt{2mE}/\hbar$$

$$k'=\sqrt{2m(E+V_0)}/\hbar$$

设 $E\ll V_0$ ($k\ll k'$),则

$$T_0\approx\frac{4k}{k'}=4\sqrt{\frac{E}{E+V_0}}\approx 4\sqrt{\frac{E}{V_0}}$$

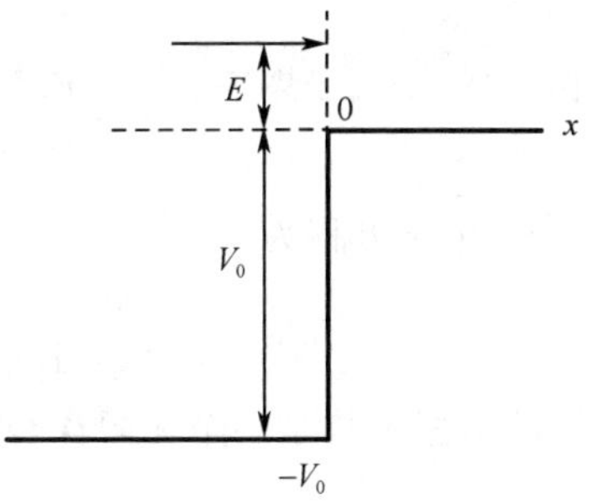

图 3.17

设有一束粒子(波包)进入图 3.14 所示势阱. 在势阱

中，粒子碰到两侧阱壁时将发生反射和透射现象. 粒子往返于两壁之间所需时间约为

$$\theta = \frac{2a}{v} = \frac{2ma}{mv} = \frac{2ma}{\hbar k'} \approx a\sqrt{2m/V_0} \quad (E \ll V_0) \tag{3.3.33}$$

碰到阱壁的透射系数为 T_0，粒子可往返于势阱中的次数 $\sim T_0^{-1}$，所以粒子所处共振态的平均寿命约为

$$\tau_n \approx \theta T_0^{-1} \approx \frac{a}{4}\sqrt{\frac{2m}{E_n}} \tag{3.3.34}$$

联合式(3.3.30)、(3.3.34)，得

$$\Gamma_n \cdot \tau_n \approx \hbar \tag{3.3.35}$$

此即共振能级宽度与寿命的不确定度关系.

3.4 一维谐振子

在自然界中广泛碰到简谐运动. 任何体系在平衡位置附近的小振动，例如，分子的振动、晶格的振动、原子核表面振动以及辐射场的振动等，在选择恰当的坐标后，常常可以分解为若干彼此独立的一维谐振动. 谐振动还往往作为复杂运动的初步近似，在其基础上进行各种改进. 所以谐振子运动的研究，无论在理论上或在应用上，都是很重要的. 一维谐振子的能量本征值问题，在历史上首先为 Heisenberg 的矩阵力学解决. 后来 Dirac 用算子代数的方法给出极漂亮的解(详见 10.1 节). 下面给出波动力学的解法.

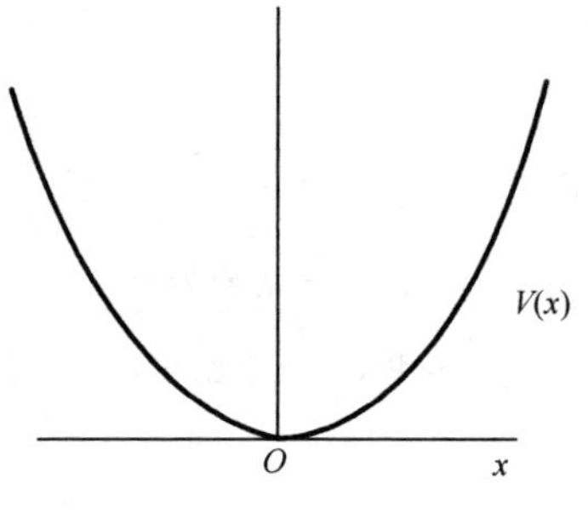

图 3.18 谐振子势 $V(x)=\frac{1}{2}Kx^2$

取自然平衡位置为坐标原点，并选原点为势能的零点，则一维谐振子的势能可以表示为

$$V(x) = \frac{1}{2}Kx^2 \tag{3.4.1}$$

K 是刻画简谐作用力强度的参数. 设振子质量为 μ，令

$$\omega_0 = \sqrt{K/\mu} \tag{3.4.2}$$

它是经典谐振子的自然频率. 这样，一维谐振子的 Hamilton 量可表示为

$$H = \frac{p_x^2}{2\mu} + \frac{1}{2}\mu\omega_0^2 x^2 \tag{3.4.3}$$

Schrödinger 方程为

$$\left(-\frac{\hbar^2}{2\mu}\frac{\mathrm{d}^2}{\mathrm{d}x^2} + \frac{1}{2}\mu\omega_0^2 x^2\right)\psi(x) = E\psi(x) \tag{3.4.4}$$

严格的谐振子势是一个无限深势阱(图 3.18)，粒子只存在束缚态，即

$$\psi(x) \xrightarrow{|x|\to\infty} 0 \tag{3.4.5}$$

为简单起见，引进无量纲参数①

$$\xi = \alpha x, \qquad \alpha = \sqrt{\mu\omega_0/\hbar} \tag{3.4.6}$$

$$\lambda = E\Big/\frac{1}{2}\hbar\omega_0 \tag{3.4.7}$$

则方程(3.4.4)变成

$$\frac{\mathrm{d}^2}{\mathrm{d}\xi^2}\psi + (\lambda - \xi^2)\psi = 0 \tag{3.4.8}$$

任何有限的 ξ(或 x)，都是微分方程的常点，而 $\xi=\pm\infty$ 是方程的非正则奇点. 以下先粗略分析一下 $\xi\to\pm\infty$ 时解的渐近行为. 当 $\xi\to\pm\infty$ 时，方程(3.4.8)可渐近地表示成

$$\frac{\mathrm{d}^2}{\mathrm{d}\xi^2}\psi - \xi^2\psi = 0 \tag{3.4.9}$$

不难证明，$\xi\to\pm\infty$ 时，波函数的渐近行为是②

$$\psi \sim \exp\left(\pm\frac{1}{2}\xi^2\right) \tag{3.4.10}$$

其中 $\psi\sim\exp\left(\frac{1}{2}\xi^2\right)$ 不满足边条件(3.4.5)，弃之. 因此，方程(3.4.8)的一般解的形式可表示为

$$\psi = \exp\left(-\frac{1}{2}\xi^2\right)u(\xi) \tag{3.4.11}$$

代入式(3.4.8)，得

$$\frac{\mathrm{d}^2u}{\mathrm{d}\xi^2} - 2\xi\frac{\mathrm{d}u}{\mathrm{d}\xi} + (\lambda-1)u = 0 \tag{3.4.12}$$

此即 Hermite 方程. 由于 $\xi=0$ 是方程(3.4.8)的常点，在 $\xi=0$ 的邻域($|\xi|<\infty$)，可以把 ψ 展开为 Taylor 级数. 可以证明(附录三)，只有当参数

$$\lambda - 1 = 2n, \qquad n = 0,1,2,\cdots \tag{3.4.13}$$

时，方程(3.4.12)才有一个多项式解(Hermite 多项式). 只有这样的解代入式(3.4.11)，才能保证 ψ 满足 $|\xi|\to\infty$ 的边条件(3.4.5). [相反的情况下，如方程(3.4.12)的解是无穷级数，代入式(3.4.11)，就不满足边条件(3.4.5).]因此，只当条件(3.4.13)满足时，才能求得物理上允许的解. 将式(3.4.13)代入式(3.4.7)，可得

---

① 若采用自然单位，则格外方便. α^{-1} 是长度自然单位，$\hbar\omega_0$ 是能量自然单位，详见附录八.

② 当 $\xi\to\pm\infty$ 时，$\psi\sim\exp\left(\pm\frac{1}{2}\xi^2\right)$，则 $\psi'\sim\pm\xi\exp\left(\pm\frac{1}{2}\xi^2\right)$. $\psi''\sim\xi^2\exp\left(\pm\frac{1}{2}\xi^2\right)\pm\exp\left(\pm\frac{1}{2}\xi^2\right)\propto\xi^2\exp\left(\pm\frac{1}{2}\xi^2\right)$，所以 $\psi''-\xi^2\psi=0$. 参见 Cohen-Tannoudji, et al., *Quantum Mechanics*, vol. 1, p. 537，关于方程(3.4.8)的解在 § →±∞时的渐近行为的讨论.

$$E = E_n = \left(n + \frac{1}{2}\right)\hbar\omega_0, \quad n = 0,1,2,\cdots \tag{3.4.14}$$

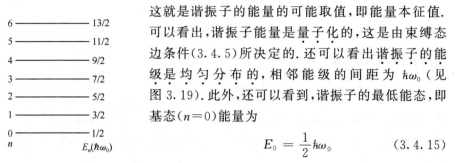

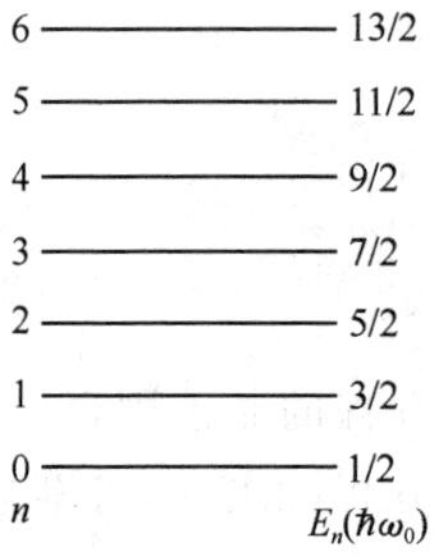

图 3.19　一维谐振子的能谱

这就是谐振子的能量的可能取值，即能量本征值. 可以看出，谐振子能量是量子化的，这是由束缚态边条件(3.4.5)所决定的. 还可以看出谐振子的能级是均匀分布的，相邻能级的间距为 $\hbar\omega_0$（见图 3.19）. 此外，还可以看到，谐振子的最低能态，即基态($n=0$)能量为

$$E_0 = \frac{1}{2}\hbar\omega_0 \tag{3.4.15}$$

它并不为 0，这与经典谐振子大不相同. E_0 称为零点能①. 这是一种量子效应（当 $\hbar\to 0$ 时，$E_0\to 0$），是微观粒子波动-粒子二象性的表现. 能量为 0 的"静止的"波是没有意义的.

其次，我们来讨论能量本征函数. 当式(3.4.13)满足，即谐振子能量取式(3.4.14)的值时，方程(3.4.12)的一个解是 Hermite 多项式 $\mathrm{H}_n(\xi)$（另外一解是无穷级数）. 最简单的几个 Hermite 多项式是

$$\begin{aligned} &\mathrm{H}_0(\xi) = 1 \\ &\mathrm{H}_1(\xi) = 2\xi \\ &\mathrm{H}_2(\xi) = 4\xi^2 - 2 \\ &\mathrm{H}_3(\xi) = 8\xi^3 - 12\xi \\ &\cdots\cdots \end{aligned} \tag{3.4.16}$$

利用正交性公式[见附录三式(A3.11)]

$$\int_{-\infty}^{+\infty} \mathrm{H}_m(\xi)\mathrm{H}_n(\xi)\exp(-\xi^2)\mathrm{d}\xi = \sqrt{\pi}\,2^n n!\,\delta_{mn} \tag{3.4.17}$$

可以证明，归一化的谐振子波函数为

$$\psi_n(x) = N_n \exp\left(-\frac{1}{2}\alpha^2 x^2\right)\mathrm{H}_n(\alpha x) \tag{3.4.18}$$

$$N_n = [\alpha/\sqrt{\pi}\,2^n n!]^{\frac{1}{2}} \qquad (\text{归一化常数})$$

$$\int_{-\infty}^{+\infty} \psi_m(x)\psi_n(x)\mathrm{d}x = \delta_{mn} \tag{3.4.19}$$

（注意：它们都是实函数.）最低的几条能级上的谐振子能量本征函数如下（图 3.20）：

$$\psi_0(x) = \frac{\sqrt{\alpha}}{\pi^{1/4}}\exp\left(-\frac{1}{2}\alpha^2 x^2\right)$$

---

① 零点能最早在 1912 年为 M. Planck 导出. 见 M. Planck, Annalen Phys. **37**(1912)642, über die Begründung des Gesetzes der schwarzen Strahlung. 关于 Planck 导出零点能的讨论，参见 P. W. Milonni, *The Quantum Vacuum. An Introduction to Quantum Electrodynamics*, Academic, Boston, 1994.

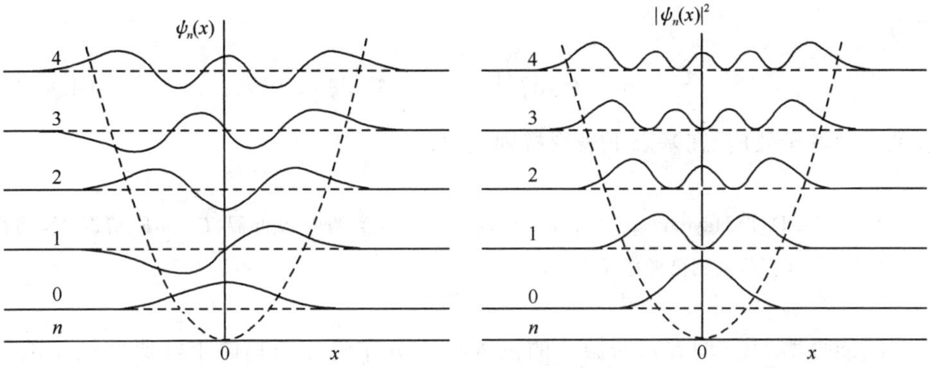

图 3.20　谐振子的较低几条能级的波函数 $\psi_n(x)$ 及位置概率密度 $|\psi_n(x)|^2$

$$
\begin{aligned}
\psi_1(x) &= \frac{\sqrt{2\alpha}}{\pi^{1/4}}\alpha x\exp\left(-\frac{1}{2}\alpha^2x^2\right) \\
\psi_2(x) &= \frac{1}{\pi^{1/4}}\sqrt{\frac{\alpha}{2}}(2\alpha^2x^2-1)\exp\left(-\frac{1}{2}\alpha^2x^2\right) \\
\psi_3(x) &= \frac{\sqrt{3\alpha}}{\pi^{1/4}}\alpha x\left(\frac{2}{3}\alpha^2x^2-1\right)\exp\left(-\frac{1}{2}\alpha^2x^2\right)
\end{aligned}
\tag{3.4.20}
$$

容易看出

$$\psi_n(-x) = (-1)^n\psi_n(x) \tag{3.4.21}$$

即 n 的奇偶性决定了谐振子能量本征函数的宇称的奇偶性.

先着重讨论一下基态,

$$E_0 = \frac{1}{2}\hbar\omega_0$$

$$|\psi_0(x)|^2 = \frac{\alpha}{\sqrt{\pi}}\exp(-\alpha^2x^2)$$

可以看出,在 $x=0$ 处找到谐振子的概率最大,见图 3.21.但按照经典力学,谐振子在 $x=0$ 处,势能最小,动能最大,因而速度最大.所以在 $x=0$ 附近逗留时间最短,即在 $x=0$ 点附近找到粒子的概率最小,这与量子力学结论正好相反.(如经典粒子能量为 0,则粒子永远停留在 $x=0$ 点.)

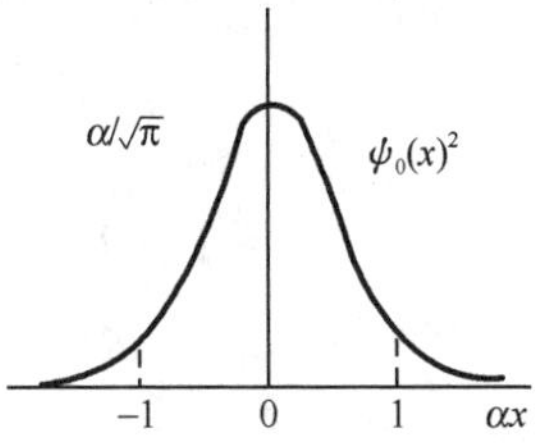

图 3.21

其次,由于基态能量为 $E_0=\frac{1}{2}\hbar\omega_0$,按照经典力学,粒子将限制在 $|\alpha x|\leqslant 1$ 范围中运动,因为在 $|\alpha x|=1$ 处,势能 $V(x)=\frac{1}{2}Kx^2=\frac{1}{2}K/\alpha^2=\frac{1}{2}\hbar\omega_0$,即等于总能量.在这点,粒子速度减慢为零,不能再继续往外跑.然而按照量子力学计算,在经典禁区 $|\alpha x|>1$

中，$\psi_0(x)$并不为 0(图 3.21)，即粒子有一定的概率处于经典禁区. 对于基态，此概率为

$$\int_1^{\infty} \exp(-\xi^2)\mathrm{d}\xi \Big/ \int_0^{\infty} \exp(-\xi^2)\mathrm{d}\xi \approx 16\% \tag{3.4.22}$$

这是一种量子效应，在基态下表现特别突出.

［注］ M. D. LaHaye, *et al*., Science **384**(2004)74，实验在极低温 $T\sim mK$ 情况下，测得 $\Delta x\sim 4.3/\sqrt{2}\alpha$.(实验观测已考虑噪音影响).

随能量增大(n 增大)，谐振子的位置概率分布将逐渐趋向于经典谐振子的概率分布. 图 3.22 所示，是 $n=10$ 态下谐振子的位置概率分布(实线)，虚线是经典振子的位置概率分布. 可以看出，它们之间是比较相似的. 当 n 愈大，这种相似性愈增加. 这是 Bohr 对应原理的表现(大量子数极限下，量子理论趋于经典理论，参见 p.15，［注］.)

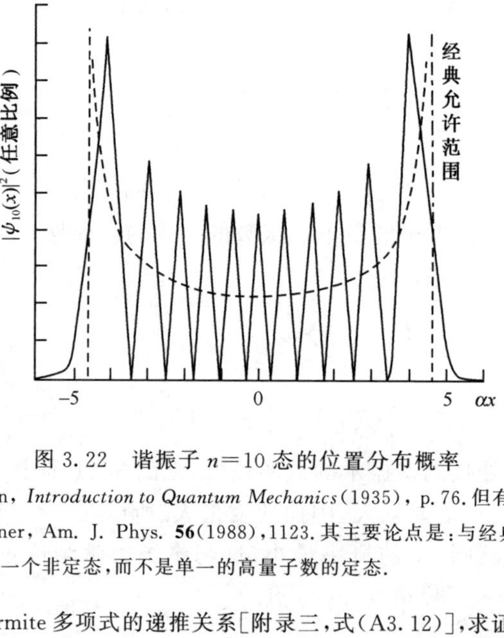

图 3.22 谐振子 $n=10$ 态的位置分布概率

取自 Pauling & Wilson, *Introduction to Quantum Mechanics*(1935), p.76. 但有人批评这种比较不够恰当，见 C. Leubner, Am. J. Phys. **56**(1988), 1123. 其主要论点是：与经典谐振子的轨道运动相应的量子态，应该是一个非定态，而不是单一的高量子数的定态.

练习 1 利用 Hermite 多项式的递推关系［附录三，式(A3.12)］，求证

$$x\psi_n(x) = \frac{1}{\alpha}\left[\sqrt{\frac{n}{2}}\psi_{n-1}(x) + \sqrt{\frac{n+1}{2}}\psi_{n+1}(x)\right] \tag{3.4.23}$$

$$x^2\psi_n(x) = \frac{1}{2\alpha^2}\left[\sqrt{n(n-1)}\psi_{n-2} + (2n+1)\psi_n + \sqrt{(n+1)(n+2)}\psi_{n+2}\right]$$

并由此证明在 ψ_n 态下，谐振子的

$$\bar{x} = 0, \quad \bar{V} = E_n/2 \tag{3.4.24}$$

练习 2　利用 Hermite 多项式的求导递推公式[附录三,式(A3.13)],证明

$$\frac{d}{dx}\psi_n(x) = \alpha\left(\sqrt{\frac{n}{2}}\psi_{n-1} - \sqrt{\frac{n+1}{2}}\psi_{n+1}\right) \tag{3.4.25}$$

$$\frac{d^2}{dx^2}\psi_n(x) = \frac{\alpha^2}{2}\left[\sqrt{n(n-1)}\psi_{n-2} - (2n+1)\psi_n + \sqrt{(n+1)(n+2)}\psi_{n+2}\right]$$

并证明在 ψ_n 态下,

$$\bar{p} = 0, \qquad \bar{T} = \overline{p^2/2\mu} = E_n/2 \tag{3.4.26}$$

练习 3　在 ψ_n 态下,计算出 $\Delta x = \sqrt{\overline{(x-\bar{x})^2}}$,$\Delta p_x = \sqrt{\overline{(p_x-\bar{p}_x)^2}}$,$\Delta x \cdot \Delta p_x = ?$ 与不确定度关系比较.

答:$\Delta x = \sqrt{n+1/2}/\alpha$,　$\Delta p_x = \sqrt{n+1/2}(\hbar/\alpha)$　$\Delta x \cdot \Delta p_x = \left(n+\frac{1}{2}\right)\hbar$　(3.4.27)

练习 4　带电 q 的谐振子,若还受到均匀外电场 $\mathscr{E}$ 的作用,势能为

$$V(x) = \frac{1}{2}\mu\omega_0^2 x^2 - q\mathscr{E}x$$

求能量本征值和本征函数.

提示:谐振子平衡点由 $x=0$ 点移到 $x=x_0$ 点,$x_0 = q\mathscr{E}/\mu\omega_0^2$.

答:$E_n = \left(n+\frac{1}{2}\right)\hbar\omega_0 - q^2\mathscr{E}^2/2\mu\omega_0^2$,　$\psi_n(x-x_0)$.

练习 5　设谐振子初态为 $\psi(x,0) = A\sum_{n=0}^{\infty}\left(\frac{1}{\sqrt{2}}\right)^n\psi_n(x)$,(a)求归一化常数 A.(b)求 $\psi(x,t) = ?$

答:$A = 1/\sqrt{2}$

$$\psi(x,t) = \frac{1}{\sqrt{2}}\sum_{n=0}^{\infty}\left(\frac{1}{\sqrt{2}}\right)^n\psi_n(x)\exp\left[-i\left(n+\frac{1}{2}\right)\omega t\right]$$

3.5　δ　势

3.5.1　δ 势垒(阱)的穿透

如图 3.23,粒子(能量 $E>0$)从左入射,碰到 δ 势垒

$$V(x) = \gamma\delta(x) \qquad (\gamma > 0) \tag{3.5.1}$$

Schrödinger 方程为

$$-\frac{\hbar^2}{2\mu}\frac{d^2}{dx^2}\psi = [E - \gamma\delta(x)]\psi \tag{3.5.2}$$

μ 为粒子质量. $x=0$ 是方程的奇点,在该点 ψ'' 不存在,表现为 ψ' 不连续.

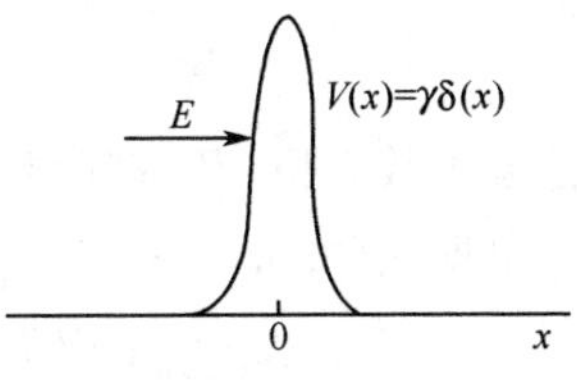

图 3.23　δ 势垒

试对方程(3.5.2)积分 $\int_{-\varepsilon}^{+\varepsilon}dx$,$\varepsilon \to 0^+$,得出

$$\psi'(0^+) - \psi'(0^-) = \frac{2\mu\gamma}{\hbar^2}\psi(0) \tag{3.5.3}$$

即 $\psi'(x)$在 $x=0$ 点一般是不连续的(除非 $\psi(0)=0$). 式(3.5.3)即是 δ 势场中 ψ'的跃变条件,在处理 δ 势场的问题中起着关键作用.

在 $x\neq0$ 区域中,方程(3.5.2)化为

$$\frac{\mathrm{d}^2\psi}{\mathrm{d}x^2} + k^2\psi = 0, \quad k = \sqrt{2\mu E}/\hbar(\text{实}) \tag{3.5.4}$$

它的两个线性独立解可取为 $\psi\sim e^{\pm ikx}$. 考虑到左入射波边条件,本题的解可表示为

$$\psi(x) = \begin{cases} e^{ikx} + Re^{-ikx}, & x<0 \\ Se^{ikx}, & x>0 \end{cases} \tag{3.5.5}$$

其中 e^{ikx} 表示入射波,Re^{-ikx} 表示反射波,Se^{ikx} 表示透射波. 考虑到波函数有一个常数因子不定性,上式中入射波的振幅取为 1,是为了方便,并不影响透射系数和反射系数的计算结果. 根据 $x=0$ 处 ψ 连续条件以及 ψ' 跃变条件(3.5.3)可得出

$$\begin{aligned} 1+R &= S \\ 1-R &= S - \frac{2\mu\gamma S}{\hbar^2 ik} \end{aligned} \tag{3.5.6}$$

消去 R,得

$$S = \frac{1}{1+i\mu\gamma/\hbar^2 k} \tag{3.5.7}$$

从而可求出

$$R = S-1 = -\frac{i\mu\gamma}{\hbar^2 k}\bigg/\left(1+\frac{i\mu\gamma}{\hbar^2 k}\right) \tag{3.5.8}$$

由于入射波的波幅为 1,所以

$$\text{透射系数} = |S|^2 = \frac{1}{1+\mu^2\gamma^2/\hbar^4 k^2} = \frac{1}{1+\mu\gamma^2/2\hbar^2 E} \tag{3.5.9}$$

$$\text{反射系数} = |R|^2 = \frac{\mu\gamma^2}{2\hbar^2 E}\bigg/\left(1+\frac{\mu\gamma^2}{2\hbar^2 E}\right) \tag{3.5.10}$$

可见

$$|S|^2 + |R|^2 = 1 \tag{3.5.11}$$

这是粒子数守恒(几率守恒)的表现.

根据式(3.5.5)和(3.5.6),可以得出

$$\begin{aligned} \psi(0^+) &= S \\ \psi(0^-) &= 1+R = S \\ \psi'(0^+) &= ikS \\ \psi'(0^-) &= ik(1-R) = ikS - \frac{2\mu\gamma}{\hbar^2}S \end{aligned} \tag{3.5.12}$$

注意：虽然在 $x=0$ 点 ψ' 不连续，但粒子流密度

$$j_x = -\frac{\mathrm{i}\hbar}{2\mu}\left(\psi^* \frac{\partial}{\partial x}\psi - \psi\frac{\partial}{\partial x}\psi^*\right) \tag{3.5.13}$$

却是连续的. 事实上

$$j_x(0^+) = \frac{\hbar k}{\mu} \mid S \mid^2 \tag{3.5.14}$$

$$j_x(0^-) = -\frac{\mathrm{i}\hbar}{2\mu}\left[S^*\left(\mathrm{i}kS - \frac{2\mu\gamma}{\hbar^2}S\right) - \mathrm{c.\,c.}\right] = \frac{\hbar k}{\mu}\mid S\mid^2 \tag{3.5.15}$$

这是由于流密度公式中含有互为复共轭的两项，虽然 ψ' 不连续（更确切说，ψ' 的实部不连续），但两项相减就抵消了. 因此，从流密度的连续性并不能得出 ψ' 的连续性①. 关于波函数 $\psi(\boldsymbol{r})$ 及其各阶微商的连续性问题，应该从 Schrödinger 方程出发，根据 $V(\boldsymbol{r})$ 的性质来决定.

应该提到，如 δ 势垒换为 δ 势阱，($\gamma \to -\gamma$)，由式(3.5.9)和(3.5.10)可以看出，透射系数及反射系数都不变. 还可以注意到，δ 势垒（阱）的特征长度为 $\hbar^2/\mu\gamma$，特征能量为 $\mu\gamma^2/\hbar^2$（见附录八，表 A.2）. 透射波幅[见式(3.5.7)]依赖于 $\mu\gamma/\hbar^2 k$，即特征长度与粒子入射波波长之比，或者说透射系数[见式(3.5.9)]依赖于入射粒子能量 E 和 δ 势的特征能量之比. 当 $E \gg \mu\gamma^2/\hbar^2$，则 $|S|^2 \sim 1$，即高能粒子几乎可以完全透过 δ 势垒.

3.5.2 δ 势阱中的束缚态能级

考虑粒子在 δ 势阱中的运动(图 3.24)，

$$V(x) = -\gamma\delta(x) \qquad (\gamma > 0) \tag{3.5.16}$$

$x \neq 0$ 区域，$V(x)=0$，所以 $E>0$ 为游离态，$E<0$ 则可能存在束缚定态. 以下讨论 $E<0$ 情况. 由于 $V(x)$ 具有空间反射不变性，$V(-x)=V(x)$，束缚定态波函数必有确定的宇称. 下面将分别讨论偶宇称态和奇宇称态.

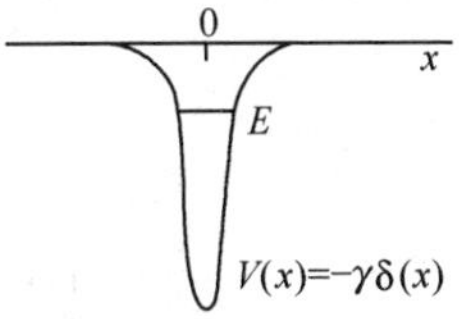

图 3.24 δ 势阱

Schrödinger 方程表示为

$$\frac{\mathrm{d}^2\psi}{\mathrm{d}x^2} + \frac{2\mu}{\hbar^2}[E + \gamma\delta(x)]\psi = 0 \tag{3.5.17}$$

对方程(3.5.17)积分 $\int_{-\varepsilon}^{+\varepsilon}\mathrm{d}x$，$\varepsilon \to 0^+$，可得到 ψ' 的跃变条件

$$\psi'(0^+) - \psi'(0^-) = -\frac{2\mu\gamma}{\hbar^2}\psi(0) \tag{3.5.18}$$

在 $x \neq 0$ 区域，方程(3.5.17)化为

---

① 有些量子力学教科书上对此有不恰当的论述（例如，见 Д. И. Ълохинцев，量子力学原理，附录Ⅷ）.

$$\frac{\mathrm{d}^2\psi}{\mathrm{d}x^2}-\beta^2\psi=0 \tag{3.5.19}$$

$$\beta=\sqrt{-2\mu E}/\hbar \quad (E<0,\beta\text{实})$$

为了满足$|x|\to\infty,\psi\to 0$的束缚态边条件,上式的解只能取

$$\psi(x)\propto \mathrm{e}^{-\beta|x|} \qquad (x\neq 0) \tag{3.5.20}$$

1. 偶宇称态

$$\psi(x)=\begin{cases}C\mathrm{e}^{-\beta x}, & x>0\\ C\mathrm{e}^{\beta x}, & x<0\end{cases} \tag{3.5.21}$$

C为归一化常数. 按ψ'跃变条件(3.5.18),得

$$-2C\beta=-\frac{2\mu\gamma}{\hbar^2}C$$

所以

$$\beta=\mu\gamma/\hbar^2 \tag{3.5.22}$$

因而

$$E=E_0=-\frac{\hbar^2\beta^2}{2\mu}=-\frac{\mu\gamma^2}{2\hbar^2} \tag{3.5.23}$$

这是δ势阱中唯一的束缚能级. 由归一化条件

$$\int_{-\infty}^{+\infty}|\psi(x)|^2\mathrm{d}x=|C|^2/\beta=1 \tag{3.5.24}$$

得$|C|=\sqrt{\beta}$. 不妨取$C=\sqrt{\beta}=1/\sqrt{L}$, $L=1/\beta=\frac{\hbar^2}{\mu\gamma}$是δ势的特征长度,则归一化波函数为实函数

$$\psi(x)=\frac{1}{\sqrt{L}}\mathrm{e}^{-|x|/L} \tag{3.5.25}$$

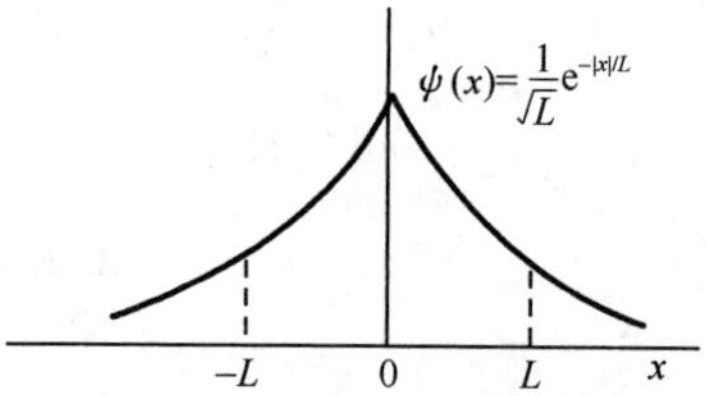

图 3.25 δ势阱的基态波函数

其图形见图 3.25. 不难计算出,在$|x|>L$区域(经典不允许区)中找到粒子的概率为

$$2\int_L^{\infty}|\psi(x)|^2\mathrm{d}x=\mathrm{e}^{-2}=0.1353$$

2. 奇宇称态

$$\psi(x)=\begin{cases}A\mathrm{e}^{-\beta x}, & x>0\\ -A\mathrm{e}^{\beta x}, & x<0\end{cases} \tag{3.5.26}$$

由波函数连续条件,要求奇宇称态$\psi(0)=0$,即$A=0$,所以$\psi=0$(所有区域). 因此不存在奇宇称束缚态. 在物理上这很容易理解,因为δ势阱对于奇宇称态粒子没有有效的作用,粒子运动仍和自由运动相同,没有束缚定态.

思考题　按 3.2.2 节的讨论，说明 δ 势阱只存在一条束缚能级，即其基态能级 E_0.

3.5.3　δ 势与方势的关系，ψ' 的跃变条件

在微观物理学中，当涉及短程作用力时，常采用 δ 势作为它的一种近似. δ 势可以看成方势的一种极限情况. 事实上，所有涉及 δ 势的问题，原则上都可以从方势情况下的解取极限而得以解决. 但直接采用 δ 势来求解，往往要简洁得多. 当然，在方势中表现出的某些特性(例如共振现象)在 δ 势中可能会消失. 对于 δ 势，最突出的特征是粒子波函数的导数是不连续的，尽管流密度仍是连续的. 我们可以从方势出发，在极限情况下推导出 δ 势的 ψ' 的跃变条件.

考虑下列方势垒(图 3.26)

$$V(x) = \begin{cases} V_0, & |x| < \varepsilon \\ 0, & |x| > \varepsilon \end{cases} \tag{3.5.27}$$

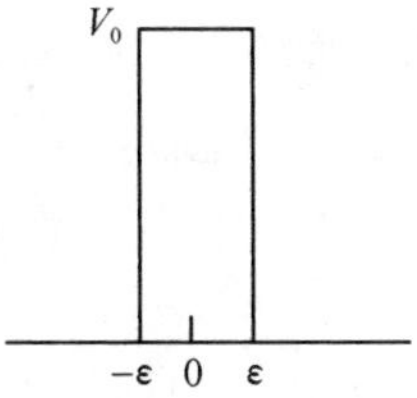

图 3.26

让 $V_0 \to \infty$，$\varepsilon \to 0$，但保持 $2\varepsilon V_0 = \gamma$(常数)，则此方势垒趋于 δ 势垒 $V(x) = \gamma\delta(x)$.

设粒子从左入射，能量 $E < V_0$. 则在势垒内部($|x| < \varepsilon$)，粒子波函数可表示成

$$\psi(x) = A\mathrm{e}^{\kappa x} + B\mathrm{e}^{-\kappa x}, \qquad \kappa = \sqrt{2\mu(V_0 - E)}/\hbar \tag{3.5.28}$$

所以

$$\psi'(x) = \kappa(A\mathrm{e}^{\kappa x} - B\mathrm{e}^{-\kappa x})$$

而

$$\psi'(\varepsilon) = \kappa(A\mathrm{e}^{\kappa\varepsilon} - B\mathrm{e}^{-\kappa\varepsilon})$$

$$\psi'(-\varepsilon) = \kappa(A\mathrm{e}^{-\kappa\varepsilon} - B\mathrm{e}^{\kappa\varepsilon})$$

$$\psi'(\varepsilon) - \psi'(-\varepsilon) = \kappa A(\mathrm{e}^{\kappa\varepsilon} - \mathrm{e}^{-\kappa\varepsilon}) - \kappa B(\mathrm{e}^{-\kappa\varepsilon} - \mathrm{e}^{\kappa\varepsilon}) \tag{3.5.29}$$

让 $\varepsilon \to 0^+$，$V_0 \to \infty$，但保持 $2\varepsilon V_0$ 为常数 γ. 在此情况下，尽管 $\kappa\varepsilon \to \varepsilon\sqrt{2\mu V_0}/\hbar \to 0$，但 $\kappa^2\varepsilon \to 2\mu V_0\varepsilon/\hbar^2 = \mu\gamma/\hbar^2$ 仍取有限值，因此

$$\lim_{\varepsilon\to 0^+}[\psi'(\varepsilon) - \psi'(-\varepsilon)] = \lim_{\varepsilon\to 0^+}[\kappa A(2\kappa\varepsilon) + \kappa B(2\kappa\varepsilon)]$$

$$= \lim_{\varepsilon\to 0^+} 2\kappa^2\varepsilon(A + B) = \frac{2\mu\gamma}{\hbar^2}\psi(0)$$

即

$$\psi'(0^+) - \psi'(0^-) = \frac{2\mu\gamma}{\hbar^2}\psi(0) \tag{3.5.30}$$

此即式(3.5.3)所示 ψ' 的跃变条件.

3.6 束缚能级与散射波幅极点的关系

量子力学许多教材中，对于一维势阱中的束缚态问题（能量本征值问题）和散射问题，往往安排在不同章节中分别按不同的边条件来求解不含时 Schrödinger 方程，较少把两者联系起来. 实际上，两者有极密切的关系.

为便于讨论，不妨取无穷远点($x=\pm\infty$)为势能的零点. 则粒子能量 $E<0$ 时，可能存在束缚能级，而散射态对应于入射粒子 $E>0$ 情况，相应的入射粒子波数 $k=\sqrt{2\mu E}$ 取实数值. 下面分别就两个简单的势阱，先求出其反射和透射波幅（作为入射粒子能量 E 或波数 k 的函数）. 可以发现，如解析延拓到 $E<0$ 能域（或复 k 平面），则束缚能级($E<0$)所在，必为反射和透射波幅的极点所在. 但逆定理不一定成立.

例 1 δ 势阱

考虑质量为 μ 的粒子，以能量 $E>0$ 从左往右射向 δ 势阱

$$V(x)=-\gamma\delta(x)\quad(\gamma>0) \tag{3.6.1}$$

波函数可表示成($k=\sqrt{2\mu E}$)

$$\psi(x)=\begin{cases}e^{ikx}+Re^{-ikx}, & x<0\\ Se^{ikx}, & x>0\end{cases} \tag{3.6.2}$$

这里已任意地取入射波幅为 1，因而入射流密度 $j_i=\hbar k/\mu$，而反射流密度 $j_r=|R|^2\hbar k/\mu$，透射流密度为 $j_t=|S|^2\hbar k/\mu$. 所以反射系数 $|R|^2=j_r/j_i$，而透射系数 $|S|^2=j_t/j_i$.

按与 3.5.1 节类似的方法，可求出透射与反射波幅为（参见(3.5.7)式，$\gamma\to-\gamma$），

$$S=1\bigg/\left(1-\frac{i\mu\gamma}{\hbar^2 k}\right),\quad R=S-1 \tag{3.6.3}$$

把此结果解析延拓到 $E<0$（复 k）能域，可以看出

$$k=i\mu\gamma/\hbar^2 \tag{3.6.4}$$

正是 S 和 $R=S-1$ 的简单极点(simple pole)所在. 在此情况下

$$E=\frac{\hbar^2 k^2}{2\mu}=-\mu\gamma^2/2\hbar^2 \tag{3.6.5}$$

它正是 δ 势阱中唯一的束缚能级[见 3.5.2 节式(3.5.23)]. 所以 δ 势阱中的束缚能级所在，对应于反射或透射波幅的极点 $k=i\mu\gamma/\hbar^2$，此极点在复 k 平面的正虚轴上.

对于 δ 势垒 $V(x)=\gamma\delta(x)$($\gamma>0$)的散射，透射波幅为[见 3.5.1 节式(3.5.7)]

$$S=1/(1+i\mu\gamma/\hbar^2 k) \tag{3.6.6}$$

其极点 $k=-i\mu\gamma/\hbar^2$，在负虚轴上，它并不对应什么束缚能级. 3.5.2 节中已讨论过，对于 δ 势垒，根本不存在束缚能级.

例 2 对称方势阱

对于方势阱（与 3.3 节图 3.14 比较，差别仅在于此处的坐标原点取在势阱的中央）.

$$V(x)=\begin{cases}-V_0, & |x|<a/2\\ 0, & |x|>a/2\end{cases} \tag{3.6.7}$$

设粒子从左入射，粒子能量 $E>0$，则波函数可表示为

$$\psi(x)=\begin{cases}e^{ikx}+Re^{-ikx}, & x<-a/2\\ Ae^{ik'x}+Be^{-ik'x}, & |x|<a/2\\ Se^{ikx}, & x>a/2\end{cases} \tag{3.6.8}$$

$$k=\sqrt{2\mu E}/\hbar, \qquad k'=\sqrt{2\mu(E+V_0)}/\hbar \tag{3.6.9}$$

利用 $x=\pm a/2$ 处 $\psi(x)$ 和 $\psi'(x)$ 连续条件，可定出系数 R、A、B 和 S，其中

$$Se^{ika}=\left[\cos k'a-\frac{i}{2}\left(\frac{k'}{k}+\frac{k}{k'}\right)\sin k'a\right]^{-1} \tag{3.6.10}$$

与 3.3.2 节式(3.3.24)完全相同. 这在物理上是很自然的，因为透射振幅不会因为坐标原点的取法而改变. 从式(3.6.10)可以看出，在复 k 平面上会出现 S 的极点，其位置由下式确定，

$$\cos k'a-\frac{i}{2}\left(\frac{k'}{k}+\frac{k}{k'}\right)\sin k'a=0$$

即

$$\tan k'a=2/i\left(\frac{k'}{k}+\frac{k}{k'}\right) \tag{3.6.11}$$

利用三角函数恒等式 $\tan 2x=2/(\cot x-\tan x)$，可得

$$\cot\left(\frac{k'a}{2}\right)-\tan\left(\frac{k'a}{2}\right)=i\left(\frac{k'}{k}+\frac{k}{k'}\right) \tag{3.6.12}$$

此式有两组解，即

$$\tan\left(\frac{k'a}{2}\right)=-ik/k', \quad 即\ \cot\left(\frac{k'a}{2}\right)=ik'/k$$

$$\cot\left(\frac{k'a}{2}\right)=ik/k', \quad 即\ \tan\left(\frac{k'a}{2}\right)=-ik'/k \tag{3.6.13}$$

或表示成

$$k'\tan\left(\frac{k'a}{2}\right)=-ik$$

$$k'\cot\left(\frac{k'a}{2}\right)=ik \tag{3.6.14}$$

解析延拓到 $E<0$(复 k)区域，令 $k=i\beta$，$\beta=\sqrt{-2\mu E}/\hbar$(实)，则得

$$k'\tan(k'a/2)=\beta$$

$$k'\cot(k'a/2)=-\beta \tag{3.6.15}$$

式中 $k'=\sqrt{2\mu(V_0-E)}/\hbar$. 这结果与 3.2 节的式(3.2.29)和式(3.2.34)相同，只是符号上有点差异，即此处的 k' 相当于 3.3 节中的 k. 如图 3.27 下半部所示.

以上就两个简单的势阱讨论了束缚能级 $E<0$ 与势阱透射和反射波幅在复 k 平面的正虚轴上的极点 $k=i\sqrt{-2\mu E}$ $(E<0)$ 相对应. 对于其他一维势阱的详细讨论，参阅《量子力学专题分析》[①]. 更普遍的散射理论指出[②]：散射波幅在复 k 平面上

---

① 曾谨言,《量子力学专题分析》(下册),高等教育出版社,1999.

② 例如,见 R. G. Newton, *Scattering Theory of Waves and Paiticles* (Mc Graw-Hill, N. Y. 1966); H. M. Nussenzweig, *Causality and Dispersion Relation* (Academic, N. Y. 1972); D. W. L. Sprung and H. Wu, Am. J. Phys. **64**(1996)136.

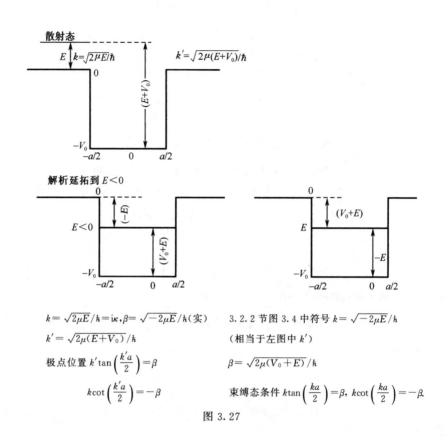

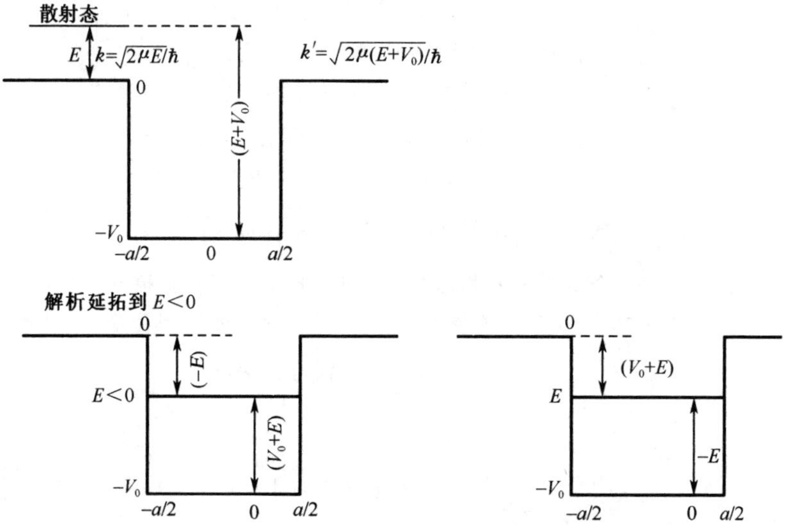

$k=\sqrt{2\mu E}/\hbar=\mathrm{i}\kappa,\beta=\sqrt{-2\mu E}/\hbar$(实)

$k'=\sqrt{2\mu(E+V_0)}/\hbar$

极点位置 $k'\tan\left(\frac{k'a}{2}\right)=\beta$

$k\cot\left(\frac{k'a}{2}\right)=-\beta$

3.2.2 节图 3.4 中符号 $k=\sqrt{-2\mu E}/\hbar$

(相当于左图中 k')

$\beta=\sqrt{2\mu(V_0+E)}/\hbar$

束缚态条件 $k\tan\left(\frac{ka}{2}\right)=\beta$, $k\cot\left(\frac{ka}{2}\right)=-\beta$.

图 3.27

正虚轴上的极点,对应于势阱的束缚能级,而在复 k 平面上的极点,对应于共振态,极点 k 值的虚部决定共振能级的宽度.关于 Coulomb 散射波幅的极点和氢原子能级的关系的讨论,可以参阅 13.5 节.

3.7 线性势,重力场

3.7.1 线性势阱中的束缚能级

考虑质量为 μ 的粒子在下列线性势阱(图 3.28)中运动,

$$V(x)=\begin{cases}\infty, & x<0\\ Fx, & x\geqslant 0\quad (F>0)\end{cases}\tag{3.7.1}$$

Schrödinger 方程为

$$-\frac{\hbar^2}{2\mu}\frac{\mathrm{d}^2}{\mathrm{d}x^2}\psi+Fx\psi=E\psi\quad(x\geqslant 0,E>0)\tag{3.7.2}$$

为求解方便，本节采用自然单位①，相当于令 $\hbar=\mu=F=1$，则方程(3.7.2)化为

$$\frac{\mathrm{d}^2\psi}{\mathrm{d}x^2}+2(E-x)\psi=0 \qquad (x\geqslant 0, E>0) \tag{3.7.3}$$

边条件为

$$\psi(0)=0 \tag{3.7.4}$$

$$\psi(\infty)=0 \quad \text{(束缚态边条件)} \tag{3.7.5}$$

作变量替换，令

$$\xi=2^{1/3}(x-E), \qquad -2^{1/3}E<\xi<\infty \tag{3.7.6}$$

其中 $-2^{1/3}E<\xi\leqslant 0$ 是经典允许区，$\xi>0$ 为经典禁区. 方程(3.7.3)及边条件(3.7.4)和(3.7.5)化为

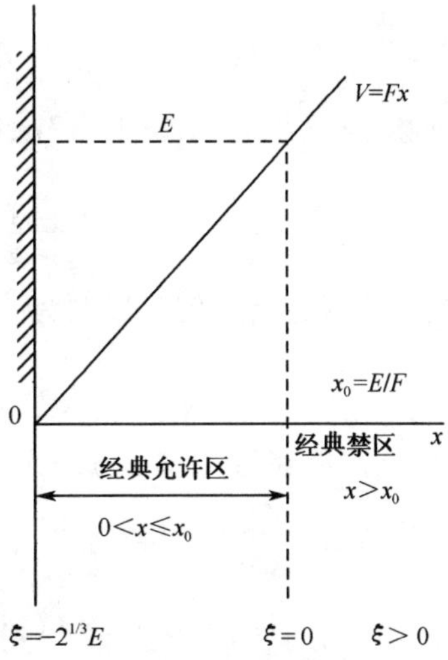

图 3.28 线性势阱

$$\frac{\mathrm{d}^2\psi(\xi)}{\mathrm{d}\xi^2}-\xi\psi=0 \tag{3.7.7}$$

$$\psi(-2^{1/3}E)=0 \tag{3.7.8}$$

$$\psi(\infty)=0 \tag{3.7.9}$$

经典禁区($\xi>0$)

令

$$z=\frac{2}{3}\xi^{3/2}, \qquad \psi=\sqrt{\xi}u \tag{3.7.10}$$

则式(3.7.7)化为变型 Bessel 方程(见附录六)

$$\frac{\mathrm{d}^2u}{\mathrm{d}z^2}+\frac{1}{z}\frac{\mathrm{d}u}{\mathrm{d}z}-\left(1+\frac{(1/3)^2}{z^2}\right)u=0 \tag{3.7.11}$$

它的两个线性无关解常选为 $\mathrm{I}_{1/3}(z)$ 与 $\mathrm{K}_{1/3}(z)$，分别代表第一、二类变型 Bessel 函数. 但由前一解 $\mathrm{I}_{1/3}(z)=\mathrm{I}_{1/3}\left(\frac{2}{3}\xi^{3/2}\right)$ 得出的波函数不满足边条件(3.7.9)，所以只能取后一解，即

$$\psi\propto\sqrt{\xi}\mathrm{K}_{1/3}\left(\frac{2}{3}\xi^{3/2}\right), \quad \xi\geqslant 0 \tag{3.7.12}$$

经典允许区($-2^{1/3}E<\xi\leqslant 0$)

由于 $\xi\leqslant 0$，方程(3.7.7)可化为

---

① 对于线性势，它们分别为(见附录八)

特征长度 $(\hbar^2/\mu F)^{1/3}$， 特征时间 $(\mu\hbar/F^2)^{1/3}$，特征速度 $(\hbar F/\mu^2)^{1/3}$

特征能量 $(\hbar^2F^2/\mu)^{1/3}$，特征动量 $(\mu\hbar F)^{1/3}$

$$\frac{\mathrm{d}^2}{\mathrm{d}|\xi|^2}\psi+|\xi|\psi=0 \tag{3.7.13}$$

作变换 $z=\frac{2}{3}|\xi|^{3/2}$，$\psi=|\xi|^{1/2}u$，则上列方程将化为 1/3 阶的 Bessel 方程

$$\frac{\mathrm{d}^2u}{\mathrm{d}z^2}+\frac{1}{z}\frac{\mathrm{d}u}{\mathrm{d}z}+\left(1-\frac{(1/3)^2}{z^2}\right)u=0 \tag{3.7.14}$$

它的两个线性无关解可以取为

$$\mathrm{J}_{1/3}\left(\frac{2}{3}|\xi|^{3/2}\right),\qquad \mathrm{J}_{-1/3}\left(\frac{2}{3}|\xi|^{3/2}\right)$$

在 $\xi=0$ 点能够与式(3.7.12)光滑地连接起来的解是

$$\sqrt{\xi}\mathrm{K}_{1/3}\left(\frac{2}{3}\xi^{3/2}\right)\Longleftrightarrow\frac{\pi}{\sqrt{3}}\sqrt{|\xi|}\left[\mathrm{J}_{1/3}\left(\frac{2}{3}|\xi|^{3/2}\right)+\mathrm{J}_{-1/3}\left(\frac{2}{3}|\xi|^{3/2}\right)\right]$$

$$(\xi\geqslant 0)\qquad\qquad(\xi\leqslant 0) \tag{3.7.15}$$

上式右边是 $\sqrt{\xi}\mathrm{K}_{1/3}\left(\frac{2}{3}\xi^{3/2}\right)$ 在 $\xi\leqslant 0$ 区域中的解析延拓.

这样，根据边条件式(3.7.8)，$\psi(-2^{1/3}E)=0$，可由下式确定束缚定态的离散能级 $E_n=2^{-1/3}\lambda_n(n=1,2,3,\cdots)$，$\lambda_n$ 是下列方程的根 $\lambda_n(>0)$

$$\mathrm{J}_{1/3}\left(\frac{2}{3}\lambda_n^{3/2}\right)+\mathrm{J}_{-1/3}\left(\frac{2}{3}\lambda_n^{3/2}\right)=0 \tag{3.7.16}$$

查 Bessel 函数表可求出此方程的所有根①，它们是

$$\lambda_1=2.338,\lambda_2=4.088,\lambda_3=5.521,\lambda_4=6.787,\cdots$$

可以看出，线性势阱(3.7.1)中的束缚能级 $E_n=2^{-1/3}\lambda_n$（自然单位）$=\left(\frac{h^2F^2}{2\mu}\right)^{1/3}\lambda_n$ 的分布是不均匀的，即随 n 增大，能级逐渐变密，

$$E_1:E_2:E_3:E_4:\cdots=1:1.749:2.361:2.903:\cdots$$

利用 Bessel 函数的渐近展开式[$\lambda\to\infty$，即 $E\to\infty$，见附录六，式(A6.13)]可得

$$\begin{aligned}&\mathrm{J}_{1/3}\left(\frac{2}{3}\lambda^{3/2}\right)+\mathrm{J}_{-1/3}\left(\frac{2}{3}\lambda^{3/2}\right)\\&\propto\sqrt{\frac{2}{\pi}\cdot\frac{3}{2}\lambda^{-3/2}}\left[\cos\left(\frac{2}{3}\lambda^{3/2}-\frac{5\pi}{12}\right)+\cos\left(\frac{2}{3}\lambda^{3/2}-\frac{\pi}{12}\right)\right]\\&=\sqrt{\frac{3}{\pi}}\lambda^{-3/4}2\cos\left(\frac{2}{3}\lambda^{3/2}-\frac{\pi}{4}\right)\cdot\cos\frac{\pi}{6}\end{aligned}$$

对于 $\lambda\gg 1$，方程(3.7.16)的根由下式给出

$$\cos\left(\frac{2}{3}\lambda^{3/2}-\frac{\pi}{4}\right)=0$$

---

① 例如，M. Abramowitz, I. E. Stegun, *Handbook of Mathematical Functions*, 1965.

即$\dfrac{2}{3}\lambda_n^{3/2}-\dfrac{\pi}{4}=\left(n-\dfrac{1}{2}\right)\pi$，亦即$\lambda_n^{3/2}=\dfrac{3}{2}\left(n-\dfrac{1}{4}\right)\pi$，所以

$$\lambda_n=\left[\frac{3}{2}\left(n-\frac{1}{4}\right)\pi\right]^{2/3}\qquad(\lambda_n,n\gg 1)\tag{3.7.17}$$

而$E_n=2^{-1/3}\lambda_n$(自然单位)，即

$$E_n=\left(\frac{\hbar^2\mu g^2}{2}\right)^{1/3}\left[\frac{3\pi}{2}\left(n-\frac{1}{4}\right)\right]^{2/3}\qquad(n\gg 1)\tag{3.7.18}$$

由于自然单位能量$(\hbar^2\mu g^2)^{1/3}$极其微小，宏观粒子能量E所相应的量子态的$n\gg 1$. 由上式可以看出，在宏观情况下，能量本征值可以视为是连续变化，这是对应原理的体现.

*3.7.2 线性势中的游离态

设有一束电子流自金属表面射出，初始能量为E，射出后，受到均匀电场加速. 电子在电场中的势能$V(x)$为

$$V(x)=-e\mathscr{E}x\tag{3.7.19}$$

电场强度$\mathscr{E}$沿x方向，取表面处的势能为0(图3.29). 不含时Schrödinger方程为

$$\left(-\frac{\hbar^2}{2\mu}\frac{\mathrm{d}^2}{\mathrm{d}x^2}-e\mathscr{E}x\right)\psi=E\psi\qquad(x\geqslant 0,E>0)\tag{3.7.20}$$

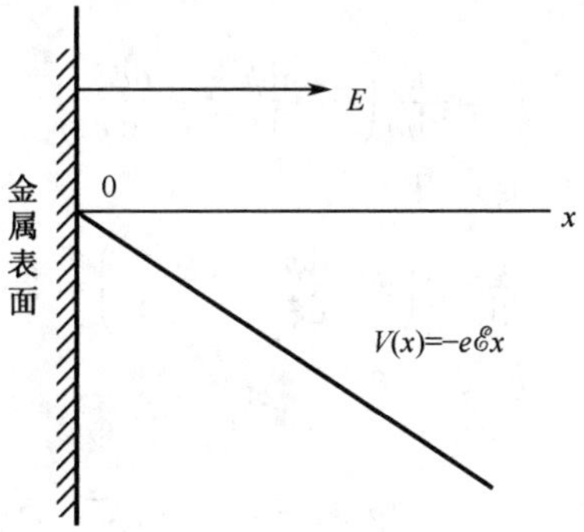

图 3.29

采用自然单位$(\hbar=\mu=e\mathscr{E}=1)$，则

$$\frac{\mathrm{d}^2\psi}{\mathrm{d}x^2}+2(E+x)\psi=0\qquad(x\geqslant 0)\tag{3.7.21}$$

令

$$\xi=2^{1/3}(x+E)\geqslant 0\tag{3.7.22}$$

则

$$\frac{d^2\psi}{d\xi^2} + \xi\psi = 0 \tag{3.7.23}$$

再令

$$z = \frac{2}{3}\xi^{3/2}, \qquad \psi = \sqrt{\xi}u \tag{3.7.24}$$

则

$$\frac{d^2u}{dz^2} + \frac{1}{z}\frac{du}{dz} + \left[1 - \frac{(1/3)^2}{z^2}\right]u = 0 \tag{3.7.25}$$

这正是$\nu=1/3$阶的Bessel方程(见附录六).它的一般解可以用1/3阶的Bessel函数($J_{1/3}$,$N_{1/3}$,$H_{1/3}^{(1)}$,$H_{1/3}^{(2)}$中任何两个的线性叠加)来表达.但本题要求的是沿x正方向传播的行波解,应取为第一类Hankel函数$H_{1/3}^{(1)}(z)$,即

$$\psi(\xi) \propto \xi^{1/2} H_{1/3}^{(1)}\left(\frac{2}{3}\xi^{3/2}\right) \tag{3.7.26}$$

对于宏观现象,$\xi\gg 1$.利用Hankel函数的渐近式[附录六,式(A6.13)]

$$H_{1/3}^{(1)}(z) \propto \sqrt{\frac{2}{\pi z}}\exp\left[i\left(z - \frac{5\pi}{12}\right)\right], \quad |z| \to \infty \tag{3.7.27}$$

可得

$$\psi(\xi) \propto \xi^{-1/4}\exp\left(i\,\frac{2}{3}\xi^{3/2}\right), \qquad \xi \to \infty \tag{3.7.28}$$

(上式中常数因子都略去未记,这对以下讨论无影响).我们试用上列波函数来计算粒子流密度j及粒子密度ρ.

$$j = \frac{\hbar}{2im}\left(\psi^* \frac{d\psi}{dx} - \psi\frac{d\psi^*}{dx}\right)$$

用自然单位(注意$dx = 2^{-1/3}d\xi$),得

$$j = \frac{1}{2i}2^{1/3}\left(\psi^* \frac{d\psi}{d\xi} - \psi\frac{d\psi^*}{d\xi}\right) = 2^{1/3}$$

$$\rho = \psi^*\psi = \xi^{-1/2}$$

因此

$$v = j/\rho = 2^{1/3}\sqrt{\xi} = \sqrt{2(x+E)} \tag{3.7.29}$$

这与经典力学的计算结果完全相同.因按能量守恒定律

$$\frac{1}{2}\mu v^2 - e\mathscr{E}x = E \tag{3.7.30}$$

即

$$v = \sqrt{\frac{2(e\mathscr{E}x + E)}{\mu}} = \sqrt{2(x+E)} \quad (\text{自然单位}) \tag{3.7.31}$$

3.7.3 重力场的离散能级

人们熟知,重力效应只在宏观大尺度空间中表现出来,例如自由落体运动,炮

弹和火箭的运动，行星运动等．与此相反，量子力学效应主要在原子和亚原子的微观领域中被观测到．在微观领域中，电磁作用和强作用占支配作用．在迄今已发现的 4 种基本相互作用中，重力(万有引力)的强度最弱．例如在氢原子中，质子与电子的万有引力作用只不过是它们之间的静电相互作用强度的 10^{-40}，万有引力效应完全被电磁作用所掩盖．所以在原子、分子和原子核结构问题中，完全不必考虑万有引力的影响．基于这样的考虑所进行的量子力学计算，已为无数实验结果所证实．人们有理由相信，Schrödinger 方程和量子力学的其他基本原理对于万有引力场中运动的粒子仍然适用．但很长时间中，这种想法并未得到实验的直接证实．

近期，Nesvizhevsky 等人①把超冷中子束缚在地球的重力场中，首次获得中子离散能级的直接实验证据，证实量子力学也适用于重力场中实物粒子的运动．他们选用超冷中子是基于如下考虑：(a) 中子不带电荷，可以排除电磁作用对重力场的干扰．(b) 在中性实物基本粒子中，中子质量较小，相对说来其 de Broglie 波长较长，较易观测其量子效应．(c) 中子有较长的寿命，便于实验观测．但仅地球重力场本身，还不能形成一个束缚势阱．所以在他们的实验中，还在水平面上($z=0$)放置一块平面反射镜(reflecting mirror)，把中子束缚于 $z\geqslant 0$ 区域中，

$$V(z)=\begin{cases}\infty, & z<0\\ \mu g z, & z\geqslant 0\end{cases} \tag{3.7.32}$$

μ 为中子质量．$V(z)$的形状与图 3.28 相似．Schrödinger 方程为

$$-\frac{\hbar^2}{2\mu}\frac{\mathrm{d}^2}{\mathrm{d}z^2}\psi+(\mu g z-E)\psi=0 \quad (z\geqslant 0, E>0) \tag{3.7.33}$$

取自然单位($\mu=\hbar=g=1$)，则

$$\frac{\mathrm{d}^2\psi}{\mathrm{d}z^2}+2(E-z)\psi=0 \quad (z\geqslant 0, E>0) \tag{3.7.34}$$

与式(3.7.3)形式上完全相同．边条件也与式(3.7.4)、(3.7.5)相同．因此，粒子的束缚能量本征值为(注意 $F=\mu g$)

$$E_n=(\hbar^2\mu g^2/2)^{1/3}\lambda_n, \qquad n=1,2,3,\cdots \tag{3.7.35}$$

对于中子，最低的 4 条束缚能级为(单位 peV$=10^{-12}$eV)

$$E_1=1.41,\quad E_2=2.46,\quad E_3=3.32,\quad E_4=4.08,\cdots$$

相应的能量本征态(无简并)下中子的空间分布几率密度 $|\psi_n(z)|^2$ 如图 3.30 所示．值得提到，1peV 几乎正好相当于在地球引力场中把一个中子的位置提高 10μm 所需的能量．这个宏观尺度的高度对于证实中子在地球引力场中的束缚能级是量子化的实验是很有利的．

在实际实验中，还做不到先提升中子的位置，然后让它下落，以观测它的概率分布随高度 z 的变化．Nesvizhevsky 等的实验中，让一束超冷中子以速度 $v\sim 10$ m/s

① V. V. Nesvizhevsky, *et al.*, Nature **415**(2002)297～299.

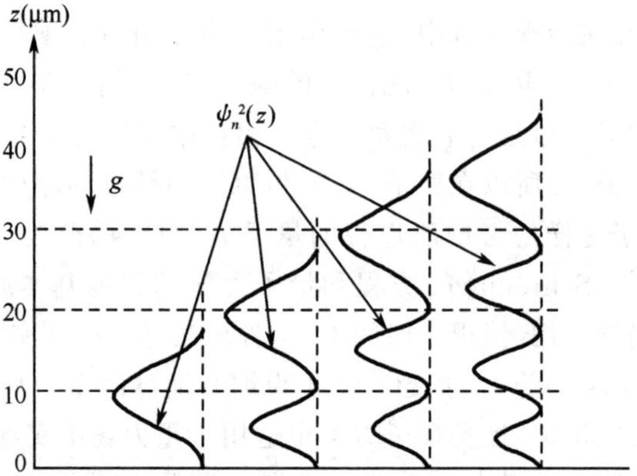

图 3.30　重力势阱[式(3.7.32)]中的中子最低几条能态上的空间位置分布几率密度 $|\psi_n(z)|^2$，$n=1,2,3,4$. 中子限制在水平反射镜($z=0$)之上($z\geqslant 0$)运动. 取自 V. V. Nesvizhevsky, *et al*., Nature **415** (2002), 297.

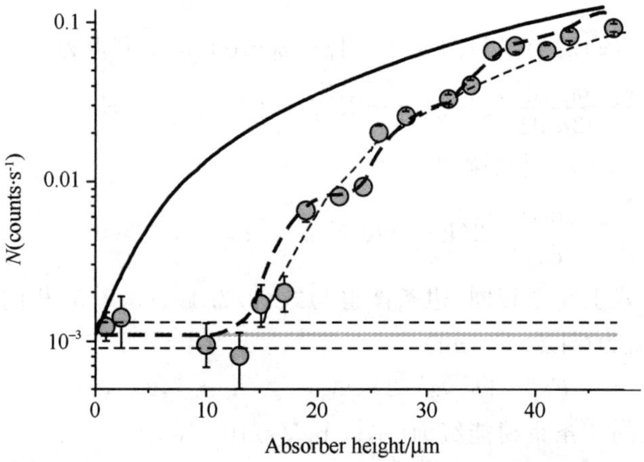

图 3.31　取自 Nesvizhevsky, *et al*., Nature **415**(2002)297.

图中的粗线是按经典力学计算所得结果. 虚线是假定只有最低能级存在的计算结果，而粗分段线是把所有离散能级都考虑进去的量子力学计算结果，圆圈表示实验计数.

沿水平方向射向一个水平放置(位置 $z=0$)的反射镜(reflecting mirror)的上方，反射镜长度为 10cm，中子的运动可以分解为沿垂直方向的运动(受地球引力的影响)和沿水平方向的运动(没有外力作用). 在该实验中，与水平反射镜相平行，在高度为 Δz 处放置了一个中子吸收器(absorber)，Δz 可以自由调节. 能量为 E_1 的中子的经典垂直速度～1.7cm/s，远小于中子水平运动速度. 入射中子在飞越水平反射镜和吸收器之间的空间后，被一个中子检测器(detector)记录下来. 每秒内的中子计数 N 随吸收器位置高度 Δz 而改变.

从图 3.31 可以看出，按经典力学计算(中子沿垂直方向下落能量连续变化)的结果，与实验观测有很大差别. 而计及所有离散能级的量子力学计算结果，则与实验观测相当符合. 只计及中子最低离散能级 E_1 的计算结果则稍差一些. 概括起来，这个实验说明，束缚于地球引力和水平反射镜所构成的势阱(3.7.32)中的中子，在沿垂直方向下落时，能量不是连续变化，而是在离散能级之间跳跃. 更详细的讨论，可参阅 Nesvizhevsky 等人的文章及该文所引文献.

*3.7.4 量子力学与广义相对论的矛盾

A. Einstein 的广义相对论是关于万有引力的相对论性协变理论[①]，它对阐明水星近日点的进动和太阳引力场对星光的弯曲的实验观测结果，取得了很大成功，所以很快得到人们的承认. 在 20 世纪 60 年代，随着中子星，3K 宇宙背境辐射等的发现，广义相对论在宇宙学很多方面得到广泛的应用，诸如中子星的形成和结构，黑洞的理论，引力辐射的探测，大爆炸(Big Bang)宇宙学等[②].

尽管量子力学和广义相对论对说明众多实验现象，分别都取得很大成功，但这些现象分别涉及很不相同尺度的空间和时间领域. 量子力学非常成功地阐明了微观(原子、亚原子)世界的很多实验现象，在此领域中，万有引力的影响(与电磁作用，强作用相比)完全可以忽略. 而广义相对论取得成功的领域只涉及宏观的大尺度空间和时间的物质运动. 但在涉及宇宙学中的大爆炸，即我们所在的宇宙形成的最早期的极短暂的时刻，则涉及量子力学和广义相对论两个方面，它既涉及非常强大的万有引力作用，同时又是微观尺度的时空中发生的事件. 所以有人认为，为了阐明宇宙大爆炸，有必要把广义相对论与量子力学结合起来[③].

量子力学与广义相对论的矛盾，最明显表现在"等效原理"(equivalence principle)，或称"弱等效原理"(weak equivalence principle)，它是广义相对论的重要基石之一. 按照等效原理，在均匀重力场中，所有物体都将以相同的加速度运动(例如在地球表面附近，加速度为 9.8m/s). 著名的 Galileo 的 Pisa 斜塔的自由落体实验，就是为了阐明这一思想. 但等价原理要求：惯性质量(inertial mass)等于重力质量(gravitational mass).

在经典力学中，惯性质量为 m 的粒子的动力学方程为

$$m\ddot{\boldsymbol{r}} = \boldsymbol{F} \tag{3.7.36}$$

设受力为万有引力，$\boldsymbol{F}=-\nabla V$，

---

① A. Einstein, Ann. Physik **49**(1916)769; *The Principle of Relativity*(Dover Publications, 1923).

② 参阅，刘辽，《广义相对论》，高等教育出版社，北京，1987. 俞允强，《广义相对论引论》(第二版)，北京大学出版社，北京，1997.

③ G. Amelino-Camelia, Nature **408**(2000)661～664, Quantum theory's last challenge.

$$V(\boldsymbol{r}) = m\phi(\boldsymbol{r}) \propto m \tag{3.7.37}$$

$\phi(\boldsymbol{r})$为万有引力势，这里已假定粒子的惯性质量与引力质量相同. 这样，在万有引力场中运动的粒子，方程(3.7.36)可改写为

$$\ddot{\boldsymbol{r}} = -\nabla\phi(\boldsymbol{r}) \tag{3.7.38}$$

式中不再出现粒子质量. 这表明，在万有引力场中的粒子，不管其质量如何，都具有相同的加速度. 因此，只要初位置 $\boldsymbol{r}(0)$和初速度 $\boldsymbol{r}\dot{x}(0)=\boldsymbol{v}(0)$相同，则粒子运动轨道 $\boldsymbol{r}(t)$，$\boldsymbol{r}\dot{x}(t)=\boldsymbol{v}(t)$都相同，不因粒子质量不同而异. 它反映粒子在万有引力场中运动的一种严格的整体对称性(global symmetry).

在量子力学中，弱等效原理是否成立？考虑到量子力学中粒子轨道的概念并不适用，如何说明弱等效原理在量子力学中不成立？不妨考虑如下几个简单的问题[①].

(1) 自由粒子 de Broglie 波长为 $\lambda=h/p=h/mv$(非相对论情况)，λ 与粒子质量 m 相关. 因此所有干涉现象都与粒子质量有关.

(2) 氢原子的圆轨道半径 $r_n=n^2a$，n 为主量子数，$a=\hbar^2/me^2$ 为 Bohr 半径，依赖于粒子质量. 设想用 Schrödinger 方程来处理一个质量为 m 的粒子在一个很重的粒子(质量为 M)的万有引力场中的运动，则其圆轨道半径(e^2 代之为 GMm)为 $r_n=n^2\hbar^2/GMm^2$，就依赖于粒子质量.

(3) 不确定度关系. 对于具有最小不确定度的波包，$\Delta x\Delta p=\hbar/2$，即 $\Delta x\cdot\Delta v=\hbar/2m$. 对于不同质量 m 的粒子，如其空间分布 Δx 相同，Δv 就不同，波包的扩散也就不同.

从量子力学最基本的能量本征方程(不含时 Schrödinger 方程)来看，对于重力场 $V=m\phi$ 中的粒子，

$$\left(-\frac{\hbar^2}{2m}\nabla^2 + m\phi\right)\psi_n = E_n\psi_n \tag{3.7.39}$$

可改写成

$$\left[-\frac{1}{2}\left(\frac{\hbar}{m}\right)^2\nabla^2 + \phi\right]\psi_n = \varepsilon_n\psi_n \tag{3.7.40}$$

式中 $\varepsilon_n=E_n/m$. 可以看出，除了量子数 n 之外，ε_n 依赖于参数($\hbar/m$). 所以粒子的能量本征值 $E_n=m\varepsilon_n(\hbar/m)$以及本征函数 $\psi_n(\boldsymbol{r},\hbar/m)$都与粒子质量有关. 而在经典力学中，粒子的能量 $E=\frac{1}{2}mv^2+m\phi=m\left(\frac{1}{2}v^2+\phi\right)$，$E/m$ 则与 m 无关.

目前一般看法认为，在量子力学中弱等效原理并不成立. 但在经典极限下($\hbar\to 0$，或 $\hbar/m\to 0$)，弱等效原理近似成立.

有人认为，尽管量子力学和相对论是 20 世纪物理学的两个划时代的贡献，在各自不同的领域都取得了辉煌的成就，但从基本概念来讲，两者是不协调的.

在很长时期中，人们并未能把量子力学(QM)与广义相对论(GR)融合在一起. 其

---

① 例如，参阅 D. M. Greenberg, Rev. Mod. Phys. **55**(1983)875.

根本的原因在于：GR 是一个纯经典的理论，它把空间-时间(space-time)描述成光滑和连续变化的动力学变量. 它们会影响到各种物理过程，例如，星球的运动. 与此相反，在量子力学中，空间-时间只不过是一个"固定舞台"(fixed arena)，用以描述量子态以及各种可观测量(observables)随时间的演化. 在 GR 领域，可观测量光滑地和决定性地(smoothly and deterministically)演化 ；与之相反，在量子力学中，可观测量的取值可以以量子的形式不连续地变化，观测结果一般是几率性的. 按照 GR，从原则上讲，通过与重力场的作用，一个量子力学体系会影响到空间和时间的演化. 有人认为，在量子力学取得成功的领域，由于质量太小，量子力学体系对于空间-时间的动力学影响是微不足道的. 参阅：G. Amelino-Camelia，Nature **408**(2000)661；**448**(2007)257.

把量子力学与广义相对论协调起来的探索，已有两个比较成熟的理论，即正则量子重力(canonical quantum gravity)理论和超弦理论(superstring theory). 两者的主要区别在于处理数学上的无穷大(mathematical infinities). 无穷大困难也出现在量子电动力学(quantum electrodynamics，QED)中. 在 QED 中，无穷大困难可以通过微扰重正化(perturbative renormalization)技术来消除. 而在重力场的情况，无穷大过于顽固，微扰重正化技术不再适用. 在超弦理论中，如果点粒子(point-like)，例如光子和电子等，可以看成为存在于 10 维空间-时间中的"string-like loop"，则可以采用微扰重正化技术. 这个 10 维包含我们平常观测到的 3 维空间和 1 维时间，而另外 6 个维数在实验上只在极小的尺度上才显现出来. 这些额外的维数以及任何"string-like states"都未曾在实验上观测到. 此外，在用一个"dynamical space-time"代替"fixed space-time arena"的问题上，超弦理论与正则重力理论也有所差别. 在超弦理论中，只是在一个"fixed space-time arena"的基础上，包含了某些动力学变量，以描述 space-time. 而正则量子重力理论，则从一开头就建立在"dynamical space-time"基础上. 但两者都缺乏实验上的证据.

把量子力学与广义相对论协调起来的另一种尝试是把空间-时间本身进行量子化. 例如，把"space-time continuum"代之为"a collection of isolated points". 这是一种全新的观点，涉及粒子运动概念和基础物理的重新改造. 也许在更小的尺度上，才会观察到这些现象. 按照重力常数 G，Planck 常数 $\hbar$，和真空中光速 c 的数值，可计算出 Planck 长度，$l_P=(\hbar G/c^3)^{1/2}=1.62\times10^{-35}$ m. 它远小于粒子物理学中的特征长度，例如，质子的 Compton 波长，$\lambda_P=h/m_Pc=1.32\times10^{-15}$ m. Planck 时间为 $t_P=(\hbar G/c^5)^{1/2}=5.39\times10^{-44}$ s，它远小于现已观测到的"基本粒子"的寿命. Planck 尺度下的能量$\sim10^{19}$ GeV ，它远大于现今粒子物理实验和广义相对论所涉及的现象的能量. 与 Planck 能量相比，现今粒子加速器能够达到的能量约小 16 个量级. 有人认为，在接近 Planck 尺度情况下，重力作用应该进行量子化. Planck 能量也许是基本粒子能够达到的最大能量，正如真空中的光速 c 是速度的最高极限一样. Planck 尺度标志物理学的一个全新的领域. 在这种极小的 Planck 尺度下，连续的"space-time"可能具有丰富的量子结构. 例如，经典 space-time 具有 Lorentz symmetry 这种基本的转动不变性. 粒子物理中还假定：平直 space-time 具有另一种基本的对称性，即 CPT 对称性(charge, parity and time-reversal 的联合对称性)，它把粒子与反粒子的行为联系起来. 迄今，所有实验证据都支持 Lorentz 与 CPT 这两种对称性. 但由于现今实验的低分辨率，无法区分连续的和分立的转盘.（参见前面所引 Amelino-Camelia 2000 年的文献，Fig. 1 与 Box 2).

3.8 周 期 场

我们知道，对于自由粒子，其定态为非束缚态，能量是连续变化的，

$$E = \hbar^2 k^2/2m \qquad (-\infty < k < +\infty)$$

对于一维自由粒子，能级为二重简并. 而一维谐振子场中运动的粒子，定态为束缚态(不简并)，能量是不连续的，

$$E = E_n = \left(n + \frac{1}{2}\right)\hbar\omega_0, \qquad n = 0,1,2,\cdots$$

在方势阱中运动的粒子，束缚态的能量是不连续的，但散射态的能量则是连续的. 本节将研究在周期场中粒子的运动. 虽然它的定态是非束缚态，但其能谱具有新的特征——能带结构，是一种兼具连续谱与分立谱的某些特征的能谱. 能带结构对于定性理解固体的导电性，即为什么固体有导体，半导体和绝缘体之分，是很重要的.

周期场 $V(x)$ 具有如下特征：

$$V(x + na) = V(x), \qquad n = 0, \pm 1, \pm 2, \cdots \tag{3.8.1}$$

即对于坐标平移 a 的整数倍是不变的. 下面先讨论周期场中粒子能量本征函数的特点，然后研究其能谱结构.

3.8.1 Floquet 定理

设粒子的能量本征方程的相应于同一个能量本征值 E 的两个线性无关解为 $u_1(x)$ 及 $u_2(x)$，彼此正交归一. 考虑到周期场的特性，$u_1(x+a)$ 及 $u_2(x+a)$ 也是粒子的能量本征函数对应能量仍为 E①. 因此它们都可以表示成 $u_1(x)$ 及 $u_2(x)$ 的线性叠加，即

---

① 设 $\left[-\frac{\hbar^2}{2m}\frac{\mathrm{d}^2}{\mathrm{d}x^2}+V(x)\right]u(x)=Eu(x)$，$u(x)$ 是能量本征态. 但能量本征值 E 不因所取坐标系而异. 设有另一坐标系，$x'=x+a$. 在新坐标系中，能量本征方程为

$$\left[-\frac{\hbar^2}{2m}\frac{\mathrm{d}^2}{\mathrm{d}x'^2}+V(x')\right]u(x')=Eu(x')$$

考虑到

$$\mathrm{d}x'=\mathrm{d}x, \qquad V(x')=V(x+a)=V(x)$$

所以

$$\left[-\frac{\hbar^2}{2m}\frac{\mathrm{d}^2}{\mathrm{d}x^2}+V(x)\right]u(x+a)=Eu(x+a)$$

即 $u(x+a)$ 也是能量本征态，本征值仍为 E.

$$u_1(x+a) = C_{11}u_1(x) + C_{12}u_2(x)$$
$$u_2(x+a) = C_{21}u_1(x) + C_{22}u_2(x) \tag{3.8.2}$$

下面证明，$u_1(x)$和 $u_2(x)$进行适当的线性叠加后，总可以找到两个解，ψ_1 及 ψ_2，具有下列简单特性：

$$\psi(x+a) = \lambda\psi(x) \qquad (\lambda\ 常数) \tag{3.8.3}$$

证明

构造下列叠加态

$$\psi(x) = Au_1(x) + Bu_2(x) \tag{3.8.4}$$

其中 A、B 待定，使 $\psi(x)$能满足式(3.8.3). 这是否可能呢？把式(3.8.4)代入式(3.8.3)，利用式(3.8.2)，得

$$\begin{aligned}\psi(x+a) &= (AC_{11}+BC_{21})u_1(x) + (AC_{12}+BC_{22})u_2(x)\\ &= \lambda[Au_1(x)+Bu_2(x)]\end{aligned}$$

然后利用 $u_1(x)$及 $u_2(x)$的正交归一性，可得

$$\begin{cases}AC_{11}+BC_{21} = \lambda A\\ AC_{12}+BC_{22} = \lambda B\end{cases} \tag{3.8.5}$$

这是 A、B 的线性齐次方程组，它们有非平庸解的充要条件为

$$\begin{vmatrix} C_{11}-\lambda & C_{21}\\ C_{12} & C_{22}-\lambda\end{vmatrix} = 0 \tag{3.8.6}$$

这是λ的二次方程，总能找出它的两个根，λ_1 与 λ_2. 分别用λ_1 及λ_2 代入式(3.8.5)，可求出 A、B 的两组解，并将它们代入式(3.8.4)，即求得相应的两个波函数 $\psi_1(x)$及 $\psi_2(x)$，它们是满足式(3.8.3)的. 定理证毕.

推论

(1) 式(3.8.3)显然可推广如下：

$$\psi(x+na) = \lambda^n\psi(x), \qquad n = 0, \pm 1, \pm 2, \cdots \tag{3.8.7}$$

根据式(3.8.7)，若$|\lambda|>1$，则当 $n\to\infty$时，$|\psi(x+na)|\to\infty$，即在无穷远处，ψ是无界的，因此，$|\lambda|>1$ 是不允许的. 与此相似，利用

$$\psi(x-na) = \frac{1}{\lambda^n}\psi(x)$$

若$|\lambda|<1$，则 $n\to\infty$时，$|\psi(x-na)|\to\infty$，也是无界的，所以，$|\lambda|<1$ 也是不允许的. 因此，式(3.8.3)中的λ 只能是模为 1 的相因子，

$$|\lambda| = 1 \tag{3.8.8}$$

(2) 按照 3.1 节定理 5，对于一维运动，属于同一个能量本征值的两个本征函数 ψ_1 与 ψ_2，总是满足下列条件：

$$\psi_1\psi_2' - \psi_2\psi_1' = 常数(与\ x\ 无关) \tag{3.8.9}$$

即

$$D(x) \equiv \begin{vmatrix} \psi_1(x) & \psi_2(x) \\ \psi_1'(x) & \psi_2'(x) \end{vmatrix} = \text{常数(与 } x \text{ 无关)}$$

再根据式(3.8.3),可得 $D(x+a)=\lambda_1\lambda_2 D(x)$,所以

$$\lambda_1\lambda_2 = 1 \tag{3.8.10}$$

联合式(3.8.8)与(3.8.10),可知

$$\lambda_2 = \lambda_1^*$$

所以不妨取

$$\lambda_1 = e^{iKa}, \quad \lambda_2 = e^{-iKa} \qquad (K\text{ 实}) \tag{3.8.11}$$

考虑到复指数函数的周期性(周期为 2π),不妨把 Ka 限制在下列范围中:

$$-\pi \leqslant Ka \leqslant \pi, \quad \text{即} -\frac{\pi}{a} \leqslant K \leqslant \frac{\pi}{a} \tag{3.8.12}$$

3.8.2 Bloch 定理

利用 Floquet 定理,对于周期场(3.8.1)中的粒子的能量本征函数 $\psi(x)$,总可以做到使 $\psi(x+a)$与 $\psi(x)$只差一个模为 1 的相因子,即令

$$\psi(x) = e^{iKx}\Phi_K(x) \tag{3.8.13}$$

而 $\Phi_K(x)$为周期函数,周期与周期场相同,

$$\Phi_K(x+a) = \Phi_K(x) \tag{3.8.14}$$

其中 K(实数)待定,称为 Bloch 波数. 此即 Bloch 定理. 这种类型的周期波函数称为 Bloch 波函数.

证明

利用 Floquet 定理,

$$\psi(x+a) = e^{iKa}\psi(x) \qquad (K\text{ 实}) \tag{3.8.15}$$

按式(3.8.13),则式(3.8.15)的

$$\text{左边} = e^{iK(x+a)}\Phi_K(x+a) = e^{iKa}e^{iKx}\Phi_K(x+a)$$

$$\text{右边} = e^{iKa}e^{iKx}\Phi_K(x)$$

因此

$$\Phi_K(x+a) = \Phi_K(x)$$

3.8.3 能带结构与物质导电性[①]

下面证明周期场(周期为 a)中粒子的能量本征值呈现能带结构. 设在 $0 \leqslant x \leqslant a$ 区域中

$$\psi(x) = Au_1(x) + Bu_2(x) \tag{3.8.16}$$

$u_1(x)$与 $u_2(x)$是在 $0 \leqslant x \leqslant a$ 区域中 Schrödinger 方程的属于某能量本征值的任意

① S. Flügge, *Practical Quantum Mechanics*, (Springer-Verlag, 1974).

两个线性无关解. 按 Bloch 定理,在 $a\leqslant x\leqslant 2a$ 区域中的波函数可表示为

$$\begin{aligned}\psi(x) &= e^{iKa}\psi(x-a)\\ &= e^{iKa}[Au_1(x-a)+Bu_2(x-a)]\end{aligned} \tag{3.8.17}$$

由式(3.8.16)、(3.8.17)及在 $x=a$ 处 ψ 与 ψ' 的连续性,可得出

$$\begin{cases} Au_1(a)+Bu_2(a) = e^{iKa}[Au_1(0)+Bu_2(0)] \\ Au_1'(a)+Bu_2'(a) = e^{iKa}[Au_1'(0)+Bu_2'(0)] \end{cases} \tag{3.8.18}$$

上式是 A、B 的线性齐次方程,A、B 有非平庸解的充要条件为

$$\begin{vmatrix} u_1(a)-e^{iKa}u_1(0) & u_2(a)-e^{iKa}u_2(0) \\ u_1'(a)-e^{iKa}u_1'(0) & u_2'(a)-e^{iKa}u_2'(0) \end{vmatrix} = 0 \tag{3.8.19}$$

利用 3.1 节,定理 5,$u_1u_2'-u_2u_1'=$常数,经过计算,上式可以化简为

$$\frac{U_1-U_2}{2(u_1u_2'-u_2u_1')} = \cos Ka \tag{3.8.20}$$

其中

$$U_1 = u_1(0)u_2'(a)+u_1(a)u_2'(0)$$
$$U_2 = u_2(0)u_1'(a)+u_2(a)u_1'(0)$$

这个式子是对粒子能量本征值的一个限制. 由于 $|\cos Ka|\leqslant 1$,只有一定范围中的能量值才是允许的,另外一些能量值则不允许. 这样就构成所谓"能带结构". 允许的能量范围,称为导带(conducting band). 不允许的范围,称为禁戒带(forbidden band). 它们的交界处在 $\cos Ka=\pm 1$ 点,即 $Ka=n\pi$,$n=1,2,3,\cdots$.

例 考虑下列周期方势场(周期 $a+b$)中粒子(图 3.32),

$$V[x+n(a+b)] = V(x) \tag{3.8.21}$$

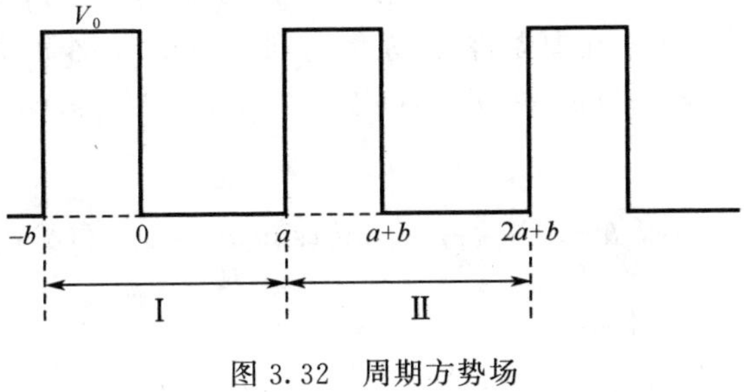

图 3.32 周期方势场

(1) 先考虑 $E>V_0$ 情况.

在区域 I 中($-b<x<a$),波函数可写成

$$\psi(x) = \begin{cases} Ae^{ikx}+Be^{-ikx}, & 0<x<a \\ Ce^{ik'x}+De^{-ik'x}, & -b<x<0 \end{cases} \tag{3.8.22}$$

其中

$$k = \sqrt{2mE}/\hbar, \qquad k' = \sqrt{2m(E-V_0)}/\hbar$$

利用 $x=0$ 处 ψ 及 ψ' 连续的条件，可得

$$C+D=A+B$$

$$C-D=\frac{k}{k'}(A-B)$$

从而可得

$$C=\frac{1}{2}\left[\left(1+\frac{k}{k'}\right)A+\left(1-\frac{k}{k'}\right)B\right]$$

$$D=\frac{1}{2}\left[\left(1-\frac{k}{k'}\right)A+\left(1+\frac{k}{k'}\right)B\right] \tag{3.8.23}$$

按照 Bloch 定理，区域Ⅱ中的波函数 $\psi(x)$，$a<x<2a+b$，与区域Ⅰ中的波函数 $\psi(x-a-b)$，$-b<(x-a-b)<a$，有下列关系[见式(3.8.15)]：

$$\psi(x)=\mathrm{e}^{\mathrm{i}K(a+b)}\psi(x-a-b) \tag{3.8.24}$$

在区域Ⅰ和Ⅱ交界处($x=a$)，ψ 及 ψ' 必须连续，得

$$A\mathrm{e}^{\mathrm{i}ka}+B\mathrm{e}^{-\mathrm{i}ka}=\mathrm{e}^{\mathrm{i}K(a+b)}\psi(-b)=\mathrm{e}^{\mathrm{i}K(a+b)}(C\mathrm{e}^{-\mathrm{i}k'b}+D\mathrm{e}^{\mathrm{i}k'b}) \tag{3.8.25}$$

$$k(A\mathrm{e}^{\mathrm{i}ka}-B\mathrm{e}^{-\mathrm{i}ka})=k'\mathrm{e}^{\mathrm{i}K(a+b)}(C\mathrm{e}^{-\mathrm{i}k'b}-D\mathrm{e}^{\mathrm{i}k'b}) \tag{3.8.26}$$

式(3.8.23)代入式(3.8.25)、(3.8.26)，得到 A、B 满足的齐次方程为

$$\left\{\mathrm{e}^{\mathrm{i}ka}-\frac{1}{2}\mathrm{e}^{\mathrm{i}K(a+b)}\left[\left(1+\frac{k}{k'}\right)\mathrm{e}^{-\mathrm{i}k'b}+\left(1-\frac{k}{k'}\right)\mathrm{e}^{\mathrm{i}k'b}\right]\right\}A$$
$$+\left\{\mathrm{e}^{-\mathrm{i}ka}-\frac{1}{2}\mathrm{e}^{\mathrm{i}K(a+b)}\left[\left(1-\frac{k}{k'}\right)\mathrm{e}^{-\mathrm{i}k'b}+\left(1+\frac{k}{k'}\right)\mathrm{e}^{\mathrm{i}k'b}\right]\right\}B=0$$

$$\left\{\mathrm{e}^{\mathrm{i}ka}-\frac{1}{2}\mathrm{e}^{\mathrm{i}K(a+b)}\left[\left(1+\frac{k'}{k}\right)\mathrm{e}^{-\mathrm{i}k'b}+\left(1-\frac{k}{k'}\right)\mathrm{e}^{\mathrm{i}k'b}\right]\right\}A$$
$$-\left\{\mathrm{e}^{-\mathrm{i}ka}+\frac{1}{2}\mathrm{e}^{\mathrm{i}K(a+b)}\left[\left(\frac{k}{k'}-1\right)\mathrm{e}^{-\mathrm{i}k'b}-\left(\frac{k}{k'}+1\right)\mathrm{e}^{\mathrm{i}k'b}\right]\right\}B=0$$

此齐次方程有非平庸解的充要条件为：系数行列式为0．经化简，得

$$(k+k')^2\cos(k'b+ka)-(k-k')^2\cos(k'b-ka)=4kk'\cos k(a+b) \tag{3.8.27}$$

继续化简，得

$$\cos ka\cos k'b-\frac{(k^2+k'^2)}{2kk'}\sin ka\sin k'b=\cos K(a+b) \tag{3.8.28}$$

所以只有当

$$\left|\cos ka\cos k'b-\frac{(k^2+k'^2)}{2kk'}\sin ka\sin k'b\right|\leqslant 1 \tag{3.8.29}$$

时才有解，这就是对粒子能量本征值的一个限制．

(2) 对于 $E<V_0$ 情况．

只需把

$$k'\to\mathrm{i}\kappa,\quad \kappa=\sqrt{2m(V_0-E)}/\hbar$$

利用

$$\cos(\mathrm{i}\kappa b)=\mathrm{ch}\kappa b,\quad \sin(\mathrm{i}\kappa b),=\mathrm{i}\ \mathrm{sh}\kappa b$$

式(3.8.28)可化为

$$\cos ka\ \operatorname{ch}\kappa b - \frac{k^2 - \kappa^2}{2k\kappa}\sin ka\ \operatorname{sh}\kappa b = \cos K(a+b) \tag{3.8.30}$$

相当于式(3.8.29),有

$$\left|\cos ka\ \operatorname{ch}\kappa b - \frac{k^2 - \kappa^2}{2k\kappa}\sin ka\ \operatorname{sh}\kappa b\right| \leqslant 1 \tag{3.8.31}$$

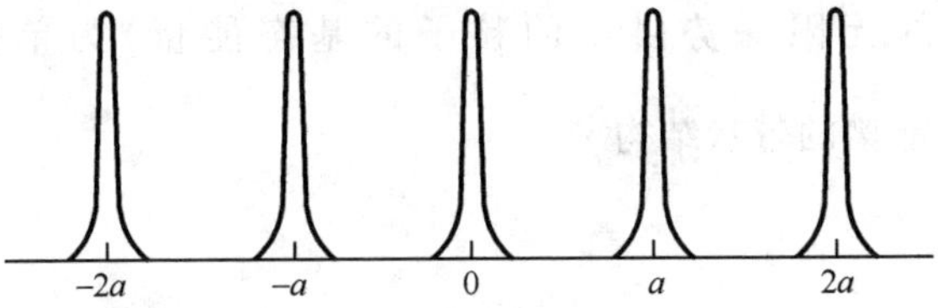

图 3.33　Dirac 梳

特例　Dirac 梳

图 3.32 中,让 $b\to 0$,$V_0\to\infty$,但保持 bV_0 为常数 γ

$$bV_0 = \gamma \tag{3.8.32}$$

则趋于下列 Dirac 梳(见图 3.33),

$$V(x) = \gamma\sum_{n=-\infty}^{+\infty}\delta(x+na) \tag{3.8.33}$$

为方便,令

$$\gamma = bV_0 = \Omega\hbar^2/m$$

即

$$mV_0 = \hbar^2\Omega/b \tag{3.8.34}$$

Ω 量纲为[长度]$^{-1}$. 让 γ 保持为常数,$b\to 0(V_0\to\infty)$,则 $\kappa=\sqrt{2m(V_0-E)}/\hbar\approx\sqrt{2mV_0}/\hbar=\sqrt{2\Omega/b}$,而 $\operatorname{ch}\kappa b\to 1$,$\operatorname{sh}\kappa b\to\kappa b$. 此外,$k^2\ll\kappa^2$,于是条件(3.8.30)化为

$$\cos ka + \frac{\Omega}{k}\sin ka = \cos Ka \tag{3.8.35}$$

而式(3.8.31)化为

$$\left|\cos ka + \frac{\Omega}{k}\sin ka\right| \leqslant 1 \tag{3.8.36}$$

式中 $k=\sqrt{2mE}/\hbar$. 上式即粒子在 Dirac 梳这种周期场中的能量本征值 E 所受到的限制. 令 $\Omega/k=\tan\theta$,则

$$\cos\theta = \frac{1}{\sqrt{1+\Omega^2/k^2}}$$

$$\cos ka + \frac{\Omega}{k}\sin ka = \frac{1}{\cos\theta}\cos(ka-\theta) = \sqrt{1+\Omega^2/k^2}\cos\left[ka - \tan^{-1}\left(\frac{\Omega}{k}\right)\right]$$

式(3.8.36)可改写成

$$\left|\cos\left[ka-\arctan\left(\frac{\Omega}{k}\right)\right]\right|\leqslant\frac{1}{\sqrt{1+\Omega^2/k^2}} \tag{3.8.37}$$

用图解法容易求出 ka 允许值的近似范围. 图 3.34 给出 $\Omega a=4$ 的情况下的计算结果. ka 允许区在横轴上用粗线标志出，每个允许区的上界为 $ka=n\pi=Ka, n=1,2,3,\cdots$.

在求得 ka 允许值的范围后，能量 $E=\frac{\hbar^2}{2ma^2}(ka)^2$ 的允许范围即可求出. 若以 $\frac{\pi^2\hbar^2}{2ma^2}$（宽度为 a 的无限深势阱中的粒子的基态能量）为单位，则 $E=(ka/\pi)^2$. 图 3.35 给出能谱的带状结构.

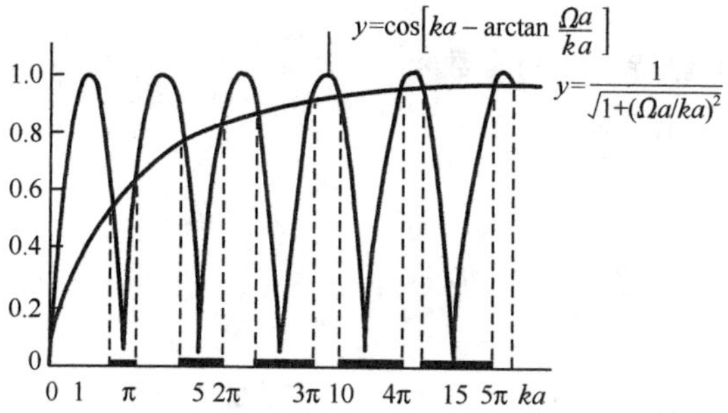

图 3.34 Dirac 梳的能带(取自 S. Flügge, *Practical Quantum Mackarrics*, (Springer-Verlag, 1974).

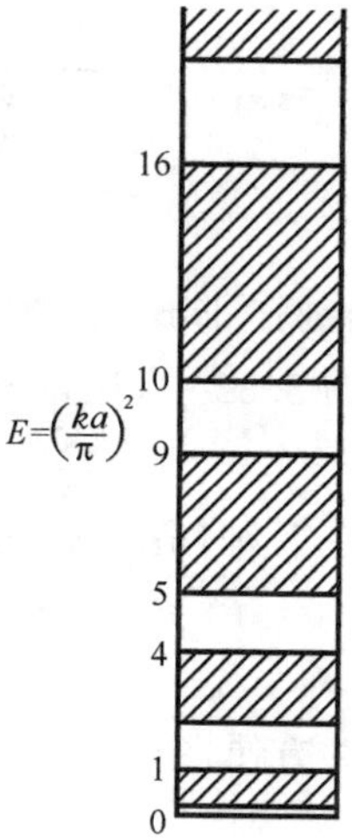

图 3.35 Dirac 梳的能谱带结构(画斜线部分是导带)

3.9 动量表象

在前面各节中求解 Schrödinger 方程时，都采用了坐标表象. 坐标表象的优点是：(1)根据物理问题的要求容易写出波函数满足的边条件，例如区分束缚态与散射态，根据粒子入射方向写出入射波、透射波和反射波等. (2)在坐标表象中一些常用的势是定域的，表述起来比较简单，例如方势、线性势、谐振子势、δ 势、Coulomb 势等. (3)易于讨论量子力学与经典力学的关系. 例如描述与经典粒子轨道运动相应的波包的运动，就需采用坐标表象. 所以在大多数情况下，人们还是习惯采用坐标表象来求解 Schrödinger 方程.

但应指出，动量表象常常也用来处理各种问题. 有的问题，例如谐振子，动量表象和坐标表象中 Schrödinger 方程，形式上相同，求解也很相似. 有的问题例如线性势，采用动量表象来求解，也相当简单. 对于一维 Coulomb 势，情况也类似. 而对于有一类势，例如固态物理中电子的有效势(effective potential)，往往采用依赖于动量的势$V(p)$，它不是坐标空间中的局域势，则以采用动量表象为宜. 对于像 δ 势一类的定域势，虽也可以用动量表象来求解，但求解就麻烦一些. 而对于方势，用动量表象来处理就相当麻烦了. 所以对不同问题，应作具体分析，以采取合适的表象.

在坐标空间中局域势 $V(x)$中粒子的 Schrödinger 方程为

$$\left[-\frac{\hbar^2}{2\mu}\frac{\mathrm{d}^2}{\mathrm{d}x^2}+V(x)\right]\psi(x)=E\psi(x) \tag{3.9.1}$$

在动量表象中的 Schrödinger 方程可如下求出. $\psi(x)$作变换，

$$\psi(x)=\frac{1}{\sqrt{2\pi\hbar}}\int_{-\infty}^{+\infty}\varphi(p')\mathrm{e}^{\mathrm{i}p'x/\hbar}\mathrm{d}p' \tag{3.9.2}$$

代入式(3.9.1)，得

$$\frac{1}{\sqrt{2\pi\hbar}}\int_{-\infty}^{+\infty}\mathrm{d}p'\left[\frac{p'^2}{2\mu}+V(x)\right]\varphi(p')\mathrm{e}^{\mathrm{i}p'x/\hbar}=\frac{E}{\sqrt{2\pi\hbar}}\int_{-\infty}^{+\infty}\mathrm{d}p'\varphi(p')\mathrm{e}^{\mathrm{i}p'x/\hbar}$$

两边乘以 $\mathrm{e}^{-\mathrm{i}px/\hbar}$，对 x 积分，利用

$$\int_{-\infty}^{+\infty}\mathrm{d}x\mathrm{e}^{-\mathrm{i}(p-p')x/\hbar}=2\pi\hbar\delta(p-p') \tag{3.9.3}$$

可得出

$$\frac{p^2}{2\mu}\varphi(p)+\int_{-\infty}^{+\infty}V_{pp'}\varphi(p')\mathrm{d}p'=E\varphi(p) \tag{3.9.4}$$

此即动量表象中的 Schrödinger 方程，式中

$$V_{pp'}=\frac{1}{\sqrt{2\pi\hbar}}\int_{-\infty}^{+\infty}V(x)\mathrm{e}^{-\mathrm{i}(p-p)'x/\hbar}\mathrm{d}x \tag{3.9.5}$$

如 $V(x)$可以表示成 x 的正幂级数，

$$V(x)=\sum_{n=0}^{\infty}C_nx^n \tag{3.9.6}$$

考虑到

$$x\mathrm{e}^{-\mathrm{i}(p-p')x/\hbar}=\mathrm{i}\hbar\frac{\partial}{\partial p}\mathrm{e}^{-\mathrm{i}(p-p')x/\hbar} \tag{3.9.7}$$

式(3.9.5)可化为

$$\begin{aligned}V_{pp'}&=\sum_{n=0}^{\infty}C_n\left(\mathrm{i}\hbar\frac{\partial}{\partial p}\right)^n\frac{1}{2\pi\hbar}\int_{-\infty}^{+\infty}\mathrm{e}^{-\mathrm{i}(p-p')x/\hbar}\mathrm{d}x\\&=\sum_{n=0}^{\infty}C_n\left(\mathrm{i}\hbar\frac{\partial}{\partial p}\right)^n\delta(p-p')\\&=V(\hat{x})\delta(p-p')\end{aligned} \tag{3.9.8}$$

式中

$$\hat{x}=\mathrm{i}\hbar\frac{\partial}{\partial p} \tag{3.9.9}$$

式(3.9.8)代入式(3.9.4),可得出 Schrödinger 方程在动量表象中的另一个表示式

$$\left[\frac{p^2}{2\mu}+V\left(\mathrm{i}\hbar\frac{\partial}{\partial p}\right)\right]\varphi(p)=E\varphi(p) \tag{3.9.10}$$

例如,对于线性势 $V(x)=Fx$,上式给出

$$\left(\frac{p^2}{2\mu}+\mathrm{i}\hbar F\frac{\mathrm{d}}{\mathrm{d}p}\right)\varphi(p)=E\varphi(p) \tag{3.9.11}$$

对于谐振子 $V(x)=\frac{1}{2}\mu\omega^2x^2$,式(3.9.10)给出

$$\left(\frac{p^2}{2\mu}+\frac{1}{2}\mu\hbar^2\omega^2\frac{\mathrm{d}^2}{\mathrm{d}p^2}\right)\varphi(p)=E\varphi(p) \tag{3.9.12}$$

下面分别就几种常用势进行讨论.

例 1 谐振子

与坐标表象中动量算符 $\hat{p}=-\mathrm{i}\hbar\frac{\partial}{\partial x}$相似,在动量表象中坐标算符表示成 $\hat{x}=\mathrm{i}\hbar\frac{\partial}{\partial p}$. 对于谐振子(采用自然单位,$\hbar=m=\omega=1$),Hamilton 量可表示成

$$H=-\frac{1}{2}\frac{\partial^2}{\partial x^2}+\frac{1}{2}x^2 \quad \text{(坐标表象)} \tag{3.9.13}$$

$$H=\frac{1}{2}p^2-\frac{1}{2}\frac{\partial^2}{\partial p^2} \quad \text{(动量表象)} \tag{3.9.14}$$

两者在形式上很相似. 在动量表象中的求解(波函数的形式等)都与坐标表象中相似(见 3.4 节). 例如基态波函数,都是 Gauss 型波包. 此处不必再详细讨论.

例 2 线性势

在动量表象中,线性势[见 3.7 节式(3.7.1)]中粒子的 Schrödinger 方程表示为

$$\frac{p^2}{2\mu}\varphi(p)+\mathrm{i}\hbar F\frac{\mathrm{d}}{\mathrm{d}p}\varphi(p)=E\varphi(p) \tag{3.9.15}$$

$\varphi(p)$是动量表象中的波函数. 上式是极简单的一阶微分方程,其解为

$$\varphi(p)=A\exp\left[\frac{\mathrm{i}}{\hbar F}\left(\frac{p^3}{6\mu}-Ep\right)\right] \tag{3.9.16}$$

A 为归一化常数. 在坐标表象中,波函数表示为

$$\begin{aligned}\psi(x)&=\frac{1}{\sqrt{2\pi\hbar}}\int_{-\infty}^{+\infty}\varphi(p)\mathrm{e}^{\mathrm{i}px/\hbar}\mathrm{d}p\\&=\frac{A}{\sqrt{2\pi\hbar}}\int_{-\infty}^{+\infty}\mathrm{d}p\exp\frac{\mathrm{i}}{\hbar}\left[\frac{p^3}{6\mu F}+\left(x-\frac{E}{F}\right)p\right]\\&=\frac{2A}{\sqrt{2\pi\hbar}}\int_0^{\infty}\cos\left[\frac{p^3}{6\hbar\mu F}+\frac{p}{\hbar}\left(x-\frac{E}{F}\right)\right]\mathrm{d}p\\&=\frac{A'}{\sqrt{\pi}}\int_0^{\infty}\cos\left(\frac{u^3}{3}+u\xi\right)\mathrm{d}u\end{aligned} \tag{3.9.17}$$

其中

$$u = p(2\hbar\mu F)^{-1/3} \tag{3.9.18}$$

$$\xi = \left(x - \frac{E}{F}\right)\left(\frac{2\mu F}{\hbar^2}\right)^{1/3} \tag{3.9.19}$$

A'为另一归一化常数. 式(3.9.17)右边,除归一化常数 A'外,正是以 ξ 为变量的 Airy 函数,$\mathrm{Ai}(\xi)$. ①

在 $\xi>0$ 区域(经典禁区),Airy 函数表现为第二类变型 Bessel 函数(见附录六)

$$\mathrm{Ai}(\xi) = \sqrt{\xi}\mathrm{K}_{1/3}\left(\frac{2}{3}\xi^{3/2}\right) \xrightarrow{\xi\to\infty} \sqrt{\xi}\left(\frac{3\pi}{4\xi^{3/2}}\right)^{1/2}\exp\left(-\frac{2}{3}\xi^{3/2}\right) \tag{3.9.20}$$

在 $\xi<0$ 区域(经典允许区),

$$\mathrm{Ai}(\xi) = \sqrt{|\xi|}\left[\mathrm{J}_{1/3}\left(\frac{2}{3}|\xi|^{3/2}\right) + \mathrm{J}_{-1/3}\left(\frac{2}{3}|\xi|^{3/2}\right)\right] \tag{3.9.21}$$

由边条件 $\psi(x=0)=0$,可得出确定能量本征值的条件

$$\mathrm{J}_{1/3}\left(\frac{2}{3}\lambda^{3/2}\right) + \mathrm{J}_{-1/3}\left(\frac{2}{3}\lambda^{3/2}\right) = 0 \tag{3.9.22}$$

其中

$$\lambda = \left(\frac{2\mu}{\hbar^2 F^2}\right)^{1/3} E \tag{3.9.23}$$

即

$$E_n = \left(\frac{\hbar^2 F^2}{2\mu}\right)^{1/3} \lambda_n \tag{3.9.24}$$

与 3.7 节式(3.7.17)和(3.7.18)相同,λ_n 是方程(3.9.22)的根($n=1,2,3,\cdots$).

例 3 一维 Coulomb 势②

$$V(x) = \begin{cases} -\alpha/x, & x \geqslant 0 \\ \infty, & x < 0 \end{cases} \tag{3.9.25}$$

以下求其束缚能级 $E(<0)$. Schrödinger 方程表示为

$$\left(E - \frac{p^2}{2\mu}\right)\varphi(p) = -\frac{\alpha}{x}\varphi(p) \qquad (E<0) \tag{3.9.26}$$

右边$\dfrac{1}{x}$可代之为 $\dfrac{1}{\mathrm{i}\hbar}\int \mathrm{d}p$, 即

$$\left(E - \frac{p^2}{2\mu}\right)\varphi(p) = -\frac{\alpha}{\mathrm{i}\hbar}\int \mathrm{d}p\varphi(p) \tag{3.9.27}$$

令 $\eta^2 = -2\mu E > 0$,则

$$(p^2 + \eta^2)\varphi(p) = \frac{2\mu\alpha}{\mathrm{i}\hbar}\int \mathrm{d}p\varphi(p) \tag{3.9.28}$$

令

---

① 参见,L. D. Landau & E. M. Lifshity,*Quantum Mechanics*,*Non-relativistic Theory*,附录,§6.

② 一个电子限制在一块极大的电介质平板的上方($x\geqslant 0$)运动时,按电象法可求出其静电势,就属于这种形式,$\alpha = \dfrac{e^2}{4}\dfrac{\varepsilon-1}{\varepsilon+1} > 0$,$\varepsilon$ 为介电常量.

$$\Phi(p) = \int \varphi(p)\mathrm{d}p \tag{3.9.29}$$

则

$$\varphi(p) = \frac{\mathrm{d}}{\mathrm{d}p}\Phi(p) \tag{3.9.30}$$

式(3.9.28)化为

$$\frac{\mathrm{d}\Phi}{\Phi} = \frac{2\mu\alpha}{\mathrm{i}\hbar}\frac{\mathrm{d}p}{p^2+\eta^2}$$

积分后，得

$$\ln\Phi(p) = \frac{2\mu\alpha}{\mathrm{i}\hbar}\frac{1}{\eta}\arctan\left(\frac{p}{\eta}\right) \tag{3.9.31}$$

即

$$\Phi(p) = \int \varphi(p)\mathrm{d}p = \exp\left[\frac{2\mu\alpha}{\mathrm{i}\hbar}\frac{1}{\eta}\arctan\left(\frac{p}{\eta}\right)\right] \tag{3.9.32}$$

$\arctan(p/\eta)$是 p 的多值函数.

$$\arctan\left(\frac{p}{\eta}\right) = \left[\arctan\left(\frac{p}{\eta}\right)\right]_{主值} \pm k\pi, \qquad k = 1,2,3,\cdots$$

考虑到 $\varphi(p)$和 $\Phi(p)$的单值性，必须

$$\frac{2\mu\alpha}{\hbar\eta} = 2n, \qquad n = 1,2,3,\cdots \tag{3.9.33}$$

即

$$\eta = \frac{\mu\alpha}{n\hbar} \tag{3.9.34}$$

而能量本征值为

$$E = E_n = -\frac{\eta^2}{2\mu} = -\frac{\mu\alpha^2}{2n^2\hbar^2}, \qquad n = 1,2,3,\cdots \tag{3.9.35}$$

这结果与求解坐标表象中一维 Coulomb 势的 Schrödinger 方程所得结果(见 6.7 节)相同.

例 4 δ势阱

对于 δ 势阱 $V(x) = -\gamma\delta(x)$，按式(3.9.5)，

$$V_{pp'} = -\gamma/2\pi\hbar \tag{3.9.36}$$

因此动量表象中的 Schrödinger 方程(3.9.4)化为

$$\left(E-\frac{p^2}{2\mu}\right)\varphi(p) = -\frac{\gamma}{2\pi\hbar}\int_{-\infty}^{+\infty}\varphi(p)\mathrm{d}p = -\frac{\gamma C}{2\pi\hbar} \tag{3.9.37}$$

式中

$$C = \int_{-\infty}^{+\infty}\varphi(p)\mathrm{d}p \tag{3.9.38}$$

由式(3.9.37)可得

$$\varphi(p) = \frac{\mu\gamma C}{\pi\hbar}\frac{1}{p^2-2\mu E} \tag{3.9.39}$$

对于束缚态($E<0$)，令$-2\mu E = \hbar^2\beta^2 > 0$($\beta$实)，代入式(3.9.39)，再代入式(3.9.38)，得

$$1 = \frac{\mu\gamma}{\pi\hbar}\int_{-\infty}^{+\infty}\frac{\mathrm{d}p}{p^2+\hbar^2\beta^2} = \frac{\mu\gamma}{\pi\hbar}\frac{\pi}{\hbar\beta} = \frac{\mu\gamma}{\hbar^2\beta}$$

即 $\beta=\mu\gamma/\hbar^2$，而能量

$$E=-\frac{\hbar^2\beta^2}{2\mu}=-\frac{\mu\gamma^2}{2\hbar^2} \tag{3.9.40}$$

与 3.5 节中式(3.5.23)一致.

习　题

3.1　粒子在一维势场 $V(x)$中运动，证明属于不同能级的束缚态波函数彼此正交.

3.2　对于无限深势阱中运动的粒子(见图 3.2)，证明：

$$\bar{x}=a/2,\qquad \overline{(x-\bar{x})^2}=\frac{a}{12}\left(1-\frac{6}{n^2\pi^2}\right)$$

并证明当 $n\to\infty$，以上结果与经典结论一致.

3.3　设粒子处于无限深势阱(图 3.2)中，状态用波函数 $\psi(x)=Ax(x-a)$描述，$A=\sqrt{30}a^{-5/2}$是归一化常数. 求(a)粒子取不同能量的概率分布 w_n. (b)能量平均值及涨落.

提示：令

$$\psi(x)=\sum_n C_n\psi_n(x),\qquad \psi_n=\sqrt{\frac{2}{a}}\sin\frac{n\pi}{a}x\qquad n=1,2,3,\cdots$$

计算 $w_n=|C_n|^2$. 利用

$$\sum_{n=1,3,5,\cdots}\frac{1}{n^4}=\pi^4/96,\qquad \sum_{n=1,3,5,\cdots}\frac{1}{n^2}=\pi^2/8$$

答：

$$w_n=|C_n|^2=\frac{240}{(n\pi)^6}[1-(-1)^n]^2$$

$$\bar{E}=\frac{5\hbar^2}{ma^2}=\frac{10}{\pi^2}E_1\approx 1.014E_1$$

$$\overline{\Delta E}=\sqrt{\overline{(E-\bar{E})^2}}=\sqrt{5}\,\frac{\hbar^2}{ma^2}$$

3.4　一维无限深势阱中粒子，设初态

$$\psi(x,0)=\frac{1}{\sqrt{2}}[\psi_1(x)+\psi_2(x)]$$

求 $\psi(x,t)=?$ $\bar{x}(t)=?$ $\overline{H}=?$ $\overline{H}^2=?$

答：

$$\psi(x,t)=\frac{1}{\sqrt{2}}[\psi_1(x)\exp(-\mathrm{i}E_1t/\hbar)+\psi_2\exp(-\mathrm{i}E_2t/\hbar)]$$

$$\bar{x}(t)=\frac{1}{2}a-\frac{16a}{9\pi^2}\cos\omega_{21}t,\qquad \omega_{21}=\frac{E_2-E_1}{\hbar}=\frac{3\pi^2\hbar}{2ma^2}$$

$$\overline{H}=\frac{1}{2}(E_1+E_2)=\frac{5}{2}E_1$$

$$\overline{H^2}=\frac{1}{2}(E_1^2+E_2^2)=\frac{17}{2}E_1^2$$

3.5　一维无限深方势阱(图 3.2)中的粒子，设处于 $\psi_n(x)$态. 求其动量分布概率. 当 $n\gg1$时，与经典粒子运动比较.

答：

$$\varphi_n(p)=\frac{\sqrt{\frac{a}{\pi\hbar}}}{2i}\exp\left[i\left(\frac{n\pi}{2}-\frac{pa}{2\hbar}\right)\right]\left[F\left(p-\frac{n\pi\hbar}{a}\right)+(-1)^{n+1}F\left(p+\frac{n\pi\hbar}{a}\right)\right]$$

其中

$$F(p)=\frac{\sin(pa/2\hbar)}{pa/2\hbar}$$

$$|\varphi(p)|^2=\frac{a}{4\pi\hbar}\left|F\left(p-\frac{n\pi\hbar}{a}\right)+(-1)^{n+1}F\left(p+\frac{n\pi\hbar}{a}\right)\right|^2$$

集中于 $p=\pm\frac{n\pi\hbar}{a}$附近(图 3.36). $n\gg1$ 时,交叉项贡献很小,

$$|\varphi(p)|^2\approx\frac{a}{4\pi\hbar}\left[F\left(p-\frac{n\pi\hbar}{a}\right)^2+F\left(p+\frac{n\pi\hbar}{a}\right)^2\right]$$

$p=\pm\frac{n\pi\hbar}{a}=\pm\sqrt{2mE_n}$ 正是能量为 $E=E_n=\frac{n^2\pi^2\hbar^2}{2ma^2}$ 的经典粒子动量值.

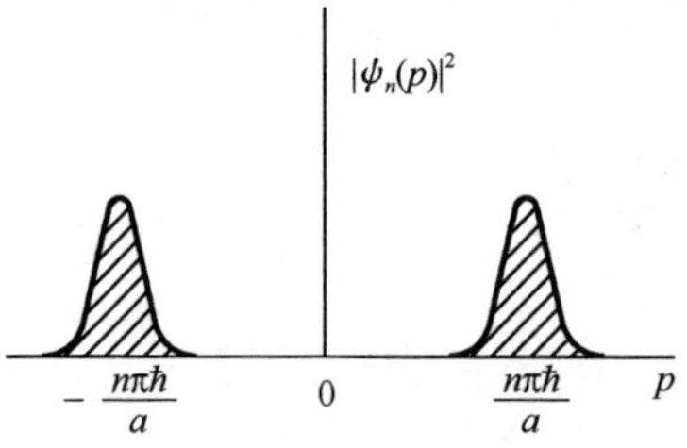

图 3.36

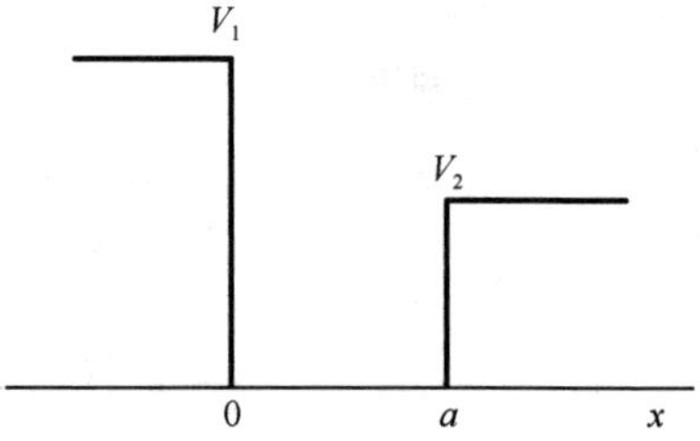

图 3.37　不对称方势阱

3.6　求在不对称势阱(图 3.37)中的粒子的束缚态能级.

答:设粒子能量 $E>0$,但 $E<V_2$(离散谱情况),质量为 μ,令 $k=\sqrt{2\mu E}/\hbar$,则 k 由下列代数方程确定:

$$ka=n\pi-\arcsin\left(\frac{\hbar k}{\sqrt{2\mu V_1}}\right)-\arcsin\left(\frac{\hbar k}{\sqrt{2\mu V_2}}\right),\qquad n=1,2,3,\cdots$$

由 k 的可能取值,可求出能量 E 的可能取值.

3.7　粒子在深度为 V_0,宽度为 a 的对称方势阱中运动(图 3.4).求:(1)在阱口附近刚好出现一条束缚能级(即 $E\approx V_0$)的条件.(2)束缚能级总数,并与无限深势阱比较,用不确定度关系定性说明.

答:(1) 阱口刚好出现束缚能级的条件为

$$2mV_0a^2/\hbar^2=n^2\pi^2,\qquad n=1,2,3,\cdots$$

一维对称方势阱总有一条束缚能级.当 $\frac{2mV_0a^2}{\hbar^2}<\pi^2$ 时,只存在一条束缚能级(偶宇称).当 $\frac{2mV_0a^2}{\hbar^2}=\pi^2$ 时,除基态外,在阱口将出现一条最低的奇宇称能级.

(2) 束缚能级总数 $N=1+\left[\frac{a}{\pi\hbar}\sqrt{2mV_0}\right]$，这里符号[A]表示不超过 A 的最大整数. 在无限深势阱情况下 $E<V_0$ 的能级总数为

$$n=\frac{a}{\pi\hbar}\sqrt{2mV_0}=N-1$$

无限深势阱中的能级总是比同宽度的有限深势阱中的相应能级稍高一些.

3.8 同上题，设粒子处于第 n 个束缚态 ψ_n, E_n，如 $V_0\gg E_n$，计算粒子在阱外出现的概率.

答：粒子在阱外出现的概率 $\approx\frac{2\hbar}{a\sqrt{2mV_0}}\frac{E_n}{V_0}$，它远小于在阱内的概率.

3.9 设粒子在一维无限深势阱中运动，试求粒子作用于势阱壁上的平均力.

提示：先考虑有限深势阱(图 3.38)，然后让深度 $V_0\to\infty$. 粒子对壁的作用力

$$F(x)=\frac{\partial V}{\partial x}=V_0\left[\delta\left(x-\frac{a}{2}\right)+\delta\left(x+\frac{a}{2}\right)\right]$$

答：在 $x=a/2$ 壁上的平均力为

$$\bar{F}=\int V_0\delta\left(x-\frac{a}{2}\right)|\psi(x)|^2\mathrm{d}x=V_0\left|\psi\left(\frac{a}{2}\right)\right|^2=2E/a$$

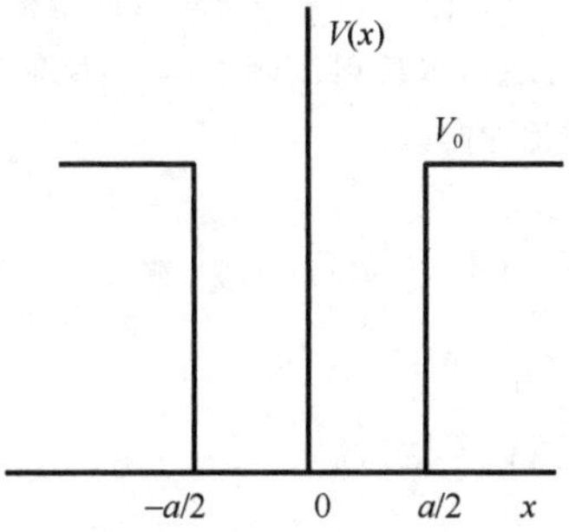

图 3.38

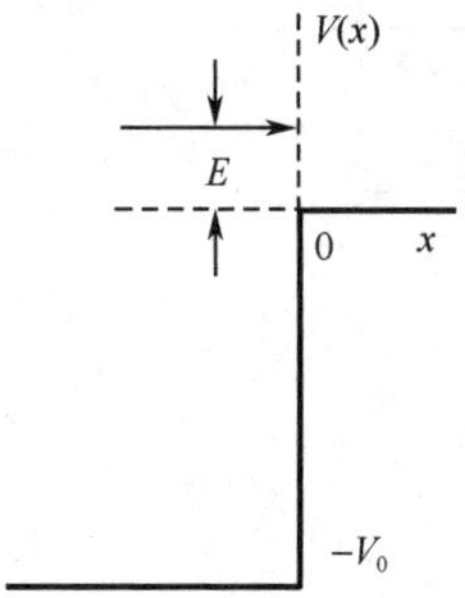

图 3.39

3.10 考虑粒子($E>0$)在下列势阱(图 3.39)壁($x=0$)处的反射系数.

$$V(x)=\begin{cases}-V_0 & x<0\\ 0, & x>0\end{cases}$$

答：

$$\frac{V_0^2}{(\sqrt{E+V_0}+\sqrt{E})^4}=\begin{cases}V_0^2/(16E^2), & E\gg V_0\\ 1-4\sqrt{E/V_0}, & E\ll V_0\end{cases}$$

3.11 试证明对于任意势垒(如图 3.40)，粒子的反射系数 R 及透射系数 S 满足 $R+S=1$ (取 $E>V_0$).

3.12 设 $V(x)=\frac{-V_0}{\exp(x/a)+1}$(图 3.41)，求反射系数 R.

提示：作变换 $\xi=-\exp(-x/a)$.

答：$R=\frac{\mathrm{sh}^2[\pi a(K-k)]}{\mathrm{sh}^2[\pi a(K+k)]}$，$k=\sqrt{\frac{2mE}{\hbar^2}}$，$K=\sqrt{\frac{2m(V_0+E)}{\hbar^2}}$

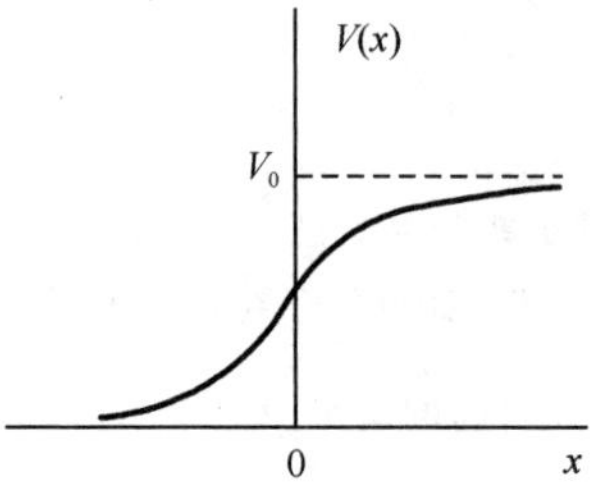

图 3.40

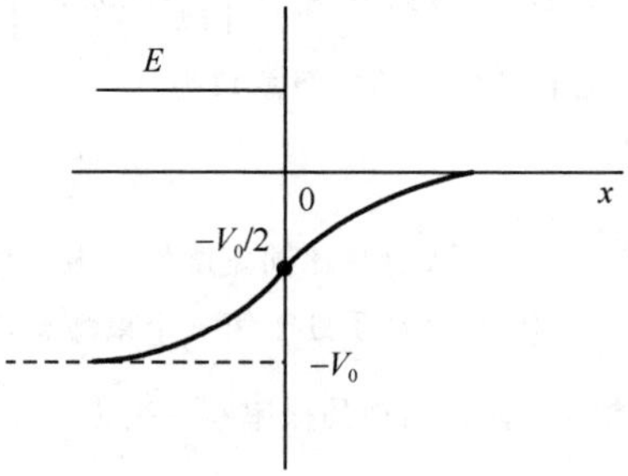

图 3.41

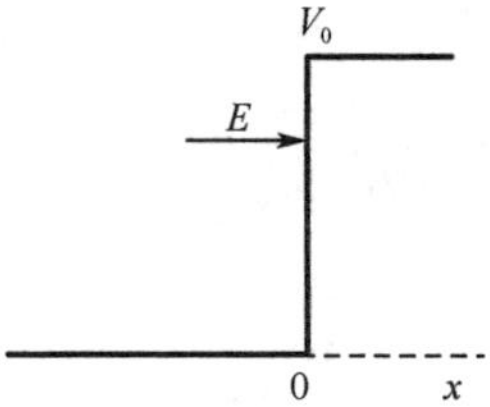

图 3.42

3.13 考虑粒子对方势垒的散射,如图 3.42($E<V_0$).(1)设入射波为单色平面波$\exp[\mathrm{i}(kx-\omega t)]$,$\omega=E/\hbar=\hbar k^2/2m$,求反射波函数.(2)设入射波为波包,

$$\psi_i(x,t)=\int_0^{\infty}\mathrm{d}kA(k)\exp[\mathrm{i}(kx-\omega t)]$$

其中$A(k)$是以k_0为对称中心的分布较窄的函数.设ψ_i是宽度很窄(Δx很小)的波包,求反射波函数,写出反射波包中心的运动方程,并求反射弛豫时间.

答:(1) 反射波

$$\psi_R(x,t)=R\exp[-\mathrm{i}(kx-\omega t)]$$

$$R=\frac{k-\mathrm{i}\xi}{k+\mathrm{i}\xi}\equiv\exp[-\mathrm{i}\theta(k)]$$

$$\xi=\sqrt{2m(V_0-E)}/\hbar$$

(2) 反射波为

$$\psi_R(x,t)=\int_0^{\infty}\mathrm{d}kA(k)\exp[-\mathrm{i}(kx+\omega t+\theta(k))]$$

反射波包的运动方程

$$x+\frac{\hbar k_0}{m}t-\frac{2}{\xi_0}=0,\quad \xi_0=\sqrt{2m(V_0-E_0)}/\hbar$$

反射弛豫时间

$$t_R=\frac{2}{\xi_0 v_0}=\frac{2m}{\xi_0\hbar k_0}=\frac{\hbar}{\sqrt{E_0(V_0-E_0)}}\quad\left(E_0=\frac{\hbar^2k_0^2}{2m}\right)$$

3.14 能量为E的平行粒子束以θ角入射到$x=0$界面,如图 3.43.在$x<0$区域,$V=0$,在$x>0$区域,$V=V_0$.试分析粒子束的反射和折射.

答:折射角为φ,

$$\frac{\sin\theta}{\sin\varphi}=\left(1+\frac{V_0}{E}\right)^{1/2}=n(\text{折射率})$$

当$\theta=\varphi=0$时,$\dfrac{\text{反射流强度}}{\text{入射流强度}}=\dfrac{(n-1)^2}{(n+1)^2}$,$\dfrac{\text{折射流强度}}{\text{入射流强度}}=\dfrac{4n}{(n+1)^2}$

参阅 J. D. Jackson，*Classical Electrodynamics*，7.3 节. 更一般的计算结果见钱伯初、曾谨言,《量子力学习题精选与剖析》,第三版,(2008). 题 1.13.

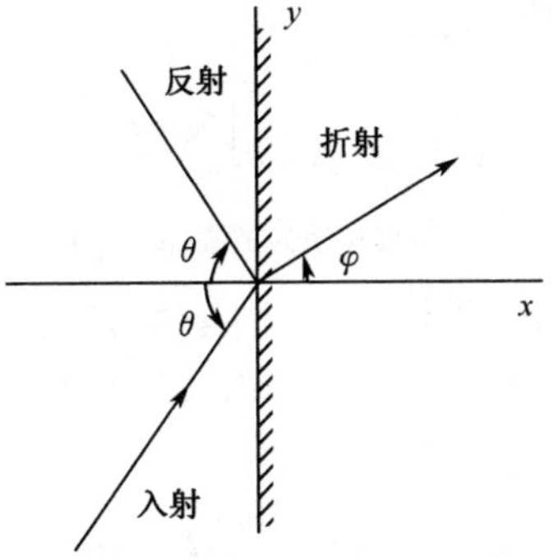

图 3.43

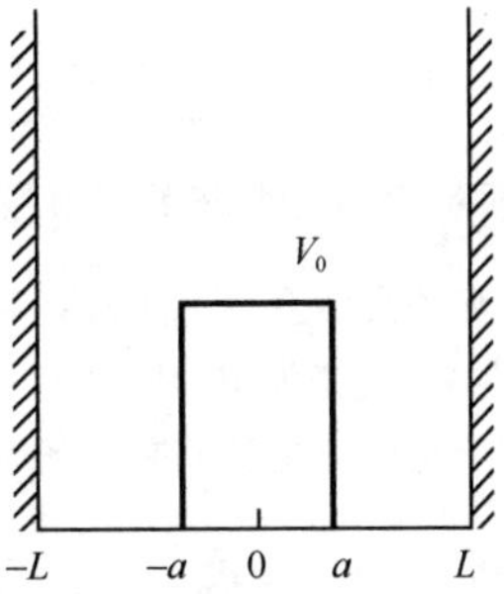

图 3.44

3.15　粒子在图 3.44 所示势场中运动，

$$V(x)=\begin{cases}V_0, & |x|<a\\ 0, & a<|x|<L\\ \infty, & |x|>L\end{cases}$$

(1) 求能级公式. (2) 讨论极限情况，$a\to0, V_0\to\infty$，但 $2aV_0=\gamma$(有限值).

答:(1) $E<V_0$ 情况，偶宇称能级由下式确定：

$$k\cot k(L-a)=-\xi\tanh\xi a$$

$$\xi=\sqrt{2m(V_0-E)}/\hbar,\quad k=\sqrt{2mE}/\hbar$$

奇宇称能级由下式确定：

$$k\cot k(L-a)=-\xi\coth\xi a$$

$E>V_0$ 情况，偶宇称能级由下式确定：

$$k\cot k(L-a)=\eta\tan\eta a,\qquad \eta=\sqrt{2m(E-V_0)}/\hbar$$

奇宇称能级由下式确定：

$$k\cot k(L-a)=-\eta\cot\eta a$$

(2) 相当于 $x=0$ 处有一个 δ 势垒，$V(x)=\gamma\delta(x)$，$|x|<L$. (参见 3.25 题.)

3.16　设质量为 m 的粒子在下列势阱中运动：

$$V(x)=\begin{cases}\infty, & x<0\\ \dfrac{1}{2}m\omega^2x^2, & x>0\end{cases}$$

求粒子的能级.

答:$E_n=(n+1/2)\hbar\omega$，　$n=1,3,5,7,\cdots$

3.17　设在一维无限深势阱(图 3.2)中运动的粒子的状态用

$$\psi(x)=\frac{4}{\sqrt{a}}\sin\frac{\pi x}{a}\cos^2\frac{\pi x}{a}$$

描述，求粒子能量的可能测值及相应的概率.

答：能量可能测值为 $E_1=\pi^2\hbar^2/2ma^2$ 及 $E_3=9\pi^2\hbar^2/2ma^2$，相应的概率各为 1/2.

3.18　写出在动量表象中谐振子的 Schrödinger 方程，并求出动量概率分布.

答：$\left(\dfrac{p^2}{2m}-\dfrac{m\omega^2\hbar^2}{2}\dfrac{\mathrm{d}^2}{\mathrm{d}p^2}\right)\varphi_n(p)=E_n\varphi_n(p)$

$$|\varphi_n(p)|^2=\frac{1}{2^n\cdot n!\sqrt{\pi m\hbar\omega}}\exp(-p^2/m\hbar\omega)\left[\mathrm{H}_n\left(\frac{p}{\sqrt{m\hbar\omega}}\right)\right]^2,\quad n=0,1,2,\cdots$$

3.19　质量为 m 的粒子处于谐振子势 $V_1(x)=\dfrac{1}{2}Kx^2(K>0)$ 的基态.(1)如弹性系数突然增大一倍，即势场突然变为 $V_2(x)=Kx^2$，随即测量粒子能量，求粒子处于 V_2 势场的基态的概率.(2)势场由 V_1 突变为 V_2 后，不进行测量，经过一段时间 τ 后，让势场重新恢复成 V_1. 问 τ 取什么值时，粒子正好恢复到原来势场 V_1 的基态(概率 100%)？

答：(1) 0.9852；(2)$\tau=l\pi\sqrt{\dfrac{m}{2K}}$，$l=1,2,3,\cdots$.

3.20　设粒子在周期场 $V(x)=V_0\cos bx$ 中运动，写出它在 p 表象中的 Schrödinger 方程.

答：

$$\left\{\frac{p^2}{2m}+\frac{1}{2}V_0\left[\exp\left(b\hbar\frac{\partial}{\partial p}\right)+\exp\left(-b\hbar\frac{\partial}{\partial p}\right)\right]\right\}\varphi(p)=E\varphi(p)$$

3.21　设势场(见图 3.45)

$$V(x)=V_0\left(\frac{a}{x}-\frac{x}{a}\right)^2\qquad(a,x>0)$$

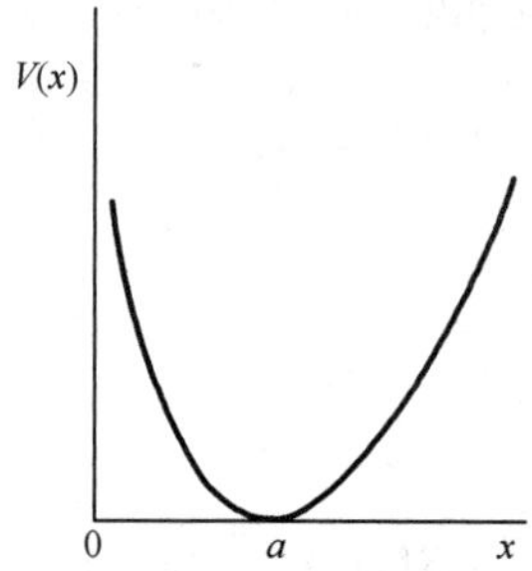

图 3.45

求粒子能级与波函数. 证明其能谱形状与谐振子相似.

答：$E_n=\dfrac{2\hbar}{a}\sqrt{\dfrac{2V_0}{m}}\left[n+\dfrac{1}{2}+\dfrac{1}{4}\left(\sqrt{\dfrac{8mV_0a^2}{\hbar^2}+1}-\sqrt{\dfrac{8mV_0a^2}{\hbar^2}}\right)\right]$，$n=0,1,2,\cdots$

3.22　在动量表象中，求解 δ 势阱 $V(x)=-\gamma\delta(x)$ 的束缚能级和本征函数. 计算 Δx、Δp，验证不确定度关系.

答：

$$E=-\frac{m\gamma^2}{2\hbar^2},\quad \varphi(p)=\frac{A}{p^2+\hbar^2k^2}$$

$$|A|=\sqrt{\frac{2}{\pi}}\left(\frac{m\gamma}{\hbar}\right)^{3/2},\qquad k=\sqrt{-2mE}/\hbar=\frac{m\gamma}{\hbar^2}$$

$$\Delta p=\hbar k,\quad \Delta x=\frac{1}{\sqrt{2}k},\quad \Delta x\Delta p=\frac{\hbar}{\sqrt{2}}\left(>\frac{\hbar}{2}\right)$$

3.23　在动量表象中计算粒子(能量 $E>0$)对于势垒 $V(x)=\gamma\delta(x)$ 的透射系数. 与坐标表象中的计算结果进行比较.

3.24　粒子在双 δ 势阱中运动(图 3.46)，

$$V(x)=-\gamma[\delta(x+a)+\delta(x-a)]$$

求束缚态能级公式.

答：偶宇称能级(总是存在的，但只有一条)

$$E=-\frac{m\gamma^2}{2\hbar^2}\varepsilon$$

ε 由下式解出：

$$\varepsilon = 1 + \exp\left(-\frac{2a}{b}\varepsilon\right), \quad b = \frac{\hbar^2}{m\gamma}$$

当 $2a > b$ 时，有而且只有一条奇宇称束缚能级，$E = -\frac{m\gamma^2}{2\hbar^2}\varepsilon$，$\varepsilon$ 由 $\varepsilon = 1 - \exp\left(-\frac{2a}{b}\varepsilon\right)$ 定出.

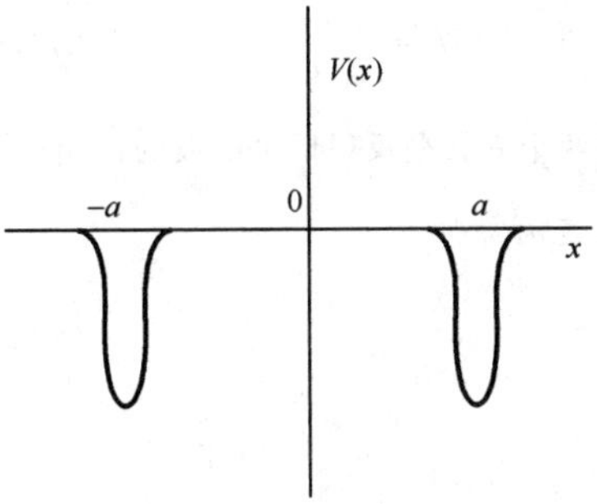

图 3.46　双 δ 势阱

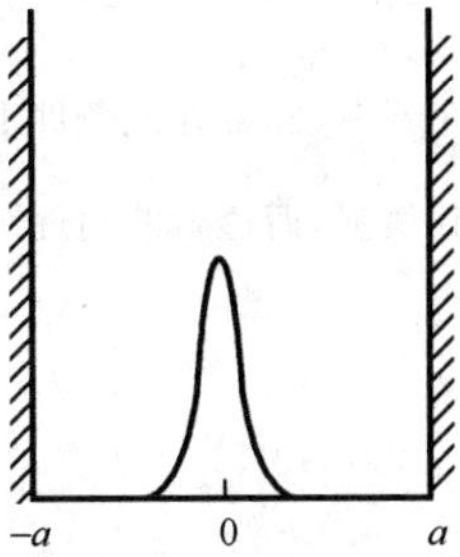

图 3.47

3.25　粒子在势场(图 3.47)

$$V(x) = \begin{cases} \gamma\delta(x), & |x| < a \\ \infty, & |x| > a \end{cases}$$

中运动(即无限深势阱中央有一个 δ 势垒)，求能级公式. 并讨论 γ 很大和很小的极限情况.

答：奇宇称能级不受 δ 势垒影响，

$$E_n = \frac{1}{2m}\left(\frac{\pi^2\hbar^2}{a^2}\right)n^2, \quad n = 1, 2, 3, \cdots$$

$$\psi_n = \frac{1}{\sqrt{a}}\sin\left(\frac{n\pi x}{a}\right)$$

偶宇称能级

$$E = \frac{\hbar^2 k^2}{2m}$$

k 由下面方程的根给出：

$$\tan ka = -\left(\frac{b}{a}\right)ka \qquad (b = \hbar^2/m\gamma)$$

3.26　粒子以能量 E 入射到一个双 δ 势垒(图 3.48)

$$V(x) = \gamma[\delta(x) + \delta(x-a)]$$

求反射和透射概率以及发生完全透射的条件.

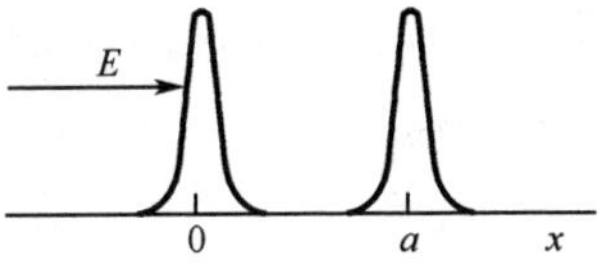

图 3.48　双 δ 势垒

答：令 $k = \sqrt{2mE}/\hbar$，$C = 2a(m\gamma/\hbar^2)$(无量纲)

$$\theta = 2ak/C = \hbar^2 k/m\gamma$$

可得

$$R = \frac{1 - i\theta - (1 + i\theta)\exp(2iak)}{(\theta + i)^2 + \exp(2iak)}$$

$$D = \frac{\theta^2}{(\theta + i)^2 + \exp(2iak)}$$

反射概率 $= |R|^2$，透射概率 $= |D|^2$. 完全透射条件为 $R = 0$，即 $\exp(2iak) = \frac{1 - i\theta}{1 + i\theta} = \frac{C - 2iak}{C + 2iak}$

3.27　质量为 m 的粒子束以动量 $p=\hbar k$ 从 $x=-\infty$ 入射，碰到周期性 δ 势垒，

$$V(x)=\gamma\sum_{n=0}^{\infty}\delta(x-na),\quad a>0$$

求发生完全反射的动量值.

答：发生完全反射的条件为 $\exp(2ika)=1$，即 $p=\hbar k=n\dfrac{\pi\hbar}{a},\qquad n=1,2,3,\cdots$

或波长 $\lambda=\dfrac{2\pi}{k}=\dfrac{1}{n}(2a)$. 在此条件下，从相邻的两个 δ 势垒反射回来的波的位相相同，因而总的反射波幅达到最强，而透射波则逐级变弱，最后衰减为 0.

第 4 章　力学量用算符表达

4.1　算符的一般运算规则

在 2.1.5 节中已讨论过，考虑到粒子-波动二象性，直接利用坐标表象中的波函数来计算动量平均值时，需要引进动量算符 $\hat{\boldsymbol{p}} = -\mathrm{i}\hbar\boldsymbol{\nabla}$．在 Schrödinger 方程中也出现了 Laplace 算符．量子力学中的算符代表对波函数(量子态)的一种运算．例如，$\frac{\mathrm{d}}{\mathrm{d}x}\psi, \frac{\mathrm{d}^2}{\mathrm{d}x^2}\psi, V(x)\psi, \psi^*, \sqrt{\psi}$ 等，分别代表对波函数 ψ 取一阶导数，二阶导数，乘以 $V(x)$，取复共轭及取平方根等运算．下面讨论量子力学中碰到的算符的一般性质．为避免数学上过分抽象，在初步讲述算符的一般性质时，尽可能结合量子力学中常见的算符——位置，动量，角动量，动能，势能，Hamilton 量等——来阐述①．

1．线性算符

凡满足下列运算规则的算符 $\hat{O}$，称为线性算符，

$$\hat{O}(c_1\psi_1 + c_2\psi_2) = c_1\hat{O}\psi_1 + c_2\hat{O}\psi_2 \tag{4.1.1}$$

其中 ψ_1 与 ψ_2 是任意两个波函数，c_1 与 c_2 是两个任意常数(一般为复数)．例如，$\hat{\boldsymbol{p}} = -\mathrm{i}\hbar\boldsymbol{\nabla}$ 就是线性算符，积分运算 $\int \mathrm{d}x$ 也是线性算符．但取平方根显然不是线性算符，取复共轭也不是线性算符．以后将看到，在量子力学中碰到的算符并不都是线性算符(例如，时间反演)，但是用以刻画力学量相应的算符则都是线性算符，这是态叠加原理的要求．

2．单位算符 I

单位算符是指保持量子态(波函数)不改变的运算，即

$$I\psi = \psi \tag{4.1.2}$$

ψ 是体系的任一量子态．

设两个算符 $\hat{A}$ 和 $\hat{B}$ 对体系的任何一个量子态 ψ 的运算结果都相同，

---

① 对于量子力学中所碰到的算符的更严格的数学讨论，例如，可参阅 J. von Neumann, *Mathematical Foundations of Quantum Mechanics*, 1955; M. Schechter, *Operator Methods in Quantum Mechanics*, (Elsevier North Holland, 1981)；以及有关线性代数的标准教材．

$$\hat{A}\psi = \hat{B}\psi \tag{4.1.3}$$

则称两个算符相等，$\hat{A}=\hat{B}$.

3. 算符之和

算符 $\hat{A}$ 与 $\hat{B}$ 之和记为$(\hat{A}+\hat{B})$，定义如下：

$$(\hat{A}+\hat{B})\psi = \hat{A}\psi + \hat{B}\psi \tag{4.1.4}$$

ψ是任意波函数，即$(\hat{A}+\hat{B})$对任意波函数 ψ 的运算所得结果与$\hat{A}\psi+\hat{B}\psi$相同. 例如，Schrödinger 方程中，一个粒子的 Hamilton 算符 $\hat{H}=\hat{T}+V(\boldsymbol{r})=\hat{\boldsymbol{p}}^2/2m+V(\boldsymbol{r})$，是动能算符 $\hat{T}$ 与势能算符 $V(\boldsymbol{r})$之和. 很明显

$$\hat{A}+\hat{B}=\hat{B}+\hat{A} \qquad \text{(加法交换律)}$$

$$\hat{A}+(\hat{B}+\hat{C})=(\hat{A}+\hat{B})+\hat{C} \qquad \text{(加法结合律)}$$

根据式(4.1.1)和(4.1.4)，可证明两个线性算符之和仍为线性算符.

4. 算符之积

算符 $\hat{A}$ 与 $\hat{B}$ 的积记为 $\hat{A}\hat{B}$，定义如下：

$$(\hat{A}\hat{B})\psi = \hat{A}(\hat{B}\psi) \tag{4.1.5}$$

即 $\hat{A}\hat{B}$ 对任意波函数 ψ 的运算结果，等于先用 $\hat{B}$ 对 ψ 运算，得 $\hat{B}\psi$，然后用 $\hat{A}$ 对$(\hat{B}\psi)$运算得到的结果，一般来说，算符之积不满足交换律，即

$$\hat{A}\hat{B} \neq \hat{B}\hat{A}$$

这是算符的运算规则与平常数的运算规则的唯一不同之处①. 以下以动量、坐标、角动量等算符为例来说明.

5. 量子力学的基本对易式

考虑到

$$x\hat{p}_x\psi = -\mathrm{i}\hbar x\frac{\partial}{\partial x}\psi$$

但

$$\hat{p}_x x\psi = -\mathrm{i}\hbar\frac{\partial}{\partial x}(x\psi) = -\mathrm{i}\hbar\psi - \mathrm{i}\hbar x\frac{\partial}{\partial x}\psi$$

---

① 为强调算符的这个特点，所以常常在算符的符号上方加上一个 ^ 符号. 但在不会引起误解的情况下，为书写简便，常常把 ^ 符号略去. 例如 $\hat{A}\hat{B}$ 简记为 AB. 只须注意，一般说来，$AB\neq BA$.

所以

$$(x\hat{p}_x - \hat{p}_x x)\psi = \mathrm{i}\hbar\psi$$

由于 ψ 是任意的波函数，所以

$$x\hat{p}_x - \hat{p}_x x = \mathrm{i}\hbar$$

类似还可以证明

$$y\hat{p}_y - \hat{p}_y y = \mathrm{i}\hbar, \qquad z\hat{p}_z - \hat{p}_z z = \mathrm{i}\hbar$$

但

$$x\hat{p}_y - \hat{p}_y x = 0, \qquad x\hat{p}_z - \hat{p}_z x = 0, \cdots$$

概括起来，就是

$$x_\alpha \hat{p}_\beta - \hat{p}_\beta x_\alpha = \mathrm{i}\hbar\delta_{\alpha\beta} \tag{4.1.6}$$

其中 $x_\alpha(\alpha=1,2,3)\equiv(x,y,z)$，$\hat{p}_\beta(\beta=1,2,3)\equiv(\hat{p}_x,\hat{p}_y,\hat{p}_z)$，上式是量子力学的基本对易关系. 凡有经典对应的力学量之间的对易关系，都可由式(4.1.6)导出. 一方面为了表述简洁，另一方面为了便于研究量子力学与经典力学的关系，可引进对易式(commutator)

$$[\hat{A},\hat{B}] \equiv \hat{A}\hat{B} - \hat{B}\hat{A} \tag{4.1.7}$$

则式(4.1.6)可表示为

$$[x_\alpha,\hat{p}_\beta] = \mathrm{i}\hbar\delta_{\alpha\beta} \tag{4.1.6$'$}$$

不难证明，对易式满足下列代数恒等式①：

$$\begin{aligned}
&[\hat{A},\hat{B}] = -[\hat{B},\hat{A}] \\
&[\hat{A},\hat{A}] = 0 \\
&[\hat{A},c] = 0 \qquad (c\ \text{为平常的数}) \\
&[\hat{A},\hat{B}+\hat{C}] = [\hat{A},\hat{B}] + [\hat{A},\hat{C}] \\
&[\hat{A},\hat{B}\hat{C}] = \hat{B}[\hat{A},\hat{C}] + [\hat{A},\hat{B}]\hat{C} \\
&[\hat{A}\hat{B},\hat{C}] = \hat{A}[\hat{B},\hat{C}] + [\hat{A},\hat{C}]\hat{B} \\
&[\hat{A},[\hat{B},\hat{C}]] + [\hat{B},[\hat{C},\hat{A}]] + [\hat{C}[\hat{A},\hat{B}]] = 0\ (\text{Jacobi 恒等式})
\end{aligned} \tag{4.1.8}$$

练习 1　证明

---

① 式(4.1.8)对于经典 Poisson 括号

$$\{A,B\} \equiv \sum_i \left(\frac{\partial A}{\partial q_i}\frac{\partial B}{\partial p_i} - \frac{\partial A}{\partial p_i}\frac{\partial B}{\partial q_i} \right)$$

也完全适用. 可以证明(参见，卷Ⅱ，§2.)

$$\lim_{\hbar\to 0}\frac{[A,B]}{\mathrm{i}\hbar} = \{A,B\}$$

$$[\hat{p}_x, f(x)] = -\mathrm{i}\hbar \frac{\partial f}{\partial x}$$

6. 角动量算符的对易式

粒子的角动量算符定义如下：

$$\hat{\boldsymbol{l}} = \boldsymbol{r} \times \hat{\boldsymbol{p}} \tag{4.1.9}$$

即

$$\begin{cases} \hat{l}_x = y\hat{p}_z - z\hat{p}_y = -\mathrm{i}\hbar\left(y\dfrac{\partial}{\partial z} - z\dfrac{\partial}{\partial y}\right) \\ \hat{l}_y = z\hat{p}_x - x\hat{p}_z = -\mathrm{i}\hbar\left(z\dfrac{\partial}{\partial x} - x\dfrac{\partial}{\partial z}\right) \\ \hat{l}_z = x\hat{p}_y - y\hat{p}_x = -\mathrm{i}\hbar\left(x\dfrac{\partial}{\partial y} - y\dfrac{\partial}{\partial x}\right) \end{cases} \tag{4.1.10}$$

利用式(4.1.10)及基本对易式(4.1.6′)，可以证明

$$\begin{aligned} &[\hat{l}_x, x] = 0, &&[\hat{l}_x, y] = \mathrm{i}\hbar z, &&[\hat{l}_x, z] = -\mathrm{i}\hbar y \\ &[\hat{l}_y, x] = -\mathrm{i}\hbar z, &&[\hat{l}_y, y] = 0, &&[\hat{l}_y, z] = \mathrm{i}\hbar x \\ &[\hat{l}_z, x] = \mathrm{i}\hbar y, &&[\hat{l}_z, y] = -\mathrm{i}\hbar x, &&[\hat{l}_z, z] = 0 \end{aligned} \tag{4.1.11}$$

把(x,y,z)记为(x_1,x_2,x_3)，(l_x,l_y,l_z)记为(l_1,l_2,l_3)，则上式可以概括为

$$[\hat{l}_\alpha, x_\beta] = \varepsilon_{\alpha\beta\gamma}\mathrm{i}\hbar x_\gamma \tag{4.1.11′}$$

其中$\varepsilon_{\alpha\beta\gamma}$是 Levi-Civita 符号，是一个三阶反对称张量，定义如下：

$$\begin{aligned} &\varepsilon_{\alpha\beta\gamma} = -\varepsilon_{\beta\alpha\gamma} = -\varepsilon_{\alpha\gamma\beta} \\ &\varepsilon_{123} = 1 \end{aligned} \tag{4.1.12}$$

$\varepsilon_{\alpha\beta\gamma}$对于任何两个指标对换，要改变正负号. 因此，若有两个指标相同，则为 0，例如，$\varepsilon_{112} = \varepsilon_{121} = 0$.

类似可以证明

$$[\hat{l}_\alpha, \hat{p}_\beta] = \varepsilon_{\alpha\beta\gamma}\mathrm{i}\hbar\hat{p}_\gamma \tag{4.1.13}$$

$$[\hat{l}_\alpha, \hat{l}_\beta] = \varepsilon_{\alpha\beta\gamma}\mathrm{i}\hbar\hat{l}_\gamma \tag{4.1.14}$$

式(4.1.14)明显写出，即

$$\begin{aligned} &[\hat{l}_x, \hat{l}_y] = \mathrm{i}\hbar\hat{l}_z, \quad [\hat{l}_y, \hat{l}_z] = \mathrm{i}\hbar\hat{l}_x, \quad [\hat{l}_z, \hat{l}_x] = \mathrm{i}\hbar\hat{l}_y \\ &[\hat{l}_x, \hat{l}_x] = [\hat{l}_y, \hat{l}_y] = [\hat{l}_z, \hat{l}_z] = 0 \end{aligned} \tag{4.1.14′}$$

式(4.1.14)为角动量算符的基本对易式，是很重要的，它说明角动量算符的三个分量$\hat{l}_x$，$\hat{l}_y$，$\hat{l}_z$彼此不对易. 式(4.1.14′)中不为零的三个式子还常常表示为

$$\hat{\boldsymbol{l}} \times \hat{\boldsymbol{l}} = \mathrm{i}\hbar\boldsymbol{l} \tag{4.1.15}$$

练习 2　令

$$\hat{l}_{\pm} = \hat{l}_x \pm \mathrm{i}\hat{l}_y \tag{4.1.16}$$

证明

$$\hat{l}_z \hat{l}_{\pm} = \hat{l}_{\pm}(\hat{l}_z \pm \hbar) \tag{4.1.17}$$

即

$$[\hat{l}_z, \hat{l}_{\pm}] = \pm\hbar\hat{l}_{\pm}$$

7. 算符的乘幂

定义:算符 $\hat{A}$ 的 n 次幂 $\hat{A}^n$

$$\hat{A}^n \equiv \underbrace{\hat{A}\cdot\hat{A}\cdots\hat{A}}_{(n\text{个因式})} \tag{4.1.18}$$

例如,设 $\hat{A}=\dfrac{\mathrm{d}}{\mathrm{d}x}$,则 $\hat{A}^2=\dfrac{\mathrm{d}^2}{\mathrm{d}x^2}\cdots,\hat{A}^n=\dfrac{\mathrm{d}^n}{\mathrm{d}x^n}$. 显然

$$\hat{A}^{m+n} = \hat{A}^m \cdot \hat{A}^n$$

$$[\hat{A}^m, \hat{A}^n] = 0$$

特例

动能算符

$$\hat{T} = \hat{\boldsymbol{p}}^2/2m = (\hat{p}_x^2 + \hat{p}_y^2 + \hat{p}_z^2)/2m \tag{4.1.19}$$

角动量平方

$$\boldsymbol{l}^2 = \hat{l}_x^2 + \hat{l}_y^2 + \hat{l}_z^2 \tag{4.1.20}$$

利用式(4.1.14)可以证明

$$[\hat{\boldsymbol{l}}^2, \hat{l}_\alpha] = 0 \qquad (\alpha = x, y, z) \tag{4.1.21}$$

所以,尽管角动量的三个分量彼此不对易,角动量平方与角动量各分量却是对易的.

练习 3　证明

$$[\hat{l}_\alpha, r^2] = 0$$

$$[\hat{l}_\alpha, \hat{p}^2] = 0$$

$$[\hat{l}_\alpha, \boldsymbol{r}\cdot\hat{\boldsymbol{p}}] = 0 \qquad (\boldsymbol{r}\cdot\hat{\boldsymbol{p}} \equiv x\hat{p}_x + y\hat{p}_y + z\hat{p}_z)$$

练习 4　证明

$$\hat{l}_{\pm}\hat{l}_{\mp} = \hat{\boldsymbol{l}}^2 - \hat{l}_z^2 \pm \hbar\hat{l}_z \tag{4.1.22}$$

$$[\hat{l}_+, \hat{l}_-] = 2\hbar \hat{l}_z \tag{4.1.23}$$

练习 5　证明

$$[\hat{p}_x^2, f(x)] = -\hbar^2 \frac{\partial^2 f}{\partial x^2} - 2\mathrm{i}\hbar \frac{\partial f}{\partial x}\hat{p}_x \tag{4.1.24}$$

若用球坐标(r,θ,φ)来表示，利用坐标变换关系

$$\begin{cases} x = r\sin\theta\cos\varphi \\ y = r\sin\theta\sin\varphi \\ z = r\cos\theta \end{cases} \qquad \begin{cases} r = \sqrt{x^2+y^2+z^2} \\ \theta = \arctan\left(\dfrac{\sqrt{x^2+y^2}}{z}\right) \\ \varphi = \arctan\left(\dfrac{y}{x}\right) \end{cases} \tag{4.1.25}$$

可以证明

$$\begin{cases} \hat{l}_x = \mathrm{i}\hbar\left(\sin\varphi \dfrac{\partial}{\partial\theta} + \cot\theta\cos\varphi \dfrac{\partial}{\partial\varphi}\right) \\ \hat{l}_y = \mathrm{i}\hbar\left(-\cos\varphi \dfrac{\partial}{\partial\theta} + \cot\theta\sin\varphi \dfrac{\partial}{\partial\varphi}\right) \\ \hat{l}_z = -\mathrm{i}\hbar \dfrac{\partial}{\partial\varphi} \end{cases} \tag{4.1.26}$$

$$\hat{\boldsymbol{l}}^2 = -\hbar^2\left[\frac{1}{\sin\theta}\frac{\partial}{\partial\theta}\left(\sin\theta\frac{\partial}{\partial\theta}\right) + \frac{1}{\sin^2\theta}\frac{\partial^2}{\partial\varphi^2}\right] \tag{4.1.27}$$

练习 6　证明

$$[\hat{\boldsymbol{l}}, V(r)] = 0 \tag{4.1.28}$$

$V(r)$是径向坐标 r 的函数.

练习 7　证明

$$\hat{T} = -\frac{\hbar^2}{2m}\frac{1}{r^2}\frac{\partial}{\partial r}r^2\frac{\partial}{\partial r} + \frac{\hat{\boldsymbol{l}}^2}{2mr^2} = \frac{\hat{p}_r^2}{2m} + \frac{\hat{\boldsymbol{l}}^2}{2mr^2} \tag{4.1.29}$$

其中

$$\hat{p}_r = -\mathrm{i}\hbar\left(\frac{\partial}{\partial r} + \frac{1}{r}\right) \tag{4.1.30}$$

8. 逆算符

设

$$\hat{A}\psi = \phi \tag{4.1.31}$$

对于任意量子态 ϕ，能够唯一地解出量子态 ψ，则可以定义算符 $\hat{A}$ 的逆算符 $\hat{A}^{-1}$ 为

$$\hat{A}^{-1}\phi = \psi \tag{4.1.32}$$

不是所有算符都有逆算符. 例如,投影算符就无逆算符. 若 $\hat{A}$ 之逆算符存在,不难证明

$$\hat{A}^{-1}\hat{A} = \hat{A}\hat{A}^{-1} = I \tag{4.1.33}$$

$$[\hat{A}, \hat{A}^{-1}] = 0 \tag{4.1.34}$$

练习 8　设 $\hat{A}$ 和 $\hat{B}$ 之逆算符都存在,证明

$$(\hat{A}\hat{B})^{-1} = \hat{B}^{-1}\hat{A}^{-1} \tag{4.1.35}$$

9. 算符的函数

给定一函数 $F(x)$,其各阶导数都存在. 对于一个算符 $\hat{A}$,可定义与算符 $\hat{A}$ 相应的函数 $F(\hat{A})$为①

$$F(\hat{A}) = \sum_{n=0}^{\infty} \frac{F^{(n)}(0)}{n!}\hat{A}^n \tag{4.1.36}$$

这里 $F^{(n)}(0)$由下式给出

$$F(x) = \sum_{n=0}^{\infty} \frac{F^{(n)}(0)}{n!}x^n$$

例如,$F(x)=e^{ax}$,$\hat{A}=\frac{\mathrm{d}}{\mathrm{d}x}$,则可定义

$$F(\hat{A}) = \exp\left(a\frac{\mathrm{d}}{\mathrm{d}x}\right) = \sum_{n=0}^{\infty} \frac{a^n}{n!}\frac{\mathrm{d}^n}{\mathrm{d}x^n} \tag{4.1.37}$$

练习 9　证明

$$\exp\left(a\frac{\mathrm{d}}{\mathrm{d}x}\right)f(x) = f(x+a) \tag{4.1.38}$$

两个(或多个)算符的函数也可类似定义. 例如

$$F(\hat{A}, \hat{B}) = \sum_{n,m=0}^{\infty} \frac{F^{(n,m)}(0,0)}{n!m!}\hat{A}^n\hat{B}^m \tag{4.1.39}$$

其中

$$F^{(n,m)}(x,y) = \frac{\partial^n}{\partial x^n}\frac{\partial^m}{\partial y^m}F(x,y) \tag{4.1.40}$$

但应注意,除$[\hat{A}, \hat{B}]=0$ 的情况外,上述定义有不确切之处,因为两个算符的

---

① 按式(4.1.36)定义的算符函数,不一定都有意义.

乘积次序未确定①. 例如, 一般说来,

$$\hat{A}^2\hat{B} \neq \hat{A}\hat{B}\hat{A} \neq \hat{B}\hat{A}^2$$

10. 算符的复共轭,转置及厄米共轭

为表述方便,先定义量子体系的两个任意的波函数 ψ 与 φ 的标积(scalar product)

$$(\psi,\varphi) \equiv \int \mathrm{d}\tau \psi^* \varphi \tag{4.1.41}$$

这里 $\int \mathrm{d}\tau$ 指对体系全部坐标空间进行积分, $\mathrm{d}\tau$ 是体系的全部坐标空间体积元,例如,在坐标表象中,

对于一维体系 $\int \mathrm{d}\tau = \int_{-\infty}^{+\infty} \mathrm{d}x$

对于三维体系 $\int \mathrm{d}\tau = \iiint_{-\infty}^{+\infty} \mathrm{d}x\mathrm{d}y\mathrm{d}z$

……

波函数的标积也可以在动量表象(或其他表象)中来计算(详见第 8 章). 若变量取离散值,则求标积相应于对所有离散值求和.

标积有如下性质:

$$\begin{aligned}
&(\psi,\psi) \geqslant 0 \\
&(\psi,\varphi)^* = (\varphi,\psi) \\
&(\psi, c_1\varphi_1 + c_2\varphi_2) = c_1(\psi,\varphi_1) + c_2(\psi,\varphi_2) \\
&(c_1\psi_1 + c_2\psi_2, \varphi) = c_1^*(\psi_1,\varphi) + c_2^*(\psi_2,\varphi)
\end{aligned} \tag{4.1.42}$$

算符 $\hat{O}$ 的复共轭(complex conjugate)算符 $\hat{O}^*$ 是这样构成的,即把 $\hat{O}$ 的表示式中所有复量换成其共轭复量. 例如,在坐标表象中,

$$\hat{p}_x = -\mathrm{i}\hbar \frac{\partial}{\partial x}, \qquad \hat{p}_x^* = \mathrm{i}\hbar \frac{\partial}{\partial x} = -\hat{p}_x$$

所以

$$\hat{\boldsymbol{p}}^* = -\hat{\boldsymbol{p}} \tag{4.1.43}$$

算符 $\hat{O}$ 的转置(transposed)算符 $\tilde{\hat{O}}$ 定义为

$$(\psi, \tilde{\hat{O}}\varphi) = (\varphi^*, \hat{O}\psi^*) \tag{4.1.44}$$

---

① 在量子力学中,因子相同但乘积次序不同的厄米算符,一般说来,代表不同的力学量. 只在经典极限下,它们才代表同一个力学量. 要从一个经典力学量,找出其算符表示式,在保证厄米性要求下,如乘积次序还有几种可能形式的话,究竟应采用哪一种形式,要靠计算结果与实验的比较来检验.

即

$$\int d\tau\psi^{*}\ \tilde{\hat{O}}\varphi = \int d\tau\varphi\hat{O}\psi^{*}$$

上式中 ψ 与 φ 是两个任意波函数. 可以证明,

$$\frac{\tilde{\partial}}{\partial x} = -\frac{\partial}{\partial x} \tag{4.1.45}$$

因为

$$\int_{-\infty}^{+\infty} dx\varphi\frac{\partial}{\partial x}\psi^{*} = \varphi\psi^{*}\Big|_{-\infty}^{+\infty} - \int_{-\infty}^{+\infty} dx\psi^{*}\frac{\partial}{\partial x}\varphi$$

设 $x\to\pm\infty$时,$\psi\to 0$ 条件满足,则得

$$\int_{-\infty}^{+\infty} dx\varphi\frac{\partial}{\partial x}\psi^{*} = -\int_{-\infty}^{+\infty} dx\psi^{*}\frac{\partial}{\partial x}\varphi$$

但按定义,上式左边$=\int_{-\infty}^{+\infty} dx\psi^{*}\frac{\tilde{\partial}}{\partial x}\varphi$,由此得

$$\int_{-\infty}^{+\infty} dx\psi^{*}\left(\frac{\tilde{\partial}}{\partial x} + \frac{\partial}{\partial x}\right)\varphi = 0$$

由于 ψ 与 φ 是任意的,所以$\frac{\tilde{\partial}}{\partial x} + \frac{\partial}{\partial x} = 0$,即式(4.1.45).

练习 10　证明在 x 表象中

$$\tilde{\hat{p}}_x = -\hat{p}_x \tag{4.1.46}$$

练习 11　设 $\hat{A}$ 与 $\hat{B}$ 是任意两个算符,证明,

$$\widetilde{(\hat{A}\hat{B})} = \tilde{\hat{B}}\tilde{\hat{A}} \tag{4.1.47}$$

算符 $\hat{O}$ 的厄米共轭(hermitian conjugate)算符 $\hat{O}^{+}$ 定义为

$$(\psi, \hat{O}^{+}\varphi) = (\hat{O}\psi, \varphi) \tag{4.1.48}$$

按式(4.1.42)与(4.1.44),可得

$$(\psi, \hat{O}^{+}\varphi) = (\varphi, \hat{O}\psi)^{*} = (\varphi^{*}, \hat{O}^{*}\psi^{*}) = (\psi, \tilde{\hat{O}}^{*}\varphi)$$

即

$$\hat{O}^{+} = \tilde{\hat{O}}^{*} \tag{4.1.49}$$

练习 12　证明

$$\hat{p}_x^{+} = \hat{p}_x \tag{4.1.50}$$

练习 13　证明

$$(\hat{A}\hat{B}\hat{C}\cdots)^* = \hat{A}^*\hat{B}^*\hat{C}^*\cdots \tag{4.1.51}$$

$$(\hat{A}\hat{B}\hat{C}\cdots)^+ = \cdots\hat{C}^+\hat{B}^+\hat{A}^+ \tag{4.1.52}$$

11. 厄米算符

满足下列关系的算符 $\hat{O}$

$$\hat{O}^+ = \hat{O} \quad 或 \quad (\psi, \hat{O}\varphi) = (\hat{O}\psi, \varphi) \tag{4.1.53}$$

称为厄米算符(hermitian operator)①. 例如,$\hat{p}_x$、x、$V(x)$(实)都是厄米算符.

不难证明,两个厄米算符之和仍为厄米算符. 但两个厄米算符之积却不一定是厄米算符,除非两者可以对易. 因为,按假设 $\hat{A}^+ = \hat{A}$, $\hat{B}^+ = \hat{B}$, 以及式(4.1.52)

$$(\hat{A}\hat{B})^+ = \hat{B}^+\hat{A}^+ = \hat{B}\hat{A}$$

只当 $[\hat{A}, \hat{B}] = 0$ 时,才有 $(\hat{A}\hat{B})^+ = \hat{A}\hat{B}$,即 $\hat{A}\hat{B}$ 为厄米算符.

练习 14　证明 $\hat{T} = \hat{p}^2/2m$, $\hat{\boldsymbol{l}} = \boldsymbol{r}\times\hat{\boldsymbol{p}}$ 是厄米算符.

练习 15　设 $\hat{A}$ 和 $\hat{B}$ 为厄米算符,则

$$\frac{1}{2}(\hat{A}\hat{B} + \hat{B}\hat{A}) \qquad 及 \qquad \frac{1}{2\mathrm{i}}(\hat{A}\hat{B} - \hat{B}\hat{A})$$

也是厄米算符. 由此证明,任何算符 $\hat{O}$ 可以分解为

$$\hat{O} = \hat{O}_+ + \mathrm{i}\hat{O}_-$$

其中 $\hat{O}_+ = \frac{1}{2}(\hat{O} + \hat{O}^+)$, $\hat{O}_- = \frac{1}{2\mathrm{i}}(\hat{O} - \hat{O}^+)$ 都是厄米算符.

关于厄米算符,有下列重要性质.

定理　在任何量子态下,厄米算符的平均值必为实数.

证明

按厄米算符的定义式(4.1.53)以及式(4.1.42),可知对于体系的任何量子态 ψ,

$$\overline{O} = (\psi, \hat{O}\psi) = (\hat{O}\psi, \psi) = (\psi, \hat{O}\psi)^* = \overline{O}^*$$

定理得证.

逆定理　在体系的任何量子态下的平均值均为实数的算符,必为厄米算符.

证明

按假设,在任意量子态 ψ 下,$\overline{O} = \overline{O}^*$,即

① 有一些书中,称为自轭算符(self-conjugate operator),或实算符(real operator).

$$(\psi,\hat{O}\psi)=(\psi,\hat{O}\psi)^*=(\hat{O}\psi,\psi) \tag{4.1.54}$$

取

$$\psi=\psi_1+c\psi_2 \tag{4.1.55}$$

ψ_1 与 ψ_2 是任意的,c 也是任意的. 代入式(4.1.54),得

$$c[(\psi_1,\hat{O}\psi_2)-(\hat{O}\psi_1,\psi_2)]=c^*[(\hat{O}\psi_2,\psi_1)-(\psi_2,\hat{O}\psi_1)] \tag{4.1.56}$$

分别取 $c=1$ 和 i,代入上式,然后相加、减,即得

$$(\psi_1,\hat{O}\psi_2)=(\hat{O}\psi_1,\psi_2),\qquad (\psi_2,\hat{O}\psi_1)=(\hat{O}\psi_2,\psi_1)$$

此即厄米算符定义式(4.1.53)所要求的,定理得证.

实验上可以观测的力学量,在英文文献中,习惯称为可观测量(observable),当然要求平均值为实数,相应的算符必然要求为厄米算符.

推论 设 $\hat{O}$ 为厄米算符,则在任意量子态 ψ 下,

$$\overline{\hat{O}^2}=(\psi,\hat{O}^2\psi)\geqslant 0 \tag{4.1.57}$$

练习 16 若厄米算符 $\hat{O}$ 在任何态下的平均值都为 0,则 $\hat{O}=0$(零算符),即

$$\hat{O}\psi=0 \qquad (\psi\text{ 任意})$$

练习 17 设 ψ 为任意归一化的波函数,F 为算符,证明

$$\overline{F^+F}=(\psi,F^+F\psi)\geqslant 0$$

并求上式中等号成立的条件.

答:只当 $F\psi=0$ 时,等号才成立.

4.2 厄米算符的本征值与本征函数

假设一个体系处于量子态 ψ,当人们去测量它的力学量 O 时,一般说来,可能出现各种不同的结果,相应各有一定的概率. 而对于都用 ψ 来描述其状态的大量的完全相同的体系,即系综(ensemble),进行多次测量的结果的平均值,将趋于一个确定值. 而每一次具体测量的结果,围绕着平均值有一个涨落(fluctuation). 涨落定义为①

$$\overline{\Delta O^2}=\overline{(\hat{O}-\bar{O})^2}=\int\psi^*(\hat{O}-\bar{O})^2\psi\mathrm{d}\tau \tag{4.2.1}$$

因为 $\hat{O}$ 为厄米算符,$\bar{O}$ 必为实数,因而 $\hat{O}-\bar{O}$ 也是厄米算符. 根据上节式(4.1.57),可以得出

---

① 习惯上常常把$[\overline{\Delta O^2}]^{1/2}=\left[\overline{(\hat{O}-\bar{O})^2}\right]^{1/2}$简记为 ΔO,称为 O 的涨落.

$$\overline{\Delta O^2} = \int |(\hat{O} - \bar{O})\psi|^2 d\tau \geqslant 0 \tag{4.2.2}$$

然而如果体系处于一种特殊的状态下，测量力学量 O 所得结果是完全确定的，即涨落 $\overline{\Delta O^2}=0$，则这种状态称为力学量 O 的本征态(eigenstate). 在这种状态下，由式(4.2.2)显然看出，必须被积函数为零，即 ψ 必须满足

$$(\hat{O} - \bar{O})\psi = 0$$

或

$$\hat{O}\psi = C\psi \tag{4.2.3}$$

常数 C 即在 ψ 态下测量 O 所得结果. 为下面讨论方便，把此特殊状态记为 ψ_n，并把常数记为 O_n，于是式(4.2.3)可改写为

$$\hat{O}\psi_n = O_n\psi_n \tag{4.2.4}$$

O_n 称为算符 $\hat{O}$ 的一个本征值(eigenvalue)，ψ_n 称为相应的本征函数(eigenfunction). 式(4.2.4)即算符 $\hat{O}$ 的本征方程(eigenquation). 求解它们时，作为力学量的本征函数，还要求满足物理上一定的要求.

量子力学中的一个基本假定是：测量力学量 O 时，所有可能出现的值，都是相应的线性厄米算符 $\hat{O}$ 的本征值.

由式(4.2.4)可以看出，当体系处于 $\hat{O}$ 的本征态 ψ_n 时，测量 O 的平均值就是其本征值 O_n. 因为

$$\bar{O} = (\psi_n, \hat{O}\psi_n) = O_n(\psi_n, \psi_n) = O_n \tag{4.2.5}$$

在上一节中已证明，厄米算符在任何态下的平均值都为实数，所以在 ψ_n 态下也必为实数. 因此，根据式(4.2.5)可以得出下面定理.

定理 1 厄米算符的本征值必为实数.

以下我们来证明厄米算符的本征函数的一个基本性质.

定理 2 厄米算符的对应于不同本征值的本征函数，彼此正交.

证明

设 ψ_n 和 ψ_m 分别是厄米算符 $\hat{O}$ 的本征值为 O_n 和 O_m 的本征函数

$$\hat{O}\psi_n = O_n\psi_n \tag{4.2.6}$$

$$\hat{O}\psi_m = O_m\psi_m \tag{4.2.7}$$

并设 (ψ_m, ψ_n) 存在. 式(4.2.7)取复共轭，利用 $O_m^* = O_m$，得

$$\hat{O}^* \psi_m^* = O_m\psi_m^* \tag{4.2.8}$$

右乘 ψ_n 积分，得

$$(\hat{O}\psi_m,\psi_n) = O_m(\psi_m,\psi_n) \tag{4.2.9}$$

利用厄米算符的特性(4.1.53)式，得

$$(\hat{O}\psi_m,\psi_n) = (\psi_m,\hat{O}\psi_n) = O_n(\psi_m,\psi_n)$$

代入式(4.2.9)，得

$$(O_m - O_n)(\psi_m,\psi_n) = 0 \tag{4.2.10}$$

因此，如两个本征值不同，$O_m \neq O_n$，则必须$(\psi_m,\psi_n)=0$. 定理得证.

在继续讨论厄米算符本征函数的一般性质之前，先讨论几个常见的力学量的本征函数.

例 1 求角动量的 z 分量 $\hat{l}_z = -\mathrm{i}\hbar\dfrac{\partial}{\partial\varphi}$的本征函数.

本征方程为

$$-\mathrm{i}\hbar\frac{\partial}{\partial\varphi}\Phi = l'_z\Phi \tag{4.2.11}$$

l'_z为本征值，上式可改为

$$\frac{\partial\ln\Phi}{\partial\varphi} = \mathrm{i}l'_z/\hbar$$

易于解出

$$\Phi(\varphi) = C\exp(\mathrm{i}l'_z\varphi/\hbar) \tag{4.2.12}$$

C 为积分常数，可由归一化条件定之. 当绕 z 轴旋转一圈后，$\varphi\rightarrow\varphi+2\pi$，粒子回到原来位置. 作为一个力学量所相应的算符，$\hat{l}_z=-\mathrm{i}\hbar\dfrac{\partial}{\partial\varphi}$必须为厄米算符. 为了保证其厄米性，要求波函数满足周期性边条件①(或称为单值条件)，

$$\Phi(\varphi+2\pi) = \Phi(\varphi) \tag{4.2.13}$$

由此可得

$$l'_z/\hbar = m \qquad (m = 0,\pm 1,\pm 2,\cdots) \tag{4.2.14}$$

---

① 按 $\hat{l}_z$的厄米性(4.1.53)式，要求$(\phi,\hat{l}_z\psi)=(\hat{l}_z\phi,\psi)$，这里 ϕ 与 ψ 为粒子的任意两个态. 在坐标表象中表示出来，即

$$\begin{aligned}(\phi,\hat{l}_z\psi) &= \int_0^{2\pi}\mathrm{d}\varphi\phi^*(\varphi)\frac{\hbar}{\mathrm{i}}\frac{\partial}{\partial\varphi}\psi(\varphi)\\ &= \frac{\hbar}{\mathrm{i}}\phi^*(\varphi)\psi(\varphi)\bigg|_0^{2\pi} - \int_0^{2\pi}\mathrm{d}\varphi\frac{\hbar}{\mathrm{i}}\left(\frac{\partial\phi^*}{\partial\varphi}\right)\psi\\ &= \frac{\hbar}{\mathrm{i}}\phi^*(\varphi)\psi(\varphi)\bigg|_0^{2\pi} + (\hat{l}_z\phi,\psi)\end{aligned}$$

因此

$$\phi^*(2\pi)\psi(2\pi) - \phi^*(0)\psi(0) = 0$$

即

$$\frac{\psi(2\pi)}{\psi(0)} = \frac{\phi^*(0)}{\phi^*(2\pi)}$$

此比值对所有波函数 ψ、ϕ、…都是一样的. 而对于 $l'_z=0$ 相应的本征函数 $\psi(\varphi)=$常数，上述比值 $\psi(2\pi)/\psi(0)$为 1. 因此，对于任何一个波函数 $\psi(\varphi)$，都有 $\psi(2\pi)=\psi(0)$. 此即周期性条件.

即角动量 z 分量的本征值为

$$l'_z = m\hbar$$

是量子化的. 相应的本征函数记为

$$\Phi_m(\varphi) = C\mathrm{e}^{\mathrm{i}m\varphi}$$

再利用归一化条件

$$\int_0^{2\pi} |\Phi_m(\varphi)|^2 \mathrm{d}\varphi = 2\pi |C|^2 = 1$$

通常取 C 为正实数, $C=1/\sqrt{2\pi}$, 因此归一化波函数为

$$\Phi_m(\varphi) = \frac{1}{\sqrt{2\pi}}\mathrm{e}^{\mathrm{i}m\varphi} \tag{4.2.15}$$

容易证明本征函数的正交归一性

$$(\Phi_m, \Phi_n) = \int_0^{2\pi} \Phi_m^*(\varphi)\Phi_n(\varphi)\mathrm{d}\varphi = \delta_{mn} \tag{4.2.16}$$

例 2 求绕固定轴(取为 z 轴)的转子的能量本征值.

绕定轴转动的经典转子的能量为 $L_z^2/2I$, I 为转动惯量, L_z 为角动量. 在量子力学中, 相应的转子的 Hamilton 算符为

$$\hat{H} = \hat{L}_z^2/2I = -\frac{\hbar^2}{2I}\frac{\partial^2}{\partial\varphi^2} \tag{4.2.17}$$

本征方程为

$$-\frac{\hbar^2}{2I}\frac{\partial^2}{\partial\varphi^2}\psi = E\psi \tag{4.2.18}$$

满足周期性边条件的归一化波函数为

$$\psi_m = \frac{1}{\sqrt{2\pi}}\mathrm{e}^{\mathrm{i}m\varphi}, \qquad m = 0, \pm 1, \pm 2, \cdots \tag{4.2.19}$$

相应的能量为

$$E_m = m^2\hbar^2/2I \geqslant 0 \tag{4.2.20}$$

但应注意, 对应于一个能量本征值 E_m, 有两个本征函数($m=0$ 除外), 即 $\mathrm{e}^{\pm\mathrm{i}|m|\varphi}$, 其中 $|m| = \sqrt{\dfrac{2IE_m}{\hbar^2}}$ ($|m|=1,2,3,\cdots$), 即能级是二重简并的(2-fold degenerate).

思考题 1 平面转子的能量本征态[即方程(4.2.18)的解], 可否取为 $\sin m\varphi$ 和 $\cos m\varphi$? 此时, 它们是否仍为 $\hat{L}_z = -\mathrm{i}\hbar\dfrac{\partial}{\partial\varphi}$ 的本征态?

例 3 求动量的 x 分量 $\hat{p}_x = -\mathrm{i}\hbar\dfrac{\partial}{\partial x}$ 的本征函数.

本征方程

$$-\mathrm{i}\hbar\frac{\partial}{\partial x}\psi = p'_x\psi \tag{4.2.21}$$

p'_x 是动量本征值. 显然

$$\frac{\partial \ln\psi}{\partial x} = \mathrm{i}p'_x/\hbar$$

所以

$$\psi_{p'_x} = C\exp(\mathrm{i}p'_x x/\hbar) \tag{4.2.22}$$

C 为积分常数. 若粒子位置不受限制，则 p'_x 可以取任何实数值($-\infty < p'_x < +\infty$)，是连续变化的. 式(4.2.22)即平面波，它是不能归一化的. 对于连续谱的本征态的"归一化"问题，将在 4.4 节中讨论. 但习惯上取

$$\psi_{p'_x}(x) = \frac{1}{\sqrt{2\pi\hbar}}\exp(\mathrm{i}p'_x x/\hbar) \tag{4.2.23}$$

不难证明

$$\int_{-\infty}^{+\infty}\psi^*_{p'_x}(x)\psi_{p''_x}(x)\mathrm{d}x = \delta(p'_x - p''_x) \tag{4.2.24}$$

例 4 一维自由粒子的能量本征态.

对于一维运动的自由粒子，$\hat{H} = \frac{\hat{p}_x^2}{2m} = -\frac{\hbar^2}{2m}\frac{\partial^2}{\partial x^2}$，本征方程为

$$-\frac{\hbar^2}{2m}\frac{\partial^2}{\partial x^2}\psi = E\psi \tag{4.2.25}$$

其解可取为

$$\psi_E(x) \propto \mathrm{e}^{\pm ikx},\ k = \sqrt{\frac{2mE}{\hbar^2}} \geqslant 0 \tag{4.2.26}$$

相应的能量为

$$E = \hbar^2k^2/2m \geqslant 0 \tag{4.2.27}$$

可以取一切非负的实数值. 这里我们同样看到，能级是二重简并的($k=0$ 除外)，都不可归一化.

思考题 2　一维自由粒子的能量本征态，即方程(4.2.25)的解，可否取为 $\psi\propto\sin kx, \cos kx$？此时它们是否还是 $\hat{p}_x = -\mathrm{i}\hbar\frac{\partial}{\partial x}$ 的本征态？它们是否具有确定的宇称？相应的粒子流密度 $j_x=$？

在处理量子力学中力学量的本征值问题时，特别是 Hamilton 量的本征值问题，常常出现能量本征态简并(degeneracy)，即对应于一个能量本征值，有不止一个能量本征态，这与体系的对称性有密切的关系. 在出现简并的情况下，仅根据该力学量的本征值还不能把简并的各本征态确定下来. 此外，同一个本征值相应的各简并态不一定彼此正交. 例如，设算符 $\hat{O}$ 的属于本征值 O_n 的线性无关的本征函数有 f_n 个，即

$$\hat{O}\psi_{n\alpha} = O_n\psi_{n\alpha} \qquad (\alpha = 1,2,\cdots,f_n) \tag{4.2.28}$$

则称本征值 O_n 为 f_n 重简并. 在出现简并的情况下，仅给定 O_n，并不能把各本征态确定下来，而且一般说来，这 f_n 个本征函数 $\psi_{n\alpha}$ 并不一定彼此正交. 但可以证明，把它们适当地重新线性叠加后，可以做到彼此正交. 令

$$\phi_{n\beta} = \sum_{\alpha=1}^{f_n} a_{\beta\alpha}\psi_{n\alpha} \qquad (\beta = 1,2,\cdots,f_n) \tag{4.2.29}$$

显然，$\phi_{n\beta}$ 仍为 $\hat{O}$ 的本征函数，且都属于本征值 O_n，因为

$$\hat{O}\phi_{n\beta} = \sum_{\alpha=1}^{f_n} a_{\beta\alpha}\hat{O}\psi_{n\alpha} = O_n\sum_{\alpha=1}^{f_n} a_{\beta\alpha}\psi_{n\alpha} = O_n\phi_{n\beta}$$

但可以选择 $a_{\beta\alpha}$，使 $\phi_{n\beta}$ 具有正交归一性，即要求

$$(\phi_{n\beta},\phi_{n\beta'})=\delta_{\beta\beta'} \tag{4.2.30}$$

这相当于有 $\frac{1}{2}f_n(f_n-1)+f_n=\frac{1}{2}f_n(f_n+1)$ 个条件. 但系数 $a_{\beta\alpha}$ 共有 f_n^2 个. 当 $f_n>1$ 时，$f_n^2>\frac{1}{2}f_n(f_n+1)$，因此，总可以找到一组($f_n^2$ 个)$a_{\beta\alpha}$，使式(4.2.30)满足.

在处理实际问题时，如出现简并时，为了要把 $\hat{O}$ 的本征态确定下来，往往是用除 $\hat{O}$ 以外的其他某一个(些)力学量的本征值来区分这些简并态. 此时，正交性问题可自动得到解决. 这就涉及两个(或多个)力学量的共同本征态(simultaneous eigenstate)的问题，也涉及不同的力学量之间的不确定度的关系.

思考题 3　试用上述原则去分析例 2 和例 4.

4.3　共同本征函数

4.3.1　不确定度关系的严格证明

设体系处于力学量 A 的本征态，则对它测量 A 时，将得到一个确切值，即相应的本征值，并不出现涨落. 试问在这种量子态下去测量另一个力学量 B，是否也能得到一个确定的值？这不一定. 例如，在 2.1.4 节中，考虑到微观粒子的波动-粒子二象性，一个粒子的位置与动量不能同时完全确定(即不存在共同本征态)，而涨落 Δx 与 Δp_x 必满足下列关系：

$$\Delta x\cdot\Delta p_x\approx\hbar \tag{4.3.1}$$

下面我们普遍地讨论此问题. 设有任意两力学量 A 与 B，考虑下列积分不等式：

$$I(\xi)=\int|\xi\hat{A}\psi+\mathrm{i}\hat{B}\psi|^2\mathrm{d}\tau\geqslant 0 \tag{4.3.2}$$

ψ 为体系的任意一个量子态，ξ 为任意实参数. 利用 $\hat{A}$ 和 $\hat{B}$ 的厄米性以及 ξ 为实参数，不等式左边可表示成

$$\begin{aligned}I(\xi)&=(\xi\hat{A}\psi+\mathrm{i}\hat{B}\psi,\xi\hat{A}\psi+\mathrm{i}\hat{B}\psi)\\&=\xi^2(\hat{A}\psi,\hat{A}\psi)+\mathrm{i}\xi(\hat{A}\psi,\hat{B}\psi)-\mathrm{i}\xi(\hat{B}\psi,\hat{A}\psi)+(\hat{B}\psi,\hat{B}\psi)\\&=\xi^2(\psi,\hat{A}^2\psi)+\mathrm{i}\xi(\psi,[\hat{A},\hat{B}]\psi)+(\psi,\hat{B}^2\psi)\end{aligned}$$

为方便，引进厄米算符 C

$$\hat{C}=\mathrm{i}[B,A] \tag{4.3.3}$$

它在任何态下的平均值 $\overline{C}$ 都是实数. 此时

$$I(\xi)=\xi^2\,\overline{A^2}-\xi\overline{C}+\overline{B^2}=\overline{A^2}\left(\xi-\frac{\overline{C}}{2\,\overline{A^2}}\right)^2+\left(\overline{B^2}-\frac{\overline{C}^2}{4\,\overline{A^2}}\right)\geqslant 0$$

式(4.3.2)中的实参数取为 $\xi=\overline{C}/2\,\overline{A^2}$，则

$$\overline{B^2}-\frac{\overline{C}^2}{4\,\overline{A^2}}\geqslant 0$$

即

$$\overline{A^2}\cdot\overline{B^2}\geqslant\frac{1}{4}\overline{C}^2 \tag{4.3.4}$$

或表示成

$$\sqrt{\overline{A^2}\cdot\overline{B^2}}\geqslant\frac{|\overline{C}|}{2}=\frac{1}{2}\left|\overline{[\hat{A},\hat{B}]}\right| \tag{4.3.4$'$}$$

上列不等式对于任意两个厄米算符 $\hat{A}$ 和 $\hat{B}$ 都成立. 但我们注意到，$\overline{A}$ 与 $\overline{B}$ 均为实数，所以

$$\Delta\hat{A}=\hat{A}-\overline{A},\qquad \Delta\hat{B}=\hat{B}-\overline{B} \tag{4.3.5}$$

也都是厄米算符，因而式(4.3.4′)对于 $\Delta\hat{A}$ 与 $\Delta\hat{B}$ 也成立. 考虑到

$$[\Delta\hat{A},\Delta\hat{B}]=[\hat{A},\hat{B}] \tag{4.3.6}$$

因此

$$\overline{(\Delta A)^2}\cdot\overline{(\Delta B)^2}\geqslant\frac{1}{4}\overline{[\hat{A},\hat{B}]}^2$$

开方，得

$$\sqrt{\overline{(\Delta A)^2}}\cdot\sqrt{\overline{(\Delta B)^2}}\geqslant\frac{1}{2}\left|\overline{[\hat{A},\hat{B}]}\right| \tag{4.3.7}$$

简记为

$$\Delta A\Delta B\geqslant\frac{1}{2}\left|\overline{[A,B]}\right| \tag{4.3.7$'$}$$

这就是任意两力学量 A 与 B 在任何态下的涨落必须满足的关系式. 特别重要的是，$\hat{A}=x$，$\hat{B}=\hat{p}_x$，由于 $[x,p_x]=\mathrm{i}\hbar$，因此由式(4.3.7′)可得出

$$\Delta x\Delta p_x\geqslant\hbar/2 \tag{4.3.8}$$

从式(4.3.7)可以看出，若两力学量 A 与 B 不对易，则一般说来，ΔA 与 ΔB 不能同时为零，即 A 与 B 不能同时有确定的测值（$\overline{[A,B]}$ 为零的态可能是例外），或者说它们不能有共同本征态.

反之，若两个厄米算符 $\hat{A}$ 与 $\hat{B}$ 对易，即 $[\hat{A},\hat{B}]=0$，则可以找到这样的态，使 $\Delta A=0$ 和 $\Delta B=0$ 同时满足，即可以求它们的共同本征态(simultaneous eigenstate).

[注]不确定度关系与测量误差-干扰关系.

在量子力学教科书中,**不确定性原理**(uncertainty principle)的数学表达式称为**不确定度关系**(uncertainty relation)

$$\Delta A \Delta B \geqslant \frac{1}{2} |\langle \psi | [A,B] | \psi \rangle| \tag{1}$$

上式中 $\Delta A = \sqrt{\langle X^2 \rangle - \langle X \rangle^2}$ 是标准偏差($X=A,B$),$\langle X \rangle = \langle \psi | X | \psi \rangle$ 是可观测量 X 在量子态 $|\psi\rangle$ 下的平均值. 此关系式的严格证明是首先在文献[1－3]中给出的. 在量子力学教科书中,不确定度关系的证明,基于波函数的统计诠释和 Schwartz 不等式. 不确定度关系(1)是量子态固有的不确定度,不涉及具体的测量(见文献[4]). 不确定度关系的确切含义的讨论,已在 p.39-40 的[注]中给出. Schrödinger 还指出[5],与不确定度关系(1)的平方相应的表示式的右边,应加上一个正定的协变项,即

$$(\Delta A)^2 (\Delta B)^2 \geqslant \left| \frac{1}{2} \langle \psi | AB - BA | \psi \rangle \right|^2 + \frac{1}{4} [\langle \psi | AB + BA | \psi \rangle - 4 \langle \psi | A | \psi \rangle \langle \psi | B | \psi \rangle]^2 \tag{2}$$

但应指出,Heisenberg 原来讨论的是**测量误差-干扰关系**(measurement error-disturbancerelation),可推广为[4]

$$\varepsilon(A) \eta(B) \geqslant \frac{1}{2} | [\langle A,B \rangle] | \tag{3}$$

其中 $\varepsilon(A)$ 是可观测量 A 的测量误差,η_B 反映可观测量 B 在测量时受到的干扰(例如反冲等). 我国老一辈物理学家王竹溪先生把 Heisenberg 原来讨论的关系式翻译为**测不准关系**,是有根据的. 上世纪 70 年代,文献[6]已指出,式(3)在形式上不完全正确的. 2003 年,Ozawa 证明[7],测量误差-干扰关系(2)应修订为

$$\varepsilon(A) \eta(B) + \varepsilon(A) \Delta B + \eta(B) \Delta A \geqslant \frac{1}{2} | [\langle A,B \rangle] | \tag{4}$$

测量误差-干扰关系(3)借助所谓弱测量(Weak measurement)的实验证实,可参见文献[4,8]. Ozawa 的工作引起很多人的议论. 有人认为,应把有关工作写进量子力学教材中去,但也有人对 Ozawa 的工作提出异议,见文献[9]及该文所引文献.

近期,Branciard[10]对于近似联合测量(approximate joint-measurement),提出如下关系式,他称之为 error-tradeoff relation,

$$\Delta B^2 \varepsilon_A^2 + \Delta A^2 \varepsilon_B^2 + 2 \sqrt{\Delta A^2 \Delta B^2 - \frac{1}{4} C_{AB}^2}\, \varepsilon_A \varepsilon_B \geqslant \frac{1}{4} C_{AB}^2 \tag{5}$$

式中 ΔA 与 ΔB 是标准偏差,ε_A 与 ε_B 是可观测量 A 和 B 的测量的方均根(rms)偏差,$C = \mathrm{i} \langle \psi | [B,A] | \psi \rangle$. 文献[10]还讨论了关系式(5)与关系式(3)和(4)的联系. 作者认为,不妨把关系式 (3),(4)和(5),统称为**测不准关系**.

仔细观察可以看出:不确定度关系(1),Schrödinger 对它的修订式(2),以及 Branciard 关系式(5),对于两个被观测的两个可观测量 A 与 B 的对换,是完全对称的.

作者认为,测不准关系(3),(4)和(5),与不确定度关系(1)和(2)的含义不同,不可把它们混为一谈. 更不可把测量误差-干扰关系与不确定性原理混为一谈. 测量误差-干扰关系的修订,并未动摇不确定性原理的普适性和量子力学的理论基础.

[1] H. P. Robertson, Phys. Rev. **34**(1929)163.

[2] E. H. Kennard, Zeit. Phys. **44**(1927) 326.

[3] H. Weyl, *Gruppentheorie und Quantenmechanik*, Hirzel, Leipzig, 1928.

[4] L. A. Rozema, A. Darabi, D. H. Mahler, A. Hayat, Y. Soudagar, and A. M. Steinberg, Phys. Rev. Lett. **109** (2012) 100404.

[5]E. Schrödinger, Sitz. Preuss. Akad. Wiss. **14**(1930) 296.. 英译本(2000 年),参见 arXiv: quant-ph/9903100 v2, pp. 1-16.

[6] L. E. Ballentine, Rev. Mod. Phys. **42**(1970) 358.

[7] M. Ozawa, Phys. Rev. **A67**(2003) 042105.

[8]J. Erhart, S. Sponar, G. Sulyok, G. Badurek, M. Ozawa and Y. Hasegawa, Nature Physics **8**(2012)185.

[9] R. L. Cowen, Nature **419**(2013)419.

[10] C. Branciard, PNAS **110**(2013) 6742−6747.

* * *

例 1 求动量 $\hat{\boldsymbol{p}}\,(\hat{p}_x,\hat{p}_y,\hat{p}_z)$的共同本征态.

因为$[\hat{p}_\alpha,\hat{p}_\beta]=0$,所以$(\hat{p}_x,\hat{p}_y,\hat{p}_z)$可以具有共同本征态,即平面波

$$\psi_p(\boldsymbol{r})\equiv\psi_{p_x}(x)\psi_{p_y}(y)\psi_{p_z}(z)=\frac{1}{(2\pi\hbar)^{3/2}}\exp[\mathrm{i}(xp_x+yp_y+zp_z)/\hbar]$$

$$=\frac{1}{(2\pi\hbar)^{3/2}}\exp(\mathrm{i}\boldsymbol{p}\cdot\boldsymbol{r}/\hbar) \tag{4.3.9}$$

相应的本征值为(p_x,p_y,p_z),$(-\infty<p_x,p_y,p_z(\text{实})<+\infty)$.

例 2 试求粒子坐标的三个分量(x,y,z)的共同本征态.

答:$\psi_{x_0y_0z_0}(x,y,z)=\delta(x-x_0)\delta(y-y_0)\delta(z-z_0)$,相应的本征值为$(x_0,y_0,z_0)$,$(-\infty<x_0,y_0,z_0(\text{实})<+\infty)$.

思考题 1 若两个厄米算符有共同本征态,是否它们就彼此对易?(答,不一定)

思考题 2 若两个算符不对易,是否就一定没有共同本征态?(答,不一定,对于特殊状态,满足$\overline{[A,B]}=0$,又如何?试举一例以说明.).

思考题 3 若两个算符对易,是否在所有态下它们都同时具有确定值?

在讲述求两个力学量共同本征态的一般原则之前,先讨论一下轨道角动量的本征态.由于它的三个分量彼此不对易,一般不存在共同本征态.考虑到$[\hat{\boldsymbol{l}}^2,\hat{l}_\alpha]=0(\alpha=x,y,z)$,可以求 $\hat{\boldsymbol{l}}^2$与任一分量的共同本征态.

4.3.2 角动量$(\hat{\boldsymbol{l}}^2,\hat{l}_z)$的共同本征态,球谐函数

采用球坐标系,$\hat{\boldsymbol{l}}^2$,$\hat{l}_z$可以表示成

$$\hat{\boldsymbol{l}}^2=-\hbar^2\left[\frac{1}{\sin\theta}\frac{\partial}{\partial\theta}\left(\sin\theta\frac{\partial}{\partial\theta}\right)+\frac{1}{\sin^2\theta}\frac{\partial^2}{\partial\varphi^2}\right]=-\left[\frac{\hbar^2}{\sin\theta}\frac{\partial}{\partial\theta}\left(\sin\theta\frac{\partial}{\partial\theta}\right)-\frac{\hat{l}_z^2}{\sin^2\theta}\right] \tag{4.3.10}$$

$$\hat{l}_z=-\mathrm{i}\hbar\frac{\partial}{\partial\varphi} \tag{4.3.11}$$

$\hat{l}_z$的正交归一化的本征态为[见 4.2 节,式(4.2.15)]

$$\Phi_m(\varphi) = \frac{1}{\sqrt{2\pi}} e^{im\varphi}, \qquad m = 0, \pm 1, \pm 2, \cdots \tag{4.3.12}$$

$$\hat{l}_z \Phi_m(\varphi) = m\hbar \Phi_m(\varphi) \tag{4.3.13}$$

设 $\hat{\boldsymbol{l}}^2$本征函数表示为 $\mathrm{Y}(\theta,\varphi)$，令

$$\hat{\boldsymbol{l}}^2 \mathrm{Y}(\theta,\varphi) = \lambda\hbar^2 \mathrm{Y}(\theta,\varphi) \qquad (\lambda \text{ 无量纲}) \tag{4.3.14}$$

从式(4.3.10)明显看出，方程(4.3.14)可以分离变数. 令

$$\mathrm{Y}(\theta,\varphi) = \Theta(\theta)\Phi_m(\varphi) \tag{4.3.15}$$

这时我们已经要求 $\mathrm{Y}(\theta,\varphi)$同时也是 $\hat{l}_z$的本征态. 式(4.3.15)代入式(4.3.14)，得

$$\frac{1}{\sin\theta}\frac{\mathrm{d}}{\mathrm{d}\theta}\left(\sin\theta\frac{\mathrm{d}\Theta}{\mathrm{d}\theta}\right) + \left(\lambda - \frac{m^2}{\sin^2\theta}\right)\Theta = 0, \qquad 0 \leqslant \theta \leqslant \pi \tag{4.3.16}$$

这样求出的函数 $\mathrm{Y}(\theta,\varphi)$将是$(\hat{\boldsymbol{l}}^2, \hat{l}_z)$的共同本征态. 令

$$\cos\theta = \xi \qquad (|\xi| \leqslant 1)$$

则式(4.3.16)化为

$$\frac{\mathrm{d}}{\mathrm{d}\xi}\left[(1-\xi^2)\frac{\mathrm{d}\Theta}{\mathrm{d}\xi}\right] + \left(\lambda - \frac{m^2}{1-\xi^2}\right)\Theta = 0$$

或

$$(1-\xi^2)\frac{\mathrm{d}^2\Theta}{\mathrm{d}\xi^2} - 2\xi\frac{\mathrm{d}\Theta}{\mathrm{d}\xi} + \left(\lambda - \frac{m^2}{1-\xi^2}\right)\Theta = 0 \tag{4.3.17}$$

这就是连带(associated) Legendre 方程. 在$|\xi|\leqslant 1$(即 $0\leqslant\theta\leqslant\pi$)范围中，方程有两个正则奇点：$\xi=\pm 1$. 其余各点均为常点. 可以证明(附录四)，只有当

$$\lambda = l(l+1), \qquad l = 0, 1, 2, \cdots \tag{4.3.18}$$

情况下，方程(4.3.17)有一个多项式解(另一解为无穷级数)，即连带 Legendre 多项式

$$\mathrm{P}_l^m(\cos\theta), \qquad |m| \leqslant l \tag{4.3.19}$$

它在$|\xi|\leqslant 1$(即 $0\leqslant\theta\leqslant\pi$)范围中是有界的，是物理上允许的解. 利用 P_l^m 的正交归一性公式

$$\int_0^\pi \mathrm{P}_l^m(\cos\theta)\mathrm{P}_{l'}^m(\cos\theta)\sin\theta\mathrm{d}\theta = \frac{2}{(2l+1)}\frac{(l+m)!}{(l-m)!}\delta_{ll'} \tag{4.3.20}$$

可以定义一个归一化的波函数

$$\Theta_{lm}(\theta) = (-1)^m \sqrt{\frac{2l+1}{2}\frac{(l-m)!}{(l+m)!}}\mathrm{P}_l^m(\cos\theta), \quad (|m| \leqslant l) \tag{4.3.21}$$

则

$$\int_0^\pi \Theta_{lm}\Theta_{l'm}\sin\theta\mathrm{d}\theta = \delta_{ll'} \tag{4.3.22}$$

利用

$$\mathrm{P}_l^{-m} = (-1)^m\frac{(l-m)!}{(l+m)!}\mathrm{P}_l^m \tag{4.3.23}$$

不难证明

$$\Theta_{l,-m} = (-1)^m\Theta_{lm} \tag{4.3.24}$$

式(4.3.21)中,无论 m 为正或负,均成立.它就是归一化的 θ 部分的波函数.归一化因子有一个相位不定性.式(4.3.21)中相因子的取法是一种常用的 Condon-Shortley 的取法①.按此相因子取法,

$$Y_l^m(\theta,\varphi)=(-1)^m\sqrt{\frac{(l-m)!}{(l+m)!}\frac{2l+1}{4\pi}}P_l^m(\cos\theta)e^{im\varphi},\quad(|m|\leqslant l)\tag{4.3.25}$$

称为球谐函数(spherical harmonic function),它具有下列性质:

$$Y_l^{m*}=(-1)^mY_l^{-m}$$

$$\int_0^{2\pi}\int_0^{\pi}Y_l^{m*}Y_{l'}^{m'}\sin\theta d\theta d\varphi=\delta_{ll'}\delta_{mm'}\tag{4.3.26}$$

$$\hat{\boldsymbol{l}}^2Y_l^m=l(l+1)\hbar^2Y_l^m$$

$$\hat{l}_zY_l^m=m\hbar Y_l^m\tag{4.3.27}$$

$$l=0,1,2,\cdots$$

$$|m|\leqslant l,\text{即 }m=-l,-l+1,\cdots,l-1,l$$

$\hat{\boldsymbol{l}}^2$ 的本征值为 $l(l+1)\hbar^2$,$\hat{l}_z$ 本征值为 $m\hbar$.l 称为轨道角动量量子数,m 称为磁量子数.在给定 l 下,m 可以取$(2l+1)$个不同值,即有$(2l+1)$个态,因此是$(2l+1)$重简并,而 Y_l^m 正是用 $\hat{l}_z$ 的本征值 m 来对 l 相同的$(2l+1)$个简并态来进行分类.球谐函数的具体表达式,见附录四.

4.3.3 求共同本征态的一般原则

设$[\hat{A},\hat{B}]=0$,下面给出求 $\hat{A}$ 与 $\hat{B}$ 的共同本征态的一般原则.设

$$\hat{A}\psi_n=A_n\psi_n\tag{4.3.28}$$

即 ψ_n 是 $\hat{A}$ 的本征态,相应的本征值为 A_n.

(1) 先设 A_n 不简并.利用$[\hat{A},\hat{B}]=0$,可知

$$\hat{A}(\hat{B}\psi_n)=\hat{B}\hat{A}\psi_n=\hat{B}A_n\psi_n=A_n\hat{B}\psi_n$$

即 $\hat{B}\psi_n$ 也是 $\hat{A}$ 的本征态,本征值为 A_n,但按假定,A_n 不简并,所以 $\hat{B}\psi_n$ 与 ψ_n 最多只能差一常数因子,记为 B_n,即

$$\hat{B}\psi_n=B_n\psi_n\tag{4.3.29}$$

这样,ψ_n 本身就已是 $\hat{A}$ 和 $\hat{B}$ 的共同本征态,本征值分别为 A_n 与 B_n.

例如,一维谐振子 Hamilton 量的本征态 ψ_n 是不简并的,$H\psi_n=E_n\psi_n$.而$[P,H]=0$,P 为空间反射,所以 $\psi_n(x)$ 也必为 P 的本征态.事实上 $P\psi_n(x)=\psi_n(-x)=(-1)^n\psi_n(x)$,即 $\psi_n(x)$具有确定的宇称$(-1)^n$.

(2) 设 A_n 有简并(f_n 重),即

$$\hat{A}\psi_{n\alpha}=A_n\psi_{n\alpha}\qquad(\alpha=1,2,\cdots,f_n)\tag{4.3.30}$$

---

① E. U. Condon, G. H. Shortley, *The Theory of Atomic Spectra*, 1935.

假设 $\psi_{n\alpha}$ 已正交归一化,但 $\psi_{n\alpha}$ 并不一定就是 $\hat{B}$ 的本征态.考虑到

$$\hat{A}\hat{B}\psi_{n\alpha} = \hat{B}\hat{A}\psi_{n\alpha} = \hat{B}A_n\psi_{n\alpha} = A_n(\hat{B}\psi_{n\alpha})$$

即 $\hat{B}\psi_{n\alpha}$ 仍为 $\hat{A}$ 的本征态,本征值为 A_n.因此,$\hat{B}\psi_{n\alpha}$ 最普遍的表示式为

$$\hat{B}\psi_{n\alpha} = \sum_{\alpha'} B_{\alpha'\alpha}\psi_{n\alpha'} \tag{4.3.31}$$

其中

$$B_{\alpha'\alpha} = (\psi_{n\alpha'}, \hat{B}\psi_{n\alpha}) \tag{4.3.32}$$

可见,一般说来,$\psi_{n\alpha}$ 还不是 $\hat{B}$ 的本征态.但我们不妨把 $\psi_{n\alpha}$ 线性叠加(n 固定),令

$$\phi = \sum_{\alpha} C_\alpha \psi_{n\alpha} \tag{4.3.33}$$

不难看出

$$\hat{A}\phi = \sum_{\alpha} C_\alpha \hat{A}\psi_{n\alpha} = \sum_{\alpha} C_\alpha A_n \psi_{n\alpha} = A_n\phi \tag{4.3.34}$$

即 ϕ 仍是 $\hat{A}$ 的本征态,而且对应本征值为 A_n.试问它是否可能又是 $\hat{B}$ 的本征态呢?即能否满足

$$\hat{B}\phi = B'\phi \qquad (B' \text{ 为常数}) \tag{4.3.35}$$

呢?下面我们证明,这是能做到的.因为,利用式(4.3.31)

$$\hat{B}\phi = \sum_{\alpha} C_\alpha \hat{B}\psi_{n\alpha} = \sum_{\alpha\alpha'} C_\alpha B_{\alpha'\alpha}\psi_{n\alpha'}$$

而

$$B'\phi = B'\sum_{\alpha'} C_{\alpha'}\psi_{n\alpha'}$$

可以看出,如能找到 C_α,使满足

$$\sum_{\alpha} C_\alpha B_{\alpha'\alpha} = B'C_{\alpha'} \tag{4.3.36}$$

则我们的目的就达到了.上式可改写成

$$\sum_{\alpha=1}^{f_n} (B_{\alpha'\alpha} - B'\delta_{\alpha'\alpha})C_\alpha = 0 \tag{4.3.37}$$

这是 C_α 的线性齐次代数方程,有非平庸解的充要条件是

$$\det|B_{\alpha'\alpha} - B'\delta_{\alpha\alpha'}| = 0 \tag{4.3.38}$$

左边是 $f_n \times f_n$ 行列式,上式是 B' 的 f_n 次幂代数方程.由于 $\hat{B}^+ = \hat{B}$,即 $B_{\alpha'\alpha} = B^*_{\alpha\alpha'}$,可以证明①此 f_n 次代数方程的根是存在的.这 f_n 个根分别记为 $B_\beta(\beta=1,2,\cdots,f_n)$.

设 B_β 无重根,分别用每一个根 B_β 代入式(4.3.37),即可求出一组解 $C_{\beta\alpha}(\alpha=1,2,\cdots,f_n)$,即相应的波函数记为 $\phi_{n\beta}$

$$\phi_{n\beta} = \sum_{\alpha=1}^{f_n} C_{\beta\alpha}\psi_{n\alpha} \tag{4.3.39}$$

这样的波函数 $\phi_{n\beta}$ 共有 f_n 个($\beta=1,2,\cdots,f_n$),满足

---

① 参阅 E. Wigner, *Group Theory and its Applications to the Quantum Mechanics of Atomic Spectra*, 1959.

$$\hat{A}\phi_{n\beta} = A_n\phi_{n\beta}$$
$$\hat{B}\phi_{n\beta} = B_\beta\phi_{n\beta} \qquad (\beta = 1,2,\cdots,f_n) \tag{4.3.40}$$

$\phi_{n\beta}$即是我们要找的$\hat{A}$与$\hat{B}$的共同本征态.

如B_β还有重根,则简并尚未完全解除.此时可以找寻与$\hat{A}$和$\hat{B}$都对易的另外的力学量$\hat{C}$,…,求($\hat{A}$,$\hat{B}$,$\hat{C}$,…)的共同本征态,直到简并态可以完全标记清楚为止.

4.3.4 对易力学量完全集(CSCO)

设有一组彼此独立而且互相对易的厄米算符$\hat{A}$($\hat{A}_1$,$\hat{A}_2$,…),它们的共同本征态记为ψ_α,α表示一组相应的量子数.设给定一组量子数α之后,就能够确定体系的唯一一个可能状态,则我们称($\hat{A}_1$,$\hat{A}_2$,…)构成体系的一组对易可观测量完全集①(complete set of commuting observables,简记为CSCO),在中文教材中,习惯称为对易力学量完全集,或简称为力学量完全集.对易力学量完全集的概念与体系的一个确切的量子态的实验制备密切相关.

按照态叠加原理,体系的任何一个状态ψ均可用该体系的任何一个CSCO的共同本征态ψ_α来展开

$$\psi = \sum_\alpha a_\alpha\psi_\alpha \tag{4.3.41}$$

利用ψ_α的正交归一性,上式中的展开系数$a_\alpha=(\psi_\alpha,\psi)$可确切定出.$|a_\alpha|^2$表示在$\psi$态下,测量力学量$A$得到$A_\alpha$值的概率.这是波函数的统计诠释的最一般的表述.(这里假定量子数α,或力学量A_α不连续变化.若α连续变化,则$\sum_\alpha \to \int d\alpha$,而相应的展开系数的模方代表概率密度.例如,在坐标表象或动量表象的展开,即属此情况.)

如果体系的Hamilton量不显含时间$t(\partial H/\partial t=0)$,则$H$为守恒量(见5.1节).在此情况下,如对易力学量完全集中包含有体系的Hamilton量,则完全集中各力学量都是守恒量(见5.1节),这种完全集又称为对易守恒量完全集(a complete set of commuting conserved observables,简记为CSCCO.)包括H在内的守恒量完全集的共同本征态,当然是定态,所相应的量子数都称为好量子数.在这种展开中(无论ψ是什么态),$|a_\alpha|^2$是不随时间改变的(详见5.1节).

① P. A. M. Dirac, *The Principles of Quantum Mechanics*, (Oxford University Press, 1958), "Let us define a complete set of commuting observables to be a set of observables which all commute with one another and for which there is *only one* simultaneous eigenstate belonging to any set of eigenvalues."
C. Cohen-Tanoudji, et al., *Quantum Mechanics*, vol. 1, p. 144, "By definition, a set of observables A, B, C, ⋯ is called a complete set of commuting observables if (i) all the observables A, B, C, ⋯ commute by pairs, (ii) specifying the eigenvalues of all the observables A, B, C, ⋯ determines a *unique* (to within a multiplicative factor) common eigenvector." "⋯, it is generally understood that one is confind to '*minimal*' set, that is, those cease to be complete when any one of the observables is omitted." 还可以参阅 A. Messiah, *Quantum Mechanics*, vol. 1, p. 202～204, 273 的表述.

例 1 一维谐振子，Hamilton 量（能量）本身就构成力学量完全集. 能量本征函数 $\psi_n(x)$，$n=0,1,2,\cdots$，构成一个正交归一完备函数组，一维谐振子的任何一个态均可用它们来展开.

$$\psi(x)=\sum_n a_n\psi_n(x) \tag{4.3.42}$$

$|a_n|^2$ 代表 ψ 态下测得粒子能量为 E_n 的概率.

例 2 一维运动粒子，动量本征态（平面波）为 $\psi_p(x)\sim \mathrm{e}^{\mathrm{i}px/\hbar}$. 按照数学上 Fourier 展开定理，任何一个平方可积波函数均可用它们展开（参见 A. Messiah，*Quantum Mechanics*，vol. 1，p. 183）

$$\psi(x)=\frac{1}{(2\pi\hbar)^{1/2}}\int_{-\infty}^{+\infty}\varphi(p)\mathrm{e}^{\mathrm{i}px/\hbar}\mathrm{d}p \tag{4.3.43}$$

因此，动量就构成一维粒子的一个力学量完全集. 对于三维粒子，则动量的三个分量（p_x,p_y,p_z）构成一组对易力学量完全集. 同样，坐标的三个分量（x,y,z）也构成一组对易力学量完全集.

关于 CSCO，再做几点说明：

(1) CSCO 是限于最小集合，即从集合中抽出任何一个可观测量后，就不再构成体系的 CSCO. 所以要求 CSCO 中各观测量是函数独立的.

(2) 一个多自由度体系的 CSCO 中，可观测量的数目一般等于体系自由度的数目，但也可以大于体系自由度的数目（见下列练习 1.2.）

(3) 一个多自由度体系往往可以找到多个 CSCO，或 CSCCO. 在处理具体问题时，应视其侧重点来进行选择. 一个 CSCCO 的成员的选择，涉及体系的对称性.

练习 1 对于一维自由粒子，$\hat{p}_x=-\mathrm{i}\hbar\dfrac{\partial}{\partial x}$是否构成一个 CSCO?（见 4.2 节，例 3）. $\hat{H}=\dfrac{1}{2m}\hat{p}_x^2$可否选为一个 CSCO?（见 4.2 节，例 4.）

定义空间反射算符 $\hat{P}$，$\hat{P}\psi(x)=\psi(-x)$. 显然，$\hat{P}^2\psi(x)=P\psi(-x)=\psi(x)$，所以 $\hat{P}^2=1$. 因而 $\hat{P}$ 的本征值为 ±1，相应的本征态分别称为偶宇称态和奇宇称态. 对于一维自由粒子，可否取（$\hat{H},\hat{P}$）为一个 CSCO? 如果可以，试写出其共同本征态.

练习 2 对于平面转子，可否选 $\hat{L}_z=-\mathrm{i}\hbar\dfrac{\partial}{\partial\varphi}$为一个 CSCO?（见 4.2 节，例 1）. 可否选 $\hat{H}=-\dfrac{\hbar^2}{2I}\dfrac{\partial^2}{\partial\varphi^2}$为一个 CSCO?（见 4.2 节，例 2）. 可否选（$\hat{H},\hat{P}_\varphi$）为一个 CSCO? 这里 $\hat{P}_\varphi$是在 xy 平面中对 x 轴的镜象反射算符，$\hat{P}_\varphi\psi(\varphi)=\psi(-\varphi)$，或 $\hat{P}_\varphi\psi(x,y)=\psi(x,-y)$. 可以证明 $\hat{P}_\varphi$的本征值为±1.

练习 3 对于三维自由粒子，$\hat{H}=\dfrac{1}{2m}(\hat{p}_x^2+\hat{p}_y^2+\hat{p}_z^2)$，$\hat{H}$ 是否构成一个 CSCO?（$\hat{p}_x,\hat{p}_y,\hat{p}_z$）是否构成一个 CSCO?（$\hat{H},\hat{\boldsymbol{l}}^2,\hat{l}_z$）可否选为一个 CSCO?（见 4.3.2 节）.（x,y,z）可否选为一个 CSCO? 如果可以，写出它们的共同本征态.（$x,y,\hat{p}_z$）可否选为一个 CSCO? 如果可以，写出它们的共同本征态.

用一组彼此对易的力学量完全集的共同本征函数来展开，在数学上涉及完备性问题. 这是一个颇为复杂的问题[①]. 李政道[②]曾经给出关于本征态的完备性的一个重要的定理,(详细证明见李政道的书).

定理:设 $\hat{H}$ 为体系的一个厄米算符,对于体系的任一态 ψ,$(\psi,\hat{H}\psi)/(\psi,\psi)$有下界(即总是大于某一个固定的数 c),但无上界,则 $\hat{H}$ 的本征态的集合,构成体系的态空间中的一个完备集,即体系的任何一个量子态都可以用这一组本征态完全集来展开.

这里有两点值得提到:(a)自然界中真实存在的物理体系的 Hamilton 量算符 $\hat{H}$ 都应为厄米算符(保证所有能量本征值为实),并且应有下界(能量无下界是不合理的,在自然界中未发现这种情况). 因此,体系的任一量子态总可以放心地用包含 $\hat{H}$ 在内的任一个 CSCCO 的共同本征态(完全集)来展开. (b)在 $\hat{H}$ 本征值有简并的情况下,对于给定能量本征值,本征态尚未确定,此时需要用包含 Hamilton 量 $\hat{H}$ 在内的一个 CSCCO,按照它们的本征值来把本征态完全确定下来,以便于对任何量子态进行确切的展开.

* 最后证明一下 4.3.1 节中一个定理之逆.

在 4.3.1 节中已提到,若两个力学量彼此对易,则可以找出它们的共同本征函数. 反过来,可以证明,若 $\hat{A}$ 与 $\hat{B}$ 具有共同本征态,即 $\hat{A}\psi_{n\alpha}=A_n\psi_{n\alpha}$,$\hat{B}\psi_{n\alpha}=B_\alpha\psi_{n\alpha}$,而且 $\psi_{n\alpha}$ 构成体系状态的完备集,则$[\hat{A},\hat{B}]=0$.(参见 4.3.1 节,思考题 1)

证明 因为 $\psi_{n\alpha}$ 构成完备组,所以体系的任意状态均可用它们来展开

$$\psi=\sum_{n\alpha}c_{n\alpha}\psi_{n\alpha}$$

因此

$$(\hat{A}\hat{B}-\hat{B}\hat{A})\psi=\sum_{n\alpha}c_{n\alpha}(A_nB_\alpha-B_\alpha A_n)\psi_{n\alpha}=0$$

由于 ψ 是任意态,因此要求 $\hat{A}\hat{B}-\hat{B}\hat{A}=0$,即

$$[\hat{A},\hat{B}]=0$$

4.3.5 量子力学中力学量用厄米算符表达

在第 2 章中我们已指出,如直接用坐标表象中的波函数来计算动量的平均值,考虑到粒子的波动性,动量不能表示成坐标的函数,而只能表示成梯度算符的形式. 同样,在 Schrödinger 方程中,动能也换成了 Laplace 算子. 在本章中,我们系统地讨论了力学量和相应算符之间的密切关系. 与 Schrödinger 方程是量子力学的一个基本假定一样,量子体系的可观测量(力学量)用一个线性厄米算符来描述,也是量子力学的一个基本假定,它们的正确性应该由实验来判定[③]. "量子力学中力学量用相应的线性厄米算符来表达",其含义是多方面的:

---

① 例如,参见 A. Messiah, *Quantum Mechanics*, vol. 1, p. 188.

② 李政道,《场论与粒子物理学》1.3 节,(科学出版社,北京,1980.)

③ 例如,参见 A. Messiah, *Quantum Mechanics*, vol. 1, p. 162.

(1) 在给定状态 ψ 之下,力学量 A 的平均值 $\overline{A}$ 由下式确定:

$$\overline{A} = (\psi, \hat{A}\psi)/(\psi,\psi)$$

(2) 在实验上观测某力学量 A,它的可能取值 A' 就是算符 $\hat{A}$ 的某一个本征值. 由于力学量观测值总是实数,所以要求相应的算符为厄米算符.

(3) 力学量之间关系也通过相应的算符之间的关系反映出来. 例如,两个力学量 A 与 B,在一般情况 下,可以同时具有确定的观测值的必要条件为$[\hat{A},\hat{B}]=0$. 反之,若$[\hat{A},\hat{B}]\neq 0$,则一般说来,力学量 A 与 B 不能同时具有确定的观测值.

特别是对于 H 不显含 t 的体系,一个力学量 A 是否是守恒量,可以根据 $\hat{A}$ 与 $\hat{H}$ 是否对易来判断(见 5.1 节).

4.4 连续谱本征函数的"归一化"

4.4.1 连续谱本征函数是不能归一化的

量子力学体系最重要的几个力学量是:动量、位置、角动量、动能及能量,其中位置,动量以及动能的取值(本征值)是连续变化的,角动量的取值是不连续的,而能量的本征值则常常兼而有之,视具体情况(边条件)而定. 在下面我们将看到,连续谱的本征函数是不能归一化的[①].

以动量本征态为例,本征值为 p 的动量本征函数,即平面波(一维情况)

$$\psi_p(x) = C\mathrm{e}^{\mathrm{i}px/\hbar} \tag{4.4.1}$$

p 可以取$(-\infty,+\infty)$中连续变化的一切实数值(见 4.2 节,例 3). 不难看出

$$\int_{-\infty}^{+\infty} |\psi_p(x)|^2 \mathrm{d}x = |C|^2 \int_{-\infty}^{+\infty} \mathrm{d}x = \infty \tag{4.4.2}$$

即 ψ_p 是不能归一化的. 这个结论是容易理解的. 因在平面波式(4.4.1)描述的状态下,概率密度为常数,即粒子在空间各点的相对概率是相同的. 在$(x,x+\mathrm{d}x)$范围中找到粒子的概率$\propto|\psi_p(x)|^2\mathrm{d}x=|C|^2\mathrm{d}x\propto\mathrm{d}x$. 只要$|C|\neq 0$,则在全空间找到粒子的概率,必定是无穷大.

---

① 相应于连续谱的本征函数是不能归一化的(即非平方可积). 严格言之,它们都在 Hilbert 空间之外,但量子力学中仍然广泛使用连续谱的本征态作为基矢来展开. 从波函数的统计诠释来看,我们可以把条件放松一些,即不一定要求本征函数都平方可积,而只要求任何平方可积的波函数 ψ 与它们的"标积"是有限值即可,这不会对统计诠释造成困难. 例如,一维粒子的动量本征态 $\psi_p(x)=\frac{1}{\sqrt{2\pi\hbar}}\exp(\mathrm{i}px/\hbar)$是不能归一化的,但按照 Fourier 积分理论,任何平方可积函数 $\psi(x)$ 均可用 $\psi_p(x)$ 展开

$$\psi(x) = \int \mathrm{d}p\varphi(p)\psi_p(x) = \int \mathrm{d}p\varphi(p)\,\frac{1}{\sqrt{2\pi\hbar}}\exp(\mathrm{i}px/\hbar)$$

$|\varphi(p)|^2$ 代表动量分布密度,$\varphi(p)$由逆变换给出,即

$$\varphi(p) = \int \mathrm{d}x\psi(x)\,\frac{1}{\sqrt{2\pi\hbar}}\exp(-\mathrm{i}xp/\hbar)$$

参见 A. Messiah, *Quantum Mechanics*, vol. 1, p. 183~185, 249~250.

当然,在任何实际问题中出现的波函数,都不会是严格的平面波,而是某种形式的波包,它只在空间某有限区域中不为0,因为粒子总是存在于一定空间范围中,例如,在实验室仪器的四壁之内.这种波包可以视为许多平面波的叠加,并不存在归一化的困难.但如果这个波包的广延比所讨论问题的特征长度大得多,而所描述的粒子在此空间很大范围中各点的概率密度几乎相同,则不妨用平面波来近似描述其状态.(对于概率分布来说,要紧的是相对概率分布,平面波无非是描述粒子在空间各点相对概率都相同而已.)这在数学处理上将是极方便的,但同时也带来了归一化的困难.

4.4.2 δ函数

为解决连续谱本征函数的"归一化"问题,如在数学上不过分要求严格,引用Dirac的δ函数是十分方便的①.关于δ函数性质的较仔细的讨论,见附录二.

δ函数定义为

$$\delta(x-x_0)=\begin{cases}0, & x\neq x_0\\ \infty, & x=x_0\end{cases} \tag{4.4.3}$$

$$\int_{x_0-\varepsilon}^{x_0+\varepsilon}\delta(x-x_0)\mathrm{d}x=\int_{-\infty}^{+\infty}\delta(x-x_0)\mathrm{d}x=1\quad(\varepsilon>0)$$

或者等效地表述为,对于在 $x=x_0$ 附近连续的任何函数 $f(x)$,有

$$f(x_0)=\int_{-\infty}^{+\infty}f(x)\delta(x-x_0)\mathrm{d}x \tag{4.4.4}$$

这样,例如处理动量本征态(平面波)的"归一化",就可以方便地用δ函数来表示.按Fourier积分公式,对于分段连续函数 $f(x)$,

$$f(x_0)=\frac{1}{2\pi}\int_{-\infty}^{+\infty}\mathrm{d}x\int_{-\infty}^{+\infty}\mathrm{d}k f(x)\mathrm{e}^{\mathrm{i}k(x-x_0)} \tag{4.4.5}$$

与δ函数定义式(4.4.4)比较,可知

$$\delta(x-x_0)=\frac{1}{2\pi}\int_{-\infty}^{+\infty}\mathrm{d}k\,\mathrm{e}^{\mathrm{i}k(x-x_0)} \tag{4.4.6}$$

因此,若取动量本征态为

$$\psi_{p'}(x)=\frac{1}{\sqrt{2\pi\hbar}}\exp(\mathrm{i}p'x/\hbar) \tag{4.4.7}$$

则

$$(\psi_{p'},\psi_{p''})=\frac{1}{2\pi\hbar}\int\exp[\mathrm{i}(p''-p')x/\hbar]\mathrm{d}x=\delta(p''-p') \tag{4.4.8}$$

---

① δ函数并不是通常意义下的函数,而是描述一种分布.它的严格处理,涉及分布理论(distribution theory),在A. Messiah, *Quantum Mechanics*, vol. 1, Appendix A中有简略论述.

位置本征态的“归一化”问题也可类似处理. 按照 δ 函数性质[附录二,式(A2.24)]

$$(x-x')\delta(x-x')=0$$

即

$$x\delta(x-x')=x'\delta(x-x') \tag{4.4.9}$$

可见,$\delta(x-x')$是位置 x 的本征态(本征值为 x'),记为

$$\psi_{x'}(x)=\delta(x-x')=\delta(x'-x) \tag{4.4.10}$$

利用 δ 函数性质,位置本征态的正交“归一性”表示为

$$(\psi_{x'},\psi_{x''})=\int\delta(x'-x)\delta(x''-x)\mathrm{d}x=\delta(x'-x'') \tag{4.4.11}$$

而任何波函数可以展开为

$$\psi(x)=\int\psi(x')\delta(x'-x)\mathrm{d}x' \tag{4.4.12}$$

这里的“展开系数”为

$$\psi(x')=(\delta(x'-x),\psi(x))$$

而$|\psi(x')|^2$ 代表粒子位置概率分布密度.

4.4.3 箱归一化

平面波的“归一化”问题,还可以采用数学上传统的做法. 先假定粒子局限于有限范围$[-L/2,L/2]$中运动,最后才让 $L\to\infty$. 为保证动量算符 $\hat{p}_x=-\mathrm{i}\hbar\dfrac{\partial}{\partial x}$在此范围内为厄米算符,要求波函数满足周期性边条件①. 动量本征态为

$$\psi_{p'}(x)\propto\exp(\mathrm{i}p'x/\hbar) \tag{4.4.13}$$

根据周期性边条件

$$\psi_{p'}(-L/2)=\psi_{p'}(L/2)$$

---

① 按厄米算符定义,对于任何波函数 ψ 与 φ,要求

$$\int_{-L/2}^{L/2}\varphi^*\ \frac{\hbar}{\mathrm{i}}\frac{\partial}{\partial x}\psi\mathrm{d}x+\int_{-L/2}^{L/2}\left(\frac{\hbar}{\mathrm{i}}\frac{\partial\varphi^*}{\partial x}\right)\psi\mathrm{d}x=0$$

即

$$\frac{\hbar}{\mathrm{i}}\int_{-L/2}^{L/2}\frac{\partial}{\partial x}(\varphi^*\psi)\mathrm{d}x=\frac{\hbar}{\mathrm{i}}\varphi^*\psi\Big|_{-L/2}^{L/2}=0$$

所以

$$\varphi^*(L/2)\psi(L/2)-\varphi^*(-L/2)\psi(-L/2)=0$$

即对于任意 φ 和 ψ,都要求

$$\varphi^*(L/2)\varphi^*(-L/2)=\psi(-L/2)/\psi(L/2)=\text{常数}$$

这样就要求任意波函数 ψ 满足

$$\psi(-L/2)/\psi(L/2)=\exp(\mathrm{i}\alpha)\quad(\alpha\ \text{实数})$$

相因子 α 一经取定,则对所有波函数均同.

对 $p'=0$ 的动量本征态 $\psi(x)\approx$常数来看,要求 $\alpha=0$,所以

$$\psi(-L/2)=\psi(L/2)\qquad(\text{周期性边条件})$$

所以

$$\exp(-\mathrm{i}p'L/2\hbar) = \exp(\mathrm{i}p'L/2\hbar)$$

即

$$\exp(\mathrm{i}p'L/\hbar) = 1$$

或

$$\sin(p'L/\hbar) = 0, \qquad \cos(p'L/\hbar) = 1$$

所以

$$p'L/\hbar = 2n\pi, \qquad n = 0, \pm 1, \pm 2, \cdots \tag{4.4.14}$$

即

$$p' = p_n = \frac{2\pi\hbar n}{L} = \frac{hn}{L} \tag{4.4.15}$$

可以看出,此时动量取值是不连续的. 与 p_n 相应的归一化本征函数为

$$\psi_{p_n}(x) = \frac{1}{\sqrt{L}}\exp(\mathrm{i}p_n x/\hbar) = \frac{1}{\sqrt{L}}\exp(\mathrm{i}2\pi nx/L) \tag{4.4.16}$$

读者可以验证一下,这个本征函数是正交归一化的,即

$$\int_{-L/2}^{L/2}\psi_{p_n}^*(x)\psi_{p_m}(x)\mathrm{d}x = \delta_{mn} \tag{4.4.17}$$

利用 $\psi_{p_n}(x)$,δ 函数可以表示成[参看附录二,式(A2.32)]

$$\delta(x-x') = \frac{1}{L}\sum_{n=-\infty}^{+\infty}\exp[\mathrm{i}2n\pi(x-x')/L] \tag{4.4.18}$$

当 $L\to\infty$,

$$\Delta p_n = p_{n+1} - p_n = \frac{h}{L} \to 0$$

即动量本征值将趋于连续变化. 把

$$\frac{h}{L} \to \mathrm{d}p$$

$$\sum_{n=-\infty}^{+\infty}\Delta p_n = \frac{h}{L}\sum_{n=-\infty}^{+\infty} \to \int_{-\infty}^{+\infty}\mathrm{d}p$$

或

$$\sum_{n=-\infty}^{+\infty} \to \frac{L}{h}\int_{-\infty}^{+\infty}\mathrm{d}p$$

因此,当 $L\to\infty$ 时,式(4.4.18)趋于

$$\delta(x-x') = \frac{1}{2\pi\hbar}\int_{-\infty}^{+\infty}\mathrm{d}p\exp[\mathrm{i}p(x-x')/\hbar] = \frac{1}{2\pi}\int_{-\infty}^{+\infty}\mathrm{d}k\exp[\mathrm{i}k(x-x')] \tag{4.4.19}$$

与式(4.4.6)相同. 在处理具体问题时,若要避免平面波的"归一化"的困扰,则可以用正交归一化的波函数 $\psi_{p_n}(x)$进行计算,而在最后的结果中才让 $L\to\infty$.

推广到三维情况,归一化的波函数为($V=L^3$)

$$\psi_{p'}(\boldsymbol{r}) = \frac{1}{\sqrt{V}}\exp(\mathrm{i}\boldsymbol{p}' \cdot \boldsymbol{r}/\hbar) \tag{4.4.20}$$

其中

$$p'_x = \frac{h}{L}n, \qquad p'_y = \frac{h}{L}l, \qquad p'_z = \frac{h}{L}m$$

$$n, l, m = 0, \pm 1, \pm 2, \cdots$$

它们也具有正交归一性

$$\int_{(V)} \psi^*_{p'}(\boldsymbol{r})\psi_{p''}(\boldsymbol{r})\mathrm{d}^3x = \delta_{p'_x p''_x}\delta_{p'_y p''_y}\delta_{p'_z p''_z} \tag{4.4.21}$$

而 δ 函数可如下构成

$$\delta(\boldsymbol{r}-\boldsymbol{r}') \equiv \delta(x-x')\delta(y-y')\delta(z-z')$$

$$= \frac{1}{V}\sum_{n,l,m=-\infty}^{+\infty} \exp\{\mathrm{i}2\pi[n(x-x')+l(y-y')+m(z-z')]/L\} \tag{4.4.22}$$

当 $L\to\infty$，p'_x、p'_y、p'_z将连续变化，

$$h^3/L^3 \to \mathrm{d}p'_x\mathrm{d}p'_y\mathrm{d}p'_z, \qquad \sum_{n,l,m=-\infty}^{+\infty} \to \frac{L^3}{h^3}\int_{-\infty}^{+\infty}\mathrm{d}^3p'$$

(这表明**相空间一个体积元 h^3 相当于有一个量子态**.)于是式(4.4.22)化为

$$\delta(\boldsymbol{r}-\boldsymbol{r}') = \frac{1}{h^3}\int_{-\infty}^{+\infty}\mathrm{d}^3p'\exp[\mathrm{i}\boldsymbol{p}\cdot(\boldsymbol{r}-\boldsymbol{r}')/\hbar] \tag{4.4.23}$$

习　题

4.1　证明 $F(p) = \sum_{n=0}^{\infty} A_n p^n$ (A_n 为实数)是厄米算符.

4.2　证明 $\sum_{n,m=0}^{\infty} A_{n,m}\frac{(p^n x^m + x^m p^n)}{2}$ ($A_{n,m}$ 为实数)是厄米算符.

4.3　设$[q,p]=\mathrm{i}\hbar$，$f(q)$是 q 的可微函数，证明

(1) $[q,p^2f]=2\mathrm{i}\hbar pf$

(2) $[q,pfp]=\mathrm{i}\hbar(fp+pf)$

(3) $[q,fp^2]=2\mathrm{i}\hbar fp$

(4) $[p,p^2f]=\frac{\hbar}{\mathrm{i}}p^2f'$

(5) $[p,pfp]=\frac{\hbar}{\mathrm{i}}pf'p$

(6) $[p,fp^2]=\frac{\hbar}{\mathrm{i}}f'p^2$

4.4　设算符 A 和 B 与它们的对易式$[A,B]$都对易，证明

$$[A,B^n] = nB^{n-1}[A,B]$$

$$[A^n,B] = nA^{n-1}[A,B]$$

4.5　证明

$$[A,B^n] = \sum_{s=0}^{n-1} B^s[A,B]B^{n-s-1}$$

并由此证明

$$[q,p^n] = n\mathrm{i}\hbar p^{n-1}$$

q、p 是一维体系的正则坐标及相应的正则动量.

4.6　设 $F(x,p)$是 x_k 和 p_k 的整函数,证明

$$[p_k,F] = \frac{\hbar}{\mathrm{i}}\frac{\partial F}{\partial x_k},\qquad [x_k,F] = \mathrm{i}\hbar\frac{\partial F}{\partial p_k}$$

整函数是指 $F(x,p)$可以展开成

$$F(x,p) = \sum_{m,n}\Big(\sum_{k,l=1}^{3} C_{kl}^{mn} x_k^m p_l^n\Big)$$

上式中 C_{kl}^{mn} 是数值系数.

4.7　证明$\lim\limits_{\hbar\to 0}\dfrac{[A,B]}{\mathrm{i}\hbar} = \{A,B\}$

其中 $A(p,q)$、$B(p,q)$是经典正则动量 p 和坐标 q 的函数,上式左边是相应的算符.

4.8　证明　当 $x\to\pm\infty$时若$\dfrac{\partial^n}{\partial x^n}\psi$ 并不趋于 0,则$\left(\dfrac{\hbar}{\mathrm{i}}\dfrac{\partial}{\partial x}\right)^{n+1}$不一定是厄米算符.

4.9　设力学量 $\hat{A}$ 满足的最简单的代数方程为

$$f(\hat{A}) = \hat{A}^n + C_1\hat{A}^{n-1} + C_2\hat{A}^{n-2} + \cdots + C_n = 0$$

式中 C_1、C_2、…、C_n 是常系数. 证明 $\hat{A}$ 有 n 个本征值,它们都是 $f(x)=0$ 的根.

参阅 P. A. M . Dirac, *The Principles of Quantum Mechanics*, 4th ed., Oxford University Press, 1958, § 9.

4.10　定义反对易式$[A,B]_+ = AB+BA$,证明

$$[AB,C] = A[B,C]_+ - [A,C]_+ B$$
$$[A,BC] = [A,B]_+ C - B[A,C]_+$$

并与下列二式比较

$$[AB,C] = A[B,C] + [A,C]B$$
$$[A,BC] = [A,B]C + B[A,C]$$

上列代数恒等式在计算 Fermi 子算符的对易式时很有用.

4.11　设 $\boldsymbol{A}$、$\boldsymbol{B}$、$\boldsymbol{C}$ 为矢量算符,$\boldsymbol{A}$ 的直角坐标分量记为 A_α,$\alpha=1$、2、3,其余类推. $\boldsymbol{A}$、$\boldsymbol{B}$ 的标积和矢积定义为

$$\boldsymbol{A}\cdot\boldsymbol{B} = \sum_\alpha A_\alpha B_\alpha,\qquad (\boldsymbol{A}\times\boldsymbol{B})_\gamma = \sum_{\alpha\beta}\varepsilon_{\alpha\beta\gamma}A_\alpha B_\beta$$

$\varepsilon_{\alpha\beta\gamma}$ 为 Levi-Civita 符号. 试验证

$$\boldsymbol{A}\cdot(\boldsymbol{B}\times\boldsymbol{C}) = (\boldsymbol{A}\times\boldsymbol{B})\cdot\boldsymbol{C} = \sum_{\alpha\beta\gamma}\varepsilon_{\alpha\beta\gamma}A_\alpha B_\beta C_\gamma$$
$$[\boldsymbol{A}\times(\boldsymbol{B}\times\boldsymbol{C})]_\alpha = \boldsymbol{A}\cdot(B_\alpha\boldsymbol{C}) - (\boldsymbol{A}\cdot\boldsymbol{B})C_\alpha$$
$$[(\boldsymbol{A}\times\boldsymbol{B})\times\boldsymbol{C}]_\alpha = \boldsymbol{A}\cdot(B_\alpha\boldsymbol{C}) - A_\alpha(\boldsymbol{B}\cdot\boldsymbol{C})$$

4.12　设 $\boldsymbol{A}$、$\boldsymbol{B}$ 为矢量算符,F 为标量算符,证明

$$[F,\boldsymbol{A}\cdot\boldsymbol{B}] = [F,\boldsymbol{A}]\cdot\boldsymbol{B} + \boldsymbol{A}\cdot[F,\boldsymbol{B}]$$
$$[F,\boldsymbol{A}\times\boldsymbol{B}] = [F,\boldsymbol{A}]\times\boldsymbol{B} + \boldsymbol{A}\times[F,\boldsymbol{B}]$$

4.13　设 F 是由 $\boldsymbol{r}$ 与 $\boldsymbol{p}$ 构成的标量算符,证明

$$[\boldsymbol{l},F] = \mathrm{i}\hbar\frac{\partial F}{\partial\boldsymbol{p}}\times\boldsymbol{p} - \mathrm{i}\hbar\boldsymbol{r}\times\frac{\partial F}{\partial\boldsymbol{r}}$$

4.14 证明

$$\boldsymbol{p}\times\boldsymbol{l}+\boldsymbol{l}\times\boldsymbol{p}=2\mathrm{i}\hbar\boldsymbol{p}$$
$$\mathrm{i}\hbar(\boldsymbol{p}\times\boldsymbol{l}-\boldsymbol{l}\times\boldsymbol{p})=[\boldsymbol{l}^2,\boldsymbol{p}]$$

4.15 证明

$$\boldsymbol{r}\cdot\boldsymbol{l}=\boldsymbol{l}\cdot\boldsymbol{r}=0,\qquad \boldsymbol{p}\cdot\boldsymbol{l}=\boldsymbol{l}\cdot\boldsymbol{p}=0$$
$$(\boldsymbol{l}\times\boldsymbol{p})\cdot\boldsymbol{p}=0,\qquad \boldsymbol{p}\cdot(\boldsymbol{p}\times\boldsymbol{l})=0$$
$$(\boldsymbol{p}\times\boldsymbol{l})\cdot\boldsymbol{p}=2\mathrm{i}\hbar\boldsymbol{p}^2,\qquad \boldsymbol{p}\cdot(\boldsymbol{l}\times\boldsymbol{p})=2\mathrm{i}\hbar\boldsymbol{p}^2$$
$$(\boldsymbol{p}\times\boldsymbol{l})\cdot\boldsymbol{l}=0,\qquad \boldsymbol{l}\cdot(\boldsymbol{l}\times\boldsymbol{p})=0$$
$$(\boldsymbol{l}\times\boldsymbol{p})\cdot\boldsymbol{l}=0,\qquad \boldsymbol{l}\cdot(\boldsymbol{p}\times\boldsymbol{l})=0$$
$$\boldsymbol{p}\times(\boldsymbol{l}\times\boldsymbol{p})=-(\boldsymbol{l}\times\boldsymbol{p})\times\boldsymbol{p}=\boldsymbol{l}\boldsymbol{p}^2$$

4.16 证明

$$\left[\boldsymbol{p},\frac{1}{r}\right]=\mathrm{i}\hbar\boldsymbol{r}/r^3\qquad [\boldsymbol{p},r^2]=-2\mathrm{i}\hbar\boldsymbol{r}$$
$$\left[p^2,\frac{1}{r}\right]=2\hbar^2\,\frac{1}{r^2}\,\frac{\partial}{\partial r},\qquad [p^2,r^2]=-4\hbar^2 r\frac{\partial}{\partial r}-6\hbar^2$$
$$[\boldsymbol{p}^2,\boldsymbol{r}]=-2\mathrm{i}\hbar\boldsymbol{p},\qquad \left[p^2,\frac{\boldsymbol{r}}{r}\right]=2\hbar^2\left(\frac{\boldsymbol{r}}{r^3}+\frac{\boldsymbol{r}}{r^2}\,\frac{\partial}{\partial r}-\frac{1}{r}\,\boldsymbol{\nabla}\right)$$

4.17 定义径向动量算符 $p_r=\frac{1}{2}\left(\frac{1}{r}\boldsymbol{r}\cdot\boldsymbol{p}+\boldsymbol{p}\cdot\boldsymbol{r}\,\frac{1}{r}\right)$,证明

(1) $p_r^+=p_r$

(2) $p_r=-\mathrm{i}\hbar\left(\frac{\partial}{\partial r}+\frac{1}{r}\right)$

(3) $[r,p_r]=\mathrm{i}\hbar$

(4) $p_r^2=-\hbar^2\left(\frac{\partial^2}{\partial r^2}+\frac{2}{r}\,\frac{\partial}{\partial r}\right)=-\hbar^2\,\frac{1}{r^2}\frac{\partial}{\partial r}r^2\,\frac{\partial}{\partial r}$

4.18 证明

$$\boldsymbol{l}^2=r^2p^2-(\boldsymbol{r}\cdot\boldsymbol{p})^2+\mathrm{i}\hbar\boldsymbol{r}\cdot\boldsymbol{p}$$
$$p^2=\frac{1}{r^2}\boldsymbol{l}^2+p_r^2=\frac{1}{r^2}\boldsymbol{l}^2-\hbar^2\left(\frac{\partial^2}{\partial r^2}+\frac{2}{r}\,\frac{\partial}{\partial r}\right)$$

4.19 证明

$$(\boldsymbol{l}\times\boldsymbol{p})\cdot\frac{\boldsymbol{r}}{r}=-\frac{\boldsymbol{l}^2}{r}$$
$$\frac{\boldsymbol{r}}{r}\cdot(\boldsymbol{l}\times\boldsymbol{p})=-\frac{\boldsymbol{l}^2}{r}+2\hbar\,\frac{\partial}{\partial r}$$
$$\frac{\boldsymbol{r}}{r}\times(\boldsymbol{l}\times\boldsymbol{p})+(\boldsymbol{l}\times\boldsymbol{p})\times\frac{\boldsymbol{r}}{r}=2\mathrm{i}\hbar\,\frac{\boldsymbol{l}}{r}$$

4.20 证明

$$(\boldsymbol{l}\times\boldsymbol{p})^2=(\boldsymbol{p}\times\boldsymbol{l})^2=-(\boldsymbol{l}\times\boldsymbol{p})\cdot(\boldsymbol{p}\times\boldsymbol{l})=\boldsymbol{l}^2p^2$$
$$-(\boldsymbol{p}\times\boldsymbol{l})\cdot(\boldsymbol{l}\times\boldsymbol{p})=\boldsymbol{l}^2p^2+4\hbar^2p^2$$
$$(\boldsymbol{l}\times\boldsymbol{p})\times(\boldsymbol{l}\times\boldsymbol{p})=-\mathrm{i}\hbar\boldsymbol{l}^2p^2$$

4.21 利用不确定度关系估算谐振子的基态能量.

4.22 利用不确定度关系估计类氢原子中电子的基态能量(设原子核带电$+Ze$).

4.23 质量为 m 的粒子在势场 $V(r)=-\lambda/r^{3/2}(\lambda>0)$中运动,试用不确定度关系估算其基态能量.

答：$E\approx-\frac{27}{32}\left(\frac{m^3\lambda^4}{\hbar^6}\right)$

4.24　在一维对称势阱中，粒子至少存在一个束缚态(见3.2节). 在给定势阱深度 V_0 情况下，减小势阱宽度 a，使 $a^2\ll\hbar^2/mV_0$. 粒子动量不确定度 $\Delta p<\sqrt{mV_0}$，而位置不确定度 $\Delta x\approx a$，因此，下列关系式似乎成立：$\Delta x\cdot\Delta p\approx\sqrt{mV_0}\,a\ll\hbar$，这似与不确定度关系有矛盾. 以上论证的错误何在？

4.25　证明在不连续谱的能量本征态下，动量平均值为0.

4.26　对于任何两个量子态 ψ 及 φ，证明下面 Schwarz 不等式：

$$|(\psi,\varphi)|\leqslant\sqrt{(\psi,\psi)(\varphi,\varphi)}$$

4.27　设 H 为正定的厄米算符，u 与 v 为二任意态，证明

$$|(u,Hv)|^2\leqslant(u,Hu)(v,Hv)$$

4.28　求证力学量 x 与 $F(p_x)$ 的不确定度关系

$$\sqrt{\overline{(\Delta x)^2}\cdot\overline{(\Delta F)^2}}\geqslant\frac{\hbar}{2}\left|\overline{\frac{\partial F}{\partial p_x}}\right|$$

4.29　求证在 $\hat{l}_z$ 的本征态下，$\bar{l}_x=\bar{l}_y=0$.

提示：利用 $\hat{l}_y\hat{l}_z-\hat{l}_z\hat{l}_y=\mathrm{i}\hbar\hat{l}_x$，两边求平均值.

4.30　设粒子处于 $Y_l^m(\theta,\varphi)$ 状态，求 $\overline{\Delta l_x^2}$ 及 $\overline{\Delta l_y^2}$.

答：$\overline{\Delta l_x^2}=\overline{\Delta l_y^2}=[l(l+1)-m^2]\hbar^2/2$

4.31　设体系处于 $\psi=c_1Y_1^1+c_2Y_2^0$ 态，求(a) l_z 的可能测值及平均值；(b) $\boldsymbol{l}^2$ 的可能测值及相应的概率；(c) l_x 及 l_y 的可能测值.

答：设 ψ 已归一化，即 $|c_1|^2+|c_2|^2=1$，则(a) l_z 的可能测值为 $\hbar$ 与0，相应的概率分别为 $|c_1|^2$ 与 $|c_2|^2$，而 $\bar{l}_z=|c_1|^2\hbar$；(b) $\boldsymbol{l}^2$ 的可能测值为 $2\hbar^2(l=1)$ 与 $6\hbar^2(l=2)$，相应的概率分别为 $|c_1|^2$ 与 $|c_2|^2$；(c) $l_x(l_y)$ 的可能测值为 $0,\pm\hbar,\pm2\hbar$，相应的概率分别为

$$\frac{1}{2}|c_1|^2+\frac{1}{4}|c_2|^2,\qquad\frac{1}{4}|c_1|^2,\qquad\frac{3}{8}|c_2|^2$$

4.32　求证在 $\hat{l}_z$ 的本征态下，角动量沿与 z 轴成 θ 角的方向上的分量的平均值为 $m\hbar\cos\theta$.

4.33　设属于某能级 E 有三个简并态(ψ_1,ψ_2,ψ_3)，彼此线性无关，但不正交. 试找出三个彼此正交归一化的波函数. 它们是否还简并？

答：例如，取 $\phi_1=\psi_1\sqrt{(\psi_1,\psi_1)}$

$\phi_2=f_2/\sqrt{(f_2,f_2)}$，式中 $f_2=\psi_2-(\phi_1,\psi_2)\phi_1$，

$\phi_3=f_3/\sqrt{(f_3,f_3)}$，式中 $f_3=\psi_3-(\phi_1,\psi_3)\phi_1-(\phi_2,\psi_3)\phi_2$.

4.34　设 λ 是一个小量，算符 $\hat{A}$ 之逆 $\hat{A}^{-1}$ 存在，求证

$$(\hat{A}-\lambda\hat{B})^{-1}=\hat{A}^{-1}+\lambda\hat{A}^{-1}\hat{B}\hat{A}^{-1}+\lambda^2\hat{A}^{-1}\hat{B}\hat{A}^{-1}\hat{B}\hat{A}^{-1}+\cdots$$

4.35　设算符 $\hat{A}(\xi)$ 依赖于一个连续变化的参数 ξ，它对 ξ 的导数定义为

$$\frac{\mathrm{d}}{\mathrm{d}\xi}\hat{A}(\xi)=\lim_{\varepsilon\to0}\frac{\hat{A}(\xi+\varepsilon)-\hat{A}(\xi)}{\varepsilon}$$

证明　(1) 设 $\hat{A}(\xi)$ 与 $\hat{B}(\xi)$ 对 ξ 可导，则

$$\frac{\mathrm{d}}{\mathrm{d}\xi}(\hat{A}\hat{B})=\frac{\mathrm{d}\hat{A}}{\mathrm{d}\xi}\hat{B}+\hat{A}\frac{\mathrm{d}\hat{B}}{\mathrm{d}\xi}$$

(2) 设 $\hat{A}$ 之逆存在，$\hat{A}$ 对 ξ 可导，则 $\frac{\mathrm{d}}{\mathrm{d}\xi}\hat{A}^{-1} = -\hat{A}^{-1}\frac{\mathrm{d}\hat{A}}{\mathrm{d}\xi}\hat{A}^{-1}$

(3) $\frac{\mathrm{d}}{\mathrm{d}\xi}\exp(\mathrm{i}\hat{O}\xi) = \mathrm{i}\hat{O}\exp(\mathrm{i}\hat{O}\xi)$

4.36 设 A 为无量纲算符，ξ 与 η 为参量. 定义

$$\exp(\xi\hat{A}) = \sum_{n=0}^{\infty}\frac{\xi^n}{n!}\hat{A}^n$$

证明 (1)

$$\frac{\mathrm{d}}{\mathrm{d}\xi}\exp(\xi\hat{A}) = \hat{A}\exp(\xi\hat{A}) = \exp(\xi\hat{A})\cdot\hat{A}$$

(2)

$$\exp[(\xi+\eta)\hat{A}] = \exp(\xi\hat{A})\cdot\exp(\eta\hat{A})$$

4.37 给定算符 $\hat{A}$、$\hat{B}$，令 $\hat{C}_0=\hat{B}$，$\hat{C}_1=[\hat{A},\hat{B}]$，$\hat{C}_2=[\hat{A},\hat{C}_1]=[\hat{A},[\hat{A},\hat{B}]]$，…，证明

$$\mathrm{e}^{\hat{A}}\hat{B}\mathrm{e}^{-\hat{A}} = \sum_{n=0}^{\infty}\frac{1}{n!}\hat{C}_n$$

提示：让 $f(\lambda) = \mathrm{e}^{\lambda\hat{A}}\hat{B}\mathrm{e}^{-\lambda\hat{A}}$，并按 λ 幂级数展开，然后令 $\lambda=1$.

4.38 设 $\hat{A}$ 与 $\hat{B}$ 不对易，令 $\hat{C}=[\hat{A},\hat{B}]$，设 $\hat{C}$ 与 $\hat{A}$ 和 $\hat{B}$ 都对易，即$[\hat{A},\hat{C}]=0$，$[\hat{B},\hat{C}]=0$. 证明

$$[\hat{A},\hat{B}^n] = n\hat{C}\hat{B}^{n-1}$$

$$[\hat{A},\mathrm{e}^{\lambda\hat{B}}] = \lambda C\mathrm{e}^{B} \qquad (\lambda \text{ 为参数})$$

特例

$$[\hat{A},\mathrm{e}^{\hat{B}}] = \hat{C}\mathrm{e}^{\hat{B}}$$

$$[\hat{A},f(\hat{B})] = \hat{C}f'(\hat{B})$$

$f(x)$是可以表示成 x 正幂级数展开的函数.

4.39 同上题，证明公式，

$$\mathrm{e}^{\hat{A}+\hat{B}} = \mathrm{e}^{\hat{A}}\mathrm{e}^{\hat{B}}\mathrm{e}^{-\frac{1}{2}\hat{C}} = \mathrm{e}^{\hat{B}}\mathrm{e}^{\hat{A}}\mathrm{e}^{\frac{1}{2}\hat{C}}$$

更一般形式

$$\mathrm{e}^{\lambda(\hat{A}+\hat{B})} = \mathrm{e}^{\lambda\hat{A}}\mathrm{e}^{\lambda\hat{B}}\mathrm{e}^{-\frac{1}{2}\lambda^2\hat{C}} = \mathrm{e}^{\lambda\hat{B}}\mathrm{e}^{\lambda\hat{A}}\mathrm{e}^{\frac{1}{2}\lambda^2\hat{C}} \qquad (\lambda \text{ 为参数})$$

4.40 设 U 为幺正算符(unitary operator)，证明：

(1) U 可以分解为

$$U=A+\mathrm{i}B, \qquad A=\frac{1}{2}(U^{+}+U), \qquad B=\frac{\mathrm{i}}{2}(U^{+}-U)$$

$$A^2+B^2=1, \qquad \text{而且}[A,B]=0$$

(2) 进一步证明 U 可以表示为 $U=\exp(\mathrm{i}H)$，H 为厄米算符.

提示：由于$[A,B]=0$，可以找它们的共同本征函数.

第 5 章　力学量随时间的演化与对称性

5.1　力学量随时间的演化

5.1.1　守恒量

量子力学中力学量随时间演化的问题，与经典力学有所不同. 经典力学中，处于一定状态下的体系的每一个力学量 A，作为时间的函数，在每一时刻都具有一个确定值. 量子力学中，处于量子态 ψ 下的体系，在每一时刻，并不是所有力学量都具有确定值，一般说来，一个力学量的观测值只具有确定的概率分布和平均值[或称为期待值(expectation value)].

先讨论力学量平均值如何随时间 t 改变. 力学量 A 的平均值为[设 $\psi(t)$ 已归一化]

$$\overline{A}(t) = (\psi(t), A\psi(t)) \tag{5.1.1}$$

所以

$$\frac{\mathrm{d}}{\mathrm{d}t}\overline{A}(t) = \left(\frac{\partial\psi}{\partial t}, A\psi\right) + \left(\psi, A\frac{\partial\psi}{\partial t}\right) + \left(\psi, \frac{\partial A}{\partial t}\psi\right)$$

利用 Schrödinger 方程

$$\mathrm{i}\hbar\frac{\partial}{\partial t}\psi = H\psi \tag{5.1.2}$$

和 H 的厄米性，得

$$\begin{aligned}\frac{\mathrm{d}}{\mathrm{d}t}\overline{A}(t) &= \left(\frac{H\psi}{\mathrm{i}\hbar}, A\psi\right) + \left(\psi, A\frac{H\psi}{\mathrm{i}\hbar}\right) + \left(\psi, \frac{\partial A}{\partial t}\psi\right)\\ &= \frac{1}{-\mathrm{i}\hbar}(\psi, HA\psi) + \frac{1}{\mathrm{i}\hbar}(\psi, AH\psi) + \left(\psi, \frac{\partial A}{\partial t}\psi\right)\\ &= \frac{1}{\mathrm{i}\hbar}(\psi, [A,H]\psi) + \left(\psi, \frac{\partial A}{\partial t}\psi\right) = \frac{1}{\mathrm{i}\hbar}\overline{[A,H]} + \overline{\frac{\partial A}{\partial t}}\end{aligned} \tag{5.1.3}$$

如 A 不显含 t(以下如不特别声明，都是指这种力学量)，即 $\frac{\partial A}{\partial t}=0$，则

$$\frac{\mathrm{d}}{\mathrm{d}t}\overline{A} = \frac{1}{\mathrm{i}\hbar}\overline{[A,H]} \tag{5.1.4}$$

此即 Ehrenfest 关系①.

如 A 与 H 对易

---

① 参阅 C. W. Wong, Am. J. Phys. **64**(1996)792.

$$[A,H]=0 \tag{5.1.5}$$

则

$$\frac{\mathrm{d}}{\mathrm{d}t}\overline{A}=0 \tag{5.1.6}$$

即这种力学量在任何态 $\psi(t)$之下的平均值都不随时间改变.

下面进一步证明,在任意态 $\psi(t)$下 A 的测值的概率分布也不随时间改变. 考虑到$[A,H]=0$,我们可以选择包括 H 和 A 在内的一组力学量完全集(守恒量完全集),其共同本征态记为 ψ_k(k 是一组完备的量子数的简记),即

$$H\psi_k=E_k\psi_k, \qquad A\psi_k=A_k\psi_k \tag{5.1.7}$$

这样,体系的任何一态 $\psi(t)$均可用 ψ_k 展开

$$\psi(t)=\sum_k a_k(t)\psi_k, \qquad a_k(t)=(\psi_k,\psi(t)) \tag{5.1.8}$$

在 $\psi(t)$态下,在 t 时刻测量 A 得 A_k 的概率①为$|a_k(t)|^2$,而

$$\begin{aligned}\frac{\mathrm{d}}{\mathrm{d}t}|a_k(t)|^2&=\left(\frac{\mathrm{d}a_k^*}{\mathrm{d}t}\right)a_k+\text{复共轭项}=\left(\frac{\partial\psi(t)}{\partial t},\psi_k\right)(\psi_k,\psi(t))+\text{复共轭项}\\&=\left(\frac{H}{\mathrm{i}\hbar}\psi(t),\psi_k\right)(\psi_k,\psi(t))+\text{复共轭项}\\&=-\frac{1}{\mathrm{i}\hbar}(\psi(t),H\psi_k)(\psi_k,\psi(t))+\text{复共轭项}\\&=-\frac{E_k}{\mathrm{i}\hbar}|\psi(t),\psi_k)|^2+\text{复共轭项}=0\end{aligned} \tag{5.1.9}$$

在量子力学中,如力学量 A(不显含 t)与体系的 Hamilton 量对易,则称 A 为体系的一个守恒量②. 按上述分析,量子体系的守恒量,无论在什么态(定态或非定态)下,平均值和测值的概率分布都不随时间改变.

例 1 设体系 H 不显含 t,显然,$[H,H]=0$. 所以 H 为守恒量,即能量守恒.

例 2 自由粒子,$H=\boldsymbol{p}^2/2m$. 显然,$[\boldsymbol{p},H]=0$. 所以 $\boldsymbol{p}$ 为守恒量. 还可以证明,$[\boldsymbol{l},H]=0$,即角动量 $\boldsymbol{l}$ 也是守恒量.

例 3 中心力场中的粒子,$H=\boldsymbol{p}^2/2m+V(r)$. 不难证明,$[\boldsymbol{l},\boldsymbol{p}^2]=0$,$[\boldsymbol{l},V(r)]=0$,因而$[\boldsymbol{l},H]=0$. 所以 $\boldsymbol{l}$ 为守恒量. 但注意,$[\boldsymbol{p},V(r)]\neq 0$,动量 $\boldsymbol{p}$ 并不守恒.

应当强调,量子力学中的守恒量的概念,与经典力学中的守恒量概念不尽相同. 这实质上是波动-粒子二象性和不确定性原理的反映.

(1) 与经典力学守恒量不同,量子体系的守恒量并不一定取确定值,即体系的

---

① 量子态对力学量 A 有简并的情况下,A 的测值为 A_k 的概率,还要对其他量子数求和,但下述结论不变. 参阅,Cohen-Tannoudji, et al., *Quantum Mechanics*, vol. Ⅰ, p. 217.

② 或称不变量(invariant). 对于 H 显含时的体系($\partial H/\partial t\neq 0$),能量不是守恒量. 但可以定义含时不变量(time-dependent invariant). 满足$\frac{\mathrm{d}}{\mathrm{d}t}A=\frac{1}{\mathrm{i}\hbar}[A,H]+\frac{\partial A}{\partial t}=0$ 的力学量,称为含时不变量. 详细讨论参见:H. R. Lewis and W. B. Riesenfeld, J. Math. Phys. **10**(1969)1458.

状态并不一定就是某个守恒量的本征态.例如,对于自由粒子,动量是守恒量,但自由粒子的状态并不一定是动量本征态(平面波),也可以是其他守恒量完全集,例如$(H,\boldsymbol{l}^2,l_z)$的共同本征态(球面波).在一般情况下,自由粒子的量子态是非定态.又如,中心力场中的粒子,角动量$\boldsymbol{l}$是守恒量,但粒子的波函数并不一定是$\boldsymbol{l}$的本征态.一个体系在某时刻t是否处于某守恒量的本征态,要根据初条件决定.若初始时刻体系处于守恒量A的本征态,则体系将保持在该本征态.由于守恒量具有此特点,它的量子数称为好量子数.反之,若初始时刻体系并不处于守恒量A的本征态,则以后的状态也不是A的本征态,但A的测值概率的分布和平均值都不随时间变.

(2) 量子体系的各守恒量并不一定都可以同时取确定值.例如中心力场中的粒子,$\boldsymbol{l}$的三个分量都守恒,但由于l_x、l_y、l_z不对易,一般说来它们并不能同时取确定值[角动量$l=0$的态(s态)除外].

守恒量是量子力学中一个极为重要的概念.但初学者往往把它与定态概念混淆起来.应当强调指出,定态是体系的一种特殊的状态,即能量本征态,而守恒量则是体系的一种特殊的力学量,它与体系的Hamilton量对易.在定态下,一切力学量(不显含t,但不管是否守恒量)的平均值和测值概率分布都不随时间改变,这正是称之为定态的理由.而守恒量则在一切状态下(不管是否定态)的平均值和概率分布都不随时间改变,这正是称之为量子体系的守恒量的理由.由此可以断定,只当一个量子体系不处于定态,而且所讨论的力学量又不是体系的守恒量,才需要研究该力学量的平均值和概率分布如何随时间改变.

5.1.2 位力(virial)定理

当体系处于定态下,关于平均值随时间的变化,有一个有用的定理,即位力定理.设粒子处于势场$V(\boldsymbol{r})$中,Hamilton量表示为

$$H = p^2/2m + V(\boldsymbol{r}) \tag{5.1.10}$$

考虑$\boldsymbol{r}\cdot\boldsymbol{p}$的平均值随时间的变化.按式(5.1.4),有

$$\begin{aligned}\mathrm{i}\hbar\frac{\mathrm{d}}{\mathrm{d}t}\overline{\boldsymbol{r}\cdot\boldsymbol{p}} &= \overline{[\boldsymbol{r}\cdot\boldsymbol{p},H]} = \frac{1}{2m}\overline{[\boldsymbol{r}\cdot\boldsymbol{p},p^2]} + \overline{[\boldsymbol{r}\cdot\boldsymbol{p},V(\boldsymbol{r})]} \\ &= \mathrm{i}\hbar\left(\frac{1}{m}\overline{p^2} - \overline{\boldsymbol{r}\cdot(\boldsymbol{\nabla}V)}\right)\end{aligned} \tag{5.1.11}$$

对于定态,$\frac{\mathrm{d}}{\mathrm{d}t}\overline{\boldsymbol{r}\cdot\boldsymbol{p}}=0$,所以

$$\frac{1}{m}\overline{p^2} = \overline{\boldsymbol{r}\cdot(\boldsymbol{\nabla}V)} \tag{5.1.12}$$

或

$$2\overline{T} = \overline{\boldsymbol{r}\cdot(\boldsymbol{\nabla}V)} \tag{5.1.13}$$

式中 $T=p^2/2m$ 是粒子动能. 上式即位力(virial)定理①.

特例 设 $V(x,y,z)$ 是 x、y、z 的 n 次齐次函数，即 $V(cx,cy,cz)=c^nV(x,y,z)$，c 为常数. 证明

$$n\overline{V} = 2\overline{T} \tag{5.1.14}$$

特例

(1) 谐振子势，$n=2$，有 $\overline{V}=\overline{T}$.

(2) Coulomb 势，$n=-1$，有 $\overline{V}=-2\overline{T}$.

(3) δ 势，$n=-1$(与 Coulomb 势相同)，$\overline{V}=-2\overline{T}$.

5.1.3 能级简并与守恒量的关系

守恒量的应用极为广泛，在处理能量本征值问题，量子态随时间变化，量子跃迁以及散射等问题中都很重要，在以后各章中将陆续讨论. 守恒量在能量本征值问题中的应用，要害是涉及能级简并，其中包括：(a)能级是否简并？(b)在能级简并的情况下，如何标记各简并态.

定理 设体系有两个彼此不对易的守恒量 F 和 G，即 $[F,H]=0$，$[G,H]=0$，但 $[F,G]\neq 0$，则体系能级一般是简并的.

证 1 由于 $[F,H]=0$，F 与 H 可以有共同本征态 ψ，设

$$H\psi = E\psi, \quad F\psi = F'\psi$$

考虑到 $[G,H]=0$，有 $HG\psi=GH\psi=GE\psi=EG\psi$，即 $G\psi$ 也是 H 的本征态，对应于能量本征值 E.

但 $G\psi$ 与 ψ 是否同一个量子态？考虑到 $[F,G]\neq 0$，一般说来②，$FG\psi\neq GF\psi=GF'\psi=F'G\psi$，即 $G\psi$ 不是 F 的本征态. 但 ψ 是 F 本征态，因此 $G\psi$ 与 ψ 不是同一个量子态. 但它们又都是 H 的本征值为 E 的本值态，因此能级是简并的.(证毕)

证 2 设 $H\psi_n=E_n\psi_n$，ψ_n 是包含 H 在内的一组守恒量完全集的共同本征态.

利用 $[F,H]=0$，可知 $HF\psi_n=FH\psi=E_nF\psi_n$，即 $F\psi_n$ 也是 H 的本征态，对应本征值 E_n. 同理，$G\psi_n$ 也是 H 本征态，对应本征值也是 E_n.

如能级 E_n 不简并，则 ψ_n，$F\psi_n$ 和 $G\psi_n$ 表示同一个量子态，因此 $F\psi_n$ 和 $G\psi_n$ 与 ψ_n 只能差一个常数因子，即 $F\psi_n=F_n\psi_n$，$G\psi_n=G_n\psi_n$，F_n 和 G_n 为常数. 这样

$$(FG-GF)\psi_n = (F_nG_n-G_nF_n)\psi_n = 0$$

---

① "virial"一辞原意并非"位力"，后者只是音译上的巧合.

② 例外的是对于特殊的态 ψ，满足 $[F,G]\psi=0$. 对于 $[F,G]=$ 常数 $\neq 0$ 的情况，这绝不会发生. 但如 $[F,G]=K$(算符)，则有可能存在某个特殊的态 ψ，使 $[F,G]\psi=K\psi=0$. 例如 $\boldsymbol{l}$ 的三个分量 l_x、l_y、l_z 不对易，而在中心力场情况下，它们又都是守恒量，所以能级一般是简并的. 但对于 s 态($l=0$)，l_x、l_y、l_z 都取确定值 0，$l_x\psi_s=l_y\psi_s=l_z\psi_s=0$，即 $[l_x,l_y]\psi_s=[l_y,l_z]\psi_s=[l_z,l_x]\psi_s=0$.

设 ψ 为体系的任一量子态，它总可以展开成

$$\psi = \sum_n a_n \psi_n$$

设所有 E_n 能级都不简并，则

$$(FG - GF)\psi = \sum_n a_n (FG - GF)\psi_n = 0$$

但 ψ 是任意的，因此 $[F,G]=0$. 这与定理的假设 $[F,G]\neq 0$ 矛盾. 所以不可能所有能级都不简并，即至少有一些能级是简并的. 实际上可以说，体系的能级一般是简并的，个别能级可能不简并.

推论 1 如果体系有一个守恒量 F，而体系的某条能级 E 不简并，即对应于该能量本征值 E 只有一个本征态 ψ_E，则 ψ_E 必为 F 的本征态. 因为

$$HF\psi_E = FH\psi_E = FE\psi_E = EF\psi_E$$

即 $F\psi_E$ 也是 H 的本征值为 E 的本征态. 但按假定，能级 E 无简并，所以 $F\psi_E$ 与 ψ_E 只能是同一个量子态，因此它们最多可以相差一个常数因子，记为 F'，即 $F\psi_E = F'\psi_E$，所以 ψ_E 是 F 的本征态(F' 即本征值).

例如一维谐振子势 $V(x)=\dfrac{1}{2}m\omega^2 x^2$ 中的粒子的能级是不简并的，而空间反射 P 为守恒量，$[P,H]=0$，所以能量本征态必为 P 的本征态，即有确定宇称. 事实上，谐振子能量本征态 $\psi_n(x)$ 满足 $P\psi_n(x)=\psi_n(-x)=(-1)^n\psi_n(x)$，宇称为 $(-1)^n$.

推论 2 在定理中，如 $[F,G]=C$(不为 0 的常数)，则体系所有能级都简并，而且简并度为无穷大.

首先，设能级 E_n 不简并，上述证 2 中已证明 $[F,G]\psi_n=0$，但 $C\psi_n\neq 0$，矛盾，所以不可能出现不简并的能级，即所有能级都简并.

其次，设能级 E_n 的简并度为 $f_n(f_n>1)$，本征态记为 $\psi_{n\nu}$，$\nu=1,2,\cdots,f_n$，则在此 f_n 维态空间中求迹，

$$\mathrm{tr}(FG) = \sum_{\nu=1}^{f_n} \langle \psi_{n\nu} | FG | \psi_{n\nu} \rangle = \sum_{\nu,\mu=1}^{f_n} \langle \psi_{n\nu} | F | \psi_{n\mu} \rangle \langle \psi_{n\mu} | G | \psi_{n\nu} \rangle$$

$$\mathrm{tr}(GF) = \sum_{\nu=1}^{f_n} \langle \psi_{n\nu} | GF | \psi_{n\nu} \rangle = \sum_{\nu,\mu=1}^{f_n} \langle \psi_{n\nu} | G | \psi_{n\mu} \rangle \langle \psi_{n\mu} | F | \psi_{n\nu} \rangle$$

它们都是两个矩阵乘积的求迹. 如 f_n 为有限，则求迹与两个矩阵乘积的次序无关，即 $\mathrm{tr}(FG)=\mathrm{tr}(GF)$，因而 $\mathrm{tr}([F,G])\equiv \mathrm{tr}C=0$. 但 $\mathrm{tr}C = \sum_{\nu=1}^{f_n}\langle \psi_{n\nu} \mid C \mid \psi_{n\nu}\rangle = C\sum_{\nu=1}^{f_n}\langle \psi_{n\nu} \mid \psi_{n\nu}\rangle = Cf_n \neq 0$，矛盾. 所以 f_n 不能取有限值，即能级必为∞度简并.

5.2 波包的运动，Ehrenfest 定理

设质量为 m 的粒子在势场 $V(\boldsymbol{r})$ 中运动，用波包 $\psi(\boldsymbol{r},t)$ 描述. 下面讨论波包的运动与经典粒子运动的关系. 显然，$\psi(\boldsymbol{r},t)$ 必为非定态，因为处于定态的粒子在空

间的概率密度$|\psi(\boldsymbol{r},t)|^2$是不随时间变化的. 与经典粒子轨道运动对应的量子态必为非定态①. 设粒子的 Hamilton 量为

$$H=\frac{\boldsymbol{p}^2}{2m}+V(\boldsymbol{r}) \tag{5.2.1}$$

按 5.1 节式(5.1.4),粒子坐标和动量的平均值随时间变化如下:

$$\frac{\mathrm{d}}{\mathrm{d}t}\bar{\boldsymbol{r}}=\frac{1}{\mathrm{i}\hbar}\overline{[\boldsymbol{r},H]}=\bar{\boldsymbol{p}}/m \tag{5.2.2}$$

$$\frac{\mathrm{d}}{\mathrm{d}t}\bar{\boldsymbol{p}}=\frac{1}{\mathrm{i}\hbar}\overline{[\boldsymbol{p},H]}=-\overline{\boldsymbol{\nabla}V(\boldsymbol{r})} \tag{5.2.3}$$

它们的形式与经典粒子运动满足的正则方程

$$\frac{\mathrm{d}\boldsymbol{r}}{\mathrm{d}t}=\frac{\boldsymbol{p}}{m},\quad \frac{\mathrm{d}\boldsymbol{p}}{\mathrm{d}t}=-\boldsymbol{\nabla}V \tag{5.2.4}$$

相似. 式(5.2.2)代入式(5.2.3),得

$$m\frac{\mathrm{d}^2}{\mathrm{d}t^2}\bar{\boldsymbol{r}}=\overline{\boldsymbol{F}(\boldsymbol{r})} \tag{5.2.5}$$

此之谓 Ehrenfest 定理②,其形式与经典 Newton 方程相似. 但只当$\overline{\boldsymbol{F}(\boldsymbol{r})}$可以近似代之为$\boldsymbol{F}(\bar{\boldsymbol{r}})$时,波包中心$\bar{\boldsymbol{r}}$的运动规律才与经典粒子完全相同. 下面来讨论,在什么条件下可以用这种近似.

从物理上讲,要用一个波包来描述粒子的运动,波包必须很窄,波包大小与粒子大小相当. 此外,还要求势场$V(\boldsymbol{r})$在空间变化很缓慢,使得波包中心所在处的势场$V(\bar{\boldsymbol{r}})$与粒子感受到的势$\overline{V(\boldsymbol{r})}$很接近. 但这还不够,因为一般说来,波包会随时间演化而扩散. 如要求波包能描述经典粒子的运动,必须在人们感兴趣的整个运动过程中波包扩散不太厉害. 而波包扩散的快慢又与波包的宽窄和粒子能量大小有关. 下面来更具体分析一下. 为简单起见,考虑一维波包的运动.

试在波包中心$\bar{x}$附近对$V(x)$作 Taylor 展开,令$\xi=x-\bar{x}$,

$$\frac{\partial V}{\partial x}=\frac{\partial V(\bar{x})}{\partial \bar{x}}+\xi\frac{\partial^2 V(\bar{x})}{\partial \bar{x}^2}+\frac{1}{2}\xi^2\frac{\partial^3 V(\bar{x})}{\partial \bar{x}^3}+\cdots$$

所以(注意,$\bar{\xi}=0$)

$$\overline{\left(\frac{\partial V}{\partial x}\right)}=\int\mathrm{d}x\psi^*(x,t)\frac{\partial V}{\partial x}\psi(x,t)=\frac{\partial V(\bar{x})}{\partial \bar{x}}+\frac{1}{2}\overline{\xi^2}\frac{\partial^3 V(\bar{x})}{\partial \bar{x}^3}+\cdots \tag{5.2.6}$$

可见,只当

$$\left|\frac{1}{2}\overline{\xi^2}\frac{\partial^3 V(\bar{x})}{\partial \bar{x}^3}\right|\ll\left|\frac{\partial V(\bar{x})}{\partial \bar{x}}\right| \tag{5.2.7}$$

$\overline{F(x)}=-\overline{(\partial V(x)/\partial x)}$才可近似代之为$F(\bar{x})=-\partial V(\bar{x})/\partial\bar{x}$. 此时,式(5.2.5)才与经典 Newton 方程相同. 要求式(5.2.7)在整个运动过程中成立,就要求:

---

① C. Laubner, M. Alber, and N. Schupfer, Am. J. Phys. **56**(1988)1123.

② P. Ehrenfest, Z. Physik **45**(1927)455.

(1) 波包很窄，而且在运动过程中扩散不厉害.

(2) V 在空间变化缓慢(在波包范围中 V 变化很小). 设 $V(x)=a+bx+cx^2$, (a,b,c为常量)，则$\dfrac{\partial^3 V}{\partial x^3}=0$，式(5.2.7)自动满足. 所以对于自由粒子，线性势或谐振子势，条件(5.2.7)是满足的. 在这一类势场中的窄波包的中心的运动，就与经典粒子的轨道运动很相似. ①

例 α粒子对原子的散射(图5.1).

原子的半径约为 $a\approx10^{-8}$ cm. 天然放射性元素放出的α粒子能量 E_α 约为(3～7)MeV. 设 $E_\alpha\approx5$MeV，可估算出其动量 $p_\alpha=\sqrt{2M_\alpha E_\alpha}\approx10^{-14}$ g · cm · s^{-1}，速度 $v_\alpha=p_\alpha/M_\alpha$. 在对原子的散射过程中，穿越原子的时间约为

$$\Delta t\approx a/v_\alpha=M_\alpha a/p_\alpha$$

在此期间波包的扩散约为 $\Delta x\approx\overline{\Delta p}\Delta t/M_\alpha\approx a\Delta p/p_\alpha$. 按不确定度关系，$\Delta p\approx\hbar/\Delta x\approx\hbar/a\approx10^{-19}$ g · cm · s^{-1}. 如要求在散射过程中可近似用轨道运动来描述α粒子，必须 $\Delta x\ll a$，即要求 $\Delta p/p_\alpha\ll1$. 对于天然放射性元素放射出的α粒子，由于它的质量 M_α 和能量较大，$\Delta p/p_\alpha\ll1$ 条件是满足的. 如果是讨论电子对原子的散射，由于电子质量很小，例如对于能量为100eV的电子，$p_e=\sqrt{2M_eE_e}\approx5.4\times10^{-19}$ g · cm · s^{-1}，$\Delta p\approx\hbar/a\approx10^{-19}$ g · cm · s^{-1}，与 p_e 同量级，用轨道概念来描述电子的运动就不恰当了.

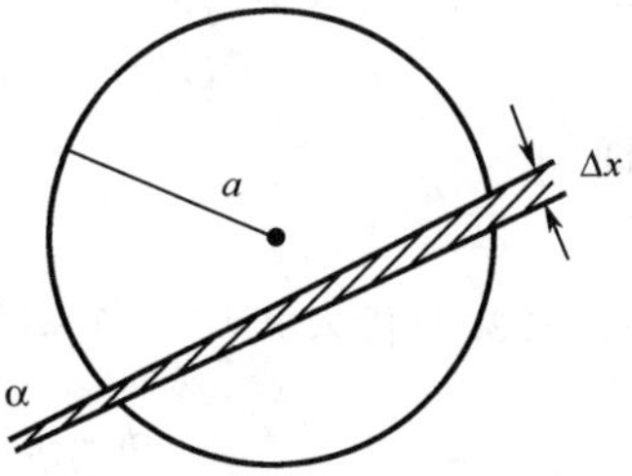

图5.1 α粒子对原子的散射

5.3 Schrödinger 图像，Heisenberg 图像与相互作用图像

迄今，我们把力学量(不显含 t)的平均值及测值的概率分布随时间的演化，完全归之于态矢量(波函数)ψ 随时间的演化，而力学量(算符)本身是不随时间演化的. 这种描述方式，称为 Schrödinger 图像②(picture). 习惯上也常称为 Schrödinger 表象(representation). 鉴于在实验中观测的并不是波函数和算符本身，而是力学量取各种可能值(本征值)的概率分布与平均值，以及它们随时间的演化. 这就是量子力学中对运动规律的描述有各种不同图像的依据. 下面分别介绍三种常用的图像，即 Schrödinger 图像，Heisenberg 图像和相互作用图像(亦称为 Dirac 图像)，三种图像彼此等价.

5.3.1 Schrödinger 图像

在 Schrödinger 图像中，体系的状态矢量(state vector)是随时间演化的，遵守

① C. W. Wong, Am. J. Phys. **64**(1996)792.

② "picture"亦译作绘景，但似乎不够口语化，很少人使用. 建议译作图像，在不引起误解的情况下，文献中还习惯迳直称为表象(representation).

Schrödinger 方程

$$\mathrm{i}\hbar \frac{\partial}{\partial t}\psi(t) = H\psi(t) \tag{5.3.1}$$

令

$$\psi(t) = U(t,0)\psi(0) \tag{5.3.2}$$

$U(t,0)$称为时间演化(time-evolution)算符,可视为体系状态随时间演化的连续变换,即把体系在时刻 t 的状态 $\psi(t)$与初始状态 $\psi(0)$联系起来的一种连续变换. 为保证概率守恒,要求$(\psi(t),\psi(t))=(\psi(0),\psi(0))$,即要求$U$为幺正变换

$$U(t,0)^{+} U(t,0) = U(t,0)U(t,0)^{+} = 1 \tag{5.3.3}$$

亦即

$$U(t,0)^{+} = U(t,0)^{-1} \tag{5.3.3$'$}$$

用式(5.3.2)代入式(5.3.1),得

$$\mathrm{i}\hbar \frac{\partial}{\partial t}U(t,0)\psi(0) = HU(t,0)\psi(0)$$

由于 $\psi(0)$是任意的,所以

$$\mathrm{i}\hbar \frac{\partial}{\partial t}U(t,0) = HU(t,0) \tag{5.3.4a}$$

按式(5.3.2)及初条件,易见

$$U(0,0) = 1 \tag{5.3.4b}$$

解出式(5.3.4)(设 H 不显含 t),得①

$$U(t,0) = \exp(-\mathrm{i}Ht/\hbar) \tag{5.3.5}$$

在 Schrödinger 图像中,力学量(算符,不显含 t)不随时间演化,人们只需讨论其平均值和概率分布随时间的演化. 例如,力学量 F 的平均值 $\overline{F}$ 随时间演化为[见 5.1 节,式(5.1.4)]

$$\frac{\mathrm{d}}{\mathrm{d}t}\overline{F} = \frac{1}{\mathrm{i}\hbar}\overline{[F,H]} \tag{5.3.6}$$

其中

$$\begin{aligned}\overline{F}(t) &= (\psi(t),F\psi(t)) = (U(t,0)\psi(0),FU(t,0)\psi(0)) \qquad (5.3.7)\\ &= (\psi(0),U(t,0)^{+} FU(t,0)\psi(0))\\ &= (\psi(0),F(t)\psi(0)) \qquad (5.3.8)\end{aligned}$$

而

$$F(t) = U(t,0)^{+} FU(t,0) = \exp(\mathrm{i}Ht/\hbar)F\exp(-\mathrm{i}Ht/\hbar) \tag{5.3.9}$$

---

① 若 H 显含 t,则

$$U(t,0) = T\exp\left[-\frac{\mathrm{i}}{\hbar}\int_0^t H(t')\mathrm{d}t'\right]$$

T 为编时算符(Time-ordering operator).

5.3.2 Heisenberg 图像

$\overline{F}$ 随时间的演化,我们可以用另外一种图像来理解,即让 $\overline{F}(t)$ 随时间的改变完全由力学量(算符)$F(t)$ 来承担,而保持态矢量不随时间变,如式(5.3.8)所示. 这种图像称为 Heisenberg 图像(或 Heisenberg 表象). 由式(5.3.9)容易得出(注意:以下如不特别声明,F 都是不显含 t 的力学量)

$$\frac{\mathrm{d}}{\mathrm{d}t}F(t)=\left(\frac{\mathrm{d}}{\mathrm{d}t}U(t,0)^{+}\right)FU(t,0)+U(t,0)^{+}F\frac{\mathrm{d}}{\mathrm{d}t}U(t,0)$$

利用式(5.3.4a),得

$$\frac{\mathrm{d}}{\mathrm{d}t}F(t)=\frac{1}{\mathrm{i}\hbar}(-U^{+}HFU+U^{+}FHU)$$

利用式(5.3.3),得

$$\frac{\mathrm{d}}{\mathrm{d}t}F(t)=\frac{1}{\mathrm{i}\hbar}(-U^{+}HUU^{+}FU+U^{+}FUU^{+}HU)$$

注意 $U^{+}HU=H$,有

$$\frac{\mathrm{d}}{\mathrm{d}t}F(t)=\frac{1}{\mathrm{i}\hbar}(-HF(t)+F(t)H)$$

所以

$$\frac{\mathrm{d}}{\mathrm{d}t}F(t)=\frac{1}{\mathrm{i}\hbar}[F(t),H] \tag{5.3.10}$$

此式称为 Heisenberg 方程. 它描述在 Heisenberg 图像中力学量(算符)随时间的演化.

Schrödinger 图像与 Heisenberg 图像的比较:

(1) 在 Schrödinger 图像中,量子态 $\psi(t)$ 随时间演化,遵守 Schrödinger 方程(5.3.1),力学量 F 不随时间演化. 与此相反,在 Heisenberg 图像中,态不随时间演化,而力学量(算符)$F(t)$ 随时间演化,遵守 Heisenberg 方程(5.3.10).

(2) 在 Schrödinger 图像中,由于力学量(算符)不随时间演化,力学量完全集的共同本征态(作为 Hilbert 空间的基矢)也不随时间变,因而任何一个力学量(算符)在这组基矢之间的矩阵元也不随时间变,但描述体系状态的矢量(在各基矢方向上的投影或分量)是随时间改变的. 与此相反,Heisenberg 图像中,描述体系状态的矢量不随时间变,但由于力学量(算符)随时间演化,因此,力学量完全集的共同本征态随时间变,而且任何一个力学量在此一组运动的各基矢之间的矩阵元也随时间演化.

(3) 两种图像是等价的,凡物理上可观测的结果都不会因所采取图像不同而异. 例如,力学量的平均值和概率分布. 又例如,在 Schrödinger 图像中,如力学量 F 是守恒量,即 $[F,H]=0$,则在 Heisenberg 图像中[注意:$H(t)=U(t,0)^{+}HU(t,0)=H$]

$$[F(t),H(t)] = [e^{iHt/\hbar}Fe^{-iHt/\hbar},H] = e^{iHt/\hbar}[F,H]e^{-iHt/\hbar} = 0$$

$F(t)$仍然为守恒量. 所以在量子力学中,一个力学量是否守恒量并不因图像不同而异.

(4) 处理具体问题时,可根据情况采用较方便的图像. 通常处理问题,较多采用 Schrödinger 图像. 在讨论力学量(算符)和态矢在两种图像之间关系时,有时用下标"S"和"H"区别 Schrödinger 图像和 Heisenberg 图像(如仅限于在某一种表象中来处理问题时,则完全无此必要).

例如,对于力学量,

$$F_S(t) = F_S(0) = F_S \qquad (与时间无关)$$

$$F_H(t) = e^{iHt/\hbar}F_S e^{-iHt/\hbar} \tag{5.3.11}$$

$$\frac{d}{dt}F_H(t) = \frac{1}{i\hbar}[F_H(t),H] \tag{5.3.12}$$

对于态矢量,

$$\psi_H(t) = \psi_H(0) = \psi_S(0) = e^{iHt/\hbar}\psi_S(t) \tag{5.3.13}$$

$$i\hbar\frac{\partial}{\partial t}\psi_S(t) = H\psi_S(t)$$

$$\frac{\partial}{\partial t}\psi_H(t) = 0 \tag{5.3.14}$$

以下举两个简单例子,让读者熟悉一下在 Heisenberg 图像中处理问题的方法.

例 1 自由粒子

$$H = \boldsymbol{p}^2/2m$$

由于$[\boldsymbol{p},H]=0$,$\boldsymbol{p}$ 为守恒量,所以 $\boldsymbol{p}(t)=\boldsymbol{p}(0)=\boldsymbol{p}$,而

$$\frac{d}{dt}\boldsymbol{r}(t) = \frac{1}{i\hbar}[\boldsymbol{r}(t),H] = \frac{1}{i\hbar}e^{iHt/\hbar}\left[\boldsymbol{r},\frac{\boldsymbol{p}^2}{2m}\right]e^{-iHt/\hbar} = e^{iHt/\hbar}\frac{\boldsymbol{p}}{m}e^{-iHt/\hbar} = \frac{\boldsymbol{p}}{m}$$

所以

$$\boldsymbol{r}(t) = \boldsymbol{r}(0) + \frac{\boldsymbol{p}}{m}t \tag{5.3.15}$$

例 2 一维谐振子

$$H = \frac{p_x^2}{2m} + \frac{1}{2}m\omega^2x^2$$

$$x(t) = e^{iHt/\hbar}xe^{-iHt/\hbar}$$

$$p_x(t) = e^{iHt/\hbar}p_xe^{-iHt/\hbar} \tag{5.3.16}$$

容易求出

$$\begin{aligned}\frac{d}{dt}x(t) &= \frac{1}{i\hbar}e^{iHt/\hbar}[x,H]e^{-iHt/\hbar} = \frac{p_x(t)}{m}\\ \frac{d}{dt}p_x(t) &= \frac{1}{i\hbar}e^{iHt/\hbar}[p_x,H]e^{-iHt/\hbar} = -m\omega^2x(t)\end{aligned} \tag{5.3.17}$$

因此

$$\frac{\mathrm{d}^2}{\mathrm{d}t^2}x(t)=\frac{1}{m}\frac{\mathrm{d}p_x(t)}{\mathrm{d}t}=-\omega^2 x(t) \tag{5.3.18}$$

与经典一维谐振子的 Newton 方程形式上相同. 解之,得

$$x(t)=c_1\cos\omega t+c_2\sin\omega t$$

$$p_x(t)=m\frac{\mathrm{d}}{\mathrm{d}t}x(t)=-m\omega c_1\sin\omega t+mc_2\omega\cos\omega t$$

设初条件为

$$x(0)=c_1=x_0$$

$$p_x(0)=mc_2\omega=p_0,\quad c_2=p_0/m\omega$$

则

$$\begin{aligned}x(t)&=x_0\cos\omega t+\frac{p_0}{m\omega}\sin\omega t\\ p_x(t)&=p_0\cos\omega t-m\omega x_0\sin\omega t\end{aligned} \tag{5.3.19}$$

5.3.3 相互作用图像

设

$$H=H_0+H' \tag{5.3.20}$$

通常 H' 表示体系与外界的相互作用,而 H_0 表示体系本身(与外界无相互作用情况下)的 Hamilton 量,不显含时间 t. 与式(5.3.13)不同,令

$$\psi_{\mathrm{I}}(t)=\exp(\mathrm{i}H_0t/\hbar)\psi_{\mathrm{S}}(t),\text{即 }\psi_{\mathrm{S}}(t)=\exp(-\mathrm{i}H_0t/\hbar)\psi_{\mathrm{I}}(t) \tag{5.3.21}$$

容易证明

$$\begin{aligned}\mathrm{i}\hbar\frac{\partial}{\partial t}\psi_{\mathrm{I}}(t)&=\exp(\mathrm{i}H_0t/\hbar)(-H_0+H)\psi_{\mathrm{S}}(t)=\exp(\mathrm{i}H_0t/\hbar)H'\psi_{\mathrm{S}}(t)\\&=\exp(\mathrm{i}H_0t/\hbar)H'\exp(-\mathrm{i}H_0t/\hbar)\cdot\exp(\mathrm{i}H_0t/\hbar)\psi_{\mathrm{S}}(t)\end{aligned}$$

即

$$\mathrm{i}\hbar\frac{\partial}{\partial t}\psi_{\mathrm{I}}(t)=H'_{\mathrm{I}}(t)\psi_{\mathrm{I}}(t) \tag{5.3.22}$$

式中

$$H'_{\mathrm{I}}(t)=\exp(\mathrm{i}H_0t/\hbar)H'\exp(-\mathrm{i}H_0t/\hbar) \tag{5.3.23}$$

$\psi_{\mathrm{I}}(t)$为相互作用图像(interaction picture)中量子态的表示式,它与 Schrödinger 图像中的量子态 $\psi_{\mathrm{S}}(t)$的关系如式(5.3.21)所示. $H'_{\mathrm{I}}(t)$是 H' 在相互作用图像中的表示式. 一般说来,Schrödinger 图像中的算符 F 在相互作用图像中表示成

$$F_{\mathrm{I}}(t)=\exp(\mathrm{i}H_0t/\hbar)F\exp(-\mathrm{i}H_0t/\hbar) \tag{5.3.24}$$

容易证明

$$\frac{\mathrm{d}}{\mathrm{d}t}F_{\mathrm{I}}(t)=\frac{1}{\mathrm{i}\hbar}[F_{\mathrm{I}}(t),H_0] \tag{5.3.25}$$

注意:$(H_0)_{\mathrm{I}}=H_0$. 由式(5.3.22)和(5.3.25)可以看出,在相互作用图像中,态矢 $\psi_{\mathrm{I}}(t)$和力学量(算符)$F_{\mathrm{I}}(t)$都随时间而演化. 态矢的演化由相互作用

$H'_{\mathrm{I}}(t)$来支配，而力学量(算符)随时间的演化则由 H_0 支配. 相互作用图像是介于 Schrödinger 图像和 Heisenberg 图像之间的一种图像. 相互作用图像在用微扰论(相互相用 H'视为微扰)来处理问题时有广泛的应用. 特别是散射问题中，H_0 表示包含入射粒子与靶粒子各自的 Hamilton 量，H'表示入射粒子与靶粒子的相互作用(视为微扰).

5.4 守恒量与对称性的关系的初步分析

在经典力学中，一个体系的力学量，一般说来是随时间而不断变化的. 但可能存在某些力学量，在运动过程中保持不变，这种力学量称为守恒量，或者叫运动积分. 例如，在中心力场中运动的粒子，角动量就是守恒量. 找出了体系的一个守恒量，往往可以使问题的处理大为简化. 例如，求解粒子的 Newton 方程(含时间二阶导数)时，如能找到一个守恒量(运动积分)，则可以简化为求解对时间的一阶微分方程.

在经典力学中，守恒定律与体系对称性之间的密切联系，首先为 Jacobi 认识到(1842)[①]. 他指出，对于一个能用 Lagrange 函数 L 描述的体系，如 L 在空间坐标平移下具有不变性，则体系的动量守恒. 如 L 在空间转动下具有不变性，则体系的角动量守恒. 后来，J. R. Schütz 指出(1897)[②]，L 在时间平移下的不变性，将导致体系的能量守恒. 在经典力学中守恒律与对称性的密切联系，在 Landau 和 Lifshitz 所著《力学》一书中，有很好的表述[③].

然而守恒定律与对称性的紧密联系及其广泛运用，只在量子力学提出以后才更显著，并逐步深入到物理学的基本术语中来[④]. 这一点与量子力学的态叠加原理有深刻的联系[⑤]. 与经典力学相比，量子力学关于对称性的研究，大大丰富了对于体系的认识. 体系能级的简并性(除了真正的偶然简并之外)，也总是与体系的对称性有密切的联系. 标记一个体系定态的好量子数以及表征一个体系的跃迁前后状态关系的选择定则，总是与体系的某种对称性有直接的关系[⑥]. 此外，在应用量子力学处理各种实际问题时，能严格求解者极少，即使采用了物理上某些简化假定或模型，往往也很难求解. 但如果能找到体系的某种对称性，就可以使问题求解在相当程度上简化. 这些将在本书卷Ⅱ中详细讲述. 还应指出，在有些问题中，只需借

---

① C. G. J. Jacobi, *Vorlesungen Über Dynamik*, (Werke, Supplementband. Reimer, Berlin, 1884).

② J. R. Schütz, *Gött. Nachr*. (1897), p. 110.

③ L. D. Landau, E. M. Lifshitz, *Mechanics*, (Pergamon 1977).

④ 李政道，诺贝尔授奖仪式上的演讲. 杨振宁，诺贝尔授奖仪式上的演讲.

⑤ R. P. Feynman, *Lectures on Physics*, Vol. Ⅲ, *Quantum Mechanics*. (Addison-Wesley, 17-1, 1965.)

⑥ E. P. Wigner, *Group Theory and its Applications to the Quantum Mechanics of Atomic Spectra*, (Academic Press, N. Y. 1959).

助于体系的对称性分析，而不必去严格求解 Schrödinger 方程，就可以得出一些很重要的结论. 这种情况在近代物理学中①(例如，原子及分子物理、晶体物理、核物理及粒子物理学中)是屡见不鲜的.

有一些对称性，例如空间反射对称性，在经典力学中得不出什么有价值的守恒定律，而在量子力学中将导致宇称守恒定律及相应的跃迁选择定则. 又如由全同粒子组成的多粒子系，其 Hamilton 量对于任何两个粒子交换是不变的. 这在经典力学中并不能帮助我们对体系的运动状态有什么更深入的认识. 但在量子力学中，这种交换对称性将对描述体系状态的波函数给予很强的限制(见 5.4 节). 金属的 Fermi 气体模型，原子中的电子壳结构、原子核中的质子壳结构及中子壳结构都与全同粒子的交换对称性有本质的联系.

设一个体系的状态用波函数 ψ 描述，它随时间的变化满足 Schrödinger 方程

$$i\hbar \frac{\partial}{\partial t}\psi = H\psi \tag{5.4.1}$$

考虑某种变换 Q(不依赖于时间，并存在逆变换 Q^{-1}). 设在变换 Q 下，波函数 ψ 变化如下：

$$\psi \rightarrow \psi' = Q\psi \tag{5.4.2}$$

体系对于变换的不变性表现为 ψ' 满足与 ψ 相同形式的运动方程式，即要求

$$i\hbar \frac{\partial}{\partial t}\psi' = H\psi' \tag{5.4.3}$$

即

$$i\hbar \frac{\partial}{\partial t}Q\psi = HQ\psi$$

用 Q^{-1} 运算，得

$$i\hbar \frac{\partial}{\partial t}\psi = Q^{-1}HQ\psi$$

与式(5.4.1)比较，要求

$$Q^{-1}HQ = H \tag{5.4.4}$$

即

$$QH = HQ$$

或

$$[Q, H] = 0 \tag{5.4.4$'$}$$

式(5.4.4)就是体系的 Hamilton 量在变换 Q 下的不变性在数学上的表达式([注]，见后). 考虑到态叠加原理，Q 应为线性算符，再考虑到概率守恒，Q 应为幺正算符

$$QQ^{+} = Q^{+}Q = 1 \tag{5.4.5}$$

---

① V. F. Weisskopf, *Physics in the Twentieth Century*, p. 295～301. (MIT, Cambridge, MA, 1972).

或者说 Q 是幺正变换. 凡满足式(5.4.4)的变换,称为体系的对称性变换(symmetry transformation). 物理学中的体系的对称性变换总是构成一个群,称为体系的对称性群(symmetry group). 在量子力学中也称之为 Schrödinger 群.

Q 可以为连续(continuous)变换(用一个或一组连续变化的参量来刻画,例如,空间平移、空间旋转),也可以为离散(discrete)变换(例如,空间反射、时间反演). 对于连续变换 Q,可以考虑无穷小变换. 令

$$Q = 1 + \mathrm{i}\varepsilon F \tag{5.4.6}$$

ε 是刻画无穷小变换的参量($\varepsilon \to 0^+$),要求 Q 为幺正变换的条件为

$$Q^+ Q = (1 - \mathrm{i}\varepsilon F^+)(1 + \mathrm{i}\varepsilon F) = 1 + \mathrm{i}\varepsilon(F - F^+) + O(\varepsilon^2) = 1$$

得

$$F^+ = F \tag{5.4.7}$$

即 F 为厄米算符,称之为连续变换 Q 的无穷小算子(infinitesimal operator). 由于 F 是厄米算符,可以用它来定义一个与变换 Q 相联系的力学量. 按对称性变换的要求,$[Q,H]=0$,可得出

$$[F,H] = 0 \tag{5.4.8}$$

F 就是与对称性变换 Q 相应的守恒量.

[注] 以上是从体系的 Hamilton 量在某种变换下的不变性来讨论体系的对称性和守恒定律. 更根本来说,设一个变换不改变体系的各物理量的相互关系,则称为体系的一个对称性变换. 设体系的某一状态用 ψ 描述,经过某种对称性变换后,则该状态用 ψ' 描述. 同样,体系的另一个状态用 ϕ 描述,经过同样的对称性变换之后,则用 ϕ' 描述. 对称性变换意味着状态之间的关系不因变换而异. 按照量子力学的统计诠释,必须要求 $|(\psi,\phi)| = |(\psi',\phi')|$. (注意:只要求标量积的模不变.) 基于这个要求,Wigner 指出:对称性变换只能是幺正(unitary)变换或反幺正(antiunitary)变换. 对于连续变换,它们可以从恒等变换出发,连续地经过无穷小变换来实现,这种变换只能为幺正变换. 一个体系若存在一个守恒量,则反映体系有某种对称性(或不变性),反之不一定正确. Wigner 曾经指出,对于幺正对称性变换,的确存在相应的守恒量,但对应于反幺正对称性变换(例如,时间反演不变性),并不存在相应的什么守恒量. 详细讨论,参阅 E. P. Wigner, *Group Theory and its Applications to the Quantum Mechanics of Atomic Spectra*, (Academic Press, N. Y., 1959), chap. 26.

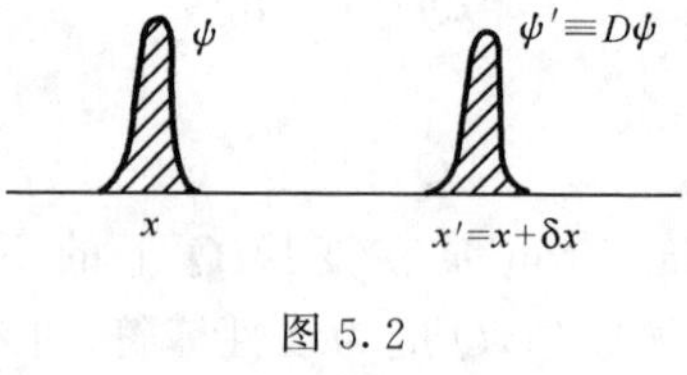

图 5.2

5.4.1 空间的均匀性(平移不变性)与动量守恒

先考虑一维体系的无穷小平移(图 5.2),

$$x \to x' = x + \delta x \tag{5.4.9}$$

设描述体系状态的波函数

$$\psi \to \psi' = D\psi \tag{5.4.10}$$

显然

$$\psi'(x') = \psi(x) \tag{5.4.11}$$

即

$$D\psi(x+\delta x) = \psi(x)$$

在上式中,把 x 换为 $x-\delta x$,则得

$$D\psi(x) = \psi(x-\delta x) \tag{5.4.12}$$

上式右边作 Taylor 展开,得

$$\psi(x-\delta x) = \psi(x) - \delta x \frac{\partial \psi}{\partial x} + \cdots = \exp\left(-\delta x \frac{\partial}{\partial x}\right)\psi(x) = \exp(-\mathrm{i}\delta x p_x/\hbar)\psi(x)$$

式中

$$p_x = -\mathrm{i}\hbar \frac{\partial}{\partial x} \tag{5.4.13}$$

是体系空间平移(沿 x 方向)的无穷小算子,而平移算符为

$$D(\delta x) = \exp(-\mathrm{i}\delta x p_x/\hbar) \tag{5.4.14}$$

推广到三维空间体系的无穷小平移,

$$\boldsymbol{r} \to \boldsymbol{r}' = \boldsymbol{r} + \delta \boldsymbol{r} \tag{5.4.15}$$

平移算符为

$$\boldsymbol{D}(\delta \boldsymbol{r}) = \exp(-\mathrm{i}\delta \boldsymbol{r} \cdot \boldsymbol{p}/\hbar) \tag{5.4.16}$$

无穷小算子为

$$\boldsymbol{p} = -\mathrm{i}\hbar \nabla \tag{5.4.17}$$

即动量算符.

对于自由粒子,Hamilton 量为

$$H = \boldsymbol{p}^2/2m \tag{5.4.18}$$

显然,$D^{-1}HD=H$,即

$$[D,H] = 0$$

这就是自由粒子的空间平移不变性的数学表示.相应的无穷小平移算符 $\boldsymbol{p}$ 满足

$$[\boldsymbol{p},H] = 0 \tag{5.4.19}$$

即动量守恒.

5.4.2 空间各向同性(旋转不变性)与角动量守恒

先考虑一个简单情况,即体系绕定轴(取为 z 轴)的旋转,角坐标

$$\varphi \to \varphi' = \varphi + \delta\varphi \tag{5.4.20}$$

描述体系状态的波函数

$$\psi \to \psi' \equiv R\psi \tag{5.4.21}$$

对于无自旋粒子的波函数(标量波函数),满足

$$\psi'(\varphi') = \psi(\varphi) \tag{5.4.22}$$

即

$$R\psi(\varphi + \delta\varphi) = \psi(\varphi) \tag{5.4.23}$$

上式中把变量 $\varphi \to \varphi - \delta\varphi$,则得

$$R\psi(\varphi) = \psi(\varphi - \delta\varphi) \tag{5.4.24}$$

上式右边做 Taylor 展开

$$\begin{aligned} &= \psi(\varphi) - \delta\varphi \frac{\partial\psi}{\partial\varphi} + \cdots = \exp\left(-\delta\varphi \frac{\partial}{\partial\varphi}\right)\psi(\varphi) \\ &= \exp(-\mathrm{i}\delta\varphi l_z/\hbar)\psi(\varphi) \end{aligned} \tag{5.4.25}$$

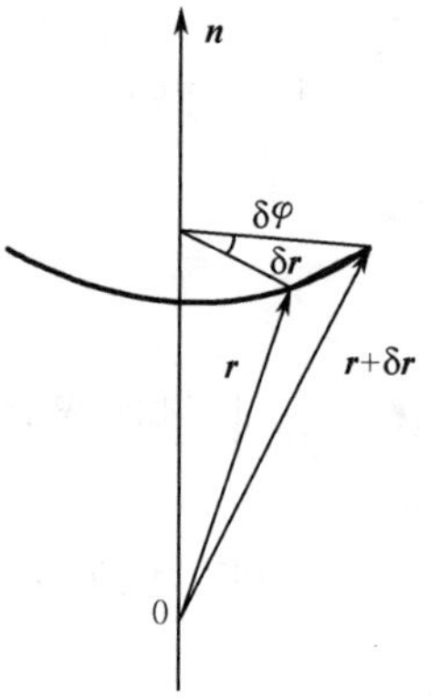

图 5.3

其中

$$l_z = -\mathrm{i}\hbar \frac{\partial}{\partial\varphi} \tag{5.4.26}$$

即体系绕 z 轴旋转的无穷小算子,而绕 z 轴的无穷小旋转变换为

$$R_z(\delta\varphi) = \exp(-\mathrm{i}\delta\varphi l_z/\hbar) \tag{5.4.27}$$

推广到三维空间旋转(图 5.3),

$$\begin{aligned} \boldsymbol{r} \to \boldsymbol{r}' &= g\boldsymbol{r} = \boldsymbol{r} + \delta\boldsymbol{r} \\ \delta\boldsymbol{r} &= \delta\boldsymbol{\varphi} \times \boldsymbol{r} = \delta\varphi\boldsymbol{n} \times \boldsymbol{r} \end{aligned} \tag{5.4.28}$$

$\boldsymbol{n}$ 为旋转轴方向的单位矢量. 可以求出

$$g(\delta\boldsymbol{\varphi}) = \begin{pmatrix} 1 & -\delta\varphi_z & \delta\varphi_y \\ \delta\varphi_z & 1 & -\delta\varphi_x \\ -\delta\varphi_y & \delta\varphi_x & 1 \end{pmatrix} = 1 - \mathrm{i}\delta\boldsymbol{\varphi} \cdot \boldsymbol{s}/\hbar \tag{5.4.29}$$

其中

$$s_x = \hbar\begin{pmatrix} 0 & 0 & 0 \\ 0 & 0 & -\mathrm{i} \\ 0 & \mathrm{i} & 0 \end{pmatrix}, \quad s_y = \hbar\begin{pmatrix} 0 & 0 & \mathrm{i} \\ 0 & 0 & 0 \\ -\mathrm{i} & 0 & 0 \end{pmatrix}$$

$$s_z = \hbar\begin{pmatrix} 0 & -\mathrm{i} & 0 \\ \mathrm{i} & 0 & 0 \\ 0 & 0 & 0 \end{pmatrix} \tag{5.4.30}$$

在此空间旋转下,标量波函数的变化如下:

$$\psi \to \psi' \equiv R\psi \tag{5.4.31}$$

而

$$\psi'(\boldsymbol{r}') = \psi(\boldsymbol{r}) \tag{5.4.32}$$

即

$$R\psi(\boldsymbol{r}+\delta\boldsymbol{r}) = \psi(\boldsymbol{r})$$

所以

$$\begin{aligned} R\psi(\boldsymbol{r}) &= \psi(\boldsymbol{r}-\delta\boldsymbol{r}) = \psi(\boldsymbol{r}-\delta\varphi\boldsymbol{n}\times\boldsymbol{r}) \\ &\approx \psi(\boldsymbol{r}) - \delta\varphi(\boldsymbol{n}\times\boldsymbol{r})\cdot\nabla\psi(\boldsymbol{r}) = \psi(\boldsymbol{r}) - \frac{\mathrm{i}}{\hbar}\delta\varphi(\boldsymbol{n}\times\boldsymbol{r})\cdot\boldsymbol{p}\psi(\boldsymbol{r}) \\ &= \left[1-\frac{\mathrm{i}}{\hbar}\delta\varphi(\boldsymbol{n}\cdot\boldsymbol{l})\right]\psi(\boldsymbol{r}) \end{aligned} \tag{5.4.33}$$

其中

$$\boldsymbol{l} = \boldsymbol{r}\times\boldsymbol{p} = -\mathrm{i}\hbar\boldsymbol{r}\times\boldsymbol{\nabla} \tag{5.4.34}$$

是空间无穷小旋转算子，亦即轨道角动量算符，而无穷小旋转变换表示为

$$R(\delta\boldsymbol{\varphi}) = \exp(-\mathrm{i}\delta\varphi\boldsymbol{n}\cdot\boldsymbol{l}/\hbar) \tag{5.4.35}$$

对于空间各向同性的体系(例如，自由粒子，中心力场中粒子)，

$$[R(\delta\boldsymbol{\varphi}),H] = 0$$

即

$$[\boldsymbol{l},H] = 0 \tag{5.4.36}$$

角动量 $\boldsymbol{l}=\boldsymbol{r}\times\boldsymbol{p}$ 为守恒量. $\boldsymbol{l}$ 是一个轴矢量(axial vector，偶宇称算符)，而 $\boldsymbol{p}$ 为极矢量(polar vector，是奇宇称算符). 具有空间各向同性的体系，角动量为守恒量.

注意:体系的状态，并不一定是角动量的本征态，这要根据体系的初态性质来决定. 考虑到 $\boldsymbol{l}$ 的三个分量彼此不对易，但$[\boldsymbol{l}^2,l_\alpha]=0$，$\alpha=x,y,z$，对于空间各向同性的体系，其能量本征态可方便地选为$(H,\boldsymbol{l}^2,l_z)$的共同本征态，而一般的状态可以表示成它们的线性叠加. 角动量$(\boldsymbol{l}^2,l_z)$的共同本征态在空间旋转下具有很规律的性质. 体系的力学量也可以按照它们在空间旋转下的性质进行分类. 此时将引进不可约张量算子的概念. 这些将在本书卷Ⅱ中详细介绍.

对于矢量波函数(自旋为1，例如，光子场)$\boldsymbol{A}(\boldsymbol{r})$，在空间旋转下，不仅函数的宗量 $\boldsymbol{r}$ 作为一个矢量要发生变化 $\boldsymbol{r}\to\boldsymbol{r}'=g\boldsymbol{r}$，而且 $\boldsymbol{A}$ 本身作为一个矢量，它的分量之间的关系也要发生变化，

$$\boldsymbol{A}(\boldsymbol{r}) \to \boldsymbol{A}'(\boldsymbol{r}') = g\boldsymbol{A}(\boldsymbol{r}) \tag{5.4.37}$$

定义 $\boldsymbol{A}'\equiv R\boldsymbol{A}$，则

$$R\boldsymbol{A}(\boldsymbol{r}') = g\boldsymbol{A}(\boldsymbol{r}) \tag{5.4.38}$$

即

$$R\boldsymbol{A}(\boldsymbol{r}+\delta\boldsymbol{r}) = g\boldsymbol{A}(\boldsymbol{r})$$

亦即

$$R\boldsymbol{A}(\boldsymbol{r}) = g\boldsymbol{A}(\boldsymbol{r}-\delta\boldsymbol{r}) \tag{5.4.39}$$

利用式(5.4.29)与(5.4.28)，可得

$$R\boldsymbol{A}(\boldsymbol{r}) = \left(1-\frac{\mathrm{i}}{\hbar}\delta\varphi\boldsymbol{n}\cdot\boldsymbol{s}\right)\boldsymbol{A}(\boldsymbol{r}-\delta\varphi\boldsymbol{n}\times\boldsymbol{r})$$

类似式(5.4.33)的推导,可得

$$RA(r) = \left(1 - \frac{i}{\hbar}\delta\varphi \boldsymbol{n} \cdot \boldsymbol{s}\right)\left(1 - \frac{i}{\hbar}\delta\varphi \boldsymbol{n} \cdot \boldsymbol{l}\right)\boldsymbol{A}(r)$$

$$= \left(1 - \frac{i}{\hbar}\delta\varphi \boldsymbol{n} \cdot \boldsymbol{j}\right)\boldsymbol{A}(\boldsymbol{r}) + O[(\delta\varphi)^2] \quad (5.4.40)$$

其中

$$\boldsymbol{j} = \boldsymbol{l} + \boldsymbol{s} \quad (5.4.41)$$

是总角动量算符.矢量波函数的无穷小旋转变换则表示为

$$R(\delta\boldsymbol{\varphi}) = \exp(-i\delta\varphi \boldsymbol{n} \cdot \boldsymbol{j}/\hbar) \quad (5.4.42)$$

$\boldsymbol{s}$ 是自旋角动量,即矢量波函数的内禀角动量.由式(5.4.30)可得出

$$\boldsymbol{s}^2 = s_x^2 + s_y^2 + s_z^2 = 2\hbar^2\begin{pmatrix}1 & 0 & 0\\0 & 1 & 0\\0 & 0 & 1\end{pmatrix} = 2\hbar^2 \quad (5.4.43)$$

本征值 $2\hbar^2$ 记为 $s(s+1)\hbar^2$,即 $s=1$,自旋为 $1(\hbar)$.关于自旋为 $\frac{1}{2}$ 的粒子的旋量(spinor)波函数在空间旋转下的性质,将于本书卷Ⅱ第8章中讨论.

5.4.3 空间反射不变性与宇称守恒

在空间反射变换 P 作用下

$$\psi(x,y,z) \to P\psi(x,y,z) = \psi(-x,-y,-z) \quad (5.4.44)$$

P 是线性算符是明显的.以下证明它是厄米算符,即

$$P^+ = P \quad (5.4.45)$$

证.因为

$$\int_{-\infty}^{+\infty}\psi^*(\boldsymbol{r})P\varphi(\boldsymbol{r})\mathrm{d}^3x = \int_{-\infty}^{+\infty}\psi^*(\boldsymbol{r})\varphi(-\boldsymbol{r})\mathrm{d}^3x \qquad (\text{积分变量 } \boldsymbol{r} \to -\boldsymbol{r})$$

$$= -\int_{+\infty}^{-\infty}\psi^*(-\boldsymbol{r})\varphi(\boldsymbol{r})\mathrm{d}^3x = \int_{-\infty}^{+\infty}[P\psi^*(\boldsymbol{r})]\varphi(\boldsymbol{r})\mathrm{d}^3x$$

$$= \int_{-\infty}^{+\infty}\varphi(\boldsymbol{r})[P\psi^*(\boldsymbol{r})]\mathrm{d}^3x = \int_{-\infty}^{+\infty}\psi^*(\boldsymbol{r})\widetilde{P}\varphi(\boldsymbol{r})\mathrm{d}^3x$$

所以

$$P = \widetilde{P} \quad (5.4.46)$$

又根据式(5.4.44),显然 $P^* = P$,所以 $P^+ = P$.式(5.4.45)得证.

此外,按式(5.4.44),有

$$P^2 = 1 \quad (5.4.47)$$

即两次反射等于恒等变换.由式(5.4.45)、(5.4.47)可知

$$P^{-1} = P = P^+ \quad (5.4.48)$$

所以 P 也是幺正算符.

P 的本征值(实数)可如下求出,设

$$P\psi = \lambda\psi \tag{5.4.49}$$

再用 P 对两边运算，左边$=P^2\psi=\psi$，右边$=\lambda P\psi=\lambda^2\psi$，所以

$$\lambda^2 = 1, \quad \lambda = \pm 1 \tag{5.4.50}$$

即 P 的本征值只有两个，即±1. $\lambda=+1$ 对应的本征态，即

$$P\psi(\boldsymbol{r}) = \psi(-\boldsymbol{r}) = +\psi(\boldsymbol{r}) \tag{5.4.51}$$

称为偶宇称(even pariy)态. $\lambda=-1$ 对应的本征态，即

$$P\psi(\boldsymbol{r}) = \psi(-\boldsymbol{r}) = -\psi(\boldsymbol{r}) \tag{5.4.52}$$

称为奇宇称(odd parity)态.

设一体系具有空间反射不变性，即

$$PHP^{-1} = H$$

亦即

$$[P, H] = 0 \tag{5.4.53}$$

则宇称 P 为守恒量. 此时，若体系的能量本征态不简并，则该能量本征态必有确定宇称(参阅 5.1.3 节，推论 1). 但如能级有简并，则能量本征态并不一定有确定宇称. 但总可以把诸简并态适当线性叠加，构成宇称的本征态. 例如，对于一维自由粒子，Hamilton 量为

$$H = \frac{1}{2m}p_x^2 = -\frac{\hbar^2}{2m}\frac{\partial^2}{\partial x^2}$$

显然有

$$[P, H] = 0$$

宇称 P 是守恒量. H 本征态可以选为 e^{+ikx} 与 e^{-ikx}(相应能量都是 $\hbar^2k^2/2m$)，它们分别代表往 x 正向与反向传播的平面波，也是动量 p_x 的本征态(本征值为 $+\hbar k$，$-\hbar k$). 这两个态都不是宇称的本征态($k=0$ 除外)，但可以把两个解进行线性叠加，使之成为宇称的本征态，即

$$\frac{1}{2}(e^{ikx} + e^{-ikx}) = \cos kx \quad (\text{宇称偶})$$

$$\frac{1}{2i}(e^{ikx} - e^{-ikx}) = \sin kx \quad (\text{宇称奇})$$

对于一维运动的自由粒子，由于存在两个守恒量——动量 p_x 及宇称 P，而彼此又不对易

$$[p_x, P] \neq 0$$

所以能级一般是简并的($k=0$ 态除外)(见 5.1 节讨论). 对于二维和三维运动的自由粒子，也有类似情况，但简并度更高.

不具有确定宇称的态，总可以分成两部分之和，一部分具有偶宇称，另一部分具有奇宇称，即

$$\psi = \psi_+ + \psi_- \tag{5.4.54}$$

其中

$$\psi_{\pm}=\frac{1}{2}(1\pm P)\psi \tag{5.4.55}$$

显然

$$P\psi_{\pm}=\pm\psi_{\pm} \tag{5.4.56}$$

例如,一维自由粒子波函数 $\psi=\mathrm{e}^{\mathrm{i}kx}$ 并不具有确定宇称,但

$$\mathrm{e}^{\mathrm{i}kx}=\frac{1}{2}(\mathrm{e}^{\mathrm{i}kx}+\mathrm{e}^{-\mathrm{i}kx})+\frac{1}{2}(\mathrm{e}^{\mathrm{i}kx}-\mathrm{e}^{-\mathrm{i}kx})=\cos kx+\mathrm{i}\sin kx$$

其中 $\cos kx$ 宇称为偶,$\sin kx$ 宇称为奇.式(5.4.54)即 ψ 按照宇称本征态来展开.

不仅状态可按宇称的奇偶(即在空间反射下的性质)来分类,算符也可以按它在空间反射下的性质来分类.

假设算符 A 满足

$$[P,A]=0,\quad 即\quad PA=AP$$

利用 $P^{-1}=P$,得

$$PAP=A \tag{5.4.57}$$

这种算符 A 称为偶宇称算符.例如,角动量算符 $\boldsymbol{l}=\boldsymbol{r}\times\boldsymbol{p}$,动能算符 $T=\boldsymbol{p}^2/2m$ 都是偶宇称算符.假设算符 A 满足

$$[P,A]_+\equiv PA+AP=0$$

因而

$$PAP=-A \tag{5.4.58}$$

则称 A 为奇宇称算符.例如,动量 $\boldsymbol{p}$,位置 $\boldsymbol{r}$.

一般的算符 A 不一定具有这种性质,但总可以表示成

$$A=A_{+}+A_{-} \tag{5.4.59}$$

其中

$$A_{\pm}=\frac{1}{2}(A\pm PAP) \tag{5.4.60}$$

不难证明

$$PA_{\pm}P=\pm A_{\pm} \tag{5.4.61}$$

$A_{\pm}$ 分别为偶宇称和奇宇称算符.

这两类算符的矩阵元,具有下列宇称选择定则.设 $|\pi'\rangle$,$|\pi''\rangle$ 分别代表宇称为 π' 与 π'' 的态($\pi',\pi''=+$ 或 $-$,分别表示偶宇称态或奇宇称态).按照式(5.4.61),则

$$\begin{aligned}\langle\pi'|A_{+}|\pi''\rangle&=\langle\pi'|PA_{+}P|\pi''\rangle\\&=\pi'\pi''\langle\pi'|A_{+}|\pi''\rangle=\delta_{\pi'\pi''}\langle\pi'|A_{+}|\pi''\rangle\end{aligned} \tag{5.4.62}$$

上式表示,只在宇称相同的两态($\pi'=\pi''$)之间,偶宇称算符 A_{+} 矩阵元才可能不为0.类似可以证明

$$\langle \pi' | A_- | \pi'' \rangle = \delta_{\pi', -\pi''} \langle \pi' | A_- | \pi'' \rangle \tag{5.4.63}$$

即只在宇称相反的两态之间，奇宇称算符 A_- 的矩阵元才可能不为 0.

按照算符在某种对称性变换下的性质来对它们分类的概念是很有用的，这对计算矩阵元颇为方便，详见本书卷Ⅱ第 8 章.

5.4.4 时间的均匀性与能量守恒

以上讨论的是涉及空间对称性的变换，都与时间无关. 涉及时间的变换可分为时间平移(time displacement)和时间反演(time inversion). 前者属于连续变换，是一种幺正变换. 后者则为离散变换. 可以证明，时间反演并非幺正变换，而是一种反幺正变换. 时间反演不变性并不导致某种守恒量，这将在本书卷Ⅱ第 8 章中仔细讨论. 下面仅就时间平移不变性进行分析.

按照 Schrödinger 方程，

$$\mathrm{i}\hbar \frac{\partial}{\partial t}\psi = H\psi \tag{5.4.64}$$

若 H 不显含 t，则体系状态随时间的演化规律与时间零点的选取无关，即体系具有时间均匀性. 此时，态随时间的变化可表示为(见 5.2 节)

$$\psi(t) = \mathrm{e}^{-\mathrm{i}Ht/\hbar}\psi(0) \tag{5.4.65}$$

$\mathrm{e}^{-\mathrm{i}Ht/\hbar}$ 就是对体系进行时间平移 t 的算符. 对于无穷小时间平移 δt，

$$\psi(\delta t) = D(\delta t)\psi(0) = \mathrm{e}^{-\mathrm{i}H\delta t/\hbar}\psi(0) \simeq (1 - \mathrm{i}H\delta t/\hbar)\psi(0) \tag{5.4.66}$$

H 的厄米性 $H^+ = H$ 保证了 $D(\delta t) = \exp(-\mathrm{i}H\delta t/\hbar)$ 的幺正性，H 就是时间无穷小平移算符.

H 的本征态，即能量本征态. 然而应当注意，一个具有时间平移不变性的体系的状态，并不一定就是能量本征态，这要取决于体系的初态. 若初态 $\psi(0)$ 是处于包含 H 在内的一组守恒量完全集的本征态 ψ_k，k 是一组完备量子数，包括能量本征值 E_k，则

$$\psi(t) = \mathrm{e}^{-\mathrm{i}E_k t/\hbar}\psi_k \tag{5.4.67}$$

反之，若初态是若干能量本征态的叠加，

$$\psi(0) = \sum_k a_k \psi_k \tag{5.4.68}$$

则

$$\psi(t) = \sum_k a_k \mathrm{e}^{-\mathrm{i}E_k t/\hbar}\psi_k \tag{5.4.69}$$

式中

$$a_k = (\psi_k, \psi(0)) \tag{5.4.70}$$

5.5 全同粒子系与波函数的交换对称性

5.5.1 全同粒子系的交换对称性

自然界中存在各种不同种类的粒子，例如，电子、质子、中子、光子，π 介子等. 同一种粒子具有完全相同的内禀的客观属性，例如，静质量、电荷、自旋、磁矩、寿命等. 事实上人们正是根据这些不同的内禀的客观属性来划分各种不同种类的粒子. 人们把属于同一类的粒子称为全同(identical)粒子.

在经典力学中，每一种全同粒子，尽管它们的内禀属性完全相同，并不丧失它们的“个性”(individuality)，因为经典粒子的运动有确切的轨道，人们可以对某一时刻在某一地点的每个全同粒子进行编号(numbering)，并根据尔后某一时刻在轨道上某一地点识别出该粒子. 在量子力学中，情况完全不同. 按照不确定度关系(波动粒子二象性)，粒子有确切运动轨道的概念就失去意义. 即使人们对在某一时刻定域于空间某处的一个全同粒子进行了编号，人们也不能判定在经历一段时间后在某时间和某一地点出现的粒子就是那个粒子. 在量子力学中，每一个全同粒子完全丧失了它的“个性”. 一般情况下，在原则上人们不能够分辨出每一个全同粒子，并对它们进行编号. [①]

Weisskopf 曾经强调[②]，全同性(identity)概念与粒子态的量子化有本质的联系. 在经典物理学中，由于粒子的性质和状态(例如，质量，形状，大小)可以连续变化，谈不上两个粒子全同. 两个粒子或两个物体的性质尽管可以任意地接近，但完全相同的概率是无限小的. 在量子力学中，由于态的量子化，两个量子态要就完全相同，要就很不相同，没有连续的过渡. 两个粒子，例如，两个银原子，不管它们经过什么工艺过程制备出来，通常条件下都处于基态，都用相同的波函数(量子数)来描述，所以我们说它们是全同的[③].

在自然界中经常碰到由同类粒子组成的多粒子系. 例如，原子与分子中的电子系，原子核中的质子系与中子系，金属中的电子气，中子星等. 同类粒子组成的多粒

---

① L. Landau and E. M. Lifshitz, *Quantum Mechanics. Nonrelativistic Theory*, 3rd. edition, (Pergamon Press Ltd, U. K.), p. 225, “by virtue of the uncertainty principle, the concept of the path of an electron ceases to have any meaning.” “in quantum mechanics, identical particles entirely lose their individuality.”

② V. F. Weisskopf, *Physics in the Twentieth Century*, (MIT, Cambridge, MA, 1972), p. 24～51, 295～297.

③ 在通常室温下，原子的全同性是有意义的，因为此时原子都处于基态，不能激发到量子化的激发能级上去(激发能$\gg kT$). 但在高温(例如 $T\approx 10^6$ K)下，原子的全同性就会丧失，因为处于各种激发态的原子都同时存在. 在常温下，分子就不能使用全同性概念，因为分子的转动和振动自由度就可能被激发，因而两个分子保持处于同一个量子态的概率是很小的.

子系的一个基本特征是：Hamilton 量对于任何两个粒子交换是不变的[①]，即交换对称性(exchange symmetry). 例如，氦原子中的两个电子组成的体系，Hamilton 量为

$$H = \boldsymbol{p}_1^2/2m + \boldsymbol{p}_2^2/2m - \frac{2e^2}{r_1} - \frac{2e^2}{r_2} + \frac{e^2}{|\boldsymbol{r}_1 - \boldsymbol{r}_2|}$$

当两个电子交换时($1 \longleftrightarrow 2$)，H 显然是不变的，即

$$[P_{12}, H] = 0$$

其中 P_{12}是粒子 1 与粒子 2 的交换算符. 事实上，全同粒子系的任何可观测量对于两个粒子交换都是对称的(不变的)[①]. 例如，粒子密度算符和流密度算符

$$\rho(\boldsymbol{r}) = \sum_i \delta(\boldsymbol{r} - \boldsymbol{r}_i)$$

$$\boldsymbol{j}(\boldsymbol{r}) = \frac{1}{2} \sum_i \left[\frac{\boldsymbol{p}_i}{m} \delta(\boldsymbol{r} - \boldsymbol{r}_i) + \delta(\boldsymbol{r} - \boldsymbol{r}_i) \frac{\boldsymbol{p}_i}{m} \right]$$

全同粒子系的 Hamilton 量的交换对称性，反映到描述体系状态的波函数上，就有了极深刻的内容. 例如，对于氦原子，当人们在某处测得它的一个电子时，由于两个电子的内禀属性完全相同，因此不可能(也不必要！)判断它究竟是两个电子中的哪一个. 换言之，只能说测量到有一个电子在那里，但不能说它是两个中的哪一个. 对于全同粒子多体系，任何两个粒子交换一下，其量子态是不变的，因为一切测量结果都不会因此有所改变. 这样，全同粒子多体系的波函数，对于粒子交换就应具有确定的对称性[①].

应该指出，全同性不应认为只是一个抽象的概念，事实上全同性是一个可观测量(见前引 Weisskopf 一文). 例如，与不同原子组成的双原子分子(例如，CO 分子)不同，由同类原子组成的双原子分子(例如，C_2 分子)的转动光谱和能级就有可观测到的特异效应，例如，转动光谱线强度的变化也呈现特有的规律性(参阅 14.2.2 节). 又例如，全同粒子碰撞截面呈现出的特点[②](见 13.3 节).

设由两个全同粒子组成的体系，用波函数 $\psi(q_1, q_2)$描述其状态，q_1 与 q_2 分别代表两个粒子的全部坐标(例如，包括空间坐标与自旋坐标). 当两个粒子交换时，$\psi(q_1, q_2) \to P_{12}\psi(q_1, q_2) = \psi(q_2, q_1)$. 试问这两个波函数描述的量子态有何不同？不应有所不同，因为一切测量结果都看不出有什么差别. 如果说有什么“不同”，只

---

① P. A. M. Dirac, *The Principles of Quantum Mechanics*, 3rd. edition, p. 207～211. Dirac 指出，对于全同粒子体系，“the Hamiltonian shall be a symmetrical function of the $\xi_1, \xi_2, \cdots, \xi_p$, i. e. it shall remain unchanged when the sets of variables ξ_r are interchanged or permuted in any way. This condition must hold, no matter what perturbations are applied to the system. In fact, any quantity of physical significance must be a symmetrical function of the ξ'_s.” 还可参见 Cohen-Tannoudji, *et al.*, *Quantum Mechanics*, vol. Ⅱ, p. 1372 的阐述.

② R. P. Feynman, R. B. Leighton and M. Sands, *The Feynman Lectures on Physics*, vol. 3, p. 3-9, (Addison-Wesley, Reading, MA, 1965).

不过原来的“第1个”粒子与“第2个”粒子所扮演的角色对调了一下而已.但由于两个粒子的内禀属性完全相同,这两种情况是无法区分的.所以只能认为 $\psi(q_1,q_2)$ 与 $\psi(q_2,q_1)$ 描述的是同一个量子态.这样,就会对波函数的形式给予很强的限制.更一般情况,考虑由 N 个全同粒子组成的多体系,其状态用波函数

$$\psi(q_1,q_2,\cdots,q_N)$$

描述,P_{ij} 表示第 i 粒子与第 j 粒子交换的算符,即

$$P_{ij}\psi(q_1,\cdots,q_i,\cdots,q_j,\cdots,q_N)\equiv\psi(q_1,\cdots,q_j,\cdots,q_i,\cdots,q_N) \tag{5.5.1}$$

按上所述,$P_{ij}\psi$ 与 ψ 描述的量子态完全一样,因此它们最多可以差一个常数因子 λ,即

$$P_{ij}\psi=\lambda\psi \tag{5.5.2}$$

用 P_{ij} 再运算一次,得

$$P_{ij}^2\psi=\lambda P_{ij}\psi=\lambda^2\psi$$

但 $P_{ij}^2=1$,所以

$$\lambda^2=1$$

因而

$$\lambda=\pm 1 \tag{5.5.3}$$

即 P_{ij} 有两个(而且只有两个)本征值:$\lambda=\pm 1$.这样,全同粒子的波函数必须满足下列两关系式之一:

$$P_{ij}\psi=+\psi \tag{5.5.4a}$$

$$P_{ij}\psi=-\psi \tag{5.5.4b}$$

$$(i\neq j=1,2,\cdots,N)$$

满足式(5.5.4a)的,称为对称(symmetric)波函数;满足式(5.5.4b)的,称为反对称波(anti-symmetric)函数.所以,全同粒子系的交换对称性给了波函数一个很强的限制,即要求它们对于任何两个粒子的交换,或者是对称,或者是反对称.而且,由于

$$[P_{ij},H]=0 \tag{5.5.5}$$

P_{ij} 是一守恒量.因此,全同粒子系的波函数的交换对称性不随时间变[①].

在5.1节中已提到,一个量子力学体系,一般说来,并不一定处于它的某个守恒量的本征态.例如,一个球对称体系所处状态并不一定是角动量的本征态,而一个具有空间反射不变性的体系,所处状态也不一定具有确定的宇称.值得注意,交换粒子的算符 $P_{ij}(i\neq j=1,2,\cdots,N)$ 并不都是彼此对易的[②].因此一般说来,一个

① 设体系初态为 $\psi(0)$,具有确定的交换对称性,$P_{ij}\psi(0)=\lambda\psi(0)$.设 H 不显含 t,则 $\psi(t)=\mathrm{e}^{-\mathrm{i}Ht/\hbar}\psi(0)$.考虑到 $[P_{ij},H]=0$,可知 $P_{ij}\psi(t)=P_{ij}\mathrm{e}^{-\mathrm{i}Ht/\hbar}\psi(0)=\mathrm{e}^{-\mathrm{i}Ht/\hbar}P_{ij}\psi(0)=\lambda\mathrm{e}^{-\mathrm{i}Ht/\hbar}\psi(0)=\lambda\psi(t)$.所以 $\psi(t)$ 与 $\psi(0)$ 具有相同的交换对称性.

② 按5.1.3节的定理,全同粒子系的能量本征态,一般说来,存在简并,称为交换简并(exchange degeneracy).

全同粒子系的波函数 $\psi(q_1,\cdots,q_N)$ 并不一定就是某个 P_{ij} 的本征态，更不一定就是所有 P_{ij} 的共同本征态(除了特殊的状态以外). 但后面我们将看到，所有 P_{ij} 的共同本征态是存在的[①]. 值得令人深思的是，在自然界中能实现的由同一类粒子组成的全同粒子系的波函数总是所有 $P_{ij}\,(i\neq j=1,2,\cdots,N)$ 的共同本征态，即总具有确定的交换对称性. 此外，迄今所有一切实验表明，对于每一类粒子，它们的多体波函数的交换对称性是完全确定的. 例如，电子系的波函数，对于交换两电子总是反对称的. 而光子的多体波函数，则总是对称的.

实验还表明，全同粒子系的波函数的交换对称性与粒子自旋有确定的联系(关于自旋问题，将于第 9 章讨论). 凡自旋为 $\hbar$ 整数倍的粒子($s=0,\hbar,2\hbar,\cdots$)，波函数对于交换两粒子总是对称的. 例如，π 介子($s=0$)，光子($s=\hbar$). 它们在统计物理中遵守 Bose 统计法，故称为 Bose 子(boson). 凡自旋为 $\hbar$ 的半奇数倍的粒子($s=\hbar/2$, $3\hbar/2,5\hbar/2,\cdots$)，波函数对于交换两粒子总是反对称的. 例如，电子、质子及中子等. 它们遵守 Fermi 统计法，故称为 Fermi 子(fermion). Bose 统计法和 Fermi 统计法是在量子力学建立之前就已提出. 在量子力学提出后，是 Heisenberg 等首先阐明 Bose 统计和 Fermi 统计与全同粒子系的量子态的交换对称性的关系(参见 1.5 节). [②]

由"基本"粒子组成的复杂粒子，例如，α 粒子或其他原子核，如在讨论的问题或过程中，内部状态保持不变，即其内部自由度被完全冻结，则也可以当成一类全同粒子来看待. 如果它们是由 Bose 子组成，则仍然是 Bose 子，自旋为 $\hbar$ 整数倍. 如果它们由奇数个 Fermi 子组成，则仍为 Fermi 子，自旋为 $\hbar$ 的半奇数倍；但若由偶数个 Fermi 子组成，则为 Bose 子，自旋为 $\hbar$ 的整数倍. 例如，${}^2_1\mathrm{H}_1$(氘核)及 ${}^4_2\mathrm{He}_2$(α 粒子，即氦核)是 Bose 子，而 ${}^3_1\mathrm{H}_2$(氚核)及 ${}^3_2\mathrm{He}_1$ 则为 Fermi 子.

下面将讨论在忽略粒子之间相互作用的情况下如何去构成具有交换对称性(对称或反对称)的波函数. 在计及相互作用时，可以用它们作为基矢来展开. 先讨论两个全同粒子组成的体系，然后推广到多粒子体系.

5.5.2 两个全同粒子组成的体系，Pauli 原理

设有两个全同粒子(忽略它们的相互作用，但它们可以受外力作用，或者是自由的)，Hamilton 量可表示为

---

① 即完全对称的波函数和完全反对称的波函数. 用群论语言来讲，置换群是一个非 Abel 群，它的不可约表示可用 Young 图来标记. 完全对称表示(一维)用 Young 图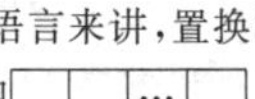标记，基矢即完全对称态，即所有 P_{ij} 的共同本征态，本征值为 $+1$. 完全反对称表示(一维)用 Young 图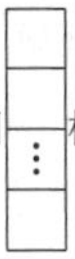标记，基矢即完全反对称态，是所有 P_{ij} 的共同本征态，本征值为 -1.

② 交换对称性所相应的守恒定律，即统计性(Bose 统计或 Fermi 统计)不变.

$$H = h(q_1) + h(q_2) \tag{5.5.6}$$

其中 $h(q)$表示单粒子 Hamilton 量,q 代表单粒子的全部坐标(包括空间坐标,自旋坐标等),$h(q_1)$与 $h(q_2)$形式上完全一样,只不过 $1 \longleftrightarrow 2$ 交换一下. 显然$[P_{12}, H] = 0$.

单粒子 Hamilton 量 $h(q)$的本征方程为

$$h(q)\varphi_k(q) = \varepsilon_k \varphi_k(q) \tag{5.5.7}$$

设 φ_k 已正交归一化,k 代表单粒子的一组完备的量子数. 设两个粒子中有一个处于 φ_{k_1} 态,另一个处于 φ_{k_2} 态,则 $\varphi_{k_1}(q_1)\varphi_{k_2}(q_2)$,$\varphi_{k_1}(q_2)\varphi_{k_2}(q_1)$,或者它们的任意线性叠加,对应的能量都是 $\varepsilon_{k_1} + \varepsilon_{k_2}$(这种与全同粒子系的交换对称性相联系的简并,称为交换简并). 但这些波函数还不一定具有交换对称性.

对于 Bose 子,要求对于交换是对称的. 这里要分两种情况 .

$k_1 \neq k_2$,归一化的对称波函数可如下构成:

$$\begin{aligned} \psi^S_{k_1 k_2}(q_1, q_2) &= \frac{1}{\sqrt{2}}[\varphi_{k_1}(q_1)\varphi_{k_2}(q_2) + \varphi_{k_1}(q_2)\varphi_{k_2}(q_1)] \\ &= \frac{1}{\sqrt{2}}(1 + P_{12})\varphi_{k_1}(q_1)\varphi_{k_2}(q_2) \end{aligned} \tag{5.5.8}$$

$1/\sqrt{2}$是归一化因子.

$k_1 = k_2 = k$,归一化的对称波函数为

$$\psi^S_{kk}(q_1, q_2) = \varphi_k(q_1)\varphi_k(q_2) \tag{5.5.9}$$

对于 Fermi 子,要求对于交换是反对称. 这种波函数可如下构成:

$$\begin{aligned} \psi^A_{k_1 k_2}(q_1, q_2) &= \frac{1}{\sqrt{2}}(1 - P_{12})\varphi_{k_1}(q_1)\varphi_{k_2}(q_2) \\ &= \frac{1}{\sqrt{2}}[\varphi_{k_1}(q_1)\varphi_{k_2}(q_2) - \varphi_{k_1}(q_2)\varphi_{k_2}(q_1)] \\ &= \frac{1}{\sqrt{2}}\begin{vmatrix} \varphi_{k_1}(q_1) & \varphi_{k_1}(q_2) \\ \varphi_{k_2}(q_1) & \varphi_{k_2}(q_2) \end{vmatrix} \end{aligned} \tag{5.5.10}$$

Pauli 不相容原理

由式(5.5.10)可以看出,若 $k_1 = k_2$,则 $\psi^A \equiv 0$,即这样的状态是不存在的. 这就是 Pauli 不相容原理(exclusion principle),简称为 Pauli 原理——不能有两个全同 Fermi 子处于同一个单粒子态.(注意:这里 k 代表足以描述 Fermi 子状态的一组完备量子数,特别是要包括描述自旋态的量子数.)

众所周知,Pauli 原理是一个基本的自然规律,它是原子壳结构理论的基础,是在量子力学诞生之前的早期量子论的框架中发展提出的①. 按照 Bohr 在 1921 年

① W. Pauli Zeit. Physik **31**(1925)765.

左右概括出的复杂原子结构的规律①，在原子中，电子分成若干群（层），各群（层）电子以不同的半径绕原子核旋转. 每一群电子用两个量子数(n,l)描述（详见 6.4 节）. 若原子处于外界强磁场中，还要引进磁量子数 m 来描述原子能级的分裂. 原子结构决定了元素的物理性质及化学性质. Bohr 曾经力图从他的原子结构理论去阐明元素的周期律，但没有得到令人信服的结果②. 例如，当原子处于基态时，为什么不是所有的电子都处于最内层的轨道？ Bohr 已经强调了这个问题. 他还特别讨论了氦原子最内层轨道的"填满"的问题，并且认为这与氦原子光谱中存在两套互无联系的光谱（见 14.2 节）的奇怪现象有本质的联系.

Pauli 对当时原子物理的实验及理论所存在的矛盾做了深刻的分析. 除了化学元素周期律之外，还涉及反常 Zeeman 效应及碱金属原子光谱的双线结构（见 9.3 节）. 他发现，在原子中要完全确定一个电子的能态，需要四个量子数，并提出不相容原理（exclusion principle）——在原子中，每一个确定的电子能态上，最多只能容纳一个电子，而每一个电子能态要四个量子数来描述. 原来已知道的三个量子数(n,l,m)只与电子绕原子核的运动有关. 第四个量子数表示电子本身还有某种新的内禀属性. 而这个问题在同一年（1925）被 G. E. Uhlenbeck 和 S. Goudsmit 解决（见 9.1 节），即电子除空间坐标外，还有自旋，而 Pauli 的第四个量子数就是电子自旋投影的量子数 m_s，它可以取$\pm 1/2$两个值.

不久，矩阵力学与波动力学相继提出. 从量子力学中波函数的反对称性来说明 Pauli 原理的，则是 Heisenberg、Fermi 和 Dirac 等人的工作③.

例 1 设有两个相同的自由粒子，均处于动量本征态（本征值为 $\hbar\boldsymbol{k}_\alpha,\hbar\boldsymbol{k}_\beta$），试分别三种情况讨论它们在空间的相对位置的分布概率，即空间波函数：(1)没有交换对称性情况，(2)对于交换是反对称情况，(3)对于交换是对称情况.

解 (1)在不计及交换对称性时，两个自由粒子的波函数可表示为

$$\psi_{k_\alpha k_\beta}(\boldsymbol{r}_1,\boldsymbol{r}_2)=\frac{1}{(2\pi\hbar)^3}\exp[\mathrm{i}(\boldsymbol{k}_\alpha\cdot\boldsymbol{r}_1+\boldsymbol{k}_\beta\cdot\boldsymbol{r}_2)] \tag{5.5.11}$$

$\boldsymbol{r}_1$ 与 $\boldsymbol{r}_2$ 分别代表两个粒子的空间坐标. 为便于研究相对位置的分布概率，令

$$\begin{aligned}
&\boldsymbol{r}=\boldsymbol{r}_1-\boldsymbol{r}_2 && \text{(相对坐标)}\\
&\boldsymbol{R}=\frac{1}{2}(\boldsymbol{r}_1+\boldsymbol{r}_2) && \text{(质心坐标)}\\
&\boldsymbol{k}=(\boldsymbol{k}_\alpha-\boldsymbol{k}_\beta)/2 && (\hbar\boldsymbol{k}\text{，相对动量})\\
&\boldsymbol{K}=\boldsymbol{k}_\alpha+\boldsymbol{k}_\beta && (\hbar\boldsymbol{K}\text{，总动量})
\end{aligned} \tag{5.5.12}$$

于是式(5.5.11)可化为

---

① N. Bohr, *Theory of Spectra and Atomic Constitution* (1922, Carmbridge).

② W. Pauli, *Nobel Lecture*, Dec 13(1946). 关于 Pauli 原理提出的历史情况还可参阅 W. Pauli, Science **103**(1946), 213; E. T. Whittaker, *A History of the Theories of Aether and Electricity*, chap. 4; F. Hund, *The History of Quantum Theory*, chap. 9; D. ter Haar, *The Old Quantum Theory*, Pergamon, 1967.

③ W. Heisenberg, Zeit. Physik **38**(1926)411; **39**(1926)499, E. Fermi, Zeit. Physik **36**(1926)902. P. A. M. Dirac, Proc. Roy. Soc. London **A112**(1926)661.

$$\psi_{k_\alpha k_\beta}(\boldsymbol{r}_1,\boldsymbol{r}_2)=\frac{1}{(2\pi\hbar)^3}\exp(\mathrm{i}\boldsymbol{K}\cdot\boldsymbol{R}+\mathrm{i}\boldsymbol{k}\cdot\boldsymbol{r})=\frac{1}{(2\pi\hbar)^{3/2}}\exp(\mathrm{i}\boldsymbol{K}\cdot\boldsymbol{R})\phi_k(\boldsymbol{r}) \tag{5.5.13}$$

式中

$$\phi_k(\boldsymbol{r})=\frac{1}{(2\pi\hbar)^{3/2}}\exp(\mathrm{i}\boldsymbol{k}\cdot\boldsymbol{r}) \tag{5.5.14}$$

是相对坐标的波函数.以下只讨论相对位置的概率分布,它与质心运动无关.利用 $\phi_k(\boldsymbol{r})$可以计算在一个粒子周围,半径在$(r,r+\mathrm{d}r)$之间的球壳层中找到另一个粒子的概率为

$$4\pi r^2P(r)\mathrm{d}r\equiv r^2\mathrm{d}r\int|\phi_k(\boldsymbol{r})|^2\mathrm{d}\Omega=r^2\mathrm{d}r\frac{4\pi}{(2\pi\hbar)^3} \tag{5.5.15}$$

所以概率密度 $P(r)=1/(2\pi\hbar)^3$ 为常数,与 r 无关.

(2) 对于交换是反对称的情况,波函数为

$$\psi^A_{k_\alpha k_\beta}(\boldsymbol{r}_1,\boldsymbol{r}_2)=\frac{1}{\sqrt{2}}(1-P_{12})\psi_{k_\alpha k_\beta}(\boldsymbol{r}_1,\boldsymbol{r}_2)$$

注意:当 $1\longleftrightarrow2$ 时,$\boldsymbol{r}\to-\boldsymbol{r}$,$\boldsymbol{R}$ 不变,上式可表示成

$$\psi^A_{k_\alpha k_\beta}(\boldsymbol{r}_1,\boldsymbol{r}_2)=\frac{1}{(2\pi\hbar)^3}\exp(\mathrm{i}\boldsymbol{K}\cdot\boldsymbol{R})\sqrt{2}\,\mathrm{i}\sin(\boldsymbol{k}\cdot\boldsymbol{r}) \tag{5.5.16}$$

质心运动部分未改变,相对运动部分波函数为

$$\phi^A_k(\boldsymbol{r})\equiv\frac{\mathrm{i}}{(2\pi\hbar)^{3/2}}\sqrt{2}\sin(\boldsymbol{k}\cdot\boldsymbol{r}) \tag{5.5.17}$$

由此可计算出

$$\begin{aligned}4\pi r^2P^A(r)\mathrm{d}r&\equiv r^2\mathrm{d}r\int|\phi^A_k(\boldsymbol{r})|^2\mathrm{d}\Omega=\frac{2r^2\mathrm{d}r}{(2\pi\hbar)^3}\int\sin^2(\boldsymbol{k}\cdot\boldsymbol{r})\mathrm{d}\Omega\\&=\frac{2r^2\mathrm{d}r}{(2\pi\hbar)^3}\int_0^{2\pi}\mathrm{d}\varphi\int_0^{\pi}\sin^2(kr\cos\theta)\sin\theta\mathrm{d}\theta=\frac{4\pi r^2\mathrm{d}r}{(2\pi\hbar)^3}\left(1-\frac{\sin2kr}{2kr}\right)\end{aligned}$$

所以

$$P^A(r)=\frac{1}{(2\pi\hbar)^3}\left(1-\frac{\sin2kr}{2kr}\right) \tag{5.5.18}$$

(3) 对于交换是对称的情况,可类似求出

$$P^S(r)=\frac{1}{(2\pi\hbar)^3}\left(1+\frac{\sin2kr}{2kr}\right) \tag{5.5.19}$$

可以看出,三种情况下相对位置的概率分布是不同的.略去不关紧要的常数因子 $1/(2\pi\hbar)^3$,令 $x=2kr$,则

$$P(r)\propto\begin{cases}1+\dfrac{\sin x}{x} & (\text{交换对称情况})\\[2mm] 1 & (\text{不计及交换对称情况})\\[2mm] 1-\dfrac{\sin x}{x} & (\text{交换反对称情况})\end{cases} \tag{5.5.20}$$

可见,在空间波函数交换对称的情况下,两粒子靠近的概率最大,而交换反对称情况下,两粒子靠近($x=0$)的概率为 0(图 5.4).但当 $x\to\infty$,则 $P(r)\to1$,三种情况将无什么差别,此时波函数对称性的影响可以忽略.从这个具体例子可以看出,在三种情况下,两个全同粒子的相对位置的分布概率是很不相同的,这是一个可观测的量子效应.

例 2 设自旋为零的粒子,所处状态可以用两个波包 $\varphi_1(x)$与 $\varphi_2(x)$描述(为简单起见,取为一维粒子).设 φ_1 与 φ_2 在空间不重叠(如图 5.5),两粒子的相互作用为 $V(|x_1-x_2|)$.试计算相互作用的平均值.

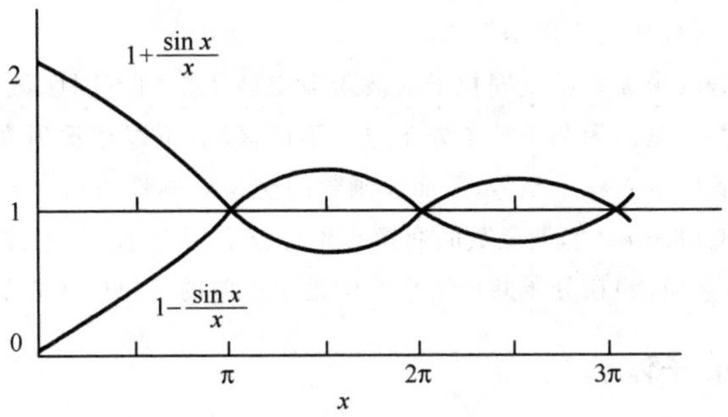

图 5.4

解 (1) 先不考虑两粒子波函数的交换对称性,设粒子 1 处于 φ_1 态,粒子 2 处于 φ_2 态.两个粒子的波函数应为

$$\psi(x_1,x_2)=\varphi_1(x_1)\varphi_2(x_2) \tag{5.5.21}$$

因此

$$\bar{V}=\int\varphi_1^*(x_1)\varphi_2^*(x_2)V\varphi_1(x_1)\varphi_2(x_2)\mathrm{d}x_1\mathrm{d}x_2 \xlongequal{\text{记为}} \mathscr{D} \tag{5.5.22}$$

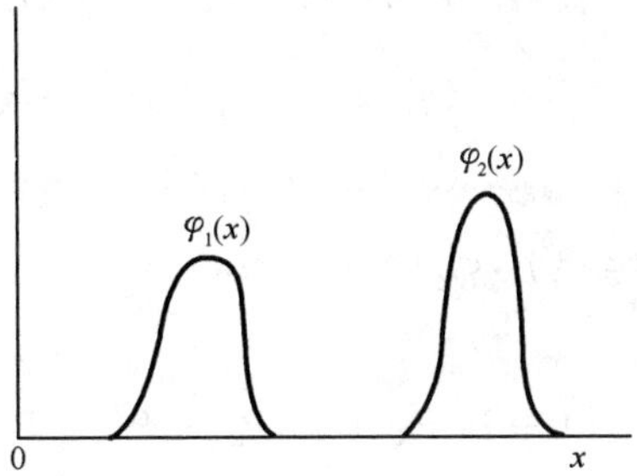

图 5.5

(2) 考虑到全同粒子系的波函数的对称性,无自旋的两个全同粒子的波函数应为

$$\psi^S(x_1,x_2)=\frac{1}{\sqrt{2}}[\varphi_1(x_1)\varphi_2(x_2)+\varphi_1(x_2)\varphi_2(x_1)] \tag{5.5.23}$$

因此

$$\bar{V}=\int\psi^S(x_1,x_2)^*V\psi^S(x_1,x_2)\mathrm{d}x_1\mathrm{d}x_2=\mathscr{D}+\mathscr{E} \tag{5.5.24}$$

其中

$$\begin{aligned}\mathscr{D}&=\int\varphi_1^*(x_1)\varphi_2^*(x_2)V(|x_1-x_2|)\varphi_1(x_1)\varphi_2(x_2)\mathrm{d}x_1\mathrm{d}x_2\\ \mathscr{E}&=\int\varphi_1^*(x_1)\varphi_2^*(x_2)V(|x_1-x_2|)\varphi_2(x_1)\varphi_1(x_2)\mathrm{d}x_1\mathrm{d}x_2\end{aligned} \tag{5.5.25}$$

$\mathscr{D}$ 称为直接积分,$\mathscr{E}$ 称为**交换积分**(它是由于波函数的交换对称性引起的).若 φ_1 与 φ_2 是任意两个波函数,$\mathscr{E}$ 一般不为零.但本题假设 $\varphi_1(x)$ 与 $\varphi_2(x)$ 在空间不重叠,即在 $\varphi_1(x)$ 不为零的区域,

$\varphi_2(x)$必为零，反之也一样，所以 $\varphi_1^*(x_1)\varphi_2(x_1)=\varphi_2^*(x_2)\varphi_1(x_2)=0$，因此 $\mathscr{E}=0$. 此时 $\bar{V}=\mathscr{D}$，与不考虑波函数的交换对称性时所得结果相同.

由此可以看出，若两个无自旋全同粒子的波函数定域于空间不同区域，就可以不考虑空间波函数的交换对称性. 这是因为两个粒子处于空间不同区域，可以根据所在区域的不同来把两个粒子区分开来，因此可以对粒子编号，因而波函数的交换对称性也就不必考虑了. 若 φ_1 与 φ_2 在空间有重叠，则一般说来 $\mathscr{E}\neq 0$，波函数的交换对称性就必须考虑. 上述讨论，对于 Fermi 子也成立. 交换积分(或称交换能)在分子共价键理论中是很重要的(详见 14.3 节).

5.5.3 N 个 Fermi 子体系

先考虑三个全同 Fermi 子组成的体系. 由于 Pauli 原理，三个粒子只能处于三个不同的单粒子态 φ_{k_1}、φ_{k_2} 和 φ_{k_3}，q_1、q_2 和 q_3 分别表示 3 个粒子的全部坐标. 此时反对称化的三粒子波函数可表示为

$$
\begin{aligned}
\psi^A_{k_1,k_2,k_3}(q_1,q_2,q_3) &= \frac{1}{\sqrt{3!}}\begin{vmatrix} \varphi_{k_1}(q_1) & \varphi_{k_1}(q_2) & \varphi_{k_1}(q_3) \\ \varphi_{k_2}(q_1) & \varphi_{k_2}(q_2) & \varphi_{k_2}(q_3) \\ \varphi_{k_3}(q_1) & \varphi_{k_3}(q_2) & \varphi_{k_3}(q_3) \end{vmatrix} \\
&= \frac{1}{\sqrt{3!}}[\varphi_{k_1}(q_1)\varphi_{k_2}(q_2)\varphi_{k_3}(q_3)+\varphi_{k_1}(q_2)\varphi_{k_2}(q_3)\varphi_{k_3}(q_1) \\
&\quad +\varphi_{k_1}(q_3)\varphi_{k_2}(q_1)\varphi_{k_3}(q_2)-\varphi_{k_1}(q_3)\varphi_{k_2}(q_2)\varphi_{k_3}(q_1) \\
&\quad -\varphi_{k_1}(q_2)\varphi_{k_2}(q_1)\varphi_{k_3}(q_3)-\varphi_{k_1}(q_1)\varphi_{k_2}(q_3)\varphi_{k_3}(q_2)] \\
&= \mathscr{A}\varphi_{k_1}(q_1)\varphi_{k_2}(q_2)\varphi_{k_3}(q_3) \qquad (5.5.26)
\end{aligned}
$$

其中

$$
\mathscr{A}=\frac{1}{\sqrt{3!}}(1+P_{23}P_{13}+P_{23}P_{12}-P_{13}-P_{12}-P_{23}) \qquad (5.5.27)
$$

称为反对称化算子(anti-symmetrizer).

推广到 N 个全同 Fermi 子体系，设 N 个 Fermi 子处于 $k_1<k_2<\cdots<k_N$ 态上，则 N 粒子系的反对称波函数可如下构成：

$$
\begin{aligned}
\psi^A_{k_1\cdots k_N}(q_1,\cdots,q_N) &= \frac{1}{\sqrt{N!}}\begin{vmatrix} \varphi_{k_1}(q_1) & \cdots & \varphi_{k_1}(q_N) \\ \varphi_{k_2}(q_1) & \cdots & \varphi_{k_2}(q_N) \\ & \cdots\cdots & \\ \varphi_{k_N}(q_1) & \cdots & \varphi_{k_N}(q_N) \end{vmatrix} \\
&= \frac{1}{\sqrt{N!}}\sum_P \delta_P P[\varphi_{k_1}(q_1)\varphi_{k_2}(q_2)\cdots\varphi_{k_N}(q_N)] \qquad (5.5.28)
\end{aligned}
$$

其中 P 代表 N 个粒子的某个置换(permutation). $P[\varphi_{k_1}(q_1)\cdots\varphi_{k_N}(q_N)]$代表从一个标准排列式

$$
\varphi_{k_1}(q_1)\varphi_{k_2}(q_2)\cdots\varphi_{k_N}(q_N) \qquad (5.5.29)
$$

出发,经过置换 P 作用后得到的一个排列. N 个粒子在 N 个态上的不同排列数有 $N!$ 个,或者说有 $N!$ 个置换. 所以,在式(5.5.28)中共有 $N!$ 项波函数,而且彼此都正交. $\frac{1}{\sqrt{N!}}$是归一化因子. 置换 P 总可以表示成若干个对换(transposition,指两粒子交换)之积. 从标准排列式(5.5.29)出发,若需要经过奇数次对换才能达到排列$P[\varphi_{k_1}(q_1)\cdots\varphi_{k_N}(q_N)]$,这种 P 称为奇(odd)置换,对这种置换,$\delta_P=-1$. 若需要经过偶数次对换才能达到排列 $P[\varphi_{k_1}(q_1)\cdots\varphi_{k_N}(q_N)]$,这样的 P 称为偶(even)置换,对这种置换,$\delta_P=+1$. 可以证明,在 $N!$ 个置换中,偶置换与奇置换各占一半. 因此,式(5.5.28)求和中,有一半为正项,一半为负项.

形式如式(5.5.28)的波函数,称为 Slater 行列式,可简记为

$$\mathscr{A}\varphi_{k_1}(q_1)\varphi_{k_2}(q_2)\cdots\varphi_{k_N}(q_N) \tag{5.5.30}$$

而

$$\mathscr{A}=\frac{1}{\sqrt{N!}}\sum_P \delta_P P \tag{5.5.31}$$

是反对称化算子. 从反对称化波函数的 Slater 行列式可明显看出,不允许有两个 Fermi 子处于同一个单粒子态(Pauli 不相容原理).

5.5.4 *N* 个 Bose 子体系

Bose 子不受 Pauli 原理限制,可以有任意多个 Bose 子处于相同的单粒子态. 设共有 N 个 Bose 子,其中有

n_1 个处于 k_1 态,
n_2 个处于 k_2 态,
……
n_N 个处于 k_N 态,

$\sum\limits_{i=1}^{N} n_i = N$ (n_i 中有一些可以为 0,有一些可以大于 1). 此时,交换对称的多体波函数可以表示成

$$\sum_P P[\underbrace{\varphi_{k_1}(q_1)\cdots\varphi_{k_1}(q_{n_1})}_{n_1\text{个}}\ \underbrace{\varphi_{k_2}(q_{n_1+1})\cdots\varphi_{k_2}(q_{n_1+n_2})}_{n_2\text{个}}\cdots\ \underbrace{\varphi_{k_N}(q_N)}_{n_N\text{个}}] \tag{5.5.32}$$

这里的 P 是指那些只对处于不同单粒子态的粒子进行对换而构成的置换,因只有这样,上式求和中的各项才正交. 这样的置换共有

$$\frac{N!}{n_1!\cdots n_2!\cdots n_N!}=\frac{N!}{\prod\limits_{i=1}^{N} n_i!} \tag{5.5.33}$$

个. 因此,归一化的交换对称波函数可表示为

$$\psi^S_{n_1 n_2\cdots n_N}(q_1,\cdots,q_N)=\sqrt{\frac{\prod\limits_{i=1}^{N} n_i!}{N!}}\sum_P P[\varphi_{k_1}(q_1)\cdots\varphi_{k_N}(q_N)] \tag{5.5.34}$$

例 $N=2$ 的体系已在 5.5.2 节式(5.5.8)和(5.5.9)讨论过了.以下分析 $N=3$ 的全同 Bose 子体系.三个单粒子态分别简记为 φ_1、φ_2、φ_3.分三种情况：

(1) $n_1=n_2=n_3=1$

$$\begin{aligned}\psi^S_{111}(q_1q_2q_3)=\frac{1}{\sqrt{3}}[&\varphi_1(q_1)\varphi_2(q_2)\varphi_3(q_3)+\varphi_1(q_2)\varphi_2(q_3)\varphi_3(q_1)\\&+\varphi_1(q_3)\varphi_2(q_1)\varphi_3(q_2)+\varphi_1(q_3)\varphi_2(q_2)\varphi_3(q_1)\\&+\varphi_1(q_2)\varphi_2(q_1)\varphi_3(q_3)+\varphi_1(q_3)\varphi_1(q_2)\varphi_2(q_1)]\end{aligned}\tag{5.5.35}$$

上式右边共有 3! /1! ·1! ·1! =6 项,各项都彼此正交.

(2) $n_1=2, n_2=1, n_3=0$,

$$\psi^S_{210}(q_1q_2q_3)=\frac{1}{\sqrt{3}}[\varphi_1(q_1)\varphi_1(q_2)\varphi_2(q_3)+\varphi_1(q_1)\varphi_1(q_3)\varphi_2(q_2)+\varphi_1(q_1)\varphi_2(q_3)\varphi_3(q_2)]\tag{5.5.36}$$

上式右边共有 3! /2! ·1! ·0! =3 项,各项都彼此正交.

(3) $n_1=3, n_2=n_3=0$,

$$\psi^S_{300}(q_1q_2q_3)=\varphi_1(q_1)\varphi_1(q_2)\varphi_1(q_3)\tag{5.5.37}$$

只有 3! /3! ·0! ·0! =1 项.

思考题 1　设体系包含两个粒子,每个粒子可处于三个单粒子态 φ_1、φ_2、φ_3 中的任一态,试求体系可能态的数目,并写出相应的波函数.分三种情况:(1)两个粒子为全同 Bose 子;(2)两个粒子为全同 Fermi 子;(3)非全同粒子.

答:(1) 6 个交换对称态. $\varphi_1(1)\varphi_1(2)$,　$\varphi_2(1)\varphi_2(2)$,　$\varphi_3(1)\varphi_3(2)$

$$\frac{1}{\sqrt{2}}[\varphi_1(1)\varphi_2(2)+\varphi_1(2)\varphi_2(1)]$$

$$\frac{1}{\sqrt{2}}[\varphi_2(1)\varphi_3(2)+\varphi_2(2)\varphi_3(1)]$$

$$\frac{1}{\sqrt{2}}[\varphi_3(1)\varphi_1(2)+\varphi_3(2)\varphi_1(1)]$$

(2) 3 个交换反对称态.

$$\frac{1}{\sqrt{2}}[\varphi_1(1)\varphi_2(2)-\varphi_1(2)\varphi_2(1)]$$

$$\frac{1}{\sqrt{2}}[\varphi_2(1)\varphi_3(2)-\varphi_2(2)\varphi_3(1)]$$

$$\frac{1}{\sqrt{2}}[\varphi_3(1)\varphi_1(2)-\varphi_3(2)\varphi_1(1)]$$

(3) 3^2 个(=对称态数+反对称态数).

思考题 2　设有三个相同粒子,每一个均可以处于 φ_1、φ_2、φ_3 三个态中任何一个态,问:

(1) 若不计及波函数交换置换对称性,这三个粒子系有多少可能状态?[答:27 个]

(2) 若要求波函数交换反对称,可能状态有几个?[答:1 个]

(3) 若要求波函数交换对称,可能状态有几个?[答:10 个]

(4) 对称态数目+反对称态数目=? [<27],如何理解这一结果?

应当指出，全同粒子系的波函数的上述表达方式是比较繁琐的．其原因是：对于描述全同粒子系的状态来说，对各个粒子进行编号本来就没有意义，完全是多余的．然而为了写出上述波函数的表达式[在位形空间(configuration space)的表达式]，又不得不先予以编号，以写出每一项波函数，然后再把它们叠加起来，以满足交换对称性要求．处理全同粒子多体系的更方便的方法是所谓二次量子化方法(见本书卷Ⅱ第4章)．在那种方法中采用了粒子数表象(particle-number representation)，并引进粒子产生(creation)与湮没(annihilation)算符来表达多粒子态及各种力学量．从一开头就计及多粒子系的状态的交换对称性，并不对粒子进行编号．

习 题

5.1 证明 力学量 A(不显含时间 t)的平均值对时间的二次微商为

$$-\hbar^2\frac{\mathrm{d}^2}{\mathrm{d}t^2}\overline{A}=\overline{[[A,H],H]}\qquad (H\text{ 是 Hamilton 量})$$

5.2 证明 在不连续的能量本征态(束缚定态)下，不显含时间 t 的物理量(算符)对 t 的导数的平均值为0．

5.3 证明 对于波包(一维)，有

$$\frac{\mathrm{d}}{\mathrm{d}t}\overline{x^2}=\frac{1}{m}(\overline{xp}+\overline{px})$$

5.4 对于一维运动粒子，设 $H=p^2/2m+V(x)$，

(1) 利用 $[x,p]=\mathrm{i}\hbar$，证明

$$\frac{\mathrm{d}}{\mathrm{d}t}\overline{x^2}=\frac{1}{m}\overline{(xp+px)},\qquad \frac{\mathrm{d}}{\mathrm{d}t}\overline{p^2}=-\overline{\left(p\frac{\partial V}{\partial x}+\frac{\partial V}{\partial x}p\right)}$$

(2) 定义 $\delta x=x-\overline{x}$，$(\Delta x)^2=\overline{(\delta x)^2}=\overline{(x-\overline{x})^2}=\overline{x^2}-\overline{x}^2$，

$$\delta p=p-\overline{p},(\Delta p)^2=\overline{(\delta p)^2}=\overline{(p-\overline{p})^2}=\overline{p^2}-\overline{p}^2$$

证明

$$\frac{\mathrm{d}}{\mathrm{d}t}(\Delta x)^2=\frac{1}{m}[\overline{(xp+px)}-2\,\overline{x}\,\overline{p}]$$

$$\frac{\mathrm{d}}{\mathrm{d}t}(\Delta p)^2=-[\overline{(pp\dot{x}+p\dot{x}p)}-2\overline{p}\,\overline{p\dot{x}}]$$

式中 $p\dot{x}=\frac{\mathrm{d}}{\mathrm{d}t}p=m\ddot{x}$．

(3) 定义 $\delta\dot{x}=\dot{x}-\overline{\dot{x}}$，$\delta p\dot{x}=p\dot{x}-\overline{p\dot{x}}$，证明

$$\frac{\mathrm{d}}{\mathrm{d}t}(\Delta x)^2=\overline{(\delta x\delta\dot{x}+\delta\dot{x}\delta x)},\qquad \frac{\mathrm{d}}{\mathrm{d}t}(\Delta p)^2=\overline{(\delta p\delta p\dot{x}+\delta p\dot{x}\delta p)}$$

$$\frac{\mathrm{d}}{\mathrm{d}t}\Delta(xp)\equiv\frac{\mathrm{d}}{\mathrm{d}t}\overline{(\delta x\delta p+\delta p\delta x)}=\overline{(\delta\dot{x}\delta p+\delta x\delta p\dot{x}+\delta p\dot{x}\delta x+\delta p\delta\dot{x})}$$

参阅 C. W. Wong, Am. J. Phys. **64**(1996)792.

5.5 多粒子体系，如不受外力，Hamilton 量表示成

$$H=\sum_i\frac{\boldsymbol{p}_i^2}{2m_i}+\sum_{i<j}V(|\boldsymbol{r}_i-\boldsymbol{r}_j|)$$

证明 总动量 $\boldsymbol{P}=\sum_i\boldsymbol{p}_i$ 守恒．

5.6　多粒子体系，如所受外力矩为0，则总角动量 $\boldsymbol{L}=\sum_i \boldsymbol{l}_i$ 守恒.

5.7　证明：(1)对于经典力学体系，若 A 与 B 为守恒量，则 $\{A,B\}$(Poisson 括号)也是守恒量(但不一定是新的守恒量).(2)对于量子力学体系，若 $\hat{A}$ 与 $\hat{B}$ 为守恒量，则 $[\hat{A},\hat{B}]$ 也是守恒量(不一定是新的守恒量).

5.8

$$D_x(a)=\exp(-\mathrm{i}ap_x/\hbar)=\exp\left(-a\frac{\partial}{\partial x}\right)$$

表示体系沿 x 方向的平移距离 a 的算符，设 $f(x)$ 与 $D_x(a)$ 对易，求 $f(x)$ 的一般形式.

答：要求 $f(x)=f(x-a)$，即 $f(x)$ 为 x 的周期函数，周期为 a.

5.9　证明　周期场中的 Bloch 波函数(见 3.8 节)

$$\varphi(x)=\exp(\mathrm{i}kx)\phi_k(x),\phi_k(x+a)=\phi_k(x)$$

是 $D_x(a)$ 的本征态，相应本征值为 $\exp(-\mathrm{i}ka)$

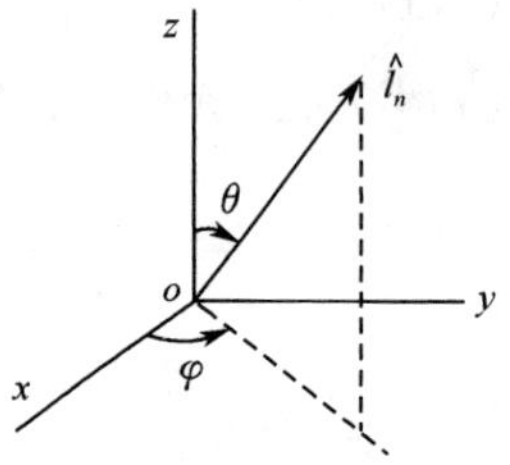

图 5.6

5.10　设 $\psi_m^{(0)}$ 是 $\hat{l}_z$ 本征态，相应本征值为 m(取 $\hbar=1$)，证明

$$\psi_m=\exp(-\mathrm{i}\hat{l}_x\varphi)\exp(-\mathrm{i}\hat{l}_y\theta)\psi_m^{(0)}$$

是 $\hat{l}_n=\hat{l}_x\sin\theta\cos\varphi+\hat{l}_y\sin\theta\sin\varphi+\hat{l}_z\cos\theta$ 的本征态(见图 5.6).

5.11　采用 Heisenberg 图像，对于一维谐振子，计算 $[x(t_1),x(t_2)]$，$[p(t_1),p(t_2)]$，$[x(t_1),p(t_2)]$.

答：

$$[x(t_1),x(t_2)]=\frac{\mathrm{i}\hbar}{m\omega}\sin\omega(t_2-t_1)$$

$$[p(t_1),p(t_2)]=\mathrm{i}m\omega\hbar\sin\omega(t_2-t_1)$$

$$[x(t_1),p(t_2)]=\mathrm{i}\hbar\cos\omega(t_2-t_1)$$

5.12　设 Hamilton 算符表示为

$$H=\frac{l_x^2}{2J_1}+\frac{l_y^2}{2J_2}+\frac{l_z^2}{2J_3}-(a_1x+a_2y+a_3z)$$

(1) 写出 $\boldsymbol{r}$ 和 $\boldsymbol{l}$(角动量)的 Heisenberg 方程.

(2) 若 $J_1=J_2$，$a_1=a_2=0$，列出主要的守恒量.

5.13　设 $H=\dfrac{\boldsymbol{p}^2}{2\mu}+\omega l_z$，求 $\boldsymbol{l}$ 和 $\boldsymbol{p}$ 的 Heisenberg 方程，以及它们的平均值随时间的变化.

答：

$$\frac{\mathrm{d}l_z}{\mathrm{d}t}=0,\frac{\mathrm{d}}{\mathrm{d}t}(l_x+\mathrm{i}l_y)=\mathrm{i}\omega(l_x+\mathrm{i}l_y)$$

$$\bar{l}_x(t)=\bar{l}_x(0)\cos\omega t-\bar{l}_y(0)\sin\omega t$$

$$l_y(t)=l_x(0)\sin\omega t+\bar{l}_y(0)\cos\omega t$$

5.14　(1) 设 $U(t)$ 为幺正算符，对 t 可微，证明 $\mathrm{i}\hbar\dfrac{\mathrm{d}U}{\mathrm{d}t}$ 可以表示成

$$\mathrm{i}\hbar\frac{\mathrm{d}U}{\mathrm{d}t}=HU$$

其中 H 为厄米算符.

(2) 设 $\mathrm{i}\hbar\dfrac{\mathrm{d}U}{\mathrm{d}t}=HU$ 成立，H 为厄米算符，证明 UU^+ 满足方程

$$\mathrm{i}\hbar\frac{\mathrm{d}}{\mathrm{d}t}(UU^+)=[H,UU^+]$$

进而再证明,如 $t=t_0$ 时 $U(t_0)$ 为幺正算符,则 $U(t)$ 总是幺正算符.

5.15　验证积分方程

$$\hat{B}(t) = \hat{B}_0 + \mathrm{i}\left[\hat{A}, \int_0^t \hat{B}(\tau)\mathrm{d}\tau\right]$$

有下列解:

$$\hat{B}(t) = \exp(\mathrm{i}\hat{A}t)B(0)\exp(-\mathrm{i}\hat{A}t)$$

其中 $\hat{A}$ 与时间无关.

5.16　证明　在 Galileo 变换下,Schrödinger 方程具有不变性.设惯性坐标系 K' 以速度 v 相对于惯性系 K(沿正 x 轴方向)运动(图 5.7),空间任何一点在两个坐标系中的坐标满足

$$\begin{cases} x = x' + vt', \quad y = y', \quad z = z' \\ t' = t \end{cases}$$

势能在 K'、K 两坐标系中的表示式有下列关系:

$$V'(x',t') = V'(x-vt,t) = V(x,t)$$

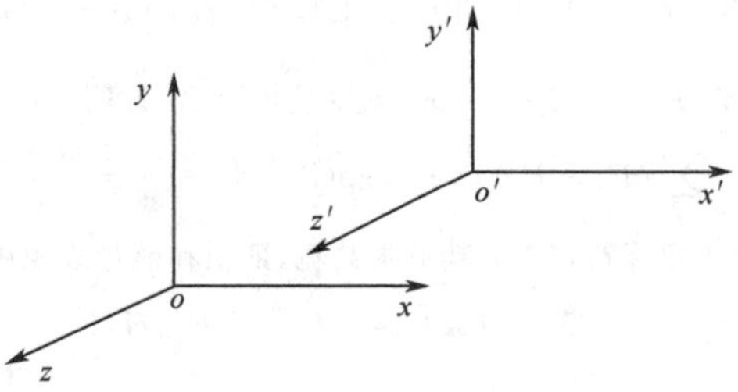

图 5.7

证明　在 K' 中 Schrödinger 方程为

$$\mathrm{i}\hbar\frac{\partial\psi'}{\partial t'} = \left(-\frac{\hbar^2}{2m}\frac{\partial^2}{\partial x'^2} + V'\right)\psi'$$

则在 K 中

$$\mathrm{i}\hbar\frac{\partial\psi}{\partial t} = \left(-\frac{\hbar^2}{2m}\frac{\partial^2}{\partial x^2} + V\right)\psi$$

其中

$$\psi(x,t) = \exp\left[\mathrm{i}\left(\frac{mv}{\hbar}x - \frac{mv^2}{2\hbar}t\right)\right]\psi'(x-vt,t)$$

5.17　设体系的能量本征态记为 $|n\rangle$,$H|n\rangle = E_n|n\rangle$,力学量 A 在能量表象中矩阵元记为 $A_{kn} = \langle k|A|n\rangle$,证明

$$\left(\frac{\mathrm{d}A}{\mathrm{d}t}\right)_{kn} = \mathrm{i}\omega_{kn}A_{kn}$$

其中

$$\omega_{kn} = (E_k - E_n)/\hbar$$

5.18　设 $H = \boldsymbol{p}^2/2\mu + V(\boldsymbol{r})$,试用纯矩阵的运算,证明下列求和规则:

$$\sum_n (E_n - E_m)|x_{nm}|^2 = \hbar^2/2\mu$$

其中 x 是 $\boldsymbol{r}$ 的一个 Cartesian 分量,$\sum\limits_n$ 指对一切可能态求和,E_n 是相应于 n 态的能量.

提示：求$[H,x]$，$[[H,x],x]$，然后求矩阵元$\langle n|[[H,x],x]|m\rangle$.

5.19 设$F(\boldsymbol{r},\boldsymbol{p})$为厄米算符，证明在能量表象中的求和规则：

$$\sum_n (E_n - E_k) | F_{nk} |^2 = \frac{1}{2} \langle k | [F,[H,F]] | k \rangle$$

5.20 对任意算符$F(\boldsymbol{r},\boldsymbol{p})$及其厄米共轭$F^+$，证明在能量表象中有下列求和规则：

$$\sum_n (E_n - E_k)(| F_{nk} |^2 + | F_{kn} |^2) = \langle k | [F^+,[H,F]] | k \rangle$$

5.21 对于一维运动粒子，设$H=\frac{p^2}{2\mu}+V(x)$，设$F(x)$为x的可微函数，证明

$$\sum_n (E_n - E_k) | F_{nk} |^2 = \frac{\hbar^2}{2\mu} \langle k | \, | F' |^2 \, | k \rangle$$

特例 令$F(x)=x$，则

$$\sum_n (E_n - E_k) | x_{nk} |^2 = \frac{\hbar^2}{2\mu}$$

推广到三维运动的粒子，$H=\boldsymbol{p}^2/2\mu+V(\boldsymbol{r})$，设$F(\boldsymbol{r})$为可微函数，则

$$\sum_n (E_n - E_k) | \langle n | F | k \rangle |^2 = \frac{\hbar^2}{2\mu} \langle k | \, | \nabla F |^2 \, | k \rangle$$

5.22 一维运动粒子，$H=p^2/2\mu+V(x)$，设λ为实参数，证明在能量表象中

$$\sum_n (E_n - E_k) | \langle n | \exp(\mathrm{i}\lambda x) | k \rangle |^2 = \frac{\hbar^2 \lambda^2}{2\mu}$$

5.23 设$F(\boldsymbol{r},\boldsymbol{p})$为任意算符，$F^+$为其厄米共轭，证明在能量表象中的求和规则：

$$\sum_n (E_n - E_k)^2 | F_{nk} |^2 = \langle k | [H,F][H,F]^+ | k \rangle$$

如F为厄米算符，则

$$\sum_n (E_n - E_k)^2 | F_{nk} |^2 = - \langle k | [H,F]^2 | k \rangle$$

5.24 对于一维粒子，$H=p^2/2\mu+V(x)$，证明求和规则：

$$\sum_n (E_n - E_k)^2 | x_{nk} |^2 = - 2\hbar^2 \frac{\partial E_k}{\partial \mu}$$

5.25 对于中心力场中粒子的s态$(l=0)$和p态$(l=1)$，证明

$$\sum_n (E_{n's} - E_{np})^2 | z_{n's,np} |^2 = \frac{2\hbar^2}{3\mu} \left\langle \frac{\boldsymbol{p}^2}{2\mu} \right\rangle_{n's}$$

如中心力场$V(r)\propto r^\nu$，利用位力(virial)定理，进一步证明

$$\sum_n (E_{n's} - E_{np})^2 | z_{n's,np} |^2 = \frac{2\nu}{3(2+\nu)} \frac{\hbar^2}{\mu} E_{n's}$$

5.26 对于一维谐振子，试利用能级公式，位力(virial)定理及求和规则，计算矩阵元x_{nk}.

答：$x_{nk}=\sqrt{\frac{\hbar}{\mu\omega}}\left(\frac{n+1}{2}\delta_{k,n+1}+\frac{n}{2}\delta_{k,n-1}\right)$

第6章　中 心 力 场

6.1　中心力场中粒子运动的一般性质

在自然界中，广泛碰到物体在中心力场中运动的问题．例如，地球在太阳的万有引力场中的运动，电子在原子核的 Coulomb 场中的运动等．无论在经典力学中或在量子力学中，中心力场问题都占有特别重要的地位．值得注意的是：最重要的几种中心力场——Coulomb 场或万有引力场，各向同性谐振子场以及无限深球方势阱，是量子力学中能求出其解析解的少数问题中的几个．Coulomb 场（以及屏蔽 Coulomb 场）在原子结构研究中占有特别重要的地位，而各向同性谐振子场（二维和三维），球方势阱以及 Woods-Saxon 势，则在原子核结构的研究中占有重要地位．重介子（近似看成夸克偶素，quarkonium）的质谱分析，显示出线性中心势和对数中心势的某些特征．下面先研究在中心力场中运动的一般性质．在这里，角动量守恒起了重要的作用．

6.1.1　角动量守恒与径向方程

在中心力场 $V(r)$ 中运动的粒子，最重要的特征是角动量 $\boldsymbol{l}=\boldsymbol{r}\times\boldsymbol{p}$ 守恒．对于经典粒子，这个结论是很明显的，因为（设粒子质量为 μ）

$$\frac{\mathrm{d}}{\mathrm{d}t}\boldsymbol{l}=\frac{\mathrm{d}\boldsymbol{r}}{\mathrm{d}t}\times\boldsymbol{p}+\boldsymbol{r}\times\frac{\mathrm{d}\boldsymbol{p}}{\mathrm{d}t}=\boldsymbol{v}\times\mu\boldsymbol{v}+\boldsymbol{r}\times\boldsymbol{F}=\boldsymbol{r}\times\left(-\frac{\boldsymbol{r}}{r}\frac{\mathrm{d}V}{\mathrm{d}r}\right)=0 \tag{6.1.1}$$

其物理含义是，粒子所受到的力矩（相对于力心）为零．考虑到 $\boldsymbol{l}\cdot\boldsymbol{r}=0, \boldsymbol{l}\cdot\boldsymbol{p}=0$，中心力场中经典粒子的运动必为平面运动．运动平面的法线方向即守恒量 $\boldsymbol{l}$ 的方向．在选择合适的参照系后，中心力场中经典粒子的运动即可化简为一个平面运动．但应当注意，粒子在平面内的运动轨道，一般说来，是不闭合的①．

在量子力学中，不难证明角动量也是守恒量．因为角动量算符 $\hat{\boldsymbol{l}}=\boldsymbol{r}\times\hat{\boldsymbol{p}}$ 与 Hamilton 量

$$\hat{H}=\frac{p^2}{2\mu}+V(r)=-\frac{\hbar^2}{2\mu}\nabla^2+V(r) \tag{6.1.2}$$

---

① 经典力学有一个著名的 Bertrand 定理——只当中心力为平方反比力或 Hooke 力时，粒子束缚运动轨道才是闭合的．即只当 $V(r)$ 为万有引力势（或 Coulomb 引力势）或各向同性谐振子势时，束缚轨道才是闭合的．这与体系的动力学对称性密切相关．详细讨论可参阅 H. Goldstein，*Classical Mechanics*，2nd ed. 3.5 节及 App. A，Addision-Wesley，New York，1980．原始文献见 J. Bertrand，Comptes Rendus **77**(1873)849．

对易①，

$$[\boldsymbol{l},\hat{H}]=[\hat{\boldsymbol{l}},p^2/2\mu]+[\hat{\boldsymbol{l}},V(r)]=0 \tag{6.1.3}$$

但与经典力学有一个明显的不同，即守恒量 $\hat{\boldsymbol{l}}$ 的三个分量彼此不对易，所以中心力场中粒子的角动量的三个分量，一般说来不能同时具有确定值(角动量为 0 的态除外). 所以中心力场中粒子的运动，在量子力学中不能简化为一个平面运动. 此外，考虑到存在三个不对易的守恒量 $\hat{l}_x$、$\hat{l}_y$ 和 $\hat{l}_z$，按 5.1.3 节中的定理，中心力场中粒子的能级一般是简并的. 因此，仅根据能量本征值，并不能把本征态完全确定下来，而需要找寻一组守恒量完全集，用它们的共同本征态来标记一个定态. 考虑到尽管 $\hat{\boldsymbol{l}}$ 的三个分量不对易，但 $[\hat{\boldsymbol{l}}^2,\hat{l}_\alpha]=0$，$(\alpha=x,y,z)$，而且 $[\hat{\boldsymbol{l}}^2,\hat{H}]=0$，通常选用 $(\hat{H},\hat{\boldsymbol{l}}^2,\hat{l}_z)$ 作为守恒量完全集，用它们的共同本征态来对定态进行分类. 此时，属于同一能级的诸简并态就可以完全标记清楚，它们的正交归一性也自动得到保证.

能量本征方程为

$$\left[-\frac{\hbar^2}{2\mu}\nabla^2+V(r)\right]\psi=E\psi \tag{6.1.4}$$

考虑到中心力场的特点(球对称性)，选用球坐标是方便的. 此时，利用[见 4.1 节式(4.1.29)]

$$\nabla^2=\frac{1}{r^2}\frac{\partial}{\partial r}r^2\frac{\partial}{\partial r}-\frac{\boldsymbol{l}^2}{\hbar^2 r^2}=\frac{1}{r}\frac{\partial^2}{\partial r^2}r-\frac{\boldsymbol{l}^2}{\hbar^2 r^2} \tag{6.1.5}$$

方程(6.1.4)可化为

$$\left[-\frac{\hbar^2}{2\mu}\frac{1}{r^2}\frac{\partial}{\partial r}r^2\frac{\partial}{\partial r}+\frac{\boldsymbol{l}^2}{2\mu r^2}+V(r)\right]\psi=E\psi \tag{6.1.6}$$

即

$$\left[-\frac{\hbar^2}{2\mu}\frac{1}{r}\frac{\partial^2}{\partial r^2}r+\frac{\boldsymbol{l}^2}{2\mu r^2}+V(r)\right]\psi=E\psi \tag{6.1.7}$$

上式左边第二项称为“离心势能”(centrifugal potential)，角动量愈大，则离心势能愈大. 第一项可以表示为 $\frac{1}{2\mu}p_r^2$，称为径向动能②，其中

$$p_r=-\mathrm{i}\hbar\left(\frac{\partial}{\partial r}+\frac{1}{r}\right)=p_r^+ \tag{6.1.8}$$

---

① $\hat{\boldsymbol{l}}$ 是三维转动的无穷小算符，而 $p^2=\boldsymbol{p}\cdot\boldsymbol{p}$ 是转动下的标量，所以 $[\hat{\boldsymbol{l}},p^2]=0$. 此外，$\hat{\boldsymbol{l}}$ 算符只依赖于角变量 (θ,φ)，所以 $[\hat{\boldsymbol{l}},V(r)]=0$.

② 直接计算可以证明，$p_r^2=-\hbar^2\left(\frac{\partial^2}{\partial r^2}+\frac{2}{r}\frac{\partial}{\partial r}\right)=-\hbar^2\frac{1}{r^2}\frac{\partial}{\partial r}r^2\frac{\partial}{\partial r}=-\hbar^2\frac{1}{r}\frac{\partial^2}{\partial r^2}r$，因此，$H=\frac{p_r^2}{2\mu}+\frac{\boldsymbol{l}^2}{2\mu r^2}$. 注意，$p_r$ 为厄米算符，$-\mathrm{i}\hbar\frac{\partial}{\partial r}$ 则否.

是径向动量. 如取 ψ 为$(H, \boldsymbol{l}^2, l_z)$的共同本征态,即

$$\psi(r,\theta,\varphi) = R_l(r) \mathrm{Y}_l^m(\theta,\varphi)$$
$$l = 0,1,2,\cdots, \qquad m = l, l-1, \cdots, -l \tag{6.1.9}$$

则得到径向方程

$$\left[\frac{1}{r}\frac{\mathrm{d}^2}{\mathrm{d}r^2}r + \frac{2\mu}{\hbar^2}(E - V(r)) - \frac{l(l+1)}{r^2}\right]R_l = 0$$

即

$$\frac{\mathrm{d}^2 R_l}{\mathrm{d}r^2} + \frac{2}{r}\frac{\mathrm{d}R_l}{\mathrm{d}r} + \left[\frac{2\mu}{\hbar^2}(E - V(r)) - \frac{l(l+1)}{r^2}\right]R_l = 0$$
$$l = 0,1,2,\cdots \tag{6.1.10}$$

不同的中心力场 $V(r)$,就决定了不同的径向波函数及能量本征值. 径向方程(6.1.10)中不含磁量子数 m. 因此,能量本征值与 m 无关. 这是很容易理解的,由于中心力场的球对称性,粒子的能量显然与 z 轴的取向无关. 但在中心力场中运动的粒子的能量,与角量子数 l 有关. 在给定 l 值情况下,$m=-l,-l+1,\cdots,l-1,l$,共有$(2l+1)$个可能取值. 因此,一般说来,中心力场中粒子的能级是$(2l+1)$重简并.

在求解方程(6.1.10)时,作下述替换是方便的. 令

$$R_l(r) = \chi_l(r)/r \tag{6.1.11}$$

代入式(6.1.10),得

$$\chi_l'' + \left[\frac{2\mu}{\hbar^2}(E - V(r)) - \frac{l(l+1)}{r^2}\right]\chi_l = 0 \tag{6.1.12}$$

在一定的边条件下求解径向方程(6.1.10)或(6.1.12),即可得出粒子能量的本征值 E. 对于非束缚态,E 是连续变化的. 对于束缚态,则能量是量子化的. 在束缚态边条件下求解径向方程时,将出现径向量子数 n_r,$n_r=0,1,2,\cdots$,它代表径向波函数的节点数($r=0,\infty$不包括在内). E 依赖于量子数 n_r 和 l,但与 m 无关,记为 $E_{n_r l}$.

在给定 l 情况下,随 n_r 增加(径向波函数节点增多),$E_{n_r l}$ 增大,所以 n_r 也可以作为能级(给定 l)高低的编序. 与此类似,给定 n_r 情况下,随 l 增大("离心势能"增大),$E_{n_r l}$ 也增大①. 按光谱学上的习惯,把

$$l = 0,\ 1,\ 2,\ 3,\ 4,\ 5,\ 6,\ 7,\cdots$$

的态分别记为

s, p, d, f, g, h, i, j,⋯

习惯上分别称为"s 轨道","p 轨道",……等等.

6.1.2 Schrödinger 方程的解在 $r\to 0$ 邻域的行为

下面假定 $V(r)$满足:

---

① 利用 Hellmann-Feynman 定理可以证明:$E_{n_r l}$ 随 l 增大而增大. 进而证明中心力场中基态必为 s 态($l=0$)(见 6.5 节).

$$\text{当 } r \to 0 \text{ 时，} \quad r^2V(r) \to 0 \tag{6.1.13}$$

通常碰到的中心力场均满足此条件. 例如，谐振子势($V \propto r^2$)，线性中心势($V \propto r$)，对数中心势($V \propto \ln r$)，球方势或自由粒子，Coulomb 势$\left(V \propto \dfrac{1}{r}\right)$，汤川势$\left(V \propto \dfrac{1}{r}e^{-\alpha r}\right)$等. 在条件(6.1.13)下，当 $r \to 0$ 时，方程(6.1.10)渐近地表示成

$$\frac{d^2R_l}{dr^2} + \frac{2}{r}\frac{dR_l}{dr} - \frac{l(l+1)}{r^2}R_l = 0 \tag{6.1.14}$$

在正则奇点 $r=0$ 邻域，设 $R_l \propto r^s$，代入上式，得

$$s(s+1) - l(l+1) = 0 \tag{6.1.15}$$

此即指标方程(characteristic equation). 解之，得两个根

$$s_1 = l, \quad s_2 = -(l+1) \tag{6.1.16}$$

即径向波函数在 $r \to 0$ 邻域的行为是

$$R_l(r) \propto r^l \quad \text{或} \quad r^{-(l+1)} \tag{6.1.17}$$

由于指标方程的两根之差($s_1 - s_2 = 2l+1$)为整数，在径向方程的正则奇点 $r=0$邻域求解时，如采用级数解法求解，让解表示成下列形式：

$$R_l(r) = r^s \sum_{k=0}^{\infty} a_k r^k \tag{6.1.18}$$

则两个指标 s_1 和 s_2 所相应的解可能是线性相关的(即实质上是同一个解，例如，三维氢原子的情况，详见吴大猷《量子力学》(甲部)，p. 101.)此时另一个线性无关解需用它法求之(见附录七). 当然，也可能两个指标对应的形式如式(6.1.18)的级数解是线性独立的(例如，三维谐振子，自由粒子). 但无论如何，方程(6.1.10)的两个线性独立解，在 $r \to 0$ 时的渐近行为，一个是 $R_l(r) \propto r^l$，另一个则为 $R_l(r) \propto r^{-(l+1)}$，是确切无疑的.

下面我们来论证，渐近行为是 $R_l(r) \propto r^{-(l+1)}$ 的解必须抛弃. 理由如下：按照波函数的统计诠释，在 $r \approx 0$ 邻域任意体积元中找到粒子的概率应为有限值. 当 $r \to 0$ 时，若 $R_l(r) \propto 1/r^s$，必须 $s < 3/2$(见 2.2 节). 因此，当 $l \neq 0$ 时，$R_l(r) \propto r^{-(l+1)}$ 解是不能取的. 但对于 $l=0$ 的解，$R_0(r) \propto \dfrac{1}{r}$ 并不违反此要求. 然而 $l=0$ 的解 $\psi_0 = R_0(r)Y_0^0 = \dfrac{1}{\sqrt{4\pi}}R_0(r) \propto \dfrac{1}{r}$，并不满足 Schrödinger 方程(6.1.4)(如果把点 $r=0$ 包含在内的话)，因为

$$\nabla^2 \frac{1}{r} = -4\pi\delta(\boldsymbol{r}) \tag{6.1.19}$$

因而

$$(H-E)\psi_0 = \frac{2\pi\hbar^2}{\mu}\delta(\boldsymbol{r}) \tag{6.1.20}$$

对于二维中心力场，亦有类似的结论（见 6.6 节）.

这样我们得出下列重要结论：量子力学中求解中心力场的径向方程(6.1.10)时，径向波函数只能取 $r\to 0$ 时 $R_l(r)\propto r^l$ 的解. 因此，求解径向方程(6.1.12)时，要求

$$r\to 0\text{ 时}，\quad \chi_l(r)=rR_l(r)\to 0 \tag{6.1.21}$$

特别讨论一下 $l=0$ 情况下的径向方程. 此时径向方程(6.1.12)化为

$$\frac{\mathrm{d}^2\chi_0}{\mathrm{d}r^2}+\frac{2\mu}{\hbar^2}[E-V(r)]\chi_0=0 \tag{6.1.22}$$

$$\chi_0(r)\xrightarrow{r\to 0}0 \tag{6.1.23}$$

可以看出，这与一维势场 $V(x)$ 中的 Schrödinger 方程相似. 但应注意，变量 $r\geqslant 0$，而一维问题 $-\infty<x<\infty$. 因此，把三维或二维中心力场中 $l=0$ 的计算结果外推到一维势阱中粒子的运动时，必需注意到这一点.

例 线性中心势的能谱.

线性中心势的形式为

$$V(r)=Fr\qquad (F>0) \tag{6.1.24}$$

在一般情况下，很难求出其径向方程的解析解，往往要用近似方法（变分法，WKB 法等）求解. 但对于 s 态($l=0$)，则可找出其解析形式的解. 此时径向方程(6.1.12)化为

$$\chi_0''+\frac{2\mu}{\hbar^2}(E-Fr)\chi_0=0\qquad (E>0) \tag{6.1.25}$$

边条件为

$$\chi_0(r)\xrightarrow{r\to 0}0 \tag{6.1.26}$$

$$\chi_0(r)\xrightarrow{r\to \infty}0\qquad\text{（束缚态）} \tag{6.1.27}$$

其形式与一维线性势相似（见 3.7 节），因此，3.7 节中的结果可以搬到这里来. 采用自然单位($\mu=\hbar=F=1$)，方程(6.1.25)化为

$$\chi_0''+2(E-r)\chi_0=0 \tag{6.1.28}$$

根据边条件(6.1.26)与(6.1.27)，可以求出能量本征值为（添上自然单位，参见 3.7 节）

$$E_n=\left(\frac{\hbar^2F^2}{2\mu}\right)^{1/3}\lambda_n,\quad n=1,2,3,\cdots \tag{6.1.29}$$

λ_n 是下列方程的根，

$$\mathrm{J}_{1/3}\left(\frac{2}{3}\lambda^{3/2}\right)+\mathrm{J}_{-1/3}\left(\frac{2}{3}\lambda^{3/2}\right)=0 \tag{6.1.30}$$

其数值结果为

$$\lambda_1=2.338,\quad \lambda_2=4.088,\quad \lambda_3=5.521,\quad \lambda_4=6.787,\cdots$$

线性中心势在分析重介子（例如，J/ψ，Υ）的质谱时是有用的，即把它们近似看成由两个重夸克(quark)组成的夸克偶素(quarkonium)，两夸克之间有线性中心势的作用. 例如，J/ψ 看成($c\bar{c}$)，Υ 看成($b\bar{b}$)，计算结果与实验大致符合. 由于夸克质量很大，相对论效应不很重要，用非相对论量子力学来分析其低激发谱取得一定成功是可以理解的. 与实验观测的比较，不仅涉及 s 态，还要涉及 $l\neq 0$ 的态，这时就要用近似方法求解.

6.1.3 二体问题

应指出，实际问题中出现的中心力场问题，常常是二体问题. 例如，两个质量分别为 m_1 与 m_2 的粒子，坐标记为 $\boldsymbol{r}_1$ 与 $\boldsymbol{r}_2$，相互作用是 $V(|\boldsymbol{r}_1-\boldsymbol{r}_2|)$，只依赖于相对距离. 这个二粒子体系的能量本征方程为

$$\left[-\frac{\hbar^2}{2m_1}\nabla_1{}^2-\frac{\hbar^2}{2m_2}\nabla_2{}^2+V(|\boldsymbol{r}_1-\boldsymbol{r}_2|)\right]\Psi(\boldsymbol{r}_1,\boldsymbol{r}_2)=E_T\Psi(\boldsymbol{r}_1,\boldsymbol{r}_2) \tag{6.1.31}$$

E_T 为体系的总能量. 引进质心坐标 $\boldsymbol{R}$ 及相对坐标 $\boldsymbol{r}$ 为

$$\boldsymbol{r}=\boldsymbol{r}_1-\boldsymbol{r}_2 \qquad \boldsymbol{R}=\frac{m_1\boldsymbol{r}_1+m_2\boldsymbol{r}_2}{m_1+m_2} \tag{6.1.32}$$

可以证明

$$\frac{1}{m_1}\nabla_1{}^2+\frac{1}{m_2}\nabla_2{}^2=\frac{1}{M}\nabla_R{}^2+\frac{1}{\mu}\nabla^2 \tag{6.1.33}$$

其中

$$\begin{aligned} &M=m_1+m_2 && (\text{总质量})\\ &\mu=m_1m_2/(m_1+m_2) && (\text{约化质量})\\ &\nabla_R^2=\frac{\partial^2}{\partial X^2}+\frac{\partial^2}{\partial Y^2}+\frac{\partial^2}{\partial Z^2}\\ &\nabla^2=\frac{\partial^2}{\partial x^2}+\frac{\partial^2}{\partial y^2}+\frac{\partial^2}{\partial z^2} \end{aligned} \tag{6.1.34}$$

这样，方程(6.1.31)化为

$$\left[-\frac{\hbar^2}{2M}\nabla_R{}^2-\frac{\hbar^2}{2\mu}\nabla^2+V(r)\right]\Psi=E_T\Psi \tag{6.1.35}$$

此方程显然可以分离变数，即与经典力学一样，可以把质心运动与相对运动分开. 令

$$\Psi=\phi(\boldsymbol{R})\psi(\boldsymbol{r}) \tag{6.1.36}$$

代入式(6.1.35)，分离变数后，得

$$-\frac{\hbar^2}{2M}\nabla_R{}^2\phi(\boldsymbol{R})=E_C\phi(\boldsymbol{R}) \tag{6.1.37}$$

$$\left(-\frac{\hbar^2}{2\mu}\nabla^2+V(r)\right)\psi(\boldsymbol{r})=(E_T-E_C)\psi(\boldsymbol{r})=E\psi(\boldsymbol{r}) \tag{6.1.38}$$

式(6.1.37)描述质心的运动，是一个自由粒子的能量本征方程，E_C 是质心运动能量. 这一部分与我们研究的体系的内部结构无关，不必考虑. 式(6.1.38)描述两个粒子的相对运动部分，$E=E_T-E_C$ 是相对运动能量. 可以看出，式(6.1.38)与单体波动方程(6.1.4)完全一样，只不过应把 μ 理解为约化质量，E 理解为相对运动能量.

练习 1　证明下列关系式：

$$\boldsymbol{p}=\mu\boldsymbol{r}\dot{x}=\frac{1}{M}(m_2\boldsymbol{p}_1-m_1\boldsymbol{p}_2)\qquad\text{(相对动量)}\tag{6.1.39}$$

$$\boldsymbol{P}=M\dot{\boldsymbol{R}}=\boldsymbol{p}_1+\boldsymbol{p}_2\qquad\text{(总动量)}\tag{6.1.40}$$

$$\begin{aligned}\boldsymbol{L}&=\boldsymbol{l}_1+\boldsymbol{l}_2=\boldsymbol{r}_1\times\boldsymbol{p}_1+\boldsymbol{r}_2\times\boldsymbol{p}_2\\&=\boldsymbol{R}\times\boldsymbol{P}+\boldsymbol{r}\times\boldsymbol{p}\qquad\text{(总角动量)}\end{aligned}\tag{6.1.41}$$

$$T=\frac{\boldsymbol{p}_1^2}{2m_1}+\frac{\boldsymbol{p}_2^2}{2m_2}=\frac{\boldsymbol{P}^2}{2M}+\frac{\boldsymbol{p}^2}{2\mu}\qquad\text{(总动能)}\tag{6.1.42}$$

反之，

$$\boldsymbol{r}_1=\boldsymbol{R}-\frac{\mu}{m_1}\boldsymbol{r},\qquad \boldsymbol{r}_2=\boldsymbol{R}-\frac{\mu}{m_2}\boldsymbol{r}\tag{6.1.43}$$

$$\boldsymbol{p}_1=\frac{\mu}{m_2}\boldsymbol{P}-\boldsymbol{p},\qquad \boldsymbol{p}_2=\frac{\mu}{m_1}\boldsymbol{P}-\boldsymbol{p}\tag{6.1.44}$$

练习 2　试求总动量 $\boldsymbol{P}=\boldsymbol{p}_1+\boldsymbol{p}_2$ 及总角动量 $\boldsymbol{L}=\boldsymbol{l}_1+\boldsymbol{l}_2$ 在 $\boldsymbol{R}$、$\boldsymbol{r}$ 表象中的算符表示.

$$\boldsymbol{P}=-\mathrm{i}\hbar\nabla_R,\qquad \boldsymbol{L}=\boldsymbol{R}\times\boldsymbol{P}+\boldsymbol{r}\times\boldsymbol{p},\qquad \boldsymbol{p}=-\mathrm{i}\hbar\nabla_r\tag{6.1.45}$$

6.2　球方势阱

6.2.1　无限深球方势阱

考虑在半径为 a 的球形匣子中运动的粒子，这相当于粒子在一个无限深球方势阱中运动(见图 6.1)，

$$V(r)=\begin{cases}0 & r<a\\ \infty & r>a\end{cases}\tag{6.2.1}$$

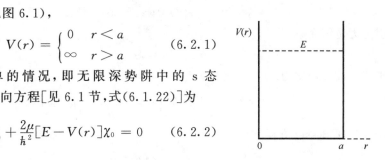

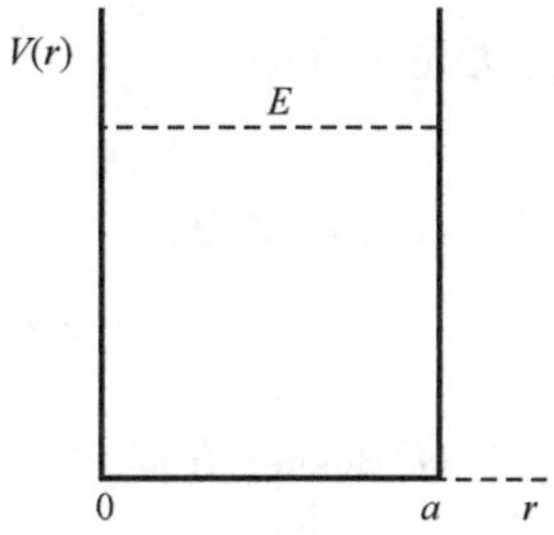

图 6.1

先考虑最简单的情况，即无限深势阱中的 s 态($l=0$)，此时径向方程[见 6.1 节，式(6.1.22)]为

$$\chi_0''+\frac{2\mu}{\hbar^2}[E-V(r)]\chi_0=0\tag{6.2.2}$$

令

$$k=\sqrt{2\mu E}/\hbar\qquad(E>0)\tag{6.2.3}$$

则

$$\chi_0''+k^2\chi_0=0\qquad(0\leqslant r\leqslant a)\tag{6.2.4}$$

边条件为

$$\chi_0(0)=0\tag{6.2.5a}$$

$$\chi_0(a)=0\tag{6.2.5b}$$

按边条件(6.2.5a)，方程(6.2.4)的解可表示为

$$\chi_0(r)\propto\sin kr\qquad(0\leqslant r<a)$$

再利用边条件(6.2.5b),得

$$ka=(n_r+1)\pi,\quad n_r=0,1,2,\cdots \tag{6.2.6}$$

此即确定粒子束缚态能量的式子.利用式(6.2.3),得

$$E=E_{n_r0}=\frac{\pi^2\hbar^2(n_r+1)^2}{2\mu a^2},\quad n_r=0,1,2,\cdots,\quad l=0 \tag{6.2.7}$$

归一化的波函数为

$$\chi_{n_r0}(r)=\sqrt{\frac{2}{a}}\sin\frac{(n_r+1)\pi r}{a} \tag{6.2.8}$$

满足

$$\int_0^a[\chi_{n_r0}(r)]^2\mathrm{d}r=1 \tag{6.2.9}$$

无限深球方势阱(半径为 a)中的 $l=0$ 的能级和波函数,与一维无限深方势阱(宽度为 a)中粒子的能级和波函数完全相同,见 3.2.1 节.只需注意,3.2.1 节中量子数 $n=1,2,3,\cdots$,相当于这里的径向量子数(n_r+1),$n_r=0,1,2,\cdots$.

对于角动量 $l\neq0$ 的量子态,径向波函数 $R_l(r)$满足下列微分方程[见 6.1 节,式(6.1.10)]:

$$R''_l+\frac{2}{r}R'_l+\left[k^2-\frac{l(l+1)}{r}\right]R_l=0\qquad(r<a) \tag{6.2.10}$$

而在边界上要求

$$R_l(r)\big|_{r=a}=0 \tag{6.2.11}$$

引进无量纲变数

$$\rho=kr \tag{6.2.12}$$

则式(6.2.10)化为

$$\frac{\mathrm{d}^2R_l}{\mathrm{d}\rho^2}+\frac{2}{\rho}\frac{\mathrm{d}R_l}{\mathrm{d}\rho}+\left[1-\frac{l(l+1)}{\rho^2}\right]R_l=0 \tag{6.2.13}$$

这就是球 Bessel 方程.令

$$R_l=u_l(\rho)/\sqrt{\rho} \tag{6.2.14}$$

经过计算,可求出 u_l 满足下列方程:

$$u''_l+\frac{1}{\rho}u'_l+\left[1-\frac{(l+1/2)^2}{\rho^2}\right]u_l=0 \tag{6.2.15}$$

这正是半奇数$(l+1/2)$阶 Bessel 方程($l=0,1,2,\cdots$),它的两个线性无关解可以表示为

$$\mathrm{J}_{l+1/2}(\rho),\qquad \mathrm{J}_{-l-1/2}(\rho)$$

所以径向波函数的两个解是

$$R_l\propto\frac{1}{\sqrt{\rho}}\mathrm{J}_{l+1/2}(\rho),\quad \frac{1}{\sqrt{\rho}}\mathrm{J}_{-l-1/2}(\rho)$$

通常把解表示为球 Bessel(spherical Besell)函数和球 Neumann(spherical Neumann)函数表示,它们的定义如下(见数学附录六):

$$\mathrm{j}_l(\rho) = \sqrt{\frac{\pi}{2\rho}} \mathrm{J}_{l+1/2}(\rho)$$

$$\mathrm{n}_l(\rho) = (-)^{l+1} \sqrt{\frac{\pi}{2\rho}} \mathrm{J}_{-l-1/2}(\rho) \tag{6.2.16}$$

当 $\rho \to 0$ 时,它们的渐近行为分别是

$$\mathrm{j}_l(\rho) \xrightarrow{\rho \to 0} \frac{\rho^l}{(2l+1)!!}, \quad \mathrm{n}_l(\rho) \xrightarrow{\rho \to 0} (2l-1)!!\rho^{-(l+1)} \tag{6.2.17}$$

按上节的讨论,无限深势阱中粒子的定态波函数只能取前者,即

$$R_{kl}(r) = C_{kl} \mathrm{j}_l(kr) \tag{6.2.18}$$

其中 C_{kl} 为归一化常数,k(或能量 E)由束缚态边条件(6.2.5b)确定,

$$R_{kl} \big|_{r=a} = 0 \tag{6.2.19}$$

即

$$\mathrm{j}_l(ka) = 0 \tag{6.2.20}$$

当 a 为有限值时,并非一切 k 值都满足上述条件,而只有某些离散值可以满足此要求,此时粒子能量是量子化的.

令 $\mathrm{j}_l(x)=0$ 的根依次表示为

$$x_{n_r l}, \qquad n_r = 0,1,2,\cdots$$

则粒子能量本征值表示成

$$E_{n_r l} = \frac{\hbar^2}{2\mu a^2} x_{n_r l}^2, \quad n_r = 0,1,2,\cdots \tag{6.2.21}$$

较低的几个 $x_{n_r l}$ 的值见表 6.1.

较低的几条能级见图 6.2.能量单位取为 $E_{00}=\pi^2\hbar^2/2\mu a^2$.可以看出,能级 $E_{n_r l}$ 既依赖于角动量量子数 l,也依赖于径向量子数 n_r.对于给定 l,能量随 n_r 增大而单调增大.考虑到 n_r 是径向波函数的节点数,上述结论是容易理解的.与此类似,对于给定 n_r,$E_{n_r l}$ 随 l 增大而单调增大(见图 6.2).因此,对于基态,$n_r=0$,$l=0$(即 s 态),记为 0s.

表 6.1　$x_{n_r l}$ 值[a)]

l \ n_r	0	1	2	3
0	3.142(π)	6.283(2π)	9.425(3π)	12.566(4π)
1	4.493	7.725	10.904	14.066
2	5.764	9.095	12.323	15.515
3	6.988	10.417	13.698	16.924
4	8.183	11.705	15.040	18.301
5	9.356	12.967	16.355	19.653
6	10.513	14.207	17.648	20.984

a)取自 S. Flügge, *Practical Quantum Mechanics*, Prob. 63.

利用球 Bessel 函数的积分公式[附录六,式(A6.25)]及边条件(6.2.11),可以求出径向波函数(6.2.18)的归一化常数

$$C_{kl} = \left[-\frac{2}{a^3}/\mathrm{j}_{l-1}(ka)\mathrm{j}_{l+1}(ka)\right]^{1/2} \tag{6.2.22}$$

此时

$$\int_0^a R_{k_1 l}(r) R_{k_2 l}(r) r^2 \mathrm{d}r = \delta_{k_1 k_2} \tag{6.2.23}$$

练习 1　对于 $l=0$ 情况,求出能级公式(6.2.7). 提示:$\mathrm{j}_0(\rho)=\sin\rho/\rho$。

练习 2　证明 $l=1$ 的根 $x_{n_r l}$ 可以由 $x=\tan x$ 解出.

当球方势阱半径 $a\to\infty$,考虑到 $\mathrm{j}_l(\rho)\xrightarrow{\rho\to\infty}0$,因此,边条件(6.2.20)自动满足,对 k 或能量 E 将不再有所限制,即能量将连续变化. 这相当于自由粒子情况. 此时,波函数不能归一化. 通常选择径向波函数如下:

$$R_{kl}(r) = \sqrt{\frac{2}{\pi}} k \mathrm{j}_l(kr) \tag{6.2.24}$$

满足

$$\int_0^\infty R_{k'l}(r) R_{kl}(r) r^2 \mathrm{d}r = \delta(k'-k) \tag{6.2.25}$$

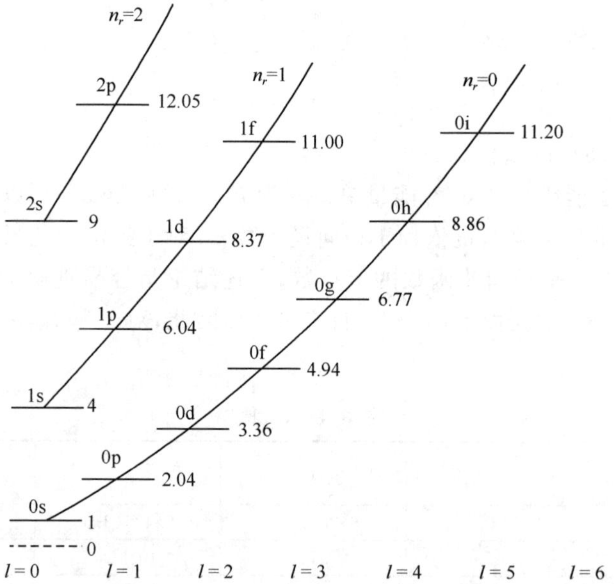

图 6.2　无限深球方势阱的能级 $E_{n_r l}/E_{00}$(以 0s 能级为单位)

顺便提到,对于三维自由粒子,能级是无穷度简并的. 其定态波函数是不能归一化的,通常取为守恒量完全集(p_x,p_y,p_z)的共同本征态,即平面波

$$\psi_{p_xp_yp_z}(x,y,z)=\frac{1}{(2\pi\hbar)^{3/2}}\mathrm{e}^{\mathrm{i}(p_xx+p_yy+p_zz)/\hbar} \tag{6.2.26}$$

p_x, p_y, p_z 取$(-\infty,+\infty)$中一切实数值，而能量为 $E=p^2/2\mu=(p_x^2+p_y^2+p_z^2)/2\mu=\hbar^2k^2/2\mu, k^2=k_x^2+k_y^2+k_z^2=p^2/\hbar^2$. 定态波函数还可以取为自由粒子的另一组守恒量完全集$(H,\boldsymbol{l}^2,l_z)$的共同本征函数，即

$$\psi_{klm}(r,\theta,\varphi)=R_{kl}(r)\mathrm{Y}_l^m(\theta,\varphi) \tag{6.2.27}$$

相应能量 $E=\hbar^2k^2/2\mu$. 本征函数(6.2.27)也是不能归一化的.

6.2.2 有限深球方势阱

有限深球方势阱的形式如下(图 6.3)：

$$V(r)=\begin{cases}0, & r<a\\ V_0, & r>a\end{cases} \tag{6.2.28}$$

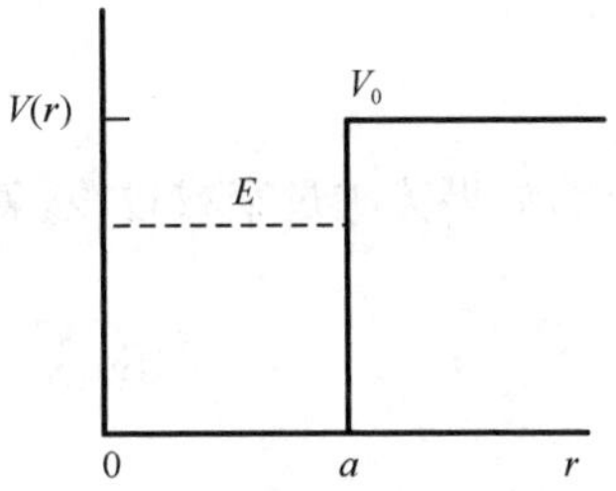

图 6.3

考虑 $E<V_0$(束缚态)情况. 令

$$k=\sqrt{2\mu E/\hbar^2}$$

$$k'=\sqrt{2\mu(V_0-E)/\hbar^2} \tag{6.2.29}$$

则径向方程为

$$\begin{aligned}&R_l''+\frac{2}{r}R_l'+\left[k^2-\frac{l(l+1)}{r^2}\right]R_l=0 \qquad (r<a)\\ &R_l''+\frac{2}{r}R_l'+\left[(ik')^2-\frac{l(l+1)}{r^2}\right]R_l=0 \quad (r>a)\end{aligned} \tag{6.2.30}$$

它是球 Bessel 方程，其解是球 Bessel 函数，可以取为 $\mathrm{j}_l, \mathrm{n}_l, \mathrm{h}_l, \mathrm{h}_l^*$ 当中任何两个的线性叠加，见附录六). 但在 $r<a$ 区域，如要保证 $r=0$ 处波函数有界，则只能取

$$R_l(r)=A_{kl}\mathrm{j}_l(kr) \qquad (r<a) \tag{6.2.31}$$

式中 A_{kl} 是归一化常数. 在 $r>a$ 区域，能保证在 $r\to\infty$ 处束缚态边条件的波函数只能取虚宗量球 Hankel 函数 $\mathrm{h}_l(ik'r)$，

$$R_l(r)=B_{k'l}\mathrm{h}_l(ik'r) \qquad (r>a) \tag{6.2.32}$$

$B_{k'l}$ 为归一化常数. 根据边界点 $r=a$ 处波函数及其微商连续的条件以及在全空间归一化的条件，可以求出粒子的能量本征值 E 及归一化常数 A_{kl} 与 $B_{k'l}$. 如果我们只对能谱感兴趣，则可以撇开波函数归一化问题，迳直利用下列条件——波函数的对数导数连续(见 3.2 节)，即 $\frac{\mathrm{d}\ln R}{\mathrm{d}r}$ 在 $r=a$ 处连续，或更方便地用 $\frac{\mathrm{d}\ln(rR)}{\mathrm{d}r}$ 连续的条件，来求能量本征值. 能量本征值 E_{n_rl} 依赖于势阱半径 a 和深度 V_0，记为 $E_{n_rl}(a,V_0)$. 当 $V_0\to\infty$ 时，就是无限深球方势阱的情况(见图 6.2 和表 6.1). 对于 V_0 为有限值的情况，可按上述方案进行数字求解. 从不确定度关系考虑可以判断 $E_{n_rl}(a,$

$V_0)<E_{n_r l}(a,\infty)$. 对于高 l 能级，尤其如此. 但需注意，在 V_0 有限情况下，只有较低的若干条束缚能级存在.

以 $l=0$ 为例. 由于 $\mathrm{j}_0(\rho)=\frac{1}{\rho}\sin\rho$，$\mathrm{h}_0(\rho)=-\frac{i}{\rho}\mathrm{e}^{\mathrm{i}\rho}$，根据 $\frac{\mathrm{d}}{\mathrm{d}r}\ln(rR)$ 在 $r=a$ 处连续的条件可给出

$$k\cot ka=-k' \tag{6.2.33}$$

这结果与 3.2 节例 1(半壁无限高势垒)完全一样. 这不是偶然的，在 6.1 节我们已指出了这种相似性. 特别是 $l=0$ 情况，离心势能为零，中心力场中粒子的径向方程与一维半壁无限高势垒情况完全相同. 因此，3.2 节的讨论，完全可以搬到这里来. 特别是，至少存在一个束缚态的条件是

$$V_0a^2\geqslant\frac{\pi^2\hbar^2}{8\mu} \tag{6.2.34}$$

因此，如果势阱过窄或过浅，就不存在束缚态解.

6.3 三维各向同性谐振子

在研究原子核基态及低激发态的性质时提出的原子核壳模型①中，三维各向同性谐振子势得到广泛应用. 由于它的解析解较容易求出，而且运算起来(计算各种矩阵元等)极为方便，在处理原子核内的单粒子运动以及进一步研究剩余相互作用时，常常用它来作一个初步的近似. 实际原子核中的单粒子势更接近于 Woods-Saxon 势，

$$V(r)=-\frac{V_0}{1+\exp\left(\frac{r-R}{a}\right)}\quad(V_0,R,a>0) \tag{6.3.1}$$

V_0 是势阱深度，R 刻画势阱半径，a 表征在核表面附近势阱"尾巴"的长短. 但对于 Woods-Saxon 势，Schrödinger 方程的解析解找不到，在应用时只能用数字解法. Woods-Saxon 势的性质介于三维各向同性谐振子势和球方势阱之间，而后两种势阱的求解都容易得多，所以在核结构理论研究中被广泛应用. 谐振子势还在分子振动理论中有广泛应用.

三维各向同性谐振子势 $V(r)$ 如下：

$$V(r)=\frac{1}{2}Kr^2=\frac{1}{2}\mu\omega^2r^2,\qquad\omega=\sqrt{K/\mu} \tag{6.3.2}$$

式中 μ 为粒子质量，K 是刻画位势强度的参量，ω 为经典谐振子的自然振动的角频率. 因此，径向方程为[参阅 6.1 节，式(6.1.10)]

$$R''_l+\frac{2}{r}R'_l+\left[\frac{2\mu}{\hbar^2}\left(E-\frac{1}{2}\mu\omega^2r^2\right)-\frac{l(l+1)}{r^2}\right]R_l=0 \tag{6.3.3}$$

① M. G. Mayer and J. H. D. Jensen, *Elementary Theory of Nuclear Shell Structure* (Wiley, 1955).

以下采用自然单位[①]，($\hbar=\mu=\omega=1$). 在自然单位下，上式化为

$$R''_l+\frac{2}{r}R'_l+\left[2E-r^2-\frac{l(l+1)}{r^2}\right]R_l=0 \tag{6.3.4}$$

$r=0,\infty$是方程(6.3.4)的两个奇点. 在正则奇点 $r=0$ 邻域，方程(6.3.4)渐近地表示为

$$R''_l+\frac{2}{r}R'_l-\frac{l(l+1)}{r^2}R_l=0 \tag{6.3.5}$$

它与自由粒子的径向方程相同[因在 $r\to 0$ 时，谐振子势 $V(r)\to 0$]. 不难看出，R_l 有两个解

$$R_l(r)\propto r^l,\ r^{-(l+1)}$$

按 6.1.2 节的分析，后一解是物理上不能接受的，予以抛弃. 所以

$$R_l(r)\propto r^l \qquad (r\to 0) \tag{6.3.6}$$

当 $r\to\infty$时，方程(6.3.4)化为

$$R''_l-r^2R_l=0 \tag{6.3.7}$$

不难看出[②]，

$$R_l(r)\propto \exp(\pm r^2/2)$$

但 $R_l\propto\exp(r^2/2)$不满足波函数在无穷远处有界的条件，弃之. 所以

$$R_l(r)\propto \exp(-r^2/2) \qquad (r\to\infty) \tag{6.3.8}$$

综合式(6.3.6)与(6.3.8)，可以令方程(6.3.4)的解表示为

$$R_l(r)=r^l\exp(-r^2/2)u_l(r) \tag{6.3.9}$$

则

$$u''_l+\frac{2}{r}(l+1-r^2)u_l+[2E-(2l+3)]u_l=0 \tag{6.3.10}$$

再令

$$\xi=r^2 \tag{6.3.11}$$

方程(6.3.10)化为

$$\xi\frac{\mathrm{d}^2u_l}{\mathrm{d}\xi^2}+\left[\left(l+\frac{3}{2}\right)-\xi\right]\frac{\mathrm{d}u_l}{\mathrm{d}\xi}+\left(\frac{E}{2}-\frac{l+3/2}{2}\right)u_l=0 \tag{6.3.12}$$

这正是合流超几何(confluent hypergeometric)方程(见附录五)，方程中相应的参数为

---

① 谐振子的自然单位中，各种特征量如下(见附录八)

长 度	能 量	时 间	速 度	动 量
$\sqrt{\hbar/\mu\omega}$	$\hbar\omega$	ω^{-1}	$\sqrt{\hbar\omega/\mu}$	$\sqrt{\mu\hbar\omega}$

② $R_l(r)\propto\exp(\pm r^2/2)$，$R'_l(r)\propto\pm r\exp(\pm r^2/2)$，$R''_l(r)\propto r^2\exp(\pm r^2/2)\pm\exp(\pm r^2/2)\approx r^2\exp(\pm r^2/2)$(因为 $r\to\infty$). 所以 $R''_l-r^2R_l=0$. 详细讨论可参见 Cohen-Tannoudji et al., *Quantum Mechanics*, vol. 1, p. 816.

$$\alpha = \frac{1}{2}(l + 3/2 - E)$$

$$\gamma = l + 3/2 \neq \text{整数} \tag{6.3.13}$$

方程(6.3.12)有两个解,即 $F(\alpha,\gamma,\xi)$ 与 $\xi^{1-\gamma}F(\alpha-\gamma+1,2-\gamma,\xi)$. 按 6.1 节的分析,$\xi^{1-\gamma}\propto r^{-2l-1}$ 的解是物理上不能接受的. 因此,物理上允许的解只能取

$$u_1 \propto F(\alpha,\gamma,\xi) = F((l+3/2-E)/2, l+3/2, \xi) \tag{6.3.14}$$

$F(\alpha,\gamma,\xi)$ 称为合流超几何函数[附录五,式(A5.6)]

$$u = F(\alpha,\gamma,\xi) = 1 + \frac{\alpha}{\gamma}\xi + \frac{\alpha(\alpha+1)}{\gamma(\gamma+1)}\frac{\xi^2}{2!} + \frac{\alpha(\alpha+1)(\alpha+2)\xi^3}{\gamma(\gamma+1)(\gamma+2)3!} + \cdots \tag{6.3.15}$$

在一般情况下,$F(\alpha,\gamma,\xi)$ 是一个无穷级数. 不难看出,此级数的高幂次($n\to\infty$)项的相邻项的比值与 e^{ξ} 的无穷级数相同,因此,当 $\xi\to\infty$ 时,无穷级数 $F(\alpha,\gamma,\xi)$ 的发散行为与 e^{ξ} 相同. 这样的无穷级数解代入式(6.3.9),所得径向波函数在 $\xi\to\infty$ 时趋于∞,不满足概率为零的边条件. 因此,必须要求无穷级数解中断为一个多项式. 这就要求 $\alpha=0$ 或负整数,即

$$\alpha = \frac{1}{2}(l + 3/2 - E) = -n_r, \quad n_r = 0,1,2,\cdots$$

所以

$$E = 2n_r + l + 3/2 \tag{6.3.16}$$

添上自然单位,得

$$E = (2n_r + l + 3/2)\hbar\omega \tag{6.3.16$'$}$$

令

$$N = 2n_r + l \tag{6.3.17}$$

则得

$$E = E_N = (N + 3/2)\hbar\omega$$

$$N = 0,1,2,\cdots \tag{6.3.18}$$

这就是三维各向同性谐振子的能量本征值公式

可以看出,与一维谐振子的能谱相似,三维各向同性谐振子的能谱也是均匀分布的. 但与一维谐振子不同,三维各向同性谐振子的能级一般是简并的. 与球形方势阱的能级相比,三维各向同性谐振子的能级简并度又有新的特点. 对于球形方势阱(或一般的中心势 $V(r)$),束缚能级 $E_{n_r l}$ 既依赖于 n_r,也依赖于 l,不同的(n_r,l)能级一般都不重合. 而对于三维各向同性谐振子势,能级只依赖于径向量子数 n_r 和角动量量子数 l 的一种特殊的组合,即只依赖于 $N=2n_r+l$. 因此,对于能级 E_N(即给定 N),l 和 n_r 可以有多种组合形式,即

$$l = N - 2n_r = N, N-2, N-4, \cdots, 1(N\text{奇}) \text{ 或 } 0(N\text{偶})$$

相应的

$$n_r = 0,1,2,\cdots,\frac{N-1}{2}(N\text{ 奇})\text{ 或}\frac{N}{2}(N\text{ 偶})$$

总而言之,能级可能出现 l 简并(或 n_r 简并). 例如,见图 6.4,0d 和 1s,0f 和 1p 等能级是简并的. 按上述分析,不难证明,对于三维各向同性谐振子 E_N 能级的简并度为

$$f_N = \frac{1}{2}(N+1)(N+2) \tag{6.3.19}$$

例如,N=偶数情况,

$$f_N = \sum_{l=0,2,4,\cdots}^{N}(2l+1) = \left(\frac{N}{2}+1\right)\cdot\frac{1}{2}(1+2N+1) = \frac{1}{2}(N+1)(N+2)$$

对于 N=奇数,也可类似证明.

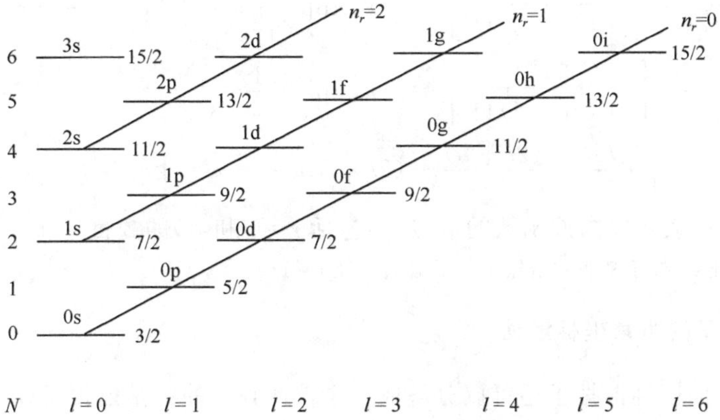

图 6.4 三维各向同性谐振子的能谱 $E_N/\hbar\omega$

三维各向同性谐振子的能级简并度高于一般中心力场 $V(r)$ 中的能级 $E_{n_r l}$ 的简并度(即 $2l+1$). 在物理上,这反映各向同性谐振子势 $V(r)\propto r^2$ 具有比一般中心力场的几何对称性(三维空间旋转不变性 SO_3,即各向同性)更高的对称性,即 SU_3(三维空间幺正变换下的不变性). 这种对称性称为动力学对称性(dynamical symmetry). 因此,体系除了角动量 $\boldsymbol{l}$ 这个守恒量之外,还存在另外的守恒量. 在经典力学中,正是由于这个额外的守恒量,才保证了粒子轨道的闭合性. 更详细的讨论,参阅本书卷Ⅱ,第 9 章.

相应于 E_N 的能量本征态,若取为$(H,\boldsymbol{l}^2,l_z)$的共同本征态,则表示为

$$\psi_{n_r lm}(r,\theta,\varphi) = R_{n_r l}(r)\mathrm{Y}_l^m(\theta,\varphi) \tag{6.3.20}$$

添上自然单位后,径向波函数为

$$R_{n_r l} \propto r^l \exp(-\alpha^2 r^2/2)\mathrm{F}(-n_r, l+3/2, \alpha^2 r^2) \tag{6.3.21}$$

其中

$$\alpha = \sqrt{\mu\omega/\hbar} \qquad \text{(自然长度单位的倒数)} \tag{6.3.22}$$

经归一化后，径向波函数可表示成[①]

$$R_{n_r l}(r) = \alpha^{3/2}\left[\frac{2^{l+2-n_r}(2l+2n_r+1)!!}{\sqrt{\pi}\,n_r![(2l+1)!!]^2}\right]^{1/2}$$
$$\times(\alpha r)^l \exp\left(-\frac{1}{2}\alpha^2 r^2\right)\mathrm{F}(-n_r, l+3/2, \alpha^2 r^2) \qquad (6.3.23)$$

它们满足

$$\int_0^\infty [R_{n_r l}(r)]^2 r^2 \mathrm{d}r = 1 \qquad (6.3.24)$$

$n_r=0,1,2$ 的径向波函数分别为

$$R_{0l} = \alpha^{3/2}\left[\frac{2^{l+2}}{\sqrt{\pi}(2l+1)!!}\right]^{1/2}(\alpha r)^l \exp\left(-\frac{1}{2}\alpha^2 r^2\right)$$

$$R_{1l} = \alpha^{3/2}\left[\frac{2^{l+3}}{\sqrt{\pi}(2l+3)!!}\right]^{1/2}(\alpha r)^l \exp\left(-\frac{1}{2}\alpha^2 r^2\right)\times\left(\frac{2l+3}{2}-\alpha^2 r^2\right)$$

$$R_{2l} = \alpha^{3/2}\left[\frac{2^{l+3}}{\sqrt{\pi}(2l+5)!!}\right]^{1/2}(\alpha r)^l \exp\left(-\frac{1}{2}\alpha^2 r^2\right)$$
$$\times\left[\frac{(2l+3)(2l+5)}{4}-(2l+5)\alpha^2 r^2+\alpha^4 r^4\right]$$

$n_r=0,1,2,\cdots$表示径向波函数的节点(不包括 $r=0$ 和∞)的数目.

练习　证明：处于基态的谐振子的最概然半径 $r=1/\alpha$.

* 三维谐振子的直角坐标解法

三维各向同性谐振子还可以分解成三个彼此独立的一维谐振子(ω 相同!). 因为 $r^2=x^2+y^2+z^2$，所以

$$H = -\frac{\hbar^2}{2\mu}\nabla^2 + \frac{1}{2}\mu^2\omega^2 r^2 = H_x + H_y + H_z \qquad (6.3.25)$$

其中

$$H_x = -\frac{\hbar^2}{2\mu}\frac{\partial^2}{\partial x^2} + \frac{1}{2}\mu\omega^2 x^2$$

H_y、H_z 与此类似.

选(H_x, H_y, H_z)为守恒量完全集，其共同本征态为

$$\Phi_{n_x n_y n_z}(x,y,z) = \varphi_{n_x}(x)\varphi_{n_y}(y)\varphi_{n_z}(z) \qquad (6.3.26)$$
$$n_x, n_y, n_z = 0,1,2,\cdots$$

即三个一维谐振子波函数之积. 相应的能量为

$$E_{n_x n_y n_z} = \left(n_x+\frac{1}{2}\right)\hbar\omega + \left(n_y+\frac{1}{2}\right)\hbar\omega + \left(n_z+\frac{1}{2}\right)\hbar\omega = (N+3/2)\hbar\omega \qquad (6.3.27)$$

① P. Goldhammer, Rev. Mod. Phys. **35**(1963)40.

其中

$$N = n_x + n_y + n_z = 0,1,2,\cdots$$

也可类似讨论其简并度. 对于给定 N,有

$$\begin{array}{lllllll}
 & n_x = 0, & 1, & 2, & \cdots, & N-1, & N \\
 & n_y + n_z = N, & N-1, & N-2, & \cdots, & 1, & 0 \\
(n_y, n_z)\text{可能取值的数目} & N+1, & N, & N-1, & \cdots, & 2, & 1
\end{array}$$

所以(n_x, n_y, n_z)可能取值的数目,即量子态数目(简并度)为

$$1 + 2 + \cdots + N + (N+1) = \frac{1}{2}(N+1)(N+2)$$

与式(6.3.19)相同.

实际上,波函数 $\psi_{n_r lm}(r,\theta,\varphi)$[见式(6.3.20)]与 $\Phi_{n_x n_y n_z}(x,y,z)$是三维各向同性谐振子的态空间的两种不同的基矢. 前者是$(H, \boldsymbol{l}^2, l_z)$的共同本征态,后者是$(H_x, H_y, H_z)$的共同本征态(因而也是 $H = H_x + H_y + H_z$ 的本征态). 属于同一能级的独立的量子态的数目(简并度)是相同的$\left(f_N = \frac{1}{2}(N+1)(N+2)\right)$,即属于 E_N 的子空间的维数相同,但基矢选择可以不同,彼此间通过一个幺正变换相联系. 例如,$N=1$ 的能级上有三个态,可以取为

$$\psi_{n_r lm} —— \psi_{011}, \psi_{010}, \psi_{01-1}$$

或

$$\Phi_{n_x n_y n_z} —— \Phi_{100}, \Phi_{010}, \Phi_{001}$$

读者可以验证

$$\begin{pmatrix} \psi_{011} \\ \psi_{01-1} \\ \psi_{010} \end{pmatrix} = \begin{pmatrix} -1/\sqrt{2} & -\mathrm{i}/\sqrt{2} & 0 \\ 1/\sqrt{2} & -\mathrm{i}/\sqrt{2} & 0 \\ 0 & 0 & 1 \end{pmatrix} \begin{pmatrix} \Phi_{100} \\ \Phi_{010} \\ \Phi_{001} \end{pmatrix}$$

提示,利用(附录四)

$$r\mathrm{Y}_1^0 = \sqrt{\frac{3}{4\pi}}\, z$$

$$r\mathrm{Y}_1^{\pm 1} = \mp \sqrt{\frac{3}{8\pi}}\,(x \pm \mathrm{i}y)$$

6.4 氢 原 子

量子力学发展史上,最突出的成就之一是对氢原子光谱以及化学元素周期律给予了相当满意的说明. 氢原子是最简单的原子,其 Schrödinger 方程可以严格求解. 本节将具体解出氢原子的 Schrödinger 方程,得出氢原子的能级与波函数,从

而对氢原子的光谱线规律及其他一些重要特征给予定量的说明. 氢原子理论还是了解复杂原子及分子结构的基础.

氢原子的原子核是一个质子，带电 $+e$（半径 $<2\times10^{-13}$ cm）. 在它的周围有一个电子（带电 $-e$）绕着它运动（"轨道半径" $\sim10^{-8}$ cm）. 原子核与电子之间的 Coulomb 作用能是（取无穷远为势能的零点）

$$V(r) = -e^2/r \tag{6.4.1}$$

按 6.1 节式(6.1.12)，具有一定角动量的氢原子的径向方程为

$$\chi_l'' + \left[\frac{2\mu}{\hbar^2}\left(E + \frac{e^2}{r}\right) - \frac{l(l+1)}{r^2}\right]\chi_l = 0 \tag{6.4.2}$$

式中 μ 为电子质量①. 按 6.1 节分析，物理上允许的 $\chi_l(r)$ 在 $r\to0$ 的渐近行为应满足

$$\chi_l(r) \xrightarrow{r\to0} 0 \tag{6.4.3}$$

以下计算中，采用自然单位（见附录八）. 其优点是在数学上求解时简便，各参量不明显出现在计算公式中，而在物理上可以清楚地展现体系的各特征量. 对于氢原子，在采用自然单位时，在计算过程中让 $\hbar=\mu=e=1$，然后在计算所得最后结果中按照各物理量的量纲，添上相应的自然单位（附录八）②. 在自然单位下，方程(6.4.2)表示成

$$\chi_l'' + \left[2E + \frac{2}{r} - \frac{l(l+1)}{r^2}\right]\chi_l = 0 \tag{6.4.4}$$

$r=0,\infty$ 是方程的两个奇点.

当 $r\to0$ 时，式(6.4.4)渐近地表示成

$$\chi_l'' - \frac{l(l+1)}{r^2}\chi_l = 0 \tag{6.4.5}$$

容易看出，

$$\chi_l(r) \propto r^{l+1}, r^{-l} \tag{6.4.6}$$

但按 6.1 节分析，只有渐近行为是

$$\chi_l(r) = rR_l(r) \propto r^{l+1} \qquad (r\to0) \tag{6.4.7}$$

---

① 严格言之，μ 为约化质量，

$$\mu = m_e m_p/(m_e+m_p) = m_e\Big/\left(1+\frac{m_e}{m_p}\right)$$

但 $m_e/m_p\approx1/1836$，所以

$$\mu \approx m_e\left(1+\frac{1}{1863}\right) \approx m_e$$

② 氢原子的自然单位（即原子单位）中（附录八），各特征量如下：

长度， $\hbar^2/\mu e^2 = a$（Bohr 半径）$=0.529\times10^{-8}$ cm.

能量， $\mu e^4/\hbar = 27.21$eV. 时间， $\hbar^3/\mu e^4$.

速度， $e^2/\hbar$. 动量， $\mu e^2/\hbar$.

的解才是物理上可以接受的.

其次考虑 $r\to\infty$ 的渐近行为.我们限于讨论束缚态($E<0$).当 $r\to\infty$ 时,方程(6.4.4)化为

$$\chi_l'' + 2E\chi_l = 0 \qquad (E<0) \tag{6.4.8}$$

所以 $\chi_l(r)\propto\exp(\pm\sqrt{-2E}r)$①.考虑到束缚态边条件,只能取

$$\chi_l(r) \propto \exp(-\sqrt{-2E}r) \qquad (r\to\infty) \tag{6.4.9}$$

因此,令

$$\chi_l(r) = r^{l+1}\mathrm{e}^{-\beta r}u_l(r) \tag{6.4.10}$$

其中

$$\beta = \sqrt{-2E} \tag{6.4.11}$$

代入式(6.4.4),得

$$ru_l'' + [2(l+1) - 2\beta r]u_l' - 2[(l+1)\beta - 1]u_l = 0 \tag{6.4.12}$$

再令

$$\xi = 2\beta r \tag{6.4.13}$$

则

$$\xi\frac{\mathrm{d}^2u_l}{\mathrm{d}\xi^2} + [2(l+1)-\xi]\frac{\mathrm{d}u_l}{\mathrm{d}\xi} - \left[(l+1) - \frac{1}{\beta}\right]u_l = 0 \tag{6.4.14}$$

这个方程属于合流超几何方程(附录五),即

$$\xi\frac{\mathrm{d}^2u}{\mathrm{d}\xi^2} + (\gamma-\xi)\frac{\mathrm{d}u}{\mathrm{d}\xi} - \alpha u = 0 \tag{6.4.15}$$

上式中参数

$$\gamma = 2(l+1) \geqslant 2 \qquad (\text{正整数}) \tag{6.4.16}$$

$$\alpha = l + 1 - \frac{1}{\beta} \tag{6.4.17}$$

方程(6.4.15)在 $\xi=0$ 邻域有界的解为合流超几何函数,$u=\mathrm{F}(\alpha,\gamma,\xi)$,见 6.3 节,式(6.3.15).可以证明(附录五),在 $\xi\to\infty$ 时,无穷级数解 $\mathrm{F}(\alpha,\gamma,\xi)$ 的发散行为与 e^{ξ} 相同.这样的解代入式(6.4.10),不能满足在无穷远处的束缚态边条件.为了得到物理上允许的解,无穷级数解 $\mathrm{F}(\alpha,\gamma,\xi)$ 必须中断为一个多项式.与三维各向同性谐振子相似,只要 α 等于 0 或负整数即可满足这一要求,即

$$\alpha = l + 1 - \frac{1}{\beta} = -n_r, \qquad n_r = 0,1,2,\cdots \tag{6.4.18}$$

令

$$n = n_r + l + 1, \qquad n = 1,2,3,\cdots \tag{6.4.19}$$

---

① 关于方程(6.4.4)在 $r\to\infty$ 时的渐近解的讨论,参见 Cohen. Tannoudji, et al., *Quantum Mechanics*, vol. 1, p. 794.

则

$$\beta = \frac{1}{n} \tag{6.4.20}$$

按式(6.4.11),得

$$E = -\frac{1}{2}\beta^2 = -\frac{1}{2n^2} \tag{6.4.21}$$

添上能量的自然单位,得

$$E = E_n = -\frac{\mu e^4}{2\hbar^2}\frac{1}{n^2} = -\frac{e^2}{2a}\frac{1}{n^2}, \quad n = 1,2,3,\cdots \tag{6.4.22}$$

$$a = \hbar^2/\mu e^2 \qquad (\text{Bohr 半径})$$

这就是著名的 Bohr 氢原子能级公式,n 称为主(principal)量子数.

与三维各向同性谐振子相似,氢原子的能级也存在与一般中心势(例如球方势阱)能级不同的特点,即能级只依赖于径向量子数 n_r 和角动量量子数 l 的一种特殊的组合,即只依赖于主量子数 $n=n_r+l+1$. 从数学求解上可以看出,这是由 $V(r)\sim -1/r$ 这种特殊的中心势所决定的. 对于给定能级(即给定 n),

$$l=0, \quad 1, \quad 2, \quad \cdots, \quad n-1$$

相应的 $\quad n_r=n-1, \quad n-2, \quad n-3, \quad \cdots, \quad 0$

即能级存在 l 简并(见图 6.5). 因此,能级具有比一般中心势阱的能级 $E_{n_r l}$ 的简并度(即 $2l+1$)更高的简并度. 不难计算出,能级 E_n 的简并度为

$$f_n = \sum_{l=0}^{n-1}(2l+1) = n^2 \tag{6.4.23}$$

从物理上讲,能级具有更高的简并度,意味着体系具有更高的对称性. 对于氢原子的束缚态来讲,就具有比其几何对称性(O_3)更高的对称性,即 O_4 对称性,这是一种动力学对称性,是 Coulomb 引力场 $V(r)\propto -1/r$ 的束缚态所特有的.

与几何对称性 O_3(三维空间旋转不变性)相应的守恒量,即角动量 $\boldsymbol{l}$. 与更高的动力学对称性 O_4 相应的守恒量,除 $\boldsymbol{l}$ 之外,还有另外的守恒量,即经典力学中著名的 Runge-Lenz 矢量①. 由于它的存在,才保证了粒子轨道的闭合性. 在经典力学中,人们已熟知,在万有引力场 $V(r)\propto -1/r$ 中粒子的束缚运动轨道,一般为椭圆. 更详细讨论,见本书卷Ⅱ,第 8 章.

比较图 6.2、图 6.4 和图 6.5,可以发现一个很有趣的规律,即对于给定 l,能级随径向量子数 n_r 的变化,对于各向同性谐振子,是一条直线,对于氢原子,曲线向下弯,而对于无限深球方势阱,曲线向上弯. 在数学上,这很容易理解. 因为,对于各向同性谐振子[见 6.3 节,式(6.3.17)、(6.3.18)] $\frac{\partial^2}{\partial {n_r}^2}E_N=0$;对于氢原子[见

① C. Runge, *Vektoranalysis*, I (Hirzel, Leipzig, 1919), p. 70; W. Lenz, Zeit. Phys. **24**(1924)197.

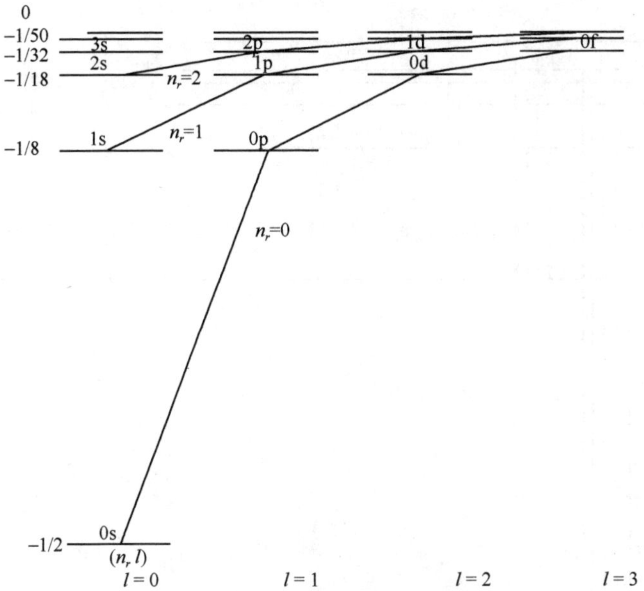

图 6.5　氢原子的能级分类(能量用自然单位)

$E_n=-1/2n^2, n=n_r+l+1=1,2,3,\cdots$

$n_r, l=0,1,2,\cdots$. 能级符号用$(n_r l)$标记

式(6.4.21)和(6.4.19)]，$\frac{\partial^2}{\partial n_r^2}E_n=-3n^{-4}<0$；而对于无限深球方势阱$\frac{\partial^2}{\partial n_r^2}E_{n_r l}>0$，例如对于 $l=0$ 能级[见 6.2 节，式(6.2.7)]，$\frac{\partial^2}{\partial n_r^2}E_{n_r 0}=\frac{\pi^2\hbar^2}{\mu a^2}>0$. 这种变化规律与一维势阱中的束缚能级 E_n 随 n(即波函数的节点数)的变化很相似. 对于一维谐振子，能级随 n 是均匀分布的$\left(\frac{\partial^2}{\partial n^2}E_n=0\right)$，对于一维氢原子，能级随 n 增大而愈密集$\left(\frac{\partial^2}{\partial n^2}E_n=-3n^{-4}<0\right)$，而对于一维无限深方势阱，能级随 n 增大而愈稀疏$\left(\frac{\partial^2}{\partial n^2}E_n=\frac{\pi^2\hbar^2}{\mu a^2}>0\right)$.

现在来研究氢原子在各能级之间跃迁所产生的光谱线的规律. 按照能级公式(6.4.22)，从较高能级 E_n 到较低能级 E_m 跃迁时，发射出的光线的波数 $\tilde{\nu}\left(=\frac{1}{\lambda}=\nu/c\right)$为

$$\tilde{\nu}_{mn}=\frac{E_n-E_m}{hc}=R\left(\frac{1}{m^2}-\frac{1}{n^2}\right)\quad(n>m)\tag{6.4.24}$$

$$R=\frac{2\pi^2\mu e^4}{h^3c}\qquad\text{(Rydberg 常量)}$$

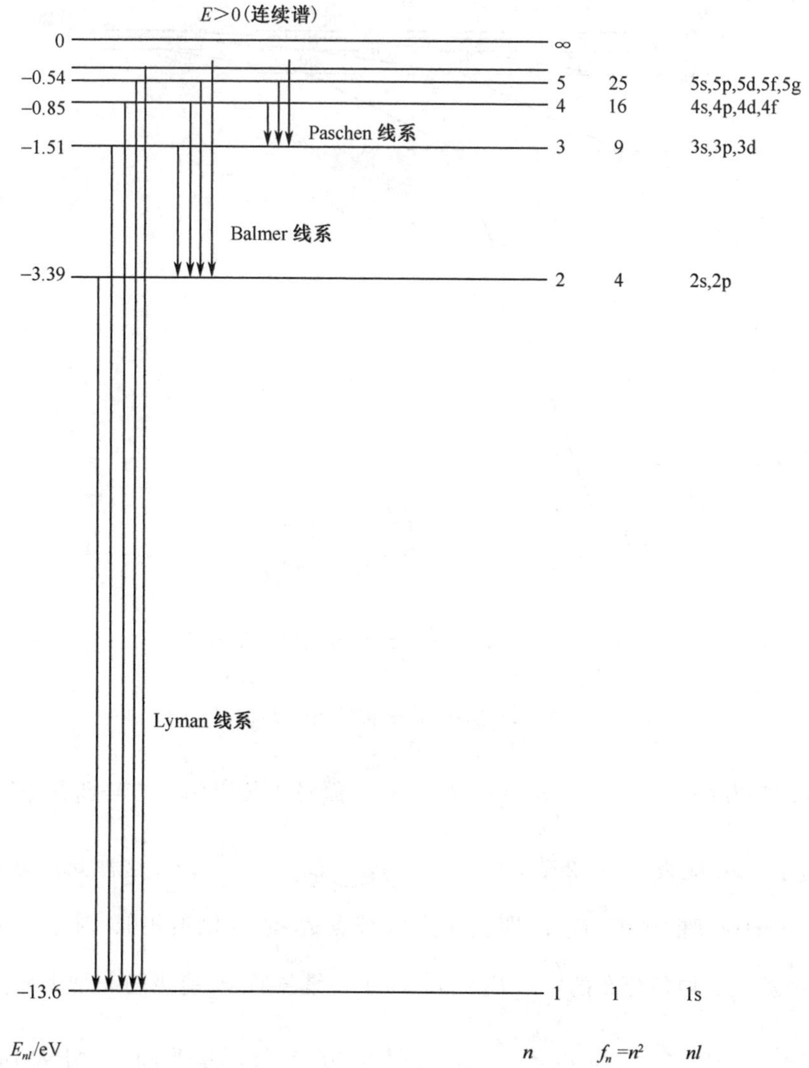

图 6.6　氢原子的能谱型，简并度及光谱线系. 在这里能级标记已改用 nl（而不是图 6.5 中的 $n_r l$），这是原子物理学中习惯用的一种标记

对于 $m=1$，即从各激发态（$n>1$）到基态的跃迁，

$$\tilde{\nu}_{1n}=R\left(1-\frac{1}{n^2}\right),n=2,3,4,\cdots \tag{6.4.25}$$

其极限位置（$n\to\infty$）在 $\tilde{\nu}_{1\infty}=R$. 这就是 Lyman 线系（见图 6.6），它处于紫外光谱区.

对于 $m=2$，则有

$$\tilde{\nu}_{2n} = R\left(\frac{1}{4} - \frac{1}{n^2}\right), \qquad n = 3,4,5,\cdots \tag{6.4.26}$$

就形成 Balmer 线系(图 6.6),其极限位置($n\to\infty$)在 $\tilde{\nu}_{2\infty}=R/4$. 此线系处于可见光谱区,所以首先被发现. 再往上,$m=3$,$n=4,5,6,\cdots$则构成 Paschen 线系,处于红外区. 依此类推.

以上关于氢原子的讨论,对于类氢离子(He^+,Li^{++},Be^{+++}等)也适用. 它们都只有一个电子,差别仅在于原子核的电荷及质量有所不同. 因此,只需把氢原子有关公式中核电荷$+e$换为$+Ze$(Z是原子序数,即核所带正电荷数),而μ理解为相应的约化质量. 类氢离子的能级公式为[参见式(6.4.22)]

$$E_n = -\frac{\mu e^4}{2\hbar^2}\frac{Z^2}{n^2} = -\frac{e^2}{2a}\frac{Z^2}{n^2}, \qquad n = 1,2,3,\cdots \tag{6.4.27}$$

在这里应该提到历史上著名的 Pickering 线系问题. E. C. Pickering 于 1896 年发现船舻座ζ星的可见光谱线中,有一个线系与氢原子光谱中的 Balmer 线系很相似,它们具有相同的极限. 这个线系称为 Pickering 线系. 后来 Fowler 在氢和氦混合气体中也观测到了这个线系. 如果把此线系归入氢原子光谱,则会出现分数量子数. Bohr 把它解释为 He^+ 发出的光谱线. 按类氢离子的能级公式(6.4.27),He^+ 能级公式($Z=2$)为

$$E_n = -\frac{\mu e^4}{2\hbar^2}\frac{4}{n^2} \tag{6.4.28}$$

从 $E_n\to E_m$($n>m$)时,放出的光的波数为

$$\tilde{\nu}_{mn} = \frac{E_n - E_m}{hc} = 4R\left(\frac{1}{m^2} - \frac{1}{n^2}\right) \tag{6.4.29}$$

对于 $m=4$($n=5,6,7,\cdots$),有

$$\tilde{\nu}_{4n} = R\left(\frac{1}{4} - \frac{4}{n^2}\right) \xrightarrow{n\to\infty} R/4 \tag{6.4.30}$$

可以看出,它与 Balmer 线系的规律[见式(6.4.26)]很相似,特别是其极限位置相同,都是 $R/4$. 当然,考虑到原子核质量的差异,约化质量有微小差异. 对于氢原子

$$\mu_{\rm H} = m_e\Big/\left(1 + \frac{m_e}{m_{\rm H}}\right) \approx m_e\left(1 - \frac{1}{1836}\right)$$

对于 He^+ 离子

$$\mu_{\rm He^+} = m_e\Big/\left(1 + \frac{m_e}{4m_{\rm H}}\right) \approx m_e\left(1 - \frac{1}{4\times 1836}\right)$$

$\mu_{\rm He^+}$ 略大于 $\mu_{\rm H}$,因而相应的 Rydberg 常数也略大. 因此,Pickering 线系的极限与 Balmer 线系也略有差异.

Bohr 的看法很快在 Evans 的实验中得到了证实. 在得知 Evans 的实验证实了 Pickering 线系是 He^+ 光谱线之后, Einstein 对 Bohr 的量子论给予了极高评价, 认为是最伟大的发现之一. ①

氢原子的能量本征函数及有关的性质

相应于 $E=E_n$ 的径向波函数($R_{nl}=\chi_{nl}/r$)可表示为

$$R_{nl} \propto \xi^l \exp\left(-\frac{1}{2}\xi\right) \mathrm{F}(-n_r, 2l+2, \xi)$$

其中 ξ 为[见式(6.4.13)与(6.4.20), 添上长度的自然单位]

$$\xi = 2\beta r = \frac{2r}{na} \tag{6.4.31}$$

归一化的径向波函数为

$$R_{nl}(r) = N_{nl} \exp\left(-\frac{1}{2}\xi\right) \xi^l \mathrm{F}(-n+l+1, 2l+2, \xi) \tag{6.4.32}$$

$$N_{nl} = \frac{2}{a^{3/2} n^2 (2l+1)!} \sqrt{\frac{(n+l)!}{(n-l-1)!}}$$

满足

$$\int_0^\infty [R_{nl}(r)]^2 r^2 \mathrm{d}r = 1 \tag{6.4.33}$$

较低的几条能级的径向波函数(见表 6.2)是

$$\begin{aligned}
n = 1(\text{基态}), \quad & R_{10} = \frac{2}{a^{3/2}} \exp(-r/a) \\
n = 2, \quad & R_{20} = \frac{1}{\sqrt{2}\, a^{3/2}} \left(1 - \frac{r}{2a}\right) \exp(-r/2a) \\
& R_{21} = \frac{1}{2\sqrt{6}\, a^{3/2}} \frac{r}{a} \exp(-r/2a) \\
n = 3, \quad & R_{30} = \frac{2}{3\sqrt{3}\, a^{3/2}} \left[1 - \frac{2r}{3a} + \frac{2}{27}\left(\frac{r}{a}\right)^2\right] \exp(-r/3a) \\
& R_{31} = \frac{8}{27\sqrt{6}\, a^{3/2}} \frac{r}{a} \left(1 - \frac{r}{6a}\right) \exp(-r/3a) \\
& R_{32} = \frac{4}{81\sqrt{30}\, a^{3/2}} \left(\frac{r}{a}\right)^2 \exp(-r/3a)
\end{aligned} \tag{6.4.34}$$

---

① 参阅 D. ter Haar, *The Old Quantum Theory*, Pergamon Press, 1967. p. 38~42.

表 6.2　类氢离子径向波函数(原子单位)

n	l	n_r	光谱符号(nl)	$R_{nl}(r)$
1	0	0	1s	$2Z^{3/2}\mathrm{e}^{-Zr}$
2	0	1	2s	$\frac{1}{\sqrt{2}}Z^{3/2}(1-Zr/2)\mathrm{e}^{-Zr/2}$
	1	0	2p	$\frac{1}{2\sqrt{6}}Z^{5/2}r\mathrm{e}^{-Zr/2}$
3	0	2	3s	$\frac{2}{3\sqrt{3}}Z^{3/2}\left(1-\frac{2}{3}Zr+\frac{2}{27}Z^2r^2\right)\mathrm{e}^{-Zr/3}$
	1	1	3p	$\frac{4\sqrt{2}}{27\sqrt{3}}Z^{5/2}r\left(1-\frac{1}{6}Zr\right)\mathrm{e}^{-Zr/3}$
	2	0	3d	$\frac{4}{81\sqrt{30}}Z^{7/2}r^2\mathrm{e}^{-Zr/3}$

通常选择能量本征函数为守恒量完全集($H,\boldsymbol{l}^2,l_z$)的共同本征态，氢原子的属于能级 E_n 的定态波函数表示为

$$\psi_{nlm}(r,\theta,\varphi)=R_{nl}(r)\mathrm{Y}_l^m(\theta,\varphi)\tag{6.4.35}$$
$$l=0,1,\cdots,n-1$$
$$m=l,l-1,\cdots,-l$$

共有 n^2 个量子态(即简并度为 n^2).

利用上述定态波函数，可以得出电子在空间的各种概率分布的信息.

1. 径向位置概率分布

利用所求得的径向波函数，可以求出电子的径向位置分布概率，即不管方向如何，找到电子在($r,r+\mathrm{d}r$)球壳中的概率为

$$\begin{aligned}r^2\mathrm{d}r\int\mathrm{d}\Omega\mid\psi_{nlm}(r,\theta,\varphi)\mid^2&=[R_{nl}(r)]^2r^2\mathrm{d}r\\&=[\chi_{nl}(r)]^2\mathrm{d}r\end{aligned}\tag{6.4.36}$$

较低的几条能级上电子的径向位置概率的分布曲线$|\chi_{nl}|^2$，如图 6.7 所示. 可以看出，径向波函数 χ_{nl} 的节点数目(不包括无穷远点与原点)有 $n_r=(n-l-1)$个. 例如，基态径向波函数无节点.

与 Bohr 早期量子论不同，在量子力学中，电子并无严格的轨道的概念，而只能讨论其位置分布概率. 以基态为例，$|\chi_{10}|^2$ 有一个极大值(见图 6.7). 因为

$$|\chi_{10}|^2=(R_{10})^2r^2=\frac{4}{a^3}r^2\exp(-2r/a)$$

其极大点位置由

$$\frac{\mathrm{d}}{\mathrm{d}r}|\chi_{10}|^2 = 0$$

确定.不难求出

$$r = a \qquad (\text{Bohr 半径}) \tag{6.4.37}$$

是极大点,a 也称为最概然半径.处于基态的氢原子,电子的最概然半径与 Bohr 早期量子论给出的半径相同.

还可以有趣地注意到,属于各能级的"圆轨道",(给定 n 下,$l=n-1,n_r=0$ 的轨道),其径向概率分布(图 6.7 中 $|\chi_{10}|^2,|\chi_{21}|^2,|\chi_{32}|^2$,等)的最概然半径,可根据径向波函数式(6.4.32)计算 $\ln|\chi_{n n-1}|^2$ 的极值点位置求出,

$$r = n^2 a \qquad (n = 1,2,3,\cdots) \tag{6.4.38}$$

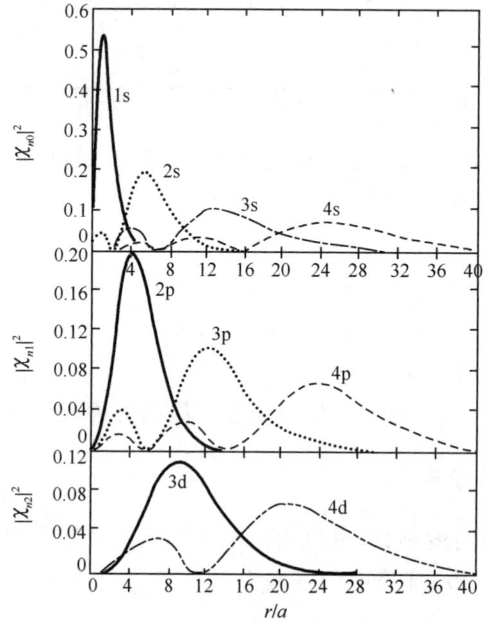

图 6.7 氢原子中电子的径向概率分布

2. 概率密度随角度的变化

与上类似,可以求出电子在(θ,φ)方向的立体角 $\mathrm{d}\Omega$ 中的概率(不问其径向位置如何)为

$$|Y_l^m(\theta,\varphi)|^2\mathrm{d}\Omega \propto |P_l^m(\cos\theta)|^2\mathrm{d}\Omega \tag{6.4.39}$$

它与 φ 角无关,这是由于 ψ_{nlm} 是守恒量 l_z 的本征态,角分布保持对于 z 轴的旋转对称性. $|Y_l^m(\theta,\varphi)|^2$ 曲面,如图 6.8 所示.

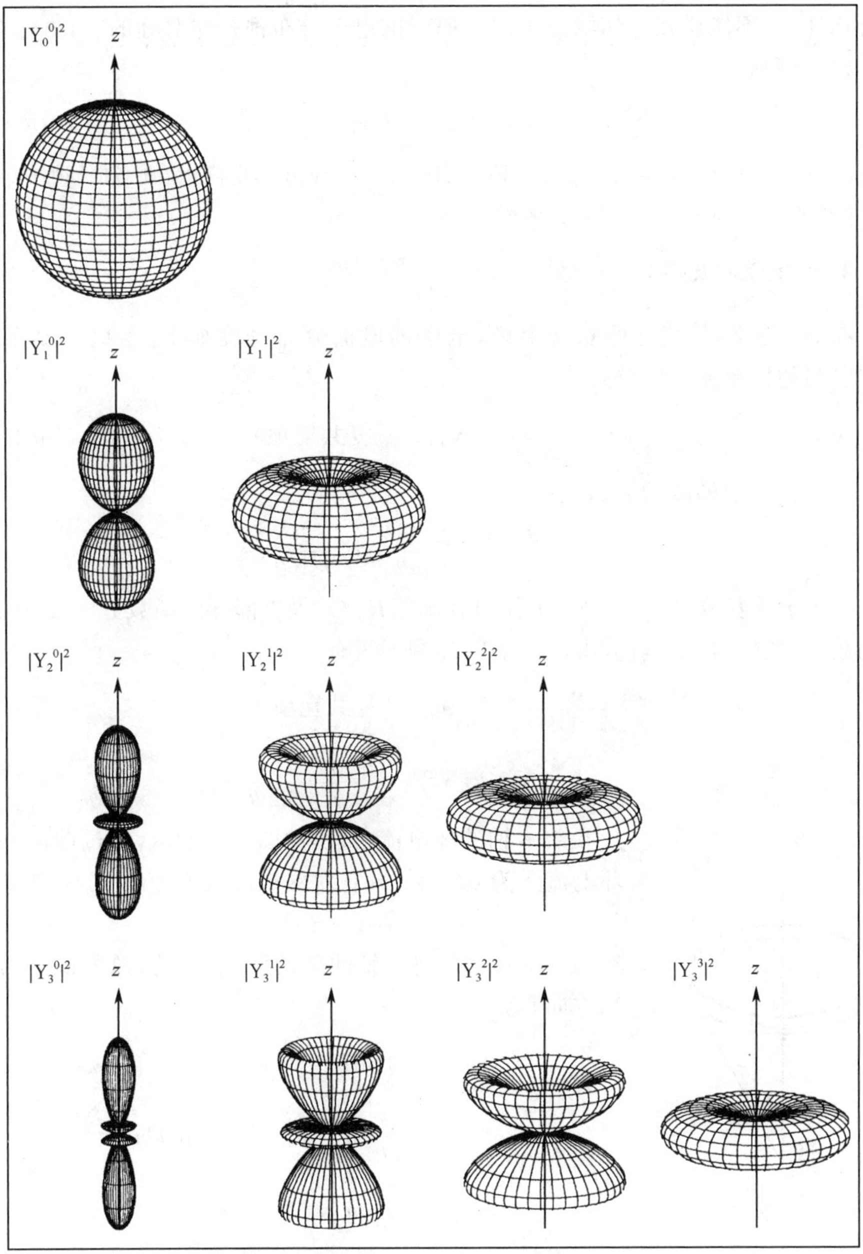

图 6.8　粒子概率分布随角度的变化 $|Y_l^m(\theta,\varphi)|^2, l=0,1,2,3$

取自 S. Brandt, H. D. Dahmen, *The Picture Book of Quantum Mechanics*, 3rd. ed. (Springer-Verlag, New York, 2001)

值得提出，在 s 态下，电子的概率分布是球对称的，或者按照量子化学的术语，“电子云”的分布是球对称的. 但要特别注意，尽管氢原子体系（Hamilton 量）具有球对称性，并不能说在一切状态下的氢原子的电子分布都是球对称的.

练习 证明

$$\sum_{m=-l}^{l} \mathrm{Y}_l^{*m}(\theta,\varphi)\mathrm{Y}_l^m(\theta,\varphi) = \text{常数（与 } \theta,\varphi \text{ 无关）} \tag{6.4.40}$$

由此证明在 (nl) 能级上填满电子的情况下[即满壳（closed shell）]，电荷分布是各向同性的.

参阅 A. Unsöld, Ann. der Physik **82** (1927)355.

3. 电流分布及磁矩

在 ψ_{nlm} 态下，从统计的意义上说，电子的电流分布密度如下[参阅 2.2 节，式(2.2.14)的概率流密度公式]：

$$\boldsymbol{j} = \frac{\mathrm{i}e\hbar}{2\mu}(\psi_{nlm}^* \boldsymbol{\nabla}\psi_{nlm} - \text{复共轭项}) \tag{6.4.41}$$

利用球坐标系中梯度的表达式

$$\boldsymbol{\nabla} = \boldsymbol{e}_r \frac{\partial}{\partial r} + \boldsymbol{e}_\theta \frac{1}{r}\frac{\partial}{\partial\theta} + \boldsymbol{e}_\varphi \frac{1}{r\sin\theta}\frac{\partial}{\partial\varphi}$$

容易求出 $\boldsymbol{j}$ 的各分量. 由于 ψ_{nlm} 中径向波函数 $R_{nl}(r)$ 及 θ 部分波函数 $\mathrm{P}_l^m(\cos\theta)$ 都是实函数，由式(6.4.41)可看出，$j_r = j_\theta = 0$. 剩下只有

$$\begin{aligned} j_\varphi &= \frac{\mathrm{i}e\hbar}{2\mu}\frac{1}{r\sin\theta}\left(\psi_{nlm}^*\frac{\partial}{\partial\varphi}\psi_{nlm} - \text{复共轭项}\right) \\ &= \frac{\mathrm{i}e\hbar}{2\mu}\frac{1}{r\sin\theta}2\mathrm{i}m|\psi_{nlm}|^2 = -\frac{e\hbar m}{\mu}\frac{1}{r\sin\theta}|\psi_{nlm}|^2 \end{aligned} \tag{6.4.42}$$

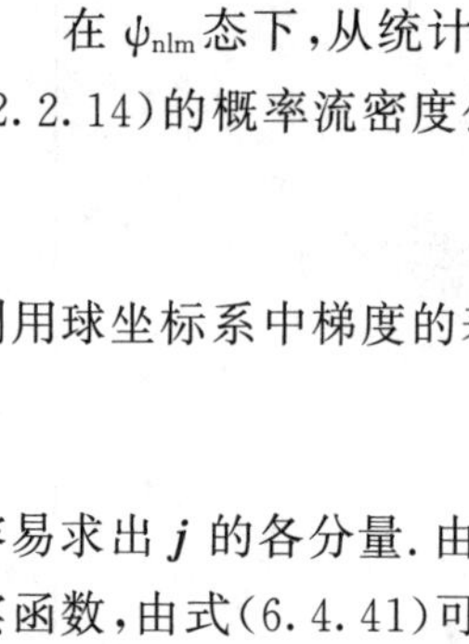

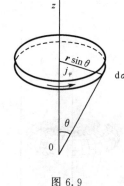

图 6.9

j_φ 是绕 z 轴的环电流密度，如图 6.9 所示，通过截面 $\mathrm{d}\sigma$ 的环电流元为 $\mathrm{d}I = j_\varphi \mathrm{d}\sigma$，它对磁矩的贡献为(Gauss 单位制)

$$S\mathrm{d}I/c$$

$S = \pi(r\sin\theta)^2$ 是绕 z 轴的环的面积. 因此，总的磁矩（沿 z 轴方向）为

$$\begin{aligned} M_z &= \frac{1}{c}\int S\mathrm{d}I = \frac{1}{c}\int \pi r^2\sin^2\theta \cdot j_\varphi \mathrm{d}\sigma \\ &= -\frac{e\hbar}{2\mu c}m\int|\psi_{nlm}|^2 2\pi r\sin\theta\mathrm{d}\sigma \\ &= -\frac{e\hbar}{2\mu c}m\int|\psi_{nlm}|^2\mathrm{d}\tau \end{aligned}$$

其中 $\mathrm{d}\tau = 2\pi r\sin\theta\mathrm{d}\sigma$ 是细环的体积元. 利用波函数的归一化条件，得

$$M_z = -\frac{e\hbar}{2\mu c}m = -\mu_B m \tag{6.4.43}$$

其中

$$\mu_B = \frac{e\hbar}{2\mu c} = 9.273\times 10^{-21}\,\mathrm{erg}^{①}/\mathrm{G}^{②}$$
$$= 5.79\times 10^{9}\,\mathrm{eV/G}$$

即 Bohr 磁子(magneton). 应该提到,式(6.4.43)的结果与径向波函数的具体形式无关,适用于一切中心力场的束缚态. 由于 $m=0,\pm1,\pm2,\cdots$,所以氢原子的磁矩是量子化的,是 Bohr 磁子的整数倍. M_z 与轨道角动量 z 分量的正负号相反,这是由于电子带负电的缘故. 由式(6.4.43)看出,量子数 m 决定磁矩的大小,所以 m 称为磁量子数. 对于 $l=0$ 的态(例如,基态),显然没有磁矩,这是由于电流为零的缘故. 此外,按式(6.4.43)有

$$\frac{M_z}{m\hbar} = -\frac{e}{2\mu c} \tag{6.4.44}$$

$m\hbar$ 是轨道角动量的 z 分量. 这比值称为回转磁比值(gyromagnetic ratio)或称 g 因子. 取 $e/2\mu c$ 为单位,则 g 因子的值为(-1). 这是轨道角动量的特征. 电子的自旋角动量与内禀磁矩的关系与此不同,g 因子的值是-2(见 9.1.4 节).

6.5 Hellmann-Feynman 定理

关于量子力学体系的能量本征值问题,有不少定理,其中应用最广泛的要数 Hellmann-Feynman 定理(以下简称 HF 定理). 定理的内容涉及能量本征值及各种力学量平均值随参数变化的规律. 如果体系的能量本征值已求出,借助于 HF 定理可以得出关于各种力学量平均值的许多信息,而不必再利用波函数去进行繁琐的计算. 此外,利用 HF 定理可以很巧妙地推导出位力(virial)定理(位力定理的重要性是众所周知的). HF 定理最初发表于 20 世纪 30 年代③,是在处理分子结构和量子化学问题时提出的,在一般量子力学教科书中较少提及. 在 20 世纪 70 年代,HF 定理重新引起人们的注意,用来处理粒子物理中的一些问题④.

6.5.1 HF(Hellmann-Feynman)定理

设体系的 Hamilton 量 H 中含有某参量 λ,E_n 为 H 的某一本征值,相应的归一化本征函数(束缚态)为 ψ_n(n 为一组完备量子数),则

$$\frac{\partial E_n}{\partial\lambda} = \left(\psi_n, \left(\frac{\partial H}{\partial\lambda}\right)\psi_n\right) \equiv \left\langle\frac{\partial H}{\partial\lambda}\right\rangle_n \tag{6.5.1}$$

---

① $1\,\mathrm{erg} = 10^{-7}\,\mathrm{J}$.

② $1\,\mathrm{G} = 10^{-4}\,\mathrm{T}$.

③ H. Hellmann, Acta Physicochimica URSS Ⅰ **6**(1935)913;Ⅳ **2**(1936)225;*Einführung in die Quantenchemie*,(Deuticke, Leipzig and Viemna, 1937). R. P. Feynman, *Phys. Rev.* **56**(1939)340.

④ C. Quigg and J. L. Rosner, Physics Reports **56**(1979)167.

证 按假设

$$H\psi_n = E_n\psi_n$$

对参量 λ 取导数，有

$$\left(\frac{\partial H}{\partial\lambda}\right)\psi_n + H\frac{\partial}{\partial\lambda}\psi_n = \left(\frac{\partial E_n}{\partial\lambda}\right)\psi_n + E_n\frac{\partial}{\partial\lambda}\psi_n$$

左乘 ψ_n^*，取标量积，得

$$\left(\psi_n, \left(\frac{\partial H}{\partial\lambda}\right)\psi_n\right) + \left(\psi_n, H\frac{\partial}{\partial\lambda}\psi_n\right) = \left(\frac{\partial E_n}{\partial\lambda}\right)(\psi_n,\psi_n) + E_n\left(\psi_n, \frac{\partial}{\partial\lambda}\psi_n\right)$$

但利用 H 的厄米性，有

$$\left(\psi_n, H\frac{\partial}{\partial\lambda}\psi_n\right) = \left(H\psi_n, \frac{\partial}{\partial\lambda}\psi_n\right) = E_n\left(\psi_n, \frac{\partial}{\partial\lambda}\psi_n\right)$$

再利用束缚态可归一化条件 $(\psi_n,\psi_n)=1$，得

$$\left(\psi_n, \left(\frac{\partial H}{\partial\lambda}\right)\psi_n\right) = \frac{\partial E_n}{\partial\lambda}$$

此即 HF 定理.

例 1 一维谐振子

$$V(x) = \frac{1}{2}m\omega^2x^2,$$

$$H = \frac{p^2}{2m} + \frac{1}{2}m\omega^2x^2 = T + V$$

3.4 节中已求出

$$E_n = \left(n+\frac{1}{2}\right)\hbar\omega$$

把 ω 视为参数，

$$\frac{\partial H}{\partial\omega} = m\omega x^2$$

按 HF 定理，可得

$$m\omega\langle x^2\rangle_n = \left(n+\frac{1}{2}\right)\hbar$$

因此

$$\langle V\rangle_n = \frac{1}{2}m\omega^2\langle x^2\rangle_n = \frac{1}{2}E_n \tag{6.5.2}$$

再利用

$$\langle T\rangle_n + \langle V\rangle_n = E_n$$

可得出

$$\langle T\rangle_n = \langle V\rangle_n = \frac{1}{2}E_n \tag{6.5.3}$$

例 2 设有两个一维势阱，

$$V_1(x) \leqslant V_2(x) \qquad (\text{对所有 } x)$$

在两势阱中都存在束缚能级，分别为 E_{1n} 和 E_{2n}（$n=1,2,3,\cdots$），证明

$$E_{1n} \leqslant E_{2n} \tag{6.5.4}$$

证明 令

$$V(\lambda,x) = (1-\lambda)V_1(x) + \lambda V_2(x)$$

显然

$$V(0,x) = V_1(x), \qquad V(1,x) = V_2(x)$$

而

$$\frac{\partial V}{\partial \lambda} = V_2(x) - V_1(x) \geqslant 0$$

按 HF 定理

$$\frac{\partial E_n}{\partial \lambda} = \left\langle \frac{\partial H}{\partial \lambda} \right\rangle_n = \left\langle \frac{\partial V}{\partial \lambda} \right\rangle_n \geqslant 0$$

即 $E_n(\lambda)$是 λ 的单调上升函数.但 $E_n(0)=E_{1n}$,$E_n(1)=E_{2n}$,所以 $E_{1n}\leqslant E_{2n}$.

例 3 分析粒子束缚态能量与其质量 μ 的关系.

$$H = \frac{p^2}{2\mu} + V$$

设 $V\propto\mu^\beta$,则

$$\mu \frac{\partial V}{\partial \mu} = \beta V$$

而

$$\frac{\partial E}{\partial \mu} = \left\langle \frac{\partial H}{\partial \mu} \right\rangle = -\frac{1}{\mu}\langle T\rangle + \frac{\beta}{\mu}\langle V\rangle$$

即

$$\mu \frac{\partial E}{\partial \mu} = \beta\langle V\rangle - \langle T\rangle$$

结合 $E=\langle T\rangle+\langle V\rangle$,可得

$$\langle T\rangle = \frac{1}{1+\beta}\left(\beta - \mu \frac{\partial}{\partial \mu}\right)E$$

$$\langle V\rangle = \frac{1}{1+\beta}\left(1 + \mu \frac{\partial}{\partial \mu}\right)E \tag{6.5.5}$$

如 V 与粒子质量 μ 无关,即 $\beta=0$,则

$$\langle T\rangle = -\mu \frac{\partial E}{\partial \mu}$$

$$\langle V\rangle = \left(1 + \mu \frac{\partial}{\partial \mu}\right)E \tag{6.5.6}$$

如 $\beta=1$(例如谐振子),则

$$\langle T\rangle = \frac{1}{2}\left(1 - \mu \frac{\partial}{\partial \mu}\right)E$$

$$\langle V\rangle = \frac{1}{2}\left(1 + \mu \frac{\partial}{\partial \mu}\right)E \tag{6.5.7}$$

例 4 利用 HF 定理证明位力(virial)定理.

证明

$$H = \frac{\boldsymbol{p}^2}{2\mu} + V(\boldsymbol{r})$$

在坐标表象中

$$H=-\frac{\hbar^2}{2\mu}\nabla^2+V(\boldsymbol{r})$$

取 $\hbar$ 为参量，有

$$\frac{\partial H}{\partial \hbar}=-\frac{\hbar}{\mu}\nabla^2$$

利用 HF 定理，得

$$\frac{\partial E}{\partial \hbar}=\frac{2}{\hbar}\left\langle\frac{p^2}{2\mu}\right\rangle=\frac{2}{\hbar}\langle T\rangle \tag{6.5.8}$$

类似，在动量表象中，有 $\boldsymbol{r}=\mathrm{i}\hbar\frac{\partial}{\partial \boldsymbol{p}}$

$$H=\frac{p^2}{2\mu}+V\left(\mathrm{i}\hbar\frac{\partial}{\partial \boldsymbol{p}}\right)$$

$$\frac{\partial \boldsymbol{r}}{\partial \hbar}=\frac{\boldsymbol{r}}{\hbar}$$

$$\frac{\partial H}{\partial \hbar}=\frac{\partial V}{\partial \hbar}=\frac{\partial V}{\partial \boldsymbol{r}}\cdot\frac{\partial \boldsymbol{r}}{\partial \hbar}=\frac{\boldsymbol{r}}{\hbar}\cdot\boldsymbol{\nabla}V$$

所以

$$\frac{\partial E}{\partial \hbar}=\frac{1}{\hbar}\langle\boldsymbol{r}\cdot\boldsymbol{\nabla}V\rangle \tag{6.5.9}$$

联合式(6.5.8)、(6.5.9)，得

$$2\langle T\rangle=\langle\boldsymbol{r}\cdot\boldsymbol{\nabla}V\rangle \tag{6.5.10}$$

此即位力定理.

若 V 为 $\boldsymbol{r}$ 的 ν 次齐次函数

$$V(\lambda\boldsymbol{r})=\lambda^\nu V(\boldsymbol{r}) \tag{6.5.11}$$

则

$$2\langle T\rangle=\nu\langle V\rangle \tag{6.5.12}$$

结合 $\langle T\rangle+\langle V\rangle=E$，得

$$\langle V\rangle=\left(\frac{2}{2+\nu}\right)E,\qquad \langle T\rangle=\left(\frac{\nu}{2+\nu}\right)E \tag{6.5.13}$$

6.5.2 HF 定理在中心力场问题中的应用

1. 能量本征值与角动量量子数的关系

一般中心力场中的粒子，能量本征态可以取为 $(H,\boldsymbol{l}^2,l_z)$ 的共同本征态，即

$$\psi=R(r)\mathrm{Y}_l^m(\theta,\varphi)=\frac{\chi(r)}{r}\mathrm{Y}_l^m(\theta,\varphi) \tag{6.5.14}$$

$\chi(r)$ 满足径向方程

$$\left(-\frac{\hbar^2}{2\mu}\frac{\mathrm{d}^2}{\mathrm{d}r^2}+V(r)+\frac{l(l+1)\hbar^2}{2\mu r^2}\right)\chi(r)=E\chi(r) \tag{6.5.15}$$

它与一维定态 Schrödinger 方程相似，相当于 Hamilton 量为

$$H=-\frac{\hbar^2}{2\mu}\frac{\mathrm{d}^2}{\mathrm{d}r^2}+V(r)+\frac{l(l+1)\hbar^2}{2\mu r^2} \tag{6.5.16}$$

它的本征值记为 $E_{n_r l}$，依赖于径向量子数 n_r(=0,1,2,…)和角量子数 l(=0,1,2,…). 视 l 为参数，有

$$\left\langle \frac{\partial H}{\partial l} \right\rangle_{n_r l} = (2l+1)\frac{\hbar^2}{2\mu}\left\langle \frac{1}{r^2} \right\rangle_{n_r l} > 0$$

$\left(\text{因为}\frac{1}{r^2}\text{为正定厄米算子}\right)$. 因此，按 HF 定理，

$$\frac{\partial E_{n_r l}}{\partial l} > 0 \tag{6.5.17}$$

即给定 n_r 情况下，$E_{n_r l}$ 随 l 增大而增大，因此，中心力场的基态必为 s 态($l=0$).

2. 势能平均值的计算

对于类氢原子，有

$$V(r) = -\frac{Ze^2}{r}$$

$\nu=-1$，按式(6.5.13)

$$-\left\langle \frac{Ze^2}{r} \right\rangle_n = 2E_n$$

利用

$$E_n = -\frac{\mu e^4 Z^2}{2\hbar^2 n^2} = -\frac{e^2}{2a}\frac{Z^2}{n^2} \tag{6.5.18}$$

$$n = (n_r + l + 1) = 1,2,3,\cdots$$

可得

$$\left\langle \frac{1}{r} \right\rangle_n = \frac{Z}{n^2 a} \tag{6.5.19}$$

对于三维各向同性谐振子，有

$$V(r) = \frac{1}{2}\mu\,\omega^2 r^2$$

$\nu=2$，所以

$$\frac{1}{2}\mu\omega^2\langle r^2\rangle_N = \frac{1}{2}E_N$$

利用

$$E_N = \left(N+\frac{3}{2}\right)\hbar\omega \tag{6.5.20}$$

$$N = (2n_r + l) = 0,1,2,\cdots$$

可得

$$\langle r^2\rangle_N = \left(N+\frac{3}{2}\right)\frac{\hbar}{\mu\omega} \tag{6.5.21}$$

上述结果也可以直接利用 HF 定理得出.

对于类氢原子,视 Z 为参数,按 HF 定理

$$\left\langle \frac{\partial H}{\partial Z} \right\rangle_n = \left\langle \frac{\partial V}{\partial Z} \right\rangle_n = - e^2 \left\langle \frac{1}{r} \right\rangle_n$$

$$\frac{\partial E_n}{\partial Z} = - \frac{e^2}{a} \frac{Z}{n^2}$$

因此

$$\left\langle \frac{1}{r} \right\rangle_n = \frac{Z}{n^2 a} \tag{6.5.22}$$

对于三维各向同性谐振子,视 ω 为参数,有

$$\left\langle \frac{\partial H}{\partial \omega} \right\rangle_N = \left\langle \frac{\partial V}{\partial \omega} \right\rangle_N = \mu \omega \langle r^2 \rangle_N$$

$$\frac{\partial E_n}{\partial \omega} = (N + 3/2)\hbar$$

所以

$$\langle r^2 \rangle_N = (N + 3/2) \frac{\hbar}{\mu\omega} \tag{6.5.23}$$

3. 离心势能与径向动能

对于类氢原子,按式(6.4.22)和(6.4.19),有

$$\frac{\partial E_n}{\partial l} = \frac{\partial E_n}{\partial n} = \frac{e^2 Z^2}{n^3 a}$$

而按 HF 定理

$$\frac{\partial H}{\partial l} = (l + 1/2) \frac{\hbar^2}{\mu} \frac{1}{r^2} = \frac{\partial E_n}{\partial l}$$

所以

$$\left\langle \frac{1}{r^2} \right\rangle_{nlm} = \frac{l}{\left(l + \frac{1}{2}\right) n^3} \frac{Z^2}{a^2} \tag{6.5.24}$$

因此

$$\left\langle \frac{\boldsymbol{l}^2}{2\mu r^2} \right\rangle_{nlm} = \frac{l(l+1)}{\left(l + \frac{1}{2}\right) n^3} \frac{Z^2 e^2}{2a} = - \frac{l(l+1)}{\left(l + \frac{1}{2}\right) n} E_n \tag{6.5.25}$$

而动能平均值为$\langle T \rangle = -E_n$,所以在动能中离心势能所占比例为$\frac{l(l+1)}{(l+1/2)n}$. 对于给定 n,当 l 愈大,此比例愈大. 当 $l = l_{\max} = (n-1)$(“圆轨道”)时,此比例为$\frac{n-1}{n-1/2}$. 此时,径向动能$\left\langle \frac{p_r^2}{2\mu} \right\rangle$所占比例为$\frac{1}{2n-1}$. 当 $n \gg 1$ 时(大量子数极限),对于圆轨道$(nlm) = (n, n-1, m)$,径向动能就十分微小.

对于三维各向同性谐振子,利用式(6.3.17)和(6.3.18)

$$\frac{\partial E_N}{\partial l}=\frac{\partial E_N}{\partial N}=\hbar\omega$$

$$\frac{\partial H}{\partial l}=(l+1/2)\,\frac{\hbar^2}{\mu}\,\frac{1}{r^2}=\hbar\omega$$

按 HF 定理,得

$$\left\langle\frac{1}{r^2}\right\rangle_{n_r lm}=\frac{1}{(l+1/2)}\,\frac{\mu\omega}{\hbar} \tag{6.5.26}$$

$$\left\langle\frac{\boldsymbol{l}^2}{2\mu r^2}\right\rangle_{n_r lm}=\frac{l(l+1)}{2l+1}\hbar\omega \tag{6.5.27}$$

离心势能只与 l 有关,但不依赖于 N. 对于给定 E_N 的诸简并态中,$l=l_{\max}=N$ 态("圆轨道")的离心势能最大,其值为

$$\left\langle\frac{\boldsymbol{l}^2}{2\mu r^2}\right\rangle_{l=N}=\frac{N(N+1)}{2N+1}\hbar\omega \tag{6.5.28}$$

而径向动能为

$$\begin{aligned}\left\langle\frac{p_r^2}{2\mu}\right\rangle_{l=N}&=\left\langle\frac{\boldsymbol{p}^2}{2\mu}-\frac{\boldsymbol{l}^2}{2\mu r^2}\right\rangle_{l=N}=\frac{E_N}{2}-\frac{N(N+1)}{2N+1}\hbar\omega\\&=\left(1+\frac{1}{4N+2}\right)\frac{\hbar\omega}{2}\approx\frac{\hbar\omega}{2}\quad(N\gg 1)\end{aligned} \tag{6.5.29}$$

在$(n_r lm)$态下,径向动能平均值为

$$\left\langle\frac{p_r^2}{2\mu}\right\rangle_{n_r lm}=\left[N+\frac{3}{2}-\frac{l(l+1)}{l+1/2}\right]\frac{\hbar\omega}{2} \tag{6.5.30}$$

在大量子数极限 $l\gg 1$ 情况下,$l(l+1)/(l+1/2)\approx(l+1/2)$,离心势能式(6.5.27)与径向动能式(6.5.30)分别化为

$$\left\langle\frac{\boldsymbol{l}^2}{2\mu r^2}\right\rangle_{n_r lm}\approx\left(l+\frac{1}{2}\right)\frac{\hbar\omega}{2} \tag{6.5.31}$$

$$\left\langle\frac{p_r^2}{2\mu}\right\rangle_{n_r lm}\approx(N-l+1)\,\frac{\hbar\omega}{2}=\left(n_r+\frac{1}{2}\right)\hbar\omega \tag{6.5.32}$$

4. 对数中心势

设粒子在对数中心势场

$$V(r)=V_0\ln\left(\frac{r}{r_0}\right)\qquad(V_0,r_0>0) \tag{6.5.33}$$

中运动,可以证明:(i)在各束缚定态下,动能平均值相同. (ii)能级间距(能谱形状)与粒子质量无关.

证明 利用位力定理

$$\left\langle\frac{\boldsymbol{p}^2}{2\mu}\right\rangle=\frac{1}{2}\left\langle\boldsymbol{r}\cdot\boldsymbol{\nabla}V\right\rangle$$

对于对数中心势(6.5.33),有

$$\boldsymbol{r}\cdot\boldsymbol{\nabla}V=r\,\frac{\mathrm{d}V}{\mathrm{d}r}=V_0$$

所以,动能平均值

$$\langle T\rangle = V_0/2 \qquad (\text{与态无关的常数}) \tag{6.5.34}$$

又

$$H = \frac{\boldsymbol{p}^2}{2\mu} + V(r)$$

取 μ 为参数,有

$$\left\langle \frac{\partial H}{\partial \mu} \right\rangle_n = -\frac{1}{\mu}\langle T\rangle_n = -\frac{V_0}{2\mu}$$

按 HF 定理,得

$$\frac{\partial E_n}{\partial \mu} = -\frac{V_0}{2\mu} \tag{6.5.35}$$

对 μ 积分,可得出束缚态能级为

$$E_n = \varepsilon_n - \frac{V_0}{2}\ln\mu \tag{6.5.36}$$

式中 ε_n 为积分常数,不依赖于粒子质量 μ. 因此,任意两个束缚定态能级之间的间距

$$E_n - E_{n'} = \varepsilon_n - \varepsilon_{n'} \tag{6.5.37}$$

不依赖于粒子质量 μ. 定理得证.

练习　试作尺度变换(scale transformation)$\boldsymbol{r}' = \sqrt{\mu}\boldsymbol{r}$ 来证明上述定理.

提示:Schrödinger 方程化为

$$-\frac{\hbar^2}{2}\nabla'^2\psi + V_0\ln r'\psi = (E + V_0\ln\sqrt{\mu}r_0)\psi$$

6.6　二维中心力场

在第 3 章中我们系统分析了一维势场中粒子运动的特点,例如一维规则势阱中粒子的束缚能级是不简并的,而一维粒子的游离态则为二重简并. 这种安排,主要出自教学法的考虑,因为一维粒子的数学处理比较简单,有利于初学者掌握初步的量子力学理论. 现实世界中的粒子一般在三维势场中运动. 在很长时期中,低维势场中粒子运动的研究,只有理论上的意义. 近年来,由于技术上的进步,有效的低维(二维、一维、零维)体系的制备已在实验上逐步实现,例如在表面物理中的现代晶体生成技术(分子束外延技术制备半导体纳米结构,利用扫描隧道显微镜技术对单个原子进行人工操作以制备纳米尺度上的人工原子图案等). 低维量子物理的研究已在实验和理论两方面都引起人们的关注,并已取得重要进展①.

① 例如,见 R. W. Robinett, *Quantum Mechanics*, (1997), chap. 16; M. A. Reed, Sci. Am. (1993, Jan.), Quantum dots; M. A. Kastner, Phys. Today(1993, Jan.), Artifical atom.

6.6.1 三维和二维中心力场的关系

二维中心力场 $V(\rho)(\rho=\sqrt{x^2+y^2})$ 中，粒子的能量本征方程为

$$H\psi = \left[-\frac{\hbar^2}{2\mu}\left(\frac{\partial^2}{\partial\rho^2}+\frac{1}{\rho}\frac{\partial}{\partial\rho}+\frac{1}{\rho^2}\frac{\partial^2}{\partial\varphi^2}\right)+V(\rho)\right]\psi \tag{6.6.1}$$

由于体系的二维旋转对称性，角动量 $l_z=-\mathrm{i}\hbar\dfrac{\partial}{\partial\varphi}$ 是守恒量. 通常选择 (H,l_z) 为一组守恒量完全集，它们的共同本征态表示为

$$\psi(\rho,\varphi) = R_m(\rho)\mathrm{e}^{\mathrm{i}m\varphi},\quad m = 0,\pm 1,\pm 2,\cdots \tag{6.6.2}$$

径向波函数 $R_m(\rho)$ 满足下列方程

$$\left\{-\frac{\hbar^2}{2\mu}\left[\left(\frac{\mathrm{d}^2}{\mathrm{d}\rho^2}+\frac{1}{\rho}\frac{\mathrm{d}}{\mathrm{d}\rho}\right)-\frac{m^2}{\rho^2}\right]+V(\rho)\right\}R_m = ER_m \tag{6.6.3}$$

能量本征值依赖于 $|m|$，束缚能级一般有二重简并（$m=0$ 态除外）. 对应于能级 $E_{n|m|}$ 的解记为 $R_{n|m|}$，满足正交归一条件

$$\int_0^\infty R^*_{n|m|}(\rho)R_{n'|m|}(\rho)\rho\mathrm{d}\rho = \delta_{nn'} \tag{6.6.4}$$

令

$$R_{n|m|}(\rho) = \chi_{n|m|}(\rho)/\sqrt{\rho} \tag{6.6.5}$$

则方程(6.6.3)化为

$$\left[-\frac{\hbar^2}{2\mu}\left(\frac{\mathrm{d}^2}{\mathrm{d}\rho^2}+\frac{1}{4\rho^2}-\frac{m^2}{\rho^2}\right)+V(\rho)\right]\chi_{n|m|} = E\chi_{n|m|} \tag{6.6.6}$$

可改写成

$$\left\{-\frac{\hbar^2}{2\mu}\left[\frac{\mathrm{d}^2}{\mathrm{d}\rho^2}-\frac{(m-1/2)(m+1/2)}{\rho^2}\right]+V(\rho)\right\}\chi_{n|m|} = E\chi_{n|m|} \tag{6.6.7}$$

而式(6.6.4)化为

$$\int_0^\infty \chi^*_{n|m|}(\rho)\chi_{n'|m|}(\rho)\mathrm{d}\rho = \delta_{nn'} \tag{6.6.8}$$

作为对比，三维中心力场 $V(r)$ 中的能量本征方程为[见 6.1 节，式(6.1.6)]

$$H\psi = \left[-\frac{\hbar^2}{2\mu}\left(\frac{\partial^2}{\partial r^2}+\frac{2}{r}\frac{\partial}{\partial r}\right)+\frac{\boldsymbol{l}^2}{2\mu r^2}+V(r)\right]\psi = E\psi \tag{6.6.9}$$

通常选 $(H,\boldsymbol{l}^2,l_z)$ 为一组守恒量完全集，它们的共同本征态表示为

$$\psi(r,\theta,\varphi) = R_l(r)\mathrm{Y}_l^m(\theta,\varphi) \tag{6.6.10}$$

$$l = 0,1,2,\cdots$$

$$m = l,l-1,\cdots,-l+1,-l$$

$R_l(r)$ 满足径向方程

$$\left\{-\frac{\hbar^2}{2\mu}\left[\left(\frac{\mathrm{d}^2}{\mathrm{d}r^2}+\frac{2}{r}\frac{\mathrm{d}}{\mathrm{d}r}\right)-\frac{l(l+1)}{r^2}\right]+V(r)\right\}R_l = ER_l \tag{6.6.11}$$

对应于束缚态能级 E_{nl} 的解记为 $R_{nl}(r)$，它们满足正交归一条件

$$\int_0^\infty R^*_{nl}(r)R_{n'l}(r)r^2\mathrm{d}r = \delta_{nn'} \tag{6.6.12}$$

能级简并度一般为$(2l+1)$. 令

$$R_{nl}(r) = \chi_{nl}(r)/r \tag{6.6.13}$$

则

$$\left\{-\frac{\hbar^2}{2\mu}\left(\frac{\mathrm{d}^2}{\mathrm{d}r^2} - \frac{l(l+1)}{r^2}\right) + V(r)\right\}\chi_{nl} = E\chi_{nl} \tag{6.6.14}$$

而

$$\int_0^\infty \chi_{nl}(r)\chi_{n'l}(r)\mathrm{d}r = \delta_{nn'} \tag{6.6.15}$$

比较方程(6.6.7)和(6.6.14),参数对应关系为

$$l(l+1) \leftrightarrow \left(m - \frac{1}{2}\right)\left(m + \frac{1}{2}\right) \tag{6.6.16}$$

即

$$l \leftrightarrow |m| - \frac{1}{2} \tag{6.6.17}$$

因此,根据前面已得出的各种类型的三维中心力场的计算结果(能级,简并度,各种力学量的平均值,矩阵元等),可类似写出二维中心力场的相应的结果. 以下具体计算结果可以验证这一对应关系.

6.6.2 二维无限深圆方势阱

二维无限深圆方势阱

$$V(\rho) = \begin{cases} 0, & \rho < a \\ \infty, & \rho > a \end{cases} \tag{6.6.18}$$

中粒子的径向方程为

$$\left[-\frac{\hbar^2}{2\mu}\left(\frac{\mathrm{d}^2}{\mathrm{d}\rho^2} + \frac{1}{\rho}\frac{\mathrm{d}}{\mathrm{d}\rho}\right) - \frac{m^2}{\rho^2}\right]R_m(\rho) = ER_m(\rho), \quad m = 0, \pm 1, \pm 2, \cdots \tag{6.6.19}$$

$R_m(\rho)$满足边条件

$$R_m(\rho)\,|_{\rho=a} = 0 \tag{6.6.20}$$

可以看出,能量本征值 E 只依赖于 m 的绝对值$|m|$,能级为二重简并($m=0$ 除外). 引进无量纲变量

$$\xi = k\rho, \quad k = \sqrt{2\mu E}/\hbar \tag{6.6.21}$$

则方程(6.6.19)化为 Bessel 方程(见附录六)

$$\frac{\mathrm{d}^2 R}{\mathrm{d}\xi^2} + \frac{1}{\xi}\frac{\mathrm{d}R}{\mathrm{d}\xi} + \left(1 - \frac{m^2}{\xi^2}\right)R = 0 \tag{6.6.22}$$

在包含原点($\xi=0$)在内的区域中满足物理要求的解,可取为 Bessel 函数 $\mathrm{J}_m(\xi)$. 注意:J_m 与 J_{-m}是线性相关的. 方程(6.6.19)的简并的能量本征态可以取为

$$\mathrm{J}_{|m|}(k\rho)\mathrm{e}^{\pm im\varphi}, \quad \text{或 } \mathrm{J}_{|m|}(k\rho)\sin(m\varphi), \mathrm{J}_{|m|}(k\rho)\cos(m\varphi) \tag{6.6.23}$$

按边条件(6.6.20),要求

$$J_{|m|}(ka)=0 \tag{6.6.24}$$

当 a 取有限值时,并非任何 k 值都满足以上条件. 令 $J_{|m|}(x)=0$ 的根依次记为 $x_{n_\rho|m|}$,$n_\rho=0,1,2,\cdots$. n_ρ 是径向波函数的节点数(不包括 $\rho=0,\infty$点). 粒子能量本征值为

$$E_{n_\rho|m|}=\frac{\hbar^2 x_{n_\rho|m|}^2}{2\mu a^2} \tag{6.6.25}$$

$x_{n_\rho|m|}$的值如表 6.3 所示.

表 6.3　二维无限深圆方势阱的较低几条能级的 $x_{n_\rho|m|}$ 值

$\lvert m\rvert$ \ n_ρ	1	2	3
0	2.4048	5.5201	8.6537
1	3.8317	7.0156	10.1735
2	5.1356	8.4172	11.6198
3	6.3802	9.7610	13.0152

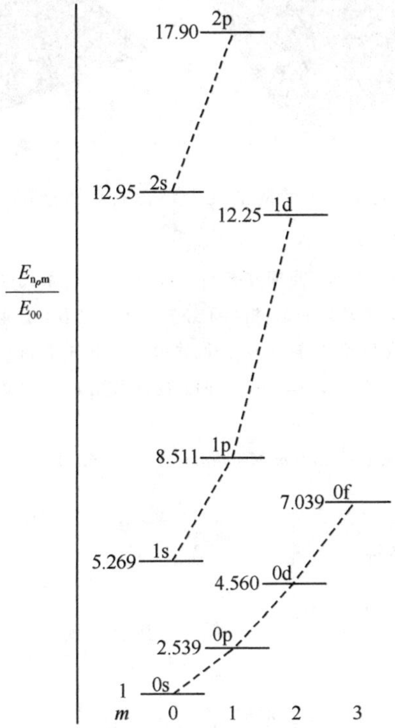

图 6.10　二维无限深圆方势阱能级 $E_{n_\rho|m|}/E_{00}$

$|m|=0,1,2,3,\cdots$能级分别记为 s,p,d,f,⋯.

与 6.2 节三维无限深球方势阱能级图 6.2 比较,两者很相似.

图 6.10 给出二维无限深圆方势阱的较低几条能级的分布，它与三维无限深球方势阱的能级分布（见 6.2 节，图 6.2）很相似. 图 6.11 给出几个能量本征态的空间分布几率 $|\psi_{n_\rho m}(\rho,\varphi)|^2$.

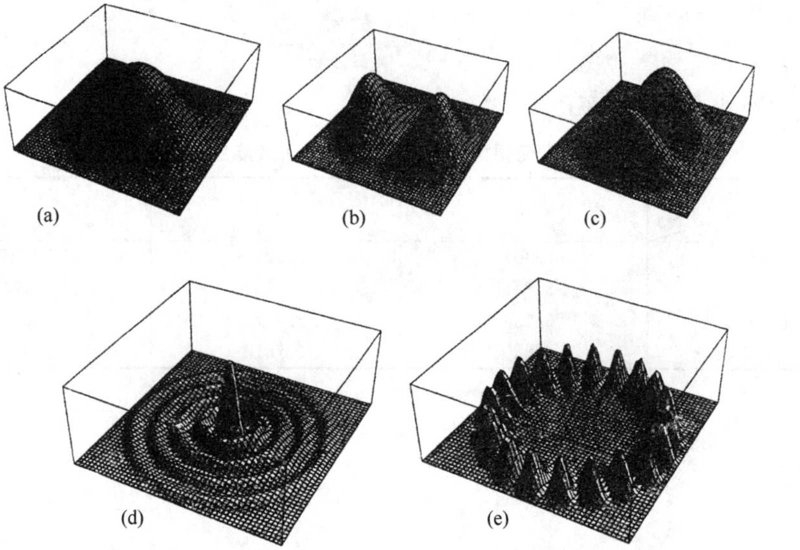

图 6.11　二维无限深圆方势阱的几个定态的空间分布几率 $|\psi_{n_\rho m}(\rho,\varphi)|^2$

(a)基态 0s，$(n_\rho,m)=(0,0)$

(b)和(c)是 $n_\rho=0$，$|m|=1$ 的二重简并态，$|J_1(k_0\rho)\sin\varphi|^2$ 和 $|J_1(k_0\rho)\cos\varphi|^2$.

(d)$(n_\rho,m)=(4,0)$，是无角动量的态，相当于经典粒子穿过力心往返运动.

(e)$(n_\rho,m)=(0,10)$是高角动量（转动能）的圆轨道($n_\rho=0$)的态，径向动能几乎为 0，相当于经典匀速率圆周运动. 注意，(4,0)与(0,10)两态的能量几乎相同（相差<1%），但空间分布很不相同.

本图取自 R. W. Robinett，*Quantum Mechanics*，Figs. 16.11～16.13.（Oxford University Press，N. Y.，1997）.

练习　二维无限深方势阱

$$V(x,y)=\begin{cases}0, & 0<x,y<a\\ \infty, & \text{其他区域}\end{cases}\tag{6.6.26}$$

粒子能级为

$$E_{n_x n_y}=\frac{\pi^2\hbar^2}{2\mu a^2}(n_x^2+n_y^2)=\frac{\pi^2\hbar^2}{2\mu a^2}n^2\tag{6.6.27}$$

$$n^2=n_x^2+n_y^2,\qquad n_x,n_y=1,2,3,\cdots$$

波函数为

$$\psi_{n_x n_y}(x,y)=\frac{2}{a}\sin\left(\frac{n_x\pi}{a}x\right)\sin\left(\frac{n_y\pi}{a}y\right)\tag{6.6.28}$$

试分析能级的简并度（见表 6.4）. 能级简并度可否大于一般二维中心势？如何理解其对称性？

表 6.4

(n_x,n_y)	$E_n/\frac{\pi^2\hbar^2}{2\mu a^2}$	简并度
(1,1)	2	1
(1,2)	5	2
(1,7) (5,5)	50	3
(1,8) (4,7)	65	4
(1,18) (6,17) (10,15)	325	6
(4,33) (9,32) (12,31) (23,24)	1105	8

6.6.3 二维各向同性谐振子

$$V(\rho) = \frac{1}{2}\mu\omega^2\rho^2 \tag{6.6.29}$$

Schrödinger 方程为

$$\left[-\frac{\hbar^2}{2\mu}\left(\frac{1}{\rho}\frac{\partial}{\partial\rho}\rho\frac{\partial}{\partial\rho}+\frac{1}{\rho^2}\frac{\partial^2}{\partial\varphi^2}\right)+\frac{1}{2}\mu\omega^2\rho^2\right]\psi = E\psi \quad (E>0) \tag{6.6.30}$$

令

$$\psi(\rho,\varphi) = e^{im\varphi}R(\rho) \tag{6.6.31}$$

则径向方程表示为(自然单位 $\hbar=\mu=\omega=1$)

$$\left[\frac{d^2}{d\rho^2}+\frac{1}{\rho}\frac{d}{d\rho}-\frac{m^2}{\rho^2}+(2E-\rho^2)\right]R(\rho) = 0(E>0) \tag{6.6.32}$$

当 $\rho\to0$ 时,上式化为

$$\left(\frac{d^2}{d\rho^2}+\frac{1}{\rho}\frac{d}{d\rho}-\frac{m^2}{\rho^2}\right)R(\rho) = 0$$

经过分析,可得,当 $\rho\to0$ 时

$$R(\rho) \propto \rho^{|m|}$$

当 $\rho\to\infty$,式(6.6.32)化为

$$\left(\frac{d^2}{d\rho^2}-\rho^2\right)R(\rho) = 0$$

所以 $R(\rho)\propto\exp(\pm\rho^2/2)$,而满足束缚态边条件的解只能取 $R(\rho)\propto\exp(-\rho^2/2)$ $(\rho\to\infty)$. 因此,不妨令

$$R(\rho) = \rho^{|m|}\exp(-\rho^2/2)u(\rho) \tag{6.6.33}$$

代入式(6.6.32),得

$$\frac{d^2 u}{d\rho^2}+\left(\frac{2|m|+1}{\rho}-2\rho\right)\frac{du}{d\rho}+[2E-2(|m|+1)]u=0 \tag{6.6.34}$$

再令

$$\xi=\rho^2 \tag{6.6.35}$$

得

$$\xi\frac{d^2 u}{d\xi^2}+(|m|+1-\xi)\frac{du}{d\xi}-\left(\frac{|m|+1}{2}-\frac{E}{2}\right)u=0 \tag{6.6.36}$$

上式正是合流超几何方程.相应参数为

$$\alpha=\frac{|m|+1}{2}-\frac{E}{2}$$

$$\gamma=|m|+1 \tag{6.6.37}$$

束缚态要求 α 为零,或非负整数

$$\alpha=\frac{|m|+1}{2}-\frac{E}{2}=-n_\rho,\qquad n_\rho=0,1,2,\cdots$$

因此,二维各向同性谐振子的能量本征值为

$$E=(2n_\rho+|m|+1)\qquad\text{(自然单位)}$$

或记为

$$E_n=(n+1),\qquad n=2n_\rho+|m|=0,1,2,\cdots \tag{6.6.38}$$

相应的波函数为

$$\psi_{n_\rho m}(\rho,\varphi)\propto e^{im\varphi}\rho^{|m|}e^{-\rho^2/2}F(-n_\rho,|m|+1,\rho^2) \tag{6.6.39}$$

不难求出能级 E_n 的简并度为

$$f_n=(n+1)=1,2,3,\cdots \tag{6.6.40}$$

可以看出,在三维各向同性谐振子的能级公式[6.3 节,式(6.3.16)]中

$$E=(2n_r+l+3/2) \tag{6.6.41}$$

把 $l\to|m|-\frac{1}{2}$,即 $2n_r+l+3/2\to 2n_\rho+|m|+1$,便可得出二维各向同性谐振子的能量公式

$$E=(2n_\rho+|m|+1),\quad n_\rho,|m|=0,1,2,\cdots \tag{6.6.42}$$

可以看出其能级分布也是均匀的.但能级简并度为 $f_n=(n+1)=1,2,3,\cdots$.而三维各向同性谐振子能级的简并度 $f_N=\frac{1}{2}(N+1)(N+2),N=0,1,2,\cdots$.

6.6.4 二维氢原子和类氢离子

采用平面极坐标,二维 Coulomb 势表示为

$$V(\rho)=-\frac{\kappa}{\rho}\qquad(\kappa=Ze^2,Z=1,2,3,\cdots) \tag{6.6.43}$$

Schrödinger 方程表示为

$$\left[-\frac{\hbar^2}{2\mu}\left(\frac{1}{\rho}\frac{\partial}{\partial\rho}\rho\frac{\partial}{\partial\rho}+\frac{1}{\rho^2}\frac{\partial^2}{\partial\varphi^2}\right)-\frac{\kappa}{\rho}\right]\psi = E\psi \quad (E<0,\text{束缚态}) \tag{6.6.44}$$

显然，$l_z=-\mathrm{i}\hbar\dfrac{\partial}{\partial\varphi}$是守恒量. 取 ψ 为守恒量完全集(H, l_z)的共同本征态，即令

$$\psi(\rho,\varphi) = \mathrm{e}^{\mathrm{i}m\varphi}R(\rho), \quad m=0,\pm1,\pm2,\cdots \tag{6.6.45}$$

则径向方程表示为(自然单位，$\hbar=\mu=\kappa=1$)

$$\left[\frac{\mathrm{d}^2}{\mathrm{d}\rho^2}+\frac{1}{\rho}\frac{\mathrm{d}}{\mathrm{d}\rho}-\frac{m^2}{\rho^2}+\left(2E+\frac{2}{\rho}\right)\right]R(\rho)=0 \tag{6.6.46}$$

$\rho=0,\infty$为方程的奇点.

在 $\rho\to0$ 时，方程(6.6.46)渐近地表示为

$$\left(\frac{\mathrm{d}^2}{\mathrm{d}\rho^2}+\frac{1}{\rho}\frac{\mathrm{d}}{\mathrm{d}\rho}-\frac{m^2}{\rho^2}\right)R(\rho)=0 \tag{6.6.47}$$

令 $R\propto\rho^s$ 代入上式，得

$$s^2-m^2=0$$

所以

$$s=\pm|m| \tag{6.6.48}$$

可以证明，$\rho\to0$ 时行为 $R\propto\rho^{-|m|}$ 解是物理上不能接受的，予以抛弃(见附录七).

当 $\rho\to\infty$时，方程(6.6.46)化为

$$\left(\frac{\mathrm{d}^2}{\mathrm{d}\rho^2}+\frac{1}{\rho}\frac{\mathrm{d}}{\mathrm{d}\rho}+2E\right)R(\rho)=0 \quad (E<0) \tag{6.6.49}$$

可以看出，$R(\rho)\propto\exp(\pm\sqrt{-2E}\rho)$，但满足束缚态边条件的解只能是 $R(\rho)\propto\exp(-\sqrt{-2E}\rho)$. 因此，我们令

$$R(\rho)=\rho^{|m|}\mathrm{e}^{-\beta\rho}u(\rho) \tag{6.6.50}$$

其中

$$\beta=\sqrt{-2E} \qquad (E<0) \tag{6.6.51}$$

代入式(6.6.46)，得

$$\rho\frac{\mathrm{d}^2u}{\mathrm{d}\rho^2}+(2|m|+1-2\beta\rho)\frac{\mathrm{d}u}{\mathrm{d}\rho}+[2-(2|m|+1)\beta]u=0 \tag{6.6.52}$$

令

$$\xi=2\beta\rho \tag{6.6.53}$$

得

$$\xi\frac{\mathrm{d}^2u}{\mathrm{d}\xi^2}+(2|m|+1-\xi)\frac{\mathrm{d}u}{\mathrm{d}\xi}-\left[(|m|+1/2)-\frac{1}{\beta}\right]u=0 \tag{6.6.54}$$

这正是合流超几何方程(见附录五). 它在 $\xi\approx0$ 邻域的解析解表示为 $\mathrm{F}(\alpha,\gamma,\xi)$，相应参数值为

$$\alpha=|m|+\frac{1}{2}-\frac{1}{\beta}, \quad \gamma=2|m|+1 \tag{6.6.55}$$

束缚态边条件要求

$$\alpha = -n_\rho, \qquad n_\rho = 0,1,2,\cdots \tag{6.6.56}$$

因此有

$$\beta = \frac{1}{n_\rho + |m| + 1/2} \tag{6.6.57}$$

代入式(6.6.51),即得出能量本征值(自然单位)

$$E = -\frac{1}{2(n_\rho + |m| + 1/2)^2} = -\frac{1}{2n_2^2} \tag{6.6.58}$$

上式中 $n_\rho, |m| = 0,1,2,\cdots, \qquad n_2 = n_\rho + |m| + 1/2 = 1/2, 3/2, 5/2, \cdots$

容易证明能级简并度为

$$f_{n_2} = 2n_2 = 1,3,5,\cdots \tag{6.6.59}$$

相应的波函数(未归一化)表示为

$$\psi_{n_\rho m}(\rho,\varphi) \propto \mathrm{e}^{\mathrm{i}m\varphi}\rho^{|m|}\mathrm{e}^{-\rho/n_2}\mathrm{F}\left(-n_\rho, 2|m|+1, \frac{2\rho}{n_2}\right) \tag{6.6.60}$$

$$m = 0, \pm 1, \pm 2, \cdots$$

$$n_\rho = 0,1,2,\cdots$$

$$n_2 = n_\rho + |m| + \frac{1}{2} = \frac{1}{2}, \frac{3}{2}, \frac{5}{2}, \cdots$$

可以看出,在三维 Coulomb 引力势的能级公式[6.4 节,式(6.4.21)]中 $E_n = -1/2n^2, n = n_r + l + 1$,如按照式(6.6.17)所示规则,把 $l \to |m| - 1/2$,即可得出上述二维 Coulomb 引力势的能级公式(6.6.58).

矩阵元公式也可类似写出如下表 6.5(自然单位)

表 6.5

三维 Coulomb 场	二维 Coulomb 场
$\langle r\rangle = \frac{1}{2}[3n^2 - l(l+1)]$	$\langle \rho\rangle = \frac{1}{2}[3n_2^2 - (m^2 - 1/2)]$
$\langle r^{-1}\rangle = Z/n^2$	$\langle \rho^{-1}\rangle = Z/n_2^2$
$\langle r^{-2}\rangle = Z^2/n^3(l+1/2)$	$\langle \rho^{-2}\rangle = Z^2/n_2^3\,\lvert m\rvert$
$\langle r^{-3}\rangle = Z^3/n^3(l+1/2)(l+1)$	$\langle \rho^{-3}\rangle = Z^3/n_2^3\,\lvert m\rvert(m-1/2)(m+1/2)$
$n = 1,2,3,\cdots$	$n_2 = 1/2, 3/2, 5/2, \cdots$
$l = 0,1,\cdots,n-1,$	$\lvert m\rvert = 0,1,\cdots,n_2 - 1/2$

值得注意,二维与三维 Coulomb 引力势的相邻能级间距(自然单位)有很大差异,例如三维 Coulomb 引力势的相邻能级间距依次为

$$(E_2 - E_1),(E_3 - E_2),\cdots = 3/81,5/72,\cdots = 0.375,0.0694,\cdots$$

而二维 Coulomb 引力势的相邻能级间距依次为

$$(E_{3/2} - E_{1/2}),(E_{5/2} - E_{3/2}),\cdots = 16/9,41/225,\cdots = 1.778,0.182,\cdots$$

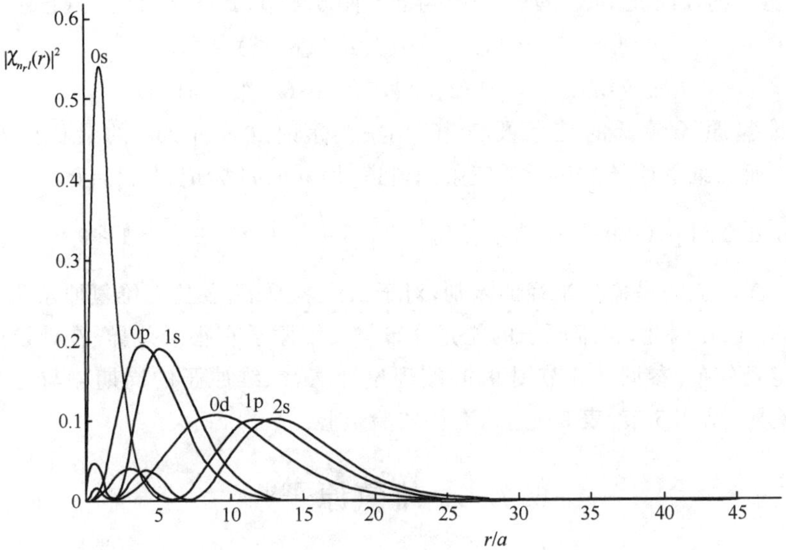

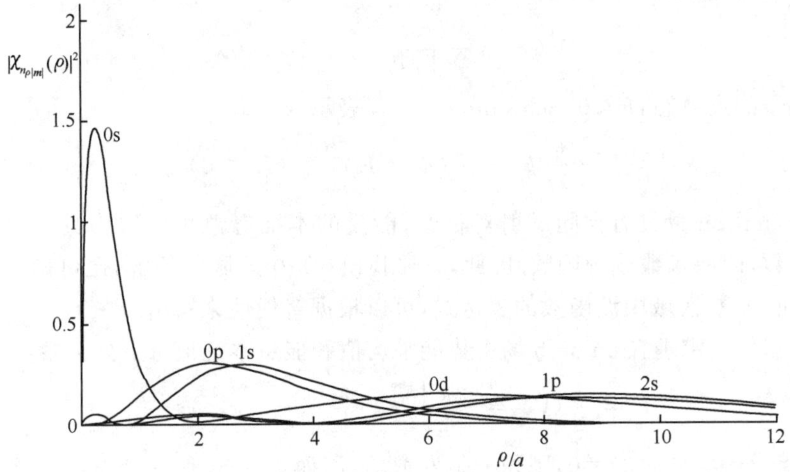

图 6.12　氢原子的径向分布几率

上图:三维氢原子 $|\chi_{n_r l}(r)|^2$,$l=0,1,2$ 轨道分别记为 s,p,d.

下图:二维氢原子 $|\chi_{n_\rho|m|}(\rho)|^2$,$|m|=0,1,2$ 轨道也分别记为 s,p,d.

(注)参阅 6.4 节,图 6.7,在该图中,采用 nl 来标记三维氢原子的径向波函数 $n=1,2,3,\cdots$.在图 6.12 中,为便于比较三维与二维氢原子,采用 $n_r l$(三维)和 $n_\rho|m|$(二维)来标记径向波函数.$R_{n_r l}(r)$ 与 $R_{n_\rho|m|}(\rho)$ 分别为三维和二维氢原子的归一化径向波函数,而

$$\chi_{n_r l}(r) = rR_{n_r l}(r),\quad \chi_{n_\rho|m|}(\rho) = \sqrt{\rho}R_{n_\rho|m|}(\rho)$$

因此，在多电子原子中，由于屏蔽效应导致的 Coulomb 势的能级壳层结构的改变(见 9.5 节，图 9.7)，在二维 Coulomb 势阱中可能小一些.

从径向分布来看，二维与三维氢原子也有较大差异. 例如圆轨道(径向量子数 n_r 或 n_ρ 为 0 的径向波函数)的最概然半径[参阅 6.4 节，式(6.4.38)]为(自然单位)

$$r_n = n^2, \quad n = 1,2,3,\cdots (\text{三维氢原子})$$

$$r_{n_2} = n_2^2, \quad n_2 = 1/2, 3/2, 5/2, \cdots (\text{二维氢原子})$$

例如三维氢原子最低的三条圆轨道(用 $n_r l$ 标记)0s，0p，0d 的最概然半径为 1∶4∶9，而二维氢原子的最低的三条圆轨道[用 $n_\rho |m|$ 标记，$|m| = 0,1,2$ 也分别记为 s，p，d]0s，0p，0d 的最概然半径为 $\left(\frac{1}{2}\right)^2 : \left(\frac{3}{2}\right)^2 : \left(\frac{5}{2}\right)^2 = 1:9:25$. 亦即这些相邻的圆轨道的最概然半径的差别，对于二维氢原子，要比三维氢原子明显得多(参见图 6.12). 因此，二维原子的能壳分布与三维原子有很大差异. 在计及屏蔽效应后的能壳分布，参见 9.5 节图 9.9. 按理论计算，二维原子的周期律与三维原子有较大差异(见 9.5 节，表 9.8)，这有待实验检验.

6.7 一维氢原子①

一维 Coulomb 场表示为②

$$V(x) = -\frac{\kappa}{|x|} \qquad (\kappa > 0) \tag{6.7.1}$$

考虑粒子的束缚态，$E<0$. Schrödinger 方程表示为

$$-\frac{\hbar^2}{2\mu}\psi'' - \frac{\kappa}{|x|}\psi = E\psi \qquad (E < 0) \tag{6.7.2}$$

由于 Hamilton 量具有空间反射对称性，能量的本征态总可以取为具有一定宇称的波函数，即偶函数或奇函数. 因此，只要找出 $x>0$ 区域中的解，便可确定能量本征值，而 $x<0$ 区域中波函数的表达式，可以根据奇偶性来写出.

根据位力定理，Coulomb 场中势能平均值和能量本征值有下列关系：

$$E = \frac{1}{2}\langle V\rangle = -\frac{\kappa}{2}\int_{-\infty}^{+\infty}\psi^2\frac{\mathrm{d}x}{|x|} = -\kappa\int_0^{\infty}\psi^2\frac{\mathrm{d}x}{x} \tag{6.7.3}$$

可见，当 $x\to 0$，如 $\psi(0)\neq 0$，则积分是发散的，因而 $E = -\infty$(无下界)，这个解在物理上是不能接受的. 因此，如 E 要求取有限值，则 ψ 须满足

$$\text{当 } x\to 0 \text{ 时}, \qquad \psi(0)\to 0 \tag{6.7.4}$$

再加上束缚态边条件

① R. Loudon, American Journal of Physics **27**(1959)649.

② 三维氢原子中径向坐标 $r\geqslant 0$，与三维 Coulomb 势对应的一维 Coulomb 势如取为 $V(x) = -\frac{\kappa}{x}$，$(x>0)$，则能级不简并. 详见：Y. F. Liu &. J. Y. Zeng, Science in China (Series A) **40** (1997) 1111.

$$|x| \to \infty \text{ 时}, \quad \psi(x) \to 0 \tag{6.7.5}$$

则与三维氢原子的 s 态($l=0$)的径向方程和边条件完全一样,后者为

$$\psi(r) = \frac{1}{\sqrt{4\pi}} \frac{\chi_0(r)}{r} \tag{6.7.6}$$

$$-\frac{\hbar^2 \mathrm{d}^2 \chi_0}{2\mu \mathrm{d}r^2} - \frac{\kappa_0}{r}\chi_0 = E\chi_0 \tag{6.7.7}$$

$$\chi_0(r) \xrightarrow{r \to 0} 0 \tag{6.7.8}$$

$$\chi_0(r) \xrightarrow{r \to \infty} 0 \tag{6.7.9}$$

但众所周知,三维氢原子的 s 态能级已包含了全部束缚态能级,它们是

$$E_n = -\frac{1}{2n^2} \quad \text{(自然单位)} \tag{6.7.10}$$

$$n = 1,2,3,\cdots$$

相应的波函数为[参阅 6.4 节,式(6.4.32),注意 $l=0, n_r = n-1$]

$$\chi_0(r) \propto r\mathrm{e}^{-r/n}\mathrm{F}\left(1-n, 2, \frac{2r}{n}\right) \tag{6.7.11}$$

F 为合流超几何函数,在此情况下是($n-1$)次多项式.

按上面讨论,式(6.7.10)也包含了一维氢原子的全部束缚能级(基态除外,见下面分析). 在式(6.7.11)中把 r 换为 x,就得出一维氢原子的束缚态波函数在 $x>0$ 区域中的表达式. 再按照奇偶性写出 $x<0$ 区域的波函数. 由于 $x=0$ 为 $V(x)$ 的奇点,又是 $\psi(x)$ 的节点[见式(6.7.4)],因此,在 $x\to 0$ 时,$\psi'(x)$ 可能不连续(见 3.1 节). 因此,对应于一维氢原子的每一个束缚能级(基态除外)

$$E_n = -\frac{1}{2n^2} \quad \text{(自然单位)} \tag{6.7.12}$$

$$n = 1,2,3,\cdots$$

有两个态,一个宇称为偶,一个宇称为奇,能级为两重简并.

偶宇称态为

$$\psi_{n+}(x) = \begin{cases} x\mathrm{e}^{-x/n}\mathrm{F}\left(1-n, 2, \dfrac{2x}{n}\right), & x>0 \\ -x\mathrm{e}^{x/n}\mathrm{F}\left(1-n, 2, -\dfrac{2x}{n}\right), & x<0 \end{cases} \tag{6.7.13}$$

奇宇称态为

$$\psi_{n-}(x) = \begin{cases} \psi_{n+}(x), & x>0 \\ -\psi_{n+}(x), & x<0 \end{cases} \tag{6.7.14}$$

它们在点 $x=0$ 的导数则是

$$\psi'_{n+}(0^+) = 1, \qquad \psi'_{n+}(0^-) = -1 \tag{6.7.15}$$

$$\psi'_{n-}(0^+) = \psi'_{n-}(0^-) = 1 \tag{6.7.16}$$

即 $x=0$ 处，$\psi'_{n+}(x)$不连续，而 $\psi'_{n-}(x)$连续. 图 6.13 中给出 $n=1$ 的两个波函数的示意图形.

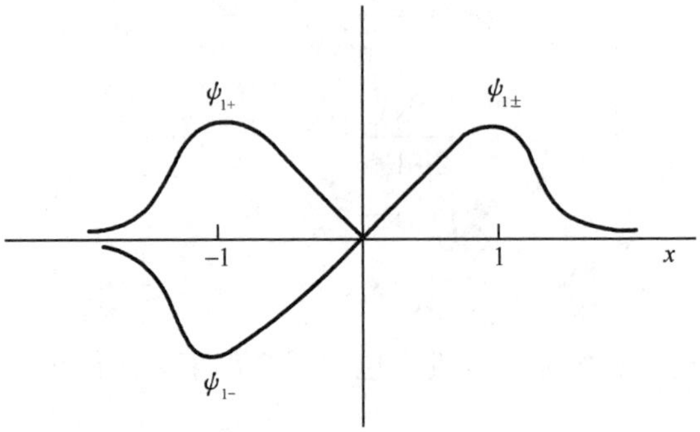

图 6.13

* 以下讨论基态.

基态应无节点，因此，在 $x=0$ 点，$\psi\neq 0$. 按前面讨论，基态能量应为 $E_0=-\infty$，是一个非物理态. 为更形象理解这一点，也为了求出基态波函数，我们在 $x\approx 0$ 点邻域把一维 Coulomb 势(6.7.1)与 δ 势阱进行比较：

$$V_\gamma(x)=-\gamma\delta(x) \tag{6.7.17}$$

在此 δ 势阱中，存在唯一的束缚定态(偶宇称，见 3.5 节)

$$E=-\frac{1}{2}\frac{\mu\gamma^2}{\hbar^2}<0 \tag{6.7.18}$$

$$\psi(x)=\frac{1}{\sqrt{L}}e^{-|x|/L},\qquad L=\frac{\hbar^2}{\mu\gamma} \tag{6.7.19}$$

现在来考虑另一个势阱(图 6.14)

$$V(b,N,x)=\begin{cases}0, & |x|>b\\ -\dfrac{1}{|x|}, & \dfrac{b}{N}<|x|<b\\ -\dfrac{N}{b}, & |x|<\dfrac{b}{N}\end{cases} \tag{6.7.20}$$

$$b\ll 1,\qquad N\gg 1$$

在极限情形下，它能模拟 $x\approx 0$ 邻域中一维 Coulomb 势和 δ 势阱的行为. 显然

$$V(b,N,x)\geqslant V(x)=-\frac{1}{|x|}$$

所以 Coulomb 场中的基态能级低于 $V(b,N,x)$场中的基态能级.

当 $b\to 0$ 时，$V(b,N,x)$可作为 δ 势阱，因为

$$\int_{-\infty}^{+\infty}V_\gamma(x)\,dx=-\gamma\int_{-\infty}^{+\infty}\delta(x)\,dx=-\gamma \tag{6.7.21}$$

而

$$\int_{-\infty}^{+\infty}V(b,N,x)\,dx=-\frac{N}{b}\cdot 2\cdot\frac{b}{N}-2\int_{b/N}^{b}\frac{dx}{x}=-2(1+\ln N) \tag{6.7.22}$$

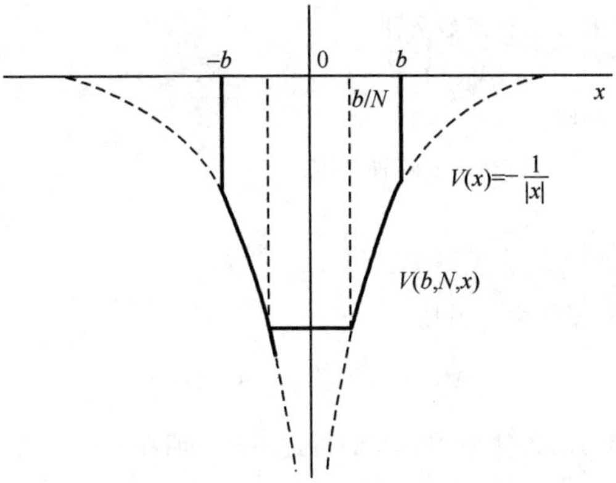

图 6.14

图中实线为 $V(b,N,x)$，虚线为 Coulomb 势(自然单位 $\kappa=1$).

$N\to\infty$ 时，$V(b,N,x)$ 和 Coulomb 场在 $x\approx 0$ 邻域性质相同. $b\to 0$ 时，$V(b,N,x)$ 与 δ 势阱相似.

即相当于强度 $\gamma=-2(1+\ln N)$ 的 δ 势阱. 因此，$V(b,N,x)$ 的基态能量为

$$E=-\frac{1}{2}\frac{\mu}{\hbar^2}[2(1+\ln N)]^2\approx-\frac{2\mu}{\hbar^2}(\ln N)^2 \tag{6.7.23}$$

可见 Coulomb 势的基态能级

$$E_0<-\frac{2\mu}{\hbar^2}(\ln N)^2=-2(\ln N)^2 \qquad (\text{自然单位})$$

$$N\gg 1 \tag{6.7.24}$$

就 $x\approx 0$ 邻域性质而言，$N\to\infty$ 时，$V(b,N,x)$ 即与 Coulomb 势相同，由此可见，一维 Coulomb 势的基态能量 $E_0=-\infty$.

但 $N\to\infty$ 时 $V(b,N,x)$ 相应于强度 $\gamma\to\infty$ 的 δ 势阱，可以理解粒子的位置分布概率比 γ 有限的 δ 势阱要更集中在 $x=0$ 邻域. 事实上，δ 势阱中的基态波函数的宽度 $\Delta x=\sqrt{\langle x^2\rangle-\langle x\rangle^2}=\sqrt{\langle x\rangle^2}\approx L=\frac{\hbar^2}{\mu\gamma}$，当 $\gamma\to\infty$ 时，$\Delta x\to 0$.

利用式(6.7.19)，δ 势阱基态的位置分布概率为

$$|\psi(x)|^2=\frac{1}{L}\exp(-2|x|/L) \tag{6.7.25}$$

不难证明[①] $L\to 0$ 时，

$$|\psi(x)|^2\to\delta(x) \tag{6.7.26}$$

因此，一维 Coulomb 势的基态波函数为

$$\psi_0(x)=[\delta(x)]^{1/2} \tag{6.7.27}$$

即粒子只出现在 $x=0$ 邻域. 按位力(virial)定理，基态动能平均值则为

$$\langle T\rangle_0=-E_0=\infty \tag{6.7.28}$$

---

① $\int_{-\infty}^{+\infty}|\psi(x)|^2\mathrm{d}x=\frac{2}{L}\int_0^\infty\exp(-2x/L)\mathrm{d}x=\int_0^\infty\exp(-y)\mathrm{d}y=1$

$\lim\limits_{L\to\infty}|\psi(x)|^2=\lim\limits_{L\to\infty}\frac{1}{L}\exp(-2|x|/L)=\infty,\quad |\psi(-x)|^2=|\psi(x)|^2$

练习　对于一维对称 ν 次幂函数势阱

$$V(x) = -k|x|^{\nu} \qquad (\nu < 0) \tag{6.7.29}$$

$x=0$ 是奇点,试求基态能级.

提示:分别讨论 $\nu \leqslant -1$ 和 $\nu > -1$ 两种情况.

习　　题

6.1　质量为 μ 的粒子在中心力场

$$V(r) = -\frac{\alpha}{r^s} \qquad (\alpha > 0)$$

中运动,证明,存在束缚态的条件为 $0<s<2$;再进一步证明在 $E\sim 0^-$ 附近存在无限多条束缚态能级.

提示:利用位力定理和不确定度关系.

6.2　质量为 μ 的粒子在球方势阱

$$V(r) = \begin{cases} 0, & r < a \\ V_0, & r \geqslant a \end{cases}$$

中运动.设 V_0 逐渐从小到大变化.(1)求出现一个新的束缚能级(即 $E_{n_r l} \approx V_0 - 0$)的条件.(2)求出现第一个束缚态对 $V_0 a^2$ 的限制.(3)若 V_0 很大,估算束缚态总数 N.

答:(1)出现一个新的束缚态(角量子数为 l)的条件为 $\mathrm{j}_{l-1}(k_0 a)=0$,其中 $k_0 = \sqrt{2\mu V_0}/\hbar$.

(2)出现第一个束缚态(必为 $l=0$)的条件为 $V_0 a^2 \geqslant \pi^2\hbar^2/8\mu$. (3) $N \approx \dfrac{2\pi^2}{9}\left(\dfrac{a}{\pi\hbar}\right)^3 (2\mu V_0)^{3/2}$.

6.3　质量为 μ 的粒子在球壳势阱

$$V(r) = -\gamma\delta(r-a) \qquad (\gamma, a > 0)$$

中运动,求存在束缚态的条件.

答:$\gamma a \geqslant \hbar^2/2\mu$.

6.4　对于中心力场 $V(r)$ 中的任何一个束缚态,证明

$$\left\langle \frac{\mathrm{d}V}{\mathrm{d}r} \right\rangle - \left\langle \frac{\boldsymbol{l}^2}{\mu r^3} \right\rangle = \frac{2\pi\hbar^2}{\mu}|\psi(0)|^2 \tag{1}$$

并解释其经典力学含义.

提示:利用 $\left[\dfrac{\partial}{\partial r}, H\right] = \dfrac{\hbar^2}{\mu r^2}\dfrac{\partial}{\partial r} - \dfrac{\boldsymbol{l}^2}{\mu r^3} + \dfrac{\mathrm{d}V}{\mathrm{d}r}$.

答:式(1)等价于

$$\left\langle \frac{\mathrm{d}V}{\mathrm{d}r} \right\rangle = \frac{2\pi\hbar^2}{\mu}|\psi(0)|^2$$

$l=0$ 态,无经典对应.

$$\left\langle \frac{\mathrm{d}V}{\mathrm{d}r} \right\rangle = \left\langle \frac{\boldsymbol{l}^2}{\mu r^3} \right\rangle = l(l+1)\frac{\hbar^2}{\mu}\left\langle \frac{1}{r^3} \right\rangle$$

$l \neq 0$ 态,它是向心力的周期平均.

6.5　对于氢原子基态,求 Δx、Δp_x,验证不确定度关系.

答:$\Delta x \Delta p_x = \hbar/\sqrt{3}$.

6.6　对于氢原子的各 s 态($nlm=n00$),计算 Δx、Δp_x,讨论 $n\gg1$ 情况.

答:$\Delta x=\frac{na}{\sqrt{6}}\sqrt{1+5n^2}$,　　$\Delta p_x=\hbar/\sqrt{3}na$,　　$\Delta x\Delta p_x=\sqrt{\frac{1+5n^2}{18}}\hbar$

$n\gg1$ 时,$\Delta x\Delta p_x\approx\sqrt{\frac{5}{18}}n\hbar=0.527n\hbar>\frac{n\hbar}{2}$.

6.7　求出氢原子基态波函数在动量表象中的表示式.

提示:利用

$$\int \exp(-\alpha r+\mathrm{i}\boldsymbol{\beta}\cdot\boldsymbol{r})\mathrm{d}^3x=\frac{8\pi\alpha}{(\alpha^2+\beta^2)^2}$$

答:$\psi_0(p)=\frac{2}{\pi}\frac{\sqrt{2\hbar^5\alpha^3}}{(\hbar^2+\alpha^2p^2)^2}$.

6.8　在动量表象中写出氢原子的能量本征方程.

答:

$$\left(E-\frac{\hbar^2k^2}{2\mu}\right)\varphi(\boldsymbol{k})=\int\mathrm{d}^3k'V(\boldsymbol{k}-\boldsymbol{k}')\varphi(\boldsymbol{k}')$$

$$V(\boldsymbol{k}-\boldsymbol{k}')=-\frac{e^2}{2\pi^2}\frac{1}{|\boldsymbol{k}-\boldsymbol{k}'|^2}$$

6.9　设氢原子处于基态,求电子处于经典力学禁区($E-V=T<0$)的概率.

答:电子处于经典禁区($r>2a$)的概率$=13\mathrm{e}^{-4}\approx0.238$.

6.10　根据氢原子光谱的理论,讨论(1)电子偶素(positronium 指 e^+e^- 束缚态)的能级.参阅 C. Kittel, et, al., *Berkeley Physics Course*, Vol. **1**, *Mechanics*, p. 292, 1971. (2)μ 原子(muonic atom)的能谱.参阅 C. S. Wu, L. Wiletz, Ann. Rev. Nucl. Sci. **19**(1969)527. (3)μ 子偶素(muonium)指 $\mu^+\mu^-$ 束缚态)的能谱.参阅 V. W. Hughes, Ann. Rev. Nucl. Sci. **16**(1966)445.

6.11　对于类氢原子(核电荷 Ze),计算处于束缚态 ψ_{nlm} 下的电子的 $\langle r^\lambda\rangle$,$\lambda=-1,-2,-3$.

提示:利用位力定理,得

$$\left\langle\frac{1}{r}\right\rangle=\frac{Z}{n^2}\frac{1}{a},\qquad a=\hbar^2/\mu e^2\quad(\text{Bohr 半径})$$

利用 Hellmann-Feynman 定理,得

$$\langle r^{-2}\rangle=\frac{Z^2}{(l+1/2)n^3}\frac{1}{a^2}$$

利用 6.4 题,得

$$\langle r^{-3}\rangle=\frac{Z^3}{l(l+1/2)(l+1)n^3}\frac{1}{a^3}$$

6.12　对于类氢原子的$(H,\boldsymbol{l}^2,l_z)$的共同本征态 ψ_{nlm},试从径向方程证明 $\langle r^\lambda\rangle$ 之间的下列递推关系:

$$\frac{\lambda+1}{n^2}\langle r^\lambda\rangle-(2\lambda+1)\frac{a}{Z}\langle r^{\lambda-1}\rangle+\frac{\lambda}{4}[(2l+1)^2-\lambda^2]\frac{a^2}{Z^2}\langle r^{\lambda-2}\rangle=0\qquad(1)$$

给出此关系式成立的条件.并计算 $\langle r^\lambda\rangle$,$\lambda=2,1,-1,-2,-3,-4$.

答:成立条件:$\lambda>-(2l+1)$.

式(1)中令 $\lambda=0$,得 $\langle r^{-1}\rangle=Z/n^2a$;

$\lambda=1$，得$\langle r\rangle=\frac{1}{2}[3n^2-l(l+1)]a/Z$；

$\lambda=2$，得$\langle r^2\rangle=\frac{n^2}{2}[1+5n^2-3l(l+1)]a^2/Z^2$.

$\lambda=-1$，利用上题结果，可得$\langle r^{-3}\rangle$，与上题同

$\lambda=-2$，得

$$\langle r^{-4}\rangle=\frac{3n^2-l(l+1)}{2n^5(l-1/2)l(l+1/2)(l+1)(l+3/2)}\frac{Z^4}{a^4}$$

参阅 H. A. Kramers, *Quantum Mechanics*, (North Holland, 1957), § 59.

6.13 电荷为 Ze 的原子核突然发生 β^- 衰变，核电荷变成$(Z+1)e$. 求衰变前原子 Z 中的一个 K 电子（1s 轨道上的电子）在衰变后仍然保持在新原子的 K 轨道的概率 P.

答：$P=|\langle\psi_{100}(Z+1)|\psi_{100}(Z)\rangle|^2=\left(1+\frac{1}{Z}\right)^3\left(1+\frac{1}{2Z}\right)^{-6}$

$\approx 1-\frac{3}{4Z^2}$　　（对 $Z\gg 1$ 原子）

6.14 对于类氢原子（核电荷 Ze）的 $l=n-1$（$n_r=0$）轨道，计算：(1)最概然半径. (2)平均半径. (3)涨落 Δr.

答：(a) 最概然半径$=n^2a/Z$，与 Bohr 理论中的圆轨道半径相同.

(b) $\langle r\rangle_{nn-1m}=\left(n^2+\frac{n}{2}\right)a/Z$，与 m 无关.

(c) $\Delta r=[\langle r^2\rangle-\langle r\rangle^2]^{1/2}=\left(\frac{n^3}{2}+\frac{n^2}{4}\right)^{1/2}a/Z$，　　$\Delta r/\langle r\rangle=1/\sqrt{2n+1}$.

6.15 对于氢原子中的“圆轨道”，即$(n,n-1,m)$态，求电子在经典禁区（$V>E$）中的概率.

答：经典禁区相当于 $r>r_n=2n^2a$，电子在 $r\geqslant r_n$ 的概率为

$$P_n=\left[1+4n+\frac{(4n)^2}{2!}+\frac{(4n)^3}{3!}+\cdots+\frac{(4n)^{2n}}{(2n)!}\right]\exp(-4n)$$

$n=1,2,3,4,5,10,\cdots$

$P_n=0.2381, 0.0996, 0.0458, 0.0220, 0.0108, 0.000368,\cdots$

6.16 设碱金属原子中的价电子所受原子实（原子核＋满壳层电子）的作用可近似表示为

$$V(r)=-\frac{e^2}{r}-\lambda\frac{e^2a}{r^2},\qquad 0<\lambda\ll 1$$

a 为 Bohr 半径，求价电子的能级，并与氢原子能级作比较.

答：令 $l(l+1)-2\lambda=l'(l'+1)$，解出得 $l'=-\frac{1}{2}+\left(l+\frac{1}{2}\right)\times\left[1-\frac{8\lambda}{(2l+1)^2}\right]^{1/2}$，能级可表示成

$$E_{nl}=-\frac{e^2}{2a}\frac{1}{n'^2},\quad n'=n_r+l'+1,\quad n_r=0,1,2,\cdots$$

因 $\lambda\ll 1$，可令 $l'=l+\Delta l$，得 $\Delta l\approx-\lambda/(l+1/2)\ll 1$，能级可近似表示成

$$E_{nl}\approx-\frac{e^2}{2a}\frac{1}{(n+\Delta l)^2},\quad n=1,2,3,\cdots$$

它与 l 有关，但 Δl 随 l 增大而减小.

6.17 证明一个球方势阱（半径 a，深度 V_0）恰好具有一条 $l\neq 0$ 的能级的条件是：V_0 与 a 满足

$$\mathrm{j}_{l-1}\left(\sqrt{\frac{2\mu V_0}{\hbar^2}}a\right)=0$$

6.18 采用平面极坐标系，求出轴对称谐振子势中粒子的能量本征值及本征函数. 讨论能级的简并度.

答：$E_N=(N+1)\hbar\omega,\qquad N=0,1,2,\cdots$

$$\psi_{N\Lambda}(\rho,\theta)=A\rho^{|\Lambda|}\exp\left(\frac{1}{2}\alpha^2\rho^2\right)\mathrm{F}\left(\frac{|\Lambda|-N}{2},|\Lambda|+1,\alpha^2\rho^2\right)\times\exp(\mathrm{i}\Lambda\theta)$$

$\alpha^2=\mu\omega/\hbar$，A 为归一化常数，$|\Lambda|=N-2n_r,\qquad n_r=0,1,2,\cdots$

所以 $|\Lambda|=N,N-2,\cdots,1(N$ 奇$)$或 $0(N$ 偶$)$，简并度为$(N+1)$.

6.19 设粒子在无限长的圆筒中运动，筒半径为 a，求粒子能量.

答：能量本征值

$$E_{k|m|\nu}=\frac{\hbar^2}{2\mu}\left(k^2+\frac{\lambda^2_{|m|\nu}}{a^2}\right)$$

$$m=0,\pm1,\pm2,\cdots$$

k 为任意实数，但当给定 E 值后，$k^2\leqslant 2\mu E/\hbar^2$. $\lambda_{|m|\nu}$ 是 $\mathrm{J}_{|m|}(\lambda)=0$ 的第 ν 个根，$\nu=1,2,\cdots$.

注意：能谱是连续的.

6.20 粒子在半径为 a，高为 h 的圆筒中运动. 粒子在筒内是自由的. 在筒壁及筒外势能为无限大. 求粒子的能量本征值.

答：$E_{n|m|\nu}=\dfrac{\hbar^2}{2\mu}\left[\dfrac{n^2\pi^2}{h^2}+\left(\dfrac{\lambda_{|m|,\nu}}{a}\right)^2\right]$

$n=1,2,3,\cdots,\quad m=0,\pm1,\pm2,\cdots$

$\lambda_{|m|,\nu}$是 $\mathrm{J}_{|m|}(\lambda)=0$ 的第 ν 个根.

6.21 设 $V(r)=-V_0\exp(-r/a)(V_0>0)$，求基态$(l=0)$的波函数.

提示：作变量替换 $\xi=\exp(-r/2a)$.

答：基态波函数为 $\psi=A\mathrm{J}_\nu(\lambda\exp(-s/2a))/r$，$A$ 为归一化常数，$\lambda=2a\sqrt{2\mu V_0}/\hbar$(无量纲)，$\mu$ 为粒子质量. ν 由边条件 $\mathrm{J}_\nu(\lambda)=0$ 确定，相应的能量为 $E_\nu=-\nu^2\hbar^2/8\mu a^2$.

6.22 设 $V(r)=-\dfrac{\alpha}{r}+\dfrac{A}{r^2}(\alpha,A>0)$，求粒子的能量本征值.

答：
$$E_{n_rl}=-\frac{2\mu\alpha^2}{\hbar^2}\left[2n_r+1+\sqrt{(2l+1)^2+8\mu A/\hbar^2}\right]^{-2}$$

μ 为粒子质量，$n_r=0,1,2,\cdots,l=0,1,2,\cdots$.

6.23 设 $V(r)=Br^2+A/r^2$(图 6.15)，其中 A、$B>0$，求粒子的能量本征值.

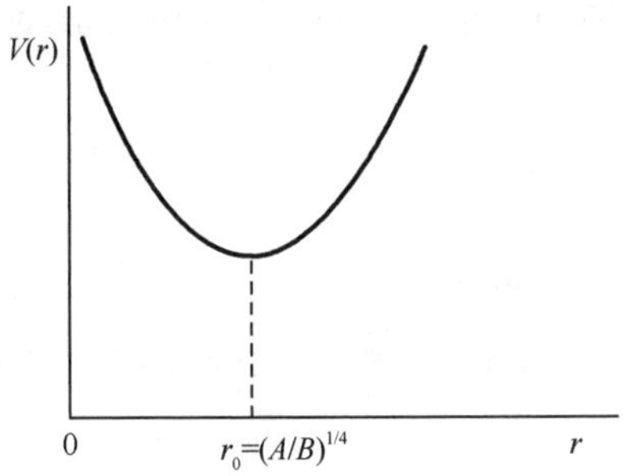

图 6.15

答：

$$E_{n_r l} = \hbar\sqrt{\frac{B}{2\mu}}\left[4n_r + 2 + \sqrt{(2l+1)^2 + \frac{8\mu A}{\hbar^2}}\right]$$

μ 为粒子质量，$n_r=0,1,2,\cdots,l=0,1,2,\cdots$.

6.24　在原子核(荷电 Ze)周围运动的 Z 电子体系，Hamilton 量(忽略自旋与相对论效应)表示为

$$H = T+V$$

$$T = \sum_{i=1}^{Z}\frac{1}{2\mu}\boldsymbol{p}_i^2 \qquad (\text{动能算符})$$

$$V = -Ze^2\sum_{i=1}^{Z}\frac{1}{r_i} + e^2\sum_{i<j}^{Z}\frac{1}{|\boldsymbol{r}_i - \boldsymbol{r}_j|}$$

对于体系的任一束缚态，证明位力定理表示为

$$\langle T\rangle = -\frac{1}{2}\langle V\rangle = -E$$

6.25　粒子在 Hulthen 势场

$$V(r) = -\frac{V_0}{\exp(r/a)-1} \quad (V_0, a>0)$$

中运动，证明其束缚态能级 E_n 满足不等式

$$E_n > -\frac{\mu V_0^2 a^2}{2n^2\hbar^2} \quad n=1,2,3,\cdots$$

提示：与下面 Coulomb 势场中能级比较：

$$V_C(r) = -V_0 a/r$$

6.26　荷电 q 的一维谐振子处于均匀电场 $\mathscr{E}$ 中，Hamilton 量为

$$H = \frac{p^2}{2m} + \frac{1}{2}m\omega^2x^2 - q\mathscr{E}x$$

利用 HF 定理，求其束缚能级 E_n.

提示：利用 Heisenberg 方程，计算 $\langle x\rangle_n$，然后取 $\mathscr{E}$ 为参数，利用 HF 定理.

答：$E_n=\left(n+\dfrac{1}{2}\right)\hbar\omega-\dfrac{q^2\mathscr{E}^2}{2m\omega^2}$

6.27　质量为 μ 的粒子在中心力场中运动，$V(r)=\lambda r^\nu(\nu>-2,\lambda/\nu>0)$. 试利用 HF 定理及位力定理分析能级构造式对于 λ、μ、$\hbar$ 的依赖关系.

答：$E=C\lambda^{\frac{2}{2+\nu}}\left(\dfrac{\hbar^2}{2\mu}\right)^{\frac{\nu}{2+\nu}}$，$C$ 与 λ、$\hbar$、μ 无关.

6.28　一维粒子在势场 $V(x)=V_0\left|\dfrac{x}{a}\right|^\nu(V_0,a>0)$ 中运动，讨论 $\nu\to\infty$ 时能级对各参数的依赖关系.

答：特征长度　$x_0\propto\left(\dfrac{\hbar^2a^\nu}{\mu V_0}\right)^{\frac{1}{\nu+2}}$

特征能量　$E\propto\left(\dfrac{\hbar^2}{\mu}\right)^{\frac{\nu}{\nu+2}}V_0^{\frac{2}{\nu+2}}a^{-\frac{2\nu}{\nu+2}}$

当 $\nu\to\infty$，$(x)\to$宽度为 $2a$ 的无限深方势阱，特征长度和能量都将与 V_0 无关.

第 7 章　粒子在电磁场中的运动

7.1　电磁场中荷电粒子的 Schrödinger 方程

考虑质量为 μ,荷电 q 的粒子在电磁场中的运动. 在经典力学中,其 Hamilton 量表示为

$$H = \frac{1}{2\mu}\left(\boldsymbol{P} - \frac{q}{c}\boldsymbol{A}\right)^2 + q\phi \tag{7.1.1}$$

其中 $\boldsymbol{A}$、ϕ 分别是电磁矢势和标势. $\boldsymbol{P}$ 称为正则动量. Hamilton 量这样写法的理由如下:把式(7.1.1)代入正则方程

$$r\dot{x} = \frac{\partial H}{\partial \boldsymbol{P}}, \qquad \dot{\boldsymbol{P}} = -\frac{\partial H}{\partial \boldsymbol{r}} \tag{7.1.2}$$

即可得出(注 1)

$$\mu\ddot{\boldsymbol{r}} = q\left(\boldsymbol{E} + \frac{1}{c}\boldsymbol{v}\times\boldsymbol{B}\right) \tag{7.1.3}$$

式中

$$\boldsymbol{E} = -\frac{1}{c}\frac{\partial \boldsymbol{A}}{\partial t} - \boldsymbol{\nabla}\phi \quad （电场强度） \tag{7.1.4}$$

$$\boldsymbol{B} = \boldsymbol{\nabla}\times\boldsymbol{A} \qquad （磁感应强度）$$

式(7.1.3)即荷电 q 的粒子在电磁场中的 Newton 方程,式(7.1.3)右边第一项是电场 $\boldsymbol{E}$ 对荷电 q 的粒子的作用,第二项即 Lorentz 力,是经过无数实验证明为正确的.

按照量子力学中的正则量子化程序,把正则动量 $\boldsymbol{P}$ 换成算符 $\hat{\boldsymbol{P}}$(注 2)

$$\boldsymbol{P} \to \hat{\boldsymbol{P}} = -\mathrm{i}\hbar\,\boldsymbol{\nabla} \tag{7.1.5}$$

则电磁场中荷电 q 的粒子的 Hamilton 算符表示为

$$H = \frac{1}{2\mu}\left(\hat{\boldsymbol{P}} - \frac{q}{c}\boldsymbol{A}\right)^2 + q\phi \tag{7.1.6}$$

因而 Schrödinger 方程表示为

$$\begin{aligned}\mathrm{i}\hbar\frac{\partial}{\partial t}\psi &= \left[\frac{1}{2\mu}\left(\hat{\boldsymbol{P}} - \frac{q}{c}\boldsymbol{A}\right)^2 + q\phi\right]\psi \\ &= \left[\frac{1}{2\mu}\left(-\mathrm{i}\hbar\,\boldsymbol{\nabla} - \frac{q}{c}\boldsymbol{A}\right)\cdot\left(-\mathrm{i}\hbar\,\boldsymbol{\nabla} - \frac{q}{c}\boldsymbol{A}\right) + q\phi\right]\psi\end{aligned} \tag{7.1.7}$$

一般说来,$\hat{\boldsymbol{P}}$ 与 $\boldsymbol{A}$ 不对易,

$$\hat{\boldsymbol{P}}\cdot\boldsymbol{A} - \boldsymbol{A}\cdot\hat{\boldsymbol{P}} = -\mathrm{i}\hbar\boldsymbol{\nabla}\cdot\boldsymbol{A} \tag{7.1.8}$$

但若采用电磁场的横波条件$\nabla \cdot \boldsymbol{A}=0$，则方程(7.1.7)可以表示为

$$\mathrm{i}\hbar \frac{\partial}{\partial t}\psi = \left(\frac{1}{2\mu}\hat{\boldsymbol{P}}^2 - \frac{q}{\mu c}\boldsymbol{A}\cdot\boldsymbol{P} + \frac{q^2}{2\mu c^2}\boldsymbol{A}^2 + q\phi\right)\psi \tag{7.1.9}$$

（注 1） 式(7.1.3)证明如下：以 x 分量为例. 按式(7.1.1)和(7.1.2)，

$$x\dot{x} = \frac{\partial H}{\partial P_x} = \frac{1}{\mu}\left(P_x - \frac{q}{c}A_x\right) \tag{7.1.10}$$

所以

$$P_x = \mu x\dot{x} + \frac{q}{c}A_x = \mu v_x + \frac{q}{c}A_x$$

因而

$$\boldsymbol{P} = \mu\boldsymbol{v} + \frac{q}{c}\boldsymbol{A} \tag{7.1.11}$$

可以看出，在有磁场的情况下，带电粒子的正则动量并不等于其机械动量 $\mu\boldsymbol{v}$.

式(7.1.10)对 t 求导数，并利用式(7.1.1)和(7.1.2)得

$$\begin{aligned}
\mu\ddot{x} &= \dot{P}_x - \frac{q}{c}\dot{A}_x = -\frac{\partial H}{\partial x} - \frac{q}{c}\dot{A}_x = \frac{1}{\mu}\sum_{i=1}^{3}\left(P_i - \frac{q}{c}A_i\right)\frac{q}{c}\frac{\partial A_i}{\partial x} - q\frac{\partial\phi}{\partial x} - \frac{q}{c}\dot{A}_x \\
&= \frac{q}{c}\sum_{i=1}^{3}x\dot{x}_i\frac{\partial A_i}{\partial x} - q\frac{\partial\phi}{\partial x} - \frac{q}{c}\left(\frac{\partial A_x}{\partial t} + \sum_{i=1}^{3}r\dot{x}_i\frac{\partial A_x}{\partial r_i}\right) \\
&= -q\left(\frac{\partial\phi}{\partial x} + \frac{1}{c}\frac{\partial A_x}{\partial t}\right) + \frac{q}{c}\left[x\dot{x}\frac{\partial A_x}{\partial x} + y\dot{x}\frac{\partial}{\partial x}A_y + z\dot{x}\frac{\partial}{\partial x}A_z - x\dot{x}\frac{\partial}{\partial x}A_x - y\dot{x}\frac{\partial}{\partial y}A_x - z\dot{x}\frac{\partial}{\partial z}A_x\right] \\
&= -q\left(\nabla\phi + \frac{1}{c}\frac{\partial}{\partial t}\boldsymbol{A}\right)_x + \frac{q}{c}[\boldsymbol{v}\times(\nabla\times\boldsymbol{A})]_x
\end{aligned}$$

所以

$$\mu\ddot{\boldsymbol{r}} = -q\left(\nabla\phi + \frac{1}{c}\frac{\partial}{\partial t}\boldsymbol{A}\right) + \frac{q}{c}\boldsymbol{v}\times(\nabla\times\boldsymbol{A}) = q\left(\boldsymbol{E} + \frac{1}{c}\boldsymbol{v}\times\boldsymbol{B}\right)$$

（注 2） 在量子力学中，对于磁场中运动的带电粒子，把正则动量（而不是机械动量 $\mu\boldsymbol{v}$）换成算符$-\mathrm{i}\hbar\nabla$ 的理由，Feynman 有如下论证：

考虑方程(7.1.7)，当矢量 $\boldsymbol{A}$ 有一个突然改变时，$\frac{\partial\psi}{\partial t}$（而不是 ψ 本身）将会有一个突然改变.

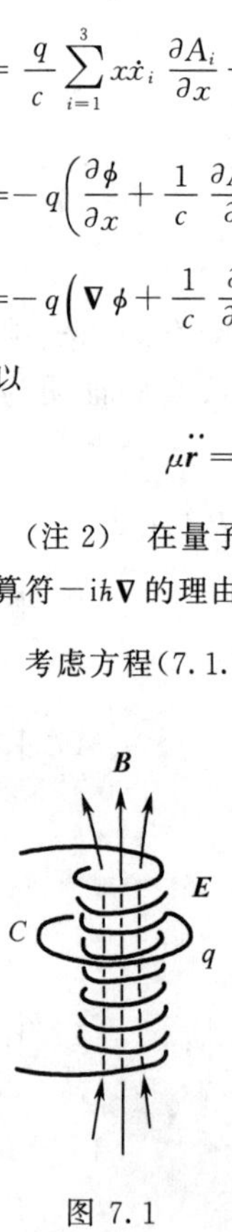

图 7.1

在 $\boldsymbol{A}$ 突变的一瞬间，ψ 保持不变，因此，$\nabla\psi$ 也不变. 例如，图 7.1 有一个长螺线管，管外邻近有一个带电 q 的粒子. 设螺线突然通以电流，在管内猛地一下建立起磁场，矢势从零突变为 $\boldsymbol{A}$，利用 $\boldsymbol{B}=\nabla\times\boldsymbol{A}$ 及数学中的 Stokes 定理，得

$$\iint_S \boldsymbol{B}\cdot\mathrm{d}\boldsymbol{S} = \int_C \boldsymbol{A}\cdot\mathrm{d}\boldsymbol{l}.$$

S 是螺管截面，C 为管外邻近绕螺管的一个回路. 按 Faraday 定律，在管外产生的感应电场 $\boldsymbol{E}$ 满足

$$\oint_C \boldsymbol{E}\cdot\mathrm{d}\boldsymbol{l} = -\frac{1}{c}\frac{\partial}{\partial t}\iint_S \boldsymbol{B}\cdot\mathrm{d}\boldsymbol{S} = -\frac{1}{c}\frac{\partial}{\partial t}\int_C \boldsymbol{A}\cdot\mathrm{d}\boldsymbol{l}$$

$$\boldsymbol{E}=-\frac{1}{c}\frac{\partial \boldsymbol{A}}{\partial t}$$

当 $\boldsymbol{A}$ 猛然改变$\left(\frac{\partial \boldsymbol{A}}{\partial t}\text{很大}\right)$，感应电场 $\boldsymbol{E}$ 将很强，因而给带电粒子一个很大的冲力 $q\boldsymbol{E}$. 当建立起磁场后，粒子受到冲量为 $q\boldsymbol{E}\Delta t=-\frac{q}{c}\boldsymbol{A}$，即粒子的机械动量突然改变 $-\frac{q}{c}\boldsymbol{A}$. 因此，$\mu\boldsymbol{v}+\frac{q}{c}\boldsymbol{A}$ 保持不变，即正则动量 $\boldsymbol{P}=\mu\boldsymbol{v}+\frac{q}{c}\boldsymbol{A}$ 保持不变. 上面已提到，在此过程中 $\nabla\psi$ 保持不变，所以把正则动量 $\boldsymbol{P}$ 换成算符 $-\mathrm{i}\hbar\nabla$ 是可以理解的. 见 R. P. Feynman et al. , *The Feynman Lectures on Physics*, Vol. 3, *Quantum Mechanics*, *Fig*. 21-2.

讨论

1. 局域的概率守恒与流密度

式(7.1.10)取复共轭（注意，$\boldsymbol{A}$，ϕ 为实，在坐标表象中 $\hat{\boldsymbol{P}}^*=-\hat{\boldsymbol{P}}$）

$$-\mathrm{i}\hbar\frac{\partial}{\partial t}\psi^*=\left(\frac{1}{2\mu}\hat{\boldsymbol{P}}^2+\frac{q}{\mu c}\boldsymbol{A}\cdot\hat{\boldsymbol{P}}+\frac{q^2}{2\mu c^2}A^2+q\phi\right)\psi^* \tag{7.1.12}$$

$\psi^*\times$(7.1.10)$-\psi\times$(7.1.12)，利用 $\nabla\cdot\boldsymbol{A}=0$，得

$$\begin{aligned}
\mathrm{i}\hbar\frac{\partial}{\partial t}(\psi^*\psi)&=\frac{1}{2\mu}(\psi^*\hat{\boldsymbol{P}}^2\psi-\psi\hat{\boldsymbol{P}}^2\psi^*)-\frac{q}{\mu c}(\psi^*\boldsymbol{A}\cdot\hat{\boldsymbol{P}}\psi+\psi\boldsymbol{A}\cdot\hat{\boldsymbol{P}}\psi^*)\\
&=\frac{1}{2\mu}\hat{\boldsymbol{P}}\cdot(\psi^*\hat{\boldsymbol{P}}\psi-\psi\hat{\boldsymbol{P}}\psi^*)-\frac{q}{\mu c}\hat{\boldsymbol{P}}\cdot(\psi^*\boldsymbol{A}\psi)\\
&=-\frac{\mathrm{i}\hbar}{2\mu}\nabla\cdot\left[(\psi^*\hat{\boldsymbol{P}}\psi-\psi\hat{\boldsymbol{P}}\psi^*)-\frac{2q}{c}(\psi^*\boldsymbol{A}\psi)\right]
\end{aligned}$$

即

$$\frac{\partial}{\partial t}\rho+\nabla\cdot\boldsymbol{j}=0 \tag{7.1.13}$$

式中

$$\rho=\psi^*\psi \tag{7.1.14}$$

$$\begin{aligned}
\boldsymbol{j}&=\frac{1}{2\mu}(\psi^*\hat{\boldsymbol{P}}\psi-\psi\hat{\boldsymbol{P}}\psi^*)-\frac{q}{\mu c}\boldsymbol{A}\psi^*\psi\\
&=\frac{1}{2\mu}\left[\psi^*\left(\hat{\boldsymbol{P}}-\frac{q}{c}\boldsymbol{A}\right)\psi+\psi\left(\hat{\boldsymbol{P}}-\frac{q}{c}\boldsymbol{A}\right)^*\psi^*\right]\\
&=\frac{1}{2}(\psi^*\hat{\boldsymbol{v}}\psi+\psi\hat{\boldsymbol{v}}^*\psi^*)=\mathrm{Re}(\psi^*\hat{\boldsymbol{v}}\psi)
\end{aligned} \tag{7.1.15}$$

$$\hat{\boldsymbol{v}}=\frac{1}{\mu}\left(\hat{\boldsymbol{P}}-\frac{q}{c}\boldsymbol{A}\right)=\frac{1}{\mu}\left(-\mathrm{i}\hbar\nabla-\frac{q}{c}\boldsymbol{A}\right) \tag{7.1.16}$$

与式(7.1.11)比较，$\hat{\boldsymbol{v}}$ 可理解为粒子的速度算符，而 $\boldsymbol{j}$ 为流密度算符.

2. 规范不变性

电磁场具有规范不变性(gauge invariance),即当 $\boldsymbol{A}$、ϕ 作下列规范变换时,

$$\begin{cases}\boldsymbol{A}\to\boldsymbol{A}'=\boldsymbol{A}+\nabla\chi(\boldsymbol{r},t)\\ \phi\to\phi'=\phi-\dfrac{1}{c}\dfrac{\partial}{\partial t}\chi(\boldsymbol{r},t)\end{cases}\tag{7.1.17}$$

电场强度 $\boldsymbol{E}$ 和磁场强度 $\boldsymbol{B}$ 都不改变. 在经典 Newton 方程(7.1.3)中,只出现 $\boldsymbol{E}$ 和 $\boldsymbol{B}$,不出现 $\boldsymbol{A}$ 和 ϕ,其规范不变性是显然的. 但 Schrödinger 方程(7.1.7)中出现 $\boldsymbol{A}$ 和 ϕ,是否违反规范不变性? 否. 可以证明,波函数如作相应的相位变换

$$\psi\to\psi'=\mathrm{e}^{\mathrm{i}q\chi/\hbar c}\psi\tag{7.1.18}$$

则 ψ' 满足的 Schrödinger 方程,形式上与 ψ 相同①,即

$$\mathrm{i}\hbar\frac{\partial}{\partial t}\psi'=\left[\frac{1}{2\mu}\left(\hat{\boldsymbol{P}}-\frac{q}{c}\boldsymbol{A}'\right)^2+q\phi'\right]\psi'\tag{7.1.19}$$

应该注意,变换(7.1.18)并非波函数的一个常数相位变换[因 $\chi(\boldsymbol{r},t)$ 依赖于 $\boldsymbol{r}$、t],物理观测结果的规范不变性并非一目了然(注 3). 但容易证明 ρ、$\boldsymbol{j}$、$\langle\boldsymbol{v}\rangle$ 等在规范变换下都不变.(关于规范不变性的更详细的讨论,见卷Ⅱ).

练习 证明在规范变换下,

$$\rho=\psi^*\psi$$

$$\boldsymbol{j}=\frac{1}{2\mu}\left(\psi^*\hat{\boldsymbol{P}}\psi-\psi\hat{\boldsymbol{P}}\psi^*\right)-\frac{q}{\mu c}\boldsymbol{A}\psi^*\psi$$

$$\mu\bar{\boldsymbol{v}}=\overline{\left(\boldsymbol{P}-\frac{q}{c}\boldsymbol{A}\right)}\quad\text{(机械动量的平均值)}$$

都不改变.

(注 3)Scully 和 Zubairy 根据局域规范变换(local gauge transformation)不变性,"导出"了电磁场中的 Schrödinger 方程(7.1.7). 其论证如下:对于自由粒子,Schrödinger 方程为

$$\mathrm{i}\hbar\frac{\partial}{\partial t}\psi(\boldsymbol{r},t)=H\psi(\boldsymbol{r},t)=-\frac{\hbar^2}{2\mu}\nabla^2\psi(\boldsymbol{r},t)\tag{7.1.20}$$

在常数规范变换 $\psi(\boldsymbol{r},t)\to\psi(\boldsymbol{r},t)\mathrm{e}^{\mathrm{i}\chi}$($\chi$ 为常数)下,粒子的空间分布几率密度 $\rho=|\psi|^2$ 保持不变是显然的. 如进一步要求在局域规范变换.

$$\psi(\boldsymbol{r},t)\to\psi(\boldsymbol{r},t)\mathrm{e}^{\mathrm{i}\chi(\boldsymbol{r},t)/\hbar c}\tag{7.1.21}$$

下,Schrödinger 方程保持不变,则方程(7.1.20)中必须加进新的项,修改为方程(7.1.7),即(A,

① 证明提示:利用

$$\mathrm{i}\hbar\frac{\partial}{\partial t}\psi'-q\phi'\psi'=\exp\left(\frac{\mathrm{i}q}{\hbar c}f\right)\left(\mathrm{i}\hbar\frac{\partial}{\partial t}\psi-q\phi\psi\right)$$

$$\left(\hat{\boldsymbol{P}}-\frac{q}{c}\boldsymbol{A}'\right)\psi'=\exp\left(\frac{\mathrm{i}q}{\hbar c}f\right)\left(\hat{\boldsymbol{P}}-\frac{q}{c}\boldsymbol{A}\right)\psi$$

$$\left(\hat{\boldsymbol{P}}-\frac{q}{c}\boldsymbol{A}'\right)^2\psi'=\exp\left(\frac{\mathrm{i}q}{\hbar c}f\right)\left(\hat{\boldsymbol{P}}-\frac{q}{c}\boldsymbol{A}\right)^2\psi$$

ϕ)必须进行规范变换(7.1.17).($\boldsymbol{A},\phi$)与规范有关,但电磁场 $\boldsymbol{E}$ 和 $\boldsymbol{B}$[见式(7.1.4)]则与规范无关.方程(7.1.7)可以认为是自由粒子的 Schrödinger 方程(7.1.20)的逻辑上推广(logical extension).在经典电动力学中,($\boldsymbol{A},\phi$)的引进,只是为了数学上方便地给出可观测量电磁场强度($\boldsymbol{E}$,$\boldsymbol{B}$).在量子力学中,($\boldsymbol{A},\phi$)的引进,则是为保证 Schrödinger 方程 $\mathrm{i}\hbar\frac{\partial}{\partial t}\psi=H\psi$ 在局域规范变换下的不变性,因而($\boldsymbol{A},\phi$)是有物理意义的.详见 M. O. Scully and M. S. Zubairy, *Quantum Optics*, p. 146~148(Cambridge University Press, 1997).

7.2 Landau 能级

考虑电子(质量 M,荷电 $-e$)处于均匀磁场 $\boldsymbol{B}$ 中,矢势取为 $\boldsymbol{A}=\frac{1}{2}\boldsymbol{B}\times\boldsymbol{r}$①.取磁场方向为 z 轴方向,则

$$A_x=-\frac{1}{2}By,\quad A_y=\frac{1}{2}Bx,\quad A_z=0 \tag{7.2.1}$$

电子的 Hamilton 量表示为

$$\begin{aligned}H&=\frac{1}{2M}\left[\left(\hat{P}_x-\frac{eB}{2c}y\right)^2+\left(\hat{P}_y+\frac{eB}{2c}x\right)^2+\hat{P}_z^2\right]\\&=\frac{1}{2M}(\hat{P}_x^2+\hat{P}_y^2)+\frac{e^2B^2}{8Mc^2}(x^2+y^2)+\frac{eB}{2Mc}(x\hat{P}_y-y\hat{P}_x)+\frac{1}{2M}\hat{P}_z^2\end{aligned} \tag{7.2.2}$$

为了方便,以下把沿 z 轴方向的自由运动分离出去(即把上式右边最后一项略去),集中讨论电子在 xy 平面中的运动.此时,

$$H=H_0+\omega_{\mathrm{L}}\hat{l}_z \tag{7.2.3}$$

$$H_0=\frac{1}{2M}(\hat{P}_x^2+\hat{P}_y^2)+\frac{1}{2}M\omega_{\mathrm{L}}^2(x^2+y^2),\quad \omega_{\mathrm{L}}=eB/2Mc$$

$$\hat{l}_z=x\hat{P}_y-y\hat{P}_x=-\mathrm{i}\hbar\left(x\frac{\partial}{\partial y}-y\frac{\partial}{\partial x}\right)=-\mathrm{i}\hbar\frac{\partial}{\partial\varphi}$$

ω_{L} 称为 Larmor 频率,H 中 B(即 ω_{L})的线性项表示电子的轨道磁矩与外磁场的相互作用,而 B^2(即 ω_{L}^2)项称为反磁项.式(7.2.3)中 H_0 的形式与二维各向同性谐振子相同.

电子的能量本征态可取为守恒量完全集($H,\hat{l}_z$)的共同本征态.取平面极坐标,则

$$\psi(\rho,\varphi)=R(\rho)\mathrm{e}^{\mathrm{i}m\varphi},m=0,\pm1,\pm2,\cdots \tag{7.2.4}$$

代入能量本征方程 $H\psi=E\psi$,可求出径向方程

$$\left[-\frac{\hbar^2}{2M}\left(\frac{\partial^2}{\partial\rho^2}+\frac{1}{\rho}\frac{\partial}{\partial\rho}\right)+\frac{1}{2}M\omega_{\mathrm{L}}^2\rho^2\right]R(\rho)=(E-m\hbar\omega_{\mathrm{L}})R(\rho) \tag{7.2.5}$$

---

① 以下结果与规范无关,不难验证 $\nabla\times\boldsymbol{A}=\boldsymbol{B}$,$\nabla\cdot\boldsymbol{A}=0$.

按 6.6 节,可解出能量本征值 E(Landau 能级)

$$E = E_N = (N+1)\hbar\omega_L$$
$$N = (2n_\rho + |m| + m) = 0,2,4,\cdots, \quad n_\rho = 0,1,2,\cdots \tag{7.2.6}$$

相应的能量本征函数(径向部分)为

$$R_{n_\rho|m|}(\rho) \sim \rho^{|m|} \mathrm{F}(-n_\rho, |m|+1, \alpha^2\rho^2) \mathrm{e}^{-\alpha^2\rho^2/2} \tag{7.2.7}$$
$$\alpha = \sqrt{M\omega_L/\hbar} = \sqrt{eB/2\hbar c}$$

式(7.2.7)中 F 为合流超几何函数,n_ρ 表示径向波函数节点数($\rho=0,\infty$点除外).

对于二维各向同性谐振子(自然频率为 ω_0),能级为 $E_N=(N+1)\hbar\omega_0$,$N=2n_\rho+|m|=0,1,2,\cdots$,简并度为 $f_N=(N+1)$(参阅 6.6 节).对于均匀磁场中的电子,由于 Hamilton 量(7.2.3)中出现了$\omega_L \hat{l}_z$项,此时尽管能量本征函数形式未变,但能量本征值(7.2.6)中出现一项 $m\hbar\omega_L$,因而 $N=2n_\rho+|m|+m$.容易看出,所有 $m\leqslant 0$ 的态所对应的能量都相同,因而**能级简并度为**∞(见表 7.1 和后面注 1).对于较低的几条能级的简并度的分析,如下表 7.1.

表 7.1

N	$E_N/\hbar\omega_L$	n_ρ	m
0	1	0	$0,-1,-2,-3,\cdots$
2	3	0	1
		1	$0,-1,-2,-3,\cdots$
4	5	0	2
		1	1
		2	$0,-1,-2,-3,\cdots$
6	7	0	3
		1	2
		2	1
		3	$0,-1,-2,-3,\cdots$

式(7.2.6)所示电子能量(>0)可以看成电子在外磁场 B(沿 z 方向)中感应而产生的磁矩 μ_z 与外磁场的相互作用,而

$$\mu_z = -(2n_\rho + 1 + |m| + m)e\hbar/2Mc \tag{7.2.8}$$

上式中的负号表示自由电子在受到外磁场作用时具有**反磁性**.

应当提到,关于 Landau 能级(7.2.6)的简并度的上述结论,不因规范选择而异.例如,对于 Landau 选用过的规范①

$$A_x = -By, A_y = A_z = 0 \tag{7.2.9}$$

① 例如,见 L. D. Landau, E. M. Lifshitz, *Quantum Mechanics*, *Non-relativistic Theory*, (Benjamin, 1977), p. 456.

与(7.2.1)式相比,相当于做了一个规范变换,即 $\boldsymbol{A}=\frac{1}{2}\boldsymbol{B}\times\boldsymbol{r}\to\boldsymbol{A}'=\boldsymbol{A}+\nabla f$, $f=-\frac{1}{2}Bxy$.

电子在 xy 平面内运动的 Hamilton 量为

$$H=\frac{1}{2M}\left[\left(\hat{P}_x-\frac{eB}{c}y\right)^2+\hat{P}_y^2\right] \tag{7.2.10}$$

H 的本征态可取为守恒量完全集$(H,\hat{P}_x)$的共同本征态，即

$$\psi(x,y)=\mathrm{e}^{\mathrm{i}P_x x/\hbar}\chi(y) \tag{7.2.11}$$

上式中 P_x 是 $\hat{P}_x$ 的本征值，$-\infty<P_x$(实)$<+\infty$，$\chi(y)$满足

$$\frac{1}{2M}\left[\left(P_x-\frac{eB}{c}y\right)^2-\hbar^2\frac{\mathrm{d}^2}{\mathrm{d}y^2}\right]\chi(y)=E\chi(y) \tag{7.2.12}$$

令 $y_0=cP_x/eB$，上式可化为

$$-\frac{\hbar^2}{2M}\chi''(y)+\frac{1}{2}M\omega_c^2(y-y_0)^2\chi(y)=E\chi(y) \tag{7.2.13}$$

$$\omega_c=eB/Mc=2\omega_{\mathrm{L}}$$

ω_c 称为回旋(cyclotron)角频率①. 上式描述的相当于一个一维谐振子，平衡点在 $y=y_0=cP_x/eB$ 点，其能量本征值为

$$\begin{aligned}E=E_n&=\left(n+\frac{1}{2}\right)\hbar\omega_c,\ n=0,1,2,\cdots\\&=(N+1)\hbar\omega_{\mathrm{L}},\ N=2n=0,2,4,\cdots\end{aligned} \tag{7.2.14}$$

此结果与(7.2.6)式一致(Landall 能级不因归范变换而异)，相应本征函数为

$$\chi_{y_0 n}(y)\propto \mathrm{e}^{-\alpha^2(y-y_0)^2/2}H_n(\alpha(y-y_0)),\quad \alpha=\sqrt{M\omega_c/\hbar} \tag{7.2.15}$$

它依赖于 n 和参量 $y_0(=cP_x/eB)$，y_0 可以取$(-\infty,+\infty)$中一切实数值，但能级 E_n 不依赖于 y_0，因而能级为无穷度简并. 这里我们注意到一个有趣的现象，即在均匀磁场中运动的电子，可以出现在无穷远处($y_0\to\pm\infty$)，即为非束缚态(x 方向为平面波，也是非束缚态)，但电子的能级却是分立的. 注意，通常一个二维非束缚态粒子的能量一般是连续变化的.

(注 1)Landau 能级简并度为∞，可如下理解：

在经典力学中，电子在均匀外磁场 B 中运动，其机械动量 $\boldsymbol{\pi}=M\boldsymbol{v}=\boldsymbol{P}+\frac{e}{c}\boldsymbol{A}$，而 $\frac{\mathrm{d}}{\mathrm{d}t}\boldsymbol{\pi}=-e\boldsymbol{v}\times\boldsymbol{B}/c$，所以

$$\frac{\mathrm{d}}{\mathrm{d}t}\left(\boldsymbol{\pi}+\frac{e}{c}\boldsymbol{r}\times\boldsymbol{B}\right)=0 \tag{7.2.16}$$

---

① 经典力学中，在沿 z 方向的均匀磁场 B 的作用下，电子所受 Lorentz 力 $\boldsymbol{F}=-e\boldsymbol{v}\times\boldsymbol{B}/c$，$\boldsymbol{v}$ 为电子速度，电子在 xy 平面内的运动为圆周运动，半径为 R，维持圆周运动的向心力 Mv^2/R 由 Lorentz 力提供，即 $Mv^2/R=evB/c$，所以 $R=Mvc/eB$ 称为回旋半径. 圆周运动频率 $\nu=v/2\pi R$，而角频率为 $\omega=2\pi\nu=v/R=eB/Mc$，回旋(cyclic)角频率 $\omega_c=2\omega_{\mathrm{L}}$，$\omega_{\mathrm{L}}=eB/2Mc$ 为 Larmor 角频率.

即 $\boldsymbol{\pi}+\frac{e}{c}\boldsymbol{r}\times\boldsymbol{B}$ 为守恒量. 设 $\boldsymbol{B}$ 沿 z 方向,则有下列两个守恒量

$$\pi_x+\frac{eB}{c}y=\frac{eB}{c}\left(y+\frac{c}{eB}\pi_x\right)$$

$$\pi_y-\frac{eB}{c}x=-\frac{eB}{c}\left(x-\frac{c}{eB}\pi_y\right)$$

或等价地定义一个守恒量 $\boldsymbol{R}$(垂直于 $\boldsymbol{B}$)

$$R_x=x-\frac{c}{eB}\pi_y,\quad R_y=y+\frac{c}{eB}\pi_x \tag{7.2.17}$$

而

$$(x-R_x)^2+(y-R_y)^2=\frac{c^2}{e^2B^2}(\pi_x^2+\pi_y^2)=\frac{2Mc^2}{e^2B^2}H \tag{7.2.18}$$

表示粒子在 xy 平面中作圆周运动,圆心在(R_x,R_y)点,半径与粒子能量和磁场强度有关. 相对于(R_x,R_y)点,粒子的轨道角动量

$$\Lambda_z=(x-R_x)\pi_y-(y-R_y)\pi_x=\frac{2Mc}{eB}H \tag{7.2.19}$$

除(R_x,R_y)之外,$\Lambda_z\left(因而\ H=\frac{eB}{2Mc}\Lambda_z\right)$也为守恒量.

过渡到量子力学,这些力学量代之为相应的算符,

$$\hat{\pi}_x=\hat{P}_x+\frac{e}{c}A_x,\quad \hat{\pi}_y=\hat{P}_y+\frac{e}{c}A_y$$

$$\hat{R}_x=x-\frac{c}{eB}\hat{\pi}_y,\quad \hat{R}_y=y+\frac{c}{eB}\hat{\pi}_x$$

不难证明

$$[\hat{\pi}_x,\hat{\pi}_y]=-\frac{\mathrm{i}\hbar e}{c}B$$

$$[H,\hat{\pi}_x]\neq 0\quad [H,\hat{\pi}_y]\neq 0 \tag{7.2.20}$$

可见(π_x,π_y)并非守恒量. 但体系存在两个彼此不对易的守恒量 $\hat{R}_x$ 和 $\hat{R}_y$,

$$[H,\hat{R}_x]=0,\quad [H,\hat{R}_y]=0$$

$$[\hat{R}_x,\hat{R}_y]=\frac{\mathrm{i}\hbar c}{eB} \tag{7.2.21}$$

按 5.1.3 节中的定理的推论,体系的能级简并度为∞.

当然,以上假定了电子除受到磁场作用外,不再受其他限制. 如果电子局限在 xy 平面中一个有限面积 S 中运动,可以证明①,能级简并度为 $f=\frac{eB}{hc}S$,即单位面积简并度为 $f/S=\frac{eB}{hc}\propto B$.

Landau 能级对于理解量子 Hall 效应是很有用的(指整数量子 Hall 效应),后者是指在低温下二维电子气在强磁场中出现的 Hall 电阻(电导)率的量子化现象.①

练习 1 在式(7.2.2)中,忽略电子在 z 方向的自由运动,并令

$$q=-\frac{c}{eB}\left(\hat{P}_x-\frac{eB}{2c}y\right),\quad p=\left(\hat{P}_y+\frac{eB}{2c}x\right). \tag{7.2.22}$$

证明

① 参阅 R. Shankar, *Principles of Quantum Mechanics*, 2nd. ed. (1994), p. 587~592.

$$[q,p]=\mathrm{i}\hbar \tag{7.2.23}$$

(q,p)可以视为一组正则坐标和动量. 此时 Hamilton 量可以表示为

$$H=\frac{1}{2}M\omega_c^2q^2+\frac{1}{2M}p^2 \tag{7.2.24}$$

式中

$$\omega_c=eB/Mc=2\omega_{\mathrm{L}},$$

因而能量本征值为

$$E_n=\left(n+\frac{1}{2}\right)\hbar\omega_c=(2n+1)\hbar\omega_{\mathrm{L}},\quad n=0,1,2,\cdots \tag{7.2.25}$$

参阅 10.1 节, 例 2.

练习 2　同上, 令

$$q'=\left(\hat{P}_y-\frac{eB}{2c}x\right),\quad p'=-\frac{c}{eB}\left(\hat{P}_x+\frac{eB}{2c}y\right) \tag{7.2.26}$$

同样证明

$$[q',p']=\mathrm{i}\hbar \tag{7.2.27}$$

(q',p')也是一组正则坐标和动量. 证明, q', p'与 q, p 对易.

$$[q',q]=[q',p]=0,\quad [p',q]=[p',p]=0 \tag{7.2.28}$$

但 q'与 p'不出现在 H 中, 即为循环坐标. 这与 Landau 能级简并度为∞密切相关.

7.3　正常 Zeeman 效应

原子中的电子, 通常近似看成在一个中心平均场中运动, 能级一般有简并. 实验发现, 如把原子(光源)置于强磁场中, 原来发出的每条光谱线分裂为三条, 此即正常 Zeeman 效应. 光谱线的分裂反映原子的简并能级发生分裂, 即能级简并被解除或部分解除.

在原子大小范围中, 实验室里常用的磁场可视为均匀磁场, 记为 $\boldsymbol{B}$, 它不依赖于电子的坐标. 与 7.2 节相同, 相应的矢势 $\boldsymbol{A}$ 可取为

$$\boldsymbol{A}=\frac{1}{2}\boldsymbol{B}\times\boldsymbol{r} \tag{7.3.1}$$

取磁场方向为 z 轴方向, 则

$$A_x=-\frac{1}{2}By,\quad A_y=\frac{1}{2}Bx,\quad A_z=0$$

为计算简单起见, 考虑碱金属原子. 每个原子中只有一个价电子, 在原子核及内层满壳电子所产生的屏蔽(screened)Coulomb 场 $V(r)$中运动. 价电子的 Hamilton 量可以表示为

$$\begin{aligned}H&=\frac{1}{2\mu}\left[\left(P_x-\frac{eB}{2c}y\right)^2+\left(P_y+\frac{eB}{2c}x\right)^2+P_z^2\right]+V(r)\\&=\frac{1}{2\mu}\left[P^2+\frac{eB}{c}l_z+\frac{e^2B^2}{4c^2}(x^2+y^2)\right]+V(r)\end{aligned} \tag{7.3.2}$$

上式中 $l_z=(xP_y-yP_x)=-\mathrm{i}\hbar\left(x\frac{\partial}{\partial y}-y\frac{\partial}{\partial x}\right)=-\mathrm{i}\hbar\frac{\partial}{\partial\varphi}$是角动量的 z 分量. 在原子中,$(x^2+y^2)\approx a^2\approx(10^{-8}\,\mathrm{cm})^2$,对于通常实验室中的磁场强度 $B(<10^5\,\mathrm{Gs}=10\mathrm{T})$,可以估算出式(7.3.2)中 B^2 项≪B 项,

$$\left|\frac{B^2\text{ 项}}{B\text{ 项}}\right|\approx\frac{e^2B^2}{4c^2}a^2\Big/\frac{eB}{c}\hbar<10^{-4}$$

因此可略去 B^2 项(反磁项),即

$$H=\frac{1}{2\mu}\boldsymbol{P}^2+V(r)+\frac{eB}{2\mu c}l_z \tag{7.3.3}$$

上式右侧最后一项可以视为电子的轨道磁矩$\left(\mu_z=-\frac{e}{2\mu c}l_z\right)$与外磁场(沿 z 方向)的相互作用.

在外加均匀磁场(沿 z 方向)中,原子的球对称性被破坏,$\boldsymbol{l}$ 不再为守恒量. 但不难证明,$\boldsymbol{l}^2$ 和 l_z 仍为守恒量. 因此,能量本征函数可以选为守恒量完全集$(H,\boldsymbol{l}^2,l_z)$的共同本征函数,即

$$\begin{aligned}&\psi_{n_rlm}(r,\theta,\varphi)=R_{n_rl}(r)\mathrm{Y}_l^m(\theta,\varphi)\\&n_r,l=0,1,2,\cdots,\quad m=l,l-1,\cdots,-l\end{aligned} \tag{7.3.4}$$

相应的能量本征值为

$$E_{n_rlm}=E_{n_rl}+\frac{eB}{2\mu c}m\hbar=E_{n_rl}+m\hbar\omega_{\mathrm{L}} \tag{7.3.5}$$

$\omega_{\mathrm{L}}=eB/2\mu c\propto B$,$\omega_{\mathrm{L}}$ 称为 Larmor 频率. E_{n_rl} 就是中心力场 $V(r)$ 中粒子的 Schrödinger 方程

$$\left[-\frac{\hbar^2}{2\mu}\nabla^2+V(r)\right]\psi=E\psi \tag{7.3.6}$$

的能量本征值. 屏蔽 Coulomb 场 $V(r)$ 与纯 Coulomb 场不同,只具有空间转动不变这种几何对称性,其能量本征值与径向量子数 n_r 和角动量 l 都有关,但和 m 无关,记为 E_{n_rl},其简并度为$(2l+1)$. 但在加上外磁场之后,球对称性被破坏,能级简并被全部解除,能量本征值与 n_r、l、m 都有关[见式(7.3.5)],原来能级 E_{n_rl} 分裂成$(2l+1)$条,分裂后的相邻能级的间距为 $\hbar\omega_{\mathrm{L}}$.

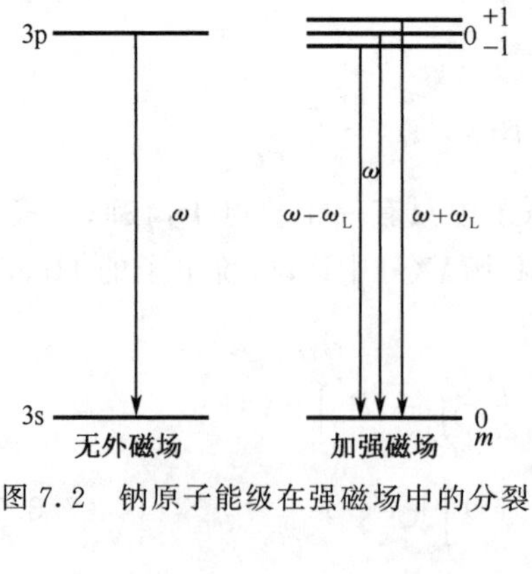

图 7.2　钠原子能级在强磁场中的分裂

由于能级分裂,相应的光谱线也发生分裂. 图 7.2 所示,是钠原子光谱黄线在强磁场中的正常 Zeeman 分裂. 原来的一条钠黄

线($\lambda\approx5893\text{Å}$)分裂成三条[①],角频率分别为 ω、$\omega\pm\omega_L$. 所以外磁场 B 愈强,分裂愈大.

*7.4 均匀磁场中各向同性荷电谐振子的壳结构

考虑二维各向同性谐振子势

$$V=\frac{1}{2}M\omega_0^2(x^2+y^2) \tag{7.4.1}$$

中的电子(荷电 $-e$),受到沿 z 轴方向的均匀磁场 B 的作用. 电磁矢势取为 $\boldsymbol{A}=\frac{1}{2}\boldsymbol{B}\times\boldsymbol{r}$,则 Hamilton 量表示为[见 7.2 节,式(7.2.3)]

$$H=\frac{1}{2M}(\hat{P}_x^2+\hat{P}_y^2)+\frac{1}{2}M\omega^2(x^2+y^2)+\omega_L\hat{l}_z \tag{7.4.2}$$

式中

$$\omega^2=\omega_0^2+\omega_L^2,\quad \omega_L=eB/2Mc \tag{7.4.3}$$

能量本征值为

$$E=(2n_\rho+|m|+1)\hbar\omega+m\hbar\omega_L=\left(2n_\rho+|m|+1+\frac{\omega_L}{\omega}m\right)\hbar\omega \tag{7.4.4}$$

$$n_\rho=0,1,2,\cdots;\quad m=0,\pm1,\pm2,\cdots$$

式中 $(2n_\rho+|m|+1)$ 为正整数.

$B=0$ 时,$\omega_L=0$,能级化为二维各向同性谐振子能谱

$$E=(2n_\rho+|m|+1)\hbar\omega_0=(N+1)\hbar\omega_0 \tag{7.4.5}$$

$$N=2n_\rho+|m|=0,1,2\cdots$$

简并度为 $f_N=(N+1)$,是二维各向同性谐振子的 SU_2 动力学对称性的反映.

当磁场非常强时($B\to\infty$,即 $\omega_L\gg\omega_0$,$\omega\approx\omega_L$),则问题转化为均匀磁场中的电子,其能谱即 Landau 能级

$$\begin{aligned}E&=(2n_\rho+|m|+m+1)\hbar\omega_L\\&=(N+1)\hbar\omega_L,\quad N=(2n_\rho+|m|+m)=0,2,4\cdots\\&=\left(n+\frac{1}{2}\right)\hbar\omega_c,\quad n=[n_\rho+(|m|+m)/2]=0,1,2,\cdots\end{aligned} \tag{7.4.6}$$

$\omega_c=2\omega_L$,能级简并度为 ∞.

在一般情况下,式(7.4.4)所示能级是不简并的. 但我们有趣地注意到,在磁场强度合适的情况下,使得

---

① 正常 Zeeman 效应中光谱线分裂成三条,是由跃迁选择规则(selection rule)决定的,见 12.5 节. 注意:能级分裂并不一定是三条.

$$\omega_L/\omega = a/b \quad (a,b \text{ 既约}, a/b \text{ 为有理数}) \tag{7.4.7}$$

因而 $m\omega_L/\omega = ma/b$ 也是有理数. 此时,在不同的能级 N 中,磁场将导致 m 相同的能级发生同样的整体平移(它们不会相交). 但 N 不同的能级中,m 不同的能级的平移并不相同,它们有可能相交,从而导致简并而出现新的壳结构. 一般情况下的能级分布和壳结构,随磁场强度而变化,见图 7.3.

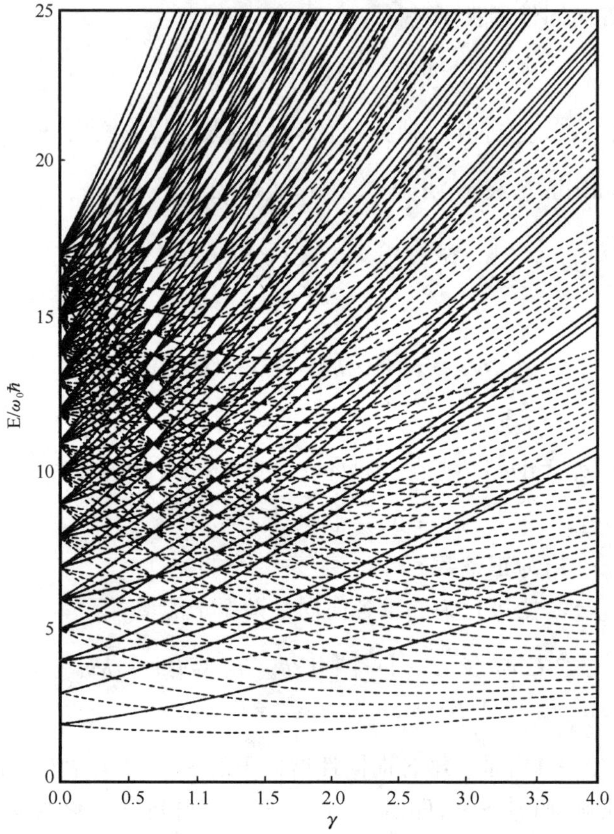

图 7.3　均匀磁场中各向同性荷电谐振子的能级壳结构

横坐标为 $\gamma = B/B_0$, $B_0 = M^2e^3c/\hbar^3$ ($=2.35\times10^5$ T). 当 $\gamma = \frac{1}{\sqrt{2}}$(即 $\omega_L/\omega = 1/3$)和 $\gamma = \frac{2}{\sqrt{3}}$(即 $\omega_L/\omega = 1/2$)时,可以清楚看出能级出现壳结构,即能级集束效应(bundling effect).

以下讨论两个特殊的情况:

(1) $\omega_L/\omega = 1/3$ 情况

$$E = \left(2n_\rho + |m| + 1 + \frac{1}{3}m\right)\hbar\omega = \hbar\omega(N+3)/3$$

$$N = 6n_\rho + (|m| + m) + 2|m| = 0, 2, 4, 6, \cdots$$

能级简并度为

$$f_N=\left[\frac{1}{2}\left(\frac{N}{2}+1\right)\right]=1,1,2,2,3,3,\cdots$$

上式方括号[x]表示不小于 x 的最小整数. 最低的 8 条能级的简并态的标记如下：

N	$E_N/\hbar\omega$	(n_ρ,m)	f_N	幻数
0	1	(0,0)	1	2
2	5/3	(0,−1)	1	4
4	7/3	(0,−2),(0,1)	2	8
6	3	(0,−3),(1,0)	2	12
8	11/3	(0,−4),(0,2),(1,−1)	3	18
10	13/3	(0,−5),(1,−2),(1,1)	3	24
12	5	(0,−6),(0,3),(1,−3),(2,0)	4	32
14	17/3	(0,−7),(1,−4),(1,2),(2,−1)	4	40

幻数(magic number)是指电子从最低能级开始填充，在 Pauli 原理允许下，填充到该能级时所能容纳的电子总数. 这里已考虑电子自旋 $m_S=\pm 1/2$ 两种量子态.

(2) $\omega_L/\omega=1/2$ 情况

$$E=\left(2n_\rho+|m|+1+\frac{1}{2}m\right)\hbar\omega=\hbar\omega(N+2)/2$$

$N=4n_\rho+(|m|+m)+|m|=0,1,2,\cdots$. 能级简并度为

$$f_N=\left[\frac{1}{3}(N+1)\right]=1,1,1,2,2,2,\cdots$$

最低的 9 条能级的简并态的标记如下：

N	$E_N/\hbar\omega$	(n_ρ,m)	f_N	幻数
0	1	(0,0)	1	2
1	3/2	(0,−1)	1	4
2	2	(0,−2)	1	6
3	5/2	(0,−3),(0,1)	2	10
4	3	(0,−4),(1,0)	2	14
5	7/2	(0,−5),(1,−1)	2	18
6	4	(0,−6),(0,2),(1,−2)	3	24
7	9/2	(0,−7),(1,−3),(1,1)	3	30
8	5	(0,−8),(1,−4),(2,0)	3	36

*7.5 超导现象

*7.5.1 唯象描述

1911 年，H. K. Ones 发现金属汞在极低温(≈4.2K)下电阻消失的现象，揭示出物质的另一种状态——超导态. 后来在某些金属，特别是合金中发现，当温度低

于某临界温度 T_c 之后，都有类似的超导现象发生. 但超导现象的物理机制直到 1957 年才搞清楚①.

定性说来，金属中的导电电子，通过与晶格离子的振动(用声子描述)的相互作用，两个电子之间产生一种微弱的有效吸引力②，从而形成束缚的电子对(称为"Cooper 对")，这种电子对可近似视为一个 Bose 子. 在极低温情况下，金属中有大量的这种电子对，它们不受 Pauli 原理限制，倾向于处于能量最低的状态. 大量的这种电子对的相干对关联所形成的状态，就呈现出超导现象. 与平常导体依靠导电电子来导电不同，超导体就是依靠这些 Cooper 电子对来导电的. 由于大量的 Cooper 电子对之间的相干对关联，它们的最低能态(超导态)的能级掉得很低，因而超导金属的电子激发谱中出现能隙(energy gap). 这样，与平常金属中的导电电子(能量连续变化)容易因碰撞而激发不同，要使超导态下的电子对激发是困难的(因需要跨过能隙才能激发). 因此，当金属温度 $T<T_c$ 时，电子对的激发实际上被冻结，因而对电阻无贡献. 这就是电阻消失的原因. 当然，由于电子对的结合能很小(吸引力很弱)，当温度稍高时，热运动就会使电子对被拆散，变成平常的导电电子，超导性随之破坏. 所以超导性只在温度很低($T<T_c$)时才存在③.

当然，只要温度 $T\neq 0\text{K}$，实际上总还有极少数电子对被拆散(按 Boltzmann 分布律，电子对被拆散的数目正比于 $e^{-E_p/kT}$，E_p 为电子对的结合能). 但作为粗糙的近似，不妨假定在超导态下所有电子均已配对. 这些大量的电子对都处于同一个状态 ψ 下，因而

$$\psi^* \psi \propto \text{“电子对”的密度}\ \rho(>0)$$

所以不妨把超导态 ψ 表示成④

$$\psi(\boldsymbol{r},t) = \sqrt{\rho(\boldsymbol{r},t)}\, e^{i\theta(\boldsymbol{r},t)} \tag{7.5.1}$$

ρ,θ 均为实函数. $\rho(\boldsymbol{r},t)=\psi^*(\boldsymbol{r},t)\psi(\boldsymbol{r},t)$ 表示"电子对"的空间分布密度，是具有宏观意义的一个观测量. θ 是波函数的相位，"流密度"与它密切相关. 如把式(7.5.1)代入流密度公式[7.1 节，式(7.1.15)]，并乘以"电子对"的电荷 q⑤，即得电流密度

$$\boldsymbol{j}=\frac{q}{2\mu}\left[\psi^*\left(\hat{\boldsymbol{P}}-\frac{q}{c}\boldsymbol{A}\right)\psi+\psi\left(\hat{\boldsymbol{P}}-\frac{q}{c}\boldsymbol{A}\right)^*\psi^*\right]=\frac{q\rho}{\mu}\left(\hbar\,\boldsymbol{\nabla}\theta-\frac{q}{c}\boldsymbol{A}\right) \tag{7.5.2}$$

---

① J. Bardeen, L. N. Cooper, and J. R. Schrieffer, Phys. Rev. **106**(1957)162; **108**(1957)1175.

② 当一个电子经过一个正离子附近时，由于吸引力，造成局部区域正电荷过剩. 由于电子质量远小于离子质量，当第一个电子已离去很久，正电荷过剩区域仍然维持下去，此时第二个电子经过这个区域时，就会感受到(第一个电子滞留下来的)吸引作用，这就是"Cooper 对"中两个电子的微弱的有效吸引力的物理机制.

③ J. G. Bednorz, K. A. Müller, Z. Phys. **B 64**(1986)189. 他们在 Ba-La-Cu-O 合金材料中发现高 T_c 超导现象($T_c\approx 33\text{K}$)，为此，获 1987 年 Nobel 物理学奖. 对于这种高 T_c 氧化物超导性的机制，目前还存在争论.

④ 参阅 *The Feynman Lectures on Physics*, Vol. 3, *Quantum Mechanics*, chap. 21 (Addison-Wesley, 1965).

⑤ 各种实验证据都表明 $q=-2e$，$-e$ 为单电子荷电(参见 7.5.3 节).

(称为 London 方程). 在无磁场情况($\boldsymbol{A}=0$),显然$\nabla\times\boldsymbol{j}=0$(非旋),不会出现什么新现象. 在有磁场的情况下,$\nabla\times\boldsymbol{j}\neq0$. θ 作为波函数的相位,要求满足一些条件,由此将产生一些很有趣的现象.

为更深入搞清 θ 的物理含义,把式(7.5.1)代入 Schrödinger 方程

$$\mathrm{i}\hbar\frac{\partial}{\partial t}\psi=\left[\frac{1}{2\mu}\left(-\mathrm{i}\hbar\nabla-\frac{q}{c}\boldsymbol{A}\right)\cdot\left(-\mathrm{i}\hbar\nabla-\frac{q}{c}\boldsymbol{A}\right)+q\phi\right]\psi \qquad (7.5.3)$$

经过计算,分别让方程两边的实部与虚部各自相等,可得

$$\frac{\partial}{\partial t}\rho+\nabla\cdot\rho\boldsymbol{v}=0 \qquad (7.5.4\text{a})$$

$$\hbar\frac{\partial}{\partial t}\theta=-\frac{\mu}{2}v^2-q\phi+\frac{\hbar^2}{2\mu}\frac{1}{\sqrt{\rho}}\nabla^2\sqrt{\rho} \qquad (7.5.4\text{b})$$

式中

$$\mu\boldsymbol{v}=\hbar\nabla\theta-\frac{q}{c}\boldsymbol{A} \qquad (7.5.4\text{c})$$

式(7.5.4a)即连续性方程. 式(7.5.4b)中,若略去右侧最后一项$\propto\hbar^2$①,则与不可压缩流体力学的运动方程相似,其中

$$\hbar\theta\sim\text{速度势},\ \frac{1}{2}\mu v^2\sim\text{动能},\ q\phi\sim\text{势能} \qquad (7.5.5)$$

式(7.5.4c)可改写成

$$\hbar\nabla\theta=\mu\boldsymbol{v}+\frac{q}{c}\boldsymbol{A} \qquad (7.5.6)$$

与 7.1 节中式(7.1.11)比较,可见 $\hbar\nabla\theta$ 可理解为"电子对"的正则动量.

为更形象理解式(7.5.4b)的物理意义,对(7.5.4b)(略去右侧最后一项)① 取梯度,利用式(7.5.6),得

$$\mu\frac{\partial}{\partial t}\boldsymbol{v}=-\frac{\mu}{2}\nabla v^2-q\nabla\phi-\frac{q}{c}\frac{\partial}{\partial t}\boldsymbol{A} \qquad (7.5.7)$$

利用

$$\boldsymbol{v}\times(\nabla\times\boldsymbol{v})+(\boldsymbol{v}\cdot\nabla)\boldsymbol{v}=\frac{1}{2}\nabla v^2$$

$$E=-\nabla\phi-\frac{1}{c}\frac{\partial}{\partial t}\boldsymbol{A}$$

式(7.5.7)化为

$$\mu\left[\frac{\partial}{\partial t}\boldsymbol{v}+(\boldsymbol{v}\cdot\nabla)\boldsymbol{v}\right]=-\mu\boldsymbol{v}\times(\nabla\times\boldsymbol{v})+q\boldsymbol{E} \qquad (7.5.8)$$

---

① 式(7.5.4b)中最后一项($\propto\hbar^2$)纯属量子效应. 当 ρ=常数(不可压缩)时,此项为零. 所以这一项可以视为与流体可压缩性有联系的能量. 在超导体内,由于静电斥力,带电粒子近似保持均匀分布,$\rho\approx$常数,通常把这一项略去. 但在两个超导体连接的边界上(例如,Josephson 结),ρ 的不均匀性可能很重要,需加以考虑.

利用式(7.5.4c)的旋度

$$\nabla \times \boldsymbol{v} = -\frac{q}{\mu c}\nabla \times \boldsymbol{A} = -\frac{q}{\mu c}\boldsymbol{B}$$

以及流体力学中常用的关系式

$$\frac{\partial}{\partial t}\boldsymbol{v} + (\boldsymbol{v} \cdot \nabla)\boldsymbol{v} = \frac{\mathrm{d}}{\mathrm{d}t}\boldsymbol{v}$$

式(7.5.8)可化为

$$\mu \frac{\mathrm{d}}{\mathrm{d}t}\boldsymbol{v} = q\left(\boldsymbol{E} + \frac{1}{c}\boldsymbol{v} \times \boldsymbol{B}\right) \tag{7.5.9}$$

这正是“电子对”在电磁场中的运动方程.

*7.5.2 Meissner 效应

把一块金属置于磁场中,让其温度降到临界温度之下,成为超导体,就会发现磁场被排斥到超导体外去[①],或者说,超导体有抗磁性,磁场不能深入到超导体内部去.这就是 Meissner 效应.存在 Meissner 效应与否,是超导性的重要判据之一.下面用 London 方程(7.5.2)来说明此现象.

用 London 方程(7.5.2)代入 Maxwell 方程

$$\nabla \times \boldsymbol{B} = \frac{1}{c}\frac{\partial}{\partial t}\boldsymbol{E} + \frac{4\pi}{c}\boldsymbol{j} \tag{7.5.10}$$

取旋度,利用

$$\begin{cases} \nabla \times \boldsymbol{E} = -\dfrac{1}{c}\dfrac{\partial}{\partial t}\boldsymbol{B} \\ \nabla \cdot \boldsymbol{B} = 0 \\ \nabla \times (\nabla \times \boldsymbol{B}) = \nabla(\nabla \cdot \boldsymbol{B}) - \nabla^2 \boldsymbol{B} = -\nabla^2 \boldsymbol{B} \\ \nabla \times (\nabla \theta) = 0, \quad \nabla \times \boldsymbol{A} = \boldsymbol{B} \end{cases}$$

得

$$\nabla^2 \boldsymbol{B} = \frac{1}{c}\frac{\partial^2}{\partial t^2}\boldsymbol{B} + \frac{4\pi\rho q^2}{\mu c^2}\boldsymbol{B} \tag{7.5.11}$$

对于稳定情况$\left(\dfrac{\partial \rho}{\partial t}=0\right)$,有

$$\nabla^2 \boldsymbol{B} = \lambda^2 \boldsymbol{B}, \quad \lambda = \sqrt{4\pi\rho q^2/\mu c^2} \tag{7.5.12}$$

例如,对于一维情况,得

$$\frac{\partial^2}{\partial x^2}B = \lambda^2 B \tag{7.5.13}$$

---

① 更确切地说,出现这种现象的超导体(例如铅,锡等),称为Ⅰ型超导体.此外,还有Ⅱ型超导体,磁场可以钻入它的细管中,参阅:T. Hey and P. Walters, *The New Quantum Universe* (Cambridge University Press, 2003), p. 154.

它的解可表示为 $B(x)\sim B(0)\mathrm{e}^{\pm\lambda x}$. 但物理上可接受的解只能是

$$B(x)=B(0)\mathrm{e}^{-\lambda x} \tag{7.5.14}$$

λ^{-1} 表征磁场可以钻入到超导体的特征深度，$\lambda^{-1}\propto\frac{1}{q}\sqrt{\mu/\rho}$. $B(0)$ 表示超导体表面 $(x=0)$ 的磁场强度. 随进入超导体内部 $(x>0)$，$B(x)$ 呈指数衰减. 设金属中单位体积内自由电子的数目为 N，则 $\rho=N/2$，又 $q=-2e$，$\mu=2m_e$，利用 $m_e c^2=e^2/r_c$，$r_c=2.8\times10^{-13}$ cm，是经典电子半径，可估算出

$$\frac{1}{\lambda}=\left[\frac{2e^2}{r_c}\frac{1}{4\pi(N/2)4e^2}\right]^{1/2}=1/(4\pi Nr_c)^{1/2} \tag{7.5.15}$$

对于金属铅，$N\sim3\times10^{22}/\mathrm{cm}^3$，可估算出 $\lambda^{-1}\approx3\times10^{-6}$ m.

*7.5.3 超导环内的磁通量量子化

考虑一个空心金属圆筒(图 7.4)，置于磁场 $\boldsymbol{B}$ 中，导体内部及筒内外空间中都有磁场. 然后把温度降到临界温度之下，金属筒处于超导态. 此时磁场将被排斥在超导体外(Meissner 效应)，但筒内和筒外空间中仍有磁场[图 7.4(b)]. 最后把所加外磁场撤掉，就会发现：陷入筒内空间中的磁场"逃不出去"的现象[图 7.4(c)]. 理由如下：在超导体内部不能建立起电场，即 $\boldsymbol{E}=0$. 设 Γ 表示在超导体内部绕筒内壁的一条封闭曲线，以 Γ 为周边的曲面记为 S，通过 S 的磁通量 Φ 是不会随时间改变的，因为

$$\frac{\partial}{\partial t}\Phi=\frac{\partial}{\partial t}\iint_S\boldsymbol{B}\cdot\mathrm{d}\boldsymbol{S}=-c\iint_S(\boldsymbol{\nabla}\times\boldsymbol{E})\cdot\mathrm{d}\boldsymbol{S}=-c\oint\boldsymbol{E}\cdot\mathrm{d}\boldsymbol{l}=0 \tag{7.5.16}$$

下面来计算通过超导环面的磁通 Φ. 考虑到超导体内部(表面薄层除外)$\boldsymbol{j}=0$，按 London 方程(7.5.2)，得

$$\hbar\boldsymbol{\nabla}\theta=\frac{q}{c}\boldsymbol{A} \tag{7.5.17}$$

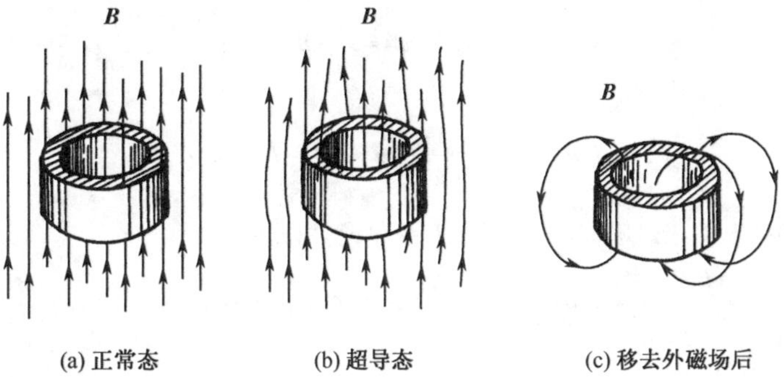

图 7.4 Meissner 效应

取自 *The Feynman Lectures on Physics*, Vol. 3, Fig. 21-4.

因此

$$\hbar \oint_{\Gamma} \nabla\theta \cdot \mathrm{d}\boldsymbol{l} = \frac{q}{c} \oint_{\Gamma} \boldsymbol{A} \cdot \mathrm{d}\boldsymbol{l} \tag{7.5.18}$$

利用 Stokes 定理，上式右边的线积分化为

$$\frac{q}{c} \oint_{\Gamma} \boldsymbol{A} \cdot \mathrm{d}\boldsymbol{l} = \frac{q}{c} \iint_{S} (\nabla \times \boldsymbol{A}) \cdot \mathrm{d}\boldsymbol{S} = \frac{q}{c} \iint_{S} \boldsymbol{B} \cdot \mathrm{d}\boldsymbol{S} = \frac{q}{c} \Phi \tag{7.5.19}$$

而式(7.5.18)左边$\nabla\theta$沿任一条路径积分，从 P_1 点到 P_2 点，得

$$\int_{P_1}^{P_2} \nabla\theta \cdot \mathrm{d}\boldsymbol{l} = \theta(P_2) - \theta(P_1) \tag{7.5.20}$$

即波函数在 P_2 点和 P_1 点的相位差. 式(7.5.18)左边是对回路 Γ 积分一圈，回到空间原点. 按波函数(7.5.1)的周期性条件，要求 $\oint \nabla\theta \cdot \mathrm{d}\boldsymbol{l} = 2n\pi$，$n$ 为整数. 因此式(7.5.18)化为 $\frac{q}{c}\Phi = 2n\pi\hbar$，即

$$\Phi = n \frac{2\pi\hbar c}{q} = n\Phi_0, \quad n = 0, \pm 1, \pm 2, \cdots, \tag{7.5.21}$$

$$\Phi_0 = \frac{2\pi\hbar c}{|q|} \tag{7.5.22}$$

即通过超导环面内的磁通量是量子化的. 这是宏观尺度上出现的量子效应. F. London 预言了此现象①，并于 1961 年为实验证实②. 实验观测还表明，超导环的电流的携带者是"电子对"(Cooper 对)，$q = -2e$，即

$$\Phi_0 = \frac{\pi\hbar c}{e} = 2 \times 10^{-7}\,\mathrm{Gs} \cdot \mathrm{cm}^2 \tag{7.5.23}$$

习　　题

7.1　证明粒子速度算符[见 7.1 节，式(7.1.16)]的各分量满足下列对易关系

$$[\hat{v}_x, \hat{v}_y] = \frac{\mathrm{i}\hbar q}{\mu^2 c} B_z, \quad [\hat{v}_y, \hat{v}_z] = \frac{\mathrm{i}\hbar q}{\mu^2 c} B_x, \quad [\hat{v}_z, \hat{v}_x] = \frac{\mathrm{i}\hbar q}{\mu^2 c} B_y$$

即

$$\hat{\boldsymbol{v}} \times \hat{\boldsymbol{v}} = \frac{\mathrm{i}\hbar q}{\mu^2 c} \boldsymbol{B}$$

进一步证明

$$[\hat{\boldsymbol{v}}, \hat{\boldsymbol{v}}^2] = \frac{\mathrm{i}\hbar q}{\mu^2 c} (\hat{\boldsymbol{v}} \times \boldsymbol{B} - \boldsymbol{B} \times \hat{\boldsymbol{v}}).$$

在只有磁场的情况下，把 Hamilton 量写成 $H = \frac{\mu}{2}\boldsymbol{v}^2$，由此证明

$$\mu \frac{\mathrm{d}}{\mathrm{d}t} \hat{\boldsymbol{v}} = \frac{q}{2c} (\hat{\boldsymbol{v}} \times \boldsymbol{B} - \boldsymbol{B} \times \hat{\boldsymbol{v}})$$

解释其物理意义.

---

① F. London, *Superfluids*(1950), Vol. 1, p. 152.

② B. S. Deaver, Jr., W. M. Fairbank, Phys. Rev. Lett. **7**(1961)43.

7.2 荷电 q 质量为 μ 的粒子在均匀外磁场 $\boldsymbol{B}$ 中运动，Hamilton 量为

$$H=\frac{1}{2\mu}\left(\hat{\boldsymbol{P}}-\frac{q}{c}\boldsymbol{A}\right)^2=\frac{1}{2}\mu\,\hat{\boldsymbol{v}}^2$$

$$\hat{\boldsymbol{v}}=\frac{1}{\mu}(\hat{\boldsymbol{P}}-\frac{q}{c}\boldsymbol{A})$$

速度算符 $\hat{\boldsymbol{v}}$ 的三个分量满足的对易式，见上题. 假设 $\boldsymbol{B}$ 沿 z 轴方向，只考虑粒子在 xy 平面中的运动，则有

$$[\hat{v}_x,\hat{v}_y]=\frac{\mathrm{i}\hbar q}{\mu^2 c}B.$$

设 $q>0$，令

$$\hat{Q}=\sqrt{\frac{\mu^2 c}{\hbar qB}}v_x,\quad \hat{P}=\sqrt{\frac{\mu^2 c}{\hbar qB}}v_y,$$

则

$$[\hat{Q},\hat{P}]=\mathrm{i},$$

而

$$H=\frac{1}{2}\mu(\hat{v}_x^2+\hat{v}_y^2)=\frac{1}{2}(\hat{Q}^2+\hat{P}^2)\hbar\omega_c,$$

式中 $\omega_c=qB/\mu c$ 为回旋角频率. 上式与谐振子的 Hamilton 量相似. 由此求出其能量本征值(Landau 能级)

$$E_n=(n+1/2)\hbar\omega_c.$$

7.3 求互相垂直的均匀电场和磁场中的带电粒子的能量本征值.

提示：设电场沿 y 方向，$\mathscr{E}=(0,\mathscr{E},0)$，磁场沿 z 方向，选择 Landau 规范，$\boldsymbol{A}=(-By,0,0)$，则在 xy 平面内运动粒子的 Hamilton 量为

$$H=\frac{1}{2M}\left[\left(\hat{P}_x+\frac{qB}{c}y\right)^2+\hat{P}_y^2\right]-q\mathscr{E}y$$

选择守恒量完全集为$(H,\hat{P}_x)$，即令能量本征函数表示为 $\varphi(x,y)=\mathrm{e}^{\mathrm{i}P_x x/\hbar}\phi(y)$，$(-\infty<P_x$(实)$<\infty)$，则 $\phi(y)$满足

$$\left[-\frac{\hbar^2}{2M}\frac{\mathrm{d}^2}{\mathrm{d}y^2}+\frac{q^2B^2}{2Mc^2}y^2+\left(\frac{qBP_x}{Mc}-q\mathscr{E}\right)y\right]\phi(y)=\left(E-\frac{P_x^2}{2M}\right)\phi(y)$$

即

$$\left[-\frac{\hbar^2}{2M}\frac{\mathrm{d}^2}{\mathrm{d}y^2}+\frac{q^2B^2}{2Mc^2}(y-y_0)^2\right]\phi(y)=\left(E-\frac{P_x^2}{2M}+\frac{q^2B^2}{2Mc^2}y_0^2\right)\phi(y)$$

式中

$$y_0=\frac{Mc^2}{qB^2}\left(\mathscr{E}-\frac{BP_x}{Mc}\right)$$

所以

$$\begin{aligned}E&=\left(n+\frac{1}{2}\right)\hbar\omega_c+P_x^2/2M-q^2B^2y_0^2/2Mc^2\quad(\omega_c=|q|B/Mc)\\&=\left(n+\frac{1}{2}\right)\hbar\omega_c+\frac{cP_x\mathscr{E}}{B}-\frac{1}{2}Mc^2\mathscr{E}^2/B^2,\quad n=0,1,2,\cdots\end{aligned}$$

第 8 章　表象变换与量子力学的矩阵形式

在第 2 章中我们介绍了一个量子态可以在不同的表象中表示出来的概念. 作为对量子态进行运算的算符当然也因之有不同表象的问题. 在许多量子力学教科书中对此讲得比较抽象. 以下采用大家都熟悉的解析几何中的坐标和坐标变换作为类比,以引进量子力学中的表象和表象变换的概念.

8.1　量子态的不同表象,幺正变换

如图 8.1,平面(二维)上的直角坐标系 x_1x_2 的基矢为 $\boldsymbol{e}_1$ 和 $\boldsymbol{e}_2$,它们的长度为 1,彼此正交,即

$$(\boldsymbol{e}_i,\boldsymbol{e}_j)=\delta_{ij}\quad(i,j=1,2)\tag{8.1.1}$$

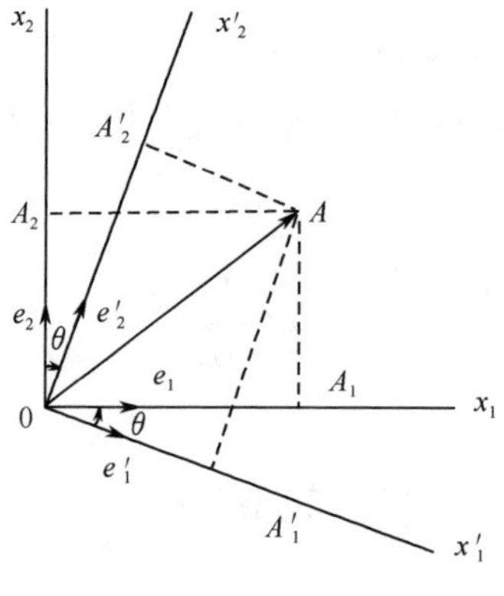

图 8.1　坐标系的旋转

$(\boldsymbol{e}_i,\boldsymbol{e}_j)$表示基矢 $\boldsymbol{e}_i$ 与 $\boldsymbol{e}_j$ 的标积. 这一组基矢是完备的,因为平面上任何一个矢量 $\boldsymbol{A}$,均可用它们来展开:

$$\boldsymbol{A}=A_1\boldsymbol{e}_1+A_2\boldsymbol{e}_2\tag{8.1.2}$$

其中

$$A_1=(\boldsymbol{e}_1,\boldsymbol{A}),\qquad A_2=(\boldsymbol{e}_2,\boldsymbol{A})\tag{8.1.3}$$

分别代表矢量 $\boldsymbol{A}$ 与两个基矢的标积,即 $\boldsymbol{A}$ 在两个坐标轴上的投影(分量). 当 A_1,A_2 确定之后,就完全确定了平面上一个矢量. 因此,可以认为(A_1,A_2)是矢量 $\boldsymbol{A}$ 在坐标系 x_1x_2 中的表示.

现在假设另取一个直角坐标系 $x'_1x'_2$,相当于原来坐标系顺时针转过 θ 角,其基矢分别用 $\boldsymbol{e}'_1$、$\boldsymbol{e}'_2$ 表示,而

$$(\boldsymbol{e}'_i,\boldsymbol{e}'_j)=\delta_{ij},\qquad i,j=1,2\tag{8.1.1$'$}$$

同一个矢量 $\boldsymbol{A}$,在此新坐标系中表示为

$$\boldsymbol{A}=A'_1\boldsymbol{e}'_1+A'_2\boldsymbol{e}'_2\tag{8.1.2$'$}$$

其中

$$A'_1=(\boldsymbol{e}'_1,\boldsymbol{A}),\qquad A'_2=(\boldsymbol{e}'_2,\boldsymbol{A})\tag{8.1.3$'$}$$

(A'_1,A'_2)就是矢量 $\boldsymbol{A}$ 在 $x'_1x'_2$ 坐标系中的表示.

试问:同一个矢量 $\boldsymbol{A}$ 在不同坐标系中的表示,有什么关系? 根据式(8.1.2)及(8.1.2′),

$$\mathbf{A} = A_1 \boldsymbol{e}_1 + A_2 \boldsymbol{e}_2 = A_1' \boldsymbol{e}_1' + A_2' \boldsymbol{e}_2' \tag{8.1.4}$$

上式分别用 $\boldsymbol{e}_1'$、$\boldsymbol{e}_2'$ 点乘(取标积),得

$$A_1' = A_1(\boldsymbol{e}_1', \boldsymbol{e}_1) + A_2(\boldsymbol{e}_1', \boldsymbol{e}_2)$$
$$A_2' = A_1(\boldsymbol{e}_2', \boldsymbol{e}_1) + A_2(\boldsymbol{e}_2', \boldsymbol{e}_2)$$

表示成矩阵形式,则为

$$\begin{aligned}\begin{pmatrix} A_1' \\ A_2' \end{pmatrix} &= \begin{pmatrix} (\boldsymbol{e}_1', \boldsymbol{e}_1) & (\boldsymbol{e}_1', \boldsymbol{e}_2) \\ (\boldsymbol{e}_2', \boldsymbol{e}_1) & (\boldsymbol{e}_2', \boldsymbol{e}_2) \end{pmatrix} \begin{pmatrix} A_1 \\ A_2 \end{pmatrix} \\ &= \begin{pmatrix} \cos\theta & -\sin\theta \\ \sin\theta & \cos\theta \end{pmatrix} \begin{pmatrix} A_1 \\ A_2 \end{pmatrix}\end{aligned} \tag{8.1.5}$$

或记为

$$\begin{pmatrix} A_1' \\ A_2' \end{pmatrix} = R(\theta) \begin{pmatrix} A_1 \\ A_2 \end{pmatrix}, \quad R(\theta) = \begin{pmatrix} \cos\theta & -\sin\theta \\ \sin\theta & \cos\theta \end{pmatrix} \tag{8.1.6}$$

这就表明,同一矢量 $\mathbf{A}$,在不同坐标系中用不同的列矢$\begin{pmatrix} A_1 \\ A_2 \end{pmatrix}$和$\begin{pmatrix} A_1' \\ A_2' \end{pmatrix}$来表示,而它们之间通过一个变换矩阵 $R(\theta)$来联系. 显然

$$\det R = \begin{vmatrix} \cos\theta & -\sin\theta \\ \sin\theta & \cos\theta \end{vmatrix} = +1 \tag{8.1.7}$$

$$\widetilde{R}R = R\widetilde{R} = 1 \quad (\widetilde{R}\text{ 是 } R \text{ 的转置矩阵}) \tag{8.1.8}$$

这种矩阵称为真正交矩阵(proper orthogonal matrix). 又因为

$$R^* = R \quad (\text{实矩阵}) \tag{8.1.9}$$

所以 $R^+ = \widetilde{R}^* = \widetilde{R}$. 因此式(8.1.8)也可表示成

$$R^+ R = RR^+ = 1 \tag{8.1.10}$$

满足式(8.1.10)的矩阵 R 称为幺正(unitary)矩阵. 因此,同一个矢量在不同坐标系中的表示通过一个幺正变换联系起来.

形式上与此相似,在量子力学中,按态叠加原理,任何一个量子态 ψ,可以看成抽象的 Hilbert 空间的一个"矢量",而体系的任何一组力学量完全集 F 的共同本征态$\{\psi_k\}$(k 代表一组完备量子数,在本节中,假设是**离散谱**),构成此态空间的一组正交归一完备的基矢,即

$$(\psi_j, \psi_k) = \delta_{jk} \tag{8.1.11}$$

以$\{\psi_k\}$为基矢的表象,称为 F 表象. 体系任何一个量子态 ψ 可以展开为

$$\psi = \sum_k a_k \psi_k \tag{8.1.12}$$

其中

$$a_k = (\psi_k, \psi) \tag{8.1.13}$$

这一组数$(a_1, a_2, \cdots)$就构成量子态 ψ 在 F 表象中的表示,它们分别是态矢 ψ 与各

基矢的标积.在这里有两点与平常解析几何不同:(a)这里,“矢量”一般是复量,(b)空间维数可以是无穷,有时甚至是不可数的(连续谱情况).

现在来考虑另一组力学量完全集 F',其共同本征态为$\{\psi'_\alpha\}$,也是正交归一完备的,

$$(\psi'_\alpha,\psi'_\beta)=\delta_{\alpha\beta} \tag{8.1.11'}$$

而同样一个量子态 ψ 也可以用它们来展开

$$\psi=\sum_\alpha a'_\alpha\psi'_\alpha \tag{8.1.12'}$$

其中

$$a'_\alpha=(\psi'_\alpha,\psi) \tag{8.1.13'}$$

$(a'_1,a'_2,\cdots)$这一组数就是量子态 ψ 在 F' 表象中的表示.它和 ψ 在 F 表象中的表示$(a_1,a_2,\cdots)$有什么联系?显然

$$\psi=\sum_k a_k\psi_k=\sum_\alpha a'_\alpha\psi'_\alpha \tag{8.1.14}$$

上式左乘 ψ'^*_α,取标识,利用基矢的正交归一性,得

$$a'_\alpha=\sum_k(\psi'_\alpha,\psi_k)a_k=\sum_k S_{\alpha k}a_k \tag{8.1.15}$$

其中

$$S_{\alpha k}=(\psi'_\alpha,\psi_k) \tag{8.1.16}$$

是 F' 表象的基矢与 F 表象的基矢的标积(scalar product).把式(8.1.15)表示成矩阵形式,则为

$$\begin{pmatrix}a'_1\\a'_2\\\vdots\end{pmatrix}=\begin{pmatrix}S_{11}&S_{12}&\cdots\\S_{21}&S_{22}&\cdots\\\cdots&\cdots&\cdots\end{pmatrix}\begin{pmatrix}a_1\\a_2\\\vdots\end{pmatrix} \tag{8.1.17}$$

可简记为

$$a'=Sa \tag{8.1.17'}$$

式(8.1.17)就是同一个量子态 ψ 在 F 表象和 F' 表象中的不同表示之间的关系,它们通过一个矩阵 S 相联系.可以证明①

$$S^+S=SS^+=1 \tag{8.1.18}$$

即变换矩阵 S 乃是一个幺正矩阵,这种变换也称为幺正(unitary)变换.

---

① 例如,在 F 表象中,

$$(S^+S)_{kj}=\sum_\alpha S^+_{k\alpha}S_{\alpha j}=\sum_\alpha S^*_{\alpha k}S_{\alpha j}$$

按式(8.1.16)

$$=\sum_\alpha\int d^3x\psi'_\alpha(\boldsymbol{r})\psi^*_k(\boldsymbol{r})\int d^3x'\psi'^*_\alpha(\boldsymbol{r}')\psi_j(\boldsymbol{r}')$$

$$=\int d^3x d^3x'\sum_\alpha\psi'^*_\alpha(\boldsymbol{r})\psi_\alpha^*(\boldsymbol{r}')\psi^*_k(\boldsymbol{r})\psi_j(\boldsymbol{r}')$$

$$=\int d^3x d^3x'\delta(\boldsymbol{r}-\boldsymbol{r}')\psi^*_k(\boldsymbol{r})\psi_j(\boldsymbol{r}')=\int d^3x\psi^*_k(\boldsymbol{r})\psi_j(\boldsymbol{r})=\delta_{kj}$$

所以 S^+S 在 F 表象中为单位矩阵,而单位矩阵在任何表象中均为单位矩阵.式(8.1.18)得证.

8.2 力学量(算符)的矩阵表示与表象变换

仍以平面矢量作类比.平面上任一矢量 $\boldsymbol{A}$,逆时针转动 θ 角后,变成另外一个矢量 $\boldsymbol{B}$(图 8.2).在 x_1x_2 坐标系中,它们分别表示成

$$\begin{aligned}\boldsymbol{A}&=A_1\boldsymbol{e}_1+A_2\boldsymbol{e}_2\\ \boldsymbol{B}&=B_1\boldsymbol{e}_1+B_2\boldsymbol{e}_2\end{aligned} \tag{8.2.1}$$

试问 $\boldsymbol{B}$ 与 $\boldsymbol{A}$ 有什么关系?令

$$\boldsymbol{B}=R(\theta)\boldsymbol{A} \tag{8.2.2}$$

$R(\theta)$代表沿逆时针方向把矢量转过 θ 角的一个运算.用分量形式写出

$$B_1\boldsymbol{e}_1+B_2\boldsymbol{e}_2=A_1R(\theta)\boldsymbol{e}_1+A_2R(\theta)\boldsymbol{e}_2$$

用 $\boldsymbol{e}_1$ 点乘,得

$$B_1=A_1(\boldsymbol{e}_1,R\boldsymbol{e}_1)+A_2(\boldsymbol{e}_1,R\boldsymbol{e}_2)$$

用 $\boldsymbol{e}_2$ 点乘,得

$$B_2=A_1(\boldsymbol{e}_2,R\boldsymbol{e}_1)+A_2(\boldsymbol{e}_2,R\boldsymbol{e}_2)$$

所以

$$\begin{pmatrix}B_1\\B_2\end{pmatrix}=\begin{pmatrix}(\boldsymbol{e}_1,R\boldsymbol{e}_1)&(\boldsymbol{e}_1,R\boldsymbol{e}_2)\\(\boldsymbol{e}_2,R\boldsymbol{e}_1)&(\boldsymbol{e}_2,R\boldsymbol{e}_2)\end{pmatrix}\begin{pmatrix}A_1\\A_2\end{pmatrix}=\begin{pmatrix}\cos\theta&-\sin\theta\\\sin\theta&\cos\theta\end{pmatrix}\begin{pmatrix}A_1\\A_2\end{pmatrix} \tag{8.2.3}$$

上式表明,平面上任何一矢量 $\boldsymbol{A}$,经过转动运算之后变成矢量 $\boldsymbol{B}$.把矢量沿逆时针方向转过 θ 角的运算用矩阵 $R(\theta)$刻画,

$$R(\theta)=\begin{pmatrix}\cos\theta&-\sin\theta\\\sin\theta&\cos\theta\end{pmatrix} \tag{8.2.4}$$

这个矩阵的矩阵元是刻画基矢 $\boldsymbol{e}_1$、$\boldsymbol{e}_2$ 在转动下如何变化的.其中第一列元素

$$\begin{pmatrix}R_{11}\\R_{21}\end{pmatrix}=\begin{pmatrix}\cos\theta\\\sin\theta\end{pmatrix}$$

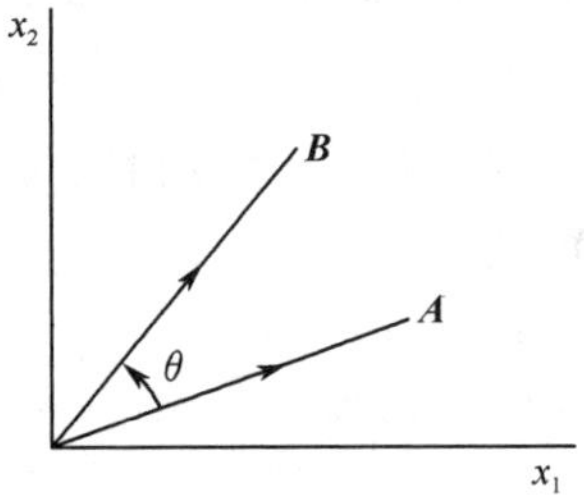

图 8.2 矢量的旋转

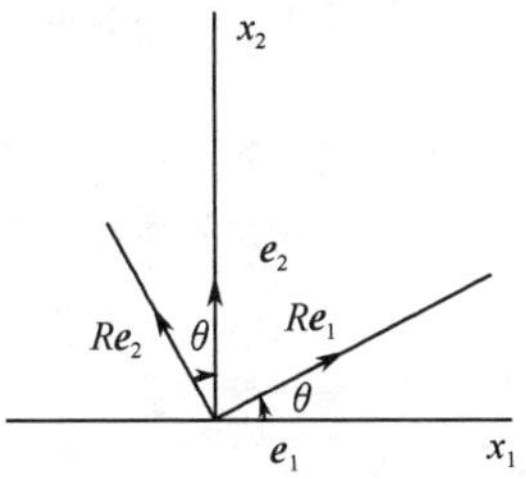

图 8.3 基矢的旋转

是基矢 $\boldsymbol{e}_1$ 转动后[变成 $R(\theta)\boldsymbol{e}_1$(图 8.3)]在原来坐标系中的表示(分量). 同样,第二列元素是基矢 $\boldsymbol{e}_2$ 转动后[变成 $R(\theta)\boldsymbol{e}_2$]在原来坐标系中的表示. 因此,一旦 R 矩阵给定,则各基矢在转动下的变化就完全确定了,因而任何矢量在转动下的变化也就随之完全确定.

与此类比,设有量子态 ψ,经过算符 $\hat{L}$ 运算后变成为另一个量子态

$$\phi = \hat{L}\psi \tag{8.2.5}$$

在以 ψ_k 为基矢的 F 表象中,上式表示成

$$\sum_k b_k\psi_k = \hat{L}\sum_k a_k\psi_k = \sum_k a_k\hat{L}\psi_k$$

两边左乘 ψ_j^*(取标积),得

$$b_j = \sum_k(\psi_j,\hat{L}\psi_k)a_k = \sum_k L_{jk}a_k \tag{8.2.6}$$

其中

$$L_{jk} = (\psi_j,\hat{L}\psi_k) \tag{8.2.7}$$

式(8.2.6)可写成矩阵形式

$$\begin{pmatrix} b_1 \\ b_2 \\ \vdots \end{pmatrix} = \begin{pmatrix} L_{11} & L_{12} & \cdots \\ L_{21} & L_{22} & \cdots \\ \cdots & \cdots & \cdots \end{pmatrix}\begin{pmatrix} a_1 \\ a_2 \\ \vdots \end{pmatrix} \tag{8.2.8}$$

矩阵(L_{jk})称为算符 $\hat{L}$ 在 F 表象中的表示. 它的矩阵元 L_{jk} 刻画 F 表象的基矢 ψ_k 在算符 $\hat{L}$ 作用下如何变化. 基矢 ψ_k 在 $\hat{L}$ 运算后(变成 $\hat{L}\psi_k$)在 F 表象中的表示(分量),即矩阵(L_{jk})的第 k 列元素

$$\begin{pmatrix} L_{1k} \\ L_{2k} \\ \vdots \end{pmatrix}$$

因此,矩阵(L_{jk})一经给定,则任何一个量子态在 $\hat{L}$ 运算下的变化就随之完全确定.

例 求一维谐振子的坐标 x,动量 $\hat{p}$ 及 Hamilton 量 $\hat{H}$ 在能量表象中的矩阵表示.

利用 Hermite 多项式的递推关系,不难证明[见 3.4 节,式(3.4.23)]

$$x\psi_n = \frac{1}{\alpha}\left(\sqrt{\frac{n+1}{2}}\psi_{n+1} + \sqrt{\frac{n}{2}}\psi_{n-1}\right)$$

可得

$$x_{mn} = (\psi_m, x\psi_n) = \frac{1}{\alpha}\left(\sqrt{\frac{n+1}{2}}\delta_{m,n+1} + \sqrt{\frac{n}{2}}\delta_{m,n-1}\right)$$

在能量表象中,x 的矩阵表示为

$$(x_{mn}) = \frac{1}{\alpha}\begin{pmatrix} 0 & \frac{1}{\sqrt{2}} & 0 & 0 & \cdots \\ \frac{1}{\sqrt{2}} & 0 & \sqrt{\frac{2}{2}} & 0 & \cdots \\ 0 & \sqrt{\frac{2}{2}} & 0 & \sqrt{\frac{3}{2}} & \cdots \\ 0 & 0 & \sqrt{\frac{3}{2}} & 0 & \cdots \\ \cdots & \cdots & \cdots & \cdots & \cdots \end{pmatrix} \tag{8.2.9}$$

再利用 3.4 节,式(3.4.26)

$$\frac{\mathrm{d}}{\mathrm{d}x}\psi_n = \alpha\left(\sqrt{\frac{n}{2}}\psi_{n-1} - \sqrt{\frac{n+1}{2}}\psi_{n+1}\right)$$

可求出

$$p_{mn} = (\psi_m, \hat{p}\,\psi_n) = \mathrm{i}\hbar\alpha\left(\sqrt{\frac{n+1}{2}}\delta_{m,n+1} - \sqrt{\frac{n}{2}}\delta_{m,n-1}\right)$$

所以

$$(p_{mn}) = \mathrm{i}\hbar\alpha\begin{pmatrix} 0 & -\frac{1}{\sqrt{2}} & 0 & 0 & \cdots \\ \frac{1}{\sqrt{2}} & 0 & -\sqrt{\frac{2}{2}} & 0 & \cdots \\ 0 & \sqrt{\frac{2}{2}} & 0 & -\sqrt{\frac{3}{2}} & \cdots \\ 0 & 0 & \sqrt{\frac{3}{2}} & 0 & \cdots \\ \cdots & \cdots & \cdots & \cdots & \cdots \end{pmatrix} \tag{8.2.10}$$

最后,

$$H_{mn} = (\psi_m, \hat{H}\,\psi_n) = E_n(\psi_m, \psi_n) = E_n\delta_{mn} = \left(n + \frac{1}{2}\right)\hbar\omega\,\delta_{mn}$$

所以

$$(H_{mn}) = \hbar\omega\begin{pmatrix} \frac{1}{2} & 0 & 0 & \cdots \\ 0 & \frac{3}{2} & 0 & \cdots \\ 0 & 0 & \frac{5}{2} & \cdots \\ \cdots & \cdots & \cdots & \cdots \end{pmatrix} \tag{8.2.11}$$

是一个对角矩阵.任何一个算符在以它自己的本征矢为基矢的表象中是对角矩阵.

练习 1　根据谐振子的能量表象中 x 的矩阵,用矩阵乘法求出 x^2 的矩阵.

答:

$$(x^2)_{mn} = \frac{1}{2a^2}\left[\sqrt{n(n-1)}\,\delta_{m,n-2} + (2n+1)\delta_{mn} + \sqrt{(n+1)(n+2)}\,\delta_{m,n+2}\right] \tag{8.2.12}$$

练习 2　设粒子处于宽度为 a 的无限深方势阱中,求能量表象中粒子的坐标及动量的矩阵表示.

答：

$$
\begin{aligned}
\boldsymbol{x}_{mn} &= \frac{4a}{\pi^2}\left[\frac{(-1)^{m-n}-1}{(m^2-n^2)^2}\right]mn, \qquad m \neq n \\
\boldsymbol{x}_{nn} &= a/2 \\
p_{mn} &= \frac{2\mathrm{i}\hbar}{a}\left[\frac{(-1)^{m-n}-1}{m^2-n^2}\right]mn, \qquad m \neq n \\
p_{nn} &= 0
\end{aligned}
\tag{8.2.13}
$$

* 力学量的表象变换

在 F 表象中(基矢 ψ_k)，力学量 L 表示成矩阵(L_{kj})，

$$L_{kj} = (\psi_k, \hat{L}\psi_j) \tag{8.2.14}$$

设另有一个表象 F'(基矢 ψ'_α)，类似可把 L 表示成矩阵$(L'_{\alpha\beta})$，

$$L'_{\alpha\beta} = (\psi'_\alpha, \hat{L}\psi'_\beta) \tag{8.2.15}$$

利用

$$
\begin{aligned}
\psi'_\alpha &= \sum_k \psi_k(\psi_k, \psi'_\alpha) = \sum_k \psi_k S^*_{\alpha k}, \qquad S_{\alpha k} = (\psi'_\alpha, \psi_k) \\
\psi'_\beta &= \sum_j \psi_j(\psi_j, \psi'_\beta) = \sum_j \psi_j S^*_{\beta j}
\end{aligned}
$$

得

$$L'_{\alpha\beta} = \sum_{kj} S_{\alpha k} S^*_{\beta j}(\psi_k, \hat{L}\psi_j) = \sum_{kj} S_{\alpha k} L_{kj} S^+_{j\beta} = (SLS^+)_{\alpha\beta}$$

即

$$L' = SLS^+ = SLS^{-1} \tag{8.2.16}$$

其中 $L'=(L'_{\alpha\beta})$和 $L=(L_{kj})$分别是算符 $\hat{L}$ 在 F'表象和 F 表象中的矩阵表示，而 $S=(S_{\alpha k})$是从 F 表象→F'表象的幺正变换矩阵.

8.3 量子力学的矩阵形式

以上分析表明，设力学量完全集 $\hat{F}$ 的本征值取离散值，对它们的共同本征态进行编号，ψ_k，$k=1,2,\cdots$. 以 ψ_k 为基矢的表象中，力学量 L 就表示成矩阵的形式(L_{kj})，其中 $L_{kj}=(\psi_k, \hat{L}\psi_j)$，

$$
L = \begin{pmatrix}
L_{11} & L_{12} & \cdots \\
L_{21} & L_{22} & \cdots \\
\vdots & & \\
\cdots & \cdots & \cdots
\end{pmatrix}
\tag{8.3.1}
$$

而任一量子态 ψ 则表示成列矢(column vector)

$$a = \begin{pmatrix} a_1 \\ a_2 \\ \vdots \end{pmatrix} \tag{8.3.2}$$

其中 $a_k=(\psi_k,\psi)$. 力学量的本征方程和平均值,Schrödinger 方程等可以表示如下:

1. 本征方程

设

$$\hat{L}\psi=L'\psi \tag{8.3.3}$$

在 F 表象中,

$$\psi = \sum_k a_k\psi_k,\quad a_k = (\psi_k,\psi) \tag{8.3.4}$$

代入式(8.3.3),得

$$\sum_k a_k \hat{L}\psi_k = L'\sum_k a_k\psi_k$$

左乘 ψ_j^*(取标积),利用基矢的正交归一性,得

$$\sum_k L_{jk}a_k = L'a_j$$

即

$$\sum_k (L_{jk} - L'\delta_{jk})a_k = 0 \tag{8.3.5}$$

这就是 $\hat{L}$ 的本征方程在 F 表象中所采取的形式. 它是 $a_k(k=1,2,3,\cdots)$的线性齐次代数方程组,有非平庸解的充要条件为

$$\det|L_{jk} - L'\delta_{jk}| = 0 \tag{8.3.6}$$

明显写出,即

$$\begin{vmatrix} L_{11}-L' & L_{12} & L_{13} & \cdots \\ L_{21} & L_{22}-L' & L_{23} & \cdots \\ L_{31} & L_{32} & L_{33}-L' & \cdots \\ \cdots & \cdots & \cdots & \cdots \end{vmatrix} = 0$$

设 L 矩阵的维数是 N,则上式是 L'的 N 次幂代数方程. 若(L_{jk})是厄米矩阵,则总可以解出 L'的 N 个实根(可能有重根,如为 k 重根,则算作 k 个根),$L'_1,L'_2,\cdots,L'_N$,它们就是 $\hat{L}$ 的本征值. 依次用 $L'_j(j=1,2,\cdots,N)$代入式(8.3.5),可求出相应的解 $a_k^{(j)}(k=1,2,\cdots,N)$①,或表示成列矢

$$\begin{pmatrix} a_1^{(j)} \\ a_2^{(j)} \\ \vdots \end{pmatrix},\quad j = 1,2,\cdots,N \tag{8.3.7}$$

它就是 $\hat{L}$ 的本征态(相应本征值为 L'_j)在 F 表象中的表示.

---

① 对于重根,本征函数解就不能唯一确定. 在量子力学中常找与 $\hat{L}$ 对易的另外力学量,求它们的共同本征态,来消除简并,从而把解确定下来(见 4.3 节).

2. Schrödinger 方程

$$\mathrm{i}\hbar\frac{\partial}{\partial t}\psi = \hat{H}\psi \tag{8.3.8}$$

在以$\{\psi_k\}$为基矢的 F 表象中(ψ_k 不显含 t),令

$$\psi(t) = \sum_k a_k(t)\psi_k \tag{8.3.9}$$

代入式(8.3.8)得

$$\mathrm{i}\hbar\sum_k\frac{\mathrm{d}a_k}{\mathrm{d}t}\psi_k = \sum_k a_k\hat{H}\psi_k$$

左乘 ψ_j^*(取标积),得

$$\mathrm{i}\hbar\frac{\mathrm{d}a_j}{\mathrm{d}t} = \sum_k H_{jk}a_k,\quad H_{jk} = (\psi_j, \hat{H}\psi_k) \tag{8.3.10}$$

或写成

$$\mathrm{i}\hbar\frac{\mathrm{d}}{\mathrm{d}t}\begin{pmatrix}a_1\\ a_2\\ \vdots\end{pmatrix} = \begin{pmatrix}H_{11} & H_{12} & \cdots\\ H_{21} & H_{22} & \cdots\\ \cdots & \cdots & \cdots\end{pmatrix}\begin{pmatrix}a_1\\ a_2\\ \vdots\end{pmatrix} \tag{8.3.11}$$

这就是 F 表象中的 Schrödinger 方程.

3. 平均值

在态 $\psi=\sum a_k\psi_k$ 下,力学量 L 的平均值表示为

$$\begin{aligned}\bar{L} &= (\psi, \hat{L}\psi) = \sum_{jk}a_j^*(\psi_j, \hat{L}\psi_k)a_k = \sum_{jk}a_j^*L_{jk}a_k\\ &= (a_1^*, a_2^*, \cdots)\begin{pmatrix}L_{11} & L_{12} & \cdots\\ L_{21} & L_{22} & \cdots\\ \cdots & \cdots & \cdots\end{pmatrix}\begin{pmatrix}a_1\\ a_2\\ \vdots\end{pmatrix}\end{aligned} \tag{8.3.12}$$

特殊情况:若采用 L 表象(即以 $\hat{L}$ 自己的本征矢为基矢的表象),此时(L_{jk})是对角矩阵

$$L_{jk} = L_k\delta_{jk} \tag{8.3.13}$$

在 ψ 态下,$\hat{L}$ 的平均值将表示成

$$\bar{L} = (\psi, \hat{L}\psi) = \sum_k|a_k|^2L_k \tag{8.3.14}$$

$|a_k|^2$ 表示在 ψ 态下,测量 L 得本征值 L_k 的概率.

* * *

总　结

F 表象(基矢 ψ_k)	F′表象(基矢 ψ'_α)
态 ψ	
$a=\begin{pmatrix}a_1\\a_2\\\vdots\end{pmatrix},a_k=(\psi_k,\psi)$	$a'=\begin{pmatrix}a'_1\\a'_2\\\vdots\end{pmatrix},a'_\alpha=(\psi'_\alpha,\psi)$
力学量 $\hat{L}$	
$L=(L_{kj})=\begin{pmatrix}L_{11}&L_{12}&\cdots\\L_{21}&L_{22}&\cdots\\\cdots&\cdots&\cdots\end{pmatrix}$ $L_{kj}=(\psi_k,\hat{L}\psi_j)$	$L'=(L'_{\alpha\beta})=\begin{pmatrix}L'_{11}&L'_{12}&\cdots\\L'_{21}&L'_{22}&\cdots\\\cdots&\cdots&\cdots\end{pmatrix}$ $L'_{\alpha\beta}=(\psi'_\alpha,\hat{L}\psi'_\beta)$

$$a' = Sa$$
$$L' = SLS^+ = SLS^{-1}$$
$$S = (S_{\alpha k}) = \begin{pmatrix}S_{11}&S_{12}&\cdots\\S_{21}&S_{22}&\cdots\\\cdots&\cdots&\cdots\end{pmatrix}$$
$$S_{\alpha k} = (\psi'_\alpha,\psi_k)$$

S 是 $F\to F'$ 表象的变换矩阵. 逆变换为 $S^{-1}=S^+$,即

$$a = S^+ a',\quad L = S^+ L'S$$

8.4　Dirac 符号

量子力学的理论表述,常采用 Dirac 符号[①]. 它有两个优点:(a)可以无需采用具体表象来讨论问题. (b)运算简捷. 如引用 Dirac 符号,上节的理论表述和运算将大为简化.

以下简单介绍一下 Dirac 符号的各种规定.

1. *右矢*(ket)*与左矢*(bra)

一个量子力学体系的一切可能状态构成一个 Hilbert 空间. 这空间的矢量(一般为复量)用一个右矢 $|\ \rangle$ 表示,若要标志某特殊的态,则于其内标上某种记号. 例如,$|\psi\rangle$ 表示波函数 ψ 描述的状态. 对于本征态,常用本征值或相应的量子数标在右矢内. 例如,$|x'\rangle$ 表示 x 坐标的本征态(本征值 x'),$|p'\rangle$ 表示动量 p 的本征态

① P. A. M. Dirac, *The Principles of Quantum Mechanics*, 4th ed, Oxford University Press, 1958.

（本征值为 p'），$|E_n\rangle$或$|n\rangle$表示能量的本征态（本征值为 E_n），$|lm\rangle$表示（$\hat{\boldsymbol{l}}^2$，$\hat{l}_z$）的共同本征态[本征值分别为 $l(l+1)\hbar^2$ 与 $m\hbar$]等.

注意：量子态的以上表示，都只是一个抽象的态矢量，未涉及具体的表象.

与$|\ \rangle$相应，左矢$\langle\ |$表示共轭(conjugate)空间的一个抽象矢量. 例如，$\langle\psi|$是$|\psi\rangle$的共轭态矢，$\langle x'|$是$|x'\rangle$的共轭态矢等.

2. 标积(scalar product)

态矢$|\psi\rangle$与$|\phi\rangle$的标积用$\langle\phi\|\psi\rangle$表示，通常简记为$\langle\phi|\psi\rangle$，而

$$\langle\phi|\psi\rangle^* = \langle\psi|\phi\rangle \tag{8.4.1}$$

若$\langle\phi|\psi\rangle=0$，则称态矢$|\psi\rangle$与$|\phi\rangle$正交. 若$|\psi\rangle$是归一化态矢，则$\langle\psi|\psi\rangle=1$.

设力学量完全集 $\hat{F}$ 的本征值构成离散谱，本征态记为$|k\rangle$，以它们作为基矢的表象，称为 F 表象. 这个离散表象的基矢的正交归一性可以表示成

$$\langle k|j\rangle = \delta_{kj} \tag{8.4.2}$$

对于连续谱，表象的基矢的正交"归一"性，可表示成 δ 函数形式. 例如，坐标表象基矢，$\langle x'|x''\rangle=\delta(x'-x'')$，动量表象基矢，$\langle p'|p''\rangle=\delta(p'-p'')$.

在一个具体的表象中左矢和右矢如何表示以及如何计算标积，见下.

3. 态矢在一个具体表象中的表示

例如，在 F 表象中（基矢$|k\rangle$），任何一态矢$|\psi\rangle$可以用$|k\rangle$来展开：

$$|\psi\rangle = \sum_k a_k|k\rangle \tag{8.4.3}$$

利用基矢的正交归一性，易知

$$a_k = \langle k|\psi\rangle \tag{8.4.4}$$

它是$|\psi\rangle$在基矢$|k\rangle$上的"投影". 当所有 a_k 都给定，就给定了一个态$|\psi\rangle$. 所以这一组数$\{a_k\}=\{\langle k|\psi\rangle\}$就是态$|\psi\rangle$在 F 表象中的表示. 可以把它们排成列矢

$$\begin{pmatrix} a_1 \\ a_2 \\ \vdots \end{pmatrix} = \begin{pmatrix} \langle 1|\psi\rangle \\ \langle 2|\psi\rangle \\ \vdots \end{pmatrix} \tag{8.4.5}$$

把式(8.4.4)代入式(8.4.3)，得

$$|\psi\rangle = \sum_k \langle k|\psi\rangle|k\rangle = \sum_k |k\rangle\langle k|\,|\psi\rangle \tag{8.4.6}$$

在上式中，可以把$|k\rangle\langle k|$看成一个投影算符(projection operator)

$$P_k \equiv |k\rangle\langle k| \tag{8.4.7}$$

它对任何矢量运算后，就把该矢量变成它在基矢$|k\rangle$方向上的分矢量. 或者说 P_k 的作用是把任何矢量沿$|k\rangle$方向的分矢量挑选出来. 例如，

$$P_k|\psi\rangle = |k\rangle\langle k|\psi\rangle = |k\rangle a_k = a_k|k\rangle$$

它就是矢量$|\psi\rangle$在$|k\rangle$方向的分量. 在式(8.4.6)中的$|\psi\rangle$是任意的，因此

$$\sum_k |k\rangle\langle k| \equiv I \quad (单位算符) \tag{8.4.8}$$

此式对任何一组完备的基矢$\{|k\rangle\}$都是成立的.这关系式对于表象变换极为方便.

在连续谱情况,求和应换为积分,例如

$$\int \mathrm{d}x' |x'\rangle\langle x'| \equiv I$$

$$\int \mathrm{d}p' |p'\rangle\langle p'| \equiv I \tag{8.4.9}$$

在具体表象中,两个态矢的标积可计算如下.例如,在 F 表象中,$|\psi\rangle$与$|\phi\rangle$分别表示成

$$|\psi\rangle = \sum_k |k\rangle\langle k|\psi\rangle = \sum_k a_k |k\rangle$$

$$|\phi\rangle = \sum_k |k\rangle\langle k|\phi\rangle = \sum_k b_k |k\rangle$$

所以标积表示成

$$\begin{aligned}\langle\phi|\psi\rangle &= \sum_{jk} b_j^* \langle j|k\rangle a_k = \sum_{jk} b_j^* \delta_{jk} a_k \\ &= \sum_{jk} b_k^* a_k = (b_1^*, b_2^* \cdots)\begin{pmatrix} a_1 \\ a_2 \\ \vdots \end{pmatrix}\end{aligned} \tag{8.4.10}$$

4. 算符在一个具体表象中的表示

算符代表对量子态的一种运算,它把一个态矢变成另一个态矢.例如,态矢$|\psi\rangle$经过算符 $\hat{L}$ 运算后,变成态矢$|\phi\rangle$

$$|\phi\rangle = \hat{L}|\psi\rangle \tag{8.4.11}$$

在这里还是抽象的运算,未涉及具体表象.在采取具体的表象(例如,F 表象)之后,$\hat{L}$ 可表示如下.用 F 表象基矢$\langle k|$左乘(取标积)式(8.4.11),利用式(8.4.8)得

$$\langle k|\phi\rangle = \langle k|\hat{L}|\psi\rangle = \sum_j \langle k|\hat{L}|j\rangle\langle j|\psi\rangle$$

即

$$b_k = \sum_j L_{kj} a_j \tag{8.4.12}$$

其中

$$L_{kj} = \langle k|\hat{L}|j\rangle \tag{8.4.13}$$

b_k 及 a_j 分别代表态矢$|\phi\rangle$及$|\psi\rangle$在 F 表象中的表示,而 L_{kj} 则是算符 $\hat{L}$ 在 F 表象中的矩阵表示.

1)本征方程

算符 $\hat{L}$ 的本征方程

$$\hat{L}|\psi\rangle = L'|\psi\rangle \tag{8.4.14}$$

左乘$\langle k|$，

$$左边 = \langle k|\hat{L}|\psi\rangle = \sum_j \langle k|\hat{L}|j\rangle\langle j|\psi\rangle = \sum_j L_{kj}a_j$$

$$右边 = L'\langle k|\psi\rangle = L'a_k$$

所以

$$\sum_j (L_{kj} - L'\delta_{kj})a_j = 0 \tag{8.4.15}$$

此即在 F 表象中 $\hat{L}$ 的本征方程的表示.

2)Schrödinger 方程

$$\mathrm{i}\hbar \frac{\partial}{\partial t}|\psi\rangle = \hat{H}|\psi\rangle \tag{8.4.16}$$

上式左乘$\langle k|$，得

$$\mathrm{i}\hbar \frac{\partial}{\partial t}\langle k|\psi\rangle = \langle k|\hat{H}|\psi\rangle = \sum_j \langle k|\hat{H}|j\rangle\langle j|\psi\rangle$$

即

$$\mathrm{i}\hbar \frac{\partial}{\partial t}a_k = \sum_j H_{kj}a_j \tag{8.4.17}$$

此即在 F 表象中 Schrödinger 方程的表示.

3)力学量平均值公式

在$|\psi\rangle$态下，力学量 $\hat{L}$ 的平均值公式为

$$\bar{L} = \langle\psi|\hat{L}|\psi\rangle = \sum_{kj}\langle\psi|k\rangle\langle k|\hat{L}|j\rangle\langle j|\psi\rangle = \sum_{kj}a_k^* L_{kj}a_j \tag{8.4.18}$$

5. 表象变换

设 F 表象的基矢记为$|k\rangle$，F'表象的基矢记为$|\alpha\rangle$. 态矢$|\psi\rangle$在 F 表象中用$\langle k|\psi\rangle = a_k$ 描述，在 F'表象中用$\langle\alpha|\psi\rangle = a'_\alpha$ 描述，而

$$\langle\alpha|\psi\rangle = \sum_k \langle\alpha|k\rangle\langle k|\psi\rangle \tag{8.4.19}$$

或表示为

$$a'_\alpha = \sum_k S_{\alpha k}a_k \tag{8.4.20}$$

其中

$$S_{\alpha k} = \langle\alpha|k\rangle \tag{8.4.21}$$

是从 F 表象到 F'表象的变换. 不难证明

$$S^+ S = SS^+ = I \quad (单位算符) \tag{8.4.22}$$

即 S 为幺正(unitary)算符. 例如，在 F 表象中

$$(S^+ S)_{kj} = \sum_\alpha S^+_{k\alpha}S_{\alpha j} = \sum_\alpha S^*_{\alpha k}S_{\alpha j}$$

$$= \sum_{\alpha} \langle \alpha | k \rangle^* \langle \alpha | j \rangle = \sum_{\alpha} \langle k | \alpha \rangle \langle \alpha | j \rangle = \langle k | j \rangle = \delta_{kj}$$

即 $S^+ S = I$. 而单位算符在任何表象中都是单位算符，公式(8.4.22)得证.

算符 $\hat{L}$ 在 F 表象中的矩阵元 L_{jk} 为

$$L_{jk} = \langle j | \hat{L} | k \rangle$$

在 F' 表象中的矩阵元 $L'_{\alpha\beta}$ 为

$$L'_{\alpha\beta} = \langle \alpha | \hat{L} | \beta \rangle$$

两者关系如下：

$$\begin{aligned} L'_{\alpha\beta} &= \langle \alpha | \hat{L} | \beta \rangle = \sum_{jk} \langle \alpha | j \rangle \langle j | \hat{L} | k \rangle \langle k | \beta \rangle \\ &= \sum_{jk} \langle \alpha | j \rangle L_{jk} \langle \beta | k \rangle^* = \sum_{jk} S_{\alpha j} L_{jk} S^*_{\beta k} \\ &= \sum_{jk} S_{\alpha j} L_{jk} S^+_{k\beta} = (SLS^+)_{\alpha\beta} \end{aligned} \tag{8.4.23}$$

这里我们把算符 $\hat{L}$ 在 F 表象中的矩阵记为 $L \equiv (L_{jk})$，如把 $\hat{L}$ 在 F' 表象中矩阵记为 $L' \equiv (L'_{\alpha\beta})$，则式(8.4.23)可表示成

$$L' = SLS^+ = SLS^{-1} \tag{8.4.24}$$

而同一个量子态在 F' 表象中的表示与在 F 表象中表示的关系式(8.4.20)，也可类似简记为

$$a' = Sa$$

即

$$\begin{pmatrix} a'_1 \\ a'_2 \\ \vdots \end{pmatrix} = \begin{pmatrix} S_{11} & S_{12} & \cdots \\ S_{21} & S_{22} & \cdots \\ & \cdots & \cdots \end{pmatrix} \begin{pmatrix} a_1 \\ a_2 \\ \vdots \end{pmatrix} \tag{8.4.25}$$

6. 坐标表象与动量表象

以上讨论了离散谱表象，其基矢是正交归一化的. 实际问题中，还常用到连续谱表象，特别是坐标表象和动量表象. 为简单起见，只讨论一维粒子，推广到多维粒子是直截了当的.

首先讨论坐标 x，其本征方程为

$$\hat{x} | x' \rangle = x' | x' \rangle \quad (-\infty < x'(\text{实}) < +\infty) \tag{8.4.26}$$

本征态的正交"归一"关系为

$$\langle x' | x'' \rangle = \delta(x' - x'') \tag{8.4.27}$$

任一量子态 $|\psi\rangle$ 在 x 表象中表示为 $\langle x | \psi \rangle$，通常记为

$$\psi(x) = \langle x | \psi \rangle \tag{8.4.28}$$

例如，在 x 表象中，坐标本征态(本征值 x')表示为

$$\psi_{x'}(x) = \langle x | x' \rangle = \delta(x - x') \tag{8.4.29}$$

而动量本征值 p' 的本征态则表示为

$$\langle x | p' \rangle = \frac{1}{\sqrt{2\pi\hbar}} e^{ip'x/\hbar} \tag{8.4.30}$$

与此类似，动量 p 的本征方程和本征态的正交"归一"关系分别表示为

$$\hat{p} \mid p' \rangle = p' | p' \rangle \quad (-\infty < p'(\text{实}) < +\infty) \tag{8.4.31}$$

$$\langle p' | p'' \rangle = \delta(p' - p'') \tag{8.4.32}$$

任一量子态 $|\psi\rangle$ 在动量表象中表示为 $\langle p|\psi\rangle$. 为了跟 $|\psi\rangle$ 在坐标表象中的函数表示 $\psi(x) = \langle x|\psi\rangle$ 相区别，通常把 $\langle p|\psi\rangle$ 记为 $\varphi(p)$，这是通常用函数来表示量子态的缺点. 在使用 Dirac 符号后，这种混淆不再出现.

在 p 表象中，动量本征态（本征值 p'）表示为

$$\langle p | p' \rangle = \delta(p - p') \tag{8.4.33}$$

而坐标本征态（本征值 x'）表示为

$$\varphi_{x'}(p) = \langle p | x' \rangle = \frac{1}{\sqrt{2\pi\hbar}} e^{-ix'p/\hbar} \tag{8.4.34}$$

运用 Dirac 符号来进行表象变换是极为方便的. 例如坐标表象与动量表象的变换，利用完备性关系式(8.4.9)，可得

$$\begin{aligned} \psi(x) &= \langle x|\psi\rangle = \int dp' \langle x | p' \rangle \langle p' | \psi \rangle \\ &= \int dp' \frac{1}{\sqrt{2\pi\hbar}} e^{ip'x/\hbar} \varphi(p') = \int dp \frac{1}{\sqrt{2\pi\hbar}} e^{ipx/\hbar} \varphi(p) \end{aligned} \tag{8.4.35}$$

$$\begin{aligned} \varphi(p) &= \langle p|\psi\rangle = \int dx' \langle p | x' \rangle \langle x' | \psi \rangle \\ &= \int dx' \frac{1}{\sqrt{2\pi\hbar}} e^{-ix'p/\hbar} \psi(x') = \int dx \frac{1}{\sqrt{2\pi\hbar}} e^{-ixp/\hbar} \psi(x) \end{aligned} \tag{8.4.36}$$

在坐标表象中，力学量的"矩阵"表示如下. 例如，坐标 x"矩阵"表示为

$$\langle x' \mid \hat{x} \mid x'' \rangle = x' \delta(x' - x'') \tag{8.4.37}$$

类似，

$$\langle x' | V(x) | x'' \rangle = V(x') \delta(x' - x'') \tag{8.4.38}$$

而动量 p 的"矩阵"表示为

$$\begin{aligned} \langle x' \mid \hat{p} \mid x'' \rangle &= \iint dp' dp'' \langle x' | p' \rangle \langle p' | \hat{p} \mid p'' \rangle \langle p'' | x'' \rangle \\ &= \frac{1}{2\pi\hbar} \iint dp' dp'' e^{ip'x'/\hbar} \cdot p' \delta(p' - p'') \cdot e^{-ip''x''/\hbar} \\ &= \frac{1}{2\pi\hbar} \int dp' p' e^{ip'(x'-x'')/\hbar} = \frac{1}{2\pi\hbar} \left(-i\hbar \frac{\partial}{\partial x'}\right) \int dp' e^{ip'(x'-x'')/\hbar} \\ &= -i\hbar \frac{\partial}{\partial x'} \delta(x' - x'') \end{aligned} \tag{8.4.39}$$

与此类似，可以计算出，在动量表象中动量 p 的"矩阵"表示为

$$\langle p' \mid \hat{p} \mid p'' \rangle = p'\delta(p' - p'') \tag{8.4.40}$$

而坐标 x 的"矩阵"表示为

$$\langle p' \mid \hat{x} \mid p'' \rangle = \mathrm{i}\hbar \frac{\partial}{\partial p'}\delta(p' - p'') \tag{8.4.41}$$

类似，

$$\langle p' \mid V(x) \mid p'' \rangle = V\left(\mathrm{i}\hbar \frac{\partial}{\partial p'}\right)\delta(p' - p'') \tag{8.4.42}$$

在量子态 $|\psi\rangle$ 下(设 $\langle\psi|\psi\rangle=1$,已归一化),力学量的平均值可如下求之. 例如在 x 表象中势能 $V(x)$ 和动能 $T=p^2/2m$ 的平均值表示为

$$\begin{aligned}\overline{V} &= \langle\psi|V|\psi\rangle = \iint \mathrm{d}x\mathrm{d}x' \langle\psi|x\rangle\langle x|V|x'\rangle\langle x'|\psi\rangle \\ &= \iint \mathrm{d}x\mathrm{d}x' \psi^*(x)V(x)\delta(x-x')\psi(x') \\ &= \int \mathrm{d}x \psi^*(x)V(x)\psi(x)\end{aligned} \tag{8.4.43}$$

$$\begin{aligned}\overline{T} &= \left\langle \psi \left| \frac{p^2}{2m} \right| \psi \right\rangle = \frac{1}{2m}\iint \mathrm{d}x\mathrm{d}x' \langle\psi \mid x\rangle\langle x \mid p^2 \mid x'\rangle\langle x' \mid \psi\rangle \\ &= \frac{1}{2m}\iint \mathrm{d}x\mathrm{d}x' \psi^*(x)\left(-\hbar^2 \frac{\partial^2}{\partial x^2}\right)\delta(x-x')\psi(x') \\ &= \frac{1}{2m}\int \mathrm{d}x \psi^*(x)\left(-\hbar^2 \frac{\partial^2}{\partial x^2}\right)\psi(x)\end{aligned} \tag{8.4.44}$$

而在 p 表象中，

$$\begin{aligned}\overline{V} &= \langle\psi|V|\psi\rangle = \iint \mathrm{d}p\mathrm{d}p' \langle\psi|p\rangle\langle p|V|p'\rangle\langle p'|\psi\rangle \\ &= \iint \mathrm{d}p\mathrm{d}p' \varphi^*(p)V\left(\mathrm{i}\hbar \frac{\partial}{\partial p}\right)\delta(p-p')\varphi(p') \\ &= \int \mathrm{d}p \varphi^*(p)V\left(\mathrm{i}\hbar \frac{\partial}{\partial p}\right)\varphi(p)\end{aligned} \tag{8.4.45}$$

$$\begin{aligned}\overline{T} &= \left\langle \psi \left| \frac{p^2}{2m} \right| \psi \right\rangle = \iint \mathrm{d}p\mathrm{d}p' \langle\psi|p\rangle \left\langle p \left| \frac{p^2}{2m} \right| p' \right\rangle \langle p'|\psi\rangle \\ &= \frac{1}{2m}\iint \mathrm{d}p\mathrm{d}p' \varphi^*(p)p^2\delta(p-p')\varphi(p') \\ &= \frac{1}{2m}\int \mathrm{d}p \varphi^*(p)p^2\varphi(p)\end{aligned} \tag{8.4.46}$$

设粒子在势场 $V(x)$ 中运动,$H=p^2/2m+V(x)$,则含时 Schrödinger 方程

$$\mathrm{i}\hbar \frac{\partial}{\partial t}|\psi(t)\rangle = H|\psi(t)\rangle \tag{8.4.47}$$

在 x 表象中的表示,可如下求之. 用 $\langle x|$ 左乘式(8.4.47)(取标积),得

$$\mathrm{i}\hbar \frac{\partial}{\partial t}\langle x|\psi(t)\rangle = \langle x|H|\psi(t)\rangle = \int \mathrm{d}x' \langle x|H|x'\rangle\langle x'|\psi(t)\rangle$$

即

$$\mathrm{i}\hbar\frac{\partial}{\partial t}\psi(x,t)=\int \mathrm{d}x'\left[-\frac{\hbar^2}{2m}\frac{\partial^2}{\partial x^2}\delta(x-x')+V(x)\delta(x-x')\right]\psi(x',t)$$

$$=-\frac{\hbar^2}{2m}\frac{\partial^2}{\partial x^2}\psi(x,t)+V(x)\psi(x,t) \tag{8.4.48}$$

在 p 表象中，用 $\langle p|$ 左乘式(8.4.47)，得

$$\mathrm{i}\hbar\frac{\partial}{\partial t}\varphi(p,t)=\int \mathrm{d}p'\langle p|Hp'\rangle\langle p'|\psi\rangle$$

$$=\int \mathrm{d}p'\left[\frac{p^2}{2m}\delta(p-p')+V\left(\mathrm{i}\hbar\frac{\partial}{\partial p}\right)\delta(p-p')\right]\varphi(p',t)$$

$$=\frac{p^2}{2m}\varphi(p,t)+V\left(\mathrm{i}\hbar\frac{\partial}{\partial p}\right)\varphi(p,t) \tag{8.4.49}$$

练习 1　利用表象变换，从 $x_{x'x''}=\langle x'|x|x''\rangle=x'\delta(x'-x'')$ 计算 $x_{p'p''}$.

$$x_{p'p''}=\langle p'|x|p''\rangle=\iint \mathrm{d}x'\mathrm{d}x''\langle p'|x'\rangle\langle x'|x|x''\rangle\langle x''|p''\rangle$$

$$=\frac{1}{2\pi\hbar}\iint \mathrm{d}x'\mathrm{d}x''\mathrm{e}^{-\mathrm{i}p'x'/\hbar}x'\delta(x'-x'')\mathrm{e}^{\mathrm{i}p''x''/\hbar}$$

$$=\frac{1}{2\pi\hbar}\int \mathrm{d}x'x'\mathrm{e}^{-\mathrm{i}(p'-p'')x'/\hbar}$$

$$=\mathrm{i}\hbar\frac{\partial}{\partial p'}\frac{1}{2\pi\hbar}\int \mathrm{d}x'\mathrm{e}^{-\mathrm{i}(p'-p'')x'/\hbar}$$

$$=\mathrm{i}\hbar\frac{\partial}{\partial p'}\delta(p'-p'')$$

类似可以证明

$$p_{x'x''}=\langle x'|p|x''\rangle=-\mathrm{i}\hbar\frac{\partial}{\partial x'}\delta(x'-x'')$$

练习 2　设粒子的 Hamilton 量 $H=\frac{p^2}{2m}+V(x)$，$V(x)$ 可以对 x 做 Taylor 展开，证明

$$H_{x'x''}=\langle x'|H|x''\rangle=-\frac{\hbar^2}{2m}\frac{\partial^2}{\partial x'^2}\delta(x'-x'')+V(x')\delta(x'-x'') \tag{8.4.50}$$

$$H_{p'p''}=\frac{p'^2}{2m}\delta(p'-p'')+V\left(\mathrm{i}\hbar\frac{\partial}{\partial p'}\right)\delta(p'-p'') \tag{8.4.51}$$

习　题

8.1　设矩阵 A、B、C 满足 $A^2=B^2=C^2=1$，$BC-CB=\mathrm{i}A$。(a)证明 $AB+BA=AC+CA=0$。(b)在 A 表象中，求出 B、C 的矩阵(设无简并)。

答：$A=\begin{pmatrix}1 & 0\\ 0 & -1\end{pmatrix}$，　$B=\begin{pmatrix}0 & b\\ b^{-1} & 0\end{pmatrix}$，　$C=\begin{pmatrix}0 & c\\ c^{-1} & 0\end{pmatrix}$

参数 b、c 满足 $b^2-c^2=\mathrm{i}bc$.

8.2　矩阵 A 和 B 满足 $A^2=0$，$AA^{+}+A^{+}A=1$，$B=A^{+}A$。(1)证明 $B^2=B$。(2)在 B 表象中

求出 A 的矩阵表示式.

答:$B=\begin{pmatrix} 0 & 0 \\ 0 & 1 \end{pmatrix}$, $A=\begin{pmatrix} 0 & e^{i\alpha} \\ 0 & 0 \end{pmatrix}$ (α 实)

8.3 设厄米算符 A 与 B 满足 $A^2=B^2=1, AB+BA=0$. 求:(1)在 A 表象中 A 与 B 的矩阵表示式,并求 B 的本征函数的表示式.(2)在 B 表象中 A 与 B 的矩阵表示式,并求 A 的本征函数的表示式.(3)A 表象到 B 表象的幺正变换矩阵 S.

8.4 设 $K=LM, LM-ML=1, \varphi$ 为 K 的本征矢,即 $K\varphi=\lambda\varphi, \lambda$ 为本征值. 证明 $u\equiv L\varphi$ 与 $v\equiv M\varphi$ 也是 K 的本征函数,相应的本征值分别为 $\lambda-1$ 与 $\lambda+1$.

8.5 设任何一个厄米矩阵能用一个幺正变换对角化. 由此证明,两个厄米矩阵能用同一个幺正变换对角化的充要条件是它们彼此对易 .

8.6 证明:(1)若一个 N 阶矩阵与所有 N 阶对角矩阵对易,则必为对角矩阵.

(2)若它与所有 N 阶矩阵对易,则必为常数矩阵.

8.7 证明,对于矩阵 A、B、C、…,

$$\det(AB) = \det A \cdot \det B$$

$$\det(S^{-1}AS) = \det A$$

$$\mathrm{tr}(AB) = \mathrm{tr}(BA)$$

$$\mathrm{tr}(ABC) = \mathrm{tr}(CAB) = \mathrm{tr}(BCA)$$

$$\mathrm{tr}(S^{-1}AS) = \mathrm{tr}A$$

由此说明矩阵的 det 及 tr 不因表象而异,即矩阵的本征值之积不因表象而异以及矩阵的本征值之和不因表象而异.

8.8 设 A 为厄米或幺正矩阵(因而均可以对角化),证明:在任何表象中

$$\det\exp(A) = \exp(\mathrm{tr}A)$$

第9章 自 旋

9.1 电子自旋

9.1.1 提出电子自旋的实验根据与自旋的特点

Bohr 的量子论(1913)提出后,使人们对于光谱规律的认识深入了一大步.理论反过来促进了光谱实验工作的发展,特别是在光谱精细结构及反常 Zeeman 效应方面.为了解释光谱分析中进一步碰到的矛盾,Uhlenbeck 与 Goudsmit(1925)提出了电子自旋的假设[注].他们主要根据的两个实验事实是

(1)反常 Zeeman 效应.

1912 年 Paschen 和 Back 发现反常 Zeeman 效应——在弱磁场中原子光谱线的复杂分裂(分裂成偶数条)的现象.例如,钠光谱线 $D_1 \to 4$ 条,$D_2 \to 6$ 条.

Uhlenbeck 与 Goudsmit 最初提出的电子自旋概念具有机械的性质.他们认为,与地球绕太阳的运动相似,电子一方面绕原子核运转(相应有轨道角动量),一方面又有自转,相应的自转角动量为 $s=\hbar/2$.而自转角动量在空间任何一个方向的投影(例如,z 轴方向的投影 s_z),可能而且只能取两个值:$\pm\hbar/2$.与自转相联系的磁矩为 $\mu=e\hbar/2mc$(Bohr 磁子).

(2)碱金属光谱的双线结构.

例如钠原子光谱中的一条很亮的黄线($\lambda \approx 5893\text{Å}$),如用分辨本领较高的光谱仪进行观测,就会发现它是由很靠近的两条谱线组成;D_1,$\lambda=5896\text{Å}$;D_2,$\lambda=5890\text{Å}$.

[注] 电子自旋假设的提出

在 Schrödinger 波动方程提出之前,G. E. Uhlenbeck & S. Goudsmit 就提出了电子自旋的假定,见文献[Naturwissenschaften **13**(1925)953; Nature **117**(1926)264].他们曾经把文稿送给 Ehrenfest,请他提意见.Ehrenfest 又把文稿转给实验物理学家 Lorents.一个多星期以后,Lorents 指出:一个旋转的经典粒子会遇到很多致命的困难.Uhlenbeck 与 Goudsmit 就立即赶到 Ehrenfest 那里去,希望撤回文稿.但 Ehrenfest 告诉他们说:"I have already sent your letter in long ago. You are both young enough to allow yourselves some foolishness." 但最终证明,电子自旋的假定是正确的,反常 Zeemann 效应的离奇性质就来源于此.参阅 T. Hey & P. Walters, *The New Quantum Universe*, p.109, Cambridge University Press, 2003.中文译本见,雷奕安,《新粒子世界》,湖南科技出版社.

与另一个年轻荷兰人 Ralph de Lear Kronig(他当时正在 N. Bohr 所访问)相比,他们两人就要幸运得多.在 Uhlenbeck 与 Gousmidt 之前,Kronig 已经提出了电子自旋的假定,但由于

Pauli 的反对，Kronig 没有勇气发表他的思想. 在物理学家中，Pauli 在判断和发现任何理论中的弱点上，差不多具有传奇式的能力. 因此除非得到 Pauli 的赞同，很少有人对他们自己的工作感到有把握. 但这一次恰好又是 Pauli 少有的反对错了的几次中的一次. 参见 P. Robertson 著，杨福家，卓益忠，曾谨言译，《玻尔研究所的早年岁月》(1921-1930)，p. 98，北京，科学出版社，1985 .

事实上，电子自旋及相应的磁矩是电子本身的内禀属性，所以也称为内禀角动量与内禀磁矩. 它们的存在，标志电子还有一个新的自由度. 电子的自旋及内禀磁矩，在 Stern-Gerlach 实验中得到了直接证实.

在 Stern-Gerlach 实验中(见示意图 9.1)，用两块磁铁制备沿 z 轴方向的非均匀磁场. 假设有一束银原子(处于基态，轨道角动量 $l=0$)沿 y 方向射入磁场中. 实验观测表明，入射原子束将分裂成两束，最后在观测屏上出现两条亮线. 从经典物理学来看，如果入射粒子具有磁矩 $\boldsymbol{\mu}$(常数值，与粒子坐标 $\boldsymbol{r}$ 无关)，则在非均匀磁场 $\boldsymbol{B}$ 中将沿 z 方向受力

$$\begin{aligned}\boldsymbol{F} &= -\nabla(\boldsymbol{\mu}\cdot\boldsymbol{B}) = -[(\boldsymbol{\mu}\cdot\nabla)\boldsymbol{B} + (\boldsymbol{B}\cdot\nabla)\boldsymbol{\mu} + \boldsymbol{\mu}\times(\nabla\times\boldsymbol{B}) + (\boldsymbol{B}\times\nabla\times\boldsymbol{\mu})] \\ &= -(\boldsymbol{\mu}\cdot\nabla)\boldsymbol{B} = -\mu_z\frac{\partial B_z}{\partial z}\boldsymbol{e}_z\end{aligned}$$

按照经典物理，μ_z 可以连续变化，因此在屏上将观测到原子沿 z 方向的连续分布(图 9.1，右侧所示). 实验观测到原子束分裂为二，表明电子的磁矩沿 z 方向分量是量子化的，因而它的角动量的 z 分量也是量子化的，只能取两个值.（注意：原子核的磁矩远小于电子，对 Stern-Gerlach 实验的观测无可观的影响.）这个角动量与电子的轨道角动量无关，它标志电子有一个新的内禀自由度，称为自旋(spin)，它并无经典对应. 与自旋相应的磁矩，称为内禀磁矩(intrinsic magnetic moment).

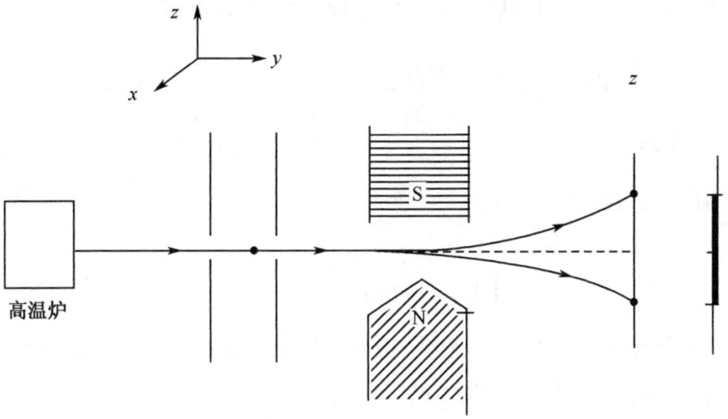

图 9.1 Stern-Gerlach 实验示意图

电子自旋与轨道角动量不同点如下：

(1) 电子自旋值是 $\hbar/2$(而不是 $\hbar$ 整数倍).

(2) |内禀磁矩/自旋|$=e/mc$,而|轨道磁矩/轨道角动量|$=e/2mc$,两者差一倍.或者说,对于自旋,g 因子(回转磁比值)$|g_s|=2$,而对于轨道运动,$|g_l|=1$.

无数实验表明,除静质量、电荷之外,自旋和内禀磁矩也是标志各种粒子(电子,质子,中子等)的很重要的内禀物理量.特别是自旋是半奇数或整数(包括零)就决定了粒子遵守 Fermi 统计或 Bose 统计.

碱金属光谱的双线结构及反常 Zeeman 效应,正是电子自旋的上述两个特点的反映.

9.1.2 自旋态的描述

实验表明,电子不是一个简单的只具有三个自由度的粒子,它还具有自旋自由度.要对它的状态作出完全的描述,还必须考虑其自旋状态.确切地说,要考虑它的自旋在某给定方向(例如,z 轴方向)的两个可能取值(投影)的波幅,即波函数中还应包括自旋的某一分量(习惯上取为 s_z),记为 $\psi(\boldsymbol{r},s_z)$.

与连续变量 $\boldsymbol{r}$ 不同,s_z 只能取 $\pm\hbar/2$ 两个分立值,因此,使用二分量波函数是方便的,即

$$\psi(\boldsymbol{r},s_z)=\begin{pmatrix}\psi(\boldsymbol{r},\hbar/2)\\ \psi(\boldsymbol{r},-\hbar/2)\end{pmatrix} \tag{9.1.1}$$

称为旋量波函数(spinor wave function).其物理意义如下:

$|\psi(\boldsymbol{r},\hbar/2)|^2$ 是自旋向上↑$(s_z=\hbar/2)$,位置在 $\boldsymbol{r}$ 处的概率密度,

$|\psi(\boldsymbol{r},-\hbar/2)|^2$ 是自旋向下↓$(s_z=-\hbar/2)$,位置在 $\boldsymbol{r}$ 处的概率密度.

而

$\int d^3x\,|\psi(\boldsymbol{r},\hbar/2)|^2$ 表示电子自旋向上$(s_z=\hbar/2)$的概率,

$\int d^3x\,|\psi(\boldsymbol{r},-\hbar/2)|^2$ 表示电子自旋向下$(s_z=-\hbar/2)$的概率.

所以归一化条件为

$$\begin{aligned}\sum_{s_z=\pm\hbar/2}\int d^3x\,|\psi(\boldsymbol{r},s_z)|^2&=\int d^3x\psi^+\psi\\ &=\int d^3x\left[|\psi(\boldsymbol{r},\hbar/2)|^2+|\psi(\boldsymbol{r},-\hbar/2)|^2\right]=1\end{aligned} \tag{9.1.2}$$

如果 Hamilton 量不含自旋变量,或可以表示成自旋变量部分与空间部分之和,则 H 的本征波函数可以分离变量,即

$$\psi(\boldsymbol{r},s_z)=\phi(\boldsymbol{r})\chi(s_z) \tag{9.1.3}$$

式中 $\chi(s_z)$ 是描述自旋态的波函数,其一般形式为

$$\chi(s_z)=\begin{pmatrix}a\\ b\end{pmatrix} \tag{9.1.4}$$

其中

$$|a|^2 = |\chi(\hbar/2)|^2 \text{ 表示 } s_z = \hbar/2 \text{ 的概率}$$

$$|b|^2 = |\chi(-\hbar/2)|^2 \text{ 表示 } s_z = -\hbar/2 \text{ 的概率}$$

所以归一化条件为

$$\sum_{s_z=\pm\hbar/2} |\chi(s_z)|^2 = \chi^+ \chi = (a^*, b^*)\begin{pmatrix} a \\ b \end{pmatrix}$$

$$= |a|^2 + |b|^2 = 1 \tag{9.1.5}$$

特例 s_z 的本征态记为 $\chi_{m_s}(s_z)$，$m_s\hbar$ 表示 s_z 的本征值.

$m_s=1/2$ 自旋态(即自旋在 z 方向的分量为 $\hbar/2$ 的状态)

$$\chi_{1/2}(s_z) = \begin{pmatrix} 1 \\ 0 \end{pmatrix} \tag{9.1.6a}$$

$m_s=-1/2$ 自旋态(自旋在 z 方向的分量为 $-\hbar/2$ 的状态)

$$\chi_{-1/2}(s_z) = \begin{pmatrix} 0 \\ 1 \end{pmatrix} \tag{9.1.6b}$$

有时把它们简记为

$$\alpha = \begin{pmatrix} 1 \\ 0 \end{pmatrix}, \quad \beta = \begin{pmatrix} 0 \\ 1 \end{pmatrix}$$

α 和 β 构成电子的自旋态空间的一组正交完备基矢，任何一个自旋态式(9.1.4)，均可用它们来展开

$$\chi(s_z) = a\alpha + b\beta \tag{9.1.7}$$

而对于计及空间坐标的波函数式(9.1.1)，量子态可以表示为

$$\psi = \psi(\boldsymbol{r}, \hbar/2)\alpha + \psi(\boldsymbol{r}, -\hbar/2)\beta \tag{9.1.8}$$

特例 中心力场中的电子，若忽略自旋轨道耦合，则可以选$(H, \boldsymbol{l}^2, l_z, s_z)$为守恒量完全集，其共同本征态记为 ψ_{nlmm_s}，在$(\boldsymbol{r}, s_z)$表象中可写成

$$\psi_{nlmm_s}(\boldsymbol{r}, s_z) = \psi_{nlm}(r,\theta,\varphi)\chi_{m_s}(s_z) = R_{nl}(r)Y_l^m(\theta,\varphi)\chi_{m_s}(s_z) \tag{9.1.9}$$

9.1.3 自旋算符与 Pauli 矩阵

以下考虑自旋算符的表示. 自旋这个力学量虽然具有角动量的性质，但与轨道角动量有所不同，它并无经典对应(当 $\hbar\to 0$，自旋效应就消失了). 自旋的系统理论属于相对论量子力学的范围，它是电子场在空间转动下的特性的反映. 在非相对论量子力学中，可以唯象地根据实验反映出来的自旋的特点，选取适当的数学工具来描述它.

考虑到自旋具有角动量特征，假设自旋算符 $\boldsymbol{s}$ 的三个分量满足与轨道角动量相同的对易关系，即

$$\begin{aligned} s_x s_y - s_y s_x &= \mathrm{i}\hbar s_z \\ s_y s_z - s_z s_y &= \mathrm{i}\hbar s_x \\ s_z s_x - s_x s_z &= \mathrm{i}\hbar s_y \end{aligned} \tag{9.1.10}$$

引进无量纲算符 $\boldsymbol{\sigma}$(称为 Pauli 算符),

$$s = \frac{\hbar}{2}\boldsymbol{\sigma} \tag{9.1.11}$$

则式(9.1.10)化为

$$\sigma_x\sigma_y - \sigma_y\sigma_x = 2i\sigma_z \tag{9.1.12a}$$

$$\sigma_y\sigma_z - \sigma_z\sigma_y = 2i\sigma_x \tag{9.1.12b}$$

$$\sigma_z\sigma_x - \sigma_x\sigma_z = 2i\sigma_y \tag{9.1.12c}$$

或概括表示成

$$[\sigma_i, \sigma_j] = 2i\varepsilon_{ijk}\sigma_k \tag{9.1.12'}$$

也可表示成

$$\boldsymbol{\sigma} \times \boldsymbol{\sigma} = 2i\boldsymbol{\sigma} \tag{9.1.12''}$$

由于 $\boldsymbol{s}$ 沿任何指定方向的分量(本征值)只能取 $\pm\hbar/2$ 值,所以 $\boldsymbol{\sigma}$ 沿任何指定方向的分量也只能取 ±1,因而 σ_x^2、σ_y^2 及 σ_z^2 的取值只能为 1,即

$$\sigma_x^2 = \sigma_y^2 = \sigma_z^2 = 1 \quad (\text{单位算符}) \tag{9.1.13}$$

σ_y · 式(9.1.12b),并利用上式,可得

$$\sigma_z - \sigma_y\sigma_z\sigma_y = 2i\sigma_y\sigma_x$$

式(9.1.12b) · σ_y,类似求得

$$\sigma_y\sigma_z\sigma_y - \sigma_z = 2i\sigma_x\sigma_y$$

以上两式相加,得 $\sigma_x\sigma_y + \sigma_y\sigma_x = 0$. 联同类似的两个关系式,可概括为

$$\begin{aligned} \sigma_x\sigma_y + \sigma_y\sigma_x &= 0 \\ \sigma_y\sigma_z + \sigma_z\sigma_y &= 0 \\ \sigma_z\sigma_x + \sigma_x\sigma_z &= 0 \end{aligned} \tag{9.1.14}$$

即 $\boldsymbol{\sigma}$ 的**三个分量彼此反对易**. 把式(9.1.12),(9.1.14)综合起来,得

$$\begin{aligned} \sigma_x\sigma_y &= -\sigma_y\sigma_x = i\sigma_z \\ \sigma_y\sigma_z &= -\sigma_z\sigma_y = i\sigma_x \\ \sigma_z\sigma_x &= -\sigma_x\sigma_z = i\sigma_y \end{aligned} \tag{9.1.15}$$

式(9.1.13)、(9.1.15)及 Pauli 算符的厄米性要求,完全刻画了 Pauli 算符的代数性质.

练习 1 证明

$$\sigma_x\sigma_y\sigma_z = i \tag{9.1.16}$$

练习 2 证明

$$(\boldsymbol{\sigma}\cdot\boldsymbol{A})(\boldsymbol{\sigma}\cdot\boldsymbol{B}) = \boldsymbol{A}\cdot\boldsymbol{B} + i\boldsymbol{\sigma}\cdot(\boldsymbol{A}\times\boldsymbol{B}) \tag{9.1.17}$$

其中 $\boldsymbol{A}$ 和 $\boldsymbol{B}$ 是与 $\boldsymbol{\sigma}$ 对易的任何两个矢量算符.

练习 3 证明

$$(\boldsymbol{\sigma}\cdot\boldsymbol{p})^2 = p^2, \quad \boldsymbol{p} \text{ 为动量算符}$$

$$(\boldsymbol{\sigma}\cdot\boldsymbol{l})^2 = \boldsymbol{l}^2 - \boldsymbol{\sigma}\cdot\boldsymbol{l}, \quad \boldsymbol{l} \text{ 为轨道角动量算符}$$

并由此证明 $\boldsymbol{\sigma}\cdot\boldsymbol{l}$ 的本征值为 l 和 $-(l+1)$, $l=0,1,2,\cdots$.

练习 4　设算符 $\boldsymbol{A}$ 与 $\boldsymbol{\sigma}$ 对易，证明

$$\boldsymbol{\sigma}(\boldsymbol{\sigma}\cdot\boldsymbol{A})-\boldsymbol{A}=\boldsymbol{A}-(\boldsymbol{\sigma}\cdot\boldsymbol{A})\boldsymbol{\sigma}=\mathrm{i}\boldsymbol{A}\times\boldsymbol{\sigma} \tag{9.1.18}$$

练习 5　令 $\sigma_{\pm}=\frac{1}{2}(\sigma_x\pm\mathrm{i}\sigma_y)$

证明

$$\begin{aligned}&\sigma_{\pm}^2=0\\&[\sigma_+,\sigma_-]=\sigma_z\\&[\sigma_z,\sigma_{\pm}]=\pm\sigma_{\pm}\qquad \text{即 } \sigma_z\sigma_{\pm}=\sigma_{\pm}(\sigma_z\pm1)\end{aligned} \tag{9.1.19}$$

练习 6　设 $\boldsymbol{A}$ 是与 $\boldsymbol{\sigma}$ 对易的任何矢量，证明

$$\mathrm{e}^{\mathrm{i}\boldsymbol{\sigma}\cdot\boldsymbol{A}}=\cos A+\mathrm{i}\boldsymbol{\sigma}\cdot\hat{\boldsymbol{A}}\sin A \tag{9.1.20}$$

其中 $A=|\boldsymbol{A}|$，$\hat{\boldsymbol{A}}=\boldsymbol{A}/A$ 表示 $\boldsymbol{A}$ 方向的单位矢量，特别是

$$\exp(\mathrm{i}\sigma_z\theta)=\cos\theta+\mathrm{i}\sigma_z\sin\theta \tag{9.1.21}$$

提示：利用 $\sigma_x^2=\sigma_y^2=\sigma_z^2=1$

以上是 Pauli 算符满足的抽象代数式. 下面我们选一个具体表象把它们表示成矩阵形式. 习惯上选 σ_z 表象，即 σ_z 对角化的表象. 由于 σ_z 只能取 ±1，所以 σ_z 矩阵可以表示为

$$\sigma_z=\begin{pmatrix}1&0\\0&-1\end{pmatrix} \tag{9.1.22}$$

令 σ_x 矩阵表示为

$$\sigma_x=\begin{pmatrix}a&b\\c&d\end{pmatrix} \tag{9.1.23}$$

上式中 a、b、c 与 d（复数）待定. 考虑到 $\sigma_z\sigma_x=-\sigma_x\sigma_z$，得

$$\begin{pmatrix}a&b\\-c&-d\end{pmatrix}=\begin{pmatrix}-a&b\\-c&d\end{pmatrix}$$

所以

$$a=d=0$$

于是 σ_x 可以简化为

$$\sigma_x=\begin{pmatrix}0&b\\c&0\end{pmatrix}$$

再根据厄米性要求 $\sigma_x^+=\sigma_x$，可得 $c=b^*$，所以

$$\sigma_x=\begin{pmatrix}0&b\\b^*&0\end{pmatrix}$$

而

$$\sigma_x^2=\begin{pmatrix}0 & b\\ b^* & 0\end{pmatrix}\begin{pmatrix}0 & b\\ b^* & 0\end{pmatrix}=\begin{pmatrix}|b|^2 & 0\\ 0 & |b|^2\end{pmatrix}=1 \quad (\text{单位矩阵})$$

所以要求

$$|b|^2=1$$

因此可以令

$$b=\mathrm{e}^{\mathrm{i}\alpha}\quad (\alpha\ \text{实数})$$

于是

$$\sigma_x=\begin{pmatrix}0 & \mathrm{e}^{\mathrm{i}\alpha}\\ \mathrm{e}^{-\mathrm{i}\alpha} & 0\end{pmatrix} \tag{9.1.24}$$

利用式(9.1.15)的最后一式,可得

$$\begin{aligned}\sigma_y&=-\mathrm{i}\sigma_z\sigma_x\\ &=-\mathrm{i}\begin{pmatrix}1 & 0\\ 0 & -1\end{pmatrix}\begin{pmatrix}0 & \mathrm{e}^{\mathrm{i}\alpha}\\ \mathrm{e}^{-\mathrm{i}\alpha} & 0\end{pmatrix}=-\mathrm{i}\begin{pmatrix}0 & \mathrm{e}^{\mathrm{i}\alpha}\\ -\mathrm{e}^{-\mathrm{i}\alpha} & 0\end{pmatrix}\end{aligned} \tag{9.1.25}$$

在量子力学中,任何表象的基矢都有一个整体的相位不定性,因而力学量在任何表象中的矩阵表示,也有一个相位不定性. 习惯上,取 $\alpha=0$(Pauli)[①],得

$$\sigma_x=\begin{pmatrix}0 & 1\\ 1 & 0\end{pmatrix},\quad \sigma_y=\begin{pmatrix}0 & -\mathrm{i}\\ \mathrm{i} & 0\end{pmatrix},\quad \sigma_z=\begin{pmatrix}1 & 0\\ 0 & -1\end{pmatrix} \tag{9.1.26}$$

这就是著名的 Pauli 矩阵,其应用极为广泛,读者应牢记.

练习 7 令

$$\sigma_\pm=\frac{1}{2}(\sigma_x\pm\mathrm{i}\sigma_y) \tag{9.1.27}$$

在 Pauli 表象中

$$\sigma_+=\begin{pmatrix}0 & 1\\ 0 & 0\end{pmatrix}\qquad \sigma_-=\begin{pmatrix}0 & 0\\ 1 & 0\end{pmatrix} \tag{9.1.28}$$

用矩阵乘法证明:

$$\begin{aligned}&\sigma_x\alpha=\beta, &&\sigma_x\beta=\alpha\\ &\sigma_y\alpha=\mathrm{i}\beta, &&\sigma_y\beta=-\mathrm{i}\alpha\\ &\sigma_+\alpha=0, &&\sigma_+\beta=\alpha\\ &\sigma_-\alpha=\beta, &&\sigma_-\beta=0\end{aligned} \tag{9.1.29}$$

练习 8 令

$$P_\pm=\frac{1}{2}(1\pm\sigma_z)$$

---

① W. Pauli, Zeit. Physik **43**(1927)601.

(1)证明：$P_+ + P_- = 1$，　$P_+^2 = P_+$，　$P_-^2 = P_-$，　$P_+P_- = P_-P_+ = 0$
(2)在 σ_z 表象中，写出 $P_\pm$ 的矩阵表示式.
(3)证明：

$$P_+\begin{pmatrix}a\\b\end{pmatrix} = a\begin{pmatrix}1\\0\end{pmatrix}, \qquad P_-\begin{pmatrix}a\\b\end{pmatrix} = b\begin{pmatrix}0\\1\end{pmatrix}$$

$\begin{pmatrix}1\\0\end{pmatrix}$和$\begin{pmatrix}0\\1\end{pmatrix}$分别是“自旋向上”($s_z = 1/2$)和“自旋向下”($s_z = -1/2$)的态，所以 $P_\pm$ 分别为自旋投影算符.

练习 9　设 $\boldsymbol{A}$、$\boldsymbol{B}$、$\boldsymbol{C}$ 是与 $\boldsymbol{\sigma}$ 对易的算符，证明：

$$\begin{aligned}&\mathrm{Tr}(\boldsymbol{\sigma}\cdot\boldsymbol{A}) = 0\\&\mathrm{Tr}[(\boldsymbol{\sigma}\cdot\boldsymbol{A})(\boldsymbol{\sigma}\cdot\boldsymbol{B})] = 2\boldsymbol{A}\cdot\boldsymbol{B}\\&\mathrm{Tr}[(\boldsymbol{\sigma}\cdot\boldsymbol{A})(\boldsymbol{\sigma}\cdot\boldsymbol{B})(\boldsymbol{\sigma}\cdot\boldsymbol{C})] = 2\mathrm{i}(\boldsymbol{A}\times\boldsymbol{B})\cdot\boldsymbol{C} = 2\mathrm{i}\boldsymbol{A}\cdot(\boldsymbol{B}\times\boldsymbol{C})\end{aligned} \tag{9.1.30}$$

设 $\boldsymbol{A}$ 和 $\boldsymbol{B}$ 为常矢，则

$$\begin{aligned}&\mathrm{Tr}\,\mathrm{e}^{\mathrm{i}\boldsymbol{\sigma}\cdot\boldsymbol{A}} = 2\cos A, \quad A = |\boldsymbol{A}|\\&\mathrm{Tr}(\mathrm{e}^{\mathrm{i}\boldsymbol{\sigma}\cdot\boldsymbol{A}}\mathrm{e}^{\mathrm{i}\boldsymbol{\sigma}\cdot\boldsymbol{B}}) = 2\cos A\cos B - 2\frac{\boldsymbol{A}\cdot\boldsymbol{B}}{AB}\sin A\sin B\end{aligned} \tag{9.1.31}$$

练习 10　证明找不到一个表象，在其中：(a)三个 Pauli 矩阵均为实矩阵，或(b)二个是纯虚矩阵，而另一个为实矩阵.

练习 11　证明 σ_x、σ_y、σ_z 及 I(2×2 单位矩阵)构成 2×2 矩阵的完全集，即任何 2×2 矩阵均可用它们的线性组合来表达. 任何 2×2 矩阵 M 可表示成

$$M = \frac{1}{2}[(\mathrm{Tr}M)I + \mathrm{Tr}(M\boldsymbol{\sigma})\cdot\boldsymbol{\sigma}]$$

提示：利用 $\mathrm{Tr}I = 2$，$\mathrm{Tr}\boldsymbol{\sigma} = 0$.

练习 12　设 $A\boldsymbol{\sigma} = \boldsymbol{\sigma}A$，则 A 为 0 或常数矩阵.

练习 13　设 $A\boldsymbol{\sigma} = -\boldsymbol{\sigma}A$，则 $A = 0$

*9.1.4　电子的内禀磁矩

电子自旋和内禀磁矩的系统理论将在 Dirac 的相对论性量子理论中讨论(见《卷Ⅱ，第 11 章》). 下面给出一个简单的非相对论性理论的说明①.

一个非相对论性的自由粒子的 Hamilton 量，通常表示为

$$H = \frac{\boldsymbol{p}^2}{2\mu} \tag{9.1.32}$$

如果粒子带电，例如电子荷电 $-e$，处于外磁场 $\boldsymbol{B} = \nabla\times\boldsymbol{A}$ 中，按 7.1 节的讨论，其 Hamilton 量可表示成

$$H = \frac{\left(\boldsymbol{P} + \frac{e}{c}\boldsymbol{A}\right)^2}{2\mu} \tag{9.1.33}$$

---

① A. R. Mackintosh, The Stern-Gerlach experiment, electron spin and intermediate quantum mechanics (私人通讯).

其中 $\boldsymbol{P}$ 为正则动量，在坐标表象中，$\boldsymbol{P}=-\mathrm{i}\hbar\nabla$. 式(9.1.33)可化为

$$H=\frac{P^2}{2\mu}+\frac{e}{2\mu c}(\boldsymbol{A}\cdot\boldsymbol{P}+\boldsymbol{P}\cdot\boldsymbol{A})+\frac{e^2A^2}{2\mu c^2} \tag{9.1.34}$$

若采用 Coulomb 规范($\nabla\cdot\boldsymbol{A}=0$)，则上式可化为

$$H=\frac{P^2}{2\mu}+\frac{e}{\mu c}\boldsymbol{A}\cdot\boldsymbol{P}+\frac{e^2A^2}{2\mu c^2} \tag{9.1.35}$$

上式右侧最后一项是反磁项，通常情况下比较小，可以略去. 对于均匀磁场，可以取 $\boldsymbol{A}=\frac{1}{2}\boldsymbol{B}\times\boldsymbol{r}$，则上式右边第二项化为

$$\frac{e}{2\mu c}(\boldsymbol{B}\times\boldsymbol{r})\cdot\boldsymbol{P}=\frac{e}{2\mu c}(\boldsymbol{r}\times\boldsymbol{P})\cdot\boldsymbol{B}=\frac{e}{2\mu c}\boldsymbol{l}\cdot\boldsymbol{B}=-\boldsymbol{\mu}_l\cdot\boldsymbol{B} \tag{9.1.36}$$

其中

$$\boldsymbol{\mu}_l=-\frac{e}{2\mu c}\boldsymbol{l} \tag{9.1.37}$$

表示电子的轨道角动量带来的磁矩，称为轨道磁矩 . 但如果考虑到电子有自旋，假设自由电子的 Hamilton 量表示为

$$H=\frac{(\boldsymbol{\sigma}\cdot\boldsymbol{p})^2}{2\mu} \tag{9.1.38}$$

在没有外磁场的情况$(\boldsymbol{\sigma}\cdot\boldsymbol{p})^2=\boldsymbol{p}^2$(见练习 3)，上述 Hamilton 量得不出什么新的东西. 但在外磁场$\boldsymbol{B}=\nabla\times\boldsymbol{A}$中，$H$ 化为

$$H=\frac{\left[\boldsymbol{\sigma}\cdot\left(\boldsymbol{P}+\frac{e}{c}\boldsymbol{A}\right)\right]^2}{2\mu}$$

利用式(9.1.17)，H 可化为

$$H=\frac{\left(\boldsymbol{P}+\frac{e}{c}\boldsymbol{A}\right)^2}{2\mu}+\frac{\mathrm{i}}{2\mu}\boldsymbol{\sigma}\cdot\left[\left(\boldsymbol{P}+\frac{e}{c}\boldsymbol{A}\right)\times\left(\boldsymbol{P}+\frac{e}{c}\boldsymbol{A}\right)\right] \tag{9.1.39}$$

上式右侧第一项即式(9.1.33)，它包含电子轨道磁矩与外磁场的相互作用. 第二项可化为

$$\frac{\mathrm{i}e}{2\mu c}\boldsymbol{\sigma}\cdot(\boldsymbol{P}\times\boldsymbol{A}+\boldsymbol{A}\times\boldsymbol{P})=\frac{\mathrm{i}e}{2\mu c}\boldsymbol{\sigma}\cdot(-\mathrm{i}\hbar\nabla\times\boldsymbol{A})=\frac{e\hbar}{2\mu c}\boldsymbol{\sigma}\cdot\boldsymbol{B}=-\boldsymbol{\mu}_s\cdot\boldsymbol{B} \tag{9.1.40}$$

其中

$$\boldsymbol{\mu}_s=-\frac{e\hbar}{2\mu c}\boldsymbol{\sigma}=-\frac{e}{\mu c}\boldsymbol{s}\qquad\left(\boldsymbol{s}=\frac{\hbar}{2}\boldsymbol{\sigma}\right) \tag{9.1.41}$$

$\boldsymbol{\mu}_s$ 可以理解为与自旋 $\boldsymbol{s}$ 相应的磁矩(称为内禀磁矩). 式(9.1.40)表示电子内禀磁矩与外磁场 $\boldsymbol{B}$ 的相互作用能，内禀磁矩的值即 Bohr 磁子 $\mu_B=\frac{e\hbar}{2\mu c}$. 比较式(9.1.41)与(9.1.37)，可知内禀磁矩的 g 因子是轨道磁矩的 g 因子的两倍.

9.2 总角动量

电子自旋是一种相对论效应. 可以证明，中心力场 $V(r)$ 中运动的电子的相对论性波动方程(Dirac 方程，见本书卷Ⅱ，第 11 章)，在过渡到非相对论极限时，Hamilton 量中将出现一项自旋-轨道耦合(spin-orbit coupling)项(称为 Thomas 项)

$$\xi(r)\boldsymbol{s}\cdot\boldsymbol{l}$$

其中
$$\xi(r)=\frac{1}{2\mu^2c^2}\frac{1}{r}\frac{\mathrm{d}V}{\mathrm{d}r} \tag{9.2.1}$$

μ 为电子质量，c 为光速. 在处理正常 Zeeman 效应时，因外加磁场很强，自旋轨道耦合项相对说来是很小的，可以忽略. 但当所加磁场很弱，或没有外场的情况，这项作用对能级与光谱的影响（精细结构）就不应忽略①. 碱金属元素光谱线的双分裂及反常 Zeeman 效应都与此有关. 在原子核的壳结构中，核子之间的强自旋轨道耦合起了极为重要的作用（见 9.6 节）.

当计及自旋轨道耦合作用之后，轨道与自旋角动量分别都不再是守恒量，因为

$$[\boldsymbol{l},\boldsymbol{s}\cdot\boldsymbol{l}]\neq 0,\qquad [\boldsymbol{s},\boldsymbol{s}\cdot\boldsymbol{l}]\neq 0 \tag{9.2.2}$$

定义总角动量算符

$$\boldsymbol{j}=\boldsymbol{l}+\boldsymbol{s} \tag{9.2.3}$$

可以证明，在中心力场中电子的总角动量 $\boldsymbol{j}$ 为守恒量. 考虑到 $\boldsymbol{l}$ 与 $\boldsymbol{s}$ 分别属于不同自由度，彼此对易，

$$[l_\alpha,s_\beta]=0\qquad(\alpha,\beta=x,y,z) \tag{9.2.4}$$

可以证明，与 $\boldsymbol{l}$ 和 $\boldsymbol{s}$ 一样，$\boldsymbol{j}$ 的三个分量满足下列对易式

$$\begin{aligned}[j_x,j_y]&=\mathrm{i}\hbar j_z\\ [j_y,j_z]&=\mathrm{i}\hbar j_x\\ [j_z,j_x]&=\mathrm{i}\hbar j_y\end{aligned} \tag{9.2.5}$$

令

$$\boldsymbol{j}^2=j_x^2+j_y^2+j_z^2$$

可以证明 $\boldsymbol{j}^2$ 与 $\boldsymbol{j}$ 的三个分量都对易，

$$[\boldsymbol{j}^2,j_\alpha]=0\qquad(\alpha=x,y,z) \tag{9.2.6}$$

利用式(9.2.3)和式(9.2.4)，容易证明

$$[\boldsymbol{j},\boldsymbol{s}\cdot\boldsymbol{l}]=0 \tag{9.2.7}$$

所以在计及自旋轨道耦合的情况下，尽管 $\boldsymbol{l}$ 和 $\boldsymbol{s}$ 都不是守恒量，但 $\boldsymbol{j}$ 为守恒量. 还可以证明，虽然 $\boldsymbol{l}$ 不再是守恒量，但 $\boldsymbol{l}^2$ 仍然是，因为

$$[\boldsymbol{l}^2,\boldsymbol{s}\cdot\boldsymbol{l}]=0 \tag{9.2.8}$$

因此，在中心力场中电子的能量本征态可以选为守恒量完全集$(H,\boldsymbol{l}^2,\boldsymbol{j}^2,j_z)$的共同本征态. 它的空间角度和自旋部分的波函数则可取为$(\boldsymbol{l}^2,\boldsymbol{j}^2,j_z)$的共同本征

---

① 对于类氢离子，

$$V(r)=-\frac{Ze^2}{r},\qquad \xi(r)=\frac{Ze^2}{2\mu^2c^2}\frac{1}{r^3}$$

作为数量级估计，

$$\xi(r)\boldsymbol{s}\cdot\boldsymbol{l}\approx\frac{e^2\hbar^2}{\mu^2c^2a^3}=\frac{e^2}{a}\left(\frac{e^2}{\hbar c}\right)^2\approx 27\mathrm{eV}\cdot\left(\frac{1}{137}\right)^2\approx 1.4\times10^{-3}\mathrm{eV}\qquad(a=\hbar^2/\mu e^2,\text{Bohr 半径})$$

属于精细结构的能量变化范围.

态. 此共同本征态在(θ,φ,s_z)表象中可表示为

$$\phi(\theta,\varphi,s_z)=\begin{pmatrix}\phi(\theta,\varphi,\hbar/2)\\ \phi(\theta,\varphi,-\hbar/2)\end{pmatrix}\equiv\begin{pmatrix}\phi_1(\theta,\varphi)\\ \phi_2(\theta,\varphi)\end{pmatrix} \tag{9.2.9}$$

首先要求 ϕ 是 $\boldsymbol{l}^2$ 本征态, 即

$$\boldsymbol{l}^2\phi=C\phi \qquad (C\text{ 为常数})$$

亦即

$$\boldsymbol{l}^2\phi_1=C\phi_1$$

$$\boldsymbol{l}^2\phi_2=C\phi_2$$

所以, ϕ_1 与 ϕ_2 都应是 $\boldsymbol{l}^2$ 的本征态, 并且对应相同的本征值.

其次, 要求 ϕ 为 j_z 的本征态

$$j_z\begin{pmatrix}\phi_1\\ \phi_2\end{pmatrix}=j_z'\begin{pmatrix}\phi_1\\ \phi_2\end{pmatrix}$$

即

$$l_z\begin{pmatrix}\phi_1\\ \phi_2\end{pmatrix}+\frac{\hbar}{2}\begin{pmatrix}1 & 0\\ 0 & -1\end{pmatrix}\begin{pmatrix}\phi_1\\ \phi_2\end{pmatrix}=j_z'\begin{pmatrix}\phi_1\\ \phi_2\end{pmatrix}$$

因此

$$l_z\phi_1=\left(j_z'-\frac{\hbar}{2}\right)\phi_1$$

$$l_z\phi_2=\left(j_z'+\frac{\hbar}{2}\right)\phi_2$$

所以, ϕ_1 与 ϕ_2 都应是 l_z 的本征态, 但对应的本征值相差 $\hbar$. 因此式(9.2.9)可以取为

$$\phi(\theta,\varphi,s_z)=\begin{pmatrix}a\mathrm{Y}_l^m\\ b\mathrm{Y}_l^{m+1}\end{pmatrix} \tag{9.2.10}$$

这样就已保证它是 $\boldsymbol{l}^2$ 与 j_z 的共同本征态, 本征值分别为 $l(l+1)\hbar^2$ 和$(m+1/2)\hbar$.

此外, 我们还要求 ϕ 为 $\boldsymbol{j}^2$ 的本征态. 利用

$$\begin{aligned}\boldsymbol{j}^2&=(\boldsymbol{l}+\boldsymbol{s})^2=\boldsymbol{l}^2+\boldsymbol{s}^2+2\boldsymbol{s}\cdot\boldsymbol{l}\\ &=\boldsymbol{l}^2+\frac{3}{4}\hbar^2+\hbar(\sigma_x l_x+\sigma_y l_y+\sigma_z l_z)\\ &=\begin{pmatrix}\boldsymbol{l}^2+\frac{3}{4}\hbar^2+\hbar l_z & \hbar l_-\\ \hbar l_+ & \boldsymbol{l}^2+\frac{3}{4}\hbar^2-\hbar l_z\end{pmatrix}\end{aligned} \tag{9.2.11}$$

其中

$$l_\pm=l_x\pm\mathrm{i}l_y$$

把式(9.2.11)代入 $\boldsymbol{j}^2$ 的本征方程

$$\boldsymbol{j}^2\begin{pmatrix} aY_l^m \\ bY_l^{m+1} \end{pmatrix} = \lambda\hbar^2\begin{pmatrix} aY_l^m \\ bY_l^{m+1} \end{pmatrix} \qquad (\lambda\text{ 无量纲,待定}) \tag{9.2.12}$$

利用

$$l_\pm Y_l^m = \hbar\sqrt{(l\mp m)(l\pm m+1)}\,Y_l^{m\pm1}$$

可得出

$$\left[l(l+1)+\frac{3}{4}+m\right]aY_l^m + \sqrt{(l-m)(l+m+1)}\,bY_l^m = \lambda aY_l^m$$

$$\sqrt{(l-m)(l+m+1)}\,aY_l^{m+1} + \left[l(l+1)+\frac{3}{4}-(m+1)\right]bY_l^{m+1} = \lambda bY_l^{m+1}$$

上两式分别乘 $Y_l^{m^*}$、$Y_l^{m+1^*}$,对(θ,φ)积分后,得

$$\left[l(l+1)+\frac{3}{4}+m-\lambda\right]a + \sqrt{(l-m)(l+m+1)}\,b = 0$$

$$\sqrt{(l-m)(l+m+1)}\,a + \left[l(l+1)+\frac{3}{4}-(m+1)-\lambda\right]b = 0 \tag{9.2.13}$$

这是确定 a 和 b 的线性齐次方程,有非平庸解的充要条件是

$$\begin{vmatrix} l(l+1)+\frac{3}{4}+m-\lambda & \sqrt{(l-m)(l+m+1)} \\ \sqrt{(l-m)(l+m+1)} & l(l+1)+\frac{3}{4}-m-1-\lambda \end{vmatrix} = 0 \tag{9.2.14}$$

解出 λ 的两个根,得

$$\lambda_1 = (l+1/2)(l+3/2)$$

$$\lambda_2 = (l-1/2)(l+1/2) \tag{9.2.15}$$

或表示成

$$\lambda = j(j+1), \quad j = l\pm 1/2 \tag{9.2.16}$$

把 $j=l+1/2$ 这个根代入式(9.2.13)中任何一式,得

$$a/b = \sqrt{(l+m+1)/(l-m)} \tag{9.2.17}$$

同样,把 $j=l-1/2$ 这个根代入式(9.2.13),得

$$a/b = -\sqrt{(l-m)/(l+m+1)} \tag{9.2.18}$$

把式(9.2.17)与(9.2.18)代入式(9.2.10),利用归一化条件,并取适当的相位,可得出$(\boldsymbol{l}^2,\boldsymbol{j}^2,j_z)$的共同本征态如下:

对于 $j=l+1/2$ 情况，

$$\phi(\theta,\varphi,s_z)=\frac{1}{\sqrt{2l+1}}\begin{bmatrix}\sqrt{l+m+1}\,Y_l^m\\\sqrt{l-m}\,Y_l^{m+1}\end{bmatrix}$$

$$=\sqrt{\frac{l+m+1}{2l+1}}\alpha Y_l^m+\sqrt{\frac{l-m}{2l+1}}\beta Y_l^{m+1} \tag{9.2.19a}$$

对于 $j=l-1/2(l\neq 0)$ 情况，

$$\phi(\theta,\varphi,s_z)=\frac{1}{\sqrt{2l+1}}\begin{bmatrix}-\sqrt{l-m}\,Y_l^m\\\sqrt{l+m+1}\,Y_l^{m+1}\end{bmatrix}$$

$$=-\sqrt{\frac{l-m}{2l+1}}\alpha Y_l^m+\sqrt{\frac{l+m+1}{2l+1}}\beta Y_l^{m+1} \tag{9.2.19b}$$

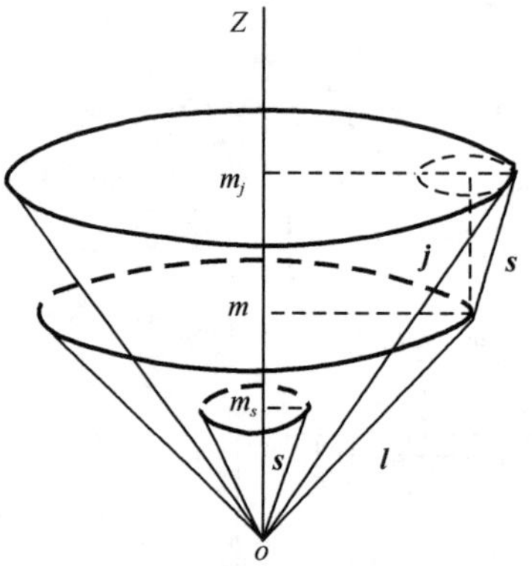

图 9.2　自旋与轨道角动量的耦合

式(9.2.19a)和(9.2.19b)是($\boldsymbol{l}^2,\boldsymbol{j}^2,j_z$)的共同本征态，相应的本征值分别为 $l(l+1)\hbar^2$，$j(j+1)\hbar^2$ 和 $m_j\hbar=(m+1/2)\hbar$，式中，$j=l+1/2$，$l-1/2(l\neq 0$ 情况)。[但注意，式(9.2.19)，并不是 l_z 与 s_z 的本征态]

式(9.2.19a)中，$j=l+1/2$. 从 Y_l^m 来考虑，$m_{\max}=l$. 从 Y_l^{m+1} 来考虑，$m_{\min}=-(l+1)$，所以 m 可能取值为

$$l,l-1,\cdots,0,\cdots,-(l+1)$$

而 $m_j=m+1/2$ 相应的可能取值为

$$l+1/2,l-1/2,\cdots,1/2,\cdots,-(l+1/2)$$

即　$m_j=j,j-1,\cdots,1/2,\cdots,-j$，共$(2j+1)$个可能取值(图 9.2).

式(9.2.19b)中，$j=l-1/2(l\neq 0)$. 从 Y_l^m 来考虑，$m_{\min}=-l$(当 $m=-l-1$ 时，$\phi=0$). 从 Y_l^{m+1} 来考虑，$m_{\max}=l-1$(当 $m=l$ 时，$\phi=0$). 所以 m 的可能取值为

$$l-1,l-2,\cdots,-l+1,-l$$

而 $m_j=m+1/2$ 相应的可能取值为

$$l-1/2,l-3/2,\cdots,-l+3/2,-l+1/2$$

即　$m_j=j,j-1,\cdots,-j+1,-j$，共$(2j+1)$个可能取值.

概括起来，($\boldsymbol{l}^2,\boldsymbol{j}^2,j_z$)的共同本征态可记为 ϕ_{ljm_j}.

$j=l+1/2$ 情况，($m_j=m+1/2$)

$$\phi_{ljm_j}=\frac{1}{\sqrt{2l+1}}\begin{pmatrix}\sqrt{l+m+1}\,Y_l^m\\\sqrt{l-m}\,Y_l^{m+1}\end{pmatrix}=\frac{1}{\sqrt{2j}}\begin{pmatrix}\sqrt{j+m_j}\,Y_{j-1/2}^{m_j-1/2}\\\sqrt{j-m_j}\,Y_{j-1/2}^{m_j+1/2}\end{pmatrix}$$

$$=\sqrt{\frac{l+m+1}{2l+1}}Y_l^m\chi_{1/2}+\sqrt{\frac{l-m}{2l+1}}Y_l^{m+1}\chi_{-1/2} \tag{9.2.20a}$$

$j=l-1/2(l\neq 0)$情况，$(m_j=m+1/2)$

$$\phi_{ljm_j}=\frac{1}{\sqrt{2l+1}}\begin{pmatrix}-\sqrt{l-m}\,Y_l^m\\ \sqrt{l+m+1}\,Y_l^{m+1}\end{pmatrix}=\frac{1}{\sqrt{2j+2}}\begin{pmatrix}-\sqrt{j-m_j+1}\,Y_{j+1/2}^{m_j-1/2}\\ \sqrt{j+m_j+1}\,Y_{j+1/2}^{m_j+1/2}\end{pmatrix}$$

$$=-\sqrt{\frac{l-m}{2l+1}}Y_l^m\chi_{1/2}+\sqrt{\frac{l+m+1}{2l+1}}Y_l^{m+1}\chi_{-1/2} \tag{9.2.20b}$$

注意：在 $l=0$ 情况，不存在自旋轨道耦合，总角动量即自旋，$j=s=\frac{1}{2}$，$m_j=m_s=\pm 1/2$. 波函数可以表示成非耦合形式

$$\phi_{0\frac{1}{2}\frac{1}{2}}=\begin{pmatrix}Y_0^0\\0\end{pmatrix}=\frac{1}{\sqrt{4\pi}}\begin{pmatrix}1\\0\end{pmatrix}$$

$$\phi_{0\frac{1}{2}-\frac{1}{2}}=\begin{pmatrix}0\\Y_0^0\end{pmatrix}=\frac{1}{\sqrt{4\pi}}\begin{pmatrix}0\\1\end{pmatrix} \tag{9.2.21}$$

在光谱学上，用下列符号来表示以上这些态(表 9.1)：

表 9.1

l	0	1	2	3	4
j	1/2	1/2　3/2	3/2　5/2	5/2　7/2	7/2　9/2
量子态	$s_{1/2}$	$p_{1/2}$　$p_{3/2}$	$d_{3/2}$　$d_{5/2}$	$f_{5/2}$　$f_{7/2}$	$g_{7/2}$　$g_{9/2}$

练习 1　证明

$$\boldsymbol{\sigma}\cdot\boldsymbol{l}=\sigma_z l_z+\sigma_+ l_-+\sigma_- l_+ \tag{9.2.22}$$

其中

$$l_\pm=l_x\pm \mathrm{i}l_y,\qquad \sigma_\pm=\frac{1}{2}(\sigma_x\pm\mathrm{i}\sigma_y)$$

例 1　证明 ϕ_{ljm_j} 是 $\boldsymbol{s}\cdot\boldsymbol{l}=\frac{\hbar}{2}\boldsymbol{\sigma}\cdot\boldsymbol{l}$ 的本征态. 利用

$$\boldsymbol{j}^2=\boldsymbol{l}^2+\boldsymbol{s}^2+2\boldsymbol{s}\cdot\boldsymbol{l}=\boldsymbol{l}^2+\frac{3}{4}\hbar^2+\hbar\boldsymbol{\sigma}\cdot\boldsymbol{l}$$

得

$$\hbar\boldsymbol{\sigma}\cdot\boldsymbol{l}=\left(\boldsymbol{j}^2-\boldsymbol{l}^2-\frac{3}{4}\hbar^2\right) \tag{9.2.23}$$

不难求出

$$\boldsymbol{\sigma}\cdot\boldsymbol{l}\phi_{ljm_j}=\left[j(j+1)-l(l+1)-\frac{3}{4}\right]\hbar\phi_{ljm_j}$$

$$=\begin{cases}l\hbar\phi_{ljm_j}, & j=l+1/2\\ -(l+1)\hbar\phi_{ljm_j}, & j=l-1/2(l\neq 0)\end{cases} \tag{9.2.24}$$

所以，在 ϕ_{ljm_j} 态下

$$\langle\boldsymbol{\sigma}\cdot\boldsymbol{l}\rangle=\begin{cases}l\hbar, & j=l+1/2\\ -(l+1)\hbar, & j=l-1/2(l\neq 0)\end{cases} \tag{9.2.25}$$

* 另证：利用 9.1 节，式(9.1.17)，可得

$$(\boldsymbol{\sigma}\cdot\boldsymbol{l})(\boldsymbol{\sigma}\cdot\boldsymbol{l}) = \boldsymbol{l}^2 + \mathrm{i}\boldsymbol{\sigma}\cdot(\boldsymbol{l}\times\boldsymbol{l}) = \boldsymbol{l}^2 - \hbar\boldsymbol{\sigma}\cdot\boldsymbol{l}$$
$$= l(l+1)\hbar - \hbar\boldsymbol{\sigma}\cdot\boldsymbol{l} \tag{9.2.26}$$

作为$(\boldsymbol{\sigma}\cdot\boldsymbol{l})$的二次方程，不难求出它的两个解为 $l\hbar, -(l+1)\hbar$.

对于 $\boldsymbol{\sigma}\cdot\boldsymbol{l}=l\hbar$,

$\boldsymbol{j}^2=\left[l(l+1)+\dfrac{3}{4}+l\right]\hbar^2=(l+1/2)(l+3/2)\hbar^2=j(j+1)\hbar^2$，即 $j=l+1/2$.

对于 $\boldsymbol{\sigma}\cdot\boldsymbol{l}=-(l+1)\hbar$，　$\boldsymbol{j}^2=(l-1/2)(l+1/2)\hbar^2$，即 $j=l-1/2(l\neq0)$.

例 2　证明

$$(jm_j|\sigma_z|jm_j) = \begin{cases} m_j/j, & j = l+1/2 \\ -m_j/(j+1), & j = l-1/2(l\neq 0) \end{cases} \tag{9.2.27}$$

利用式(9.2.20)及 $\sigma_z\alpha=\alpha, \sigma_z\beta=-\beta$，对于 $j=l+1/2$,

$$\sigma_z\phi_{ljm_j} = \sqrt{\frac{j+m_j}{2j}}\alpha \mathrm{Y}_{j-\frac{1}{2}}^{m_j-\frac{1}{2}} - \sqrt{\frac{j-m_j}{2j}}\beta \mathrm{Y}_{j-\frac{1}{2}}^{m_j+\frac{1}{2}}$$

再利用 α 和 β 正交以及球谐函数的正交性，对于 $j=l+1/2$，得

$$(jm_j|\sigma_z|jm_j) = \frac{j+m_j}{2j} - \frac{j-m_j}{2j} = m_j/j$$

类似可证明，对于 $j=l-1/2(l\neq0)$

$$(jm_j|\sigma_z|jm_j) = \frac{j-m_j+1}{2j+2} - \frac{j+m_j+1}{2j+2} = -m_j/(j+1)$$

对于　$m_j=j$，则有

$$(jj|\sigma_z|jj) = \begin{cases} 1, & j = l+1/2 \\ -j/(j+1), & j = l-1/2(l\neq 0) \end{cases} \tag{9.2.28}$$

* 另证：利用[参阅 9.1 节，式(9.1.18)]

$$\boldsymbol{\sigma}(\boldsymbol{\sigma}\cdot\boldsymbol{l}) + (\boldsymbol{\sigma}\cdot\boldsymbol{l})\boldsymbol{\sigma} = 2\boldsymbol{l} \tag{9.2.29}$$

对 ϕ_{ljm_j} 态求平均，由于 ϕ_{ljm_j} 也是 $\boldsymbol{\sigma}\cdot\boldsymbol{l}$ 的本征态，所以

$$\langle\boldsymbol{\sigma}\rangle\langle(\boldsymbol{\sigma}\cdot\boldsymbol{l})\rangle = \langle\boldsymbol{l}\rangle$$

由此得

$$\langle\boldsymbol{j}\rangle = \langle\boldsymbol{l}\rangle + \frac{\hbar}{2}\langle\boldsymbol{\sigma}\rangle = \left(\langle\boldsymbol{\sigma}\cdot\boldsymbol{l}\rangle + \frac{\hbar}{2}\right)\langle\boldsymbol{\sigma}\rangle$$

在 ϕ_{ljm_j} 态下

$$\langle j_x\rangle = \langle j_y\rangle = 0, \qquad \langle j_z\rangle = m_j\hbar$$

因此

$$\langle\sigma_x\rangle = \langle\sigma_y\rangle = 0$$

而

$$\langle\sigma_z\rangle = m_j\hbar\Big/\left(\langle\boldsymbol{\sigma}\cdot\boldsymbol{l}\rangle + \frac{\hbar}{2}\right) = \begin{cases} m_j/j, & j = l+1/2 \\ -m_j/(j+1), & j = l-1/2(l\neq 0) \end{cases}$$

即式(9.2.27).

*例 3 粒子的磁矩.

质量为 m 的粒子的磁矩算符为

$$\boldsymbol{\mu} = g_l \boldsymbol{l} + g_s \boldsymbol{s} \tag{9.2.30}$$

对于电子，

$$g_l = -e/2mc, g_s = -e/mc$$

$(-e)$为电子电荷，c 为光速. 若磁矩和 g 因子用 Bohr 磁子$\dfrac{e\hbar}{2mc}$为单位（m 为电子质量），则 $\boldsymbol{l}$ 与 $\boldsymbol{s}$ 都无量纲. 对于电子，g 因子为

$$g_l = -1, \quad g_s = -2$$

对于质子（带正电 e，自旋 $\hbar/2$，内禀磁矩的实验测量值为 $\mu_s = 2.793$ 核磁子）（核磁子$= e\hbar/2m_p c$，m_p 为质子质量，核磁子$\simeq$Bohr 磁子/1836$\ll$Bohr 磁子），即

$$g_l = 1, \quad g_s = 5.586 \quad \text{（单位：核磁子）}$$

对于中子（不带电，自旋 $\hbar/2$，内禀磁矩的实验测量值为 $\mu_s = -1.913$ 核磁子），即

$$g_l = 0, \quad g_s = -3.826 \quad \text{（单位：核磁子）}$$

实验上测量的磁矩是这样定义的：

$$\mu = \langle jm_j | \mu_z | jm_j \rangle |_{m_j = j} = (jj | \mu_z | jj) \tag{9.2.31}$$

根据式(9.2.30)，

$$\mu_z = g_l l_z + g_s s_z = g_l j_z + (g_s - g_l) s_z$$

利用式(9.2.27)，容易得出

$$\mu = g_l j + \begin{cases} (g_s - g_l)/2, & j = l + 1/2 \\ -\dfrac{j}{j+1}(g_s - g_l)/2, & j = l - 1/2, (l \neq 0) \end{cases} \tag{9.2.32}$$

这就是原子核理论中常用的单核子磁矩公式（称为 Schmidt 公式）.

对于电子，磁矩为（Bohr 磁子）

$$\mu = \begin{cases} -j - 1/2, & j = l + 1/2 \\ -j + \dfrac{j}{2(j+1)}, & j = l - 1/2, (l \neq 0) \end{cases} \tag{9.2.33}$$

对于质子①，磁矩为（核磁子）

$$\mu = \begin{cases} j + 2.293, & j = l + 1/2 \\ j - 2.293j/(j+1), & j = l - 1/2, (l \neq 0) \end{cases} \tag{9.2.34}$$

对于中子，磁矩为（核磁子）

$$\mu = \begin{cases} -1.913, & j = l + 1/2 \\ 1.913j/(j+1), & j = l - 1/2, (l \neq 0) \end{cases} \tag{9.2.35}$$

*例 4 四极矩.

一个粒子的四极矩算符定义为

$$Q_{ik} = 3x_i x_k - r^2 \delta_{ik} \tag{9.2.36}$$

其中$(x_1, x_2, x_3) = (x, y, z)$，即

$$Q_{xy} = 3xy = 3r^2 \sin^2\theta \cos\varphi \sin\varphi$$
$$Q_{yz} = 3yz = 3r^2 \sin^2\theta \cos\theta \sin\varphi$$

---

① M G. Mayer, J. H. D. Jensen, *Elementary Theory of Nuclear Shell Structure*, p. 14, 232.

$$Q_{zx}=3zx=3r^2\sin^2\theta\cos\theta\cos\varphi$$
$$Q_{xx}=2x^2-y^2-z^2=r^2(3\sin^2\theta\cos^2\varphi-1)$$
$$Q_{yy}=2y^2-z^2-x^2=r^2(3\sin^2\theta\sin^2\varphi-1)$$
$$Q_{zz}=2z^2-x^2-y^2=r^2(3\cos^2\theta-1)$$

Q_{ik} 乘以粒子的电荷，则为粒子的电四极矩. 显然

$$\sum_i Q_{ii}=Q_{xx}+Q_{yy}+Q_{zz}=0 \tag{9.2.37}$$

所以 Q_{ik} 中只有 5 个独立. 为便于讨论它们在转动下的性质，可以把它们线性叠加，以构成 2 阶球张量，$\propto r^2 Y_2^m$，$m=0,\pm1,\pm2$. 特别是(参阅附录四)

$$Q_{zz}=\sqrt{\frac{5}{16\pi}}r^2 Y_2^0 \tag{9.2.38}$$

对于无自旋粒子，实验上给出的四极矩定义为

$$Q=\langle \gamma lm|Q_{zz}|\gamma lm\rangle|_{m=l}=\langle \gamma ll|Q_{zz}|\gamma ll\rangle \tag{9.2.39}$$

其中 γ 是为完全标记粒子态所需的其他量子数. 对于中心力场中的粒子，γ 可取为径向量子数 n_r，此时，粒子波函数为

$$\psi_{n_r lm}(r,\theta,\varphi)=R_{n_r l}(r)Y_l^m(\theta,\varphi)=\frac{1}{r}\chi_{n_r l}(r)Y_l^m(\theta,\varphi)$$

可以证明①

$$\langle n_r lm|Q_{zz}|n_r lm\rangle=\frac{2l(l+1)-6m^2}{(2l-1)(2l+3)}\langle r^2\rangle \tag{9.2.40}$$

其中

$$\langle r^2\rangle=\int_0^\infty r^2|\chi_{n_r l}(r)|^2\mathrm{d}r$$

所以

$$Q=-\frac{2l}{2l+3}\langle r^2\rangle \tag{9.2.41}$$

对于自旋为 1/2 的粒子，设所处状态为 $\psi_{n_r ljm_j}=R_{n_r lj}(r)\times\phi_{ljm_j}(\theta,\varphi,s_z)$，类似可求出

$$Q=\langle n_r ljm_j|Q_{zz}|n_r ljm_j\rangle|_{m_j=j}=-\frac{2j-1}{2j+2}\langle r^2\rangle \tag{9.2.42}$$

其中

$$\langle r^2\rangle=\int_0^\infty r^4|R_{n_r lj}(r)|^2\mathrm{d}r$$

公式(9.2.42)是核物理中常用到的. 值得注意，对于 $j=1/2$ 态，Q 值恒为 0，即观测不到电四极矩，这可以从角动量耦合规则来理解.

练习 2 证明

$$\sum_{m=-l}^{l}\langle lm|Q_{zz}|lm\rangle=0 \tag{9.2.43}$$

---

① 利用

$$\langle lm|(3\cos^2\theta-1)|lm\rangle=3\langle lm|\cos^2\theta|lm\rangle-1$$

以及公式[见附录四，式(A4.37)]

$$\cos\theta Y_l^m=a_{lm}Y_{l+1,m}+a_{l-1,m}Y_{l-1}^m,\quad a_{lm}=\sqrt{\frac{(l+1)^2-m^2}{(2l+1)(2l+3)}}$$

得

$$\langle lm|\cos^2\theta|lm\rangle=\int|\cos\theta Y_l^m|^2\mathrm{d}\Omega=a_{lm}^2+a_{l-1,m}^2$$

用 a_{lm} 值代入，即得式(9.2.40).

由此可以理解原子的电子满壳结构的电四极矩为 0. 对于原子核的质子满壳结构也有类似结论.

提示：$\sum_{m=-l}^{l} m^2 = \frac{1}{3}l(l+1)(2l+1)$

9.3 碱金属原子光谱的双线结构与反常 Zeeman 效应

9.3.1 碱金属原子光谱的双线结构

碱金属原子有一个价电子(valence electron)(见 9.5 节)，原子核及内层满壳电子("原子实"，atomic core)对它的作用，可近似用一个屏蔽 Coulomb 场 $V(r)$ 描述. 碱金属原子的低激发能级是由价电子的激发而来. 价电子的 Hamilton 量可表示成[见 9.2 节，式(9.2.1)]

$$
\begin{aligned}
H &= \boldsymbol{p}^2/2\mu + V(r) + \xi(r)\boldsymbol{s}\cdot\boldsymbol{l} \\
\xi(r) &= \frac{1}{2\mu^2c^2}\frac{1}{r}\frac{\mathrm{d}V}{\mathrm{d}r}
\end{aligned}
\tag{9.3.1}
$$

在此情况下，守恒量完全集可选为$(H,\boldsymbol{l}^2,\boldsymbol{j}^2,j_z)$，它们的共同本征态可以表示为

$$
\psi(r,\theta,\varphi,s_z) = R(r)\phi_{ljm_j}(\theta,\varphi,s_z) \tag{9.3.2}
$$

其中角度部分及自旋部分波函数已选为$(\boldsymbol{l}^2,\boldsymbol{j}^2,j_z)$的共同本征态 $\phi_{ljm_j}(\theta,\varphi,s_z)$. 式 (9.3.2)代入 Schrödinger 方程

$$
\left[-\frac{\hbar^2}{2\mu}\left(\frac{1}{r^2}\frac{\partial}{\partial r}r^2\frac{\partial}{\partial r} - \frac{\boldsymbol{l}^2}{\hbar^2r^2}\right) + V(r) + \xi(r)\boldsymbol{s}\cdot\boldsymbol{l}\right]\psi = E\psi \tag{9.3.3}
$$

利用 9.2 节，式(9.2.23)

$$
\begin{aligned}
\boldsymbol{s}\cdot\boldsymbol{l}\phi_{ljm_j} &= \frac{\hbar^2}{2}[j(j+1) - l(l+1) - 3/4]\phi_{ljm_j} \\
&= \begin{cases} \dfrac{\hbar^2}{2}l\phi_{ljm_j}, & j = l+1/2 \\ -\dfrac{\hbar^2}{2}(l+1)\phi_{ljm_j}, & j = l-1/2(l\geqslant 1) \end{cases}
\end{aligned}
\tag{9.3.4}
$$

式(9.3.3)可以化为

$$
\begin{aligned}
&\left[-\frac{\hbar^2}{2\mu}\frac{1}{r^2}\frac{\mathrm{d}}{\mathrm{d}r}r^2\frac{\mathrm{d}}{\mathrm{d}r} + V(r) + \frac{l(l+1)\hbar^2}{2\mu r^2} + \frac{l\hbar^2}{2}\xi(r)\right]R(r) = ER(r) \\
&\qquad j = l+1/2, l = 0,1,2,\cdots \\
&\left[-\frac{\hbar^2}{2\mu}\frac{1}{r^2}\frac{\mathrm{d}}{\mathrm{d}r}r^2\frac{\mathrm{d}}{\mathrm{d}r} + V(r) + \frac{l(l+1)\hbar^2}{2\mu r^2} - \frac{(l+1)\hbar^2}{2}\xi(r)\right]R(r) = ER(r) \\
&\qquad j = l-1/2, l = 1,2,\cdots
\end{aligned}
\tag{9.3.5}
$$

当 $V(r)$ 给定后，$\xi(r)$ 随之也就给定 . 在束缚态边条件下，求解上列方程，可得出能量本征值，它与量子数(n,l,j)都有关，记为 E_{nlj}，能级是$(2j+1)$重简并. 在原子中，

$V(r)<0$(吸引力),$V'(r)>0$,所以 $\xi(r)>0$. 因此

$$E_{nlj=l+1/2} > E_{nlj=l-1/2} \tag{9.3.6}$$

即 $j=l+1/2$ 能级略高于 $j=l-1/2$ 能级,但由于自旋轨道耦合项较小,所以,两条能级很靠近,这就是碱金属光谱线双线结构的由来.

计算表明,自旋轨道耦合造成的分裂

$$\Delta E = E_{nlj=l+1/2} - E_{nlj=l-1/2} \tag{9.3.7}$$

随原子序数 Z 增大而增大①. 对于轻碱金属原子锂双线分裂很小,不易测出. 从钠开始才比较显著,如图 9.3 所示. 钠原子基态电子组态(configuration,指电子在各

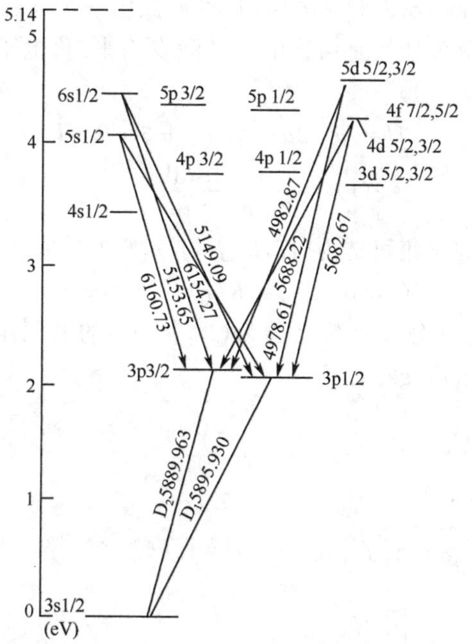

图 9.3　钠原子能级图及光谱的双线结构,图中只标出了可见光部分的双线

取自 E. H. Wichman, *Berkeley Physics Course*, Vol. **4**, *Quantum Physics*, chap. 3, p. 116, 图 32A.

---

① 对于类氢原子,$V(r)=-\frac{Ze^2}{r}$,$\xi(r)\boldsymbol{s}\cdot\boldsymbol{l}=\frac{Ze^2}{2\mu^2c^2}\frac{1}{r^3}\boldsymbol{s}\cdot\boldsymbol{l}$. 作为一级微扰论估计,双线分裂大小为

$$\Delta E=\frac{Ze^2}{2\mu^2c^2}\left\langle\frac{1}{r^3}\right\rangle\hbar^2\left(\frac{l}{2}+\frac{l+1}{2}\right)$$

利用(见习题 6.11 题)

$$\langle nl|r^{-3}|nl\rangle=\left(\frac{Z}{na}\right)^3\frac{1}{l(l+1/2)(l+1)}$$

可得

$$\Delta E=\frac{Ze^2\hbar^2}{2\mu^2c^2}\left(\frac{Z}{na}\right)^3\frac{1}{l(l+1)}$$

ΔE 随 Z 增大而迅速增大,但随 l 增大而减小.

单粒子能级上的填布，见 9.5 节）是$(1s)^2(2s)^2(2p)^6(3s)^1$，即价电子处于 $3s_{1/2}$ 能级. 对于 s 能级($l=0$)，没有自旋轨道耦合分裂. 钠原子的第一激发态是价电子激发到 3p 能级. 由于自旋轨道耦合，3p 能级分裂为两条，$3p_{3/2}$ 能级略高于 $3p_{1/2}$ 能级. 处于这两条靠近的能级上的电子往基态跃迁时，就产生钠黄线，即

$$3p_{3/2} \rightarrow 3s_{1/2} \qquad D_2 \qquad \text{波长} \approx 5890\text{Å}$$

$$3p_{1/2} \rightarrow 3s_{1/2} \qquad D_1 \qquad \text{波长} \approx 5896\text{Å}$$

实验发现 d,f,…等能级($l \geqslant 2$)的分裂都非常小，一般实验中观测不出来，这是由于在这些能级上的电子离开原子核的平均距离都较大，自旋轨道耦合作用都很小的缘故.

9.3.2 反常 Zeeman 效应

在强磁场中，原子光谱线发生分裂（一般为 3 条）的现象，称为正常 Zeeman 效应，这在 7.3 节中已讨论过. 设外加磁场方向取为 z 轴方向，按 7.3 节，碱金属原子中价电子的 Hamilton 量为

$$H = \boldsymbol{p}^2/2\mu + V(r) + \frac{eB}{2\mu c}l_z \tag{9.3.8}$$

B 为磁场强度. 设 $H_0 = \boldsymbol{p}^2/2\mu + V(r)$ 的能量本征值记为 E_{nl}，对应的波函数可以取为守恒量完全集$(H_0, \boldsymbol{l}^2, l_z)$的共同本征态

$$\psi_{nlm}(r,\theta,\varphi) = R_{nl}(r)\mathrm{Y}_l^m(\theta,\varphi) \tag{9.3.9}$$

则 H 本征值 E_{nlm} 为

$$E_{nlm} = E_{nl} + \frac{eB}{2\mu c}\hbar m \qquad (m = -l, \cdots, l-1, l) \tag{9.3.10}$$

能级简并完全被解除，但波函数保持不变，仍为$(H_0, \boldsymbol{l}^2, l_z)$的共同本征态.

在式(9.3.8)中未计及电子内禀磁矩与外磁场的相互作用. 若计及这项作用，则 H 应取为

$$H = \boldsymbol{p}^2/2\mu + V(r) + \frac{eB}{2\mu c}(l_z + 2s_z) \tag{9.3.11}$$

它的本征函数的空间部分仍为式(9.3.9)，而整个波函数可取为$(H, \boldsymbol{l}^2, l_z, s_z)$的共同本征函数 $\psi_{nlmm_s}(r,\theta,\varphi,s_z) = \psi_{nlm}(r,\theta,\varphi)\chi_{m_s}(s_z)$，而能量本征值则为

$$\begin{aligned} E_{nlmm_s} &= E_{nl} + \frac{eB}{2\mu c}\hbar(m + 2m_s) \qquad (m_s = \pm 1/2) \\ &= E_{nl} + \frac{eB}{2\mu c}\hbar(m \pm 1) \end{aligned} \tag{9.3.12}$$

如图 9.4 所示. 考虑到光辐射跃迁选择定则，$\Delta m_s = 0$（见 12.5 节），跃迁只能分别在 $m_s = +1/2$ 和 $m_s = -1/2$ 两组能级内部进行，因此尽管能级有所改变[比较(9.3.12)式与(9.3.10)式]，对谱线分裂却没有影响. 可以看出，能级(谱线)分裂的大小与磁场强度 B 成正比.

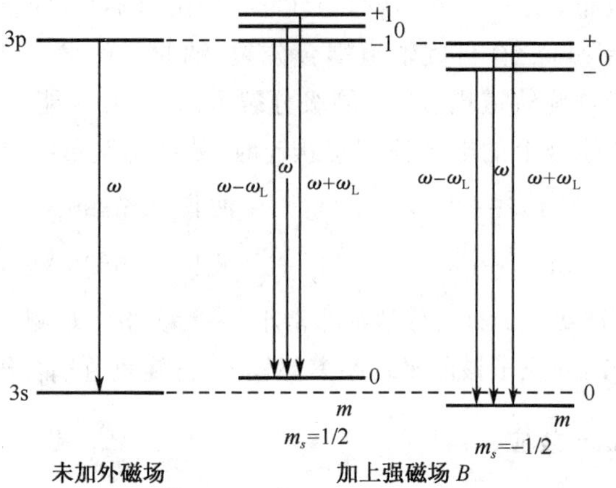

图 9.4 钠黄线的正常 Zeeman 分裂$\left(\omega_{\mathrm{L}}=\dfrac{eB}{2\mu c}\right)$

当所加外磁场很弱时，自旋轨道耦合并不比外磁场作用小，则需一并加以考虑，即 Hamilton 量应取为

$$H=\boldsymbol{p}^2/2\mu+V(r)+\frac{eB}{2\mu c}(l_z+2s_z)+\xi(r)\boldsymbol{s}\cdot\boldsymbol{l}$$

$$=\boldsymbol{p}^2/2\mu+V(r)+\xi(r)\boldsymbol{s}\cdot\boldsymbol{l}+\frac{eB}{2\mu c}j_z+\frac{eB}{2\mu c}s_z \tag{9.3.13}$$

要理论上严格处理上式最后一项，是较麻烦的. 为此，先不考虑最后一项，则 H 本征值问题与处理碱金属光谱线双分裂相同，此时$(\boldsymbol{l}^2,\boldsymbol{j}^2,j_z)$仍为守恒量，$H$ 的本征态仍然可以表示成

$$\psi_{nljm_j}(r,\theta,\varphi,s_z)=R_{nlj}(r)\phi_{ljm_j}(\theta,\varphi,s_z) \tag{9.3.14}$$

相应的能量本征值为

$$E_{nljm_j}=E_{nlj}+m_j\hbar\omega_{\mathrm{L}},\qquad \omega_{\mathrm{L}}=\frac{eB}{2\mu c} \tag{9.3.15}$$

上式中 E_{nlj} 是方程(9.3.5)的能量本征值. 当无外磁场时($B=0$，因而 $\omega_{\mathrm{L}}=0$)，能级为$(2j+1)$重简并. 而在有磁场的情况下，它分裂为$(2j+1)$条能级($m_j=j,j-1,\cdots,-j$)，即 E_{nljm_j}，能级简并完全解除. 注意：$(2j+1)$为偶数，这就可以解释反常 Zeeman 效应的特点(光谱线分裂为偶数条，见图 9.5).

注：严格处理(9.3.13)式最后一项的困难在于：尽管$[\boldsymbol{l}^2,s_z]=0$，$[j_z,s_z]=0$，但$[\boldsymbol{j}^2,s_z]\neq0$，即 $\boldsymbol{j}^2$ 不再是守恒量，因而 j 不再是好量子数. 但对于弱磁场(B 很小)，式(9.3.13)最后一项 $\omega_{\mathrm{L}}s_z$ 可以看成微扰. 在简并态微扰论一级近似下(参阅 11.3 节)，可略去不同 j 态的混合，即分别局限在 E_{nlj}($j=l\pm1/2$)的诸简并态所张开的$(2j+1)$维子空间中把(9.3.13)式所示的 H 对角化. 在此空间中，考虑到$[j_z,s_z]=0$，微扰 $\omega_{\mathrm{L}}s_z$ 已经是对角化，即

$$\langle ljm_j' \mid \omega_L s_z \mid ljm_j \rangle = \omega_L \delta_{m_j' m_j} \langle ljm_j \mid s_z \mid ljm_j \rangle \tag{9.3.16}$$

按简并态一级微扰近似和 9.2 节的式(9.2.27),微扰对能量的贡献为

$$\omega_L \langle ljm_j \mid s_z \mid ljm_j \rangle = \hbar\omega_L \begin{cases} m_j/2j, & j = l + 1/2 \\ -m_j/(2j+2), & j = l - 1/2 (l \neq 0) \end{cases} \tag{9.3.17}$$

因此,在弱磁场中,电子的能量本征值可以相当好地近似表示为

$$E_{nljm_j} = E_{nlj} + \begin{cases} \left(1 + \dfrac{1}{2j}\right) m_j \hbar\omega_L, & j = l + 1/2 \\ \left(1 - \dfrac{1}{2j+2}\right) m_j \hbar\omega_L, & j = l - 1/2 \end{cases} \tag{9.3.18}$$

其中 E_{nlj} 是方程(9.3.5)的解. 可以看出,能级(谱线)分裂大小与 ω_L(即磁场强度 B)成正比.

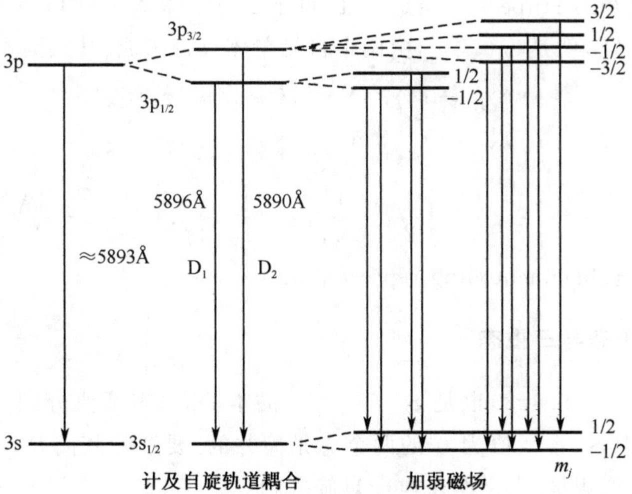

图 9.5 钠黄线的反常 Zeeman 分裂

电子在能级之间跃迁,遵守如下选择规则(selection rule),$\Delta l = \pm 1$, $\Delta j = 0, \pm 1$, $\Delta m_j = 0, \pm 1$.
所以 $2p_{3/2}, m_j = 3/2 \to 2p_{1/2}, m_j = -1/2$; $2p_{3/2}, m_j = -3/2 \to 2p_{1/2}, m_j = 1/2$ 的跃迁是禁戒的.
[参阅 12.5 节,式(12.5.17)].

9.4 二电子体系的自旋态

在文献中,自旋态的描述习惯采用 Dirac 符号. 电子自旋 $\boldsymbol{s} = \dfrac{\hbar}{2}\boldsymbol{\sigma}$ 沿任何方向的分量的测量值,例如,$s_z = \dfrac{\hbar}{2}\sigma_z$ 的测值,只能是 $\pm\dfrac{\hbar}{2}\hbar$,即 $\sigma_z = \pm 1$. 它的本征方程表示为

$$s_z \mid \uparrow \rangle = \frac{\hbar}{2} \mid \uparrow \rangle, \qquad s_z \mid \downarrow \rangle = -\frac{\hbar}{2} \mid \downarrow \rangle \tag{9.4.1}$$

即

$$\sigma_z|\uparrow\rangle=+|\uparrow\rangle,\qquad \sigma_z|\downarrow\rangle=-|\downarrow\rangle$$

$|\uparrow\rangle$和$|\downarrow\rangle$分别表示电子自旋沿 z 方向的分量 s_z 为$\pm\frac{\hbar}{2}$(即 $\boldsymbol{\sigma}$ 沿 z 方向的分量 $\sigma_z=\pm1$）的态.

利用式(9.1.26),还可以证明,

$$\sigma_x|\uparrow\rangle=|\downarrow\rangle,\sigma_x|\downarrow\rangle=|\uparrow\rangle,\sigma_y|\uparrow\rangle=\mathrm{i}|\downarrow\rangle,\sigma_y|\downarrow\rangle=-\mathrm{i}|\uparrow\rangle \tag{9.4.2}$$

多粒子(或多自由度)体系的量子态,需要用一组彼此对易的可观测量(a complete set of commuting observables, CSCO)的共同本征态来完全确定.在中文教材中,可观测量(observable)习惯称为力学量.但应注意,正如 4.3.4 节指出,CSCO 应指“一组彼此对易的可观测量的最小集合,它们彼此是函数独立的”. 2 电子体系的自旋态的 Hilbert 空间是 4 维.对于 2 电子体系,CSCO 有多种选取.最简单的一种 CSCO ,就是(s_{1z},s_{2z}),由两个自旋单体算符组成,其共同本征态表述为

$$\begin{aligned}&|\uparrow\uparrow\rangle_{12}=|\uparrow\rangle_1|\uparrow\rangle_2,\ |\uparrow\downarrow\rangle_{12}=|\uparrow\rangle_1|\downarrow\rangle_2\\&|\downarrow\uparrow\rangle_{12}=|\downarrow\rangle_1|\uparrow\rangle_2,\ |\downarrow\downarrow\rangle_{12}=|\downarrow\rangle_1|\downarrow\rangle_2\end{aligned} \tag{9.4.3}$$

分别记为$|m_1,m_2|=\left|\frac{1}{2},\frac{1}{2}\right\rangle,\left|\frac{1}{2},-\frac{1}{2}\right\rangle,\left|-\frac{1}{2},\frac{1}{2}\right\rangle,\left|-\frac{1}{2},-\frac{1}{2}\right\rangle$.这种表象称为角动量非耦合表象(uncoupling representation).

9.4.1 自旋单态与三重态

不难看出,式(9.4.3)也是 $S_z=s_{1z}+s_{2z}$ 的本征态,本征值分别为 $\hbar,0,0,-\hbar$.可以看出,其中 S_z 本征值为 0 的两个态是简并的.要解除其简并,需要寻找与 S_z 对易的另一可观测量.定义两个电子自旋之和

$$\boldsymbol{S}=\boldsymbol{s}_1+\boldsymbol{s}_2 \tag{9.4.4}$$

按角动量一般理论,$[\boldsymbol{S}^2,S_j]=0,j=x,y,z$.例如,可以选择$(\boldsymbol{S}^2,S_z)$为一组 CSCO.利用自旋算符的对易关系式(9.1.11)和(9.1.15),可以证明

$$\boldsymbol{S}^2=\boldsymbol{s}_1^2+\boldsymbol{s}_2^2+2\boldsymbol{s}_1\cdot\boldsymbol{s}_2=\frac{3\hbar^2}{2}+\frac{\hbar^2}{2}(\sigma_{1x}\sigma_{2x}+\sigma_{1y}\sigma_{2y}+\sigma_{1z}\sigma_{2z}) \tag{9.4.5}$$

用上式作用于量子态(9.4.3)上,注意 $\sigma_{1\alpha}$ 与 $\sigma_{2\alpha}$ $(\alpha=x,y,z)$分别作用于不同粒子的自旋态空间,并利用式(9.4.2),可以证明

$$\boldsymbol{S}^2|\uparrow\uparrow\rangle_{12}=2\hbar^2|\uparrow\uparrow\rangle_{12},\boldsymbol{S}^2|\downarrow\downarrow\rangle_{12}=2\hbar^2|\downarrow\downarrow\rangle_{12} \tag{9.4.6}$$

$|\uparrow\uparrow\rangle_{12}$ 与 $|\downarrow\downarrow\rangle_{12}$ 已经是$(\boldsymbol{S}^2,S_z)$的共同本征态,本征值分别为$(2\hbar^2,\hbar)$和$(2\hbar^2,-\hbar)$.

但$|\uparrow\downarrow\rangle_{12}$和$|\downarrow\uparrow\rangle_{12}$不是 $\boldsymbol{S}^2$ 的本征态.为此,令

$$|\chi\rangle=c_1|\uparrow\downarrow\rangle_{12}+c_2|\downarrow\uparrow\rangle_{12} \tag{9.4.7}$$

并要求满足

$$\boldsymbol{S}^2 \mid \chi \rangle = \lambda \hbar^2 \mid \chi \rangle \tag{9.4.8}$$

利用式(9.4.5)和(9.4.2)，分别用$_{12}\langle\uparrow\downarrow|$，$_{12}\langle\downarrow\uparrow|$左乘(取标积)，利用自旋态的正交归一性，可得

$$(1-\lambda)c_1 + c_2 = 0$$
$$c_1 + (1-\lambda)c_2 = 0$$

上列 c_1 和 c_2 的齐次线性方程组有解的充分必要条件为

$$\begin{vmatrix} 1-\lambda & 1 \\ 1 & 1-\lambda \end{vmatrix} = 0$$

解之，得 $\lambda=0,-2$. 对于 $\lambda=0$，可得 $c_1/c_2=-1$；对于 $\lambda=2$，可得 $c_1/c_2=1$. 这样，我们可求得 $\boldsymbol{S}^2$ 的另外两个本征态(已归一化)

$$\lambda = 0, \frac{1}{\sqrt{2}}[|\uparrow\downarrow\rangle_{12} - |\downarrow\uparrow\rangle_{12}]$$
$$\lambda = 2, \frac{1}{\sqrt{2}}[|\uparrow\downarrow\rangle_{12} + |\downarrow\uparrow\rangle_{12}] \tag{9.4.9}$$

我们把 $\boldsymbol{S}^2$ 的本征值记为 $S(S+1)\hbar^2$，S_z 的本征值记为 $M\hbar$，把($\boldsymbol{S}^2$，S_z)的共同本征态记为$|S,M\rangle$，或 χ_{SM}，则归一化的($\boldsymbol{S}^2$，S_z)的 4 个共同本征态［采用(s_{1z}，s_{2z})表象］，可表示为

$$\chi_{11} = |1,1\rangle = |\uparrow\uparrow\rangle_{12}$$
$$\chi_{1,-1} = |1,-1\rangle = |\downarrow\downarrow\rangle_{12}$$
$$\chi_{10} = |1,0\rangle = \frac{1}{\sqrt{2}}[|\uparrow\downarrow\rangle_{12} + |\downarrow\uparrow\rangle_{12}] \tag{9.4.10}$$
$$\chi_{00} = |0,0\rangle = \frac{1}{\sqrt{2}}[|\uparrow\downarrow\rangle_{12} - |\downarrow\uparrow\rangle_{12}]$$

其中$|1,M=\pm1,0\rangle$称为自旋三重态(triplet)，它们对于两个电子的交换是对称的(symmetric). $|0,0\rangle$称为自旋单态(singlet)，对于两个电子的交换是反对称的(anti-symmetric). 以它们为基矢的表象，称为耦合表象(coupled representation).

从($\boldsymbol{S}^2$，S_z)的共同本征态(9.4.10)形式来看，$|1,1\rangle$和$|1,-1\rangle$表示成两个电子自旋态的直积，称为可分离(separable)态. 而$|1,0\rangle$和$|0,0\rangle$则表示成两个可分离态的相干叠加，称为纠缠(entangled)态. 一个量子态是否是纠缠态，与所选用的表象无关. $|1,0\rangle$和$|0,0\rangle$在任何表象中都不能表示成分离态形式. 这是可以理解的，因为，尽管 S_z 为自旋单体算符，而 $\boldsymbol{S}^2$ 却为自旋二体算符，所以($\boldsymbol{S}^2$，S_z)的共同本征态中，一部分为可分离态，另一部分为纠缠态.

9.4.2 Bell 基，纠缠态

以下我们考虑自旋二体算符构成的 CSCO 的共同本征态. 利用 Pauli 算符的基本对易式［见 9.1 节，(9.1.15)式］，可以证明，

$$[\sigma_{1\alpha}\sigma_{2\beta},\sigma_{1\alpha'}\sigma_{2\beta'}] = 0,\alpha' = \alpha,\beta' = \beta,\text{或 } \alpha' \neq \alpha,\beta' \neq \beta$$
$$[\sigma_{1\alpha}\sigma_{2\beta},\sigma_{1\alpha'}\sigma_{2\beta'}] \neq 0,\alpha' = \alpha,\beta' \neq \beta,\text{或 } \alpha' \neq \alpha,\beta' = \beta$$
$$\alpha,\beta,\alpha',\beta' = x,y,z \tag{9.4.11}$$

由此可以证明

$$\begin{aligned}(\sigma_{1x}\sigma_{2x})(\sigma_{1y}\sigma_{2y})(\sigma_{1z}\sigma_{2z}) &= -1\\ (\sigma_{1x}\sigma_{2y})(\sigma_{1y}\sigma_{2z})(\sigma_{1z}\sigma_{2x}) &= -1\\ (\sigma_{1x}\sigma_{2x})(\sigma_{1z}\sigma_{2y})(\sigma_{1y}\sigma_{2x}) &= -1\end{aligned} \tag{9.4.12}$$

可以看出,上式中任何一式的左侧的 3 个二体自旋算符中任何两个都构成 2 电子体系的一组 CSCO. 例如,$(\sigma_{1x}\sigma_{2x})$,$(\sigma_{1y}\sigma_{2y})$的共同本征态[也是$(\sigma_{1z}\sigma_{2z})$的共同本征态],列于表 9.2 中[采用$(\sigma_{1z},\sigma_{2z})$表象],这就是著名的 Bell 基.

表 9.2 Bell 基

Bell 基记号	表示式	$\sigma_{1x}\sigma_{2x}$	$\sigma_{1y}\sigma_{2y}$	$\sigma_{1z}\sigma_{2z}$
$\vert\psi^-\rangle_{12}$	$\frac{1}{\sqrt{2}}[\vert\uparrow\downarrow\rangle_{12}-\vert\downarrow\uparrow\rangle_{12}]$	-1	-1	-1
$\vert\psi^+\rangle_{12}$	$\frac{1}{\sqrt{2}}[\vert\uparrow\downarrow\rangle_{12}+\vert\downarrow\uparrow\rangle_{12}]$	$+1$	$+1$	-1
$\vert\phi^-\rangle_{12}$	$\frac{1}{\sqrt{2}}[\vert\uparrow\uparrow\rangle_{12}-\vert\downarrow\downarrow\rangle_{12}]$	-1	$+1$	$+1$
$\vert\phi^+\rangle_{12}$	$\frac{1}{\sqrt{2}}[\vert\uparrow\uparrow\rangle_{12}+\vert\downarrow\downarrow\rangle_{12}]$	$+1$	-1	$+1$

类似还可以证明

$$\begin{aligned}(\sigma_{1y}\sigma_{2z})(\sigma_{1z}\sigma_{2y})(\sigma_{1x}\sigma_{2x}) &= 1\\ (\sigma_{1z}\sigma_{2x})(\sigma_{1x}\sigma_{2z})(\sigma_{1y}\sigma_{2y}) &= 1\\ (\sigma_{1x}\sigma_{2y})(\sigma_{1y}\sigma_{2x})(\sigma_{1z}\sigma_{2z}) &= 1\end{aligned} \tag{9.4.13}$$

$(\sigma_{1x}\sigma_{2y},\sigma_{1y}\sigma_{2x})$的共同本征态(也是$\sigma_{1z}\sigma_{2z}$的本征态)及本征值,列于表 9.4 中.

表 9.3

	表示式	$\sigma_{1x}\sigma_{2y}$	$\sigma_{1y}\sigma_{2x}$	$\sigma_{1z}\sigma_{2z}$
	$\frac{1}{\sqrt{2}}[\vert\uparrow\downarrow\rangle_{12}-\mathrm{i}\vert\downarrow\uparrow\rangle_{12}]$	$+1$	-1	-1
	$\frac{1}{\sqrt{2}}[\vert\uparrow\downarrow\rangle_{12}+\mathrm{i}\vert\downarrow\uparrow\rangle_{12}]$	-1	$+1$	-1
	$\frac{1}{\sqrt{2}}[\vert\uparrow\uparrow\rangle_{12}-\mathrm{i}\vert\downarrow\downarrow\rangle_{12}]$	-1	-1	$+1$
	$\frac{1}{\sqrt{2}}[\vert\uparrow\uparrow\rangle_{12}+\mathrm{i}\vert\downarrow\downarrow\rangle_{12}]$	$+1$	$+1$	$+1$

注意:单电子自旋态的表象有多种选取. 令 $\sigma_\alpha(\alpha=x,y,z)$的本征态记为$|\alpha\rangle$和$|\bar{\alpha}\rangle$,相应本征值分别为$\pm1$,即

$$\sigma_z \mid z\rangle = \mid z\rangle,\quad \sigma_z \mid \bar{z}\rangle = -\mid \bar{z}\rangle$$
$$\sigma_x \mid x\rangle = \mid x\rangle,\quad \sigma_x \mid \bar{x}\rangle = -\mid \bar{x}\rangle \tag{9.4.14}$$
$$\sigma_y \mid y\rangle = \mid y\rangle,\quad \sigma_y \mid \bar{y}\rangle = -\mid \bar{y}\rangle$$

利用 $\sigma_x,\sigma_y,\sigma_z$ 之间的对易关系(或矩阵表示)可以证明

$$\sigma_x \mid y\rangle = \mathrm{i} \mid \bar{y}\rangle,\quad \sigma_x \mid \bar{y}\rangle = -\mathrm{i} \mid y\rangle, \sigma_x \mid z\rangle = \mid \bar{z}\rangle,\quad \sigma_x \mid \bar{z}\rangle = \mid z\rangle$$
$$\sigma_y \mid z\rangle = \mathrm{i} \mid \bar{z}\rangle,\quad \sigma_y \mid \bar{z}\rangle = -\mathrm{i} \mid z\rangle, \sigma_y \mid x\rangle = -\mathrm{i} \mid \bar{x}\rangle,\quad \sigma_y \mid \bar{x}\rangle = \mathrm{i} \mid x\rangle$$
$$\sigma_z \mid x\rangle = \mid \bar{x}\rangle,\quad \sigma_z \mid \bar{x}\rangle = \mid x\rangle, \sigma_z \mid x\rangle = \mid \bar{x}\rangle,\quad \sigma_z \mid \bar{x}\rangle = \mid x\rangle \tag{9.4.15}$$

还可以证明不同表象的基矢之间有下列关系

$$\mid x\rangle = \frac{1}{\sqrt{2}}[\mid z\rangle + \mid \bar{z}\rangle],\quad \mid \bar{x}\rangle = \frac{1}{\sqrt{2}}[\mid z\rangle - \mid \bar{z}\rangle] \tag{9.4.16}$$

其逆表示式为

$$\mid z\rangle = \frac{1}{\sqrt{2}}[\mid y\rangle + \mathrm{i} \mid \bar{y}\rangle],\quad \mid \bar{z}\rangle = \frac{1}{\sqrt{2}}[\mid y\rangle - \mathrm{i} \mid \bar{y}\rangle] \tag{9.4.17}$$

在 $(\sigma_{1z},\sigma_{2z})$ 表象中,表 9.3 与 9.4 中给出的态,都是两个直积态的相干叠加. 如单电子自旋态的表象选取另外的表象,则可能是 4 项直积态的相干叠加.

练习 1　证明

$$(\boldsymbol{\sigma}_1 \cdot \boldsymbol{\sigma}_2)^2 = 3 - 2(\boldsymbol{\sigma}_1 \cdot \boldsymbol{\sigma}_2) \tag{9.4.18}$$

并利用此结果,求 $(\boldsymbol{\sigma}_1 \cdot \boldsymbol{\sigma}_2)$ 的两个本征值.

答:1,−3.

练习 2　利用 $\boldsymbol{S}^2 = \frac{\hbar^2}{2}(3 + \boldsymbol{\sigma}_1 \cdot \boldsymbol{\sigma}_2)$,求 $(\boldsymbol{\sigma}_1 \cdot \boldsymbol{\sigma}_2)$ 本征值,与上题比较,并证明

$$\boldsymbol{\sigma}_1 \cdot \boldsymbol{\sigma}_2\, \chi_{1M_S} = \chi_{1M_S}$$
$$\boldsymbol{\sigma}_1 \cdot \boldsymbol{\sigma}_2\, \chi_{00} = -3\chi_{00} \tag{9.4.19}$$

练习 3　令

$$P_{12} = \frac{1}{2}(1 + \boldsymbol{\sigma}_1 \cdot \boldsymbol{\sigma}_2)$$

证明

$$P_{12}\chi_{1M_S} = \chi_{1M_S}$$
$$P_{12}\chi_{00} = -\chi_{00} \tag{9.4.20}$$

P_{12} 有何物理意义?(自旋交换算符). 再证明(取 $\hbar=1$)

$$P_{12}^2 = 1,\quad P_{12} = \boldsymbol{S}^2 - 1 \tag{9.4.21}$$

练习 4　令

$$P_3 = \frac{1}{4}(3 + \boldsymbol{\sigma}_1 \cdot \boldsymbol{\sigma}_2) = \frac{1}{2}(1 + P_{12})$$
$$P_1 = \frac{1}{4}(1 - \boldsymbol{\sigma}_1 \cdot \boldsymbol{\sigma}_2) = \frac{1}{2}(1 - P_{12}) \tag{9.4.22}$$

证明

$$P_3\chi_{1M_S} = \chi_{1M_S},\qquad P_3\chi_{00} = 0$$

$$P_1\chi_{1M_S}=0,\qquad P_1\chi_{00}=\chi_{00}$$

还可证明

$$P_3^2=P_3,\quad P_1^2=P_1,\quad P_3P_1=0$$

P_3 与 P_1 分别为三重态和单态的投影算符(projection operator).

练习 5　定义算符(取 $\hbar=1$)

$$S_{12}=\frac{3(\boldsymbol{\sigma}_1\cdot\boldsymbol{r})(\boldsymbol{\sigma}_2\cdot\boldsymbol{r})}{r^2}-(\boldsymbol{\sigma}_1\cdot\boldsymbol{\sigma}_2),\quad \boldsymbol{r}=\boldsymbol{r}_1-\boldsymbol{r}_2$$

证明　(1)

$$S_{12}=6(\boldsymbol{S}\cdot\boldsymbol{r})^2/r^2-2\boldsymbol{S}^2\tag{9.4.23}$$

$$S_{12}^2=6+2\boldsymbol{\sigma}_1\cdot\boldsymbol{\sigma}_2-2S_{12}=4\boldsymbol{S}^2-2S_{12}\tag{9.4.24}$$

因此,S_{12}的任何次幂均可表示为 S_{12}与 $\boldsymbol{\sigma}_1\cdot\boldsymbol{\sigma}_2$ 的线性组合.

(2)

$$[S_{12},\boldsymbol{S}^2]=0,\qquad [S_{12},\boldsymbol{J}]=0\tag{9.4.25}$$

这里 $\boldsymbol{S}=\boldsymbol{s}_1+\boldsymbol{s}_2,\boldsymbol{J}=\boldsymbol{l}+\boldsymbol{S},\boldsymbol{l}=\boldsymbol{r}\times\boldsymbol{p},\boldsymbol{r}=\boldsymbol{r}_1-\boldsymbol{r}_2,\boldsymbol{p}=\boldsymbol{p}_1+\boldsymbol{p}_2$.

(3)求 S_{12}的本征值

(4)证明对空间各方向求平均后,S_{12}的平均值为 0.

练习 6　自旋为 $\hbar/2$ 的二粒子组成的体系,处于自旋单态 χ_{00}. 设 $\boldsymbol{a}$ 与 $\boldsymbol{b}$ 是空间任意两个方向的单位矢量. 证明粒子 1 的自旋沿 $\boldsymbol{a}$ 方向的分量 $\boldsymbol{\sigma}_1\cdot\boldsymbol{a}$ 与粒子 2 的自旋沿 $\boldsymbol{b}$ 方向的分量 $\boldsymbol{\sigma}_2\cdot\boldsymbol{b}$ 有确切的关联.

$$\langle\chi_{00}|(\boldsymbol{\sigma}_1\cdot\boldsymbol{a})(\boldsymbol{\sigma}_2\cdot\boldsymbol{b})|\chi_{00}\rangle=-(\boldsymbol{a}\cdot\boldsymbol{b})\tag{9.4.26}$$

提示:利用 $P_{12}\chi_{00}=-\chi_{00}$,可得$\langle|(\boldsymbol{\sigma}_1+\boldsymbol{\sigma}_2)|\chi_{00}\rangle=0$. 因此

$$\begin{aligned}\langle\chi_{00}|(\boldsymbol{\sigma}_1\cdot\boldsymbol{a})(\boldsymbol{\sigma}_2\cdot\boldsymbol{b})|\chi_{00}\rangle&=-\langle\chi_{00}|(\boldsymbol{\sigma}_1\cdot\boldsymbol{a})(\boldsymbol{\sigma}_1\cdot\boldsymbol{b})|\chi_{00}\rangle\\&=-(\boldsymbol{a}\cdot\boldsymbol{b})-\mathrm{i}\langle\chi_{00}|\boldsymbol{\sigma}_1|\chi_{00}\rangle\cdot(\boldsymbol{a}\times\boldsymbol{b})=-(\boldsymbol{a}\cdot\boldsymbol{b})\end{aligned}$$

9.5　原子的电子壳结构与元素周期律

氢原子的 Schrödinger 方程能够严格求解,计算结果对氢原子能级及光谱的规律性给予了相当满意的说明. 这是 Schrödinger 波动力学的重大成就之一. 对于多电子原子的 Schrödinger 方程,在数学上求解相当困难. 但我们下面将看到,利用氢原子的量子力学理论结果以及某些近似考虑,再计及电子自旋和 Pauli 原理,就可以定性上相当满意地阐明化学元素的周期律. 这也是量子力学所取得的最重大的成就之一. 在量子力学建立之前,化学和物理学是截然分开的两门学科,而量子力学建立之后,两者的密切关系就十分明显了.

大量实验事实表明,元素的化学和物理性质呈现周期变化的规律. 例如原子的电离能(即把一个电子从原子中电离出来所需能量)就呈现出很明显的周期起伏现象(图 9.6). 特别是周期表中的原子序数为

$$Z=2,10,18,36,54,86,$$

即惰性气体元素

$$He, Ne, Ar, Kr, Xe, Rn,$$

它们的电离能都特别大(在图 9.6 中,处于曲线的顶峰),因而这些元素的原子都特别稳定,表现为它们很不容易与另外的原子结合而形成分子,在自然界中以单原子分子的形式存在.与之相反,与它们相邻的元素

$$Z = 3, 11, 19, 37, 55, 87, \cdots$$

即周期表中的碱金属元素

$$Li, Na, K, Rb, Cs, Fr, \cdots$$

原子的电离能就特别小(在图 9.6 中处于曲线的低谷).它们都是极活泼的元素,容易与另外原子结合而形成分子.

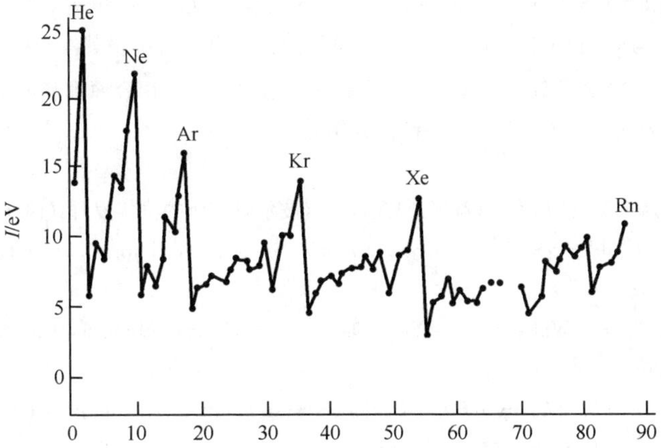

图 9.6 原子的电离能的周期性

取自 A. Bohr. B. Mottelson, *Nuclear Structure*, Vol. **1**, p. 191, 1969.

[注] *元素周期律*

化学元素周期律的发现,是化学发展史中的一个重要的里程碑.化学元素的表面上看起来杂乱无章的各种化学和物理性质,如果按照元素的原子量(后来才知道这是平均原子量)排列起来,就会出现和谐的规律性.元素周期律的发现,使化学变成一门系统的科学.对元素周期律的发现,有几位化学家都有贡献,但以 D. Mendeleev 的贡献(1969 年)最大,他是在无机化学课的教学中为帮助学生学习而发现的.他发现当时已知的 63 种元素,如果按照原子量的大小排列起来,元素的性质就出现明显的周期性.他还发现,在他的周期表中留下一些空白,这表明当时还有一些元素尚未被人们发现.后来的实验陆续证实了他的预言.在他有生之年,就有 3 种元素被发现,即 Ga, Sc, 和 Ge.

在 20 世纪初,Mosley 从原子的 X 光谱规律发现了原子数(atomic number)和同位素(isotope)系列.在周期表中,处于同一位置,但原子数 A 不同的原子,可用一个原子序数 Z 来标志.人们发现,周期表不应该按照平均原子量进行排列,而应该按原子序数 Z 来排列,这样,周期规律性就更加明显.在 20 世纪 30 年代,质子被发现后,人们才了解到,原子由原

子核和核外的电子组成.而原子核由中子和质子组成,而原子核的质子数 Z 与中子数 N 之和,即原子数(atomic number) A,$A=N+Z$. Z 相同,但 N 不同的原子核构成一个同位素系列.在中性原子中,核外的电子总数与原子核内的质子数 Z 相同,原子的性质由原子序数 Z 所决定.

在很长的时间中,元素周期律只是一个经验规律.在 20 世纪 20 年代初期,Bohr 在他的原子模型中,曾经力图对原子结构和元素周期律找到一个自洽和完整的量子理论.他通过对元素的化学和物理性质的详细分析后,猜想:原子中围绕原子核旋转的电子是按壳层排列的.元素铪 Hf 的发现,证实了 Bohr 猜想的合理性.但 Bohr 还不能解释为什么为一个壳层只能容纳一定数目的电子.直到 1925 年(Heisenberg 提出矩阵力学之前)Pauli 提出不相容原理(exclusive principle).Pauli 建议,除了描述原子中的一个电子已知的三个量子数(n,l,m_l)之外,还需要第 4 个量子数来确定一个电子所占据的位置.最初,人们对于怎样从物理上来解释这第 4 个量子数,并未取得一致的看法.因为与其他 3 个量子数不同,第 4 个量子数在经典物理学中并无相似的东西.后来,Uhlenbeck 与 Goudsmit 建议:这第 4 个量子数代表电子自旋绕其本身的轴的投影,即 m_s,即用(n,l,m_l,m_s)4 个量子数来描述一个电子的量子态.Pauli 不相容原理和电子自旋的提出,为理解元素周期律和原子结构,提供了关键性的钥匙.

参阅:

(1) P. Robertson 著,杨福家,卓益忠,曾谨言译,《玻尔研究所的早年岁月,(1921-1930),pp. 96-99.

(2) E. U. Condon & H. Odabasi, *Atomic Structure*, chap. 1, Cambridge University Press, 1980.

(3) T. Hey & P. Walters, *The New Quantum Universe*, chap. 6, Cambridge University Press, 2003.

(4) H. Kragh, *The Theory of the Periodic System*, in *Niels Bohr, A Centenary Volume*, Ed. by A. P. French & P. J. Kennedy, Harvard University Press, 1985.

试问:元素的化学和物理性质的周期变化规律的本质是什么?在量子力学提出以前,人们只把元素周期律看成化学的一个基本的经验规律,对其本质则并不了解.在量子力学提出后,人们才搞清它的本质.扼要地讲,元素周期律是原子中电子能级的壳层结构(shell structure)和 Pauli 原理的表现,而电子壳结构又由电子所处的势场的特性(Coulomb 场的对称性及屏蔽效应)所决定的.

按照量子力学理论,粒子的束缚态能量是离散的,各能级构成一定的离散能谱,能谱型由束缚势阱的特性所决定.对于氢原子的束缚态,能级由著名的 Bohr 公式给出(取自然单位)

$$E_n = -1/2n^2, n = 1,2,3,\cdots \tag{9.5.1}$$

但能级有 l 简并(是纯 Coulomb 引力势的束缚能级的动力学对称性 O_4 的反映,见卷Ⅱ,第 9 章),即 $l=0,1,\cdots,(n-1)$ 的能态是简并的.在计及电子的自旋自由度之后,能级 E_n 的简并度为 $f_n=2\sum_{l=0}^{n-1}(2l+1)=2n^2$.按(9.5.1)式,不同的能级 E_n(特别是较低的几条能级)彼此离开较远(见第 6 章,图 6.6),形成壳层结构(shell structure)，相邻能壳之间有较大的能隙. 按照 Pauli 原理，E_n 能级能容纳的电子数即 $2n^2$，而累加至 E_n 能级所能容纳的电子数则为 $\sum_{k=1}^{n} f_k$，称之为“幻数”(magic number，这是人们还不了解这些数的本质时的一种叫法.)纯 Coulomb 势的壳结构和“幻数”如表 9.4 所示.

表 9.4 纯 Coulomb 势的能壳和“幻数”

n	nl	f_n	纯 Coulomb 势的“幻数”	元素周期律所示“幻数”
1	1s	2	2	2
2	2s,2p	8	10	10
3	3s,3p,3d	18	28	18
4	4s,4p,4d,4f	32	60	36
5	5s,5p,5d,5f,5g	50	110	54

可以看出，Coulomb 引力势的最低的两个能壳($n=1,2$)所相应的“幻数”，与周期律一致. 但从 $n=3$ 壳开始，周期律所示“幻数”就与纯 Coulomb 引力势的幻数不一致. 这反映多电子原子中电子所受到的引力势与纯 Coulomb 引力势$[V(r)\propto -1/r]$有所不同.

在通常情况下，原子都处于最低能级. 一个元素的化学和物理性质，主要反映原子的最低能态(基态)和较低激发态的性质，而后者主要由最外壳层的电子(价电子)的性质决定. 特别是电离能的大小，主要由 Fermi 面附近的能级分布决定. 要了解元素的周期律，人们必须了解原子的外层电子的壳结构. 但对于一个多电子原子，要严格求解 Schrödinger 方程以求出其能级分布是不可能的. 所以人们往往采用一种近似模型，即独立粒子模型(亦称壳模型)，来了解实际原子的基态和低激发态的性质. 在此模型中，一个电子所受到的原子核的 Coulomb 引力势和其他电子的 Coulomb 斥力，近似用某种单体的平均势场来代替. 特别是价电子，往往用某种屏蔽(screened) Coulomb 势来描述. 这反映处于最外层的价电子所受到的原子核的 Coulomb 引力势，被处于内层的电子的斥力不同程度地削弱了(即屏蔽效应). 屏蔽效应与价电子的轨道角动量 l 有密切关系. 对于 l 较大的电子，由于离开原子核的平均距离较大，内层电子的屏蔽效应就较大. 因此，相对于纯 Coulomb 势的能级分布来讲，屏蔽 Coulomb 势中 l 较大的能级往上移动就大得多. 与此相反，$l=0$ 的轨道上的电子靠近原子核的概率较大，受到的屏蔽效应较小. 此外，纯 Coulomb 势的能级分布有如下特点：随 n 增大，相邻能级的间距愈来愈小，能壳界线就不很明显(第 6 章，图 6.6). 因此，当 $n\geqslant 3$ 后，电子的壳层结构就会因屏蔽效应而改变(见图 9.7). 例如，3d 能级将上升，并与 4s、4p 能级靠近而形成第 4 壳. 与此类似，4d 能级将上升，与 5s、5p 能级靠近而形成第 5 壳. 此外，4f 能级上升更厉害，与 6s、6p 能级靠近，并与上升后的 5d 能级共同形成第 6 壳. 第 7 壳与第 6 壳相似，含有 7s，

7p,6d,5f 能级.第 6、7 壳各自可以容的 32 个电子.这种定性考虑所得出的屏蔽 Coulomb 场中的壳层结构,可以较好地说明元素周期律所显现出的“幻数”(见表 9.5).

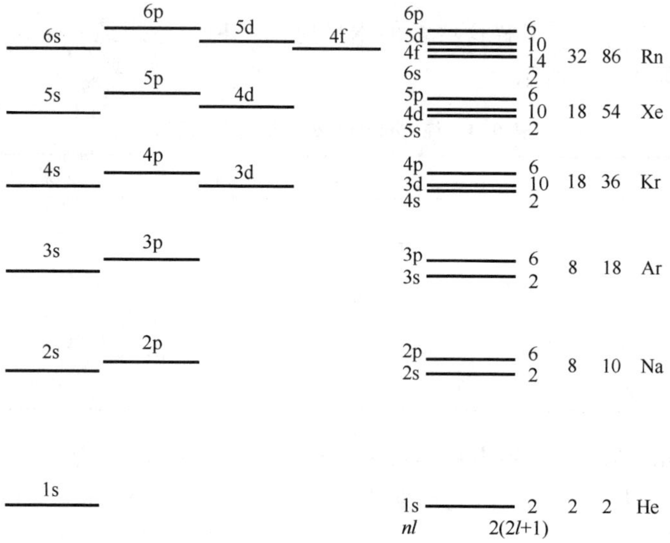

图 9.7　原子中电子能级的壳结构示意图

表 9.5　屏蔽 Coulomb 势的能壳结构和“幻数”

壳　层	能　态	可容纳电子数	屏蔽 Coulomb 势的“幻数”	周期律所示“幻数”
1	1s	2	2	2
2	2s,2p	8	10	10
3	3s,3p	8	18	18
4	4s,4p,3d	18	36	36
5	5s,5p,4d	18	54	54
6	6s,6p,5d,4f	32	86	86
7	7s,7p,6d,5f	32	118	(放射性核素)

以下分别讨论元素周期表中各周期(period)的元素的分布以及与之相应的电子壳层结构和能级分布.

第一周期($Z=1,2$).这个周期共有两个元素,即 H 与 He.它们分别有一个和两个电子填充第一个电子壳层(只有一条能级:1s).

第二周期($3\leqslant Z\leqslant 10$)共有 8 个元素,即 Li,Be,B,C,N,O,F 及 Ne.分别有 1~8个电子处于第二电子壳层(有两条能级:2s,2p).

第三周期($11\leqslant Z\leqslant 18$)与第二周期相似,也有 8 个元素,即 Na,Mg,Al,Si,P,S,Cl 及 Ar.第三个电子壳层也有两条能级:3s,3p.

第四周期($19\leqslant Z\leqslant 36$)及第五周期($37\leqslant Z\leqslant 54$),各有18个元素.这两个电子壳层各有三条能级(4s,3d,4p及5s,4d,5p),其中s能级与d能级很靠近,几乎简并.这就构成了周期表中有A族与B族之分(前三个周期都没有B族,因为前三个电子壳层都没有d能级).A族相当于d轨道是完全空着或完全被填满的情况,而B族就是不断填充d轨道的10个过渡元素(见表9.6化学元素周期表中部阴影部分).

第六周期($55\leqslant Z\leqslant 86$)有32个元素.这一个电子壳层有4条能级:6s,4f,5d,6p.第七周期的电子壳层结构与第六周期相似.在这两个周期中,除了有A族与B族之外,还有不断填充f轨道的14个元素,即镧系元素($Z=57\sim 71$,不断填充4f能级所形成的14个元素)及锕系元素($Z=89\sim 103$相继填充5f能级所形成的14个元素).第七周期的元素的原子核都是不稳定的(α或β衰变),即放射性元素.自然界中存在的元素到铀($Z=92$)为止,比铀更重的元素都是人工制造出来的放射性元素,寿命都很短.

熟悉元素周期表的读者都知道,周期表中有A、B两族,其中B族元素包含$Z=21\sim 30$,和$Z=39\sim 48$,各含10个元素(见表9.6),分别相当于价电子处于3d和4d壳(每个d壳可容纳10个电子!).更重的元素,在周期表中就不大好排列,只好把$Z=57\sim 71$的15个元素放在$Z=57$(La镧)的位置,统称为镧系元素,亦称为稀土元素.把$Z=89\sim 103$的15个元素放在Z=89(Ac,锕)的位置,称为锕系元素.它们都涉及价电子分别在f壳(可容纳14个电子!)中的填布(见表9.6下部涂阴影的部分).

以上是按周期来讨论.以下按族(group)来讨论.同一族的元素的性质很相似,反映它们的原子的最外层能壳(价电子壳)中电子组态(configuration)的相似性.所谓组态,是指价电子在各外层能态上分布的数目(见表9.6).

零族元素,即惰性气体元素,它们具有满壳结构.它们的组态分别为

He,$(1s)^2$

Ne,$(1s)^2(2s)^2(2p)^6$

Ar,$(1s)^2(2s)^2(2p)^6(3s)^2(3p)^6$

Kr,$(1s)^2(2s)^2(2p)^6(3s)^2(3p)^6(4s)^2(3d)^{10}(4p)^6$

Xe,$(1s)^2(2s)^2(2p)^6(3s)^2(3p)^6(4s)^2(3d)^{10}(4p)^6(5s)^2(4d)^{10}(5p)^6$

ⅠA族元素,即碱金属元素,包含Li、Na、K、Rb、Cs、Fr等.它们都是在满壳之外有一个价电子,处于s态.它们的化学性质极活泼,金属性很强,易于失去此价电子而与非金属元素化合,原子价为1,电离能都很小.

又例如ⅦA族,即卤族元素,包括F、Cl、Br、I等,它们的壳结构都是比满壳结构少一个电子,或者说在价壳中有一个"空穴"(hole),所以易于获得一个电子而形成稳定的满壳结构.卤族元素的非金属性很强,原子价也都是1.所以卤族元素极易与碱金属元素结构,形成稳定分子.

关于用电子壳结构来说明元素性质的周期变化的更详细的讨论,可以在化学和量子化学的教科书中找到.

表9.6 化学元素周期表

原子序数 —— 92 U —— 元素符号
元素名称 注 * 的是人造元素 —— 铀
$5f^3 6d^1 7s^2$ —— 外围电子层排布，括号指可能的电子层排布
238.0 —— 相对原子质量（加括号的数据为该放射性元素半衰期最长同位素的质量数）

过渡元素

族 周期	I A 1	II A 2	III B 3	IV B 4	V B 5	VI B 6	VII B 7	VIII 8	VIII 9	VIII 10	I B 11	II B 12	III A 13	IV A 14	V A 15	VI A 16	VII A 17	0 18	电子层	0族电子数
1	1 H 氢 $1s^1$ 1.008																	2 He 氦 $1s^2$ 4.003	K	2
2	3 Li 锂 $2s^1$ 6.941	4 Be 铍 $2s^2$ 9.012											5 B 硼 $2s^2 2p^1$ 10.81	6 C 碳 $2s^2 2p^2$ 12.01	7 N 氮 $2s^2 2p^3$ 14.01	8 O 氧 $2s^2 2p^4$ 16.00	9 F 氟 $2s^2 2p^5$ 19.00	10 Ne 氖 $2s^2 2p^6$ 20.18	L K	8 2
3	11 Na 钠 $3s^1$ 22.99	12 Mg 镁 $3s^2$ 24.31											13 Al 铝 $3s^2 3p^1$ 26.98	14 Si 硅 $3s^2 3p^2$ 28.09	15 P 磷 $3s^2 3p^3$ 30.97	16 S 硫 $3s^2 3p^4$ 32.06	17 Cl 氯 $3s^2 3p^5$ 35.45	18 Ar 氩 $3s^2 3p^6$ 39.95	M L K	8 8 2
4	19 K 钾 $4s^1$ 39.10	20 Ca 钙 $4s^2$ 40.08	21 Sc 钪 $3d^1 4s^2$ 44.96	22 Ti 钛 $3d^2 4s^2$ 47.87	23 V 钒 $3d^3 4s^2$ 50.94	24 Cr 铬 $3d^5 4s^1$ 52.00	25 Mn 锰 $3d^5 4s^2$ 54.94	26 Fe 铁 $3d^6 4s^2$ 55.85	27 Co 钴 $3d^7 4s^2$ 58.93	28 Ni 镍 $3d^8 4s^2$ 58.69	29 Cu 铜 $3d^{10} 4s^1$ 63.55	30 Zn 锌 $3d^{10} 4s^2$ 65.41	31 Ga 镓 $4s^2 4p^1$ 69.72	32 Ge 锗 $4s^2 4p^2$ 72.64	33 As 砷 $4s^2 4p^3$ 74.92	34 Se 硒 $4s^2 4p^4$ 78.96	35 Br 溴 $4s^2 4p^5$ 79.90	36 Kr 氪 $4s^2 4p^6$ 83.80	N M L K	8 18 8 2
5	37 Rb 铷 $5s^1$ 85.47	38 Sr 锶 $5s^2$ 87.62	39 Y 钇 $4d^1 5s^2$ 88.91	40 Zr 锆 $4d^2 5s^2$ 91.22	41 Nb 铌 $4d^4 5s^1$ 92.91	42 Mo 钼 $4d^5 5s^1$ 95.94	43 Tc 锝 $4d^5 5s^2$ [98]	44 Ru 钌 $4d^7 5s^1$ 101.1	45 Rh 铑 $4d^8 5s^1$ 102.9	46 Pd 钯 $4d^{10}$ 106.4	47 Ag 银 $4d^{10} 5s^1$ 107.9	48 Cd 镉 $4d^{10} 5s^2$ 112.4	49 In 铟 $5s^2 5p^1$ 114.8	50 Sn 锡 $5s^2 5p^2$ 118.7	51 Sb 锑 $5s^2 5p^3$ 121.8	52 Te 碲 $5s^2 5p^4$ 127.6	53 I 碘 $5s^2 5p^5$ 126.9	54 Xe 氙 $5s^2 5p^6$ 131.3	O N M L K	8 18 18 8 2
6	55 Cs 铯 $6s^1$ 132.9	56 Ba 钡 $6s^2$ 137.3	57~71 La~Lu 镧系	72 Hf 铪 $5d^2 6s^2$ 178.5	73 Ta 钽 $5d^3 6s^2$ 180.9	74 W 钨 $5d^4 6s^2$ 183.8	75 Re 铼 $5d^5 6s^2$ 186.2	76 Os 锇 $5d^6 6s^2$ 190.2	77 Ir 铱 $5d^7 6s^2$ 192.2	78 Pt 铂 $5d^9 6s^1$ 195.1	79 Au 金 $5d^{10} 6s^1$ 197.0	80 Hg 汞 $5d^{10} 6s^2$ 200.6	81 Tl 铊 $6s^2 6p^1$ 204.4	82 Pb 铅 $6s^2 6p^2$ 207.2	83 Bi 铋 $6s^2 6p^3$ 209.0	84 Po 钋 $6s^2 6p^4$ [209]	85 At 砹 $6s^2 6p^5$ [210]	86 Rn 氡 $6s^2 6p^6$ [222]	P O N M L K	8 18 32 18 8 2
7	87 Fr 钫 $7s^1$ [223]	88 Ra 镭 $7s^2$ [226]	89~103 Ac~Lr 锕系	104 Rf 𬬻* $(6d^2 7s^2)$ [261]	105 Db 𬭊* $(6d^3 7s^2)$ [262]	106 Sg 𬭳* [266]	107 Bh 𬭛* [264]	108 Hs 𬭶* [277]	109 Mt 鿏* [268]	110 Ds 𫟼* [281]	111 Rg 𬬭* [272]	112 Uub * [285]	……							

镧系	57 La 镧 $5d^1 6s^2$ 138.9	58 Ce 铈 $4f^1 5d^1 6s^2$ 140.1	59 Pr 镨 $4f^3 6s^2$ 140.9	60 Nd 钕 $4f^4 6s^2$ 144.2	61 Pm 钷 $4f^5 6s^2$ [145]	62 Sm 钐 $4f^6 6s^2$ 150.4	63 Eu 铕 $4f^7 6s^2$ 152.0	64 Gd 钆 $4f^7 5d^1 6s^2$ 157.3	65 Tb 铽 $4f^9 6s^2$ 158.9	66 Dy 镝 $4f^{10} 6s^2$ 162.5	67 Ho 钬 $4f^{11} 6s^2$ 164.9	68 Er 铒 $4f^{12} 6s^2$ 167.3	69 Tm 铥 $4f^{13} 6s^2$ 168.9	70 Yb 镱 $4f^{14} 6s^2$ 173.0	71 Lu 镥 $4f^{14} 5d^1 6s^2$ 175.0
锕系	89 Ac 锕 $6d^1 7s^2$ [227]	90 Th 钍 $6d^2 7s^2$ 232.0	91 Pa 镤 $5f^2 6d^1 7s^2$ 231.0	92 U 铀 $5f^3 6d^1 7s^2$ 238.0	93 Np 镎 $5f^4 6d^1 7s^2$ [237]	94 Pu 钚 $5f^6 7s^2$ [244]	95 Am 镅* $5f^7 7s^2$ [243]	96 Cm 锔* $5f^7 6d^1 7s^2$ [247]	97 Bk 锫* $5f^9 7s^2$ [247]	98 Cf 锎* $5f^{10} 7s^2$ [251]	99 Es 锿* $5f^{11} 7s^2$ [252]	100 Fm 镄* $5f^{12} 7s^2$ [257]	101 Md 钔* $(5f^{13} 7s^2)$ [258]	102 No 锘* $(5f^{14} 7s^2)$ [259]	103 Lr 铹* $(5f^{14} 6d^1 7s^2)$ [262]

注：

相对原子质量录自2001年国际原子量表，并全部取4位有效数字。

表 9.7　元素周期表中的能级系列

主量子数 n	轨道角量子数 l						
n	$l=0$	$l=1$	$l=2$	$l=3$	$l=4$	$l=5$	$l=6$
$n=1$	**1s**						
$n=2$	**2s**	**2p**					
$n=3$	**3s**	**3p**	**3d**				
$n=4$	**4s**	**4p**	**4d**	**4f**			
$n=5$	**5s**	**5p**	**5d**	**5f**	5g		
$n=6$	**6s**	**6p**	**6d**	6f	6g	6h	
$n=7$	**7s**	**7p**	7d	7f	7g	7h	7i

在化学教材中，为便于记忆周期表中原子的电子能级的顺序，常使用此表. 即按照表中箭头所示方向，从上到下，即可安排各电子能级的顺序. 这样得出的电子能级的顺序已经定性地考虑了内层电子对于原子核电荷的屏蔽效应，但未能反映电子大壳层结构和元素周期表的周期性，即

1s, 2s, 2p, 3s, 3p, 4s, 3d, 4p, 5s, 4d, 5p, 6s, 4f, 5d, 6p, 7s, 5f, 6d, 7p, …

此顺序与图 9.7 的右侧所示的能级顺序相同. 在计及电子能级的大壳结构以后，元素周期表中各周期中能级顺序和周期结构如下：

I, 1s; II, 2s, 2p; III, 3s, 3p; IV, 4s, 3d, 4p; V, 5s, 4d, 5p;

VI, 6s, 4f, 5d, 6p; VII, 7s, 5f, 6d, 7p; …

以上每条能级用 (n,l) 标记. 表 9.7 中，用粗体标记的各能级是实验上已经观测到的. 其余是理论上的能级.

如果按照 (n_r,l) 标记，$n_r=n-l-1$ 是电子径向波函数的节点的数目，则周期表中电子的能级的排列顺序为

I, 0s; II, 1s, 0p; III, 2s, 1p; IV, 3s, 0d, 2p;

V, 4s, 1d, 3p; VI, 5s, 0f, 2d, 4p; VII, 6s, 1f, 3d, 5p; …

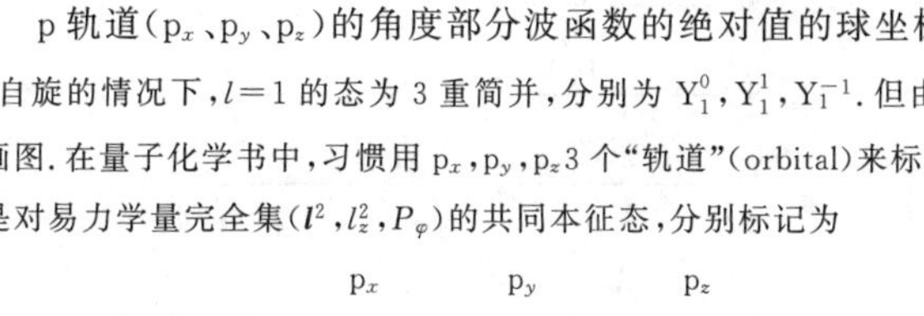

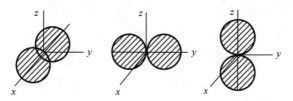

图 9.8　p 轨道（p_x、p_y、p_z）的角度部分波函数的绝对值的球坐标图形

在不计及电子自旋的情况下，$l=1$ 的态为 3 重简并，分别为 Y_1^0, Y_1^1, Y_1^{-1}. 但由于 $Y_1^{\pm1}$ 为复函数，不便于画图. 在量子化学书中，习惯用 p_x, p_y, p_z 3 个"轨道"(orbital)来标记这 3 个简并态，它们分别是对易力学量完全集 (l^2, l_z^2, P_φ) 的共同本征态，分别标记为

	p_x	p_y	p_z
$(l, \lvert m \rvert, P_\varphi)$	$(1,1,1)$	$(1,1,-1)$	$(1,0,1)$

其中 P_φ 是 xy 平面中对 x 轴的反射，把 $x\to x, y\to -y$，即平面极坐标系中，$\varphi\to-\varphi$.

最后对元素电离能的一个反常变化进行讨论，即第二、三周期中，电子的电离能的变化趋势中，有一个奇异现象，即 p 能级上有 4 个电子时，电离能反而比有 3 个电子的情况还小些(见表 9.6，比较$_7$N 与$_8$O，$_{15}$P 与$_{16}$S 的电离能!)，这与一般趋势不一样. 这可以从 p 轨道上的三个态(m=0，±1)，或者与它们相应的 p_x，p_y，p_z 三个态的空间位形来说明(见图 9.8). 它们的角度部分波函数

$$p_x \text{ 态} \propto \frac{1}{\sqrt{2}}(Y_1^1 + Y_1^{-1}) = -i\sqrt{\frac{3}{4\pi}}\sin\theta\cos\varphi$$

$$p_y \text{ 态} \propto \frac{1}{\sqrt{2}}(Y_1^1 - Y_1^{-1}) = -\sqrt{\frac{3}{4\pi}}\sin\theta\sin\varphi$$

$$p_z \text{ 态} \propto Y_1^0 \propto \cos\theta$$

当 p 轨道上有三个电子时，它们可以分别填充到 p_x、p_y、p_z 三个态上去. 此时，三个电子互相距离很远，排斥能小，因而结合能较大. 当第 4 个电子加入时，必然进入这三个态中之一，但自旋取向相反，它将与已填充在这三个态上的电子强烈相斥(Pauli 原理的影响)，因而结合能反而减小了，类似的现象也出现在第四、五周期中.

* 二维原子的电子壳结构

按 6.6.4 节的计算，二维 Coulomb 吸引势的能级(原子单位)为

$$E_{n_2} = -\frac{1}{2n_2^2}, \quad n_2 = n_\rho + |m| + 1/2 = 1/2, 3/2, 5/2, \cdots$$

$$n_\rho, |m| = 0, 1, 2, \cdots$$

能级简并度(计及自旋态)为 $f_{n_2} = 4n_2 = 2, 6, 10, \cdots$. 仿照三维中心力场中，$l = 0, 1, 2, \cdots$ 的态分别记为 s，p，d，…，对二维中心力场中 $|m| = 0, 1, 2, \cdots$ 态也分别记为 s，p，d，…. 这样可以得出二维 Coulomb 引力势的能级壳结构和“幻数”如下[见图 9.9(a)，并参见表 9.4]

能壳(n_ρ $\|m\|$)	0s;	1s,0p;	2s,1p,0d;	3s,2p,1d,0f;	…
简并度	2	6	10	14	
幻数	2	8	18	32	

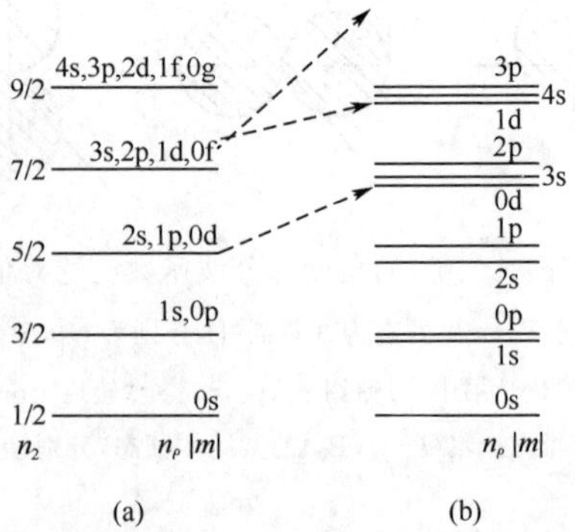

图 9.9　二维屏蔽 Coulomb 势的较低能壳结构示意图

(参阅图 9.7 与表 9.5)

在多电子原子中,应计及屏蔽效应(随 $|m|$ 增大而增大). 与三维 Coulomb 势相似,可以合理地设想屏蔽二维 Coulomb 势的能壳结构如下[见图 9.9(b),并参见表 9.5 与图 9.7]

能壳($n_\rho\,|m|$)	0s;	1s,0p;	2s,1p;	0d,3s,2p;	1d,4s,3p;
简并度	2	6	6	10	10
幻数	2	8	14	24	34

按照此二维屏蔽 Coulomb 势的能壳结构,则二维原子的周期表可以排列如表 9.8(这有待实验检验). 特别应该提到,三维原子中,Ne 元素为惰性气体(满壳组态),而在二维原子中,${}_{8}O$ 与 ${}_{14}Si$ 为满壳结构,这反映二维 Coulomb 势与三维 Coulomb 势的对称性的差异,因而在能级简并度有所不同.

表 9.8 二维原子的元素周期表

平常元素周期表中,每个轨道中的有 k 电子填布的组态,用 nl^k 表示,其中 n 是主量子数,l 是轨道量子数,$n=n_r+l+1$,$n_r=0,1,2,\cdots$表示电子径向波函数的节点数目(不包含 $r=0,\infty$点). 轨道的标记是:$l=0$(s),$l=1$(p),$l=2$(d),$l=3$(f),$l=4$(g),$\cdots$. 2 维屏蔽 Coulomb 场中,每个电子轨道中的有 k 电子的填布,用 $n_\rho|m|^k$ 表示,$n_\rho=0,1,2,\cdots$表示 2 维电子的径向波函数的节点数目(不包含 $\rho=0,\infty$点). 为了便于与平常的三维原子的元素周期表比较,轨道量子数数 l 换用$|m|$,并采用同样的标记,即$|m|=0$(s),$|m|=1$(p),$|m|=2$(d),$|m|=3$(f),$|m|=4$(g),$\cdots$. 与图 9.9 右侧给出的二维屏蔽势中的电子能级序列相应,本表给出第 I 到第 V 周期的各二维原子的价壳层(未填满的最外大壳层)中的电子的组态(configuration)。

周期										满壳原子
I	**H** $0s^1$									**He** $0s^2$
II	**Li** $1s^1$	**Be** $1s^2$					**B** $1s^20p^1$	**C** $1s^20p^2$	**N** $1s^20p^3$	**O** $1s^20p^4$
III	**F** $2s^1$	**Ne** $2s^2$					**Na** $2s^21p^1$	**Mg** $2s^21p^2$	**Al** $2s^21p^3$	**Si** $2s^21p^4$
IV	**P** $3s^1$	**S** $3s^2$	**Cl** $3s^20d^1$	**Ar** $3s^20d^2$	**K** $3s^20d^3$	**Ca** $3s^20d^4$	**Sc** $0d^43s^22p^1$	**Ti** $0d^4\,3s^22p^2$	**V** $0d^43s^22p^3$	**Cr** $0d^43s^22p^4$
V	**M_n** $4s^1$	**Fe** $4s^2$	**Co** $4s^21d^1$	**Ni** $4s^21d^2$	**Cu** $4s^21d^3$	**Zn** $4s^21d^4$	**Ga** $1d^44s^23p^1$	**Ge** $1d^44s^23p^2$	**As** $1d^44s^23p^3$	**Sc** $1d^44s^23p^4$

9.6 原子核的壳结构

上节中已指出,原子的电子壳结构和 Pauli 原理,是元素的化学和物理性质周期性变化的原因. 惰性气体原子的电子组态是一个满壳(closed shell),最后一个电子的电离能特别大(见图 9.6),元素的化学性质极不活泼,这些原子(惰性气体原子)的原子序数分别为

$$Z=2,\quad 10,\quad 18,\quad 36,\quad 54,\quad 86$$
$$\mathrm{He},\ \mathrm{Ne},\quad \mathrm{Ar},\quad \mathrm{Kr},\quad \mathrm{Xe},\quad \mathrm{Rn}$$

相应的电子组态为满壳(见表 9.5).

20 世纪 40 年代后期,原子核的实验资料分析表明:原子核的物理性质也有类似的周期性变化,即原子核的质子数 Z,或中子数 N 取下列数值时,原子核特别稳

定.这些数是

$$Z=2,8,20,28,50,82$$
$$N=2,8,20,28,50,82,126$$

当时人们还不能解释这些数,所以称之为“幻数”(magic number).中子数或质子数是这些数的核称为“幻核”(magic nucleus),而中子数和质子数都是幻数的原子核则称为双幻核(double magic nucleus).典型的双幻核有$^{16}_{8}O_{8}$、$^{40}_{20}Ca_{20}$、$^{48}_{20}Ca_{28}$、$^{100}_{50}Sn_{50}$、$^{208}_{82}Pb_{126}$等.直到1949年,M. G. Mayer与J. H. D. Jensen等[①]提出原子核的强自旋轨道耦合壳模型之后,才对这些幻数给出了满意的说明.

满壳核的几个显著特征是:

(1)结合能特别大,因此特别稳定.

(2)第一激发态能量比附近原子核的第一激发能级要高得多,对于双幻核尤其明显.这是由于核子的激发需要跨过一个大壳,因而要付出很大能量.

(3)电荷分布呈球形,电四极矩为0.

(4)在自然界中,$Z=$幻数的元素的稳定同位素(isotope)特别多.同样,$N=$幻数的稳定的同中子异荷素(isotone)也特别多.

但原子核中的壳结构比原子中的电子壳结构要复杂一些,因为原子核中有两类全同粒子(质子与中子),它们有各自的壳结构,但由于质子与中子之间的相互作用,两种壳结构又互有影响.此外,由于质子之间有Coulomb作用,对于重核(Coulomb作用的相对重要性变大),质子壳结构与中子壳还会有所不同.

原子核的幻数与原子中的满壳层的电子数不相同,反映出核子相互作用与电子感受到的电磁作用有很大差异.虽然人们对于核子间的强相互作用已有相当的了解,但应该说还是比较肤浅的.此外,数学上处理多体问题的复杂性,使得人们很难从多粒子系的Schrödinger方程出发,严格得出原子核中单粒子能级的壳结构.Mayer & Jensen,以及后来的S. G. Nilsson等[②],则从唯象的角度来处理此问题.他们认为,核子在核内的运动,作为初步的近似,可以认为是在一个平均自洽场中运动.这个平均场的形式与原子中的平均自洽场当然有较大差异,因而相应的壳结构和幻数就有所不同.通过原子核反应截面的实验观测及理论分析,有可靠的直接证据表明核子在原子核内运动的平均自由程至少与原子核大小可相比拟[③].因此,原子核的独立粒子模型(independent-partide model)或壳模型(shell model)是处理原子核多体系的一个良好的出发点.原子核这样一个由许多强相互作用的粒子组成

---

① M. G. Mayer, Phys. Rev. **75**(1949)1969;**78**(1950)16. O. Haxel, J. H. D. Jensen and H. E. Suess, Z. Physik**128**(1950)295.总结性资料可参阅M. G. Mayer and J. H. D. *Jensen, Elementary Theory of Nuclear Shell Structure*(Wiley, New York, 1955).由于他们的重要贡献,Mayer与Jensen获1963年Nobel物理学奖.

② S. G. Nilsson, Mat. Fys. Medd. Dan. Vid. Selsk **29**(1955), No. 16(轴对称变形原子核).

③ A. Bohr and B. R. Mottelson, *Nuclear Structure*, Vol. 1, *Single-particle Motion*, p. 139(W. A. Benjamin, 1969).

的体系，居然呈现单粒子运动的特征，这是一个理论上极有兴趣的问题，尚未很好解决. 这现象与 Pauli 原理和 Heisenberg 不确定性原理有密切的关系①.

由于核子之间的作用力程很短，粒子在核内感受到的平均场的形状应接近于粒子的密度分布形状. 从 20 世纪 50 年代开始，通过高能电子散射②及 μ 原子 X 射线谱的观测③，对原子核内的电荷分布已了解得相当仔细④，它们可以唯象地用 Fermi 二参数分布来描述，即

$$\rho(r)=\frac{\rho_0}{1+\exp[(r-R)/a]} \tag{9.6.1}$$

其中 R 是刻画分布半径的参数，a 表征表层厚度，$a/R\ll 1$，$\rho_0\approx$核中心密度≈ 0.17 核子 · fm^{-3}，见图 9.10(a). 人们常采用 Woods-Saxon 势来描述核子感受的平均场，即

$$V(r)=-\frac{V_0}{1+\exp[(r-R)/a]} \qquad (V_0>0) \tag{9.6.2}$$

见图 9.10(b).

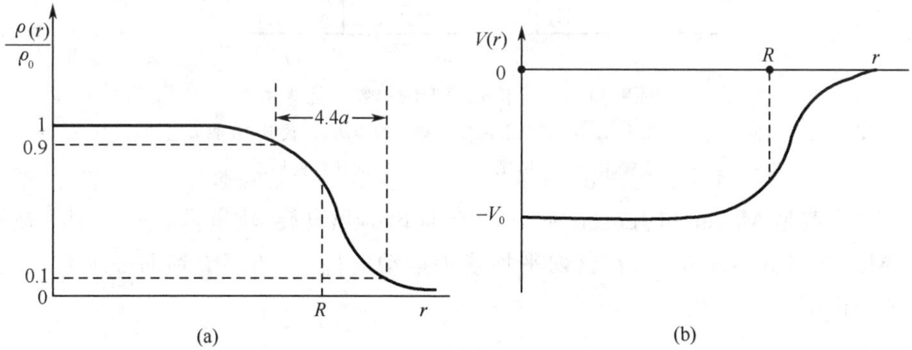

图 9.10

但 Woods-Saxon 势的径向方程只能采用数值计算求解，所以人们常采用另外两种更简单的中心势，它们有解析解. 这两种中心势即在第 6 章中讲过的三维各向同性谐振子势和无限深球方势阱. Woods-Saxon 势的分布及能级分布则介于两者之间. 它们的能级分布如图 9.11 所示. 从图 9.11 可看出，谐振子给出的满壳所对应的中子数或质子数(已计及中子或质子的自旋自由度)，即“幻数”，为

$$2,8,20,40,70,112,\cdots$$

---

① 例如，参阅 P. Ring and P. Schuck, *The Nuclear Many-Boby Problem* (Spring-Verlag, 1980).

② R. Hofstadter, Ann. Rev. Nuclear Sci. **7**(1957)231.

③ 例如，参阅 C. S. Wu(吴健雄)and J. Wiletz, Ann. Rev. Nuclear Sci. **19**(1969)527.

④ 近期实验资料总结，参见 I. Angeli, Atomic Data and Nuclear Data Tables **87**(2004)185.

可以看出，较低的三个幻数与观测一致，但更大的几个幻数则完全不正确. 这个困难曾经在一段时间内使人困惑不解.

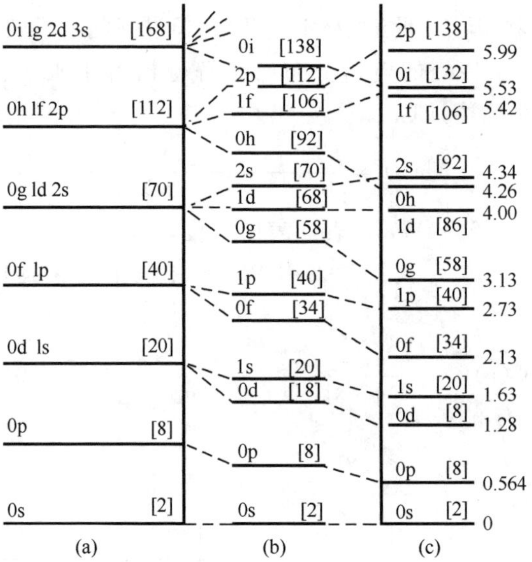

图 9.11 原子核壳模型的单粒子能级系

图(a)是各向同性谐振子能级. 图(c)是无限深球方势阱的能级，并让其 1d 能级与图(a)1d 能级位置相同. 图(b)则是图(a)和(c)的任意内插.

这个谜是 Mayer 和 Jensen 在 1949 年提出的强自旋-轨道耦合壳模型中被解开. Mayer 与 Jensen 提出，在核内平均场中运动的核子，还感受到的一项自旋-轨道耦合作用，

$$\xi(r)\boldsymbol{s}\cdot\boldsymbol{l} \tag{9.6.3}$$

但它比原子中电子感受到的自旋-轨道耦合(Thomas 项)要强得多，而且正负号相反.

由于强自旋-轨道耦合，中心力场中的单粒子能级 $E_{n_r l}$ 将分裂为两条($l\neq 0$ 情况，$j=l\pm 1/2$；$l=0$ 情况，不分裂). 作为估算(一级微扰论)，能级分裂为

$$\begin{aligned}\Delta E &= E_{j=l+1/2}-E_{j=l-1/2}\\ &=\langle\xi(r)\rangle\{\langle\boldsymbol{s}\cdot\boldsymbol{l}\rangle_{j=l+1/2}-\langle\boldsymbol{s}\cdot\boldsymbol{l}\rangle_{j=l-1/2}\}\end{aligned} \tag{9.6.4}$$

其中

$$\begin{aligned}\langle\boldsymbol{s}\cdot\boldsymbol{l}\rangle &= \frac{1}{2}\langle\boldsymbol{j}^2-\boldsymbol{l}^2-\boldsymbol{s}^2\rangle\\ &=\frac{\hbar^2}{2}\left[j(j+1)-l(l+1)-\frac{3}{4}\right]\\ &=\frac{\hbar^2}{2}\begin{cases}l, & j=l+1/2\\ -(l+1), & j=l-1/2(l\neq 0)\end{cases}\end{aligned}$$

所以

$$\Delta E = \langle \xi(r) \rangle (2l+1)\hbar^2/2 \qquad (l \neq 0) \tag{9.6.5}$$

实验资料表明，$E_{j=l+1/2} < E_{j=1-l/2}$，与原子中电子能级的分裂正好相反，因此要求 $\langle \xi(r) \rangle < 0$. 由式(9.6.5)还可看出，$l$ 能级分裂的大小 $\Delta E \propto (2l+1)$，即 l 愈大的能级，自旋-轨道耦合分裂愈大.

图 9.12 中，左边是介于谐振子势阱与无限深球方势阱之间的单粒子能级，右边是计及自旋-轨道耦合之后的单粒子能级. 令人惊奇的是，考虑强自旋-轨道耦合之后，给出的"幻数"与实验完全一致. 所以 Mayer & Jensen 的壳模型立即引起人们普遍的重视. 它对于核能谱学以及有关实验资料的整理提供了比较可靠的依据. 因此，20 世纪 50 年代后的核能谱系统学有了很大的发展.

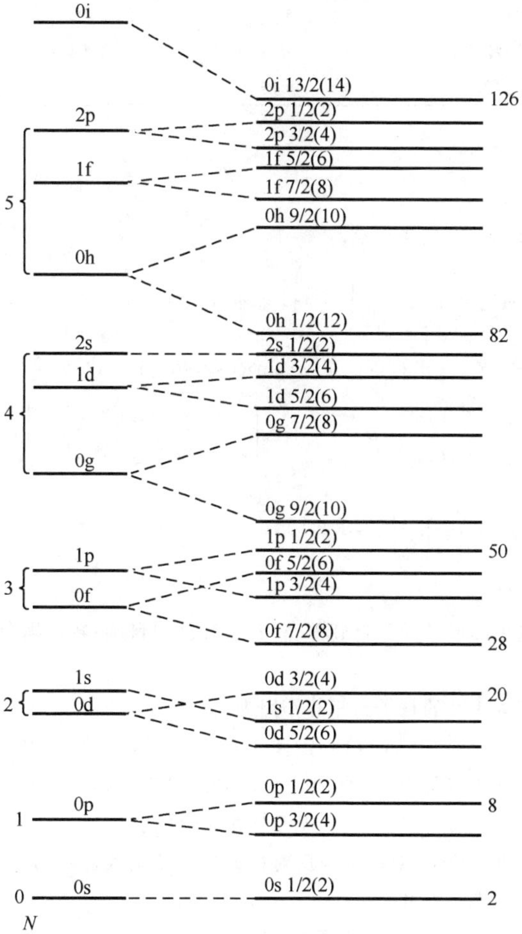

图 9.12　具有强自旋-轨道耦合的原子核壳模型能级系

取自 p. 322 所引 Mayer & Jensen 一书，p. 58.

强自旋-轨道耦合壳模型除了能正确地解释“幻数”之外，还可以相当满意地给出很多原子核（特别是轻核以及满壳附近的原子核）的基态自旋与宇称. 在此基础之上，计及核子间的剩余相互作用，还可以对基态的其他一些性质（例如，磁矩），较低激发谱以及各种跃迁概率与选择定则，给予一定程度的说明. 表 9.8 中，以“幻数”8 附近的奇 A 核的磁矩为例，比较壳模型值与实验观测值. 表 9.8 中第二列是基态自旋与宇称的观测值，第三列是最后一个奇核子所处的单核子态，是根据图 9.12确定的. μ_{sch}是按壳模型计算出的磁矩，也就是按照 Schmidt 公式[见 9.2 节，式(9.2.34)，(9.2.35)]计算出来的. 最后一列是磁矩的实验观测值.

表 9.8　原子核磁矩（单位：核磁子）

核	基态自旋与宇称	单粒子态	μ_{sch}	$\mu_{\text{观测}}$
${}^{15}_{8}O_7$	$1/2^-$	$p_{1/2}$	0.6378	0.7189
${}^{15}_{7}N_8$	$1/2^-$	$p_{1/2}$	−0.2642	−0.2831
${}^{17}_{8}O_9$	$5/2^+$	$d_{5/2}$	−1.9128	−1.8934
${}^{17}_{9}F_8$	$5/2^+$	$d_{5/2}$	4.7926	4.7224

习　　题

9.1　在 σ_z 表象中，求 σ_x 的本征态.

答：$\frac{1}{\sqrt{2}}\begin{pmatrix}1\\1\end{pmatrix}$，$\sigma_x$ 本征值$=+1$；　$\frac{1}{\sqrt{2}}\begin{pmatrix}1\\-1\end{pmatrix}$，$\sigma_x$ 本征值$=-1$.

9.2　在 σ_z 表象中，求 $\boldsymbol{\sigma}\cdot\boldsymbol{n}$ 的本征态，$\boldsymbol{n}(\sin\theta\cos\varphi,\sin\theta\sin\varphi,\cos\theta)$是$(\theta,\varphi)$方向的单位矢量.

答：$\begin{pmatrix}\cos\theta/2\exp(-\mathrm{i}\varphi/2)\\ \sin\theta/2\exp(\mathrm{i}\varphi/2)\end{pmatrix}$，　$\boldsymbol{\sigma}\cdot\boldsymbol{n}=+1$；$\begin{pmatrix}-\sin\theta/2\exp(-\mathrm{i}\varphi/2)\\ \cos\theta/2\exp(\mathrm{i}\varphi/2)\end{pmatrix}$，　$\boldsymbol{\sigma}\cdot\boldsymbol{n}=-1$

9.3　在自旋态 $\chi_{1/2}(s_z)=\begin{pmatrix}1\\0\end{pmatrix}$下，求$\overline{\Delta s_x^2}$与$\overline{\Delta s_y^2}$.

答：$\overline{\Delta s_x^2}=\overline{\Delta s_y^2}=\hbar^2/4$.

9.4　具有两个电子的原子处于自旋单态($S=0$). 证明自旋-轨道耦合作用$\xi(r)\boldsymbol{s}\cdot\boldsymbol{l}$对能量无贡献.

9.5　设两个自旋为 1/2 的粒子的相互作用为

$$V(r)=V_c(r)+V_T(r)S_{12}$$

第一项为中心力，第二项为张量力，S_{12}的表达式，见 9.4.1 节，练习 5. 证明(a)宇称 π，总自旋 $\boldsymbol{S}^2$，总角动量 $\boldsymbol{J}^2$ 及 J_z 均匀守恒量，但 $\boldsymbol{L}^2$ 与 $\boldsymbol{S}$ 不是守恒量. (b)在自旋单态下，张量力为零.

9.6　自旋为 s 的两个粒子，对称的与反对称的自旋波函数各有几个？$s=1/2$ 与 $s=3/2$ 情况下，对称与反对称自旋态各有几个？

答：自旋为 s 情况，对称的自旋波函数有$(s+1)(2s+1)$个，反对称的自旋波函数有$s(2s+1)$个.

9.7　(1)设电子处于自旋态 $\chi_{1/2}(\sigma_z=1)$，求 $\sigma_n=\boldsymbol{\sigma}\cdot\boldsymbol{n}$ 的可能测值及相应的概率，$\boldsymbol{n}=(n_x$，

n_y, n_z)是单位矢量.(2)对于 $\sigma_n=+1$ 的自旋态,求 $\boldsymbol{\sigma}$ 各分量的可能测值及相应的概率,以及 $\boldsymbol{\sigma}$ 的平均值.

答:(1) $\sigma_n=\pm 1$ 的概率分别为$\frac{1}{2}(1\pm n_z)$

(2) $\sigma_x=\pm 1$ 的概率分别为$\frac{1}{2}(1\pm n_x)$

$\sigma_y=\pm 1$ 的概率分别为$\frac{1}{2}(1\pm n_y)$

$\sigma_z=\pm 1$ 的概率分别为$\frac{1}{2}(1\pm n_z)$

$\langle\boldsymbol{\sigma}\rangle=\boldsymbol{n}$

9.8 满足 $U^+U=UU^+=1, \det U=1$ 的 n 维矩阵称为 SU_n 矩阵.求 SU_2 的一般形式.

答:$U=\begin{pmatrix}\cos\omega e^{i\alpha} & \sin\omega e^{i\beta}\\ -\sin\omega e^{-i\beta} & \cos\omega e^{-i\alpha}\end{pmatrix}$,　　α、β、ω 为三个实参量

9.9 讨论下列算符是否存在.如存在,将它表示成 σ_x、σ_y、σ_z 和 1 的线性叠加.

(1)$(1+\sigma_x)^{1/2}$　(2)$(1+\sigma_x+i\sigma_y)^{1/2}$　(3)$(1+\sigma_x)^{-1}$

答:(1) $(1+\sigma_x)^{1/2}=\frac{1}{\sqrt{2}}(1+\sigma_x)$

(2) $(1+\sigma_x+i\sigma_y)^{1/2}=1+\frac{1}{2}(\sigma_x+i\sigma_y)$

(3) $(1+\sigma_x)^{-1}$不存在.

9.10 化简 $\exp(i\lambda\sigma_z)\sigma_\alpha\exp(-i\lambda\sigma_z)$, $\alpha=x,y$, λ 为常数.

答:$\exp(i\lambda\sigma_z)\sigma_x\exp(-i\lambda\sigma_z)=\sigma_x\cos2\lambda-\sigma_y\sin2\lambda$

$\exp(i\lambda\sigma_z)\sigma_y\exp(-i\lambda\sigma_z)=\sigma_x\sin2\lambda+\sigma_y\cos2\lambda$

9.11 设 $f(\sigma_z)$是可以展开成 σ_z 幂级数的任意函数.证明

$$f(\sigma_z)\sigma_\pm=\sigma_\pm f(\sigma_z\pm 2)$$

特例

$$\exp(\xi\sigma_z)\sigma_\pm=\sigma_\pm\exp(\xi\sigma_z)\exp(\pm 2\xi)\qquad(\xi\text{ 为常数})$$

提示:$\sigma_z\sigma_\pm=\sigma_\pm(\sigma_z\pm 2)$　　[见 9.1 节,式(9.1.19)]

9.12 设 λ 为常数,$\boldsymbol{n}$ 为任意方向的单位矢量,证明

$$\exp(i\lambda\sigma_n)\boldsymbol{\sigma}\exp(-i\lambda\sigma_n)=\sigma_n\boldsymbol{n}+(\boldsymbol{n}\times\boldsymbol{\sigma})\times\boldsymbol{n}\cos2\lambda+(\boldsymbol{n}\times\boldsymbol{\sigma})\sin2\lambda$$

式中　$\sigma_n=\boldsymbol{\sigma}\cdot\boldsymbol{n}$.

9.13 自旋为 $\hbar/2$,内禀磁矩为 μ_0 的粒子,在空间分布均匀但随时间改变的磁场 $\boldsymbol{B}(t)$中运动,证明粒子的波函数可以表示成空间函数与自旋函数之积,写出它们满足的波动方程.

提示:

$$H=H_0-\mu_0\boldsymbol{\sigma}\cdot\boldsymbol{B}$$

$$H_0=\frac{1}{2\mu}\left(\boldsymbol{P}-\frac{q}{c}\boldsymbol{A}\right)^2+q\phi$$

H_0 与自旋无关,$-\mu_0\boldsymbol{\sigma}\cdot\boldsymbol{B}$ 与空间坐标无关.所以可以令

$$\psi(x,y,z,s_z,t)=\varphi(x,y,z,t)\begin{pmatrix}a(t)\\ b(t)\end{pmatrix}$$

而

$$\mathrm{i}\hbar\frac{\partial}{\partial_t}\varphi = H_0\varphi$$

$$\mathrm{i}\hbar\frac{\partial}{\partial t}\begin{pmatrix}a\\b\end{pmatrix} = -\mu_0\boldsymbol{\sigma}\cdot\boldsymbol{B}\begin{pmatrix}a\\b\end{pmatrix}$$

9.14　同上题，设 $\boldsymbol{B}$ 沿 z 轴方向，在 $t=0$ 时，自旋波函数为

$$\begin{pmatrix}a(0)\\b(0)\end{pmatrix} = \begin{pmatrix}\mathrm{e}^{-\mathrm{i}\alpha}\cos\delta\\ \mathrm{e}^{\mathrm{i}\alpha}\sin\delta\end{pmatrix}$$

求 $\begin{pmatrix}a(t)\\b(t)\end{pmatrix}$，它是自旋沿什么方向分量的本征态？在这个态下求自旋的三个分量的平均值 $\bar{s}_x$、$\bar{s}_y$、$\bar{s}_z$。

答：$\begin{pmatrix}a(t)\\b(t)\end{pmatrix} = \begin{pmatrix}\cos\delta\exp\left(\mathrm{i}\frac{\mu_0}{\hbar}\int_0^t B\mathrm{d}t - \mathrm{i}\alpha\right)\\ \sin\delta\exp\left(-\mathrm{i}\frac{\mu_0}{\hbar}\int_0^t B\mathrm{d}t + \mathrm{i}\alpha\right)\end{pmatrix}$

是自旋沿 (θ,φ) 方向分量的本征态，

$$\theta = 2\delta,\quad \varphi = 2\left(\alpha - \frac{\mu_0}{\hbar}\int_0^t B(t)\mathrm{d}t\right)$$

$$\bar{s}_x = \frac{\hbar}{2}\sin 2\delta\cos\left(\frac{2\mu_0}{\hbar}\int_0^t B(t)\mathrm{d}t - 2\alpha\right)$$

$$\bar{s}_y = -\frac{\hbar}{2}\sin 2\delta\sin\left(\frac{2\mu_0}{\hbar}\int_0^t B(t)\mathrm{d}t - 2\alpha\right)$$

$$\bar{s}_z = \frac{\hbar}{2}\cos 2\delta$$

9.15　与上两题类似，设磁场大小不变，但磁场在 xy 平面中以下列规律变化：

$$B_x = B\cos\omega t,\qquad B_y = B\sin\omega t,\qquad B_z = 0.$$

求粒子的自旋波函数.

答：自旋波函数为 $\begin{pmatrix}a(t)\\b(t)\end{pmatrix}$. 设粒子内禀磁矩为 μ_0，令 $\hbar\Omega = \sqrt{\hbar^2\omega^2 + 4\mu_0^2B^2}$. 则

$$a(t) = [c_1\exp(\mathrm{i}\Omega t/2) + c_2\exp(-\mathrm{i}\Omega t/2)]\exp(-\mathrm{i}\omega t/2)$$

$$b(t) = \frac{\hbar}{2\mu_0 B}[c_1(\Omega-\omega)\exp(\mathrm{i}\Omega t/2) - c_2(\Omega+\omega)\exp(-\mathrm{i}\Omega t/2)]\exp(+\mathrm{i}\omega t/2)$$

c_1 与 c_2 由初条件确定.

9.16　设自旋为 1/2 的粒子在磁场 $B(t)$ 中运动，求证在 Heisenberg 表象中自旋随时间的变化为

$$\frac{\mathrm{d}}{\mathrm{d}t}\boldsymbol{s}(t) = \frac{g_s e}{2mc}\boldsymbol{s}\times\boldsymbol{B}$$

式中 m 为粒子质量，e 为电荷，g_s 为自旋 g 因子（对于电子 $g_s=-2$）. 设 $\boldsymbol{B}=B_0\boldsymbol{k}$ 是沿 z 轴方向的常磁场，求解 $s(t)$.

答：

$$s_x(t) = s_x(0)\cos(g_s\omega t) + s_y(0)\sin(g_s\omega t),\ \omega = eB_0/2\mu c\qquad (e>0)$$

$$s_y(t) = -s_x(0)\sin(g_s\omega t) + s_y(0)\cos(g_s\omega t)$$
$$s_z(t) = s_z(0)$$

9.17 有一个局域电子(作为近似模型,不考虑轨道运动),受到沿 x 轴方向的均匀磁场 B 的作用,Hamilton 量表示为

$$H = \frac{eB}{\mu c}s_x = \frac{e\hbar B}{2\mu c}\sigma_x$$

设 $t=0$ 时,电子自旋"向上"(即 $s_z=\hbar/2$),求 $t>0$ 时 $\boldsymbol{s}$ 的平均值.

答:$\langle s_x\rangle=0$, $\langle s_y\rangle=-\frac{\hbar}{2}\sin 2\omega t$, $\langle s_z\rangle=\frac{\hbar}{2}\cos 2\omega t$, $\omega=\frac{eB}{2\mu c}$

9.18 设有一个粒子的自旋为 $\hbar/2$,磁矩 $\boldsymbol{\mu}=\mu_0\boldsymbol{\sigma}$,置于均匀磁场 $\boldsymbol{B}$ 中,$\boldsymbol{B}$ 方向为 $\boldsymbol{n}(n_x,n_y,n_z)$. 设 $t=0$ 时粒子沿正 z 轴方向极化($\sigma_z=1$,即$\langle\boldsymbol{\sigma}\rangle_{t=0}=\boldsymbol{e}_z$),求 $t>0$ 时粒子的极化矢量$\langle\boldsymbol{\sigma}\rangle_t$.

答:$\langle\sigma_x\rangle=n_xn_z(1-\cos2\omega t)-n_y\sin2\omega t$, $\omega=\mu_0B/\hbar$

$\langle\sigma_y\rangle=n_yn_z(1-\cos2\omega t)+n_x\sin2\omega t$

$\langle\sigma_z\rangle=n_z^2+(1-n_z^2)\cos2\omega t$

9.19 自旋为 $\hbar/2$ 的粒子,磁矩 $\boldsymbol{\mu}=\mu_0\boldsymbol{\sigma}$,处于沿 z 轴正方向的均匀磁场 $\boldsymbol{B}_0$ 中,设 $t\geqslant0$ 时,再加上一个旋转磁场 $\boldsymbol{B}_1(t)$,方向垂直于 z 轴,$\boldsymbol{B}_1(t)=B_1\cos2\omega_0 t\boldsymbol{e}_x-B_1\sin2\omega_0 t\boldsymbol{e}_y$ $(\omega_0=\mu_0B_0/\hbar)$. 设初始时($t=0$)体系处于 $s_z=\hbar/2$ 的本征态 $\chi_{1/2}$,求 $t>0$ 时体系的自旋波函数以及自旋反向所需的时间.

答:$\chi(t)=\begin{pmatrix}\cos\omega_1 t\ \exp(\mathrm{i}\omega_0 t)\\ \mathrm{i}\sin\omega_1 t\ \exp(-\mathrm{i}\omega_0 t)\end{pmatrix}$, $\omega_1=\mu_0B_1/\hbar$

极化矢量$\langle\boldsymbol{s}\rangle$随时间而变化,变化周期 $T=\pi\hbar/\mu_0B_1$.

9.20 自旋为 1/2 的粒子,极化矢量 $\boldsymbol{P}$ 定义为 $\boldsymbol{P}=\langle\boldsymbol{\sigma}\rangle$. (1)设 $t=0$ 时,自旋态为 $\chi(0)=\begin{pmatrix}\cos\delta\exp(-\mathrm{i}\alpha)\\ \sin\delta\exp(\mathrm{i}\alpha)\end{pmatrix}$,$\delta$、$\alpha$ 为非负实数,$\delta\leqslant\pi/2$,$\alpha\leqslant\pi$,求 $\boldsymbol{P}$ 的空间方位角,(θ_0,φ_0). (2)设粒子受到 z 方向均匀磁场 $B(t)$作用,$H=-\mu_0\sigma_zB(t)$,求 $\boldsymbol{P}$ 随时间变化的规律.

答:(1) $\theta_0=2\delta$, $\varphi_0=2\alpha$

(2) $\boldsymbol{P}=\langle\boldsymbol{\sigma}\rangle_t=(\sin\theta\cos\varphi,\sin\theta\sin\varphi,\cos\theta)$

其中 $\theta=\theta_0=2\delta$,$\varphi=\varphi_0-\frac{2\mu_0}{\hbar}\int_0^t B(\tau)\mathrm{d}\tau$,即 $\boldsymbol{P}$ 和 z 轴(磁场方向)夹角(2δ)保持不变,但绕 z 轴旋转,角速度 $\omega=\frac{\mathrm{d}\varphi}{\mathrm{d}t}=-\frac{2\mu_0}{\hbar}B(t)$.

9.21 自旋为 1/2 的粒子,($\boldsymbol{l}^2,\boldsymbol{j}^2,j_z$)的共同本征函数记为 ϕ_{ljm_j}. 在 l 取确定值的态空间中定义

$$\Lambda_l^+ = \frac{l+1+\boldsymbol{\sigma}\cdot\boldsymbol{l}}{2l+1}, \qquad \Lambda_l^- = \frac{l-\boldsymbol{\sigma}\cdot\boldsymbol{l}}{2l+1}$$

证明 (1) $\Lambda_l^+ + \Lambda_-^l = 1$

(2) $(\Lambda_l^+)^2=\Lambda_l^+$,$(\Lambda_l^-)^2=\Lambda_l^-$,$\Lambda_l^+\Lambda_l^-=\Lambda_l^-\Lambda_l^+=0$

(3) $\Lambda_l^+\phi_{l,l+1/2,m_j}=\phi_{l,l+1/2,m_j}$,$\Lambda_l^+\phi_{l,l-1/2,m_j}=0$

$\Lambda_l^-\phi_{l,l-1/2,m_j}=\phi_{l,l-1/2,m_j}$,$\Lambda_l^-\phi_{l,l+1/2,m_j}=0$

说明 $\Lambda_l^\pm$ 的物理意义.

9.22 给定 j,m_j 后，$(\boldsymbol{l}^2,\boldsymbol{j}^2,j_z)$的共同本征函数 ϕ_{ljm_j} 有两个，相应于 $l=j\pm1/2$，在(θ,φ,s_z)表象中可表示成

$$\phi_{jm_j}^A=\frac{1}{\sqrt{2l+1}}\begin{pmatrix}\sqrt{l+m+1}\,Y_l^m\\ \sqrt{l-m}\,Y_l^{m+1}\end{pmatrix}\qquad(l=j-1/2,m_j=m+1/2)$$

$$\phi_{jm_j}^B=\frac{1}{\sqrt{2l'+1}}\begin{pmatrix}-\sqrt{l'-m}\,Y_{l'}^m\\ \sqrt{l'+m+1}\,Y_{l'}^{m+1}\end{pmatrix}\qquad(l'=j+1/2,l'\neq0,m_j=m+1/2)$$

分别相应于两种不同宇称，定义 $\sigma_r=\boldsymbol{\sigma}\cdot\boldsymbol{r}/r$，证明取适当相角后，

$$\sigma_r\phi_{jm_j}^A=-\phi_{jm_j}^B$$
$$\sigma_r\phi_{jm_j}^B=-\phi_{jm_j}^A$$

提示：σ_r 为奇宇称算符(赝标量)，

$$[\boldsymbol{\sigma},\sigma_r]=2\mathrm{i}\frac{1}{r}\boldsymbol{r}\times\boldsymbol{\sigma},\qquad[\boldsymbol{l},\sigma_r]=-\mathrm{i}\frac{1}{r}\boldsymbol{r}\times\boldsymbol{\sigma},\qquad[\boldsymbol{j},\boldsymbol{\sigma}_r]=0$$

9.23 自旋为 1/2 的粒子，处于$(\boldsymbol{l}^2,\boldsymbol{j}^2,j_z)$的共同本征态下，证明

$$\langle\boldsymbol{\sigma}\rangle=\langle\boldsymbol{j}\rangle\left[\frac{j(j+1)-l(l+1)+3/4}{j(j+1)}\right]\quad(取\ \hbar=1)$$

提示：ϕ_{ljm_j} 也是 $\boldsymbol{\sigma}\cdot\boldsymbol{l}$ 的本征态，并利用

$$(\boldsymbol{\sigma}\cdot\boldsymbol{l})\boldsymbol{\sigma}+\boldsymbol{\sigma}(\boldsymbol{\sigma}\cdot\boldsymbol{l})=2\boldsymbol{l},\qquad(\boldsymbol{\sigma}\cdot\boldsymbol{l})^2+(\boldsymbol{\sigma}\cdot\boldsymbol{l})-\boldsymbol{l}^2=0$$

9.24 电子的磁矩算符可表为 $\boldsymbol{\mu}=\boldsymbol{\mu}_l+\boldsymbol{\mu}_s=-\dfrac{e}{2m_ec}(\boldsymbol{l}+2\boldsymbol{s})$. 电子磁矩的实验观测值 μ 定义为

$$\mu=\langle ljm_j|\mu_z|ljm_j\rangle\big|_{m_j=j}=\langle ljj|\mu_z|ljj\rangle$$

求 μ.

答：$$\mu=-gj,\quad g=1+\frac{j(j+1)-l(l+1)+3/4}{2j(j+1)}\quad(\text{Landè}\ g\ 因子)$$

即

$$\mu=\begin{cases}-(j+1/2), & j=l+1/2\\ -j(2j+1)/(2j+2), & j=l-1/2(l\neq0)\end{cases}$$

9.25 证明$[S_{12},\boldsymbol{S}^2]=0$，$[S_{12},\boldsymbol{J}]=0$，其中 $\boldsymbol{J}=\boldsymbol{s}+\boldsymbol{l}$，$\boldsymbol{l}$ 为体系的轨道角动量，在质心坐标系中 $\boldsymbol{l}=\boldsymbol{r}\times\boldsymbol{p}=-\mathrm{i}\hbar\boldsymbol{r}\times\nabla$，$\boldsymbol{r}=\boldsymbol{r}_1-\boldsymbol{r}_2$，$S_{12}$定义见 9.4.1 节练习 5.

9.26 由两个非全同粒子(自旋都是1/2)组成的体系，已知粒子 1 处于 $s_{1z}=1/2$ 的本征态，粒子 2 处于 $\boldsymbol{s}_{2z}=1/2$ 的本征态，求体系总自旋 $\boldsymbol{S}^2$ 的可能测值及相应的概率.

答：$\boldsymbol{S}^2$ 本征值=0 概率为 1/4，$\boldsymbol{S}^2$ 本征值=2 概率为 3/4.

9.27 自旋为$\dfrac{1}{2}$的两个局域的非全同粒子的相互作用能为$(\hbar=1)$ $H=A\boldsymbol{s}_1\cdot\boldsymbol{s}_2$(不考虑轨道运动). 设 $t=0$ 时，粒子 1 自旋“向上”$(s_{1z}=1/2)$，粒子 2 自旋“向下”$(s_{2z}=-1/2)$. 求任意时刻 $t>0$时，(1)粒子 1 自旋“向上”的概率，(2)粒子 1 和 2 自旋均向上的概率，(3)总自旋 $S=1$ 和 0 的概率，(4)$\boldsymbol{s}_1$ 和 $\boldsymbol{s}_2$ 的平均值.

答：(1) $\cos^2(At/2)$.

(2) 0.

(3) $S=1$ 和 $S=0$ 的概率相同，各为 1/2.

(4) $\langle s_{1x}\rangle_t=\langle s_{1y}\rangle_t=\langle s_{2x}\rangle_t=\langle s_{2y}\rangle_t=0$

$$\langle s_{1z}\rangle_t=\frac{1}{2}\cos At,\qquad\langle s_{2z}\rangle_t=-\frac{1}{2}\cos At$$

9.28　两个自旋为 1/2 粒子组成的体系，置于均匀外磁场中，取磁场方向为 z 轴方向，则体系 Hamilton 量可表示成(忽略轨道运动) $H=a\sigma_{1z}+b\sigma_{2z}+c\boldsymbol{\sigma}_1\cdot\boldsymbol{\sigma}_2$，$a$、$b$、$c$ 为常数，H 中第一、二项表示粒子内禀磁矩与外磁场的相互作用，第三项表示两个粒子之间自旋-自旋相互作用. 求 H 的本征值.

答：$E=c\pm 2c_1$，$-c\pm 2\sqrt{c^2+c_2^2}$，其中 $c_1=\frac{1}{2}(a+b)$，$c_2=\frac{1}{2}(a-b)$.

9.29　自旋为 1/2 的三个非全同粒子组成的体系，Hamilton 量 $H=A\boldsymbol{s}_1\cdot\boldsymbol{s}_2+B(\boldsymbol{s}_1+\boldsymbol{s}_2)\cdot\boldsymbol{s}_3$ (A，B 为实常数)，试找出体系的守恒量，求能量本征值及能级简并度(取 $\hbar=1$).

答：令 $\boldsymbol{S}_{12}=\boldsymbol{s}_1+\boldsymbol{s}_2$，$\boldsymbol{S}=\boldsymbol{s}_1+\boldsymbol{s}_2+\boldsymbol{s}_3$，则 $(\boldsymbol{S}_{12})^2$、$\boldsymbol{S}^2$、$\boldsymbol{S}$ 均为守恒量. $(\boldsymbol{S}_{12})^2$ 本征值为 $S'(S'+1)$，$S'=0,1$，$\boldsymbol{S}^2$ 本征值为 $S(S+1)$，$S=1/2$、$1/2$、$3/2$. 能级可记为 $E_{S'S}$.

S'	S	$E_{S'S}$	简并度 $=2S+1$
1	3/2	$\frac{A}{4}+\frac{B}{2}$	4
	1/2	$\frac{A}{4}-B$	2
0	1/2	$-\frac{3}{4}A$	2

9.30　同上题，但 $A=B$，即 $H=A(\boldsymbol{s}_1\cdot\boldsymbol{s}_2+\boldsymbol{s}_2\cdot\boldsymbol{s}_3+\boldsymbol{s}_3\cdot\boldsymbol{s}_1)$，($A$ 为实常数)(1) 求体系的能级和简并度. (2) 找一组定恒量完全集，求出其共同本征态.

答：(1) $E_S=\frac{A}{2}\left(S(S+1)-\frac{9}{4}\right)$

$$E_{3/2}=\frac{3}{4}A,\ S=3/2,\ S'=1,\ \text{简并度}=4$$

$$E_{1/2}=-\frac{3}{4}A,\ S=1/2,\ S'=0,1,\ \text{简并度}=4$$

(2) 守恒量完全集可取为 $(\boldsymbol{S}_{12}^2,\boldsymbol{S}^2,S_z)$，其共同本征态记为 $|S'SM\rangle$，共 8 个态，即

$$|S'SM\rangle=\left|1\ \frac{3}{2}\ \frac{3}{2}\right\rangle,\left|1\ \frac{3}{2}\ \frac{1}{2}\right\rangle,\left|1\ \frac{3}{2}-\frac{1}{2}\right\rangle,$$

$$\left|1\ \frac{3}{2}-\frac{3}{2}\right\rangle,\left|0\ \frac{1}{2}\ \frac{1}{2}\right\rangle,\left|0\ \frac{1}{2}-\frac{1}{2}\right\rangle,$$

$$\left|1\ \frac{1}{2}\ \frac{1}{2}\right\rangle,\left|1\ \frac{1}{2}-\frac{1}{2}\right\rangle$$

9.31　对于自旋为 $\hbar/2$ 的粒子，$\boldsymbol{s}=\boldsymbol{\sigma}/2$(取 $\hbar=1$)，$\hat{\boldsymbol{r}}=\boldsymbol{r}/r$ 为径向单位矢量. (1) 定义赝标量 $h=\boldsymbol{s}\cdot\hat{\boldsymbol{r}}$(旋度 helicity)，证明 $h^2=1/4$，h 的本征值为 $\pm 1/2$. (2) 定义赝自旋(pseudospin)变换 $U=e^{i\pi h}$，证明 $U=2ih$. (3) 证明在 U 变换下，粒子的算符 F 变换如下，$F\to\widetilde{F}=\boldsymbol{U}^{-1}F\boldsymbol{U}=F+4h[F,h]$. (4) 证明

$$\boldsymbol{s}\to\tilde{\boldsymbol{s}}=-\boldsymbol{s}+2\hat{\boldsymbol{r}}(\hat{\boldsymbol{r}}\cdot\boldsymbol{s})=-\boldsymbol{s}+2\hat{\boldsymbol{r}}h$$

$$\boldsymbol{l}\to\tilde{\boldsymbol{l}}=\boldsymbol{l}+2\boldsymbol{s}-2\hat{\boldsymbol{r}}(\hat{\boldsymbol{r}}\cdot\boldsymbol{s})=\boldsymbol{l}+2\boldsymbol{s}-2\hat{\boldsymbol{r}}h$$

$$\boldsymbol{j}=\boldsymbol{l}+\boldsymbol{s}\to\tilde{\boldsymbol{j}}=\tilde{\boldsymbol{l}}+\tilde{\boldsymbol{s}}=\boldsymbol{j}\ (\text{总角动量})，\text{验证}[\boldsymbol{j},h]=0$$

$$\boldsymbol{l}^2\to(\tilde{\boldsymbol{l}})^2=\boldsymbol{l}^2+4\boldsymbol{l}\cdot\boldsymbol{s},\quad \boldsymbol{l}\cdot\boldsymbol{s}\to\tilde{\boldsymbol{l}}\cdot\tilde{\boldsymbol{s}}=-\boldsymbol{l}\cdot\boldsymbol{s}-1$$

第10章　力学量本征值的代数解法

在常见的教材中，量子力学体系的本征值问题，特别是能量本征值问题，习惯采用分析的方法，即在一定的边条件下求解 Schrödinger 方程．从历史上来看，几个简单的量子体系的能量本征值问题，最早是用代数方法求解的．近年来，在物理学各前沿领域中，使用代数方法(包括群及群表示论)来处理本征值问题愈来愈普遍，特别是在近似求解中．例如，在简并态或近简并态的微扰论处理中，往往就是在体系的一个有限的态空间中把 Hamilton 矩阵对角化，即归结为求解一个齐次的线性代数方程组．无论用微分方程解法，还是用代数解法，在能级有简并的情况下，体系的对称性(守恒量)的分析都特别重要，而在代数解法中，守恒量的利用表现得格外明显和必不可少．

本章将对常见的几个力学量本征值问题的代数解法作集中的讨论．

10.1 节给出谐振子 Hamilton 量的因式分解法(factorization method)，它是 Schrödinger 在 40 年代提出来的[①]．在因式分解法中引进了升、降算符，把谐振子相邻能级的本征态联系起来．10.2 节讨论角动量的一般性质，这理论是 Dirac 给出的，所得结论只基于角动量三个分量的对易式，因而对于轨道角动量，自旋，以及合成角动量都适用，还可以用来处理类似的同位旋，准自旋等问题．10.3 节介绍 Schwinger 提出的处理角动量本征值问题的一种方法．它利用二维各向同性谐振子的升、降算符来表达角动量算符，由此可极简便地得出角动量的各种性质．此理论根据的是 SU_2 群与 SO_3 群是局域同构的认识．10.4 节讨论两个或多个角动量的合成，引进了用处很广泛的 Clebsch-Gordan 系数．

10.1　Schrödinger 因式分解法

一维谐振子的 Hamilton 量为

$$H = \frac{1}{2m}p^2 + \frac{1}{2}m\omega^2 x^2 \tag{10.1.1}$$

采用自然单位($\hbar = m = \omega = 1$)，则

$$H = \frac{1}{2}(x^2 + p^2) \tag{10.1.2}$$

可以看出，H 具有相空间(xp 空间)中的旋转不变性．令

① E. Schrödinger, Proc. Roy. Irish Acad. **A46**(1940)9, **A46**(1941)183, **A47**(1942)53; L. Infeld and T. E. Hull, Rev. Mod. Phys. **23**(1951)21.

$$
\begin{aligned}
a &= \frac{1}{\sqrt{2}}(x+\mathrm{i}p) = \frac{1}{\sqrt{2}}\left(x+\frac{\mathrm{d}}{\mathrm{d}x}\right) \\
a^{+} &= \frac{1}{\sqrt{2}}(x-\mathrm{i}p) = \frac{1}{\sqrt{2}}\left(x-\frac{\mathrm{d}}{\mathrm{d}x}\right)
\end{aligned}
\tag{10.1.3}
$$

其逆表示式为

$$
x = \frac{1}{\sqrt{2}}(a^{+}+a), \quad p = \frac{\mathrm{i}}{\sqrt{2}}(a^{+}-a) \tag{10.1.4}
$$

利用 x 和 p 的基本对易式$[x,p]=\mathrm{i}$,容易证明

$$
[a,a^{+}] = 1 \tag{10.1.5}
$$

H 可以因式分解如下

$$
H = \frac{1}{2}\left[\left(-\frac{\mathrm{d}}{\mathrm{d}x}+x\right)\left(\frac{\mathrm{d}}{\mathrm{d}x}+x\right)+1\right] = \left(a^{+}a+\frac{1}{2}\right) = \hat{N}+\frac{1}{2} \tag{10.1.6}
$$

式中

$$
\hat{N} = a^{+}a \tag{10.1.7}
$$

为厄米算符. 可以证明 $\hat{N}$(因而 H)为正定算符,因为在任意态 ψ 下,$\hat{N}$ 的平均值为非负

$$
\overline{N} = (\psi, a^{+}a\psi) = (a\psi, a\psi) \geqslant 0 \tag{10.1.8}
$$

求出 $\hat{N}$ 的本征值后,H 本征值也就知道了. 下面来求正定厄米算符 $\hat{N}$ 的本征值.

设

$$
\hat{N}|n\rangle = n|n\rangle \tag{10.1.9}
$$

$|n\rangle$表示 $\hat{N}$ 的一个本征态,本征值 n 为非负实数. 利用式(10.1.5)和(10.1.7)可以证明下列代数关系

$$
[\hat{N},a] = -a \tag{10.1.10}
$$

因此

$$
[\hat{N},a]|n\rangle = \hat{N}a|n\rangle - a\hat{N}|n\rangle = \hat{N}a|n\rangle - na|n\rangle = -a|n\rangle
$$

即

$$
\hat{N}a|n\rangle = (n-1)a|n\rangle \tag{10.1.11}
$$

所以 $a|n\rangle$也是 $\hat{N}$ 的本征态,但相应的本征值为$(n-1)$. a 称为降算符(lowering operator). 因此,从 $\hat{N}$ 的某个本征态$|n\rangle$出发,逐次用降算符 a 运算,可得出 $\hat{N}$ 的一系列本征态

$$
|n\rangle, a|n\rangle, a^{2}|n\rangle, \cdots \tag{10.1.12}
$$

相应的 $\hat{N}$ 的本征值分别为

$$
n, n-1, n-2, \cdots
$$

考虑到 $\hat{N}$ 为正定厄米算符,它的所有本征值必须$\geqslant 0$. 设 $\hat{N}$ 的最小本征值为 n_0,本

征态记为$|n_0\rangle$，它必须满足

$$a|n_0\rangle = 0 \tag{10.1.13}$$

否则$|n_0\rangle$不能称为最小本征值相应的本征态.由此可得

$$\hat{N}|n_0\rangle = a^+ a|n_0\rangle = 0 \tag{10.1.14}$$

即$|n_0\rangle$是 $\hat{N}$ 的本征态，对应本征值为 $n_0=0$，因此$|n_0\rangle$可记为$|0\rangle$.

类似于式(10.1.10)和(10.1.11)，还可证明

$$[N, a^+] = a^+ \tag{10.1.15}$$

以及

$$Na^+|n\rangle = (n+1)a^+|n\rangle \tag{10.1.16}$$

即 $a^+|n\rangle$是 $\hat{N}$ 的本征态，但相应的本征值为$(n+1)$，所以 a^+ 称为升算符(raising operator).

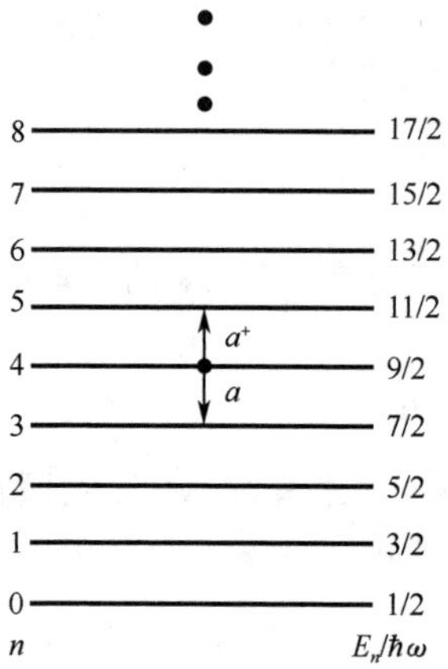

图 10.1　谐振子的能谱和升、降算符

综上所述，我们从 $\hat{N}$ 的最小本征值 $n=0$ 相应的本征态$|0\rangle$出发，逐次用升算符 a^+ 运算，就可以得出 $\hat{N}$ 的全部本征态(尚未归一化)和本征值如下(见图 10.1)：

$$\begin{array}{llll} |0\rangle, & a^+|0\rangle, & a^{+2}|0\rangle, & \cdots \\ 0, & 1, & 2, & \cdots \end{array} \tag{10.1.17}$$

利用归纳法(留作练习)，可以证明 $\hat{N}$ 的归一化本征态可以表示成

$$|n\rangle = \frac{1}{\sqrt{n!}}(a^+)^n|0\rangle, n = 0,1,2,\cdots \tag{10.1.18}$$

$$\langle n|n'\rangle = \delta_{nn'}$$

它们也是 H 的本征态，

$$H|n\rangle = E_n|n\rangle,\quad n = 0,1,2,\cdots$$

$$E_n = \left(n+\frac{1}{2}\right),\text{(自然单位,}\hbar\omega\text{)} \tag{10.1.19}$$

即谐振子的能量是量子化的.上述结果与 3.4 节中从求解 Schrödinger 方程，并利用束缚态边条件所得出的结果完全一致.

思考题　在 3.4 节中求解 Schrödinger 方程时，利用了束缚态波函数在无穷远处的值为 0 的边条件，才得出了离散的能量本征值，$E_n=(n+1/2)\hbar\omega$.在上述代数解法中，似乎未涉及量子态的边条件，这应如何理解？

(提示：考虑算符 $p=-\mathrm{i}\hbar\dfrac{\partial}{\partial x}$的厄米性.)

利用式(10.1.18)，可以证明

$$a^+|n\rangle=\sqrt{n+1}\,|n+1\rangle,\quad a|n\rangle=\sqrt{n}\,|n-1\rangle \tag{10.1.20}$$

再借助于式(10.1.4),可求出 x 和 p 在能量表象中的矩阵元(添上坐标和动量的自然单位).

$$\begin{aligned}x_{mn}&=\frac{1}{\sqrt{2}}(\sqrt{n+1}\,\delta_{mn+1}+\sqrt{n}\,\delta_{mn-1})\sqrt{\frac{\hbar}{m\omega}}\\ p_{mn}&=\frac{\mathrm{i}}{\sqrt{2}}(\sqrt{n+1}\,\delta_{mn+1}-\sqrt{n}\,\delta_{mn-1})\sqrt{m\omega\hbar}\end{aligned} \tag{10.1.21}$$

练习 1　证明在能量本征态 $|n\rangle$ 下,

$$\begin{aligned}&\overline{x}=\overline{p}=0,\quad \overline{x^2}=\overline{p^2}=\left(n+\frac{1}{2}\right)\\ &\Delta x\cdot\Delta p=\left(n+\frac{1}{2}\right)\hbar\end{aligned} \tag{10.1.22}$$

对于基态($n=0$),$\Delta x\cdot\Delta p=\hbar/2$

以下求能量本征态 $|n\rangle$ 在坐标表象中的表示式.

首先考虑基态 $|0\rangle$,满足

$$a|0\rangle=0 \tag{10.1.23}$$

利用式(10.1.3),即

$$(x+\mathrm{i}p)|0\rangle=0 \tag{10.1.24}$$

在 x 表象中,p 表示成(取 $\hbar=1$)

$$p=-\mathrm{i}\frac{\partial}{\partial x} \tag{10.1.25}$$

在坐标表象中,式(10.1.24)表示成①

$$\left(x+\frac{\mathrm{d}}{\mathrm{d}x}\right)\psi_0(x)=0 \tag{10.1.26}$$

解出,得 $\psi_0(x)\propto \mathrm{e}^{-x^2/2}$. 经归一化后,添上自然单位(长度,$\alpha^{-1}=\sqrt{\hbar/m\omega}$),可以求出坐标表象中的谐振子归一化基态波函数如下:

$$\psi_0(x)=\left(\frac{m\omega}{\pi\hbar}\right)^{1/4}\exp\left(-\frac{1}{2}\frac{m\omega}{\hbar}x^2\right)=\frac{\sqrt{\alpha}}{\pi^{1/4}}\mathrm{e}^{-\alpha^2x^2/2} \tag{10.1.27}$$

而激发态波函数为

$$\psi_n(x)=\langle x|n\rangle=\frac{1}{\sqrt{n!}}\langle x|a^{+n}|0\rangle$$

式中 a^+[见式(10.1.3),添上自然单位]为

---

① 式(10.1.24)可写成 $\langle x'|(x+\mathrm{i}p)|0\rangle=0$,插入 $\int \mathrm{d}x''|x''\rangle\langle x''|=1$,得 $\int \mathrm{d}x''\langle x'|(x+\mathrm{i}p)|x''\rangle\langle x''|0\rangle=0$. 利用 4.4 节中 x 和 p 在坐标表象中的矩阵元公式,可得 $\int \mathrm{d}x''\left\{x'\delta(x'-x'')+\mathrm{i}\left[-\mathrm{i}\frac{\mathrm{d}}{\mathrm{d}x''}\delta(x'-x'')\right]\right\}\psi_0(x'')=0$. 积分后,得 $\left(x'+\frac{\mathrm{d}}{\mathrm{d}x'}\right)\psi_0(x')=0$. 把 x' 换成 x,即式(10.1.26).

$$a^+ = \frac{1}{\sqrt{2}}\left(\alpha x - \frac{1}{\alpha}\frac{\mathrm{d}}{\mathrm{d}x}\right)$$

所以

$$\psi_n(x) = \frac{1}{\sqrt{n!}}\left(\frac{\alpha^2}{\pi}\right)^{1/4}\left(\alpha x - \frac{1}{\alpha}\frac{\mathrm{d}}{\mathrm{d}x}\right)^n \mathrm{e}^{-\alpha^2 x^2/2} \tag{10.1.28}$$

练习 2　设 $H=\frac{5}{3}a^+a+\frac{2}{3}(a^2+a^{+2})$，$[a,a^+]=1$，求 H 的本征值.

提示：作幺正变换，$b^+=\lambda a^+ + \mu a$（λ,μ 为待定的实参数），要求 $[b,b^+]=1$，并使 H 化为 $H=Kb^+b+c$（K,c 为待定常数）.

例 1　均匀外电场中荷电谐振子的能级

荷电 q，质量为 m 的谐振子，在均匀外电场 $\mathscr{E}$ 作用下，Hamilton 量为

$$H = \frac{1}{2m}p^2 + \frac{1}{2}m\omega^2 x^2 - q\mathscr{E}x \tag{10.1.29}$$

利用式(10.1.4)，用 a 和 a^+ 表示出来（添上自然单位），得

$$H = \left(a^+ a + \frac{1}{2}\right)\hbar\omega - q\mathscr{E}\sqrt{\frac{\hbar}{2m\omega}}(a^+ + a) = \left[a^+ a + \frac{1}{2} - \alpha_0(a^+ + a)\right]\hbar\omega \tag{10.1.30}$$

式中 α_0 为实参量

$$\alpha_0 = \frac{q\mathscr{E}}{\omega}\sqrt{\frac{1}{2m\omega\hbar}} \tag{10.1.31}$$

令 $\alpha_0^2\hbar\omega = q^2\mathscr{E}^2/2m\omega^2 = \frac{1}{2}m\omega^2 x_0^2$，即 $x_0 = q\mathscr{E}/m\omega^2$，则 H 可以表示成

$$H = \left(b^+ b + \frac{1}{2}\right)\hbar\omega - \frac{1}{2}m\omega^2 x_0^2 \tag{10.1.32}$$

式中右边最后一项为常数项，而

$$b^+ = a^+ - \alpha_0,\quad b = a - \alpha_0 \tag{10.1.33}$$

满足

$$[b, b^+] = 1 \tag{10.1.34}$$

因此 H 本征值为

$$E_n = \left(n + \frac{1}{2}\right)\hbar\omega - \frac{1}{2}m\omega^2 x_0^2,\quad n = 0,1,2,\cdots \tag{10.1.35}$$

例 2　均匀磁场中荷电粒子的 Landau 能级

7.1 节中已提到，处于磁场中的质量为 m，荷电 q 的粒子，可定义其速度算符

$$\hat{\boldsymbol{v}} = \frac{1}{m}\left(\hat{\boldsymbol{P}} - \frac{q}{c}\boldsymbol{A}\right) \tag{10.1.36}$$

$\boldsymbol{A}$ 为矢势，$\hat{\boldsymbol{P}} = -\mathrm{i}\hbar\nabla$ 为正则动量. $\hat{\boldsymbol{v}}$ 各分量满足下列对易式[见 7.1 节，习题 7.1]

$$[\hat{v}_x, \hat{v}_y] = \frac{\mathrm{i}\hbar q}{m^2 c}B_z$$

$$[\hat{v}_y, \hat{v}_z] = \frac{\mathrm{i}\hbar q}{m^2 c}B_x$$

$$[\hat{v}_z,\hat{v}_x]=\frac{\mathrm{i}\hbar q}{m^2c}B_y \tag{10.1.37}$$

$\boldsymbol{B}=\nabla\times\boldsymbol{A}$ 为磁场强度. 若取 $\boldsymbol{B}$ 方向为 z 轴方向,$(B_x=B_y=0,B_z=B)$,则上式简化为

$$[\hat{v}_x,\hat{v}_y]=\frac{\mathrm{i}\hbar q}{m^2c}B \tag{10.1.38}$$

粒子的 Hamilton 量可表示为(因磁场沿 z 轴方向,$A_z=0,v_z=\frac{1}{m}P_z$)

$$H=\frac{1}{2}m(\hat{v}_x^2+\hat{v}_y^2)+\frac{1}{2m}\hat{P}_z^2 \tag{10.1.39}$$

为确切起见,设 $q>0$. 引进无量纲变量(如 $q<0$,则 P 和 Q 定义互换)

$$Q=\sqrt{\frac{m^2c}{\hbar|q|B}}\hat{v}_x,\quad P=\sqrt{\frac{m^2c}{\hbar|q|B}}\hat{v}_y \tag{10.1.40}$$

则

$$[Q,P]=\mathrm{i} \tag{10.1.41}$$

而 H 表示成

$$H=\frac{1}{2}(Q^2+P^2)\hbar\omega_c+\frac{1}{2m}\hat{P}_z^2 \tag{10.1.42}$$

$$\omega_c=|q|B/mc=2\omega_L \tag{10.1.43}$$

ω_c 为回旋频率,$\omega_L=|q|B/2mc$ 为 Larmor 频率. 式(10.1.42)即谐振子 Hamilton 量,其中包含沿 z 方向的自由运动. 利用前述代数解法,可求出其能量本征值为

$$E=E_{np_z}=\left(n+\frac{1}{2}\right)\hbar\omega_c+\frac{1}{2m}p_z^2 \tag{10.1.44}$$

$$n=0,1,2,\cdots;\quad -\infty<p_z(\text{实})<\infty$$

此即 Landau 能级公式(参阅 7.2 节). 可以看出,荷电粒子在 xy 平面中为周期运动,能量是量子化的(在经典力学中是一个圆轨道运动,周期为 $2\pi/\omega$). 但在 z 轴方向运动,粒子是自由的,是非周期运动,能量是连续变化的.

例 3 互相垂直的均匀电场和磁场中的荷电粒子

选择电场方向为 x 轴方向,即 $\mathscr{E}=(\mathscr{E},0,0)$,磁场方向为 z 轴方向,即 $\boldsymbol{B}=(0,0,B)$. 选择规范矢势 $\boldsymbol{A}=(0,Bx,0)$,(不难验证 $\nabla\times\boldsymbol{A}=\boldsymbol{B}$). 这样,粒子的 Hamilton 量可以表示为

$$H=\frac{1}{2m}\left[\hat{P}_x^2+\left(\hat{P}_y-\frac{qB}{c}x\right)^2+\hat{P}_z^2\right]-q\mathscr{E}x \tag{10.1.45}$$

不难证明 $[\hat{P}_y,H]=0$,$[\hat{P}_z,H]=0$,但 $[\hat{P}_x,H]\neq0$. 可以选择能量本征态为守恒量完全集 $(\hat{P}_y,\hat{P}_z,H)$ 的共同本征态,记为 $|P_y,P_z,E\rangle$,在这里 P_y 和 P_z 是 $\hat{P}_y$ 和 $\hat{P}_z$ 的本征值,$-\infty<P_y,P_z$(实)$<\infty$. 把 H 作用于 $|P_y,P_z,E\rangle$ 上,则 H 可以写成下列形式:

$$H=\frac{1}{2m}(P_y^2+P_z^2)+\left[\frac{1}{2m}\hat{P}_x^2+\frac{q^2B^2}{2mc^2}x^2-\left(\frac{qBP_y}{mc}+q\mathscr{E}\right)x\right] \tag{10.1.46}$$

上式方括号[…]中的算符,与均匀电场中荷电粒子的 Hamilton 量形式相似(参见例 1),其本征值为($\omega_c=|q|B/mc$)

$$\left(n+\frac{1}{2}\right)\hbar\omega_c-\frac{q^2B^2}{2mc^2}x_0^2,\quad n=0,1,2,\cdots \tag{10.1.47}$$

式中

$$x_0 = \frac{mc^2}{q^2 B^2}\left(q\mathscr{E} + \frac{qB}{mc}P_y\right) \tag{10.1.48}$$

所以 H 的本征值为

$$\begin{aligned} E_{nP_yP_z} &= \frac{1}{2m}(P_y^2 + P_z^2) + \left(n + \frac{1}{2}\right)\hbar\omega_c - \frac{q^2B^2}{2mc^2}x_0^2 \\ &= \frac{1}{2m}P_z^2 - \frac{\mathscr{E}c}{B}P_y + \left(n + \frac{1}{2}\right)\hbar\omega_c - \frac{mc^2\mathscr{E}^2}{2B^2} \end{aligned} \tag{10.1.49}$$

$$n = 0,1,2,\cdots; -\infty < P_y, P_z(\text{实}) < \infty$$

10.2 角动量的一般性质

在 4.3.2 节中我们讨论了轨道角动量的性质. 在第 9 章中讨论了自旋以及自旋与轨道角动量耦合成的总角动量的性质. 本节将对角动量的最基本的性质作初步的讨论. 进一步的分析见本书卷Ⅱ及有关专著①.

算符 j_x、j_y、j_z 若满足下列对易关系：

$$\begin{aligned} [j_x, j_y] &= \mathrm{i}\hbar j_z \\ [j_y, j_z] &= \mathrm{i}\hbar j_x \\ [j_z, j_x] &= \mathrm{i}\hbar j_y \end{aligned} \tag{10.2.1}$$

则以 j_x、j_y、j_z 为三个分量的矢量算符 $\boldsymbol{j}$，称为角动量算符. 式(10.2.1)是角动量的基本对易式②. 轨道角动量以及自旋的各分量的对易关系式都具有这种形式. 下面我们将根据此基本对易式以及角动量算符的厄米性来研究角动量的一般性质. 因此，下面所得结论，对于自旋、轨道角动量以及任何角动量都成立. 定义角动量平方算符

$$\boldsymbol{j}^2 = j_x^2 + j_y^2 + j_z^2 \tag{10.2.2}$$

与轨道角动量及自旋相似，根据式(1)和(2)，不难证明(留作读者练习)

$$[\boldsymbol{j}^2, j_\alpha] = 0, \quad \alpha = x, y, z \tag{10.2.3}$$

定义角动量升、降算符(理由见后)

$$j_+ = j_x + \mathrm{i}j_y, \quad j_- = j_x - \mathrm{i}j_y = (j_+)^+ \tag{10.2.4}$$

其逆表示式为

$$j_x = \frac{1}{2}(j_+ + j_-), \quad j_y = \frac{1}{2\mathrm{i}}(j_+ - j_-) \tag{10.2.5}$$

---

① M. E. Rose, *Elementary Theory of Angular Momentum*, 1957. A. R. Edmonds, *Angular Momentum in Quantum Mechanics*, 2nd ed., 1960. E. U. Condon, G. H. Shortley, *The Theory of Atomic Spectra*, chap. 3, 1935. E. P. Wigner, *Group Theory and its Applications to the Quantum Mechanics of Atomic Spectra*, 1959.

② 有时把式(10.2.1)表示成 $\boldsymbol{j}\times\boldsymbol{j} = \mathrm{i}\hbar\boldsymbol{j}$，或$[j_\alpha, j_\beta] = \mathrm{i}\hbar\varepsilon_{\alpha\beta\gamma}j_\gamma$；$\alpha,\beta,\gamma = x,y,z$ 或 1,2,3.

可以证明

$$[j_z, j_\pm] = \pm \hbar j_\pm \tag{10.2.6}$$

$$j_\pm j_\mp = \boldsymbol{j}^2 - j_z^2 \pm \hbar j_z \tag{10.2.7}$$

$$j_+ j_- - j_- j_+ = 2\hbar j_z \tag{10.2.8}$$

$$j_+ j_- + j_- j_+ = 2(\boldsymbol{j}^2 - j_z^2) \tag{10.2.9}$$

由于 $\boldsymbol{j}^2$ 与 j_z 对易,我们可以找出它们的共同本征态,记为 $|\lambda m\rangle$,即

$$\boldsymbol{j}^2 |\lambda m\rangle = \lambda\hbar^2 |\lambda m\rangle, \quad j_z |\lambda m\rangle = m\hbar |\lambda m\rangle \qquad (\lambda, m \text{ 无量纲}) \tag{10.2.10}$$

这里 $\lambda\hbar^2$ 与 $m\hbar$ 分别是 $\boldsymbol{j}^2$ 及 j_z 的本征值.

(**1°**) 利用式(10.2.3),可知

$$\boldsymbol{j}^2 j_+ - j_+ \boldsymbol{j}^2 = 0$$

上式两边取矩阵元

$$\langle\lambda' m'|(\boldsymbol{j}^2 j_+ - j_+ \boldsymbol{j}^2)|\lambda m\rangle = 0$$

用式(10.2.10)代入,得

$$(\lambda' - \lambda)\langle\lambda' m'|j_+|\lambda m\rangle = 0$$

当 $\lambda' \neq \lambda$ 时,$\langle\lambda' m'|j_+|\lambda m\rangle = 0$,即只当 $\lambda' = \lambda$,矩阵元 $\langle\lambda' m'|j_+|\lambda m\rangle$ 才可能不为零. 所以

$$\langle\lambda' m'|j_+|\lambda m\rangle = \delta_{\lambda'\lambda}\langle\lambda m'|j_+|\lambda m\rangle \tag{10.2.11}$$

对于 j_-、j_x,j_y,j_z 也有类似的公式,即它们的矩阵元,对于量子数 λ 来说,是对角化的,这是因为 $\boldsymbol{j}^2$ 与 j_x、j_y、j_z、j_+、j_- 都对易.

(**2°**)根据式(10.2.6)

$$j_z j_\pm - j_\pm j_z = \pm \hbar j_\pm$$

两边取矩阵元(注意它们对于 λ 是对角化的)

$$\langle\lambda m'|(j_z j_\pm - j_\pm j_z|\lambda m\rangle = \pm\hbar\langle\lambda m')|j_\pm|\lambda m\rangle$$

用式(10.2.10)代入,得

$$(m' - m \mp 1)\langle\lambda m'|j_\pm|\lambda m\rangle = 0$$

所以只当 $m' = m \pm 1$ 时,矩阵元 $\langle\lambda m'|j_\pm|\lambda m\rangle$ 才可能不为零. 所以

$$\langle\lambda' m'|j_\pm|\lambda m\rangle = \delta_{\lambda'\lambda}\delta_{m'm\pm 1}\langle\lambda m \pm 1|j_\pm|\lambda m\rangle \tag{10.2.12}$$

这说明算符 $j_\pm$ 使磁量子数 m 增、减 1,所以称为升算符和降算符.

由于 j_x、j_y、j_z、$j_\pm$ 等的矩阵对于量子数 λ 是对角化的,以下暂时把 λ 略去不记.

(**3°**) 求 $j_\pm$ 的不为 0 的矩阵元

对式(10.2.8)两边取矩阵元

$$\langle m'|(j_+ j_- - j_- j_+)|m\rangle = 2m\hbar^2\delta_{m'm}$$

插入 $\sum\limits_{m''}\cdots|m''\rangle\langle m''|\cdots = 1$,对于 $m' = m$ 情况,上式化为

$$\sum_{m''}\left(\langle m|j_+|m''\rangle\langle m''|j_-|m\rangle-\langle m|j_-|m''\rangle\langle m''|j_+|m\rangle\right)=2m\hbar^2$$

利用 $j_\pm$ 矩阵元的选择规则[见式(10.2.12)],上式化简为

$$\langle m|j_+|m-1\rangle\langle m-1|j_-|m\rangle-\langle m|j_-|m+1\rangle\langle m+1|j_+|m\rangle=2m\hbar^2$$

再利用 $j_-=(j_+)^+$,可知

$$\langle m-1|j_-|m\rangle=\langle m|j_+|m-1\rangle^*$$

因此

$$|\langle m|j_+|m-1\rangle|^2-|\langle m+1|j_+|m\rangle|^2=2m\hbar^2$$

令

$$\xi_m\hbar=\langle m+1|j_+|m\rangle=\langle m|j_-|m+1\rangle^* \tag{10.2.13}$$

(ξ_m 待定),则

$$|\xi_{m-1}|^2-|\xi_m|^2=2m \tag{10.2.14}$$

这个代数方程的解可以表示为

$$|\xi_m|^2=C-m(m+1) \tag{10.2.15}$$

式中 C 是与 m 无关的实数.由于 $|\xi_m|^2\geqslant 0$,所以

$$m(m+1)\leqslant C \tag{10.2.16}$$

上式表明,量子数 m 的取值要受到一定限制,即 m 有一个上界 $\overline{m}$ 与下界 $\underline{m}$.这样,由式(10.2.12)与(10.2.13)可知 $\xi_{\overline{m}}$

$$\xi_{\overline{m}}=\langle\overline{m}+1|j_+|\overline{m}\rangle=0 \tag{10.2.17}$$

因而

$$C=\overline{m}(\overline{m}+1) \tag{10.2.18}$$

类似

$$\xi_{\underline{m}-1}=\langle\underline{m}-1|j_-|\underline{m}\rangle^*=0 \tag{10.2.19}$$

由此得出

$$\overline{m}(\overline{m}+1)-(\underline{m}-1)(\underline{m}-1+1)=0$$

从而

$$\underline{m}=-\overline{m} \tag{10.2.20}$$

由于两个相邻的 m 值相差 1,所以 m 的任何两个值相差必为整数.因此

$$\overline{m}-\underline{m}=\text{非负整数}$$

即

$$\overline{m}=\text{非负整数}/2 \tag{10.2.21}$$

记 $\overline{m}\equiv j$,则 j 可能取值为**非负半整数**,即

$$j=\begin{cases}1/2,3/2,5/2,\cdots(\text{半奇数})\\0,1,2,\cdots\quad(\text{零及正整数})\end{cases} \tag{10.2.22}$$

由式(10.2.15)及(10.2.18),可求出

$$|\xi_m|^2 = j(j+1) - m(m+1) = (j-m)(j+m+1) \tag{10.2.23}$$

(4°) $\boldsymbol{j}^2$ 和 j_z 的本征值. 按式(10.2.9)有

$$\boldsymbol{j}^2 = j_z^2 + \frac{1}{2}(j_+ j_- + j_- j_+)$$

两边取平均值

$$\langle \lambda m | \boldsymbol{j}^2 | \lambda m \rangle = \langle \lambda m | j_z^2 | \lambda m \rangle + \frac{1}{2} \langle \lambda m | (j_+ j_- + j_- j_+) | \lambda m \rangle$$

利用式(10.2.10)及(10.2.12),得

$$\begin{aligned} \lambda \hbar^2 &= m^2 \hbar^2 + \frac{1}{2} \{ \langle m | j_+ | m-1 \rangle \langle m-1 | j_- | m \rangle \\ &\quad + \langle m | j_- | m+1 \rangle \langle m+1 | j_+ | m \rangle \} \\ &= m^2 \hbar^2 + \frac{\hbar^2}{2} \{ |\xi_{m-1}|^2 + |\xi_m|^2 \} \end{aligned}$$

再用式(10.2.23)代入,可求出

$$\begin{aligned} \lambda &= m^2 + \frac{1}{2}[(j-m+1)(j+m) + (j-m)(j+m+1)] \\ &= j(j+1) \end{aligned} \tag{10.2.24}$$

即角动量平方 $\boldsymbol{j}^2$ 的本征值为 $j(j+1)\hbar^2$,j 取正整数(包括 0)及半奇数.

j_z 的本征值为 $m\hbar$

$$m = j, j-1, \cdots, -j+1, -j \tag{10.2.25}$$

(5°) 最后,把角动量本征方程(10.2.10)的普遍结果总结如下(把本征态 $|\lambda m\rangle$ 改记为 $|jm\rangle$):

$$\begin{aligned} &\boldsymbol{j}^2 |jm\rangle = j(j+1)\hbar^2 |jm\rangle \\ &j_z |jm\rangle = m\hbar |jm\rangle \\ &j = \begin{cases} 0, 1, 2, \cdots & (\text{正整数及零}) \\ 1/2, 3/2, 5/2, \cdots & (\text{半奇数}) \end{cases} \\ &m = -j, -j+1, \cdots, j-1, j \end{aligned} \tag{10.2.26}$$

这是很重要的结论,是根据角动量的基本对易式(10.2.1)得出的. 前面讲过的轨道角动量及自旋,是它的特殊情况.

(6°) 矩阵元公式. 在($\boldsymbol{j}^2, j_z$)表象中,$\boldsymbol{j}^2$、j_z 是对角矩阵

$$\begin{aligned} \langle j'm' | \boldsymbol{j}^2 | jm \rangle &= j(j+1)\hbar^2 \delta_{jj'} \delta_{mm'} \\ \langle j'm' | j_z | jm \rangle &= m\hbar \delta_{jj'} \delta_{mm'} \end{aligned}$$

利用式(10.2.11)、(10.2.13)及(10.2.23),j_+ 的矩阵元为

$$\langle jm+1 | j_+ | jm \rangle = e^{i\delta} \hbar \sqrt{(j-m)(j+m+1)} \tag{10.2.27}$$

式中 δ 为任意正实数,这反映 j_+(以及 j_-, j_x, j_y)的矩阵元有一个相位不定性,习惯上常常用 Condon 和 Shortley 一书的取法(Condon-Shortley convention),即取 $\delta = 0$(这意味着 $|jm+1\rangle$ 态与 $|jm\rangle$ 态之间的相因子差已取定). 在这种相位规定下,$j_\pm$ 的矩阵元为实数,

$$\langle jm+1|j_+|jm\rangle=\hbar\sqrt{(j-m)(j+m+1)}$$
$$\langle jm-1|j_-|jm\rangle=\hbar\sqrt{(j+m)(j-m+1)} \tag{10.2.28}$$

或表示为

$$\langle j'm'|j_\pm|jm\rangle=\hbar\sqrt{(j\mp m)(j\pm m+1)}\,\delta_{jj'}\delta_{m'm\pm1} \tag{10.2.28$'$}$$

$$j_\pm|jm\rangle=\hbar\sqrt{(j\mp m)(j\pm m+1)}\,|jm\pm1\rangle \tag{10.2.28$''$}$$

再利用式(10.2.6)可求出 j_x 及 j_y 的矩阵元如下：

$$\begin{aligned}
\langle jm+1|j_x|jm\rangle&=\frac{\hbar}{2}\sqrt{(j-m)(j+m+1)}\\
\langle jm-1|j_x|jm\rangle&=\frac{\hbar}{2}\sqrt{(j+m)(j-m+1)}\\
\langle jm+1|j_y|jm\rangle&=-\frac{\mathrm{i}\hbar}{2}\sqrt{(j-m)(j+m+1)}\\
\langle jm-1|j_y|jm\rangle&=\frac{\mathrm{i}}{2}\hbar\sqrt{(j+m)(j-m+1)}
\end{aligned} \tag{10.2.29}$$

特例

(1) $j=1/2$

矩阵元$\left\langle\frac{1}{2}m'|j_\alpha|\frac{1}{2}m\right\rangle$($\alpha=x,y,z$)分别如下(因子 $\hbar$ 略去未记)：

m' \ m	1/2	−1/2
1/2	0	1/2
−1/2	1/2	0

m' \ m	1/2	−1/2
1/2	0	−i/2
−1/2	i/2	0

m' \ m	1/2	−1/2
1/2	1/2	0
−1/2	0	−1/2

若令

$$\left\langle\frac{1}{2}m'|j_\alpha|\frac{1}{2}m\right\rangle=\frac{\hbar}{2}\left\langle\frac{1}{2}m'|\sigma_\alpha|\frac{1}{2}m\right\rangle,\qquad \alpha=x,y,z$$

则

$$\sigma_x=\begin{pmatrix}0&1\\1&0\end{pmatrix},\quad \sigma_y=\begin{pmatrix}0&-\mathrm{i}\\\mathrm{i}&0\end{pmatrix},\quad \sigma_z=\begin{pmatrix}1&0\\0&-1\end{pmatrix}$$

这就是 Pauli 矩阵.

(2) $j=1$

j_x、j_y、j_z 的矩阵元分别如下(因子 $\hbar$ 略去未记)：

m' \ m	1	0	−1
1	0	$1/\sqrt{2}$	0
0	$1/\sqrt{2}$	0	$1/\sqrt{2}$
−1	0	$1/\sqrt{2}$	0

m' \ m	1	0	−1
1	0	$-\mathrm{i}/\sqrt{2}$	0
0	$\mathrm{i}/\sqrt{2}$	0	$-\mathrm{i}/\sqrt{2}$
−1	0	$\mathrm{i}/\sqrt{2}$	0

m' \ m	1	0	−1
1	1	0	0
0	0	0	0
−1	0	0	−1

*10.3 角动量的 Schwinger 表象[①]

设有两类谐振子(分属不同自由度)，相应的声子产生与湮没算符分别用 a_1^+、a_1 和 a_2^+、a_2 表示.

$$[a_i, a_j^+] = \delta_{ij}, \quad [a_i, a_j] = [a_i^+, a_j^+] = 0, \quad i,j = 1,2 \tag{10.3.1}$$

定义正定厄米算符

$$N_1 = a_1^+ a_1, \quad N_2 = a_2^+ a_2 \tag{10.3.2}$$

分别表示两类声子的数目，按 10.1 节的分析，其本征值 n_1 和 n_2 分别为

$$n_1, n_2 = 0,1,2,\cdots \tag{10.3.3}$$

具有 n_1 个第一类声子和 n_2 个第二类声子的归一化波函数可以表示为

$$|n_1 n_2\rangle = \frac{(a_1^+)^{n_1}(a_2^+)^{n_2}}{\sqrt{n_1!n_2!}}|0\rangle \tag{10.3.4}$$

定义厄米算符如下

$$\begin{aligned} j_x &= \frac{1}{2}(a_1^+ a_2 + a_2^+ a_1) = j_x^+ \\ j_y &= \frac{1}{2\mathrm{i}}(a_1^+ a_2 - a_2^+ a_1) = j_y^+ \\ j_z &= \frac{1}{2}(a_1^+ a_1 - a_2^+ a_2) = j_z^+ = \frac{1}{2}(N_1 - N_2) \end{aligned} \tag{10.3.5}$$

利用式(10.3.1)不难证明上列 j_x、j_y、j_z 具有角动量三个分量的全部代数性质(取 $\hbar=1$)

$$[j_\alpha, j_\beta] = \mathrm{i}\varepsilon_{\alpha\beta\gamma} j_\gamma \tag{10.3.6}$$

利用式(10.3.5)和(10.3.1)，不难证明

$$\boldsymbol{j}^2 = j_x^2 + j_y^2 + j_z^2 = \frac{N}{2}\left(\frac{N}{2}+1\right) \tag{10.3.7}$$

其中

$$N = N_1 + N_2 = a_1^+ a_1 + a_2^+ a_2 \tag{10.3.8}$$

按 10.1 节的分析，其本征值

$$n = n_1 + n_2 = 0,1,2,\cdots$$

因此，$\boldsymbol{j}^2$ 的本征值(见式(10.3.7))可表示为 $j(j+1)$，

$$j = \begin{cases} 0,1,2,\cdots \\ 1/2, 3/2, 5/2,\cdots \end{cases} \tag{10.3.9}$$

这样，我们就得出了角量子数 j 只能取非负整数或半奇数的重要结论.

---

① J. Schwinger, *On Angular Momentum*, AEC Report(NYO-3071), 1952. J. Schwinger, *Quantum Theory of Augular Momentum*(Academic Press, N. Y., ed. by L. Biedenharn, et al., 1965).

这理论是基于 SO_3 群与 SU_2 群局域同构. U_2 群的李代数(4 个成员)可以用 $a_i^+ a_j$ $(i,j=1,2)$来表示. 如把 $N=a_1^+a_1+a_2^+a_2$ 除外，剩下三个独立的无穷小算子，即 SU_2 的 Lie 代数. 经适当线性组合，即构成式(10.3.5)所示的 j_x、j_y、j_z 的表示式，它们就是 SO_3 群的三个无穷小算子的一种表达方式.

事实上$|n_1n_2\rangle$也是$(\boldsymbol{j}^2, j_z)$的共同本征态，

$$\begin{aligned}\boldsymbol{j}^2|n_1n_2\rangle &= \frac{n}{2}\left(\frac{n}{2}+1\right)|n_1n_2\rangle \\ j_z|n_1n_2\rangle &= \frac{1}{2}(n_1-n_2)|n_1n_2\rangle\end{aligned} \tag{10.3.10}$$

因此，不妨把量子数(n_1, n_2)换成(j, m)，

$$j=\frac{1}{2}(n_1+n_2), \quad m=\frac{1}{2}(n_1-n_2) \tag{10.3.11}$$

其逆表示式为

$$n_1=j+m, \quad n_2=j-m \tag{10.3.12}$$

对于给定$j=\frac{1}{2}(n_1+n_2)$，试问m可以取哪些数值？考虑到

	$n_1=0$,	1,	2,	$\cdots, 2j$
相应地	$n_2=2j$,	$2j-1$,	$2j-2$,	$\cdots, 0$
因而	$m=-j$,	$-j+1$,	$-j+2$,	$\cdots, j$

即m可以取$(-j, -j+1, \cdots, j)$这$(2j+1)$个值.这样，式(10.3.4)可改记为

$$|jm\rangle=\frac{(a_1^+)^{j+m}(a_2^+)^{j-m}}{\sqrt{(j+m)!(j-m)!}}|0\rangle \tag{10.3.13}$$

而式(10.3.10)可改记为

$$\begin{aligned}j^2|jm\rangle &= j(j+1)|jm\rangle \\ j_z|jm\rangle &= m|jm\rangle\end{aligned} \tag{10.3.14}$$

定义

$$\begin{aligned}j_+ &= j_x+\mathrm{i}j_y=a_1^+a_2 \\ j_- &= j_x-\mathrm{i}j_y=a_2^+a_1=(j_+)^+\end{aligned} \tag{10.3.15}$$

不难证明①

$$\begin{aligned}j_+|jm\rangle &= \sqrt{(j+m+1)(j-m)}|jm+1\rangle \\ j_-|jm\rangle &= \sqrt{(j-m+1)(j+m)}|jm-1\rangle\end{aligned} \tag{10.3.16}$$

所以，算符$a_1^+(a_2)$使角动量z分量的本征值增加1/2，而$a_2^+(a_1)$则使之减小1/2，因此$j_+=a_1^+a_2$使m增加1，$j_-=a_2^+a_1$使m减小1，但都不改变j（或n）的值，这是由于$[j_\pm, N]=0$之故.

---

① 根据式(10.3.1)，用归纳法容易证明（$k\geqslant1$整数）

$$aa^{+k}=a^{+k}a+ka^{+k-1}$$

由此不难得出

$$\begin{aligned}j_+|jm\rangle &= \frac{(a_1^+)^{j+m+1}a_2(a_2^+)^{j-m}}{\sqrt{(j+m)!\,(j-m)!}}|0\rangle \\ &= \sqrt{(j+m+1)(j-m)}\cdot\frac{(a_1^+)^{j+m+1}(a_2^+)^{j-m-1}}{\sqrt{(j+m+1)!\,(j-m-1)!}}|0\rangle \\ &= \sqrt{(j+m+1)(j-m)}|jm+1\rangle\end{aligned}$$

与 $j_\pm$ 不同,定义

$$K_+ = a_1^+ a_2^+, \quad K_- = a_1 a_2 = (K_+)^+ \tag{10.3.17}$$

它们含有两个产生(湮没)算符,因而$[K_\pm, N] \neq 0$,但$[K_\pm, J_z]=0$,所以 $K_\pm$ 的运算将改变 n(或 j)的值,但保持 m 不变. 不难证明

$$\begin{aligned} K_+ \mid jm\rangle &= \sqrt{(j+m+1)(j-m+1)} \mid j+1, m\rangle \\ K_- \mid jm\rangle &= \sqrt{(j+m)(j-m)} \mid j-1, m\rangle \end{aligned} \tag{10.3.18}$$

10.4 两个角动量的耦合,CG 系数

在第 9.4 节中我们讨论过两个特殊的角动量的耦合问题,即两个电子的自旋的耦合. 在 9.2 节中讨论了自旋与轨道角动量的耦合. 下面将普遍地讨论属于不同自由度的两个角动量的耦合. 求出其合成角动量的本征值和本征态的表达式.

讨论第一粒子的角动量 $\boldsymbol{j}_1$ 与第 2 粒子的角动量 $\boldsymbol{j}_2$ 的耦合. 由于 $\boldsymbol{j}_1$ 及 $\boldsymbol{j}_2$ 属于不同的自由度(对不同粒子的态矢进行运算),所以 $\boldsymbol{j}_1$ 的任一分量与 $\boldsymbol{j}_2$ 的任一个分量是对易的,即

$$[j_{1\alpha}, j_{2\beta}] = 0, \quad \alpha, \beta = x, y, z \tag{10.4.1}$$

设$(\boldsymbol{j}_1^2, j_{1z})$的共同本征态记为 $\psi_{j_1 m_1}$,即(取 $\hbar=1$,下同)

$$\begin{aligned} \boldsymbol{j}_1^2 \psi_{j_1 m_1} &= j_1(j_1+1)\psi_{j_1 m_1} \\ j_{1z}\psi_{j_1 m_1} &= m_1 \psi_{j_1 m_1} \end{aligned} \tag{10.4.2}$$

同样,假设$(\boldsymbol{j}_2^2, j_{2z})$的共同本征态为 $\psi_{j_2 m_2}$,即

$$\begin{aligned} \boldsymbol{j}_2^2 \psi_{j_2 m_2} &= j_2(j_2+1)\psi_{j_2 m_2} \\ j_{2z}\psi_{j_2 m_2} &= m_2 \psi_{j_2 m_2} \end{aligned} \tag{10.4.3}$$

对于两个粒子组成的体系(限于讨论角动量涉及的自由度),它的任何一个态,都可以用 $\psi_{j_1 m_1}(1)\psi_{j_2 m_2}(2)$来展开. $\psi_{j_1 m_1}(1)\psi_{j_2 m_2}(2)$是力学量完全集$(\boldsymbol{j}_1^2, j_{1z}, \boldsymbol{j}_2^2, j_{2z})$的共同本征态,以它们作为基矢的表象,称为**非耦合**(uncoupling)**表象**. 在给定 j_1 与 j_2 的情况下,则

$$m_1 = -j_1, -j_1+1, \cdots, j_1-1, j_1$$

$$m_2 = -j_2, -j_2+1, \cdots, j_2-1, j_2$$

共有$(2j_1+1)(2j_2+1)$个基矢,所以它们张开的子空间的维数是$(2j_1+1)(2j_2+1)$.

现在来考虑两个角动量的耦合. 定义

$$\boldsymbol{J} = \boldsymbol{j}_1 + \boldsymbol{j}_2 \tag{10.4.4}$$

考虑到 $\boldsymbol{j}_1, \boldsymbol{j}_2$ 所满足的角动量的基本对易式及式(10.4.1),不难看出 $\boldsymbol{J}$ 的三个分量也满足角动量的基本对易关系,即

$$\boldsymbol{J} \times \boldsymbol{J} = \mathrm{i}\boldsymbol{J} \tag{10.4.5}$$

$\boldsymbol{J}$ 称为两个角动量 $\boldsymbol{j}_1$ 与 $\boldsymbol{j}_2$ 之和,也具有角动量算符的一般性质. 例如,$\boldsymbol{J}^2 = \boldsymbol{J} \cdot \boldsymbol{J}$

的本征值为 $j(j+1)$，j 为非负整数或半奇数，而在给定 j 值情况下，$\boldsymbol{J}$ 的任何一个分量，例如 J_z 的可能取值有 $(2j+1)$ 个，即 $j,j-1,\cdots,-j+1,-j$. 显然

$$
\begin{aligned}
&[\boldsymbol{J}^2,\boldsymbol{j}_1^2]=0,\quad [\boldsymbol{J}^2,\boldsymbol{j}_2^2]=0\\
&[\boldsymbol{J}^2,J_\alpha]=0,\quad \alpha=x,y,z
\end{aligned}
\tag{10.4.6}
$$

因此 $(\boldsymbol{j}_1^2,\boldsymbol{j}_2^2,\boldsymbol{J}^2,J_z)$ 也可以作为一组力学量完全集，其共同本征态记为 $\psi_{j_1j_2jm}$，以它们作为基矢的表象，称为耦合(coupling)表象.

$$
\begin{aligned}
&\boldsymbol{j}_1^2\psi_{j_1j_2jm}=j_1(j_1+1)\psi_{j_1j_2jm}\\
&\boldsymbol{j}_2^2\psi_{j_1j_2jm}=j_2(j_2+1)\psi_{j_1j_2jm}\\
&\boldsymbol{J}^2\psi_{j_1j_2jm}=j(j+1)\psi_{j_1j_2jm}\\
&J_z\psi_{j_1j_2jm}=m\psi_{j_1j_2jm}
\end{aligned}
\tag{10.4.7}
$$

对于给定的 j_1 和 j_2，耦合表象与非耦合表象之间通过一个 $(2j_1+1)(2j_2+1)$ 维的幺正变换相联系.①

在以下的讨论中，由于 j_1 与 j_2 是两个取定的值，为表述简便，把 $\psi_{j_1j_2jm}$ 略记为 $\psi_{jm}(1,2)$. 它们用 $\psi_{j_1m_1}(1)\psi_{j_2m_2}(2)$ 展开为

$$
\psi_{jm}(1,2)=\sum_{m_1m_2}\langle j_1m_1j_2m_2|jm\rangle\psi_{j_1m_1}(1)\psi_{j_2m_2}(2)\tag{10.4.8}
$$

展开系数 $\langle j_1m_1j_2m_2|jm\rangle$ 称为 CG(Clebsch-Gordan)系数，或矢耦(vector coupling)系数. 它们是 $(2j_1+1)(2j_2+1)$ 维子空间中的幺正变换的矩阵元(参阅 8.1 节). 下面讨论它们的基本性质.

首先，用

$$
J_z=j_{1z}+j_{2z}
$$

对式(10.4.8)两边运算，得

$$
m\psi_{jm}(1,2)=\sum_{m_1m_2}(m_1+m_2)\langle j_1m_1j_2m_2|jm\rangle\psi_{j_1m_1}(1)\psi_{j_2m_2}(2)
$$

即

$$
\sum_{m_1m_2}(m-m_1-m_2)\langle j_1m_1j_2m_2|jm\rangle\psi_{j_1m_1}(1)\psi_{j_2m_2}(2)=0\tag{10.4.9}
$$

---

① 式(10.4.8)可表示为

$$
|jm\rangle=\sum_{m_1m_2}\langle m_1m_2|S|jm\rangle|j_1m_1\rangle|j_2m_2\rangle
$$

其中幺正变换 S 矩阵元记为 $\langle m_1m_2|S|jm\rangle=\langle j_1m_1j_2m_2|jm\rangle$，逆变换为

$$
|j_1m_1\rangle|j_2m_2\rangle=\sum_{jm}\langle jm|S^{-1}|m_1m_2\rangle|jm\rangle
$$

当取适当位相，使幺正变换为实时，$S^{-1}=S^{+}=\widetilde{S}$，此时 $|j_1m_1\rangle|j_2m_2\rangle=\sum_{jm}\langle m_1m_2|S|jm\rangle|jm\rangle$，此即式(10.4.12). 不难看出，利用 $SS^{+}=S^{+}S=1$，在耦合表象中取矩阵元 $\langle j'm|S^{+}S|jm\rangle=\delta_{jj'}$，就给出式(10.4.11). 而在非耦合表象中取矩阵元 $\langle m'_1m'_2|SS^{+}|m_1m_2\rangle=\delta_{m'_1m_1}\delta_{m'_2m_2}$ 就给出式(10.4.13).

在$(2j_1+1)(2j_2+1)$维的子空间中，$\psi_{j_1m_1}(1)\psi_{j_2m_2}(2)$是$(2j_1+1)(2j_2+1)$个彼此独立的正交基矢，因此式(10.4.9)中所有系数必为零，即

$$(m-m_1-m_2)\langle j_1m_1j_2m_2|jm\rangle=0 \tag{10.4.10}$$

所以，当$m\neq m_1+m_2$时，$\langle j_1m_1j_2m_2|jm\rangle$必为零. 只当$m=m_1+m_2$时，$\langle j_1m_1j_2m_2|jm\rangle$才可能不为零. 因此，式(10.4.8)中的两个求和指标实际上并非彼此独立. 例如，$m_2=m-m_1$. 所以式(10.4.8)也可表示成

$$\psi_{jm}(1,2)=\sum_{m_1}\langle j_1m_1j_2m-m_1|jm\rangle\psi_{j_1m_1}(1)\psi_{j_2m-m_1}(2) \tag{10.4.8$'$}$$

一般说来，两个表象之间的幺正变换有一个相位不定性. 通常取CG系数为实数，这只要取适当的相位就可以做到(见后). 在这种相位规定下，把式(10.4.8′)代入正交归一性关系式

$$(\psi_{j'm'},\psi_{jm})=\delta_{j'j}\delta_{m'm}$$

在$m'=m$情况下，上式给出

$$\sum_{m_1'm_1}\langle j_1m_1'j_2m-m_1'|j'm\rangle\langle j_1m_1j_2m-m_1|jm\rangle \times(\psi_{j_1m'_1},\psi_{j_1m_1})(\psi_{j_2m-m'_1},\psi_{j_2m-m_1})=\delta_{j'j}$$

即

$$\sum_{m_1}\langle j_1m_1j_2m-m_1|j'm\rangle\langle j_1m_1j_2m-m_1|jm\rangle=\delta_{j'j} \tag{10.4.11}$$

利用CG系数为实数的性质，式(10.4.8)之逆变换可以表示为

$$\psi_{j_1m_1}(1)\psi_{j_2m_2}(2)=\sum_{jm}\langle j_1m_1j_2m_2|jm\rangle\psi_{jm}(1,2) \tag{10.4.12}$$

上式右边求和中，$m\neq m_1+m_2$的项必为0，不再出现. 利用式(10.4.12)及波函数的正交归一性，得

$$\begin{aligned}(\psi_{j_1m_1}\psi_{j_2m_2},\psi_{j_1m'_1}\psi_{j_2m'_2})&=\delta_{m_1m'_1}\delta_{m_2m'_2}\\&=\sum_{jj'mm'}\langle j_1m_1j_2m_2|jm\rangle\langle j_1m_1'j_2m_2'|j'm'\rangle\times(\psi_{jm},\psi_{j'm'})\end{aligned}$$

所以

$$\sum_{jm}\langle j_1m_1j_2m_2|jm\rangle\langle j_1m_1'j_2m_2'|jm\rangle=\delta_{m_1m'_1}\delta_{m_2m'_2} \tag{10.4.13}$$

或

$$\sum_{jm}\langle j_1m_1j_2m-m_1|jm\rangle\langle j_1m_1'j_2m-m_1'|jm\rangle=\delta_{m_1m'_1} \tag{10.4.13$'$}$$

式(10.4.11)及(10.4.13)是CG系数的幺正性及实数性的反映.

j 的取值范围

在给定j_1和j_2的情况下，$(m_1)_{\max}=j_1$，$(m_2)_{\max}=j_2$. 根据上面的讨论，$m=m_1+m_2$，因此，$m_{\max}=j_1+j_2$. 按$m=j,j-1,\cdots,-j+1,-j$，可知$j_{\max}=j_1+j_2$. 试问j还可以取哪些值？$j_{\min}=$？

这个问题可以从子空间的维数分析来解决. 考虑到 $m=m_1+m_2$ 有下列可能合成方式:

j_1+j_2

$j_1+(j_2-1), (j_1-1)+j_2,$

$j_1+(j_2-2), (j_1-1)+(j_2-1), (j_1-2)+j_2$

$\cdots \quad \cdots \quad \cdots \quad \cdots$

$\vdots$

$\cdots \quad \cdots \quad \cdots \quad \cdots$

$-j_1-(j_2-2), -(j_1-1)-(j_2-1), -(j_1-2)-j_2$

$-j_1-(j_2-1), -(j_1-1)-j_2$

$-j_1-j_2$

所以 $j=(j_1+j_2), (j_1+j_2-1), \quad (j_1+j_2-2), \cdots$

即 j 的取值除了 $j_{\max}=j_1+j_2$ 之外,还可以取 (j_1+j_2-1),…依次递减 1(每个 j 值只出现一次①),直到 $j_{\min}\geqslant 0$. 但 $j_{\min}=$? 我们注意到,对于给定 j_1 和 j_2 的态空间,维数是 $(2j_1+1)(2j_2+1)$,而在作表象变换时,空间维数是不变的. 对于每一个 j 值,m 有 $(2j+1)$ 个可能取值. 从维数不变的要求,可得出

$$\sum_{j=j_{\min}}^{j_1+j_2}(2j+1)=(2j_1+1)(2j_2+1) \tag{10.4.14}$$

式(10.4.14)左边求和后得

$$\begin{aligned}&\frac{1}{2}[(2j_1+2j_2+1)+(2j_{\min}+1)](j_1+j_2-j_{\min}+1)\\&=(j_1+j_2+j_{\min}+1)(j_1+j_2-j_{\min}+1)\\&=(2j_1+1)(2j_2+1)\end{aligned}$$

如 $j_1\geqslant j_2$,则 $j_{\min}=(j_1-j_2)$. 反之,如 $j_1\leqslant j_2$,则 $j_{\min}=j_2-j_1$. 总之,

$$j_{\min}=|j_1-j_2|$$

概括起来,两个角动量 $\boldsymbol{j}_1$ 与 $\boldsymbol{j}_2$ 之和,$\boldsymbol{J}=\boldsymbol{j}_1+\boldsymbol{j}_2$,在给定 j_1 与 j_2 值的情况下,j 的取值范围为

$$j=j_1+j_2, j_1+j_2-1, \cdots, |j_1-j_2| \tag{10.4.15}$$

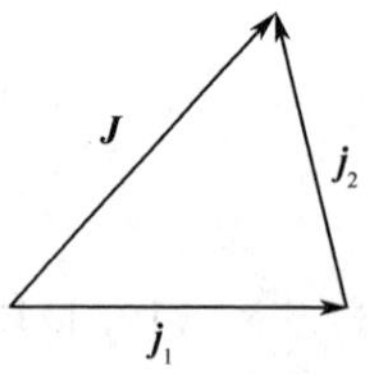

图 10.2

这个结论可以用三角形法则形象地表示出来. 三角形任何一边不大于另外两边之和,不小于另外两边之差,如图 10.2. 式(10.4.15)可简单用 $\Delta(j_1j_2j)$ 表示.

---

① 这是三维空间转动群 SO_3 是简单可约(simply reducible)的反映. 对于这种群,它的两个不可约表示的直积约化时,每一个不可约表示只出现一次.

* 计算 CG 系数的一般原则

按前面分析,在给定 j_1 和 j_2 的情况下,由于 $m_{\max}=j_1+j_2$, j 的极大值为 (j_1+j_2). 相应的波函数 $\psi_{j_1+j_2,j_1+j_2}(1,2)$ 只能由 $\psi_{j_1j_1}(1)\psi_{j_2j_2}(2)$ 构成. 二者可以差模为 1 的因子,即

$$\psi_{j_1+j_2,j_1+j_2}(1,2)=\mathrm{e}^{\mathrm{i}\delta}\psi_{j_1j_1}(1)\psi_{j_2j_2}(2)\quad(\delta\text{ 是任意实数})\tag{10.4.16}$$

即

$$\langle j_1j_1j_2j_2\,|\,j_1+j_2,j_1+j_2\rangle=\mathrm{e}^{\mathrm{i}\delta}$$

习惯上取 $\delta=0$,则

$$\langle j_1j_1j_2j_2\,|\,j_1+j_2,j_1+j_2\rangle=1\tag{10.4.17}$$

其次,我们来求 $\psi_{j_1+j_2,j_1+j_2-1}$ 态的展开式. 为此,可以利用磁量子数的降算子 $J_-=j_{1-}+j_{2-}$ 对式(10.4.16)($\delta=0$)运算,按 10.3 节,式(10.3.16),得

$$\sqrt{2(j_1+j_2)}\,\psi_{j_1+j_2,j_1+j_2-1}(1,2)=\sqrt{2j_1}\,\psi_{j_1j_1-1}(1)\psi_{j_2j_2}(2)+\sqrt{2j_2}\,\psi_{j_1j_1}(1)\psi_{j_2j_2-1}(2)$$

即

$$\psi_{j_1+j_2,j_1+j_2-1}(1,2)=\sqrt{\frac{j_1}{j_1+j_2}}\,\psi_{j_1j_1-1}(1)\psi_{j_2j_2}(2)+\sqrt{\frac{j_2}{j_1+j_2}}\,\psi_{j_1j_1}(1)\psi_{j_2j_2-1}(2)\tag{10.4.18}$$

所以

$$\begin{aligned}\langle j_1j_1-1j_2j_2\,|\,j_1+j_2,j_1+j_2-1\rangle&=\sqrt{j_1/(j_1+j_2)}\\\langle j_1j_1j_2j_2-1\,|\,j_1+j_2,j_1+j_2-1\rangle&=\sqrt{j_2/(j_1+j_2)}\end{aligned}\tag{10.4.18$'$}$$

如此继续下去,可求出 $j=j_1+j_2$,及所有波函数 $\psi_{j_1+j_2,m}$, $m=j_1+j_2,j_1+j_2-1,\cdots,-(j_1+j_2)$ 及相应的 CG 系数.

但 $j=(j_1+j_2)-1$ 的波函数怎样求? 为此,可以利用 $\psi_{j_1+j_2-1,j_1+j_2-1}$ 与 $\psi_{j_1+j_2,j_1+j_2-1}$ 的正交性. 不难验证

$$\psi_{j_1+j_2-1,j_1+j_2-1}(1,2)=-\sqrt{\frac{j_2}{j_1+j_2}}\,\psi_{j_1j_1-1}(1)\psi_{j_2j_2}(2)+\sqrt{\frac{j_1}{j_1+j_2}}\,\psi_{j_1j_1}(1)\psi_{j_2j_2-1}(2)\tag{10.4.19}$$

与 $\psi_{j_1+j_2,j_1+j_2-1}$[见式(10.4.18)]正交. 当然,只根据正交性还不足以把 $\psi_{j_1+j_2-1,j_1+j_2-1}$ 的相因子确定下来. 通常按照 Condon-Shortley 约定,要求

$$\langle\psi_{j_1j_2j'm}\,|\,j_{1z}\,|\,\psi_{j_1j_2jm}\rangle\big|_{j'=j-1}\tag{10.4.20}$$

为**非负实数**,即规定好 $j'=j-1$ 态与 j 态之间的相位关系,这样,就可得出式(10.4.19).

按上述办法继续下去,原则上可以把所有 CG 系数求出. 但这种作法相当繁琐. 在实际上,我们已有更方便的公式,例如 Racah 公式,来计算它们,而平常使用它们时,有现成的表可查. 为了方便,j_1 或 j_2 取几个较小值 1/2、1、3/2 和 2 的 CG 系数,分别列于表 10.1(a)~(d)中,供查阅. 对于 $\boldsymbol{j}_1\times\boldsymbol{j}_2=\boldsymbol{j}$, j_1 和 j_2 取几个较小值情况下的 CG 系数的数值,可在表 10.2 中查出. 表中给出 $\frac{1}{2}\times\frac{1}{2}$, $1\times\frac{1}{2}$, $\frac{3}{2}\times\frac{1}{2}$, 1×1, $\frac{3}{2}\times1$, $2\times\frac{1}{2}$, 2×1,共 7 种情况.

表 10.1

(a) $\langle j_1 m_1 1/2 m_2 | jm\rangle$

j	$m_2=+\frac{1}{2}$	$m_2=-\frac{1}{2}$
$j_1+\frac{1}{2}$	$\left(\frac{j_1+m+\frac{1}{2}}{2j_1+1}\right)^{1/2}$	$\left(\frac{j_1-m+\frac{1}{2}}{2j_1+1}\right)^{1/2}$
$j_1-\frac{1}{2}$	$-\left(\frac{j_1-m+\frac{1}{2}}{2j_1+1}\right)^{1/2}$	$\left(\frac{j_1+m+\frac{1}{2}}{2j_1+1}\right)^{1/2}$

(b) $\langle j_1 m_1 1 m_2 | jm\rangle$

j	$m_2=+1$	$m_2=0$	$m_2=-1$
j_1+1	$\left\{\frac{(j_1+m)(j_1+m+1)}{(2j_1+1)(2j_1+2)}\right\}^{1/2}$	$\left\{\frac{(j_1-m+1)(j_1+m+1)}{(2j_1+1)(j_1+1)}\right\}^{1/2}$	$\left\{\frac{(j_1-m)(j_1-m+1)}{(2j_1+1)(2j_1+2)}\right\}^{1/2}$
j_1	$-\left\{\frac{(j_1+m)(j_1-m+1)}{2j_1(j_1+1)}\right\}^{1/2}$	$\frac{m}{\{j_1(j_1+1\}^{1/2}}$	$\left\{\frac{(j_1-m)(j_1+m+1)}{2j_1(j_1+1)}\right\}^{1/2}$
j_1-1	$\left\{\frac{(j_1-m)(j_1-m+1)}{2j_1(2j_1+1)}\right\}^{1/2}$	$-\left\{\frac{(j_1-m)(j_1+m)}{j_1(2j_1+1)}\right\}^{1/2}$	$\left\{\frac{(j_1+m+1)(j_1+m)}{2j_1(2j_1+1)}\right\}^{1/2}$

(c) $\langle j_1 m_1 3/2 m_2 | jm\rangle$

j	$m_2=\frac{3}{2}$	$m_2=\frac{1}{2}$
$j_1+\frac{3}{2}$	$\left\{\frac{\left(j_1+m-\frac{1}{2}\right)\left(j_1-m+\frac{1}{2}\right)\left(j_1+m+\frac{1}{2}\right)}{(2j_1+1)(2j_1+2)(2j_1+3)}\right\}^{1/2}$	$\left\{\frac{3\left(j_1+m+\frac{1}{2}\right)\left(j_1+m+\frac{3}{2}\right)\left(j_1-m+\frac{3}{2}\right)}{(2j_1+1)(2j_1+2)(2j_1+3)}\right\}^{1/2}$
$j_1+\frac{1}{2}$	$-\left\{\frac{3\left(j_1+m-\frac{1}{2}\right)\left(j_1+m+\frac{1}{2}\right)\left(j_1-m+\frac{1}{2}\right)}{2j_1(2j_1+1)(2j_1+3)}\right\}^{1/2}$	$-\left(j_1-3m+\frac{3}{2}\right)\left\{\frac{j_1+m+\frac{1}{2}}{2j_1(2j_1+1)(2j_1+3)}\right\}^{1/2}$

续表

(c) $\langle j_1 m_1 3/2 m_2 | jm\rangle$

j	$m_2=\frac{3}{2}$	$m_2=\frac{1}{2}$
$j_1-\frac{1}{2}$	$\left\{\frac{3\left(j_1+m-\frac{1}{2}\right)\left(j_1-m+\frac{1}{2}\right)\left(j_1-m+\frac{3}{2}\right)}{(2j_1-1)(2j_1+1)(2j_1+2)}\right\}^{1/2}$	$-\left(j_1+3m-\frac{1}{2}\right)\left\{\frac{j_1-m+\frac{1}{2}}{(2j_1-1)(2j_1+1)(2j_1+2)}\right\}^{1/2}$
$j_1-\frac{3}{2}$	$-\left\{\frac{\left(j_1-m-\frac{1}{2}\right)\left(j_1-m+\frac{1}{2}\right)\left(j_1-m+\frac{3}{2}\right)}{2j_1(2j_1-1)(2j_1+1)}\right\}^{1/2}$	$\left\{\frac{3\left(j_1+m-\frac{1}{2}\right)\left(j_1-m-\frac{1}{2}\right)\left(j_1-m+\frac{1}{2}\right)}{2j_1(2j_1-1)(2j_1+1)}\right\}^{1/2}$
j	$m_2=-\frac{1}{2}$	$m_2=-\frac{3}{2}$
$j_1+\frac{3}{2}$	$\left\{\frac{3\left(j_1+m+\frac{3}{2}\right)\left(j_1-m+\frac{1}{2}\right)\left(j_1-m+\frac{3}{2}\right)}{(2j_1+1)(2j_1+2)(2j_1+3)}\right\}^{1/2}$	$\left\{\frac{\left(j_1-m-\frac{1}{2}\right)\left(j_1-m+\frac{1}{2}\right)\left(j_1-m+\frac{3}{2}\right)}{(2j_1+1)(2j_1+2)(2j_1+3)}\right\}^{1/2}$
$j_1+\frac{1}{2}$	$\left(j_1+3m+\frac{3}{2}\right)\left\{\frac{j_1-m+\frac{1}{2}}{2j_1(2j_1+1)(2j_1+3)}\right\}^{1/2}$	$\left\{\frac{3\left(j_1+m+\frac{3}{2}\right)\left(j_1-m-\frac{1}{2}\right)\left(j_1-m+\frac{1}{2}\right)}{2j_1(2j_1+1)(2j_1+3)}\right\}^{1/2}$
$j_1-\frac{1}{2}$	$-\left(j_1-3m-\frac{1}{2}\right)\left\{\frac{j_1+m+\frac{1}{2}}{(2j_1-1)(2j_1+1)(2j_1+2)}\right\}^{1/2}$	$\left\{\frac{3\left(j_1+m+\frac{1}{2}\right)\left(j_1+m+\frac{3}{2}\right)\left(j_1-m-\frac{1}{2}\right)}{(2j_1-1)(2j_1+1)(2j_1+2)}\right\}^{1/2}$
$j_1-\frac{3}{2}$	$-\left\{\frac{3\left(j_1+m-\frac{1}{2}\right)\left(j_1+m+\frac{1}{2}\right)\left(j_1-m-\frac{1}{2}\right)}{2j_1(2j_1-1)(2j_1+1)}\right\}^{1/2}$	$\left\{\frac{\left(j_1+m-\frac{1}{2}\right)\left(j_1+m+\frac{1}{2}\right)\left(j_1+m+\frac{3}{2}\right)}{2j_1(2j_1-1)(2j_1+1)}\right\}^{1/2}$

(d) $\langle j_1 m_1 2 m_2 | jm\rangle$

j	$m_2=2$	$m_2=1$
j_1+2	$\left\{\frac{(j_1+m-1)(j_1+m)(j_1+m+1)(j_1+m+2)}{(2j_1+1)(2j_1+2)(2j_1+3)(2j_1+4)}\right\}^{1/2}$	$\left\{\frac{(j_1-m+2)(j_1+m+2)(j_1+m+1)(j_1+m)}{(2j_1+1)(j_1+1)(2j_1+3)(j_1+2)}\right\}^{1/2}$
j_1+1	$-\left\{\frac{(j_1+m-1)(j_1+m)(j_1+m+1)(j_1-m+2)}{2j_1(j_1+1)(j_1+2)(2j_1+1)}\right\}^{1/2}$	$-(j_1-2m+2)\left\{\frac{(j_1+m+1)(j_1+m)}{2j_1(2j_1+1)(j_1+1)(j_1+2)}\right\}^{1/2}$

续表

(d) $\langle j_1 m_1 2 m_2 | jm \rangle$

j	$m_2=2$	$m_2=1$
j_1	$\left\{\frac{3(j_1+m-1)(j_1+m)(j_1-m+1)(j_1-m+2)}{(2j_1-1)2j_1(j_1+1)(2j_1+3)}\right\}^{1/2}$	$(1-2m)\left\{\frac{3(j_1-m+1)(j_1+m)}{(2j_1-1)(2j_1+2)(2j_1+3)j_1}\right\}^{1/2}$
j_1-1	$-\left\{\frac{(j_1+m-1)(j_1-m)(j_1-m+1)(j_1-m+2)}{2(j_1-1)(j_1+1)(2j_1+1)j_1}\right\}^{1/2}$	$(j_1+2m-1)\left\{\frac{(j_1-m+1)(j_1-m)}{(j_1-1)j_1(2j_1+1)(2j_1+2)}\right\}^{1/2}$
j_1-2	$\left\{\frac{(j_1-m-1)(j_1-m)(j_1-m+1)(j_1-m+2)}{(2j_1-2)(2j_1-1)2j_1(2j_1+1)}\right\}^{1/2}$	$-\left\{\frac{(j_1-m+1)(j_1-m)(j_1-m-1)(j_1+m-1)}{(j_1-1)(2j_1-1)j_1(2j_1+1)}\right\}^{1/2}$
j	**$m_2=0$**	**$m_2=-1$**
j_1+2	$\left\{\frac{3(j_1-m+2)(j_1-m+1)(j_1+m+2)(j_1+m+1)}{(2j_1+1)(2j_1+2)(2j_1+3)(j_1+2)}\right\}^{1/2}$	$\left\{\frac{(j_1-m+2)(j_1-m+1)(j_1-m)(j_1+m+2)}{(2j_1+1)(j_1+1)(2j_1+3)(j_1+2)}\right\}^{1/2}$
j_1+1	$m\left\{\frac{3(j_1-m+1)(j_1+m+1)}{j_1(2j_1+1)(j_1+1)(j_1+2)}\right\}^{1/2}$	$(j_1+2m+2)\left\{\frac{(j_1-m+1)(j_1-m)}{j_1(2j_1+1)(2j_1+2)(j_1+2)}\right\}^{1/2}$
j_1	$\frac{3m^2-j_1(j_1+1)}{\{(2j_1-1)j_1(j_1+1)(2j_1+3)\}^{1/2}}$	$(2m+1)\left\{\frac{3(j_1-m)(j_1+m+1)}{(2j_1-1)j_1(2j_1+2)(2j_1+3)}\right\}^{1/2}$
j_1-1	$-m\left\{\frac{3(j_1-m)(j_1+m)}{(j_1-1)j_1(2j_1+1)(j_1+1)}\right\}^{1/2}$	$-(j_1-2m-1)\left\{\frac{(j_1+m+1)(j_1+m)}{(j_1-1)j_1(2j_1+1)(2j_1+2)}\right\}^{1/2}$
j_1-2	$\left\{\frac{3(j_1-m)(j_1-m-1)(j_1+m)(j_1+m-1)}{(2j_1-2)(2j_1-1)j_1(2j_1+1)}\right\}^{1/2}$	$-\left\{\frac{(j_1-m-1)(j_1+m+1)(j_1+m)(j_1+m-1)}{(j_1-1)(2j_1-1)j_1(2j_1+1)}\right\}^{1/2}$

续表

(d) $\langle j_1 m_1 2 m_2 | jm \rangle$

j	$m_2=-2$
j_1+2	$\left\{\frac{(j_1-m-1)(j_1-m)(j_1-m+1)(j_1-m+2)}{(2j_1+1)(2j_1+2)(2j_1+3)(2j_1+4)}\right\}^{1/2}$
j_1+1	$\left\{\frac{(j_1-m-1)(j_1-m)(j_1-m+1)(j_1+m+2)}{j_1(2j_1+1)(j_1+1)(2j_1+4)}\right\}^{1/2}$
j_1	$\left\{\frac{3(j_1-m-1)(j_1-m)(j_1+m+1)(j_1+m+2)}{(2j_1-1)j_1(2j_1+2)(2j_1+3)}\right\}^{1/2}$
j_1-1	$\left\{\frac{(j_1-m-1)(j_1+m)(j_1+m+1)(j_1+m+2)}{(j_1-1)j_1(2j_1+1)(2j_1+2)}\right\}^{1/2}$
j_1-2	$\left\{\frac{(j_1+m-1)(j_1+m)(j_1+m+1)(j_1+m+2)}{(2j_1-2)(2j_1-1)2j_1(2j_1+1)}\right\}^{1/2}$

取自 E. U Condon & G. H. Shortley, *The Theory of Atomic Spectra,* chap. 3, 1935. 并参阅 R. D. Lawson, *Theory of Nuclear Shell Model*，(Clarendon Press, Oxford, 1980) App. 1.

表 10.2

符号

m_1 m_2	J M	J M	…
m_1 m_2	系数值		
⋮ ⋮			

1/2×1/2

m_1 m_2	J=1, M=+1
+1/2 +1/2	1

m_1 m_2	J=1, M=0	J=0, M=0
+1/2 −1/2	1/2	1/2
−1/2 +1/2	1/2	−1/2

m_1 m_2	J=1, M=−1
−1/2 −1/2	1

1×1/2

m_1 m_2	J=3/2, M=+3/2
+1 +1/2	1

m_1 m_2	J=3/2, M=+1/2	J=1/2, M=+1/2
+1 −1/2	1/3	2/3
0 +1/2	2/3	−1/3

m_1 m_2	J=3/2, M=−1/2	J=1/2, M=−1/2
0 −1/2	2/3	1/3
−1 +1/2	1/3	−2/3

m_1 m_2	J=3/2, M=−3/2
−1 −1/2	1

2×1

m_1 m_2	J=3, M=+3
+2 +1	1

m_1 m_2	J=3, M=+2	J=2, M=+2
+2 0	1/3	2/3
+1 +1	2/3	−1/3

m_1 m_2	J=3, M=+1	J=2, M=+1	J=1, M=+1
+2 −1	1/15	1/3	3/5
+1 0	8/15	1/6	−3/10
0 +1	6/15	−1/2	1/10

m_1 m_2	J=3, M=0	J=2, M=0	J=1, M=0
+1 −1	1/5	1/2	3/10
0 0	3/5	0	−2/5
−1 +1	1/5	−1/2	3/10

m_1 m_2	J=3, M=−1	J=2, M=−1	J=1, M=−1
0 −1	6/15	1/2	1/10
−1 0	8/15	−1/6	−3/10
−2 +1	1/15	−1/3	3/5

m_1 m_2	J=3, M=−2	J=2, M=−2
−1 −1	2/3	1/3
−2 0	1/3	−1/3

m_1 m_2	J=3, M=−3
−2 −1	1

1×1

m_1 m_2	J=2, M=+2
+1 +1	1

m_1 m_2	J=2, M=+1	J=1, M=+1
+1 0	1/2	1/2
0 +1	1/2	−1/2

m_1 m_2	J=2, M=0	J=1, M=0	J=0, M=0
+1 −1	1/6	1/2	1/3
0 0	2/3	0	−1/3
−1 +1	1/6	−1/2	1/3

m_1 m_2	J=2, M=−1	J=1, M=−1
0 −1	1/2	1/2
−1 0	1/2	−1/2

m_1 m_2	J=2, M=−2
−1 −1	1

3/2×1

m_1 m_2	J=5/2, M=+5/2
+3/2 +1	1

m_1 m_2	J=5/2, M=+3/2	J=3/2, M=+3/2
+3/2 0	2/5	3/5
+1/2 +1	3/5	−2/5

m_1 m_2	J=5/2, M=+1/2	J=3/2, M=+1/2	J=1/2, M=+1/2
+3/2 −1	1/10	2/5	1/2
+1/2 0	3/5	1/15	−1/3
−1/2 +1	3/10	−8/15	1/6

m_1 m_2	J=5/2, M=−1/2	J=3/2, M=−1/2	J=1/2, M=−1/2
+1/2 −1	3/10	8/15	1/6
−1/2 −0	3/5	−1/15	−1/3
−3/2 +1	1/10	−2/5	1/2

m_1 m_2	J=5/2, M=−3/2	J=3/2, M=−3/2
−1/2 −1	3/5	2/5
−3/2 0	2/5	−3/5

m_1 m_2	J=5/2, M=−5/2
−3/2 −1	1

2×1/2

m_1 m_2	J=5/2, M=+5/2
+2 1/2	1

m_1 m_2	J=5/2, M=3/2	J=3/2, M=+3/2
+2 −1/2	1/5	4/5
+1 +1/2	4/5	−1/5

m_1 m_2	J=5/2, M=+1/2	J=3/2, M=+1/2
+1 −1/2	2/5	3/5
0 +1/2	3/5	−2/5

m_1 m_2	J=5/2, M=−1/2	J=3/2, M=−1/2
0 −1/2	3/5	2/5
−1 +1/2	2/5	−3/5

m_1 m_2	J=5/2, M=−3/2	J=3/2, M=−3/2
−1 −1/2	4/5	1/5
−2 +1/2	1/5	−4/5

m_1 m_2	J=5/2, M=−5/2
−2 −1/2	1

3/2×1/2

m_1 m_2	J=2, M=+2
+3/2 +1/2	1

m_1 m_2	J=2, M=+1	J=1, M=+1
+3/2 −1/2	1/4	3/4
+1/2 1/2	3/4	−1/4

m_1 m_2	J=2, M=0	J=1, M=0
+1/2 −1/2	1/2	1/2
−1/2 +1/2	1/2	1/2

m_1 m_2	J=2, M=−1	J=1, M=−1
−1/2 −1/2	3/4	1/4
−3/2 +1/2	1/4	−3/4

m_1 m_2	J=2, M=−2
−3/2 −1/2	1

取自 Phys.Lett. **B204**(1988) 1. 表中 $j_1 \times j_2$ 表示 j_1 和 j_2 的耦合. 为列表简洁,在 CG 系数值的方框内,根号$\sqrt{\ }$略去未记,只给出$\sqrt{\ }$内的数值. 例如 1/2 表示 $1/\sqrt{2}$, −3/10 表示 $-\sqrt{3/10}$,等.

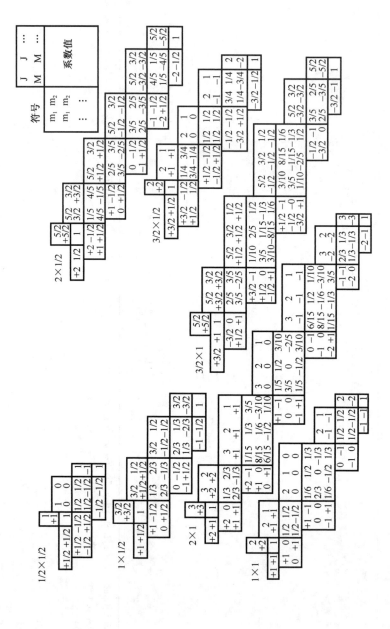

* CG 系数的 Racah 表示式

Racah 利用代数的方法，推导出 CG 系数的下列表示式①(有限级数形式)

$$
\begin{aligned}
&\langle j_1 m_1 j_2 m_2 \mid j_3 m_3 \rangle \\
&= \delta_{m_3 m_1+m_2} \left\{ (2j_3+1) \frac{(j_1+j_2-j_3)!(j_2+j_3-j_1)!(j_3+j_1-j_2)!}{(j_1+j_2+j_3+1)!} \right. \\
&\quad \left. \times \prod_{i=1,2,3} (j_i+m_i)!(j_i-m_i)! \right\}^{1/2} \\
&\quad \times \sum_{\nu} \Big[(-1)^{\nu} \nu!(j_1+j_2-j_3-\nu)!(j_1-m_1-\nu)! \\
&\quad \times (j_2+m_2-\nu)!(j_3-j_1-m_2+\nu)!(j_3-j_2+m_1+\nu)! \Big]^{-1}
\end{aligned} \tag{10.4.21}
$$

求和号 $\sum$ 中，整数 ν 应取得使所有阶乘因子中的数是非负整数.

这个表示式可用来讨论 CG 系数的对称性. 还可以用来进行 CG 系数的数值计算.

CG 系数的对称性

利用 CG 系数的 Racah 表示式，可以证明 CG 系数有下列对称性：

$$\langle j_1 m_1 j_2 m_2 \mid j_3 m_3 \rangle = (-1)^{j_1+j_2-j_3} \langle j_1 -m_1 j_2 -m_2 \mid j_3 -m_3 \rangle \tag{10.4.22a}$$

$$= (-1)^{j_1+j_2-j_3} \langle j_2 m_2 j_1 m_1 \mid j_3 m_3 \rangle \tag{10.4.22b}$$

$$= (-1)^{j_1-m_1} \sqrt{\frac{2j_3+1}{2j_2+1}} \langle j_1 m_1 j_3 -m_3 \mid j_2 -m_2 \rangle \tag{10.4.22c}$$

$$= (-1)^{j_2+m_2} \sqrt{\frac{2j_3+1}{2j_1+1}} \langle j_3 -m_3 j_2 m_2 \mid j_1 -m_1 \rangle \tag{10.4.22d}$$

$$= (-1)^{j_1-m_1} \sqrt{\frac{2j_3+1}{2j_2+1}} \langle j_3 m_3 j_1 -m_1 \mid j_2 m_2 \rangle \tag{10.4.22e}$$

$$= (-1)^{j_2+m_2} \sqrt{\frac{2j_3+1}{2j_1+1}} \langle j_2 -m_2 j_3 m_3 \mid j_1 m_1 \rangle \tag{10.4.22f}$$

* 以下简单证明一下式(10.4.22a)与(10.4.22c). 式(10.4.22b)与(10.4.22a)，以及式(10.4.22d)与(10.4.22c)的证明完全相似. 式(10.4.22e)与(10.4.22f)则是它们的推论.

(10.4.22a)的证明：在

$$m_1, m_2, m_3 \leftrightarrow -m_1, -m_2, -m_3$$

以及

$$j_1 m_1 \leftrightarrow j_2 m_2$$

时式(10.4.21)中的因子{⋯}是不变的；在 $j_3 \leftrightarrow j_2$，$m_3 \leftrightarrow -m_2$ 时，改变因子$\sqrt{\frac{(2j_3+1)}{(2j_2+1)}}$.

其次，考虑因子 $\sum_{\nu} [\cdots]^{-1}$，当

$$m_1, m_2, m_3 \rightarrow -m_1, -m_2, -m_3$$

---

① G. Racah, Phys. Rev. **62** (1942)438.

时，可以令

$$j_1+j_2-j_3-\nu=\nu'$$

即

$$\nu=j_1+j_2-j_3-\nu'$$

此时

$$\sum_{\nu}[\cdots]^{-1}\to(-1)^{j_1+j_2-j_3}\sum_{\nu}[(-1)^{\nu}(j_1+j_2-j_2-\nu')!\nu'!$$
$$\times(j_3-j_2+m_1+\nu')!(j_3-j_1-m_2+\nu')!$$
$$\times(j_1-m_1-\nu')!(j_2+m_2-\nu')!]^{-1}$$

这里 $\sum_{\nu'}$ …与式(10.4.21)中的 $\sum_{\nu}$ …完全相同.因此

$$\langle j_1-m_1j_2-m_2\,|\,j_3-m_3\rangle=(-1)^{j_1+j_2-j_3}\langle j_1m_1j_2m_2\,|\,j_3m_3\rangle \tag{10.4.22a}$$

式(10.4.22c)的证明：

当 $j_3\leftrightarrow j_2, m_3\leftrightarrow -m_2$ 时，

$$\sum_{\nu}[\cdots]^{-1}\to\sum_{\nu}[(-1)^{\nu}\nu!(j_1+j_3-j_2-\nu)!(j_1-m_1-\nu)!(j_3-m_3-\nu)!$$
$$\times(j_2-j_3+m_1+\nu)!(j_2-j_1+m_3+\nu)!]^{-1}$$

令

$$j_1-m_1-\nu=\nu'$$

即

$$\nu=j_1-m_1-\nu'$$

则(注意 $m_1+m_2=m_3$)

$$\sum_{\nu}[\cdots]^{-1}\to(-1)^{j_1-m_1}\sum_{\nu'}[(-1)^{\nu'}(j_1-m_1-\nu')!(j_3-j_2+m_1+\nu')!\,\nu'!(j_3-j_1-m_2+\nu')!$$
$$\times(j_2-j_3+j_1-\nu')!(j_2+m_2-\nu')!]^{-1}$$

这里 $\sum_{\nu'}[\cdots]^{-1}$ 与式(10.4.21)中的 $\sum_{\nu}[\cdots]^{-1}$ 相同.这样就证明了

$$\langle j_1m_1j_3-m_3\,|\,j_2-m_2\rangle=(-1)^{j_1-m_1}\sqrt{\frac{2j_2+1}{2j_3+1}}\langle j_1m_1j_2m_2\,|\,j_3m_3\rangle \tag{10.4.22c}$$

关于两个角动量的耦合系数，文献中曾经出现过多种符号，至今仍然在文献中经常使用的有下列几种(见 p.338 所引文献)：

Condon 和 Shortley 一书的符号：$\langle j_1j_2m_1m_2\,|\,jm\rangle$，

Edmonds 一书的符号：$\langle j_1m_1j_2m_2\,|\,j_1j_2jm\rangle$，

Rose 一书的符号：$C(j_1j_2j, m_1m_2)$.

这些符号的定义与我们前面采用的符号 $\langle j_1m_1j_2m_2\,|\,jm\rangle$ 的定义相同.

此外，Wigner 的 3-j 符号也常使用.其定义如下：

$$\begin{pmatrix} j_1 & j_2 & j_3 \\ m_1 & m_2 & m_3 \end{pmatrix}=(-1)^{j_1-j_2-m_3}(2j_3+1)^{-1/2}\langle j_1m_1j_2m_2\,|\,j_3-m_3\rangle \tag{10.4.23}$$

利用式(10.4.22)各式可以证明 3-j 系数具有下列对称性：

$$(-1)^{j_1+j_2+j_3}\begin{pmatrix} j_1 & j_2 & j_3 \\ m_1 & m_2 & m_3 \end{pmatrix}=\begin{pmatrix} j_2 & j_1 & j_3 \\ m_2 & m_1 & m_3 \end{pmatrix}$$
$$=\begin{pmatrix} j_1 & j_3 & j_2 \\ m_1 & m_3 & m_2 \end{pmatrix}=\begin{pmatrix} j_3 & j_2 & j_1 \\ m_3 & m_2 & m_1 \end{pmatrix} \tag{10.4.24}$$

即两列对换奇数次,要乘上一个因子$(-1)^{j_1+j_2+j_3}$.

$$\begin{pmatrix} j_1 & j_2 & j_3 \\ m_1 & m_2 & m_3 \end{pmatrix}=\begin{pmatrix} j_2 & j_3 & j_1 \\ m_2 & m_3 & m_1 \end{pmatrix}=\begin{pmatrix} j_3 & j_1 & j_2 \\ m_3 & m_1 & m_2 \end{pmatrix} \tag{10.4.25}$$

即两列对换偶数次,3-j 符号不变.

$$\begin{pmatrix} j_1 & j_2 & j_3 \\ m_1 & m_2 & m_3 \end{pmatrix}=(-1)^{j_1+j_2+j_3}\begin{pmatrix} j_1 & j_2 & j_3 \\ -m_1 & -m_2 & -m_3 \end{pmatrix} \tag{10.4.26}$$

由上式可以看出,若 $m_1=m_2=m_3=0$ 则 $j_1+j_2+j_3$ 必为偶数,否则 3-j 系数为零.

3-j 系数本身虽然有很好的对称性(所以常常用来列表),但用它们来表达角动量耦合的波函数,就稍复杂一点,即

$$\psi_{j_1j_2j_m}=\sum_{m_1m_2}(-1)^{j_1-j_2+m}\sqrt{2j+1}\begin{pmatrix} j_1 & j_2 & j \\ m_1 & m_2 & -m \end{pmatrix}\psi_{j_1m_1}\psi_{j_2m_2} \tag{10.4.27}$$

而幺正性表示为

$$\sum_{j_2(m_2)}(2j_3+1)\begin{pmatrix} j_1 & j_2 & j_3 \\ m_1 & m_2 & m_3 \end{pmatrix}\begin{pmatrix} j_1 & j_2 & j_3 \\ m_1' & m_2' & m_3' \end{pmatrix}=\delta_{m_1m_1'}\delta_{m_2m_2'} \tag{10.4.28}$$

$$\sum_{m_1(m_2)}\begin{pmatrix} j_1 & j_2 & j_3 \\ m_1 & m_2 & m_3 \end{pmatrix}\begin{pmatrix} j_1 & j_2 & j_3' \\ m_1 & m_2 & m_3' \end{pmatrix}=\frac{1}{2j_3+1}\delta_{j_3j_3'}\delta_{m_3m_3'}\Delta(j_1j_2j_3) \tag{10.4.29}$$

练习 利用式(10.4.22c)及$\langle j_1m_1 00|j_3m_3\rangle=\delta_{j_1j_3}\delta_{m_1m_3}$,证明

$$\langle jmj-m|00\rangle=(-1)^{j-m}/\sqrt{2j+1} \tag{10.4.30}$$

例 1 设单粒子能级的定态波函数是(j^2j_z)的本征态,记为 ϕ_{jm},能级与 m 无关,为$(2j+1)$重简并.设有两个全同粒子处于此能级上.证明:(1)交换对称态和反对称态的数目分别为$(j+1)\times(2j+1)$和 $j(2j+1)$.(2)无论粒子是 Bose 子或 Fermi 子,体系的角动量 J 必为偶数.

对于 Bose 子(j=非负整数), $J=2j,2j-2,\cdots,2,0$

对于 Fermi 子(j=半奇数), $J=2j-1,2j-3,\cdots,2,0$

证明

(1)设两个粒子分别处于 ϕ_{jm_1} 和 ϕ_{jm_2} 上(j 取定),则归一化的对称波函数可表示为

$m_1\neq m_2$ 情况,共 $j(2j+1)$个 ,$\frac{1}{\sqrt{2}}[\phi_{jm_1}(1)\phi_{jm_2}(2)+\phi_{jm_1}(2)\phi_{jm_2}(1)]$;

对 $m_1=m_2$ 情况，共$(2j+1)$个，$\phi_{jm}(1)\phi_{jm}(2)$，所以总数为$(j+1)(2j+1)$.

归一化的反对称波函数，$m_1\neq m_2$(Pauli 原理)，可表示为

$$\frac{1}{\sqrt{2}}[\phi_{jm_1}(1)\phi_{jm_2}(2)-\phi_{jm_1}(2)\phi_{jm_2}(1)]$$

共 $j(2j+1)$个. 可见，交换对称与反对称态的总数为$(2j+1)^2$. 这与不计及交换对称性的波函数

$$\phi_{jm_1}(1)\phi_{jm_2}(2),\quad m_1,m_2=j,j-1,\cdots,-j+1,-j$$

的总数$(2j+1)^2$ 相同. 这是因为，对于两粒子体系，波函数总可以经过线性叠加后，使之变成交换对称波函数，或者交换反对称波函数，两者必居其一. 对于三个或更多粒子组成的体系，此结论不成立.(为什么?)

(2) 设两个粒子角动量耦合为 J，波函数表示为

$$\psi(j^2JM)=\sum_{m_1m_2}(jm_1jm_2\mid JM)\phi_{jm_1}(1)\phi_{jm_2}(2)$$

因此

$$P_{12}\psi(j^2JM)=\sum_{m_1m_2}(jm_1jm_2\mid JM)\phi_{jm_1}(2)\phi_{jm_2}(1)$$

1↔2 交换 $$=\sum_{m_1m_2}(jm_2jm_1\mid JM)\phi_{jm_2}(2)\phi_{jm_1}(1)$$

利用 CG 系数对称性$=(-1)^{2j-J}\sum\limits_{m_1m_2}(jm_1jm_2\mid JM)\phi_{jm_1}(1)\phi_{jm_2}(2)=(-1)^{2j-J}\psi(j^2JM)$

对于 Fermi 子(j=半奇数)，$2j$=奇数，但要求 $P_{12}\psi=-\psi$，即$(-1)^{2j-J}=-1$，所以 J=偶数. $J_{\max}=2j-1$，($J_{\max}=2j$ 情况，只能构成交换对称态，为什么?)因此

$$J=(2j-1),(2j-3),\cdots,2,0$$

试验证其总数为 $j(2j+1)$.

对于 Bose 子(j=整数)，$2j$=偶，但要求 $P_{12}\psi=\psi$，即$(-1)^{2j-J}=1$，所以 J=偶数，

$$J=2j,2j-2,\cdots,2,0$$

从以上计算可以看出，对于两个全同粒子组成的体系，所构成的总角动量($\boldsymbol{J}^2,J_z$)的共同本征态 $\psi(j^2JM)$，自动保证了波函数的交换对称性. 但反之不一定成立，即满足交换对称性的波函数并不一定是($\boldsymbol{J}^2J_z$)共同本征态.

例 2 设原子中有两个价电子，处于能级 E_{nl} 上. 在 LS 耦合方案中，证明 $L+S$ 必为偶数. 讨论 L、S 及总角动量 J 的可能取值.

按 LS 耦合

$$\boldsymbol{l}_1+\boldsymbol{l}_2=\boldsymbol{L},\quad \boldsymbol{s}_1+\boldsymbol{s}_2=\boldsymbol{S},\quad \boldsymbol{L}+\boldsymbol{S}=\boldsymbol{J}$$

自旋的耦合

$$s_1=s_2=1/2,\quad S=\begin{cases}1 & (\text{对称,三重态})\\ 0 & (\text{反对称,单态})\end{cases}$$

轨道角动量的耦合

$$l_1=l_2=l,\quad L=2l,2l-1,\cdots,1,0$$

其中 L=偶是对称态，L=奇是反对称态. 总的波函数(对于交换全部坐标，包括自旋)要求反对称，所以

$$S=0\ \text{时},\qquad L=2l,2l-2,\cdots,0$$

$$S=1\text{ 时}，\quad L = 2l-1, 2l-3, \cdots, 1$$

在两种情况下，$L+S$ 都为偶数. 但

$$J = L+S, L+S-1, \cdots, |L-S|$$

对于 $S=0$， $J=L=$偶

$S=1$， $J=L+1, L, |L-1|$

J 可以为偶数，也可以为奇数.

讨论上述结论与例 1 有无矛盾？（按 jj 耦合方案，似乎 J 必为偶数.）

提示：在本题中，如用 jj 耦合来分析，即 $\boldsymbol{j}_1=\boldsymbol{l}_1+\boldsymbol{s}_1$，$\boldsymbol{j}_2=\boldsymbol{l}_2+\boldsymbol{s}_2$，$\boldsymbol{J}=\boldsymbol{j}_1+\boldsymbol{j}_2$，$j=$？是否只有一个 j 值？两种耦合方案得出的态数是否相同？

习 题

10.1 设算符 F 与角动量算符 $\boldsymbol{J}$ 对易，证明：(1)在$(\boldsymbol{J}^2, J_z)$共同本征态 $|jm\rangle$ 下，F 平均值与磁量子数 m 无关.（2）在给定 j 的 $|jm\rangle$ 态所张开的$(2j+1)$维子空间中，F 可表示成常数矩阵.

10.2 在$(\boldsymbol{J}^2, J_z)$的共同本征态 $|jm\rangle$ 下，证明：(1)J_x 和 J_y 的任何奇幂次式的平均值为 0.（2）在 $|jm\rangle$ 态下，测量 J_x 或 J_y，可能取值为 $m'=j, j-1, \cdots, -j+1, -j$，证明 J_x 或 J_y 取 $\pm m$ 的概率相等.

10.3 设 $\boldsymbol{J}$ 为角动量算符，$\boldsymbol{n}$ 与 $\boldsymbol{J}$ 对易，证明$[\boldsymbol{J}, \boldsymbol{J}\cdot\boldsymbol{n}]=\mathrm{i}\boldsymbol{n}\times\boldsymbol{J}$(取 $\hbar=1$).

10.4 设 $\boldsymbol{J}$ 为角动量算符，$\mathbf{A}$ 为矢量算符，满足代数关系$[J_\alpha, A_\beta]=\mathrm{i}\varepsilon_{\alpha\beta\gamma}A_\gamma$(取 $\hbar=1$). 证明

(1) $\mathbf{A}\times\boldsymbol{J}+\boldsymbol{J}\times\mathbf{A}=2\mathrm{i}\mathbf{A}$

(2) $[\boldsymbol{J}, \boldsymbol{J}\cdot\mathbf{A}]=0$，$[\boldsymbol{J}^2, \mathbf{A}]=\mathrm{i}(\mathbf{A}\times\boldsymbol{J}-\boldsymbol{J}\times\mathbf{A})$

(3) $\boldsymbol{J}\times\boldsymbol{J}\times\mathbf{A}=(\boldsymbol{J}\cdot\mathbf{A})\boldsymbol{J}-\boldsymbol{J}^2\mathbf{A}+\mathrm{i}\boldsymbol{J}\times\mathbf{A}$

$(\mathbf{A}\times\boldsymbol{J})\times\boldsymbol{J}=\boldsymbol{J}(\mathbf{A}\cdot\boldsymbol{J})-\mathbf{A}\boldsymbol{J}^2+\mathrm{i}\mathbf{A}\times\boldsymbol{J}$

(4) $[\boldsymbol{J}^2, [\boldsymbol{J}^2, \mathbf{A}]]=2(\boldsymbol{J}^2\mathbf{A}+\mathbf{A}\boldsymbol{J}^2)-4\boldsymbol{J}(\boldsymbol{J}\cdot\mathbf{A})$

10.5 设 $\boldsymbol{J}$ 为角动量算符，$\mathbf{A}$ 为矢量算符，满足$[J_\alpha, A_\beta]=\mathrm{i}\varepsilon_{\alpha\beta\gamma}A_\gamma$($\hbar=1$)，证明：

(1)在$(\boldsymbol{J}^2, J_z)$共同本征态 $|jm\rangle$ 下，$(\boldsymbol{J}\cdot\mathbf{A})$的平均值与磁量子数 m 无关.

(2)$\langle jm'|\mathbf{A}|jm\rangle=\langle jm'|\boldsymbol{J}|jm\rangle\dfrac{\langle\boldsymbol{J}\cdot\mathbf{A}\rangle}{j(j+1)}$.

10.6 证明(取 $\hbar=1$)

(1) $J_z^n J_\pm=J_\pm(j_z\pm1)^n$，$n=0,1,2,\cdots$

(2) $\exp(\mathrm{i}\lambda J_z)J_x\exp(-\mathrm{i}\lambda J_z)=J_x\cos\lambda-J_y\sin\lambda$

$\exp(\mathrm{i}\lambda J_z)J_y\exp(-\mathrm{i}\lambda J_z)=J_x\sin\lambda+J_y\cos\lambda$

提示：利用 $J_zJ_\pm=J_\pm(J_z\pm1)$，由此证明

$J_z^nJ_\pm=J_\pm(J_z\pm1)^n$， $n=0,1,2,\cdots$

$f(J_z)J_\pm=J_\pm f(J_z\pm1)$

$f(J_z)$是可以展开成 J_z 正幂级数的任何函数. 由此证明

$$\exp(\mathrm{i}\lambda J_z)J_\pm\exp(-\mathrm{i}\lambda J_z) = J_\pm\exp(\mp\mathrm{i}\lambda)$$

10.7　设 $\boldsymbol{n}$ 为任意方向单位矢量，$J_n=\boldsymbol{J}\cdot\boldsymbol{n}$，$\lambda$ 为实数，证明（取 $\hbar=1$）

$$\exp(\mathrm{i}\lambda J_n)\boldsymbol{J}\exp(-\mathrm{i}\lambda J_n)=\boldsymbol{n}J_n+(\boldsymbol{n}\times\boldsymbol{J})\times\boldsymbol{n}\cos\lambda+(\boldsymbol{n}\times\boldsymbol{J})\sin\lambda$$

10.8　两个角动量大小相等，耦合成总角动量 $\boldsymbol{J}=\boldsymbol{j}_1+\boldsymbol{j}_2$. 设处于 $(\boldsymbol{j}_1^2,\boldsymbol{j}_2^2,\boldsymbol{J}^2,J_z)$ 的共同本征态 $|jjJM\rangle$ 下，并设 $J=M=0$，求测 J_{1z} 和 J_{2z} 的可能测值和相应的概率.

答：$j_{1z}=-j_{2z}=j,j-1,\cdots,-j$ 的概率都相等，为 $\frac{1}{2j+1}$.

10.9　设角动量 $\boldsymbol{j}_1$ 与 $\boldsymbol{j}_2$ 耦合，$\boldsymbol{J}=\boldsymbol{j}_1+\boldsymbol{j}_2$，处于 $(\boldsymbol{j}_1^2,\boldsymbol{j}_2^2,\boldsymbol{J}^2,J_z)$ 的共同本征态 $|j_1j_2JM\rangle$. 试计算 $\boldsymbol{j}_1$ 与 $\boldsymbol{j}_2$ 的平均值.

答：$\langle j_{1x}\rangle=\langle j_{1y}\rangle=\langle j_{2x}\rangle=\langle j_{2y}\rangle=0$

$$\langle j_{1z}\rangle=M\frac{J(J+1)+j_1(j_1+1)-j_2(j_2+1)}{2J(J+1)}$$

$$\langle j_{2z}\rangle=M\frac{J(J+1)+j_2(j_2+1)-j_1(j_1+1)}{2J(J+1)}=M-\langle j_{1z}\rangle$$

10.10　同上题，求 $\langle j_1j_2J'M'|\boldsymbol{J}_1|j_1j_2JM\rangle\neq0$ 条件对量子数 JM 的限制，即 $\Delta J=J'-J$，$\Delta M=M'-M$ 的允许值.

答：$\Delta J=J'-J'=0,\pm1$

$\Delta M=M'-M=0,\pm1$

10.11　设体系处于 $(\boldsymbol{J}^2,J_z)$ 的共同本征态 $|jm=j\rangle=|jj\rangle$. 设 z' 轴与 z 轴夹角为 θ，求在 $|jj\rangle$ 态下测得 $J_{z'}=j$ 的概率 $P(\theta)$. 先讨论 $j=1/2$ 的情况，然后讨论一般情况.

答：$P(\theta)=(\cos\theta/2)^{4j}$

10.12　设粒子处于 $(\boldsymbol{l}^2,l_z)$ 的共同本征态 Y_2^0，求 l_x 的可能测值及相应的概率.

答：l_x 的可能测值为　2，　1，　0，　−1，　−2，

相应的概率为　$\frac{3}{8}$，0，　$\frac{1}{4}$，　0，　$\frac{3}{8}$

10.13　在 $(\boldsymbol{l}^2,l_z)$ 表象中，$l=1$ 的子空间是几维？求 l_x 在此子空间中的矩阵表示式. 再利用矩阵形式求出 l_x 的本征值及本征态.

答：$l=1$ 的子空间为 3 维. l_x 的本征值为 $m\hbar$，$m=0,\pm1$. 对应的本征矢分别为

$$\frac{1}{\sqrt{2}}\begin{pmatrix}1\\0\\1\end{pmatrix},\quad \frac{1}{2}\begin{pmatrix}1\\\sqrt{2}\\1\end{pmatrix},\quad \frac{1}{2}\begin{pmatrix}1\\-\sqrt{2}\\1\end{pmatrix}$$

第 11 章　束缚定态微扰论

11.1　一般讨论

体系的能量本征值问题，除了少数简单体系（例如谐振子，氢原子等）外，往往不能严格求解．因此，在处理各种实际问题时，除了采用适当的模型以简化问题外，往往还需要采用合适的近似解法．例如微扰论，变分法，绝热近似，准经典近似等．各种近似方法都有其优缺点和适用范围，其中应用最广泛的近似方法就是微扰论．

设体系的 Hamilton 量为 H（不显含 t），能量本征方程为

$$H \mid \psi\rangle = E \mid \psi\rangle \tag{11.1.1}$$

E 为能量本征值．此方程的求解，一般都比较困难．假设 H 可以分为两部分，

$$H = H_0 + H' \tag{11.1.2}$$

设 H_0 的本征值和本征函数比较容易解出，或已有现成的解（不管是用什么方法）．从经典物理来理解，与 H_0 相比，H' 是一个小量，称为微扰，（在量子力学中，微扰的确切含义，见后面的讨论．）因此，可以在 H_0 的本征解的基础上，把 H' 的影响逐级考虑进去，以求出方程(11.1.1)的尽可能精确的近似解．微扰论的具体形式多种多样，但其基本精神都相同，即按微扰（视为一级小量）进行逐级展开．

设 H_0 的本征方程

$$\begin{aligned} &H_0 \mid \psi_{n\nu}^{(0)} \rangle = E_n^{(0)} \mid \psi_{n\nu}^{(0)} \rangle, \qquad \nu = 1,2,\cdots,f_n \\ &\langle \psi_{n\nu}^{(0)} \mid \psi_{m\mu}^{(0)} \rangle = \delta_{mn}\delta_{\mu\nu} \end{aligned} \tag{11.1.3}$$

的本征值 $E_n^{(0)}$ 和正交归一本征态 $|\psi_{n\nu}^{(0)}\rangle$ 已解出．$E_n^{(0)}$ 可能是不简并的（$f_n=1$），也可能是简并的（$f_n\geqslant 2$）．按微扰论的逐级展开的精神，令

$$\begin{aligned} |\psi\rangle &= |\psi^{(0)}\rangle + |\psi^{(1)}\rangle + |\psi^{(2)}\rangle + \cdots \\ E &= E^{(0)} + E^{(1)} + E^{(2)} + \cdots \end{aligned} \tag{11.1.4}$$

以下约定：波函数的各级高级近似解与零级近似解都正交，即

$$\langle \psi^{(0)} \mid \psi^{(s)} \rangle = 0, \qquad s = 1,2,3,\cdots \tag{11.1.5}$$

把式(11.1.4)代入式(11.1.1)，比较等式两边的同量级项，可得出各级近似下的能量本征方程

$$(H_0 - E^{(0)})|\psi^{(0)}\rangle = 0 \tag{11.1.6a}$$

$$(H_0 - E^{(0)})|\psi^{(1)}\rangle = (E^{(1)} - H')|\psi^{(0)}\rangle \tag{11.1.6b}$$

$$(H_0 - E^{(0)})|\psi^{(2)}\rangle = (E^{(1)} - H')|\psi^{(1)}\rangle + E^{(2)}|\psi^{(0)}\rangle \tag{11.1.6c}$$

$$(H_0 - E^{(0)})|\psi^{(3)}\rangle = (E^{(1)} - H')|\psi^{(2)}\rangle + E^{(2)}|\psi^{(1)}\rangle + E^{(3)}|\psi^{(0)}\rangle \tag{11.1.6d}$$

……

式(11.1.6b),(11.1.6c),(11.1.6d)两边左乘$\langle \psi^{(0)} |$(求标积),并利用式(11.1.5),可以得出能量的各级修正

$$E^{(1)} = \langle \psi^{(0)} \mid H' \mid \psi^{(0)} \rangle \tag{11.1.7a}$$

$$E^{(2)} = \langle \psi^{(0)} \mid H' \mid \psi^{(1)} \rangle \tag{11.1.7b}$$

$$E^{(3)} = \langle \psi^{(0)} \mid H' \mid \psi^{(2)} \rangle \tag{11.1.7c}$$

式(11.1.6c)两边左乘$\langle \psi^{(1)} |$,得

$$\langle \psi^{(1)} \mid (H_0 - E^{(0)}) \mid \psi^{(2)} \rangle = \langle \psi^{(1)} \mid (E^{(1)} - H') \mid \psi^{(1)} \rangle$$

式(11.1.6b)两边左乘$\langle \psi^{(2)} |$,并利用(11.1.7c)式,得

$$\langle \psi^{(2)} \mid (H_0 - E^{(0)}) \mid \psi^{(1)} \rangle = 0 - \langle \psi^{(2)} \mid H' \mid \psi^{(0)} \rangle = - E^{(3)}$$

利用 H_0 的厄米性,以上两式的左边应相等,因而得出

$$E^{(3)} = \langle \psi^{(1)} \mid H' - E^{(1)} \mid \psi^{(1)} \rangle \tag{11.1.7d}$$

利用(11.1.7d)式,可以直接用微扰一级近似波函数(而不需用二级近似波函数)来计算能量三级近似 $E^{(3)}$.

11.2 非简并态微扰论

首先假设,在不考虑微扰时,体系处于非简并能级 $E_k^{(0)}$ ($f_k=1$),即

$$E^{(0)} = E_k^{(0)} \tag{11.2.1}$$

($E_k^{(0)}$ 可以是任何一个非简并能级,但在计算前要约定),因而相应的零级能量本征函数是完全确定的,即

$$| \psi^{(0)} \rangle = | \psi_k^{(0)} \rangle \tag{11.2.2}$$

以下分别计算各级微扰近似.

1. 一级近似

设一级微扰近似波函数表示为

$$| \psi^{(1)} \rangle = \sum_n a_n^{(1)} \mid \psi_n^{(0)} \rangle \tag{11.2.3}$$

注意:上式右边求和中,$E_n^{(0)}$ 可能是不简并的($f_n=1$),也可能是简并的($f_n \geqslant 2$).为表述简洁,上式中$|\psi_n^{(0)}\rangle$的 n 标记一组完备量子数,简并量子数未明显写出.

将式(11.2.1),(11.2.2),(11.2.3)代入 11.1 节式(11.1.6b)得

$$(H_0 - E^{(0)}) \sum_n a_n^{(1)} \mid \psi_n^{(0)} \rangle = (E^{(1)} - H') \mid \psi_k^{(0)} \rangle$$

两边左乘$\langle \psi_m^{(0)} |$(求标积),利用 H_0 本征态的正交归一性,得

$$(E_m^{(0)} - E_k^{(0)}) a_m^{(1)} = E^{(1)} \delta_{mk} - H'_{mk} \tag{11.2.4}$$

式中

$$H'_{mk} = \langle \psi_m^{(0)} \mid H' \mid \psi_k^{(0)} \rangle$$

式(11.2.4)中,$m=k$ 时,得

$$E^{(1)} = E_k^{(1)} = H'_{kk} = \langle \psi_k^{(0)} \mid H' \mid \psi_k^{(0)} \rangle \tag{11.2.5}$$

而 $m \neq k$ 时，得

$$a_m^{(1)} = \frac{H'_{mk}}{E_k^{(0)} - E_m^{(0)}}, \qquad (m \neq k) \tag{11.2.6}$$

因此，按 11.1 节式(11.1.5)的约定，在一级近似下，能量本征值和本征函数分别为

$$E_k = E_k^{(0)} + H'_{kk} \tag{11.2.7a}$$

$$| \psi_k \rangle = | \psi_k^{(0)} \rangle + | \psi_k^{(1)} \rangle = | \psi_k^{(0)} \rangle + \sum_n{}' \frac{H'_{nk}}{E_k^{(0)} - E_n^{(0)}} | \psi_n^{(0)} \rangle \tag{11.2.7b}$$

上式中 $\sum\limits_n{}'$ 表示对 n 求和时，$n=k$ 项必须摒弃.

2. 二级近似

把式(11.2.2)，(11.2.3)，(11.2.6)代入 11.1 节式(11.1.7b)，得

$$E^{(2)} = E_k^{(2)} = \langle \psi_k^{(0)} \mid H' \mid \psi_k^{(1)} \rangle = \sum_n{}' \frac{| H'_{nk} |^2}{E_k^{(0)} - E_n^{(0)}} \tag{11.2.8}$$

此即能量的二级修正. 所以在准确到二级近似下，能量的本征值为

$$E_k = E_k^{(0)} + H'_{kk} + \sum_n{}' \frac{| H'_{nk} |^2}{E_k^{(0)} - E_n^{(0)}} \tag{11.2.9}$$

同理，用式(11.2.3)，(11.2.5)，(11.2.6)代入 11.1 节式(11.1.7d)，得

$$\begin{aligned} E^{(3)} &= E_k^{(3)} = \langle \psi_k^{(1)} | H' - E^{(1)} | \psi_k^{(1)} \rangle \\ &= \sum_n{}' \sum_m{}' \frac{H'_{kn} H'_{nm} H'_{mk}}{(E_k^{(0)} - E_n^{(0)})(E_k^{(0)} - E_m^{(0)})} - H'_{kk} \sum_n{}' \frac{H'_{kn} H'_{nk}}{(E_k^{(0)} - E_n^{(0)})^2} \end{aligned} \tag{11.2.10}$$

此即能量的三级修正. 类似，可得到能量的各级修正.

还可以证明，在二级近似下，波函数可以表示为

$$\begin{aligned} |\psi_k\rangle = &|\psi_k^{(0)}\rangle + \sum_n{}' \frac{H'_{nk}}{(E_k^{(0)} - E_n^{(0)})} |\psi_n^{(0)}\rangle \\ &+ \sum_m{}' \left\{ \sum_n{}' \frac{H'_{mn} H'_{nk}}{(E_k^{(0)} - E_m^{(0)})(E_k^{(0)} - E_n^{(0)})} - \frac{H'_{mk} H'_{kk}}{(E_k^{(0)} - E_m^{(0)})^2} \right\} |\psi_m^{(0)}\rangle \end{aligned} \tag{11.2.11}$$

讨论

(1) 由式(11.2.6)～(11.2.11)可以看出，非简并态的微扰论逐级展开的收敛性要求

$$\left| \frac{H'_{nk}}{E_k^{(0)} - E_n^{(0)}} \right| \ll 1, \qquad (\text{所有 } n \neq k) \tag{11.2.12}$$

因此，如在 $E_k^{(0)}$ 能级邻近存在另外的能级 $E_n^{(0)}$（即它们接近于简并），则微扰论展开的收敛性就很差. 特别是有简并的情况，上述微扰论公式就完全不适用. 注意，式(11.2.12)只是非简并态微扰论近似成立的必要条件. 微扰论逐级展开的收敛性是一个很复杂的问题.

(2) 用微扰论处理具体问题时，要恰当地选取 H_0. 在有些问题中，H_0 和 H' 的

划分是很明显的，例如在 Stark 效应和 Zeeman 效应中，分别把外电场和外磁场的作用看成微扰. 但在有些问题中，特别是在某些模型理论计算中，往往是根据如何使计算简化来决定 H_0 和 H' 的划分，同时兼顾计算结果的精确度. 即一方面要求 H_0 的本征解的计算比较容易，或 H_0 的本征解已知(不管它是怎样求出的)，还要求 H' 的矩阵元的计算也较容易. 另一方面，又要求 H 的主要部分尽可能包含在 H_0 中，使 H' 的矩阵元比较小，以保证式(11.2.12)成立，使微扰论计算收敛较快，因为高级微扰修正的计算是很麻烦的.

(3)计算中，要充分利用 H' 的对称性以及相应的选择规则，以省掉一些不必要的计算.

例 1 电介质的极化率

考虑各向同性电介质在外电场作用下的极化现象. 当没有外电场作用时，介质中的离子在其平衡位置附近作小振动，可视为简谐运动. 设沿 x 方向加上一均匀外电场 $\mathscr{E}$，对于带电 q 的离子，Hamilton 量为

$$H = -\frac{\hbar^2}{2m}\frac{\mathrm{d}^2}{\mathrm{d}x^2} + \frac{1}{2}m\omega_0^2 x^2 - q\mathscr{E}x \tag{11.2.13}$$

因为外电场沿 x 方向，对 y、z 方向的振动不发生影响，故略去不加讨论. 取

$$\begin{aligned} H_0 &= -\frac{\hbar^2}{2m}\frac{\mathrm{d}^2}{\mathrm{d}x^2} + \frac{1}{2}m\omega_0^2 x^2 \\ H' &= -q\mathscr{E}x \end{aligned} \tag{11.2.14}$$

H_0 即谐振子 Hamilton 量，其本征函数为(见 3.4 节)

$$\begin{aligned} \psi_n^{(0)}(x) &= N_n \exp\left(-\frac{1}{2}\alpha^2 x^2\right)\mathrm{H}_n(\alpha x) \\ \alpha &= \sqrt{m\omega_0/\hbar} \end{aligned} \tag{11.2.15}$$

N_n 为归一化常数. 相应的能量本征值为

$$E_n^{(0)} = \left(n + \frac{1}{2}\right)\hbar\omega_0, \qquad n = 0,1,2,\cdots \tag{11.2.16}$$

以下计算外加电场对某条约定的能级 k 的修正. 利用矩阵元公式

$$x_{nk} = \frac{1}{\alpha}\left(\sqrt{\frac{k+1}{2}}\delta_{n,k+1} + \sqrt{\frac{k}{2}}\delta_{n,k-1}\right) \tag{11.2.17}$$

可求出

$$\begin{aligned} E_k &= E_k^{(0)} + H'_{kk} + \sum_n{}' \frac{|H'_{nk}|^2}{E_k^{(0)} - E_n^{(0)}} \qquad (\text{注意}: H'_{kk} = 0) \\ &= \left(k + \frac{1}{2}\right)\hbar\omega_0 + \frac{q^2\mathscr{E}^2}{\hbar\omega_0}\sum_n{}' \frac{|x_{nk}|^2}{(k-n)} \\ &= \left(k + \frac{1}{2}\right)\hbar\omega_0 + \frac{q^2\mathscr{E}^2}{\hbar\omega_0}(|x_{k-1,k}|^2 - |x_{k+1,k}|^2) \\ &= \left(k + \frac{1}{2}\right)\hbar\omega_0 - \frac{q^2\mathscr{E}^2}{2m\omega_0^2} \end{aligned} \tag{11.2.18}$$

即所有能级都下移了 $q^2\mathscr{E}^2/2m\omega_0^2$，这对于能谱形状(均匀分布)并无影响. 但波函数将发生改变，

一级微扰近似波函数为

$$\psi_k(x) = \psi_k^{(0)}(x) + \sum_n{}' \frac{H'_{nk}}{(E_k^{(0)} - E_n^{(0)})}\psi_n^{(0)}(x)$$

$$= \psi_k^{(0)}(x) + \frac{q\mathscr{E}}{\hbar\omega_0}\frac{1}{\alpha}\left[\sqrt{\frac{k+1}{2}}\psi_{k+1}^{(0)}(x) - \sqrt{\frac{k}{2}}\psi_{k-1}^{(0)}(x)\right] \tag{11.2.19}$$

即原来零级波函数 $\psi_k^{(0)}$ 中,混进了与它邻近的两条能级的波函数 $\psi_{k\pm1}^{(0)}$.

在不加外电场时,在具有确定宇称的 $\psi_k^{(0)}$ 态下,粒子位置的平均值

$$\bar{x} = (\psi_k^{(0)}, x\psi_k^{(0)}) = 0$$

这是很自然的,因为本来我们的坐标原点就取在谐振子的平衡位置.当加上外电场时,粒子平衡位置将发生偏离,用式(11.2.19)及(11.2.17),不难求出

$$\bar{x} = (\psi_k, x\psi_k) = \frac{2q\mathscr{E}}{\hbar\omega_0}\frac{1}{\alpha}\left(\sqrt{\frac{k+1}{2}}x_{k,k+1} - \sqrt{\frac{k}{2}}x_{k,k-1}\right) = \frac{q\mathscr{E}}{m\omega_0^2} \tag{11.2.20}$$

即平衡位置偏离了 $q\mathscr{E}/m\omega_0^2$.正离子沿电场方向挪了 $|q|\mathscr{E}/m\omega_0^2$,而负离子则沿电场相反方向挪动了 $|q|\mathscr{E}/m\omega_0^2$.因此,由于外电场而产生的电偶极矩为

$$D = 2\frac{|q|\mathscr{E}}{m\omega_0^2}|q| = 2q^2\mathscr{E}/m\omega_0^2 \tag{11.2.21}$$

极化率定义为 $\kappa = D/\mathscr{E}$,

$$\kappa = 2q^2/m\omega_0^2 \tag{11.2.22}$$

讨论

本题可严格求解,并可以与微扰论计算结果比较.在 Schrödinger 方程

$$-\frac{\hbar^2}{2m}\frac{\mathrm{d}^2}{\mathrm{d}x^2}\psi + \left(\frac{1}{2}m\omega_0^2x^2 - q\mathscr{E}x\right)\psi = E\psi \tag{11.2.23}$$

中,令

$$\xi = \alpha x, \alpha = \sqrt{m\omega_0/\hbar} \tag{11.2.24}$$

则

$$\frac{\mathrm{d}^2}{\mathrm{d}\xi^2}\psi - \left(\xi^2 - \frac{2q\mathscr{E}}{\omega_0\sqrt{m\hbar\omega_0}}\xi\right)\psi = -\frac{2E}{\hbar\omega_0}\psi \tag{11.2.25}$$

再令

$$\xi_0 = q\mathscr{E}/\omega_0\sqrt{m\hbar\omega_0}, \quad \eta = \xi - \xi_0, \quad \lambda = \frac{2E}{\hbar\omega_0} + \xi_0^2 \tag{11.2.26}$$

则

$$\frac{\mathrm{d}^2}{\mathrm{d}\eta^2}\psi - \eta^2\psi + \lambda\psi = 0 \tag{11.2.27}$$

上式与谐振子的能量本征方程完全相同[见 3.4 节式(3.4.8)].只当 $\lambda = 2n+1(n=0.1,2,\cdots)$ 时,才能得到在全空间有界的解,即能量可能取值为

$$E_n = \left(n+\frac{1}{2}\right)\hbar\omega_0 - \frac{1}{2}\xi_0^2\hbar\omega_0 = \left(n+\frac{1}{2}\right)\hbar\omega_0 - \frac{q^2\mathscr{E}^2}{2m\omega_0^2} \tag{11.2.28}$$

与微扰论计算结果式(11.2.18)完全相同.相应的本征函数为

$$\psi_n = N_n\exp\left(-\frac{1}{2}\eta^2\right)\mathrm{H_n} = N_n\exp\left[-\frac{1}{2}(\xi-\xi_0)^2\right]\mathrm{H_n}(\xi-\xi_0)$$

$$= N_n\exp\left[-\frac{1}{2}\alpha^2(x-x_0)^2\right]\mathrm{H_n}(\alpha(x-x_0)) \tag{11.2.29}$$

其中

$$x_0 = \xi_0/\alpha = q\mathscr{E}/m\omega_0^2$$

是有外电场 $\mathscr{E}$ 的情况下，谐振子的新的平衡点的位置，与式(11.2.20)的结果是相同的. 当然，波函数(11.2.29)与一级微扰波函数(11.2.19)并不完全相同. 但如式(11.2.29)对 ξ 作 Taylor 展开，准确到微扰(即 $\mathscr{E}$)的一次幂项，并利用 Hermite 多项式的递推关系，可证明它与式(11.2.19)波函数相同.

值得注意，当无外电场时，$x_0=0$，式(11.2.29)即谐振子的基态波函数 $\psi_0(x)$. 而均匀外电场 $\mathscr{E}$ 的影响，相当于把波函数 $\psi_0(x)$，变成 $\psi_0(x-x_0)$，$x_0=q\mathscr{E}/m\omega_0^2$. 但对原来的谐振子的 Hamilton 量 H_0 来讲，$\psi_0(x-x_0)$不再是它的基态，也不是它的本征态，而是 H_0 的无穷多个本征态的叠加，这就是应用极为广泛的谐振子相干态，是 Schrödinger 在 1926 年发现的. 它具有很多重要的特性，例如具有最小的不确定度 $\Delta x\Delta p=\hbar/2$，波包不扩散，波包中心的运动与经典谐振子完全相同.

例 2 基态氢原子的极化率(Stark 效应)

设氢原子处于基态，沿 z 方向加上均匀电场 $\mathscr{E}$，电场可视为微扰，试求基态波函数的一级修正和能量的二级修正，电偶极矩和极化率.

在无外加电场时，氢原子基态波函数为

$$\psi_{(r)}^{(0)} = \frac{1}{\sqrt{\pi a^3}}\exp(-r/a), \quad a = \hbar^2/\mu e^2\text{(Bohr 半径)} \tag{11.2.30}$$

(零级)能量为

$$E^{(0)} = -\frac{e^2}{2a} \tag{11.2.31}$$

而

$$H_0\psi^{(0)} = \left(-\frac{\hbar^2}{2\mu}\nabla^2 - \frac{e^2}{r}\right)\psi^{(0)} = E^{(0)}\psi^{(0)} \tag{11.2.32}$$

视外加电场为微扰，

$$H' = e\mathscr{E}z = e\mathscr{E}r\cos\theta \tag{11.2.33}$$

由于 $\psi^{(0)}$ 具有确定宇称(偶)，H' 又为奇宇称算符，所以能量一级修正必为 0，即

$$E^{(1)} = (\psi^{(0)}, e\mathscr{E}z\psi^{(0)}) = 0 \tag{11.2.34}$$

如直接利用公式(11.2.8)去计算二级能量修正，将碰到一个无穷级数求和，比较麻烦，所以下面换一个途径来计算.

按 11.1 节式(11.1.6b)，一级修正波函数满足

$$(H_0 - E^{(0)})\psi^{(1)} = (E^{(1)} - H')\psi^{(0)} = -e\mathscr{E}r\cos\theta\psi^{(0)} \tag{11.2.35}$$

考虑到 $\psi^{(0)}$ 和 H_0 均为球对称，可知 $\psi^{(1)}$ 只能写成下列形式

$$\psi^{(1)} = \psi^{(0)}f(r)\cos\theta, \quad \lim_{r\to 0}f(r) = 0 \tag{11.2.36}$$

$f(r)$待求. 将上式代入式(11.2.35)，利用

$$\nabla^2\psi^{(1)} = f(r)\cos\theta\nabla^2\psi^{(0)} + \psi^{(0)}\nabla^2[f(r)\cos\theta] + 2[\boldsymbol{\nabla}\cos\theta f(r)]\cdot\boldsymbol{\nabla}\psi^{(0)}$$

$$\nabla^2 = \frac{1}{r}\frac{\partial^2}{\partial r^2}r - \frac{\boldsymbol{l}^2}{r^2\hbar^2}$$

$$\cos\theta \propto Y_1^0$$

$$\nabla^2[f(r)\cos\theta] = \cos\theta\left[\frac{1}{r}\frac{\mathrm{d}^2}{\mathrm{d}r^2}(rf) - \frac{2}{r^2}f\right]$$

$$[\nabla\cos\theta f(r)]\cdot\nabla\psi^{(0)}=\cos\theta\frac{\mathrm{d}f}{\mathrm{d}r}\cdot\frac{\mathrm{d}\psi^{(0)}}{\mathrm{d}r}=-\frac{\cos\theta}{a}\frac{\mathrm{d}f}{\mathrm{d}r}\psi^{(0)}$$

可求出 $f(r)$满足下列方程：

$$\frac{1}{2r}\frac{\mathrm{d}^2}{\mathrm{d}r^2}(rf)-\frac{1}{a}\frac{\mathrm{d}f}{\mathrm{d}r}-\frac{f}{r^2}=\frac{\mathscr{E}}{ea}r \tag{11.2.37}$$

用级数解法不难求出[利用边条件$\lim\limits_{r\to0}f(r)=0$]

$$f(r)=-\frac{\mathscr{E}a^2}{e}\left[\frac{r}{a}+\frac{1}{2}\left(\frac{r}{a}\right)^2\right] \tag{11.2.38}$$

因此

$$\psi^{(1)}=-\frac{\mathscr{E}a^2}{e}\left[\frac{r}{a}+\frac{1}{2}\left(\frac{r}{a}\right)^2\right]\psi^{(0)}\cos\theta \tag{11.2.39}$$

按微扰论修正公式[见 11.1 节式(11.1.7b)]

$$E^{(2)}=(\psi^{(0)},H'\psi^{(1)})$$

用式(11.2.33)与(11.2.39)代入，得

$$\begin{aligned}E^{(2)}&=e\mathscr{E}(\psi^{(0)},r\cos^2\theta f(r)\psi^{(0)})=\frac{1}{3}e\mathscr{E}(\psi^{(0)},rf(r)\psi^{(0)})\\&=-\frac{1}{3}\mathscr{E}^2a^3\left(\psi^{(0)},\left[\left(\frac{r}{a}\right)^2+\frac{1}{2}\left(\frac{r}{a}\right)^3\right]\psi^{(0)}\right)\\&=-\frac{1}{3}\mathscr{E}^2a^3\left(3+\frac{15}{4}\right)=-\frac{9}{4}\mathscr{E}^2a^3\end{aligned} \tag{11.2.40}$$

此即氢原子基态能级的二级修正($\propto\mathscr{E}^2$).

电偶极矩算符为

$$\boldsymbol{D}=-e\boldsymbol{r} \tag{11.2.41}$$

平均值

$$\langle\boldsymbol{D}\rangle=-e(\psi,\boldsymbol{r}\psi)=-e(\psi^{(0)}+\psi^{(1)},\boldsymbol{r}(\psi^{(0)}+\psi^{(1)})) \tag{11.2.42}$$

利用 $\psi^{(0)}$ 及 $\psi^{(1)}$ 的对称性，易知$\langle D_x\rangle=\langle D_y\rangle=0$，而

$$\langle D_z\rangle=-2e(\psi^{(0)},z\psi^{(1)})=-\frac{2}{\mathscr{E}}E^{(2)}=\frac{9}{2}\mathscr{E}a^3 \tag{11.2.43}$$

所以电极化率

$$\kappa=-\frac{\partial^2}{\partial\mathscr{E}^2}E^{(2)}=\langle D_z\rangle/\mathscr{E}=\frac{9}{2}a^3 \tag{11.2.44}$$

例 3 外电场中的平面转子

设转子的转动惯量为 I，并具有电偶极矩 $\boldsymbol{D}$(图 11.1). 沿 x 方向加上均匀电场 $\mathscr{E}$，则转子与电场的作用能为

$$H'=-\boldsymbol{D}\cdot\boldsymbol{\mathscr{E}}=-D\mathscr{E}\cos\varphi \tag{11.2.45}$$

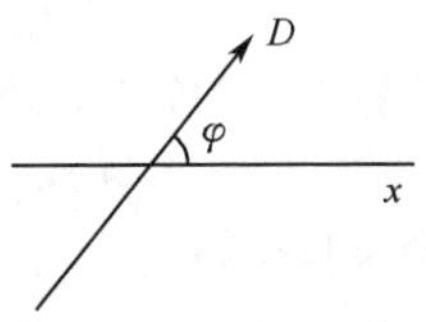

图 11.1

无外场作用时，转子 Hamilton 量为

$$H_0=\frac{L_\varphi^2}{2I}=-\frac{\hbar^2}{2I}\frac{\mathrm{d}^2}{\mathrm{d}\varphi^2} \tag{11.2.46}$$

其本征方程为

$$-\frac{\hbar^2}{2I}\frac{\mathrm{d}^2\psi}{\mathrm{d}\varphi^2}=E\psi \tag{11.2.47}$$

本征函数可取为

$$\psi_m^{(0)}(\varphi) = \frac{1}{\sqrt{2\pi}} e^{im\varphi} \tag{11.2.48}$$

$$m = 0, \pm 1, \pm 2, \cdots$$

相应的能量本征值为

$$E_m^{(0)} = \frac{\hbar^2 m^2}{2I} \tag{11.2.49}$$

能级是二重简并的($m=0$ 能级除外). 先讨论外电场 $\mathscr{E}$ 较弱的情况,此时 H' 可视为微扰. 微扰的影响一般要用简并态微扰论来处理. 但考虑到微扰的下列选择定则

$$\begin{aligned}\langle m' | H' | m \rangle &= -\frac{D\mathscr{E}}{2\pi}\int_0^{2\pi} d\varphi \exp[i(m-m')\phi]\cos\varphi \\ &= -\frac{D\mathscr{E}}{2}(\delta'_{m,m+1} + \delta'_{m,m-1})\end{aligned} \tag{11.2.50}$$

显然,微扰对所有能级的一级修正均为 0,$H'_{mm}=0$. 如果我们局限于只考虑能量的二级修正,则除 $|m|=1$ 能级之外,仍然可以用非简并态微扰论来处理.($|m|=1$ 能级的两个简并态 $m=+1$ 与 $m=-1$ 可以通过中间态 $m=0$ 在二级微扰作用下耦合起来,需用简并态微扰论来处理.)所以,除 $|m|=1$ 能级外,能量的二级微扰修正为

$$\begin{aligned}E^{(2)} &= \sum_{m'}{}' \frac{|\langle m' | H' | m \rangle|^2}{E_m^{(0)} - E_{m'}^{(0)}} \\ &= \frac{1}{4} D^2 \mathscr{E}^2 \cdot \frac{2I}{\hbar^2}\left[\frac{1}{m^2-(m-1)^2} + \frac{1}{m^2-(m+1)^2}\right] \\ &= \frac{D^2\mathscr{E}^2 I}{\hbar^2}\frac{1}{4m^2-1}\end{aligned} \tag{11.2.51}$$

对于基态($m=0$),能级二级修正<0. 对于激发态($m>1$),能量修正>0.

波函数的一级修正为

$$\begin{aligned}\psi_m &= \psi_m^{(0)} + \sum_{m'}{}' \frac{\langle m' | H' | m \rangle}{E_m^{(0)} - E_{m'}^{(0)}} \psi_{m'}^{(0)} \\ &= \frac{e^{im\varphi}}{\sqrt{2\pi}}\left[1 + \frac{D\mathscr{E}I}{\hbar^2}\left(\frac{e^{i\varphi}}{2m+1} - \frac{e^{-i\varphi}}{2m-1}\right)\right]\end{aligned} \tag{11.2.52}$$

$$|\psi_m(\varphi)|^2 = \frac{1}{2\pi}\left|1 + \frac{D\mathscr{E}I}{\hbar^2}\left(\frac{4mi\sin\varphi - 2\cos\varphi}{4m^2-1}\right)\right|^2 \tag{11.2.53}$$

这表明转子在空间取向的概率分布不再是各向同性,而依赖于它与外电场方向的夹角. 对于基态($m=0$),

$$|\psi_0(\varphi)|^2 = \left(1 + \frac{2D\mathscr{E}I}{\hbar^2}\cos\varphi\right)^2 \bigg/ 2\pi \tag{11.2.54}$$

所以转子顺电场方向的概率较大,而反电场方向的概率较小.

与上相反,若所加外电场极强(电场很"强",是指 $\alpha \gg 1$,即 $\mathscr{E} \gg \hbar^2/ID$),显然不能看成微扰. 从物理上来看,偶极子将尽量与外电场 $\mathscr{E}$ 的取向一致,使能量最低,即转子电偶极矩 D 的指向局限于 $\varphi \ll 1$ 的小角度范围内. 此时

$$\begin{aligned}H &= -\frac{\hbar^2}{2I}\frac{d^2}{d\varphi^2} - D\mathscr{E}\cos\varphi \approx -\frac{\hbar^2}{2I}\frac{d^2}{d\varphi^2} - D\mathscr{E}\left(1 - \frac{1}{2}\varphi^2\right) \\ &= -\frac{\hbar^2}{2I}\frac{d^2}{d\varphi^2} + \frac{D\mathscr{E}}{2}\varphi^2 - D\mathscr{E}\end{aligned} \tag{11.2.55}$$

除了一个常数项 $-D\mathscr{E}$ 之外，H 描述一个简谐振子. 自然振动角频率为 $\omega=\sqrt{\frac{D\mathscr{E}}{I}}$. 特征角度变化范围是 α^{-1}，$\alpha=\sqrt{I\omega/\hbar}=\left(\frac{ID\mathscr{E}}{\hbar^2}\right)^{1/4}$. 此时基态波函数为

$$\psi_0(\varphi)=\frac{\sqrt{\alpha}}{\pi^{1/4}}\exp\left(-\frac{1}{2}\alpha^2\varphi^2\right) \tag{11.2.56}$$

相应能量为

$$E_0=\frac{1}{2}\hbar\omega-D\mathscr{E}=\frac{1}{2}\hbar\sqrt{\frac{D\mathscr{E}}{I}}-D\mathscr{E} \tag{11.2.57}$$

转子变成一个谐振子，其电偶极矩 $\boldsymbol{D}$ 的指向在外电场 $\mathscr{E}$ 方向左右摆动，角度幅度 $\propto\alpha^{-1}\propto(ID\mathscr{E})^{-1/4}$.

例 4 氦原子基态能量

氦原子及类氦离子(Li^+，Be^{2+}，B^{3+}，C^{4+} 等)是最简单的多电子原子，原子核带电 $+Ze$，核外有两个电子. 若采用原子单位(即取 $\hbar=m_e=e=1$)，原子的 Hamilton 量可表示为(忽略原子核运动)

$$H=-\frac{1}{2}(\nabla_1^2+\nabla_2^2)-\frac{Z}{r_1}-\frac{Z}{r_2}+\frac{1}{r_{12}} \tag{11.2.58}$$

见图 11.2，r_1 与 r_2 分别代表两个电子与原子核的距离，r_{12} 是两个电子之间的距离. 上式右边最后一项代表两个电子的 Coulomb 排斥力，中间两项代表原子核对电子的 Coulomb 引力能.

氦原子是一个三体问题，迄今还不能严格求解. 下面用微扰论来近似求解它的基态能量.

$$H=H_0+H',\qquad H'=\frac{1}{r_{12}} \tag{11.2.59}$$

因为 H 不含自旋变量，自旋波函数与空间坐标波函数可以分离. 对于氦原子基态，两个电子都处于能量最低的状态(1s)态，氦原子的基态波函数近似为

$$\psi_0=\phi_0(r_1,r_2)\chi_0(s_{1z},s_{2z}) \tag{11.2.60}$$

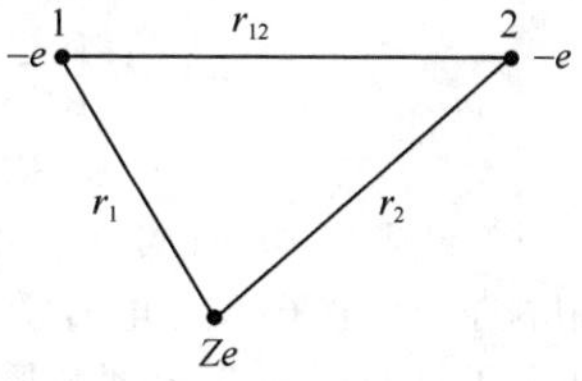

图 11.2 氦原子

波函数的空间部分为

$$\phi_0(r_1,r_2)=\psi_{100}(r_1)\psi_{100}(r_2) \tag{11.2.61}$$

对两个电子交换空间坐标是对称的，而波函数的自旋部分 $\chi_0(s_{1z},s_{2z})$ 是两个电子的自旋单态(已归一化，见 9.4 节)，对两电子自旋坐标交换是反对称的. 在不计及电子之间 Coulomb 斥力时，波函数(11.2.60)相应的能量为 $2\left(-Z^2\cdot\frac{1}{2}\right)=-Z^2$(原子单位). (注意：类氢原子能级 $E_n=-\frac{1}{2}\frac{Z^2}{n^2}$，对于 1s 态，$n=1$.) 能量的微扰论一级近似为

$$\langle\psi_0|H'|\psi_0\rangle=\left\langle\phi_0\left|\frac{1}{r_{12}}\right|\phi_0\right\rangle=\iint d^3x_1d^3x_2\ |\psi_{100}(r_1)|^2\ |\psi_{100}(r_2)|^2/r_{12} \tag{11.2.62}$$

式中

$$\psi_{100}(r)=\frac{Z^{3/2}}{\sqrt{\pi}}e^{-Zr} \tag{11.2.63}$$

利用积分公式(见〔注〕)

$$\iint d^3x_1d^3x_2\ \frac{\exp[-2Z(r_1+r_2)]}{r_{12}}=\frac{5\pi^2}{8Z^5} \tag{11.2.64}$$

可求出

$$\overline{H'} = \overline{1/r_{12}} = \frac{5}{8}Z$$

因此，在微扰论一级近似下，氦原子(或类氦离子)的基态能量为

$$E = -Z^2 + \frac{5}{8}Z \qquad (\text{原子单位}) \tag{11.2.65}$$

〔注〕利用公式

$$\frac{1}{r_{12}} = \frac{1}{|\boldsymbol{r}_1 - \boldsymbol{r}_2|} = \begin{cases} \dfrac{1}{r_2}\displaystyle\sum_{l=0}^{\infty}\left(\frac{r_1}{r_2}\right)^l \mathrm{P}_l(\cos\theta_{12}) & r_1 < r_2 \\ \dfrac{1}{r_1}\displaystyle\sum_{l=0}^{\infty}\left(\frac{r_2}{r_1}\right)^l \mathrm{P}_l(\cos\theta_{12}) & r_2 < r_1 \end{cases} \tag{11.2.66}$$

及

$$\mathrm{P}_l(\cos\theta_{12}) = \frac{4\pi}{2l+1}\sum_{m=-l}^{l}\mathrm{Y}_l^{m*}(\theta_1,\varphi_1)\mathrm{Y}_l^m(\theta_2,\varphi_2) \tag{11.2.67}$$

代入积分式(11.2.64)左侧，得

$$I(Z) = \iint \mathrm{d}^3x_1\mathrm{d}^3x_2\, \frac{\exp[-2Z(r_1+r_2)]}{r_{12}} \tag{11.2.68}$$

考虑到 Y_l^m 积分的正交归一性，式(11.2.66)各项中只有 $l=0$ 项对 $I(Z)$ 有贡献. 由此得出

$$\begin{aligned} I(Z) &= (4\pi)^2\int_0^{\infty} r_2^2\mathrm{d}r_2\exp(-2Zr_2) \\ &\quad\times\left[\frac{1}{r^2}\int_0^{r_2} r_1^2\exp(-2Zr_1)\mathrm{d}r_1 + \int_{r_2}^{\infty} r_1\exp(-2Zr_1)\mathrm{d}r_1\right] \\ &= 5\pi^2/8Z^2 \end{aligned} \tag{11.2.69}$$

计算结果与实验观测值的比较，见表 11.1. 实验上通常是测量原子的离化能 I——即从原子中剥夺一个电子(使之电离)所需的能量. 对于氦原子或类氦离子，当夺去一个电子后，剩下一个电子仍处于 1s 轨道，按类氢原子能量公式，它的能量为 $-Z^2/2$. 因此，离化能的一级微扰论计算结果为

$$I = (-Z^2/2) - \left(-Z^2 + \frac{5}{8}Z\right) = \frac{Z}{2}(Z - 5/4) \tag{11.2.70}$$

从表 11.1 可以看出，E 和 I 的计算值与观测值符合得不错，特别是 Z 愈大的离子，计算值与观测值的相对偏离愈小. 这是很自然的，因为对于 Z 愈大的离子，相对于原子核的 Coulomb 吸引力来说，电子之间 Coulomb 斥力的重要性就愈小.

表 11.1　类氦离子的基态能量及离化能(eV)

类氦离子	Z	$E_{实}$	$E_{计(微扰)}$	$E_{计(变分法)}$	$I_{实}$ a)	$I_{计(微扰)}$	$I_{计(变分法)}$
He	2	−79.010	−74.828	−77.485	24.590	20.408	23.065
Li^+	3	−198.087	−193.871	−196.528	75.642	71.426	74.083
Be^{++}	4	−371.574	−367.335	−369.992	153.894	149.655	152.312
B^{+++}	5	−599.495	−595.219	−597.876	259.370	255.094	257.751
C^{4+}	6	−881.876	−877.523	−880.180	392.096	387.743	390.400
N^{5+}	7	−1218.709	−1214.246	−1216.903	552.064	547.601	550.258
O^{6+}	8	−1610.016	−1605.39	−1608.047	739.296	734.670	737.327

a) 实验数据取自 *Handbuch der Physik*, Bd. **35**, p. 240, H. A. Bethe and E. E. Salpeter, *Quantum Mechanics of One-and Two-Electron Systems*.

变分法的计算结果，见 14.1 节.

例 5 Van der Waals 力

两个中性原子(或分子),当它们的距离 R 比原子(或分子)本身的大小要大得多时,相互作用能与 R^6 成反比,即为

$$-A/R^6 \qquad (A\text{ 为正常数}) \tag{11.2.71}$$

这就是平常所谓 Van der Waals 引力. 它们是原子(或分子)之间的电偶极-偶极作用. 下面以两个氢原子为例,用微扰论二级近似求 Van der Waals 力公式.

如图 11.3,a 与 b 是两个氢原子核,1 与 2 代表两个电子. 在讨论电子运动时,原子核的动能可忽略不计(Born-Oppenheimer 近似,参阅 14.2 节),此时

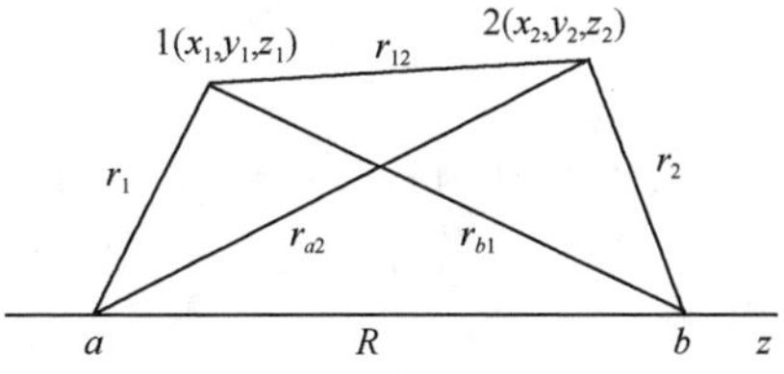

图 11.3

$$H=H_0+H' \tag{11.2.72}$$

$$H_0=-\frac{\hbar^2}{2m}(\nabla_1^2+\nabla_2^2)-\frac{e^2}{r_1}-\frac{e^2}{r_2}$$

$$H'=\frac{e^2}{R}+\frac{e^2}{r_{12}}-\frac{e^2}{r_{a2}}-\frac{e^2}{r_{b1}}$$

H_0 描述的是无相互作用的两个原子,H'代表两个原子之间的 Coulomb 相互作用.

当 $R\gg a$(Bohr 半径)时,H'可近似表示为两个原子的电偶极矩 $\boldsymbol{D}_1=-e\boldsymbol{r}_1$ 和 $\boldsymbol{D}_2=-e\boldsymbol{r}_2$ 之间的相互作用,即

$$H'=\frac{1}{R^3}[\boldsymbol{D}_1\cdot\boldsymbol{D}_2-3(\boldsymbol{D}_1\cdot\boldsymbol{e}_R)(\boldsymbol{D}_2\cdot\boldsymbol{e}_R)] \tag{11.2.73}$$

其中

$$\boldsymbol{e}_R=\boldsymbol{R}/R$$

设氢原子处于基态. 由于两个原子相距较远,它们的电子的波函数重叠很小,可以略去波函数的交换对称性,体系的零级波函数可表示为

$$\psi_0=\psi_{100}(r_1)\psi_{100}(r_2) \tag{11.2.74}$$

由于 ψ_{100}是偶函数,而 $\boldsymbol{r}_1$ 与 $\boldsymbol{r}_2$ 都是奇宇称算符,所以

$$(\psi_0, H'\psi_0)=0 \tag{11.2.75}$$

即一级微扰无贡献. 而二级微扰修正为

$$E^{(2)}=\sum_k{}'\frac{|\langle 0|H'|k\rangle|^2}{E_0^{(0)}-E_k^{(0)}}$$

这里 k 标记各激发态的全部量子数. 因为 $E_k^{(0)}>E_0^{(0)}$,所以得到 $E^{(2)}<0$. 又 $H'\propto 1/R^3$,所以得出

$$E^{(2)}=-A/R^6 \qquad (A\text{ 为正常数}) \tag{11.2.76}$$

这就是 Van der Waals 力的相互作用能.

11.3 简并态微扰论

实际问题中,特别是处理体系的激发态时,常常碰到简并态或近似简并态. 此时,非简并态微扰论是不适用的. 这里首先碰到的困难是:零级能量给定后,对应的零级波函数并未确定,这是简并态微扰论首先要解决的问题. 体系能级的简并性与

体系的对称性密切相关. 当考虑微扰之后,如体系的某种对称性受到破坏,则能级可能分裂,简并将被部分解除或全部解除. 因此在简并态微扰论中,充分考虑体系的对称性及其破缺是至关重要的.

假设不考虑微扰时,体系处于某简并能级 $E_k^{(0)}$(f_k 重简并),即

$$E^{(0)} = E_k^{(0)} \tag{11.3.1}$$

与非简并态不同的是,此时零级波函数还不能完全确定,但其一般形式必为

$$| \psi^{(0)} \rangle = \sum_{\mu=1}^{f_k} a_\mu | \psi_{k\mu}^{(0)} \rangle \tag{11.3.2}$$

用式(11.3.1)和(11.3.2)代入 11.1 节式(11.1.6b),得

$$\begin{aligned}(H_0 - E_k^{(0)}) | \psi^{(1)} \rangle &= (E^{(1)} - H') | \psi^{(0)} \rangle \\ &= (E^{(1)} - H') \sum_\mu a_\mu | \psi_{k\mu}^{(0)} \rangle\end{aligned}$$

左乘 $\langle \psi_{k\mu'}^{(0)} |$(取标积),考虑到 11.1 节式(11.1.5)的约定,得

$$\sum_\mu (H'_{\mu'\mu} - E^{(1)} \delta_{\mu'\mu}) a_\mu = 0 \tag{11.3.3}$$

此即零级波函数(11.3.2)中展开系数 a_μ 满足的齐次线性方程组. 它有非平庸解的充要条件为

$$\det | H'_{\mu'\mu} - E^{(1)} \delta_{\mu'\mu} | = 0 \tag{11.3.4}$$

上式是 $E^{(1)}$ 的 f_k 次幂方程.(有些书上称之为久期方程(secular equation),是从天体力学的微扰论中借用来的术语.)根据 H' 的厄米性,方程(11.3.4)必然有 f_k 个实根,记为 $E_{k\alpha}^{(1)}$,$\alpha = 1,2,\cdots,f_k$. 如 f_k 个根 $E_{k\alpha}^{(1)}$ 无重根,分别把每一个根 $E_{k\alpha}^{(1)}$ 代入方程(11.3.3),即可求得相应的解,记为 $a_{\alpha\mu}$,$\mu=1,2,\cdots,f_k$. 于是得出新的零级波函数

$$| \phi_{k\alpha}^{(0)} \rangle = \sum_{\mu=1}^{f_k} a_{\alpha\mu} | \psi_{k\mu}^{(0)} \rangle \tag{11.3.5}$$

它相应的准确到一级微扰修正的能量为

$$E_k^{(0)} + E_{k\alpha}^{(1)} \tag{11.3.6}$$

则原来的 f_k 重简并能级 $E_k^{(0)}$ 将完全解除简并,分裂为 f_k 条. 所相应的波函数和能量本征值由式(11.3.5)和(11.3.6)给出. 但如 $E_{k\alpha}^{(1)}$ 有重根,或一部分有重根,则能级简并尚未完全解除. 凡未完全解除简并的能量本征值,相应的零级波函数仍是不确定的.

例 1 氢原子光谱的 Stark 效应

把原子置于外电场中,则它发射的光谱线会发生分裂,此即 Stark 效应. 下面考虑氢原子光谱的 Lyman 线系的第一条谱线($n=2 \to n=1$)的 Stark 分裂.

在不计及电子自旋时,氢原子的基态($n=1$)不简并,但第一激发态($n=2$)则是四重简并的,对应于能级

$$E_2 = -\frac{e^2}{2a} \frac{1}{2^2} \tag{11.3.7}$$

的 4 个零级波函数$|2lm\rangle$为

$$\underbrace{|200\rangle}_{2s态},\underbrace{|210\rangle,|211\rangle,|21-1\rangle}_{2p态} \tag{11.3.8}$$

为了方便，对它们进行编号，依次记为$|1\rangle,|2\rangle,|3\rangle,|4\rangle$.

设沿 z 轴方向加上均匀外电场 $\mathscr{E}$，它对电子（荷电$-e$）的作用能为

$$H' = e\mathscr{E}z = e\mathscr{E}r\cos\theta \tag{11.3.9}$$

考虑到

$$[H', l_z] = 0 \tag{11.3.10}$$

l_z 仍保持为守恒量，再考虑到 $\cos\theta \sim Y_1^0(\theta)$，所以微扰 H'具有如下选择定则：$\Delta m=0, \Delta l=\pm 1$，即只当 m 相同而且 l 相差 1 的诸量子态之间的 H'矩阵元才可能不为零. 具体计算 H'矩阵元时，可利用公式[附录四，式(A4.37)]

$$\cos\theta Y_l^m = \sqrt{\frac{(l+1)^2-m^2}{(2l+1)(2l+3)}}Y_{l+1}^m + \sqrt{\frac{l^2-m^2}{(2l-1)(2l+1)}}Y_{l-1}^m$$

计算结果，不为零的矩阵元为

$$\langle 1|H'|2\rangle = \langle 2|H'|1\rangle = -3e^2\mathscr{E}a \tag{11.3.11}$$

因此，方程(11.3.3)表示为

$$\begin{pmatrix} -E^{(1)} & -3e^2\mathscr{E}a & 0 & 0 \\ -3e^2\mathscr{E}a & -E^{(1)} & 0 & 0 \\ 0 & 0 & -E^{(1)} & 0 \\ 0 & 0 & 0 & -E^{(1)} \end{pmatrix}\begin{pmatrix} a_1 \\ a_2 \\ a_3 \\ a_4 \end{pmatrix} = 0 \tag{11.3.12}$$

注意，由于微扰 H'的选择定则($\Delta m=0$)，氢原子的第一激发态($n=2$)的四维态空间可分解成 3 个不变子空间($m=0,+1,-1$)，维数分别为 2,1,1. 方程(11.3.12)有非平庸解的充要条件为系数行列式为 0，解之得

$$E^{(1)} = \pm 3e^2\mathscr{E}a, 0, 0 \tag{11.3.13}$$

对于根 $E^{(1)}=3e^2\mathscr{E}a$，方程(11.3.12)的解为 $a_2/a_1=-1, a_3=a_4=0$.

因此，归一化的新的零级波函数表示为

$$|\phi_1\rangle = \frac{1}{\sqrt{2}}(|200\rangle - |210\rangle) \tag{11.3.14}$$

相应能量为

$$-\frac{e^2}{2a}\frac{1}{2^2} + 3e\mathscr{E}a$$

对于根 $E^{(1)}=-3e^2\mathscr{E}a$，类似可求出

$$|\phi_2\rangle = \frac{1}{\sqrt{2}}(|200\rangle + |210\rangle) \tag{11.3.15}$$

对应能量为

$$-\frac{e^2}{2a}\frac{1}{2^2} - 3e\mathscr{E}a$$

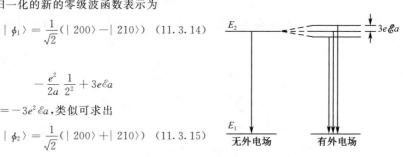

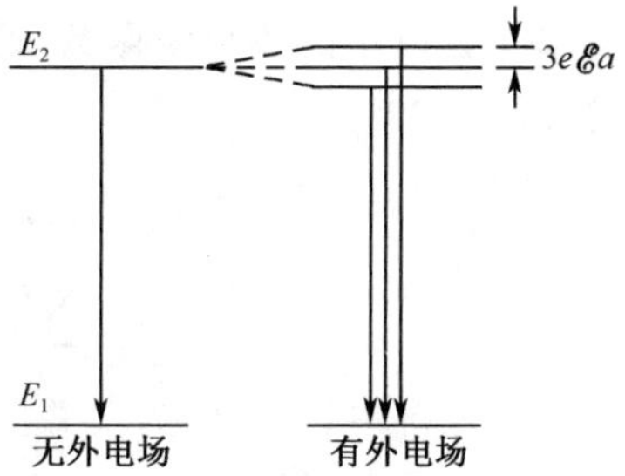

图 11.4 氢原子能级在电场中的分裂

对于二重根 $E^{(1)}=0$，代入式(11.3.12)，得 $a_1=a_2=0$，但 a_3 与 a_4 还不能惟一确定. 不妨仍取原来的零级波函数，即 $a_3=1, a_4=0$ 与 $a_3=0, a_4=1$，亦即

$$|\phi_3\rangle = |211\rangle, \qquad |\phi_4\rangle = |21-1\rangle \tag{11.3.16}$$

这两条能级的简并尚未解除,对应能量都是$-\frac{e^2}{2a}\frac{1}{2^2}$,如图 11.4.

对简并态微扰论的讨论

(1°) 新的零级波函数的正交归一性.

按式(11.3.3),对于根 $E_{k\alpha}^{(1)}$(实,k 给定)

$$\sum_{\mu}(H'_{\mu'\mu}-E_{k\alpha}^{(1)}\delta_{\mu'\mu})a_{\alpha\mu}=0 \tag{11.3.17}$$

取复共轭,注意 $H'^{*}_{\mu'\mu}=H'_{\mu\mu'}$(厄米性),得

$$\sum_{\mu}(H'_{\mu\mu'}-E_{k\alpha}^{(1)}\delta_{\mu'\mu})a^{*}_{\alpha\mu}=0$$

把 $\mu\leftrightarrow\mu'$,$\alpha\to\alpha'$,得

$$\sum_{\mu'}(H'_{\mu'\mu}-E_{k\alpha'}^{(1)}\delta_{\mu'\mu})a^{*}_{\alpha'\mu'}=0 \tag{11.3.18}$$

式(11.3.17)乘以 $a^{*}_{\alpha'\mu'}$,对 μ' 求和,式(11.3.18)乘以 $a_{\alpha\mu}$,对 μ 求和,然后两式相减,得

$$(E_{k\alpha}^{(1)}-E_{k\alpha'}^{(1)})\sum_{\mu}a_{\alpha\mu}a^{*}_{\alpha'\mu}=0 \tag{11.3.19}$$

对于不同的根,$E_{k\alpha'}^{(1)}\neq E_{k\alpha}^{(1)}$,必有

$$\sum_{\mu}a_{\alpha\mu}a^{*}_{\alpha'\mu}=0 \tag{11.3.20}$$

按式(11.3.5),上式即

$$\langle\phi_{k\alpha'}\rangle\mid\phi_{k\alpha}\rangle=0 \tag{11.3.21}$$

联合$|\phi_{k\alpha}\rangle$的归一性,得

$$\langle\phi_{k\alpha'}\rangle\mid\phi_{k\alpha}\rangle=\sum_{\mu}a^{*}_{\alpha'\mu}a_{\alpha\mu}=\delta_{\alpha'\alpha} \tag{11.3.22}$$

(2°) 在以新的零级波函数$|\phi_{k\alpha}^{(0)}\rangle$为基矢的 f_k 维子空间中,H'(因而 H)是对角化的. 因为

$$\begin{aligned}\langle\phi_{k\alpha'}|H'|\phi_{k\alpha}\rangle&=\sum_{\mu\nu}a^{*}_{\alpha'\mu}a_{\alpha\nu}\langle k\mu|H'|k\nu\rangle\\&=\sum_{\mu\nu}a^{*}_{\alpha'\mu}a_{\alpha\nu}H'_{\mu\nu}=\sum_{\mu}a^{*}_{\alpha'\mu}E_{k\alpha}^{(1)}a_{\alpha\mu}=E_{k\alpha}^{(1)}\delta_{\alpha'\alpha}\end{aligned} \tag{11.3.23}$$

此结论是意料中的事,因为简并微扰论的精神,第一步就是在该简并能级的各简并态所张开的子空间中做一个幺正变换,使 H'对角化.

对 $\alpha'=\alpha$,上式给出

$$E_{k\alpha}^{(1)}=\langle\phi_{k\alpha}|H'|\phi_{k\alpha}\rangle \tag{11.3.24}$$

$E_{k\alpha}^{(1)}$ 即能级一级修正,即微扰 H'在新的零级波函数下的平均值.

(3°) 若最初的零级波函数选得适当,已使 H'对角化,即

$$H'_{\mu\nu}=\langle\psi_{k\mu}^{(0)}\mid H'\mid\psi_{k\nu}^{(0)}\rangle=H'_{\mu\nu}\delta_{\mu\nu} \tag{11.3.25}$$

则式(11.3.3)的解就是

$$E_{k\mu}^{(1)} = H'_{\mu\mu}, \qquad \mu = 1,2,\cdots,f_k. \tag{11.3.26}$$

对应的零级近似波函数就是$|\psi_{k\mu}^{(0)}\rangle$. 这在处理正常 Zeeman 效应(7.3 节)和反常 Zeeman 效应(9.3.2 节)中都已用到. 简并微扰论中,零级波函数的选择是至关重要的,应充分利用体系的对称性. 特别是,尽量选择零级波函数是某些守恒量(与 H_0 和 H'都对易)的本征态(即用一些好量子数来标记零级波函数),则计算将大为简化(可以把表象空间约化为若干个不变子空间,分别在各子空间中把 H 对角化).

(**4°**) 近简并情况. 设 H_0 的本征能级中,有一些能级(即使本身都不简并)彼此很靠近,则 11.2 节所讲的非简并态微扰论不适用. 而用上面所讲的简并态微扰论也不能令人满意,因为在此情况下,微扰有可能把这些紧邻的几条能级上的态强烈混合. 此时,更好的做法是首先在这些紧邻能级所有的状态所张开的子空间中把 H 对角化,即把这些紧邻的所有能级(本身既可以是非简并态,也可以是简并态)一视同仁,首先加以考虑.

例 2 耦合谐振子

Hamilton 量为

$$H = \frac{1}{2m}(p_1^2 + p_2^2) + \frac{1}{2}m\omega_0^2(x_1^2 + x_2^2) - \lambda x_1 x_2 \tag{11.3.27}$$

其中 x_1 与 x_2 分别表示两个谐振子的坐标. 最后一项是刻画两个谐振子相互作用的耦合项,λ 表征耦合的强度. 设 λ 比较小,可以把 H 中的

$$H' = -\lambda x_1 x_2 \tag{11.3.28}$$

看成微扰,而 H_0 取为

$$H_0 = \frac{1}{2m}(p_1^2 + p_2^2) + \frac{1}{2}m\omega_0^2(x_1^2 + x_2^2) \tag{11.3.29}$$

它表示两个彼此独立的谐振子. 它的本征函数及本征能量可分别表示为

$$\psi_{n_1,n_2}(x_1,x_2) = \psi_{n_1}(x_1)\psi_{n_2}(x_2) \tag{11.3.30}$$

$$E_{n_1n_2} = \left(n_1 + \frac{1}{2}\right)\hbar\omega_0 + \left(n_2 + \frac{1}{2}\right)\hbar\omega_0 = (n_1 + n_2 + 1)\hbar\omega_0$$

$$n_1, n_2 = 0,1,2,\cdots \tag{11.3.31}$$

令

$$N = (n_1 + n_2) \tag{11.3.32}$$

则能量表示式可改为

$$E_N = (N+1)\hbar\omega_0, \qquad N = 0,1,2,\cdots \tag{11.3.33}$$

可以看出,对于 $N\neq 0$ 情况,能级是简并的,简并度为$(N+1)$.

以 $N=1$ 为例,能级为二重简并. 能量本征值为

$$E_1 = 2\hbar\omega_0$$

相应的本征函数为 $\psi_0(x_1)\psi_1(x_2)$与 $\psi_1(x_1)\psi_0(x_2)$(或者它们的线性叠加). 为表示方便,记

$$\psi_0(x_1)\psi_1(x_2) = \phi_1(x_1,x_2)$$

$$\psi_1(x_1)\psi_0(x_2) = \phi_2(x_1,x_2)$$

并选 ϕ_1 与 ϕ_2 为基矢.利用谐振子的坐标的矩阵元公式(3.4.23),可以求得微扰 $W=-x_1x_2$ 的矩阵元如下:

$$W_{11}=W_{22}=0,\quad W_{12}=W_{21}=-\hbar/2m\omega_0$$

由此可得出能量的一级修正为

$$E_{\mp}^{(1)}=\pm W_{12}=\mp\hbar/2m\omega_0$$

因此,原来二重简并的能级 E_1 变成两条,能量分别为

$$E_{\mp}=2\hbar\omega_0\mp\lambda\hbar/2m\omega_0 \tag{11.3.34}$$

能级简并被解除.类似还可以求其他能级的分裂,如图 11.5 所示.

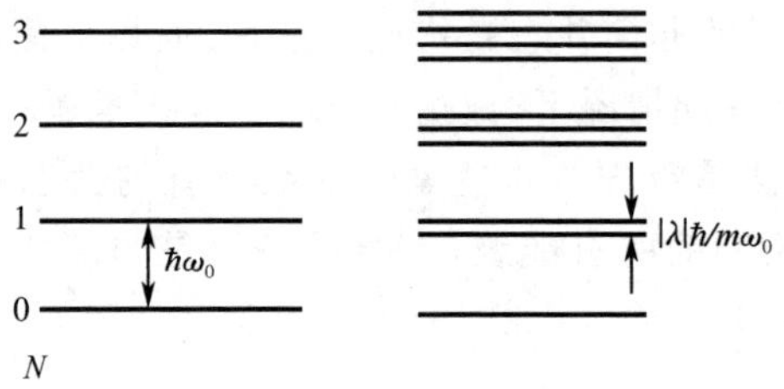

图 11.5

本题还可以严格求解.作坐标变换,令

$$x_1=(\xi+\eta)/\sqrt{2},\qquad x_2=(\xi-\eta)/\sqrt{2} \tag{11.3.35}$$

其逆变换为

$$\xi=(x_1+x_2)/\sqrt{2},\qquad \eta=(x_1-x_2)/\sqrt{2} \tag{11.3.36}$$

容易证明

$$x_1^2+x_2^2=\xi^2+\eta^2 \tag{11.3.37}$$

$$x_1x_2=(\xi^2-\eta^2)/2$$

$$\frac{\partial^2}{\partial x_1^2}+\frac{\partial^2}{\partial x_2^2}=\frac{\partial^2}{\partial\xi^2}+\frac{\partial^2}{\partial\eta^2}$$

因此,Schrödinger 方程

$$-\frac{\hbar^2}{2m}\left(\frac{\partial^2}{\partial x_1^2}+\frac{\partial^2}{\partial x_2^2}\right)\psi+\left[\frac{1}{2}m\omega_0^2(x_1^2+x_2^2)-\lambda x_1x_2\right]\psi=E\psi \tag{11.3.38}$$

化为

$$\left[-\frac{\hbar^2}{2m}\left(\frac{\partial^2}{\partial\xi^2}+\frac{\partial^2}{\partial\eta^2}\right)+\frac{1}{2}m\omega_0^2(\xi^2+\eta^2)-\frac{\lambda}{2}(\xi^2-\eta^2)\right]\psi=E\psi \tag{11.3.39}$$

令

$$\frac{1}{2}m\omega_0^2\xi^2-\frac{\lambda}{2}\xi^2=\frac{1}{2}m\omega_1^2\xi^2$$

$$\frac{1}{2}m\omega_0^2\eta^2+\frac{\lambda}{2}\eta^2=\frac{1}{2}m\omega_2^2\eta^2$$

即

$$\omega_1^2=\omega_0^2-\lambda/m=\omega_0^2(1-\lambda/m\omega_0^2)$$

$$\omega_2^2=\omega_0^2+\lambda/m=\omega_0^2(1+\lambda/m\omega_0^2) \tag{11.3.40}$$

于是方程(11.3.39)变为

$$\left[\left(-\frac{\hbar^2}{2m}\frac{\partial^2}{\partial\xi^2}+\frac{1}{2}m\omega_1^2\xi^2\right)+\left(-\frac{\hbar^2}{2m}\frac{\partial^2}{\partial\eta^2}+\frac{1}{2}m\omega_2^2\eta^2\right)\right]\psi=E\psi \tag{11.3.41}$$

是两个彼此独立的谐振子[ξ 和 η 称为简正坐标，(normal coordinate)]，其解可取为

$$\psi=\psi_{n_1}(\xi)\psi_{n_2}(\eta)$$

$$\psi_{n_1}(\xi)=\left(\frac{\alpha_1}{\sqrt{\pi}\cdot 2^{n_1}\cdot n_1!}\right)^{1/2}\mathrm{H}_{n_1}(\alpha_1\xi)\exp\left(-\frac{1}{2}\alpha_1^2\xi^2\right),\quad \alpha_1=\sqrt{m\omega_1/\hbar} \tag{11.3.42}$$

$$\psi_{n_2}(\eta)=\left(\frac{\alpha_2}{\sqrt{\pi}\cdot 2^{n_2}\cdot n_2!}\right)^{1/2}\mathrm{H}_{n_2}(\alpha_2\eta)\exp\left(-\frac{1}{2}\alpha_2^2\eta^2\right),\quad \alpha_2=\sqrt{m\omega_2/\hbar}$$

相应的能量为

$$E_{n_1n_2}=\left(n_1+\frac{1}{2}\right)\hbar\omega_1+\left(n_2+\frac{1}{2}\right)\hbar\omega_2,\quad n_1,n_2=0,1,2,\cdots \tag{11.3.43}$$

当 $|\lambda|\ll m\omega_0^2$ 时，由式(11.3.40)，得

$$\omega_1=\omega_0(1-\lambda/m\omega_0^2)^{1/2}\approx\omega_0(1-\lambda/2m\omega_0)$$
$$\omega_2=\omega_0(1+\lambda/m\omega_0^2)^{1/2}\approx\omega_0(1+\lambda/2m\omega_0)$$

此时

$$\begin{aligned}E_{n_1n_2}&\approx\left(n_1+\frac{1}{2}+n_2+\frac{1}{2}\right)\hbar\omega_0+(n_2-n_1)\frac{\lambda\hbar}{2m\omega_0}\\&=(N+1)\hbar\omega_0+(n_2-n_1)\frac{\lambda\hbar}{2m\omega_0}\end{aligned} \tag{11.3.44}$$

例如，$N=1$ 的情况，$(n_1,n_2)=(1,0)$与$(0,1)$，相应的能量分别为

$$E_{10}=2\hbar\omega_0-\frac{\lambda\hbar}{2m\omega_0},\quad E_{01}=2\hbar\omega_0+\frac{\lambda\hbar}{2m\omega_0}$$

能级分裂

$$\Delta E=|E_{01}-E_{10}|=\frac{|\lambda|\hbar}{m\omega_0}$$

这与微扰论计算结果式(11.3.34)一致.

例 3 二能级体系

设体系 Hamilton 量为

$$H=H_0+H' \tag{11.3.45}$$

H_0 有两条非简并能级 E_1 和 E_2 很靠近，而其余能级则离开很远，

$$H_0|\varphi_1\rangle=E_1|\varphi_1\rangle,\qquad H_0|\varphi_2\rangle=E_2|\varphi_2\rangle \tag{11.3.46}$$

则 H 的对角化可以局限在$|\varphi_1\rangle$和$|\varphi_2\rangle$张开的二维空间中进行. 在此空间中 H 表示为①

$$H=\begin{pmatrix}E_1 & H'_{12}\\ H'_{21} & E_2\end{pmatrix},\quad H'_{12}=\langle\varphi_1|H'|\varphi_2\rangle=H'^{*}_{21} \tag{11.3.47}$$

设 H 本征态表示为

$$|\psi\rangle=c_1|\varphi_1\rangle+c_2|\varphi_2\rangle \tag{11.3.48}$$

则 H 的本征方程 $H|\psi\rangle=E|\psi\rangle$可化为

$$\begin{pmatrix}E-E_1 & -H'_{12}\\ -H'^{*}_{12} & E-E_2\end{pmatrix}\begin{pmatrix}c_1\\ c_2\end{pmatrix}=0 \tag{11.3.49}$$

---

① 若 $H'_{11}\neq0,H'_{22}\neq0$，只需在下面所有公式中把 $E_1\to E_1+H'_{11},E_2\to E_2+H'_{22}$，则以下结果也同样成立.

此方程有非平庸解的条件为

$$\begin{vmatrix} E-E_1 & -H'_{12} \\ -H'^{*}_{12} & E-E_2 \end{vmatrix} = 0 \tag{11.3.50}$$

解之,可得出 E 的两个根

$$E_{\pm} = \frac{1}{2}\left[(E_1+E_2) \pm \sqrt{(E_1-E_2)^2+4\,|\,H'_{12}\,|^2}\right] \tag{11.3.51}$$

令(见图 11.6)

$$E_c = \frac{1}{2}(E_1+E_2) \qquad (\text{两能级的重心}) \tag{11.3.52}$$

$$d = \frac{1}{2}(E_2-E_1) \qquad (\text{设 } E_2 > E_1) \tag{11.3.53}$$

即 $E_1=E_c-d, E_2=E_c+d$,而

$$E_{\pm} = E_c \pm \sqrt{d^2+|\,H'_{12}\,|^2} = E_c \pm |\,H'_{12}\,|\sqrt{1+R^2} \tag{11.3.54}$$

式中

$$R = d/|\,H'_{12}\,| (\text{实}) \tag{11.3.55}$$

$1/R=|\,H'_{12}\,|/d$ 是表征微扰的重要性的一个参数. $1/R \gg 1$($|\,H'_{12}\,| \gg d$)表示强耦合,$1/R \ll 1$($|\,H'_{12}\,| \ll d$)表示弱耦合

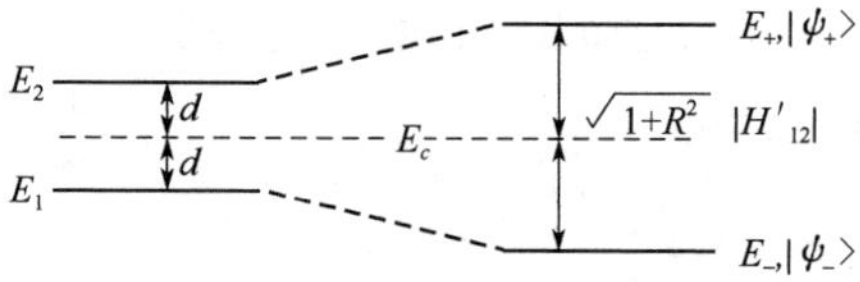

图 11.6

为表述方便,引进实参量 θ 和 γ,

$$\tan\theta = 1/R, \qquad H'_{12} = |\,H'_{12}\,|\,\mathrm{e}^{-\mathrm{i}\gamma} \tag{11.3.56}$$

若 H'_{12} 为实,则 $\gamma=0$(斥力),或 π(引力).

用 E_- 根代入式(11.3.49),可得

$$\frac{c_1}{c_2} = \frac{H'_{12}}{E_- - E_1} = \frac{|\,H'_{12}\,|\,\mathrm{e}^{-\mathrm{i}\gamma}}{-\sqrt{d^2+|\,H'_{12}\,|^2}+d} = -\frac{\mathrm{e}^{-\mathrm{i}\gamma}}{\sqrt{R^2+1}-R}$$

$$= -(\sqrt{R^2+1}+R)\,\mathrm{e}^{-\mathrm{i}\gamma} = -\frac{\cos(\theta/2)}{\sin(\theta/2)}\mathrm{e}^{-\mathrm{i}\gamma}$$

相应的本征态可表示为

$$|\,\psi_-\rangle = \cos(\theta/2)\,|\,\varphi_1\rangle - \sin(\theta/2)\mathrm{e}^{\mathrm{i}\gamma}\,|\,\varphi_2\rangle, \quad \text{或记为} \begin{pmatrix} \cos(\theta/2) \\ -\sin(\theta/2)\mathrm{e}^{\mathrm{i}\gamma} \end{pmatrix} \tag{11.3.57}$$

类似可求出 E_+ 根相应的本征态

$$|\,\psi_+\rangle = \sin(\theta/2)\,|\,\varphi_1\rangle + \cos(\theta/2)\mathrm{e}^{\mathrm{i}\gamma}\,|\,\varphi_2\rangle, \quad \text{或记为} \begin{pmatrix} \sin(\theta/2) \\ \cos(\theta/2)\mathrm{e}^{\mathrm{i}\gamma} \end{pmatrix} \tag{11.3.58}$$

讨论

(1) 设 $E_1=E_2$(二重简并),$\gamma=\pi$(引力),则 $d=0$,$R=0$(强耦合),$\theta=\pi/2$,而

$$|\psi_{\mp}\rangle=\frac{1}{\sqrt{2}}(|\varphi_1\rangle\pm|\varphi_2\rangle)\qquad(11.3.59)$$

(2) 设 $R\gg1$(弱耦合),即 $|H'_{12}|\ll d$,$\frac{1}{R}\approx\theta\ll1$,则

$$|\psi_-\rangle\approx|\varphi_1\rangle+\frac{1}{2R}|\varphi_2\rangle$$

$$E_-\approx E_c-R|H'_{12}|=E_c-d$$

$$|\psi_+\rangle\approx\frac{1}{2R}|\varphi_1\rangle-|\varphi_2\rangle$$

$$E_+\approx E_c+R|H'_{12}|=E_c+d\qquad(11.3.60)$$

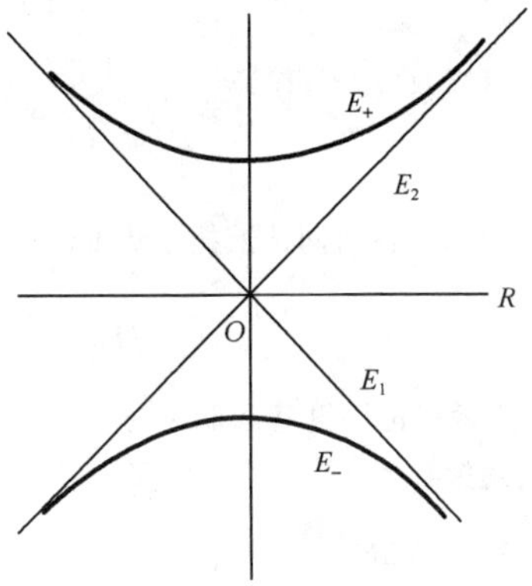

图 11.7

E_+ 和 E_- 随 R 的变化,如图 11.7.

习　　题

11.1　设非简谐振子的 Hamilton 量为

$$H=-\frac{\hbar^2}{2\mu}\frac{\mathrm{d}^2}{\mathrm{d}x^2}+\frac{1}{2}\mu\omega_0^2x^2+\beta x^3\quad(\beta\text{为实常数})$$

取

$$H_0=-\frac{\hbar^2}{2\mu}\frac{\mathrm{d}^2}{\mathrm{d}x^2}+\frac{1}{2}\mu\omega_0^2x^2\qquad H'=\beta x^3$$

试用微扰论计算其能量及能量本征函数.

答:$E_n=\left(n+\frac{1}{2}\right)\hbar\omega_0-(30n^2+30n+11)\hbar^2\beta^2/8\mu^3\omega_0^4$(准到二级近似)

$$\psi_n=\psi_n^{(0)}+\frac{\beta}{6\sqrt{2}\alpha^3\hbar\omega_0}\Big[\sqrt{n(n-1)(n-2)}\,\psi_{n-3}^{(0)}+9n\sqrt{n}\,\psi_{n-1}^{(0)}-9(n+1)\sqrt{n+1}\,\psi_{n+1}^{(0)}$$
$$-\sqrt{(n+1)(n+2)(n+3)}\,\psi_{n+3}^{(0)}\Big]\quad(\text{准确到一级近似})$$

$\psi_n^{(0)}$ 等是简谐振子的能量本征态,$\alpha=\sqrt{\mu\omega_0/\hbar}$,$\mu$ 是振子的质量.

11.2　一维谐振子 Hamilton 量表示为

$$H_0=-\frac{\hbar^2}{2\mu}\frac{\mathrm{d}^2}{\mathrm{d}x^2}+\frac{1}{2}\mu\omega^2x^2$$

设加上一个微扰

$$H'=\frac{\lambda}{2}\mu\omega^2x^2\quad(\lambda\ll1)$$

试用微扰论求能级的修正(到三级近似),并和精确解比较.

答:

$$E_n^{(1)}=\frac{\lambda}{2}\left(n+\frac{1}{2}\right)\hbar\omega,\quad E_n^{(2)}=-\frac{\lambda^2}{8}\left(n+\frac{1}{2}\right)\hbar\omega,\quad E_n^{(3)}=\frac{\lambda^3}{16}\left(n+\frac{1}{2}\right)\hbar\omega$$

严格解

$$E_n = \left(n+\frac{1}{2}\right)\hbar\omega', \qquad \omega' = \sqrt{1+\lambda}\omega$$

按 λ 幂级数展开

$$E_n = \left(n+\frac{1}{2}\right)\hbar\omega\left(1+\frac{\lambda}{2}-\frac{\lambda^2}{8}+\frac{\lambda^3}{16}-\cdots\right)$$

11.3　各向同性谐振子势 $V(r)=\frac{1}{2}\mu\omega^2 r^2$ 中的粒子，受到微扰作用

$$H = \lambda xyz + \frac{\lambda^2}{\hbar\omega}x^2y^2z^2 \quad (\lambda\text{ 为小常数})$$

(1) 用微扰论计算基态能级的修正(准确到 λ^2). (2) 对于一级近似下的基态，计算 $\langle \boldsymbol{r}\rangle$. 对此结果做物理解释.

答：(1) $\Delta E=\frac{\lambda^2}{12}\frac{\hbar^2}{\mu^3\omega^4}$.

(2) $\langle \boldsymbol{r}\rangle=0$. (试问势场的极小值位置何在?)

11.4　自旋为 $\frac{1}{2}$ 的三维各向同性谐振子，处于基态. 设粒子受到微扰 $H'=\lambda\boldsymbol{\sigma}\cdot\boldsymbol{r}$ 作用，求能级修正(二级近似).

答：基态能级的一级微扰修正为 0，二级微扰修正为 $E_0^{(2)}=-3\lambda^2/2\mu\omega^2$.

11.5　自旋为 0 的两个全同粒子在谐振子势中运动，

$$H_0 = -\frac{\hbar^2}{2\mu}\left(\frac{\partial^2}{\partial x_1^2}+\frac{\partial^2}{\partial x_2^2}\right)+\frac{1}{2}\mu\omega^2(x_1^2+x_2^2)$$

设粒子之间有相互作用

$$H' = V_0\exp[-\beta^2(x_1-x_2)^2]$$

试用微扰论求体系的基态能级修正(一级近似).

答：$E_0^{(1)}=V_0/\sqrt{1+2\beta^2/\alpha^2}$.

11.6　设有自由粒子在长度为 L 的一维区域中运动，波函数满足周期性边条件

$$\psi(-L/2) = \psi(L/2)$$

波函数形式可取为

$$\psi_+^{(0)} = \sqrt{\frac{2}{L}}\cos kx, \qquad \psi_-^{(0)} = \sqrt{\frac{2}{L}}\sin kx$$

$$k = \frac{2\pi n}{L}, \qquad n = 0,1,2,\cdots$$

设粒子还受到一个“陷阱”的作用，

$$H'(x) = -V_0\exp(-x^2/a^2), \quad a \ll L$$

试用简并微扰论计算能量一级修正.

答：能量一级修正为 $-\sqrt{\pi}V_0\cdot\frac{a}{L}[1\pm\exp(-a^2k^2)]$.

11.7　一维无限深势阱($0<x<a$)中的粒子，受到微扰

$$H'(x) = \begin{cases} 2\lambda\dfrac{x}{a}, & 0<x<a/2 \\ 2\lambda\left(1-\dfrac{x}{a}\right), & a/2<x<a \end{cases}$$

的作用，求基态能量的一级修正.

答：$E_1^{(1)}=\left(\frac{1}{2}+\frac{2}{\pi^2}\right)\lambda$.

11.8　在一维无限深势阱

$$V(x)=\begin{cases}0, & 0<x<a\\ \infty, & x<0,x>a\end{cases}$$

中运动的粒子，受到微扰 H' 的作用，

$$H'(x)=\begin{cases}-b, & 0<x<a/2\\ +b, & a/2<x<a\end{cases}$$

讨论粒子在空间位置概率分布的改变.

答：波函数的一级近似解为

$$\psi_n(x)=\sqrt{\frac{2}{a}}\sin\left(\frac{n\pi}{a}x\right)+\sum_{k(\text{奇})}\frac{8bk\mu(-1)^{(k-n-1)/2}}{\hbar^2\pi^3(n^2-k^2)^2}\cdot\sqrt{\frac{2}{a}}\sin\left(\frac{k\pi}{a}x\right),n=\text{偶}$$

$$\psi_n(x)=\sqrt{\frac{2}{a}}\sin\left(\frac{n\pi}{a}x\right)+\sum_{k(\text{偶})}\frac{8bk\mu(-1)^{(k-n-1)/2}}{\hbar^2\pi^3(n^2-k^2)^2}\cdot\sqrt{\frac{2}{a}}\sin\left(\frac{k\pi}{a}x\right),n=\text{奇}$$

其中 μ 为粒子质量.

参阅 D. Rapp, *Quantum Mechanics*(1971), p. 259.

11.9　一个粒子在二维无限深势阱

$$V(x,y)=\begin{cases}0, & 0<x,y<a\\ \infty, & \text{其他地方}\end{cases}$$

中运动，设加上微扰

$$H'=\lambda xy\qquad(0\leqslant x,y\leqslant a)$$

求基态及第一激发态的能量修正.

答：基态(不简并)的能量一级修正为 $\lambda a^2/4$. 第一激发态(二重简并)的一级修正为

$$\frac{\lambda a^2}{4}\left(1\pm\frac{1024}{81\pi^2}\right)\approx\frac{\lambda a^2}{4}(1\pm 0.13)$$

11.10　实际原子核不是一个点电荷，它有一定的大小，假设可以视为一个均匀分布的球. 迄今大量实验测量表明，电荷分布半径 $R=r_{0p}Z^{1/3}$，$r_{0p}=1.635\times10^{-13}$ cm. 试用微扰论估计这种(非点电荷)效应对原子的 1s 能级的修正.(假设 1s 电子波函数近似取为类氢原子的 1s 态波函数.)

提示：均匀分布于半径为 R 的球内的电荷 Ze 产生的静电势为

$$\phi(r)=\begin{cases}\dfrac{Ze}{R}\left(\dfrac{3}{2}-\dfrac{1}{2}\dfrac{r^2}{R^2}\right), & r<R\\ Ze/r, & r>R\end{cases}$$

非点电荷效应看成微扰 H'

$$H'=\begin{cases}-\dfrac{Ze^2}{R}\left(\dfrac{3}{2}-\dfrac{1}{2}\dfrac{r^2}{R^2}\right)+\dfrac{Ze^2}{r}, & r<R\\ 0, & r>R\end{cases}$$

1s 能级的一级微扰修正为

$$\frac{2}{5}\frac{Z^4e^2R^2}{a^3}=\frac{2}{5}\frac{e^2}{a}\left(\frac{r_{0p}}{a}\right)^2Z^{14/3}\approx Z^{14/3}\cdot10^{-8}\,\text{eV}$$

$$a=\hbar^2/\mu e^2=0.53\cdot10^{-8}\,\text{cm},e^2/2a=13.6\,\text{eV}$$

11.11　同上题，若视核电荷 Ze 为球壳分布(半径 R)，则

$$\phi(r)=\begin{cases}Ze/R, & r<R\\ Ze/r, & r>R\end{cases}$$

而

$$H' = \begin{cases} Ze^2\left(\dfrac{1}{r} - \dfrac{1}{R}\right), & r < R \\ 0, & r > R \end{cases}$$

求 1s 能级的微扰论一级修正.

答：$\dfrac{2}{3}\dfrac{Z^4e^2R^2}{a^3}$.

11.12　考虑 μ 原子，它是一个 μ^- 粒子取代一个电子而形成的原子. $m_\mu = 207m_e$. (1) 计算 μ^- 粒子的圆轨道($l=n-1$)半径，与核半径比较，估算原子序数 Z 多大时，μ^- 轨道半径将与核半径相等. (2) 对于轻核(Z 较小)，估算原子核电荷的有限分布对 μ^- 1s 能级的影响.

答：(1) μ^- 圆轨道半径 $r_n = n^2a_\mu/Z$，

$$a_\mu = a\cdot\left(\frac{m_e}{m_\mu}\right) = \frac{\hbar^2}{m_\mu e^2} \approx \frac{a}{207} \approx 256\text{fm} \quad (\mu \text{ 粒子 Bohr 半径})$$

按照原子核电荷分布半径的 $Z^{1/3}$ 律，$R = 1.635\times Z^{1/3}\,\text{fm} = r_{0p}Z^{1/3}$.

由此可求出 $Z = Z_0$ 时 $r_1 = R$，而

$$Z_0 = \left(\frac{a_\mu}{r_{0p}}\right)^{3/4} = \left(\frac{256}{1.635}\right)^{2/4} \approx 44$$

(2) 对于轻核 $Z \ll Z_0$，可用微扰论一级近似估算 1s 能级修正为

$$\frac{2}{5}\ \frac{Z^4e^2R^2}{a_\mu^3}$$

11.13　均匀带电小球(半径 r_0)在外静电场中获得势能

$$U(r) = V(r) + \frac{1}{6}r_0^2\ \nabla^2V(r) + \cdots$$

r 为球心所在位置，$V(r)$ 是把小球换为点电荷情况下在静电场中的势能. 氢原子中，视电子为点电荷，则它与原子核之间 Coulomb 势能为 $V=-e^2/r$. 如视电子为带电($-e$)的小球，半径 $r_0 = e^2/m_ec^2$(经典电子半径)，则势能应改为 $U(r)$，如把 r_0^2 项视为微扰，求 1s 和 2p 能级的微扰修正(相当于 Lamb 移动).

提示：$H' = \dfrac{2\pi}{3}e^2r_0^2\delta(\boldsymbol{r})$.

答：能级一级修正 $E^{(1)} = \dfrac{2\pi}{3}e^2r_0^2\,|\psi(0)|^2$.

1s 能级的一级修正为 $E_{1s}^{(1)} = \dfrac{2}{3}\dfrac{e^2r_0^2}{a^3} = \dfrac{2}{3}\alpha^6m_ec^2 \approx 5.1\times10^{-8}\,\text{eV}$.

2p 能级的一级修正为 $E_{2p}^{(1)} = 0$.

11.14　讨论类氢原子的 $n=2$ 能级在下列微扰下的能级分裂，

$$H' = xyf(r) \qquad (f(r)\ \text{无奇异性质})$$

提示：不计及微扰时，$n=2$ 能级为 4 重简并(不考虑自旋). H' 选择定则 $\Delta m = \pm2$.

答：能级分裂为等距的三条：$E_2^{(0)}$(二重简并)，ψ_{210}，ψ_{200}，

$$(E_2^{(0)}+A),\ \psi^{(0)} = \frac{1}{\sqrt{2}}(\psi_{211} - \mathrm{i}\psi_{21-1})\ ;\ (E_2^{(0)}-A),\ \psi^{(0)} = \frac{1}{\sqrt{2}}(\psi_{211} + \mathrm{i}\psi_{21-1})$$

其中 $A = \dfrac{1}{5}\displaystyle\int_0^\infty (R_{21}(r))^2 f(r)r^4\,\mathrm{d}r$. (实)

11.15 氢原子的 $n=2$ 能级的精细结构如图 11.8 所示.

$$\Delta = E(2p_{3/2}) - E(2p_{1/2}) = \frac{1}{32}\alpha^4 m_e c^2 = 4.5\times10^{-5}\,\mathrm{eV}$$

其中 $\alpha=e^2/\hbar c\approx1/137$ 为精细结构常数. 将氢原子置于“弱”电场中,求一级微扰下能级的分裂. 此处“弱”的含义是什么?

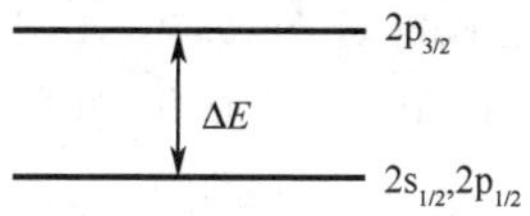

图 11.8

答:$H'=e\mathscr{E}r\cos\theta$,“弱电场”指 $\mathscr{E}a\ll\Delta$(a 为 Bohr 半径). 注意 H' 选择定则,$\Delta m_j=0$. $2p_{3/2}$($m_j=3/2,1/2,-1/2,-3/2$,4 重简并)不分裂. $2s_{1/2}$,$2p_{1/2}$ 能级分裂为 2 条,$E^{(1)}=\pm\sqrt{3}e\mathscr{E}a$.

11.16 单价电子原子处于某种离子点阵中,周围离子对价电子的作用势可近似表示成

$$H' = V_0\left(x^4+y^4+z^4-\frac{3}{5}r^4\right)$$

可视为微扰. 设价电子处于 3d 态,它的正交归一波函数取为

$$\psi_1 = \frac{1}{2}(y^2-z^2)f(r),\quad \psi_2 = \frac{1}{2\sqrt{3}}(2x^2-y^2-z^2)f(r)$$

$$\psi_3 = yzf(r),\quad \psi_4 = zxf(r),\quad \psi_5 = xyf(r)$$

讨论微扰一级近似下,3d 能级的分裂及分裂后的简并度.

答:利用波函数(在直角坐标系中)的奇偶性,$H'_{ij}=0$,$i\neq j$;$H'_{11}=H'_{22}$,$H'_{33}=H_{44}=H_{55}$. 能级分裂为两条,

$$E_{3d}^{(0)}+H'_{11}\quad(\text{二重简并},\psi_1,\psi_2)$$

$$E_{3d}^{(0)}+H'_{33}\quad(\text{三重简并},\psi_3,\psi_4,\psi_5)$$

11.17 对于氢原子的 s 态($l=0$),原子核(质子)与电子的超精细相互作用表示为 $H'=-\frac{8\pi}{3}\boldsymbol{\mu}_p\cdot\boldsymbol{\mu}_e\delta(\boldsymbol{r})$,$\boldsymbol{r}$ 是核和电子的相对距离,$\boldsymbol{\mu}_p=g_p\frac{e}{2m_pc}\boldsymbol{s}_p$(其中 $g_p=5.586$),$\boldsymbol{\mu}_e=-2\frac{e}{2m_ec}\boldsymbol{s}_e$ 分别是质子与电子的磁矩,$\boldsymbol{s}_p$ 和 $\boldsymbol{s}_e$ 分别为它们的自旋. 试计算 H' 引起的氢原子基态的超精细分裂(见图 11.9).

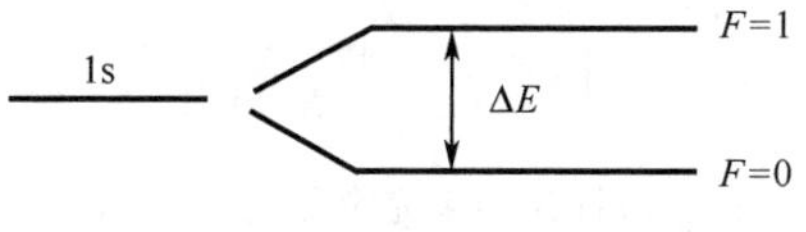

图 11.9

答:基态轨道角动量为 0,总角动量即($\boldsymbol{s}_p+\boldsymbol{s}_e$),其平方的本征值为 $F(F+1)\hbar^2$,$F=0$(单态),$F=1$(三单态). $F=0$ 态微扰一级能量修正为 $E^{(1)}(F=0)=-g_p\alpha^4(m_e/m_p)m_ec^2$,$\alpha=e^2/\hbar c=1/137$. $F=1$ 态微扰一级能量修正 $E^{(1)}(F=1)=\frac{1}{3}g_p\alpha^4(m_e/m_p)m_ec^2$. 超精细分裂为

$$\Delta E = E^{(1)}(F=1)-E^{(1)}(F=0) = \frac{4}{3}g_p\alpha^4(m_e/m_p)m_ec^2 = 5.88\times10^{-6}\,\mathrm{eV}$$

11.18 处于超精细结构基态(1s,$F=0$)的氢原子,置于均匀弱磁场 $\boldsymbol{B}$(沿 z 轴方向)中,相互作用势的主要部分为 $H'=-\boldsymbol{B}\cdot(\boldsymbol{\mu}_e+\boldsymbol{\mu}_p)=-B(\mu_e+\mu_p)_z\approx-B\mu_{ez}$(因为 $\mu_e\gg\mu_p$). 计算能级移动 $E(B)$. 定义原子的磁化率 $\alpha_B=-\left(\frac{\partial^2E(B)}{\partial B^2}\right)_{B=0}$,求出 α_B.

答:一级微扰修正 $E^{(1)}(1s,F=0)=0$. 二级微扰修正为

$$E^{(2)}(1s,F=0) = -\frac{(\mu_eB)^2}{E(1s,F=1)-E(1s,F=0)} = E(B)$$

$$\alpha_B = \frac{2\mu_e^2}{E(1s, F=1) - E(1s, F=0)} \approx 1.14 \times 10^{-11} \text{ eV/G}^2$$

μ_e 是 Bohr 磁子 $=5.79\times10^{-9}$ eV/G.

11.19　在中心力场中的两个粒子,均处于 s 态($l_1=l_2=0$).粒子 1 自旋为 1,内禀磁矩 $\boldsymbol{\mu}_1=-\mu\boldsymbol{s}_1$;粒子 2 自旋为 $\frac{1}{2}$,无内禀磁矩.设两粒子有相互作用 $A\boldsymbol{s}_1\cdot\boldsymbol{s}_2$,$A>0$.此外还受到均匀外磁场 B 作用.粒子轨道运动不考虑.(1)$B=0$ 时,求体系能级.(选择适当守恒量完全集!)(2)磁场很强情况下(略去 $A\boldsymbol{s}_1\cdot\boldsymbol{s}_2$)求体系能级.(3)求体系能级的精确解.并就强磁场和弱磁场情况给出近似公式,和微扰论结果比较.

11.20　设在 H_0 表象中,H 的矩阵为

$$\begin{pmatrix} E_1^{(0)} & 0 & a \\ 0 & E_2^{(0)} & b \\ a^* & b^* & E_3^{(0)} \end{pmatrix}, \quad E_1^{(0)} < E_2^{(0)} < E_3^{(0)}$$

试用微扰论求能量的二级修正.

答:三条能级的二级修正分别为

$$E_1^{(2)} = \frac{|a|^2}{E_1^{(0)} - E_3^{(0)}}, \quad E_2^{(2)} = \frac{|b|^2}{E_2^{(0)} - E_3^{(0)}}, \quad E_3^{(2)} = \frac{|a|^2}{E_3^{(0)} - E_1^{(0)}} + \frac{|b|^2}{E_3^{(0)} - E_2^{(0)}}$$

11.21　设在 H_0 表象中,

$$H = \begin{pmatrix} E_1^{(0)} + a & b \\ b & E_2^{(0)} + a \end{pmatrix} \quad (a,b \text{ 为实数})$$

用微扰论求能级修正(到二级近似).严格求解,与微扰论计算值比较.

答:微扰论计算(二级近似)结果为

$$E_1 = E_1^{(0)} + a + \frac{b^2}{E_1^{(0)} - E_2^{(0)}}, E_2 = E_2^{(0)} + a + \frac{b^2}{E_2^{(0)} - E_1^{(0)}}$$

严格解结果为

$$E = \frac{1}{2}(E_1^{(0)} + E_2^{(0)}) + a \pm \frac{1}{2}(E_1^{(0)} - E_2^{(0)})\left[1 + \frac{4b^2}{(E_1^{(0)} - E_2^{(0)})^2}\right]^{1/2}$$

若 $|b/(E_1^{(0)} - E_2^{(0)})| \ll 1$,展开上式,准确到 b^2 项,与微扰论结果完全相同.

11.22　一体系在无微扰时有两条能级,其中一条是二重简并,在 H_0 表象中

$$H_0 = \begin{pmatrix} E_1^{(0)} & 0 & 0 \\ 0 & E_1^{(0)} & 0 \\ 0 & 0 & E_2^{(0)} \end{pmatrix}, \qquad E_2^{(0)} > E_1^{(0)}$$

在计及微扰后,Hamilton 量表示为

$$H = \begin{pmatrix} E_1^{(0)} & 0 & a \\ 0 & E_1^{(0)} & b \\ a^* & b^* & E_2^{(0)} \end{pmatrix}$$

(1)用微扰论求 H 本征值,准到二级近似.(2)把 H 严格对角化,求 H 的精确的本征值,然后进行比较.

答:(1)计及微扰后,不简并能级变为

$$E_2 = E_2^{(0)} + \frac{|a|^2 + |b|^2}{E_2^{(0)} - E_1^{(0)}}$$

二重简并能级 $E_1^{(0)}$ 分裂为 2,即

$$E_1^{(0)} \text{ 及 } E_1^{(0)} + \frac{|a|^2 + |b|^2}{E_1^{(0)} - E_2^{(0)}}$$

(2)严格解求得 H 的三个本征值分别为 $\lambda_1 = E_1^{(0)}$

$$\lambda_{\pm} = \frac{1}{2}(E_1^{(0)} + E_2^{(0)}) \pm \frac{1}{2}(E_1^{(0)} - E_2^{(0)})\left[1 + \frac{4(|a|^2 + |b|^2)}{(E_1^{(0)} - E_2^{(0)})^2}\right]^{1/2}$$

微扰展开后为

$$\lambda_+ \approx E_1^{(0)} + \frac{|a|^2 + |b|^2}{E_1^{(0)} - E_2^{(0)}}, \quad \lambda_- \approx E_2^{(0)} + \frac{|a|^2 + |b|^2}{E_2^{(0)} - E_1^{(0)}}$$

11.23 设在 H_0 表象中,H_0 的矩阵表示为

$$H_0 = \begin{pmatrix} 2\varepsilon_1 & 0 & 0 & \cdots \\ 0 & 2\varepsilon_1 & 0 & \cdots \\ 0 & 0 & 2\varepsilon_3 & \cdots \\ \cdots & \cdots & \cdots & \cdots \end{pmatrix}$$

是 $n\times n$ 矩阵,$\varepsilon_i \neq \varepsilon_j$. 又设微扰 H' 为

$$H' = \begin{pmatrix} -1 & -1 & -1 & \cdots \\ -1 & -1 & -1 & \cdots \\ \cdots & \cdots & \cdots & \cdots \end{pmatrix}$$

即所有矩阵元均为-1,求 $H = H_0 + H'$的本征值与本征函数.

提示:久期方程为

$$\begin{vmatrix} \lambda_1 + 1 & 1 & 1 & \cdots \\ 1 & \lambda_2 + 1 & 1 & \cdots \\ 1 & 1 & \lambda_3 + 1 & \cdots \\ \cdots & \cdots & \cdots & \cdots \end{vmatrix} = 0$$

其中

$$\lambda_i = E - 2\varepsilon_i \qquad (i = 1, 2, \cdots, n)$$

化简后得

$$\sum_{i=1}^{n} \frac{1}{\lambda_i} + 1 = 0$$

即

$$\sum_{i=1}^{n} \frac{1}{E - 2\varepsilon_i} = -1$$

用图解法或数字计算求 H 本征值 E 是很方便的.

11.24 设 H 的矩阵表示式为

$$H = \begin{pmatrix} 2\varepsilon_1 - 1 & -1 & -1 & -1 \\ -1 & 2\varepsilon_2 - 1 & -1 & -1 \\ -1 & -1 & 2\varepsilon_3 - 1 & 0 \\ -1 & -1 & 0 & 2\varepsilon_4 - 1 \end{pmatrix}$$

利用上题结果及微扰论,计算 H 的本征值.

提示:试选

$$H' = \begin{pmatrix} 0 & 0 & 0 & 0 \\ 0 & 0 & 0 & 0 \\ 0 & 0 & 0 & 1 \\ 0 & 0 & 1 & 0 \end{pmatrix}$$

试问 $H_0 = H - H' = ?$

第 12 章　量子跃迁

12.1　量子态随时间的演化

量子力学中,关于量子态的问题,可分为两类:

(1) 体系的可能状态问题,即力学量的本征态与本征值问题.量子力学的基本假定之一是:力学量的观测值即与力学量相应的厄米算符的本征值.通过求解算符的本征方程可以求出它们.特别重要的是 Hamilton 量(不显含 t)的本征值问题,可求解不含时 Schrödinger 方程(即能量本征方程)

$$H\psi = E\psi \tag{12.1.1}$$

得出能量本征值 E 和相应的本征态.要特别注意,一般说来,能级有简并,仅根据能量本征值 E 并不能把相应的本征态完全确定下来,而往往需要找出一组守恒量完全集 F(其中包括 H),并要求 ψ 是它们的共同本征态,从而把简并态完全确切标记清楚.

(2) 体系状态随时间演化的问题.量子力学的另一个基本假定是:体系状态随时间的演化 $\psi(t)$,遵守含时 Schrödinger 方程

$$\mathrm{i}\hbar \frac{\partial}{\partial t}\psi(t) = H\psi(t) \tag{12.1.2}$$

由于它是含时间一次导数的方程,当体系(Hamilton 量 H 给定)的初态 $\psi(0)$给定之后,则原则上可以从方程(12.1.2)求解出以后任何时刻 t 的状态 $\psi(t)$. $\psi(t)$随时间的演化是决定论性的(deterministic). [①]

对于 Hamilton 量不显含 $t(\partial H/\partial t=0)$的体系,能量为守恒量.此时,$\psi(t)$的求解是比较容易的.方程(12.1.2)的解形式上可以表示成(H 不显含时间 t)

$$\psi(t) = U(t)\psi(0) = \mathrm{e}^{-\mathrm{i}Ht/\hbar}\psi(0) \tag{12.1.3}$$

$U(t)=\mathrm{e}^{-\mathrm{i}Ht/\hbar}$是描述量子态随时间演化的算符.如采取能量表象(以能量本征态为基矢的表象),把 $\psi(0)$表示成

$$\psi(0) = \sum_n a_n\psi_n \tag{12.1.4}$$

$$a_n = (\psi_n, \psi(0)) \tag{12.1.5}$$

ψ_n 是包括 H 在内的一组守恒量完全集的共同本征态,即

$$H\psi_n = E_n\psi_n \tag{12.1.6}$$

---

① 参阅W. H. Zurek, Phys. Today, Oct, 1991, p. 36～41; J. Maddox, Nature **362**(1993)693.

E_n 为相应的能量本征值，n 代表一组完备的量子数. 把式(12.1.4)代入式(12.1.3)，利用式(12.1.6)，得

$$\psi(t) = \sum_n a_n e^{-iE_n t/\hbar}\psi_n \tag{12.1.7}$$

如果初始时刻体系处于某个给定的能量本征态 ψ_k，相应能量为 E_k，

$$\psi(0) = \psi_k \tag{12.1.8}$$

按式(12.1.5)，$a_n = \delta_{nk}$，因而

$$\psi(t) = \psi_k e^{-iE_k t/\hbar} \tag{12.1.9}$$

即体系将保持在原来的能量本征态. 这种量子态，称为定态.

如果体系在初始时刻并不处于某一个能量本征态，而是若干能量本征态的叠加，如式(12.1.4)所示，则以任何时刻 $\psi(t)$ 也不处于某个能量本征态，仍保持为能量本征态的叠加，如式(12.1.7)所示，是一个非定态. 但注意，由于 H 为守恒量，式(12.1.7)中 $|a_n e^{-iE_n t/\hbar}|^2 = |a_n|^2$，即非定态(12.1.7)中所含各能量本征态 ψ_n 的成分不随时间改变(参见 5.1 节).

例 1 设一个定域电子处于沿 x 方向的均匀磁场 B 中(不考虑电子的轨道运动)，电子内禀磁矩与外磁场的作用为

$$H = -\boldsymbol{\mu}_s\cdot\boldsymbol{B} = \frac{eB}{\mu c}s_x = \frac{eB\hbar}{2\mu c}\sigma_x = \hbar\omega_L\sigma_x \tag{12.1.10}$$

$$\omega_L = \frac{eB}{2\mu c} \quad (\text{Larmor 频率})$$

设初始时刻($t=0$)电子自旋态为 s_z 的本征态 $s_z=\hbar/2$，即(采用 s_z 表象)

$$\chi(0) = \begin{pmatrix}1\\0\end{pmatrix} \tag{12.1.11}$$

在 t 时刻电子自旋态 $\chi(t)=?$

解 1

体系的能量本征值和本征态(即 σ_x 的本征态)分别为(参阅习题 9.1)

$$\begin{aligned}&\sigma_x = +1, \quad E = E_+ = \hbar\omega_L, \quad \varphi_+ = \frac{1}{\sqrt{2}}\begin{pmatrix}1\\1\end{pmatrix}\\&\sigma_x = -1, \quad E = E_- = -\hbar\omega_L, \quad \varphi_- = \frac{1}{\sqrt{2}}\begin{pmatrix}1\\-1\end{pmatrix}\end{aligned} \tag{12.1.12}$$

电子自旋初态为 $\chi(0)=\begin{pmatrix}1\\0\end{pmatrix}$，按式(12.1.7)和式(12.1.5)，$t$ 时刻自旋态为

$$\begin{aligned}\chi(t) &= a_+ e^{-i\omega_L t}\varphi_+ + a_- e^{i\omega_L t}\varphi_-\\&= \frac{1}{\sqrt{2}}(e^{-i\omega_L t}\varphi_+ + e^{i\omega_L t}\varphi_-) = \begin{pmatrix}\cos\omega_L t\\-i\sin\omega_L t\end{pmatrix}\end{aligned} \tag{12.1.13}$$

由此可以求出电子自旋各分量的平均值随时间的变化，

$$\bar{s}_x = 0; \quad \bar{s}_y = -\frac{\hbar}{2}\sin 2\omega_L t, \quad \bar{s}_z = \frac{\hbar}{2}\cos 2\omega_L t$$

解 2

令

$$\chi(t) = \begin{pmatrix} a(t) \\ b(t) \end{pmatrix} \tag{12.1.14}$$

把式(12.1.14)代入 Schrödinger 方程，

$$\mathrm{i}\hbar \frac{\mathrm{d}}{\mathrm{d}t}\begin{pmatrix} a \\ b \end{pmatrix} = \hbar\omega_L \begin{pmatrix} 0 & 1 \\ 1 & 0 \end{pmatrix}\begin{pmatrix} a \\ b \end{pmatrix} \tag{12.1.15}$$

得

$$\dot{a} = -\mathrm{i}\omega_L b, \qquad \dot{b} = \mathrm{i}\omega_L a$$

两式相加、减，得

$$\frac{\mathrm{d}}{\mathrm{d}t}(a+b) = -\mathrm{i}\omega_L(a+b), \qquad \frac{\mathrm{d}}{\mathrm{d}t}(a-b) = \mathrm{i}\omega_L(a-b)$$

所以

$$a(t)+b(t) = [a(0)+b(0)]\mathrm{e}^{-\mathrm{i}\omega_L t}, \quad a(t)-b(t) = [a(0)-b(0)]\mathrm{e}^{\mathrm{i}\omega_L t}$$

两式相加、减，并利用初条件(12.1.11)，相当于 $a(0)=1, b(0)=0$，得

$$a(t) = \cos\omega_L t, \qquad b(t) = -\mathrm{i}\sin\omega_L t$$

即

$$\chi(t) = \begin{pmatrix} \cos\omega_L t \\ -\mathrm{i}\sin\omega_L t \end{pmatrix} \tag{12.1.16}$$

对于 H 随时间变化($\partial H/\partial t \neq 0$)的体系，能量不再是守恒量，不存在严格的定态. 态随时间演化的问题，除个别很简单的问题外，一般很难严格求解.

［注］ 形式上，$\psi(t)$可以表示为 $\psi(t)=U(t,0)\psi(0)$，

$$U(t,0) = T\exp\left[-\frac{\mathrm{i}}{\hbar}\int_0^t H(t)\mathrm{d}t\right]$$

为量子态随时间演化的算符，T 为编时算符. 但实际问题的求解，仍需采用近似方法，例如含时微扰论.

例 2 突发微扰(sudden perturbation)

设体系受到一个突发的(但有限的)微扰的作用

$$H'(t) = \begin{cases} H', & |t| < \varepsilon/2 \\ 0, & |t| > \varepsilon/2 \end{cases} \quad (\varepsilon \to 0^+) \tag{12.1.17}$$

即一个常微扰 H' 在一个很短时间$(-\varepsilon/2, +\varepsilon/2)$中突发地起作用. 按 Schrödinger 方程，

$$\psi(\varepsilon/2) \quad \psi(\quad \varepsilon/2) - \frac{1}{\mathrm{i}\hbar}\int_{-\varepsilon/2}^{+\varepsilon/2} H'(t)\psi(t)\mathrm{d}t \xrightarrow{\varepsilon \to 0^+} 0 \tag{12.1.18}$$

即突发(瞬时，但为有限大)微扰并不改变体系的状态，即 ψ(末态)$=\psi$(初态). 这里所谓瞬时($\varepsilon \to 0$)作用，是指 ε 远小于体系的特征时间(characteristic time).

例如考虑β^-衰变，原子核$(Z,N)\xrightarrow{\beta^-}(Z+1,N-1)$过程中，释放出一个电子(速度$v\approx c$)，过程持续时间$T\approx a/Zc$，$a$为Bohr半径. 与原子中1s轨道电子运动的特征时间[注]$\tau\approx(a/Z)/Z\alpha c$ ($\alpha\approx1/137$)相比，$T\ll\tau$(设$Z\ll1/\alpha\approx137$). 在此短暂过程中，β^-衰变前原子中一个K壳电子(1s电子)的状态是来不及改变的，即维持在原来状态. 但由于原子核电荷已经改变，原来状态并不能维持为新原子的能量本征态. 特别是，不能维持为新原子的1s态. 试问有多大概率处于新原子的1s态？设K电子波函数表示为

$$\psi_{100}(Z,r)=\left(\frac{Z^3}{\pi a^3}\right)^{1/2}\mathrm{e}^{-Zr/a} \tag{12.1.19}$$

按照波函数统计诠释，测得此K电子处于新原子的1s态的概率为

$$\begin{aligned}P_{100}&=|\langle\psi_{100}(Z+1)\mid\psi_{100}(Z)\rangle|^2=\frac{Z^3(Z+1)^3}{\pi^2a^6}(4\pi)^2\left|\int_0^\infty\mathrm{e}^{-(2Z+1)r/a}r^2\,\mathrm{d}r\right|^2\\&=\left(1+\frac{1}{Z}\right)^3\left(1+\frac{1}{2Z}\right)^{-6}\approx1-\frac{3}{4Z^2}\quad(1\ll Z\ll137)\end{aligned} \tag{12.1.20}$$

例如，对于$Z=10$，$P_{100}\approx0.9932$.

[注] 按类氢原子估算，电子动能平均值$=-E=\dfrac{\mu e^4Z^2}{2\hbar^2}$(对1s轨道，$n=1$). 设电子速度为$v$，则$\dfrac{1}{2}\mu v^2\approx\mu e^4Z^2/2\hbar^2$，所以$v\approx Ze^2/\hbar=Z\alpha c$，($\alpha=e^2\hbar c=1/137$为精细结构常数).

12.2 量子跃迁，含时微扰论

12.2.1 量子跃迁

在实际问题中，人们更感兴趣的往往不是泛泛地讨论量子态随时间的演化，而是想知道在某种外界作用下体系在定态之间的跃迁概率①.

设无外界作用时，体系的Hamilton量(不显含t)为H_0. 包括H_0在内的一组力学量完全集F的共同本征态记为ψ_n(H_0相应的本征值为E_n，设为束缚态，n标记一组完备的量子数). 设体系初始时刻处于H_0的某一本征态

$$\psi(0)=\psi_k \tag{12.2.1}$$

当外界作用$H'(t)$加上之后，

$$H=H_0+H'(t) \tag{12.2.2}$$

在完全集F中，并非所有的力学量都能保持为守恒量，因而体系不能保持在原来的本征态，而将变成F的各本征态的叠加，

$$\psi(t)=\sum_n C_{nk}(t)\mathrm{e}^{-\mathrm{i}E_nt/\hbar}\psi_n \tag{12.2.3}$$

按照波函数的统计诠释，在时刻t去测量力学量F，得到F_n值的概率为

$$P_{nk}(t)=|C_{nk}(t)|^2 \tag{12.2.4}$$

① 量子跃迁(quantum transition)是Bohr在早期量子论中提出的一个极重要的概念，并根据对应原理的精神探讨过跃迁概率和光谱线强度的问题. 但早期量子论未能给出系统解决量子跃迁概率的方案.

经测量之后，体系从初始状态 ψ_k 跃迁到 ψ_n 态. 跃迁概率记为 $P_{nk}(t)$，而单位时间内的跃迁概率，即跃迁速率(transition rate)为

$$w_{nk} = \frac{\mathrm{d}}{\mathrm{d}t}P_{nk}(t) = \frac{\mathrm{d}}{\mathrm{d}t}|C_{nk}(t)|^2 \tag{12.2.5}$$

于是问题归结为在给定的初条件(12.2.1)下，即

$$C_{nk}(0) = \delta_{nk} \tag{12.2.6}$$

如何去求解 $C_{nk}(t)$.

量子态随时间的演化，遵守 Schrödinger 方程

$$\mathrm{i}\hbar\frac{\partial}{\partial t}\psi(t) = (H_0 + H')\psi(t) \tag{12.2.7}$$

用式(12.2.3)代入上式，得

$$\mathrm{i}\hbar\sum_n \dot{C}_{nk}\,\mathrm{e}^{-\mathrm{i}E_n t/\hbar}\psi_n = \sum_n C_{nk}\,\mathrm{e}^{-\mathrm{i}E_n t/\hbar}H'\psi_n \tag{12.2.8}$$

上式两边乘 $\psi_{k'}^*$，积分，利用本征函数的正交归一性，得

$$\mathrm{i}\hbar\dot{C}_{k'k} = \sum_n \mathrm{e}^{\mathrm{i}\omega_{k'n}t}\langle k'|H'|n\rangle C_{nk} \tag{12.2.9}$$

其中

$$\omega_{k'n} = (E_{k'} - E_n)/\hbar \tag{12.2.10}$$

方程(12.2.9)与(12.2.7)等价，只是表象不同而已①. 求解式(12.2.9)时，要用到初条件式(12.2.6). 对于一般的 $H'(t)$，问题求解是困难的. 但如 H' 很微弱(从经典力学来讲(除了一个常数加项之外)，相当于 $H' \ll H_0$)，$|C_{nk}(t)|^2$ 将随时间很缓慢地变化，体系仍有很大的概率停留在原来状态，即 $|C_{nk}(t)|^2 \ll 1$，$(n \neq k)$. 在此情况下，可以用微扰逐级近似方法，即含时微扰论，来求解.

12.2.2 含时微扰论

1. 零级近似

即忽略 H' 影响. 按式(12.2.9)，$\dot{C}_{k'k}^{(0)}(t) = 0$，即 $C_{k'k}^{(0)} =$ 常数(不依赖于 t). 所以 $C_{k'k}^{(0)}(t) = C_{k'k}^{(0)}(0) = C_{k'k}(0)$. 再利用初条件(12.2.6)，得

$$C_{k'k}^{(0)}(t) = \delta_{k'k} \tag{12.2.11}$$

2. 一级近似

按微扰论精神，在式(12.2.9)右边，取 $C_{nk}(t) \approx C_{nk}^{(0)}(t) = \delta_{nk}$，由此得出一级近似解

---

① 方程(12.2.8)右边只出现 H' 而不出现 H_0，是因为在式(12.2.3)中我们把展开系数写成 $C_{nk}(t)\mathrm{e}^{-\mathrm{i}E_n t/\hbar}$，因子 $\mathrm{e}^{-\mathrm{i}E_n t/\hbar}$ 已经把 H_0 导致的态的演化反映进去了. 因此 $C_{nk}(t)$ 的变化只能来自 H'. 此即相互作用表象(参见 5.3.3 节).

$$\mathrm{i}\hbar\dot{C}_{k'k}^{(1)} = \mathrm{e}^{\mathrm{i}\omega_{k'k}t}H'_{k'k} \tag{12.2.12}$$

积分,得

$$C_{k'k}^{(1)}(t) = \frac{1}{\mathrm{i}\hbar}\int_0^t \mathrm{e}^{\mathrm{i}\omega_{k'k}t}H'_{k'k}\,\mathrm{d}t \tag{12.2.13}$$

因此,在准到微扰一级近似下,

$$C_{k'k}(t) = C_{k'k}^{(0)} + C_{k'k}^{(1)}(t) = \delta_{k'k} + \frac{1}{\mathrm{i}\hbar}\int_0^t \mathrm{e}^{\mathrm{i}\omega_{k'k}t}H'_{k'k}\,\mathrm{d}t \tag{12.2.14}$$

通常人们感兴趣的跃迁当然是指末态不同于初态的情况,($k'\neq k$)[①]

$$C_{k'k}(t) = \frac{1}{\mathrm{i}\hbar}\int_0^t \mathrm{e}^{\mathrm{i}\omega_{k'k}t}H'_{k'k}\,\mathrm{d}t$$

而

$$P_{k'k}(t) = \frac{1}{\hbar^2}\left|\int_0^t H'_{k'k}\mathrm{e}^{\mathrm{i}\omega_{k'k}t}\,\mathrm{d}t\right|^2 \tag{12.2.15}$$

此即微扰论一级近似下的跃迁概率公式.此公式成立的条件是

$$|P_{k'k}(t)| \ll 1 \quad (\text{对 } k'\neq k) \tag{12.2.16}$$

即跃迁概率很小,体系有很大概率仍停留在初始状态.因为,如不然,在求解式(12.2.9)的一级近似解时,就不能把该式右侧的 $C_{nk}(t)$ 近似代之为 $C_{nk}^{(0)}(t)=\delta_{nk}$.

由式(12.2.15)可以看出,跃迁概率与初态 k、末态 k' 以及微扰 H' 的性质都有关.特别是,如果 H' 具有某种对称性,使 $H'_{k'k}=0$,则 $P_{k'k}=0$,即在一级微扰近似下,不能从初态 k 跃迁到末态 k',或者说从 k 态到 k' 态的跃迁是禁戒的(forbidden)[②],即相应有某种选择规则(selection rule).

利用 H' 的厄米性,$H'_{k'k}=H'^{*}_{kk'}$,可以看出,在一级近似下,从 k 态到 k' 态的跃迁概率 $P_{k'k}$,等于从 k' 态到 k 态的跃迁概率($k'\neq k$).但应注意,由于能级一般有简并,而且简并度不尽相同.所以不能一般地讲:从能级 E_k 到能级 $E_{k'}$ 的跃迁概率等于从能级 $E_{k'}$ 到能级 E_k 的跃迁概率.如要计算跃迁到能级 $E_{k'}$ 的跃迁概率,则需要把到 $E_{k'}$ 能级的诸简并态的跃迁概率都考虑进去.如果体系的初态(由于 E_k 能级有简并)未完全确定,则从诸简并态出发的各种跃迁概率都要逐个计算,然后进行平均(假设各简并态出现的概率相同).概括来说,应对初始能级的诸简并态求平均,对终止能级的诸简并态求和.例如,一般中心力场中粒子能级 E_{nl} 的简并度为($2l+1$)(磁量子数 $m=l,l-1,\cdots,-l$).所以从 E_{nl} 能级到 $E_{n'l'}$ 能级的跃迁概率为

$$P_{nl\to n'l'} = \frac{1}{2l+1}\sum_{m,m'}P_{n'l'm',nlm} \tag{12.2.17}$$

① 但应注意,由于能级往往有简并,所以量子跃迁并不意味着末态能量一定与初态能量不同.弹性散射就是一个例子.在弹性散射过程中,粒子从初态(动量为 $\boldsymbol{p}_\mathrm{i}$ 的本征态)跃迁到末态(动量为 $\boldsymbol{p}_\mathrm{f}$ 的本征态),状态改变了(动量方向),但能量并未改变($|\boldsymbol{p}_\mathrm{f}|=|\boldsymbol{p}_\mathrm{i}|$).

② 当然,在微扰高级近似下,从 k 态到 k' 态的跃迁(通过适当的中间态)也是有可能的.但这种情况下跃迁概率在很大程度上会被削弱.在一级近似下跃迁概率如不为零,一般可不必去计算高级近似的贡献.

其中 $P_{n'l'm',nlm}$ 是从 nlm 态到 $n'l'm'$ 态的跃迁概率.

例 1 考虑一维谐振子,荷电 q. 设初始($t=-\infty$)时刻处于基态 $|0\rangle$. 设微扰

$$H' = -q\mathscr{E}x\mathrm{e}^{-t^2/\tau^2} \tag{12.2.18}$$

$\mathscr{E}$ 为外电场强度,τ 为参数. 当 $t=+\infty$ 时,测得振子处于激发态 $|n\rangle$ 的振幅为

$$C_{n0}^{(1)}(\infty) = \frac{1}{\mathrm{i}\hbar}\int_{-\infty}^{+\infty}(-q\mathscr{E})\langle n|x|0\rangle\mathrm{e}^{-t^2/\tau^2+\mathrm{i}\omega_{n0}t}$$

$$\omega_{n0} = (E_n - E_0)/\hbar = n\omega$$

利用 $\langle n|x|0\rangle = \sqrt{\dfrac{\hbar}{2\mu\omega}}\delta_{n1}$,可知在一级微扰近似下,从基态只能跃迁到第一激发态. 容易算出

$$C_{10}^{(1)}(\infty) = \frac{-q\mathscr{E}}{\mathrm{i}\hbar}\sqrt{\frac{\hbar}{2\mu\omega}}\int_{-\infty}^{+\infty}\mathrm{e}^{-t^2/\tau^2+\mathrm{i}\omega t}\mathrm{d}t = \mathrm{i}q\mathscr{E}\sqrt{\frac{1}{2\mu\hbar\omega}}\sqrt{\pi}\tau\mathrm{e}^{-\omega^2\tau^2/4}$$

所以

$$P_{10}(\infty) = \frac{q^2\mathscr{E}^2}{2\mu\hbar\omega}\pi\tau^2\mathrm{e}^{-\omega^2\tau^2/2} \tag{12.2.19}$$

振子仍然停留在基态的概率为 $1-P_{10}(\infty)$. 可以看出,如 $\tau\to\infty(\tau\gg1/\omega)$,即微扰无限缓慢地加进来,则 $P_{10}(\infty)=0$. 粒子将保持在基态,即不发生跃迁.

例 2 氢原子处于基态,受到脉冲电场

$$\mathscr{E}(t) = \mathscr{E}_0\delta(t) \tag{12.2.20}$$

作用,$\mathscr{E}_0$ 为常量. 试用微扰论计算电子跃迁到各激发态的概率以及仍停留在基态的概率.

解 1 自由氢原子的 Hamilton 量记为 H_0,能级记为 E_n,能量本征态记为 ψ_n(ψ_n 中的 n 代表 nlm 三个量子数),满足本征方程

$$H_0\psi_n = E_n\psi_n \tag{12.2.21}$$

如以电场方向作为 z 轴,微扰作用势可以表示成

$$H' = e\boldsymbol{\mathscr{E}}(t)\cdot\boldsymbol{r} = e\mathscr{E}_0 z\delta(t) \tag{12.2.22}$$

在电场作用过程中,波函数满足 Schrödinger 方程

$$\mathrm{i}\hbar\frac{\partial}{\partial t}\psi(\boldsymbol{r},t) = (H_0 + H')\psi \tag{12.2.23}$$

初始条件为

$$\psi(\boldsymbol{r},0) = \psi_{100}(r) \tag{12.2.24}$$

令

$$\psi(\boldsymbol{r},t) = \sum_n C_n(t)\psi_n(\boldsymbol{r})\mathrm{e}^{-\mathrm{i}E_nt/\hbar} \tag{12.2.25}$$

初始条件(12.2.24)亦即

$$C_n(0^-) = \delta_{n1} \tag{12.2.26}$$

以式(12.2.26)代入式(12.2.23),让微扰项 $H'\psi$ 中 ψ 取初始态 ψ_{100}(这是一级微扰论的实质性要点!),把 ψ_{100} 简记为 ψ_1,即得

$$\sum_n \mathrm{i}\hbar\psi_n\frac{\mathrm{d}C_n}{\mathrm{d}t}\mathrm{e}^{-\mathrm{i}E_nt/\hbar} = H'\psi_1 = e\mathscr{E}_0 z\psi_1\delta(t)$$

以 ψ_n^* 左乘上式两端,并对全空间积分,即得

$$\mathrm{i}\hbar\frac{\mathrm{d}C_n}{\mathrm{d}t} = e\mathscr{E}_0 z_{n1}\delta(t)\mathrm{e}^{\mathrm{i}E_nt/\hbar}$$

再对 t 积分，由 $t=0^- \to t>0$，即得

$$C_n(t)=\frac{e\mathscr{E}_0}{\mathrm{i}\hbar}z_{n1}\quad(n\neq 1) \tag{12.2.27}$$

因此 $t>0$ 时（即脉冲电场作用后）电子跃迁到 ψ_n 态的概率为

$$P_n=|C_n(t)|^2=\left(\frac{e\mathscr{E}_0}{\hbar}\right)^2|z_{n1}|^2 \tag{12.2.28}$$

根据微扰 H' 的选择定则（$\Delta l=1,\Delta m=0$），终态量子数必须是 $(nlm)=(n10)$，即电子只跃迁到各 np 态（$l=1$），而且磁量子数 $m=0$.

跃迁到各激发态的概率总和为

$$\sum_n{}'P_n=\left(\frac{e\mathscr{E}_0}{\hbar}\right)^2\sum_n{}'|z_{n1}|^2=\left(\frac{e\mathscr{E}_0}{\hbar}\right)^2\left(\sum_n|z_{n1}|^2-|z_{11}|^2\right) \tag{12.2.29}$$

其中

$$z_{11}=\langle\psi_{100}|z|\psi_{100}\rangle=0\text{（因为 }z\text{ 为奇宇称算符）}$$

$$\begin{aligned}\sum_n|z_{n1}|^2&=\sum_n\langle\psi_{100}|z|\psi_n\rangle\langle\psi_n|z|\psi_{100}\rangle\\&=\langle\psi_{100}|z^2|\psi_{100}\rangle=\frac{1}{3}\langle\psi_{100}|r^2|\psi_{100}\rangle=a_0^2\end{aligned}$$

a_0 为 Bohr 半径. 代入式(12.2.29)即得 $\sum\limits_n{}'P_n=(e\mathscr{E}_0a_0/\hbar)^2$.

电场作用后电子仍留在基态的概率为

$$1-\sum_n{}'P_n=1-(e\mathscr{E}_0a_0/\hbar)^2 \tag{12.2.30}$$

解 2

式(12.2.22)可等价表示为

$$H'=\begin{cases}e\mathscr{E}_0z/\tau, & 0\leqslant t\leqslant\tau,(\tau\to 0^+)\\0, & t<0,t>\tau\end{cases} \tag{12.2.31}$$

令（采用相互作用表象）

$$\psi(\boldsymbol{r},t)=\mathrm{e}^{H_0t/\mathrm{i}\hbar}\phi(\boldsymbol{r},t) \tag{12.2.32}$$

代入 Schrödinger 方程，并用算符 $\mathrm{e}^{-H_0t/\mathrm{i}\hbar}$ 左乘之，得到

$$\mathrm{i}\hbar\frac{\partial}{\partial t}\phi(\boldsymbol{r},t)=\widetilde{H}'\phi(\boldsymbol{r},t) \tag{12.2.33}$$

其中

$$\widetilde{H}'=\mathrm{e}^{-H_0t/\mathrm{i}\hbar}H'\mathrm{e}^{H_0t/\mathrm{i}\hbar} \tag{12.2.34}$$

一般来说，H' 和 H_0 不对易，但因 H' 仅在 $0\leqslant t\leqslant\tau$ 才不为 0，故当 $\tau\to 0^+$ 时（$H_0\tau/\hbar\ll 1$）

$$\mathrm{e}^{H_0t/\mathrm{i}\hbar}\to 1$$

因此 $\widetilde{H}'\to H'$，代入式(12.2.33)，即得

$$\mathrm{i}\hbar\frac{\partial}{\partial t}\phi(\boldsymbol{r},t)=H'\phi(\boldsymbol{r},t) \tag{12.2.35}$$

再利用式(12.2.31)，即得

$$\begin{aligned}&t<0,t>\tau, \quad \frac{\partial}{\partial t}\phi(\boldsymbol{r},t)=0\\&0\leqslant t\leqslant\tau, \quad \frac{\partial}{\partial t}\phi(\boldsymbol{r},t)=\frac{e\mathscr{E}_0z}{\mathrm{i}\hbar\tau}\phi(\boldsymbol{r},t)\end{aligned} \tag{12.2.36}$$

初始条件(12.2.26)等价于

$$\phi(\boldsymbol{r},0)=\psi_{100}(r) \tag{12.2.37}$$

方程(12.2.36)的满足初始条件(12.2.37)的解显然是

$$\phi(\boldsymbol{r},t)=\psi_{100}(r)\exp\left(\frac{e\mathscr{E}_0 z}{\mathrm{i}\hbar\tau}t\right),\quad 0\leqslant t\leqslant\tau \tag{12.2.38}$$

$t>0$ 时(电场作用以后)发现电子仍处于基态的概率为

$$P=|\langle\psi_{100}|\psi(\boldsymbol{r},t)\rangle|^2=|\langle\psi_{100}|\mathrm{e}^{-\mathrm{i}\kappa z}\psi_{100}\rangle|^2 \tag{12.2.39}$$

计算中利用了公式$\langle\psi_{100}|\mathrm{e}^{H_0 t/\mathrm{i}\hbar}=\langle\psi_{100}|\mathrm{e}^{E_1 t/\mathrm{i}\hbar}$. 再利用基态波函数的具体形式

$$\psi_{100}=(\pi a_0^3)^{-1/2}\mathrm{e}^{-r/a_0}$$

容易算出

$$\begin{aligned}\langle\psi_{100}|\mathrm{e}^{-\mathrm{i}\kappa z}\psi_{100}\rangle&=\frac{1}{\pi a_0^3}\int\mathrm{e}^{-2r/a_0}\,\mathrm{e}^{-\mathrm{i}\kappa r\cos\theta}r^2\,\mathrm{d}r\mathrm{d}\Omega\\&=\frac{4}{a_0^3}\int_0^\infty\frac{\sin\kappa r}{\kappa r}\mathrm{e}^{-2r/a_0}r^2\,\mathrm{d}r=\frac{1}{\left(1+\frac{1}{4}\kappa^2a_0^2\right)^2}\end{aligned} \tag{12.2.40}$$

a_0 为 Bohr 半径,$\kappa=e\varepsilon_0/\hbar$. 将上式代入式(12.2.39),即得所求概率为

$$P=|\langle\psi_{100}|\psi(\boldsymbol{r},t)\rangle|^2=\frac{1}{\left(1+\frac{1}{4}\kappa^2a_0^2\right)^4} \tag{12.2.41}$$

如电场很弱,即 $\kappa a_0\ll1$,上式给出

$$P\approx1-\kappa^2a_0^2=1-(e\mathscr{E}_0a_0/\hbar)^2 \tag{12.2.42}$$

这正是解 1 用微扰论求得的结果,$\kappa^2a_0^2$ 为跃迁到各激发态的概率的总和.

12.2.3 量子跃迁理论与不含时微扰论的关系

用不含时微扰论来处理实际问题时,有两种情况:

(1) 纯粹是求能量本征值问题的一种技巧,即人为地把 H 分成两部分,$H=H_0+H'$,其中 H_0 的本征值问题已有解或较容易解出,然后逐级把 H'的影响考虑进去,以求得 H 的更为精确的解. 例如粒子在势场 $V(x)$的极小点(势能谷)附近的振动[x_0 为极小点,$V'(x_0)=0$],$V(x)$可表示成

$$V(x)=V(x_0)+\frac{1}{2!}V''(x_0)(x-x_0)^2+\frac{1}{3!}V'''(x_0)(x-x_0)^3+\cdots \tag{12.2.43}$$

对于小振动,保留$(x-x_0)^2$ 项就是好的近似. 此时粒子可近似视为做简谐振动. 但对于振幅较大(能量较高)的振动,则需要考虑非简谐项$(x-x_0)^3$,…. 我们不妨把它们视为微扰,用微扰论来处理.

(2) 真正加上了某种外界微扰. 例如,Stark 效应,Zeeman 效应等. 在此过程中,H'实际上是随时间t而变的. 但人们通常仍用不含时微扰论来处理. 其理由如下:

设

$$H'(t)=\begin{cases}H'e^{t/\tau}, & -\infty<t\leqslant 0\\ H', & t>0\end{cases} \tag{12.2.44}$$

式中参数 τ 表征微扰加进来的快慢. $\tau\to\infty$ 表示微扰无限缓慢地引进来. $H'(t)$ 变化如图 12.1 所示.

设 $t=-\infty$ 时体系处于 H_0 的非简并态 $|k\rangle$(能量 E_k),按微扰论一级近似,$t=0$ 时刻体系跃迁到 $|k'\rangle$ 态($k'\neq k$)的波幅为

$$\begin{aligned}C_{k'k}^{(1)}(0)&=-\frac{\mathrm{i}}{\hbar}\int_{-\infty}^{0}\mathrm{d}t\langle k'|H'|k\rangle\exp\left(\frac{t}{\tau}+\mathrm{i}\omega_{k'k}t\right)\\&=-\frac{\mathrm{i}}{\hbar}\frac{\langle k'|H'|k\rangle}{\mathrm{i}\omega_{k'k}+1/\tau}\xrightarrow{\tau\to\infty}\frac{\langle k'|H'|k\rangle}{E_k-E_{k'}}\end{aligned} \tag{12.2.45}$$

再考虑到初条件 $C_{k'k}^{(0)}(-\infty)=\delta_{k'k}$,可以求出准确到一级近似下的波函数

$$|\psi(0)\rangle=|k\rangle+\sum_{k'}{}'\frac{\langle k'|H'|k\rangle}{E_k-E_{k'}}|k'\rangle \tag{12.2.46}$$

上式右边第一项是 H_0 的非简并本征态 $|k\rangle$,第二项正是微扰 H' 带来的修正(一级近似). 上式正是不含时微扰论中 $H=H_0+H'$ 的一个本征态(一级微扰近似),与 11.2 节中所给出的公式(11.2.7b)相同. 在 $t>0$ 后,$H=H_0+H'$ 不再随时间 t 变化,能量又成为守恒量. 波函数随时间的演化,已经在 12.1 节中讨论过了. 以上所述即绝热地(adiabatically)引进微扰的概念. "参数 $\tau\to\infty$"是指 τ 比所处理体系的特征时间长得多. 例如平常 Zeeman 效应和 Stark 效应,外场加进来的过程所经历的时间,比原子的特征时间 $\approx 1/\omega_{k'k}\approx 10^{-15}$ s)长得多,所以可以用不含时微扰论来处理.

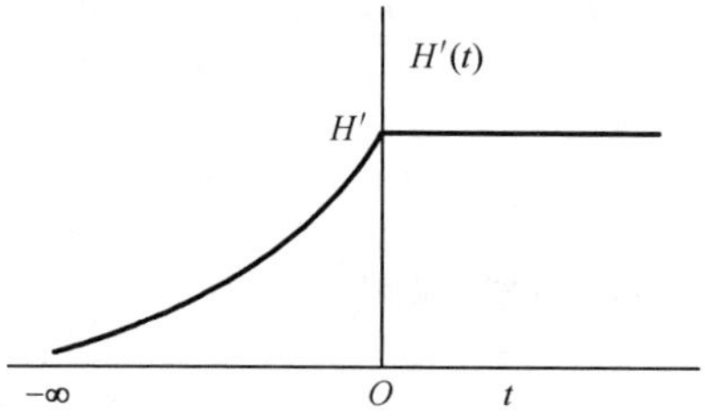

图 12.1

12.3 周期微扰,有限时间内的常微扰

12.3.1 周期微扰

考虑周期(periodic)微扰

$$H'(t)=H'e^{-\mathrm{i}\omega t} \tag{12.3.1}$$

按 12.2 节式(12.2.14),在时刻 t 体系从初态 k 跃迁到末态 k'($k'\neq k$)的跃迁振幅为

$$C_{k'k}(t)=\frac{1}{\mathrm{i}\hbar}\int_0^t\mathrm{d}t\langle k'|H'|k\rangle e^{\mathrm{i}(\omega_{k'k}-\omega)}t=\frac{1}{\mathrm{i}\hbar}\langle k'|H'|k\rangle\frac{e^{\mathrm{i}(\omega_{k'k}-\omega)t}-1}{\mathrm{i}(\omega_{k'k}-\omega)}$$

跃迁概率为

$$P_{k'k}(t)=\frac{4|H'_{k'k}|^2}{\hbar^2}\left[\frac{\sin[(\omega_{k'k}-\omega)t/2]}{\omega_{k'k}-\omega}\right]^2 \tag{12.3.2}$$

利用[见附录二,式(A2.7)]

$$\lim_{\alpha\to\infty}\frac{\sin^2\alpha x}{x^2}=\pi\alpha\delta(x) \tag{12.3.3}$$

即

$$\lim_{t\to\infty}\frac{\sin^2[(\omega_{k'k}-\omega)t/2]}{[(\omega_{k'k}-\omega)/2]^2}=\pi t\delta[(\omega_{k'k}-\omega)/2]$$

可以得出,当$(\omega_{k'k}-\omega)t\gg 1$ 时,

$$P_{k'k}(t)=\frac{2\pi t}{\hbar^2}|H'_{k'k}|^2\delta(\omega_{k'k}-\omega) \tag{12.3.4}$$

而单位时间的跃迁概率,即跃迁速率(transition rate)为

$$\begin{aligned}w_{k'k}&=\frac{\mathrm{d}}{\mathrm{d}t}P_{k'k}(t)=\frac{2\pi}{\hbar^2}|H'_{k'k}|^2\delta(\omega_{k'k}-\omega)\\&=\frac{2\pi}{\hbar}|H'_{k'k}|^2\delta(E_{k'}-E_k-\hbar\omega)\end{aligned} \tag{12.3.5}$$

上式表明,如周期微扰持续时间足够长(远大于体系的内禀特征时间),则跃迁速率将与时间无关,而且只有当末态能量 $E_{k'}\approx E_k+\hbar\omega$ 的情况下,才有可观的跃迁概率. 式(12.3.5)中的 $\delta(E_{k'}-E_k-\hbar\omega)$ 正是周期微扰作用下体系的能量守恒的反映.

12.3.2 常微扰

一个体系所受到的外界微扰,实际上都只在一定的时间间隔中起作用. 为简单起见,不妨先考虑在一定时间间隔$(0,T)$中加上的常微扰(图 12.2)所引起的跃迁,即

$$H'(t)=H'[\theta(t)-\theta(t-T)] \tag{12.3.6}$$

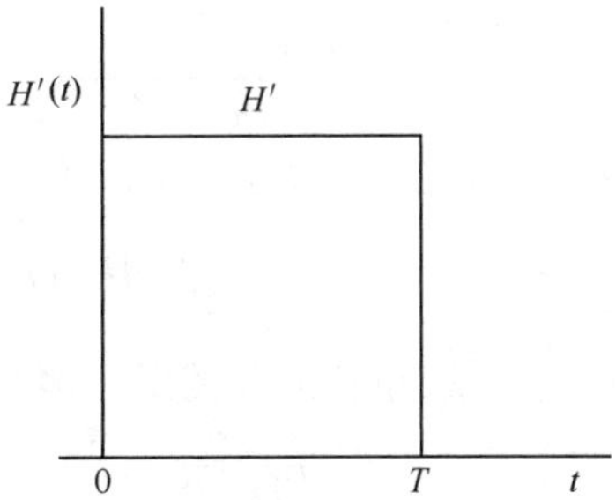

图 12.2

式中 $\theta(t)$ 为阶梯函数,定义为

$$\theta(t)=\begin{cases}0, & t<0\\ 1, & t>0\end{cases} \tag{12.3.7}$$

按 12.2 节式(12.2.13),在时刻 t,微扰 $H'(t)$ 导致的体系从 k 态跃迁到 $k'(k'\neq k)$态的跃迁幅度(微扰一级近似)为

$$C^{(1)}_{k'k}(t)=\frac{1}{\mathrm{i}\hbar}\int_{-\infty}^{t}H'_{k'k}(t')\mathrm{e}^{\mathrm{i}\omega_{k'k}t'}\mathrm{d}t' \tag{12.3.8}$$

分部积分后,得

$$C^{(1)}_{k'k}(t)=-\frac{H'_{k'k}(t)\mathrm{e}^{\mathrm{i}\omega_{k'k}t}}{\hbar\omega_{k'k}}+\int_{-\infty}^{t}\frac{\partial H'_{k'k}(t')}{\partial t'}\frac{\mathrm{e}^{\mathrm{i}\omega_{k'k}t'}}{\hbar\omega_{k'k}}\mathrm{d}t' \tag{12.3.9}$$

当 $t>T$ 后,上式右边第一项为零,而第二项化为

$$\int_{-\infty}^{t} \mathrm{d}t' H'_{k'k} [\delta(t') - \delta(t' - T)] \frac{\mathrm{e}^{\mathrm{i}\omega_{k'k}t'}}{\hbar\omega_{k'k}} = \frac{H'_{k'k}}{\hbar\omega_{k'k}} (1 - \mathrm{e}^{\mathrm{i}\omega_{k'k}T})$$

因此，$t>T$ 后，从 k 态到 k'态的跃迁概率为($k'\neq k$)

$$P_{k'k}(t) = \frac{|H'_{k'k}|^2}{\hbar^2 \omega_{k'k}^2} |1 - \mathrm{e}^{\mathrm{i}\omega_{k'k}T}|^2 = \frac{|H'_{k'k}|^2}{\hbar^2} \frac{\sin^2(\omega_{k'k}T/2)}{(\omega_{k'k}/2)^2} \tag{12.3.10}$$

以上各式中 $H'_{k'k} = \langle k' | H' | k \rangle$是微扰 H'在初态 k 和末态 k'之间的矩阵元，与时间无关. $P_{k'k}(t)$随时间的变化，如图 12.3 所示.

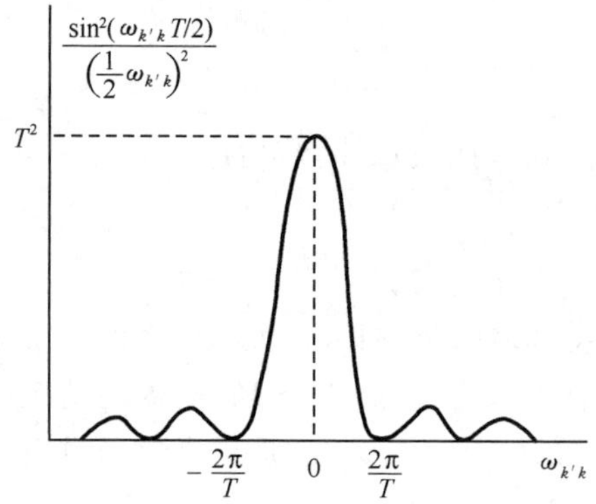

图 12.3

当微扰作用的时间间隔 T 足够长($\omega_{k'k}T \gg 1$)时，$P_{k'k}(t)(t \geqslant T)$只在 $\omega_{k'k} \approx 0$ 的一个窄范围中不为零. 利用式(12.3.3)，可看出

$$\frac{\sin^2(\omega_{k'k}T/2)}{(\omega_{k'k}/2)^2} \xrightarrow{T\to\infty} \pi T \delta(\omega_{k'k}/2) = 2\pi T \delta(\omega_{k'k}) \tag{12.3.11}$$

因此，当 $t \geqslant T$，$\omega_{k'k}T \gg 1$ 时，

$$P_{k'k}(t) = \frac{2\pi}{\hbar^2} |H'_{k'k}|^2 \delta(\omega_{k'k}) T \tag{12.3.12}$$

而跃迁速率(单位时间的跃迁概率，表征跃迁快慢)为

$$w_{k'k} = P_{k'k}/T = \frac{2\pi}{\hbar^2} |H'_{k'k}|^2 \delta(\omega_{k'k}) = \frac{2\pi}{\hbar} |H'_{k'k}|^2 \delta(E_{k'} - E_k) \tag{12.3.13}$$

上式表明，如果常微扰只在一段时间$(0,T)$起作用，只要作用持续的时间 T 足够长(远大于体系的特征时间)，则跃迁速率与时间无关，而且只当末态能量 $E_{k'} \approx E_k$(初态能量)的情况下，才有可观的跃迁发生. $\delta(E_{k'} - E_k)$是常微扰作用下体系能量守恒的反映.

初学者可能对式(12.3.13)中出现的 δ 函数感到困扰，因为一级微扰论成立的条件是计算所得出的跃迁速率很小. 因此，δ 函数带来的表观的∞是否损害了理论的可信度？在实际问题中，由于这种或那种物理情况，δ 函数总会被积分掉，而一级微扰论的适用性，取决于 δ 函数曲线下的面积. 事实上，δ 函数出现的公式(12.3.13)，只当 $E_{k'}$ 连续变化的情况下才有意义. 设 $\rho(E_{k'})$ 表示体系(H_0)的末态的态密度，即在($E_{k'}$, $E_{k'}+\mathrm{d}E_{k'}$)范围中的末态数为 $\rho(E_{k'})\mathrm{d}E_{k'}$. 因此，从初态 k 到 $E_{k'}\approx E_k$ 附近一系列可能末态的跃迁速率之和为

$$w = \int \mathrm{d}E_{k'}\rho(E_{k'})w_{k'k} = \frac{2\pi}{\hbar}\rho(E_k) \mid H'_{k'k} \mid^2 \tag{12.3.14}$$

此公式应用很广，人们习惯称之为 Fermi 黄金规则(golden rule).

设体系在时间间隔(0,T)中受到微扰 $H'(t)$(与时间有关)的作用[在 $t<0$ 和 $t>T$ 时，$H'(t)=0$]，对 $H'(t)$作 Fourier 分析，

$$H'(t) = \int_{-\infty}^{+\infty} \mathrm{d}\omega H'(\omega)\mathrm{e}^{-\mathrm{i}\omega t} \tag{12.3.15}$$

式中

$$H'(\omega) = \frac{1}{2\pi}\int_{-\infty}^{+\infty} \mathrm{d}tH'(t)\mathrm{e}^{\mathrm{i}\omega t} = \frac{1}{2\pi}\int_0^T \mathrm{d}tH'(t)\mathrm{e}^{\mathrm{i}\omega t} \tag{12.3.16}$$

因此，在 $t\geqslant T$ 后，跃迁幅度(一级微扰)为

$$\begin{aligned} C_{k'k}^{(1)} &= \frac{1}{\mathrm{i}\hbar}\int_0^T H'_{k'k}(t)\mathrm{e}^{\mathrm{i}\omega_{k'k}t}\,\mathrm{d}t = \frac{1}{\mathrm{i}\hbar}\int_{-\infty}^{+\infty} H'_{k'k}(t)\mathrm{e}^{\mathrm{i}\omega_{k'k}t}\,\mathrm{d}t \\ &= \frac{1}{\mathrm{i}\hbar}\int_{-\infty}^{+\infty}\mathrm{d}t\mathrm{e}^{\mathrm{i}\omega_{k'k}t}\int_{-\infty}^{+\infty}\mathrm{d}\omega H'_{k'k}(\omega)\mathrm{e}^{-\mathrm{i}\omega t} \\ &= \frac{1}{\mathrm{i}\hbar}\int_{-\infty}^{+\infty}\mathrm{d}\omega H'_{k'k}(\omega)2\pi\delta(\omega_{k'k}-\omega) = \frac{2\pi}{\mathrm{i}\hbar}H'_{k'k}(\omega_{k'k}) \end{aligned} \tag{12.3.17}$$

因此，经历一段时间(0,T)微扰的作用后，体系从 k 态跃迁到 $k'(\neq k)$态的概率为(一级微扰近似)

$$P_{k'k} = \mid C_{k'k}^{(1)} \mid^2 = \frac{4\pi^2}{\hbar^2}\mid H'_{k'k}(\omega_{k'k})\mid^2 \tag{12.3.18}$$

式中 $H'_{k'k}(\omega_{k'k})$就是微扰 $H'(t)$的 Fourier 展开(12.3.15)中频率为 $\omega_{k'k}$ 的波幅 $H'(\omega_{k'k})$在体系的初态 k 和末态 k'之间的矩阵元. 式(12.3.18)表明，只当 $H'(t)$的 Fourier 展开式(12.3.15)中含有频率为 $\omega_{k'k}=|E_{k'}-E_k|/\hbar$ 的成分时，才可能引起体系在能级 E_k 和 $E_{k'}$之间的跃迁.

12.4 能量-时间不确定度关系

在 2.1 节中已经提到，由于微观粒子具有波动性，人们对于粒子的经典概念应有所修改. 把经典粒子概念全盘都搬到量子力学中来，显然是不恰当的. 使用经典粒子概念来描述微观粒子必定会受到一定的限制. 这个限制集中表现在 Heisenberg 的不确定度关系中. 下面我们来讨论与此有关，但含义不尽相同的能量-时间不确定度关系(energy-time uncertainty relation). 先讨论几个具体例子.

例 1 设粒子初始状态为 $\psi(\boldsymbol{r},0)\approx\psi_1(\boldsymbol{r})+\psi_2(\boldsymbol{r})$，$\psi_1$ 和 ψ_2 是粒子的两个能量不同的本征

态，本征值分别为 E_1 和 E_2，则

$$\psi(\boldsymbol{r},t) = \psi_1(\boldsymbol{r})\mathrm{e}^{-\mathrm{i}E_1 t/\hbar} + \psi_2(\boldsymbol{r})\mathrm{e}^{-\mathrm{i}E_2 t/\hbar} \tag{12.4.1}$$

$\psi(\boldsymbol{r},t)$是一个非定态．在此态下，各力学量的概率分布，一般说来，要随时间而变．例如粒子在空间的概率密度

$$\begin{aligned}\rho(\boldsymbol{r},t) &= |\psi(\boldsymbol{r},t)|^2 \\ &= |\psi_1(\boldsymbol{r})|^2 + |\psi_2(\boldsymbol{r})|^2 + (\psi_1^* \psi_2 \mathrm{e}^{\mathrm{i}\omega t} + \psi_1 \psi_2^* \mathrm{e}^{-\mathrm{i}\omega t})\end{aligned} \tag{12.4.2}$$

其中

$$\omega = (E_2 - E_1)/\hbar = \Delta E/\hbar$$

ΔE 可视为测量体系能量时出现的不确定度．由上可见，$\rho(\boldsymbol{r},t)$随时间而周期变化，周期 $T=2\pi/\omega=h/\Delta E$．动量以及其他力学量测值的概率分布也有同样的变化周期．这个周期 T 是表征体系性质变化快慢的特征时间，记为 $\Delta t=T$．按以上分析，它与体系的能量不确定度 ΔE 有下列关系

$$T\Delta E \approx h \tag{12.4.3}$$

对于一个定态，能量是完全确定的，即 $\Delta E=0$．定态的特点是所有（不显含 t）力学量的概率分布都不随时间改变，即变化周期 $T=\infty$，或者说特征时间 $T=\Delta t=\infty$．这并不违反关系式(12.4.3)．

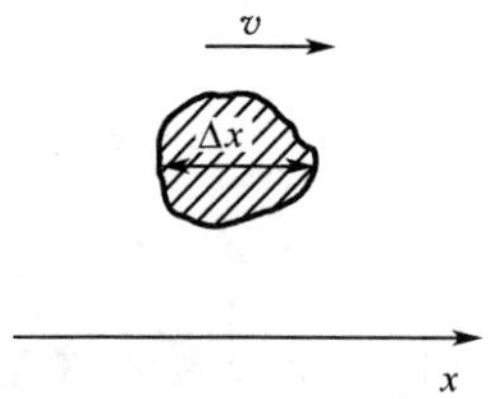

图 12.4

例 2 设自由粒子状态用一个波包来描述（图 12.4），是一个非定态，波包宽度$\approx\Delta x$，群速度为 v，相应于经典粒子的运动速度．波包掠过空间某一点所需时间 $\Delta t\approx\Delta x/v$．此波包所描述的粒子的动量的不确定度为 $\Delta p\approx\hbar/\Delta x$．因此其能量不确定度 $\Delta E\approx\dfrac{\partial E}{\partial p}\Delta p=v\Delta p$．所以

$$\Delta t\cdot\Delta E \approx \frac{\Delta x}{v}\cdot v\Delta p = \Delta x\cdot\Delta p \approx \hbar \tag{12.4.4}$$

例 3 设原子处于激发态（图 12.5），它可以通过自发辐射（见 12.5 节）而衰变到基态（稳定态），寿命为 τ．这是一个非定态，其能量不确定度 ΔE，称为能级宽度 Γ．实验上可通过测量自发辐射光子的能量来测出激发态的能量．由于寿命的限制，自发辐射光子相应的辐射波列的长度约为 $\Delta x\approx c\tau$，因而光子动量不确定度 $\Delta p\approx\hbar/\Delta x\approx\hbar/c\tau$，能量（$E=cp$）的不确定度 $\Delta E=c\Delta p\approx\hbar/\tau$．由于观测到的光子能量有这样一个不确定度，由之而测得的激发态能量也有一个不确定度，即宽度 $\Gamma=\Delta E$．所以

$$\Gamma\tau \approx \hbar \tag{12.4.5}$$

下面对能量-时间不确定度关系给出一个较普遍的表述．设体系的 Hamilton 量为 H，A 为另一个力学量（不显含 t）．按 4.3.1 节式(4.3.7′)的不确定度关系，得

$$\Delta E\cdot\Delta A \gtrsim \frac{1}{2}|\overline{[A,H]}| \tag{12.4.6}$$

其中

$$\Delta E = \left[\overline{(H-\overline{H})^2}\right]^{1/2},\quad \Delta A = \left[\overline{(A-\overline{A})^2}\right]^{1/2}$$

分别表征在所讨论的量子态下能量和力学量 A 的不确定度．利用 5.1 节的式(5.1.4)，即

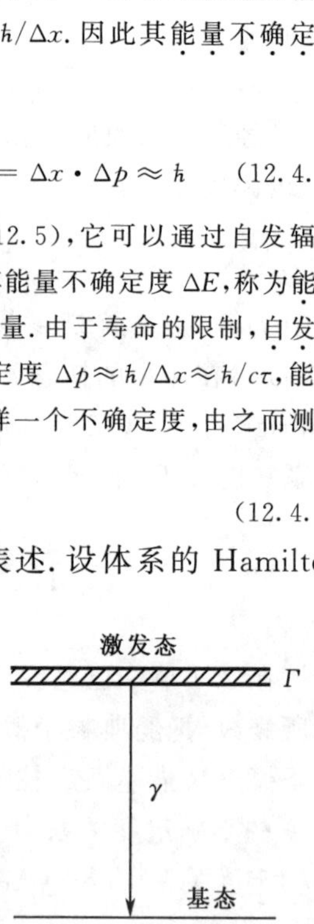

图 12.5

$$\frac{\mathrm{d}}{\mathrm{d}t}\overline{A} = \overline{[A,H]}/\mathrm{i}\hbar \tag{12.4.7}$$

式(12.4.6)可表示为

$$\Delta E \cdot \Delta A \gtrsim \frac{\hbar}{2}\left|\frac{\mathrm{d}}{\mathrm{d}t}\overline{A}\right|$$

或

$$\Delta E \cdot \frac{\Delta A}{\left|\frac{\mathrm{d}}{\mathrm{d}t}\overline{A}\right|} \gtrsim \hbar/2 \tag{12.4.8}$$

令

$$\tau_A = \Delta A\Big/\left|\frac{\mathrm{d}}{\mathrm{d}t}\overline{A}\right| \tag{12.4.9}$$

则得

$$\Delta E \cdot \tau_A \gtrsim \hbar/2 \tag{12.4.10}$$

这里 τ_A 是 $\overline{A}$ 改变 ΔA 所需的时间间隔,它表征 $\overline{A}$ 变化的快慢的周期.在所讨论的量子态下,每个力学量 A 都有相应的 τ_A.在这些 τ_A 中,最小的一个记为 τ 或 Δt,它当然也满足式(12.4.10),即

$$\Delta E \cdot \tau \geqslant \hbar/2 \tag{12.4.11}$$

或

$$\Delta E \cdot \Delta t \gtrsim \hbar/2 \tag{12.4.12}$$

此即所谓能量-时间不确定度关系.式中 ΔE 表示状态能量的不确定度,而 Δt 为该状态的特征时间,可理解为状态性质有明显改变所需要的时间间隔,或变化的周期.式(12.4.12)表明,对于任何量子态,Δt 与 ΔE 的乘积不能都任意小下去,而要受到一定的制约.此即能量-时间不确定度关系的物理含义.

关于能量-时间不确定度关系,往往容易为初学者误解.应该提到,在非相对论情况下,时间 t 只是一个参量,而不是属于某一特定体系的力学量①.因此,既不能套用不确定度关系的普遍论证方法(见 4.3.1 节),而且物理含义也不尽相同.在不确定度关系 $\Delta x \cdot \Delta p_x \gtrsim \hbar/2$ 中,Δx 与 Δp_x 都是指同一时刻而言.因此,如果把 x 或 p_x 之一换为 t,试问"同一时刻"的 Δt 表示何意? 这是很难理解的.此外,如要套用 4.3.1 节中不确定度关系的论证方法,就必须计算 $[H,t]$.但与 H 不同,t 并非该体系的力学量.有人令 $H=\mathrm{i}\hbar\dfrac{\partial}{\partial t}$,因而得出

$$[H,t] = \left[\mathrm{i}\hbar\frac{\partial}{\partial t},t\right] = \mathrm{i}\hbar$$

但此做法是不妥当的.应该强调,H 是表征体系随时间演化特性的力学量,例如,

---

① 例如,见 R. Shankar, *Principles of Quantum Mechanics*, 2nd. edition, p. 265; C. Cohen-Tannoudji, et al., *Quantum Mechanics*, Vol. 1, p. 250~252; A. Messiah, *Quantum Mechanics*, Vol. 1, p. 135.

由它可以判定哪些力学量是守恒量. 例如,中心力场 $V(r)$ 中的粒子

$$H = p^2/2m + V(r)$$

由于 H 的各向同性,才有角动量 $\boldsymbol{l}=\boldsymbol{r}\times\boldsymbol{p}$ 守恒,

$$[\boldsymbol{l}, H] = 0$$

如我们随便地令 $H=\mathrm{i}\hbar\dfrac{\partial}{\partial t}$,则不管是否中心力场,均可得出

$$[\boldsymbol{l}, H] = \left[\boldsymbol{l}, \mathrm{i}\hbar\frac{\partial}{\partial t}\right] = 0$$

即 $\boldsymbol{l}$ 都是守恒量,这显然是不妥当的. 以上做法系来自对 Schrödinger 方程的不确切的理解. 事实上 Schrödinger 方程

$$\mathrm{i}\hbar\frac{\partial}{\partial t}\psi(t) = H\psi(t)$$

只是表明:在自然界中真正能实现的 $\psi(t)$ 的演化,必须满足上述方程. 它绝不表明,对于任意函数 $\psi(t)$,上式都成立. 因此,随便让 $H=\mathrm{i}\hbar\dfrac{\partial}{\partial t}$,往往会引起误解.

12.5 光的吸收与辐射

当原子处于某能级 E_k[图 12.6(a)]时,在具有适当频率的入射光的照射下,原子可能激发到其它较高能级 $E_{k'}$ 去,条件是要求入射光的频率为 $\nu=\nu_{k'k}=(E_{k'}-E_k)/\hbar$. 此过程称为光的吸收,或受激吸收(stimulated absorption). 人们还发现,如果原子处于激发能级 $E_{k'}$,它有可能自发地跃迁到较低能级 E_k 去,并发射出光子,频率为 $\nu_{k'k}$,此过程称为自发发射(spontaneous emission)[图 12.6(b)]. 另一种现象是 Einstein(1916)发现的①,当原子处于激发能级 $E_{k'}$,如用频率为 $\nu=(E_{k'}-E_k)/\hbar$ 的入射光去照射,则原子也可能受激而跃迁到较低能级 E_k[与过程(a)相反],同时发射出一个受激光子,称为受激发射(stimulated emission).

Einstein 这个发现,在很长时间内并未引起人们重视,人们并未认识到它的重要应用价值. 原因是人们未能认识到下列重要特性:受激辐射的光子与诱导它产生的入射光子具有严格相同的能量、相位和出射方向,而且是相干的(coherent)②. 直到 20 世纪 50 年代后,才有人根据 Einstein 的思想,先后制备出微波激射(maser)和激光(laser). laser 是"light amplification by stimulated emission of radiation"的

---

① 参阅 T. Hey and P. Walters, *The New Quantum Universe*, (Cambridge University Press, 2003), p. 134.

② 两个波动如具有确定的相位差(phase difference),则称它们是相干的(coherent),它们叠加起来,就会产生干涉效应. 平常的光,例如从灯泡发出的光,是来自大量不同的原子发出来的,这些原子在不同时刻沿不同方向发出的光,并无确切的相位差,是非相干光(incoherent light). 与此不同,受激辐射的光子与诱导它发生的入射光子具有相同的相位,是相干的,因为入射光的电场导致 $E_{k'}$ 能级上原子的电荷分布随之同相振动.

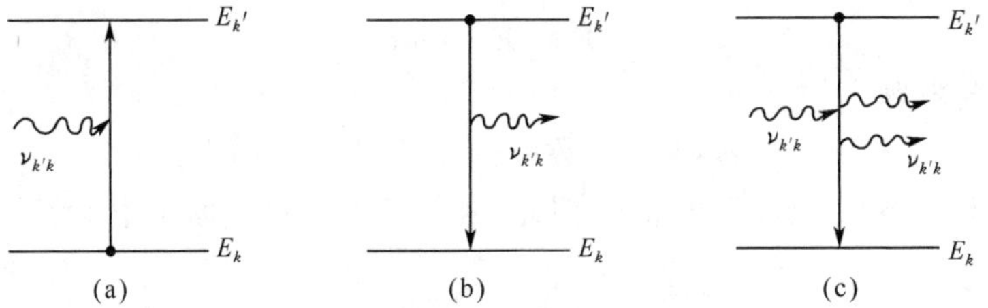

图 12.6　光的受激吸收(a),自发辐射(b)与受激辐射(c).
$\nu_{k'k}=(E_{k'}-E_k)/\hbar$.

第一个字母拼写而成.激光的应用极为广泛,是人类现代文明生活中不可缺少的高科技技术.

对原子吸收或放出的光进行光谱分析,可获得关于原子能级及有关性质的丰富知识.光谱分析中有两个重要的观测量——谱线频率(或波数)与谱线相对强度,前者取决于初末态的能量差 $\Delta E(\nu=\Delta E/\hbar$,频率条件),后者则与跃迁速率(快慢)成比例.光的吸收与辐射现象,涉及光子的产生与湮没,其严格处理需要用量子电动力学,即需要把电磁场量子化(光子即电磁场量子).但对于光的吸收和受激辐射现象,可以在非相对论量子力学框架中采用半经典方法来处理,即把光子产生和湮没的问题,转化为在含时电磁场的作用下原子在不同能级之间跃迁的问题.在半经典处理中,原子已作为一个量子力学体系来对待,但辐射场仍然用一个连续变化的经典电磁场来描述,并未进行量子化,即把光辐射场当作一个与时间有关的外界微扰,用微扰论来近似计算原子的跃迁速率.但对于处理自发辐射,这个办法就无能为力了.有趣的是,早在量子力学和量子电动力学建立之前,Einstein(1917)基于热力学和统计物理中平衡态概念的考虑,回避了光子的产生和湮没,巧妙地说明了原子自发辐射现象.

12.5.1　光的吸收与受激辐射的半经典处理

为简单起见,先假设入射光为理想的平面单色光,其电磁场强度为

$$\begin{cases}\boldsymbol{E}=\boldsymbol{E}_0\cos(\omega t-\boldsymbol{k}\cdot\boldsymbol{r})\\ \boldsymbol{B}=\boldsymbol{k}\times\boldsymbol{E}/|\boldsymbol{k}|\end{cases}\tag{12.5.1}$$

其中 $\boldsymbol{k}$ 为波矢,其方向即光传播方向,ω 为角频率.在原子中,电子的速度 $v\ll c$(光速),磁场对电子的作用远小于电场作用,

$$\left|\frac{e}{c}\boldsymbol{v}\times\boldsymbol{B}\right|\bigg/|e\boldsymbol{E}|\sim\frac{v}{c}\ll 1$$

因此只需要考虑电场的作用.此外,对于可见光,波长 λ 为$(4000\sim7000)\times10^{-10}$ m $\gg a$(Bohr 半径).在原子大小范围内,$\boldsymbol{k}\cdot\boldsymbol{r}\approx a/\lambda\ll1$,电场变化极微,可以看成均匀

电场，所以

$$\boldsymbol{E} = \boldsymbol{E}_0 \cos\omega t \tag{12.5.2}$$

它相应的电势为

$$\phi = -\boldsymbol{E} \cdot \boldsymbol{r} + \text{常数项(不依赖于电子的坐标)} \tag{12.5.3}$$

常数项对于跃迁无贡献，不妨略去. 因此，入射可见光对于原子中电子的作用可表示为

$$H' = -e\phi = -\boldsymbol{D} \cdot \boldsymbol{E}_0 \cos\omega t = W\cos\omega t \tag{12.5.4}$$

其中

$$W = -\boldsymbol{D} \cdot \boldsymbol{E}_0, \qquad \boldsymbol{D} = -e\boldsymbol{r}\text{(电偶极矩)}$$

将 H'代入跃迁波幅的一级微扰公式[12.2 节，式(12.2.13)]

$$\begin{aligned} C_{k'k}^{(1)}(t) &= \frac{1}{\mathrm{i}\hbar}\int_0^t \mathrm{e}^{\mathrm{i}\omega_{k'k}t} H'_{k'k}\,\mathrm{d}t = \frac{W_{k'k}}{2\mathrm{i}\hbar}\int_0^t \mathrm{e}^{\mathrm{i}\omega_{k'k}t}(\mathrm{e}^{\mathrm{i}\omega t} + \mathrm{e}^{-\mathrm{i}\omega t})\,\mathrm{d}t \\ &= -\frac{W_{k'k}}{2\hbar}\left[\frac{\mathrm{e}^{\mathrm{i}(\omega_{k'k}+\omega)t} - 1}{\omega_{k'k} + \omega} + \frac{\mathrm{e}^{\mathrm{i}(\omega_{k'k}-\omega)t} - 1}{\omega_{k'k} - \omega}\right] \end{aligned} \tag{12.5.5}$$

对于可见光，ω 很大(例如 $\lambda \approx 5000\times 10^{-10}\,\mathrm{m}$ 的光，$\omega \approx 4\times 10^{15}/\mathrm{s}$). 对于原子的光跃迁，$|\omega_{k'k}|$的大小也与此相同，所以式(12.5.5)中的两项，只当 $\omega \approx |\omega_{k'k}|$时，才有显著的贡献. 为确切起见，下面先讨论原子吸收光的跃迁，$E_{k'} > E_k$，此时，只当入射光 $\omega \approx \omega_{k'k} = (E_{k'} - E_k)/\hbar$ 的情况，才会引起 $E_k \to E_{k'}$ 的跃迁. 此时

$$C_{k'k}^{(1)}(t) = -\frac{W_{k'k}}{2\hbar}\,\frac{\mathrm{e}^{\mathrm{i}(\omega_{k'k}-\omega)t} - 1}{\omega_{k'k} - \omega} \tag{12.5.6}$$

因此从 $k \to k'(\neq k)$的跃迁概率

$$P_{k'k}(t) = |C_{k'k}^{(1)}(t)|^2 = \frac{|W_{k'k}|^2}{4\hbar^2}\,\frac{\sin^2[(\omega_{k'k} - \omega)t/2]}{[(\omega_{k'k} - \omega)/2]^2} \tag{12.5.7}$$

当时间 t 充分长以后，只有 $\omega \approx \omega_{k'k}$ 的入射光才对 $E_k \to E_{k'}$ 的跃迁有明显贡献(共振吸收). 此时[利用附录二，式(A2.7)]

$$P_{k'k}(t) = \frac{\pi t}{4\hbar^2}|W_{k'k}|^2 \delta((\omega_{k'k} - \omega)/2) \tag{12.5.8}$$

而跃迁速率为

$$\begin{aligned} w_{k'k} &= \frac{\mathrm{d}}{\mathrm{d}t}P_{k'k} = \frac{\pi}{2\hbar^2}|W_{k'k}|^2\delta(\omega_{k'k} - \omega) \\ &= \frac{\pi}{2\hbar^2}|\boldsymbol{D}_{k'k} \cdot \boldsymbol{E}_0|^2\delta(\omega_{k'k} - \omega) = \frac{\pi}{2\hbar}|\boldsymbol{D}_{k'k}|^2 E_0^2\cos^2\theta\,\delta(\omega_{k'k} - \omega) \end{aligned} \tag{12.5.9}$$

其中 θ 是 $\boldsymbol{D}_{k'k}$ 与 $\boldsymbol{E}_0$ 的夹角. 如入射光为非偏振光，光偏振($\boldsymbol{E}_0$)的方向是完全无规的，因此把 $\cos^2\theta$ 换为它对空间各方向的平均值，即

$$\overline{\cos^2\theta} = \frac{1}{4\pi}\int \mathrm{d}\Omega\cos^2\theta = \frac{1}{4\pi}\int_0^{2\pi}\mathrm{d}\varphi\int_0^{\pi}\sin\theta\cos^2\theta\,\mathrm{d}\theta = 1/3$$

所以

$$w_{k'k} = \frac{\pi}{6\hbar^2} |\boldsymbol{D}_{k'k}|^2 E_0^2 \delta(\omega_{k'k} - \omega) \tag{12.5.10}$$

这里 E_0 是角频率为 ω 的单色光的电场强度. 以上讨论的是理想的单色光. 自然界中不存在严格的单色光(只不过有的光的单色性较好,例如激光). 对于自然光引起的跃迁,需要对式(12.5.10)中各种频率的成分的贡献求和. 令 $\rho(\omega)$表示角频率为 ω 的电磁场的能量密度. 利用

$$\begin{aligned}\rho(\omega) &= \frac{1}{8\pi}\overline{(E^2 + B^2)} \quad \left(\text{对时间求平均,周期 } T = \frac{2\pi}{\omega}\right) \\ &= \frac{1}{4\pi}\overline{E^2} = \frac{E_0^2(\omega)}{4\pi}\frac{1}{T}\int_0^T \mathrm{d}t\cos^2\omega t = \frac{1}{8\pi}E_0^2(\omega)\end{aligned} \tag{12.5.11}$$

上式把 $E_0^2(\omega)$与 $\rho(\omega)$联系起来,我们可把式(12.5.10)中 E_0^2 换为 $8\pi\int \mathrm{d}\omega\rho(\omega)$,就可得出非偏振自然光引起的跃迁速率

$$w_{k'k} = \frac{4\pi^2}{3\hbar^2}|\boldsymbol{D}_{k'k}|^2\rho(\omega_{k'k}) = \frac{4\pi^2 e^2}{3\hbar^2}|\boldsymbol{r}_{k'k}|^2\rho(\omega_{k'k}) \tag{12.5.12}$$

可以看出,跃迁速率与入射光中角频率为 $\omega_{k'k}$ 的光强度 $\rho(\omega_{k'k})$成比例. 如入射光中不含有 $\omega_{k'k}$ 这种频率成分,则不能引起 $E_k \to E_{k'}$ 两能级之间的跃迁. 此外,跃迁速率还与$|\boldsymbol{r}_{k'k}|^2$ 成比例,这就涉及初态与末态的性质.

$$\begin{aligned}&\text{设原子初态为} \quad |k\rangle = |nlm\rangle, \qquad \text{宇称 } \Pi = (-)^l \\ &\text{原子末态为} \quad |k'\rangle = |n'l'm'\rangle, \qquad \text{宇称 } \Pi' = (-)^{l'}\end{aligned} \tag{12.5.13}$$

考虑到 $\boldsymbol{r}$ 为奇宇称算符,只当宇称 $\Pi' = -\Pi$ 时,矩阵元 $\boldsymbol{r}_{k'k}$ 才可能不为零. 由此得出电偶极辐射的宇称选择规则(parity selection rule):

$$\text{宇称,} \qquad \text{改变.} \tag{12.5.14}$$

其次,考虑角动量的选择规则. 利用[见附录四,式(A4.37)]

$$\begin{cases} x = r\sin\theta\cos\varphi = \dfrac{r}{2}\sin\theta(\mathrm{e}^{\mathrm{i}\varphi} + \mathrm{e}^{-\mathrm{i}\varphi}) \\ y = r\sin\theta\sin\varphi = \dfrac{r}{2\mathrm{i}}\sin\theta(\mathrm{e}^{\mathrm{i}\varphi} - \mathrm{e}^{-\mathrm{i}\varphi}) \\ z = r\cos\theta \end{cases}$$

$$\begin{aligned}&\cos\theta \mathrm{Y}_l^m = \sqrt{\frac{(l+1)^2 - m^2}{(2l+1)(2l+3)}}\mathrm{Y}_{l+1}^m + \sqrt{\frac{l^2 - m^2}{(2l-1)(2l+1)}}\mathrm{Y}_{l-1}^m \\ &\mathrm{e}^{\pm\mathrm{i}\varphi}\sin\theta \mathrm{Y}_l^m = \pm\sqrt{\frac{(l \pm m + 1)(l \pm m + 2)}{(2l+1)(2l+3)}}\mathrm{Y}_{l+1}^{m\pm1} + \sqrt{\frac{(l \mp m)(l \mp m + 1)}{(2l-1)(2l+1)}}\mathrm{Y}_{l-1}^{m\pm1}\end{aligned} \tag{12.5.15}$$

再根据球谐函数的正交性[附录四,式(A4.41)],可以看出,只当

$$l' = l \pm 1, \qquad m' = m, m \pm 1$$

时 $\boldsymbol{r}_{k'k}$ 才可能不为 0. 由此可以得出电偶极辐射的角动量选择规则:

$$\Delta l = l' - l = \pm 1, \qquad \Delta m = m' - m = 0, \pm 1 \tag{12.5.16}$$

以上尚未考虑电子自旋.计及电子自旋及自旋-轨道耦合作用后,电子状态应该用好量子数 $nljm_j$ 来描述(见 9.2 节).按照 $\langle n'l'j'm_j'|\boldsymbol{r}|nljm_j\rangle$ 的分析,可以证明①,电偶极辐射的选择规则为②

$$\begin{aligned}&\text{宇称,改变}\\&\Delta l = \pm 1\\&\Delta j = 0, \pm 1; \quad \Delta m_j = 0, \pm 1\end{aligned} \tag{12.5.17}$$

12.5.2 自发辐射的 Einstein 理论

前已提及,原子自发辐射现象,在非相对论量子力学理论框架内是无法严格处理的.因为按照非相对论量子力学,如无外界作用,原子的 Hamilton 量是守恒量,如果初始时刻原子处于某定态(Hamilton 量的本征态),则原子将保持在该定态,不会跃迁到较低能级去.③

Einstein(1917)曾经提出一个很巧妙的半唯象理论来说明原子自发辐射现象④.他借助于物体与辐射场达到平衡时的热力学关系,指出自发辐射现象必然存在,并建立起自发辐射与吸收和受激辐射之间的关系.

按前面讨论,在强度为 $\rho(\omega)$ 的光的照射下,原子吸收光从 k 态到 k' 态(设 $E_{k'} > E_k$)的跃迁速率可表示为

$$w_{k'k} = B_{k'k}\rho(\omega_{k'k}) \tag{12.5.18}$$

其中

$$B_{k'k} = \frac{4\pi^2 e^2}{3\hbar^2}|\boldsymbol{r}_{k'k}|^2 \tag{12.5.19}$$

称为吸收系数.与此类似,对于从 $k' \to k$ 态的受激辐射,跃迁速率也可以表示成

$$w_{kk'} = B_{kk'}\rho(\omega_{k'k}) \tag{12.5.20}$$

其中

$$B_{kk'} = \frac{4\pi^2 e^2}{3\hbar^2}|\boldsymbol{r}_{kk'}|^2 \tag{12.5.21}$$

称为受激辐射系数.由于电子坐标 $\boldsymbol{r}$ 为厄米算符,所以

$$B_{kk'} = B_{k'k} \tag{12.5.22}$$

即受激辐射系数等于吸收系数.注意,它们都与入射光强度无关.

设处于平衡态下的体系的绝对温度为 T,n_k 和 $n_{k'}$ 分别为处于能级 E_k 和 $E_{k'}$ 上的原子数目.按 Boltzmann 分布律

$$n_k / n_{k'} = \mathrm{e}^{(E_{k'} - E_k)/kT} = \mathrm{e}^{\hbar\omega_{k'k}/kT} \tag{12.5.23}$$

---

① 参阅钱伯初,曾谨言:《量子力学习题精选与剖析》,第三版(科学出版社,2008),p. 387,13.7 题

② 关于多极辐射的理论,见卷Ⅱ,第 12 章.

③ 参见 Cohen-Tannoudji, et al., *Quantum Mechanics*, Vol. 1, p. 337.

④ A. Einstein, Z. Physik **18**(1917)121.

式中 k 为 Boltzmann 常量. 显然，对于 $E_{k'} \neq E_k$，粒子数 $n_{k'} \neq n_k$（正常情况下，如 $E_{k'} > E_k$，则 $n_k' < n_k$），因此

$$n_k B_{k'k} \rho(\omega_{k'k}) \neq n_{k'} B_{kk'} \rho(\omega_{k'k}) \tag{12.5.24}$$

因此，如只有受激辐射，就无法与吸收过程达到平衡. 出自平衡的要求，就必须考虑自发辐射，即在式(12.5.24)右边再加上一项，使体系能达到平衡

$$n_k B_{k'k} \rho(\omega_{k'k}) = n_{k'} [B_{kk'} \rho(\omega_{k'k}) + A_{k'k}] \tag{12.5.25}$$

$A_{k'k}$ 称为自发辐射系数. 它表示在没有外界光的照射情况下，单位时间内原子从 k' 态→k 态的自发辐射跃迁概率($E_{k'} > E_k$). 式(12.5.25)左边表示单位时间内从 E_k 到 $E_{k'}$ 跃迁的原子数目（通过吸收），右边则是单位时间内从 $E_{k'} \to E_k$ 跃迁的原子数目（通过受激辐射与自发辐射）.

利用式(12.5.22)、(12.5.23)与(12.5.25)，得

$$\rho(\omega_{k'k}) = \frac{A_{kk'}}{B_{kk'}} \frac{1}{n_k/n_{k'} - 1} = \frac{A_{kk'}}{B_{kk'}} \frac{1}{e^{\hbar\omega_{k'k}/kT} - 1} \tag{12.5.26}$$

在极高温($kT \gg \hbar\omega_{k'k}$)情况下，

$$\rho(\omega_{k'k}) \to \frac{A_{kk'}}{B_{kk'}} \frac{kT}{\hbar\omega_{k'k}} \tag{12.5.27}$$

而在温度极高情况下，有大量原子处于激发能级，物体可以吸收和发射各种频率的辐射，接近于完全黑体. 在此情况下($kT \gg \hbar\omega_{k'k}$)，可以用 Rayleigh-Jeans 公式来描述与黑体达到平衡的辐射场的强度分布，即

$$\rho(\omega) = \frac{\omega^2}{\pi^2 c^3} kT \tag{12.5.28}$$

比较式(12.5.27)与(12.5.28)，得

$$\frac{A_{kk'}}{B_{kk'}} = \frac{\hbar\omega_{k'k}^3}{\pi^2 c^3} \tag{12.5.29}$$

再利用式(12.5.21)，就求出了自发辐射系数

$$A_{kk'} = \frac{4e^2 \omega_{k'k}^3}{3\hbar c^3} |\boldsymbol{r}_{kk'}|^2 \tag{12.5.30}$$

自发辐射的宇称与角动量的选择规则，与受激辐射和吸收完全相同.

例 1 计算氢原子第一激发态的自发辐射系数.

氢原子第一激发能级($n=2$)有 2p 和 2s 态. 对于偶极辐射($\Delta l = \pm 1$)，2s→1s 是禁戒的（见式(12.5.16)），只需考虑 2p→1s 跃迁. 按式(12.5.30)，

$$A_{1s,2p} = \frac{4e^2}{3\hbar c^3} \omega_{1s,2p}^3 |\langle 1s | \boldsymbol{r} | 2p \rangle|^2$$

其中

$$\omega_{1s,2p} = \frac{\mu e^4}{2\hbar^3}\left(1 - \frac{1}{2^2}\right) = \frac{3\mu e^4}{8\hbar^3}$$

利用式(12.5.15)，容易证明，对于 $l=1, m=0, \pm 1$，矩阵元 $|\langle 1s | \boldsymbol{r} | 21m \rangle|$ 的值相同，即从 2p 能级的三个态到 1s 态的偶极辐射跃迁概率相同. 因此 $A_{1s,2p}$ 要对初态（即 2p 的三个态）求等权平

均，所以也可以任选一个态(例如 $m=0$)来计算. 利用

$$\psi_{210}=R_{21}(r)Y_{10}(\theta,\varphi)=\frac{1}{4\sqrt{2\pi}}\frac{r}{a^{5/2}}\exp(-r/2a)\quad(a=\hbar^2/\mu e^2)$$

$$\psi_{100}=R_{10}(r)Y_{00}(\theta,\varphi)=\frac{1}{\sqrt{\pi}a^{3/2}}\exp(-r/a)$$

容易求出

$$\langle 100|x|210\rangle=\langle 100|y|210\rangle=0$$

$$\langle 100|z|210\rangle=\frac{1}{4\pi\sqrt{2}a^4}\int_0^\infty r^4\exp(-3r/2a)\mathrm{d}r\int\cos\theta\mathrm{d}\Omega=\frac{2^7\sqrt{2}a}{3^5}$$

所以

$$A_{1s,2p}=\left(\frac{2}{3}\right)^8\frac{e^{14}\mu^3a^2}{\hbar^{10}c^3}=\left(\frac{2}{3}\right)^8\frac{c}{a}\left(\frac{e^2}{\hbar c}\right)^4\approx 1.1\times 10^{-10}\left(\frac{c}{a}\right)\approx 6.27\times 10^8\,\mathrm{s}^{-1}$$

因而第一激发态的寿命为

$$\tau\approx 1/A_{1s,2p}\approx 1.6\times 10^{-9}\,\mathrm{s}$$

例 2 计算氢原子光谱 Lyman 线系的头两条谱线 Lyα 和 Lyβ 的强度比.(参阅:S. Flügge, *Practical Quantum Mechanics*, Prob. 217.)

Lyα 与 Lyβ 是分别由 2p→1s 和 3p→1s 跃迁而产生. 设从 $k'\to k$ 态自发辐射系数为 $A_{kk'}$，则谱线强度 $I(\omega_{k'k})\propto\hbar\omega_{k'k}A_{kk'}$. 因此，Lyα 与 Lyβ 谱线强度比为

$$\frac{I_\alpha}{I_\beta}=\frac{(\omega_\alpha)^4}{(\omega_\beta)^4}\frac{|\langle 1s|\boldsymbol{r}|2p\rangle|^2}{|\langle 1s|\boldsymbol{r}|3p\rangle|^2}$$

利用氢原子的能级公式，可求出

$$\omega_\alpha/\omega_\beta=\frac{\dfrac{1}{2}-\dfrac{1}{2}\cdot\dfrac{1}{2^2}}{\dfrac{1}{2}-\dfrac{1}{2}\cdot\dfrac{1}{3^2}}=\frac{27}{32}$$

与例 1 相同，不妨在 2p 和 3p 态中选择 $m=0$ 态来计算矩阵元. 可求出

$$\langle 100|z|210\rangle=\frac{2^7\sqrt{2}}{3^5}a$$

$$\langle 100|x|210\rangle=\langle 100|y|210\rangle=0$$

$$\langle 100|z|310\rangle=\frac{1}{\sqrt{2}}\frac{3^3}{2^6}a$$

$$\langle 100|x|310\rangle=\langle 100|y|310\rangle=0$$

由此可求出

$$I_\alpha/I_\beta\approx 3.16$$

*12.5.3 激光原理简介

激光是 20 世纪 60 年代发展起来的一门新技术. 与普通光线相比，激光具有很好的空间相干性、单色性、很准确的方向性，以及能量密度很大等特点. 激光技术在

生产、科学实验和日常生活的各领域以及军事上都得到了极为广泛的应用. 以下就产生激光的机制作简单介绍.

受激辐射的特点是:受激辐射产生出的光子与入射光子的状态完全相同(包括相位、能量、传播方向). 如果体系中有大量原子都处于某激发能级,则某一原子的自发辐射放出的光子,可以促使处于激发态的其他原子发生受激辐射而放出光子,这一过程将以连锁反应方式在很短时间内完成. 这样,我们将得到大量的处于同一状态的光子出射,因而产生一个相干性和单色性都很好的高强度光束.

产生上述放大过程的条件是要有大量的原子处于激发态,并且处于较低能级的原子数很少. 但通常处于平衡态下的体系,在各能级的原子数的分布是 Boltzmann 分布

$$n_{k'}/n_k = \exp\left(-\frac{E_{k'}-E_k}{kT}\right) \tag{12.5.31}$$

T 为体系的温度. 所以,能级愈高,原子数愈少. 实际上激发态与基态能量相差一般>1eV,而 1eV 相应的温度约为 11605K. 所以在常温的平衡态下,原子实际上几乎全部处于基态. 处于激发态的原子是微乎其微. 要使激发态的原子数目大于较低能级的原子数目(所谓粒子数反转体系,或称为"负温度"体系),需要特殊的实验装置. 下面简单介绍最常用的四能级体系产生激光的机制.

如图 12.7,设原子有四条能级. 当用频率为 $\nu=(E_4-E_1)/h$ 的光照射时,一部分原子将迅速跃迁到 E_4,于是处在 E_4 能级上的原子数大增[图(a)]. 但处于 E_4 能级的原子将迅速通过无辐射跃迁(通过与其他原子碰撞等)而跳到亚稳态(metastable state)E_3 能级上去. 由于 E_3 能级的寿命较长,E_3 能级上将停留有大量原子,而处于 E_2 能级上的原子数目极微[图(b)]. 这样,我们就建立起了一个粒子数反转体系. 此时,从 $E_3\rightarrow E_2$ 的自发辐射将引起连锁的受激辐射,发出频率为 $\nu_{32}=(E_3-E_2)/h$ 的强度很大并且有很好的相干性的单色光,并且在适当的实验装置下,可获得具有很准确的方向性的光束.

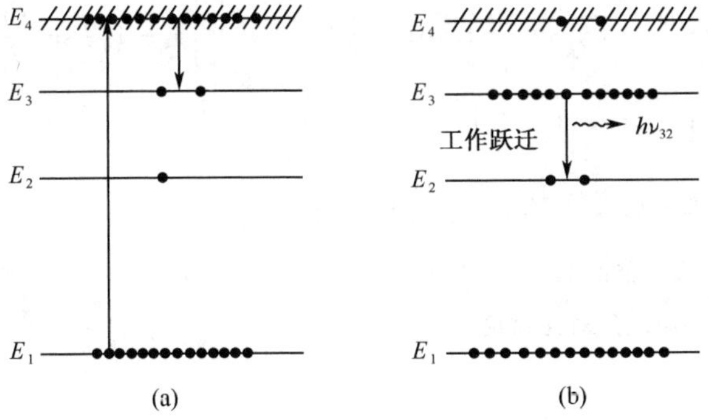

图 12.7 四能级体系产生激光机制示意图

习　题

12.1　设体系的能量本征态和本征值分别记为 ψ_n 和 $E_n(n=0,1,2,\cdots)$，初始时刻$(t=0)$体系处于基态 ψ_0. $t\geqslant 0$ 后，体系受到微扰 $H'(x,t)=F(x)\mathrm{e}^{-t/\tau}$ 作用，试用一级微扰近似计算在足够长时间后$(t/\tau\gg 1)$，体系激发到 ψ_n 态的概率.

答：$P_n=\dfrac{|F_{n0}|^2}{(E_n-E_0)^2+\hbar^2/\tau^2}$，一级微扰近似成立条件，$P_n\ll 1$.

12.2　具有电荷 q 的离子，在其平衡位置附近做一维简谐运动，在光的照射下发生跃迁. 入射光能量密度为 $\rho(\omega)$，波长较长. 求(1)跃迁选择定则. (2)设离子原来处于基态，求每秒跃迁到第一激发态的概率.

答：(1)$\Delta n=n'-n=\pm 1$，n 为谐振子量子数.

(2)$W_{10}=\dfrac{2\pi^2 q^2}{3\mu\hbar\omega_0}\rho(\omega_0)$，$\mu$ 为离子的质量，ω_0 为自然频率.

12.3　设一带电 q 的粒子，质量为 μ，在宽度为 a 的一维无限深势阱中运动. 在入射光照射下，发生跃迁. 光波长 $\lambda\gg a$. (1)求跃迁选择定则. (2)设粒子原来处于基态，求跃迁速率公式.

答：一维无限深势阱中的粒子，$E_n=\dfrac{\pi^2\hbar^2}{2\mu a^2}n^2$，$n=1,2,3,\cdots$.

(1)$\Delta_n=(n'-n)=2k-1$(奇数)，$k=1,2,3,\cdots$.

(2)$W_{2k,1}=\dfrac{256a^2}{3\pi^2\hbar^2}\times\dfrac{4k^2}{(4k^2-1)^4}\rho(\omega_{2k,1})$，$k=1,2,3,\cdots$，$\omega_{2k,1}=\dfrac{\pi^2\hbar}{2\mu a^2}(4k^2-1)$.

12.4　有一个二能级体系，Hamilton 量记为 H_0，能级记为 E_1、$E_2(E_1<E_2)$，相应本征态记为 ψ_1、ψ_2. 设 $t=0$ 时刻体系处于 ψ_1 态. $t\geqslant 0$ 后，体系受到微扰 H' 作用. 设在 H_0 表象中

$$H'=\begin{pmatrix}\alpha & \gamma\\ \gamma & \beta\end{pmatrix}\qquad(\alpha,\beta,\gamma\text{ 实数})$$

求 $t>0$ 时，体系处于 ψ_2 态的概率.

答：令 $\omega_1=(E_1+\alpha)/\hbar$，$\omega_2=(E_2+\beta)/\hbar$，$\Omega=\sqrt{\omega^2+4\gamma^2/\hbar^2}$，则

$$\psi(t)=\left(\cos\frac{\Omega t}{2}+\mathrm{i}\,\frac{\omega}{\Omega}\sin\frac{\Omega t}{2}\right)\exp\left[-\frac{\mathrm{i}}{2}(\omega_1+\omega_2)t\right]\psi_1-\mathrm{i}\,\frac{2\gamma}{\hbar\Omega}\sin\frac{\Omega t}{2}$$

$$\exp\left[-\frac{\mathrm{i}}{2}(\omega_1+\omega_2)t\right]\psi_2$$

t 时刻体系处于 ψ_2 态的概率$=\left(\dfrac{2\gamma}{\hbar\Omega}\right)^2\sin^2\left(\dfrac{\Omega t}{2}\right)$.

12.5　同上题. 设二能级简并，令 $E_1=E_2=E$，设 $\alpha=\beta=0$. 设 $\psi(t=0)=\psi_1$，求 $\psi(t)$，并与经典力学中耦合摆的共振现象对比讨论.

答：

$$\psi(t)=\left[\cos\left(\frac{\gamma t}{\hbar}\right)\psi_1-\mathrm{i}\,\sin\left(\frac{\gamma t}{\hbar}\right)\psi_2\right]\exp(-\mathrm{i}Et/\hbar)$$

体系在两个简并态 ψ_1 和 ψ_2 之间振荡，周期 $T=\pi\hbar/\gamma$.

12.6 一粒子具有自旋$\frac{1}{2}$,磁矩μ,电荷为0,处于磁场B中.$t=0$时,$\boldsymbol{B}=\boldsymbol{B}_0=(0,0,B_0)$,粒子处于$\sigma_z$的本征态$\begin{pmatrix}0\\1\end{pmatrix}$,即$\sigma_z=-1$.$t>0$后,再加上沿$x$方向的较弱磁场$\boldsymbol{B}_1=(B_1,0,0)$.求$t>0$后粒子的自旋态,以及测得粒子自旋"向上"($\sigma_z=+1$)的概率.

答:

$$\psi(t)=\mathrm{i}\,\frac{\omega_1}{\omega}\sin\omega t\begin{pmatrix}1\\0\end{pmatrix}+\left(\cos\omega t-\mathrm{i}\,\frac{\omega_0}{\omega}\sin\omega t\right)\begin{pmatrix}0\\1\end{pmatrix}$$

其中 $\omega_0=\mu B_0/\hbar,\ \omega_1=\mu B_1/\hbar,\omega=\sqrt{\omega_0^2+\omega_1^2}$

$$P_{\sigma_z=+1}(t)=\frac{\omega_1^2}{\omega^2}\sin^2\omega t=\frac{B_1^2}{B_0^2+B_1^2}\sin^2\left(\frac{\mu}{\hbar}\sqrt{B_0^2+B_1^2}\,t\right)$$

12.7 设把处于基态的氢原子放在平板电容器中.取平板法线方向为z轴方向.电场沿z轴方向,可视为均匀.设电容器突然充电,然后放电.电场随时间变化如下:

$$\mathscr{E}(t)=\begin{cases}0, & t<0\\ \mathscr{E}_0\exp(-t/\tau), & t>0(\tau\text{ 常数})\end{cases}$$

求时间充分长以后,氢原子跃迁到2s态及2p态去的概率.

答:$P(1\mathrm{s}\to2\mathrm{p})=\dfrac{2^{15}}{3^{10}}\cdot\dfrac{e^2\mathscr{E}_0^2a^2\tau^2}{\left[1+\left(\dfrac{3e^2\tau}{8a\hbar}\right)^2\right]\hbar^2},\quad a=\dfrac{\hbar^2}{\mu e^2}$

$P(1\mathrm{s}\to2\mathrm{s})=0$

12.8 氢原子处于基态,加上交变电场$\mathscr{E}=\mathscr{E}_0[\exp(\mathrm{i}\omega t)+\exp(-\mathrm{i}\omega t)]$,$\hbar\omega\gg$电离能.用微扰论一级近似计算氢原子的每秒电离的概率.

答:$w=\dfrac{4^6e^2\mathscr{E}_0^2\mu ka^5}{\hbar^3}\dfrac{(12-k^2a^2)^2}{(4+k^2a^2)^6}$,$a$是Bohr半径,$k=\sqrt{2\mu E_k}$,$E_k$是末态自由电子的能量.

12.9 设不考虑自旋,原子中的电子态表示为

$$\psi_{nlm}(r,\theta,\varphi)=R_{nl}(r)\mathrm{Y}_l^m(\theta,\varphi)$$

对于初态为s态(E_{nl},$l=0$),终态为p态($E_{n'l'}$,$l'=1$)的电偶极自发跃迁,求终态分别为$m=1$,0,-1的跃迁分支比.

答:$m'=1,0,-1$的分支比为1∶1∶1.

12.10 同上题.设初态为nlm.(1)末态为$n'l'm'$.$n'l'$固定,求跃迁到不同m'态的分支比.(2)跃迁到不同l'能级的分支比(略去末态径向波函数的差异).

答:(1)末态$l'=l+1$情况,$m'=m+1,m,m-1$的分支比为$(l+m+2)(l+m+1):2(l+m+1)(l-m+1):(l-m+2)(l-m+1)$.

末态$l'=l-1$情况,分支比为$(l-m)(l-m-1):2(l+m)(l-m):(l+m)(l+m-1)$.

(2)$l'=l+1,l-1$的分支比为$(l+1):l$.

12.11 以平面线偏振光射向处于基态的氢原子,电子可以跃迁到2p能级.设初态电子自旋"向上"($s_z=\hbar/2$).设忽略末态$\mathrm{p}_{3/2}$能级和$\mathrm{p}_{1/2}$能级的能量差.(1)求到$\mathrm{p}_{3/2}$和$\mathrm{p}_{1/2}$能级的分支比(它与入射光偏振方向无关).(2)设入射光(电场)沿z方向偏振,求到$\mathrm{p}_{3/2}$,能级的$m_j=3/2$,1/2,$-1/2$,$-3/2$各态的分支比.(3)设光沿x方向入射,但非偏振光,求到$\mathrm{p}_{3/2}$能级$m_j=3/2$,1/2,$-1/2$,$-3/2$各态的分支比.

答：(1)2∶1.

(2)到 $m_j=3/2,1/2,-1/2,-3/2$ 态的分支比为 0∶1∶0∶0.

(3)3∶4∶1∶0.

12.12　用沿 z 方向传播的右旋圆偏振光照射原子，原子从能级 $E_{nl}\to E_{n'l'}$，求选择定则.

答：$nlm\to n'l'm'$（$E_{nl}>E_{n'l'}$，放出光）

$$\Delta l=\pm 1,\qquad \Delta m=m'-m=-1$$

$nlm\to n'l'm'$（$E_{nl}<E_{n'l'}$，吸收光）

$$\Delta l=\pm 1,\qquad \Delta m=m'-m=+1$$

12.13　一维运动的体系，从 $|m\rangle$ 态跃迁到 $|n\rangle$ 态所相应的振子强度定义为

$$f_{nm}=\frac{2\mu\omega_{nm}}{\hbar}\left|\langle n|x|m\rangle\right|^2$$

μ 为粒子质量. 求证

$$\sum_n f_{nm}=1\left(\sum_n \text{指对一切能量本征态求和}\right)$$

（Thomas-Reich-Kuhn 求和规则）

第 13 章 散射理论

13.1 散射现象的一般描述

散射实验在近代物理学的发展中起了很重要的作用.特别是对原子和分子物理,原子核物理以及粒子物理的建立和发展,起了举足轻重的作用.著名的 Rutherford 的 α 粒子对原子的散射实验(大角度偏转现象),肯定了原子有一个核心,即原子核,其半径($<10^{-12}$ cm)比原子半径($\approx 10^{-8}$ cm)小得多,原子的全部正电荷以及几乎全部的质量都集中在原子核上,从此揭开了人类研究原子结构的新篇章.从 50 年代开始,人们利用高能电子散射(波长≪核半径)来研究原子核及核子的电荷分布,取得了重要的成果①.散射实验还提供了核力的丰富知识.粒子束在介质中的穿透和吸收,都与散射现象密切相关,它们对研究介质的各种性质提供了重要的信息.

从量子力学理论的角度来看,散射态是一种非束缚态,涉及体系能谱的连续区部分,人们可以自由地控制入射粒子的能量,这与处理束缚态的着眼点有所不同.束缚态理论的兴趣主要在于如何求出体系的离散的能量本征值和本征态,以及在外界作用下它们之间的量子跃迁概率,而在实验上则主要是通过光谱线的波长(频率)及谱线强度的观测,选择定则的分析等来获取有关的信息.在散射问题中,人们感兴趣的不是能量本征值(它们可连续变化)而是散射粒子的角分布以及散射过程中粒子各种性质(例如,极化,角关联等)的变化.由于角分布等的实验观测都是在离开靶子"很远"的地方($r \gg \lambda$,λ 是入射粒子的 de Broglie 波长)进行,因此角分布依赖于波函数在 $r \to \infty$ 的渐近行为.所以散射理论的兴趣不在于求能量本征值,而在于研究波函数在 $r \to \infty$ 处的渐近行为,它与入射粒子能量,入射粒子与靶粒子的相互作用等有关.如入射粒子与靶粒子还有内部结构,并且在散射过程中发生改变,这也是散射理论感兴趣的课题.在微观物理学中,人们主要是通过各种类型的散射(弹性,非弹性,反应)实验来研究粒子之间的相互作用以及它们的内部结构.

13.1.1 散射的经典力学描述,截面

从经典力学来看,在散射过程中,每一个入射粒子都以一个确定的碰撞参数(impact parameter) b 和方位角(azimuth angle) φ_0 射向靶子(图 13.1).由于靶粒子

---

① 例如,参阅 R. Hofstadter, Ann, Rev. Nuclear Sci. **7**(1957)231. R. Hofstadter, ed., *Electron Scattering and Nuclear and Nucleon Structure* (Benjamin, New York, 1963).

的作用，入射粒子将发生偏转，沿某方向(θ,φ)射出，其运动轨道由 Newton 方程确定. 当然，在实际的散射实验中，人们并不对每一个粒子的轨道发生兴趣（既无必要，也不可能去观测每一个粒子的轨道），而是想了解入射粒子沿不同方向出射的分布情况. 设有一束粒子，以稳定的入射流密度（单位时间穿过单位面积的粒子数）j_i 入射，由于靶粒子的作用，入射粒子将沿不同方向出射. 设在单位时间内有 $\mathrm{d}n$ 个粒子沿(θ,φ)方向的立体角 $\mathrm{d}\Omega$ 出射. 显然，$\mathrm{d}n\propto j_i\mathrm{d}\Omega$. 定义 $\mathrm{d}n=\sigma j_i\mathrm{d}\Omega$，即

$$\sigma=\frac{1}{j_i}\left(\frac{\mathrm{d}n}{\mathrm{d}\Omega}\right) \tag{13.1.1}$$

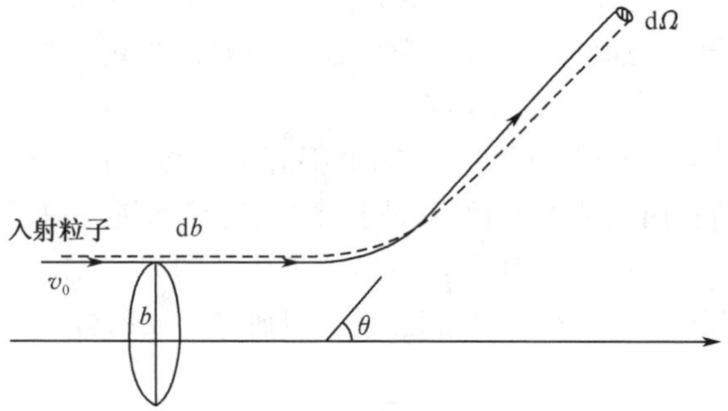

图 13.1

在给定的实验中（入射粒子能量，入射粒子与靶粒子相互作用已确定），一般来说，σ 与(θ,φ)有关. 显然，σ 的量纲是[面积]，所以称为散射截面（scattering cross section），它描述散射粒子沿不同角度(θ,φ)的分布. 如把沿各方向出射粒子都计及在内，即

$$\sigma_t=\int\mathrm{d}\Omega\,\sigma(\theta,\varphi)=\int_0^{\pi}\sin\theta\mathrm{d}\theta\int_0^{2\pi}\mathrm{d}\varphi\,\sigma(\theta,\varphi) \tag{13.1.2}$$

σ_t 称为总截面（total cross section）.

现在来讨论如何用经典力学来计算 $\sigma(\theta,\varphi)$. 通常假定，入射粒子与靶子相互作用只依赖于它们的相对距离 r，记为 $V(r)$. 此时，入射粒子将做平面运动（$\varphi=\varphi_0$），散射角分布 σ 与方位角 φ 无关，只需要分析出射粒子随 θ 角的分布. 显然，偏转角 θ 依赖于碰撞参数 b. 在(θ,φ)方向立体角元 $\mathrm{d}\Omega=\sin\theta\mathrm{d}\theta\mathrm{d}\varphi$ 中射出的粒子，是来自从$(b,b+\mathrm{d}b;\varphi,\varphi+\mathrm{d}\varphi)$的环面积元 $b\mathrm{d}\varphi\mathrm{d}b$ 中入射的粒子. 所以 $\mathrm{d}n=j_ib\,\mathrm{d}\varphi\mathrm{d}b$. 但按截面定义 $\mathrm{d}n=j_i\sigma\mathrm{d}\Omega$. 由此可得出

$$\sigma(\theta)=\left|\frac{b\mathrm{d}b}{\sin\theta\mathrm{d}\theta}\right| \tag{13.1.3}$$

利用 $b=r\sin\theta$，$\sigma(\theta)$也可表示成

$$\sigma(\theta)=r\left|\frac{\mathrm{d}(r\sin\theta)}{\mathrm{d}\theta}\right|=r^2\left|\cos\theta+\sin\theta\frac{\mathrm{dln}r}{\mathrm{d}\theta}\right| \tag{13.1.4}$$

如已知道 $b(\theta)$ 或 $r(\theta)$[通过求解中心场 $V(r)$ 中粒子运动的 Newton 方程],即可求出截面 $\sigma(\theta)$.

例 1 Coulomb 场或万有引力场中的散射. 设

$$V(r) = \frac{\kappa}{r} \qquad (\kappa > 0, \text{斥力}; \kappa < 0, \text{引力}) \tag{13.1.5}$$

以下讨论斥力情况. 设入射粒子能量为 $E(>0)$,按照经典力学,其轨道为双曲线. 采用平面极坐标系,则轨道可表示为

$$r = \frac{p}{1 + e\cos\theta} \tag{13.1.6}$$

式中 p 是双曲线焦点(力心)到准线的垂直距离,$p = L^2\ \kappa m$,L 是粒子轨道角动量(守恒量!),e 是偏心率 $e = \sqrt{1 + 2EL^2/\kappa^2 m} > 1$. 设双曲线的两条渐近线的夹角为 Φ,它与偏转角 θ 有如下关系(图 13.2):

$$\Phi + \theta = \pi \tag{13.1.7}$$

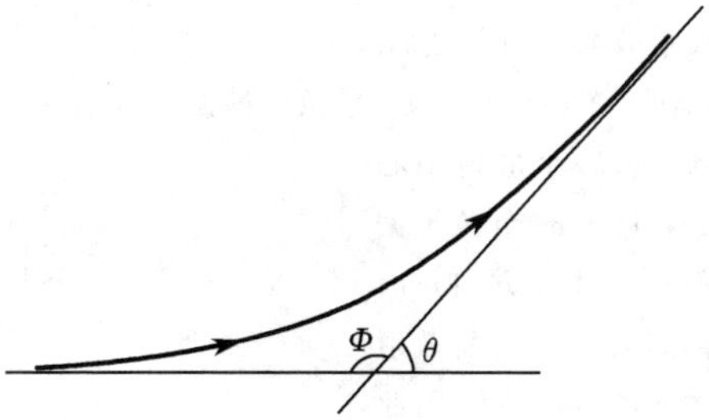

图 13.2

Φ 可如下求出:当 $r \to \infty$ 时,$1 + e\cos\theta = 0$,由此解出 θ 的两个解为

$$\theta_1 = \pi + \arccos\left(\frac{1}{e}\right), \qquad \theta_2 = \pi - \arccos\left(\frac{1}{e}\right)$$

所以

$$\Phi = \theta_1 - \theta_2 = 2\arccos\left(\frac{1}{e}\right)$$

或

$$\cos(\Phi/2) = \frac{1}{e}$$

按式(13.1.7),有

$$\cot(\theta/2) = \tan(\varphi/2) = \sqrt{e^2 - 1} = \sqrt{\frac{2E}{\kappa^2 m}} \cdot L = \frac{v_0}{\kappa} m v_0 b \tag{13.1.8}$$

式中 $E = \frac{1}{2} m v_0^2$(入射粒子能量,守恒量),v_0 为入射速度,$L = m v_0 b$(角动量). 由此得出

$$b = \frac{\kappa}{m v_0^2} \cot(\theta/2) \tag{13.1.9}$$

代入式(13.1.3),可得

$$\sigma(\theta) = \frac{\kappa^2}{16E^2} \frac{1}{\sin^4 \theta/2} \tag{13.1.10}$$

此即有名的 Rutherford 的 Coulomb 散射截面公式[①].

可以看出，当 $\theta\to 0$ 时，$\sigma(\theta)\to\infty$，这是可以理解的. 因为一个理想的(无屏蔽的)Coulomb 势是一种特殊的长程力(力程为无限大)，所以无论入射粒子的碰撞参数 b 多大，总是要受到靶粒子 Coulomb 势的作用而偏转(尽管偏转角很小). 此外，总截面显然也是发散的.

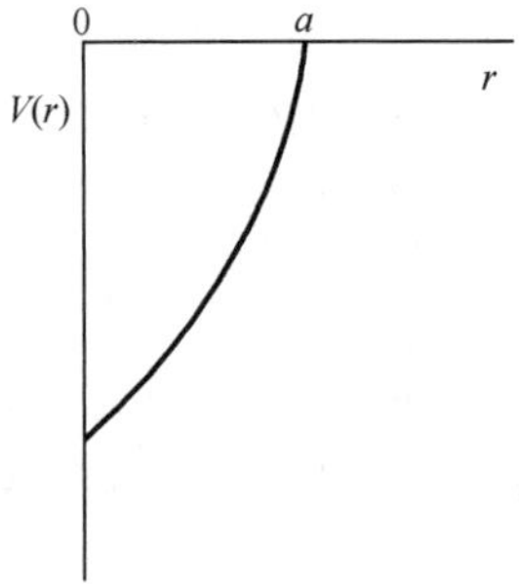

图 13.3

例 2 考虑图 13.3 所示短程作用势(力程$\approx a$)对粒子的散射. 经典力学散射总截面显然为

$$\sigma_t = \pi a^2 \tag{13.1.11}$$

因为只要入射粒子能闯入靶粒子的半径为 a 的势力范围($b<a$)，就会发生偏转(散射). 反之，若入射粒子碰撞参数 $b>a$，粒子就不会进入靶粒子作用圈，因而不发生偏转，对散射总截面无贡献. 以后我们会看到，用量子力学来处理这种势散射的结果，与此很不相同，特别是入射粒子波长 $\lambda\approx a$ 的情况.

例 3 设有一束粒子流通过某种介质，可能观测到被逐渐吸收，沿原来入射方向的粒子流密度 $j(x)$ 会逐渐减弱(图 13.4). 这种吸收现象实际上是由于入射粒子受到介质中的各种原子的散射所导致. 吸收系数与散射总截面成比例.

设介质中单位体积内有 n_0 个散射中心，在单位横截面内入射粒子束经过 dx 距离之后，所碰到的散射中心有 $n_0 dx$ 个. 每一个散射中心的作用将使入射粒子束中有 $j(x)\sigma_t$ 个粒子偏离入射方向而散射出去(不管沿什么方向). 因此，在经历 dx 距离之后，偏离入射方向而散射的粒子总数(单位时间内)为 $j(x)\sigma_t n_0 dx$，因此沿原来传播方向的粒子流密度的减弱量为

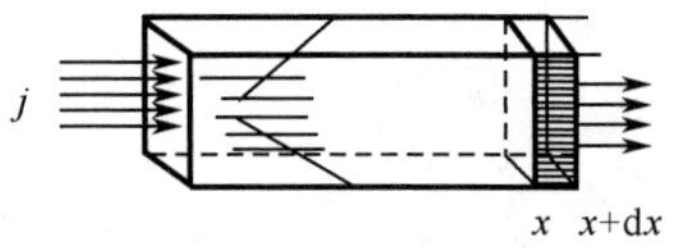

图 13.4

$$dj = -j(x)\sigma_t n_0 dx$$

所以

$$j(x) = j(0)\exp(-\sigma_t n_0 x) = j(0)\exp(-\lambda x) \tag{13.1.12}$$

式中 $\lambda = n_0\sigma_t$ 称为吸收系数，它正比于散射总截面 σ_t 以及介质粒子密度 n_0.

13.1.2 散射的量子力学描述，散射波幅

为简单起见，假设在碰撞过程中入射粒子和靶粒子的内部态不改变(内部激发自由度被冻结)，即弹性散射. 在此过程中，只有相对运动状态发生改变. 设相互作用用局域势 $V(\boldsymbol{r})$ 表示，$\boldsymbol{r}$ 是入射粒子与靶粒子的相对坐标. 这样的两体问题总可以化为单体问题来处理(见 6.1.3 节). 我们还假定 $V(\boldsymbol{r})$ 具有一定的力程 a，即只当 $|\boldsymbol{r}|<a$ 时，相互作用才值得考虑($|\boldsymbol{r}|>a$ 区域，$V(\boldsymbol{r})$ 微不足道，不必考虑)[②].

在散射实验中，有一个粒子源，它提供一束稳定的接近于单色的平行入射粒子

---

① E. Rutherford, Phil. Mag. **21**(1911)669.

② 因此，下面的讨论对于 Coulomb 散射不完全适用(见 13.5 节)，特别是关于 $r\to\infty$ 时散射波的渐近行为[见式(13.1.14)].

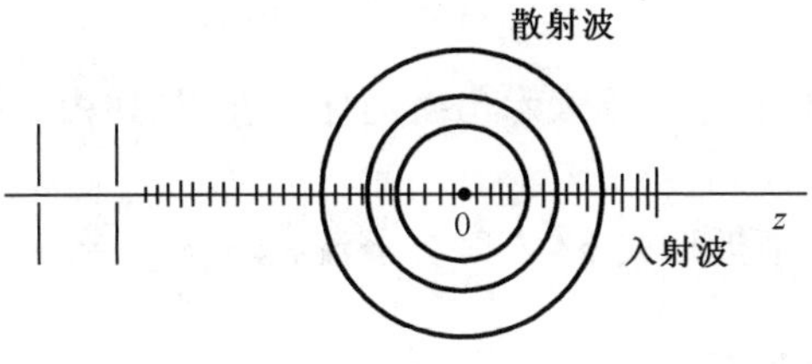

图 13.5

束,从远处射向靶粒子(散射中心).实际的入射粒子束都有一定的宽度($\approx d$)和长度($\approx l$).从宏观实验装置来看,入射束是狭而短的,但与入射粒子波长 λ 和靶粒子的力程(或大小)a 相比,则是很大的,($d,l\gg\lambda,a$).在这种情况下,入射波(incomming wave)可以近似用一束平面波来描述①,即(为方便,不妨取入射方向为 z 轴方向,见图 13.5)

$$\psi_i = \mathrm{e}^{ikz} \tag{13.1.13}$$

$k=\sqrt{2\mu E}/\hbar$,E 为入射粒子能量,ψ_i 是动量的本征态($p_z=\hbar k, p_x=p_y=0$).由于靶粒子的作用,入射粒子的动量并非守恒量,即有一定概率改变方向,或者说要产生散射(scattering)波.设相互作用为一个中心势 $V(r)$,则在散射过程中角动量为守恒量.可以论证②,当 $r\to\infty$ 时,散射波的形式为 $\frac{1}{r}f(\theta)\exp(\mathrm{i}kr)$,即往外出射的(coutgoing)球面波,$f(\theta)$ 的量纲为[长度],称为散射波幅(scattering amplitude),是 θ 的函数,但不依赖于 φ 角.概括起来说,在中心势 $V(r)$ 作用下,波函数在 $r\to\infty$ 时的渐近行为是

---

① 这是数学处理上的简化,平面波是一种理想情况,实际的入射粒子束都是波包.但可以证明,如波包宽度 d 和长度 l 比入射波波长 λ 和靶粒子作用半径 a 大得多($d,l\gg\lambda,a$),则用波包来严格处理所得结果与用平面波近似的结果相同.详见,M. L. Goldberger and K. M. Watson,*Collision Theory*,chap. 10,(1964);A. Messiah,*Quantum Mechanisc*,chap. 10,1961;E. Merzbacher,*Quantum Mechanics*,11.2 节,(1970).

② 中心力场中的粒子,$H=\boldsymbol{p}^2/2\mu+V(r)$.能量 E 和轨道角动量 $\boldsymbol{l}$ 均为守恒量.由于入射粒子用 $\exp(\mathrm{i}kz)=\exp(\mathrm{i}kr\cos\theta)$ 来描述,它是具有一定能量 $E=\hbar^2k^2/2\mu$ 和角动量 z 分量 $l_z=0$(或磁量子数 $m=0$)的态,具有绕 z 轴的旋转对称性.在散射过程中,这种对称性将保持下去,即波函数保持在能量为 $E=\hbar^2k^2/2\mu$ 和 $l_z=0$ 的本征态.采用($H,\boldsymbol{l}^2,l_z$)为守恒量完全集,则散射波一般形式为 $\sum_l C_l R_{kl}(r) Y_l^0$,$R_{kl}(r)$ 为径向波函数,若令 $R_{kl}(r)=\chi_{kl}(r)/r$,则

$$\chi''_{kl}(r)+\left[k^2-\frac{l(l+1)}{r^2}-\frac{2\mu V(r)}{\hbar^2}\right]\chi_{kl}(r)=0$$

由于 $V(r)$ 具有有限力程,当 $r\to\infty$ 时,

$$\chi''_{kl}(r)+k^2\chi_{kl}(r)=0$$

它的两个解可取为 $\exp(\pm\mathrm{i}kr)$.取出射波条件,则 $\chi\propto\exp(\mathrm{i}kr)$.因此,散射波的渐近形式为 $\frac{1}{r}\exp(\mathrm{i}kr)\sum_l C_l \mathrm{P}_l(\cos\theta)$.考虑到 $\mathrm{P}_l(\cos\theta)$ 的完备性,此式可表示成 $\frac{1}{r}\exp(\mathrm{i}kr)f(\theta)$,其中 $f(\theta)$ 为 θ 的任意规则函数,可以用 $\mathrm{P}_l(\cos\theta)$ 展开,但 f 不依赖于 φ(因为 $m=0$).

$$\psi \xrightarrow{r\to\infty} \exp(\mathrm{i}kz) + f(\theta)\frac{\exp(\mathrm{i}kr)}{r} \tag{13.1.14}$$

上式中第一项是入射波,第二项表示出射的球面波,描述由于靶粒子作用所出现的散射现象.

在上述波函数的渐近形式下,入射粒子流密度为 $j_i = \hbar k/\mu$,而散射粒子流(径向)为(注)

$$\begin{aligned} j_s &= \frac{\mathrm{i}\hbar}{2\mu}\left\{f(\theta)\frac{\exp(\mathrm{i}kr)}{r}\frac{\partial}{\partial r}\left[f^*(\theta)\frac{\exp(-\mathrm{i}kr)}{r}\right] - \mathrm{c.\,c.}\right\} \\ &= \frac{\hbar k}{\mu}\,|f(\theta)|^2/r^2 \end{aligned} \tag{13.1.15}$$

式中,c. c. 指复共轭项. 因此,在 θ 方向的立体角元 $\mathrm{d}\Omega$ 中单位时间的出射粒子数为

$$\mathrm{d}n = j_s r^2 \mathrm{d}\Omega = \frac{\hbar k}{\mu}\,|f(\theta)|^2 \mathrm{d}\Omega$$

按截面定义式(13.1.1),有

$$\sigma(\theta) = \frac{1}{j_i}\frac{\mathrm{d}n}{\mathrm{d}\Omega} = |f(\theta)|^2 \tag{13.1.16}$$

这就是散射截面(也称微分截面,或角分布)与散射波幅 $f(\theta)$ 的关系.

在理论分析上,散射波幅 $f(\theta)$ 可以由求解 Schrödinger 方程

$$\left[-\frac{\hbar^2}{2\mu}\nabla^2 + V(r)\right]\psi = E\psi \tag{13.1.17}$$

并要求 $r\to\infty$ 时 ψ 的渐近行为如式(13.1.14)所示而定出. $f(\theta)$ 求出后即可计算出微分截面 $\sigma(\theta) = |f(\theta)|^2$,并与实验测出的微分截面[按照式(13.1.1),$\sigma(\theta) = (\mathrm{d}n/\mathrm{d}\Omega)/j_i$]比较①. 还可以计算出总截面

$$\sigma_t = \int \sigma(\theta)\mathrm{d}\Omega = \int_0^\pi |f(\theta)|^2 \sin\theta \mathrm{d}\theta \tag{13.1.18}$$

当然还应提到,用上述理论来分析散射实验时,还基于下列一些近似考虑. 首先,实际的散射实验中,靶子是由许多散射中心(原子,原子核,或其他粒子)组成. 但各个散射中心之间间距可认为很大(相对于各散射中心的势力范围),因而从不同散射中心出来的散射波的干涉效应可以忽略. 其次,从实验技巧上来讲,通常把靶子做得非常薄,使得入射粒子束中只有很少一部分入射粒子受到一个散射中心的散射(不经受多次散射). 此外,无论是经典或者量子力学描述中,截面都是一个统计的概念. 为了得到较好的统计性,往往要求入射束流强较大,使单位时间内记录下的散射粒子数较大,但又要求入射粒子束流不可太强,以保证入射粒子束中的各粒子之间的相互作用可不必考虑.

---

① 本章是采用定态方法来处理散射问题,即求解不含时间的 Schrödinger 方程,并要求波函数满足一定的边条件,所以归结为一个边值问题. 这个方法适用的条件是 H 不显含 t. 若 H 显含 t,则能量非守恒量,体系不能处于定态. 此时要用含时间的 Schrödinger 方程来处理,要求波函数满足一定的初条件. 这是一个很普遍的方法. 也可以应用于 H 不显含 t 的情况. 为此,要引用"绝热移引"概念. 详细讨论可参阅 M. L. Goldberger and K. M. Watson, *Collision Theory*, (1964); C. J. Jaochain, *Quantum Collision Theory*, (1975); 以及书中所引文献.

(注)彭桓武先生在“忆玻恩，海特勒，薛定谔和我的几段谈话”[《现代物理知识》(5卷，6期，1993)]一文中谈到，他在读 Mott 的 *The Theory of Atomic Collision* 一书时，曾经问 Born，在用波动力学计算截面时，为何不考虑入射波与散射波的交叉项. Born 以光学实验为例指出：在散射光测量处，入射光受光阑的限制不会到达那里，因而交叉项实际上等于零. 在实验观测中，探测器总是放置在离开靶子较远处，并在偏离 $\theta=0$ 方向有一定角度的方向，而入射粒子是用有一定宽度的波包描述，尽管在散射过程中有一定扩展，在探测器所在位置只能观测到散射波，而入射波与散射波的干涉，除 $\theta=0$ 方向附近极小的角度方向外，是观测不到的。向前散射($\theta=0$)的截面可根据小角度 θ 的截面数据进行外插而得出. 参见 Cohen-Tannoudji, et al., *Quantum Mechanics*, vol. Ⅱ, p. 914.

下面证明：在远处($r\to\infty$)，除非常靠近入射方向($\theta\approx 0^\circ$)之外，干涉效应可以忽略.

将式(13.1.14)代入粒子流密度公式

$$\boldsymbol{j}=\frac{\hbar}{2\mathrm{i}\mu}(\psi^*\ \nabla\psi-\psi\nabla\psi^*)$$

在球坐标系中

$$\nabla=\boldsymbol{e}_r\frac{\partial}{\partial r}+\boldsymbol{e}_\theta\frac{1}{r}\frac{\partial}{\partial\theta}+\boldsymbol{e}_\varphi\frac{1}{r\sin\theta}\frac{\partial}{\partial\varphi}$$

由于 ψ 与 φ 角无关，所以 $j_\varphi=0$，而

$$j_r=\frac{\hbar}{2\mathrm{i}\mu}\left(\psi^*\ \frac{\partial}{\partial r}\psi-\psi\frac{\partial}{\partial r}\psi^*\right)=\frac{\hbar}{2\mathrm{i}\mu}\left\{\left[\exp(-\mathrm{i}kz)+f(\theta)^*\ \frac{1}{r}\exp(-\mathrm{i}kr)\right]\right.$$
$$\left.\times\frac{\partial}{\partial r}\left[\exp(\mathrm{i}kz)+f(\theta)\frac{1}{r}\exp(\mathrm{i}kr)\right]-\text{c. c.}\right\},\text{(c. c. 指复共轭项)}$$

经过仔细计算，可得出

$$\begin{aligned}j_r&=\frac{\hbar k}{\mu}\left(\cos\theta+\frac{1}{r^2}|f|^2\right)\\&\quad+\frac{\hbar}{2\mu}\left\{f(\theta)[kr(1+\cos\theta)+\mathrm{i}]\frac{1}{r^2}\exp[\mathrm{i}k(r-z)]+\text{c. c.}\right\}\end{aligned}\tag{13.1.19}$$

$$\begin{aligned}j_\theta&=\frac{\hbar}{2\mathrm{i}\mu}\left(\psi^*\ \frac{1}{r}\frac{\partial}{\partial\theta}\psi-\psi\frac{1}{r}\frac{\partial}{\partial\theta}\psi^*\right)\\&=-\frac{\hbar k}{\mu}\sin\theta+\frac{\hbar}{2\mathrm{i}\mu}\left\{(f'-\mathrm{i}kr/\sin\theta)\frac{1}{r^2}\exp[\mathrm{i}k(r-z)]-\text{c. c.}\right\}\\&\quad+\frac{\hbar}{2\mathrm{i}\mu}(f'f^*-ff^{*\prime})/r^3,\qquad(f'=\mathrm{d}f/\mathrm{d}\theta)\end{aligned}\tag{13.1.20}$$

在远处($r\to\infty$)，上式右边第三项($\propto 1/r^3$)可以忽略. 式(13.1.19)右边的{…}中，因 $kr\gg1$，可略去 i 项. 同样，式(13.1.20)可以忽略 f' 项(只要角度 θ 不是非常小). 因此，$kr\to\infty$ 时，式(13.1.19)与(13.1.20)可表示为

$$\begin{aligned}j_r&=\frac{\hbar k}{\mu}\left(\cos\theta+\frac{|f|^2}{r^2}+\frac{1+\cos\theta}{2r}\{f\exp[\mathrm{i}k(r-z)]+f^*\exp[-\mathrm{i}k(r-z)]\}\right)\\j_\theta&=\frac{\hbar k}{\mu}\left(-\sin\theta-\frac{\sin\theta}{2r}\{f\exp[\mathrm{i}k(r-z)]+f^*\exp[-\mathrm{i}kr-z]\}\right)\end{aligned}\tag{13.1.21}$$

上两式中，右边第一项与 r 无关，代表入射粒子流密度$\left(\frac{\hbar k}{\mu}\text{，沿 } z \text{ 轴方向}\right)$的 $\boldsymbol{e}_r$ 与 $\boldsymbol{e}_\theta$ 分量(见图

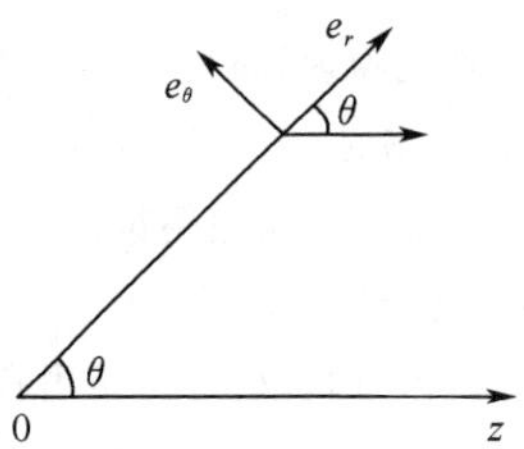

图 13.6

13.6). j_r 的第二项 $|f|^2/r^2$，是散射粒子流密度 $\left(\propto \frac{1}{r^2}\right)$. j_r 与 j_θ 中的其他项是入射波与散射波的干涉项 $\left(\propto \frac{1}{r}\right)$，乍看起来，似乎比散射波贡献的项 $\left(\propto \frac{1}{r^2}\right)$ 还重要. 但因为它们包含有一个随角度迅变的因子 $\exp[ik(r-z)]=\exp[ikr(1-\cos\theta)]$，当 r 很大时($kr\gg1$)，除 $0\approx0°$ 附近外，在实验观测的立体角 $\Delta\Omega$ 中，此因子将振荡多次而互相抵消，因而实际上对截面没有什么贡献，完全可以略去. 所以，在计算截面时，只需考虑散射波的贡献，散射波与入射波的干涉项可以忽略.

* * *

练习　考虑到概率守恒条件，在离开散射中心无穷远($r\to\infty$)的球面上粒子净流出量应为 0，$\oint j_r r^2 \mathrm{d}\Omega=0$. 按式(13.1.19)，利用公式

$$\lim_{\alpha\to\infty}\exp(i\alpha x)=2i\delta(x)\qquad(x\geqslant0)$$

可知

$$\lim_{kr\to\infty}\exp[ikr(1-\cos\theta)]=\frac{2i}{kr}\delta(1-\cos\theta)\tag{13.1.22}$$

由此证明下列光学定理(optical theorem)：

$$\sigma_k=\int|f(\theta,\varphi)|^2\mathrm{d}\Omega=\frac{4\pi}{k}\mathrm{Im}f(0)\tag{13.1.23}$$

13.2 Born 近似

下面先介绍处理散射问题的一个重要近似方法，即 Born 近似. 在下面 13.2.1 节中，把 Schrödinger 方程化为一个积分方程——Lippman-Schwinger 方程，并要求波函数满足散射态边条件. 与 Schrödinger 微分方程的求解一样，在一般情况下，只能采用近似方法求解此积分方程. 13.2.2 节介绍最重要的一种近似方法，即 Born 近似. 与束缚态的微扰论近似的精神相似，Born 近似把入射粒子与靶子的相互作用 V 视为微扰，然后逐级近似求解. 显然，Born 近似对于高能入射粒子的散射较为适用.

13.2.1 Green 函数，Lippman-Schwinger 方程

在 13.1 节中已提到，粒子被势场 $V(\boldsymbol{r})$ 的散射，归结为求解 Schrödinger 方程

$$(\nabla^2+k^2)\psi(\boldsymbol{r})=\frac{2\mu}{\hbar^2}V(\boldsymbol{r})\psi(\boldsymbol{r})\tag{13.2.1}$$

($E=\hbar^2k^2/2\mu$ 是入射粒子能量)，$\psi(\boldsymbol{r})$ 满足下列边条件：

$$\psi(\boldsymbol{r})\xrightarrow{r\to\infty}\exp(i\boldsymbol{k}\cdot\boldsymbol{r})+f(\theta,\varphi)\frac{\exp(ikr)}{r}\tag{13.2.2}$$

定义 Green 函数 $G(\boldsymbol{r},\boldsymbol{r}')$①，它满足

$$(\nabla^2+k^2)G(\boldsymbol{r},\boldsymbol{r}') = \delta(\boldsymbol{r}-\boldsymbol{r}') \tag{13.2.3}$$

可以证明

$$\psi(\boldsymbol{r}) = \frac{2\mu}{\hbar^2}\int \mathrm{d}^3r' G(\boldsymbol{r},\boldsymbol{r}')V(\boldsymbol{r}')\psi(\boldsymbol{r}') \tag{13.2.4}$$

满足方程(13.2.1). 因为，利用式(13.2.3)，

$$(\nabla^2+k^2)\psi(\boldsymbol{r}) = \frac{2\mu}{\hbar^2}\int \mathrm{d}^3r'(\nabla^2+k^2)G(\boldsymbol{r},\boldsymbol{r}')V(\boldsymbol{r}')\psi(\boldsymbol{r}') = \frac{2\mu}{\hbar^2}V(\boldsymbol{r})\psi(\boldsymbol{r})$$

但式(13.2.4)解不是唯一的，因为

$$\psi(\boldsymbol{r}) = \psi^{(0)}(\boldsymbol{r}) + \frac{2\mu}{\hbar^2}\int \mathrm{d}^3r' G(\boldsymbol{r},\boldsymbol{r}')V(\boldsymbol{r}')\psi(\boldsymbol{r}') \tag{13.2.5}$$

也满足方程(13.2.1)，只要 $\psi^{(0)}(\boldsymbol{r})$满足下列齐次方程即可

$$(\nabla^2+k^2)\psi^{(0)}(\boldsymbol{r}) = 0 \tag{13.2.6}$$

这种不确定性可由入射波和出射波的边条件来确定. 例如，对于有限力程作用[当 $r>a$(力程)，$V=0$]，要求 $\psi_i(\boldsymbol{r}) \xrightarrow{r\to\infty} \exp(\mathrm{i}\boldsymbol{k}\cdot\boldsymbol{r})$(入射粒子具有确定动量 $\hbar\boldsymbol{k}$，用平面波描述)，而

$$\psi(\boldsymbol{r}) = \exp(\mathrm{i}\boldsymbol{k}\cdot\boldsymbol{r}) + \psi_{sc}(\boldsymbol{r}) = \exp(\mathrm{i}\boldsymbol{k}\cdot\boldsymbol{r}) + \frac{2\mu}{\hbar^2}\int \mathrm{d}^3r' G(\boldsymbol{r},\boldsymbol{r}')V(\boldsymbol{r}')\psi(\boldsymbol{r}') \tag{13.2.7}$$

此即 Lippman-Schwinger 方程，并要求 $\psi_{sc}(\boldsymbol{r})$满足出射波边条件

$$\psi_{sc}(\boldsymbol{r}) = \frac{2\mu}{\hbar^2}\int \mathrm{d}^3r' G(\boldsymbol{r},\boldsymbol{r}')V(\boldsymbol{r}')\psi(\boldsymbol{r}') \xrightarrow{r\to\infty} f(\theta,\varphi)\frac{\exp(\mathrm{i}kr)}{r} \tag{13.2.8}$$

下面来讨论 Green 函数的求解. 根据方程(13.2.3)的空间平移不变性，$G(\boldsymbol{r},\boldsymbol{r}')$应表示成下列形式：

$$G(\boldsymbol{r},\boldsymbol{r}') = G(\boldsymbol{r}-\boldsymbol{r}') \tag{13.2.9}$$

其 Fourier 变换为

$$G(\boldsymbol{r}-\boldsymbol{r}') = \int \mathrm{d}^3q \exp[\mathrm{i}\boldsymbol{q}\cdot(\boldsymbol{r}-\boldsymbol{r}')]\widetilde{G}(\boldsymbol{q}) \tag{13.2.10}$$

代入式(13.2.3)，利用

$$\delta(\boldsymbol{r}-\boldsymbol{r}') = \frac{1}{(2\pi)^3}\int \mathrm{d}^3q \exp[\mathrm{i}\boldsymbol{q}\cdot(\boldsymbol{r}-\boldsymbol{r}')]$$

---

① 静电学中求解 Poisson 方程$\nabla^2\phi=-4\pi\rho$时，已用过此方法，即引进 Green 函数 $G(\boldsymbol{r})$，它满足

$$\nabla^2 G(\boldsymbol{r}) = -4\pi\delta(\boldsymbol{r})$$

众所周知，它的解为

$$G(\boldsymbol{r}) = \frac{1}{|\boldsymbol{r}|} \qquad \left(\nabla^2\frac{1}{\boldsymbol{r}} = -4\pi\delta(\boldsymbol{r})\right)$$

这样，Poisson 方程的解 $\phi(\boldsymbol{r})$可表示成

$$\phi(\boldsymbol{r}) = \int \mathrm{d}^3r' G(\boldsymbol{r}-\boldsymbol{r}')\rho(\boldsymbol{r}') = \int \mathrm{d}^3r' \frac{\rho(\boldsymbol{r}')}{|\boldsymbol{r}-\boldsymbol{r}'|}$$

即对整个电荷分布的贡献进行积分，而 Green 函数表示单位点电荷对静电势的贡献.

$$\nabla^2 \exp[\mathrm{i}\boldsymbol{q}\cdot(\boldsymbol{r}-\boldsymbol{r}')] = -q^2 \exp[\mathrm{i}\boldsymbol{q}\cdot(\boldsymbol{r}-\boldsymbol{r}')]$$

可得

$$(-q^2+k^2)\widetilde{G}(\boldsymbol{q}) = \frac{1}{(2\pi)^3}$$

即 Green 函数的 Fourier 变换为

$$\widetilde{G}(\boldsymbol{q}) = -\frac{1}{(2\pi)^3}\frac{1}{(q^2-k^2)} \tag{13.2.11}$$

因此 Green 函数为

$$G(\boldsymbol{r}-\boldsymbol{r}') = -\frac{1}{(2\pi)^3}\int \mathrm{d}^3 q\, \frac{1}{q^2-k^2}\exp[\mathrm{i}\boldsymbol{q}\cdot(\boldsymbol{r}-\boldsymbol{r}')] \tag{13.2.12}$$

令 $\boldsymbol{R}=\boldsymbol{r}-\boldsymbol{r}'$,则

$$\begin{aligned} G(\boldsymbol{R}) &= -\frac{1}{(2\pi)^3}\int \mathrm{d}^3 q\, \frac{\exp(\mathrm{i}\boldsymbol{q}\cdot\boldsymbol{R})}{q^2-k^2} \\ &= -\frac{1}{(2\pi)^3}\int_0^\infty q^2\mathrm{d}q\int_0^\pi \sin\theta\mathrm{d}\theta\int_0^\pi \mathrm{d}\varphi\, \frac{\exp(\mathrm{i}qR\cos\theta)}{q^2-k^2} \\ &= -\frac{1}{(2\pi)^2\mathrm{i}R}\int_{-\infty}^{+\infty}\mathrm{d}q\cdot\frac{q\exp(\mathrm{i}qR)}{q^2-k^2} \end{aligned}$$

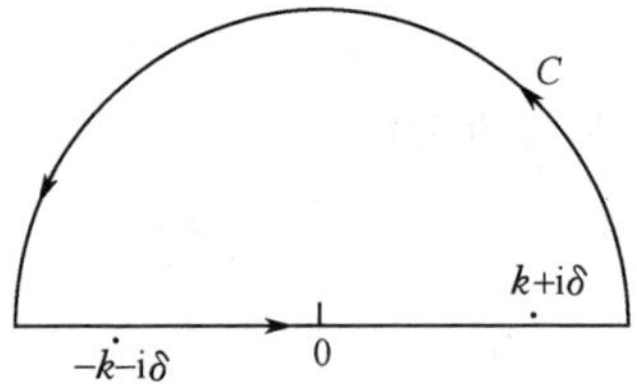

图 13.7　q 空间围道

$q=\pm k$ 点是被积函数的一级极点,容易用残数(residue)定理计算出积分值. 积分值与积分围道(contour)选取有关,这相当于不同的散射波边条件. 通常感兴趣的是要求给出出射波,此时,q 空间积分围道应选取如图 13.7. 此时,

$$G(\boldsymbol{R}) = -\frac{1}{4\pi R}\exp(\mathrm{i}kR)$$

即

$$G(\boldsymbol{r}-\boldsymbol{r}') = -\frac{\exp(\mathrm{i}k|\boldsymbol{r}-\boldsymbol{r}'|)}{4\pi|\boldsymbol{r}-\boldsymbol{r}'|} \tag{13.2.13}$$

代入式(13.2.7),得

$$\psi(\boldsymbol{r}) = \exp(\mathrm{i}\boldsymbol{k}\cdot\boldsymbol{r}) - \frac{\mu}{2\pi\hbar^2}\int \mathrm{d}^3 r'\, \frac{\exp(\mathrm{i}k|\boldsymbol{r}-\boldsymbol{r}'|)}{|\boldsymbol{r}-\boldsymbol{r}'|}V(\boldsymbol{r}')\psi(\boldsymbol{r}') \tag{13.2.14}$$

这就是方程(13.2.1)的解,它满足边条件(13.2.2). 由于积分内含有待求解的未知函数 $\psi(\boldsymbol{r}')$,(13.2.14)是一个积分方程. 具体计算时,往往只能采用逐级近似法求解.

13.2.2　Born 近似[①]

如把入射粒子与靶的相互作用 V 看成微扰,按微扰论的精神:作为一级近似,式(13.2.14)右侧的 $V(\boldsymbol{r}')\psi(\boldsymbol{r}')$ 用其零级近似 $V(\boldsymbol{r}')\exp(\mathrm{i}\boldsymbol{k}\cdot\boldsymbol{r}')$ 代替. 此时

---

① M. Born, Z. Physik **38**(1926)803.

$$\psi(\boldsymbol{r}) \approx \exp(\mathrm{i}\boldsymbol{k}\cdot\boldsymbol{r}) - \frac{\mu}{2\pi\hbar^2}\int \mathrm{d}^3 r' \times \frac{\exp(\mathrm{i}k\,|\,\boldsymbol{r}-\boldsymbol{r}'\,|)}{|\,\boldsymbol{r}-\boldsymbol{r}'\,|} V(\boldsymbol{r}')\exp(\mathrm{i}\boldsymbol{k}\cdot\boldsymbol{r}') \tag{13.2.15}$$

此即势散射问题的 Born 一级近似解. 根据它在 $r\to\infty$ 的渐近行为,与边条件式(13.2.2)比较,即可求出散射波幅 f 的一级近似解.

我们已假设 $V(\boldsymbol{r}')$具有有限力程,式(13.2.15)中对 $\boldsymbol{r}'$ 的积分实际上局限于空间中一个有限区域. 当 $r\to\infty$时,

$$|\boldsymbol{r}-\boldsymbol{r}'| = (r^2 - 2\boldsymbol{r}\cdot\boldsymbol{r}' + r'^2)^{1/2} \approx r(1-\boldsymbol{r}\cdot\boldsymbol{r}'/r^2)$$

式(13.2.15)的被积函数中,分母$|\boldsymbol{r}-\boldsymbol{r}'|$是一个光滑的缓变化函数,当 $r\to\infty$时,可径直用 r 代替,但分子是一个随 r'迅速振荡的函数

$$\begin{aligned}\exp(\mathrm{i}k|\boldsymbol{r}-\boldsymbol{r}'|) &\approx \exp[\mathrm{i}kr(1-\boldsymbol{r}\cdot\boldsymbol{r}'/r^2)] \\ &= \exp(\mathrm{i}kr - \mathrm{i}\boldsymbol{k}_f\cdot\boldsymbol{r}')\end{aligned} \tag{13.2.16}$$

其中 $\boldsymbol{k}_f = k\,\dfrac{\boldsymbol{r}}{r}$, $\hbar\boldsymbol{k}_f$ 是出射粒子动量,对于弹性散射,$|\,\boldsymbol{k}_f\,| = k$. 这样,由式(13.2.15)、(13.2.16)可得出

$$\psi_{sc}(\boldsymbol{r}) \xrightarrow{r\to\infty} -\frac{\mu\exp(\mathrm{i}kr)}{2\pi\hbar^2 r}\int \mathrm{d}^3 r' \exp[-\mathrm{i}(\boldsymbol{k}_f-\boldsymbol{k})\cdot\boldsymbol{r}']V(\boldsymbol{r}') \tag{13.2.17}$$

与边条件式(13.2.2)比较,得

$$f(\theta,\varphi) = f(\boldsymbol{k},\boldsymbol{k}_f) = -\frac{\mu}{2\pi\hbar^2}\int \mathrm{d}^3 r' \exp(\mathrm{i}\boldsymbol{q}\cdot\boldsymbol{r}')V(\boldsymbol{r}') \tag{13.2.18}$$

式中

$$\boldsymbol{q} = \boldsymbol{k}_f - \boldsymbol{k} \tag{13.2.19}$$

$\hbar\boldsymbol{q}$ 是散射过程中粒子的动量转移(见图 13.8),θ 是 $\boldsymbol{k}_f$ 与 $\boldsymbol{k}$ 的夹角,即散射角. 由图 13.8可看出

$$q = 2k\sin\frac{\theta}{2} \tag{13.2.20}$$

k 与 θ 愈大,则动量转移 $\hbar q$ 愈大. 除一个常数因子外,散射波幅(13.2.18)即相互作用$V(\boldsymbol{r})$的 Fourier 变换. 若 V 是中心力场(或对于入射方向具有轴对称性),则 f 与 φ 角无关. 计算式(13.2.18)的积分时,可选择 $\boldsymbol{q}$ 方向为 z'轴方向,采用球坐标系,可得出

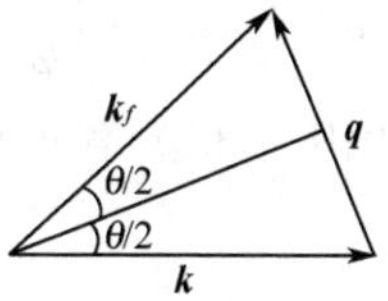

图 13.8

$$f(\theta) = -\frac{2\mu}{\hbar^2 q}\int_0^\infty r'V(r')\sin qr'\,\mathrm{d}r' \tag{13.2.21}$$

f 还与入射粒子能量有关系,在式(13.2.18)和(13.2.21)中未明显标记出. 散射截面为

$$\sigma(\theta) = |\,f(\theta)\,|^2 = \frac{4\mu^2}{\hbar^4 q^2}\left|\int_0^\infty r'V(r')\sin qr'\,\mathrm{d}r'\right|^2$$

$$q^2 = 4k^2\sin^2\frac{\theta}{2} \tag{13.2.22}$$

可以看出，q 愈大，则 $\sigma(\theta)$ 愈小，即入射粒子受到势场 $V(r)$ 的影响愈小. 由此可以看出，对于高能入射粒子（k 很大），$\sigma(\theta)$ 主要集中在小角度范围内.

Born 近似的适用条件

在 Born 近似下

$$\begin{aligned}\psi(\boldsymbol{r}) &= \exp(\mathrm{i}\boldsymbol{k}\cdot\boldsymbol{r}) + \psi_{sc}(\boldsymbol{r}) \\ &\approx \exp(\mathrm{i}\boldsymbol{k}\cdot\boldsymbol{r}) - \frac{\mu}{2\pi\hbar^2}\int \mathrm{d}^3 r' \frac{\exp(\mathrm{i}k\cdot|\boldsymbol{r}-\boldsymbol{r}'|)}{|\boldsymbol{r}-\boldsymbol{r}'|} V(\boldsymbol{r}')\exp(\mathrm{i}\boldsymbol{k}\cdot\boldsymbol{r}')\end{aligned} \tag{13.2.23}$$

如 Born 近似为一个好的近似，就要求

$$|\psi_{sc}(\boldsymbol{r})| \ll |\exp|(\mathrm{i}\boldsymbol{k}\cdot\boldsymbol{r})| = 1 \tag{13.2.24}$$

势场 V 对散射波的影响，在靶子邻域（$r\sim 0$）内最强，因此上述条件可换成

$$|\psi_{sc}(0)| \ll 1 \tag{13.2.25}$$

设 V 为中心场，则

$$\begin{aligned}|\psi_{sc}(0)| &= \frac{\mu}{2\pi\hbar^2}\left|\int \mathrm{d}^3 r' \frac{\exp(\mathrm{i}kr')}{r} V(r')\exp(\mathrm{i}\boldsymbol{k}\cdot\boldsymbol{r}')\right| \\ &= \frac{2\mu}{\hbar^2 k}\left|\int_0^\infty \mathrm{d}r' \exp(\mathrm{i}kr') V(r')\sin kr'\right| \ll 1\end{aligned} \tag{13.2.26}$$

此即 Born 近似成立的条件.

若入射粒子能量很低，$\sin kr' \approx kr'$，$\exp(\mathrm{i}kr')\approx 1$，则式(13.2.26)化为

$$\frac{2\mu}{\hbar^2}\left|\int_0^\infty r' V(r')\mathrm{d}r'\right| \ll 1 \tag{13.2.27}$$

假设 $V(r)$ 具有有限力程 $\approx r_0$，强度 $\approx V_0$，则上式化为

$$\frac{\mu}{\hbar^2}|V_0| r_0^2 \ll 1 \tag{13.2.28}$$

反之，若入射粒子能量很高，$\exp(\mathrm{i}kr')$ 将随 r' 迅速振荡，式(13.2.26)中

$$\exp(\mathrm{i}kr')\sin kr' = \cos kr' \sin kr' + \mathrm{i}\sin^2 kr'$$

上式右侧第一项 $\frac{1}{2}\sin 2kr'$ 随 r' 迅速振荡，对积分无贡献，第二项主要局限在 $kr' \lesssim \pi$ 区域中对积分有贡献，其值约为

$$\int_0^{\pi/k} \sin^2 kr' \mathrm{d}r' = \frac{1}{2k}$$

所以式(13.2.26)化为

$$\frac{2\mu}{\hbar^2 k}\frac{|V_0|}{2k} \ll 1, \quad 或 \quad \frac{\mu|V_0|}{\hbar^2} r_0^2 \ll k^2 r_0^2 \tag{13.2.29}$$

可以看出，若 Born 近似在低能区成立，则在高能区也成立（因为 $k^2 r_0^2 \gg 1$）. 反之，则不一定.

13.2.3 Coulomb 散射的 Born 近似

在 13.1.2 节的散射的量子力学理论描述中，以及 13.2.2 节的散射振幅的

Born 近似公式的推导中，都假定 V 具有有限力程. 点电荷的 Coulomb 势是一个长程势(力程为∞). 严格说来，点电荷的 Coulomb 散射不能用 Born 近似来处理. 但我们不妨把点电荷的 Coulomb 势 $V(r)=\kappa/r$ 看成 Yukawa 势

$$V(r)=\frac{\kappa\exp(-\alpha r)}{r} \tag{13.2.30}$$

的长程极限($\alpha^{-1}\to\infty$). 对于 Yukawa 势，Born 近似适用条件[见式(13.2.27)]可表示成

$$\frac{2\mu}{\hbar^2}\left|\int_0^\infty rV(r)\mathrm{d}r\right|=\frac{2\mu\kappa}{\hbar^2\alpha}\ll 1 \tag{13.2.31}$$

当 α 足够大时，上条件成立.（当然，对于 Coulomb 势，$\alpha\to 0$，严格说来，上条件不成立.）对于 Yukawa 势，可计算出(习题 13.1)

$$f(\theta)=-\frac{2\mu\kappa}{\hbar^2}\frac{1}{\alpha^2+q^2} \tag{13.2.32}$$

$$\sigma(\theta)=|f(\theta)|^2=\frac{4\mu^2\kappa^2}{\hbar^4}\frac{1}{(\alpha^2+q^2)^2}\xrightarrow{\alpha\to 0}\frac{4\mu^2\kappa^2}{\hbar^4 q^4}$$

所以 Coulomb 散射截面(Born 近似)为

$$\sigma(\theta)=\frac{4\mu^2\kappa^2}{16\hbar^4k^4\sin^4(\theta/2)}=\frac{\kappa^2}{4\mu^2v^4\sin^4(\theta/2)}=\frac{\kappa^2}{16E^2\sin^4(\theta/2)} \tag{13.2.33}$$

这结果与经典力学得出的 Coulomb 散射截面公式，即有名的 Rutherford 公式，完全相同[见 13.1 节，式(13.1.10)].

Coulomb 散射有两个特点：(a)主要集中在小角度($\theta\approx 0$ 附近). (b)截面与入射粒子能量平方成反比.

对于两个点电荷 q_1 和 q_2 的 Coulomb 势 $V(r)=q_1q_2/r^2$，($\kappa=q_1q_2$)，Coulomb 势散射的 Born 近似波幅 $f_{\mathrm{B}}(\theta)$ $\left[\text{见式(13.2.32)，}\alpha=0\text{，并利用 } q=2k\sin\dfrac{\theta}{2}\right]$为

$$f_{\mathrm{B}}(\theta)=-\frac{2\mu\kappa}{\hbar^2q^2}=-\frac{\mu q_1q_2}{2\hbar^2k^2\sin^2(\theta/2)} \tag{13.2.34}$$

Coulomb 势散射还可以严格求解，散射波幅的解析解[见 13.5 节，式(13.5.28)，(13.5.17)，$\gamma=q_1q_2\mu/\hbar^2k$]$f_{\mathrm{C}}(\theta)$为

$$\begin{aligned}f_{\mathrm{C}}(\theta)&=-\frac{\gamma}{2k}\left(\sin^2\frac{\theta}{2}\right)^{-1-\mathrm{i}\gamma}\mathrm{e}^{2\mathrm{i}\delta_0}=\left[-\frac{\mu q_1q_2}{2\hbar^2k^2\sin^2(\theta/2)}\right]\left(\sin^2\frac{\theta}{2}\right)^{-\mathrm{i}\gamma}\mathrm{e}^{2\mathrm{i}\delta_0}\\&=f_{\mathrm{B}}(\theta)\mathrm{e}^{-\mathrm{i}\gamma\ln\sin^2\frac{\theta}{2}+2\mathrm{i}\delta_0}\end{aligned} \tag{13.2.35}$$

所以 $f_{\mathrm{C}}(\theta)$与 $f_{\mathrm{B}}(\theta)$只相差一个相因子，因而

$$\sigma(\theta)=|f_{\mathrm{C}}(\theta)|^2=|f_{\mathrm{B}}(\theta)|^2 \tag{13.2.36}$$

即 Coulomb 散射截面的 Born 近似计算值与严格计算结果相同，并与经典计算结果一致[见 13.1 节，式(13.1.10)]. 从式(13.2.33)还可以看出，当 Coulomb 散射

截面用能量 E 这个可观测量来表示时，它不显含 Planck 常量 $\hbar$，(这种情况，只在 Coulomb 散射中出现). 所以散射截面的量子计算结果与经典计算结果完全一致是可以理解的.

电子对原子的散射，形状因子

电子与原子碰撞时，一方面受到原子核的 Coulomb 引力作用，另外还受到核外诸电子的 Coulomb 斥力. 为避免多体问题的复杂性，诸电子的作用近似用一个电荷分布 $-e\rho(r)$ 的作用来代替，即取

$$V(r) = -\frac{Ze^2}{r} + e^2\int \frac{\rho(r')}{|\boldsymbol{r}-\boldsymbol{r}'|}\mathrm{d}^3 r' \tag{13.2.37}$$

Z 为原子序数. 代入式(13.2.18)，则

$$f(\theta) = -\frac{\mu e^2}{2\pi\hbar^2}\int \exp(\mathrm{i}\boldsymbol{q}\cdot\boldsymbol{r})\left[-\frac{Z}{r} + \int \frac{\rho(r')}{|\boldsymbol{r}-\boldsymbol{r}'|}\mathrm{d}^3 r'\right]\mathrm{d}^3 r \tag{13.2.38}$$

利用积分公式

$$\int \frac{\exp(\mathrm{i}\boldsymbol{q}\cdot\boldsymbol{r})}{|\boldsymbol{r}-\boldsymbol{r}'|}\mathrm{d}^3 r = \frac{4\pi}{q^2}\exp(\mathrm{i}\boldsymbol{q}\cdot\boldsymbol{r}'),\quad \int \frac{\exp(\mathrm{i}\boldsymbol{q}\cdot\boldsymbol{r})}{\boldsymbol{r}}\mathrm{d}^3 r = \frac{4\pi}{q^2} \tag{13.2.39}$$

可求出

$$f(\theta) = \frac{2\mu e^2}{\hbar^2 q^2}[Z - F(\theta)] \tag{13.2.40}$$

其中

$$F(\theta) = \int \exp(\mathrm{i}\boldsymbol{q}\cdot\boldsymbol{r}')\rho(r')\mathrm{d}^3 r' \tag{13.2.41}$$

是 $\rho(r)$ 的 Fourier 变换，$F(\theta)$ 称为与分布 $\rho(r)$ 相应的形状因子(form factor)，$F(\theta)$ 反映核外电子的屏蔽效应.

微分截面为

$$\sigma(\theta) = |f(\theta)|^2 = \frac{\mu^2 e^4}{4\hbar^4 k^4}\frac{|Z - F(\theta)|^2}{\sin^4(\theta/2)} \tag{13.2.42}$$

例如，取 $\rho(r) = \rho_0\exp(-r/a)$(指数分布，$a$ 表征分布半径，$\rho_0 = Z/8\pi a^3$)，满足

$$\int_0^\infty \rho(r)4\pi r^2\mathrm{d}r = Z$$

此时，

$$\begin{aligned} F(\theta) &= \rho_0\int \exp(\mathrm{i}\boldsymbol{q}\cdot\boldsymbol{r}' - r'/a)\mathrm{d}^3 r' \\ &= \frac{Z}{(1+a^2q^2)^2} = \frac{Z}{[1+4a^2k^2\sin^2(\theta/2)]^2} \end{aligned} \tag{13.2.43}$$

可以看出，$F(0) = Z$. 一般情况下，$[Z - F(\theta)] < Z$. 可把 $Z - F(\theta)$ 视为有效核电荷. 对于小角度散射，$\theta \ll 1/ak$，$a^2q^2 \ll 1$，

$$F(\theta) \approx Z(1 - 2a^2 q^2)$$
$$Z - F(\theta) \approx 2Za^2 q^2$$

由式(13.2.40)，

$$f(\theta) \approx \frac{4Z\mu e^2 a^2}{\hbar^2} \tag{13.2.44}$$

为有限值，此时总截面 σ_t 并不发散. 上述公式也可用来讨论 α 粒子对原子的散射，只需把入射粒子的电荷及质量作相应的改变.

13.3 全同粒子的碰撞

全同粒子的碰撞，由于波函数的交换对称性，将出现一些很有趣的特征. 这完全是一种量子效应. 为突出全同粒子散射的特点，先讨论一下无自旋的不相同的粒子的碰撞. 然后讨论无自旋的两个全同粒子的碰撞. 最后讨论自旋为 $\hbar/2$ 的粒子的碰撞.

13.3.1 无自旋不同粒子的碰撞

下面以 α 粒子与氧原子核 O(指 ^{16}O)的碰撞为例，它们的自旋都为零. 图 13.9 是在质心系中的图像. 用探测器 D_1 与 D_2 来测量它们的角分布. 图 13.9(a)是在 θ 方向 D_1 测量到一个 α 粒子，相应的 α 粒子散射振幅为 $f(\theta)$，微分截面为 $|f(\theta)|^2$. 而在相反的$(\pi-\theta)$方向 D_2 测到一个 O 核，相应的散射振幅为 $f(\pi-\theta)$.

图 13.9(b)与(a)相比，α 粒子与 O 核正好互相交换. O 核在 θ 方向的散射振幅 $f(\theta)$ 与 α 粒子在$(\pi-\theta)$方向的散射振幅 $f(\pi-\theta)$ 相同，截面为 $|f(\pi-\theta)|^2$. 因此，在 θ 方向测得粒子(无论是 α，或是 O)的散射微分截面为

$$\sigma(\theta) = |f(\theta)|^2 + |f(\pi-\theta)|^2 \tag{13.3.1}$$

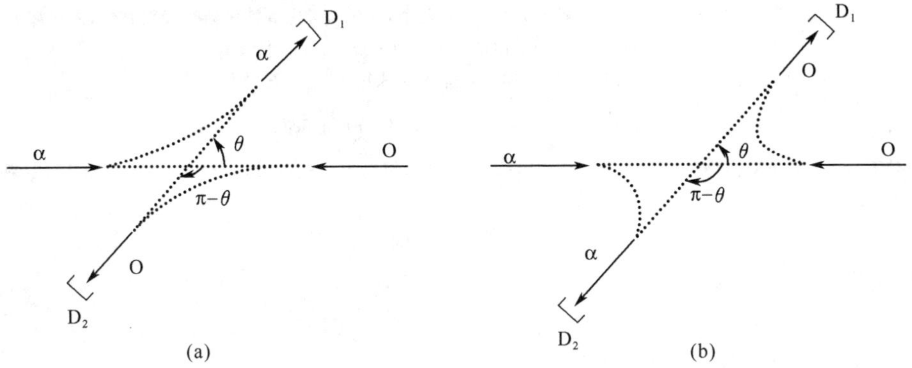

图 13.9 不同类粒子的碰撞

13.3.2 无自旋全同粒子的碰撞

下面以两个 α 粒子(自旋为 0)的碰撞为例. 当探测器 D_1 中测得一个 α 粒子时(D_2 中测得另外一个 α 粒子),但无法判明它是两个 α 粒子中的哪一个,图 13.9(a)和(b)两种情况不能分辨,不问其来源如何,都对散射振幅有贡献. 因此,α 粒子沿 θ 方向的散射振幅为 $f(\theta)+f(\pi-\theta)$.(这样构成的出射波函数对于两个 α 粒子交换是对称的.①)

因此,微分截面为

$$\begin{aligned}\sigma(\theta) &= |f(\theta)+f(\pi-\theta)|^2 \\ &= |f(\theta)|^2+|f(\pi-\theta)|^2+f^*(\theta)f(\pi-\theta)+f(\theta)f^*(\pi-\theta) \\ &= |f(\theta)|^2+|f(\pi-\theta)|^2+2\mathrm{Re}[f^*(\theta)f(\pi-\theta)]\end{aligned} \tag{13.3.2}$$

最后一项是干涉项. 由于这一项的存在,全同粒子与不同粒子的散射角分布有不同的特点. 例如,在 $\theta=\pi/2$ 处,

$$\begin{aligned}&\text{全同粒子散射} \qquad \sigma(\theta) = 4|f(\pi/2)|^2 \\ &\text{不同粒子散射} \qquad \sigma(\theta) = 2|f(\pi/2)|^2\end{aligned} \tag{13.3.3}$$

两者很不相同.

还可以看出,全同粒子散射截面(在质心系中)对于 $\theta=\pi/2$ 角总是对称的,因为

$$\sigma\left(\frac{\pi}{2}-\gamma\right)=\left|f\left(\frac{\pi}{2}-\gamma\right)+f\left(\frac{\pi}{2}+\gamma\right)\right|^2=\sigma\left(\frac{\pi}{2}+\gamma\right),(\gamma\text{为任意角}) \tag{13.3.4}$$

13.3.3 自旋为 1/2 全同粒子的碰撞

以两电子碰撞为例. 电子具有自旋 $\hbar/2$,对于两个电子交换,波函数应反对称. 两个电子组成的体系,自旋态有两种:即单态($S=0$)与三重态($S=1$). 前者是反对称自旋态,后者是对称自旋态. 因此,若两个电子处于 $S=0$ 态,空间波函数必为交

---

① 在质心系中,两个全同粒子的碰撞是对撞. 对于两个 α 粒子,考虑到波函数交换对称性,入射波为

$$\psi_i = \exp(ikz)+\exp(-ikz)$$

$z=(z_1-z_2)$是两个粒子相对坐标的 z 分量. 描述相对运动的 Schrödinger 方程为

$$H\psi(\boldsymbol{r}) = \left[-\frac{\hbar^2}{2\mu}\nabla^2+V(\boldsymbol{r})\right]\psi(\boldsymbol{r}) = E\psi(\boldsymbol{r})$$

H 对于两个 α 粒子交换是对称的.(当两个全同粒子交换时,相当于 $\boldsymbol{r}\to-\boldsymbol{r}$,即 $r\to r,\theta\to\pi-\theta$). 所以,散射后的波函数

$$\psi \xrightarrow{\text{散射}} \psi_i+\psi_{sc}$$

而

$$\psi_{sc} \xrightarrow{r\to\infty} [f(\theta)+f(\pi-\theta)]\frac{\exp(ikr)}{r}$$

即散射振幅为 $f(\theta)+f(\pi-\theta)$.

对于 e-e 散射,当它们总自旋 $S=0$ 时,空间波函数应为交换对称,入射波为 $\psi_i=\exp(ikz)+\exp(-ikz)$,散射振幅为 $f(\theta)+f(\pi-\theta)$. 当它们总自旋 $S=1$,空间波函数应为交换反对称,入射波 $\psi_i=\exp(ikz)-\exp(-ikz)$,散射振幅为 $f(\theta)-f(\pi-\theta)$.

换对称，散射振幅表示为$[f(\theta)+f(\pi-\theta)]$. 反之，对于 $S=1$ 态，散射振幅为$[f(\theta)-f(\pi-\theta)]$. 所以微分截面分别为

$$\begin{aligned}\sigma_s(\theta) &= |f(\theta)+f(\pi-\theta)|^2 \quad (\text{对于 } S=0 \text{ 态}) \\ \sigma_a(\theta) &= |f(\theta)-f(\pi-\theta)|^2 \quad (\text{对于 } S=1 \text{ 态})\end{aligned} \tag{13.3.5}$$

假设入射电子束及靶电子均未极化，即自旋取向是无规分布的. 统计说来，有 $\frac{1}{4}$ 的概率处于单态，$\frac{3}{4}$ 的概率处于三重态，因此，截面为

$$\begin{aligned}\sigma(\theta) &= \frac{1}{4}\sigma_s(\theta)+\frac{3}{4}\sigma_a(\theta) \\ &= \frac{1}{4}|f(\theta)+f(\pi-\theta)|^2+\frac{3}{4}|f(\theta)-f(\pi-\theta)|^2 \\ &= |f(\theta)|^2+|f(\pi-\theta)|^2-\frac{1}{2}[f^*(\theta)f(\pi-\theta)+f(\theta)f^*(\pi-\theta)]\end{aligned} \tag{13.3.6}$$

式中最后一项是干涉项. 利用上式，同样可以证明散射截面对于 $\theta=\pi/2$ 是对称的，即式(13.3.4).

可以看出

$$\sigma(\pi/2) = |f(\pi/2)|^2 \tag{13.3.7}$$

与 α-α 散射以及不同粒子的散射，都不相同[见式(13.3.3)].

极化电子对极化靶电子的散射(图 13.10). 按照波函数反对称要求，可以写出四种散射情况下的截面公式，见表 13.1.

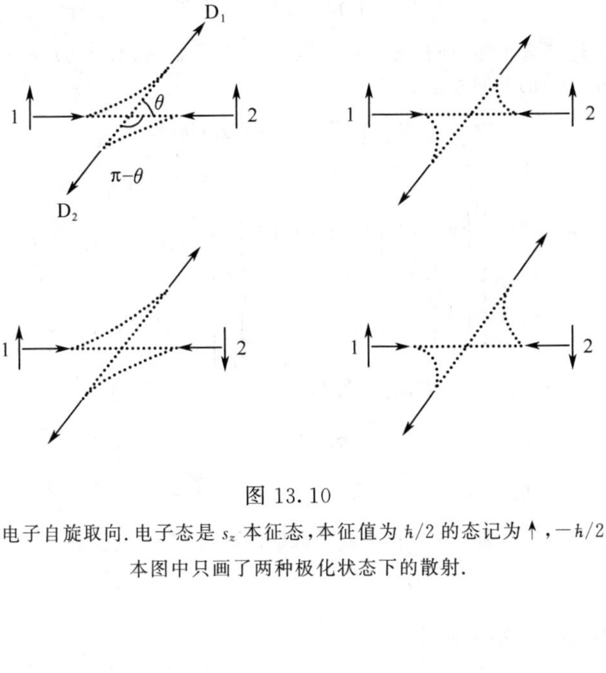

图 13.10

图中箭头表示电子自旋取向. 电子态是 s_z 本征态，本征值为 $\hbar/2$ 的态记为↑，$-\hbar/2$ 的态记为↓. 本图中只画了两种极化状态下的散射.

表 13.1 极化电子的碰撞[a)]

入射电子(1)(自旋取向)	靶电子(2)自旋取向	D_1 测得电子自旋取向	D_2 测得电子自旋取向	微分截面
↑	↑	↑	↑	$\|f(\theta)-f(\pi-\theta)\|^2$
↓	↓	↓	↓	$\|f(\theta)-f(\pi-\theta)\|^2$
↑	↓	↑	↓	$\|f(\theta)\|^2$
		↓	↑	$\|f(\pi-\theta)\|^2$
↓	↑	↑	↓	$\|f(\pi-\theta)\|^2$
		↓	↑	$\|f(\theta)\|^2$

a)关于极化粒子的散射理论,可参阅 L. Wolfenstein, Ann. Rev. Nucl. Sci. **6**(1956)43.

对于非极化的电子-电子散射,每一种情况出现的概率都是 1/4,因此,

$$\begin{aligned}\sigma(\theta) &= \frac{1}{4}\{|f(\theta)-f(\pi-\theta)|^2+|f(\theta)-f(\pi-\theta)|^2 \\ &\quad +|f(\theta)|^2+|f(\pi-\theta)|^2+|f(\pi-\theta)|^2+|f(\theta)|^2\} \\ &= |f(\theta)|^2+|f(\pi-\theta)|^2-\frac{1}{2}[f^*(\theta)f(\pi-\theta)+f(\theta)f^*(\pi-\theta)]\end{aligned} \tag{13.3.8}$$

与式(13.3.6)完全相同.

例 低能 np(中子质子)散射,只需考虑 s 波.设 np 相互作用表示为

$$V = V_0(r)+V_\sigma(r)\boldsymbol{s}_n\cdot\boldsymbol{s}_p \tag{13.3.9}$$

设入射粒子和靶粒子处于极化状态,入射中子自旋向前(正 z 轴方向),质子(靶)自旋向后,即

$$\psi_i = \begin{pmatrix}1\\0\end{pmatrix}_n\begin{pmatrix}0\\1\end{pmatrix}_p \exp(\mathrm{i}kz) \tag{13.3.10}$$

容易看出,$\boldsymbol{S}=\boldsymbol{s}_n+\boldsymbol{s}_p$ 是守恒量.但初态只是守恒量 S_z 的本征态($M_S=0$),而不是守恒量 $\boldsymbol{S}^2$ 的本征态,所以应按($\boldsymbol{S}^2,S_z$)的共同本征态展开,

$$\psi_i = \frac{1}{\sqrt{2}}(\chi_{00}+\chi_{10})\exp(\mathrm{i}kz) \tag{13.3.11}$$

其中

$$\chi_{00} = \frac{1}{\sqrt{2}}\left[\begin{pmatrix}1\\0\end{pmatrix}_n\begin{pmatrix}0\\1\end{pmatrix}_p-\begin{pmatrix}1\\0\end{pmatrix}_p\begin{pmatrix}0\\1\end{pmatrix}_n\right]\quad (S=0,M_S=0)$$

$$\chi_{10} = \frac{1}{\sqrt{2}}\left[\begin{pmatrix}1\\0\end{pmatrix}_n\begin{pmatrix}0\\1\end{pmatrix}_p+\begin{pmatrix}1\\0\end{pmatrix}_p\begin{pmatrix}0\\1\end{pmatrix}_n\right]\quad (S=1,M_S=0)$$

由于 $\boldsymbol{S}^2$ 为守恒量,$S=0$ 和 $S=1$ 两部分分波各自独立进行散射,即

$$\begin{aligned}&S=0(M_S=0),\qquad \chi_{00}\exp(\mathrm{i}kz)\xrightarrow{r\to\infty} f_1\chi_{00}\frac{\exp(\mathrm{i}kr)}{r}\\ &S=1(M_S=0),\qquad \chi_{10}\exp(\mathrm{i}kz)\xrightarrow{r\to\infty} f_3\chi_{10}\frac{\exp(\mathrm{i}kr)}{r}\end{aligned} \tag{13.3.12}$$

f_1 和 f_3 分别表示自旋单态和三重态的 s 波的散射波幅,而散射波表示为

$$\psi_{sc}\xrightarrow{r\to\infty}\frac{1}{\sqrt{2}}(f_1\chi_{00}+f_3\chi_{10})\frac{\exp(\mathrm{i}kr)}{r} \tag{13.3.13}$$

所以 s 波的微分散射截面(各向同性)是

$$\sigma = \frac{1}{2}(f_1\chi_{00} + f_3\chi_{10})^+(f_1\chi_{00} + f_3\chi_{10}) = \frac{1}{2}(|f_1|^2 + |f_3|^2) \tag{13.3.14}$$

而总截面为

$$\sigma_t = 2\pi(|f_1|^2 + |f_3|^2)$$

13.4 分 波 法

本节将给出在中心力场作用下,粒子的散射截面的一个普遍计算方法——分波法(partial wave method). 从原则上讲,分波法是一个严格的处理方法. 但在实际应用时,并不能把一切分波都考虑在内,而是根据具体情况,只考虑一些重要的分波,实际上也是一种近似的处理. 特别是对于低能散射,分波法是一个极为方便的近似处理方法.

13.4.1 守恒量的分析

与处理能量本征值问题(特别是有简并的情况)相似,守恒量的分析对于处理散射问题也是至关重要的. 对于无自旋粒子在中心力场 $V(r)$ 中的散射,轨道角动量 $\boldsymbol{l}$ 是守恒量,

$$[\boldsymbol{l}, H] = 0 \tag{13.4.1}$$

在处理能量本征值问题时,通常选择波函数是$(H, \boldsymbol{l}^2, l_z)$的共同本征态. 在散射问题中,入射粒子通常用平面波来描述,如取入射方向为 z 轴,则入射波可取为

$$\psi_i = \exp(\mathrm{i}kz) \tag{13.4.2}$$

它是动量和能量的本征态,相应的本征值为

$$p_x = p_y = 0, \quad p_z = \hbar k, \quad E = \hbar^2 k^2/2\mu \tag{13.4.3}$$

但注意动量并非守恒量,因为

$$[\boldsymbol{p}, H] = [\boldsymbol{p}, V(r)] \neq 0 \tag{13.4.4}$$

我们注意到入射波 ψ_i 还是守恒量 l_z 的本征态(本征值为 0),但不是守恒量 $\boldsymbol{l}^2$ 的本征态,而是 $\boldsymbol{l}^2$ 本征态的叠加(注意:$[\boldsymbol{p}, \boldsymbol{l}^2] \neq 0$). 这表现在 $\exp(\mathrm{i}kz)$的下列展开式中

$$\begin{aligned}
&\exp(\mathrm{i}kz)\\
&= \exp(\mathrm{i}kr\cos\theta) = \sum_{l=0}^{\infty}(2l+1)\mathrm{i}^l \cdot j_l(kr)\mathrm{P}_l(\cos\theta) = \sum_{l=0}^{\infty}\sqrt{4\pi(2l+1)}\,\mathrm{i}^l \cdot j_l(kr)\mathrm{Y}_l^0(\theta)\\
&\xrightarrow{r\to\infty} \sum_{l=0}^{\infty}\sqrt{4\pi(2l+1)}\,\mathrm{i}^l \frac{1}{2\mathrm{i}kr}\{\exp[\mathrm{i}(kr - l\pi/2)] - \exp[-\mathrm{i}(kr - l\pi/2)]\}\mathrm{Y}_l^0(\theta)
\end{aligned} \tag{13.4.5}$$

实质上这就是动量本征态按照能量和角动量$(H, \boldsymbol{l}^2, l_z)$的共同本征态展开,只不过因为 e^{ikz} 已经是能量($E = \hbar^2 k^2/2\mu$)和 l_z($l_z = 0$,即 $m = 0$)的本征态,所以展开式中只需对 $\boldsymbol{l}^2$ 的本征态求和(保持 k 和 $m = 0$ 不变).

在散射问题中把入射波按守恒量的本征态进行展开(分波)是一个十分重要的概念. 由于 $\boldsymbol{l}^2$ 是守恒量,在散射过程中各 l 分波可以分开来一个一个处理,使问题

化简.这在处理更复杂的散射问题中尤为明显.

13.4.2 分波的散射波幅和相移

入射粒子在中心力场 $V(r)$ 的作用下,波函数可以表示为

$$\psi = \sum_{l=0}^{\infty} R_l(kr) Y_l^0(\theta) \tag{13.4.6}$$

[显然,若 $V(r)=0$,则 $R_l(kr) \propto j_l(kr)$,见 6.2.1 节,式(6.2.27)].把式(13.4.6)代入 Schrödinger 方程

$$\left[-\frac{\hbar^2}{2\mu}\nabla^2 + V(r)\right]\psi = E\psi \tag{13.4.7}$$

可得出径向方程

$$\left[\frac{1}{r^2}\frac{d}{dr}r^2\frac{d}{dr} + k^2 - \frac{l(l+1)}{r^2} - U(r)\right]R_l = 0 \tag{13.4.8}$$

$$U(r) = \frac{2\mu V(r)}{\hbar^2}$$

可以看出,不同 l 的分波已经分离,各自满足一定的径向方程和边条件[见下面式(13.4.15)].

ψ 满足的边条件是

$$\text{入射波}\,e^{ikz} \xrightarrow{\text{散射}} \psi = e^{ikz} + \psi_{sc}\,(\text{散射波})$$

$$\psi_{sc} \xrightarrow{r\to\infty} f(\theta)\frac{e^{ikr}}{r} \tag{13.4.9}$$

下面讨论在分波法中如何表达此边条件.

按分波法的精神,散射波幅 $f(\theta)$ 可表示为各分波散射波幅 $f_l(\theta)$ 的叠加

$$f(\theta) = \sum_l f_l(\theta) \tag{13.4.10}$$

其中 $f_l(\theta)$ 来自入射波中的 l 分波,即[见式(13.4.5)]

$$\underset{(\text{入射波的}\,l\,\text{分波})}{\sqrt{4\pi(2l+1)}\,i^l j_l(kr) Y_l^0(\theta)} \xrightarrow{\text{散射}} \underset{(\text{散射波的}\,l\,\text{分波})}{f_l(\theta)\frac{e^{ikr}}{r}} \tag{13.4.11}$$

入射波的 l 分波经散射后,要产生外行波(outgoing wave),所以 $R_l(kr)$ 可表示成①

$$R_l(kr) \longrightarrow \sqrt{4\pi(2l+1)}\,i^l\left[j_l(kr) + \frac{a_l}{2}h_l(kr)\right]$$

① 这里考虑了球 Bessel 函数的渐近行为,

$$j_l(kr) \xrightarrow{r\to\infty} \frac{1}{kr}\sin(kr - l\pi/2)$$

$$n_l(kr) \xrightarrow{r\to\infty} -\frac{1}{kr}\cos(kr - l\pi/2)$$

$$h_l(kr) = j_l(kr) + i n_l(kr) \xrightarrow{r\to\infty} \frac{1}{ikr}\exp[i(kr - l\pi/2)]$$

$$\xrightarrow{r\to\infty} \sqrt{4\pi(2l+1)}\,\mathrm{i}^l \underbrace{\frac{(1+a_l)\exp[\mathrm{i}(kr-l\pi/2)]}{2\mathrm{i}kr}}_{\text{(散射外行波)}} - \underbrace{\frac{\exp[-\mathrm{i}(kr-l\pi/2)]}{2\mathrm{i}kr}}_{\text{(入射波)}}$$

（散射外行波）（入射波）

$$\xrightarrow{r\to\infty} \sqrt{4\pi(2l+1)}\,\mathrm{i}^l\,\frac{(1+a_l)\exp[\mathrm{i}(kr-l\pi/2)]-\exp[-\mathrm{i}(kr-l\pi/2)]}{2\mathrm{i}kr} \tag{13.4.12}$$

式中 a_l 待定，它反映散射势场的影响（$a_l=0$ 表示无散射）. 对于弹性散射，各分波的幅度不会改变（即只有相位改变，反映粒子数守恒），即

$$|1+a_l| = 1 \tag{13.4.13}$$

所以，可以令

$$1+a_l = \exp(2\mathrm{i}\delta_l) \quad (\delta_l,\text{实}) \tag{13.4.14}$$

即

$$a_l = \exp(2\mathrm{i}\delta_l) - 1 = 2\mathrm{i}\exp(\mathrm{i}\delta_l)\sin\delta_l$$

δ_l 称为 l 分波的相移(phase shift). 此时式(13.4.12)化为①

$$R_l(kr) \xrightarrow{r\to\infty} \sqrt{4\pi(2l+1)}\,\mathrm{i}^l \exp(\mathrm{i}\delta_l)\,\frac{1}{kr}\sin\left(kr-\frac{l\pi}{2}+\delta_l\right) \tag{13.4.15}$$

l 分波的散射波为

$$\begin{aligned}
&\sqrt{4\pi(2l+1)}\,\mathrm{i}^l\,\frac{a_l}{2}\mathrm{h}_l(kr)\mathrm{Y}_l^0(\theta)\\
&\xrightarrow{r\to\infty} \sqrt{4\pi(2l+1)}\,\mathrm{i}^l\,\frac{a_l}{2\mathrm{i}kr}\exp[\mathrm{i}(kr-l\pi/2)]\mathrm{Y}_l^0(\theta)\\
&= \sqrt{4\pi(2l+1)}\,\frac{\exp(\mathrm{i}\delta_l)\sin\delta_l}{kr}\exp(\mathrm{i}kr)\mathrm{Y}_l^0(\theta)\\
&= \frac{(2l+1)}{k}\exp(\mathrm{i}\delta_l)\sin\delta_l\mathrm{P}_l(\cos\theta)\,\frac{\exp(\mathrm{i}kr)}{r}
\end{aligned} \tag{13.4.16}$$

与式(13.4.11)相比，得

$$f_l(\theta) = \frac{2l+1}{k}\exp(\mathrm{i}\delta_l)\sin\delta_l\mathrm{P}_l(\cos\theta) \tag{13.4.17}$$

由此求得散射波幅

$$f(\theta) = \sum_{l=0}^{\infty} f_l(\theta)$$

---

① 有时把式(13.4.12)中的 $\mathrm{j}_l(kr)+\frac{a_l}{2}\mathrm{h}_l(kr)$ 换为 $\cos\delta_l\mathrm{j}_l(kr)-\sin\delta_l\mathrm{n}_l(kr)$，于是（相差一个不关紧要的常数因子）

$$\begin{aligned}
R_l(kr) &\xrightarrow{r\to\infty} \frac{1}{2\mathrm{i}kr}(\cos\delta_l\{\exp[\mathrm{i}(kr-l\pi/2)]-\exp[-\mathrm{i}(kr-l\pi/2)]\}\\
&\quad+\mathrm{i}\sin\delta_l\{\exp[\mathrm{i}(kr-l\pi/2)]+\exp[-\mathrm{i}(kr-l\pi/2)]\})\\
&= \frac{1}{2\mathrm{i}kr}\left\{\exp\left[\mathrm{i}\left(kr-\frac{l\pi}{2}+\delta_l\right)\right]-\exp\left[-\mathrm{i}\left(kr-\frac{l\pi}{2}+\delta_l\right)\right]\right\}\\
&= \frac{1}{kr}\sin\left(kr-\frac{l\pi}{2}+\delta_l\right)
\end{aligned} \tag{13.4.15'}$$

除了一个无关紧要的常数因子（相移 δ_l 与它无关）外，其结果与式(13.4.15)相同.

$$=\frac{1}{k}\sum_{l=0}^{\infty}(2l+1)\exp(\mathrm{i}\delta_l)\sin\delta_l \mathrm{P}_l(\cos\theta)$$

$$=\frac{1}{2\mathrm{i}k}\sum_{l=0}^{\infty}(2l+1)[\exp(2\mathrm{i}\delta_l)-1]\mathrm{P}_l(\cos\theta) \tag{13.4.18}$$

而微分截面表示为

$$\sigma(\theta)=|f(\theta)|^2$$

$$=\frac{1}{k^2}\left|\sum_{l=0}^{\infty}(2l+1)\exp(\mathrm{i}\delta_l)\sin\delta_l \mathrm{P}_l(\cos\theta)\right|^2$$

$$=\frac{4\pi}{k^2}\left|\sum_{l=0}^{\infty}\sqrt{2l+1}\exp(\mathrm{i}\delta_l)\sin\delta_l \mathrm{Y}_l^0(\theta)\right|^2 \tag{13.4.19}$$

再利用球谐函数的正交归一性,可求出总截面

$$\sigma_t=\int|f(\theta)|^2\mathrm{d}\Omega=\frac{4\pi}{k^2}\sum_{l=0}^{\infty}(2l+1)\sin^2\delta_l \tag{13.4.20}$$

以上两式就是微分截面及总截面用各分波的相移 δ_l 来表达的一般公式.计算截面归结为计算各分波的相移 δ_l.

*对于全同粒子的散射(见 13.3 节)

利用

$$\mathrm{P}_l[\cos(\pi-\theta)]=\mathrm{P}_l(-\cos\theta)=(-1)^l\mathrm{P}_l(\cos\theta)$$

$$f(\pi-\theta)=\frac{1}{2\mathrm{i}k}\sum_{l=0}^{\infty}(2l+1)[\exp(2\mathrm{i}\delta_l)-1](-1)^l\mathrm{P}_l(\cos\theta)$$

可求得[见 13.3 节,式(13.3.5)]

$$\sigma_s(\theta)=|f(\theta)+f(\pi-\theta)|^2=\frac{1}{k^2}\left|\sum_{l(\text{偶})}(2l+1)[\exp(2\mathrm{i}\delta_l)-1]\mathrm{P}_l(\cos\theta)\right|^2$$

$$\sigma_a(\theta)=|f(\theta)-f(\pi-\theta)|^2=\frac{1}{k^2}\left|\sum_{l(\text{奇})}(2l+1)[\exp(2\mathrm{i}\delta_l)-1]\mathrm{P}_l(\cos\theta)\right|^2$$

根据边条件(13.4.15)或(13.4.15′),解径向方程(13.4.8),可求出 δ_l,即求解

$$\frac{1}{r^2}\frac{\mathrm{d}}{\mathrm{d}r}\left(r^2\frac{\mathrm{d}}{\mathrm{d}r}R_l\right)+\left[k^2-\frac{l(l+1)}{r^2}-U(r)\right]R_l=0 \tag{13.4.21}$$

并满足边条件

$$R_l\xrightarrow{kr\to\infty}\frac{1}{kr}\sin\left(kr-\frac{l\pi}{2}+\delta_l\right) \tag{13.4.22}$$

应当注意,径向方程(13.4.8)中出现了入射粒子能量($k=\sqrt{2\mu E}/\hbar$),所以相移还与能量有关,即应理解为 $\delta_l(E)$ 或 $\delta_l(k)$.

* 相移的 *Born* 近似计算公式①

利用展开公式②(注意：$q=2k\sin\theta/2$)

$$\frac{\sin qr}{qr}=\sum_{l=0}^{\infty}(2l+1)\mathrm{j}_l^2(kr)\mathrm{P}_l(\cos\theta) \tag{13.4.23}$$

代入 13.2 节公式(13.2.21)，得

$$f(\theta)=-\frac{2\mu}{\hbar^2}\sum_{l=0}^{\infty}(2l+1)\mathrm{P}_l(\cos\theta)\int_0^{\infty}V(r)\mathrm{j}_l^2(kr)r^2\mathrm{d}r \tag{13.4.24}$$

与分波法计算公式(13.4.18)

$$f(\theta)=\frac{1}{k}\sum_{l=0}^{\infty}(2l+1)\exp(\mathrm{i}\delta_l)\sin\delta_l\mathrm{P}_l(\cos\theta)$$

比较，当 δ_l 很小时，$\exp(\mathrm{i}\delta_l)\approx 1$，$\sin\delta_l\approx\delta_l$，可得到

$$\delta_l\approx-\frac{2\mu k}{\hbar^2}\int_0^{\infty}V(r)\mathrm{j}_l^2(kr)r^2\mathrm{d}r \tag{13.4.25}$$

所以

$$\delta_l=\begin{cases}+, & V(r)<0(\text{引力})\\ -, & V(r)>0(\text{斥力})\end{cases} \tag{13.4.26}$$

设 $V(r)$ 具有有限力程，只在 $r\leqslant r_0$ 范围中不显著为零，并且入射粒子能量较低，$kr_0\ll 1$，利用

$$\mathrm{j}_l(kr)\xrightarrow{kr\to 0}\frac{k^l r^l}{(2l+1)!!}$$

于是

$$\delta_l\approx-\frac{2\mu k}{\hbar^2}\int_0^{r_0}\frac{k^{2l}r^{2l}}{[(2l+1)!!]^2}V(r)r^2\mathrm{d}r\propto k^{2l+1} \tag{13.4.27}$$

随 l 增加，δ_l 下降很快，所以通常只需计算 l 较小的几个分波. 特别是能量很低时，只需考虑 s 波.

讨论

(1) 相移 δ_l 的正负号.

$U(r)$ 的作用是改变 l 分波的径向波函数的渐近行为

$$\frac{\sin(kr-l\pi/2)}{kr}\to\frac{\sin\left(kr-\dfrac{l\pi}{2}+\delta_l\right)}{kr}$$

即产生一个相移 δ_l. 若 $U(r)=0$，显然 $\delta_l=0$. 从物理图像来看，若 $U(r)>0$(斥力)，粒子将被推向外，即径向波函数将往外推，这相当于 $\delta_l<0$，见图 13.11. 反

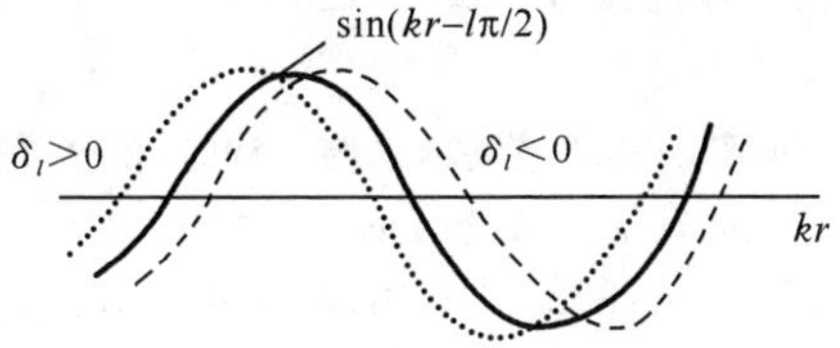

图 13.11

图中实线表示无散射势情况($\delta_l=0$). $\delta_l>0$ 相应于吸引势，$\delta_l<0$ 相应于排斥势.

---

① N. F. Mott, H. S. W. Massey, *The Theory of Atomic Collision*, 2nd ed., p. 119(1949).

② G. N. Watson, *Theory of Bessel Functions*, p. 363(1935).

之，若$U(r)<0$（引力），则 $\delta_l>0$，径向波函数将向内移. 概括起来

$$\delta_l=\begin{cases}+, & (\text{引力})\\ -, & (\text{斥力})\end{cases} \tag{13.4.28}$$

（2）要计算多少分波？

一般说来，l 愈大的分波所描述的粒子，距力心的平均距离就愈大，因而受到中心力场的影响就愈小，即$|\delta_l|$愈小. 我们可以用半经典图像大致估计一下需要计算多少分波的相移. 如图 13.12. 设相互作用力的力程为 a，即只当相互距离 $r\leqslant a$ 时，作用力才较显著. 设入射粒子的速度为 v，描准距为 b，则角动量$\approx lh\approx mvb$. 能够受到作用力影响的粒子，$b\leqslant a$，即 $l_{\max}\hbar\leqslant mva$，所以

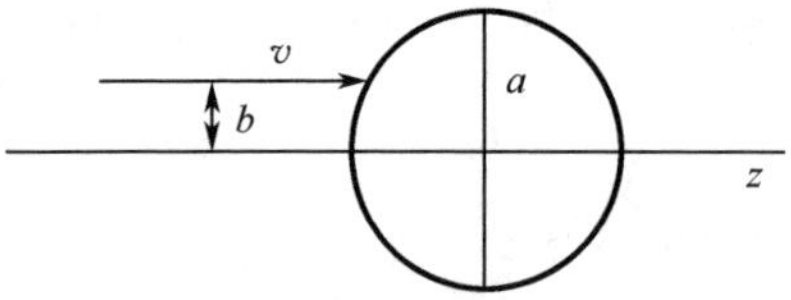

图 13.12

$$l_{\max}\leqslant\frac{mva}{\hbar}=\frac{a}{\lambda} \tag{13.4.29}$$

λ 为入射粒子的 de Broglie 波长. 例如，对于核子，

$$\lambda=\frac{\hbar}{p}=\frac{\hbar}{\sqrt{2mE}}\approx\frac{4.5}{\sqrt{E}}\text{fm} \tag{13.4.30}$$

上式中 E 用 MeV 为单位. 核子之间作用力的力程 $a\approx10^{-13}\,\text{cm}$，因此，当 $E\leqslant$ 20MeV（低能核子-核子散射），只要考虑 $l=0$ 和 1 分波（s 波与 p 波）就可以了. 能量愈高，λ 愈短，要考虑的分波就愈多. 在只考虑 s 波的情况下，角分布是球对称的，或者说是各向同性的. 这是能量很低情况下散射截面的共同特征.

实验工作者往往对实验所得的角分布曲线进行所谓“相移分析”，即根据公式(13.4.19)，找一组参数 $\delta_l(l=0,1,2,\cdots)$，要求根据它们计算出的截面 $\sigma(\theta)$ 与实验值的偏离最小（用最小二乘法）. 这种从实验截面分析得出的相移 δ_l，是研究粒子之间相互作用的不可缺少的资料.

练习 1　当只考虑 s 波与 p 波时，角分布有何特点？

答：$\sigma(\theta)/\lambda^2=A_0+A_1\cos\theta+A_2\cos^2\theta$.

$A_0=\sin^2\delta_0$，$A_1=6\sin\delta_0\sin\delta_1\cos(\delta_0-\delta_1)$，$A_2=9\sin^2\delta_1$.

练习 2　能量为 1keV 的电子，对原子（$a\approx10^{-8}\,\text{cm}$）散射，大致要计算多少分波？

13.4.3　光学定理

按式(13.4.18)，

$$\text{Im}f(\theta)=\frac{1}{k}\sum_{i=0}^{\infty}(2l+1)\sin^2\delta_l\text{P}_l(\cos\theta)$$

对于 $\theta=0$，利用 $\text{P}_l(1)=1$，得

$$\mathrm{Im}f(0) = \frac{1}{k}\sum_{l=0}^{\infty}(2l+1)\sin^2\delta_l$$

与式(13.4.20)比较，可得

$$\mathrm{Im}f(0) = \frac{k}{4\pi}\sigma_t$$

即

$$\sigma_t = \frac{4\pi}{k}\mathrm{Im}f(0) \tag{13.4.31}$$

此即光学定理(optical theorem). 它给出向前散射($\theta=0$)的波幅与总截面之间的关系. 从物理上讲，这是容易理解的. 因为发生散射过程中，入射束中的粒子必然有一部分沿不同方向传播开去，即有一部分粒子从入射波中转移出去，使入射波方向($\theta=0$，即向前散射方向)的散射波幅减弱，因而 $\mathrm{Im}f(0)\neq 0$.

上述证明方法是很局限的，即用弹性散射的分波法来证明的. 实际上还可以非常普遍地证明此光学定理[包括有非弹性散射的情况，光学定理也是成立的，见式(13.4.93)].

例 1 刚球散射

刚球散射是一个典型的散射问题，它是球方势垒的极限情况，数学上处理较为简单，较易得出相移的解析表示式. 刚球的作用可如下表示：

$$V(r) = \begin{cases} \infty, & r < a \\ 0, & r > a \end{cases} \tag{13.4.32}$$

l 分波的径向波函数取为(见 433 页的脚注)

$$R_l(kr) = \begin{cases} 0, & r < a \\ \cos\delta_l \mathrm{j}_l(kr) - \sin\delta_l \mathrm{n}_l(kr), & r > 0 \end{cases} \tag{13.4.33}$$

可得

$$R_l(kr) \xrightarrow{r\to\infty} \frac{1}{kr}\sin\left(kr - \frac{l\pi}{2} + \delta_l\right) \tag{13.4.34}$$

δ_l 由边条件($r=a$ 处波函数的连续条件)确定. 令 $ka=x$，由式(13.4.22)可知

$$R_l(x) = \cos\delta_l \mathrm{j}_l(x) - \sin\delta_l \mathrm{n}_l(x) = 0$$

即

$$\tan\delta_l = \frac{\mathrm{j}_l(x)}{\mathrm{n}_l(x)} \tag{13.4.35}$$

我们分两种情况讨论.

(1) 低能极限($x\to 0$). 利用

$$\mathrm{j}_l(x) \xrightarrow{x\to 0} \frac{x^l}{(2l+1)!!}$$

$$\mathrm{n}_l(x) \xrightarrow{x\to 0} -\frac{(2l-1)!!}{x^{l+1}}$$

可求出

$$\tan\delta_l = \frac{\mathrm{j}_l(x)}{\mathrm{n}_l(x)} \xrightarrow{x\to 0} \frac{x^{2l+1}}{[(2l-1)!!]^2\cdot(2l+1)} \tag{13.4.36}$$

上式中，当 $x\approx 0$ 时，只有 $l=0$ 分波的相移 δ_0 重要，所以在求截面时，只考虑 $l=0$ 分波，即 s 波. 由于

$$\tan\delta_0 = -x$$

又 $x\ll 1$，所以

$$\delta_0 \approx -x = -ka < 0 \tag{13.4.37}$$

因而总截面为

$$\sigma_t \approx \frac{4\pi}{k^2}\sin^2\delta_0 \approx \frac{4\pi}{k^2}\delta_0^2 \approx 4\pi a^2 \tag{13.4.38}$$

角分布是各向同性的. 总截面是经典刚球截面 πa^2 的 4 倍，与刚球面积相等. 在物理上可以理解如下：在低能极限（波长→∞），入射波可以发生绕射，s 波是各向同性的，因此，刚球表面各处对粒子散射都有同等贡献.

(2)高能极限（$x\to\infty$）. 利用式(13.4.20)与(13.4.35)，

$$\sigma_t = \frac{4\pi}{k^2}\sum_{l=0}^{[x]}(2l+1)\sin^2\sigma_l = \frac{4\pi}{k^2}\sum_{l=0}^{[x]}\frac{(2l+1)[\mathrm{j}_l(x)]^2}{[\mathrm{j}_l(x)]^2+[\mathrm{n}_l(x)]^2}$$

式中 $[x]$ 是指与不大于 x 的最大正整数. 当 $x\to\infty$ 时，

$$\sigma_l \approx \frac{4\pi}{k^2}\sum_{l=0}^{[x]}\frac{(2l+1)\sin^2(x-l\pi/2)}{\sin^2(x-l\pi/2)+\cos^2(x-l\pi/2)} = \frac{4\pi}{k^2}\sum_{l=0}^{[x]}(2l+1)\sin^2(x-l\pi/2)$$

考虑到，当 $l=$偶，$\sin^2(x-l\pi/2)=\sin^2 x$；当 $l=$奇，$\sin^2(x-l\pi/2)=\cos^2 x$. 可得

$$\begin{aligned}\sigma_t &= \frac{4\pi}{k^2}\left\{\sum_{l=0,2,\cdots}^{[x]}(2l+1)\sin^2 x + \sum_{l=1,3,5,\cdots}^{[x]}(2l+1)\cos^2 x\right\} \\ &= \frac{4\pi}{k^2}\left[\frac{x(x+1)}{2}\sin^2 x + \frac{(x-1)(x+2)}{2}\cos^2 x\right]\end{aligned}$$

当 $x\to\infty$ 时，

$$\sigma_t \approx \frac{4\pi}{k^2}\frac{x^2}{2}(\sin^2 x+\cos^2 x) = \frac{4\pi}{k^2}\frac{x^2}{2} = 2\pi a^2 \tag{13.4.39}$$

是经典刚球截面的 2 倍，也是刚球面积的一半.

例 2　球方势的散射

先考虑球方势阱

$$V(r) = \begin{cases} -V_0, & r<0 \qquad (V_0>0) \\ 0, & r>a \end{cases} \tag{13.4.40}$$

只考虑 s 波，令径向波函数 $R(r)=u(r)/r$，则在 $r<a$ 区域中

$$\frac{\mathrm{d}^2 u}{\mathrm{d}r^2} + (k^2+k_0^2)u = 0 \tag{13.4.41}$$

$$k = \sqrt{2\mu E}/\hbar, \quad k_0 = \sqrt{2\mu V_0}/\hbar$$

满足边条件 $u(0)=0$ 的解可表示为

$$u(r) = \sin k_1 r$$

$$k_1 = \sqrt{k^2+k_0^2} = \sqrt{2\mu(E+V_0)}/\hbar \tag{13.4.42}$$

在 $r>a$ 区域中

$$\frac{\mathrm{d}^2 u}{\mathrm{d}r^2} + k^2 u = 0$$

其解可表示为

$$u(r) = A\sin(kr + \delta_0) \tag{13.4.43}$$

根据 $r=a$ 处波函数及其导数连续(或波函数的对数导数连续)的条件,可得出

$$\frac{1}{k}\tan(ka + \delta_0) = \frac{1}{k_1}\tan k_1 a \tag{13.4.44}$$

即

$$\frac{1}{k}\frac{\tan ka + \tan\delta_0}{1 - \tan ka\tan\delta_0} = \frac{1}{k_1}\tan k_1 a$$

解出,得

$$\tan\delta_0 = \frac{k\tan k_1 a - k_1\tan ka}{k_1 + k\tan ka\tan k_1 a}$$

因 $ka \ll 1$,$\tan ka \approx ka$,所以

$$\tan\delta_0 \approx \frac{ka\left(\frac{\tan k_1 a}{k_1 a} - 1\right)}{1 + \frac{k^2 a^2}{k_1 a}\tan k_1 a} \tag{13.4.45}$$

此外,$k_1 a \approx k_0 a$,上式右侧分母≈ 1,因而

$$\tan\delta_0 \approx ka\left(\frac{\tan k_0 a}{k_0 a} - 1\right) \tag{13.4.46}$$

因此,总截面

$$\sigma_t = \frac{4\pi}{k^2}\sin^2\delta_0 \approx \frac{4\pi}{k^2}\tan^2\delta_0 \approx 4\pi a^2\left(\frac{\tan k_0 a - k_0 a}{k_0 a}\right)^2 \tag{13.4.47}$$

注意:$k_0 = \sqrt{2\mu V_0/h}$,由此可以看出,在低能极限下,σ_t 与能量无关.

练习 读者可以验证,当 $V_0 \to \infty$,(无限深球方势阱),低能粒子的散射截面,与半径为 a 的刚球的散射截面相同.

对于球方势垒

$$V(r) = \begin{cases} V_0, & r < a \quad (V_0 > 0) \\ 0, & r > a \end{cases} \tag{13.4.48}$$

只需在以上公式中,把 $k_0 \to \mathrm{i}\kappa_0$,

$$\kappa_0 = \sqrt{2\mu V_0}/\hbar \tag{13.4.49}$$

利用 $\tan\mathrm{i}\kappa_0 = \mathrm{i}\tanh\kappa_0$,并假设 $ka \ll \kappa_0 a$,则

$$\tan\delta_0 \approx ka\left(\frac{\tanh\kappa_0 a}{\kappa_0 a} - 1\right) \tag{13.4.50}$$

而

$$\sigma_t = 4\pi a^2\left(\frac{\tanh\kappa_0 a}{\kappa_0 a} - 1\right)^2 \tag{13.4.51}$$

对于刚球散射($V_0 \to \infty$,即 $k_0 \to \infty$),上式化为

$$\sigma_t = 4\pi a^2 \tag{13.4.52}$$

正好是刚球表面积.

13.4.4 低能共振散射，Breit-Wigner 公式

以下分析截面与能量的依赖关系. 以方势阱为例，对于低能散射（$ka\ll 1$，$\tan ka\approx ka$），由(13.4.45)式可以得出

$$\tan\delta_0\approx\frac{ka\left(\dfrac{\tan k_1 a}{k_1 a}-1\right)}{1+k^2a^2\dfrac{\tan k_1 a}{k_1 a}}\tag{13.4.53}$$

其中

$$k_1=\sqrt{k_0^2+k^2}=\sqrt{2\mu(V_0+E)}/\hbar$$

经计算，得（利用 $ka\ll 1$）

$$\begin{aligned}\sin^2\delta_0&=\frac{\tan^2\delta_0}{1+\tan^2\delta_0}\\&=\frac{k^2a^2\left(\dfrac{\tan k_1 a}{k_1 a}-1\right)^2}{(1+k^2a^2)\left(1+k^2a^2\dfrac{\tan^2 k_1 a}{k_1^2 a^2}\right)}\\&\approx\frac{k^2a^2\left(\dfrac{\tan k_1 a}{k_1 a}-1\right)^2}{1+k^2a^2\dfrac{\tan^2 k_1 a}{k_1^2 a^2}}\end{aligned}\tag{13.4.54}$$

所以散射总截面为

$$\sigma_t=\frac{4\pi}{k^2}\sin^2\delta_0=4\pi a^2\frac{\left(1-\dfrac{\tan k_1 a}{k_1 a}\right)^2}{1+\left(\dfrac{k}{k_1}\right)^2\tan^2 k_1 a}\tag{13.4.55}$$

以下讨论它随 k_1（或能量 E）的变化. 考虑到

$$k_1=\frac{\sqrt{2\mu V_0}}{\hbar}\left(1+\frac{E}{V_0}\right)^{1/2}\approx\frac{\sqrt{2\mu V_0}}{\hbar}\left(1+\frac{E}{2V_0}\right)\tag{13.4.56}$$

当 $k_1 a$ 值偏离 $(n+1/2)\pi(n=0,1,2,\cdots)$ 较远时，$\tan k_1 a$ 值不大，$\sin^2\delta_0\approx k^2a^2$，因此，$\sigma_t\approx 4\pi a^2$. 而当 $k_1 a\approx(n+1/2)\pi$ 时，$\tan^2 k_1 a\gg 1$，此时 $\sin^2\delta_0\approx 1$[或 $\delta_0\approx(n+1/2)\pi$]，$\sigma_t\approx\dfrac{4\pi}{k^2}=\dfrac{4\pi a^2}{k^2a^2}\gg 4\pi a^2$，即出现共振峰，入射粒子将受到势阱强烈影响.

在相反情况下，若 $k_1 a\approx n\pi(n=1,2,3,\cdots)$，则 $\sin^2\delta_0\approx k^2a^2\ll 1$，$\delta_0\approx n\pi$. 因而 σ_t 变得很小，即势阱对入射粒子几乎无散射，似乎是完全透明. 例如，能量很低（$E\approx$ 1eV）的电子对惰性气体原子的散射，电子几乎不受任何阻拦而完全穿透，这称为 Ramsauer-Townsend 效应. 从物理上可如下理解：当势阱深度与宽度合适的情况下，粒子在势阱内的波长 $\lambda_1=\dfrac{2\pi}{k_1}=\dfrac{2a}{n}$，即 $n(\lambda_1/2)=a$，半波长的整数倍等于势阱宽度，此时将发生完全穿透的现象.

Breit-Wigner 公式

在一般情况下，

$$\sigma_t = \frac{4\pi}{k^2}\sum_{l=0}^{\infty}(2l+1)\sin^2\delta_l \tag{13.4.57}$$

$\delta_l(E)$依赖于入射粒子能量. 当能量 E 合适时，

$$\delta_l \approx (n+1/2)\pi, \quad n = 0,1,2,\cdots$$

$$\sin^2\delta_l \approx 1 \tag{13.4.58}$$

l 分波对截面贡献达到极大值，此时散射截面将出现共振峰. 下面分析一下在共振峰附近截面随能量变化的行为. 为简单起见，假设在某能量附近只出现一个共振峰(与其他共振峰离开较远). 例如，设 $E\to E_0$ 时，$\delta_l(E)\to\pi/2$，即 $\delta_l(E_0)=\pi/2$，$\sin\delta_l(E_0)=1$，$\cos\delta_l(E_0)=0$. 在 $E\approx E_0$ 邻域做 Taylor 展开，

$$\sin\delta_l(E) = \sin\delta_l(E_0) + \left[\cos\delta_l(E)\cdot\frac{\mathrm{d}\delta_l}{\mathrm{d}E}\right]_{E_0}(E-E_0)+\cdots \approx 1$$

$$\cos\delta_l(E) = \cos\delta_l(E_0) - \left[\sin\delta_l(E)\cdot\frac{\mathrm{d}\delta_l}{\mathrm{d}E}\right]_{E_0}(E-E_0)+\cdots \approx -\left.\frac{\mathrm{d}\delta_l}{\mathrm{d}E}\right|_{E_0}\cdot(E-E_0)$$

令

$$\cos\delta_l(E) = -\frac{2}{\Gamma_l}(E-E_0) \tag{13.4.59}$$

这里 Γ_l 定义为

$$\Gamma_l = 2\Big/\left(\frac{\mathrm{d}\delta_l}{\mathrm{d}E}\right)_{E_0} \tag{13.4.60}$$

是一个实数值，称为共振宽度(理由见后).

l 分波的波幅为

$$f_l(\theta,E) = \frac{2l+1}{k}\exp(\mathrm{i}\delta_l)\sin\delta_l\cdot \mathrm{P}_l(\cos\theta) \tag{13.4.61}$$

上式中与能量依赖敏感的部分为

$$f_l(E) = \exp[\mathrm{i}\delta_l(E)]\sin\delta_l(E) = \frac{\sin\delta_l(E)}{\cos\delta_l(E)-\mathrm{i}\sin\delta_l(E)} \tag{13.4.62}$$

在共振峰附近($E\approx E_0$)

$$f_l(E) \approx \frac{1}{-\dfrac{2}{\Gamma_l}(E-E_0)-\mathrm{i}} = \frac{\Gamma_l/2}{(E-E_0)+\mathrm{i}\Gamma_l/2}$$

$$|f_l(E)|^2 = \frac{\Gamma_l^2/4}{(E-E_0)^2+\Gamma_l^2/4} \tag{13.4.63}$$

如在 $E\approx E_0$，只有 l 分波对截面的贡献重要，则

$$\sigma_t \approx \sigma_l = \frac{4\pi}{k^2}(2l+1)\,|f_l(E)|^2$$

$$= \frac{4\pi}{k^2}(2l+1)\frac{\Gamma_l^2/4}{(E-E_0)^2+\Gamma_l{}^2/4} \tag{13.4.64}$$

此即 Breit-Wigner 公式.

例 3 低能 np 散射

实验发现,低能中子对质子散射出现的共振现象,与 np 体系存在结合能很小的一个束缚定态(即氘核基态)有关.下面来分析此现象.

设入射中子能量 $E \lesssim 10\text{MeV}$,由于核力力程 $a \approx 1.2\text{fm}$,需要考虑的最大 l 分波为

$$l_{\max} \approx ka = \sqrt{2\mu E/\hbar^2}\,a = \sqrt{\frac{2\mu c^2 E}{(\hbar c)^2}}\,a \approx 0.6$$

这里利用了 $\mu c^2 = \frac{1}{2}m_p c^2 \approx 0.5\times 10^3\,\text{MeV}$,$\hbar c \approx 200\text{MeV fm}$. 所以只需考虑 s 波($l=0$)即可.

作为粗略估算,设 np 作用为一个球方势阱,在势阱内($r<a$),束缚态($l=0$)径向方程为

$$\frac{\mathrm{d}^2}{\mathrm{d}r^2}u_b + \frac{2\mu}{\hbar^2}(E+V_0)u_b = 0 \qquad (E<0) \tag{13.4.65}$$

由于束缚态能量 $E \approx 0$($|E| \ll V_0$)

$$\left(\frac{\mathrm{d}^2}{\mathrm{d}r^2} + k_0^2\right)u_b \approx 0, \quad k_0 = \sqrt{2\mu V_0}/\hbar \tag{13.4.66}$$

满足 $u_b(0)=0$ 的解可表示为

$$u_b(r) = \sin k_0 r \qquad (r<a) \tag{13.4.67}$$

当 $r>a$,满足 $r\to\infty$ 处波函数有界的解为

$$u_b(r) = A\mathrm{e}^{-\beta r}, \quad \beta = \sqrt{2\mu|E|}/h \tag{13.4.68}$$

利用 $r=a$ 处 u_b 及其微商连续的条件,得

$$k_0 \cot k_0 a = k_0 \tan\left(\frac{\pi}{2} - k_0 a\right) = -\beta \tag{13.4.69}$$

此即近似估算低激发能级($|E| \approx 0$)的式子. 如 $k_0 a \approx \pi/2$,则上式化为

$$k_0(\pi/2 - k_0 a) \approx -\beta$$

即

$$k_0 a \approx \frac{\pi}{2} + \frac{\beta}{k_0} \quad (\beta \ll k_0) \tag{13.4.70}$$

现在来分析低能散射与此低激发能级的关系. 按例 2 式(13.4.44)

$$\frac{1}{k}\tan(ka+\delta_0) = \frac{1}{k_1}\tan k_1 a$$

式中 $k_1 = \sqrt{k_0^2 + k^2} \approx k_0$($k \ll k_0$),所以

$$k\tan k_0 a \approx k_0 \tan(ka+\delta_0) \tag{13.4.71}$$

利用式(13.4.70),得

$$k\tan\left(\frac{\pi}{2}+\frac{\beta}{k_0}\right)\approx k_0\,\frac{\tan ka+\tan\delta_0}{1-\tan ka\tan\delta_0}$$

利用 $ka\ll 1$，可得

$$-k\cot(\beta/k_0)\approx k_0\,\frac{ka+\tan\delta_0}{1-ka\tan\delta_0} \tag{13.4.72}$$

再利用 $\beta/k_0\ll 1(|E|\ll V_0)$，$\cot(\beta/k_0)\approx k_0/\beta$，上式化为

$$-\frac{k}{\beta}=\frac{ka+\tan\delta_0}{1-ka\tan\delta_0}$$

解出 $\tan\delta_0$，得

$$\cot\delta_0=\frac{1}{\tan\delta_0}=\frac{\beta-k^2a}{k(\beta a+1)} \tag{13.4.73}$$

即

$$k\cot\delta_0=-\frac{\beta}{\beta a+1}+\frac{a}{\beta a+1}k^2$$

$$\xrightarrow{k\to 0}-\frac{\beta}{\beta a+1}=\frac{1}{\alpha+1/\beta} \tag{13.4.74}$$

还可以普遍证明，对于任意势场，$k\cot\delta_0$ 可以展开为

$$k\cot\delta_0=\frac{1}{a_0}+\frac{1}{2}r_0k^2+O(k^4) \tag{13.4.75}$$

a_0 称为散射长度(scattering length)，r_0 称为有效力程(effective range).

对于方势阱(吸引势)，设 $ka\ll 1$，$\beta a\ll 1$，相应的 $a_0=-1/\beta<0$，散射长度 a_0 取负值. 低能散射截面

$$\sigma_t=\frac{4\pi}{k^2}\sin^2\delta_0=\frac{4\pi}{k^2}\frac{1}{\cot^2\delta_0+1} \tag{13.4.76}$$

在 $k\to 0$ 时，可以用散射长度表示如下

$$\sigma_t\approx\frac{4\pi}{k^2}\frac{1}{(ka_0)^{-2}+1}=\frac{4\pi a_0^2}{1+k^2a_0^2}\approx 4\pi a_0^2 \tag{13.4.77}$$

对于 np 散射，这是一个不小的量. 根据 np 束缚系统(氘核)的基态能量 $E=-2.237\text{MeV}$，可求出 $\beta=\sqrt{2\mu|E|\hbar^2}\approx 1/4.305\text{fm}$. 若取 $a\approx 1.2\text{fm}$，则可求出 $a_0=-(\beta a+1)/\beta=-5.5\text{fm}$. 由此计算出

$$\sigma_t(k\to 0)=4\pi a_0^2=3.8\times 10^{-24}\,\text{cm}^2 \tag{13.4.78}$$

确系一个不小的量，但实验观测值为

$$\sigma_t(k\to 0)|_{\exp}=20.36\times 10^{-24}\,\text{cm}^2 \tag{13.4.79}$$

与计算值相差甚远，这是由于核子还有自旋. 对于氘核，体系处于自旋三重态($S=1$)，而在 np 散射中(非束缚态)，还可以出现自旋单态($S=0$). 因此 σ_t 平均值为

$$\sigma_{\text{平均}}=\frac{1}{4}\sigma_t(S=0)+\frac{3}{4}\sigma_t(S=1) \tag{13.4.80}$$

如用 $\sigma_t(S=1)=3.8\times 10^{-24}\,\text{cm}^2$ 代入上式，并要求 $\sigma_{\text{平均}}=\sigma_{t|\exp}$，则可求出

$$\sigma_t(S=0)=70\times 10^{-24}\text{cm}^2=4\pi a_0^2(S=0)$$

即单态($S=0$)下,散射长度$|a_0|\approx 2.36\text{fm}$.

从极化实验,还可进一步肯定在单态下 $a_0>0$ 取正值(排斥势),所以 $a_0(S=0)\approx 2.36\text{fm}>0$. 这说明处于自旋单态($S=0$)下的 np 体系,不存在束缚态.

*13.4.5 非弹性散射的分波描述

按式(13.4.2),(13.4.5),(13.4.6)和(13.4.12),可以把波函数表示为

$$\begin{aligned}\psi(r)&=\mathrm{e}^{ikz}+\psi_{sc}(r)\\&\xrightarrow{r\to\infty}\sum_{l=0}^{\infty}\frac{2l+1}{2ikr}\mathrm{i}^l\left\{S_l\exp[\mathrm{i}(kr-l\pi/2)]-\exp[-\mathrm{i}(kr-l\pi/2)]\right\}\mathrm{P}_l(\cos\theta)\\&=\sum_{l=0}^{\infty}\frac{2l+1}{2ikr}[S_l\mathrm{e}^{ikr}+(-1)^{l+1}\mathrm{e}^{-ikr}]\mathrm{P}_l(\cos\theta)\end{aligned}\tag{13.4.81}$$

上式中 $S_l=1+a_l$. 对于弹射散射$|S_l|=1$,令 $S_l=\exp(2i\delta_l)$,(δ_l 实). 若$|S_l|\neq 1$,则出现非弹性散射(inelastic scattering). 其物理意义如下:试计算径向粒子流密度

$$j_r=-\frac{\mathrm{i}\hbar}{2\mu}\left(\psi^*\ \frac{\partial}{\partial r}\psi-\text{复共轭项}\right)$$

用式(13.4.81)代入,经计算可得

$$j_r\xrightarrow{r\to\infty}\frac{\hbar k}{\mu}\sum_{l,l'}\frac{(2l+1)}{2ikr}\frac{(2l'+1)}{2ikr}\times[S_l^*S_{l'}+(-1)^{l+l'+1}]\mathrm{P}_l(\cos\theta)\mathrm{P}_{l'}(\cos\theta)\tag{13.4.82}$$

因此,通过一个封闭面 S(包围散射靶的半径为 R 的大球)的径向流为

$$\oint_S \boldsymbol{j}\cdot\mathrm{d}\boldsymbol{s}=R^2\int_0^{2\pi}\mathrm{d}\varphi\int_0^{\pi}\sin\theta\mathrm{d}\theta j_r\,|_{r=R}=2\pi R^2\int_0^{\pi}j_r\Big|_{r=R}\sin\theta\mathrm{d}\theta$$

利用 Legendre 多项式的正交性公式[附录四,式(A4.20)],得

$$\oint_S \boldsymbol{j}\cdot\mathrm{d}\boldsymbol{s}=\frac{\pi\hbar}{\mu k}\sum_{l=0}^{\infty}(2l+1)(|S_l|^2-1)\tag{13.4.83}$$

对于弹性散射,$|S_l|=1$ 时,上式积分为 0,即没有粒子流出此封闭面,或者说外行和内行粒子流互相抵消. 如果在碰撞过程中,靶子或入射粒子的内部结构(状态)有改变,则会出现非弹性散射. 例如,中子对原子核碰撞,既可能出现弹性散射,也可能使原子核激发,中子可能从另外的道出射,中子也可能被吸收等. 此时对于某一个 l 分波来讲,粒子数是可以改变的,因此$|S_l|<1$. 此时,散射波幅的一般表示式为

$$f(\theta)=\frac{1}{2ik}\sum_{l=0}^{\infty}(2l+1)(S_l-1)\mathrm{P}_l(\cos\theta)\tag{13.4.84}$$

弹性散射总截面表示为

$$\sigma_e = \frac{\pi}{k^2}\sum_{l=0}^{\infty}(2l+1)\,|1-S_l|^2 \tag{13.4.85}$$

非弹性散射(反应)总截面表示为

$$\sigma_r = \frac{\pi}{k^2}\sum_{l=0}^{\infty}(2l+1)(1-|S_l|^2) \tag{13.4.86}$$

总截面为

$$\sigma_t = \sigma_e + \sigma_r = \frac{2\pi}{k^2}\sum_{l=0}^{\infty}(2l+1)(1-\mathrm{Re}S_l) \tag{13.4.87}$$

如从各分波来看,

$$\sigma_e = \sum_l \sigma_{e,l}, \quad \sigma_{e,l} = \frac{\pi}{k^2}(2l+1)\,|1-S_l|^2 \tag{13.4.88}$$

$$\sigma_r = \sum_l \sigma_{r,l}, \quad \sigma_{r,l} = \frac{\pi}{k^2}(2l+1)(1-|S_l|^2) \tag{13.4.89}$$

$$\sigma_t = \sum_l \sigma_l, \quad \sigma_l = \frac{2\pi}{k^2}(2l+1)(1-\mathrm{Re}S_l) \tag{13.4.90}$$

特例,

如 $S_l = 1$,则 $f(\theta) = 0$,σ_e、σ_r、σ_t 均为 0,表示无散射.

如 $S_l = 0$,则 $\sigma_{e,l} = \sigma_{r,l} = \frac{\pi}{k^2}(2l+1)$,表示完全吸收.

例如,考虑散射势有一明显力程 a,在高能极限下,$l_{\max}=ka$,由此可求出

$$\sigma_e = \sigma_r = \pi a^2, \qquad \sigma_t = 2\pi a^2 \tag{13.4.91}$$

一个经典粒子碰到一个半径为 a 的完全吸收的“黑盘”(black disc),截面为 $\sigma_e = \pi a^2$. 考虑粒子的波动性,还会发生弹性散射,$\sigma_e = \pi a^2$,这是波动绕射现象(衍射波)的贡献,称为影散射(shadow scattering)①.

按上面分析还可以看出,只要出现非弹性散射,则一定相伴有弹性散射出现,反之则不然. 例如,当 $|S_l|=1$ 时,$\sigma_r=0$,但 $\sigma_e=\sigma_t\neq 0$

由式(13.4.84)还可看出

$$\begin{aligned}\mathrm{Im}f(0) &= \sum_{l=0}^{\infty}\frac{2l+1}{2k}\mathrm{Im}[(1-S_l)\mathrm{i}] \\ &= \sum_{l=0}^{\infty}\frac{2l+1}{2k}(1-\mathrm{Re}S_l)\end{aligned} \tag{13.4.92}$$

与式(13.4.87)比较,可得

$$\mathrm{Im}f(0) = \frac{k}{4\pi}\sigma_t$$

---

① 参见 A. Messiah, *Quantum Mechanics*, vol. 1, p. 395; Cohen-Tannoudji, *et al*., *Quantum Mechanics*, vol. Ⅱ, p. 953.

即光学定理

$$\sigma_t = \frac{4\pi}{k}\mathrm{Im}f(0) \tag{13.4.93}$$

它对于非弹性散射也是成立的.

13.5 Coulomb 散射

在前几节中,我们假定了散射势 $V(r)$ 具有有限力程 a,即在力程外($r>a$),$V(r)=0$,粒子之间无相互作用,是自由的. 因此,散射粒子的径向波函数在 $r\to\infty$ 处的渐近行为,除了在力程内 $V(r)$ 的影响所产生的一个相移外,与自由粒子相同. 与此不同,Coulomb 势为长程势. 无论两个点电荷相距多远,总会感受到相互的 Coulomb 作用. 可以想到,在 Coulomb 散射中,径向波函数的渐近行为与自由粒子有所不同.

在氢原子的束缚态中,已可以看出这种差异. 氢原子 Coulomb 势 $V(r)=-\frac{e^2}{r}$,束缚能级为 $E_n=-\frac{\mu e^4}{2\hbar^2 n^2}$,如把 E_n 记为 $E_n=-\hbar^2\beta^2/2\mu$,即 $\beta=1/na$,则当 $r\to\infty$ 时相应的径向波函数(见 6.4 节)(未计及归一化常数)

$$R_{nl}(r) \to r^{n-1}\mathrm{e}^{-\beta r}, \qquad n=1,2,\cdots \tag{13.5.1}$$

而对于有限力程的中心势 $V(r)$ 中的粒子束缚态(能量为 $-\hbar^2\beta^2/2\mu$)的径向波函数,在 $r\to\infty$ 处,

$$R_{\beta l}(r) \to \frac{1}{r}e^{-\beta r} \tag{13.5.2}$$

可见两者并不相同.

对于散射态($E=\hbar^2k^2/2\mu>0$),相当于把上面的 β 换为 $\pm\mathrm{i}k$(k 实). 对于有限力程作用,径向波函数在 $r\to\infty$ 处为

$$R_{kl}(r) \to \frac{1}{r}e^{\pm\mathrm{i}kr} \tag{13.5.3}$$

而对于 Coulomb 势 $V(r)=-e^2/r$,$n=1/\beta a$ 换为 $n=\pm\mathrm{i}\gamma$,$\gamma=-1/ka$,径向波函数在 $r\to\infty$ 处,

$$R_{kl}(r) \to \frac{1}{r}e^{\pm\mathrm{i}(kr-\gamma\ln kr)} \tag{13.5.4}$$

可见两者并不相同. 在 Coulomb 势散射中,出现了一个额外的相移 $-\gamma\ln kr$,它依赖于 r 和粒子能量(但不依赖于粒子角动量 l).

值得庆幸的是,对于这个非常重要 Coulomb 势散射,如果采用抛物线坐标系或球坐标系,Schrödinger 方程都有严格的解析解. 这与 Coulomb 势的动力学对称性有密切关系.

13.5.1 抛物线坐标解法

抛物线坐标(ξ,η,φ)与直角坐标的关系如下[①]：

$$\xi = r+z, \quad \eta = r-z, \quad \varphi = \arctan(y/x) \tag{13.5.5}$$

式中 $r=\sqrt{x^2+y^2+z^2}$. 这些变量的变化范围是：$0\leqslant\xi$ 和 $\eta\leqslant\infty$，$0\leqslant\varphi\leqslant 2\pi$. 式(13.5.5)之逆为

$$x = \sqrt{\xi\eta}\cos\varphi, \quad y = \sqrt{\xi\eta}\sin\varphi, \quad z = \frac{1}{2}(\xi-\eta) \tag{13.5.6}$$

可看出

$$\xi\eta = r^2 - z^2 = r^2\sin^2\theta, \qquad \frac{1}{2}(\xi+\eta) = r \tag{13.5.7}$$

设入射粒子与靶粒子荷电分别为 q_1 和 q_2，则 Coulomb 势表示为[②]

$$V = \frac{q_1 q_2}{r} = \frac{2q_1 q_2}{\xi+\eta} \tag{13.5.8}$$

不含时间的 Schrödinger 方程为

$$-\frac{\hbar^2}{2\mu}\left\{\frac{4}{\xi+\eta}\left[\frac{\partial}{\partial\xi}\left(\xi\frac{\partial}{\partial\xi}\right)+\frac{\partial}{\partial\eta}\left(\eta\frac{\partial}{\partial\eta}\right)\right]+\frac{1}{\xi\eta}\frac{\partial^2}{\partial\varphi^2}\right\}\psi+\frac{2q_1q_2}{\xi+\eta}\psi=E\psi \tag{13.5.9}$$

式中 $E=\dfrac{\hbar^2k^2}{2\mu}>0$ 为入射粒子能量. 方程(13.5.9)的解可分离变量，令

$$\psi = f_1(\xi)f_2(\eta)\mathrm{e}^{\mathrm{i}m\varphi} \tag{13.5.10}$$

式中已取 ψ 为角动量 $\boldsymbol{l}$(守恒量！)的 z 分量 l_z 的本征态($\propto\mathrm{e}^{\mathrm{i}m\varphi}$)，本征值为 $m\hbar$，(但

---

① 参阅 P. M. Morse and H. Feshbach, *Methods of Theoretical Physics*, (McGraw Hill, 1953). 在抛物线坐标系中，线段元 $\mathrm{d}s$ 和体积元 $\mathrm{d}\tau$ 为 $\mathrm{d}s^2=h_1^2\mathrm{d}\xi^2+h_2^2\mathrm{d}\eta^2+h_3^2\mathrm{d}\varphi^2$，$\mathrm{d}\tau=h_1h_2h_3\mathrm{d}\xi\mathrm{d}\eta\mathrm{d}\varphi$，其中

$$h_1 = \sqrt{\left(\frac{\partial x}{\partial\xi}\right)^2+\left(\frac{\partial y}{\partial\xi}\right)^2+\left(\frac{\partial z}{\partial\xi}\right)^2} = \frac{1}{2}\sqrt{\frac{\eta}{\xi}+1}$$

$$h_2 = \sqrt{\left(\frac{\partial x}{\partial\eta}\right)^2+\left(\frac{\partial y}{\partial\eta}\right)^2+\left(\frac{\partial z}{\partial\eta}\right)^2} = \frac{1}{2}\sqrt{\frac{\xi}{\eta}+1}$$

$$h_3 = \sqrt{\left(\frac{\partial x}{\partial\varphi}\right)^2+\left(\frac{\partial y}{\partial\varphi}\right)^2+\left(\frac{\partial z}{\partial\varphi}\right)^2} = \sqrt{\xi\eta}$$

所以

$$\mathrm{d}s^2 = \frac{\xi+\eta}{4\xi}\mathrm{d}\xi^2+\frac{\xi+\eta}{4\eta}\mathrm{d}\eta^2+\xi\eta\mathrm{d}\varphi^2$$

$$\mathrm{d}\tau = \frac{1}{4}(\xi+\eta)\mathrm{d}\xi\mathrm{d}\eta\mathrm{d}\varphi$$

Laplace 算符表示为

$$\begin{aligned}\nabla^2 &= \frac{1}{h_1h_2h_3}\left[\frac{\partial}{\partial\xi}\left(\frac{h_1h_2h_3}{h_1^2}\frac{\partial}{\partial\xi}\right)+\frac{\partial}{\partial\eta}\left(\frac{h_1h_2h_3}{h_2^2}\frac{\partial}{\partial\eta}\right)+\frac{\partial}{\partial\varphi}\left(\frac{h_1h_2h_3}{h_3^2}\frac{\partial}{\partial\varphi}\right)\right]\\ &= \frac{4}{\xi+\eta}\left[\frac{\partial}{\partial\xi}\left(\xi\frac{\partial}{\partial\xi}\right)+\frac{\partial}{\partial\eta}\left(\eta\frac{\partial}{\partial\eta}\right)\right]+\frac{1}{\xi\eta}\frac{\partial^2}{\partial\varphi^2}\end{aligned}$$

② 对于 Coulomb 势，ξ 与 η 所处地位完全等当. $\xi=$常数是以 z 轴为对称轴的旋转抛物面(线)，焦点在坐标原点，开口向下. $\eta=$常数的形状与此相似，但开口向上.

并非 $\boldsymbol{l}^2$ 的本征态). 设粒子沿 z 轴方向入射(入射波 $\sim e^{ikz}$),则 $l_z=0$. 所以在式(13.5.10)中应取 $m=0$,并在散射过程中保持不变. 此时,f_1 与 f_2 满足

$$\begin{aligned}\frac{d}{d\xi}\left(\xi\frac{d}{d\xi}f_1\right)+\frac{k^2}{4}\xi f_1-c_1f_1=0\\ \frac{d}{d\eta}\left(\eta\frac{d}{d\eta}f_2\right)+\frac{k^2}{4}\eta f_2-c_2f_2=0\end{aligned}\tag{13.5.11}$$

式中

$$c_1+c_2=q_1q_2\mu/\hbar^2\tag{13.5.12}$$

考虑到波函数中应该有一项入射波($\sim e^{ikz}=e^{ik(\xi-\eta)/2}$)以及一项出射波($\sim e^{ikr}=e^{ik(\xi+\eta)/2}$),我们应采用下列形式的 $f_1(\xi)$ 解,

$$f_1(\xi)\propto e^{ik\xi/2}\tag{13.5.13}$$

用式(13.5.13)代入式(13.5.11),得 $c_1=ik/2$. 考虑到式(13.5.12),$f_2(\eta)$应满足

$$\frac{d}{d\eta}\left(\eta\frac{d}{d\eta}f_2\right)+\frac{k^2}{4}\eta f_2-\left(\frac{q_1q_2\mu}{\hbar^2}-\frac{ik}{2}\right)f_2=0\tag{13.5.14}$$

再考虑到边条件,不妨令

$$f_2(\eta)=e^{-ik\eta/2}W(\eta)\tag{13.5.15}$$

上式中 $W(\eta)$ 反映 Coulomb 场的影响,如 Coulomb 场不存在,则 $W=1$. 用式(13.5.15)代入式(13.5.14),得

$$\eta\frac{d^2W}{d\eta^2}+(1-ik\eta)\frac{dW}{d\eta}-k\gamma W=0\tag{13.5.16}$$

式中①

$$\gamma=\frac{q_1q_2\mu}{\hbar^2k}\tag{13.5.17}$$

为方便,令

$$\eta_1=ik\eta\tag{13.5.18}$$

则

$$\eta_1\frac{d^2W}{d\eta_1^2}+(1-\eta_1)\frac{dW}{d\eta_1}+i\gamma W=0\tag{13.5.19}$$

这正是合流超几何方程,它在原点($\eta_1=0$)邻域解析的解为合流超几何函数

$$W=F(-i\gamma,1,ik\eta)\tag{13.5.20}$$

于是整个波函数[式(13.5.10)]可表示为

$$\psi\propto f_1(\xi)f_2(\eta)\propto\exp\left[\frac{ik}{2}(\xi-\eta)\right]W(\eta)=e^{ikz}F[-i\gamma,1,ik(r-z)]\tag{13.5.21}$$

为求出截面,要知道波函数在无穷远处的渐近行为. 为此,利用 $F(a,c,z)$ 在

---

① 当 $q_1=-q_2=e$ 时,$\gamma=-\mu e^2/(\hbar^2k)=-1/(ka)$,$a=\hbar^2/(\mu e^2)$.

$|z|\to\infty$处的渐近表示式①. 当 $\eta\to\infty$时,[利用 $\Gamma(1)=1$]

$$\mathrm{F}(-\mathrm{i}\gamma,1,\mathrm{i}k\eta)\to\frac{1}{\Gamma(1+\mathrm{i}\gamma)}(k\eta)^{\mathrm{i}\gamma}\mathrm{e}^{\gamma\pi/2}+\frac{1}{\Gamma(-\mathrm{i}\gamma)}(k\eta)^{-\mathrm{i}\gamma-1}\mathrm{e}^{\mathrm{i}(-\mathrm{i}\gamma-1)\pi/2}\mathrm{e}^{\mathrm{i}k\eta}$$

$$=\frac{\mathrm{e}^{\gamma\pi/2}}{\Gamma(1+\mathrm{i}\gamma)}\left[\exp(\mathrm{i}\gamma\ln k\eta)+\frac{\Gamma(1+\mathrm{i}\gamma)}{\Gamma(-\mathrm{i}\gamma)}\frac{1}{\mathrm{i}k\eta}\exp(-\mathrm{i}\gamma\ln k\eta+\mathrm{i}k\eta)\right] \tag{13.5.22}$$

习惯上取

$$\psi(\boldsymbol{r})=\Gamma(1+\mathrm{i}\gamma)\mathrm{e}^{-\gamma\pi/2}\mathrm{e}^{\mathrm{i}kz}\mathrm{F}[-\mathrm{i}\gamma,1,\mathrm{i}k(r-z)] \tag{13.5.23}$$

则其渐近式表示为

$$\psi(\boldsymbol{r})\to\mathrm{e}^{\mathrm{i}kz}\left[\exp(\mathrm{i}\gamma\ln k\eta)+\frac{\Gamma(1+\mathrm{i}\gamma)}{\Gamma(-\mathrm{i}\gamma)}\frac{\mathrm{e}^{\mathrm{i}k\eta}}{\mathrm{i}k\eta}\exp(-\mathrm{i}\gamma\ln k\eta)\right]$$

$$=\psi_i+\psi_{sc} \tag{13.5.24}$$

其中

$$\psi_i(\boldsymbol{r})=\exp[\mathrm{i}kz+\mathrm{i}\gamma\ln k(r-z)] \tag{13.5.25}$$

是入射波,入射流密度(略去 $1/r$ 项)为 $j_i=\hbar k/\mu$, $\exp[\mathrm{i}\gamma\ln k(r-z)]$反映 Coulomb 长程力的影响. ψ_{sc}代表散射波,利用 $\eta=r-z=r(1-\cos\theta)=2r\sin^2\theta/2$,有

$$\psi_{sc}(\boldsymbol{r})=\frac{\Gamma(1+\mathrm{i}\gamma)}{\Gamma(-\mathrm{i}\gamma)}\frac{\mathrm{e}^{\mathrm{i}kr}}{\mathrm{i}k(r-z)}\exp[-\mathrm{i}\gamma\ln k(r-z)]$$

$$=\underbrace{\frac{\Gamma(1+\mathrm{i}\gamma)}{\Gamma(-\mathrm{i}\gamma)}\frac{\exp(-\mathrm{i}\gamma\ln\sin^2\theta/2)}{2\mathrm{i}k\sin^2\theta/2}}_{f_C(\theta)}\underbrace{\frac{\exp[\mathrm{i}(kr-\gamma\ln 2kr)]}{r}}_{\text{出射球面波}} \tag{13.5.26}$$

由此得出 Coulomb 散射波幅

$$f_C(\theta)=\frac{\Gamma(1+\mathrm{i}\gamma)}{\Gamma(-\mathrm{i}\gamma)}\frac{\exp(-\mathrm{i}\gamma\ln\sin^2\theta/2)}{2\mathrm{i}k\sin^2\theta/2} \tag{13.5.27}$$

利用 $\Gamma(1-\mathrm{i}\gamma)=(-\mathrm{i}\gamma)\Gamma(-\mathrm{i}\gamma)$, $\Gamma(z^*)=\Gamma(z)^*$,可知

$$\frac{\Gamma(1+\mathrm{i}\gamma)}{\Gamma(-\mathrm{i}\gamma)}=\frac{\Gamma(1+\mathrm{i}\gamma)}{\Gamma(1-\mathrm{i}\gamma)}(-\mathrm{i}\gamma)=\frac{\Gamma(1+\mathrm{i}\gamma)}{\Gamma(1+\mathrm{i}\gamma)^*}(-\mathrm{i}\gamma)$$

因$|\Gamma(1+\mathrm{i}\gamma)/\Gamma(1+\mathrm{i}\gamma)^*|=1$,上式可记为 $\mathrm{e}^{2\mathrm{i}\delta_0}(-\mathrm{i}\gamma)$, δ_0 为实. 因此 $f_C(\theta)$可改写成

$$f_C(\theta)=-\frac{\gamma}{2k}(\sin^2\theta/2)^{-\mathrm{i}\gamma-1}\mathrm{e}^{2\mathrm{i}\delta_0} \tag{13.5.28}$$

---

① P. M. Morse, H. Feshbach, *Methods of Theoretical Physics*, McGraw Hill, 1953, p. 611, 式(5.3.51).

当 z 为纯虚数 $z=|z|\mathrm{e}^{\mathrm{i}\pi/2}$, $|z|\to\infty$时,

$$\mathrm{F}(a,c,z)\to\frac{\Gamma(c)}{\Gamma(c-a)}|z|^{-a}\mathrm{e}^{\mathrm{i}a\pi/2}+\frac{\Gamma(c)}{\Gamma(a)}|z|^{a-c}\mathrm{e}^{\mathrm{i}(a-c)\pi/2}\mathrm{e}^{z}$$

当 z 为纯虚数 $z=|z|\mathrm{e}^{-\mathrm{i}\pi/2}$, $|z|\to\infty$时,

$$\mathrm{F}(a,c,z)\to\frac{\Gamma(c)}{\Gamma(a)}|z|^{a-c}\exp\left[-\mathrm{i}\frac{\pi}{2}(a-c)\right]\mathrm{e}^{z}+\frac{\Gamma(c)}{\Gamma(c-a)}|z|^{-a}\exp\left(-\mathrm{i}\frac{\pi}{2}a\right)$$

当 $\gamma \to \infty$ 时，散射流密度为

$$j_{sc} = \frac{\hbar k}{\mu} |\psi_{sc}|^2 = \frac{\hbar k}{\mu} \frac{1}{r^2} |f_C(\theta)|^2 \tag{13.5.29}$$

由此可求出微分截面

$$d\sigma = j_{sc} r^2 d\Omega / j_i = |f_C(\theta)|^2 d\Omega$$

即

$$\frac{d\sigma}{d\Omega} = |f_C(\theta)|^2 = \frac{\gamma^2}{4k^2} \frac{1}{\sin^4 \theta/2}$$

用式(13.5.17)所示 γ 值代入上式，得

$$\frac{d\sigma}{d\Omega} = \frac{q_1^2 q_2^2 \mu^2}{4\hbar^4 k^4} \frac{1}{\sin^4 \theta/2} = \frac{q_1^2 q_2^2}{16E^2} \frac{1}{\sin^4 \theta/2} \tag{13.5.30}$$

此即 Rutherford 公式.

以下讨论散射振幅的解析性.

作为能量的函数，Coulomb 散射振幅 $f_C(\theta)$［见式(13.5.28)］的解析性如下：考虑到 $\Gamma(z)$ 在整个复 z 平面上不为 0，所以 $\Gamma(-i\gamma) \neq 0$. 利用

$$\Gamma(z) = \frac{\Gamma(z+1)}{z} = \frac{\Gamma(z+2)}{z(z+1)} = \frac{\Gamma(z+3)}{z(z+1)(z+2)} = \cdots \tag{13.5.31}$$

可见 $z=0,-1,-2,-3,\cdots$ 是 $\Gamma(z)$ 的一级极点. 在这些极点处，$\Gamma(z)$ 的留数(residue)分别为 $1,-1,1/2,\cdots$. 因此，$f_C(\theta)$［见式(13.5.27)］有下列一级极点：

$$1 + i\gamma = 0, -1, -2, -3, \cdots$$

即

$$i\gamma = -1, -2, -3, \cdots$$

$$\gamma = in, \qquad n = 1,2,3,\cdots \tag{13.5.32}$$

特别是，对于 $q_1 = -q_2 = e$（氢原子即此情况），$\gamma = -\mu e^2/\hbar^2 k = -1/ka$（其中 $a = \hbar^2/\mu e^2$ 是 Bohr 半径），极点位置 $\gamma = in$ 相应的 $k = -1/\gamma a = i/na$，而相应的能量为

$$E = \frac{\hbar^2 k^2}{2\mu} = -\frac{\hbar^2}{2\mu a^2} \frac{1}{n^2} = -\frac{\mu e^4}{2\hbar^2} \frac{1}{n^2}, \quad n = 1,2,3,\cdots \tag{13.5.33}$$

这正是氢原子束缚态的能级公式.

由以上分析可以看出，把散射振幅作为能量 $E\left(=\frac{\hbar^2 k^2}{2\mu}\right)$ 的函数，解析延拓到整个复 k 平面上，就会发现，氢原子的束缚能级正好对应于 Coulomb 散射振幅的极点所在，极点在 k 正虚轴上($k = i/na$).

13.5.2 球坐标解法

除了抛物线坐标之外，Coulomb 势中的 Schrödinger 方程的解析解也可以在球坐标系中求出. 在处理氢原子的束缚态时，我们已经这样做了. 下面采用球坐标

系来处理散射态. 此时,不含时 Schrödinger 方程的解,可选为轨道角动量($\boldsymbol{l}^2, l_z$)的本征态,即 $\psi=R_l(r)Y_l^m(\theta,\varphi)$,$R_l(r)$为径向波函数. 入射波则按 l 分波来展开(见 13.4 节),这对于分析各分波的散射振幅及其解析性是方便的.

按中心力场的一般分析,Coulomb 势 $V=q_1q_2/r$ 中的 l 分波的径向波函数 R_l 满足

$$\left[\frac{1}{r^2}\frac{\mathrm{d}}{\mathrm{d}r}r^2\frac{\mathrm{d}}{\mathrm{d}r}+k^2-\frac{l(l+1)}{r^2}-\frac{2\gamma k}{r}\right]R_l(r)=0 \tag{13.5.34}$$

式中

$$k^2=\frac{2\mu E}{\hbar^2}>0,\quad \gamma=\frac{\mu q_1 q_2}{\hbar^2 k} \tag{13.5.35}$$

考虑到 $r=0$ 邻域的边条件,可以作下列替换,令

$$R_l=r^l\mathrm{e}^{\mathrm{i}kr}f_l \tag{13.5.36}$$

代入式(13.5.34),得

$$r\frac{\mathrm{d}^2}{\mathrm{d}r^2}f_l+[2\mathrm{i}kr+(2l+1)]\frac{\mathrm{d}f_l}{\mathrm{d}r}+[2\mathrm{i}k(l+1)-2\gamma k]f_l=0 \tag{13.5.37}$$

引进无量纲变量

$$z=-2\mathrm{i}kr \tag{13.5.38}$$

则

$$z\frac{\mathrm{d}^2}{\mathrm{d}z^2}f_l+[2(l+1)-z]\frac{\mathrm{d}}{\mathrm{d}z}f_l-[(l+1)+\mathrm{i}\gamma]f_l=0 \tag{13.5.39}$$

这正是合流超几何方程. 它在原点邻域解析的解为合流超几何函数,

$$f_l\propto \mathrm{F}(l+1+\mathrm{i}\gamma,2l+2,-2\mathrm{i}kr) \tag{13.5.40}$$

利用合流超几何函数 $\mathrm{F}(\alpha,\gamma,z)$在 $z=|z|\mathrm{e}^{-\mathrm{i}\pi/2}$,$|z|\to\infty$处的渐近行为(见 p. 449 脚注),可求出

$$\begin{aligned}&\mathrm{F}(l+1+\mathrm{i}\gamma,2l+2,-2\mathrm{i}\gamma)\\ \to&\frac{\Gamma(2l+2)}{\Gamma(l+1+\mathrm{i}\gamma)}(2kr)^{\mathrm{i}\gamma-l-1}\exp\left[-\mathrm{i}\frac{\pi}{2}(\mathrm{i}\gamma-l-1)\right]\exp(-2\mathrm{i}kr)\\ &+\frac{\Gamma(2l+2)}{\Gamma(l+1-\mathrm{i}\gamma)}(2kr)^{-(l+1+\mathrm{i}\gamma)}\exp\left[-\mathrm{i}\frac{\pi}{2}(l+1+\mathrm{i}\gamma)\right]\end{aligned} \tag{13.5.41}$$

令

$$\Gamma(l+1+\mathrm{i}\gamma)=|\Gamma(l+1+\mathrm{i}\gamma)|\exp(\mathrm{i}\delta_l),(\delta_l,\text{实}) \tag{13.5.42}$$

则

$$\begin{aligned}\Gamma(l+1-\mathrm{i}\gamma)&=\Gamma(l+1+\mathrm{i}\gamma)^*\\ &=|\Gamma(l+1+\mathrm{i}\gamma)|\exp(-\mathrm{i}\delta_l)\end{aligned}$$

即

$$\frac{\Gamma(l+1+\mathrm{i}\gamma)}{\Gamma(l+1-\mathrm{i}\gamma)}=\exp(2\mathrm{i}\delta_l) \tag{13.5.43}$$

式(13.5.41)可化为

$$\mathrm{F}(l+1+\mathrm{i}\gamma,2l+2,-2\mathrm{i}kr)\rightarrow\frac{\Gamma(2l+2)}{|\Gamma(l+1+\mathrm{i}\gamma)|}\cdot\frac{\exp\left(\frac{\pi}{2}\gamma\right)}{(2kr)^{l+1}}$$
$$\times\left[\mathrm{i}\exp\left(-2\mathrm{i}kr+\mathrm{i}\gamma\ln2kr+\mathrm{i}\frac{\pi}{2}l-\mathrm{i}\delta_l\right)-\mathrm{i}\exp\left(-\mathrm{i}\gamma\ln2kr-\mathrm{i}\frac{\pi}{2}l+\mathrm{i}\delta_l\right)\right]$$

(13.5.44)

由此可得[见式(13.5.36),(13.5.40),(13.5.44)],当 $r\rightarrow\infty$ 时

$$R_l\propto r^l\mathrm{e}^{\mathrm{i}kr}f_l\rightarrow\frac{\Gamma(2l+2)}{\Gamma(l+1+\mathrm{i}\gamma)}\frac{\exp\left(\frac{\pi}{2}\gamma+\mathrm{i}\delta_l\right)}{(2k)^l}\frac{1}{kr}\sin\left(kr-\frac{l\pi}{2}-\gamma\ln2kr+\delta_l\right)$$

(13.5.45)

上式的 sin(…)中,$(kr-l\pi/2)$是自由粒子的渐近式中的相位,$-\gamma\ln2kr$ 则是除相移 δ_l 之外 Coulomb 长程力额外贡献的相移,与 l 无关.

现在分析 l 分波散射波幅及其解析性.按分波法一般理论[见 13.4 节式(13.4.18)],散射波幅 $f(\theta)$可表示成

$$f(\theta)=\sum_l(2l+1)\left[\frac{\exp(2\mathrm{i}\delta_l)-1}{2\mathrm{i}k}\right]\mathrm{P}_l(\cos\theta)$$
$$\overset{令}{=}\sum_l(2l+1)a_l\mathrm{P}_l(\cos\theta)\tag{13.5.46}$$

式中每一项代表 l 分波的散射波幅.试把它作为能量 E 的函数,延拓到整个复 k 平面上去,并研究其解析性.为此,只需研究式(13.5.46)右侧中

$$a_l=\frac{\exp(2\mathrm{i}\delta_l)-1}{2\mathrm{i}k}\tag{13.5.47}$$

的解析性,或 $\exp(2\mathrm{i}\delta_l)$的解析性.对于 Coulomb 散射,按式(13.5.42),即研究 $\Gamma(l+1+\mathrm{i}\gamma)$的解析性.$\Gamma(l+1+\mathrm{i}\gamma)$的极点出现在

$$l+1+\mathrm{i}\gamma=0,-1,-2,\cdots\tag{13.5.48}$$

处,即

$$\mathrm{i}\gamma=-(l+1),-(l+1)-1,-(l+1)-2,\cdots$$

亦即

$$\begin{aligned}&\gamma=\mathrm{i}n,\qquad n=n_r+l+1\\&n_r=0,1,2,\cdots\qquad n=1,2,3,\cdots\end{aligned}\tag{13.5.49}$$

对于氢原子,

$$\gamma=-\mu e^2/\hbar^2k\tag{13.5.50}$$

在散射波幅的极点所在处,$\gamma=\mathrm{i}n=-\mu e^2/\hbar^2k$,相应的能量本征值 $E=E_n$

$$E_n=\frac{\hbar^2k^2}{2\mu}=\frac{\hbar^2}{2\mu}\left(\frac{\mu e^2}{\hbar^2\gamma}\right)^2=-\frac{\hbar^2}{2\mu}\left(\frac{\mu e^2}{\hbar^2}\right)^2\frac{1}{n^2}=-\frac{\mu e^4}{2\hbar^2}\frac{1}{n^2},\quad n=1,2,3,\cdots\tag{13.5.51}$$

这正是氢原子的束缚能级公式. 我们再一次看到, 束缚能级所在, 正好对应于散射波幅在复 k 平面的正虚轴上的极点.

* 以上结果也可以从抛物线坐标法所求出的 Coulomb 散射波幅 $f_C(\theta)$[见式(13.5.28)]得出. 与式(13.5.46)相似, 令

$$f_C(\theta) = \sum_l (2l+1) a_l P_l(\cos\theta) \tag{13.5.52}$$

利用 Legendre 多项式的正交性, 可得

$$a_l = \frac{1}{2}\int_{-1}^{+1} dx P_l(x) f_C(\theta) \quad (x = \cos\theta) \tag{13.5.53}$$

式中[见式(13.5.28)]

$$f_C(\theta) = -\frac{\gamma}{2k}(\sin^2\theta/2)^{-i\gamma-1} e^{2i\delta_0} \tag{13.5.54}$$

利用 $\sin^2\theta = \frac{1}{2}(1-\cos\theta) = \frac{1}{2}(1-x)$, 得

$$a_l = -\frac{\gamma}{2k} e^{2i\delta_0} 2^{i\gamma} \int_{-1}^{+1} dx P_l(x)(1-x)^{-i\gamma-1} \tag{13.5.55}$$

再利用 Rodrigues 公式

$$P_l(x) = \frac{1}{2^l \cdot l!}\frac{d^l}{dx^l}(x^2-1)^l$$

代入式(13.5.55), 分部积分,

$$a_l = -\frac{\gamma e^{2i\delta_0} 2^{i\gamma}}{2k \cdot 2^l \cdot l!}\int_{-1}^{+1} dx \left[\frac{d^l}{dx^l}(x^2-1)^l\right](1-x)^{-i\gamma-1}$$

其中

$$\begin{aligned}
&\int_{-1}^{+1} d\left[\frac{d^{l-1}}{dx^{l-1}}(x^2-1)^l\right]\cdot(1-x)^{-i\gamma-1} \\
&= -\int dx \left[\frac{d^{l-1}}{dx^{l-1}}(x^2-1)^l\right](i\gamma+1)(1-x)^{-i\gamma-2} \\
&= \cdots\cdots \\
&= (1+i\gamma)(2+i\gamma)\cdots(l+i\gamma)(-1)^l\int_{-1}^{+1}(x^2-1)^l(1-x)^{-i\gamma-l-1}dx \\
&= (1+i\gamma)(2+i\gamma)\cdots(l+i\gamma)\cdot\int_{-1}^{+1}(1+x)^l(1-x)^{-i\gamma-1}dx \\
&= (1+i\gamma)(2+i\gamma)\cdots(l+i\gamma)\cdot 2^{l+1-i\gamma-1}B(l+1,-i\gamma)
\end{aligned}$$

其中特殊函数

$$B(p,q) = \Gamma(p)\Gamma(q)/\Gamma(p+q)$$

于是

$$\begin{aligned}
a_l &= -\frac{\gamma e^{2i\delta_0} 2^{i\gamma}}{2k \cdot 2^l \cdot l!}(1+i\gamma)(2+i\gamma)\cdots(l+i\gamma)\frac{\Gamma(l+1)\Gamma(-i\gamma)}{\Gamma(l+1-i\gamma)}2^{l-i\gamma} \\
&= -\frac{\gamma e^{2i\delta_0}}{2k}(1+i\gamma)(2+i\gamma)\cdots(l+i\gamma)\frac{\Gamma(-i\gamma)}{\Gamma(l+1-i\gamma)}
\end{aligned}$$

利用

$$\begin{aligned}\Gamma(l+1-\mathrm{i}\gamma) &= (l-\mathrm{i}\gamma)\Gamma(l-\mathrm{i}\gamma) \\ &= (l-\mathrm{i}\gamma)(l-1-\mathrm{i}\gamma)\Gamma(l-1-\mathrm{i}\gamma) = \cdots \\ &= (l-\mathrm{i}\gamma)(l-1-\mathrm{i}\gamma)\cdots(1-\mathrm{i}\gamma)(-\mathrm{i}\gamma)\Gamma(-\mathrm{i}\gamma)\end{aligned}$$

于是[参见式(13.5.28),(13.5.43)]

$$\begin{aligned}a_l &= \frac{1}{2\mathrm{i}k}\frac{(l+\mathrm{i}\gamma)(l-1+\mathrm{i}\gamma)\cdots(l+\mathrm{i}\gamma)}{(l-\mathrm{i}\gamma)(l-1-\mathrm{i}\gamma)\cdots(1-\mathrm{i}\gamma)}\mathrm{e}^{2\mathrm{i}\delta_0} \\ &= \frac{1}{2\mathrm{i}k}\frac{(l+\mathrm{i}\gamma)(l-1+\mathrm{i}\gamma)\cdots(1+\mathrm{i}\gamma)\Gamma(1+\mathrm{i}\gamma)}{(l-\mathrm{i}\gamma)(l-1-\mathrm{i}\gamma)\cdots(1-\mathrm{i}\gamma)\Gamma(1-\mathrm{i}\gamma)} \\ &= \frac{1}{2\mathrm{i}k}\frac{\Gamma(l+1+\mathrm{i}\gamma)}{\Gamma(1+1-\mathrm{i}\gamma)} = \frac{1}{2\mathrm{i}k}\mathrm{e}^{2\mathrm{i}\delta_l}\end{aligned} \tag{13.5.56}$$

代入式(13.5.52),得

$$f_{\mathrm{C}}(\theta) = \sum_l (2l+1)\frac{\exp(2\mathrm{i}\delta_l)}{2\mathrm{i}k}\mathrm{P}_l(\cos\theta) \tag{13.5.57}$$

还可以证明,此式可改写成

$$f_{\mathrm{C}}(\theta) = \sum_l (2l+1)\frac{\exp(2\mathrm{i}\delta_l)-1}{2\mathrm{i}k}\mathrm{P}_l(\cos\theta) \tag{13.5.58}$$

这与式(13.5.46)相同.这里利用了下列公式:

$$\delta(1-\cos\theta) = \frac{1}{2}\sum_l (2l+1)\mathrm{P}_l(\cos\theta) \tag{13.5.59}$$

所以,除 $\theta=0$(向前散射)之外,上式为 0.而 $\theta=0$ 时,$f_{\mathrm{C}}(\theta)$是发散的,因此把式(13.5.57)改写成式(13.5.58)是可以的.

13.5.3 Regge 极点

前面已提到,如把散射波幅看成能量 $E[=\hbar^2k^2/(2\mu)]$的函数,解析延拓到复 k 平面上,人们发现,体系的束缚能级所在,正是散射波幅在复 k 平面的正虚轴上的极点.下面从另一个方面来讨论,即把分波散射波幅 a_l[见式(13.5.46)]看成 l 的函数,并解析延拓到复 l 平面上去,探讨 a_l 是否有极点? a_l 在复 l 平面上的极点,称为 Regge 极点.在复 l 平面上,a_l 的极点组成的轨迹,称为 Regge 轨迹.当然,Regge 极点还对应一定的能量.

对于 Coulomb 散射,其分波振幅[见式(13.5.46),(13.5.57)]中,$a_l=\exp(2\mathrm{i}\delta_l)/(2\mathrm{i}k)$而[见式(13.5.43)]

$$\exp(2\mathrm{i}\delta_l) = \Gamma(l+1+\mathrm{i}\gamma)/\Gamma(l+1-\mathrm{i}\gamma) \tag{13.5.60}$$

式中

$$\gamma = q_1q_2\mu/(\hbar^2k), \qquad k = \sqrt{2\mu E/\hbar^2}$$

分波振幅的极点在复 l 平面上的位置是

$$l+1+\mathrm{i}\gamma = 0,-1,-2,\cdots$$

即

$$l = -(n_r+1)-\mathrm{i}\gamma, \quad n_r = 0,1,2,\cdots \tag{13.5.61}$$

对于 $n_r=0$ 情况,吸引 Coulomb 势$[q_1=-q_2=e,\gamma=-\mu e^2/(\hbar^2k)]$的散射振幅的

Regge 轨迹，如图 13.13. 此时

$$l = -1 - i\gamma = -1 + i\mu e^2/(\hbar^2 k) \tag{13.5.62}$$

其中 Iml=0(正实轴)，Rel=0,1,2,…所相应的点

$$-i\gamma = 1,2,3,\cdots$$

即

$$\gamma = in, \qquad n = 1,2,3,\cdots \tag{13.5.63}$$

所相应的能量为

$$E = \frac{\hbar^2 k^2}{2\mu} = \frac{\hbar^2}{2\mu}\left(-\frac{\mu e^2}{\hbar^2 \gamma}\right)^2 = -\frac{\mu e^4}{2\hbar^2}\frac{1}{n^2} = -R_y/n^2 \tag{13.5.64}$$

式中

$$R_y = -\frac{\mu e^4}{2\hbar^2}$$

对于 Coulomb 排斥势($q_1=q_2=e,\gamma=\mu e^2/\hbar^2 k$)

$$l = -(n_r+1) - i\mu e^2/\hbar^2 k, \quad n_r = 0,1,2,\cdots \tag{13.5.65}$$

对于 $n_r=0$，

$$l = -1 - i\mu e^2/\hbar^2 k \tag{13.5.66}$$

当 $E>0$ 时，Im$l<0$.

$E<0$ 时，

$$k = i\sqrt{-E}, \qquad l = -1 - \mu e^2/\hbar^2\sqrt{-E}, \qquad \mathrm{Re}\,l < -1$$

所以在排斥 Coulomb 势的情况下，Regge 轨迹并不经过 l 平面内的非负实轴，不存在对应的束缚能级. 见图 13.14.

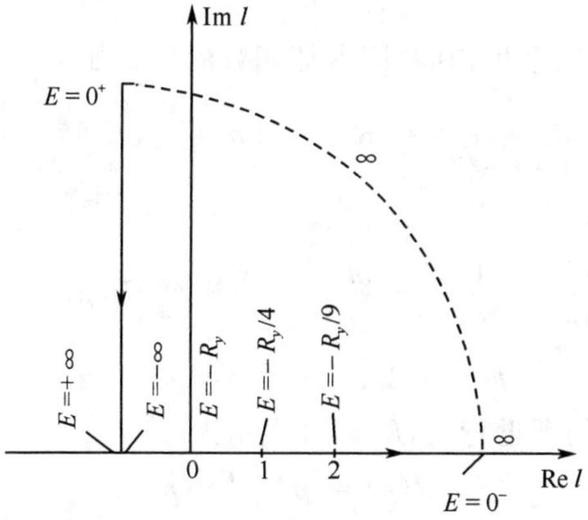

图 13.13

吸引 Coulomb 势情况下，在复 l 平面中的 Regge 轨迹($n_r=0$)，$l=0,1,2,\cdots$相应的能量为束缚态能级.

(参见 G. Baym, *Lectures on Quantum Mechanics*(1978), p. 220.)

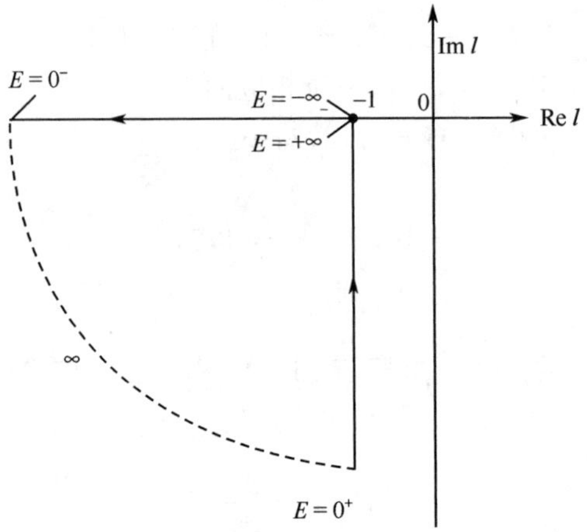

图 13.14 排斥 Coulomb 势情况下，在复 l 平面上的 Regge 转迹($n_r=0$)

*13.5.4 二维 Coulomb 散射的 $|m|$ 分波与 Regge 极点[①]

二维 Coulomb 势 $V(\rho)=k/\rho$ 中粒子的 Schrödinger 方程为(参见 6.6.4 节)

$$H\psi = \left(-\frac{\hbar^2}{2\mu}\nabla^2 + \frac{\lambda}{\rho}\right)\psi = E\psi \tag{13.5.67}$$

$$\nabla^2 = \frac{\partial^2}{\partial\rho^2} + \frac{1}{\rho}\frac{\partial}{\partial\rho} - \frac{1}{\rho^2}\frac{\partial^2}{\partial\varphi^2}$$

由于二维空间旋转对称性，$l_z=-\mathrm{i}\hbar\dfrac{\partial}{\partial\varphi}$ 为守恒量，能级一般有简并. 通常选用 (H,l_z) 为一组守恒量完全集，其共同本征函数的形式如下

$$\psi(\rho,\theta) = \frac{1}{\sqrt{2\pi}}\mathrm{e}^{\mathrm{i}m\theta}R(\rho), \quad m = 0, \pm 1, \pm 2, \cdots \tag{13.5.68}$$

径向方程为

$$\left(\frac{\mathrm{d}^2}{\mathrm{d}\rho^2} + \frac{1}{\rho}\frac{\mathrm{d}}{\mathrm{d}\rho} - \frac{m^2}{\rho^2} - \frac{2\gamma k}{\rho} + k^2\right)R(\rho) = 0,$$

$$k = \sqrt{2\mu E}/\hbar, \quad \gamma = \mu\lambda/\hbar^2 k \tag{13.5.69}$$

考虑到 $\rho\to 0$ 处 $R(\rho)$ 的渐近行为，$R(\rho)$ 可表示为

$$R(\rho) = \rho^{|m|}\mathrm{e}^{\mathrm{i}k\rho}u(\rho) \tag{13.5.70}$$

引进无量纲变量 $\xi=-2\mathrm{i}k\rho$，则 u 满足下列合流超几何方程

$$\xi\frac{\mathrm{d}^2u}{\mathrm{d}\xi^2} + (2|m|+1-\xi)\frac{\mathrm{d}u}{\mathrm{d}\xi} - \left[\left(|m|+\frac{1}{2}\right)+\mathrm{i}\gamma\right]u = 0 \tag{13.5.71}$$

---

① 王靖，曾谨言，中国科学 **G34**(2004)311.

在 $\xi\sim 0$ 邻域方程(13.5.71)的解析解可表示为合流超几何函数

$$u \propto \mathrm{F}(|m|+1/2+\mathrm{i}\gamma, 2|m|+1, -2\mathrm{i}k\rho) \tag{13.5.72}$$

对于氢原子($\lambda=-e^2$)束缚态($E<0$, k 纯虚, ξ 正实数),要求在 $\rho\to\infty$ 处 $R(\rho)\to 0$. 我们注意到,当 $\mathrm{F}(\alpha,\gamma,\xi)$ 为无穷级数时,在 $\xi\to\infty$ 处, $\mathrm{F}(\alpha,\gamma,\xi)$ 的发散行为与指数函数 e^{ξ} 相同. 在此情况下,所得解式(13.5.70)不满足束缚态边条件. 因此,对于束缚态, α 必为零,或负整数, $\alpha=-n_\rho$, 即 $n_\rho=0,1,2,\cdots$, 此时 $\mathrm{F}(\alpha=-n_\rho,\gamma,\xi)$ 中断为一个多项式. 考虑到式(13.5.72), $\alpha=|m|+1/2+\mathrm{i}\gamma=-n_\rho$ 意味着

$$E=-\frac{\mu e^4}{2\hbar^2}\frac{1}{n^2},\quad n=n_\rho+|m|+1/2 \tag{13.5.73}$$

$$n_\rho, |m| = 0,1,2,\cdots,\quad n=1/2,3/2,5/2,\cdots$$

这正是二维氢原子能级的 Bohr 公式(见 6.6.4 节).

对于二维 Coulomb 势中粒子的弹性散射($E>0$, k 实, ξ 为纯虚数), $\mathrm{F}(\alpha,\gamma,\xi)$ 为 ξ 的振荡函数. 利用在纯虚 ξ 轴上 $\xi=|\xi|\mathrm{e}^{\mathrm{i}\pi/2}$, $|\xi|\to\infty$ 时 $\mathrm{F}(\alpha,\gamma,\xi)$ 的渐近公式(p. 449 脚注)

$$\mathrm{F}(\alpha,\gamma,\xi)\to\frac{\Gamma(\gamma)}{\Gamma(\gamma-\alpha)}|\xi|^{-\alpha}\mathrm{e}^{\mathrm{i}\alpha\pi/2}+\frac{\Gamma(\gamma)}{\Gamma(\alpha)}|z|^{\alpha-\gamma}\mathrm{e}^{\mathrm{i}(\alpha-\gamma)\pi/2}\mathrm{e}^{\xi} \tag{13.5.74}$$

在 $\rho\to\infty$ 处

$$\mathrm{F}\left(|m|+\frac{1}{2}+\mathrm{i}\gamma, 2|m|+1, -2\mathrm{i}k\rho\right)$$

$$\to\frac{\Gamma(2|m|+1)}{\Gamma\left(|m|+\frac{1}{2}+\mathrm{i}\gamma\right)}(2k\rho)^{\mathrm{i}\gamma-|m|-\frac{1}{2}}\exp\left[-\mathrm{i}\frac{\pi}{2}\left(\mathrm{i}\gamma-|m|-\frac{1}{2}\right)\right]\mathrm{e}^{-2\mathrm{i}k\rho}$$

$$+\frac{\Gamma(2|m|+1)}{\Gamma\left(|m|+\frac{1}{2}-\mathrm{i}\gamma\right)}(2k\rho)^{-|m|-\frac{1}{2}-\mathrm{i}\gamma}\exp\left[-\mathrm{i}\frac{\pi}{2}\left(|m|+\frac{1}{2}+\mathrm{i}\gamma\right)\right]$$

令

$$\Gamma\left(|m|+\frac{1}{2}+\mathrm{i}\gamma\right)=\left|\Gamma\left(|m|+\frac{1}{2}+\mathrm{i}\gamma\right)\right|\mathrm{e}^{\mathrm{i}\delta_{|m|}},\quad(\delta_{|m|}\text{ 实}) \tag{13.5.75}$$

我们得

$$\Gamma\left(|m|+\frac{1}{2}-\mathrm{i}\gamma\right)=\Gamma\left(|m|+\frac{1}{2}+\mathrm{i}\gamma\right)^*=\left|\Gamma\left(|m|+\frac{1}{2}+\mathrm{i}\gamma\right)\right|\mathrm{e}^{-\mathrm{i}\delta_{|m|}}$$

即

$$\frac{\Gamma\left(|m|+\frac{1}{2}+\mathrm{i}\gamma\right)}{\Gamma\left(|m|+\frac{1}{2}-\mathrm{i}\gamma\right)}=\mathrm{e}^{2\mathrm{i}\delta_{|m|}} \tag{13.5.76}$$

因而径向波函数 $R(\rho)=\rho^{|m|}\mathrm{e}^{\mathrm{i}k\rho}u(\rho)$ 中 $u(\rho)$ 的渐近表达式为

$$u(\rho)\propto \mathrm{F}\left(|m|+\frac{1}{2}+\mathrm{i}\gamma,2|m|+1,-2\mathrm{i}k\rho\right)$$

$$\xrightarrow{\rho\to\infty}\frac{\Gamma(2|m|+1)}{\left|\Gamma\left(|m|+\frac{1}{2}+\mathrm{i}\gamma\right)\right|}\cdot\frac{\mathrm{e}^{\frac{\pi}{2}\gamma}}{(2k\rho)^{|m|+\frac{1}{2}}}$$

$$\times\left\{\exp\left[\mathrm{i}\gamma\ln(2k\rho)+\mathrm{i}\frac{\pi}{2}|m|+\mathrm{i}\frac{\pi}{4}-\mathrm{i}\delta_{|m|}-2\mathrm{i}k\rho\right]\right.$$

$$\left.+\exp\left[-\mathrm{i}\gamma\ln(2k\rho)-\mathrm{i}\frac{\pi}{2}|m|-\mathrm{i}\frac{\pi}{4}+\mathrm{i}\delta_{|m|}\right]\right\}$$

$$=\frac{\Gamma(2|m|+1)}{\Gamma\left(|m|+\frac{1}{2}+\mathrm{i}\gamma\right)}\frac{\mathrm{e}^{\frac{\pi}{2}\gamma+\mathrm{i}\delta_{|m|}}}{(2k\rho)^{\frac{1}{2}}}\frac{1}{(2k)^{|m|}}$$

$$\times 2\cos\left[-\gamma\ln(2k\rho)-\frac{\pi}{2}|m|-\frac{\pi}{4}+\delta_{|m|}+k\rho\right] \tag{13.5.77}$$

下面考虑能量为 E 的粒子沿 x 轴方向入射，$E=\hbar^2k^2/2\mu$，动量 $p_x=\hbar k, p_y=0$，入射波表示为

$$\psi_i=\mathrm{e}^{\mathrm{i}kx}=\mathrm{e}^{\mathrm{i}k\rho\cos\theta} \tag{13.5.78}$$

对于弹性散射，能量守恒，但动量不守恒，此外$[p_x,l_z]\neq 0$. 我们注意到 ψ_i 是镜像反射算符 Π 的本征态($\Pi=+$)，Π 为平面内对 x 轴的镜像反射

$$\Pi:(x\to x,y\to -y)\ 或(\rho\to\rho,\theta\to-\theta) \tag{13.5.79}$$

对于二维中心势中的粒子，(H,l_z^2,Π)，与(H,l_z)一样，都可以选为一组守恒量完全集. 因此，作为 $H(=E)$和 $\Pi(=+)$的本征态，式(13.5.78)所示 ψ_i 可以很方便地用(H,l_z^2,Π)的共同本征态来展开，在展开式中保持 E 和 $\Pi=+$不变. 在数学上表现为如下展开式

$$\exp(\mathrm{i}kx)=\exp(\mathrm{i}k\rho\cos\theta)=\mathrm{J}_0(k\rho)+2\sum_{|m|=1}^{\infty}\mathrm{i}^{|m|}\mathrm{J}_{|m|}(k\rho)\cos(|m|\theta) \tag{13.5.80}$$

式(13.5.80)中只对 l_z^2(即$|m|$)求和. 由于 l_z^2 为守恒量，不同的$|m|$分波可以彼此分开来处理. 事实上，具有 $E=\hbar^2k^2/2\mu$ 和 $\Pi=+$的粒子的波函数可以表示成

$$\psi=\sum_{|m|=0}^{\infty}R_{|m|}(k\rho)\cos(|m|\theta) \tag{13.5.81}$$

把式(13.5.81)代入式(13.5.67)，可以得出$|m|$分波的径向方程

$$\left[\frac{1}{\rho}\frac{\mathrm{d}}{\mathrm{d}\rho}\rho\frac{\partial}{\mathrm{d}\rho}-\frac{m^2}{\rho^2}-U(\rho)+k^2\right]R_{|m|}=0 \tag{13.5.82}$$

$$U(\rho)=2\mu V(\rho)/\hbar^2$$

在散射问题中，ψ 满足如下渐近边条件

$$\psi \rightarrow e^{ikx} + \left(\frac{e^{ik\rho}}{\sqrt{\rho}}\right) f(\theta) \tag{13.5.83}$$

这里 $f(\theta)$即散射波幅. 在$|m|$分波展开中

$$f(\theta) = \sum_{|m|=0}^{\infty} f_{|m|}(\theta) \tag{13.5.84}$$

$f_{|m|}(\theta)$即$|m|$分波散射波幅，待定.

利用式(13.5.80)及当$|x|\rightarrow\infty$时 Bessel 函数的渐近式

$$\begin{aligned} J_\nu(x) &\rightarrow \sqrt{\frac{2}{\pi x}} \cos\left(x - \frac{\nu\pi}{2} - \frac{\pi}{4}\right) \\ &= \sqrt{\frac{1}{2\pi x}} \left\{ \exp\left[i\left(x - \frac{\nu\pi}{2} - \frac{\pi}{4}\right)\right] + \exp\left[-i\left(x - \frac{\nu\pi}{2} - \frac{\pi}{2}\right)\right]\right\} \end{aligned} \tag{13.5.85}$$

可得出

$$2i^{|m|} J_{|m|}(k\rho) \cos(|m|\theta) \rightarrow f_{|m|}(\theta) \frac{e^{ik\rho}}{\sqrt{\rho}} \tag{13.5.86}$$

在粒子处于二维 Coulomb 势的情况下，$R_{|m|}(k\rho)$既含有入射波，又含有出射波，

$$\begin{aligned} R_{|m|}(k\rho) &\rightarrow 2i^{|m|} \left[J_{|m|}(k\rho) + \frac{1}{2} a_{|m|} H_{|m|}(k\rho) \right] \\ &\xrightarrow{\rho\rightarrow\infty} \sqrt{\frac{2}{k\pi\rho}} i^{|m|} \left\{ (1 + a_{|m|}) \exp\left[i\left(k\rho - \frac{|m|\pi}{2} - \frac{\pi}{4}\right)\right] \right. \\ &\quad \left. + \exp\left[-i\left(k\rho - \frac{|m|\pi}{2} - \frac{\pi}{4}\right)\right]\right\} \end{aligned} \tag{13.5.87}$$

式中 $a_{|m|}$待定. 对于弹性散射，$|1+a_{|m|}|=1$，所以

$$1 + a_{|m|} = e^{2i\delta_{|m|}} \quad (\delta_{|m|}\ 实) \tag{13.5.88}$$

$\delta_{|m|}$称为$|m|$分波的相移，而

$$a_{|m|} = e^{2i\delta_{|m|}} - 1 = 2ie^{i\delta_{|m|}} \sin\delta_{|m|} \tag{13.5.89}$$

对于$|m|$分波的散射波

$$\begin{aligned} &2i^{|m|} \frac{a_{|m|}}{2} H_{|m|}(k\rho) \cos(|m|\theta) \rightarrow \\ &\frac{2\sqrt{2}}{\sqrt{k\pi}} i\exp(i\delta_{|m|}) \sin\delta_{|m|} \exp\left(-i\frac{\pi}{4}\right) \cos(|m|\theta) \frac{\exp(ik\rho)}{\sqrt{\rho}} \end{aligned} \tag{13.5.90}$$

联合式(13.5.90)与(13.5.86)，可以得出$|m|$分波的散射波幅

$$f_{|m|}(\theta) = i2 \sqrt{\frac{2}{k\pi}} e^{i(\delta_{|m|} - \pi/4)} \sin\delta_{|m|} \cos(|m|\theta) \tag{13.5.91}$$

特别是对于 $m=0$，

$$f_0(\theta) = \sqrt{\frac{1}{2k\pi}} e^{-i\frac{\pi}{4}} (e^{2i\delta_0} - 1) \tag{13.5.92}$$

这样,我们得出散射波幅 $f(\theta)$ 的 $|m|$ 分波表达式

$$f(\theta)=\sqrt{\frac{1}{2k\pi}}\mathrm{e}^{-\mathrm{i}\frac{\pi}{4}}(\mathrm{e}^{2\mathrm{i}\delta_0}-1)+\sqrt{\frac{2}{k\pi}}\mathrm{e}^{-\mathrm{i}\frac{\pi}{4}}\sum_{|m|=1}^{\infty}(\mathrm{e}^{2\mathrm{i}\delta_{|m|}}-1)\cos(|m|\theta) \tag{13.5.93}$$

为研究散射态 $(E>0)$ 和束缚态 $(E<0)$ 的关系,可以把 $f(\theta)$ 解析延拓到复 $k(E<0)$ 平面. 考虑到式(13.5.87)与(13.5.90),可研究 $a_{|m|}$(或 $\mathrm{e}^{2\mathrm{i}\delta_{|m|}}$),或 $\Gamma\left(|m|+\frac{1}{2}+\mathrm{i}\gamma\right)$[见式(13.5.75)]的解析性. $\Gamma\left(|m|+\frac{1}{2}+\mathrm{i}\gamma\right)$ 的极点位于

$$|m|+\frac{1}{2}+\mathrm{i}\gamma=0,-1,-2,\cdots$$

即

$$\gamma=\mathrm{i}n,\quad n=n_\rho+|m|+1/2 \tag{13.5.94}$$

$$n_\rho,|m|=0,1,2,\cdots,\quad n=1/2,3/2,5/2,\cdots$$

对于吸引 Coulomb 势,例如氢原子,$\lambda=-e^2$,$\gamma=-\mu e^2/\hbar^2 k$. 在这些极点处,能量为

$$E_n=\frac{\hbar^2k^2}{2\mu}=-\frac{\mu e^4}{2\hbar^2}\frac{1}{n^2},\quad n=1/2,3/2,5/2,\cdots \tag{13.5.95}$$

这正是二维氢原子束缚态的能量本征值[参见式(13.5.73)],即束缚态能量正好处在散射波幅在正虚 k 轴上的极点.

下面把分波散射波幅 $f_{|m|}(\theta)$(或 $a_{|m|}$)作为 $|m|$ 的函数,将其解析延拓到复 $|m|$ 平面上,并研究 $a_{|m|}$ 的极点位置所在. 对于二维 Coulomb 散射. $a_{|m|}=\mathrm{e}^{2\mathrm{i}\delta_{|m|}}-1$ [见式(13.5.89),考虑到式(13.5.76)]

$$\mathrm{e}^{2\mathrm{i}\delta_{|m|}}=\frac{\Gamma\left(|m|+\frac{1}{2}+\mathrm{i}\gamma\right)}{\Gamma\left(|m|+\frac{1}{2}-\mathrm{i}\gamma\right)}$$

对于荷电为 q_1 和 q_2 的两个粒子的散射,$\gamma=q_1q_2\mu/\hbar^2k$,$k=\sqrt{2\mu E}/\hbar$. 因此,$a_{|m|}$ 在复 $|m|$ 平面的极点位于

$$|m|+\frac{1}{2}+\mathrm{i}\gamma=0,-1,-2,\cdots$$

即

$$|m|=-\frac{1}{2}-n_\rho-\mathrm{i}\gamma,\quad n_\rho=0,1,2,\cdots \tag{13.5.96}$$

对于吸引 Coulomb 势 $(q_1=-q_2=e,\gamma=-\mu e^2/\hbar^2k)$ 和 $n_\rho=0$ 的情况,$|m|=-\frac{1}{2}-\mathrm{i}\gamma=-\frac{1}{2}+\mathrm{i}\mu e^2/\hbar^2k$,Regge 轨迹如图 13.15 所示. 在实 $|m|$ 轴(Im $|m|=0$)上的极点处,Re $|m|=n_\rho=0,1,\cdots$,$\gamma=\mathrm{i}n$,$n=n_\rho+|m|+1/2=1/2,3/2,\cdots$,正好对应束缚态的能量本征值所在,其能量为[见式(13.5.95)]

$$E_n=\frac{\hbar^2k^2}{2\mu}=-\frac{\mu e^4}{2\hbar^2}\frac{1}{n^2}=-\frac{R_y}{n^2},R_y=\frac{\mu e^4}{2\hbar^2}(\text{Rydberg 常量}) \tag{13.5.97}$$

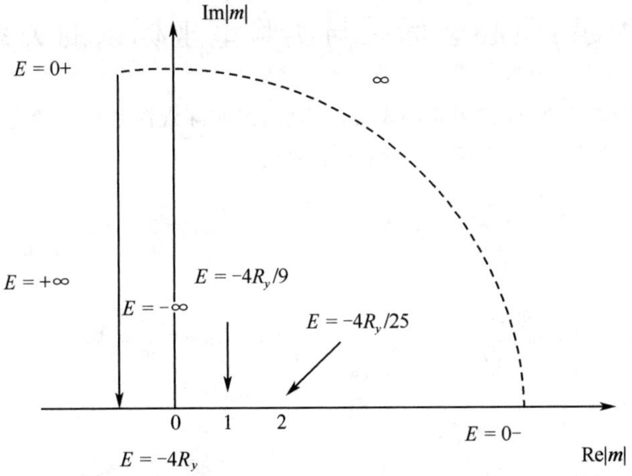

图 13.15　二维吸引 Coulomb 势的在复$|m|$平面上的 Regge 轨迹和极点

对于排斥 Coulomb 势($q_1=q_2=e,\gamma=\mu e^2/\hbar^2 k$)，$|m|=-1/2-n_\rho-\mathrm{i}\mu e^2/\hbar^2 k$. 对于 $n_\rho=0$ 的情况，$|m|=-\dfrac{1}{2}-\mathrm{i}\mu e^2/\hbar^2 k$. 对于散射态($E>0$)，$\mathrm{Im}\ |m|<0$. 但对于 $E<0$ 情况，$k=\mathrm{i}\sqrt{-E}$，$|m|=-\dfrac{1}{2}-\mu e^2/\hbar^2\sqrt{-E}$，$\mathrm{Re}\ |m|<-1/2$. 因此，对于排斥 Coulomb 势，Regge 极点不在非负的实$|m|$轴上(见图 13.16)，因而不存在束缚能级.

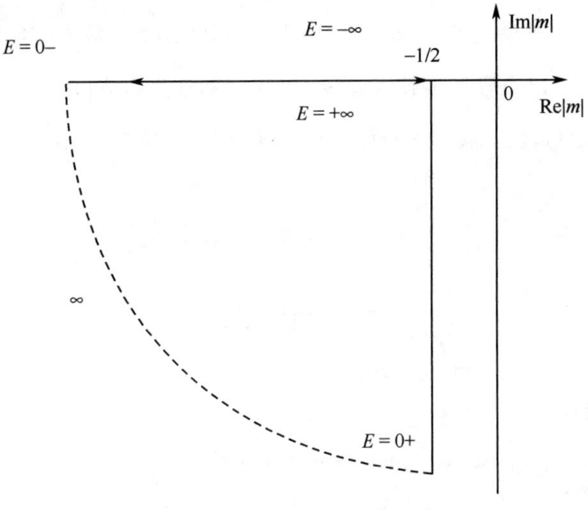

图 13.16　二维排斥 Coulomb 势的在复$|m|$平面上的 Regge 轨迹和极点

附录:质心坐标系与实验室坐标系的关系

散射问题的理论计算,以使用质心坐标系为宜,但实际观测是在实验室中进行.为进行比较,有必要给出各观测量在质心系与实验室坐标系的关系.

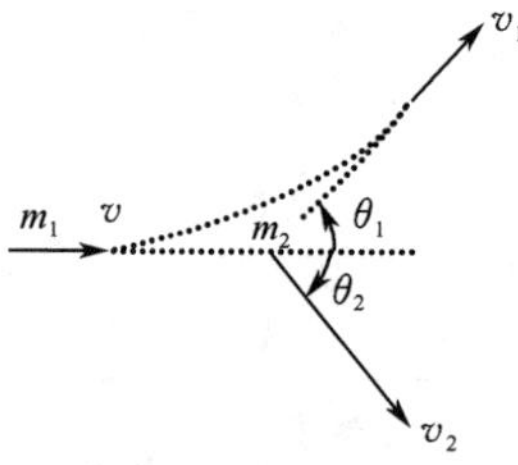

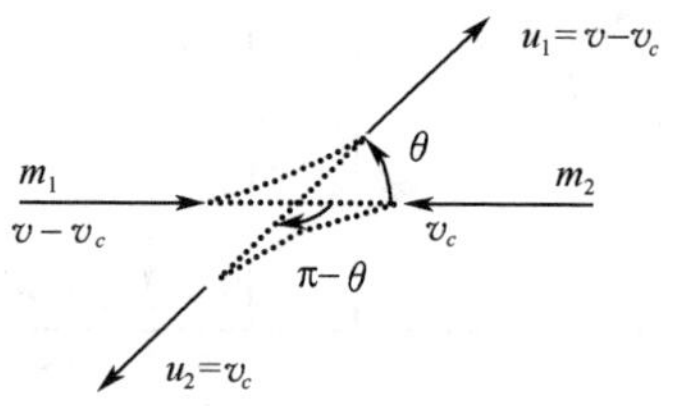

图 13.17

1. 散射角的关系

在实验室坐标系中[图 13.17(a)],质量为 m_1 的粒子,以速度 v 沿 z 轴方向入射,靶粒子(质量为 m_2)不动,质心运动速度为

$$v_c = \frac{m_1 v}{m_1 + m_2} \tag{1}$$

碰撞以后,入射粒子以速度 v_1 沿 θ_1 方向出射,靶粒子则以速度 v_2 沿 θ_2 方向出射.

在质心系[图 13.17(b)]中,碰撞以前,m_1 以$(v-v_c)$速度运动$\left(v-v_c=\dfrac{m_2 v}{m_1+m_2}\right)$,$m_2$ 以$-v_c$ 速度运动.碰撞之后,粒子 m_1 沿 θ 角方向出射,速度为 u_1.对于弹性碰撞,速度方向改变,但数值不变,即

$$u_1 = v - v_c = \frac{m_2 v}{m_1 + m_2} \tag{2}$$

$$u_2 = v_c = \frac{m_1 v}{m_1 + m_2}$$

粒子 m_2 必然沿$(\pi-\theta)$方向出射(由于动量守恒!)

利用速度合成律

$$v_1 \cos\theta_1 = v_c + u_1 \cos\theta \tag{3a}$$

$$v_1 \sin\theta_1 = u_1 \sin\theta \tag{3b}$$

$$v_2 \cos\theta_2 = v_c + u_2 \cos(\pi-\theta) \tag{4a}$$

$$v_2 \sin\theta_2 = u_2 \sin(\pi-\theta) \tag{4b}$$

(3b)/(3a),利用式(2),得

$$\tan\theta_1 = \frac{\sin\theta}{\cos\theta + v_c/u_1} = \frac{\sin\theta}{\cos\theta + m_1/m_2}$$

(4b)/(4a),得

$$\tan\theta_2 = \frac{\sin(\pi-\theta)}{1+\cos(\pi-\theta)} = \tan\left(\frac{\pi-\theta}{2}\right)$$

令

$$\gamma = m_1/m_2 \tag{5}$$

则(图 13.18)

$$\tan\theta_1 = \frac{\sin\theta}{\cos\theta+\gamma}, \quad \theta_2 = (\pi-\theta)/2 \tag{6}$$

特例

(1) 设 $m_1=m_2$,($\gamma=1$)

$$\tan\theta_2 = \frac{\sin\theta}{\cos\theta+1} = \tan\theta/2$$

所以

$$\theta_1 = \theta/2 \tag{7}$$

从而

$$\theta_1 + \theta_2 = \pi/2 \tag{8}$$

即两个粒子成直角而出射,而且 $\theta_1\leqslant\pi/2$,$\theta_2\leqslant\pi/2$.

由于$(\theta_1)_{\max}=\pi/2$(此时 $\theta_2=0$),其碰撞图像如下:

质心坐标系中,碰前 $\cdot\xrightarrow{m_1\quad v_c}\cdot\xrightarrow{v_c\quad m_2}\cdot$

碰后 $\xleftarrow{v_c}\cdot\ \cdot\ \cdot\xrightarrow{v_c}$

$v_c=\dfrac{1}{2}v \qquad u_1=u_2=v_c$

实验室坐标系中,碰前 $\cdot\xrightarrow{m_1 v}\overset{m_2}{\cdot}$(静止)

碰后 $\overset{m_1}{\cdot}$(静止)$\overset{m_2}{\cdot}\xrightarrow[v_2=2v_c=v]{}$

(2) $m_1<m_2$,($\gamma<1$)

$$\theta=0 \approx \theta_1 = 0$$

$$\theta=\arccos(-\gamma) \approx \theta_1 = \pi/2$$

$$\theta=\pi \approx \theta_1 = \pi$$

(3) $m_1>m_2$,($\gamma>1$)

$$\theta = 0 \approx \theta_1 = 0$$

随 θ 增加,θ_1 也增加.与 θ_1 的极大值相应的 $\theta=\arccos(-1/\gamma)>\pi/2$.因

$$\frac{\mathrm{d}}{\mathrm{d}\theta}\left(\frac{\sin\theta}{\gamma+\cos\theta}\right) = 0 \Rightarrow \gamma\cos\theta + 1 = 0$$

此时,$\theta_1=\mathrm{arc}\ \sin\left(\dfrac{1}{\gamma}\right)<\pi/2$

当 $\theta\to\pi$ 时,$\sin\theta\to0^+$,$\cos\theta\to1^-$,$\theta_1\to0^+$.

2. 截面的关系

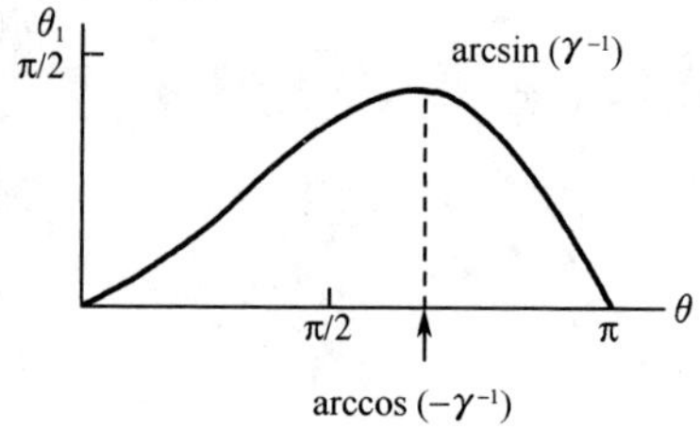

图 13.18

利用式(6)

$$\tan\theta_1 = \frac{\sin\theta}{\gamma + \cos\theta}$$

可求出

$$\cos\theta_1 = \frac{\gamma + \cos\theta}{(\gamma^2 + 2\gamma\cos\theta + 1)^{1/2}}$$

求微分得

$$-\sin\theta_1 \mathrm{d}\theta_1 = -\frac{\sin\theta \mathrm{d}\theta}{(\gamma^2 + 2\gamma\cos\theta + 1)^{3/2}}(1 + \gamma\cos\theta)$$

由于 $\varphi_1 = \varphi, \mathrm{d}\varphi_1 = \mathrm{d}\varphi$,所以

$$\begin{aligned} \mathrm{d}\Omega_1 &= \sin\theta_1 \mathrm{d}\theta_1 \mathrm{d}\varphi_1 = \frac{\sin\theta \mathrm{d}\theta \mathrm{d}\varphi}{(\gamma^2 + 2\gamma\cos\theta + 1)^{3/2}} \mid (1 + \gamma\cos\theta) \mid \\ &= \frac{\mathrm{d}\Omega}{(\gamma^2 + 2\gamma\cos\theta + 1)^{3/2}} \mid (1 + \gamma\cos\theta) \mid \end{aligned} \tag{9}$$

但注意

$$\sigma(\theta_1, \varphi_1) \mathrm{d}\Omega_1 = \sigma(\theta, \varphi) \mathrm{d}\Omega \tag{10}$$

所以

$$\sigma(\theta_1, \varphi_1) = \frac{(\gamma^2 + 2\gamma\cos\theta + 1)^{3/2}}{\mid 1 + \gamma\cos\theta \mid} \sigma(\theta, \varphi) \tag{11}$$

这就是实验室坐标系中的截面 $\sigma(\theta_1, \varphi_1)$ 与质心系中的截面 $\sigma(\theta, \varphi)$ 的关系式.

对于 $m_1 = m_2 (\gamma = 1)$ 的特殊情况,

$$\begin{gathered} \sigma(\theta_1, \varphi_1) = 4\cos(\theta/2) \cdot \sigma(\theta, \varphi) \\ (\theta_1 = \theta/2, \varphi_1 = \varphi) \end{gathered} \tag{12}$$

3. 能量的关系

实验室坐标系中,入射粒子的能量为

$$E_0 = \frac{1}{2} m_1 v^2$$

质心坐标系中,两粒子的总能量(即相对运动能量)为

$$\begin{aligned} E &= \frac{1}{2} m_1 u_1^2 + \frac{1}{2} m_2 u_2^2 \\ &= \frac{1}{2} m_1 \left(\frac{m_2 v}{m_1 + m_2}\right) + \frac{1}{2} m_2 \left(\frac{m_1 v}{m_1 + m_2}\right)^2 \\ &= \frac{1}{2} \mu v^2 \end{aligned} \tag{13}$$

其中

$$\mu = m_1 m_2 / (m_1 + m_2) \qquad (\text{约化质量})$$

所以

$$E = \frac{m_2}{m_1 + m_2} E_0 = \frac{1}{1 + \gamma} E_0 < E_0 \tag{14}$$

对于 $m_1=m_2(\gamma=1)$情况，

$$E=\frac{1}{2}E_0 \tag{15}$$

习　　题

13.1　用 Born 一级近似，求在下列势场中的散射微分截面：

(1)$V(r)=\begin{cases}-V_0, & r<a\\ 0, & r>a\end{cases}$

(2)$V(r)=V_0\exp(-\alpha r^2)\quad(\alpha>0)$

(3)$V(r)=\chi\exp(-\alpha r)/r\quad(\alpha>0)$

(4)$V(r)=V_0\exp(-\alpha r)\quad(\alpha>0)$

(5)$V(r)=\alpha/r^2$

答：

(1)$\sigma(\theta)=\dfrac{4\mu^2V_0^2}{\hbar^4q^6}(\sin qa-qa\cos qa)^2,\quad q=2k\sin\theta/2$

(2)$\sigma(\theta)=\dfrac{\pi\mu^2V_0^2}{4\alpha^3\hbar^4}\exp(-q^2/2\alpha)$

(3)$\sigma(\theta)=\dfrac{4\mu^2\chi^2}{\hbar^4}\dfrac{1}{(\alpha^2+q^2)^2}$

(4)$\sigma(\theta)=\dfrac{16\mu^2V_0^2}{\hbar^4}\dfrac{\alpha^2}{(\alpha^2+q^2)^4}$

(5)$\sigma(\theta)=\dfrac{\pi^2\mu^2\alpha^2}{\hbar^4q^2}$

13.2　证明散射波幅的 Born 二级修正表示式为

$$f^{(2)}(\theta)=\left(\frac{2m}{\hbar^2}\right)^2\frac{1}{4\pi}\cdot\frac{1}{(2\pi)^3}\int\frac{V(\boldsymbol{k}-\boldsymbol{k}')V(\boldsymbol{k}'-\boldsymbol{k}_0)}{k'^2-k^2}\mathrm{d}^3k'$$

其中

$$V(\boldsymbol{q})=\int\exp(-\mathrm{i}\boldsymbol{q}\cdot\boldsymbol{r})V(\boldsymbol{r})\mathrm{d}^3r$$

13.3　用 Born 近似处理快速电子对氢原子（处于基态）的散射，证明：(1)氢原子的形状因子为 $F(\theta)=\left(1+\dfrac{q^2a^2}{4}\right)^{-2}$，其中 $q=2k\sin(\theta/2)$，$k=\sqrt{2\mu E}/\hbar$，$a=\hbar^2/\mu e^2$（Bohr 半径）．(2)微分截面为

$$\sigma(\theta)=\frac{4a^2(8+q^2a^2)^2}{(4+q^2a^2)^4}$$

(3) 总截面为

$$\sigma_t=\frac{\pi a^2}{3}\frac{7k^4a^4+18k^2a^2+12}{(k^2a^2+1)^3}$$

(4) 在高能极限下，

$$\sigma_t\approx\frac{7\pi}{3k^2}$$

13.4　质量为 μ 的粒子被球壳势场 $V(r)=\gamma\delta(r-a)$散射，在高能散射情况下，可用 Born 近

似计算其散射波幅和截面，给出计算结果.

答：

$$f(\theta)=-\frac{2\mu\gamma a^2}{\hbar^2}\frac{\sin(2ak\sin(\theta/2))}{2ak\sin(\theta/2)}$$

$$\sigma(\theta)=|f(\theta)|^2\approx\frac{1}{2}\left(\frac{\mu\gamma a}{\hbar^2k\sin(\theta/2)}\right)^2\quad(\text{当 } ka\theta\gg 1\text{ 时})$$

13.5　用 Born 近似法计算粒子对 δ 势 $V(r)=V_0\delta(r)$ 的散射截面. 截面有何特点？并与低能粒子的散射截面及 Coulomb 势的散射截面的特点比较.

答：$\sigma(\theta)=\mu^2V_0^2/4\pi^2\hbar^2$. 向各同性，$\sigma_t=\mu^2V_0^2/\pi\hbar^2$.

13.6　质量为 m，自旋为 $\frac{1}{2}$，能量为 E 的两个全同粒子，从相反方向入射(质心系即实验室坐标系)，发生弹性散射. 设粒子之间作用势为 Yukawa 势 $V(r)=\frac{\beta}{r}\exp(-\alpha r)(\alpha>0)$. 两个粒子均未极化. (1)设入射能很大($ka\gg1$)，用 Born 近似求散射截面. (2)设在 θ 和 $\pi-\theta$ 方向同时测两个出射粒子，求它们处于自旋三重态($S=1$)的概率，以及两个粒子自旋都向上的概率. 如 $E\to0$，两个粒子自旋都向上的概率又如何？(3)讨论 Born 近似对能量 E 的要求.

答：(1) $$f(\theta)=-\frac{2\mu\beta\alpha^2}{\hbar^2}\frac{1}{4k^2\alpha^2\sin^2(\theta/2)+1}$$

$$\approx-\frac{2\mu\beta}{4\hbar^2k^2\sin^2(\theta/2)}\quad(\text{当 } ka\gg1,\theta\approx0\text{ 邻域除外})$$

$$=-\frac{\beta}{8E}\frac{1}{\sin^2(\theta/2)}$$

(2) 二粒子处于自旋单态(S=0)，

$$\sigma_s(\theta)=|f(\theta)+f(\pi-\theta)|^2=\frac{\beta^2}{4E^2\sin^4\theta}$$

二粒子处于自旋三重态($S=1$)，

$$\sigma_a(\theta)=|f(\theta)-f(\pi-\theta)|^2=\frac{\beta^2\cos^2\theta}{4E^2\sin^4\theta}$$

二粒子均未极化，

$$\sigma(\theta)=\frac{3}{4}\sigma_a(\theta)+\frac{1}{4}\sigma_s(\theta)=\frac{\beta^2(1+3\cos^2\theta)}{16E^2\sin^4\theta}$$

$$P(S=0)=\frac{\frac{1}{4}\sigma_s(\theta)}{\sigma(\theta)}=\frac{1}{1+3\cos^2\theta}$$

$$P(S=1)=\frac{\frac{3}{4}\sigma_a(\theta)}{\sigma(\theta)}=\frac{3\cos^2\theta}{1+3\cos^2\theta}$$

$$P(\uparrow\uparrow)=\frac{1}{3}P(S=1)=\frac{\cos^2\theta}{1+3\cos^2\theta}$$

但当 $E\to0$ 时，只有 $l=0$ 分波有贡献，此时 $f(\theta)=$常量，$\sigma_a(\theta)=0$，即只有自旋单态($S=0$)有贡献. 所以散射后必处于 $S=0$ 态，$S=1$ 概率为 0，$P(\uparrow\uparrow)=0$，此结论并不依赖于 Born 近似.

(3) $E\gg m\beta^2/2\hbar^2$.

13.7　设中性原子的电荷分布为球对称，密度 $\rho(r)$ 具有如下性质：$r\to\infty$，$\rho(r)$ 迅速趋于 0，

且 $\int\rho(r)\mathrm{d}^3x=0$，但$\int\rho(r)r^2\mathrm{d}^3x=A\neq 0$（正负电荷分布不均匀）．今有质量为 m，荷电 e 粒子沿 z 轴方向入射，受到此电荷分布所产生静电场的散射．试用 Born 近似计算向前散射（$\theta=0$）的微分截面．

答：$\sigma(0)=|f(0)|^2=\dfrac{m^2e^2A^2}{9\hbar^4}$．

13.8　考虑中子束对双原子分子 H_2 的散射．中子束沿 z 轴方向入射，两个氢原子核位于 $x=\pm a$处，中子与电子无相互作用，中子与氢原子核（即质子）之间的短程作用取为

$$V(r)=-V_0[\delta(x-a)\delta(y)\delta(z)+\delta(x+a)\delta(y)\delta(z)]$$

为简单起见，不考虑反冲．试用 Born 一级近似公式计算散射波幅及微分截面．

答：$\sigma(\theta,\varphi)=\dfrac{\mu^2V_0^2}{2\pi^2\hbar^4}[1+\cos(2ka\sin\theta\cos\varphi)]$．

13.9　质量为 μ 的粒子被中心势 $V(r)=\dfrac{\alpha}{r^2}(\alpha>0)$散射，(1)求各分波的相移 δ_l．(2)设作用势较弱 $8\mu\alpha/\hbar^2\ll 1$，求相移、散射波幅和截面的表达式．(3)用 Born 近似计算散射波幅和截面，并与(2)结果比较．

答：(1) $\delta_l=\dfrac{\pi}{2}(\nu-l)=-\dfrac{\pi}{2}\left[\sqrt{(l+1/2)^2+\dfrac{2\mu\alpha}{\hbar^2}}-(l+1/2)\right]$，$\nu$ 是方程 $l(l+1)+\dfrac{2\mu\alpha}{\hbar^2}=\nu(\nu+1)$的根，即 $\nu+\dfrac{1}{2}=\left[(l+1/2)^2+\dfrac{2\mu\alpha}{\hbar^2}\right]^{1/2}$．

(2) $\delta_l\approx-\dfrac{\pi\mu\alpha}{(2l+1)\hbar^2}$，$f(\theta)\approx-\dfrac{\pi\mu\alpha}{2\hbar^2k\sin(\theta/2)}$ $\left[\text{利用了 } 2\sum\limits_{l=0}^{\infty}\mathrm{P}_l(\cos\theta)=\dfrac{1}{\sin(\theta/2)}\right]$，$\sigma(\theta)=\dfrac{\pi^2\mu^2\alpha^2}{4\hbar^4k^2\sin^2(\theta/2)}$．

(3) 与(2)相同．

13.10　质量为 μ 的粒子被球壳势场 $V(r)=r\delta(r-a)$散射，求各分波的相移 δ_l．并和刚球散射的结果比较．

答：引进无量纲参数 Ω，令 $\gamma=\dfrac{\hbar^2}{2\mu a}\Omega$，则

$$\tan\delta_l=\frac{ka\Omega[\mathrm{j}_l(ka)]^2}{ka\Omega\mathrm{j}_l(ka)\mathrm{n}_l(ka)-1}$$

当 $\Omega\gg1$，则

$$\tan\delta_l\approx\frac{\mathrm{j}_l(ka)}{\mathrm{n}_l(ka)}$$

与刚球（半径 a）的散射相移公式相同．对于低能散射，$ka\ll 1$，

$$\delta_l\approx\tan\delta_l\approx-ka\Omega[\mathrm{j}_l(ka)]^2\approx-\Omega\frac{(ka)^{2l+1}}{[(2l+1)!!]^2}$$

与球方势垒（阱）低能散射结果类似．

13.11　粒子被势场 $V(r)=\alpha/r^4(\alpha>0)$散射，求低能极限下（只考虑 s 波）散射的散射长度、相移、散射波幅和截面．

提示：引进无量纲变量 $\xi=\hbar r/\sqrt{2\mu\alpha}$．

答：散射长度 $a_0=\sqrt{2\mu\alpha}/\hbar$，$\delta_0=-ka_0=-\dfrac{2\mu}{\hbar^2}\sqrt{\alpha E}$，$f=-a_0$，总截面 $\sigma_t=4\pi|f|^2=8\pi\mu\alpha/\hbar^2$．

13.12　粒子被势场 $V(r)=-\frac{\hbar^2}{\mu}\left[\frac{\lambda}{\cosh(\lambda r)}\right]^2$ 散射，求低能散射(只考虑 s 波)的截面.

答：$\sigma_t=2\pi\hbar^2/\mu E$.

13.13　计及 s 波、p 波及 d 波情况下，给出截面与散射角 θ 的依赖关系的一般表示式.

$$\sigma(\theta)=(A_0+A_1\cos\theta+A_2\cos^2\theta+A_3\cos^3\theta+A_4\cos^4\theta)/k^2$$

$$A_0=\sin^2\delta_0+\frac{25}{4}\sin^2\delta_2-5\cos(\delta_0-\delta_2)\sin\delta_0\sin\delta_2$$

$$A_1=6\cos(\delta_0-\delta_1)\sin\delta_0\sin\delta_1-15\cos(\delta_1-\delta_2)\sin\delta_1\sin\delta_2$$

$$A_2=9\sin^2\delta_1-\frac{75}{2}\sin^2\delta_2+15\cos(\delta_0-\delta_2)\sin\delta_0\sin\delta_2$$

$$A_3=45\cos(\delta_1-\delta_2)\sin\delta_1\sin\delta_2$$

$$A_4=\frac{225}{4}\sin^2\delta_2$$

13.14　求中子-中子低能($E\to0$)s 波的散射截面. 设中子-中子作用势为

$$V=\begin{cases}\boldsymbol{\sigma}_1\cdot\boldsymbol{\sigma}_2V_0, & r<a(V_0>0)\\ 0, & r>a\end{cases}$$

设入射中子及靶中子均未极化.

答：自旋单态($S=0$)下，总截面 $\sigma_t=16\pi a_0^2$，其中 a_0(散射长度)$=-a\left(\frac{\tan k_0a}{k_0a}-1\right)$，$k_0=\sqrt{6\mu V_0}/\hbar=\sqrt{3m_nV_0}/\hbar$，$\mu=m_n/2$(约化质量). 自旋三重态($S=1$)对 s 波无贡献. 对于非极化中子-中子散射，$\sigma$(非极化)$=\frac{1}{4}\sigma_t=4\pi a_0^2$.

13.15　慢中子对氢分子散射. 设散射波幅近似等于中子被两个质子散射的波幅之和，即散射波幅算符可表示成

$$f=\frac{f_1+3f_3}{2}+\frac{f_3-f_1}{4}[\boldsymbol{\sigma}_{\rm n}\cdot(\boldsymbol{\sigma}_{\rm p1}+\boldsymbol{\sigma}_{\rm p2})]$$

令 $\boldsymbol{S}=\frac{1}{2}(\boldsymbol{\sigma}_{\rm p1}+\boldsymbol{\sigma}_{\rm p2})$(取 $\hbar=1$)，表示两个质子总自旋. (1)证明$(\boldsymbol{\sigma}_{\rm n}\cdot\boldsymbol{S})^2=\boldsymbol{S}^2-\boldsymbol{\sigma}_{\rm n}\cdot\boldsymbol{S}$. (2)证明. $\hat{f}=\frac{1}{4}[(3f_3+f_1)^2+(5f_3^2-3f_1^2-2f_1f_3)(\boldsymbol{\sigma}_{\rm n}\cdot\boldsymbol{S})+(f_3-f_1)^2\boldsymbol{S}^2]$. (3)对于正氢分子($S=1$)，总截面 $\sigma_{正}=\pi(11f_3^2+3f_1^2+2f_3f_1)$. 对于仲氢分子($S=0$)，$\sigma_{仲}=\pi(3f_3+f_1)^2$. 从而证明 $\sigma_{正}/\sigma_{仲}=1+\frac{2(f_3-f_1)^2}{(3f_3+f_1)^2}$. (4)常温下，氢气中约$\frac{3}{4}$为正氢，$\frac{1}{4}$为仲氢. 求总截面平均值.

答：$\sigma_{平均}=\frac{3}{4}\sigma_{正}+\frac{1}{4}\sigma_{仲}=\pi(3f_3+f_1)^2+\frac{3\pi}{2}(f_3-f_1)^2$.

13.16　质量为 m 的粒子被一个很重的靶粒子散射，两粒子的自旋均为 1/2. 设相互作用势为 $V=A\boldsymbol{s}_1\cdot\boldsymbol{s}_2\delta(\boldsymbol{r})$，$\boldsymbol{r}=\boldsymbol{r}_1-\boldsymbol{r}_2$，$A$ 是很小的常量，因此可以用 Born 一级近似来处理. 设入射粒子的自旋“向上”，靶粒子的自旋取向为无规分布，求散射总截面以及散射后粒子自旋仍然保持“向上”的概率.

答：$\sigma_t=\frac{3}{16\pi}m^2A^2$. 散射粒子保持自旋“向上”概率为 1/3.

13.17　考虑 np 低能 s 波散射. 相移与自旋态有关. 三重态和单态下的 s 波相移分别记为 δ_t 和 δ_s. 设入射中子自旋指向前进方向(z 轴). 靶质子则未极化. 试求(1)中子自旋取向不变的散射

截面.(2)中子自旋反向的散射截面.(3)总截面.

答:令 $f_1=\frac{1}{k}\exp(i\delta_s)\sin\delta_s$, $f_3=\frac{1}{k}\exp(i\delta_t)\sin\delta_t$(散射波幅),则

(1) $\sigma_{\uparrow\uparrow}=2\pi|f_3|^2+\frac{\pi}{2}|f_3+f_1|^2$

(2) $\sigma_{\uparrow\downarrow}=\frac{\pi}{2}|f_3-f_1|^2$

(3) $\sigma_t=\sigma_{\uparrow\uparrow}+\sigma_{\uparrow\downarrow}=\pi(|f_1|^2+3|f_3|^2)=\frac{1}{4}\sigma_1+\frac{3}{4}\sigma_3$

($\sigma_1=4\pi\times|f_1|^2$, $\sigma_3=4\pi|f_3|^2$)

13.18 能量为 $E=\hbar^2k^2/2\mu$ 的粒子被一个非定域势 $V(\boldsymbol{r},\boldsymbol{r}')$ 散射,波函数满足方程

$$(\nabla^2+k^2)\psi(\boldsymbol{r})=\frac{2\mu}{\hbar^2}\int V(\boldsymbol{r},\boldsymbol{r}')\psi(\boldsymbol{r}')\mathrm{d}^3r' \tag{1}$$

设 V 可分离变量如下:

$$\frac{2\mu}{\hbar^2}V(\boldsymbol{r},\boldsymbol{r}')=-\lambda U(r)U(r') \tag{2}$$

证明 只有 s 波对散射有贡献,并证明在 Born 近似下散射波幅可表示为(注意,与角度无关!)

$$f(k)=4\pi\lambda\mid U(k)\mid^2\left[1-\frac{2\lambda}{\pi}\int\frac{\mid U(k')\mid^2}{k^2-k'^2+i\varepsilon}\mathrm{d}^3k'\right],\ \varepsilon\to 0^+$$

其中

$$U(k)=\int_0^\infty U(r)\frac{\sin kr}{kr}r^2\mathrm{d}r$$

提示:势场是轴对称的.不仅入射波为轴对称,散射波也是轴对称.令 $\psi(r,\theta)=\sum_l R_l(r)\mathrm{Y}_l^0(\theta)$ 代入式(1),利用式(2),由于 $\int\mathrm{Y}_l^0(\theta)\mathrm{d}\Omega=0$ (对 $l\neq0$),只有 s 波对式(1)右边积分有贡献.

第 14 章　其他近似方法

在自然界中我们广泛碰到有相互作用的多粒子体系. 例如，研究分子、原子、原子核和粒子结构，研究固体中电子运动以及电子与晶格的相互作用等，碰到的都是有相互作用的多粒子体系. 与经典力学中的情况相似，有相互作用的多粒子体系问题是很难严格求解的，实际上是不能严格求解，而只能近似处理. 这里包含两种含义. 一是采用适当的模型，把物理问题简化. 其次，即使对于已简化了的模型，往往也只能用近似计算方法求解. 这些近似方法中用得最广泛的是微扰论和变分法. 本章将对一些最简单的多粒子体系的常见的近似方法和模型做初步的介绍. 多粒子体系(特别是由同类粒子组成的多粒子体系)的更一般的近似理论方法将在本书卷Ⅱ第 4 章中介绍. 在那里，将采用更为方便的二次量子化理论形式.

14.1　变分原理及其应用

14.1.1　变分原理与 Schrödinger 方程

设量子力学体系的 Hamilton 量为 H，则体系的束缚态能量本征值可以在一定的边条件下解 Schrödinger 方程

$$H\psi = E\psi \tag{14.1.1}$$

并要求 ψ 满足归一化条件(平方可积)

$$\int \psi^* \psi \mathrm{d}\tau = 1 \tag{14.1.2}$$

而得出. 可以证明，上述原则与变分原理等价. 变分原理说：设体系的能量平均值表示为

$$\overline{H} = \int \psi^* H\psi \mathrm{d}\tau \tag{14.1.3}$$

则体系的能量本征值及本征函数，可以在条件(14.1.2)下，让 $\overline{H}$ 取极值而得到，即

$$\delta\overline{H} - \lambda\delta\int \psi^* \psi \mathrm{d}\tau = 0 \tag{14.1.4}$$

式中 λ 为 Lagrange 乘子.

将式(14.1.3)代入式(14.1.4)，并利用 H 的厄米性($H^* = \widetilde{H}$，见 4.2 节)，上式可以化为

$$\begin{aligned}&\int \mathrm{d}\tau[(\delta\psi^* H\psi + \psi^* H\delta\psi) - \lambda(\delta\psi^* \psi + \psi^* \delta\psi)]\\&= \int \mathrm{d}\tau[\delta\psi^*(H\psi - \lambda\psi) + \delta\psi(H^*\psi^* - \lambda\psi^*)] = 0\end{aligned} \tag{14.1.5}$$

ψ 一般为复函数，$\delta\psi$ 与 $\delta\psi^*$ 是彼此独立，并且是任意的，因此从上式可得出

$$H\psi = \lambda\psi, \qquad H^*\psi^* = \lambda\psi^* \tag{14.1.6}$$

此即 Schrödinger 方程，这里的 Lagrange 乘子 λ(实)就是体系的能量本征值.

我们也可以反过来证明，凡满足 Schrödinger 方程的本征函数，必定使能量取极值. 设

$$H\psi_\lambda = E_\lambda\psi_\lambda \tag{14.1.7}$$

H 为厄米算符，本征值 E_λ 取实数，ψ_λ 是相应的本征函数. 假定波函数已归一化，

$$\int\psi_\lambda^*\psi_\lambda \mathrm{d}\tau = 1 \tag{14.1.8}$$

显然

$$E_\lambda = \int\psi_\lambda^* H\psi_\lambda \mathrm{d}\tau \tag{14.1.9}$$

现在让 ψ_λ 与 ψ_λ^* 作微小变化，即

$$\psi_\lambda \to \psi_\lambda + \delta\psi_\lambda, \qquad \psi_\lambda^* \to \psi_\lambda^* + \delta\psi_\lambda^* \tag{14.1.10}$$

为保证归一化条件(14.1.8)，ψ 的变化要受到下列限制：

$$\int\mathrm{d}\tau(\psi_\lambda^*\delta\psi_\lambda + \psi_\lambda\delta\psi_\lambda^* + \delta\psi_\lambda^*\delta\psi_\lambda) = 0$$

即

$$\int\mathrm{d}\tau(\psi_\lambda^*\delta\psi_\lambda + \psi_\lambda\delta\psi_\lambda^*) = -\int|\delta\psi_\lambda|^2\mathrm{d}\tau \tag{14.1.11}$$

能量 E_λ 相应地变化如下：

$$E_\lambda \to E_\lambda + \delta E_\lambda = \int(\psi_\lambda^* + \delta\psi_\lambda^*)H(\psi_\lambda + \delta\psi_\lambda)\mathrm{d}\tau$$

所以

$$\begin{aligned}
\delta E_\lambda &= \int\mathrm{d}\tau(\psi_\lambda^* H\delta\psi_\lambda + \delta\psi_\lambda^* H\psi_\lambda + \delta\psi_\lambda^* H\delta\psi_\lambda) \\
&= \int\mathrm{d}\tau(\delta\psi_\lambda H^*\psi_\lambda^* + \delta\psi_\lambda^* H\psi_\lambda + \delta\psi_\lambda^* H\delta\psi_\lambda) \\
&= E_\lambda\int\mathrm{d}\tau(\psi_\lambda^*\delta\psi_\lambda + \psi_\lambda\delta\psi_\lambda^*) + \int\mathrm{d}\tau\delta\psi_\lambda^* H\delta\psi_\lambda
\end{aligned}$$

利用式(14.1.11)可得

$$\delta E_\lambda = -E_\lambda\int\mathrm{d}\tau|\delta\psi_\lambda|^2 + \int\mathrm{d}\tau\delta\psi_\lambda^* H\delta\psi_\lambda \tag{14.1.12}$$

试用包含 H 在内的一组力学量完全集的共同本征态 ψ_ν 展开 $\delta\psi_\lambda$，$\delta\psi_\lambda = \sum\limits_\nu \delta a_\nu\psi_\nu$，$\delta a_\nu$ 为无穷小量，于是式(14.1.12)可以化为

$$\delta E_\lambda = -E_\lambda\sum_\nu|\delta a_\nu|^2 + \sum_\nu E_\nu|\delta a_\nu|^2 \tag{14.1.12$'$}$$

由于式(14.1.12)或(14.1.12′)中不含变分的线性项，当变分为零时，E_λ 一定取极值. 这就是说，从 Schrödinger 方程求出的 ψ_λ 与 ψ_λ^* 一定使能量取极值.

以上说明，从原理上讲，变分原理与 Schrödinger 方程等价. 从应用上讲，变分原理的价值在于：根据具体问题的特点，先对波函数作一定的限制（例如选择某种在数学形式上比较简单，在物理上也较合理的试探波函数），然后给出在该试探波函数形式下的能量平均值 $\overline{H}$，并让 $\overline{H}$ 取极值，从而定出在所取的试探形式下的最佳波函数. 它可以作为严格解的最佳近似.

按上述变分原理所求出的 $\overline{H}\geqslant$ 体系的基态能量的严格值. 证明如下：

设体系的包括 H 在内的一组力学量完全集的共同本征态为 ψ_0、ψ_1、ψ_2，…，相应的能量本征值为 $E_0<E_1<E_2<\cdots$. 展开试探波函数

$$\Phi=\sum_n a_n\psi_n \tag{14.1.13}$$

于是

$$\begin{aligned}\overline{H}&=\int\Phi^* H\Phi\mathrm{d}\tau\Big/\int\Phi^*\Phi\mathrm{d}q=\sum_{nn'}a_n^* a'_n\int\psi_n^* H\psi'_n\mathrm{d}\tau\Big/\sum_{nn'}a_n^* a'_n\delta_{nn'}\\&=\sum_n|a_n|^2E_n\Big/\sum_n|a_n|^2\geqslant E_0\sum_n|a_n|^2\Big/\sum_n|a_n|^2=E_0\end{aligned} \tag{14.1.14}$$

即

$$\overline{H}\geqslant E_0$$

上式说明，用变分法求出的能量极值，$\overline{H}$ 给出了体系基态能量的一个上限.

用变分法求激发态的波函数，要麻烦一点. 例如，求第一激发态的波函数，试取为 Φ_1. 先要求此波函数与已求出的基态波函数 Φ_0 正交. 若 Φ_1 与 Φ_0 不正交，$(\Phi_1,\Phi_0)\neq0$，则可以把 Φ_1 换成 $\Phi'_1=\Phi_1-\Phi_0(\Phi_1,\Phi_0)$，则 Φ' 与 Φ_0 正交，$(\Phi'_1,\Phi_0)=0$. 然后再用与处理基态相似的办法来处理. 若要找第二激发态，则要求试探波函数与已求出的基态和第一激发态波函数都正交. 可以看出，用变分法求基态波函数和能量是比较方便的，而处理激发态则比较麻烦，而且一般说来，近似性也逐渐变差. 但有时基于对称性的考虑，这些正交性条件，是自动满足的. 例如，角动量守恒的体系，如果第一激发态的角动量与基态不同，则它们的正交性可自动得到满足.

练习　设体系的 Hamilton 量为 H，ϕ 为基态的试探波函数. 令

$$K_n=(\phi|H^n|\phi),\qquad n=1,2,\cdots \tag{14.1.15}$$

设 E_0 为体系的基态能量. 证明

$$K_1-\sqrt{K_2-K_1^2}\leqslant E_0\leqslant K_1 \tag{14.1.16}$$

上式给出了基态能级的上限和下限.

例　设荷电多粒子体系处于定态，证明体系的动能平均值 $\overline{T}$ 和 Coulomb 相互作用的平均值 $\overline{V}$ 满足下列关系（位力定理）

$$2\overline{T}+\overline{V}=0 \tag{14.1.17}$$

证明　设 e_i 与 m_i 分别代表第 i 个粒子的电荷与质量，则体系的 Schrödinger 方程为

$$-\sum_i\frac{\hbar^2}{2m_i}\nabla_i^2\Psi+\frac{1}{2}\sum_{i\neq k}\sum\frac{e_ie_k}{r_{ik}}\Psi=E\Psi \tag{14.1.18}$$

Ψ 满足归一化条件

$$\int\cdots\int \mathrm{d}\tau_1\cdots\mathrm{d}\tau_N \mid \Psi(r_1,\cdots,r_N)\mid^2 = 1 \tag{14.1.19}$$

体系的动能平均值 $\overline{T}$ 及 Coulomb 相互作用的平均值 $\overline{V}$ 分别为

$$\overline{T} = -\frac{\hbar^2}{2}\sum_i \frac{1}{m_i}\int\cdots\int \mathrm{d}\tau_1\cdots\mathrm{d}\tau_N \Psi^* \ \nabla_i^2 \Psi \tag{14.1.20}$$

$$\overline{V} = \frac{1}{2}\sum_{i\neq k}\sum e_i e_k \int\cdots\int \mathrm{d}\tau_1\cdots\mathrm{d}\tau_N \Psi^* \ \Psi / r_{ik} \tag{14.1.21}$$

而

$$E = \overline{T} + \overline{V} \tag{14.1.22}$$

试作尺度变换(scale transformation)

$$r_i' = \lambda r_i \qquad (\lambda\ \text{实,待定}) \tag{14.1.23}$$

为保证归一化条件仍然成立,要求 Ψ 相应地变为

$$\Psi_\lambda = \lambda^{3N/2}\Psi(\lambda \boldsymbol{r}_1,\cdots,\lambda \boldsymbol{r}_N) \tag{14.1.24}$$

这样

$$\int\cdots\int \mathrm{d}\tau_1'\cdots\mathrm{d}\tau_N' \mid \Psi_\lambda \mid^2 = 1 \tag{14.1.25}$$

然而在变换(14.1.23)下有

$$\nabla_i^2 = \lambda^2 \nabla_i'^2, \quad \frac{1}{r_{ik}} = \lambda \frac{1}{r_{ik}'} \tag{14.1.26}$$

而式(14.1.22)化为

$$E(\lambda) = \lambda^2 \overline{T} + \lambda \overline{V} \tag{14.1.27}$$

把式(14.1.27)中的 λ 看成变分参数,[当 $\lambda=1$ 时,波函数(14.1.24)是正确的波函数],相应的能量取极值,即

$$\left.\frac{\partial E(\lambda)}{\partial \lambda}\right|_{\lambda=1} = 0 \tag{14.1.28}$$

用式(14.1.27)代入,即得

$$2\overline{T} + \overline{V} = 0 \qquad (\text{定理证毕})$$

练习　设粒子的势能函数 $V(x,y,z)$ 是坐标的 n 次齐次函数,即

$$V(\lambda x,\lambda y,\lambda z) = \lambda^n V(x,y,z) \tag{14.1.29}$$

试用变分法证明:在束缚态下,动能 T 及势能 V 的平均值满足下列关系:

$$2\overline{T} = n\overline{V} \tag{14.1.30}$$

运用变分原理的具体形式有多种,以下介绍常用的两种.

14.1.2 Ritz 变分法

设已选定试探波函数的具体形式,函数中含有待定参数.例如,体系的基态波函数选取为

$$\Phi(q,c_1,c_2,\cdots) \tag{14.1.31}$$

q 代表体系的全部坐标,c_1、c_2、$\cdots$是待定参数.此时

$$\overline{H} = \int \Phi^* H\Phi \mathrm{d}q \Big/ \int \Phi^* \Phi \mathrm{d}q = \overline{H}(c_1, c_2, \cdots) \tag{14.1.32}$$

$\overline{H}$ 依赖于参数 $c_1, c_2, \cdots$. 按变分原理,波函数应使 $\overline{H}$ 取极值,即 $\delta\overline{H}=0$,亦即

$$\sum_i \frac{\partial \overline{H}}{\partial c_i}\delta c_i = 0 \tag{14.1.33}$$

但 δc_i 是任意的,所以要求

$$\frac{\partial \overline{H}}{\partial c_i} = 0, \quad (i = 1, 2, \cdots) \tag{14.1.34}$$

这就是 c_i 满足的方程组. 解出上列方程组,可求得 c_i,代入式(14.1.32)与(14.1.31),分别求得基态能量及基态波函数,这就是波函数限制在式(14.1.31)形式下的最佳结果.

例　类氦离子的基态波函数

在 11.2 节中用微扰论处理类氦离子的基态时,零级近似波函数的空间部分取为

$$\frac{Z^3}{\pi}\exp[-Z(r_1 + r_2)] \tag{14.1.35}$$

考虑到两个电子同时处于 1s 轨道,每个电子感受到的原子核的 Coulomb 引力会受到另一个电子的屏蔽,我们不妨取试探波函数

$$\Phi(r_1, r_2, \lambda) = u(r_1)u(r_2) = \frac{\lambda^3}{\pi}\exp[-\lambda(r_1 + r_2)] \tag{14.1.36}$$

其中 $\lambda = Z - \sigma$,σ 是刻画屏蔽效应大小的量($0<\sigma<1$). λ(或 σ)作为变分参数. 当 $\sigma=0$,即 $\lambda=Z$,表示无屏蔽(screening). 单电子波函数 $u(r)$满足

$$\left(-\frac{1}{2}\nabla^2 - \frac{\lambda}{r}\right)u(r) = -\frac{\lambda^2}{2}u(r) \tag{14.1.37}$$

利用式(14.1.36)、(14.1.37),可得

$$\begin{aligned}
\overline{H} &= \iint \Phi^* \left(-\frac{1}{2}\nabla_1^2 - \frac{Z}{r_1} - \frac{1}{2}\nabla_2^2 - \frac{Z}{r_2} + \frac{1}{r_{12}}\right)\Phi \mathrm{d}\tau_1 \mathrm{d}\tau_2 \\
&= \iint \Phi^* \left[-\left(\frac{1}{2}\nabla_1^2 + \frac{\lambda}{r_1}\right) - \left(\frac{1}{2}\nabla_2^2 + \frac{\lambda}{r_2}\right) - \frac{\sigma}{r_1} - \frac{\sigma}{r_2} + \frac{1}{r_{12}}\right]\Phi \mathrm{d}\tau_1 \mathrm{d}\tau_2 \\
&= \iint \Phi^* \left(-\lambda^2 - \frac{\sigma}{r_1} - \frac{\sigma}{r_2} + \frac{1}{r_{12}}\right)\Phi \mathrm{d}\tau_1 \mathrm{d}\tau_2 \\
&= -\lambda^2 - 2\sigma\frac{\lambda^3}{\pi}\int \frac{1}{r_1}\exp(-2\lambda r_1)\mathrm{d}\tau_1 + \frac{\lambda^6}{\pi^2}\iint \frac{1}{r_{12}}\exp[-2\lambda(r_1 + r_2)]\mathrm{d}\tau_1 \mathrm{d}\tau_2
\end{aligned}$$

利用 11.2 节,式(11.2.64)积分公式

$$\int \frac{1}{r_1}\exp(-2\lambda r_1)\mathrm{d}\tau_1 = 4\pi\int_0^\infty \exp(-2\lambda r_1)r_1 \mathrm{d}r_1 = \pi/\lambda^2$$

$$\iint \mathrm{d}\tau_2 \mathrm{d}\tau_1 \frac{1}{r_{12}}\exp[-2\lambda(r_1 + r_2)] = 5\pi^2/8\lambda^5$$

可求出

$$\overline{H} = -\lambda^2 - 2(Z - \lambda)\lambda + \frac{5}{8}\lambda \tag{14.1.38}$$

按照$\frac{\partial \overline{H}}{\partial \lambda}=0$,可得

$$\lambda = Z - 5/16 \tag{14.1.39}$$

因此,基态能量

$$E = -\lambda^2 - 2 \cdot \left(Z - Z + \frac{5}{16}\right)\lambda + \frac{5}{8}\lambda$$
$$= -\lambda^2 = -\left(Z - \frac{5}{16}\right)^2, \quad \text{(原子单位)} \tag{14.1.40}$$

而离化能为

$$I = -\frac{1}{2}Z^2 - E = \left(Z - \frac{5}{16}\right)^2 - \frac{1}{2}Z^2 \tag{14.1.41}$$

计算结果与实验的比较,见 11.2 节表 11.1.

在 11.2 节例 4 中,用微扰论一级近似计算过氦原子的基态能量,其结果为(原子单位)

$$E(\text{微扰论}) = -Z^2 + \frac{5}{8}Z = E(\text{变分法}) + \frac{25}{256} \tag{14.1.42}$$

$$I(\text{微扰论}) = \frac{Z}{2}\left(Z - \frac{5}{4}\right) = I(\text{变分法}) + \frac{25}{256} \tag{14.1.43}$$

从表 11.1 可以看出,变分法的计算结果更接近实验值.其原因在于变分法的试探波函数式(14.1.36)考虑了另一电子的屏蔽效应,优于微扰论的零级波函数式(14.1.35).

14.1.3 Hartree 自洽场,独立粒子模型

用变分原理来处理实际问题时,另一种常用办法是只对波函数的一般形式作某种近似,然后用变分原理求出相应的能量本征方程.这个方程比原来严格的 Schrödinger 方程解起来要容易一些.例如,处理原子中的多电子问题时提出的 Hartree 自洽场(self-consistent field)方法①,以及处理金属的超导现象提出的 BCS 方法都是根据这精神来处理的.下面以自洽场方法为例,讲述其主要精神.

Hartree 自洽场方法的物理图像是:在原子中,电子受到原子核及其他电子的作用,可以近似地用一个平均场来代替(单电子近似,或独立粒子模型).假设原子的基态波函数可以近似表示为各单电子波函数之积

$$\psi(\boldsymbol{r}_1, \cdots, \boldsymbol{r}_z) = \phi_{k_1}(\boldsymbol{r}_1)\phi_{k_2}(\boldsymbol{r}_2)\cdots\phi_{k_z}(\boldsymbol{r}_z) \tag{14.1.44}$$

在此状态下,Hamilton 量(采用原子单位)

$$H = \sum_{i=1}^{Z} H_i + \frac{1}{2}\sum_{i\neq j}^{Z}\sum \frac{1}{r_{ij}} \tag{14.1.45}$$

$$H_i = -\frac{1}{2}\nabla_i^2 - \frac{Z}{r_i} \tag{14.1.46}$$

其平均值为

---

① D. R. Hartree, Proc. Camb. Phil. Soc. **24**(1928)111. Hartree 方法与变分原理的联系是后来才清楚的,见 J. C. Slater, Phys, Rev. **35**(1930)210; V. Fock, Zeit. Physik **61**(1930)126.

$$
\overline{H} = \sum_i \int \phi_{k_i}(\boldsymbol{r}_i) H_i \phi_{k_i}(\boldsymbol{r}_i) \mathrm{d}^3 x_i
$$

$$
+ \frac{1}{2} \sum_{i \neq j} \sum \iint | \phi_{k_i}(\boldsymbol{r}_i) |^2 \frac{1}{r_{ij}} | \phi_{k_j}(\boldsymbol{r}_j) |^2 \mathrm{d}^3 x_i \mathrm{d}^3 x_j \tag{14.1.47}
$$

在归一化条件

$$
\int | \phi_{k_i}(\boldsymbol{r}_i) |^2 \mathrm{d}^3 x_i = 1, \qquad i = 1,2,\cdots,Z \tag{14.1.48}
$$

下，求 $\overline{H}$ 的极值，即

$$
\delta \overline{H} - \sum_i \varepsilon_i \delta \int | \phi_{k_i}(\boldsymbol{r}_i) |^2 \mathrm{d}^3 x_i = 0 \tag{14.1.49}
$$

其中 ε_i(实，$i=1,2,\cdots,Z$)是 Lagrange 乘子. 按式(14.1.47)，有

$$
\begin{aligned}
\delta \overline{H} = & \sum_i \int (\delta \phi_{k_i}^* H_i \phi_{k_i} + \phi_{k_i}^* H_i \delta \phi_{k_i}) \mathrm{d}^3 x_i \\
& + \frac{1}{2} \sum_{i \neq j} \sum \iint (\delta \phi_{k_i}^* \phi_{k_i} + \phi_{k_i}^* \delta \phi_{k_i}) \frac{1}{r_{ij}} | \phi_{k_i}(\boldsymbol{r}_i) |^2 \mathrm{d}^3 x_i \mathrm{d}^3 x_j \\
& + \frac{1}{2} \sum_{i \neq j} \sum \iint | \phi_{k_i}(\boldsymbol{r}_i) |^2 \frac{1}{r_{ij}} (\delta \phi_{k_j}^* \phi_{k_j} + \phi_{k_j}^* \delta \phi_{k_j}) \mathrm{d}^3 x_i \mathrm{d}^3 x_j \\
= & \sum_i \int (\delta \phi_{k_j}^* H_i \phi_{k_j} + \phi_{k_i}^* H_i \delta \phi_{k_i}) \mathrm{d}^3 x_i \\
& + \sum_{i \neq j} \sum \iint (\delta \phi_{k_i}^* \phi_{k_i} + \phi_{k_i}^* \delta \phi_{k_i}) \frac{1}{r_{ij}} | \phi_{k_j}(r_j) |^2 \mathrm{d}^3 x_i \mathrm{d}^3 x_j
\end{aligned}
$$

代入式(14.1.49)，并注意 $\delta\phi_{k_i}^*$ 和 $\delta\phi_{k_i}$ 都是任意的，因此得到

$$
\left[H_i + \sum_{j(\neq i)} \int | \phi_{k_j}(r_j) |^2 \frac{1}{r_{ij}} \mathrm{d}^3 x_j \right] \phi_{k_i} = \varepsilon_i \phi_{k_i} \tag{14.1.50}
$$

$$
i = 1,2,\cdots,Z
$$

及其复共轭方程. 此即 Hartree 方程，它是单电子波函数满足的方程. 方程(14.1.50)中左边方括号内的第二项代表其余电子 $j(\neq i)$对于第 i 个电子的 Coulomb 排斥力作用.

Hartree 方程虽然比原来的多电子 Schrödinger 方程简单一些，但它是一个非线性的微分积分方程组，严格求解仍然很困难. Hartree 提出，采用逐步近似，最后达到自洽(selfconsistent)的方案来求解它，即先采用一个适当的中心场 $V^{(0)}(r_i)$代替方程(14.1.50)中的

$$
-\frac{Z}{r_i} + \sum_{j(\neq i)} \int | \phi_{k_j}(\boldsymbol{r}_j) |^2 \frac{1}{r_{ij}} \mathrm{d}^3 x_j \tag{14.1.51}
$$

求解出单电子波函数 $\phi_{k_i}^{(0)}$ ($i = 1, 2, \cdots, Z$)，然后把所得到的波函数代入式(14.1.51)，计算出它的值. 并比较它与原来采用的 $V^{(0)}(r_i)$的差别. 根据这差别，重新调整中心力场，取为 $V^{(1)}(r_i)$，重复上述步骤，直到在要求的精确度范围

内,试取的中心力场与计算后得到的中心力场相一致为止,即达到前后自洽.所以这种方法称为自洽场方法.

注意:尽管 Hartree 波函数没有考虑电子的交换反对称性要求,但在 Hartree 方法中,Pauli 原理已部分地考虑进去了.这表现在写出 Hartree 波函数(14.1.44)时,每个电子的量子态都不相同.

Fock 改进了 Hartree 方法,在写出多电子体系的波函数时严格考虑了交换对称性,Pauli 原理已自动考虑在内(详见本书卷Ⅱ,第 4 章).

练习　证明在 Hartree 方法中,

$$\overline{H} = \sum_i \varepsilon_i - \frac{1}{2}\sum_{i\neq j}\sum \iint \mathrm{d}^3x_i \mathrm{d}^3x_j \,|\phi_{k_i}(r_i)|^2 \,|\phi_{k_j}(r_j)|^2 r_{ij} \neq \sum_i \varepsilon_i \qquad (14.1.52)$$

说明上式的物理意义.

14.2 分子的振动和转动,Born-Oppenheimer 近似

14.2.1 Born-Oppenheimer 近似

分子的运动比原子更复杂.它不仅涉及电子的运动,而且涉及原子核的运动.在质心坐标系中,分子中的各原子核在其平衡位置邻近做小振动.各原子核的平衡位置在空间的构形,即分子的构形.而整个构形还可以在空间转动,即分子的转动.由于电子的质量 $m \ll$ 原子核质量 M($m/M \lesssim 10^{-4}$),分子中的电子运动速度远大于原子核的速度.所以在研究分子中电子的运动时,可近似忽略原子核的动能,即暂时把原子核看成不动,原子核之间相对间距看成参数(而不作为动力学变量).与此相应,当研究分子的振动和转动时,则可以把电子看成一种分布("电子云"),原子核沉浸在此"电子云"之中.它的存在,使原子核之间具有某种有效的相互作用,这种有效作用依赖于电子的组态,并与分子构形有关.这就是 Born-Oppenheimer 近似思想在处理分子结构和分子光谱中的应用①.

以下先粗略地分析一下分子中的电子激发能、分子振动能和转动能的相对大小.设分子的大小$\approx a$(一般为几个 Å,生物大分子则更大些).一部分电子可以在整个分子中运动,$\Delta x \approx a$(即电子运动的特征长度),所以电子的特征动量 $p_e \approx \hbar/a$,特征能量 $E_e \approx \hbar^2/2ma^2$.其次,假设分子振动角频率为 ω,分子振动能$\approx \frac{1}{2}M\omega^2\delta^2$,$\delta$ 为原子核偏离平衡位置的距离.显然,当 $\delta \approx a$ 时,大幅度的振荡已足以使电子激发,即

---

① Born-Oppenheimer 近似是他们研究固体中电子的运动时提出的,M. Born and R. Oppenheimer, Ann. Physik **84**(1930)457.其基本思想是:在研究一个多自由度体系时,如不同自由度的运动特征频率(或运动的快慢)相差悬殊,则可以近似分开来处理.也就是把一个复杂的多自由度体系简化为若干个自由度较小的子体系,分开进行处理.关于 Born-Oppenheimer 近似的更详细的数学处理,例如参阅:C. P. Sun and M. L. Ge, Phys Rev. **D41** (1990) 1349; T. Bitter and D. Dubbers, Phys. Rev. Lett. **59**(1987)251.

$$\frac{1}{2}M\omega^2 a^2 \approx \frac{\hbar^2}{2ma^2} \tag{14.2.1}$$

即 $\omega \approx \sqrt{\frac{m}{M}} \cdot \frac{\hbar}{ma^2}$,因而分子振动能与电子激发能之比约为

$$\frac{E_{\text{vib}}}{E_{\text{e}}} \approx \frac{\hbar\omega}{E_{\text{e}}} \approx \sqrt{\frac{m}{M}} \tag{14.2.2}$$

即把电子运动和分子振动分开来处理的近似性,可以用参数 $\sqrt{\frac{m}{M}}$ 来表征.

再其次,分子的转动能为(设转动角动量量子数为 L)

$$E_{\text{rot}} \approx \frac{\hbar^2}{2J}L(L+1)\left(\gtrsim \frac{\hbar^2}{2Ma^2},\ J \approx Ma^2,\text{分子转动惯量}\right) \tag{14.2.3}$$

所以

$$E_{\text{rot}}/E_{\text{vib}} \approx \hbar\omega \Big/ \frac{\hbar^2}{Ma^2} \approx \sqrt{\frac{m}{M}} \tag{14.2.4}$$

因此,

$$E_{\text{e}} : E_{\text{vib}} : E_{\text{rot}} \approx 1 : \sqrt{\frac{m}{M}} : \frac{m}{M} \approx 1 : 10^{-2} : 10^{-4} \tag{14.2.5}$$

即

转动激发能 ≪ 振动激发能 ≪ 电子激发能

三种激发形式所相应的特征频率(能量)相差很悬殊,常常可以把三种运动(自由度)近似地分开来处理.

[注] 分子的 Hamilton 量

$$H = T_{\text{e}} + T_{\text{N}} + V_{\text{ee}} + V_{\text{eN}} + V_{\text{NN}} \tag{14.2.6}$$

其中 V_{ee} 是电子之间 Coulomb 排斥能,V_{NN} 是原子核之间 Coulomb 排斥能,V_{eN} 是电子与原子核之间 Coulomb 吸引能,

$$T_{\text{e}} = \sum_i \frac{p_i^2}{2m}\text{(对所有电子求和)} \tag{14.2.7}$$

是电子的动能. 原子核动能为

$$T_{\text{N}} = \sum_a \frac{P_a^2}{2M_a}\text{(对所有原子核求和)} \tag{14.2.8}$$

由于 $m \ll M_a$,$T_{\text{N}} \ll T_{\text{e}}$,$T_{\text{N}}$ 项可以忽略,即讨论电子运动时,可以忽略 T_{N},即把原子核看成不动. 而在研究分子振动和转动时,电子的组态近似地视为不变,并相应地提供原子核之间的一种有效势(effective potential),它依赖于原子核之间的距离,即分子的空间构形. 这就是 Born-Oppenheimer 近似处理分子运动的基本思想.

14.2.2 双原子分子的转动与振动

双原子分子包含两个原子核和若干电子. 按 Born-Oppenheimer 近似,可以把原子核的运动与电子的运动近似分离. 这样,一个自由度较大的体系将简化为自由

度较小的两个彼此独立的体系. 此时,分子的波函数可以表示成这些原子核组成的体系的波函数和诸电子的波函数之积,而能量则是两部分之和. 对于双原子分子,两原子核所满足的 Schrödinger 方程为

$$\left(-\frac{\hbar^2}{2M_1}\nabla_1^2-\frac{\hbar^2}{2M_2}\nabla_2^2+V(R)\right)\psi=E_t\psi \tag{14.2.9}$$

$V(R)$ 是两个原子核之间的有效势, $R=|\boldsymbol{R}_1-\boldsymbol{R}_2|$ 是两个原子核的相对距离. $V(R)$ 形状大致如图 14.1 所示,其细节依赖于两原子中的电子的组态及激发状态(例如见 14.3 节).

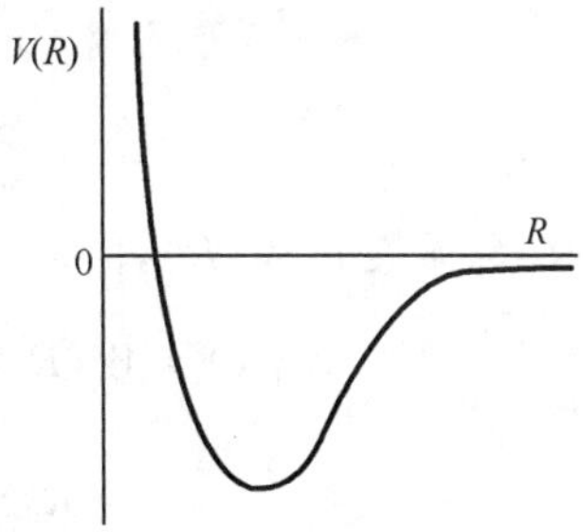

图 14.1

与所有两体问题一样,可引进相对坐标 $\boldsymbol{R}$ 和质心坐标 $\boldsymbol{R}_c$,

$$\boldsymbol{R}=\boldsymbol{R}_1-\boldsymbol{R}_2$$
$$\boldsymbol{R}_c=\frac{M_1\boldsymbol{R}_1+M_2\boldsymbol{R}_2}{M_1+M_2} \tag{14.2.10}$$

令

$$\psi=f(\boldsymbol{R}_c)\phi(\boldsymbol{R}) \tag{14.2.11}$$

方程(14.2.9)可以分离变量,

$$-\frac{\hbar^2}{2M}\nabla_R^2 f(\boldsymbol{R}_c)=E_c f(\boldsymbol{R}_c) \tag{14.2.12}$$

$$\left(-\frac{\hbar^2}{2\mu}\nabla_R^2+V(R)\right)\phi(\boldsymbol{R})=E\phi(\boldsymbol{R}) \tag{14.2.13}$$

式中

$$M=M_1+M_2,\quad \mu=\frac{M_1M_2}{M_1+M_2},\quad E=E_t-E_c \tag{14.2.14}$$

E_c 为质心运动能量,E_t 为总能量,E 为两原子核的相对运动能量. 在研究分子内部结构时,不涉及质心运动.

对于两个原子核的相对运动,考虑到相对运动角动量 $\boldsymbol{L}$ 为守恒量,相对运动的波函数 ϕ 可以选为 $(\boldsymbol{L}^2, L_z)$ 的共同本征态. 此时,如采用球坐标,则 $\phi(\boldsymbol{R})$ 可表示成

$$\phi(\boldsymbol{R})=\frac{\chi(R)}{R}\mathrm{Y}_L^M(\theta,\varphi) \tag{14.2.15}$$

$$L=0,1,2,\cdots,\qquad M=L,L-1,\cdots,-L$$

代入式(14.2.13),求得径向方程

$$\left[-\frac{\hbar^2}{2\mu}\frac{\mathrm{d}^2}{\mathrm{d}R^2}+\frac{L(L+1)\hbar^2}{2\mu R^2}+V(R)\right]\chi(R)=E\chi(R) \tag{14.2.16}$$

$\chi(R)$ 满足边界条件

$$\chi(0)=0,\quad \chi(\infty)=0(\text{束缚态}) \tag{14.2.17}$$

式(14.2.16)左边第二项是分子转动带来的离心势能.令

$$W(R)=V(R)+\frac{L(L+1)\hbar^2}{2\mu R^2} \tag{14.2.18}$$

当 L 不太大时,$W(R)$仍有极小点(平衡点)R_0,由下式确定

$$\left.\frac{\mathrm{d}W}{\mathrm{d}R}\right|_{R_0}=0 \tag{14.2.19}$$

即

$$\left.\frac{\mathrm{d}V}{\mathrm{d}R}\right|_{R_0}-\frac{L(L+1)\hbar^2}{2\mu R_0^3}=0 \tag{14.2.20}$$

在 R_0 邻域展开 $W(R)$,保留二次项,

$$\begin{aligned}W(R)&=W(R_0)+\frac{1}{2}W''(R_0)(R-R_0)^2\\&=V(R_0)+\frac{L(L+1)\hbar^2}{\mu R_0^2}+\frac{1}{2}W''(R_0)(R-R_0)^2\end{aligned} \tag{14.2.21}$$

令

$$R-R_0=\xi,\quad \frac{1}{2}W''(R_0)=\frac{1}{2}\mu\omega_0^2 \tag{14.2.22}$$

则式(14.2.16)与(14.2.17)化为

$$-\frac{\hbar^2}{2\mu}\frac{\mathrm{d}^2}{\mathrm{d}\xi^2}\chi+\frac{1}{2}\mu\omega_0^2\xi^2\chi=E'\chi \tag{14.2.23}$$

$$\chi(\xi=-R_0)=0,\quad \chi(\infty)=0 \tag{14.2.24}$$

$$E'=E-V(R_0)-\frac{L(L+1)\hbar^2}{2\mu R_0^2} \tag{14.2.25}$$

方程(14.2.23)的[满足边条件(14.2.24),在 $-R_0\leqslant\xi<\infty$ 中有界]解为

$$\begin{aligned}&\chi(\xi)\propto \mathrm{e}^{-\alpha^2\xi^2/2}\mathrm{H}_\nu(\alpha\xi)\\&\alpha=\sqrt{\mu\omega_0/\hbar}\end{aligned} \tag{14.2.26}$$

H_ν 为 Hermite 函数

$$\mathrm{H}_\nu(\xi)=\frac{1}{2\Gamma(-\nu)}\sum_{l=0}^{\infty}\frac{(-)^l}{l\,!}\Gamma\left(\frac{l-\nu}{2}\right)(2\xi)^l \tag{14.2.27}$$

ν 的值由边条件确定

$$\mathrm{H}_\nu(-\alpha R_0)=0 \tag{14.2.28}$$

一般说来,ν 不为正整数.但如 L 不太大,αR_0 很小,ν 仍然接近于正整数.方程(14.2.23)的本征值为

$$E'=\left(\nu+\frac{1}{2}\right)\hbar\omega_0 \tag{14.2.29}$$

代入式(14.2.25),可求出双原子分子的相对运动能为

$$E=E_{\nu L}=V(R_0)+\left(\nu+\frac{1}{2}\right)\hbar\omega_0+\frac{L(L+1)\hbar^2}{2J} \tag{14.2.30}$$

其中 $J=\mu R_0^2$ 表示双原子分子的转动惯量. 式(14.2.30)右边第一项为常数项，与能谱无关. 第二项为分子振动能，第三项为分子转动能. 通常 $\hbar^2/2J \ll \hbar\omega_0$，能谱将出现转动带结构. 即给定的振动态(由 ν 刻画)，不同的 L 的诸能级构成一个转动带，能量遵守 $L(L+1)$ 的规律. 同一个转动带中相邻能级的间距随 L 增大而线性增大[参阅式(14.2.34)].

如双原子分子是由相同的原子构成，例如 H_2、N_2、O_2 等，则波函数要求具有一定的交换对称性. 这类分子的转动谱线的强度将呈现强弱交替的现象.

例 H_2 分子转动谱线强度的交替变化

H_2 分子的两个原子核是质子，自旋为 1/2. 当两个质子的空间坐标交换时，即 $\boldsymbol{R}_1 \leftrightarrow \boldsymbol{R}_2$，它们的质心坐标 $\boldsymbol{R}_c$ 不变，而相对坐标 $\boldsymbol{R} \to -\boldsymbol{R}$，即

$$R \to R, \quad \theta \to \pi-\theta, \quad \varphi \to \pi+\varphi \tag{14.2.31}$$

所以当两个质子空间坐标交换时，质心运动与振动波函数保持不变，但转动部分波函数改变如下：

$$Y_L^M(\theta,\varphi) \to Y_L^M(\pi-\theta,\pi+\varphi) = (-1)^L Y_L^M(\theta,\varphi) \tag{14.2.32}$$

考虑到 Fermi 子体系波函数的交换对称性，H_2 分子的原子核部分的波函数有下列两种形式

$$\begin{aligned} L &= \text{偶}, \qquad R_\nu(R) Y_L^M(\theta,\varphi) \chi_0(s_{1z},s_{2z}) \\ L &= \text{奇}, \qquad R_\nu(R) Y_L^M(\theta,\varphi) \chi_1(s_{1z},s_{2z}) \end{aligned} \tag{14.2.33}$$

$R_\nu(R)$是振动波函数，χ_0 和 χ_1 分别是两个质子的自旋单态($S=0$)和三重态($S=1$)波函数. H_2 分子中两个原子核(质子)之间的作用力通常可以认为近似与核自旋无关，所以两个原子核自旋之和 $\boldsymbol{S}=\boldsymbol{s}_1+\boldsymbol{s}_2$ 可认为近似是守恒量，即 S 为近似好量子数. 处于 $S=0$ 态的称为仲氢(para-hydrogen)，处于$S=1$态的称为正氢(ortho-hydrogen). 在光跃迁的短暂过程中，两者还来不及转化. 在自然界中，正氢与仲氢分子数之比为 3∶1，因此正氢发出的光谱线强度较强. 图 14.2 给出正氢和仲氢在一个转动带(具有相同的振动量子数 ν)的相邻能级之间的电四极跃迁，例如从能级 $L \to L-2$ 发射出的转动谱线的频率为

$$\frac{1}{h}\frac{\hbar^2}{2J}[L(L+1)-(L-2)(L-1)] = \frac{\hbar}{\pi J}L - \text{常数} \tag{14.2.34}$$

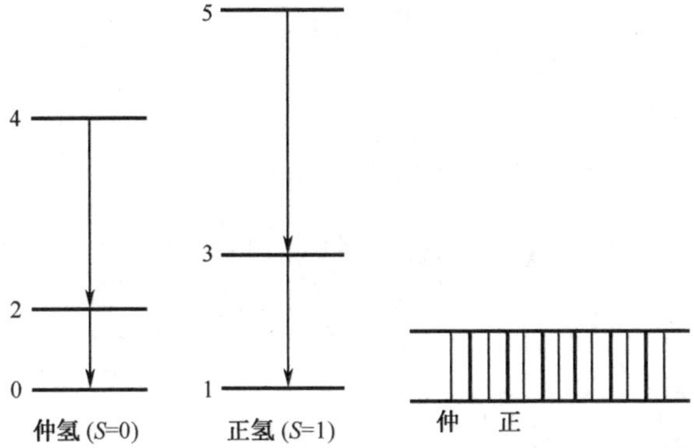

图 14.2

因此转动谱线随频率(或 L)作均匀分布,而相邻的两条亮线(或暗线)之间频率差 $\Delta\nu=2\hbar/\pi J$ 为常量.

练习 1　由两个全同原子核组成的分子,如原子核自旋为 s,则转动光谱中的明线与暗线的强度比为 $(s+1)/s$,试证明之.

练习 2　比较 H_2、D_2、O_2 及 HD 诸分子的转动光谱线的强度变化规律(D 原子核自旋为 $\hbar$,O 原子核自旋为零,指 ${}^{16}_{8}O$ 偶偶核).

练习 3　设原子核 ${}^{8}_{4}Be$ 可以看成两个 α 粒子组成(α 粒子,即 ${}^{4}He_2$,自旋为零),相对运动的轨道角动量量子数用 L 表示.证明 L 必为偶数.

*14.2.3　三原子直线分子的振动①

以二氧化碳分子为例,其结构式为 O═C═O,是一个直线分子,如图 14.3.设相邻两原子间的平衡距离为 a,相邻两原子间的弹性力系数为 k.于是 Hamilton 量为(这里没有计及分子在空间的转动自由度以及偏离直线形状的振动)

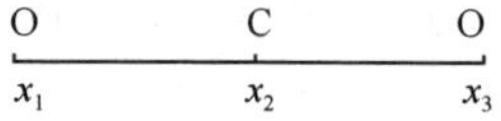

图 14.3

$$H=-\frac{\hbar^2}{2}\sum_{i=1}^{3}\frac{1}{m_i}\frac{\partial^2}{\partial x_i^2}+\frac{k}{2}[(x_2-x_1-a)^2+(x_3-x_2-a)^2] \qquad (14.2.35)$$

求解 Shcrödinger 方程时,先作如下变换,把质心运动分离出去(分子结构问题与质心运动无关),

$$\begin{cases} X=\dfrac{1}{M}(m_1x_1+m_2x_2+m_3x_3) & (\text{质心坐标}) \\ M=m_1+m_2+m_3 & (\text{总质量}) \\ \xi=(x_2-x_1)-a & \\ \eta=(x_3-x_2)-a & (\xi,\eta\ \text{是相对坐标}) \end{cases} \qquad (14.2.36)$$

由上式易得

$$\frac{\partial}{\partial x_1}=\frac{m_1}{M}\frac{\partial}{\partial X}-\frac{\partial}{\partial\xi}$$
$$\frac{\partial}{\partial x_2}=\frac{m_2}{M}\frac{\partial}{\partial X}-\frac{\partial}{\partial\xi}-\frac{\partial}{\partial\eta}$$
$$\frac{\partial}{\partial x_3}=\frac{m_3}{M}\frac{\partial}{\partial X}+\frac{\partial}{\partial\eta}$$

进而可求出

$$\frac{1}{m_1}\frac{\partial^2}{\partial x_1^2}=\frac{1}{M}\left(\frac{m_1}{M}\frac{\partial^2}{\partial X^2}-2\frac{\partial^2}{\partial X\partial\xi}\right)+\frac{1}{m_1}\frac{\partial^2}{\partial\xi^2}$$
$$\frac{1}{m_2}\frac{\partial^2}{\partial x_2^2}=\frac{1}{M}\left(\frac{m_2}{M}\frac{\partial^2}{\partial X^2}+2\frac{\partial^2}{\partial X\partial\xi}-2\frac{\partial^2}{\partial X\partial\eta}\right)+\frac{1}{m_2}\left(\frac{\partial^2}{\partial\xi^2}+\frac{\partial^2}{\partial\eta^2}-2\frac{\partial^2}{\partial\xi\partial\eta}\right)$$
$$\frac{1}{m_3}\frac{\partial^2}{\partial x_3^2}=\frac{1}{M}\left(\frac{m_3}{M}\frac{\partial^2}{\partial X^2}+2\frac{\partial^2}{\partial X\partial\eta}\right)+\frac{1}{m_3}\frac{\partial^2}{\partial\eta^2}$$

所以

---

①　参阅 S. Flügge, *Practical Quantum Mechanics* (1974), Prob., 149.

$$\sum_{i=1}^{3} \frac{1}{m_3} \frac{\partial^2}{\partial x_i^2} = \frac{1}{M} \frac{\partial^2}{\partial X^2} + \left(\frac{1}{m_1} + \frac{1}{m_2}\right)\frac{\partial^2}{\partial \xi^2} + \left(\frac{1}{m_3} + \frac{1}{m_2}\right)\frac{\partial^2}{\partial \eta^2} - \frac{2}{m_2} \frac{\partial^2}{\partial \xi \partial \eta} \quad (14.2.37)$$

把式(14.2.37)代入式(14.2.35),把质心坐标部分分离出去后,剩下的相对运动的 Schrödinger 方程为

$$-\frac{\hbar^2}{2}\left[\left(\frac{1}{m_1} + \frac{1}{m_2}\right)\frac{\partial^2}{\partial \xi^2} + \left(\frac{1}{m_3} + \frac{1}{m_2}\right)\frac{\partial^2}{\partial \eta^2} - \frac{2}{m_2} \frac{\partial^2}{\partial \xi \partial \eta}\right]\Psi + \frac{k^2}{2}(\xi^2 + \eta^2)\Psi = E\Psi \quad (14.2.38)$$

式中 E 是相对运动的能量.由于在式(14.2.38)中还有交叉项,还不能分离变换.为此,引进“转动”坐标系(见图 14.4)

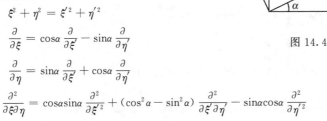

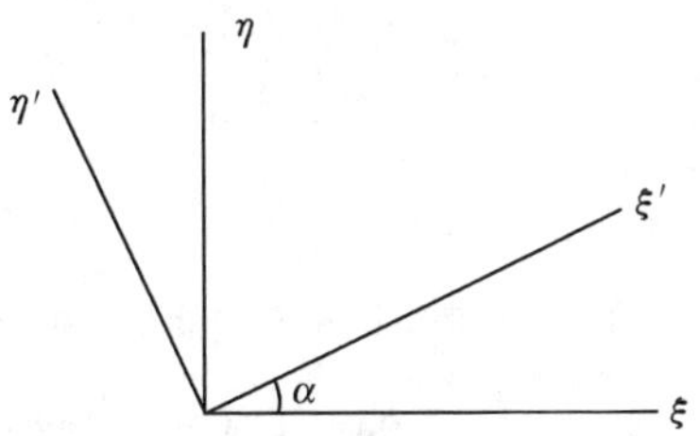

图 14.4

$$\begin{cases} \xi' = \xi\cos\alpha + \eta\sin\alpha \\ \eta' = -\xi\sin\alpha + \eta\cos\alpha \end{cases} \quad (14.2.39)$$

α 是待定参数.此时

$$\xi^2 + \eta^2 = \xi'^2 + \eta'^2$$

$$\frac{\partial}{\partial \xi} = \cos\alpha \frac{\partial}{\partial \xi'} - \sin\alpha \frac{\partial}{\partial \eta'}$$

$$\frac{\partial}{\partial \eta} = \sin\alpha \frac{\partial}{\partial \xi'} + \cos\alpha \frac{\partial}{\partial \eta'}$$

$$\frac{\partial^2}{\partial \xi \partial \eta} = \cos\alpha\sin\alpha \frac{\partial^2}{\partial \xi'^2} + (\cos^2\alpha - \sin^2\alpha) \frac{\partial^2}{\partial \xi' \partial \eta'} - \sin\alpha\cos\alpha \frac{\partial^2}{\partial \eta'^2}$$

方程(14.2.38)可化为

$$\begin{aligned} \Bigg\{-\frac{\hbar^2}{2}\Bigg[&\left(\frac{1}{m_1} + \frac{1}{m_2}\right)\left(\cos^2\alpha \frac{\partial^2}{\partial \xi'^2} - \sin 2\alpha \frac{\partial^2}{\partial \xi' \partial \eta'} + \sin^2\alpha \frac{\partial^2}{\partial \eta'^2}\right) \\ &+ \left(\frac{1}{m_3} + \frac{1}{m_2}\right)\left(\sin^2\alpha \frac{\partial^2}{\partial \xi'^2} + \sin 2\alpha \frac{\partial^2}{\partial \xi' \partial \eta'} + \cos^2\alpha \frac{\partial^2}{\partial \eta'^2}\right) \\ &- \frac{1}{m_2}\left(\sin 2\alpha \frac{\partial^2}{\partial \xi'^2} + 2\cos 2\alpha \frac{\partial^2}{\partial \xi' \partial \eta'} - \sin 2\alpha \frac{\partial^2}{\partial \eta'^2}\right)\Bigg] \\ &+ \frac{k}{2}(\xi'^2 + \eta'^2)\Bigg\}\Psi = E\Psi \end{aligned} \quad (14.2.40)$$

为了消去交叉项,即让$\frac{\partial^2}{\partial \xi' \partial \eta'}$的系数为零,要求

$$-\left(\frac{1}{m_1} + \frac{1}{m_2}\right)\sin 2\alpha + \left(\frac{1}{m_3} + \frac{1}{m_2}\right)\sin 2\alpha - \frac{2}{m_2}\cos 2\alpha = 0$$

即

$$\left(\frac{1}{m_3} + \frac{1}{m_1}\right)\sin 2\alpha = \frac{2}{m_2}\cos 2\alpha \quad (14.2.41)$$

亦即

$$\tan 2\alpha = \frac{2m_1 m_3}{m_2(m_1 - m_3)} \quad (14.2.42)$$

这就是确定变换(14.2.39)中的参数 α 的式子.(ξ'、η')称为**简正坐标**(normal coordinate).令

$$\begin{aligned} \left(\frac{1}{m_1} + \frac{1}{m_2}\right)\cos^2\alpha + \left(\frac{1}{m_3} + \frac{1}{m_2}\right)\sin^2\alpha - \frac{1}{m_1}\sin 2\alpha = \frac{1}{A} \\ \left(\frac{1}{m_1} + \frac{1}{m_2}\right)\sin^2\alpha + \left(\frac{1}{m_3} + \frac{1}{m_2}\right)\cos^2\alpha + \frac{1}{m_2}\sin 2\alpha = \frac{1}{B} \end{aligned} \quad (14.2.43)$$

则方程(14.2.40)可以化为

$$\left[\left(-\frac{\hbar^2}{2A}\frac{\partial^2}{\partial\xi'^2}+\frac{1}{2}k\xi'^2\right)+\left(-\frac{\hbar^2}{2B}\frac{\partial^2}{\partial\eta'^2}+\frac{k}{2}\eta'^2\right)\right]\Psi=E\Psi \tag{14.2.44}$$

此时方程就可以分离变量了.令

$$\Psi=f(\xi')g(\eta') \tag{14.2.45}$$

则

$$\begin{aligned}&\left(-\frac{\hbar^2}{2A}\frac{\mathrm{d}^2}{\mathrm{d}\xi'^2}+\frac{k}{2}\xi'^2\right)f(\xi')=E_Af(\xi')\\&\left(-\frac{\hbar^2}{2B}\frac{\mathrm{d}^2}{\mathrm{d}\eta'^2}+\frac{k}{2}\eta'^2\right)g(\eta')=E_Bg(\eta')\end{aligned} \tag{14.2.46}$$

其中

$$E_A+E_B=E \tag{14.2.47}$$

方程(14.2.46)是简谐振子的能量本征方程,其解是已知的,即

$$\begin{aligned}&E_A=\left(n_A+\frac{1}{2}\right)\hbar\omega_A\qquad n_A=0,1,2,\cdots,\quad \omega_A=\sqrt{k/A}\\&E_B=\left(n_B+\frac{1}{2}\right)\hbar\omega_B\qquad n_B=0,1,2,\cdots,\quad \omega_B=\sqrt{k/B}\end{aligned} \tag{14.2.48}$$

其中 A、B 由式(14.2.43)给出[α 由式(14.2.42)确定].这样我们就求出了三原子直线分子的两种振动频率.

对于 O═C═O 分子,$m_1=m_3$,按式(14.2.41),得 $\cos2\alpha=0$,即 $\alpha=\pi/4$.代入式(14.2.43)可求出

$$A=m_1,\qquad B=m_1m_2/(2m_1+m_2) \tag{14.2.49}$$

因而

$$\begin{aligned}&\omega_A=\sqrt{k/m_1}\\&\omega_B=\sqrt{k(2m_1+m_2)/m_1m_2}=\omega_A\sqrt{1+2m_1/m_2}\end{aligned} \tag{14.2.50}$$

这结果与经典力学计算值相同①.

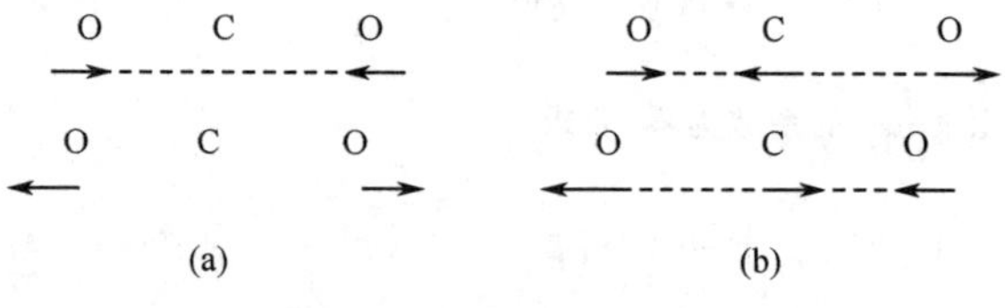

图 14.5

A 型振动的角频率 ω_A 与碳原子质量 m_2 无关,它描述的是两个氧原子的对称振动,碳原子保持不动(在质心系中),如图 14.5(a).这可以从分子的振动的基态波函数看出,因为

$$\Psi_0(\xi',\eta')\propto\exp\left(-\frac{A\omega_A}{2\hbar}\xi'^2\right)\cdot\exp\left(-\frac{B\omega_B}{2\hbar}\eta'^2\right) \tag{14.2.51}$$

A 型振动的平衡点在 $\xi'=0$ 处,即 $\xi+\eta=0$ 处,或

① L. D. Landau, E. M. Lifshitz, *Mechanics*, 3rd. edition, p. 72, 世界图书出版公司(北京,1999).

$$x_3 - x_1 - 2a = 0 \tag{14.2.52}$$

即两个氧原子的距离保持在 $x_3 - x_1 = 2a$ 附近振动.

B 型振动的平衡点在 $\eta' = 0$ 处,即 $-\xi + \eta = 0$ 处,或

$$x_3 + x_1 - 2x_2 = 0$$

即

$$x_2 = \frac{1}{2}(x_1 + x_3) \tag{14.2.53}$$

碳原子保持在两个氧原子的中点附近,是反对称振动,如图 14.5(b).

14.3 氢分子离子与氢分子

氢分子 H_2 是最简单的中性分子,氢分子离子 H_2^+ 则更简单.氢分子与氢分子离子的原子核的组成相同,但 H_2 含有两个电子,而 H_2^+ 则只含有一个电子,所以 H_2 的结构比 H_2^+ 复杂一些,(图 14.6).但它们的理论处理,有相似之处,所以把它们结合起来分析.

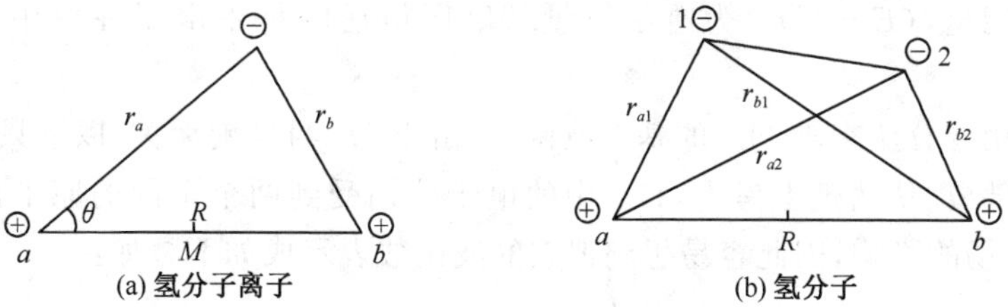

图 14.6

H_2 分子稳定存在于自然界中,而 H_2^+ 则很活泼,很容易与一个电子结合而形成 H_2,并释放能量

$$H_2^+ + e^- \rightarrow H_2 + 354\text{kcal/mol}$$

H_2^+ 的存在是从它的光谱得以证实的. H_2^+ 也可以吸收能量而离解,

$$H_2^+ + 61\text{kcal/mol} \rightarrow H + H^+$$

即离解能为 61kcal/mol,或每一个 H_2^+ 离子的离解能为 $D = 2.65\text{eV}$.

按 Born-Oppenheimer 近似,在讨论电子运动时,原子核的相对距离 R 视为参量(而不是动力学变量),H_2^+ 的 Hamilton 量(未计及电子自旋)表示为(采用原子单位 $e = \hbar = m_e = 1$).

$$H = H_e + \frac{1}{R} \tag{14.3.1}$$

$$H_e = -\frac{1}{2}\nabla^2 - \frac{1}{r_a} - \frac{1}{r_b}$$

$1/R$ 为两个原子核之间的 Coulomb 排斥能,H_e 为电子的 Hamilton 量. H_2 分子的 Hamilton 量可以表示成

$$H = H_e + \frac{1}{R} \tag{14.3.2}$$

$$H_e = -\frac{1}{2}(\nabla_1^2 + \nabla_2^2) + \frac{1}{r_{12}} - \left(\frac{1}{r_{a1}} + \frac{1}{r_{a2}} + \frac{1}{r_{b1}} + \frac{1}{r_{b2}}\right)$$

H_e 为两个电子的 Hamilton 量.

从 Heitler-London 的氢分子结构的量子力学理论①开始而发展起来的化学键的量子理论,是应用量子力学取得的一项很重要的成果. 在量子力学提出以前,化学与物理学被视为互不相干的两门学科. 从原子的电子壳结构的量子理论对于化学元素周期律的阐明,以及化学键的量子理论的建立,人们逐步认识到化学与物理学之间的密切关系. 这种联系目前已进一步延伸到生物分子结构的研究.

14.3.1 氢分子离子

氢分子离子的能量本征方程为

$$H_e\psi = \left(-\frac{1}{2}\nabla^2 - \frac{1}{r_a} - \frac{1}{r_b}\right)\psi = \left(E - \frac{1}{R}\right)\psi \tag{14.3.3}$$

E 为 H_2^+ 能量,$(E-1/R)$ 为电子能量. H_e 所描述的是单电子在双中心势中的运动.

下面用变分法来求 H_2^+ 的基态波函数,由于 H_e 与自旋无关,以下只考虑波函数的空间部分. 从物理上考虑,H_2^+ 中的电子分别受到两个全同的原子核的 Coulomb 引力场的影响,因此容易想到把它的波函数表示成如下叠加:

$$\psi = c_a\psi_a + c_b\psi_b \tag{14.3.4}$$

$$\psi_a = \frac{\lambda^{3/2}}{\sqrt{\pi}}e^{-\lambda r_a}, \quad \psi_b = \frac{\lambda^{3/2}}{\sqrt{\pi}}e^{-\lambda r_b}$$

ψ_a、ψ_b 为归一化的类氢原子波函数,λ 作为变分参数,λ 依赖于 R. 当 $\lambda=1$,即氢原子基态波函数. 可以想到,在 H_2^+ 中,由于另一个原子核的存在,λ 应略大于 1. 由于电子感受到的势场对于两个全同核的联线的中点 M 具有反射不变性(或者说,对于氢原子核,$a\leftrightarrow b$ 交换是对称的),因此电子状态可以按电子的反射对称性来分类. 对于偶宇称 $c_a=c_b$,对于奇宇称,$c_a=-c_b$. 因此单电子的试探波函数可表示为

$$\psi_\pm = c_\pm(\psi_a \pm \psi_b) \tag{14.3.5}$$

由归一化条件可得

$$c_\pm^2(2 \pm 2\mathscr{T}) = 1$$

不妨取 $c_\pm$ 为实

$$c_\pm = (2 \pm 2\mathscr{T})^{-1/2} \tag{14.3.6}$$

---

① W. Heitler, F. London, Zeit. Physik **44**(1927)455. S. C. Wang (王守竞), Phys Rev. **31**(1928) 579. H. W. James, A. S. Collidge, J. Chem. Phys. **1**(1933)825; **3**(1935)129. 早期工作总结可参阅 L. Pauling, *The Nature of the Chemical Bond*, (Cornell University Press, Ithaca, N. Y., 1935).

其中

$$\mathscr{T}=(\psi_a,\psi_b) \tag{14.3.7}$$

是 ψ_a 与 ψ_b 的重叠(overlap)积分. 不必具体计算,从物理上考虑就可以看出,当 $R\to 0$ 时,$\mathscr{T}=1$,而 $R\to\infty$时,$\mathscr{T}=0$,[参见式(14.3.10)].

利用试探波函数(14.3.5),可求出能量平均值,分别为

$$E_\pm-\frac{1}{R}=(\psi_\pm,H_e\psi_\pm)=\frac{\langle a|H_e|a\rangle\pm\langle b|H_e|a\rangle}{1\pm\mathscr{T}} \tag{14.3.8}$$

这里利用了$\langle a|H_e|a\rangle=\langle b|H_e|b\rangle$,$\langle a|H_e|b\rangle=\langle b|H_e|a\rangle$. 经过计算后(见本节末附录)可得

$$E_\pm=\frac{1}{R}-\frac{1}{2}\lambda^2+\frac{\lambda(\lambda-1)-\mathscr{K}\pm(\lambda-2)\mathscr{E}}{1\pm\mathscr{T}} \tag{14.3.9}$$

上式中 3 个积分分别为

$$\mathscr{T}=\frac{\lambda^3}{\pi}\int\mathrm{d}\tau\mathrm{e}^{-\lambda(r_a+r_b)}=\left(1+\lambda R+\frac{1}{3}\lambda^2R^2\right)\mathrm{e}^{-\lambda R} \tag{14.3.10}$$

$$\mathscr{K}=\int\mathrm{d}\tau\psi_a^2/r_b=\int\mathrm{d}\tau\psi_b^2/r_a=\frac{\lambda^3}{\pi}\int\mathrm{d}\tau\,\frac{\mathrm{e}^{-2\lambda r_a}}{r_b}=\frac{1}{R}[1-(1+\lambda R)\mathrm{e}^{2\lambda R}] \tag{14.3.11}$$

$$\mathscr{E}=\int\frac{\psi_a\psi_b}{r_a}\mathrm{d}\tau=\int\frac{\psi_a\psi_b}{r_b}\mathrm{d}\tau=\frac{\lambda^3}{\pi}\int\mathrm{d}\tau\,\frac{\mathrm{e}^{-\lambda(r_a+r_b)}}{r_b}=\lambda(1+\lambda R)e^{-\lambda R} \tag{14.3.12}$$

式(14.3.4)中的变分参数 λ 由下式确定

$$\frac{\partial E_\pm}{\partial\lambda}=0 \tag{14.3.13}$$

注意:λ 值还与参数 R 有关. 所得结果 $E_\pm(R)$作为参数 R 的函数,见图 14.7.①

当 $R\gg 1$ 时(两个原子核离开很远),$\lambda\to 1$,重叠积分 $\mathscr{T}\to 0$,交换积分 $\mathscr{E}\to 0$,而$(-\mathscr{K})\propto\left(\frac{-1}{R}\right)$,表示一个原子核对电子的 Coulomb 吸引能. 当 $R\gg 1$ 时

$$E_\pm\to-\frac{1}{2} \tag{14.3.14}$$

由图 14.7 可以看出,$E_-(R)$随 R 单调下降,无极小点,所以不能形成束缚态分子. 这可以从波函数 $\psi_-\approx(\psi_a-\psi_b)$对 $a\leftrightarrow b$ 交换的反对称性(或对 M 点反射是奇宇称态,在 M 点$\psi_-=0$)来理解,它表现为两个原子核之间具有排斥力.

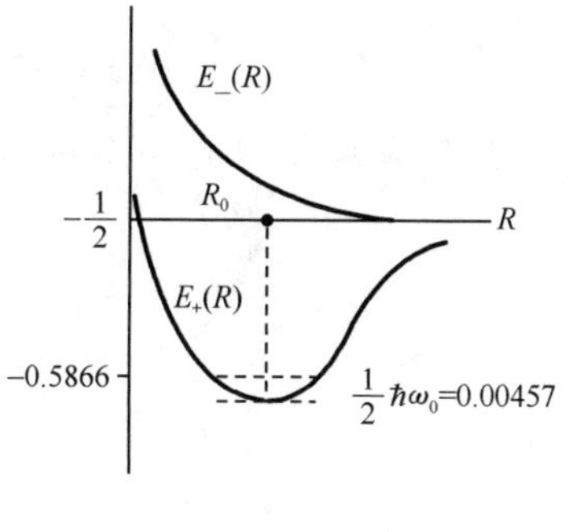

图 14.7　氢分子离子

① 详细数字计算可参阅 S. Flügge, *Practical Quantum Mechanics*, vol. 1, p. 117.

与此相反，$E_+(R)$-R 曲线呈现一个极小点，因此可以形成束缚态 H_2^+. 在物理图像上可如下理解：由于 ψ_+ 态对于两个原子核的交换，$(a \leftrightarrow b)$ 是对称的，电子在 a 核和 b 核连线的中点 M 处有较大的几率分布，形成负电荷云. 它分别对带正电的 a 核和 b 核有吸引作用，并达到平衡. $E_-(R)$ 的极小点出现在 $R=R_0=2.08$（原子单位）$=1.10\text{Å}$ 处，此即 H_2^+ 的键长，其实验值为 1.06Å. 按数字计算结果，在 R_0 邻域，$E_+(R)$ 可表示为

$$E_+ = -0.5866 + 0.0380(R-2.08)^2 \tag{14.3.15}$$

利用它可以计算 H_2^+ 的离解能（如图 14.7 中所示）. 注意：这里需要扣除 H_2^+ 离子振动的零点能 $\frac{1}{2}\hbar\omega_0$，ω_0 由下式定出：

$$\frac{1}{2}\mu\omega_0^2 = 0.0380, \quad \mu = \frac{1}{2}m_p (m_p \text{ 是质子质量}) \tag{14.3.16}$$

由此得出 $\hbar\omega_0 = 0.00913 = 0.248\text{eV}$. 最后计算出 H_2^+ 离解能为

$$D = \left(0.5866 - \frac{1}{2}\hbar\omega_0 - \frac{1}{2}\right) = 0.082 = 2.24\text{eV}$$

与观测值 2.56eV 大致相近.

附录 积分 $\mathscr{K}$、$\mathscr{T}$ 和 $\mathscr{E}$ 的计算

利用公式 $\nabla^2 f(r) = \frac{1}{r}\frac{d^2}{dr^2}(rf)$，由式(14.3.1)与(14.3.3)可求得

$$H_e\psi_a = \left(-\frac{\lambda^2}{2} + \frac{\lambda-1}{r_a} - \frac{1}{r_b}\right)\psi_a \tag{14.3.17}$$

因此

$$\langle a | H_e | a \rangle = \frac{\lambda^3}{\pi}\int d\tau e^{-2\lambda r_a}\left(-\frac{\lambda^2}{2} + \frac{\lambda-1}{r_a} - \frac{1}{r_b}\right) = -\frac{\lambda^2}{2} + \lambda(\lambda-1) - \mathscr{K} \tag{14.3.18}$$

$$\langle b | H_e | a \rangle = \frac{\lambda^3}{\pi}\int d\tau e^{-\lambda(r_a+r_b)}\left(-\frac{\lambda^2}{2} + \frac{\lambda-1}{r_a} - \frac{1}{r_b}\right) = -\frac{\lambda^3}{2}\mathscr{T} + (\lambda-2)\mathscr{E} \tag{14.3.19}$$

其中 $\mathscr{T}$、$\mathscr{K}$、$\mathscr{E}$ 分别如式(14.3.10)、(14.3.11)、(14.3.12)所示. 积分 $\mathscr{K}$ 较易计算. 利用

$$\frac{1}{r_b} = \frac{1}{|r_a - R|} = \begin{cases} \dfrac{1}{R}\displaystyle\sum_{l=0}^{\infty}\left(\frac{r_a}{R}\right)^l P_l(\cos\theta), & r_a < R \\ \dfrac{1}{r_a}\displaystyle\sum_{l=0}^{\infty}\left(\frac{R}{r_a}\right)^l P_l(\cos\theta), & r_a > R \end{cases} \tag{14.3.20}$$

代入式(14.3.11)的积分，只有 $l=0$ 项对积分有贡献，积分后即得式(14.3.11)右边的结果.

积分 $\mathscr{T}$ 与 $\mathscr{E}$ 的计算，要利用旋转椭球坐标系 ξ、η、φ，它的焦点在两个原子核 a 和 b 上，φ 角是绕分子对称轴（ab 联线）的转角.

$$\xi = \frac{1}{R}(r_a + r_b), \quad \eta = \frac{1}{R}(r_a - r_b)$$
$$1 \leqslant \xi \leqslant \infty, \quad -1 \leqslant \eta \leqslant +1, \quad 0 \leqslant \varphi < 2\pi \tag{14.3.21}$$

其逆表示式为

$$r_a = \frac{R}{2}(\xi + \eta), \quad r_b = \frac{R}{2}(\xi - \eta) \tag{14.3.22}$$

体积元为

$$d\tau = \left(\frac{R}{2}\right)^3 (\xi^2 - \eta^2) d\xi d\eta d\varphi$$

经坐标变换后，可以计算出 $\mathscr{T}$ 和 $\mathscr{E}$，如式(14.3.10)和(14.3.12)右边的结果.

14.3.2 氢分子

以下用变分法来求 H_2 分子的基态能量和波函数. 考虑到当 R 很大时，H_2 的基态波函数可以近似表示成两个氢原子基态波函数的乘积，两个电子都处于 1s 态. 为计及另一个原子核和电子的影响，与处理 H_2^+ 类似，单电子波函数不妨取为

$$\psi(r) = \frac{\lambda^{3/2}}{\sqrt{\pi}} e^{-\lambda r} \tag{14.3.23}$$

λ 作为变分参数，相当于电子受到的有效核电荷(对于氢原子，$\lambda=1$). 对于氢分子，$1<\lambda<2$. 但考虑到氢分子中另一个电子的影响，其 λ 值应比氢分子离子 H_2^+ 的变分法处理中得出的 λ 值($\lambda=1.236$)略小一些.

计及两个电子波函数的交换对称性，H_2 分子的基态的试探波函数[见图 14.6(b)]可以取为(未归一化)

$$\begin{aligned} \Psi_+(1,2) &= \phi_0(1,2)\chi_0(s_{1z}, s_{2z}) \\ \Psi_-(1,2) &= \phi_1(1,2)\chi_1(s_{1z}, s_{2z}) \end{aligned} \tag{14.3.24}$$

$$\begin{aligned} \phi_0(1,2) &= [\psi(r_{a1})\psi(r_{b2}) + \psi(r_{a2})\psi(r_{b1})] \\ \phi_1(1,2) &= [\psi(r_{a1})\psi(r_{b2}) - \psi(r_{a2})\psi(r_{b1})] \end{aligned} \tag{14.3.25}$$

其中 χ_0 和 χ_1 分别是两个电子的自旋单态($S=0$，两个电子的自旋“反平行”)和三重态($S=1$，自旋“平行”). $\Psi_+(1,2)$的空间波函数 $\phi_0(1,2)$对于两个电子空间坐标是交换对称的，两个电子在空间彼此靠近的概率较大(即处于两个原子核之间的概率较大，形成负电荷云. 借助于它们对两个原子核的 Coulomb 吸引力，可以形成稳定的束缚态.

利用式(14.3.2)，可以计算出 H_2 分子的能量(详细计算见后面的附录)

$$E_\pm(\lambda) = \frac{1}{R} + (\Psi_\pm, H_e \Psi_\pm) \tag{14.3.26}$$

参数 λ 由下式给出

$$\frac{\partial}{\partial\lambda} E_\pm = 0 \tag{14.3.27}$$

注意，λ 依赖于 R. 经过计算可以求出 $E_\pm(\lambda)$随 R 的变化，如图 14.8 所示.

计算给出，E_+ 在 $\lambda=1.166$，$\rho=1.70$ 处有极小点. 此处 $R=R_0=1.458$(原子单位)$=0.77\times10^{-10}$m，而 $E_+(R_0)=-1.139$(原子单位). H_2 分子的键长的实验值为 0.742×10^{-10}m，比这个计算值 R_0 略小. 当 $R\to\infty$时(即 H_2 分子解体)H_2 变成两个中性氢原子，均处于 1s 轨道，它们的能量和为 $2\times(-1/2)=-1$(原子单位). 因此，H_2 分子的离解能的计算值为

$$D=-1-\left(-1.139+\frac{1}{2}\hbar\omega_0\right)=0.139+\frac{1}{2}\hbar\omega_0$$

其中$\frac{1}{2}\hbar\omega_0$为零点振动能，可以根据$E_+(R)$计算曲线[在$R=R_0$邻域，用抛物线近]来近似估算. 其结果为$\frac{1}{2}\hbar\omega_0\approx 0.010$(原子单位)$=0.27\text{eV}$. 此结果与$H_2$分子振动谱的实验观测定出的$\hbar\omega_0\approx 0.54\text{eV}$相近. 这样，可以计算出$D\approx 0.129$(原子单位)$=3.54\text{eV}$，约为实验值$D=4.45\text{eV}$的80%. 若采用更细致的含有较多参数的试探波函数，计算结果将更接近于实验值.

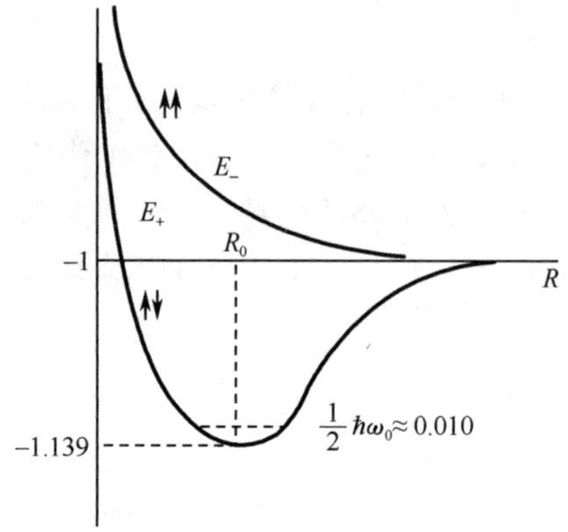

图 14.8　氢分子

附录

以空间对称波函数Ψ_+为例，计算氢分子的能量平均值.

首先，类氢原子(有效电荷为λ)的1s态波函数(14.3.23)满足的能量本征方程为(取原子单位)

$$\left(-\frac{1}{2}\nabla^2-\frac{\lambda}{r}\right)\psi(r)=-\frac{\lambda^2}{2}\psi(r) \tag{14.3.28}$$

对于电子1，上式中$r\to r_{a1}$或r_{b1}，$\nabla^2\to\nabla_1^2$，而对于电子2，则$r\to r_{a2}$或r_{b2}，$\nabla^2\to\nabla_2^2$. 这样，用氢分子H_2的Hamilton量(14.3.2)对波函数$\Psi_+(1,2)$[见式(14.3.24)]运算后，可得出

$$\begin{aligned}H\Psi_+=&F(r_{a1})\psi(r_{b2})+\psi(r_{a1})F(r_{b2})+F(r_{b1})\psi(r_{a2})+\psi(r_{b1})F(r_{a2})\\&+\left(\frac{1}{r_{12}}-\frac{1}{r_{b1}}-\frac{1}{r_{a2}}+\frac{1}{R}\right)\psi(r_{a1})\psi(r_{b2})+\left(\frac{1}{r_{12}}-\frac{1}{r_{a1}}-\frac{1}{r_{b2}}+\frac{1}{R}\right)\psi(r_{a2})\psi(r_{b1})\\=&E_+\left[\psi(r_{a1})\psi(r_{b2})+\psi(r_{a2})\psi(r_{b1})\right]\end{aligned} \tag{14.3.29}$$

上式中

$$F(r)=\left(-\frac{1}{2}\lambda^2-\frac{\lambda-1}{r}\right)\psi(r) \tag{14.3.30}$$

用$\psi(r_{a1})\psi(r_{b2})$左乘(14.3.29)式，积分$\iint d\tau_1 d\tau_2$，可得出

$$2(A+A'\mathcal{T})-2(\mathcal{K}+\mathcal{E}\mathcal{T})+(\mathcal{K}'+\mathcal{E}')=\left(E_+-\frac{1}{R}\right)(1+\mathcal{T}^2) \tag{14.3.31}$$

即

$$E_+ = \frac{1}{R} + \frac{2(A + A'\mathscr{T})}{1 + \mathscr{T}^2} - \frac{2(\mathscr{K} + \mathscr{E}\mathscr{T}\varphi) - (\mathscr{K}' + \mathscr{E}')}{1 + \mathscr{T}^2} \tag{14.3.32}$$

上式中出现了 7 个积分，其中 $\mathscr{T}$、$\mathscr{K}$、$\mathscr{E}$ 三个积分已在前面式(14.3.10～12)中给出. 引进无量纲参量 $\rho=\lambda R$，对于氢分子(参见图 14.6(b))

$$\mathscr{T} = \int d\tau_1 \psi^*(r_{a1})\psi(r_{b1}) = \frac{\lambda^3}{\pi}\int d\tau_1 \exp[-\lambda(r_{a1} + r_{b1})] = \left(1 + \rho + \frac{1}{3}\rho^2\right)\exp(-\rho) \tag{14.3.33}$$

$$\mathscr{K} = \int d\tau_1 |\psi(r_{a1})|^2/r_{b1} = \frac{\lambda^3}{\pi}\int d\tau_1 \frac{1}{r_{b1}}\exp(-2\lambda r_{a1}) = \frac{\lambda}{\rho}[1 - (1+\rho)\exp(-2\rho)] \tag{14.3.34}$$

$$\begin{aligned}\mathscr{E} &= \int d\tau_1 \psi^*(r_{a1})\psi(r_{b1})/r_{a1} = \frac{\lambda^3}{\pi}\int d\tau_1 \frac{1}{r_{a1}}\exp[-\lambda(r_{a1} + r_{b1})] \\ &= \lambda(1+\rho)\exp(-\rho) = \lambda\left[\mathscr{T}(\rho) - \frac{1}{3}\rho^2\exp(-\rho)\right]\end{aligned} \tag{14.3.35}$$

另外三个积分为

$$\begin{aligned}A &= \int d\tau_1 \psi^*(r_{a1})F(r_{a1}) = \int d\tau_1 |\psi(r_{a1})|^2\left(-\frac{1}{2}\lambda^2 + \frac{\lambda-1}{r_{a1}}\right) \\ &= \frac{\lambda^3}{\pi}\int d\tau_1 \exp(-2\lambda r_{a1})\left(-\frac{1}{2}\lambda^2 + \frac{\lambda-1}{r_{a1}}\right) = -\frac{\lambda^3}{2} + \lambda(\lambda-1)\end{aligned} \tag{14.3.36}$$

$$A' = \int d\tau_1 \psi^*(r_{a1})F(r_{b1}) = \int d\tau_1 \psi^*(r_{a1})\left(-\frac{1}{2}\nabla_1^2 - \frac{1}{r_{b1}}\right)\psi(r_{b1}) = -\frac{1}{2}\lambda^2\mathscr{T} + (\lambda-1)\mathscr{E} \tag{14.3.37}$$

$$\begin{aligned}\mathscr{K}' &= \iint d\tau_1 d\tau_2 |\psi(r_{a1})|^2 |\psi(r_{b2})|^2/r_{12} = \left(\frac{\lambda^3}{\pi}\right)^2\int d\tau_1 \exp(-2\lambda r_{a1})\int d\tau_2 \exp(-2\lambda r_{b2})/r_{12} \\ &= \lambda\frac{1}{\rho}\left[1 - \left(1 + \frac{11}{8}\rho + \frac{3}{4}\rho^2 + \frac{1}{6}\rho^3\right)\exp(-2\rho)\right]\end{aligned} \tag{14.3.38}$$

(计算 $\mathscr{K}'$ 时，先对 τ_2 积分，取球坐标系，原点取在 b 点，极轴为 $b1$，然后积分 τ_1).

最后还剩下一个积分 $\mathscr{E}'$，

$$\mathscr{E}' = \iint d\tau_1 d\tau_2 \psi^*(r_{a1})\psi(r_{b1})\psi^*(r_{b2})\psi(r_{a2})/r_{12} \tag{14.3.39}$$

是不能用初等函数表示出来的. 经计算后①，可以表示成

$$\mathscr{E}' = \lambda\left[\left(\frac{5}{8} - \frac{23}{20}\rho - \frac{3}{5}\rho^2 - \frac{1}{15}\rho^3\right)\exp(-2\rho) + \frac{6}{5}\frac{\varphi(\rho)}{\rho}\right] \tag{14.3.40}$$

其中

$$\varphi(\rho) = [\mathscr{T}(\rho)]^2(\ln\rho + C) - [\mathscr{T}(-\rho)]^2 E_1(4\rho) + 2[\mathscr{T}(\rho)][\mathscr{T}(-\rho)]E_1(2\rho) \tag{14.3.41}$$

上式中 $C=0.57722$(Euler 数)，而

$$E_1(\rho) = \int_\rho^\infty \frac{1}{t}\exp(-t)dt \tag{14.3.42}$$

以下讨论这些积分的物理意义.

---

① Y. Suguira, Zeit. Physik **45**(1937)484. $E_1(\rho)$可查表，见 Jahnke-Emde, *Tables of Functions*(1933).

(1) $\mathscr{T}=\int d\tau\psi(r_{a1})\psi(r_{b1})$ 是一个电子的两个波函数 $\psi(r_{a1})$ 和 $\psi(r_{b1})$ 的重叠积分(overlap integral). 当两个原子核 a 和 b 距离 R 很远时($R\gg1$),$\mathscr{T}\sim0$. 反之,若两个原子核重合($R=0$),则 $\mathscr{T}=1$. 在一般情况下,$0<\mathscr{T}<1$.

(2) $\mathscr{K}$,$\mathscr{K}'$ 和 A. 这三个积分与 $\mathscr{T}$ 无关,有经典对应.

$-\mathscr{K}=-\int d\tau_1|\psi(r_{a1})|^2/r_{b1}$,表示一个电子的电荷分布密度($-|\psi(r_{a1})|^2$)与另一个核的 Coulomb 吸引能. 当 $R\gg1$ 时,$(-\mathscr{K})\sim(-1/R)$. 当 $R\to\infty$,$-\mathscr{K}\to0$.

$\mathscr{K}'=\iint d\tau_1 d\tau_2|\psi(r_{a1})|^2|\psi(r_{b2})|^2/r_{12}$ 表示两个原子中的电荷密度分布($-|\psi(r_{a1})|^2$)和($-|\psi(r_{b2})|^2$)之间的 Coulomb 排斥能. 当 $R\to\infty$,$\mathscr{K}'\sim1/R\to0$.

当 $R\to\infty$ 时,$\lambda\to1$,$A\to-1/2$(氢原子的基态能量). A 可以看成在 H_2 分子中的一个原子的基态能量. 在实际的 H_2 分子中,由于另一个原子的存在,λ 不再是 1. 对于 H_2 分子基态,$\lambda=1.166$,计算给出 $A=-0.487$.

(3) $\mathscr{E}$,$\mathscr{E}'$ 和 A'. 它们无经典对应,纯属量子效应,是两个电子波函数的交换对称性所引起的. 当 $R\to\infty$,这几个积分都趋于 0. 因为在此极限下,两个电子各自定域于所在的原子中,彼此可以分辨,因而两个电子波函数的交换对称性就不必考虑了. 交换积分随之趋于 0.

14.3.3 化学键的量子力学定性描述

在量子力学提出之前,化学家已经在实验上发现了分子结构的许多规律. 但在经典物理学框架内,不仅不能对分子结构作定量的计算,甚至对这些经验规律及分子结构,也不能给出令人信服的定性解释. 例如,为什么仅仅是两个氢原子而不是三个、四个,或更多的氢原子组成一个稳定的氢分子? 为什么氦以及其他惰性气体以单原子分子的形式非常稳定地存在于自然界中? ……. 量子力学的重要成就之一是对分子结构提供了一个正确的理论诠释,并在原则上能对它进行定量计算. 现今,对于分子结构的定性描述和理解,量子力学的语言和概念已是必不可少的了①. 近年来,由于计算机技术的进步,甚至对某些高分子的结构也能进行量子力学的计算,并取得了不少积极的成果. 以下我们对这方面的工作做定性的初步介绍. 更详细的阐述,见量子化学专著.

1. 离子键与共价键

为了描述分子的结构,化学家曾经唯象地引进了化学键的概念. 分子的化学键,可以分为离子键(ionic bond)与共价键(covalent bond)两类. 例如,Na^+-Cl^-(氯化钠蒸气分子)就是靠离子键结合起来的. Na 原子的金属性很强,易于失去一个外层价电子而形成 Na^+. 而 Cl 原子的非金属性很强,易于得到一个电子而形成 Cl^-. Na^+ 与 Cl^- 的电子壳都是满壳,很稳定. Na^+ 与 Cl^- 可以靠 Coulomb 引力而联系在一起. 但当 Na^+ 与 Cl^- 可以很靠近时,它们的电子云将发生显著的重叠,就呈现强

① 例如,J. C. Slater, *Quantum Theory of Molecules and Solids*, Vol. 1(1963).

烈的排斥作用.[其根本原因在于 Pauli 原理.按照 Fermi 气体模型,Fermi 气体的平均能量∝(电子云密度)$^{3/2}$,见 14.4 节式(14.4.10)与(14.4.13).当电子云密度增大时,能量将增大.这相当于有强烈的排斥作用.]离子之间的 Coulomb 引力与这种排斥力达到平衡时,两个离子的距离就是离子键的键长.

共价键与离子键不同①.例如,氢分子就是靠共价键结合起来的.在共价键结合中,原子之间没有电子转移,两个原子各自贡献一个电子,形成共价键,两个电子是两个原子所公有的.共价键的量子理论,是根据 Heitler-London 的氢分子理论逐步发展起来的.按照前面的计算及图 14.8 可以看出,尽管氢分子是由两个中性的原子组成,但它的确存在一个稳定的束缚态.它的两个电子的波函数的自旋部分是反对称的($S=0$,自旋"反平行",见图 14.8),而空间部分波函数则是对称的.因此,两个电子在空间能够彼此靠近,即在两个原子核之间的空间区域中,形成密度较大的"电子云",它同两个原子核都有较强的吸引力,从而把两个原子结合在一起.这种为两个原子公有的、自旋取向反平行的配对电子结构,就形成共价键.

与此相反,若两个原子中的电子的自旋平行($S=1$,三重态),则空间部分波函数必定是反对称的,两个电子不能靠近.从图 14.8 也可看出,在此情况下分子的能量 E_- 随 R 增大而减小,即表现为排斥力,所以不能构成束缚态.

共价键的特征在于它的饱和性与方向性.

饱和性是指一个原子只能提供一定数目的共价键.这取决于该原子中未配对的电子的数目.例如,氢原子只有一个 1s 电子,氢分子中的两个氢原子各提供一个未配对的电子,形成一个共价(单)键,记为 H-H 或 H∶H .又例如$(Li)_2$(锂分子气体)中的锂原子,虽然有三个电子,但有两电子已经配对$(1s)^2$,形成满壳,未配对的电子只有一个$(2s)^1$ 电子.见图 14.9(b),当两个 Li 原子中的 2s 电子的自旋反平行时,也能形成一个共价键,构成稳定的$(Li)_2$ 分子(气体).

由于电子的自旋为 1/2,在分子中两个电子配对之后,就不能再与第三个电子配对.例如,氢分子中两个电子已经配对(自旋反平行),若有第三个氢原子接近它,是不能形成 H_3 分子的.因为第三个氢原子中的电子的自旋总是会与已形成 H_2 的两个电子中之一的自旋相平行,因而会被排斥开,这就是共价键的饱和性的根源.又例如氦原子[图 14.9(a)],其电子组态为$(1s)^2$,两电子已经配对,不能再与别的原子中的未配对电子去配对,即不能提供共价键,所以在自然界中,氦以单原子分子(而不是以化合物分子)的形式非常稳定地存在.

方向性是指原子提供的共价键有一定的方向.对于多键分子,各共价键之间的

---

① 共价键结构中的电子虽然为两个原子公有,但共价键仍可分为极性键与非极性键.靠极性键结合起来的分子的正电荷中心与负电荷中心不重合.例如,HCl(蒸气分子)是靠共价键结合起来的(H 提供一个 1s 电子与 Cl 提供的未配对的 3p 电子相配对),Cl 负电性较强,H 正电性较强,但是还不能算是离子键.当然,极性很强的共价键与离子键之间并无严格的分界线.

相对取向决定分子的结构图形.根据计算,共价键的强弱取决于形成共价键的两个电子的电子云的密度分布和重叠程度.一个原子提供的共价键的方向总是沿着价电子的波函数强度最大的方向.例如,p 轨道中的 3 个 p_x,p_y,p_z 价电子的电子云呈哑铃状,共价键的方向将沿着 x,y 和 z 轴方向(见 9.5 节,图 9.8).

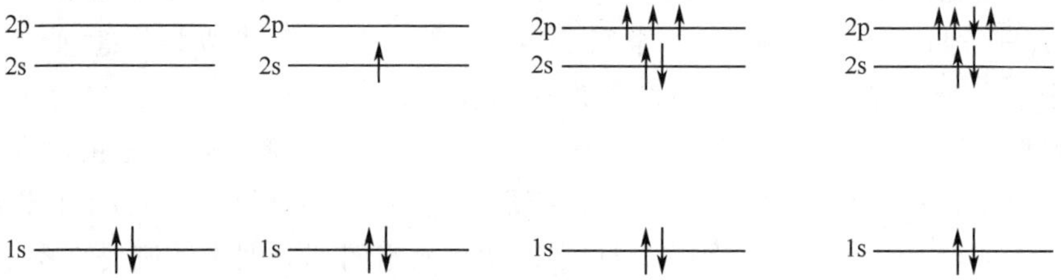

(a) 氦原子 $(1s)^2$　(b) 锂原子 $(1s)^2(2s)$　(c) 氮原子 $(1s)^2,(2s)^2(2p)^3$　(d) 氧原子 $(1s)^2(2s)^2(2p)^4$

图 14.9　原子中的电子组态(Configuration)

例如,在水分子(H_2O)中,O 原子有两个未配对的 2p 电子(图 14.9(d)),如果简单地认为一个在 p_x 轨道,一个在 p_y 轨道,于是两个 H 原子的电子(都在 1s 轨道,是球对称的)将沿 x 轴与 y 轴方向接近 O 原子,形成两条共价键.按这种简单的考虑,两条键的夹角应为 90°,但实验测得键角为 104°27′(图 14.10)①,两者相差 14°27′.即使考虑两个 H 原子的电子云的排斥,计算表明,角度大约可增加 5°,还不足以解释实验.类似的情况存在于 NH_3 分子中,N 原子的电子组态为 $(1s)^2(2s)^2(2p)^3$,见图 14.9(c).NH_3 的三条键中任何两条键之间的夹角似乎也应为 90°,但实验观测值为 106°46′(见图 14.11).解释这个矛盾的较为流行的理论是所谓轨道"杂化"②(hybridization),即电子轨道(状态)的某种混合.

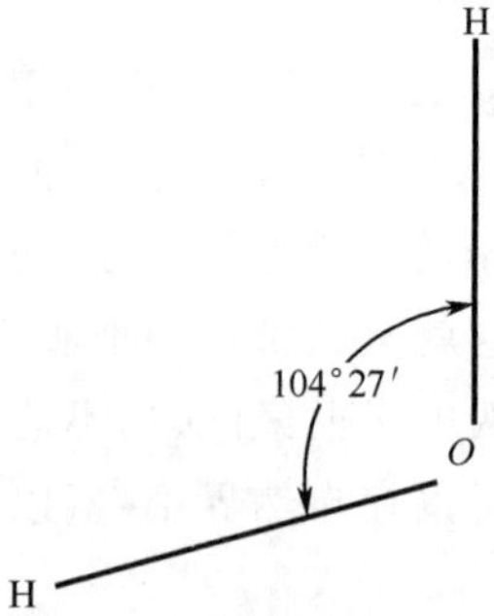

图 14.10　水分子 H_2O 的键角

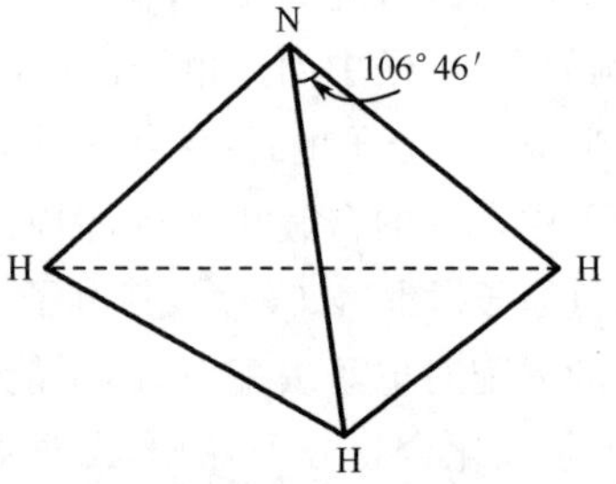

图 14.11　NH_3 分子的键结构

① J. March, *Advanced Organic Chemistry*, 2nd ed., p. 10(1977).

② 参阅 Cohen-Tannoudji, et al., *Quantum Mechanics*, Vol. 1, p. 841～855.

2. 轨道杂化

先以甲烷(methane, CH_4)为例. CH_4 分子中 C 原子提供了四个未配对的电子,与四个 H 原子中的电子配对. 通常认为 C 原子中电子的组态为 $(1s)^2(2s)^2(2p)^2$,其中 $(1s)^2$ 与 $(2s)^2$ 分别都为满壳结构,所以只有两个未配对的电子 $(2p)^2$. 这是基于纯 Coulomb 场(氢原子)的能级分布,2p 与 2s 能级是简并的,而且(1s)能级与(2s)和(2p)能级相差很大,$(1s)^2$ 是一个理想的满壳. 而实际分子中,原子核的 Coulomb 场受到屏蔽效应,能级略低于 2p 能级,但(2s)能级与(2p)能级相当靠近. $(2s)^2$ 并非理想的满壳结构(见 9.5 节,图 9.7),因而 2s 态比较容易与三个 2p 态($\psi_{2p_x}, \psi_{2p_y}, \psi_{2p_z}$)进行线性叠加,形成新的单电子态,例如,假设这四个态的如下等权重的叠加态(即完全杂化轨道)

$$
\begin{aligned}
\psi_a &= \frac{1}{2}(\psi_{2s} + \psi_{2p_x} + \psi_{2p_y} + \psi_{2p_z}) \\
\psi_b &= \frac{1}{2}(\psi_{2s} + \psi_{2p_x} - \psi_{2p_y} - \psi_{2p_z}) \\
\psi_c &= \frac{1}{2}(\psi_{2s} - \psi_{2p_x} + \psi_{2p_y} - \psi_{2p_z}) \\
\psi_d &= \frac{1}{2}(\psi_{2s} - \psi_{2p_x} - \psi_{2p_y} + \psi_{2p_z})
\end{aligned}
\tag{14.3.43}
$$

这 4 个量子态(杂化轨道)的"电子云"的分布集中在 O_a, O_b, O_c 和 O_d 四个方向(见图 14.12). 这样形成的四条键从 C 原子(处于正四面体中心)出发,伸向四个顶角. 两条键的夹角为 $\theta = 2\arcsin\sqrt{2/3} = 109°28'$. 由于电子之间的相互作用,叠加态(杂化轨道)反而更稳定.

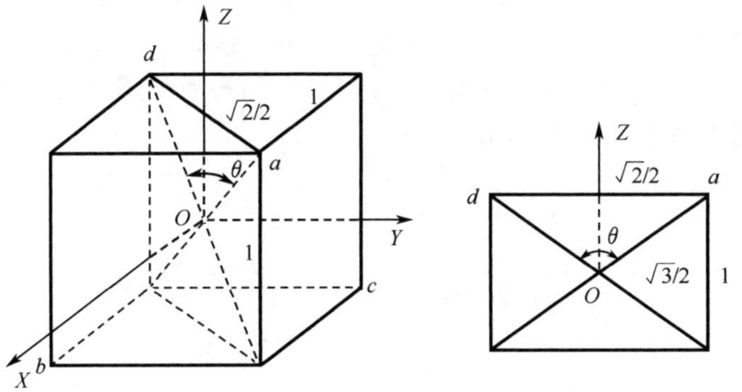

图 14.12　CH_4 的键角

根据上述轨道杂化图像,也可以较好地解释水分子的键角. H_2O 分子中 O 原子有 8 个电子[见图 14.9(d)],满壳电子 $(1s)^2$ 不参与化学作用,其余 6 个电子组态(不计及杂化)为$(2s)^2(2p)^4=2(s)^2(2p)^{-2}$. 计及轨道杂化后,形成$\psi_a$、$\psi_b$、$\psi_c$、$\psi_d$四个轨道,每个轨道上可容纳两个电子. 例如,有两个电子处于ψ_c,两个电子处于ψ_d,另外一个电子处于ψ_a与H原子中的电子形成自旋单态,构成一条键,另外一个电子处于ψ_b,与另一个H原子中的电子形成自旋单态,也构成一条键. 按图14.12所示,两键夹角$\theta=109°28'$,比实验观测值$104°27'$略大. 实际H_2O分子的电子态介于完全杂化[见式(14.3.43)]与不杂化组态$(2s)^2(sp)^4$之间,原因是2s能级略低于2p能级,在2s与2p轨道杂化时,各态的权重会稍有差别,使杂化态中有3个更接近于p轨道,有一个更接近s轨道,而两个H原子中的电子则与第一种轨道(更接近于p轨道)上的电子组成键,因此键用介于90°与109°28′之间. 按类似的论据可以说明NH_3的键角(见图14.11).

3. 水分子的氢键

按上述水分子H_2O的构形,可以解释自然界中观察到的氢键(hydrogen bond). 水分子中共有10个电子,其中$(1s)^2$为理想满壳结构,激发被冻结. 剩下的8个电子,粗糙看来,可以认为是填布在4个杂化轨道ψ_a、ψ_b、ψ_c和ψ_d上. 于是O原子好像伸出4只带负电的手臂,形成四面体结构. 两个H原子核(原子)则靠Coulomb吸引力而维系在其中两条臂的顶部. 在液态水中,当两个H_2O分子靠近时,一个水分子中的质子与另一个水分子中的负电臂结合,就形成氢键(hydrogen bond),见图14.13,结合能约为0.2eV,比较微弱. 这样,每一个水分子均可借助氢键与另外4个水分子束缚在一起,形成有四面体结构的大水分子集团(cluster)$H_{2n}O_n$. 由此可以说明液态水的黏滞性(viscosity)随温度的变化. 当温度较低时,大水分子集团结构使水流动困难,黏滞性较大. 但当水温升高,热运动将破坏氢键,使大分子集团减少,因而黏滞性减小. 此外,水溶性物质分子之所以能溶于水,是由于水分子可以使物质分子离散,并与水分子形成氢键.(物质分子与水分子附着在一起,比它们自己附着在一起的能量要低一些.)反之,如物质分子不能与水分子附着而形成氢键,则不溶于水,例如,油.

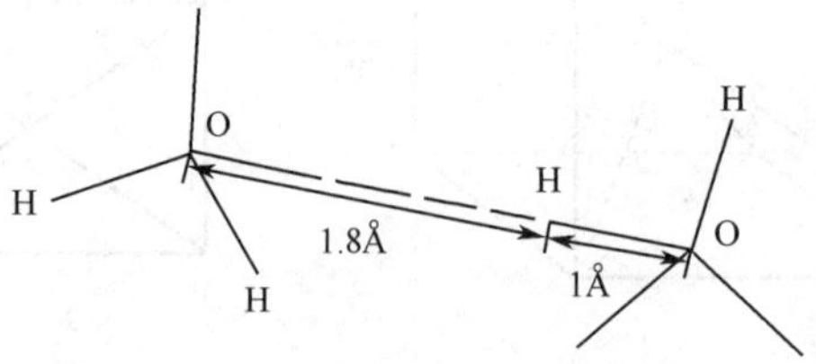

图 14.13　水分子之间的氢键

在氢键中H离开两个H_2O分子中的O原子的间距分别约为1.8Å和1Å.

参见G. Baym, *Lectures on Quantum Mechanics*(1978), p. 494.

14.4 Fermi 气体模型

自然界中广泛碰到自旋为 1/2 的同类粒子组成的多体系. 例如,金属中的导电电子组成的多粒子系,重原子中的电子系,原子核中的质子系和中子系,中子星等. Fermi 气体模型把它们看成为在一定空间中的无相互作用的 Fermi 子组成的集合,在这里 Pauli 原理起了重要的作用. 虽然这个模型是很粗糙的,但对于粗略地描述体系的粗块性质(bulk properties)还是很有用的.(所谓粗块性质,是指体系的大多数粒子都参与贡献的那些性质.)

14.4.1 金属中的电子气

作为一粗糙的近似,金属中的导电电子可以看成限制在金属导体内部做自由运动的电子气. 为简单起见,考虑边长为 L 的方块金属. 按 3.2 节的计算,电子能级由下列公式给出:

$$E = \frac{\hbar^2}{2m}(k_x^2 + k_y^2 + k_z^2)$$

$$k_x = \frac{\pi n_x}{L}, \quad k_y = \frac{\pi n_y}{L}, \quad k_z = \frac{\pi n_z}{L}, \quad n_x, n_y, n_z = 1, 2, 3, \cdots \tag{14.4.1}$$

即

$$E = \frac{\pi^2 \hbar^2}{2mL^2}(n_x^2 + n_y^2 + n_z^2) \tag{14.4.2}$$

考虑到电子的自旋态,每一个空间量子态(n_x, n_y, n_z)上可以容纳两个电子. 设想以(n_x, n_y, n_z)为坐标的三维空间,每一组正整数(n_x, n_y, n_z)对应于该空间的第一象限中的一点. 从坐标原点引向(n_x, n_y, n_z)点的距离为 n,而

$$n^2 = n_x^2 + n_y^2 + n_z^2 \tag{14.4.3}$$

以原点为球心,半径在$(n, n+\mathrm{d}n)$之间的球壳在第一象限中的体积为

$$\frac{1}{8} 4\pi n^2 \mathrm{d}n = \frac{\pi}{2} n^2 \mathrm{d}n$$

每单位体积中有一个格点(用一组正整数 n_x, n_y, n_z 刻画),因而对应有两个量子态(计及电子自旋). 因此在$(n, n+\mathrm{d}n)$范围中的量子态数目,即可容纳的电子数,为

$$\mathrm{d}N = \pi n^2 \mathrm{d}n \tag{14.4.4}$$

以上的分析,基于下述考虑:即金属中自由电子的数目 N 很大,它的变化可近似看成连续的. 式(14.4.2)改写成

$$E = \frac{\pi^2 \hbar^2}{2mL^2} n^2 \tag{14.4.5}$$

所以

$$\mathrm{d}E = \frac{\pi^2 \hbar^2}{mL^2} n \mathrm{d}n$$

因而

$$dN = \pi n^2 \frac{mL^2}{\pi^2 \hbar^2} \frac{1}{n} dE$$

再利用式(14.4.5),可求出电子气的量子态密度随能量的分布为

$$\frac{dN}{dE} = \frac{mL^2}{\pi^2 \hbar^3} \sqrt{2mE} \propto m^{3/2} L^3 \sqrt{E} \tag{14.4.6}$$

设电子气处于基态,即电子从最低的能级开始填充,在不违反 Pauli 原理的原则下一直填充到能级 E_f. 能量高于 E_f 的能级是空着的,而低于 E_f 的能级则完全被填满. E_f 称为 Fermi 能量. 设电子气的电子总数为 N,则

$$N = \sqrt{2m} \cdot \frac{mL^3}{\pi^2 \hbar^3} \int_0^{E_f} \sqrt{E}\, dE = \frac{L^3}{3\pi^2 \hbar^3} (2mE_f)^{3/2} \tag{14.4.7}$$

令

$$p_f = \hbar k_f = \sqrt{2mE_f} \tag{14.4.8}$$

p_f 称为 Fermi 动量. 由式(14.4.7)可求出电子气在空间的密度(令 $L^3 = \Omega$)

$$\rho = \frac{N}{\Omega} = \frac{1}{3\pi^2} \left(\frac{2mE_f}{\hbar^2} \right)^{3/2} = \frac{1}{3\pi^2} k_f^3 \tag{14.4.9}$$

式(14.4.9)还可改写成

$$E_f = \frac{\hbar^2}{2m} (3\pi^2 \rho)^{2/3} = \frac{\hbar^2}{2m} (3\pi^2 N/\Omega)^{2/3} \tag{14.4.10}$$

或

$$k_f = (3\pi^2 \rho)^{1/3} = (3\pi^2 N/\Omega)^{1/3}$$

这是电子气的 Fermi 能量(动量)与电子气密度的关系. 显然,ρ 愈大,则 E_f 愈大.

在 $T \approx 0$K(即不计及热运动的影响)的情况下,若以能量为横坐标,能级被电子对填充的概率 W 为纵坐标,其曲线如图 14.14 中粗实线所示. 这种能态分布的电子气,称为完全简并 Fermi 气体.

利用式(14.4.9),电子气的态随能量分布的密度可改写成

$$\frac{dN}{dE} = \frac{\Omega}{2\pi^2} \left(\frac{2m}{\hbar^2} \right)^{3/2} \sqrt{E} = \frac{3}{2} \frac{N}{E_f^{3/2}} \sqrt{E} \tag{14.4.11}$$

因此在 Fermi 面附近($E \approx E_f$),态密度为

$$\left(\frac{dN}{dE} \right)_{E_f} = \frac{3}{2} \frac{N}{E_f} \tag{14.4.12}$$

按式(14.4.6)或(14.4.11),容易求出,对于完全简并 Fermi 气体,电子的平均能量为

$$\bar{E} = \int E dN \Big/ \int dN = \int_0^{E_f} E \sqrt{E}\, dE \Big/ \int_0^{E_f} \sqrt{E}\, dE = \frac{3}{5} E_f \tag{14.4.13}$$

讨论

(1°)电子气的压强

设电子气的体积变化为 $d\Omega$,需要外界对它作的功为 dA,则电子气的压强 P

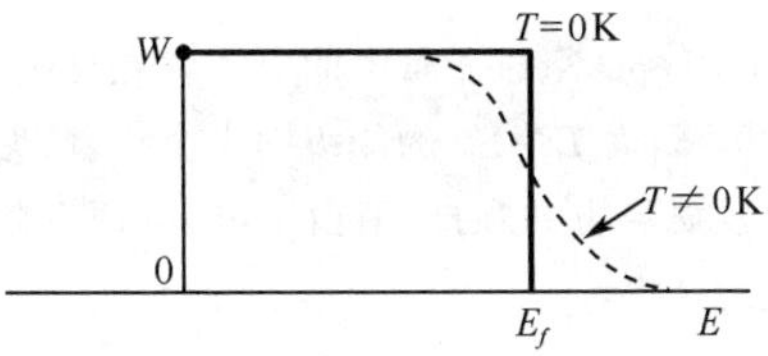

图 14.14　Fermi 气体的完全简并分布(实线)

在 $T\neq 0$K 情况下,Fermi 面下部分电子可以激发到 Fermi 面以上的能级上去,如虚线所示. 例如,对于银块,它的质量密度为 10.5g/cm^3,银原子质量为 1.80×10^{-22}g. 每一个银原子有一个导电电子. 所以 $\rho=(10.5/1.80\times10^{-22})\text{cm}^{-3}=5.85\times10^{-22}\text{cm}^{-3}$

以此 ρ 值代入式(14.4.10),得 $E_f=8.80\times10^{-12}\text{erg}=5.55\text{eV}$.

注意:对于常温导体($T\approx300$K),$kT\approx0.026$eV(k 是 Boltzmann 常数),所以 $E_f\gg kT$. 热运动只引起电子气的能态分布与 Fermi 气体完全简并分布有微小的差异.(如图中虚线所示).

可如下定义

$$\mathrm{d}A=-P\mathrm{d}\Omega \tag{14.4.14}$$

此时,电子气的内能增加 $\mathrm{d}U=\mathrm{d}A$,因此

$$P=-\frac{\mathrm{d}U}{\mathrm{d}\Omega} \tag{14.4.15}$$

对于完全简并 Fermi 气体($T\approx0$K),有

$$U=N\bar{E}=\frac{3}{5}NE_f \tag{14.4.16}$$

所以

$$\mathrm{d}U=\frac{3}{5}N\mathrm{d}E_f$$

而按式(14.4.10),

$$\ln E_f=\text{常数}-\frac{2}{3}\ln\Omega$$

所以

$$\frac{\mathrm{d}E_f}{E_f}=-\frac{2}{3}\frac{\mathrm{d}\Omega}{\Omega}$$

或

$$\frac{\mathrm{d}E_f}{\mathrm{d}\Omega}=-\frac{2}{3}\frac{E_f}{\Omega} \tag{14.4.17}$$

因此,电子气的压强为

$$P=-\frac{\mathrm{d}U}{\mathrm{d}\Omega}=-\frac{3}{5}N\frac{\mathrm{d}E_f}{\mathrm{d}\Omega}=\frac{2}{5}N\frac{E_f}{\Omega}=\frac{2}{5}\rho E_f \tag{14.4.18}$$

对于银块,用前面求出的 ρ 与 E_f 代入,得

$$P\approx2.06\times10^{11}\text{dyne/cm}^2\sim20\times10^4\text{atm}$$

(2°)电子气的磁化率①

在没有外加磁场的情况下，$T\approx 0$ K 的金属中的电子气在能级上的分布，是完全简并分布，即 $E\leqslant E_f$ 的能级都被电子对填满，而 $E>E_f$ 的能级则完全空着，见图 14.15. 当加上外磁场时，则部分电子将被拆散，自旋沿反磁场方向顺排，但由于 Pauli 原理限制，被拆散的粒子对中的一个，只能往 Fermi 面之上能级跳.

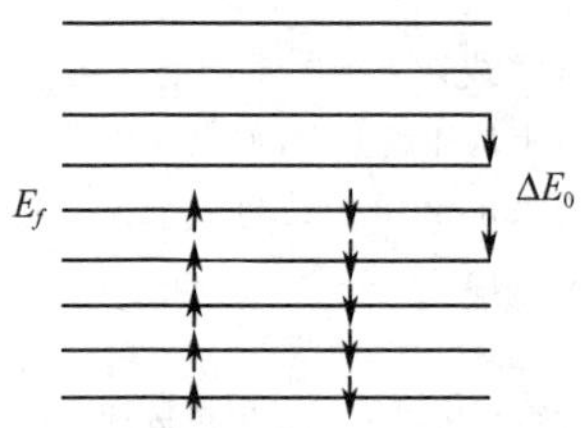

图 14.15

设有 ν 对电子被拆散，自旋沿反磁场方向顺推，电子气能量将降低 $2\nu\mu B\left(\mu=\dfrac{e\hbar}{2mc},\text{Bohr 磁子}\right)$. 但另一方面，拆散的电子对中的一个电子必须依次往 Fermi 面之上能级的能级填充，这要付出一定的能量. 按照付出能量的大小来编序：

第 1 对(处于 E_f 能级)拆散，需要能量 ΔE_0，

第 2 对(E_f 之下紧邻的能级)拆散，需要 $3\Delta E_0$，

第 3 对　　　　　　　　拆散，需要 $5\Delta E_0$，

……

总起来，ν 对电子被拆散后依次往上填充，电子气能量的将增加

$$[1+3+5+\cdots+(2\nu-1)]\Delta E_0=\nu^2\Delta E_0$$

所以，由于磁场使得电子气能量的改变为

$$W=-2\nu\mu B+\nu^2\Delta E_0 \tag{14.4.19}$$

而达到平衡时，W 取极值，即

$$\mathrm{d}W/\mathrm{d}\nu=0$$

由此可以定出

$$\nu=\frac{\mu B}{\Delta E_0}$$

此时，电子气能量的变化为

$$W=-\frac{\mu^2B^2}{\Delta E_0} \tag{14.4.20}$$

达到平衡后，如被拆散电子对的数目继续增加，反而不稳定.

在达到平衡时，电子气的总磁矩为

$$M=2\nu\mu=\frac{2\mu^2B}{\Delta E_0} \tag{14.4.21}$$

可以看出，$M=\mathrm{d}W/\mathrm{d}B$. 磁化率定义为

$$\chi\equiv\frac{M}{\Omega B}=\frac{2\mu^2}{\Omega\Delta E_0} \tag{14.4.22}$$

按照式(14.4.12)，在 Fermi 面附近的能级间距约为($\Delta N=2$)

$$\Delta E_0=\frac{4E_f}{3N}=\frac{4E_f}{3\rho\Omega} \tag{14.4.23}$$

---

① S. Fiügge, *Practical Quantum Mechanics*, Springer-Verlag(1994)Prob. 168.

用式(14.4.10)及(14.4.23)代入式(14.4.22)，可得

$$\chi = \frac{e^2}{4\pi mc^2}\left(\frac{3\rho}{\pi}\right)^{1/3} \tag{14.4.24}$$

*14.4.2 原子核的 Fermi 气体模型

原子核的液滴模型和 Fermi 气体模型是早期(20 世纪 30 年代)提出的两种核模型，表面看来，两种模型差异很大，但它们在定性描述原子核的粗块性质方面，都各自取得一定成功. 后来 Mayer & Jensen(1949)提出的具有强自旋-轨道耦合的壳模型以及 Bohr & Mottelson(1952)提出的集体运动(转动和振动)模型，才为原子核结构理论奠定了可靠的基础，人们对于核结构才有了较系统的了解. 壳模型与 Fermi 气体模型有某些相似之处. 它们都把原子核看成在某种公共势场中运动的无相互作用的 Fermi 子体系. 在壳层模型中，这个公共势场常采用谐振子势或 Woods-Saxon 势(球形或变形)，并含有强自旋-轨道耦合. 在 Fermi 气体模型中，这个公共势场则取为无限高势垒所包围的一个匣子.

从核子散射实验知道，核子之间有很强的短程相互作用，而壳模型和 Fermi 气体模型在说明原子核的低激发态性质上又都取得相当大成功，这是很令人感兴趣的理论问题. 这在很大程度上与 Pauli 原理和 Heisenberg 不确定性原理以及核子之间的短程作用力的特点有密切的关系. Pauli 原理与 Heisenberg 不确定性原理都阻止核子在空间靠近. 实验还表明，核子之间有很强的排斥心，其半径 $r_c \approx 0.4\text{fm}$. 与原子相比，原子核这个体系似乎是很密集的. 事实上不尽然. 实际原子核中，核子之间平均间隔 $\approx 2r_0 = 2.4\text{fm}$，因此原子核的实际体积与最密集体积之比约为①

$$\left(\frac{r_c}{2r_0}\right)^3 \approx \frac{1}{100} \tag{14.4.25}$$

所以核子之间的有效相互作用就弱得多了. 它们彼此感受到的相互作用只是核力的较弱的“尾巴”部分. 此外，由于 Pauli 原理限制，核子(特别是在 Fermi 面下深处的核子)之间碰撞时，很难改变其量子态. 除 Fermi 面附近的少数价核子外，大多数核子的激发实际上被冻结. 有可靠的实验证据表明，原子核内核子的平均自由程至少与核直径同数量级. 这是对 Fermi 气体模型和壳模型的一个支持.

下面我们用 Fermi 气体模型来讨论原子核的一些粗块性质. 首先估算一下 Fermi 能量. 按照式(14.4.9)，

$$N = \frac{1}{3\pi^2}k_f^3\Omega$$

Ω 为原子核体积. 设原子核的中子数 $N=$质子数 $Z=\frac{1}{2}A$(质量数)(这只对很轻的 β 稳定核成立)，则

$$\frac{A}{2} = \frac{\Omega}{3\pi^2}k_f^3$$

---

① 参阅 A. de Shalit & H. Feshbach, *Theoretical Nuclear Physics*, Vol. **1**, *Nuclear Structure*(John Wiley & Sons), chap. 2, 1974. A. Bohr & B. R. Mottelson, *Nuclear Structure*, Vol. **1**, *Single-Particle Motion*,(Benjamin), 1969. P. Ring &, P. Schuck, *The Nuclear Many-Body Problem*, (Springer-Verlag, 1980). 曾谨言、孙洪洲,《原子核结构理论》. 上海科技出版社, 1987.

因此,诸核子的空间分布密度

$$\rho = \frac{A}{\Omega} = \frac{2}{3\pi^2}k_f^3 \tag{14.4.26}$$

实验观测表明,在原子核中心附近,

$$\rho \approx 0.17\ 核子\ /\mathrm{fm}^3 \tag{14.4.27}$$

由此可以得出

$$k_f \approx 1.36\mathrm{fm}^{-1} \tag{14.4.28}$$

而 Fermi 能量

$$E_f \approx \frac{\hbar^2 k_f^2}{2M} \approx 38\mathrm{MeV} \qquad (M\ 是核子质量) \tag{14.4.29}$$

按式(14.4.13),核子动能平均值

$$\bar{T} = \frac{3}{5}E_f \approx 23\mathrm{MeV} \tag{14.4.30}$$

其次,我们来讨论一下原子核结合能.其定义为

$$B(Z,A) = [ZM_p + NM_n - M(A,Z)]c^2 \tag{14.4.31}$$

M_p、M_n、$M(A,Z)$分别表示质子、中子和原子核的质量.Weizsäcker(1935)曾经给出原子核结合能的一个半经验公式,

$$B(A,Z) = a_v A - a_s A^{2/3} - a_c Z^2/A^{1/3} - a_{sy}(N-Z)^2/A + B_p \tag{14.4.32}$$

其中第一项与 A 成线性关系,按核半径的 $A^{1/3}$ 律($R=r_0A^{1/3}$),也就是它与核体积成比例,故称为体能(volume encrgy).它反映核子之间作用有饱和性,即在原子核内的一个核子最多只能与一定数目(与 A 无关)的近邻核子作用.第二项为表面能(surface energy).处于核表面的核子,相邻的核子的数目相对说来要小一些,核子近邻之间作用未能充分发挥出来,所以处于表面的核子对结合能的贡献要小一些,因此要从线性项中减去这一部分.第三项为 Coulomb 排斥能.若认为核电荷 Ze 均匀分布于半径为 R 的球内,则经典 Coulomb 能量为

$$E_c = \frac{3}{5}\frac{Z^2e^2}{R} \propto \frac{Z^2}{A^{1/3}} \tag{14.4.33}$$

若考虑到质子波函数的交换对称性(反对称),Pauli 原理倾向使质子彼此离开远一些,所以 Coulomb 能比此估计值还要小一些.第五项 B_p 是对能(pairing energy),它反映实验观测到的结合能的奇偶差,即偶偶核结合能较大,最稳定,奇 A 核次之,而奇奇核最不稳定.第四项为对称能(symmetry energy),它完全是一种量子效应,无经典对应.它可以用 Fermi 气体模型来定性说明.令

$$Z = \frac{A}{2}(1-\lambda), \qquad N = \frac{A}{2}(1+\lambda) \tag{14.4.34}$$

其中

$$\lambda = \frac{(N-Z)}{A}$$

按 Fermi 气体模型,原子核基态能量为

$$2\int_0^{Z/2} E\mathrm{d}N + 2\int_0^{N/2} E\mathrm{d}N$$

它与中子数 N=质子数 $Z=\dfrac{A}{2}$的体系的能量差为

$$\Delta E = -2\int_{A(1-\lambda)/4}^{A/4} E\mathrm{d}N + 2\int_{A/4}^{A(1+\lambda)/4} E\mathrm{d}N \tag{14.4.35}$$

令

$$F(N)=\int_0^N E\mathrm{d}N$$

则

$$\begin{aligned}\Delta E&=2\left[F\left(\frac{A}{4}(1+\lambda)\right)-2F\left(\frac{A}{4}\right)+F\left(\frac{A}{4}(1-\lambda)\right)\right]\\&\approx 2\left(\frac{A\lambda}{4}\right)^2\left(\frac{\mathrm{d}^2F}{\mathrm{d}N^2}\right)_{N=A/4}=\frac{A^2\lambda^2}{8}\left(\frac{\mathrm{d}E}{\mathrm{d}N}\right)_{N=A/4}\end{aligned}$$

利用式(14.4.12),

$$\frac{\mathrm{d}N}{\mathrm{d}E}=\frac{3}{2}\frac{N}{E_f}$$

得

$$\Delta E=\frac{A^2\lambda^2}{8}\frac{8E_f}{3A}=\frac{F_f}{3}\frac{(N-Z)^2}{A}\approx 13\frac{(N-Z)^2}{A}\mathrm{MeV} \tag{14.4.36}$$

其形式与式(14.4.32)的第四项相同.但实验定出的参数 $a_{sy}\approx 23\mathrm{MeV}$.所以 Fermi 气体模型(未计及核子剩余相互作用,只考虑了 Pauli 原理)只能说明大约一半的对称能.

下面按类似的精神来估算一下壳模型谐振子势

$$V(r)=\frac{1}{2}M\omega^2r^2 \tag{14.4.37}$$

中的参数 ω.按 6.3 节式(6.3.19)的计算,各向同性谐振子势中粒子的能级

$$E_k=\left(k+\frac{3}{2}\right)\hbar\omega,\qquad k=0,1,2,\cdots \tag{14.4.38}$$

其简并度(见 6.3 节,计及自旋态)

$$f_k=(k+1)(k+2) \tag{14.4.39}$$

因此,按照 Pauli 原理,从 $k=0$ 壳一直填充满 $k=K$ 壳时,共有粒子(质子或中子)数

$$n(K)=\sum_{k=0}^{K}(k+1)(k+2)=\frac{1}{3}(K+1)(K+2)(K+3) \tag{14.4.40}$$

此外,按位力定理,处于 k 壳的粒子的 r^2 平均值满足

$$\frac{1}{2}M\omega^2\langle r^2\rangle_k=\frac{1}{2}E_k=\frac{1}{2}\left(k+\frac{3}{2}\right)\hbar\omega$$

所以

$$\langle r^2\rangle_k=\left(k+\frac{3}{2}\right)\left(\frac{\hbar}{M\omega}\right) \tag{14.4.41}$$

当 $k=0$ 到 $k=K$ 壳均已填满时,r^2 平均值为

$$\langle r^2\rangle=\frac{1}{n(K)}\sum_{k=0}^{K}(k+1)(k+2)\left(k+\frac{3}{2}\right)\frac{\hbar}{M\omega}=\frac{3}{4}(K+2)\frac{\hbar}{M\omega} \tag{14.4.42}$$

如假设原子核内中子数 $N=$质子数 $Z=A/2$(这只对 β 稳定的轻核近似成立),即

$$n(K)=\frac{1}{3}(K+1)(K+2)(K+3)=\frac{A}{2} \tag{14.4.43}$$

所以

$$(K+2)^3\approx\frac{3A}{2},\quad (K+2)\approx\left(\frac{3A}{2}\right)^{1/3}$$

代入式(14.4.42),可求出

$$\langle r^2 \rangle \approx \frac{3}{4}\left(\frac{3A}{2}\right)^{1/3} \frac{\hbar}{M\omega}$$

因此

$$\hbar\omega = \frac{3\hbar^2}{4M\langle r^2 \rangle}\left(\frac{3A}{2}\right)^{1/3} \tag{14.4.44}$$

$\sqrt{\langle r^2 \rangle}$称为原子核的方均根半径,通常引进等效的均匀分布半径

$$R = \sqrt{\frac{5}{3}\langle r^2 \rangle} \tag{14.4.45}$$

[注 1] 实际上,β稳定核中,质子数 $Z \neq$ 中子数 N,式(14.4.44)中 $A/2$ 应分别代之为 Z 或 N. 为保证质子分布半径与中子分布半径相同,可得出 $\hbar\omega_p = \frac{5\hbar^2}{4MR^2}(3Z)^{1/3}$, $\hbar\omega_n = \frac{5\hbar^2}{4MR^2}(3N)^{1/3}$, ω_p 和 ω_n 分别依赖于核内的质子数和中子数,而 $\omega_p/\omega_n = (Z/N)^{1/3}$. 再利用 $Z^{1/3}$ 律,以及 $Z = (A/2 - T_z)$, $N = (A/2 + T_z)$, ($T_z = (N-Z)/2$ 是同位旋),

$$Z^{1/3} = \left(\frac{A}{2} - T_z\right)^{1/3} \approx \frac{A^{1/3}}{2^{1/3}}\left(1 - \frac{2T_z}{3A}\right) = \frac{A^{1/3}}{2^{1/3}}\left(1 - \frac{N-Z}{3A}\right)$$

$$N^{1/3} = \left(\frac{A}{2} + T_z\right)^{1/3} \approx \frac{A^{1/3}}{2^{1/3}}\left(1 + \frac{2T_z}{3A}\right) = \frac{A^{1/3}}{2^{1/3}}\left(1 + \frac{N-Z}{3A}\right)$$

从而得出

$$\hbar\omega_{p,n} = 41.0A^{-1/3}\left(1 \mp \frac{N-Z}{3A}\right)\text{MeV}$$

这是目前国际文献中常用的公式.(参见 A. Bohr, B. Motlelson, *Nuclear Structure*, Vol. I, p. 209. S. G. Nilsson, Mat. Fys. Medd. Dan. Vid. Selsk. **32**(1955), no. 16.)

[注 2] *原子核电荷分布半径的 $A^{1/3}$ 律与 $Z^{1/3}$ 律.*

在 20 世纪 50 年代,由于高能电子散射和 μ 原子 X 射线谱技术的进步,原子核电荷半径的测量技术有很大提高. 在原子核教材中,基于核物质密度的不可压缩性,习惯上采用 $A^{1/3}$ 律来唯象描述原子核电荷分布半径,即

$$R = r_0 A^{1/3} \tag{14.46}$$

$A = Z + N$, A 为核质量数, Z 为核质子数, N 为核中子数. 实验数据的分析表明, r_0 不能保持为常数,而是随 A 增大而系统地逐减小,即对于轻核, $r_0 \sim 1.30$fm,而对于重核 $r_0 \sim 1.20$fm.

文献[曾谨言, 物理学报, **13**(1957)735; **24**(1975)151.]分析了当时有限的十几个核电荷半径的实验数据,提出下列 $Z^{1/3}$ 律

$$R = r_p Z^{1/3} \tag{14.47}$$

他发现, r_p 比较接近于常数,即 $r_p \sim 1.635$fm. 该文还对原子核结合能的 Bethe-Weizsacker 半经验公式中的 Coulomb 能一项进行了修改,即把 Coulomb 能项$\propto Z^2/A^{1/3}$,换为$\propto Z^{5/3}$,发现结合能的计算结果与实验有明显改进. 进一步分析还发现,一个同位素系列中的原子核(Z 相同,但 A 和 N 不同)的电荷半径的变化规律远小于 $A^{1/3}$ 律的预期值. [参见曾谨言, 物理学报 **24**(1975) 151; C. Y. Tseng, T. S. Cheng, F. J. Yang, Nucl. Phys. A **334**(1980)470].

在半个世纪之后,由于测量技术的进步,高能电子散射和 μ 原子 X 射线谱的实验数据的数量和精度都有了很大提高. [参见 I. Angeli, Atomic Data and Nuclear Data Tables **87**(2004) 185; 等文献.] 考虑到同位素系列原子核的电荷半径的变化规律,我们对 $Z^{1/3}$ 律进行了进一步

改进,提出了改进的 $Z^{1/3}$ 律[有关分析参见张双全,孟杰,周善贵,曾谨言,高能物理与核物理 **26**(2002)252;雷奕安,曾谨言,高能物理与核物理 **31**(2007)1;Y. A. Lei, Z. H. Zhang, &J. Y. Zeng, Commun. Theor. Phys. (Beijing ,China) **51**(2009)123).],即

$$R_0 = r'_p Z^{1/3}[1 + b(T_z - T_z^*)]/A \tag{14.48}$$

式中 $T_z=(N-Z)/A$ 是同位旋,R_0 是已经根据核形变 β 进行了修正的核电荷半径,即

$$R_0 = \frac{R}{\sqrt{1+5\beta^2/4\pi}} \tag{14.49}$$

β 的数据是根据核电四极矩 Q_0 的数据而定出的.[参见 S. Raman, *et. al*, *At*. DataNucl. Data Tables **78**(2001)1.] 可以与相应的改进了的 $A^{1/3}$ 律

$$R_0 = r'_0 A^{1/3}[1 + b'(T_z - T_z^*)/A] \tag{14.50}$$

进行比较.根据核电荷半径($20\leqslant Z\leqslant 94$)的 441 个数据的分析,得出

$$r'_p = 1.627\text{fm},\quad b = 0.452,\quad \chi = 5.93\times 10^{-3}$$

$$r'_0 = 1.221\text{fm},\quad b' = -0.283,\ \chi = 13.72\times 10^{-3}$$

χ 是标准误差(方均根偏差).改进了的 $Z^{1/3}$ 律,明显优于 $A^{1/3}$ 律以及改进了的 $A^{1/3}$ 律.

习 题

14.1 试用变分法求一维谐振子的基态波函数和能量.

提示:建议试探波函数取为 $\exp[-\lambda x^2]$,λ 是待定参数.

答:因为试探波函数的形式与严格解相同,变分法计算结果与严格解相同.

14.2 一维谐振子,取自然单位($\hbar=m=\omega=1$),Hamilton 量可表示成 $H=-\dfrac{1}{2}\dfrac{d^2}{dx^2}+\dfrac{1}{2}x^2$.取基态试探波函数为

$$\psi = \begin{cases} N\left(1-\dfrac{|x|}{a}\right), & |x|<a \\ 0, & |x|>0 \end{cases}$$

a 为变分参数,N 为归一化常数.求基态能量,并与精确解比较.

答:$E=0.5477$.精确解为 $\dfrac{1}{2}$.

14.3 一维非简谐振子,

$$H = -\frac{\hbar^2}{2m}\frac{d^2}{dx^2} + \lambda x^4$$

假设处于基态.试用简谐振子的波函数

$$\psi_0(x) = \frac{\sqrt{\alpha}}{\pi^{1/4}}\cdot \exp\left(-\frac{1}{2}\alpha^2 x^2\right)$$

为试探波函数,α 为变分参数,求基态能量.

答:

$$\overline{H}(\alpha) = \frac{\hbar^2}{2m}\frac{\alpha^2}{2} - \frac{3\lambda}{4\alpha^4},\qquad \frac{\partial\overline{H}}{\partial\alpha} = 0,\qquad \alpha = \left(\frac{6m\lambda}{\hbar^2}\right)^{1/4}$$

$$E_0 = \frac{3^{4/3}}{4}\left(\frac{\hbar^2}{2m}\right)^{2/3}\lambda^{1/3} \approx 1.082\left(\frac{\hbar^2}{2m}\right)^{2/3}\lambda^{1/3}$$

严格数值积分结果为 $1.060\left(\dfrac{\hbar^2}{2m}\right)^{2/3}\lambda^{1/3}$,偏差≈2%.

14.4 设 ϕ 为基态的试探波函数，ψ_0 是真实的基态波函数，两者均已归一化. 令 $\varepsilon=1-|\langle\psi_0|\phi\rangle|^2$ 表示 ϕ 偏离 ψ_0 的程度. 令 $E=\langle\phi|H|\phi\rangle$，证明 $E-E_0\geqslant(E_1-E_0)\varepsilon$，其中 E_1 和 E_2 分别是体系真实的基态和第一激发态能量.

14.5 设试探波函数 φ 与本征函数 Ψ_E 差一个小量，即 $\varphi=\Psi_E+\varepsilon f(\varepsilon\ll 1)$，$\Psi_E$ 及 f 已归一化. 证明 $\overline{H}=(\varphi,H\varphi)$ 与本征值 E 之差为 $O(\varepsilon^2)$.

14.6 设不加微扰前体系的 Hamilton 量 H_0 的基态能量和波函数分别记为 E_0 和 ψ_0（已归一化）. 设体系受到微扰 H'，$H=H_0+H'$. 取试探波函数为 $\psi(\lambda)=N(1+\lambda H')\psi_0$，$\lambda$ 为变分参数，N 为归一化常数. 试用变分法求 H 基态能量的上限. 计算时保留二级小量.

答：上限为

$$E_0+\langle\psi_0|H'|\psi_0\rangle+\frac{[\langle\psi_0|H'^2|\psi_0\rangle-\langle\psi_0|H'|\psi_0\rangle^2]^2}{E_0\langle\psi_0|H'^2|\psi_0\rangle-\langle\psi_0|H'H_0H'|\psi_0\rangle}$$

14.7 设 Hamilton 量 H 的最低的 $(n-1)$ 个本征函数已知，写出变分法的试探波函数的形式，用以求出第 n 条能级的上界.

答：设 $H\phi_k=E_k\phi_k$，$k=1,2,\cdots,n-1$. 先任取波函数 $\psi(\alpha)$，已归一化. 要求与 $\phi_k(k=1,2,\cdots,n-1)$ 正交，可取

$$\phi(\alpha)=\psi(\alpha)-\sum_{k=1}^{n-1}\phi_k(\phi_k,\psi(\alpha))$$

它与所有 ϕ_k 正交. 所以

$$\overline{H}(\alpha)=\frac{(\psi_\alpha,H\psi_\alpha)-\sum_{k=1}^{n-1}|(\phi_k,\psi(\alpha))|^2E_k}{1-\sum_{k=1}^{n-1}|(\phi_k,\psi(\alpha))|^2}$$

14.8 设氢原子的基态试探波函数取为

$$\psi(\lambda,r)=N\exp[-\lambda(r/a)^2],\qquad a=\hbar^2/\mu e^2$$

N 为归一化常数，λ 为变分参数. 求基态能量，并与精确解比较.

答：

$$\overline{H}(\lambda)=\frac{3\lambda\hbar^2}{2\mu a^2}-\frac{4e^2\lambda^{1/2}}{\sqrt{2\pi a}},\qquad a=\hbar^2/\mu e^2$$

$$\frac{\partial\overline{H}}{\partial\lambda}=0,\qquad \lambda=\frac{8}{9\pi}$$

$$E_1=-\frac{8}{6\pi}\left(\frac{e^2}{a}\right),\qquad \text{严格解是}-e^2/2a$$

14.9 处于基态的氢原子，受到沿 z 轴方向的均匀电场 $\mathscr{E}$ 的作用，试用变分法计算其极化率. 试探波函数取为 $(1+\lambda z)\psi_{100}$，λ 为变分参数. 设电场 $\mathscr{E}$ 较弱，计算时略去 $\mathscr{E}$ 的高次项.

答：极化率 $\alpha=4a_0^3=0.59\times10^{-24}\,\mathrm{cm}^3$.

参阅 D. Rapp, *Quantum Mechanics*(1971), p. 291.

14.10 粒子在一维势场 $V(x)$ 中运动，$V(x)<0$. 当 $x\to\pm\infty$ 时，$V(x)\to 0$. 用变分法证明，至少存在一个束缚态 $(E<0)$.

提示：建议取试探波函数为 $\psi(\lambda,x)=\frac{\sqrt{\lambda}}{\pi^{1/4}}\exp(-\lambda^2x^2/2)$（已归一化），$\lambda>0$.

14.11 粒子在无限深方势阱 $(-a<x<+a)$ 中运动，试选用多项式形式波函数为试探波函数，求基态能量，并和精确解比较.

提示：这里定态波函数必有一定宇称. 基态为偶宇称. 如取 $\psi(x)=c_0+c_2\left(\frac{x}{a}\right)^2$. 根据边条件 $\psi(|x|=a)=0$，必然 $c_2=-c_0$. 归一化后，$\psi(x)=c_0\left(1-\frac{x^2}{a^2}\right)=\sqrt{\frac{15}{16a}}(1-x^2/a^2)$，已无变分之余地，而求出的能量平均值为 $\frac{5}{4}\frac{\hbar^2}{ma^2}$. 若取 $\psi(x)=c_0+c_2\left(\frac{x}{a}\right)^2+c_4\left(\frac{x}{a}\right)^4$，由边条件，必须 $c_4=-(c_0+c_2)$，因此 $\psi(\lambda,x)=N\left[1+\lambda\left(\frac{x}{a}\right)^2-(1+\lambda)\left(\frac{x}{a}\right)^4\right]$，$N$ 为归一化常数，λ 为变分参数，可求出基态能量为 $1.233719\ \frac{\hbar^2}{ma^2}$. 精确解为 $\frac{\pi^2}{8}\frac{\hbar^2}{ma^2}=1.233701\ \frac{\hbar^2}{ma^2}$. 可见精度极高.

14.12　同上题，求第一激发态的能量. 并与精确解比较.

提示：第一激发态宇称为奇，取 $\psi(x)=c_1\left(\frac{x}{a}\right)+c_3\left(\frac{x}{a}\right)^3+c_5\left(\frac{x}{a}\right)^5$，利用边条件 $\psi(x=\pm a)=0$，得 $c_5=-(c_1+c_3)$，因此可表示成 $\psi(x)=N\left[\left(\frac{x}{a}\right)+\lambda\left(\frac{x}{a}\right)^3-(1+\lambda)\left(\frac{x}{a}\right)^5\right]$. 从宇称考虑，已自动保证与基态正交. 计算结果为 $E=4.9377\ \frac{\hbar^2}{ma^2}$. 精确解为 $\frac{\pi^2}{2}\frac{\hbar^2}{ma^2}=4.9348\ \frac{\hbar^2}{ma^2}$. 精度仍很高，但稍逊于基态的计算结果.

14.13　转动惯量为 I，具有电偶极矩 D 的空间转子，自由转动时，Hamilton 量表示为 $H_0=L^2/2I$. 设转子置于均匀电场（沿 z 轴方向）中，则受到作用 $H'=-D\mathscr{E}\cos\theta$，$\theta$ 是电偶极矩 D 与电场方向的夹角.（1）写出 H_0 的本征值与本征函数.（2）视 H' 为微扰，求基态能级（到二级微扰修正）.（3）取试探波函数为 $\psi=N(1+\lambda H')\psi_0$，$\psi_0$ 为 H_0 基态波函数，λ 为变分参数. 求基态能量，并与微扰论计算结果比较.

答：（1）$E_L=\frac{L(L+1)\hbar^2}{2I}$，$L=0,1,2,\cdots$，波函数 $Y_L^M(\theta,\varphi)$，$M=L,L-1,\cdots,-L$，能级为 $(2L+1)$ 重简并. 基态 $E_0=0$ 不简并，波函数 $Y_0^0=1/\sqrt{4\pi}$.（2）基态微扰一级修正 $E_0^{(1)}=0$，二级修正 $E_0^{(2)}=-\frac{1}{3}\frac{D^2\mathscr{E}^2I}{\hbar^2}$.（3）基态能量为 $E=-\frac{1}{3}\frac{D^2\mathscr{E}^2I}{\hbar^2}$，与微扰论计算结果一样.

14.14　质量为 μ 的粒子在具有空间反射不变性的势场 $V(x)=F|x|\ (F>0)$ 中运动.

分别取下列类型试探波函数求基态能量.（1）$\psi=\sqrt{\lambda}\exp(-\lambda|x|)$.（2）$\psi=N\exp(-\alpha^2x^2/2)$.

（3）$\psi=\begin{cases}N\left(1-\frac{|x|}{a}\right), & |x|<a\\ 0, & |x|>a\end{cases}$　N 为归一化常数，a 为变分参数. 并与精确解比较，给予物理上说明.

答：精确解为 $E_0=0.80862\left(\frac{\hbar^2F^2}{\mu}\right)^{1/3}$.（1）$E=0.94494\left(\frac{\hbar^2F^2}{\mu}\right)^{1/3}$.（2）$E=0.81289\left(\frac{\hbar^2F^2}{\mu}\right)^{1/3}$.（3）$E=0.85854\left(\frac{\hbar^2F^2}{\mu}\right)^{1/3}$.

14.15　设在氘核中，质子与中子的作用表示成 $V(r)=-A\exp(-r/a)$，($A=32.7\text{MeV}$，$a=2.16\times10^{-13}\text{cm}$). 氘核内部的中子与质子的相对运动波函数试取为 $R(r)=N\exp(-\lambda r/2a)$，$\lambda$ 为变分参数，$N=\sqrt{\lambda^3/2a^3}$ 为归一化常数. 用变分法计算氘核的基态能量.

答：$E=-2.15\text{MeV}$.

14.16 设氘核中质子与中子的作用为 Yukawa 势 $V(r)=-V_0\exp\left(-\frac{r}{a}\right)\Big/\left(\frac{r}{a}\right)$,($V_0$,$a>0$).取试探波函数 $\psi\sim\exp(-\lambda r/2a)$,求基态能量.

答:$E=\frac{V_0}{4}\frac{(1-\lambda)\lambda^3}{(1+\lambda)^3}$,其中 λ 是方程$\frac{\lambda(3+\lambda)}{(1+\lambda)^3}=\eta\equiv\frac{\hbar^2}{2\mu a^2V_0}$的根,给定 V_0、a、μ 即可求出 λ 的根,从而求出基态能量 E.

14.17 氢原子置于均匀外电场 $\mathscr{E}$(沿 z 轴方向)中,外场作用 $H'=e\mathscr{E}z$.取试探波函数为 $\psi=N(1+\lambda H')\psi_0$,$\psi_0$ 是无外电场时的基态波函数(即 ψ_{100}),求基态能量和电极化率,和微扰论计算结果比较.

答:基态能量为 $E=E_0-2\mathscr{E}^2a^3$,$\psi=N\left(1+\frac{1}{E_0}e\mathscr{E}z\right)\psi_0$,其中 $E_0=-e^2/2a$ 是氢原子基态能量.电极化率 $a=-\frac{\partial^2E}{\partial\mathscr{E}^2}=4a^3$.微扰论计算结果(见 11.2 节,例 2),$\alpha=\frac{9}{2}a^3$.

数学附录

附录一 波 包

1. 波包的频谱分析

具有一定波长的平面波可表示为

$$\psi_k(x) = \exp(\mathrm{i}kx) \tag{A1.1}$$

波长 $\lambda=2\pi/k$，其特点是波幅(或强度)为常数. 严格的平面波是不存在的，实际问题中碰到的都是波包，它们的强度只在空间有限区域中不为 0. 例如，Gauss 波包

$$\psi(x) = \exp\left(-\frac{1}{2}\alpha^2 x^2\right) \tag{A1.2}$$

其强度分布 $|\psi(x)|^2=\exp(-\alpha^2x^2)$，如图 A.1 所示. 可以看出，波包主要集中在 $|x|<\dfrac{1}{\alpha}$ 区域中，所以波包宽度可近似估计为

$$\Delta x \sim 1/\alpha \tag{A1.3}$$

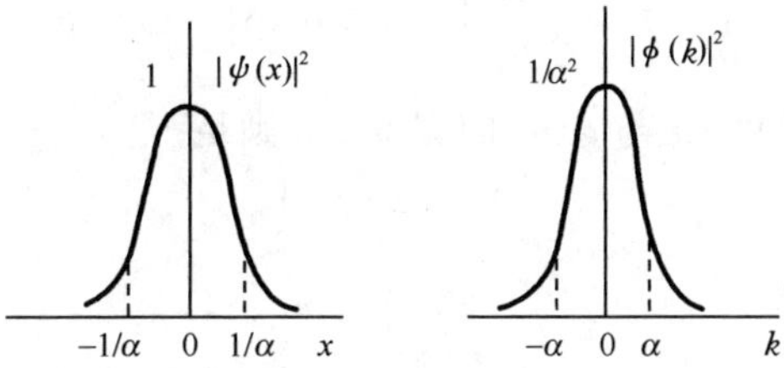

图 A.1

波包可以看成许多不同波数(长)的平面波的叠加，这就是波包的 Fourier 分析或频谱分析. $\psi(x)$的 Fourier 变换 $\phi(k)$定义如下：

$$\psi(x) = \frac{1}{\sqrt{2\pi}}\int_{-\infty}^{+\infty}\phi(k)\exp(\mathrm{i}kx)\,\mathrm{d}k \tag{A1.4a}$$

其逆变换为

$$\phi(k) = \frac{1}{\sqrt{2\pi}}\int_{-\infty}^{+\infty}\psi(x)\exp(-\mathrm{i}kx)\,\mathrm{d}x \tag{A1.4b}$$

例如，Gauss 波包的 Fourier 变换为

$$\phi(k) = \frac{1}{\sqrt{2\pi}}\int_{-\infty}^{+\infty}\exp\left(-\frac{1}{2}\alpha^2x^2-\mathrm{i}kx\right)\mathrm{d}x = \frac{1}{\alpha}\exp(-k^2/2\alpha^2) \tag{A1.5}$$

$\phi(k)$代表波包 $\psi(x)$中所含波数为 k 的分波的波幅，$|\phi(k)|^2$ 代表该分波的成分. 对于 Gauss 波包，$|\phi(k)|^2$ 的图形如图 A.1 所示，仍为一 Gauss 波包. 波数 k 主要集中在$|k|<\alpha$ 范围中，因此，$\phi(k)$的宽度可粗略估计为

$$\Delta k \sim \alpha \tag{A1.6}$$

这样

$$\Delta x \cdot \Delta k \sim 1 \tag{A1.7}$$

此关系式不限于 Gauss 波包，对任何波包都适用，它是从波包的频谱分析得出的一般结论.

练习 1　设 $\psi(x)$是归一化的，即

$$\int_{-\infty}^{+\infty} |\psi(x)|^2 \mathrm{d}x = 1$$

证明其 Fourier 变换 $\phi(k)$也是归一化的，即

$$\int_{-\infty}^{+\infty} |\phi(k)|^2 \mathrm{d}k = 1$$

练习 2　设 $\psi(x)=\delta(x)$，求相应的 $\phi(k)$.

与上类似，对时间的函数 $f(t)$也可作 Fourier 分析，

$$f(t) = \frac{1}{\sqrt{2\pi}}\int_{-\infty}^{+\infty} g(\omega)\exp(\mathrm{i}\omega t)\mathrm{d}\omega \tag{A1.8a}$$

$$g(\omega) = \frac{1}{\sqrt{2\pi}}\int_{-\infty}^{+\infty} f(t)\exp(-\mathrm{i}\omega t)\mathrm{d}t \tag{A1.8b}$$

ω 是角频率. $f(t)$的宽度 Δt 与 $g(\omega)$的宽度 $\Delta\omega$ 满足

$$\Delta t \cdot \Delta\omega \sim 1 \tag{A1.9}$$

2. 波包的运动与扩散

对于平面单色波

$$\psi_k(x,t) = \exp[\mathrm{i}(kx-\omega t)] \tag{A1.10}$$

其等相面是一个运动的平面，由下列方程给出：

$$\varphi = kx - \omega t = 常数 \tag{A1.11}$$

等相面运动的速度，即相速(phase velocity)u，由上式看出($\mathrm{d}\varphi=0$)

$$u = \omega/k \tag{A1.12}$$

现在来考虑波包

$$\psi(x,t) = \frac{1}{2\pi}\int_{-\infty}^{+\infty} \phi(k)\exp[\mathrm{i}(kx-\omega t)]\mathrm{d}k \tag{A1.13}$$

式中 ω 依赖于 k，

$$\omega = \omega(k) \tag{A1.14}$$

称为色散关系(dispersion relation). 下面来研究波包的运动及波形的变化. 波包

(A1.13)可视为很多平面单色波的线性叠加.波包中心出现在相角 $\varphi=kx-\omega(k)t$ 取极值处,因为在这点附近,不同波数的分波相干叠加的结果是加强最厉害,而不是相消.这个极值点的位置由下式确定:

$$\frac{\partial\varphi}{\partial k}=0,\qquad 即\quad x-\left(\frac{\mathrm{d}\omega}{\mathrm{d}k}\right)t=0 \tag{A1.15}$$

所以波包中心位置 x_c 是

$$x=x_c=\left(\frac{\mathrm{d}\omega}{\mathrm{d}k}\right)t \tag{A1.16}$$

其运动速度为

$$v_g=\frac{\mathrm{d}x_c}{\mathrm{d}t}=\left(\frac{\mathrm{d}\omega}{\mathrm{d}k}\right) \tag{A1.17}$$

这就是波包的群速度(group velocity).

一般说来,波包的群速度与各分波的相速度不相同(真空中的电磁波除外).例如,非相对论性实物粒子 $E=p^2/2m$,按 de Broglie 假定,$E=\hbar\omega$,$p=\hbar k(k=2\pi/\lambda)$,可得

$$\omega=\hbar k^2/2m \tag{A1.18}$$

$$u=\omega/k=\hbar k/2m \tag{A1.19}$$

$$v_g=\mathrm{d}\omega/\mathrm{d}k=\hbar k/m=2u \tag{A1.20}$$

可以看出,波包的群速度 v_g 与经典粒子的运动速度 $v=p/m=\hbar k/m$ 相同.对于真空中的电磁场,$\omega=ck$(c 为真空中光速),$u=v_g=c$.但对于介质[折射系数为 $n(\lambda)$]中的电磁波,$\omega=2\pi c/\lambda n(\lambda)$,一般说来,$u$ 与 v_g 并不相同.

现在,我们来研究波包形状随时间的改变,它与 $\omega(k)$的具体形式有关.设$\phi(k)$是一个颇窄的波包,波数集中在 k_0 附近一个不大范围中.在 k_0 附近对 $\omega(k)$作 Taylor 展开

$$\begin{aligned}\omega(k)&=\omega(k_0)+\left(\frac{\mathrm{d}\omega}{\mathrm{d}k}\right)_{k_0}\cdot(k-k_0)+\frac{1}{2}\left(\frac{\mathrm{d}^2\omega}{\mathrm{d}k^2}\right)_{k_0}\cdot(k-k_0)^2+\cdots\\&\approx\omega_0+v_g\cdot(k-k_0)+\frac{1}{2}\beta\cdot(k-k_0)^2\end{aligned} \tag{A1.21}$$

其中

$$\beta=\left(\frac{\mathrm{d}^2\omega}{\mathrm{d}k^2}\right)_{k_0} \tag{A1.22}$$

代入式(A1.13),得

$$\begin{aligned}\psi(x,t)&\approx\frac{\exp(-\mathrm{i}\omega_0 t)}{\sqrt{2\pi}}\int_{-\infty}^{+\infty}\phi(k)\exp\left[\mathrm{i}\left(kx-v_g(k-k_0)t-\frac{1}{2}\beta(k-k_0)^2t\right)\right]\mathrm{d}k\\&=\exp[\mathrm{i}(k_0x-\omega_0t)]\int_{-\infty}^{+\infty}\phi(\xi+k_0)\exp\left[\mathrm{i}\left(\xi(x-v_gt)-\frac{1}{2}\beta\xi^2t\right)\right]\mathrm{d}\xi\end{aligned} \tag{A1.23}$$

其中 $\xi=k-k_0$.

以 Gauss 波包为例(波包中心取为 $k_0=0$),$\phi(k)=\exp(-k^2/2\alpha^2)$,按式(A1.13)和(A1.21),

$$\psi(x,0)=\frac{1}{\sqrt{2\pi}}\int_{-\infty}^{+\infty}\mathrm{e}^{\mathrm{i}kx-k^2/2\alpha^2}\,\mathrm{d}k \tag{A1.24}$$

$$\begin{aligned}\psi(x,t)&=\frac{\exp(-\mathrm{i}\omega_0 t)}{\sqrt{2\pi}}\int_{-\infty}^{+\infty}\exp\left[\mathrm{i}k(x-v_g t)-\frac{k^2}{2}(\mathrm{i}\beta t+1/\alpha^2)\right]\mathrm{d}k\\&\approx\exp(-\mathrm{i}\omega_0 t)\frac{\alpha}{\sqrt{1+\mathrm{i}\beta\alpha^4 t}}\exp\left[-\frac{(x-v_g t)^2\alpha^2}{2(1+\mathrm{i}\beta\alpha^2 t)}\right]\end{aligned} \tag{A1.25}$$

强度分布为

$$|\psi(x,t)|^2=\frac{\alpha^2}{\sqrt{1+\beta^2\alpha^4t^2}}\exp\left[-\frac{\alpha^2}{1+\beta^2\alpha^4t^2}(x-v_g t)^2\right] \tag{A1.26}$$

波包宽度

$$\Delta x\approx\frac{1}{\alpha}\sqrt{1+\beta^2\alpha^4t^2} \tag{A1.27}$$

$t=0$ 时波包宽度记为

$$(\Delta x)_0=1/\alpha \tag{A1.28}$$

则

$$\Delta x\approx\Delta x_0\sqrt{1+\beta^2t^2/(\Delta x_0)^4} \tag{A1.29}$$

可以看出,如 $\beta=\dfrac{\mathrm{d}^2\omega}{\mathrm{d}k^2}\neq 0$,则当 $t\to\infty$ 时,$\Delta x\to\infty$,即对于自由粒子,相应的波包最后将扩散到全空间.如波包初始愈窄(Δx_0 愈小),则波包扩散愈快.特别是,δ 波包 $\delta(x)$,将在瞬间扩散到全空间,是一个非定态.

附录二 δ 函 数

1. δ 函数的引进

考虑长度为 l 的一条细杆,质量为 1(见图 A.2),假设密度均匀,即

$$\rho_l(x)=\begin{cases}1/l, & |x|\leqslant l/2\\ 0, & |x|>l/2\end{cases} \tag{A2.1a}$$

$$\int_{-l/2}^{+l/2}\rho_l(x)\,\mathrm{d}x=1 \tag{A2.1b}$$

现在让 $l\to 0$(即缩短为一点),但保持质量不变,记

$$\lim_{l\to 0}\rho_l(x)=\delta(x)$$

则

$$\delta(x)=\begin{cases}\infty, & x=0\\ 0, & x\neq 0\end{cases} \tag{A2.2a}$$

$$\int_{-\varepsilon}^{+\varepsilon}\delta(x)\mathrm{d}x = \int_{-\infty}^{+\infty}\delta(x)\mathrm{d}x = 1 \qquad (\text{A2.2b})$$

上述积分域$(-\varepsilon,+\varepsilon)$只要包含$x=0$点在内即可. δ函数的性质是很奇异的. 它除了$x=0$点之外,在其他地方函数值都为0,但积分又等于1,没有一个平常的函数有此性质. 严格说来,它不是传统数学中的函数,它只是一种分布(distribution). 更严格的处理,涉及分布理论,我们不在此讨论它. $\delta(x)$描述的分布当然是一种理想的分布(点模型),但由于它在数学上的简单性,在物理学中被广泛引用. 如果在数学上不过分追求严格,δ函数可以看成一个非奇异函数的某种极限情况来处理. 在计算过程中,如果由于引用δ函数而碰到困难,不妨把δ函数代之为某种非奇异函数,直到运算过程的最后,再取极限.

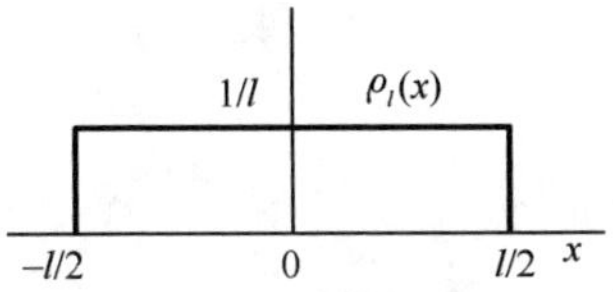

图 A. 2

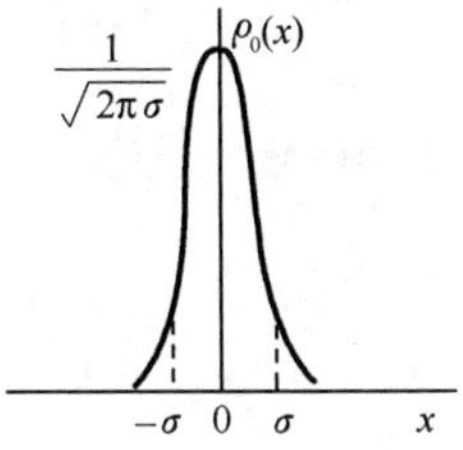

图 A. 3

例如,分布(图 A. 3)

$$\rho_\sigma(x) = \frac{1}{\sqrt{2\pi\sigma}}\exp(-x^2/2\sigma)$$

它满足

$$\int_{-\infty}^{+\infty}\rho_\sigma(x)\mathrm{d}x = 1$$

$$\lim_{\sigma\to 0}\rho_\sigma(0) = \infty$$

它具有δ函数的性质,即

$$\lim_{\sigma\to 0}\frac{1}{\sqrt{2\pi\sigma}}\exp(-x^2/2\sigma) = \delta(x) \qquad (\text{A2.3})$$

如令$2\sigma=1/\alpha$,则上式可改写成

$$\lim_{\alpha\to\infty}\sqrt{\frac{\alpha}{\pi}}\exp(-\alpha x^2) = \delta(x) \qquad (\text{A2.4})$$

在上式中若让$\alpha\to \mathrm{i}\alpha$,利用$\sqrt{\mathrm{i}}=\exp(\mathrm{i}\pi/4)$,可得

$$\lim_{\alpha\to\infty}\sqrt{\frac{\alpha}{\pi}}\mathrm{e}^{\mathrm{i}\pi/4}\mathrm{e}^{-\mathrm{i}\alpha x^2} = \delta(x) \qquad (\text{A2.5})$$

练习 1　证明

$$\lim_{\alpha\to\infty}\frac{\sin\alpha x}{\pi x}=\delta(x) \tag{A2.6}$$

$$\lim_{\alpha\to\infty}\frac{\sin^2\alpha x}{\pi\alpha x^2}=\delta(x) \tag{A2.7}$$

练习 2　证明

$$\lim_{\varepsilon\to 0}\frac{1}{2\varepsilon}e^{-|x|/\varepsilon}=\delta(x) \tag{A2.8}$$

练习 3　证明

$$\lim_{\varepsilon\to 0}\frac{\varepsilon}{x^2+\varepsilon^2}=\pi\delta(x) \tag{A2.9}$$

练习 4　证明

$$\frac{1}{2\pi}\int_{-\infty}^{+\infty}\exp(ikx)\mathrm{d}k=\delta(x) \tag{A2.10}$$

提示：$\frac{1}{2\pi}\int_{-\alpha}^{\alpha}\exp(ikx)\mathrm{d}k=\frac{\sin\alpha x}{\pi(x)}$，再利用式(A2.6).

练习 5　证明

$$\lim_{\varepsilon\to 0^+}\frac{1}{x\pm i\varepsilon}=P\frac{1}{x}\mp i\pi\delta(x) \tag{A2.11}$$

其中 P 表示 Cauchy 积分主部，其定义如下：设 $f(x)$ 在 $x=0$ 点是规则的(regular)，

$$P\int_{-A}^{B}\frac{\mathrm{d}x}{x}f(x)=\lim_{\varepsilon\to 0^+}\left(\int_{-A}^{-\varepsilon}+\int_{\varepsilon}^{B}\right)\frac{\mathrm{d}x}{x}f(x)\qquad (A,B>0) \tag{A2.12}$$

提示：利用

$$\frac{1}{x\pm i\varepsilon}=\frac{x\mp i\varepsilon}{x^2+\varepsilon^2}$$

按式(A2.9)，其虚部可表示为

$$\lim_{\varepsilon\to 0^+}\frac{\mp i\varepsilon}{x^2+\varepsilon^2}=\mp i\pi\delta(x)$$

δ 函数还可以用分段连续函数的“导数”来表示.

例 1　设阶梯函数(图 A.4)

$$\theta(x)=\begin{cases}1, & x>0\\ 0, & x<0\end{cases} \tag{A2.13}$$

$$\theta'(x)=\delta(x) \tag{A2.14}$$

因为

$$\theta'(x)=\begin{cases}0, & x\neq 0\\ \infty, & x=0\end{cases}$$

而

$$\int_{-\infty}^{+\infty}\theta'(x)\mathrm{d}x=\lim_{\varepsilon\to 0^+}\int_{-\varepsilon}^{+\varepsilon}\theta'(x)\mathrm{d}x=\theta(0^+)-\theta(0^-)=1$$

例 2　设(图 A.5)

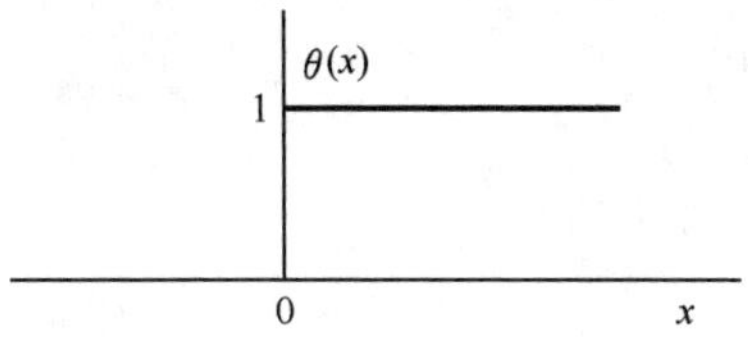

图 A. 4

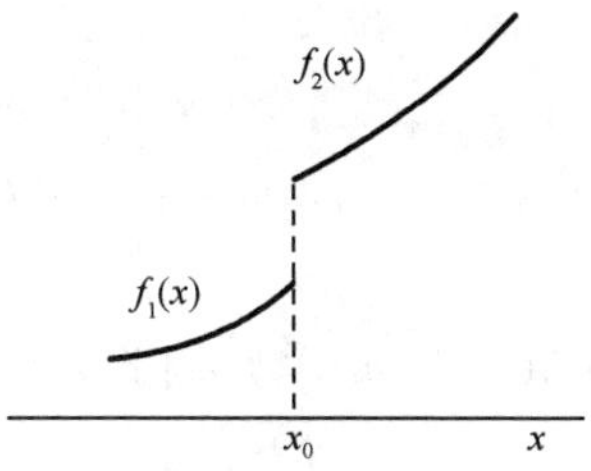

图 A. 5

$$f(x)=\begin{cases}f_2(x), & x>x_0\\ f_1(x), & x<x_0\end{cases}$$

则

$$f'(x)=h\delta(x-x_0)+\begin{cases}f_2'(x), & x>x_0\\ f_1'(x), & x<x_0\end{cases}\tag{A2.15}$$

其中

$$h=f_2(x_0)-f_1(x_0)$$

提示：$f(x)=\theta(x-x_0)f_2(x)+[1-\theta(x-x_0)]f_1(x)$

练习 6　证明

$$\frac{\mathrm{dln}x}{\mathrm{d}x}=\frac{1}{x}-\mathrm{i}\pi\delta(x)\tag{A2.16}$$

因

$$\ln x=\begin{cases}\ln|x|, & x>0(\text{正实轴上})\\ \ln|x|+\mathrm{i}\pi, & x<0(\text{负实轴上})\end{cases}$$

所以

$$\ln x=\ln|x|+[1-\theta(x)]\mathrm{i}\pi$$

$$\frac{\mathrm{dln}x}{\mathrm{d}x}=\frac{1}{x}-\mathrm{i}\pi\delta(x)$$

练习 7　证明

$$\frac{1}{2}\frac{\mathrm{d}^2}{\mathrm{d}x^2}|x|=\delta(x)\tag{A2.17}$$

2. δ 函数的性质

(1°)

$$\delta(-x)=\delta(x)\tag{A2.18}$$

利用变换替换，不难证明

$$\int_{-\varepsilon}^{\varepsilon}\delta(-x)\mathrm{d}x=1$$

所以

$$\int_{-\varepsilon}^{\varepsilon}[\delta(-x)-\delta(x)]\mathrm{d}x = 0$$

又 $\delta(x)$ 与 $\delta(-x)$ 在除 $x=0$ 点外，均为 0，所以

$$\delta(-x) = \delta(x)$$

这表明 $\delta(x)$ 为偶函数. 因此

$$\int_{0}^{\infty}\delta(x)\mathrm{d}x = \int_{-\infty}^{0}\delta(x)\mathrm{d}x = \frac{1}{2}$$

(2°) $$\delta(ax)=\frac{1}{|a|}\delta(x) \tag{A2.19}$$

提示：

$$\int_{-\infty}^{+\infty}\delta(ax)\mathrm{d}x = \frac{1}{|a|}\int_{-\infty}^{+\infty}\delta(ax)\mathrm{d}(|a|x) = \frac{1}{|a|}$$

(3°) $$\int_{-\infty}^{+\infty}f(x)\delta(x)\mathrm{d}x = f(0) \tag{A2.20}$$

式中 $f(x)$ 是任意连续函数. 因为

$$\text{左边} = \int_{-\varepsilon}^{+\varepsilon}f(x)\delta(x)\mathrm{d}x = f(0)\int_{-\varepsilon}^{+\varepsilon}\delta(x)\mathrm{d}x = f(0)$$

有一些书上就用式(A2.20)作为 δ 函数的定义. 它与式(A2.2)是等价的.

练习 8　证明 $$\delta^*(x)=\delta(x) \tag{A2.21}$$

提示：在式(A2.20)中，取 $f(x)$ 为实函数，

$$\left[\int_{-\infty}^{+\infty}\mathrm{d}x\delta(x)f(x)\right]^* = \int_{-\infty}^{+\infty}\mathrm{d}x\delta^*(x)f(x) = f(0)^* = f(0)$$

所以

$$\int_{-\infty}^{+\infty}\mathrm{d}x[\delta^*(x)-\delta(x)]f(x) = 0 \qquad (f(x)\text{ 任意})$$

(4°) $$\int_{-\infty}^{+\infty}f(x)\delta(x-a)\mathrm{d}x = f(a) \tag{A2.22}$$

(5°) $$\int_{-\infty}^{+\infty}\delta(x-a)\delta(x-b)\mathrm{d}x = \delta(a-b) \tag{A2.23}$$

(6°) $$x\delta(x)=0 \tag{A2.24}$$

在式(A2.20)中，取 $f(x)=x$，得到

$$\int_{-\infty}^{+\infty}x\delta(x)\mathrm{d}x = 0$$

所以 $x\delta(x)$ 在积分号下的性质与 0 相同.

(7°) 设方程 $\varphi(x)=0$ 只有单根，分别为 $x_i(i=1,2,3,\cdots)$(即 $\varphi(x_i)=0,\varphi'(x_i)\neq 0$)，则

$$\delta[\varphi(x)] = \sum_i\frac{\delta(x-x_i)}{|\varphi'(x_i)|} = \sum_i\frac{\delta(x-x_i)}{|\varphi'(x)|} \tag{A2.25}$$

(如 $\varphi(x)=0$ 有重根,则 $\delta[\varphi(x)]$无意义.)

证明 在 x_i 附近积分

$$F_i = \int_{x_i-\varepsilon}^{x_i+\varepsilon} f(x)\delta[\varphi(x)]\mathrm{d}x$$

令

$$u = \varphi(x), \qquad \mathrm{d}u = \varphi'(x)\mathrm{d}x$$

则

$$F_i = \int_{\varphi(x_i-\varepsilon)}^{\varphi(x_i+\varepsilon)} f(x)\delta(u)\frac{\mathrm{d}u}{|\varphi'(x)|} = \int_{-\varepsilon|\varphi'(x_i)|}^{\varepsilon|\varphi'(x_i)|} f(x)\delta(u)\frac{\mathrm{d}u}{|\varphi'(x)|}$$

$$= \frac{f(x_i)}{|\varphi'(x_i)|}$$

$$\int_{-\infty}^{+\infty} f(x)\delta[\varphi(x)]\mathrm{d}x = \sum_i F_i = \sum_i \frac{f(x)}{|\varphi'(x_i)|}$$

$$= \int_{-\infty}^{+\infty} f(x)\sum_i\left[\frac{\delta(x-x_i)}{\varphi'(x_i)}\right]\mathrm{d}x$$

所以

$$\delta[\varphi(x)] = \sum_i \frac{\delta(x-x_i)}{|\varphi'(x_i)|}$$

特例

$$\delta[(x-a)(x-b)] = \frac{1}{|a-b|}[\delta(x-a)+\delta(x-b)] \qquad (a\neq b) \quad \text{(A2. 26)}$$

$$\delta(x^2-a^2) = \frac{1}{2|a|}[\delta(x-a)+\delta(x+a)]$$

$$= \frac{1}{2|x|}[\delta(x-a)+\delta(x+a)] \quad \text{(A2. 27)}$$

$$2|x|\delta(x^2-a^2) = \delta(x-a)+\delta(x+a)$$

若 $a=0$,则

$$|x|\delta(x^2) = \delta(x) \quad \text{(A2. 28)}$$

3. δ 函数的“导数”

有一些积分运算中,还使用了 δ 函数的“导数”的符号. δ 函数这样一个奇异函数的“导数”可以从非奇异函数 $\rho_\sigma(x)$的极限来理解. 设$\lim\limits_{\sigma\to 0}\rho_\sigma(x)=\delta(x)$[例如,参阅式(A2. 3)],并设$\dfrac{\mathrm{d}f(x)}{\mathrm{d}x}=g(x)$为连续(或分段连续)函数,则

$$\frac{\mathrm{d}f(x)}{\mathrm{d}x} = g(x) = \int_{-\infty}^{+\infty}\delta(x-x')g(x')\mathrm{d}x' = \int_{-\infty}^{+\infty}\delta(x-x')\frac{\mathrm{d}f(x')}{\mathrm{d}x'}\mathrm{d}x'$$

$$= \lim_{\sigma\to 0}\int_{-\infty}^{+\infty}\rho_\sigma(x-x')\frac{\mathrm{d}f(x')}{\mathrm{d}x'}\mathrm{d}x'$$

分部积分 $= -\lim\limits_{\sigma\to 0}\int_{-\infty}^{+\infty} f(x')\dfrac{\partial}{\partial x'}\rho_\sigma(x-x')\mathrm{d}x' = -\int_{-\infty}^{+\infty} f(x')\dfrac{\partial}{\partial x'}\lim\limits_{\sigma\to 0}\rho_\sigma(x-x')\mathrm{d}x'$

$$= -\int_{-\infty}^{+\infty} f(x')\left[\frac{\partial}{\partial x'}\delta(x-x')\right]\mathrm{d}x'$$

所以

$$\int\left[\frac{\partial}{\partial x'}\delta(x'-x)\right]f(x')\mathrm{d}x' = -\frac{\mathrm{d}f}{\mathrm{d}x} \tag{A2.29}$$

假设$\dfrac{\mathrm{d}^n f}{\mathrm{d}x^n}$连续,类似可以证明

$$\int_{-\infty}^{+\infty}\left[\frac{\partial^n}{\partial x'^n}\delta(x'-x)\right]f(x')\mathrm{d}x' = (-1)^n\frac{\mathrm{d}^n f}{\mathrm{d}x^n} \tag{A2.30}$$

可以看出

$$\delta'(-x) = -\delta'(x)$$
$$\delta^{(n)}(-x) = (-1)^n\delta^{(n)}(x) \tag{A2.31}$$

4. δ 函数的构成,完备性

任何一组正交归一完备函数组 $\psi_n(x)$ 都可以用来构成 δ 函数

$$\delta(x-x') = \sum_n \psi_n^*(x')\psi_n(x) \tag{A2.32}$$

证明 按完备性假设,任何波函数 $\psi(x)$ 可以展开为一致收敛级数,即

$$\psi(x) = \sum_n a_n\psi_n(x)$$

其中

$$a_n = (\psi_n,\psi) = \int_{-\infty}^{+\infty}\psi_n^*(x')\psi(x')\mathrm{d}x'$$

所以

$$\psi(x) = \int_{-\infty}^{+\infty}\left[\sum_n\psi_n^*(x')\psi_n(x)\right]\psi(x')\mathrm{d}x'$$

但

$$\psi(x) = \int_{-\infty}^{+\infty}\delta(x-x')\psi(x')\mathrm{d}x'$$

所以 $\delta(x-x')$ 可以表示为式(A2.32).

练习 9 证明(参阅附录三,Hermite 多项式)

$$\delta(x-x') = \sum_{n=0}^{\infty}\frac{1}{\sqrt{\pi}\,2^n n!}\mathrm{e}^{-(x^2+x'^2)/2}\mathrm{H}_n(x')\mathrm{H}_m(x) \tag{A2.33}$$

练习 10 用 Legendre 多项式表示 δ 函数

$$\delta(\xi-\xi') = \sum_{l=0}^{\infty}\frac{2l+1}{2}\mathrm{P}_l(\xi')\mathrm{P}_l(\xi) \tag{A2.34}$$

或

$$\delta(\cos\theta - \cos\theta') = \sum_{l=0}^{\infty} \frac{2l+1}{2} \mathrm{P}_l(\cos\theta') \mathrm{P}_l(\cos\theta)$$

令 $\theta'=0$,利用 $\mathrm{P}_l(1)=1$,得

$$2\delta(1-\cos\theta) = \sum_{l=0}^{\infty}(2l+1)\mathrm{P}_l(\cos\theta) \tag{A2.35}$$

练习 11

$$\delta(\varphi-\varphi') = \frac{1}{2\pi}\sum_{m=-\infty}^{\infty}\exp[-\mathrm{i}m(\varphi-\varphi')] \tag{A2.36}$$

附录三　Hermite 多项式

Hermite 方程为

$$u'' - 2zu' + (\lambda-1)u = 0 \tag{A3.1}$$

除无穷远点外,方程无奇点,在 $z=0$ 点邻域($|z|<\infty$范围)中,对 $u(z)$作 Taylor 展开,即

$$u(z) = \sum_{k=0}^{\infty} C_k z^k \tag{A3.2}$$

代入式(A3.1),比较同幂项系数,可求得 C_k 之间的递推关系

$$C_{k+2} = \frac{2k-(\lambda-1)}{(k+2)(k+1)}C_k, \qquad k=0,1,2,\cdots \tag{A3.3}$$

因此,所有偶次幂项的系数都可以用 C_0 表示,所有奇次幂项系数都可以用 C_1 表示. C_0 与 C_1 是两个任意常数,从而求得式(A3.1)的两个线性无关的解为

$$\begin{aligned} u_1(z) &= C_0 + C_2 z^2 + C_4 z^4 + \cdots \\ u_2(z) &= C_1 z + C_3 z^3 + C_5 z^5 + \cdots \end{aligned} \tag{A3.4}$$

当 z 取有限值时,它们都收敛. 但在$|z|\to\infty$时有问题. 由式(A3.3)不难看出,当 $k\to\infty$时,$C_{k+2}/C_k\approx 2/k$. 对于 $k=2m$(偶数)情况,$C_{2m+2}/C_{2m}\approx 1/m$. 它与 $\exp(z^2)$的 Taylor 展开

$$\exp(z^2) = \sum_{m=0}^{\infty}\frac{z^{2m}}{m!} \tag{A3.5}$$

的相邻项的系数比值相同. 因此,当$|z|\to\infty$时,$u_1(z)$的发散行为与 $\exp(z^2)$相同. 同理,当$|z|\to\infty$时,$u_2(z)$的发散行为与 $z\exp(z^2)$相同. 这样的解代入谐振子波函数(见 3.4 节)

$$\psi \propto \exp\left(-\frac{1}{2}\xi^2\right)u(\xi) \tag{A3.6}$$

都不满足波函数在无穷远点的边条件. 因此,要得到物理上允许的解,必须要求 u_1 与 u_2 两个级数解中**至少有一个中断为多项式**.

由式(A3.3)不难看出,当

$$\lambda - 1 = 2n \qquad (n = 0,1,2,\cdots) \tag{A3.7}$$

时，级数将中断为一多项式，此时 C_{n+2}、C_{n+4}、C_{n+6}、…都将为零. 当 n 为偶数时，u_1 中断为多项式，u_2 仍为无穷级数. 当 n 为奇数时，u_2 中断为多项式，u_1 仍为无穷级数. 但无论如何（不论 n 为偶或奇），只要式(A3.7)成立，我们就找到了一个多项式解. 代入式(A3.6)，也就找到了物理上允许的一个谐振子波函数.

条件(A3.7)满足时，方程(A3.1)有一个多项式解（另一解为无穷级数）. 习惯上规定其最高次项系数 $C_n = 2^n$，这样的多项式称为 Hermite 多项式. 把式(A3.7)代入式(A3.3)，得

$$C_k = -\frac{(k+2)(k+1)}{2(n-k)} C_{k+2}$$

为了方便，把 $k \to n-k$，上式可改为

$$C_{n-k} = -\frac{(n-k+2)(n-k+1)}{2k} C_{n-k+2}$$

取 $C_n = 2^n$，并依次令 $k = 2,4,6,\cdots$，得出

$$C_{n-2} = -n(n-1) \cdot 2^{n-2}$$

$$C_{n-4} = +\frac{n(n-1)(n-2)(n-3)}{2!} 2^{n-4}$$

$$C_{n-6} = -\frac{n(n-1)(n-2)(n-3)(n-4)(n-5)}{3!} 2^{n-6}$$

……

因此

$$\begin{aligned} H_n(z) = &(2z)^n - n(n-1)(2z)^{n-2} \\ &+ \frac{n(n-1)(n-2)(n-3)}{2!}(2z)^{n-4} - \cdots + \cdots \\ &+ (-1)^{\left[\frac{n}{2}\right]} \cdot \frac{n!}{\left[\frac{n}{2}\right]!}(2z)^{n-2\left[\frac{n}{2}\right]} \end{aligned} \tag{A3.8}$$

其中 $\left[\frac{n}{2}\right]$ 是不大于 $\frac{n}{2}$ 的最大整数，

$$\left[\frac{n}{2}\right] = \begin{cases} \dfrac{n}{2} & (n\text{ 为偶数}) \\ \dfrac{n-1}{2} & (n\text{ 为奇数}) \end{cases}$$

此即 Hermite 多项式.

可以证明，Hermite 多项式的生成函数(generating function)为[①]

$$\exp(-s^2 + 2zs) = \sum_{n=0}^{\infty} \frac{H_n(z)}{n!} s^n \tag{A3.9}$$

① 参阅王竹溪、郭敦仁，《特殊函数概论》，科学出版社，1979，§6.13.

因此

$$\mathrm{H}_n(z)=\frac{\mathrm{d}^n}{\mathrm{d}s^n}\exp(-s^2+2zs)\Big|_{s=0}=\exp(z^2)\cdot\frac{\mathrm{d}^n}{\mathrm{d}s^n}\exp[-(s-z)^2]\Big|_{s=0}$$

$$=(-1)^n\exp(z^2)\cdot\frac{\mathrm{d}^n}{\mathrm{d}z^n}\exp[-(s-z)^2]\Big|_{s=0}$$

所以

$$\mathrm{H}_n(z)=(-1)^n\exp(z^2)\frac{\mathrm{d}^n}{\mathrm{d}z^n}\exp(-z^2) \tag{A3.10}$$

不难直接验证,由上式给出的 $\mathrm{H}_n(z)$确系微分方程(A3.1)的解.其次,式(A3.10)是一个 n 次多项式.因为对 $\exp(-z^2)$求导数一次,就多出一个含 z 的项.例如,

$$\frac{\mathrm{d}}{\mathrm{d}z}\exp(-z^2)=-2z\exp(-z^2)$$

求 n 次导数后,多项式的最高次项将是

$$(-1)^n\cdot\exp(z^2)\cdot(-2z)^n\cdot\exp(-z^2)=2^n\cdot z^n$$

与式(A3.8)相同.对于一定的 n,微分方程(A3.1)的多项式解只有一个.因此式(A3.8)与(A3.10)全同.

利用式(A3.9)或(A3.10),都不难证明 Hermite 多项式的正交性公式为

$$\int_{-\infty}^{+\infty}\mathrm{H}_m(z)\mathrm{H}_n(z)\exp(-z^2)\mathrm{d}z=\sqrt{\pi}2^n\cdot n!\delta_{mn} \tag{A3.11}$$

$\exp(-z^2)$称为权重因子.下面用生成函数式(A3.9)来证明.利用

$$\exp(-t^2+2zt)=\sum_{m=0}^{\infty}\mathrm{H}_m(z)t^m/m!$$

$$\exp(-s^2+2zs)=\sum_{n=0}^{\infty}\mathrm{H}_n(z)s^n/n!$$

相乘得

$$\exp[-(t^2+s^2)+2z(t+s)]=\exp(2ts+z^2)\cdot\exp[-(t+s-z)^2]$$

$$=\sum_{m,n=0}^{\infty}\mathrm{H}_m(z)\mathrm{H}_n(z)t^ms^n/m!n!$$

两边乘以 $\exp(-z^2)$并积分,

$$\exp(2ts)\int_{-\infty}^{+\infty}\exp[-(z-t-s)^2]\mathrm{d}z=\sum_{m,n=0}^{\infty}\frac{t^ms^n}{m!n!}\cdot\int_{-\infty}^{+\infty}\mathrm{H}_m(z)\mathrm{H}_n(z)\exp(-z^2)\mathrm{d}z$$

但上式

$$\text{左边积分}=\exp(2ts)\int_{-\infty}^{+\infty}\exp(-\xi^2)\mathrm{d}\xi$$

$$=\exp(2ts)\sqrt{\pi}=\sqrt{\pi}\sum_{n=0}^{\infty}\frac{(2ts)^n}{n!}$$

与右边比较,就可得出式(A3.11).

生成函数式(A3.9)两边对 s 求导数,

$$左边 = (-2s+2z)\exp(-s^2+2zs) = (-2s+2z)\sum_{n=0}^{\infty}\frac{H_n(z)}{n!}s^n$$

$$右边 = \sum_{n=1}^{\infty}\frac{H_n(z)}{n!}ns^{n-1} = \sum_{n=0}^{\infty}\frac{H_{n+1}(z)}{n!}s^n$$

比较两边 s 同幂项的系数，即得 Hermite 多项式的递推关系

$$H_{n+1}(z) - 2zH_n(z) + 2nH_{n-1}(z) = 0 \tag{A3.12}$$

与此类似，式(A3.9)对 z 取导数，可求出

$$H_n'(z) = 2nH_{n-1}(z) \tag{A3.13}$$

附录四　Legendre 多项式与球谐函数

在采用球坐标情况下，轨道角动量($\boldsymbol{l}^2, l_z$)的共同本征函数的 θ 部分 $\Theta(\theta)$ 满足下列微分方程[见 4.3 节，式(4.3.16)]

$$\frac{1}{\sin\theta}\frac{d}{d\theta}\left(\sin\theta\frac{d}{d\theta}\Theta\right) + \left(\lambda - \frac{m^2}{\sin^2\theta}\right)\Theta = 0 \quad (0 \leqslant \theta \leqslant \pi) \tag{A4.1}$$

其中 $m=0,\pm1,\pm2,\cdots,\lambda$ 待定. 作变换

$$x = \cos\theta, \qquad \Theta(\theta) = y(x) \tag{A4.2}$$

则式(A4.1)化为连带(associated) Legendre 方程

$$\frac{d}{dx}\left[(1-x^2)\frac{dy}{dx}\right] + \left(\lambda - \frac{m^2}{1-x^2}\right)y = 0 \tag{A4.3}$$

在 $|x| \leqslant 1$ 范围中，方程有两个正则奇点 $x=\pm1$，其余点均为方程的常点. 以下先讨论 $m=0$ 情况.

1. Legendre 多项式

当 $m=0$ 时，式(A4.3)化为 Legendre 方程

$$\frac{d}{dx}\left[(1-x^2)\frac{dy}{dx}\right] + \lambda y = 0$$

即

$$(1-x^2)\frac{d^2y}{dx^2} - 2x\frac{dy}{dx} + \lambda y = 0 \tag{A4.4}$$

在 $x=0$ 邻域，把方程的解表成 Taylor 级数

$$y = \sum_k C_k x^k \tag{A4.5}$$

代入式(A4.4)，比较同幂次项系数，可求出 C_k 的递推关系为

$$C_{k+2} = \frac{k(k+1)-\lambda}{(k+1)(k+2)}C_k \tag{A4.6}$$

因此，C_2、C_4、C_6、…均可用 C_0 表示出来，C_3、C_5、C_7、…均可用 C_1 表示出来，C_0、C_1

是两个任意常数. 这样,我们就得到了方程(A4.4)的两个线性无关解

$$\begin{aligned} y_1(x) &= C_0 + C_2 x^2 + C_4 x^4 + \cdots \\ y_2(x) &= C_1 x + C_3 x^3 + C_5 x^5 + \cdots \end{aligned} \tag{A4.7}$$

现在来研究一下它们在正则奇点($x=\pm1$)附近的性质. 由式(A4.6)可以看出,当 $k\to\infty$ 时,$C_{k+2}/C_k \approx k/(k+2) \approx 1-2/k$. 对于 $k=2m$(偶数),$C_{k+2}/C_k \approx 1-1/m$. 这与 $\ln(1+x)+\ln(1-x)=\ln(1-x^2)$ 的 Taylor 展开的相邻项系数之比相同. 因此,当 $|x|\to1$ 时,$y_1(x)\to\infty$. 同样理由,$y_2(x)$ 也趋于∞. 这样的解一般不满足波函数有界条件的要求.

但从式(A4.6)可以看出,当

$$\lambda = l(l+1), \qquad l = 0,1,2,\cdots \tag{A4.8}$$

时,C_{l+2}、C_{l+4}、C_{l+6},…都为零. 此时,y_1 与 y_2 中有一个级数将中断为 l 次多项式,即

$l=$ 偶时,　　y_1 为多项式(y_2 仍为无穷级数)

$l=$ 奇时,　　y_2 为多项式(y_1 仍为无穷级数)

多项式在 $|x|\leqslant1$ 范围中显然是有界的. 因此,在满足式(A4.8)条件下,方程(A4.4)有一个在 $|x|\leqslant1$ 区域中有界的非零解(多项式). 通常规定,这多项式的最高次项 x^l 的系数为

$$C_l = \frac{(2l)!}{2^l\cdot(l!)^2} \tag{A4.9}$$

这样得出的多项式,称为 Legendre 多项式. 利用式(A4.6)、(A4.8)、(A4.9)可以求出 Legendre 多项式的一般公式为

$$\mathrm{P}_l(x) = \sum_{r=0}^{\left[\frac{l}{2}\right]} \frac{(2l-2r)!}{2^l\cdot r!(l-r)!(l-2r)!}x^{l-2r} \tag{A4.10}$$

其中$\left[\dfrac{l}{2}\right]$是不大于$\dfrac{l}{2}$的最大整数. 最低的几个 Legendre 多项式为

$$\begin{aligned} \mathrm{P}_0(x) &= 1 \\ \mathrm{P}_1(x) &= x \\ \mathrm{P}_2(x) &= \frac{1}{2}(3x^2-1) \\ \mathrm{P}_3(x) &= \frac{1}{2}(5x^3-3x) \\ &\cdots\cdots \end{aligned}$$

显然看出

$$\mathrm{P}_l(-x) = (-1)^l\mathrm{P}_l(x) \tag{A4.11}$$

用二项式定理及直接求导数办法,可证明下列 Rodrigues 公式

$$\mathrm{P}_l(x) = \frac{1}{2^l\cdot l!}\frac{\mathrm{d}^l}{\mathrm{d}x^l}(x^2-1)^l \tag{A4.12}$$

利用复变函数中的 Cauchy 积分公式，可以证明，Legendre 函数的生成函数为

$$(1-2xt+t^2)^{-1/2}=\sum_{l=0}^{\infty}\mathrm{P}_l(x)t^l \tag{A4.13}$$

上式左边规定，当 $t=0$，根式等于 1.

利用生成函数公式，可以证明 $\mathrm{P}_l(x)$ 的如下递推关系：

$$(l+1)\mathrm{P}_{l+1}-(2l+1)x\mathrm{P}_l+l\mathrm{P}_{l-1}=0 \tag{A4.14}$$

$$x\mathrm{P}_l'-\mathrm{P}_{l-1}'=l\mathrm{P}_l \tag{A4.15}$$

$$\mathrm{P}_{l+1}'=x\mathrm{P}_l'+(l+1)\mathrm{P}_l \tag{A4.16}$$

$$\mathrm{P}_{l+1}'-\mathrm{P}_{l-1}'=(2l+1)\mathrm{P}_l \tag{A4.17}$$

$$(x^2-1)\mathrm{P}_l'=xl\mathrm{P}_l-l\mathrm{P}_{l-1} \tag{A4.18}$$

$$(2l+1)(x^2-1)\mathrm{P}_l'=l(l+1)(\mathrm{P}_{l+1}-\mathrm{P}_{l-1}) \tag{A4.19}$$

以及正交归一关系[从微分方程(A4.4)也可以直接证明]

$$\int_{-1}^{+1}\mathrm{P}_l(x)\mathrm{P}_{l'}(x)\mathrm{d}x=\frac{2}{2l+1}\delta_{ll'} \tag{A4.20}$$

2. 连带 Legendre 多项式

连带(associated)Legendre 方程(A4.3)

$$(1-x^2)\frac{\mathrm{d}^2y}{\mathrm{d}x^2}-2x\frac{\mathrm{d}y}{\mathrm{d}x}+\left(\lambda-\frac{m^2}{1-x^2}\right)y=0$$

$$m=0,\pm1,\pm2,\cdots,\quad |x|\leqslant 1 \tag{A4.3$'$}$$

先讨论在正则奇点 $x=\pm1$ 邻域解的行为. 例如，讨论 $x=+1$ 邻域的情况，令

$$z=1-x$$

则式(A4.3′)化为

$$\frac{\mathrm{d}^2y}{\mathrm{d}z^2}+\frac{2(1-z)\mathrm{d}y}{z(2-z)\mathrm{d}z}+\left[\frac{\lambda}{z(2-z)}-\frac{m^2}{z^2(2-z)^2}\right]y=0$$

在 $z\sim0$ 附近(即 $x\sim+1$ 附近)，上式化为

$$\frac{\mathrm{d}^2y}{\mathrm{d}z^2}+\frac{1}{z}\frac{\mathrm{d}y}{\mathrm{d}z}-\frac{m^2}{4z^2}y=0$$

令 $y=z^s$ 代入得

$$s(s-1)+s-\frac{m^2}{4}=0$$

即

$$s^2=m^2/4,\qquad s=\pm|m|/2 \tag{A4.21}$$

所以在 $z=0$ 附近，$y\propto z^{\pm|m|/2}$. 但 $y\propto z^{-|m|/2}$ 不满足波函数有界的边条件，弃之. 因此，$z\sim0$ 附近，y 的渐近行为与 $z^{|m|/2}=(1-x)^{|m|/2}$ 相同.

类似讨论 $x=-1$ 附近，解的行为与 $(1+x)^{|m|/2}$ 相同.

因此，方程(A4.3′)的解可以表示为

$$y(x) = (1+x)^{|m|/2}(1-x)^{|m|/2}v(x) = (1-x^2)^{|m|/2}v(x) \quad (A4.22)$$

代入式(A4.3′),得到

$$(1-x^2)v'' - 2(|m|+1)xv' + [\lambda - |m|(|m|+1)]v = 0 \quad (A4.23)$$

上式再对 x 求导数,整理后得

$$(1-x^2)v''' - 2(|m|+1+1)xv'' + [\lambda - (|m|+1)(|m|+2)]v' = 0 \quad (A4.24)$$

与式(A4.23)比较,只不过 $|m| \to |m|+1, v \to v'$. 另外,当 $m=0$ 时,式(A4.23)即为 Legendre 方程(A4.4). 因此式(A4.23)的解可以用方程(A4.4)的解求导数 $|m|$ 次得到. 在满足条件(A4.8)$[\lambda = l(l+1)]$的情况下,方程(A4.4)有满足物理上要求(在 $|x| \leqslant 1$ 有界)的解,即 Legendre 多项式. 因此,$v(x)$可表示为

$$v(x) = \frac{d^{|m|}}{dx^{|m|}}P_l(x) \qquad (|m| \leqslant l) \quad (A4.25)$$

这样,我们求得了连带 Legendre 方程在物理上允许的解,记为

$$P_l^{|m|}(x) = (1-x^2)^{|m|/2} \frac{d^{|m|}}{dx^{|m|}}P_l(x) \quad (A4.26)$$

以下先假设 $m \geqslant 0$,于是

$$P_l^m(x) = (1-x^2)^{m/2} \frac{d^m}{dx^m}P_l(x) \quad (A4.27)$$

用 Rodrigues 公式(A4.12)代入,

$$P_l^m(x) = \frac{1}{2^l \cdot l!}(l-x^2)^{m/2} \frac{d^{l+m}}{dx^{l+m}}(x^2-1)^l \quad (A4.28)$$

这个式子,对于 m 取负值也成立,即 $|m| \leqslant l$ 时,上式都成立. 可以证明

$$P_l^{-m}(x) = (-1)^m \frac{(l-m)!}{(l+m)!}P_l^m(x) \quad (A4.29)$$

无论 m 是正或负,上式都成立. 上面公式(A4.26)或(A4.27)是 Ferrer 定义的.

根据 $P_l(x)$的递推关系,可证明 P_l^m 的如下递推关系:

$$(2l+1)xP_l^m = (l+m)P_{l-1}^m + (l-m+1)P_{l+1}^m \quad (A4.30)$$

$$(2l+1)(1-x^2)^{1/2}P_l^m = P_{l+1}^{m+1} - P_{l-1}^{m+1} \quad (A4.31)$$

$$(2l+1)(1-x^2)^{1/2}P_l^m = (l+m)(l+m-1)P_{l-1}^{m-1} - (l-m+2)(l-m+1)P_{l+1}^{m-1} \quad (A4.32)$$

$$(2l+1)(1-x^2)\frac{dP_l^m}{dx} = (l+1)(l+m)P_{l-1}^m - l(l-m+1)P_{l+1}^m \quad (A4.33)$$

从连带 Legendre 方程出发,可以证明 P_l^m 的正交性,

$$\int_{-1}^{+1} P_l^m(x)P_k^m(x)dx = 0 \quad (l \neq k)$$

当 $l=k$ 时,可证明

$$\int_{-1}^{+1}[P_l^m(x)]^2 dx = \frac{(l+m)!}{(l-m)!}\frac{2}{2l+1}$$

所以

$$\int_{-1}^{+1} P_l^m(x) P_k^m(x) dx = \frac{(l+m)!}{(l-m)!}\frac{2}{2l+1}\delta_{kl} \tag{A4.34}$$

3. 球谐函数

球谐函数(spherical harmonic function)定义如下①:

$$Y_l^m(\theta,\varphi) = (-1)^m \sqrt{\frac{2l+1(l-m)!}{4\pi(l+m)!}} P_l^m(\cos\theta) e^{im\varphi} \tag{A4.35}$$

$$l = 0,1,2,\cdots$$

$$m = -l, -l+1, \cdots, l-1, l$$

利用式(A4.29)可证明

$$Y_l^{-m} = (-1)^m Y_l^{*m}$$

显然

$$Y_l^0 = \sqrt{\frac{2l+1}{4\pi}} P_l \tag{A4.36}$$

(1°) 递推公式

$$\cos\theta Y_l^m = a_{l,m} Y_{l+1}^m + a_{l-1,m} Y_{l-1}^m$$

$$\sin\theta e^{i\varphi} Y_l^m = b_{l-1,-(m+1)} Y_{l-1}^{m+1} - b_{l,m} Y_{l+1}^{m+1}$$

$$\sin\theta e^{-i\varphi} Y_l^m = -b_{l-1,m-1} Y_{l-1}^{m-1} + b_{l,-m} Y_{l+1}^{m-1} \tag{A4.37}$$

式中

$$a_{lm} = \sqrt{\frac{(l+1)^2 - m^2}{(2l+1)(2l+3)}}$$

$$b_{lm} = \sqrt{\frac{(l+m+1)(l+m+2)}{(2l+1)(2l+3)}} \tag{A4.38}$$

式(A4.37)是球谐函数相加定理式(A4.43)的特例.

利用

$$l_{\pm} = l_x \pm i l_y = i\hbar \exp(\pm i\varphi)\left(\mp i \frac{\partial}{\partial\theta} + \cot\theta \frac{\partial}{\partial\varphi}\right) \tag{A4.39}$$

可以证明

$$l_{\pm} Y_l^m = \hbar \sqrt{l(l+1) - m(m\pm 1)} Y_l^{m\pm 1} = \hbar \sqrt{(l\pm m+1)(l\mp m)} Y_l^{m\pm 1} \tag{A4.40}$$

---

① E. U. Condon, G. H. Shortley, *The Theory of Atomic Spectra*, 1935. 另外,例如 H. A. Bethe, *Handbuch der Physik*, Bd. **24**(1933)上的定义与 Condon-Shortley 差$(-1)^m$. S. Flügge 的书中采用 Bethe 的定义. 文献中还常用另一种定义,与 Condon-Shortley 定义差一个因子 i^l, 在讨论时间反演时,较方便(见卷Ⅱ第 10 章).

(**2°**) 正交性及展开公式

$$\int_0^{2\pi}\int_0^{\pi} Y_{l'}^{m'*} Y_l^m \sin\theta d\theta d\varphi = \delta_{ll'}\delta_{mm'} \tag{A4.41}$$

单位球面上的任何规则函数 $f(\theta,\varphi)$都可展开为

$$f(\theta,\varphi) = \sum_{l=0}^{\infty}\sum_{m=-l}^{+l} f_{lm} Y_l^m(\theta,\varphi) \tag{A4.42}$$

式中

$$f_{lm} = \int Y_l^{m*}(\theta,\varphi) f(\theta,\varphi) d\Omega$$

其中 $\int d\Omega$ 是 $\int_0^{2\pi} d\varphi \int_0^{\pi} \sin\theta d\theta$ 的简记.

(**3°**) 几个重要的展开公式

(1) 球谐函数相加定理

$$P_l(\cos\theta_{12}) = \frac{4\pi}{2l+1}\sum_{m=-l}^{l} Y_l^{m*}(\theta_1,\varphi_1) Y_l^m(\theta_2,\varphi_2) \tag{A4.43}$$

θ_{12}是空间两个方向(θ_1,φ_1)和(θ_2,φ_2)的夹角.

(2) 平面波展开式

$$\exp(ikz) = \exp(ikr\cos\theta) = \sum_{l=0}^{\infty} \sqrt{4\pi(2l+1)}\, i^l j_l(kr) Y_l^0(\theta) \tag{A4.44}$$

$$\exp(ikx) = \exp(ik\rho\cos\varphi) = J_0(k\rho) + 2\sum_{|m|=1}^{\infty} J_{|m|}(k\rho)\cos(|m|\varphi) \tag{A4.45}$$

表 A.1 球谐函数表

lm	$Y_l^m(\theta,\varphi)$	$r^l Y_l^m(\theta,\varphi)$
00	$1/\sqrt{4\pi}$	$1/\sqrt{4\pi}$
10	$\sqrt{3/4\pi}\cos\theta$	$\sqrt{3/4\pi}z$
1 ± 1	$\mp\sqrt{3/8\pi}\sin\theta\exp(\pm i\varphi)$	$\mp\sqrt{3/8\pi}(x\pm iy)$
20	$\sqrt{5/16\pi}(3\cos^2\theta-1)$	$\sqrt{5/16\pi}(2z^2-x^2-y^2)$
2 ± 1	$\mp\sqrt{15/8\pi}\cos\theta\cdot\sin\theta\exp(\pm i\varphi)$	$\mp\sqrt{15/8\pi}(x\pm iy)z$
2 ± 2	$\frac{1}{2}\sqrt{15/8\pi}\sin^2\theta\exp(\pm 2i\varphi)$	$\frac{1}{2}\sqrt{15/8\pi}(x\pm iy)^2$
30	$\frac{1}{4}\sqrt{7/\pi}(5\cos^2\theta-3\cos\theta)$	$\frac{1}{4}\sqrt{7/\pi}(2z^2-3x^2-3y^2)z$
3 ± 1	$\mp\frac{1}{8}\sqrt{21/\pi}(5\cos^2\theta-1)\sin\theta\exp(\pm i\varphi)$	$\mp\frac{1}{8}\sqrt{21/\pi}(4z^2-x^2-y^2)(x\pm iy)$
3 ± 2	$\frac{1}{4}\sqrt{105/2\pi}\sin^2\theta\cos\theta\exp(\pm 2i\varphi)$	$\frac{1}{4}\sqrt{105/2\pi}(x\pm iy)^2 z$
3 ± 3	$\mp\frac{1}{8}\sqrt{35/\pi}\sin^2\theta\exp(\pm 3i\varphi)$	$\mp\frac{1}{8}\sqrt{35/\pi}(x\pm iy)^3$

(3) $$\frac{1}{|\boldsymbol{r}-\boldsymbol{r}'|}=\begin{cases}\dfrac{1}{r'}\displaystyle\sum_{l=0}^{\infty}\left(\dfrac{r}{r'}\right)^{l}\mathrm{P}_l(\cos\theta), & r<r'\\ \dfrac{1}{r}\displaystyle\sum_{l=0}^{\infty}\left(\dfrac{r'}{r}\right)^{l}\mathrm{P}_l(\cos\theta), & r>r'\end{cases} \tag{A4.46}$$

其中 θ 是 $\boldsymbol{r}$ 与 $\boldsymbol{r}'$ 的夹角.

附录五　合流超几何函数[①]

形式如下的微分方程

$$z\frac{\mathrm{d}^2y}{\mathrm{d}z^2}+(\gamma-z)\frac{\mathrm{d}y}{\mathrm{d}z}-\alpha y=0 \tag{A5.1}$$

称为合流超几何方程(confluent hypergeometric equation). $z=0$ 点是方程的正则奇点,$z=\infty$ 是非正则奇点,其余为常点. 先研究方程的解在奇点 $z=0$ 附近的行为.

当 $z\sim0$ 时,方程(A5.1)渐近地表示成

$$\frac{\mathrm{d}^2y}{\mathrm{d}z^2}+\frac{\gamma}{z}\frac{\mathrm{d}y}{\mathrm{d}z}-\frac{\alpha}{z}y=0$$

令 $y=z^s$ 代入,可得出指标方程

$$s(s-1)+\gamma s=0$$

它的两个根为

$$s_1=0,\qquad s_2=1-\gamma \tag{A5.2}$$

先讨论 $s_2-s_1=1-\gamma\neq$ 整数(即 $\gamma\neq$ 整数)的情况,此时可以用级数解法求得微分方程(A5.1)的两个线性无关解. 与 $s_1=0$ 根相应的级数解

$$y=\sum_k C_k z^k \tag{A5.3}$$

代入式(A5.1),要求方程左边 z 的各次项的系数为 0,可得出 C_k 的递推关系为

$$C_k=\frac{\alpha+k-1}{k(\gamma+k-1)}C_{k-1} \tag{A5.4}$$

由此可得出

$$C_k=\frac{\alpha(\alpha+1)\cdots(\alpha+k-1)}{k!\gamma(\gamma+1)\cdots(\gamma+k-1)}C_0 \tag{A5.5}$$

所有系数均可用 C_0 表示出来,C_0 为任意常数. 这样,我们得到了方程的一个解. 通常取 $C_0=1$,级数解记为 $\mathrm{F}(\alpha,\gamma,z)$

$$\begin{aligned}\mathrm{F}(\alpha,\gamma,z)&=1+\frac{\alpha}{\gamma}z+\frac{\alpha(\alpha+1)}{2!\gamma(\gamma+1)}z^2+\frac{\alpha(\alpha+1)(\alpha+2)}{3!\gamma(\gamma+1)(\gamma+2)}z^3+\cdots\\&=\sum_{k=0}^{\infty}\frac{(\alpha)_k}{k!(\gamma)_k}z^k\end{aligned} \tag{A5.6}$$

---

① 参阅王竹溪、郭敦仁,《特殊函数概论》,科学出版社,1979,第六章.

其中

$$(\alpha)_k = \alpha(\alpha+1)\cdots(\alpha+k-1)$$
$$(\gamma)_k = \gamma(\gamma+1)\cdots(\gamma+k-1) \tag{A5.7}$$

此级数解只当 $\gamma\neq0$ 和负整数才有意义. 由式(A5.6)定义的函数称为合流超几何函数.

$F(\alpha,\gamma,z)$在方程(A5.1)的正则奇点 $z\to\infty$的性质. 按式(A5.4), 当 $k\to\infty$时,

$$C_k/C_{k-1} \propto 1/k$$

这个比值与 e^z 的幂级数展开的系数比值相同, 因此, $z\to\infty$时, $F(\alpha,\gamma,z)$的发散行为与 $\exp(z)$相同.

对于 $\gamma\neq$整数的情况, 与 $s_2=1-\gamma$ 根相应, 方程的另一个线性独立的级数解可表示为

$$y = z^{1-\gamma}u \tag{A5.8}$$

代入式(A5.1), 得

$$z\frac{\mathrm{d}^2u}{\mathrm{d}z^2}+(2-\gamma-z)\frac{\mathrm{d}u}{\mathrm{d}z}-(\alpha-\gamma+1)u=0 \tag{A5.9}$$

与式(A5.1)比较, 形式上完全相同, 只是参数不同. 式(A5.9)的一个解可以表示为$F(\alpha-\gamma+1,2-\gamma,z)$. 这样, 在 $\gamma\neq$整数的情况下, 我们找到了方程(A5.1)的两个线性独立解, 为

$$y_1 = F(\alpha,\gamma,z)$$
$$y_2 = z^{1-\gamma}F(\alpha-\gamma+1,2-\gamma,z) \tag{A5.10}$$

其他情况:

(a) 当 $\gamma=0$ 或负整数, 应取 y_2 解. 此时 $F(\alpha,\gamma,z)$一般没有意义, 除非 $\alpha\geqslant\gamma$ 也是负整数. 此时可令 $\gamma=-m,\alpha=-n,(m\geqslant n\geqslant0)$, $F(\alpha,\gamma,z)$为一个 n 次多项式

$$F(-n,-m,z)=\sum_{k=0}^{n}\frac{(-n)_k}{k!(-m)_k}z^k \quad (m\geqslant n\geqslant0) \tag{A5.11}$$

而

$$y_2 = z^{1-\gamma}F(\alpha-\gamma+1,2-\gamma,z) = z^{1+m}F(m-n+1,2+m,z)$$

为无穷级数.

(b) 当 $\gamma=1$, $y_1=y_2$, 两解相同, 均为 $F(\alpha,1,z)$.

(c) 当 $\gamma\geqslant2$ 正整数, 应取 $F(\alpha,\gamma,z)$. 因为 $F(\alpha-\gamma+1,2-\gamma,z)$一般失去意义, 除非 $\alpha-\gamma+1$ 是不小于$(2-\gamma)$的负整数, 此时 $F(\alpha-\gamma+1,2-\gamma,z)$是一个多项式, 而 $F(\alpha,\gamma,z)$则为无穷级数(因为 $\alpha\geqslant1$).

因此, 当 $\gamma=$整数, 而 α 或$\alpha-\gamma+1$ 又非适当的负整数时, 要用另外办法找第二解. 详细讨论可参阅王竹溪、郭敦仁,《特殊函数概论》(科学出版社, 1979)的第六章.

附录六　Bessel 函数

1. Bessel 函数

Bessel 方程形式如下：

$$\frac{d^2 y}{dz^2}+\frac{1}{z}\frac{dy}{dz}+\left(1-\frac{\nu^2}{z^2}\right)y=0 \tag{A6.1}$$

z、ν 可以为任何复数. 这个方程的一个解是

$$J_\nu(z)=\sum_{k=0}^{\infty}\frac{(-1)^k}{k\,!\,\Gamma(\nu+k+1)}\left(\frac{z}{2}\right)^{2k+\nu}$$

$$|\arg z|<\pi \qquad (-\pi<\arg z\leqslant\pi) \tag{A6.2}$$

可以证明，Wronski 行列式

$$\begin{vmatrix} J_\nu(z) & J_{-\nu}(z) \\ J'_\nu(z) & J'_{-\nu}(z) \end{vmatrix}=-\frac{2\sin\nu\pi}{\pi z} \tag{A6.3}$$

当 $\nu\neq n$(整数)时，不为零. 所以 J_ν 与 $J_{-\nu}$线性无关. 但 $\nu=n$ 时，Wronski 行列式$=0$，J_n 与 J_{-n}不是线性无关. 还可以证明

$$J_{-n}(z)=(-1)^n J_n(z) \tag{A6.4}$$

J_{-n}与 J_n实际上是一个解. 此时，常常选另外一组线性无关解，J_ν 与 N_ν，其中

$$N_\nu=\frac{(\cos\nu\pi)J_\nu(z)-J_{-\nu}(z)}{\sin\nu\pi} \tag{A6.5}$$

J_ν 称为 Bessel 函数，N_ν 称为 Neumann 函数. 利用式(A6.3)容易得出

$$\begin{vmatrix} J_\nu(z) & N_\nu(z) \\ J'_\nu(z) & N'_\nu(z) \end{vmatrix}=\frac{2}{\pi z} \tag{A6.6}$$

无论 ν 是否为整数，J_ν 与 N_ν 都线性无关，因此，常常用来作为方程(A6.1)的一组线性无关解.

为了满足不同问题中的边条件的要求，常常还用到另外一组线性无关解，即第一类和第二类 Hankel 函数.

$$\begin{aligned} H_\nu^{(1)}(z)&=J_\nu(z)+iN_\nu(z) \\ H_\nu^{(2)}(z)&=J_\nu(z)+iN_\nu(z) \end{aligned} \tag{A6.7}$$

同样，用式(A6.6)可以证明

$$\begin{vmatrix} H_\nu^{(1)}(z) & H_\nu^{(2)}(z) \\ H_\nu^{(1)\prime}(z) & H_\nu^{(2)\prime}(z) \end{vmatrix}=-\frac{4i}{\pi z} \tag{A6.8}$$

即 $H_\nu^{(1)}$ 与 $H_\nu^{(2)}$ 是线性无关的.

利用方程(A6.1)可证明下列递推关系：

$$J_{\nu+1}(z)=\frac{2\nu}{z}J_\nu(z)-J_{\nu-1}(z) \quad 或 \quad J_{\nu+1}(z)+J_{\nu-1}(z)=\frac{2\nu}{z}J_\nu \tag{A6.9}$$

$$J_{\nu+1}(z) = \frac{\nu}{z}J_\nu - J'_\nu(z)$$

$$J'_\nu(z) = \frac{\nu}{z}J_\nu(z) - J_{\nu+1}(z) = \frac{1}{2}[J_{\nu-1}(z) - J_{\nu+1}(z)] \quad (\nu \neq 0) \tag{A6.10}$$

$$J'_0(z) = -J_1(z)$$

$$\frac{d}{dz}(z^\nu J_\nu) = z^\nu J_{\nu-1} \tag{A6.11}$$

$$\frac{d}{dz}(z^{-\nu} J_\nu) = -z^{-\nu} J_{\nu+1} \tag{A6.12}$$

以上递推公式对 N_ν、$H_\nu^{(1)}$、$H_\nu^{(2)}$ 等都同样适用.

当$|z|\to+\infty$时,Bessel 函数的渐近行为

$$J_\nu(z) \propto \sqrt{\frac{2}{\pi z}}\cos\left[z - \left(\nu + \frac{1}{2}\right)\frac{\pi}{2}\right]$$

$$N_\nu(z) \propto \sqrt{\frac{2}{\pi z}}\sin\left[z - \left(\nu + \frac{1}{2}\right)\frac{\pi}{2}\right]$$

$$H_\nu^{(1)}(z) \propto \sqrt{\frac{2}{\pi z}}\exp\left\{i\left[z - \left(\nu + \frac{1}{2}\right)\frac{\pi}{2}\right]\right\}$$

$$H_\nu^{(2)}(z) \propto \sqrt{\frac{2}{\pi z}}\exp\left\{-i\left[z - \left(\nu + \frac{1}{2}\right)\frac{\pi}{2}\right]\right\} \tag{A6.13}$$

整数阶 Bessel 函数可表示为

$$J_n(z) = \sum_{k=0}^{\infty}\frac{(-1)^k}{k!(n+k)!}\left(\frac{z}{2}\right)^{2k+n} \quad (n = 0,1,2,\cdots) \tag{A6.2'}$$

$N_n(z)$的式子较繁,此处不再给出. $z=0$ 点是 $J_n(z)$的常点,是 $N_n(z)$的奇点. 在 $z\approx 0$ 附近,这些函数的性质如下:

$$J_0(0) = 1, \qquad J_n(0) = 0 \qquad (n \geqslant 1)$$

$$N_0(z) \propto \frac{2}{\pi}\ln\frac{z}{2}$$

$$N_n(z) \propto -\frac{(n-1)!}{\pi}\left(\frac{z}{2}\right)^{-n} \qquad (n \geqslant 1)$$

$$H_0^{(1)}(z) \propto i\,\frac{2}{\pi}\ln\frac{z}{2} \tag{A6.14}$$

$$H_n^{(1)}(z) \propto -i\,\frac{(n-1)!}{\pi}\left(\ln\frac{z}{2}\right)^{-n} \qquad (n \geqslant 1)$$

$$H_0^{(2)}(z) \propto -i\,\frac{2}{\pi}\ln\frac{z}{2}$$

$$H_n^{(2)}(z) \propto i\,\frac{(n-1)!}{\pi}\left(\frac{z}{2}\right)^{-n} \qquad (n \geqslant 1)$$

2. 球 Bessel 方程

球 Bessel 方程为

$$\frac{d^2 y}{dx^2} + \frac{2}{x}\frac{dy}{dx} + \left[1 - \frac{l(l+1)}{x^2}\right]y = 0 \tag{A6.15}$$

通常 $l=0,1,2,\cdots$. 令

$$y(x) = \frac{1}{\sqrt{x}}v(x)$$

则

$$\frac{d^2 v}{dx^2} + \frac{1}{x}\frac{dv}{dx} + \left[1 - \frac{(l+1/2)^2}{x^2}\right]v = 0 \tag{A6.16}$$

这正是半奇数$(l+1/2)$阶 Bessel 方程，其解可表示成初等函数. 式(A6.15)的两个线性无关解常表示成球 Bessel 函数和球 Neumann 函数

$$\begin{aligned} \mathrm{j}_l(x) &= \sqrt{\frac{\pi}{2x}}\mathrm{J}_{l+1/2}(x) \\ \mathrm{n}_l(x) &= (-1)^{l+1}\sqrt{\frac{\pi}{2x}}J_{-l-1/2}(x) = (-)^{l+1}\mathrm{j}_{-l-1}(x) \end{aligned} \tag{A6.17}$$

或者它们的线性叠加，例如，球 Hankel 函数

$$\begin{aligned} \mathrm{h}_l(x) &= \mathrm{j}_l(x) + \mathrm{i}\mathrm{n}_l(x) \\ \mathrm{h}_{l^*}(x) &= \mathrm{j}_l(x) - \mathrm{i}\mathrm{n}_l(x) \end{aligned} \tag{A6.18}$$

$\mathrm{j}_l(x)$、$\mathrm{n}_l(x)$与 $\mathrm{h}_l(x)$可表示成

$$\begin{aligned} \mathrm{j}_l(x) &= (-1)^l x^l \left(\frac{1}{x}\frac{d}{dx}\right)^l \frac{\sin x}{x} \\ \mathrm{n}_l(x) &= (-1)^{l+1} x^l \left(\frac{1}{x}\frac{d}{dx}\right)^l \frac{\cos x}{x} \\ \mathrm{h}_l(x) &= -\mathrm{i}(-1)^l \left(\frac{1}{x}\frac{d}{dx}\right)^l \frac{1}{x}\exp(\mathrm{i}x) \end{aligned} \tag{A6.19}$$

例如，

$$\begin{aligned} \mathrm{j}_0(x) &= \frac{\sin x}{x}, \quad \mathrm{n}_0(x) = -\frac{\cos x}{x} \\ \mathrm{j}_1(x) &= \frac{\sin x}{x^2} - \frac{\cos x}{x}, \quad \mathrm{n}_1(x) = -\frac{\cos x}{x^2} - \frac{\sin x}{x} \\ \mathrm{j}_2(x) &= \left(\frac{3}{x^3} - \frac{1}{x}\right)\sin x - \frac{3}{x^2}\cos x \\ \mathrm{n}_2(x) &= -\left(\frac{3}{x^2} - \frac{1}{x}\right)\cos x - \frac{3}{x^2}\sin x \\ \mathrm{h}_0(x) &= -\frac{\mathrm{i}}{x}\exp(\mathrm{i}x) \\ \mathrm{h}_1(x) &= -\left(\frac{1}{x} + \frac{\mathrm{i}}{x^2}\right)\exp(\mathrm{i}x) \end{aligned} \tag{A6.20}$$

$$\mathrm{h}_2(x)=\left(\frac{\mathrm{i}}{x}-\frac{3}{x^2}-\frac{3\mathrm{i}}{x^3}\right)\exp(\mathrm{i}x)$$

Wronski 行列式

$$\begin{vmatrix}\mathrm{j}_l(x) & \mathrm{n}_l(x)\\ \mathrm{j}_l'(x) & \mathrm{n}_l'(x)\end{vmatrix}=\frac{1}{x^2},\quad \begin{vmatrix}\mathrm{h}_l(x) & \mathrm{h}_l^*(x)\\ \mathrm{h}_l'(x) & \mathrm{h}_l'^*(x)\end{vmatrix}=-\frac{2\mathrm{i}}{x^2} \tag{A6.21}$$

递推关系

$$\mathrm{j}_{l+1}(x)=\frac{2l+1}{x}\mathrm{j}_l(x)-\mathrm{j}_{l-1}(x)$$

或

$$\mathrm{j}_{l+1}(x)+\mathrm{j}_{l-1}(x)=\frac{2l+1}{x}\mathrm{j}_l(x)\quad(l>0) \tag{A6.22}$$

$$\mathrm{j}_{l+1}(x)=\frac{l+1}{x}\mathrm{j}_l(x)-\mathrm{j}_l'(x) \tag{A6.23}$$

$$\mathrm{j}_l'(x)=\frac{1}{2l+1}[l\mathrm{j}_{l-1}(x)-(l+1)\mathrm{j}_{l+1}(x)]=\frac{l+1}{x}\mathrm{j}_l(x)-\mathrm{j}_{l+1}(x)$$

$$\frac{\mathrm{d}}{\mathrm{d}x}(x^{l+1}\mathrm{j}_l)=x^{l+1}\mathrm{j}_{l-1}\qquad(l>0)$$

$$\frac{\mathrm{d}}{\mathrm{d}x}(x^{-l}\mathrm{j}_l)=-x^{-l}\mathrm{j}_{l+1} \tag{A6.24}$$

上述式子对于 n_l、h_l、h_l^* 也同样适用.

其他一些有用的关系式

$$\mathrm{n}_{l-1}\mathrm{j}_l(x)-\mathrm{n}_l\mathrm{j}_{l-1}(x)=\frac{1}{x^2}$$

$$\mathrm{j}_0'(x)=-\mathrm{j}_1(x)$$

$$(x^2\mathrm{j}_1(x))'=x^2\mathrm{j}_0(x)$$

$$\int^x\mathrm{j}_1(x)\mathrm{d}x=-\mathrm{j}_0(x)$$

$$\int^x\mathrm{j}_0x^2\mathrm{d}x=x^2\mathrm{j}_1(x) \tag{A6.25}$$

$$\int\mathrm{j}_0^2x^2\mathrm{d}x=\frac{1}{2}x^3(\mathrm{j}_0^2(x)-\mathrm{j}_{-1}(x)\mathrm{j}_1(x))=\frac{1}{2}x^3(\mathrm{j}_0^2(x)+\mathrm{n}_0(x)\mathrm{j}_1(x))$$

$$\int\mathrm{n}_0^2x^2\mathrm{d}x=\frac{1}{2}x^3[\mathrm{n}_0^2(x)-\mathrm{j}_0(x)\mathrm{n}_1(x)]$$

$$\int\mathrm{j}_l^2x^2\mathrm{d}x=\frac{1}{2}x^3[\mathrm{j}_l^2(x)-\mathrm{j}_{l-1}(x)\mathrm{j}_{l+1}(x)]\quad(l>0)$$

利用式(A6.13)与(A6.14),可以看出以下渐近行为

$$x\to 0\qquad \mathrm{j}_l(x)\propto\frac{1}{(2l+1)!!}x^l$$

$$\mathrm{n}_l(x)\propto-(2l-1)!!/x^{l+1} \tag{A6.26}$$

$$
\begin{aligned}
& \mathrm{h}_l(x) \propto -\mathrm{i}(2l-1)!!/x^{l+1} \\
x \to \infty \qquad & \mathrm{j}_l(x) \propto \frac{1}{x}\sin(x - l\pi/2) \\
& \mathrm{n}_l(x) \propto -\frac{1}{x}\cos\left(x - \frac{l\pi}{2}\right) \\
& \mathrm{h}_l(x) \propto -\frac{\mathrm{i}}{x}\exp[\mathrm{i}(x - l\pi/2)]
\end{aligned} \tag{A6.27}
$$

3. 变型 Bessel 方程

变型 Bessel 方程为

$$
\frac{\mathrm{d}^2 y}{\mathrm{d}x^2} + \frac{1}{x}\frac{\mathrm{d}y}{\mathrm{d}x} - \left(1 + \frac{\nu^2}{x^2}\right)y = 0 \quad (x\ \text{为实变数}) \tag{A6.28}
$$

令 $z=\mathrm{i}x$，则上式化为 z 的 ν 阶 Bessel 方程. $\nu\neq$整数时，$\mathrm{J}_\nu(\mathrm{i}x)$与 $\mathrm{J}_{-\nu}(\mathrm{i}x)$是此方程的一组线性无关解. 为使 $\nu=n$(整数)时，方程(A6.28)的解为实数，引进变型 Bessel 函数 I_ν，

$$
\mathrm{I}_\nu(x) = \begin{cases} \exp\left(-\frac{1}{2}\mathrm{i}\pi\nu\right)\mathrm{J}_\nu[x\exp(\mathrm{i}\pi/2)], & -\pi < \arg x \leqslant \frac{\pi}{2} \\ \exp\left(\frac{1}{2}\mathrm{i}3\pi\nu\right)\mathrm{J}_\nu[x\exp(-3\pi\mathrm{i}/2)], & \frac{\pi}{2} < \arg x \leqslant \pi \end{cases} \tag{A6.29}
$$

用式(A6.2)代入，得

$$
\mathrm{I}_\nu(x) = \left(\frac{x}{2}\right)^\nu \sum_{k=0}^{\infty} \frac{1}{k!\,\Gamma(\nu+k+1)}\left(\frac{x}{2}\right)^{2k}, \ |\arg x| < \pi \tag{A6.30}
$$

$\nu\neq n$(整数)时，$\mathrm{I}_\nu(x)$与 $\mathrm{I}_{-\nu}(x)$是方程的一组线性无关解，$\nu=n$ 时，$\mathrm{I}_{-\nu}(x)=\mathrm{I}_\nu(x)$，二者相同. 此时可引进

$$
\begin{aligned}
\mathrm{K}_\nu(x) &= \frac{\pi}{2\sin\nu\pi}[\mathrm{I}_{-\nu}(x) - \mathrm{I}_\nu(x)] \\
&= \begin{cases} \frac{\pi\mathrm{i}}{2}\exp\left(\frac{\mathrm{i}\pi\nu}{2}\right)\mathrm{H}_\nu^{(1)}[x\ \exp(\mathrm{i}\pi/2)] & \left(-\pi < \arg x \leqslant \frac{\pi}{2}\right) \\ -\frac{\pi\mathrm{i}}{2}\exp\left(-\frac{\mathrm{i}\pi\nu}{2}\right)\mathrm{H}_\nu^{(2)}[x\ \exp(-\mathrm{i}\pi/2)] & \left(-\frac{\pi}{2} < \arg x \leqslant \pi\right) \end{cases}
\end{aligned} \tag{A6.31}
$$

$\mathrm{I}_n(x)$与 $\mathrm{K}_n(x)$是方程的一组线性无关的解.

$\mathrm{I}_n(x)$在 $x=0$ 处有界

$$
\mathrm{I}_0(0) = 1, \qquad \mathrm{I}_n(0) = 0 \qquad (n \geqslant 1)
$$

$x=0$ 点是 $\mathrm{K}_n(x)$的奇点，当 $x\to 0$，有下列发散行为

$$
\begin{aligned}
& \mathrm{K}_0(x) \propto -\ln\frac{x}{2} \\
& \mathrm{K}_n(x) \propto \frac{(n-1)!}{2}\left(\frac{x}{2}\right)^{-n} \qquad (n \geqslant 1)
\end{aligned} \tag{A6.32}
$$

而当 $x\to\infty$时，有下列发散行为

$$\mathrm{I}_\nu(x) \propto \frac{1}{\sqrt{2\pi x}}\mathrm{e}^{x}$$
$$\mathrm{K}_\nu(x) \propto \sqrt{\frac{\pi}{2x}}\mathrm{e}^{-x} \qquad \text{(A6.33)}$$

附录七　径向方程解在奇点 $r=0$ 邻域的行为

中心力场 $V(r)$ 中粒子的径向方程

$$\frac{\mathrm{d}^2 R}{\mathrm{d}r^2} + \frac{2}{r}\frac{\mathrm{d}R}{\mathrm{d}r} + \left\{\frac{2\mu}{\hbar^2}[E - V(r)] - \frac{l(l+1)}{r^2}\right\}R = 0$$
$$l = 0,1,2,\cdots \qquad \text{(A7.1)}$$

$r=0$ 是方程的正则奇点.设 $V(r)$ 满足

$$r^2 V(r) \xrightarrow{r\to 0} 0 \qquad \text{(A7.2)}$$

则当 $r\to0$ 时,相应于指标方程两个根 $s_1=l$ 和 $s_2=-(l+1)$,有两种渐近行为的解:

$$R(r) \propto r^l, \qquad R(r) \propto r^{-l-1} \qquad (r \to 0) \qquad \text{(A7.3)}$$

下面我们将论证:

(a) 物理上允许的解,在 $r\to0$ 的渐近行为只能是

$$R(r) \propto r^l \qquad \text{(A7.4)}$$

另一种渐近行为解必须摒弃.

(b) 采用级数解法求解时,相应于两个指标 $s_1=l$ 和 $s_2=-(l+1)$ 的形式如式(A7.7)(见下)的解,有时是线性无关的(例如,三维各向同性谐振子,自由粒子,球方势阱内部),有时则是线性相关的(即只有一个解是独立的),因而另一个线性无关解需用另法求之.但不管用何种方法求解,两个解在 $r\to0$ 的渐近行为总不外式(A7.3)所示的两种.

以下都采用自然单位,一方面可以使运算过程书写简化,另一方面便于探讨不同势场的解的联系.

1. 三维各向同性谐振子

考虑到要求在 $r\to\infty$ 处波函数有界,令(自然单位,$\mu=\hbar=\omega=1$)

$$R(r) = \exp(-r^2/2)\chi(r) \qquad \text{(A7.5)}$$

则

$$\chi'' + \left(\frac{2}{r} - 2r\right)\chi' + \left[2E - 3 - \frac{l(l+1)}{r^2}\right]\chi = 0 \qquad \text{(A7.6)}$$

在正则奇点 $r\to0$ 邻域,采用级数解法,令

$$\chi(r) = r^s \sum_{k=0}^{\infty} a_k r^k \qquad (a_0 \neq 0) \qquad \text{(A7.7)}$$

代入式(A7.6),得

$$\sum_{k=0}^{\infty}\{[(s+k)(s+k+1)-l(l+1)]r^{s+k-2}+[2E-3-2(s+k)]r^{s+k}\}a_k=0 \tag{A7.8}$$

由 r^{s-2} 项系数为0,可求出指标方程(index equation)

$$s(s+1)-l(l+1)=0 \tag{A7.9}$$

由此求出两个根

$$s_1=l,\qquad s_2=-(l+1) \tag{A7.10}$$

按式(A7.8)可求出相邻项系数的关系

$$a_{k+2}=-\frac{2E-3-2(s+k)}{(s+k+2)(s+k+1)-l(l+1)}a_k \tag{A7.11}$$

(1°) $s_1=l$ 情况

由式(A7.8)中 r^{s-1} 项系数为0,得出

$$[(s+1)(s+2)-l(l+1)]a_1=0 \tag{A7.12}$$

对于 $s=l$ 根,必须 $a_1=0$,因此 $a_3=a_5=\cdots=0$. 级数中只剩下 $k=2n(n=0,1,2,\cdots)$ 次项,而

$$a_{2n+2}=-\frac{2E-3-2(l+2n)}{(2n+2)(2n+2l+3)}a_{2n}\quad n=0,1,2,\cdots \tag{A7.13}$$

考虑到此级数的渐近行为($r\to\infty$)与 $\exp(r^2)$ 相同,代入式(A7.5),波函数在 $r\to\infty$ 时无界,不合物理上要求,因此要求级数中断为一个多项式,即要求当 $n=n_r$ 时,

$$2E-3-2(l+2n_r)=0,\qquad n_r=0,1,2,\cdots \tag{A7.14}$$

这样就求出了

$$E=(2n_r+l+3/2)=(N+3/2)$$
$$N=2n_r+l=0,1,2,\cdots \tag{A7.15}$$

(2°) $s_2=-(l+1)$ 情况

由式(A7.12)给出 $2la_1=0$,对于 $l\neq 0$ 情况,$a_1=0$,因而 $a_3=a_5=\cdots=0$. ($l=0$ 情况另行讨论.)级数中也只剩下 $k=2n$ 项,而式(A7.11)化为

$$a_{2n+2}=-\frac{2E+2l-1-4n}{(2n+2)(2n-l+1)}a_{2n},\quad n=0,1,2,\cdots \tag{A7.16}$$

式中分母不可能为0. 如 E 仍取式(A7.14)所给本征值,上式分子不可能为0,因而必为无穷级数解. 由 $a_{2n+2}/a_{2n}\to\frac{1}{n}(n\to\infty)$,可判断当 $r\to\infty$ 时,用无穷级数解 $\propto\exp(r^2)$,代入式(A7.5),所得解是物理上不允许的. 但如果与 $s_1=l$ 情况同样处理[见式(A7.14)],让

$$2E+2l-1-4n_r=0,\qquad n_r=0,1,2,\cdots \tag{A7.17}$$

则级数解也可以中断为一个多项式,似乎也可以接受. 这样,得出能量本征值

$$E=(2n_r-l+1/2) \tag{A7.18}$$

相当于式(A7.15)中 $l\to-(l+1)$. 此时 E 可以为 $-\infty$，这个解是物理上不能接受的. 这个解也可以从波函数的统计诠释予以排除. 按照统计诠释对波函数提出的要求(见 2.1 节)，当 $r\to 0$ 时，设 $\psi\propto 1/r^s$，则必须 $s<3/2$，否则在 $r\approx 0$ 邻域中任意小体积元中找到粒子的概率并不随小体积元趋于 0 而趋于 0. 对于 $\chi(r)\propto r^{-(l+1)}$ $(r\to 0)$形式的解，$l\neq 0$ 情况显然是不允许的. 对于 $l=0$ 情况，$\chi(r)\propto \dfrac{1}{r}(r\to 0)$，它并不违背统计诠释的要求. 但 $l=0$ 情况，形式如下的解：

$$\psi_0 \propto \exp(-r^2/2)\frac{1}{r}\mathrm{Y}_0^0 \propto \frac{1}{r} \qquad (r\to 0)$$

并非 Schrödinger 方程的解(如果要把 $r=0$ 点包含在内)，因为 $\nabla^2\dfrac{1}{r}=-4\pi\delta(\boldsymbol{r})$，因而

$$(H-E)\frac{1}{r}=\frac{2\pi\hbar^2}{\mu}\delta(\boldsymbol{r}) \tag{A7.19}$$

2. 三维自由粒子

径向方程为

$$\frac{\mathrm{d}^2R}{\mathrm{d}r^2}+\frac{2}{r}\frac{\mathrm{d}R}{\mathrm{d}r}+\left[\frac{2\mu}{\hbar^2}E-\frac{l(l+1)}{r^2}\right]R=0 \tag{A7.20}$$

令

$$k=\sqrt{2\mu E}/\hbar, \qquad \xi=kr \tag{A7.21}$$

则

$$\frac{\mathrm{d}^2R}{\mathrm{d}\xi^2}+\frac{2}{\xi}\frac{\mathrm{d}R}{\mathrm{d}\xi}+\left[1-\frac{l(l+1)}{\xi^2}\right]R=0 \tag{A7.22}$$

正是球 Bessel 方程. 它的两个线性无关解为球 Bessel 函数和球 Neumann 函数，

$$\mathrm{j}_l(kr)=\sqrt{\frac{\pi}{2kr}}\mathrm{J}_{l+1/2}(kr) \tag{A7.23}$$

$$\mathrm{n}_l(kr)=\sqrt{\frac{\pi}{2kr}}\mathrm{J}_{-l-1/2}(kr)$$

$r\to 0$ 时，它们的渐近行为是

$$\begin{aligned}\mathrm{j}_l(kr)&\xrightarrow{r\to 0}\frac{(kr)^l}{(2l+l)!!}\propto r^l\\ \mathrm{n}_l(kr)&\xrightarrow{r\to 0}-\frac{(2l-l)!!}{(kr)^{l+1}}\propto r^{-l-1}\end{aligned} \tag{A7.24}$$

它们都不是平方可积的. 因此，借助于平方可积条件并不能只排除它们之中的一个，而是全部都排除掉，所以此论据不妥当. 正确的论证仍应与三维谐振子相同. $l\neq 0$的解 $n_1(kr)$在 $r\to 0$ 的渐近行为是统计诠释所不允许的. 而对于 $l=0$，

$$n_0(kr) = -\frac{\cos kr}{kr} \xrightarrow{r\to 0} -\frac{1}{kr} \tag{A7.25}$$

它不是 Schrödinger 方程的解(如包含 $r=0$ 点在内).

A. Messiah, *Quantum Mechanics* 一书中给出另一种论证方式. 在平方可积的态矢 ψ 张开的空间中,根据径向动量

$$\hat{p}_r = -\mathrm{i}\hbar\left(\frac{\partial}{\partial r} + \frac{1}{r}\right) \tag{A7.26}$$

的厄米性要求,

$$\begin{aligned}0 &= (\psi, \hat{p}_r\psi) - (\hat{p}_r\psi, \psi) = \int[\psi^* \hat{p}_r\psi - (\hat{p}_r\psi)^* \psi]\mathrm{d}^3 x \\ &= \frac{\hbar}{\mathrm{i}}\int_0^\pi \sin\theta\mathrm{d}\theta\int_0^\infty \mathrm{d}\varphi\int_0^{2\pi}\mathrm{d}r\,\frac{\partial}{\partial r}|r\psi|^2\end{aligned} \tag{A7.27}$$

由于 $r\to\infty, r\psi\to 0$(平方可积),即

$$\lim_{r\to\infty} r\psi = 0 \tag{A7.28}$$

式(A7.27)右边才能为 0,因而 $\hat{p}_r$(从而 H)的厄米性才能得到保证. 凡渐近行为是

$$\psi \propto \frac{1}{r^{l+1}} \qquad (r\to 0)$$

的解,均不满足式(A7.28),都应予以摒弃.

3. 二维各向同性谐振子

径向方程(自然单位)表示为

$$\left[\frac{\mathrm{d}^2}{\mathrm{d}\rho^2} + \frac{1}{\rho}\frac{\mathrm{d}}{\mathrm{d}\rho} - \frac{m^2}{\rho^2} + (2E - \rho^2)\right]R(\rho) = 0$$
$$m = 0, \pm 1, \pm 2, \cdots \tag{A7.29}$$

考虑到 $\rho\to\infty$ 波函数要求有界,令

$$R(\rho) = \exp(-\rho^2/2)\chi(\rho) \tag{A7.30}$$

则式(A7.29)化为

$$\chi'' + \left(\frac{1}{\rho} - 2\rho\right)\chi' + \left(2E - \frac{m^2}{\rho^2} - 2\right)\chi = 0 \tag{A7.31}$$

在正则奇点 $\rho=0$ 邻域,令

$$\chi(\rho) = \rho^s \sum_{k=0}^{\infty} a_k\rho^k \qquad (a_0 \neq 0) \tag{A7.32}$$

代入式(A7.31),得

$$\sum_{k=0}^{\infty}\{[(s+k)^2 - m^2]\rho^{s+k-2} + [2E - 2 - 2(s+k)]\rho^{s+k}\}a_k = 0 \tag{A7.33}$$

最低次项 ρ^{s-2} 系数$=0$,得出指标方程

$$s^2 - m^2 = 0 \tag{A7.34}$$

因此

$$s=\pm|m| \tag{A7.35}$$

再根据 ρ^{s-1} 项系数=0,得

$$[(s+1)^2-m^2]a_1=0$$

根据式(A7.35),必须

$$a_1=0 \tag{A7.36}$$

由式(A7.33)可求出

$$a_{k+2}=-\frac{(2E-2)-2(s+k)}{(s+k+2)^2-m^2}a_k \tag{A7.37}$$

由式(A7.36)与(A7.37),可知 $a_{2n+1}=0,n=0,1,2,\cdots$. 级数中只剩下 $k=2n(n=0,1,2,\cdots)$项.

对于 $s=|m|$ 根,

$$a_{2n+2}=-\frac{(2E-2)-2(|m|+2n)}{(|m|+2n+2)^2-m^2}a_{2n}$$
$$n=0,1,2,\cdots \tag{A7.38}$$

按照波函数在 $\rho\to\infty$ 处的束缚态加条件,要求级数中断为一个多项式,由于上式分母不为 0,所以要求

$$(2E-2)-2(|m|+2n_\rho)=0$$
$$n_\rho=0,1,2,\cdots,\qquad |m|=0,1,2,\cdots$$

即

$$E=(2n_\rho+|m|+1)\qquad(\text{自然单位}) \tag{A7.39}$$

对于 $s=-|m|$ 根,式(A7.37)化为

$$a_{2n+2}=-\frac{(2E-2)+2|m|-4n}{(-|m|+2n+2)^2-m^2}a_{2n} \tag{A7.40}$$

若 E 仍取式(A7.39)给出的本征值. 除 $m=0$ 外,上式分子不可能为 0,而分母可化为$(2n+2)(2n+2-2|m|)=4(n+1)(n-|m|+1)$. 当 $n=|m|-1$ 时,分母为 0,因此,要求 $a_{2|m|-2}=0$. 联合式(A7.40),可得

$$a_{2|m|-2}=a_{2|m|-4}=\cdots=a_2=a_0=0 \tag{A7.41}$$

但这与假设 $a_0\neq 0$ 矛盾①. 因此径向方程的另一个线性独立解需用另法求之. 它是②

① 如认可式(A7.41),就会发现得出的级数解与 $s=|m|$ 根相应的解是同一个解. 因为此时级数从 $a_{2|m|}$ 才开始不为 0,不为 0 的首项 $\propto\rho^{-|m|}\cdot\rho^{2|m|}=\rho^{|m|}$,而相邻项系数的关系为[在式(A7.37)中,令 $k=2|m|+2\nu,\nu=0,1,2,\cdots$]

$$a_{2|m|+2\nu+2}=-\frac{(2E-2)+2|m|-2(|m|+2\nu)}{(-|m|+2|m|+2\nu+2)^2-m^2}a_{2|m|+2\nu}$$
$$=-\frac{(2E-2)-2(|m|+2\nu)}{(|m|+2\nu+2)^2-m^2}a_{2|m|+2\nu}\qquad(\nu=0,1,2,\cdots)$$

这与式(A7.38)实质上相同.

② 参阅王竹溪、郭敦仁,《特殊函数概论》,科学出版社,1979.

$$\chi_2(\rho) = g\chi_1(\rho)\ln\rho + \rho^{-|m|}\sum_{k=0}^{\infty} b_k\rho^k \tag{A7.42}$$

其中 $\chi_1(\rho)$就是与根 $s=|m|$ 相应的无穷级数解[见式(A7.32)].

可以看出,对于 $m\neq 0$ 情况,当 $\rho\to 0$,$\chi_2(\rho)\propto\rho^{-|m|}$.但根据统计诠释要求(见2.1节),这是物理上不允许的.对于 $m=0$,当 $\rho\to 0$,$\chi_2(\rho)\propto\ln\rho$,但它不是Schrödinger方程的解(如包含 $\rho=0$ 点在内).因为二维Laplace算子对 $\ln\rho$ 的运算

$$\nabla^2\ln\rho = -\delta(x)\delta(y) \tag{A7.43}$$

因此

$$(H-E)\ln\rho = \frac{\hbar^2}{2\mu}\delta(x)\delta(y) \tag{A7.44}$$

所以只有与根 $s=|m|$ 的解(多项式解)才是物理上允许的,相应的本征值由式(A7.39)给出.

4. 二维氢原子

径向方程表示为(自然单位,$\hbar=\mu=\kappa=1$)

$$\left(\frac{\mathrm{d}^2}{\mathrm{d}\rho^2} + \frac{1}{\rho}\frac{\mathrm{d}}{\mathrm{d}\rho} - \frac{m^2}{\rho^2} + 2E + \frac{2}{\rho}\right)R(\rho) = 0$$

$$m = 0, \pm 1, \pm 2, \cdots \tag{A7.45}$$

考虑到波函数在 $\rho\to\infty$的渐近行为,令

$$R(\rho) = \exp(-\beta\rho)\chi(\rho) \tag{A7.46}$$

$$\beta = \sqrt{-2E} \quad (E<0) \tag{A7.47}$$

则

$$\chi'' + \left(\frac{1}{\rho} - 2\beta\right)\chi' + \left[(2-\beta)\frac{1}{\rho} - \frac{m^2}{\rho^2}\right]\chi = 0 \tag{A7.48}$$

令

$$\chi(\rho) = \rho^s\sum_{k=0}^{\infty} a_k\rho_k \qquad (a_0\neq 0) \tag{A7.49}$$

代入式(A7.48),得

$$\sum_{k=0}^{\infty}\{[(s+k)^2 - m^2]\rho^{s+k+2} + [-2\beta(s+k) + (2-\beta)]\rho^{s+k-1}\}a_k = 0 \tag{A7.50}$$

比较最低次项系数,得

$$s^2 - m^2 = 0$$

所以

$$s = \pm |m| \tag{A7.51}$$

对于 $s=|m|$ 根，由式(A7.50)得

$$a_{k+1} = -\frac{2-\beta(2|m|+2k+1)}{(k+1)(2|m|+k+1)}a_k$$

$$k = 0,1,2,\cdots \tag{A7.52}$$

同样，为保证 $\rho\to\infty$ 波函数有界，级数必须中断为一个多项式，考虑到上式分母不为 0，所以要求

$$2-\beta(2|m|+2n_\rho+1) = 0, \qquad n_\rho = 0,1,2,\cdots \tag{A7.53}$$

由此得出

$$\beta = -\frac{1}{n_\rho + |m| + 1/2}$$

由式(A7.47)，得

$$E = -\beta^2/2 = -\frac{1}{2n_2^2} \qquad （自然单位）$$

$$n_2 = n_\rho + |m| + \frac{1}{2} = \frac{1}{2},\frac{3}{2},\frac{5}{2},\cdots \tag{A7.54}$$

对于 $s=-|m|$ 根，

$$a_{k+1} = -\frac{2-\beta(-2|m|+2k+1)}{(k+1)(-2|m|+k+1)}a_k \tag{A7.55}$$

当 $k=2|m|-1$ 时，上式右边分母为 0，为使展开系数有意义，必要求 $a_{2|m|-1}=0$，联合式(A7.55)，知

$$a_{2|m|-1} = a_{2|m|-2} = \cdots = a_1 = a_0 = 0 \tag{A7.56}$$

这与 $a_0\neq 0$ 矛盾[①]. 这表明方程的另一个线性独立解需用另法求出. 它们是

$$\chi_2(\rho) = g\chi_1(\rho)\ln\rho + \rho^{-|m|}\sum_{k=0}^{\infty} b_k\rho^k \tag{A7.57}$$

与二维谐振子相同，这个解也应予摒弃.

5. 二维自由粒子

径向方程为

$$-\frac{\hbar^2}{2\mu}\left(\frac{\mathrm{d}^2}{\mathrm{d}\rho^2} + \frac{1}{\rho}\frac{\mathrm{d}}{\mathrm{d}\rho} - \frac{m^2}{\rho^2}\right)R(\rho) = ER(\rho), \quad E > 0 \tag{A7.58}$$

令

---

① 如认可式(A7.56)，则级数从 $a_{|2m|}$ 开始不为 0，此时不为 0 的首项 $\propto\rho^{-|m|+2|m|}=\rho^{|m|}$，而相邻项系数的关系为[在式(A7.52)中令 $k=2|m|+\nu$，$\nu=0,1,2,\cdots$]

$$a_{2|m|+\nu+1} = \frac{2-\beta(2|m|+2\nu+1)}{(\nu+1)(2|m|+\nu+1)}a_{2|m|+\nu}, \qquad \nu=0,1,2,\cdots$$

此式与式(A7.52)实质上相同. 因此，得出的解与 $s=|m|$ 情况是同一个解.

$$k = \sqrt{2\mu E}/\hbar, \qquad \xi = k\rho \tag{A7.59}$$

式(A7.58)化为

$$\frac{\mathrm{d}^2 R}{\mathrm{d}\xi^2} + \frac{1}{\xi}\frac{\mathrm{d}R}{\mathrm{d}\xi} + \left(1 - \frac{m^2}{\xi^2}\right)R = 0, \quad m = 0, \pm 1, \pm 2, \cdots \tag{A7.60}$$

此乃整数阶 Bessel 方程. 众所周知,与指标方程的两个根 $s = \pm m$(以下为方便,取 $m > 0$)相应的解 $\mathrm{J}_m(\xi)$ 和 $\mathrm{J}_{-m}(\xi)$ 是线性相关的. 通常取另外一个线性独立解为 Neumann 函数

$$\mathrm{N}_m(\xi) = \frac{\cos m\pi \mathrm{J}_m(\xi) - \mathrm{J}_{-m}(\xi)}{\sin m\pi} \tag{A7.61}$$

$\rho \to 0$ 时,他们的渐近行为是

$$\begin{aligned} &\mathrm{J}_m(k\rho) \propto \rho^m \qquad && (m > 0) \\ &\mathrm{N}_m(k\rho) \propto \rho^{-m} \qquad && (m > 0) \\ &\mathrm{N}_0(k\rho) \propto \ln\rho \end{aligned} \tag{A7.62}$$

$\mathrm{N}_m(k\rho)$解必须摒弃的理由同上.

附录八　自 然 单 位

采用自然单位,就是以体系的几个基本的特征量作为相应的物理量的单位. 在具体的计算中,可令相应的物理量或参量为 1,因而在运算过程中这些参量不再出现. 我们只需在最后的计算结果中按照各物理量的量纲添上相应的单位即可. 自然单位的优点是,一方面运算过程的书写可以简化,另一方面是使人对体系的各种特征量的数量级有清楚的印象. 此外,使用自然单位还便于研究不同体系的数学处理之间可能存在的密切关系,例如,研究各向同性谐振子势和 Coulomb 势中粒子的能量体征值和本征函数的关系. 为方便起见,我们在表 A. 2 中给出几种常见位势中粒子的自然单位,以供查阅. 其中包括:

1) δ 势

$$V(x) = \gamma\delta(x)$$

2) 线性势

$$\text{一维}\quad V(x) = \begin{cases} Fx, & x > 0 (F > 0) \\ \infty, & x < 0 \end{cases}$$

$$\text{三维}\quad V(r) = Fr$$

3) 谐振子势

$$\text{一维}\quad V(x) = \frac{1}{2}\mu\omega^2 x^2$$

$$\text{二维}\quad V(\rho) = \frac{1}{2}\mu\omega^2 \rho^2$$

$$三维\quad V(r)=\frac{1}{2}\mu\omega^2 r^2$$

4) Coulomb 势

$$V(r)=-\frac{\kappa}{r}$$

对于类氢原子，

$$\kappa=Ze^2$$

对于氢原子($Z=1$)，

$$\kappa=e^2$$

表 A.2 自然单位

	δ 势 $\mu=\hbar=\gamma=1$	线性势 $\mu=\hbar=F=1$	谐振子势 $\mu=\hbar=\omega=1$	Coulomb 势 $\mu=\hbar=\kappa=1$
能量[E]	$\mu\gamma^2/\hbar^2$	$(\hbar^2F^2/\mu)^{1/3}$	$\hbar\omega$	$\mu\kappa^2/\hbar^2$
长度[L]	$\hbar^2/\mu\gamma$	$(\hbar^2/\mu F)^{1/3}$	$\sqrt{\hbar/\mu\omega}$	$\hbar^2/\mu\kappa$
时间[T]	$\hbar^3/\mu\gamma^2$	$(\mu\hbar/F^2)^{1/3}$	ω^{-1}	$\hbar^3/\mu\kappa^2$
速度[v]	$\gamma/\hbar$	$(\hbar F/\mu^2)^{1/3}$	$\sqrt{\hbar\omega/\mu}$	$\kappa/\hbar$
动量[p]	$\mu\gamma/\hbar$	$(\mu\hbar F)^{1/3}$	$\sqrt{\mu\hbar\omega}$	$\mu\kappa/\hbar$

常用物理常量简表

	国际单位制	Gauss 单位制
Planck 常量	$h=6.626\ 075\ 5(40)\times10^{-34}\mathrm{J\cdot s}$ $\hbar=h/2\pi=1.054\ 572\ 66(63)\times10^{-34}\mathrm{J\cdot s}$ $=6.582\ 122\ 0(20)\times10^{-22}\mathrm{MeV\cdot s}$	$h=6.626\times10^{-27}\mathrm{erg\cdot s}$ $\hbar=1.055\times10^{-27}\mathrm{erg\cdot s}$ $=6.582\times10^{-22}\mathrm{MeV\cdot s}$
真空光速	$c=2.997\ 924\ 58\times10^{8}\mathrm{m\cdot s^{-1}}$	$c=2.998\times10^{10}\mathrm{cm\cdot s^{-1}}$
电子电荷	$e=1.602\ 177\ 33(49)\times10^{-19}\mathrm{C}$	$e=4.803\times10^{-10}\mathrm{esu}$
质子质量单位	$\mathrm{u}=\frac{1}{12}$(^{12}C 原子质量) $=1.660\ 540\ 2(10)\times10^{-27}\mathrm{kg}$ $=931.494\ 32(28)\mathrm{MeV}/c^2$	$u=1.660\ 5\times10^{-24}\mathrm{g}$
真空电容率 真空磁导率	$\left.\begin{matrix}\varepsilon_0\\ \mu_0\end{matrix}\right\}\ \varepsilon_0\mu_0=1/c^2$ $\varepsilon_0=8.854\ 187\ 817\cdots\times10^{-12}\mathrm{F\cdot m^{-1}}$ $\mu_0=4\pi\times10^{-7}\mathrm{N\cdot A^{-2}}$	$\varepsilon_0=1$ $\mu_0=1$
精细结构常数	$\alpha=e^2/4\pi\varepsilon_0\hbar c=1/137.035\ 989\ 5(61)$	$\alpha=e^2/\hbar c\simeq1/137$
电子质量	$m_e=9.109\ 389\ 7(54)\times10^{-31}\mathrm{kg}$ $=0.510\ 999\ 06(15)\mathrm{MeV}/c^2$	$m_e=9.109\times10^{-28}\mathrm{g}$ $=0.511\mathrm{MeV}/c^2$
Bohr 半径	$a=4\pi\varepsilon_0\hbar^2/m_ee^2=0.529\ 177\ 249(24)\times10^{-10}\mathrm{m}$	$a=\hbar^2/m_ee^2=0.529\times10^{-8}\mathrm{cm}$
电子 Compton 波长	$\lambda\!\!\!^{-}_e=\hbar/m_ec=3.861\ 593\ 23(35)\times10^{-13}\mathrm{m}$	$\lambda\!\!\!^{-}_e=\hbar/m_ec=3.862\times10^{-11}\mathrm{cm}$
电子经典半径	$r_e=e^2/4\pi\varepsilon_0m_ec^2=2.817\ 940\ 92(38)\times10^{-15}\mathrm{m}$	$r_e=e^2/m_ec^2=2.818\times10^{-13}\mathrm{cm}$
Rydberg 能量	$hcR_\infty=m_ee^4/(4\pi\varepsilon_0)^2 2\hbar^2=m_ec^2\alpha^2/2$ $=13.605\ 6981(40)\mathrm{eV}$	$hcR_\infty=m_ee^4/2\hbar^2=13.61\mathrm{eV}$
Bohr 磁子	$\mu_B=e\hbar/2m_e=5.788\ 382\ 63(52)\times10^{-11}$ $\mathrm{MeV\cdot T^{-1}}$	$\mu_B=e\hbar/2m_ec=9.273\times10^{-21}\mathrm{erg/Gs}$
质子质量	$m_p=1.672\ 623\ 1(10)\times10^{-27}\mathrm{kg}$ $=938.272\ 31(28)\mathrm{MeV}/c^2$ $=1.007\ 276\ 470(12)\mathrm{u}$ $=1\ 836.152\ 701(37)m_e$	$m_p=1.672\ 6\times10^{-24}\mathrm{g}$ $=938.272\mathrm{MeV}/c^2$ $=1\ 836.15m_e$
中子质量	$m_n=939.565\ 63(28)\mathrm{MeV}/c^2$ $m_n-m_p=1.293\ 318(9)\mathrm{MeV}/c^2$	$m_n=939.566\mathrm{MeV}/c^2$ $m_n-m_p=1.293\mathrm{MeV}/c^2$
Boltzmann 常量	$k=1.380\ 658(12)\times10^{-23}\mathrm{J\cdot K^{-1}}$ $=8.617\ 385(73)\times10^{-5}\mathrm{eV\cdot K^{-1}}$	$k=1.3807\times10^{-10}\mathrm{erg\cdot K^{-1}}$ $=8.617\ 4\times10^{-5}\mathrm{eV\cdot K^{-1}}$
Avogadro 常量	$N_A=6.022\ 136\ 7(36)\times10^{23}\mathrm{mol^{-1}}$	$N_A=6.022\times10^{23}\mathrm{mol^{-1}}$

换算关系：$1\mathrm{\AA}=10^{-10}\mathrm{m}=10^{-8}\mathrm{cm}=0.1\mathrm{nm}$

$1\mathrm{fm}=10^{-15}\mathrm{m}=10^{-13}\mathrm{cm}$

$1\mathrm{b(barn)}=10^{-28}\mathrm{m^2}=10^{-24}\mathrm{cm^2}$

$1\mathrm{eV}=1.602\ 177\ 33(49)\times10^{-19}\mathrm{J}=1.602\times10^{-12}\mathrm{erg}$

$0℃=273.15\mathrm{K}$

本表选自 Particle Data Group 编，Review of particle properties，Phys Lett. **B204**(1988).

还可参阅 E. R. Cohen and B. N. Taylor，Physics Today，Aug. 1993，BG9-BG12.

参 考 书 目

英文参考书目

Basdevant Jean-Louis & Dalibaed Jean. 2005. Quantum Mechanics. 2nd ed. Berlin: Springer

Gottfried K. & Yan T. M. 2003. Quantum Mechanics: Fundamentals. 2nd ed. New York: Springer-Verlag

Hey T. & Walters P. 2003. The New Quantum Universe, Cambridge University Press

中译本，雷奕安，《新量子世界》，湖南科技出版社，2005.

Landau L. D. & Lifshitz E M. 1977. Quantum Mechanics, Non-Relativistic Theory. Oxford: Pergamon Press

Merzbacher E. 1970. Quantum Mechanics. New York: Wiley

Robinett R. W. 1997. Quantum Mechanics. Oxford University Press

Sakurai J. I. 1995. Quantum Mechanics. Addison-Wesly, Reading, MA

Schiff L. 1967. Quantum Mechanics, 3rd ed. New York: McGraw-Hill

Shankar R. 1994. Principles of Quantum Mechanics. 2nd. ed. New York: Plenum Press

Tipler P. A., Llewellyn R. A. 2000. Modern Physics. 3rd ed. W. H. Freeman and Co

Wichmann E. H. 1971. Berkeley Physics Course. Vol. 4. Quantum Mechanics. McGraw-Hill

以上参考书适合初学者选用，以下为进一步参考书.

Aharnonov Y. & Rohrlich D. 2005. Quantum Paradoxes, quantum theory for the perplexed, Weinheim; VILEY-VCH Verlag & Co. KGaA

Bjorken J. D. & Drell S. D. 1964. Relativistic Quantum Mechanics. McGraw-Hill

Cohen-Tannoudji C., Diu B. & Laloe F. 1977. Quantum Mecuanics. Vol. 1, 2. John Wiley & Sons

Dirac P. A. M. 1958. The Principles of Quantum Mechanics. 4th ed. Clarenden, Oxford.

Feynman R. P., Leighton N. B. & Sands M. 1965. The Feynman Lectures on Physics. Vol. 3. Quantum Mechanics. Addison-Wesley, Reading, MA

Messiah A. 1961. Quantum Mechanics. Vol. 1, 2. Amsterdam: North-Holland

Sakurai J. I. 1967. Advanced Quantum Mechanics. Addison-Wesly, Reading, MA

Von Neumann J., 1955. Mathematical foundations of Quantum Mechanics. Princeton: Princeton University Press

Wheeler J. A. & Zurek, W. H. 1983. Quantum Theory and Measurement, Princeton: Princeton University Press

Weinberg S. 2013. Lectures on Quantum Mechanics. 2nd ed. Cambridge University Press

中文参考书目

曾谨言. 2013. 量子力学教程. 3 版. 北京:科学出版社

周世勋. 2009. 量子力学. 2 版. 北京:高等教育出版社

钱伯初. 2006. 量子力学. 北京:高等教育出版社

彭桓武,徐锡申. 1998. 理论物理基础. 北京:北京大学出版社

张永德. 2002. 量子力学. 北京:科学出版社
裴寿镛. 2008. 量子力学. 北京:高等教育出版社
柯善哲,肖福康,江兴方. 2006. 量子力学. 北京:科学出版社
井孝功. 2004. 量子力学. 哈尔滨:哈尔滨工业大学出版社
喀兴林. 2001. 高等量子力学. 2 版. 北京:高等教育出版社
倪光,陈苏卿. 2003. 高等量子力学. 上海:复旦大学出版社
张礼,葛墨林. 量子力学的前沿问题. 北京:清华大学出版社
曾谨言,裴寿镛. 2000. 量子力学新进展. 第一辑. 北京:北京大学出版社
曾谨言,裴寿镛,龙桂鲁. 2001. 量子力学新进展. 第二辑. 北京:北京大学出版社
曾谨言,龙桂鲁,裴寿镛. 2003. 量子力学新进展. 第三辑. 北京:清华大学出版社
龙桂鲁,裴寿镛,曾谨言. 2007. 量子力学新进展. 第四辑. 北京:清华大学出版社

量子力学习题参考书目

钱伯初,曾谨言. 2008. 量子力学习题精选与剖析. 3 版. 北京:科学出版社
张鹏飞,阮图南,朱栋培,吴强. 2011. 量子力学习题解答与剖析. 北京:科学出版社
吴强,柳盛典. 2003. 量子力学习题精解. 北京:科学出版社
Flugge S., 1974. Practical Quantum Mechanics, 2nd ed. Berlin: Springer-Verlag 1974; 北京:世界图书出版公司重印. 1994.
Basdevant Jean-Louis & Daliberd Jean, 2005. Quantum Mechanics. Solver
ter Haar D., 1975. Problems in Quantum Mechanics, 3rd. ed., London: Pion Ltd
Kogan V. I., Galitski V. M. 1963. Problems in Quantum Mechanics, Printice Hall
Constantmescu F. & Magyari Z. 1985. 量子力学习题与解答. 葛源译. 北京:高等教育出版社

索 引①

一 画

二 画

三 画

四 画

五 画

① 索引以笔画为序.同一笔画数中的各词,按第一个字的汉语拼音的字母先后为序.

六 画

七 画

八 画

九 画

十 画

十 一 画

十 二 画

十　三　画

十　四　画

十　五　画以上